U0931553

AutoCAD 工程设计系列丛书

# AutoCAD 2009 电气设计

## 第3版

舒 飞 李 华 等编著

机 械 工 业 出 版 社

AutoCAD 2009 是当前最新的 AutoCAD 制图软件。在电气工程中适用于绘制各种电气系统图、框图、电路图、接线图、电气平面图、设备布置图、大样图、元器件表格等。

本书介绍使用 AutoCAD 2009 进行电气工程设计的方法，内容涵盖了从输变电工程到各种用电工程的设计，是一本全面系统地学习使用 AutoCAD 2009 进行电气设计的读物。

本书通过各种电气设计实例，通俗易懂、深入浅出地阐明了各个知识点的内涵、使用方法和使用场合。本书所附光盘在演示各种电气设计实例时，灵活地应用了 AutoCAD 2009 的各种绘图技巧，充分体现了效率、准确、完备的设计要求。

本书可作为电气设计培训教材，也可作为电气设计人员的参考书。

**图书在版编目（CIP）数据**

AutoCAD 2009 电气设计 /舒飞等编著．—3 版．—北京：机械工业出版社，2009.1（2014.3 重印）
（AutoCAD 工程设计系列丛书）
ISBN 978-7-111-25682-3

Ⅰ.A…　Ⅱ.舒…　Ⅲ.电气设备—计算机辅助设计—应用软件，AutoCAD2009　Ⅳ.TM02－39

中国版本图书馆 CIP 数据核字（2008）第 187777 号

机械工业出版社（北京市百万庄大街 22 号　邮政编码 100037）
策划编辑：丁　诚　吴鸣飞
责任编辑：吴鸣飞
责任印制：刘　岚
北京富生印刷厂印刷

2014 年 3 月第 3 版・第 7 次印刷
184mm×260mm・32 印张・792 千字
35001—37500 册
标准书号：ISBN 978-7-111-25682-3
　　　　　ISBN 978-7-89482-919-1（光盘）
定价：59.00 元（含 1DVD）

凡购本书，如有缺页、倒页、脱页，由本社发行部调换

电话服务
社服务中心：(010)88361066
销 售 一 部：(010)68326294
销 售 二 部：(010)88379649
读者购书热线：(010)88379203

网络服务
门户网：http://www.cmpbook.com
教材网：http://www.cmpedu.com
封面无防伪标均为盗版

# 前　言

随着科学技术的迅猛发展以及计算机技术的广泛应用，设计领域也在不断变革，各种新的设计制图工具不断涌现，使设计工作更为先进和快捷。其中 AutoCAD 就是一种电气图样设计的优秀工具，AutoCAD 2009 是当前最新版的 AutoCAD 软件，相对于以前的版本，它有更加强大的功能以及更加友好的设计界面。

本书从两个方面出发，把 AutoCAD 和电气制图结合起来，使读者把 AutoCAD 电气制图作为一个整体看待，既了解 AutoCAD 2009 的制图特点，又可以掌握电气制图原理以及应用方面的基本知识。

本书可以作为电气设计、制图人员的入门书籍，也可以作为熟练使用 AutoCAD 以前版本的设计人员的参考书。在本书的编写过程中，我们咨询了很多经验丰富的电气设计行业的专家的意见，并参考了很多实际的工程图样。

AutoCAD 2009 作为一款强大的绘图工具，可以让用户方便地绘制电气工程中的各种电气图样。为了帮助读者更加直观地学习本书，随书配制了精美的动画教学光盘。

本书是在《AutoCAD 2007 电气设计》的基础上，根据读者的反馈意见和作者的实践经验对内容进行了优化，并增加了通用电动机控制设计的内容，使本书更加实用且覆盖面更广。

本书由舒飞、李华主持编写，参加本书编写工作的还有宋平、杜吉祥、于道学、郭浩、王杰辉、王永凯、王琳、杜守国、姜孝国、将志江、李松、杨文毅、孙长虹、陈辉、张耀坤、李毅、刘季剀、刘仲剀、张立敏等。在编写过程中，作者力图使本书的知识性和实用性相得益彰，但由于水平有限，书中错误、纰漏之处难免，欢迎广大读者、同仁批评指正。

编　者

# 目　录

## 第 2 篇 电气制图规则和变送电图例



## 第 3 篇 电力工程图例

# 绘图方法和技巧

# 第 1 章　软件知识和基本绘图

**本章您将学到：**

本章简要介绍安装 AutoCAD 2009 的软硬件要求、AutoCAD 2009 安装启动过程、AutoCAD 2009 的新特性、AutoCAD 2009 的基本操作，并介绍如何使用 AutoCAD 2009 绘制平面图形单元。

## 1.1　安装 AutoCAD 2009 的软硬件要求及安装启动过程

要安装 AutoCAD 2009，计算机的硬件和软件环境必须达到一定的要求，只有在符合这些要求的计算机中使用 AutoCAD 2009 软件，才能充分发挥软件的性能。一定要确保要安装 AutoCAD 2009 的计算机满足系统需求。如果不满足系统需求，可能会出现很多问题。

下面分别介绍硬件环境要求、软件环境要求以及安装启动过程。

### 1.1.1　硬件环境要求

中央处理器：32 位：Intel® Pentium® 4 处理器 或 AMD® Athlon，2.2 GHz 或更高
或 Intel 或 AMD 双核处理器，1.6 GHz 或更高
64 位：AMD 64 或 Intel EM64T

内存：32 位：1 GB (Windows XP SP2）2 GB 或更大 (Windows Vista)
64 位：2 GB

硬盘：需要 750 MB 的安装空间 (Windows XP SP2)；除用于安装的空间之外，可用空间为 2 GB (Windows Vista)

图形卡：1280×1024 32 位彩色视频显示适配器（真彩色），具有 128 MB 或更大显存，且支持 OpenGL® 或 Direct3D® 的工作站级图形卡。对于 Windows Vista，需要具有 128 MB 或更大显存且支持 Direct3D 的工作站级图形卡以及 1024×768 VGA 真彩色（最低要求）

光盘驱动器：DVD- ROM 任何速度（仅用于安装）

定点设备：鼠标、轨迹球或其他定点设备

可选硬件：可兼容 Open GL® 的三维视频卡、打印机或绘图仪、数字化仪、调制解调器或其他访问 Internet 连接的设备、网络接口卡。

### 1.1.2　软件环境要求

操作系统：

32 位：

Windows Vista Enterprise

Windows Vista Business

Windows Vista Ultimate

Windows Vista Home Premium

Windows XP Professional Service Pack 2

Windows XP Home Service Pack 2

64 位：

Windows Vista Enterprise

Windows Vista Business

Windows Vista Ultimate

Windows Vista Home Premium

Windows XP Professional

Web 浏览器：Microsoft Internet Explorer 6.0 Service Pack 1（或更高版本）

注：如果安装工作站上未安装具有 Service Pack 1（或更高版本）的 Microsoft Internet Explorer 6.0，则无法安装 AutoCAD。可以从以下 Microsoft 网站下载 Internet Explorer：

http://www.microsoft.com/downloads/

### 1.1.3　有关三维使用的其他建议

内存：2 GB（或更高）

图形卡：1280×1024 32 位彩色视频显示适配器（真彩色），具有 128 MB 或更大显存，且支持 OpenGL® 或 Direct3D® 的工作站级图形卡。

硬盘：2 GB（除安装所需的 1 GB 外）或更大空间。

### 1.1.4　安装过程

用户必须有计算机管理员权限才能安装 AutoCAD。安装 AutoCAD 需要 AutoCAD 2009 的安装光盘（DVD 光盘）。

以下是单机安装 AutoCAD 的步骤。

1）将 AutoCAD 2009 光盘（DVD 光盘）放入计算机的 DVD-ROM 驱动器中自动启动。或者直接打开光盘，双击“setup”图标。

2）在 AutoCAD 安装向导中单击“安装产品”。

3）选择要安装的产品，然后单击“下一步”。

**注意** 默认情况下，安装 AutoCAD 时不安装 AutoCAD Design Review 2009。某些 AutoCAD 功能需要安装 Design Review 后才能正常运行。Design Review 是 DWF Viewer 的替代查看器。

4）查看适用于用户所在国家/地区的 Autodesk 软件许可协议。用户必须接受协议才能继续安装。选择用户所在的国家/地区，单击“我接受”，然后单击“下一步”。

5）在“产品和用户信息”页面中，输入序列号和用户信息，然后单击“下一步”。

6）如果不希望在“查看-配置-安装”页面中对配置进行任何更改，请选择“安装”。然后选择“是”，使用默认配置继续进行安装。

7）如果希望在“查看-配置-安装”页面中对配置进行更改，在“查看-配置-安装”页面上，单击“配置”以更改配置（例如安装类型、安装可选工具或更改安装路径等）。

8）在“选择许可类型”页面中，可以选择安装单机许可或网络许可，然后单击“下一步”。

9）在“选择安装类型”页面上，可以选择进行以下配置更改。

“典型”安装最常用的应用程序功能。

“自定义”仅安装用户从“选择要安装的功能”列表中选择的应用程序功能。

- CAD 标准：包含用于检查设计文件是否符合标准的工具。
- 数据库：包含数据库访问工具。
- 词典：包含多语言词典。
- 图形加密：允许用户通过“安全选项”对话框使用口令保护图形。
- Express Tools：包含 AutoCAD 支持工具和实用程序。
- 字体：包含 AutoCAD 字体和 TrueType 字体。
- Autodesk Impression 工具栏：可以使用 Impression 工具栏将任意视图快速输出到 Autodesk Impression 中，以获得高级线条效果。
- 材质库：包含 300 多种专业打造的材质，均可应用于模型。
- 新功能专题研习：包含帮助用户学习新功能的动画演示、练习和样例文件。
- 许可证转移实用程序：包含用于在计算机之间移动单机许可证的工具。
- 移植自定义设置：将早期版本产品中的自定义设置和文件移植到此版本的产品中。
- 参照管理器：使用户可以查看和编辑与图形关联的外部参照文件的路径。
- 样例：包含各种功能的样例文件。
- 教程：包含产品教程。
- VBA 支持：包含 Microsoft Visual Basic for Applications 支持文件。

“产品安装路径”指定要将 AutoCAD 安装到的驱动器和位置。

“创建桌面快捷方式”选择是否在桌面上显示 AutoCAD 快捷方式图标。默认情况下，产品图标将在桌面上显示。如果不希望显示快捷方式图标，请清除复选框。

10）单击用于配置其他产品的其他产品选项卡，或依次单击“下一步”和“配置完成”，返回“查看-配置-安装”页面。然后单击“安装”。

11）此时开始安装，并显示安装进度。

12）安装完成后，安装信息将显示在“配置完成”页面上，在以下操作中进行选择：

查看安装日志文件：如果要查看安装日志文件，将显示该文件的位置。

查看 AutoCAD 自述：如果单击“完成”，将从此对话框中打开自述文件。自述文件包含 AutoCAD 2009 文档发布时尚未具备的信息。如果不需要查看自述文件，请清除“自述”旁边的复选框。

成功地安装了 AutoCAD 2009 之后，现在可以注册产品然后开始使用此程序。要注册产品，请启动 AutoCAD 2009 并按照屏幕上的说明进行操作。

### 1.1.5 启动过程

全部安装过程完成之后，可以通过以下几种方式启动 AutoCAD 2009。

① 桌面快捷方式图标：桌面快捷方式图标：安装 AutoCAD 2009 时，将在桌面上放置一个 AutoCAD 2009 快捷方式图标（用户在安装过程中清除了该选项除外）。双击 AutoCAD 2009 图标可以启动 AutoCAD 2009。

②“开始”菜单：在“开始”菜单（Windows 操作系统）上，依次单击“程序”（或“所有程序”）→“Autodesk”→“AutoCAD 2009-Simplified Chinese”→“AutoCAD 2009”。

③ AutoCAD 2009 的安装位置启动：如果用户具有超级用户权限或计算机管理员权限，则可以从 AutoCAD 2009 的安装位置运行该程序。如果仅仅是有限权限用户，必须从“开始”菜单或桌面快捷方式启动 AutoCAD 2009。

## 1.2 操作界面

安装结束后重新启动计算机，双击桌面上“AutoCAD 2009-Simplified Chinese”快捷图标，启动 AutoCAD 2009 中文版系统。AutoCAD 2009 中文版的操作窗口是一个标准的 Windows 应用程序窗口，包括标题栏、菜单栏、工具栏、状态栏和绘图窗口等。操作界面窗口中还包含命令行和文本窗口，通过它们，用户可以和 AutoCAD 系统之间进行人机交互。启动 AutoCAD 2009 以后，系统将自动创建一个新的图形文件，并将该图形文件命名为“Drawing1.dwg”。因此启动之后，在 AutoCAD 2009 的主窗口中就自动包含了一个名为“Drawing1.dwg”的绘图窗口。

要退出 AutoCAD 2009 系统，直接单击 AutoCAD 2009 系统窗口标题栏上的按钮☒即可。如果图形文件没有被保存，系统退出时将提示用户进行保存。如果此时还有命令未执行完毕，系统会要求用户先结束命令。

AutoCAD 2009 二维草图与注释操作界面的主要组成元素有：标题栏、菜单浏览器、快速访问工具栏、绘图区域、选项卡、面板、命令行窗口、坐标系图标和功能按钮，如图 1-1 所示。

AutoCAD 2009 还有两个操作界面，可以通过单击右下角的“切换工作空间”按钮进行切换，两个界面分别是“三维建模”和“AutoCAD 经典”，分别如图 1-2 和图 1-3 所示。

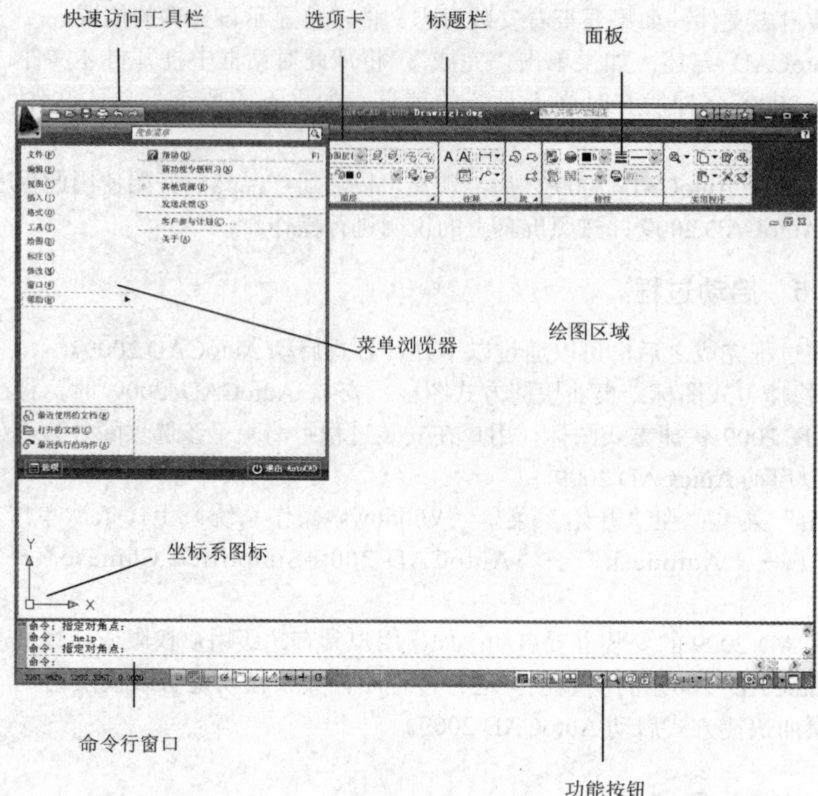


图 1-1 基本的操作界面

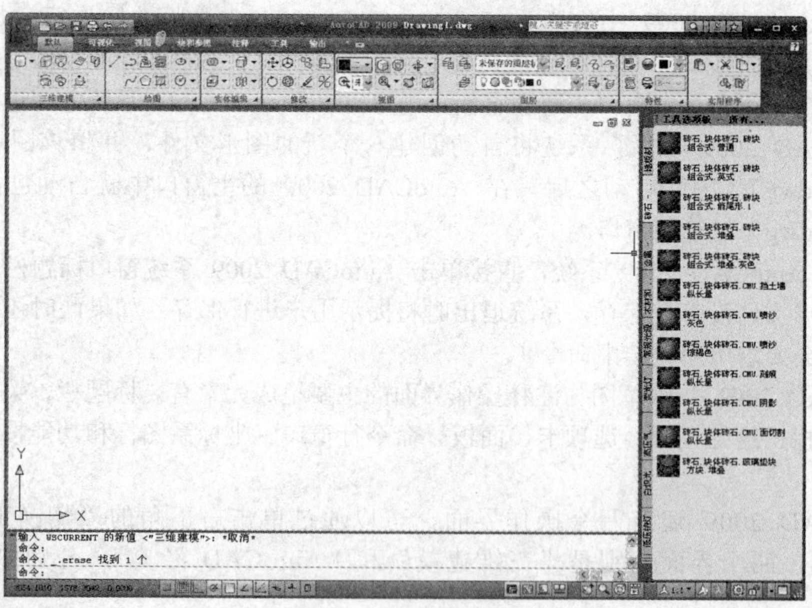

图 1-2 “三维建模”界面

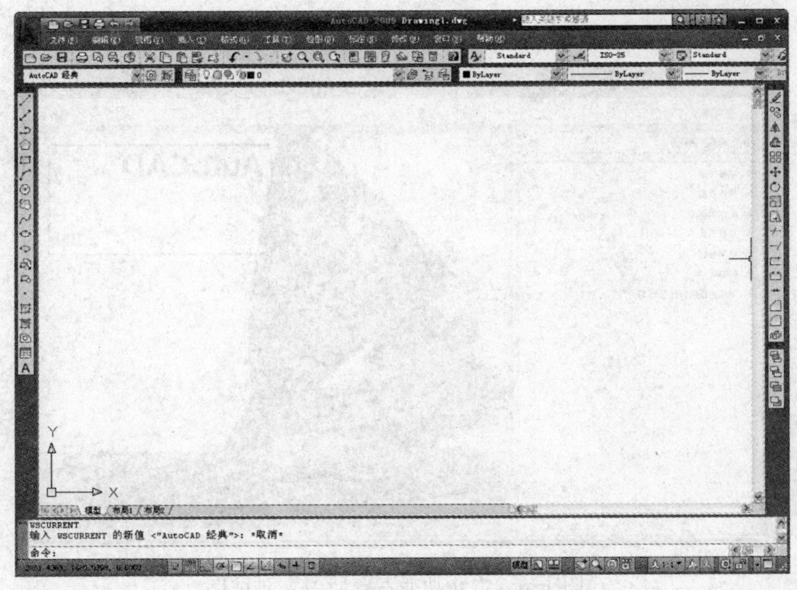

图 1-3　“AutoCAD 经典”界面

AutoCAD 2009 把常用命令制成各种图标按钮。用户可以把这些按钮布置在图形编辑窗口中的任何位置。AutoCAD 2009 提供了多个选项卡和数十个工具面板，其中常用的命令集中在如图 1-4 所示“绘图”面板和图 1-5 所示的“修改”面板中。

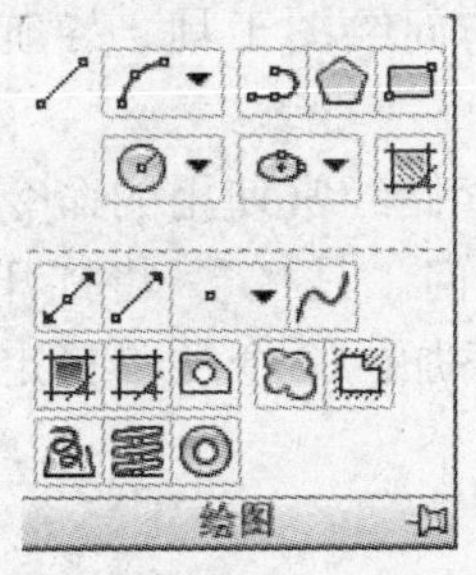


图 1-4　“绘图”面板

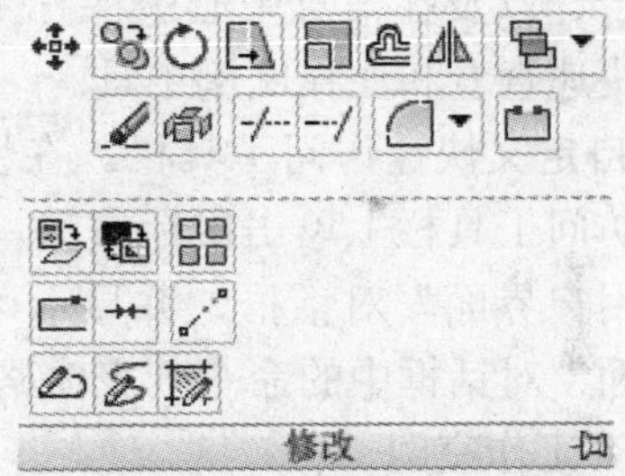


图 1-5　“修改”面板

“绘图”面板提供常用的绘图命令。熟练掌握绘图工具栏，是学好 AutoCAD 2009 的基本要求。

“修改”面板用于编辑和修改已经绘制好的图形，包括删除、复制、移动、修剪等命令。

## 1.3　AutoCAD 2009 的新特性

初次启动 AutoCAD 2009 时，操作窗口会让用户选择是否查看“新功能专题研习”，如果用户同意观看，屏幕将会出现如图 1-6 所示的“新功能专题研习”对话框，可引导用户学习 AutoCAD 2009 的新特性。

与以前的版本相比，AutoCAD 2009 中的新特性主要包括：获得信息、用户界面、动作录制器、增强的图层特性管理器等。限于篇幅，下面只介绍若干 AutoCAD 2009 的主要新特性。

图 1-6 “新功能专题研习”对话框

**1. 用户界面**

（1）应用程序窗口

- 访问常用工具。应用程序窗口已得到增强，可以从中轻松访问常用工具，例如菜单浏览器、快速访问工具栏和信息中心。快速搜索各种信息来源、访问产品更新和通告、以及在信息中心中保存主题。从状态栏中可轻松访问绘图工具、导航工具以及快速查看和注释比例工具。
- 自定义快速访问工具栏。在快速访问工具栏上，可以存储经常使用的命令。在快速访问工具栏上单击鼠标右键，然后单击“自定义快速访问工具栏”。将打开“自定义用户界面”对话框，并显示可用命令的列表。将想要添加的命令从“自定义用户界面”对话框中的命令列表窗格拖动到快速访问工具栏。

（2）工作空间

用户可以通过菜单浏览器在工作空间之间进行切换。产品中已定义了以下基于任务的工作空间。

- 二维草图与注释。
- 三维建模。
- AutoCAD 经典。

（3）菜单浏览器

- 搜索菜单命令。菜单浏览器将所有可用的菜单命令都显示在一个位置。用户可以搜索可用的菜单命令，也可以标记常用命令以便日后查找。
- 查看和打开文档。可以在菜单浏览器中查看最近使用过的文件和菜单命令。还可以查看打开文件的列表。菜单下有“最近使用的文档”、“打开文档”和“最近执行的动作”视图。

**注意**　在快速访问工具栏上单击鼠标右键，然后单击“显示菜单栏”，则“菜单栏”显示在操作界面中。与“菜单浏览器”的菜单命令一致。

（4）功能区

- 使用功能区组织工具。功能区为与当前工作空间相关的操作提供了一个单一简洁的放置区域。使用功能区时无需显示多个工具栏，这使得应用程序窗口变得简洁有序。通过使用单一简洁的界面，功能区可以将可用的工作区域最大化。
- 自定义功能区方向。功能区可以水平显示、垂直显示或显示为浮动选项板。创建或打开图形时，默认情况下，在图形窗口的顶部将显示水平的功能区。

（5）工具提示

工具提示已得到增强，现在包括两个级别的内容：基本内容和补充内容。光标最初悬停在命令或控件上时，将显示基本工具提示。其中包含对该命令或控件的概括说明、命令名、快捷键和命令标记。当光标在命令或控件上的悬停时间累积超过一特定数值时，将显示补充工具提示。可以在“选项”对话框中设置累积时间。补充工具提示提供了有关命令或控件的附加信息，并且可以显示图示说明。

**2. 增强的图层特性管理器**

现在可以立即应用图层特性更改，无需单击“应用”或“确定”即可应用更改。

增强的图层特性管理器支持双显示器方案。可以将其置于辅显示器上，而在主显示器上绘图。这样，绘图编辑器就变得简洁有序。不需要时也可以将该对话框最小化或关闭。

现在，在图层特性管理器保持打开状态的同时，可以对多个图层特性进行更改。可以选择希望可见的图层，而无需重新打开和关闭对话框。无需单击“确定”或“应用”即可查看图层特性更改。

AutoCAD 2009 主要的新增功能都是用户界面，在此就不一一详述了，有兴趣的读者可以参看其他书籍。

## 1.4　AutoCAD 2009 的基本操作

AutoCAD 2009 的基本操作包括文件操作、坐标系操作和使用帮助。AutoCAD 2009 是应用于 Windows 操作系统上的应用软件包，跟众多类似的软件包一样，文件操作是 AutoCAD 2009 的基本操作。AutoCAD 2009 的基本功能是绘制图形，它默认一切绘图操作都是在某种坐标系中进行的。要正确绘制图形，必须先熟悉坐标系操作。用户对 AutoCAD 2009 有什么疑问，可以随时查询帮助文件，获得解答。下面一一加以介绍。

### 1.4.1　文件操作

AutoCAD 2009 对图形文件与非图形文件的操作与 Windows 是兼容的。没有任何文件的 AutoCAD 2009 窗口是一个 Windows 窗口。文件的新建、打开、保存命令就放在下拉菜单

“文件”中。

在 AutoCAD 2009 的命令中，还有两种方法操作文件。一是单击快速访问工具栏中的文件新建、打开、保存按钮，如图 1-7 所示。二是直接在命令行中输入“new”、“open”、“save”。

图 1-7　快速访问工具栏

AutoCAD 2009 允许使用 Windows 关于文件的其他操作命令。这些命令放在鼠标命令菜单中。在 AutoCAD 2009 运行中，在画图区域单击鼠标右键，屏幕出现包含这些文件操作命令的菜单，如图 1-8 所示。

AutoCAD 2009 具有强大的图像、文字处理功能，可以直接对这些非图形文件及其内容进行操作。

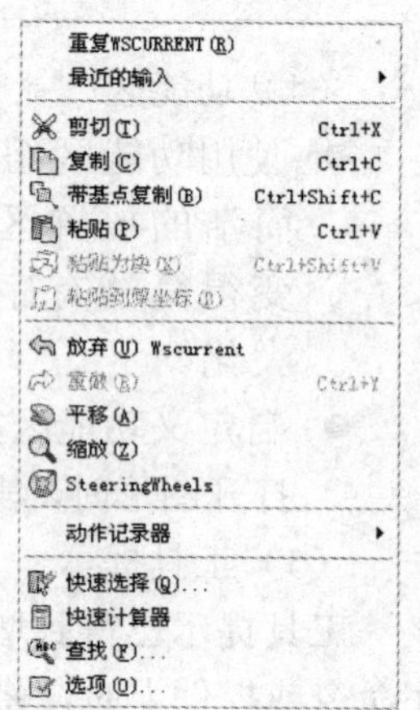


图 1-8　文件操作命令菜单

## ▷▷▷ 1.4.2　坐标系介绍

在 AutoCAD 2009 中有两个坐标系：一个是被称为世界坐标系（WCS）的固定坐标系，一个是被称为用户坐标系（UCS）的可移动坐标系。 默认情况下，这两个坐标系在新图形中是重合的。

在 AutoCAD 2009 二维视图中，WCS 的水平向右为 X 轴正向，垂直向上为 Y 轴正向（垂直于 XY 平面指向用户的是 Z 轴正向，可在三维视图中看到）。 WCS 的原点为 X 轴和 Y 轴的交点 (0,0)。 图形文件中的所有对象均由其 WCS 坐标定义。

WCS 总是出现在用户图样上，是基准坐标系。而其他的坐标系都是相对于它来确定的，这些坐标系被称为用户坐标系（User Coordinate System，UCS），可以通过 UCS 命令创建，使用可移动的 UCS 创建和编辑对象通常更方便。尽管 WCS 是固定的，但用户仍然可以在不改变坐标系的情况下，从各个方向，各个角度观察实体。当视角改变后，坐标系图标也会随之改变，图 1-9 显示了绘图常用视角的坐标系图标。

坐标系是可以被改变的。AutoCAD 2009 系统提供了相关面板，实现视角不变、坐标系改变，如图 1-10 所示。用户将在三维造型中大量使用坐标系命令。

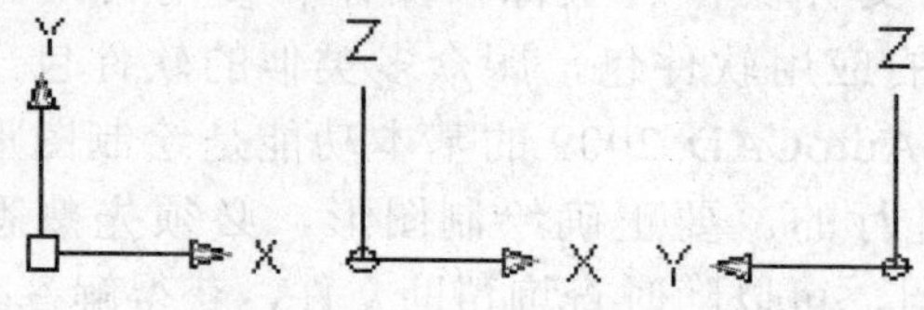


图 1-9　俯视图、前视图、左视图的坐标系图标

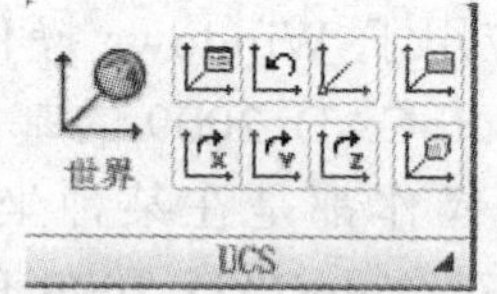


图 1-10　UCS 面板

## ▷▷▷ 1.4.3　使用帮助

AutoCAD 2009 提供了强大的帮助功能。

在“菜单浏览器”中打开“帮助”菜单，选择其中的“帮助”命令，即出现

“AutoCAD 2009 帮助”对话框，如图 1-11 所示。

帮助功能对话框中左边第一个选项卡是“目录”选项卡。它按树型结构排列命令目录。如果用户熟悉有关信息所在位置，可以直接在“目录”选项卡中查找。

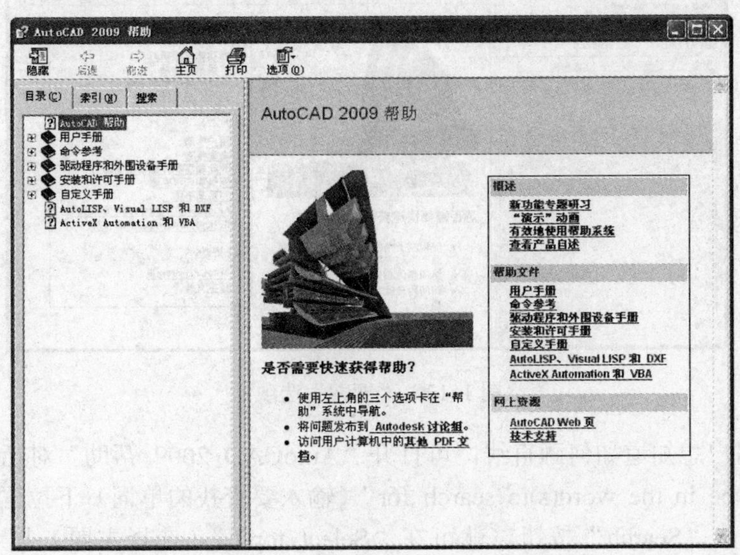


图 1-11 “AutoCAD 2009 帮助”对话框

左边第二个是“索引”选项卡。在目录索引文字框中键入需要了解的命令拼写或部分命令拼写，系统就会立即在下面列表框中列出相关内容供选择。这对初学者十分有利。索引显示的内容是按字母顺序排列的，如图 1-12 所示。

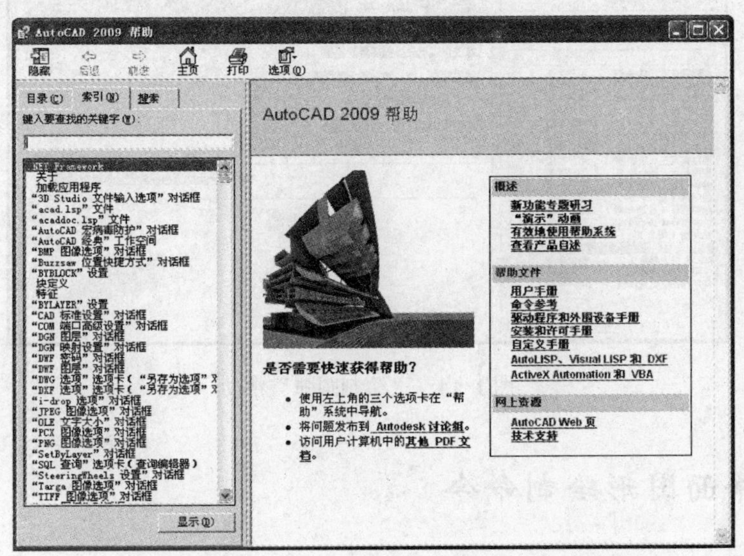


图 1-12 “索引”选项卡

第三个选项卡是“搜索”选项卡。帮助用户在更大范围内搜索用户需要的相关信息。它比目录索引要慢得多，但是查找的范围更大，如图 1-13 所示。

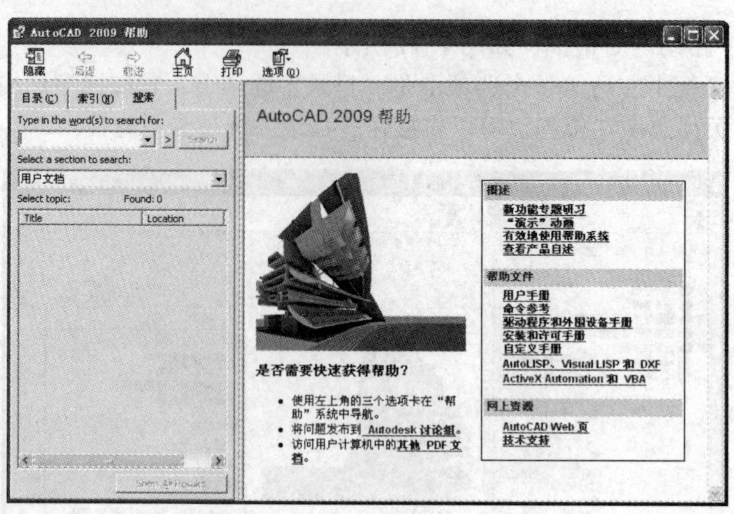


图 1-13 “搜索”选项卡

举例：如用户想知道如何画直线，可打开“AutoCAD 2009 帮助”对话框，在“搜索”选项卡中的“Type in the word(s)to search for”（输入要查找的单词）下拉框中输入“绘制圆弧”，用鼠标单击“Search”按钮，就可在“Select topic”（选择主题）显示区域看到选择项，在其中可找到绘制圆弧方法，如图 1-14 所示。

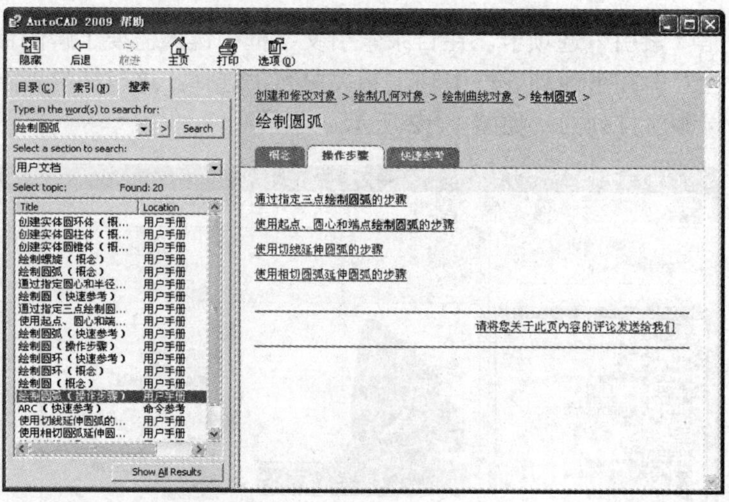


图 1-14 “绘制圆弧”帮助

## ▷▷ 1.5 平面图形绘制命令

利用 AutoCAD 2009 的平面图形绘制功能，可以绘制各种电气图样。平面图形都由直线和曲线组合而成，AutoCAD 2009 提供了很多绘制直线图形、曲线图形的命令。它们包括直线段、射线等直线图形的绘制命令和圆、圆弧、多边形等曲线图形的绘制命令。利用 AutoCAD 2009 还可以填充图形、绘制表格，以便绘制建筑墙面和图样的明细表。

使用最方便的绘制平面图形的命令是图标按钮格式。AutoCAD 2009 把它们集中放在“绘图”面板中，如图 1-15 所示。使用这些命令可以绘制直线、曲线、填充、表格等图形，下面介绍常用的几种。

## 1.5.1 直线段

如图 1-16 所示，单击“直线”命令按钮，即可根据命令行的提示连续绘制指定长度、角度的直线段。

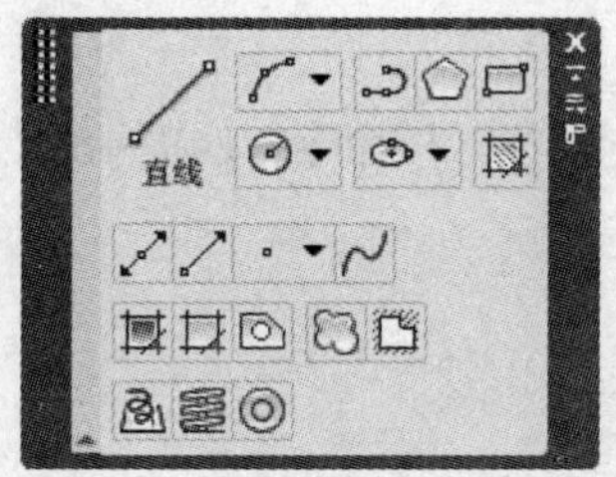


图 1-15 “绘图” 面板

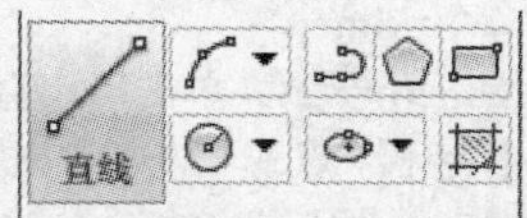


图 1-16 “直线”命令按钮

直线的要素是起点和终点，或者长度与角度。输入直线的起点、终点坐标即可绘制直线。下面通过不同的坐标输入法绘制直线。

**【示例 1】** 用绝对坐标输入直线起点和端点，绘制直线段，按命令行的提示操作。

```
命令: _line
指定第一点: 0,0(按绝对坐标输入直线段的起点)
指定下一点或 [放弃(U)]: 100,30（按绝对坐标输入直线段的端点）
指定下一点或 [放弃(U)]:（回车）
```

效果如图 1-17 所示。

**【示例 2】** 用相对坐标输入直线的端点绘制直线段，按命令行的提示操作。

```
命令: _line
指定第一点:（单击确定直线段的起点）
指定下一点或 [放弃(U)]: @100,30（按相对坐标输入直线段的端点）
指定下一点或 [放弃(U)]: （回车）
```

效果如图 1-18 所示。

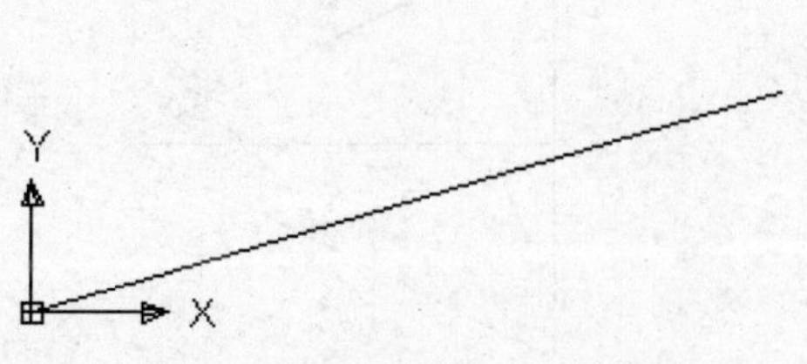


图 1-17 按绝对坐标绘制直线段

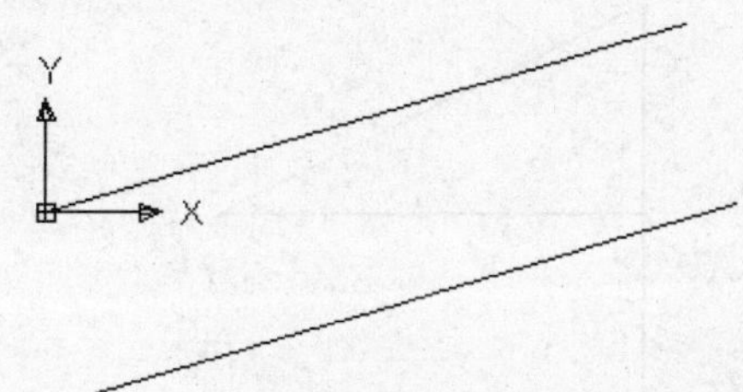


图 1-18 按相对坐标绘制直线段

**【示例 3】** 用极坐标输入直线端点，用确定长度与角度的方法绘制直线段，按命令行的提示操作。

```
命令: _line
指定第一点: _endp 于（捕捉上一例绘制的直线左端点）
指定下一点或 [放弃(U)]: @100<30（按极坐标输入直线段的端点，长度 100，与水平夹角 30°）
指定下一点或 [放弃(U)]: （回车）
```

效果如图 1-19 所示。

**【电气示例】** 绘制二极管符号。

操作步骤如下。

1）单击“绘图”面板中的“直线”命令按钮╱，准备绘制直线，按命令行的提示进行操作。

```
命令: _line
指定第一点:（单击确定直线的起点）
指定下一点或 [放弃(U)]:@0,5（按相对坐标确定直线端点）
指定下一点或 [放弃(U)]:（回车）
```

效果如图 1-20 所示。

2）单击“绘图”面板中的“直线”命令按钮╱，绘制起点在垂直直线中点，长度为 5 的水平直线，效果如图 1-21 所示。

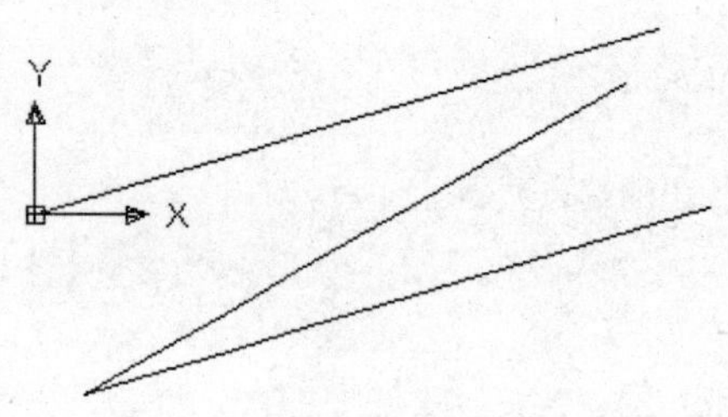


图 1-19 按极坐标绘制直线段

图 1-20 绘制垂直直线

图 1-21 绘制水平直线

3）单击“绘图”面板中的“直线”命令按钮╱，绘制垂直直线上端点和水平直线右端点连线，效果如图 1-22 所示。

4）单击“绘图”面板中的“直线”命令按钮╱，绘制垂直直线下端点和水平直线右端点连线，效果如图 1-23 所示。

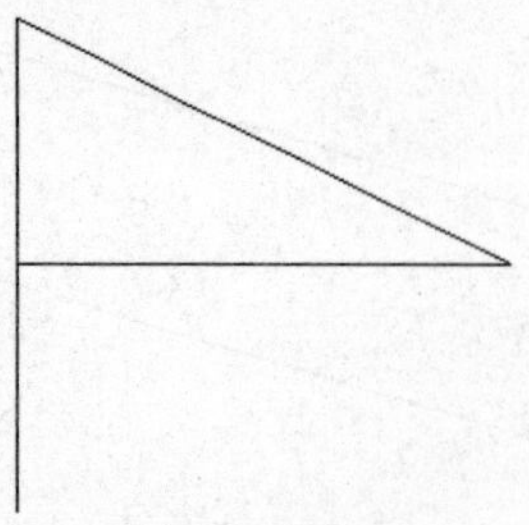

图 1-22 绘制上边的斜线

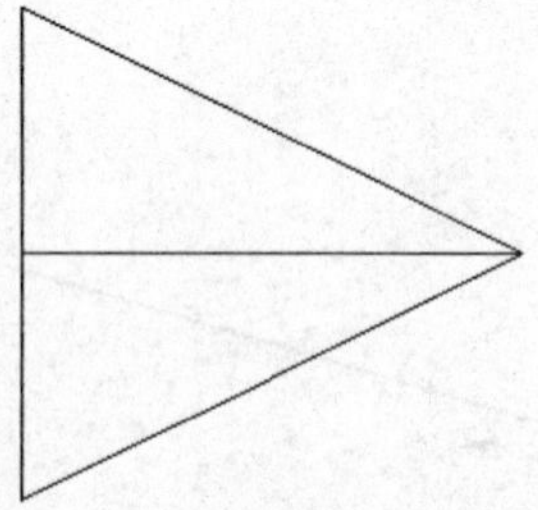

图 1-23 绘制下边的斜线

5）单击“绘图”面板中的“直线”命令按钮╱，绘制起点在水平直线右端点，长度为 2.5，向上的垂直直线，效果如图 1-24 所示。

6）单击“绘图”面板中的“直线”命令按钮╱，绘制起点在水平直线右端点，长度为 2.5，向下的垂直直线，效果如图 1-25 所示。

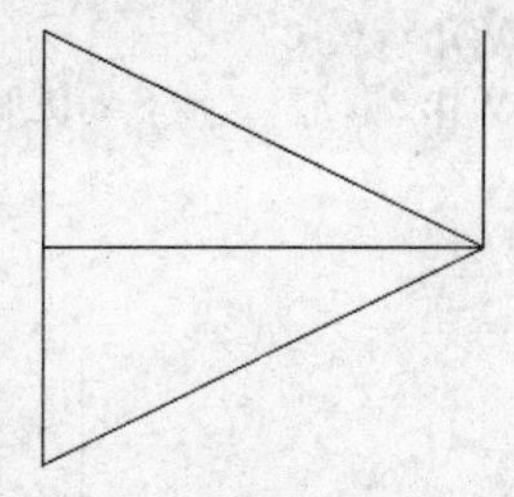

图 1-24　绘制向上的垂直直线

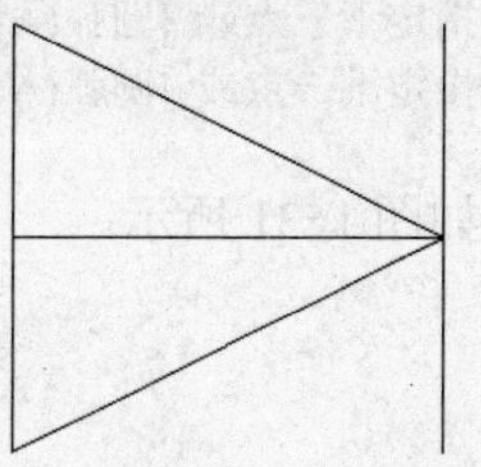

图 1-25　绘制向下的垂直直线

7）单击“绘图” 面板中的“直线”命令按钮╱，绘制起点在如图 1-26 所示的端点，长度为-2.5 的水平直线，效果如图 1-27 所示。

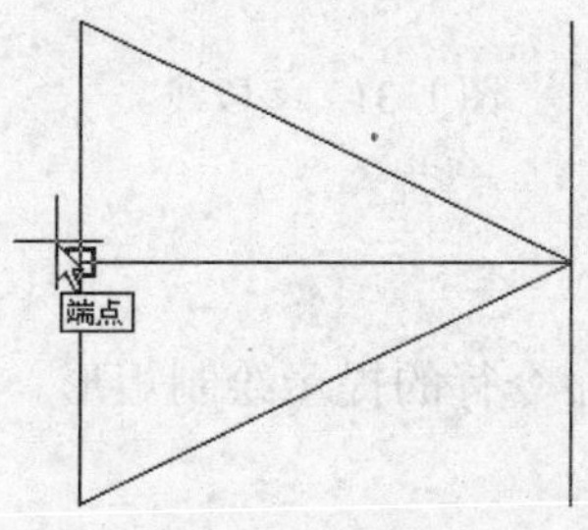



图 1-26　捕捉端点

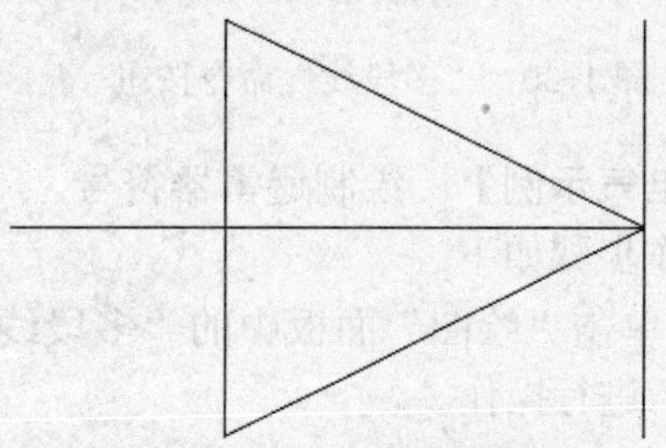

图 1-27　绘制水平直线

8）单击“绘图” 面板中的“直线”命令按钮╱，绘制起点在如图 1-28 所示的端点，长度为 2.5 的水平直线，效果如图 1-29 所示。

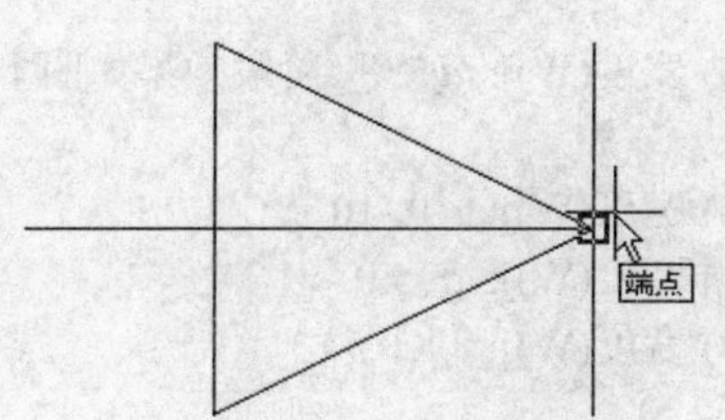



图 1-28　再次捕捉端点

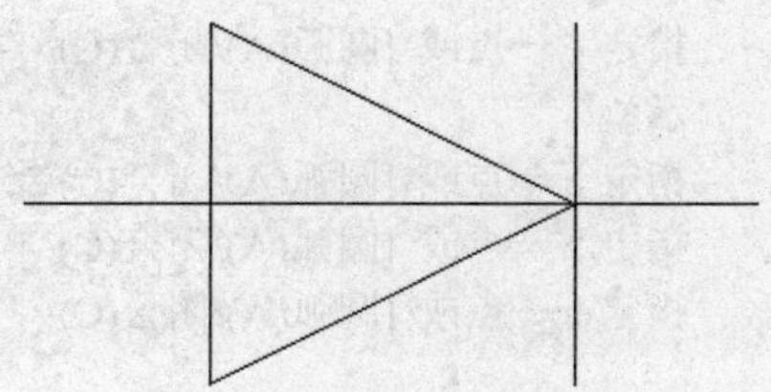

图 1-29　绘制水平向右的直线

## 1.5.2　多段线

用户单击“多段线”命令按钮，即可根据命令行的提示连续绘制指定长度、角度的多段线。如图 1-30 所示为多段线绘制命令在绘图面板中的位置。

**【示例】**　按命令行的提示，绘制曲折的多段线。

```
命令: _pline
```

```
指定起点: 0,0
当前线宽为 0.0000
指定下一个点或 [圆弧(A)/半宽(H)/长度(L)/放弃(U)/宽度(W)]: 10,0
指定下一点或 [圆弧(A)/闭合(C)/半宽(H)/长度(L)/放弃(U)/宽度(W)]: @0,10
指定下一点或 [圆弧(A)/闭合(C)/半宽(H)/长度(L)/放弃(U)/宽度(W)]: @10,0
指定下一点或 [圆弧(A)/闭合(C)/半宽(H)/长度(L)/放弃(U)/宽度(W)]: @0,10
指定下一点或 [圆弧(A)/闭合(C)/半宽(H)/长度(L)/放弃(U)/宽度(W)]: *取消*（按 Esc 键）
```

效果如图 1-31 所示。

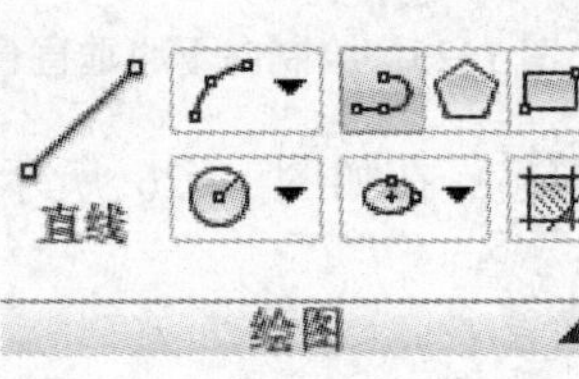


图 1-30 “多段线”命令按钮

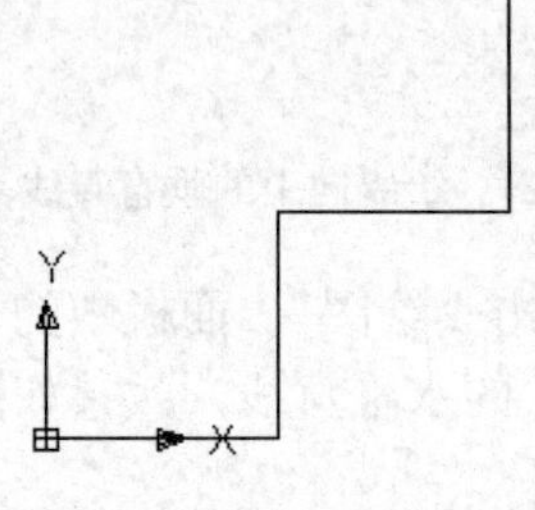


图 1-31 多段线

【电气示例】 绘制避雷器符号。

操作步骤如下。

1）单击“绘图”面板中的“多段线”命令按钮，按命令行的提示绘制矩形。按命令行的提示进行操作。

```
命令: _pline
指定起点:（单击确定一点）
当前线宽为 0.0000
指定下一个点或 [圆弧(A)/半宽(H)/长度(L)/放弃(U)/宽度(W)]: @0,10（以下按相对坐标输入线段端点）
指定下一点或 [圆弧(A)/闭合(C)/半宽(H)/长度(L)/放弃(U)/宽度(W)]: @5,0（阶段效果如图 1-32 所示）
指定下一点或 [圆弧(A)/闭合(C)/半宽(H)/长度(L)/放弃(U)/宽度(W)]: @0,-10
指定下一点或 [圆弧(A)/闭合(C)/半宽(H)/长度(L)/放弃(U)/宽度(W)]: @-5,0
指定下一点或 [圆弧(A)/闭合(C)/半宽(H)/长度(L)/放弃(U)/宽度(W)]:（回车）
```

效果如图 1-33 所示。

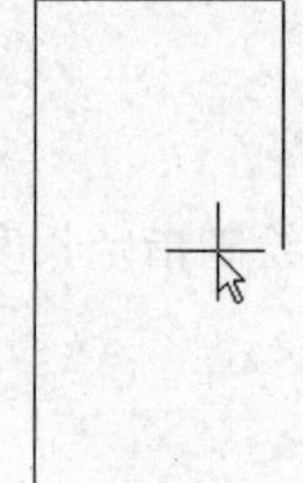

图 1-32 绘制折线

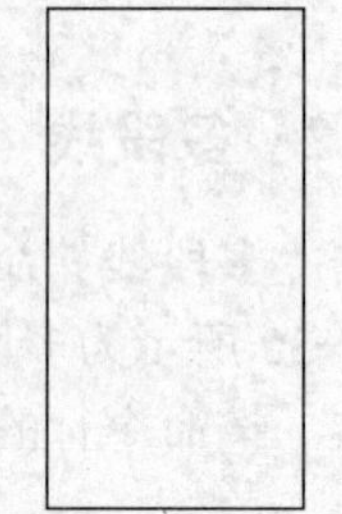

图 1-33 绘制矩形

2）单击“绘图”面板中的“多段线”命令按钮，绘制起点在如图1-34所示的中点，垂直向上的直线，长度为8，效果如图1-35所示。

3）单击“绘图”面板中的“多段线”命令按钮，绘制起点在矩形下边中点，垂直向下的直线，长度为8，效果如图1-36所示。

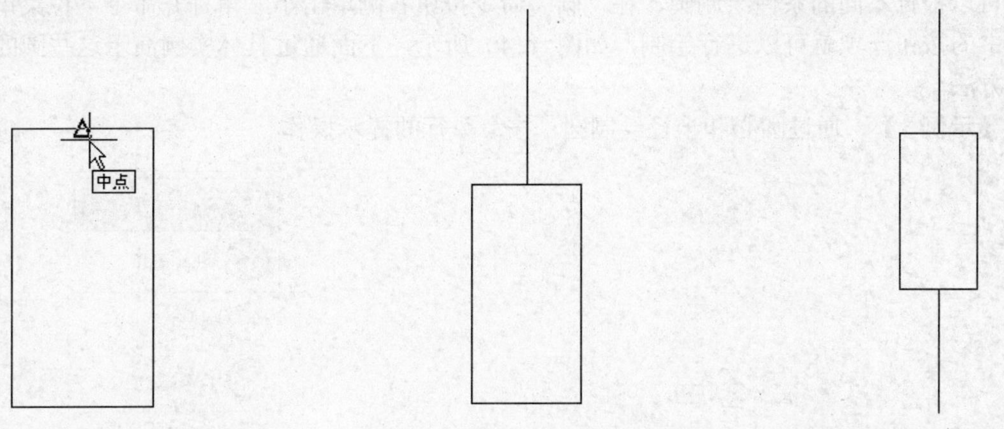


图1-34　捕捉中点　　图1-35　绘制向上的直线　　图1-36　绘制向下的直线

4）单击“绘图”面板中的“多段线”命令按钮，按命令行的提示绘制箭头。按命令行的提示进行操作。

```
命令: _pline
指定起点: _endp 于（捕捉如图1-37所示的端点）
当前线宽为 0.0000
指定下一个点或 [圆弧(A)/半宽(H)/长度(L)/放弃(U)/宽度(W)]: @0,5
指定下一点或 [圆弧(A)/闭合(C)/半宽(H)/长度(L)/放弃(U)/宽度(W)]: w
指定起点宽度 <0.0000>: 2
指定端点宽度 <2.0000>: 0
指定下一点或 [圆弧(A)/闭合(C)/半宽(H)/长度(L)/放弃(U)/宽度(W)]: @0,3
指定下一点或 [圆弧(A)/闭合(C)/半宽(H)/长度(L)/放弃(U)/宽度(W)]:
```

效果如图1-38所示。

图1-37　捕捉端点　　图1-38　绘制箭头

### 1.5.3 圆

圆是构成图形的基本元素，单击“圆”命令按钮，即可根据命令行的提示绘制指定圆心和半径的圆。如图 1-39 所示为“圆”命令按钮在绘图面板中的位置。

可以根据不同的条件绘制圆，在“圆”命令按钮右侧单击小三角打开命令下拉菜单，单击其中的按钮选项就可以进行绘制，如图 1-40 所示，下面通过具体实例演示这些圆的不同绘制方法。

【示例 1】 通过圆心和半径绘制圆，按命令行的提示操作。

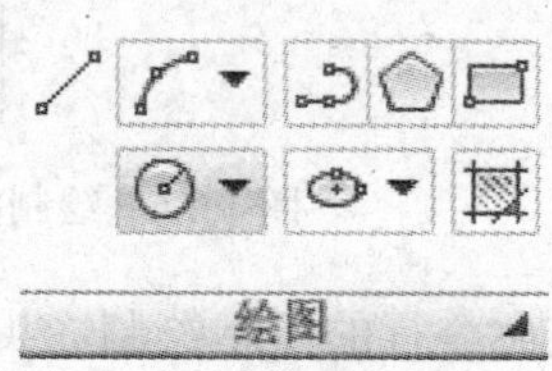

图 1-39 “圆”命令按钮

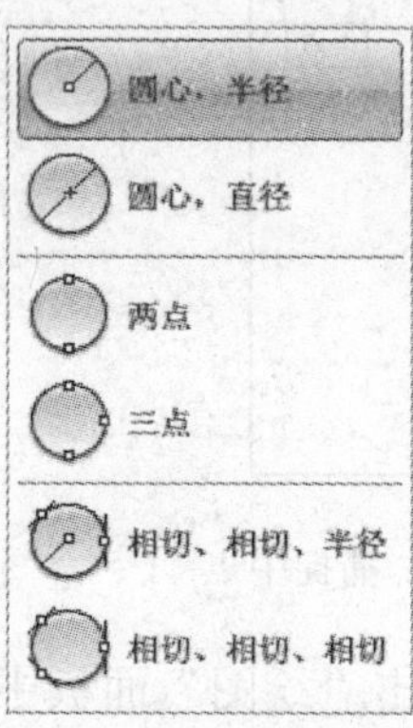

图 1-40 圆命令下拉菜单

```
命令: _circle
指定圆的圆心或 [三点(3P)/两点(2P)/相切、相切、半径(T)]:0,0（输入圆心坐标）
指定圆的半径或 [直径(D)]: 2（输入半径值）
```

效果如图 1-41 所示。

【示例 2】 通过圆心和直径绘制圆，单击“圆心，直径”按钮选项，按命令行的提示操作。

```
命令: _circle
指定圆的圆心或 [三点(3P)/两点(2P)/相切、相切、半径(T)]:0,0（输入圆心坐标）
指定圆的半径或 [直径(D)]: _d 指定圆的直径: 10（输入直径值）
```

效果如图 1-42 所示。

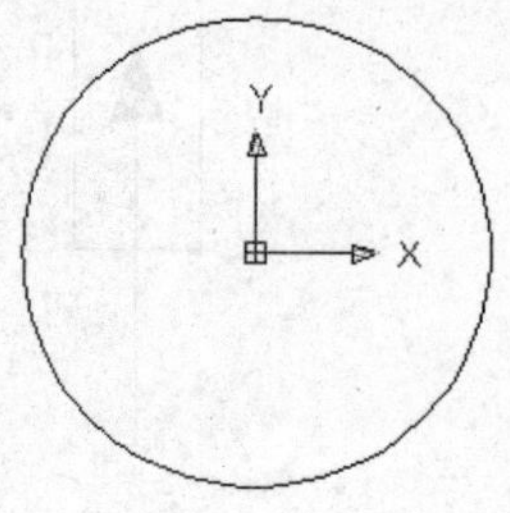

图 1-41 通过圆心和半径绘制圆

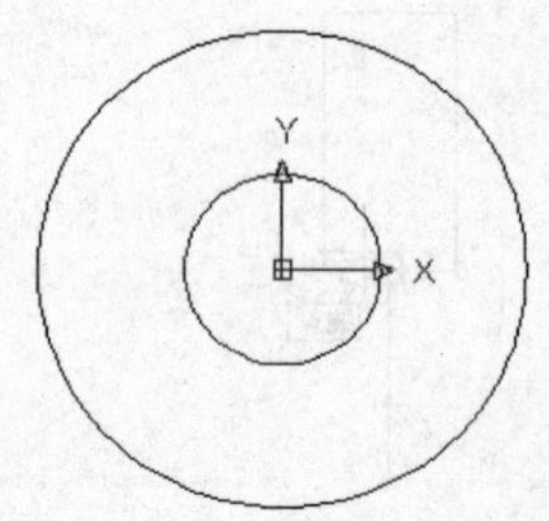

图 1-42 通过圆心和直径绘制圆

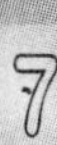

【示例 3】　通过圆上的三个点绘制圆，单击“三点”按钮选项，按命令行的提示操作。

命令: _circle
指定圆的圆心或 [三点(3P)/两点(2P)/切点、切点、半径(T)]: _3p 指定圆上的第一个点:（如图 1-43 所示，把光标靠近三角形的一个顶点，单击输入该端点的坐标）
指定圆上的第二个点:（如图 1-44 所示，把光标靠近三角形的第二个顶点，单击输入该端点的坐标）
指定圆上的第三个点:（如图 1-45 所示，把光标靠近三角形的第三个顶点，单击输入该端点的坐标）

效果如图 1-46 所示。

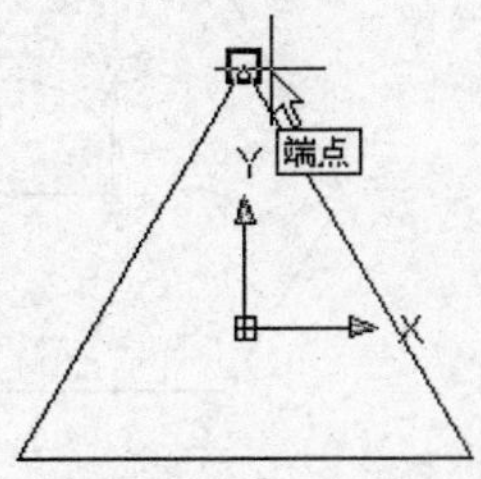


图 1-43　捕捉第一个端点

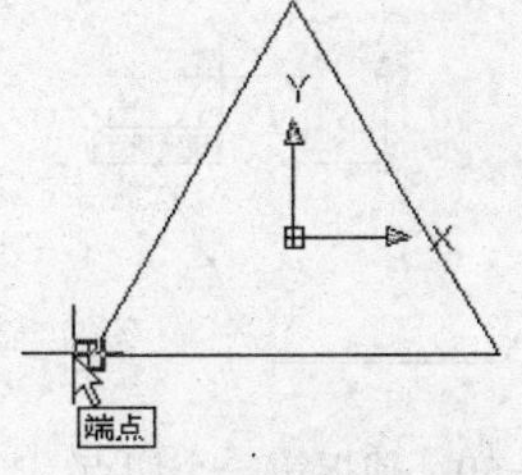


图 1-44　捕捉第二个端点

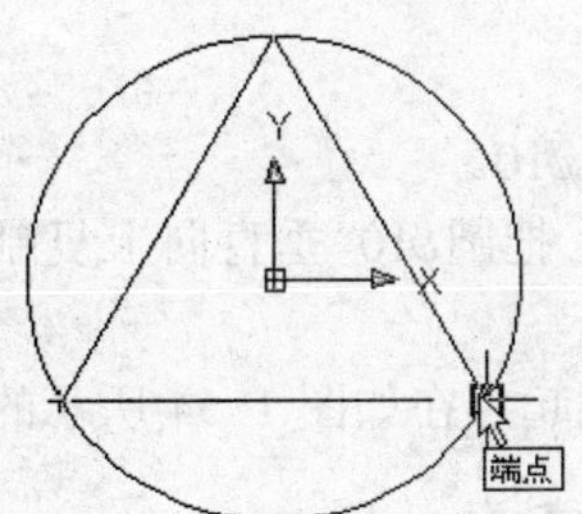


图 1-45　捕捉第三个端点

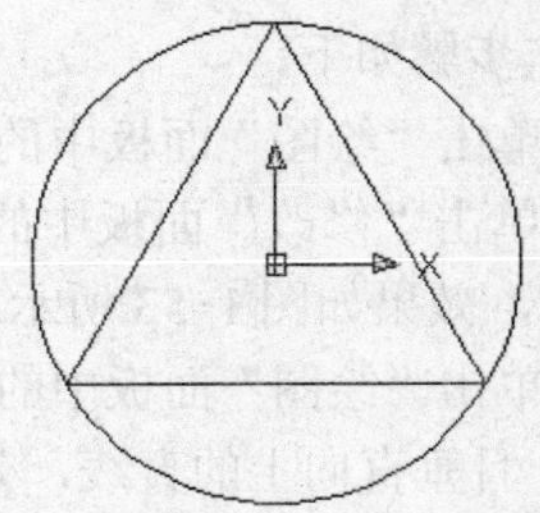


图 1-46　通过三个点绘制圆

【示例 4】　通过圆直径上的端点绘制圆，单击“两点”按钮选项，按命令行的提示操作。

命令: _circle
指定圆的圆心或 [三点(3P)/两点(2P)/切点、切点、半径(T)]: _2p 指定圆直径的第一个端点:（如图 1-47 所示，把光标靠近六边形顶边的中点，单击输入该中点的坐标）
指定圆上的第二个点:（如图 1-48 所示，把光标靠近六边形底边的中点，单击输入该中点的坐标）

效果如图 1-49 所示。

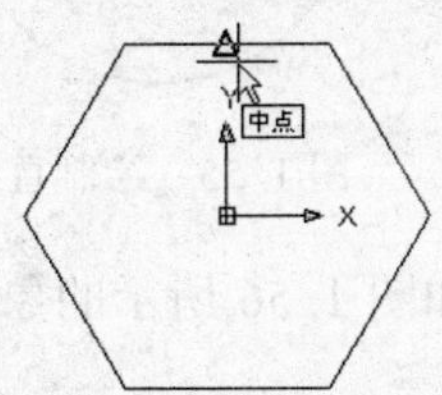


图 1-47　捕捉第一个中点

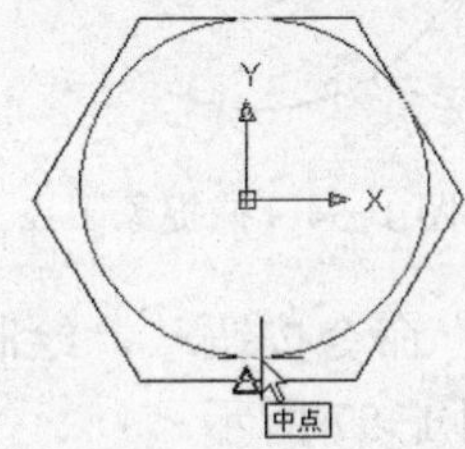


图 1-48　捕捉第二个中点

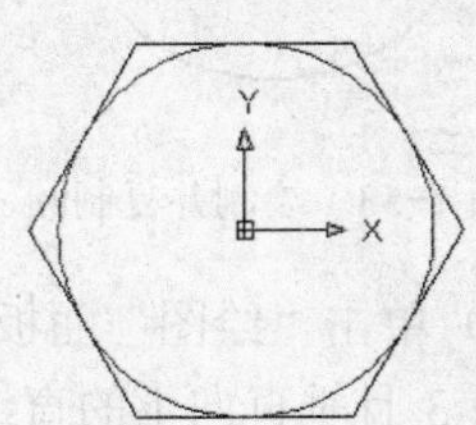


图 1-49　通过两个点绘制圆

【示例 5】 通过圆上三个要素：相切、相切和半径绘制圆，单击“相切、相切、半径”按钮选项，按命令行的提示操作。

```
命令: _circle
指定圆的圆心或 [三点(3P)/两点(2P)/切点、切点、半径(T)]: _ttr
指定对象与圆的第一个切点:（如图 1-50 所示，把光标靠近六边形一条边，单击输入该切点的坐标）
指定对象与圆的第二个切点: （如图 1-51 所示，把光标靠近六边形另一条边，单击输入该切点的坐标）
指定圆的半径 <80.4412>:10（输入圆的半径值）
```

效果如图 1-52 所示。

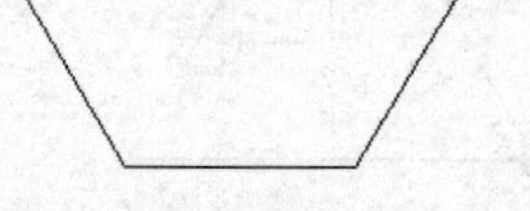


图 1-50　捕捉第一个切点

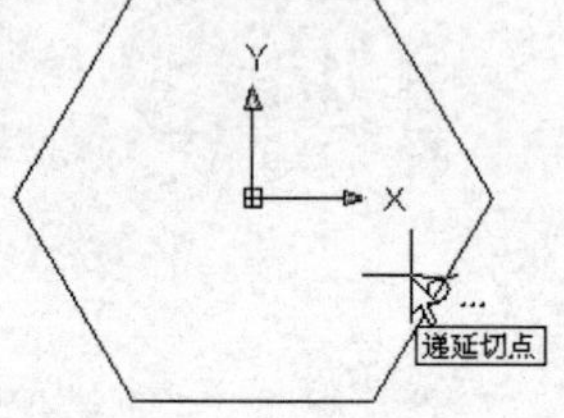


图 1-51　捕捉第二个切点

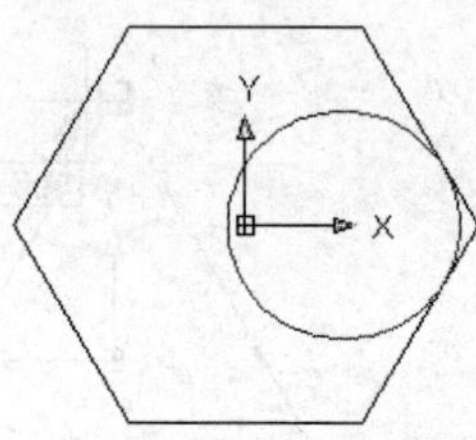


图 1-52　绘制出圆

【电气示例】 绘制双绕组变压器符号。

操作步骤如下。

1）单击“绘图”面板中的“圆”命令按钮，绘制圆$\phi$10。

2）单击“修改”面板中的“复制对象”命令按钮，把圆$\phi$10 垂直向上复制一份，复制距离 8，效果如图 1-53 所示。

3）单击“绘图”面板中的“直线”命令按钮，绘制起点在如图 1-54 所示的象限点，长度为 3 且垂直向上的直线，效果如图 1-55 所示。

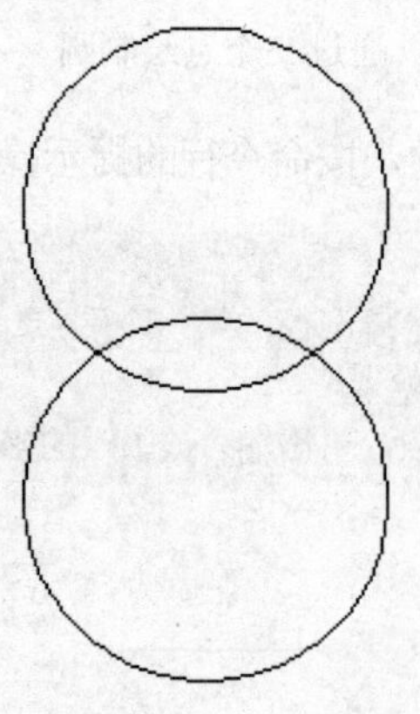

图 1-53　绘制并复制圆

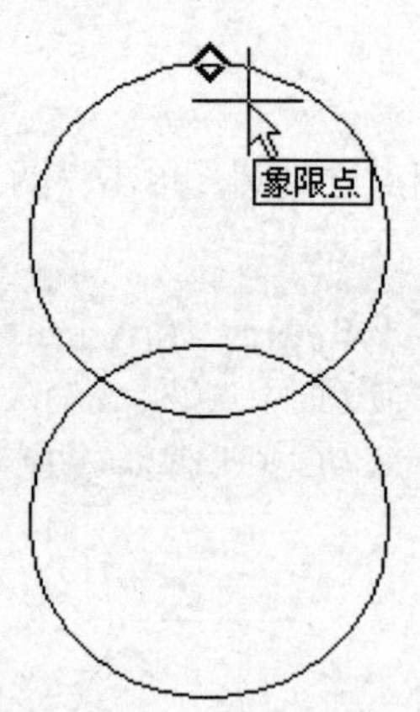


图 1-54　捕捉象限点

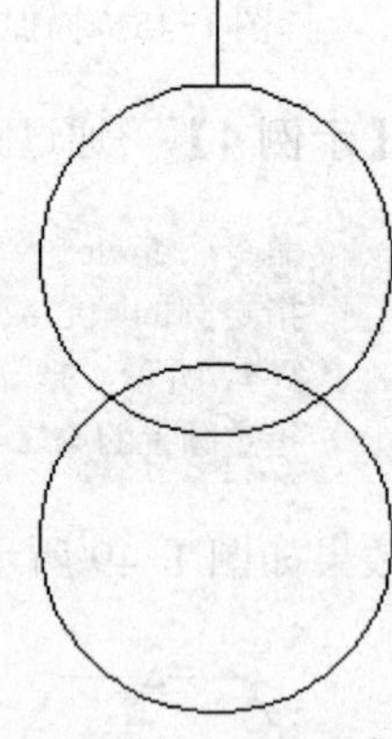

图 1-55　绘制直线

4）单击“绘图”面板中的“直线”命令按钮，绘制起点在如图 1-56 所示的象限点，长度为 3 且垂直向下的直线，效果如图 1-57 所示。

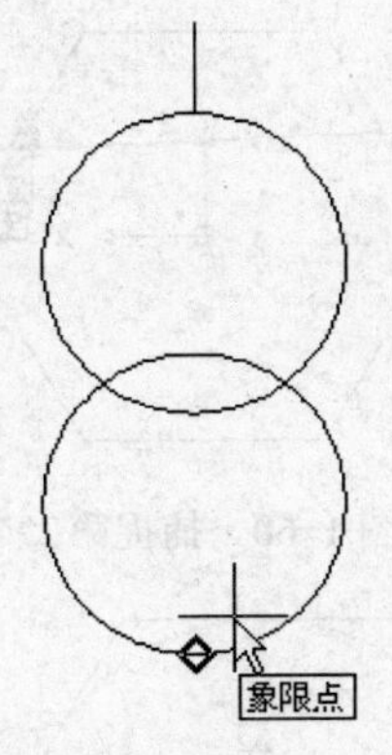


图 1-56　捕捉另一个象限点

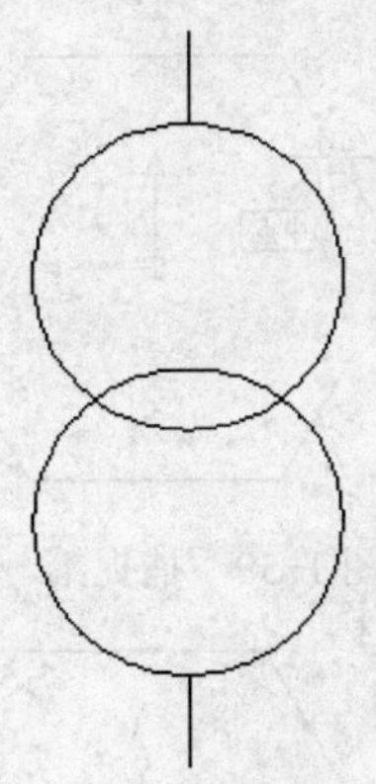

图 1-57　绘制向下的直线

## 1.5.4　圆弧

如图 1-58 所示为“圆弧”命令按钮在“绘图”面板中的位置和该命令的下拉菜单。

根据不同的绘制条件，圆弧也有多种绘制方法，用户可以根据具体的绘图需要自行选择，在“圆弧”命令按钮右侧单击小三角，打开命令下拉菜单，单击其中的按钮选项就可以进行绘制。下面通过实例来使读者熟悉这些方法。

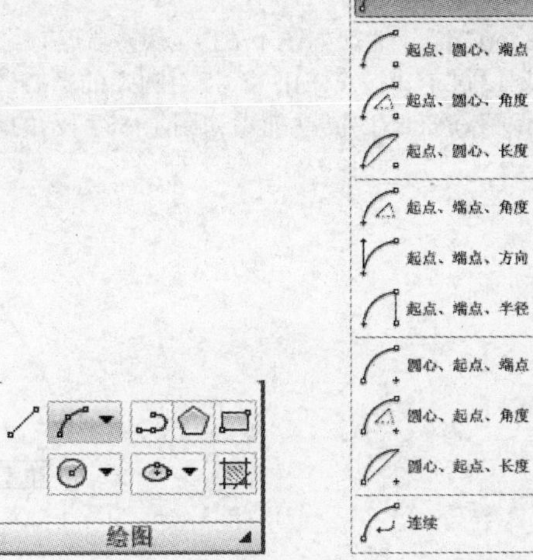


图 1-58　“圆弧”命令按钮与下拉菜单

【示例 1】　通过圆弧上三个点绘制圆弧，按命令行的提示操作。

```
命令: _arc
指定圆弧的起点或 [圆心(C)]:（捕捉如图 1-59 所示的中点）
指定圆弧的第二个点或 [圆心(C)/端点(E)]: （捕捉如图 1-60 所示的中点）
指定圆弧的端点: （捕捉如图 1-61 所示的中点）
```

效果如图 1-62 所示。

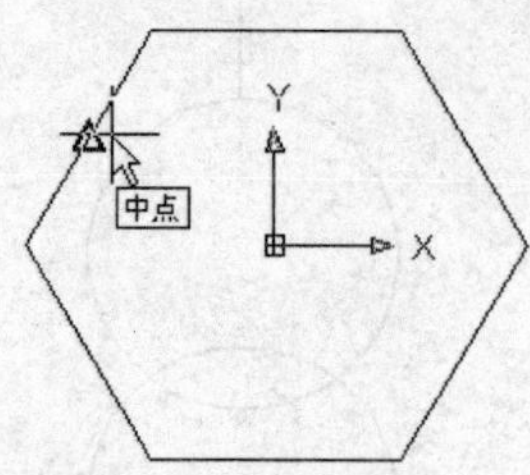


图 1-59 捕捉第一个点

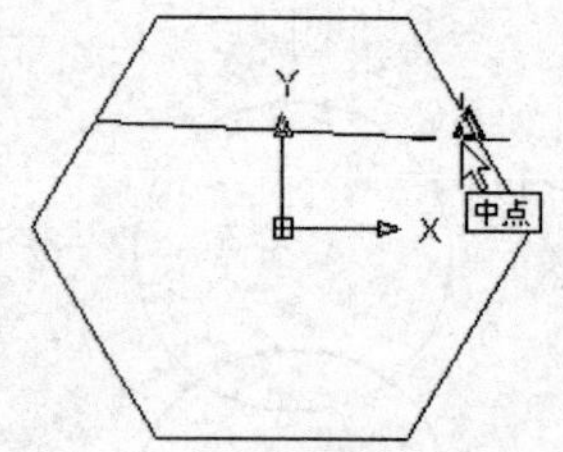


图 1-60 捕捉第二个点

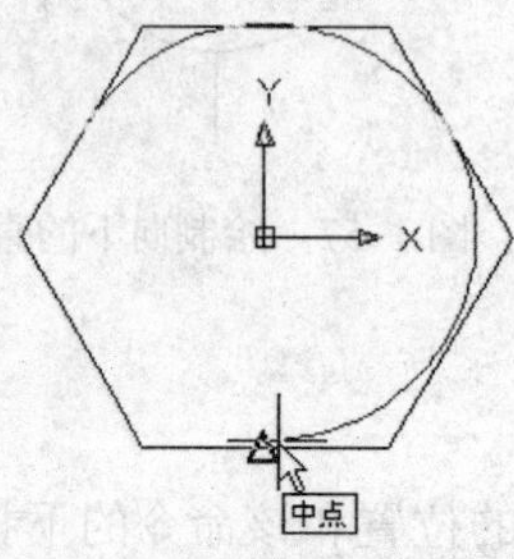


图 1-61 捕捉第三个点

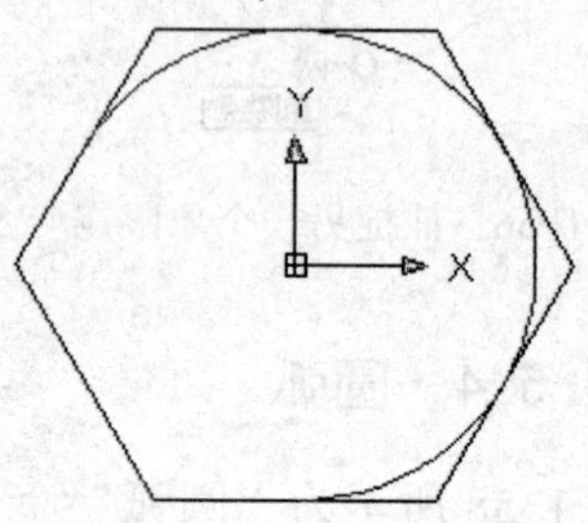


图 1-62 根据三点绘制圆弧

【示例 2】 根据圆弧的起点、圆心和端点绘制圆弧，单击“起点、圆心、端点”按钮选项，按命令行的提示操作。

```
命令: _arc
指定圆弧的起点或 [圆心(C)]: （捕捉如图 1-63 所示的端点）
指定圆弧的第二个点或 [圆心(C)/端点(E)]: _c 指定圆弧的圆心: （捕捉如图 1-64 所示的端点）
指定圆弧的端点或 [角度(A)/弦长(L)]: （捕捉如图 1-65 所示的端点）
```

效果如图 1-66 所示。

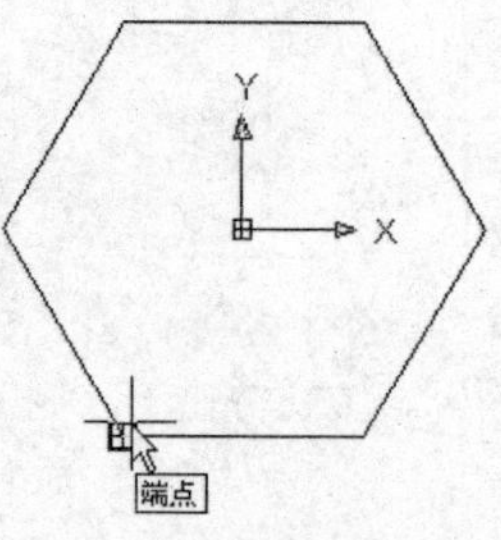


图 1-63 捕捉圆弧的起点

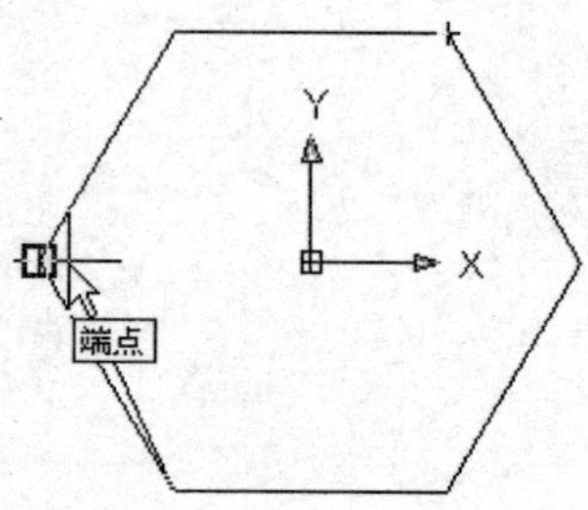


图 1-64 捕捉圆弧的圆心

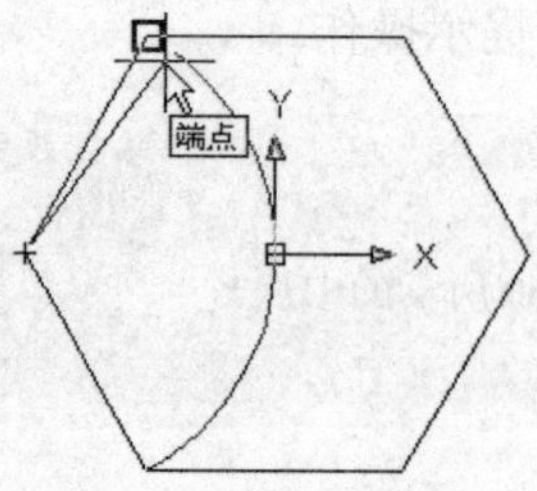


图 1-65 捕捉圆弧的端点

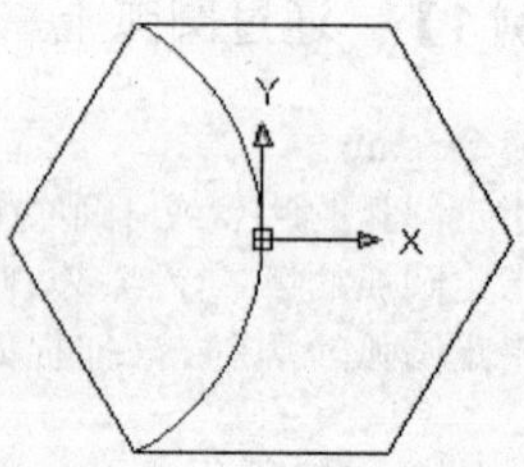


图 1-66 根据起点、圆心和端点绘制圆弧

【示例 3】　根据圆弧的起点、端点和角度绘制圆弧，单击“起点、端点、角度”按钮选项，按命令行的提示操作。

```
命令: _arc
指定圆弧的起点或 [圆心(C)]: （捕捉如图 1-67 所示的端点）
指定圆弧的第二个点或 [圆心(C)/端点(E)]: _e 指定圆弧的端点: （捕捉如图 1-68 所示的端点）
指定圆弧的圆心或 [角度(A)/方向(D)/半径(R)]: _a（出现如图 1-69 所示的随光标闪动的过渡圆弧）
指定包含角: 190（输入角度值）
```

效果如图 1-70 所示。

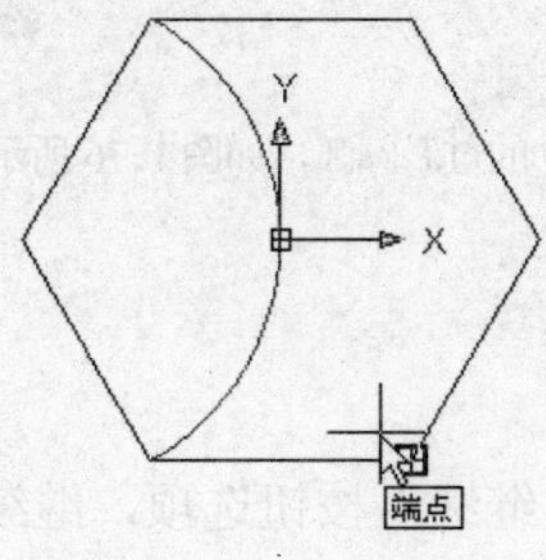


图 1-67　捕捉圆弧的起点

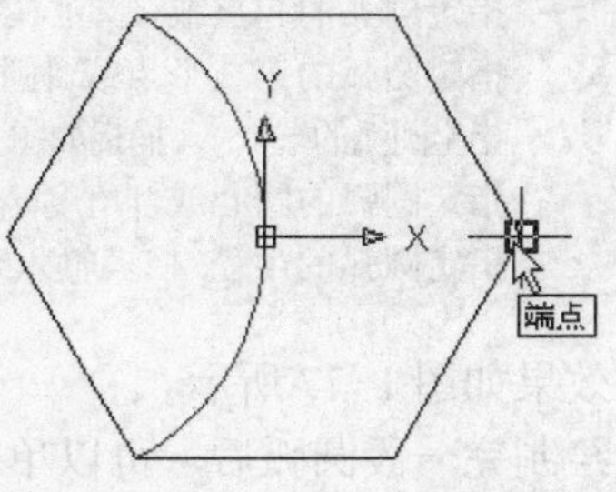


图 1-68　捕捉圆弧的端点

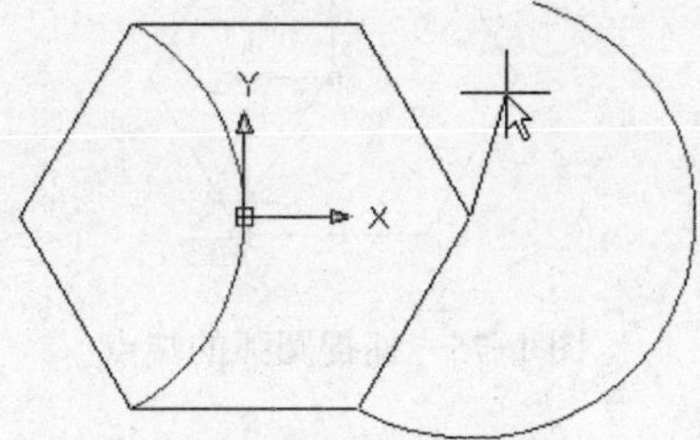


图 1-69　随光标闪动的过渡圆弧

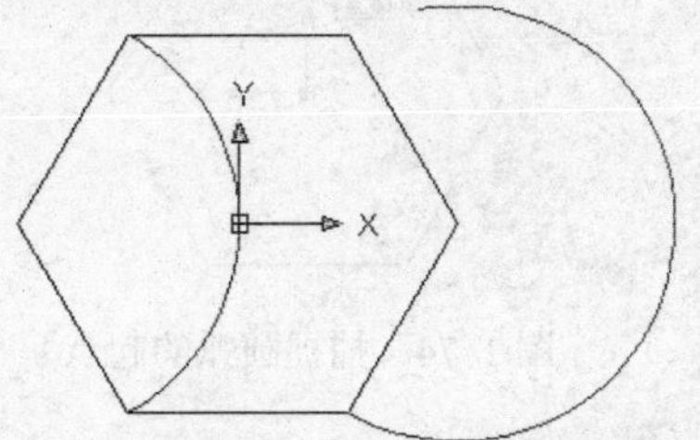


图 1-70　根据起点、端点和角度绘制圆弧

【示例 4】　根据圆弧的起点、圆心和弦长绘制圆弧，单击“起点、圆心、弦长”按钮选项，按命令行的提示操作。

```
命令: _arc
指定圆弧的起点或 [圆心(C)]: （捕捉如图 1-71 所示的端点）
指定圆弧的第二个点或 [圆心(C)/端点(E)]: _c
指定圆弧的圆心: （捕捉端点，系统立即绘制出随光标闪动的
过渡圆弧，如图 1-72 所示）
指定圆弧的端点或 [角度(A)/弦长(L)]: _l
指定弦长: 15（输入弦长值）
```

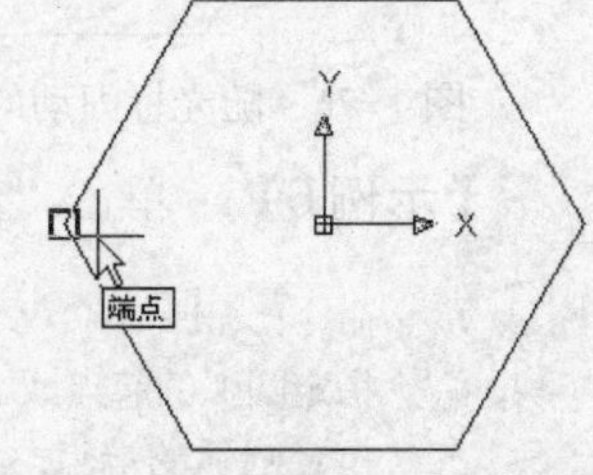


图 1-71　捕捉圆弧的起点

效果如图 1-73 所示。

【示例 5】　根据圆弧的起点、端点和半径绘制圆弧，单击“起点、端点、半径”按钮选项，按命令行的提示操作。

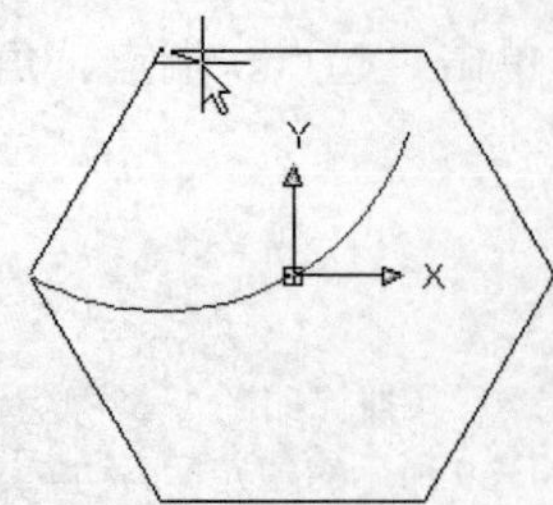


图 1-72　随光标闪动的过渡圆弧

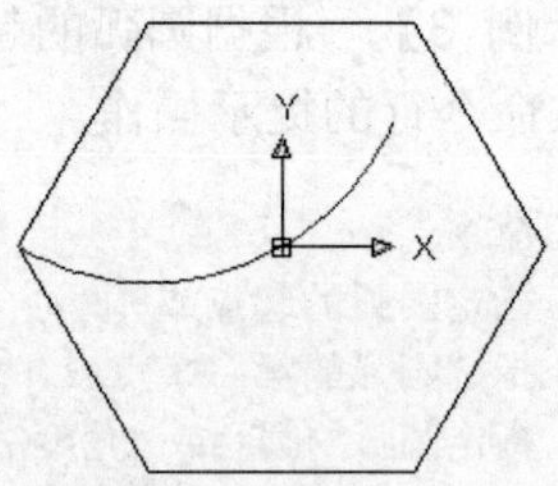


图 1-73　根据起点、圆心和弦长绘制圆弧

命令: _arc
指定圆弧的起点或 [圆心(C)]: （捕捉如图 1-74 所示的端点）
指定圆弧的第二个点或 [圆心(C)/端点(E)]: _e
指定圆弧的端点: （捕捉如图 1-75 所示的端点，系统绘制出随光标闪动的过渡圆弧，如图 1-76 所示）
指定圆弧的圆心或 [角度(A)/方向(D)/半径(R)]: _r
指定圆弧的半径: 15（输入半径值）

效果如图 1-77 所示。

绘制完一段圆弧后，可以单击“圆弧”命令下拉菜单中的“继续”按钮选项，继续绘制下一段圆弧。

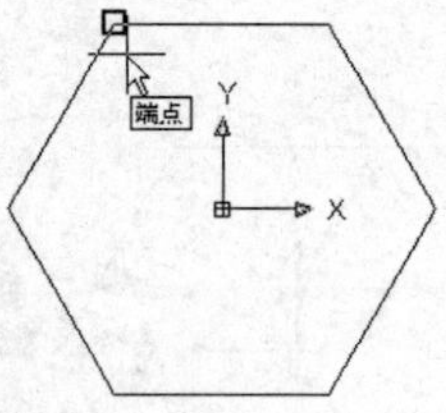

图 1-74　捕捉圆弧的起点

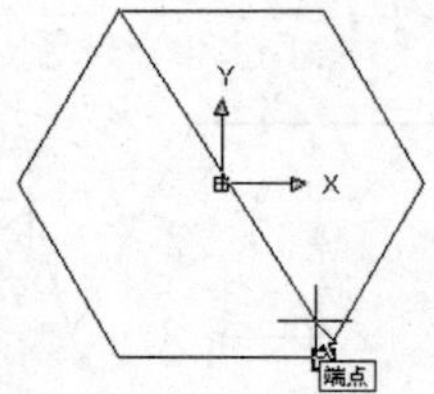


图 1-75　捕捉圆弧的端点

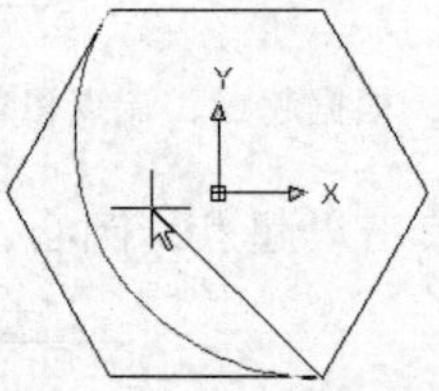

图 1-76　随光标闪动的过渡圆弧

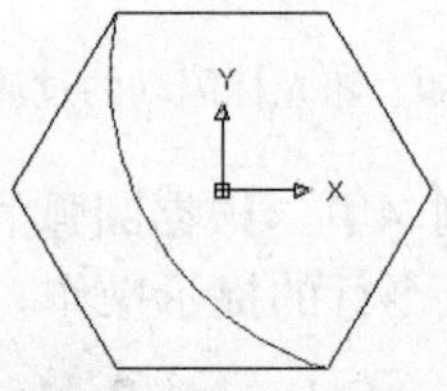


图 1-77　根据起点、端点和半径绘制圆弧

【示例 6】　单击“继续”命令按钮，按命令行的提示绘制圆弧。

命令: _arc
指定圆弧的起点或 [圆心(C)]:（系统默认上一次绘制的圆弧端点为新圆弧的起点，如图 1-78 所示）
指定圆弧的端点: _endp 于（捕捉六边形左边的端点）

效果如图 1-79 所示。

【电气示例】　绘制长圆形外壳符号。

操作步骤如下。

1）单击“绘图”面板中的“直线”命令按钮，绘制起点在原点，长度为 10 的水平直

线，效果如图 1-80 所示。

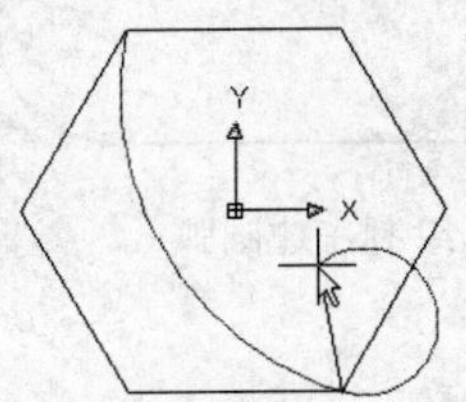


图 1-78　显示过渡圆弧

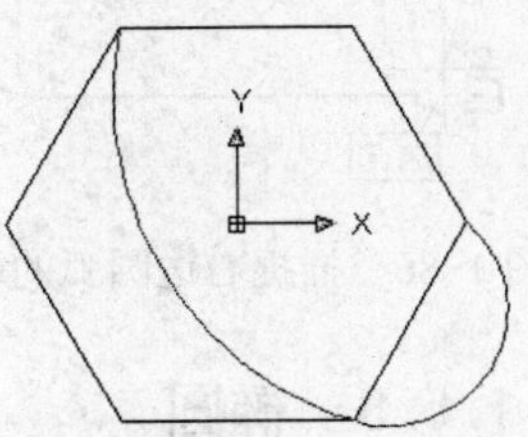


图 1-79　继续绘制圆弧

2）单击“绘图”面板中的“直线”命令按钮，绘制起点在点（0，4），长度为 10 的水平直线，效果如图 1-81 所示。

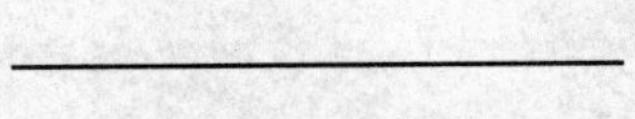

图 1-80　绘制一条直线

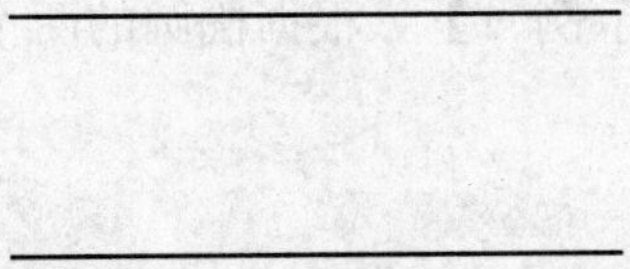

图 1-81　再绘制一条直线

3）单击“绘图”面板中的“圆弧”命令按钮，绘制起点在如图 1-82 所示的端点，终点在如图 1-83 所示的端点，半径为 2 的圆弧，按命令行的提示进行操作。

```
命令: _arc 指定圆弧的起点或 [圆心(C)]: _endp 于
指定圆弧的第二个点或 [圆心(C)/端点(E)]: _e
指定圆弧的端点: _endp 于
指定圆弧的圆心或 [角度(A)/方向(D)/半径(R)]: _r 指定圆弧的半径: 2
```

效果如图 1-84 所示。

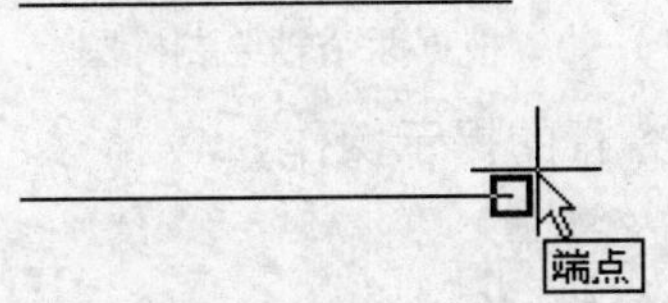


图 1-82　捕捉右边圆弧的起点

图 1-83　捕捉右边圆弧的端点

4）单击“绘图”面板中的“圆弧”命令按钮，绘制起点在如图 1-85 所示的端点，终点在如图 1-86 所示的端点，半径为 2 的圆弧，效果如图 1-87 所示。

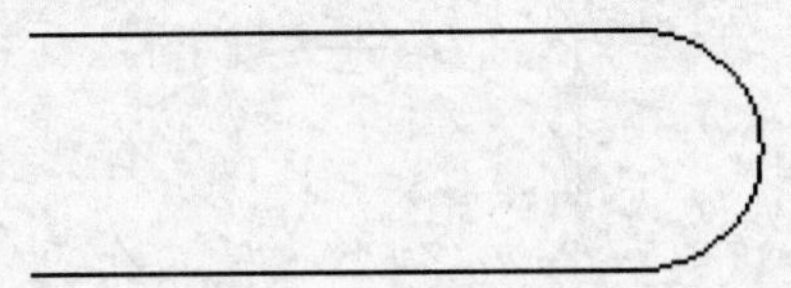

图 1-84　绘制右边圆弧

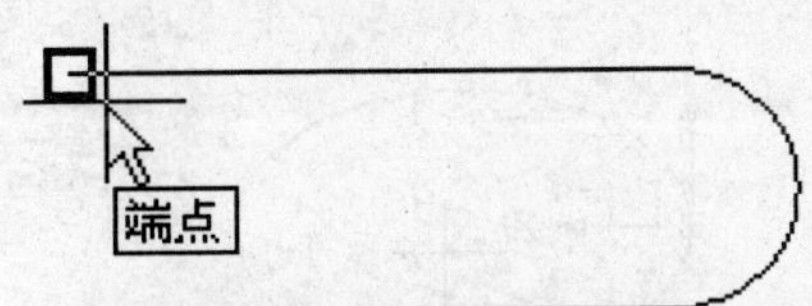


图 1-85　捕捉右边圆弧的起点

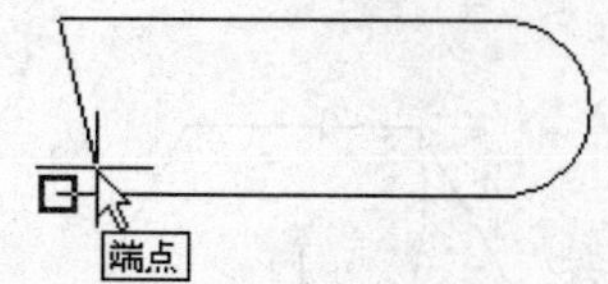


图 1-86 捕捉右边圆弧的端点

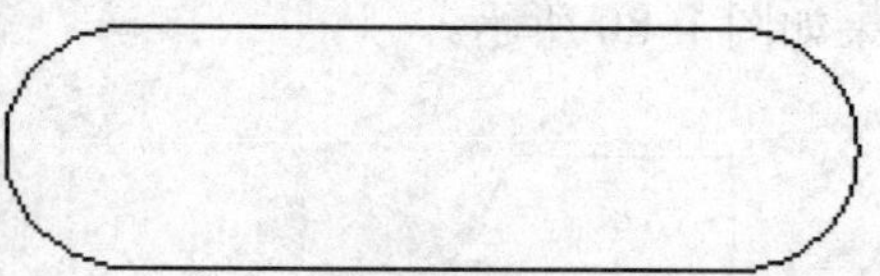

图 1-87 绘制左边圆弧

## 1.5.5 椭圆

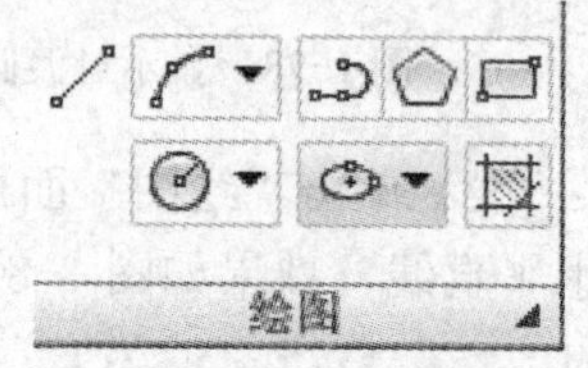


图 1-88 "椭圆"命令按钮

"椭圆"命令按钮在"绘图"面板中的位置如图 1-88 所示。

可以根据多种参数条件绘制出椭圆，下面通过具体实例学习绘制方法。

【示例 1】 根据椭圆的两个轴绘制椭圆，按命令行的提示操作。

```
命令: _ellipse
指定椭圆的轴端点或 [圆弧(A)/中心点(C)]:-100,0（输入一个轴的一个端点）
指定轴的另一个端点:10,0（输入该轴的另一个端点，屏幕出现如图 1-89 所示的随光标闪动的过渡椭圆）
指定另一条半轴长度或 [旋转(R)]:6（输入另一条半轴长度值）
```

效果如图 1-90 所示。

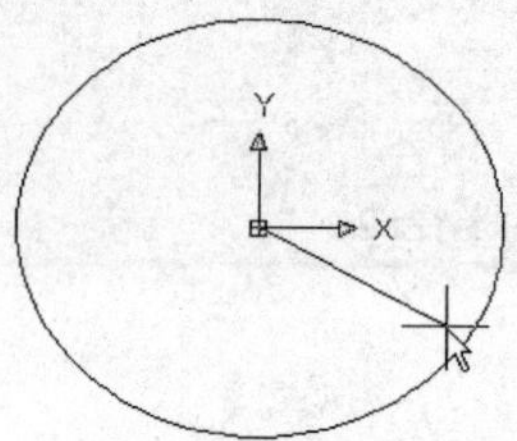


图 1-89 随光标闪动的过渡椭圆

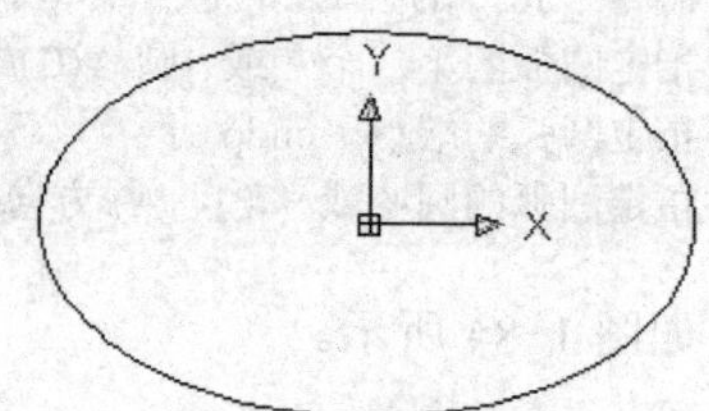


图 1-90 根据两个轴绘制椭圆

【示例 2】 根据椭圆的长轴和转角绘制椭圆，按命令行的提示操作。

```
命令: _ellipse
指定椭圆的轴端点或 [圆弧(A)/中心点(C)]:0,0（输入一个轴的一个端点）
指定轴的另一个端点:10,0（输入该轴的另一个端点，屏幕出现如图 1-91 所示的随光标闪动的过渡椭圆）
指定另一条半轴长度或 [旋转(R)]: r（执行输入转角选项）
指定绕长轴旋转的角度: 50（输入转角角度值）
```

效果如图 1-92 所示。

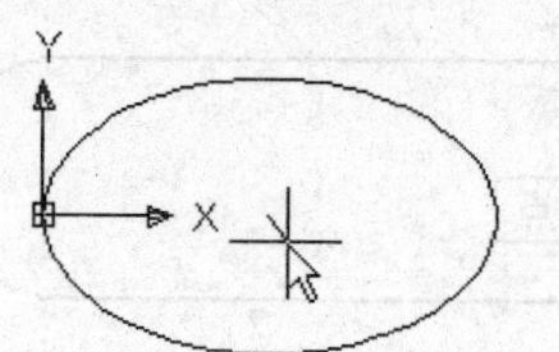


图 1-91 随光标闪动的过渡椭圆

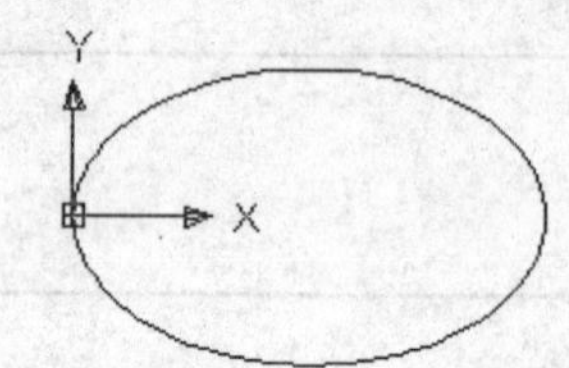


图 1-92 根据长轴和转角绘制椭圆

【示例 3】　根据椭圆的中心和两轴绘制椭圆，按命令行的提示操作。

命令: _ellipse
指定椭圆的轴端点或 [圆弧(A)/中心点(C)]: c（执行输入椭圆中心点选项）
指定椭圆的中心点:0,0（输入中心点坐标）
指定轴的端点:15,0（出现如图 1-93 所示的随光标闪动的过渡椭圆）
指定另一条半轴长度或 [旋转(R)]: 5（输入另一条半轴长度值）

效果如图 1-94 所示。

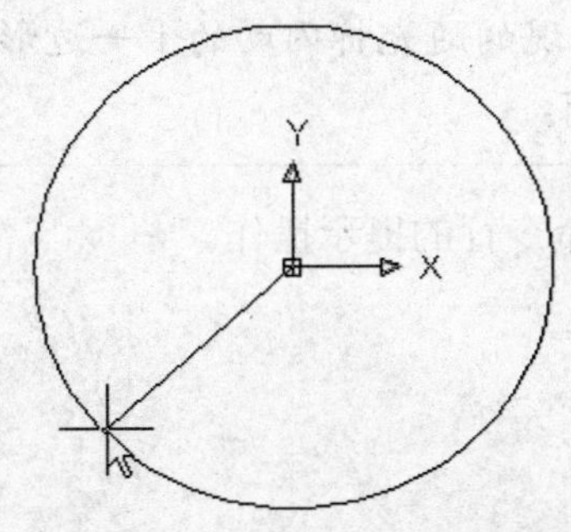


图 1-93　随光标闪动的过渡椭圆

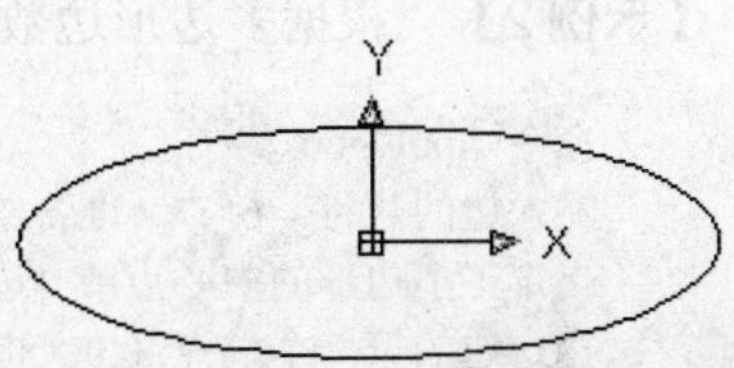


图 1-94　根据中心和两轴绘制椭圆

椭圆弧的绘制方法与椭圆类似，如图 1-95 所示为“椭圆弧”命令按钮在绘图面板中的位置。

椭圆弧的绘制方法与椭圆类似，用户可以试着操作。

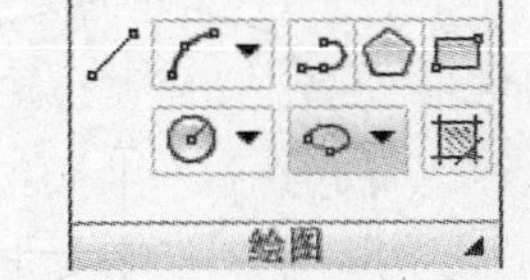


图 1-95　“椭圆弧”命令按钮

## 1.5.6　多边形

“多边形”命令按钮在“绘图”面板中的位置如图 1-96 所示。

可以根据多边形的内接圆半径、外接圆半径和边长绘制指定边数的多边形。下面通过两个实例来学习多边形的绘制方法。

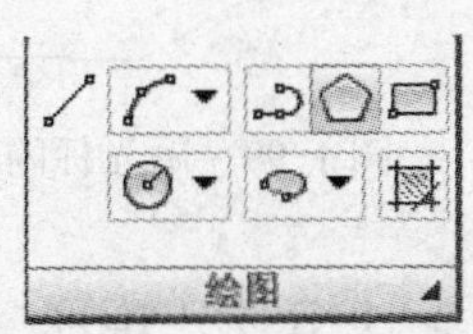


图 1-96　“多边形”命令按钮

【示例 1】　根据多边形边数和内接圆半径绘制多边形，按命令行的提示操作。

命令: _polygon
输入边的数目 <6>: 11（准备绘制十一边形）
指定正多边形的中心点或 [边(E)]: 0,0（输入中心点坐标，屏幕出现如图 1-97 所示的随光标闪动的十一边形）
输入选项 [内接于圆(I)/外切于圆(C)] <I>:（执行输入内接圆半径选项）
指定圆的半径: 10（输入半径值）

效果如图 1-98 所示。

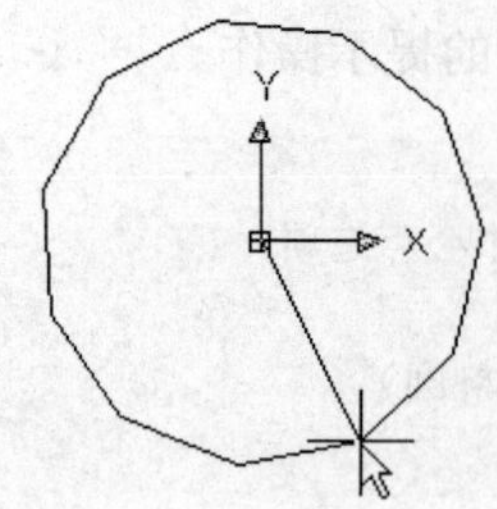

图 1-97　随光标闪动的十一边形

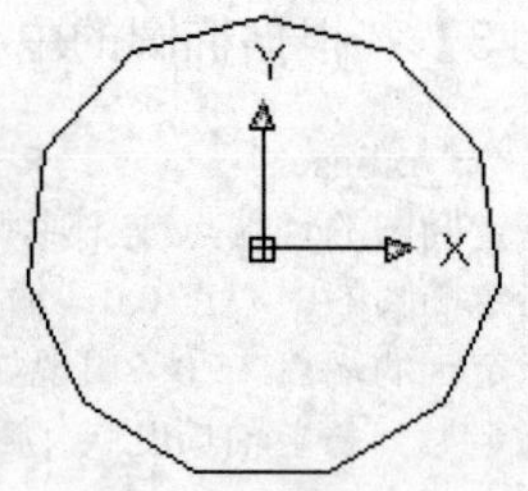

图 1-98　十一边形

**注意**　根据内接圆和外接圆绘制多边形过程中出现的随光标闪动的十一边形不同，光标分别在顶点、中点上，如图 1-99 所示。

【示例 2】　根据多边形边数和边长绘制多边形，根据命令行的提示操作。

```
命令: _polygon
输入边的数目 <6>:7（准备绘制七边形）
指定正多边形的中心点或 [边(E)]: e（执行输入边的选项）
指定边的第一个端点: 0,0（指定边的起点）
指定边的第二个端点: 5,0（指定边的端点）
```

效果如图 1-100 所示。

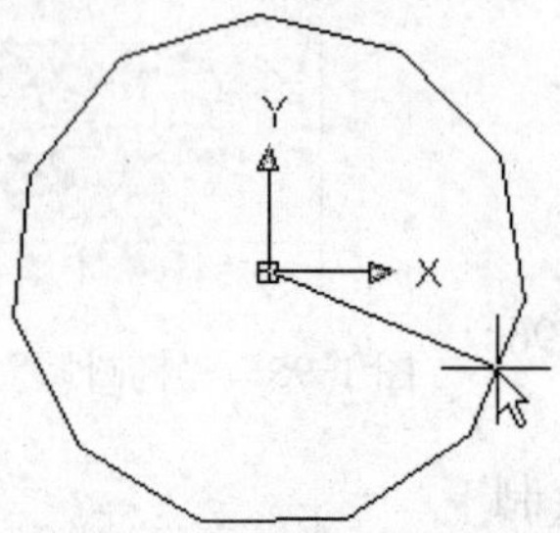

图 1-99　随光标闪动的十一边形

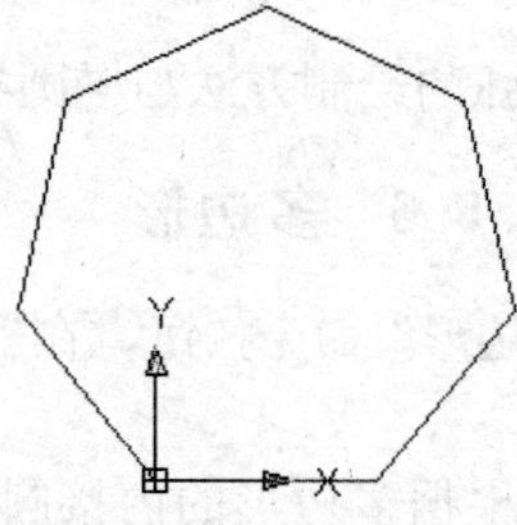

图 1-100　七边形

## 1.5.7　矩形

矩形是一种特殊的多边形，"矩形"命令按钮在"绘图"面板中的位置如图 1-101 所示。

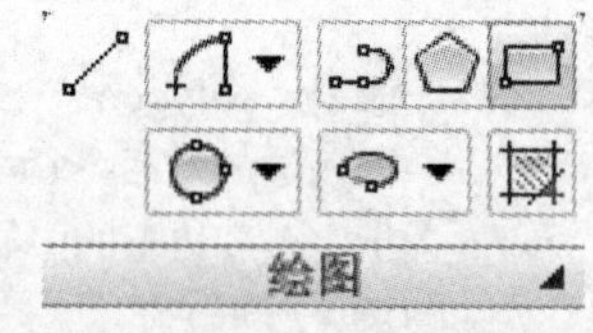


图 1-101　"矩形"命令按钮

常用的矩形可以分为矩形、圆角矩形、倒角矩形三种，下面通过实例来学习如何绘制这三种矩形。

【示例 1】　根据命令行的提示，绘制一个标准矩形。

```
命令: _rectang
指定第一个角点或 [倒角(C)/标高(E)/圆角(F)/厚度(T)/宽度(W)]:0,0（输入矩形的第一个角点坐标）
指定另一个角点或 [尺寸(D)]: 100,200（输入矩形的第二个角点坐标）
```

效果如图 1-102 所示。

【示例 2】　根据命令行的提示，绘制一个圆角矩形。

```
命令: _rectang
指定第一个角点或 [倒角(C)/标高(E)/圆角(F)/厚度(T)/宽度(W)]: f（执行绘制圆角矩形选项）
指定矩形的圆角半径<0.0000>: 20（输入圆角半径）
指定第一个角点或 [倒角(C)/标高(E)/圆角(F)/厚度(T)/宽度(W)]: -100,-100（输入矩形的第一个角点坐标）
指定另一个角点或 [尺寸(D)]: 50,100（输入矩形的第二个角点坐标）
```

效果如图 1-103 所示。

【示例 3】　根据命令行的提示，绘制一个倒角矩形。

```
命令: _rectang
指定第一个角点或 [倒角(C)/标高(E)/圆角(F)/厚度(T)/宽度(W)]:c（执行绘制倒角矩形选项）
指定矩形的第一个倒角距离 <0.0000>: 20（输入第一个倒角距离）
指定矩形的第二个倒角距离 <5.0000>: 40（输入第一个倒角距离）
指定第一个角点或 [倒角(C)/标高(E)/圆角(F)/厚度(T)/宽度(W)]: -150,-150（输入矩形的第一个角点坐标）
指定另一个角点或 [尺寸(D)]: 150,150（输入矩形的第二个角点坐标）
```

效果如图 1-104 所示。

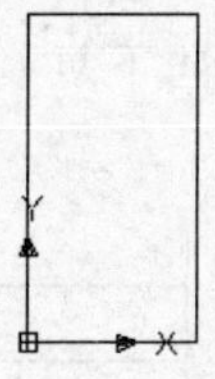


图 1-102　标准矩形

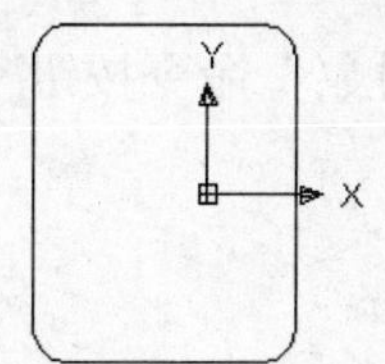


图 1-103　圆角矩形

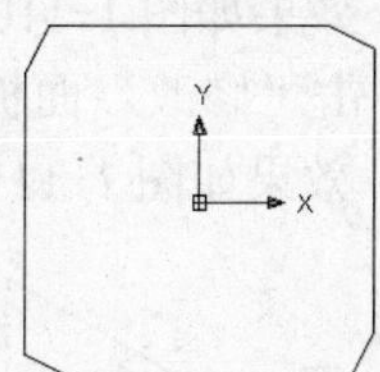


图 1-104　倒角矩形

【电气示例】　绘制电缆密封终端符号。

操作步骤如下。

1）单击“绘图”面板中的“直线”命令按钮，绘制长度为 10 的垂直直线，效果如图 1-105 所示。

2）单击“绘图”面板中的“正多边形”命令按钮，以直线为边，按命令行的提示绘制等边三角形。

```
命令: _polygon
输入边的数目 <4>: 3（确定绘制三角形）
指定正多边形的中心点或 [边(E)]: e（使用边绘制三角形）
指定边的第一个端点: _endp 于（捕捉直线下端点）
指定边的第二个端点: _endp 于（如图 1-106 所示捕捉直线上端点）
```

效果如图 1-107 所示。

3）单击“绘图”面板中的“直线”命令按钮，绘制起点在三角形左边顶点，长度为

10，水平向左的直线，效果如图 1-108 所示。

图 1-105　绘制直线　　图 1-106　捕捉端点　　图 1-107　绘制三角形

4）单击“绘图”面板中的“直线”命令按钮，绘制起点在三角形右边中点，长度为 10，水平向右的直线，效果如图 1-109 所示。

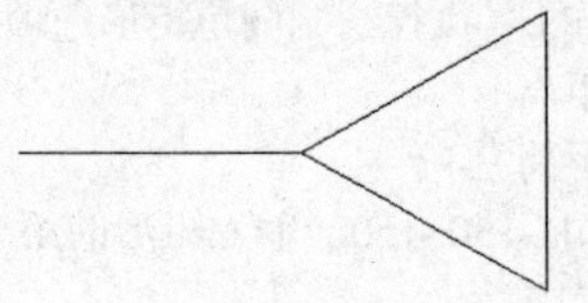

图 1-108　绘制水平向左的直线

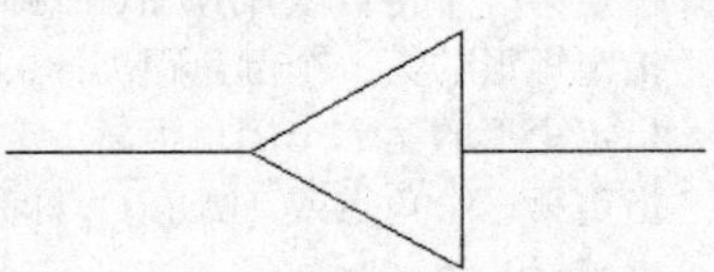

图 1-109　绘制水平向右的直线

5）单击“修改”面板中的“复制对象”命令按钮，把右边的直线向上复制一份，复制距离 3，效果如图 1-110 所示。

6）单击“修改”面板中的“复制对象”命令按钮，把右边的直线向下复制一份，复制距离-3。效果如图 1-111 所示。

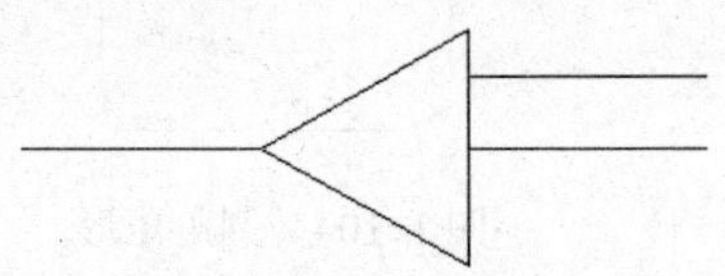

图 1-110　向上复制直线

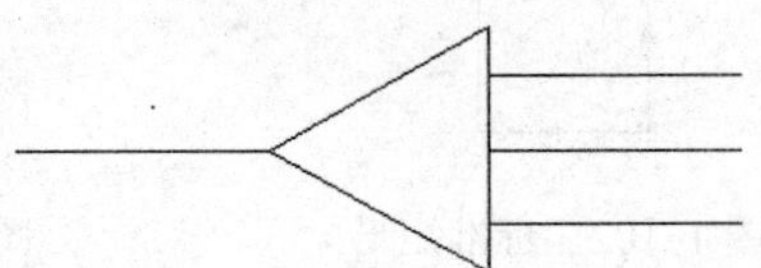

图 1-111　向下复制直线

### 1.5.8　图案填充

图案填充广泛应用于表达剖面、墙体用料，如图 1-112 所示为“图案填充”命令按钮在“绘图”面板中的位置。

【示例】　单击“图案填充”命令按钮，按命令行的提示给一个不规则截面打上剖面线。

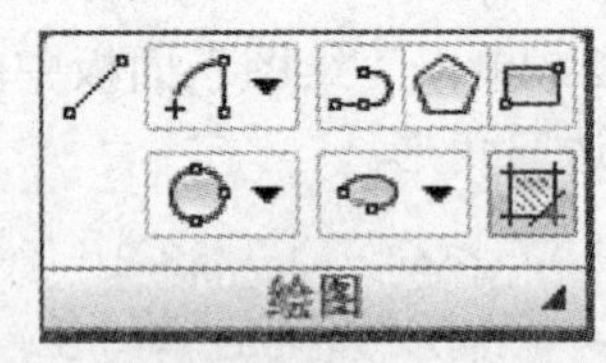


图 1-112　“图案填充”命令按钮

命令: _bhatch（屏幕出现如图 1-113 所示的“图案填充和渐变色”对话框，单击对话框右边的“边界”下面“添加 拾取点”按钮，在如图 1-115 所示的被填充图案内部单击，此图案须是闭合区域）
拾取内部点或 [选择对象(S)/删除边界(B)]:　正在选择所有对象...
正在选择所有可见对象...

正在分析所选数据...
正在分析内部孤岛...（屏幕再次出现如图 1-113 所示的“图案填充和渐变色”对话框，单击“图案”右边的…按钮，在如图 1-114 所示的“填充图案选项板”中选择图案“ANSI31”）

单击“确定”按钮，回到“图案填充和渐变色”对话框中，选择合适的图案比例，单击“确定”按钮即可，效果如图 1-116 所示。

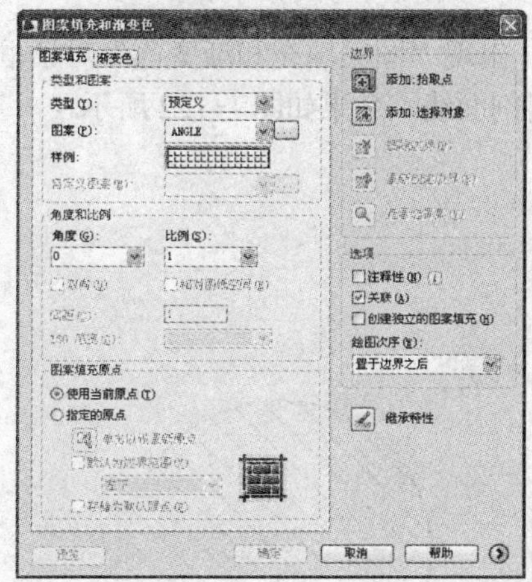


图 1-113 “图案填充和渐变色”对话框

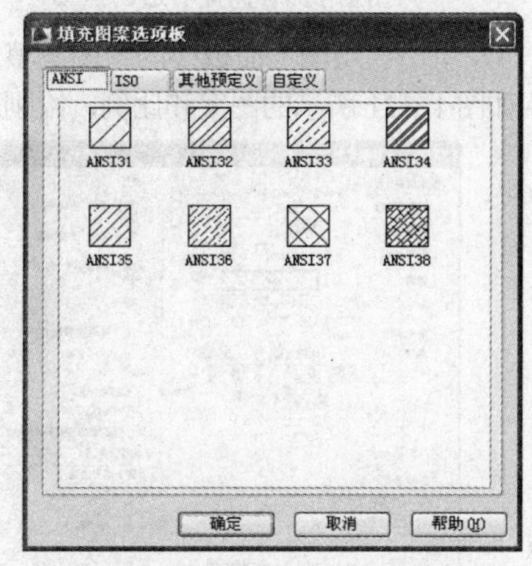


图 1-114 填充图案选项板

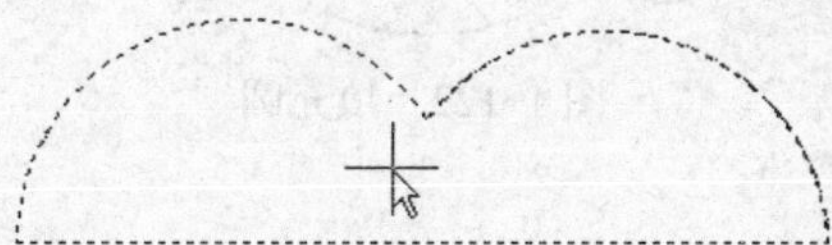

图 1-115 选择边界

图 1-116 图案填充

**【电气示例】** 绘制运行的移动变电站符号。

操作步骤如下。

1）单击“绘图”面板中的“圆”命令按钮，绘制圆$\phi 2$。

2）单击“修改”面板中的“复制对象”命令按钮，把圆$\phi 2$ 向右复制一份，复制距离为 10，效果如图 1-117 所示。

3）单击“绘图”面板中的“圆”命令按钮，绘制切圆，按命令行的提示进行操作。

```
命令: _circle
circle 指定圆的圆心或 [三点(3P)/两点(2P)/切点、切点、半径(T)]: _ttr
指定对象与圆的第一个切点:（捕捉如图 1-118 所示的切点）
指定对象与圆的第二个切点: （捕捉如图 1-119 所示的切点）
指定圆的半径 <1.0000>: 5（输入圆半径）
```

图 1-117 绘制并复制圆

图 1-118 捕捉左边切点

效果如图 1-120 所示。

第 1 章

图 1-119　捕捉右边切点

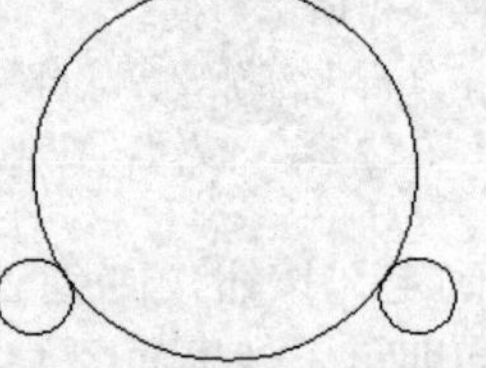

图 1-120　绘制切圆

4）单击“绘图”面板中的“图案填充”命令按钮，出现“图案填充和渐变色”对话框。使用如图 1-121 所示的图案和比例，给刚才绘制的圆打上斜剖面线，效果如图 1-122 所示。

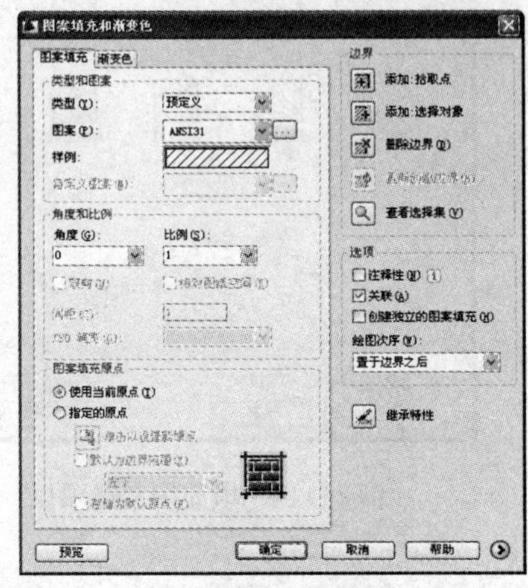


图 1-121　“图案填充和渐变色”对话框

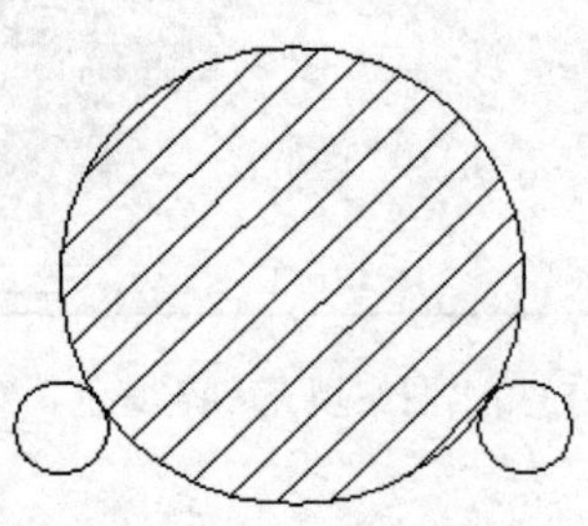

图 1-122　填充圆

## 1.5.9　表格

如图 1-123 所示为 AutoCAD 2009 中的绘制表格的命令选项在“绘图”菜单中的位置。

在“菜单浏览器”中选择“绘图”菜单中的“表格”命令选项，屏幕出现如图 1-124 所示的“插入表格”对话框。

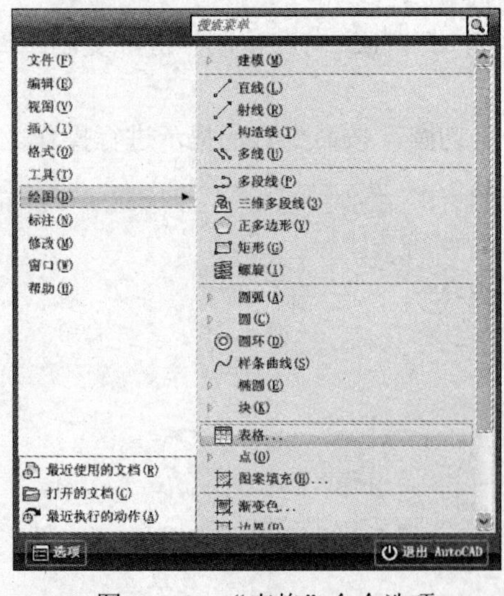


图 1-123　“表格”命令选项

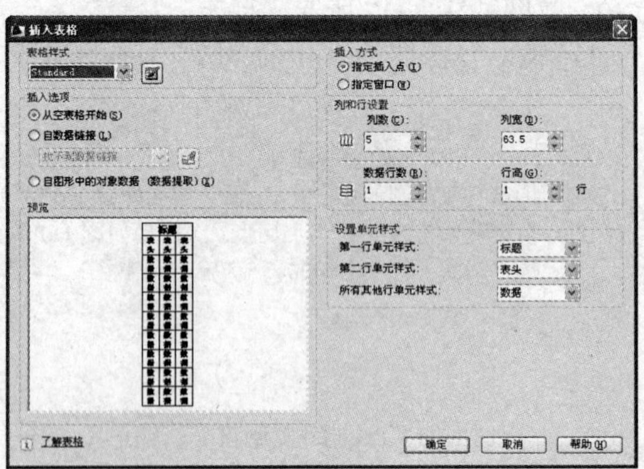


图 1-124　“插入表格”对话框

“插入表格”对话框可以指定插入点或者插入窗口来插入表格，下面介绍这两种插入方式。

① 指定插入点：指定表左上角的位置。可以使用定点设备，也可以在命令行输入坐标值。如果表样式将表的方向设置为由下而上读取，则插入点位于表的左下角。

② 指定窗口：指定表的大小和位置。可以使用定点设备，也可以在命令行输入坐标值。选定此选项时，行数和列宽取决于窗口的大小以及列和行设置。

不论选择哪种方式插入了表格，系统都将显示文字输入框让用户输入标题中的文字。要在其他栏框中输入文字，选择该栏框即可。如果要修改表格样式，可以单击“表格样式名称”右边的按钮，即可启动“表格样式”对话框，如图 1-125 所示。

可以单击“新建”按钮 新建(N)... 建立一个新的表格样式，也可以单击“修改”按钮 修改(M)... 修改正在使用的“Standard”样式，系统将弹出如图 1-126 所示的“修改表格样式”对话框。其中显示的单元样式是“数据”，用于修改表格中的数据。用户也可以在“单元样式”下拉列表中选择“表头”修改表头，如图 1-127 所示。或者在“单元样式” 下拉列表中选择“标题”修改标题，如图 1-128 所示。

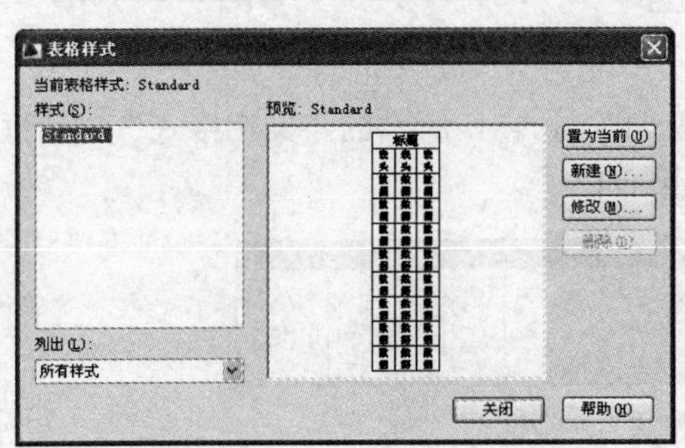


图 1-125　“表格样式”对话框

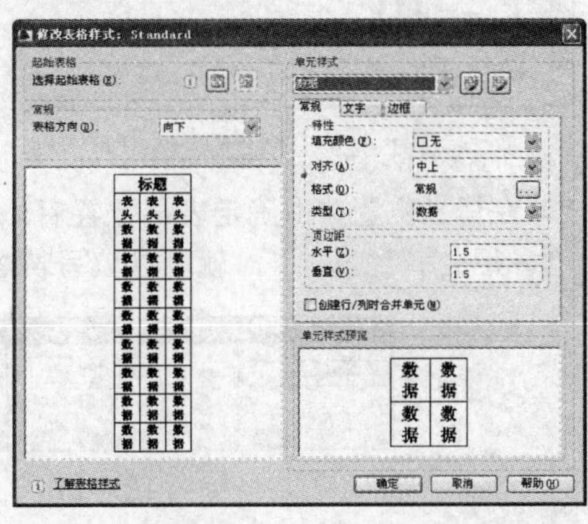


图 1-126　“修改表格样式”对话框中选择修改“数据”

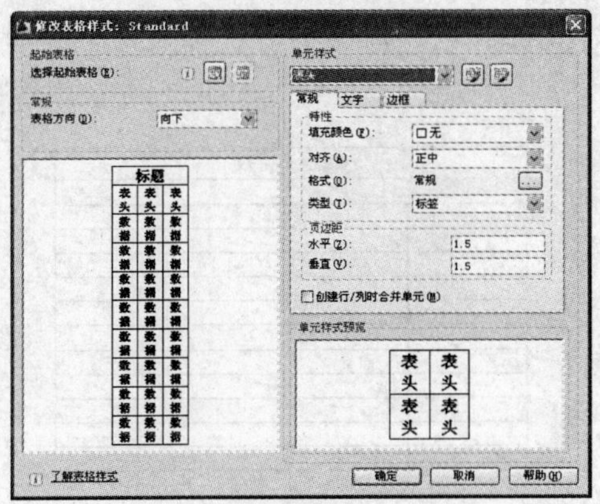


图 1-127　“修改表格样式”对话框中选择修改“表头”

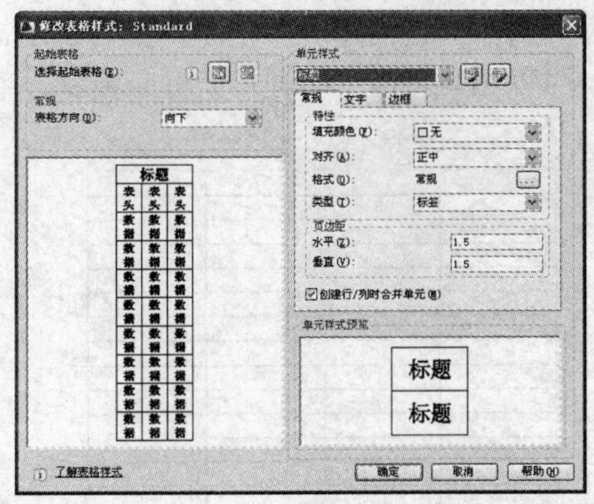


图 1-128　“修改表格样式” 中选择修改“标题”

【电气示例】 绘制线路配线方式符号表。

操作步骤如下。

1）在“菜单浏览器”中选择“绘图”菜单中的“表格”命令选项，准备绘制表格。屏幕出现如图 1-129 所示的“插入表格”对话框。在“列数”、“列宽”、“数据行数”和“行高”中分别输入相应的数字。单击“确定”按钮，屏幕出现如图 1-130 所示的虚拟表格，等待确定表格的位置。

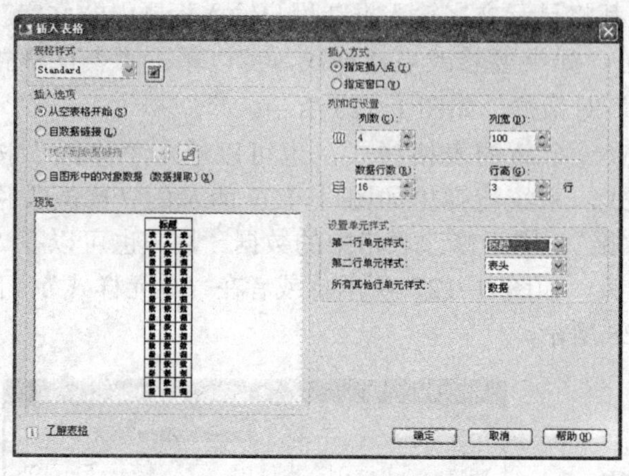

图 1-129 “插入表格”对话框

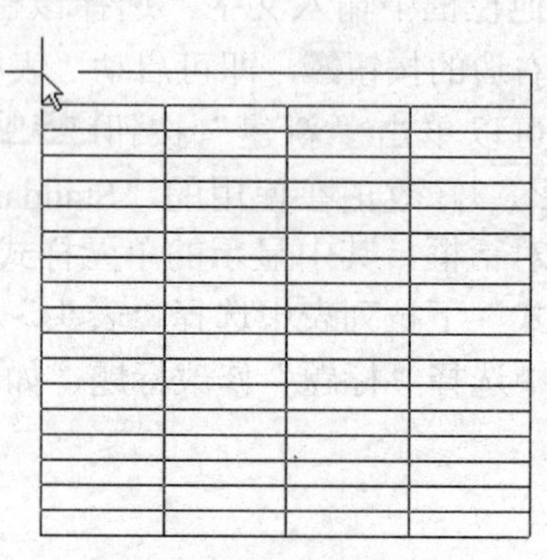

图 1-130 虚拟表格

2）在适当位置单击确定表格位置后，即出现如图 1-131 所示的“文字格式”对话框，单击“多行文字”选项卡，就可以填写表格中的第一栏了。

图 1-131 “文字格式”对话框

3）在表格中的第一栏写入文字“线路配线方式符号表”，如图 1-132 所示。然后单击“文字格式”对话框右边的“确定”按钮，即可填写表格中左边第一列的第一栏，如图 1-133 所示。对于其他的每一个格子，都可以双击，就会出现图 1-131 所示的“文字格式”对话框，可以填写表格中的每一个对应项目。

图 1-132 填写表题

图 1-133 准备填写第一列的第一栏

4）顺次填写完表格即可，如图 1-134 所示。

| 线路配线方式符号表 | | | |
|---|---|---|---|
| 中文名称 | 旧符号 | 新符号 | 备注 |
| 暗敷 | A | C | |
| 明敷 | M | E | |
| 铝皮线卡配线 | QD | AL | |
| 电缆桥架配线 | | CT | |
| 金属软管配线 | | F | |
| 水煤气管配线 | G | G | |
| 瓷夹配线 | CP | K | |
| 钢索配线 | S | M | |
| 金属线槽配线 | GC | MP | |
| 电线管配线 | DG | T | |
| 塑料管配线 | SG | P | |
| 塑料夹配线 | | PL | 含尼龙夹 |
| 塑料线槽配线 | XC | PR | |
| 钢管配线 | GG | S | |
| 槽板配线 | CB | | |

图 1-134　填写完表格

## 1.5.10　图块

许多图形绘制一次即可，下次在别的图形中要使用它，可以通过复制、插入等方法调用，比如电气制图中的各种电气符号、电气图组，建筑制图中的桌椅、座便器。各种各样的图形可以结合成一个整体，称为“图块”。使用图块可以快速绘制一些复杂图形，如机械装配图、建筑平面图等。还可以删除、替换这些图块，对修改设计而言非常方便。

### 1. 图块的定义

如图 1-135 所示，在“块”面板中单击“创建”命令按钮，即可按需要创建图块。屏幕出现如图 1-136 所示的“块定义”对话框。

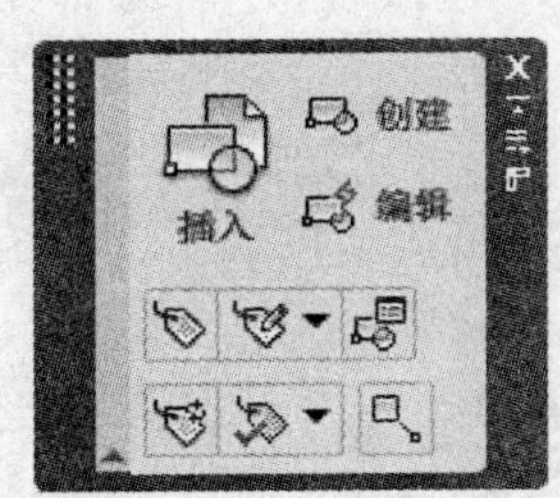


图 1-135　“块”面板

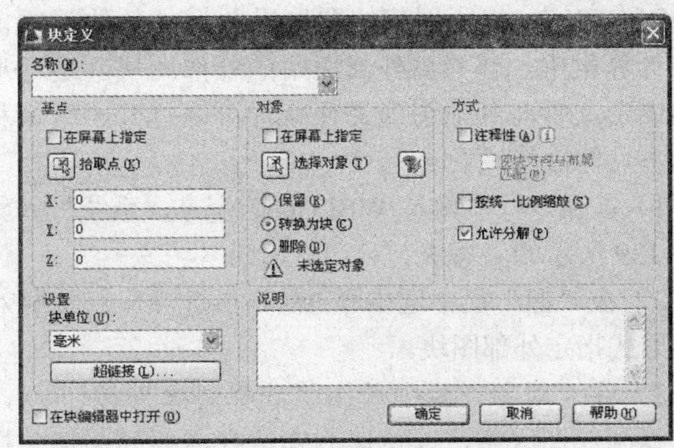


图 1-136　“块定义”对话框

根据“块定义”对话框的要求，选择要结合成图块的图形，指定拾取点，输入图块名称，插入单位后即可创建图块。这种方法创建的图块被称为“内部块”，只能在本次绘图过程中使用。

例如，要把如图 1-137 所示的三相线绕转子电动机符号创建成一个图块，可以进行如下操作。

1）在“菜单浏览器”中选择“绘图”→“块”→“创建”命令，即可按需要创建图

块。屏幕出现如图 1-136 所示的“块定义”对话框。

2）在该对话框的“名称”下拉列表框中输入“三相线绕转子电动机”，指定图块名称。

3）在“对象”栏中单击“选择对象”按钮，系统返回绘图区中，选择三相线绕转子电动机符号图形，按〈Enter〉键返回“块定义”对话框。

4）在“对象”栏中选中“转换为块(C)”单选项，将所选图形定义为块，效果如图 1-138 所示。

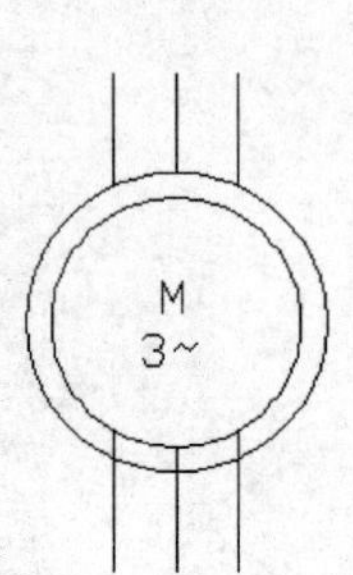


图 1-137　三相线绕转子电动机符号

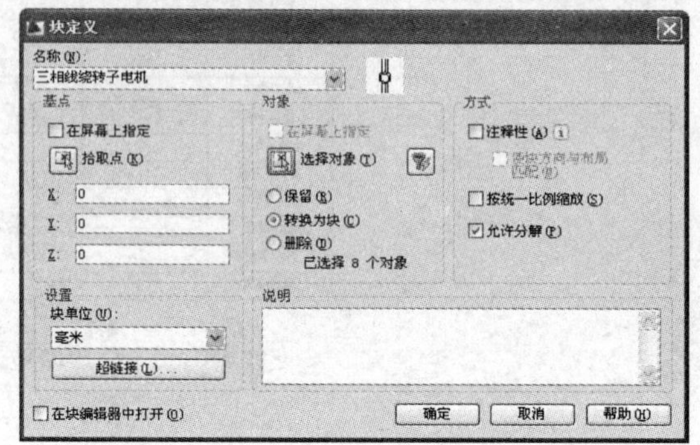


图 1-138　“块定义”对话框

5）在“基点”栏中单击“拾取点”按钮，返回绘图区中，拾取一个点，系统自动返回“块定义”对话框。

6）在“块单位”下拉列表框中选择图块的单位，在此选择“毫米”选项，即以毫米为单位插入图块，最后单击“确定”按钮即可。

这样就创建了一个名为“三相线绕转子电动机”的图块，以后在需要绘制三相线绕转子电动机符号的场合，即可插入该图块，不必每次绘制它了。

要创建供以后绘图使用的图块，即“外部块”，可以在命令行窗口输入命令“WBLOCK”，将所创建的图块以图形文件的形式保存在计算机中，作为供外部引用的外部图块。这样形成的图形文件与其他图形文件一样可以打开、编辑和插入。具体操作如下。

1）在命令行中输入 WBLOCK 命令，系统打开如图 1-139 所示的“写块”对话框。

2）在“源”栏中选中“对象(O)”单选项，以选择对象的方式指定外部图块。

3）在“对象”栏中单击“选择对象”按钮，系统返回绘图区中，以窗选方式选择需要的图形，按〈Enter〉键返回“写块”对话框。

4）在“基点”栏中单击“拾取点”按钮，返回绘图区中，拾取一个点，返回“写块”对话框。

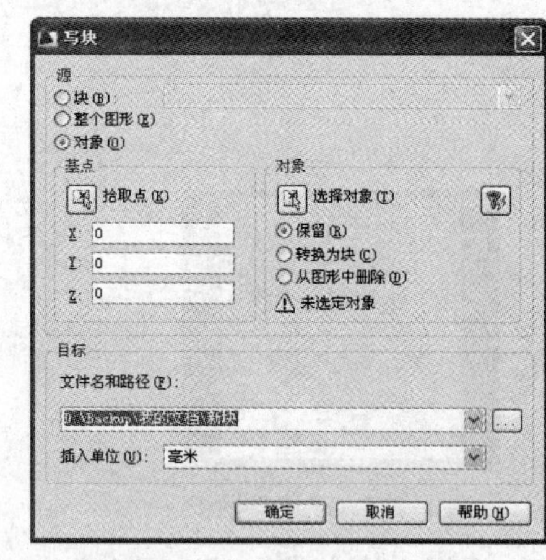


图 1-139　“写块”对话框

5）在“目标”栏中的“文件名”文本框中输入“三相线绕转子电动机（外）”，作为外部图块的名称。

6）单击“文件名和路径”下拉列表框右侧的按钮，在打开的“浏览文件夹”对话框指定图块保存的位置。

7）在“插入单位”下拉列表框中选择“毫米”选项，指定图块的插入单位。

8）单击 确定 按钮。

使用 WBLOCK 命令定义的外部块实际是一个 DWG 图形文件，它不会保留图形中未用的层定义、块定义、线型定义等，因此可以将图形文件中的整个图形定义成外部块，并写入一个新文件。

如果用户要将内部图块保存到计算机中供其他图形调用时，也可使用 WBLOCK 命令来完成。在“写块”对话框的“源”栏中选中 ⊙块(B) 单选项，在其后的下拉列表框中选择已定义的内部图块名称，然后按照前面介绍的相应的操作方法进行设置即可。

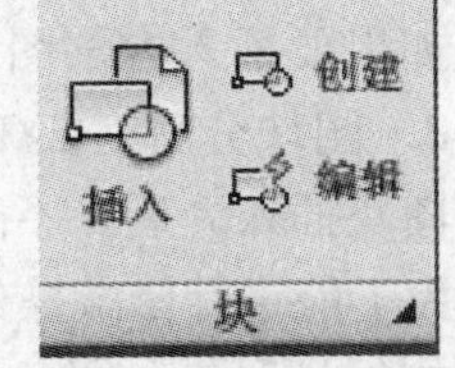


图 1-140　“插入”命令按钮

### 2. 图块的应用

如图 1-140 所示，单击“块”面板中的“插入”命令按钮，即可在图形中插入图块。屏幕将出现如图 1-141 所示的“插入”对话框。

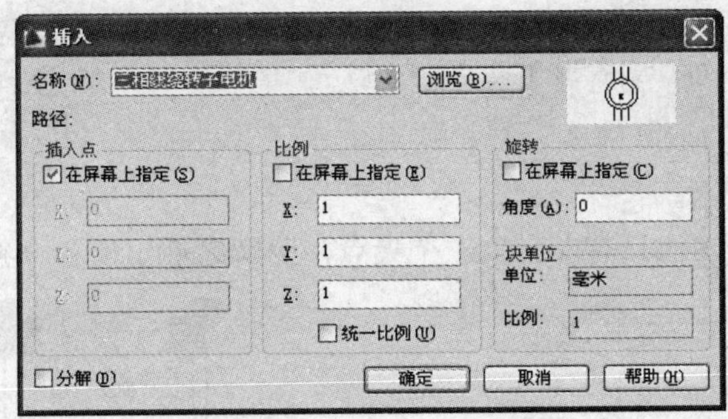


图 1-141　“插入”对话框

例如，要将前面定义的“三相线绕转子电动机（外）”外部图块插入当前正在绘制的图形中，具体操作如下。

1）单击“插入”命令按钮，屏幕出现“插入”对话框。

2）在该对话框中单击 浏览(B)... 按钮，系统打开如图 1-142 所示的“选择图形文件”对话框。在该对话框中选择刚才做好的“三相线绕转子电动机（外）”外部图块文件，单击 打开(O) 按钮。

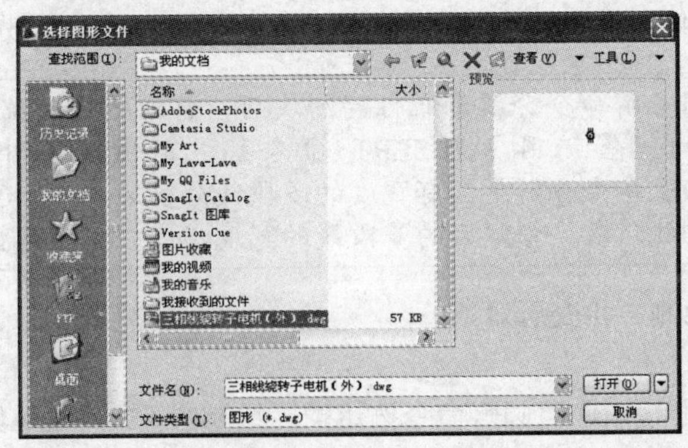


图 1-142　选择外部图块文件

3）在“旋转”栏的“角度”文本框中输入“180”，将图块旋转 180°。

4）单击[确定]按钮，系统返回绘图区中，根据系统提示指定图块插入。

```
命令: _insert
指定插入点或 [比例(S)/X/Y/Z/旋转(R)/预览比例(PS)/PX/PY/PZ/预览旋转(PR)]:（单击确定一点即可）
```

如果要插入内部图块，可在“插入”对话框的“名称”项目中选择相应的图块即可。

**3. 图块分解（EXPLODE）**

图块插入之后，不能与其他图形进行运算，需进行修改操作。为了能进行修改操作，必须把图块还原成组成它的图形对象。执行这种功能的命令放在“修改”面板中，如图 1-143 所示，称为“分解”命令。

图 1-143 “分解”命令按钮

例如，把如图 1-144 所示的夹窗图块分解为独立的图形对象，按命令行的提示操作。

```
命令: _explode
选择对象: 指定对角点: 找到 1 个（使用窗口选择图形）
回车确认
```

效果如图 1-145 所示。

注意分解之前整个图块只有左上角一个夹点，分解之后出现各个独立图形的夹点。

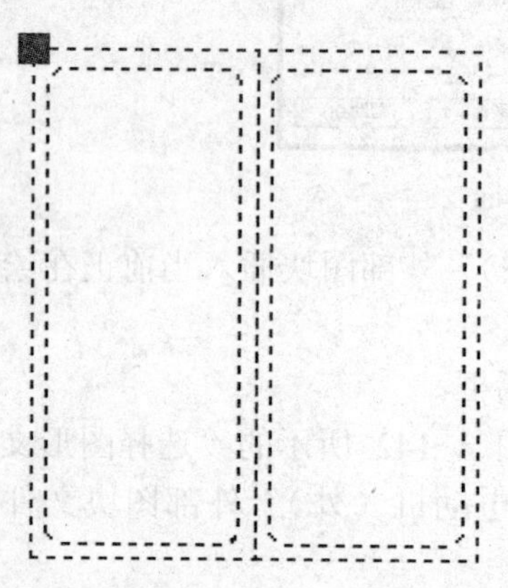
图 1-144 夹窗

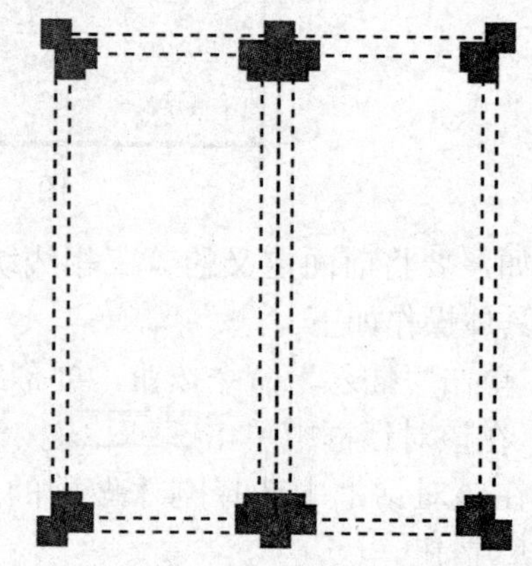
图 1-145 分解后的图形

**注意** 使用分解命令分解带属性的图块后，将使图块的属性值消失，还原为属性定义的标签。用 MINSERT 命令插入的图块或外部参照对象不能用 EXPLODE 命令分解。具有宽度的多段线分解后，AutoCAD 将放弃多段线的宽度和切线信息，分解后的多段线的宽度、线型、颜色将随当前层而改变。

**【电气示例】** 绘制三相变压器。

操作步骤如下。

1）单击“绘图”面板中的“圆”命令按钮，绘制圆$\phi 20$，效果如图 1-146 所示。

2）单击“绘图”面板中的“直线”命令按钮，绘制起点在如图 1-147 所示的象限

点，垂直向上的直线段，效果如图 1-148 所示。

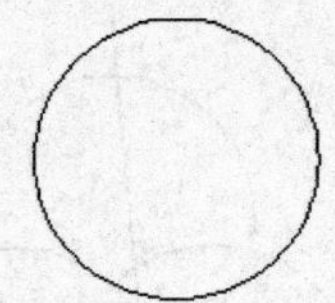

图 1-146 绘制圆

图 1-147 捕捉起点

3）单击“修改”面板中的“阵列”命令按钮，屏幕出现如图 1-149 所示的“阵列”对话框，设置好各项数值，以如图 1-150 所示的点为阵列中心，把圆$\phi$20 环形阵列 3 个，效果如图 1-151 所示。

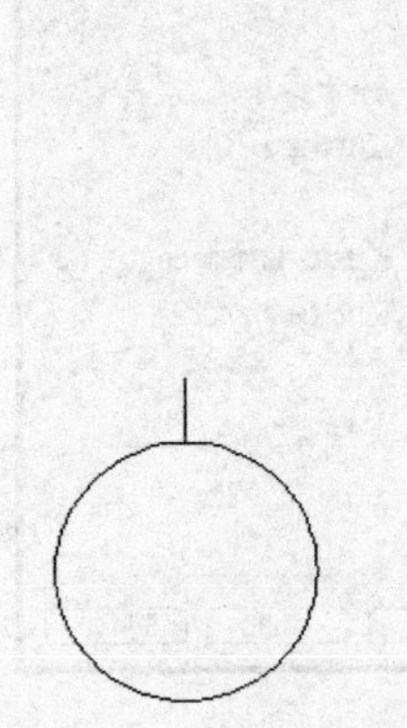

图 1-148 绘制直线段

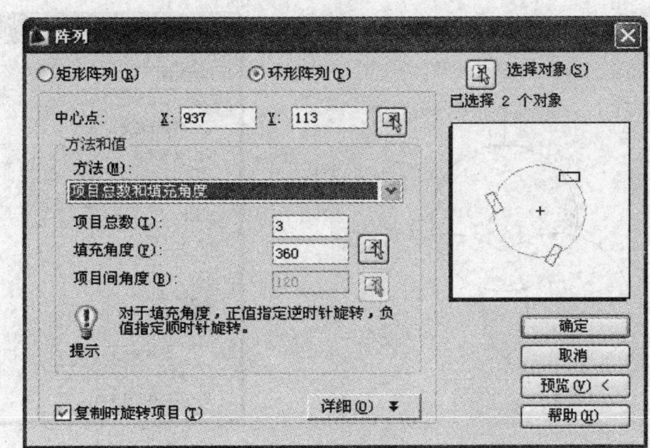


图 1-149 “阵列”对话框

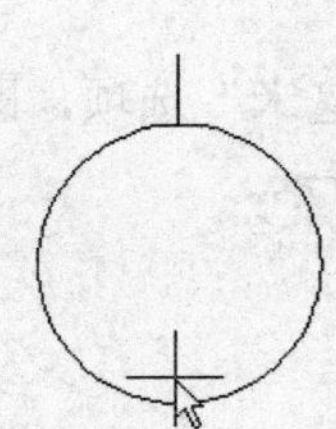

图 1-150 捕捉点

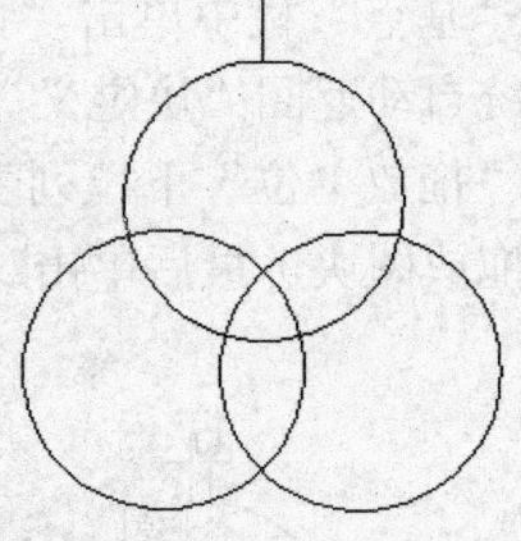

图 1-151 环形阵列

4）单击“修改”面板中的“复制”命令按钮，以直线段上端点为复制基准点，以如图 1-152、图 1-153 所示的三角形底顶角为复制目标点，把直线段向下复制两份，效果如图 1-154 所示。

5）单击“块”面板中的“创建”命令按钮，屏幕出现如图 1-155 所示的“块定义”对话框。

在该对话框的“名称”下拉列表框中输入“三相变压器”，指定图块名称。

在“对象”栏中单击“选择对象”按钮，系统返回绘图区中，选择三相变压器图形，按〈Enter〉键返回“块定义”对话框。

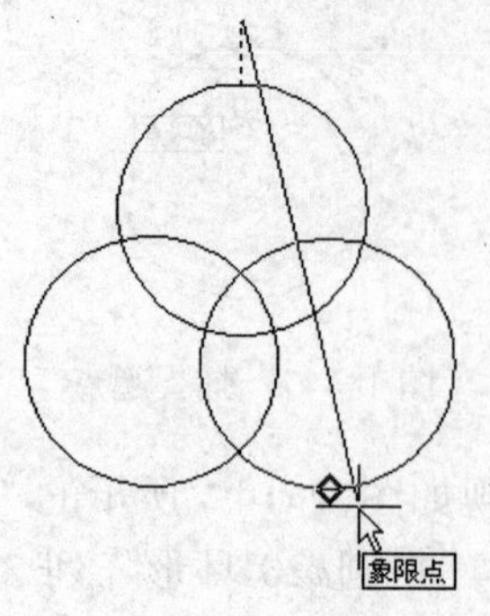


图 1-152　捕捉第一个复制目标点

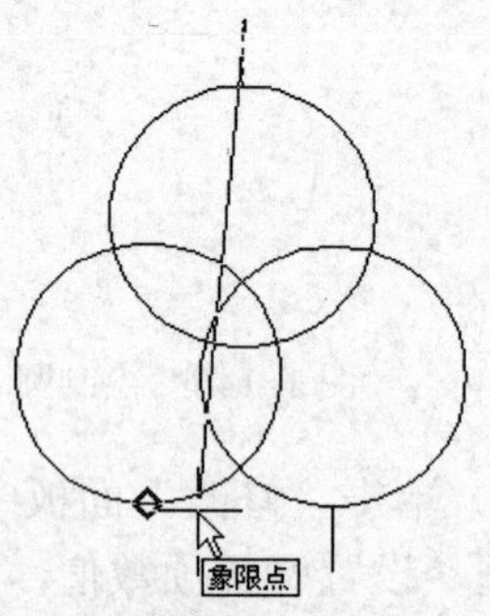


图 1-153　捕捉第二个复制目标点

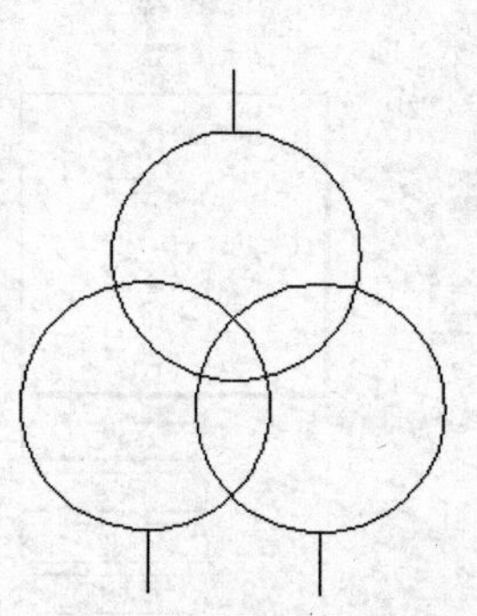

图 1-154　复制直线段

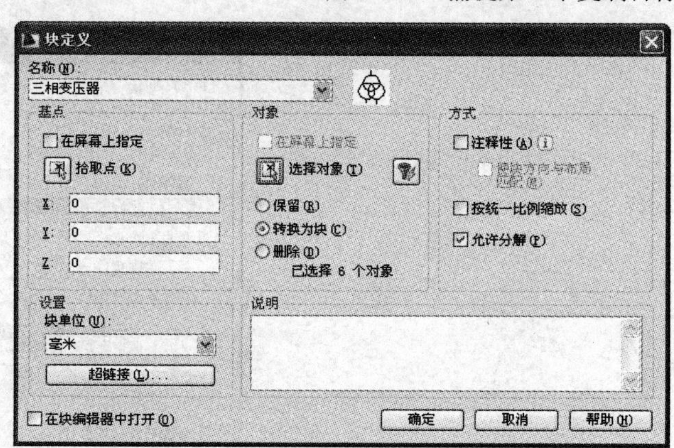


图 1-155　“块定义”对话框

在“对象”栏中选中 ⊙ 转换为块(C) 单选项，将所选图形定义为块。

在“基点”栏中单击“拾取点”按钮，返回绘图区中，如图 1-156 所示，拾取一个点，系统自动返回“块定义”对话框。

在“拖放单位”下拉列表框中选择图块的拖放单位，在此选择“毫米”选项，即以毫米为单位拖放图块，最后单击 确定 按钮即可形成图块，如图 1-157 所示。

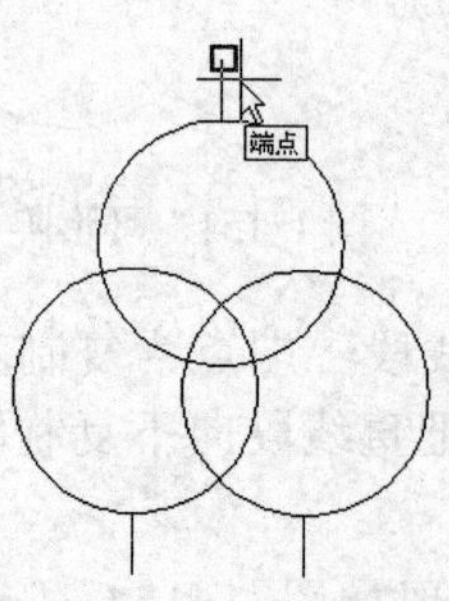


图 1-156　捕捉端点

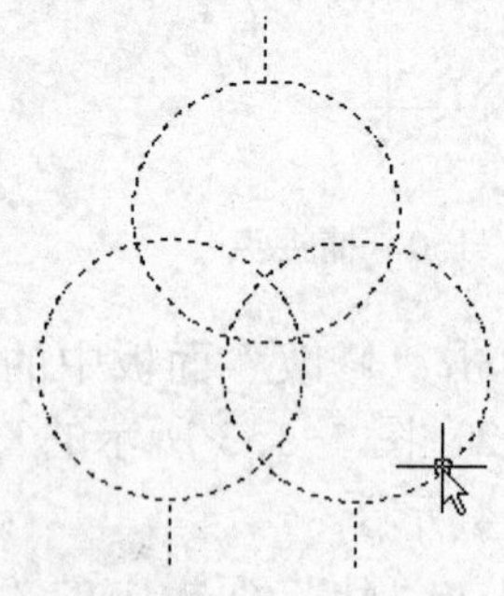

图 1-157　图块

6）单击“块”面板中的“插入”命令，屏幕将出现如图 1-158 所示的“插入”对话

框，按提示操作即可在图形中插入图块。

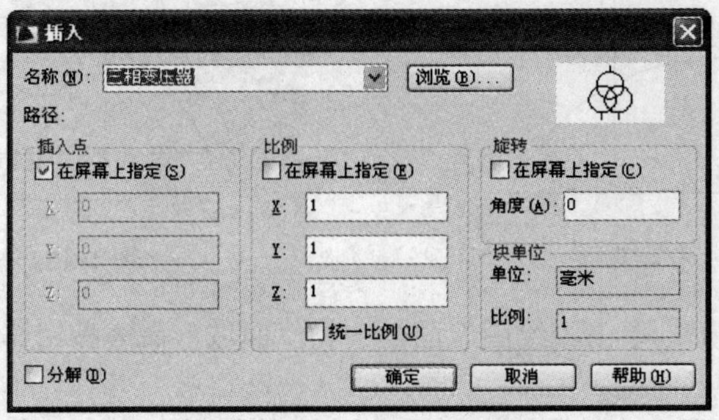


图 1-158 “插入”对话框

## 1.5.11 绘制绝缘子

操作步骤如下。

1）首先绘制绝缘子的头部。单击“绘图”面板中的“直线”命令按钮，绘制长度为 180 的水平直线，效果如图 1-159 所示。

2）单击“绘图”面板中的“圆弧”命令按钮，使用三点方式绘制起点在直线左端点，终点在直线右端点的圆弧，效果如图 1-160 所示。

图 1-159 绘制直线

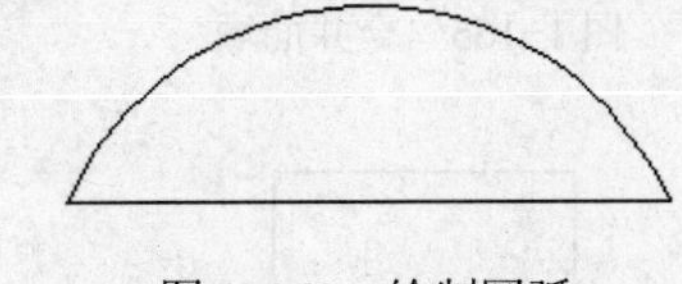

图 1-160 绘制圆弧

3）单击“绘图”面板中的“矩形”命令按钮，绘制矩形 90×110，效果如图 1-161 所示。

4）单击“修改”面板中的“移动”命令按钮，把矩形 90×110 以其下边中点为移动基准点，以如图 1-162 所示的直线中点为移动目标点移动，效果如图 1-163 所示。

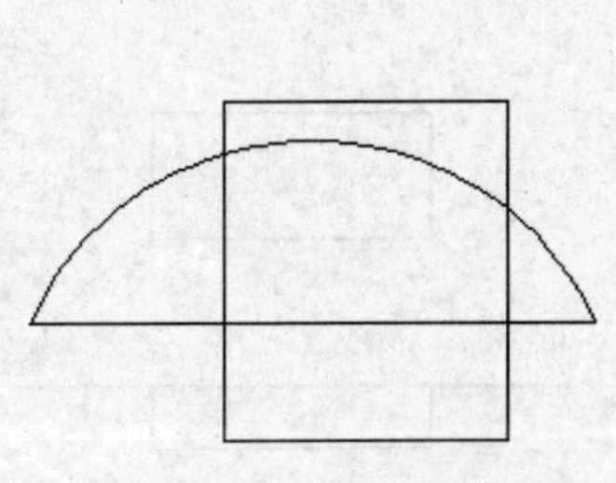

图 1-161 绘制矩形

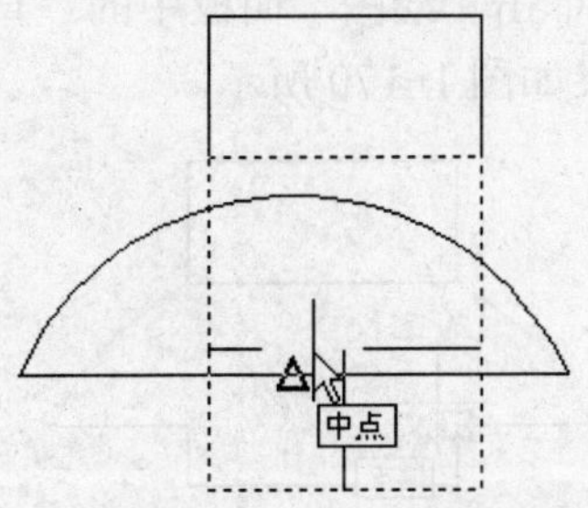


图 1-162 捕捉中点

5）单击“修改”面板中的“移动”命令按钮，把矩形 90×110 向下垂直移动，移动距离为 20，效果如图 1-164 所示。

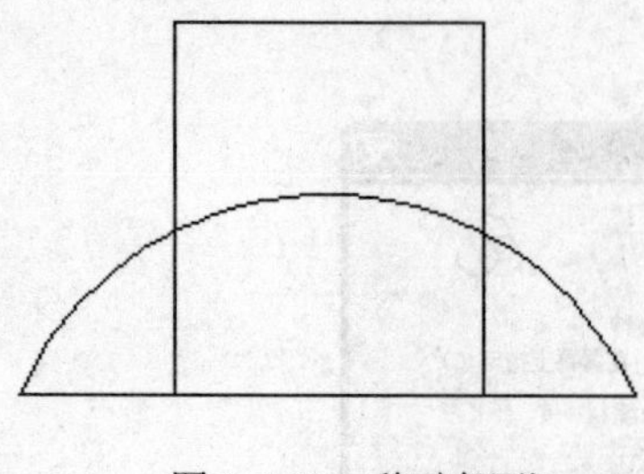

图 1-163　移动矩形

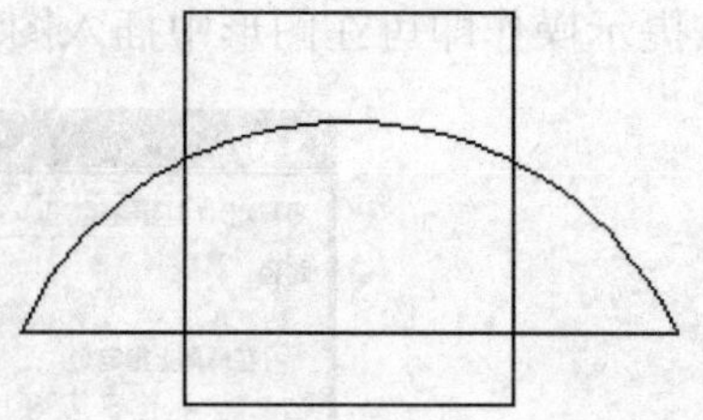

图 1-164　再次移动矩形

6）接下来编辑成形。单击“绘图”面板中的“面域”命令按钮，把所有的图形转变成两个面域。

7）在“菜单浏览器”中选择“修改”→“实体编辑”→“并集”命令，合并所有面域，效果如图 1-165 所示。

8）单击“绘图”面板中的“直线”命令按钮，绘制如图 1-166、图 1-167 所示两个端点的连线，效果如图 1-168 所示。

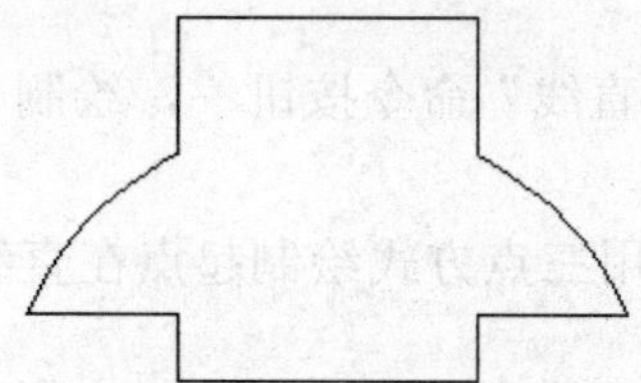

图 1-165　合并面域

图 1-166　捕捉起点

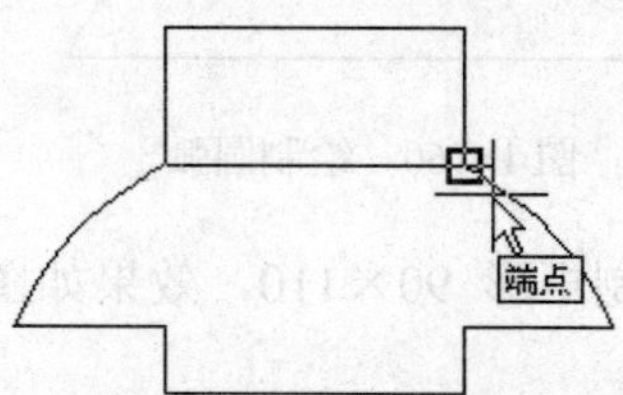


图 1-167　捕捉端点

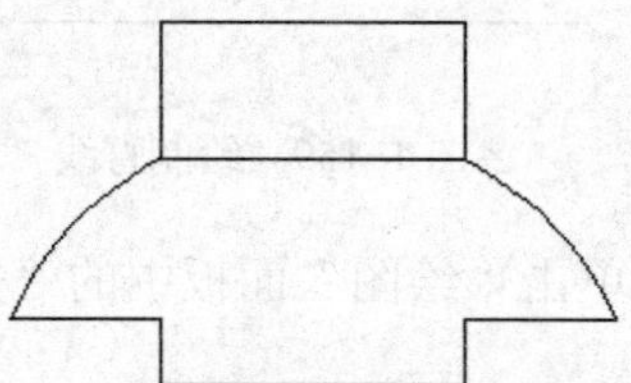

图 1-168　绘制直线

9）单击“绘图”面板中的“直线”命令按钮，绘制如图 1-169 所示的端点位置的连线，效果如图 1-170 所示。

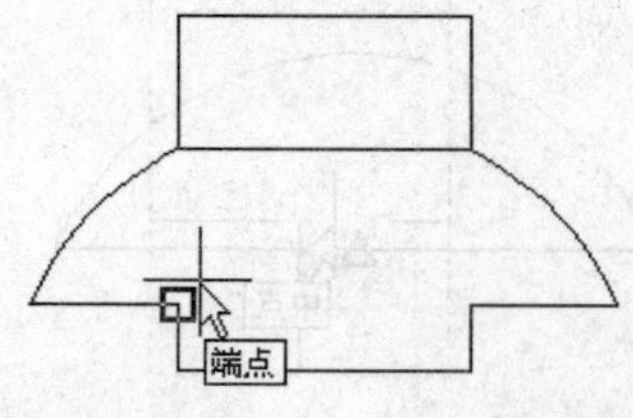


图 1-169　再次捕捉端点

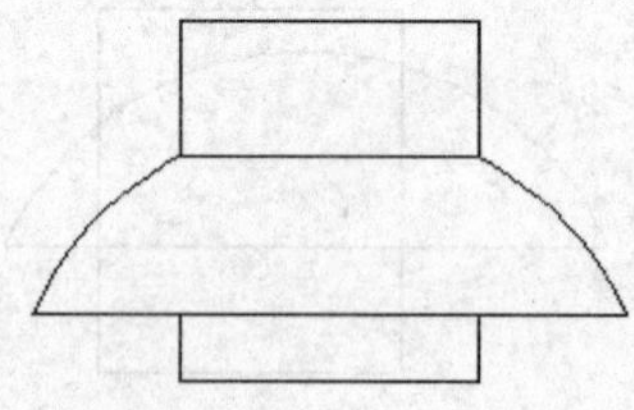

图 1-170　绘制连线

10）单击“绘图”面板中的“矩形”命令按钮，绘制起点在如图 1-171 所示的中点的矩形 20×(−100)，效果如图 1-172 所示。

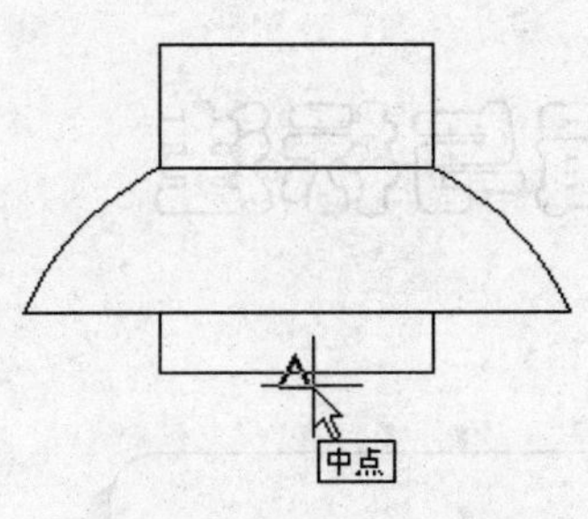


图 1-171　捕捉中点

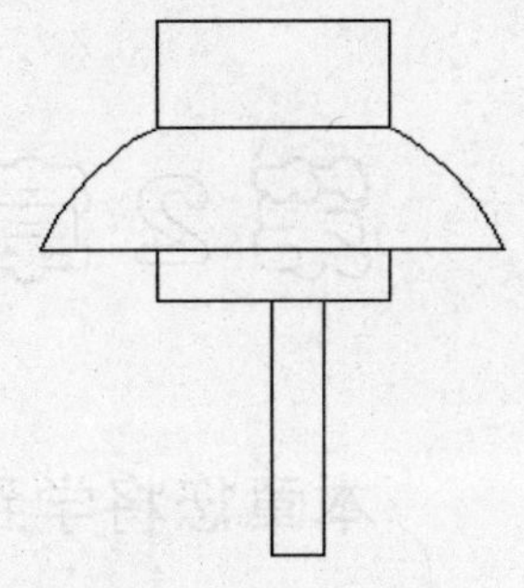

图 1-172　绘制矩形

11）最后绘制绝缘子的尾部。单击“修改”面板中的“镜像”命令按钮，以矩形 20×(-100)左边为对称轴，把矩形 20×(-100)对称复制一份，效果如图 1-173 所示。

12）单击“绘图”面板中的“面域”命令按钮，把两个矩形 20×(-100)转变成两个面域。

13）在“菜单浏览器”中选择“修改”→“实体编辑”→“并集”命令，合并刚才转变的面域，效果如图 1-174 所示。

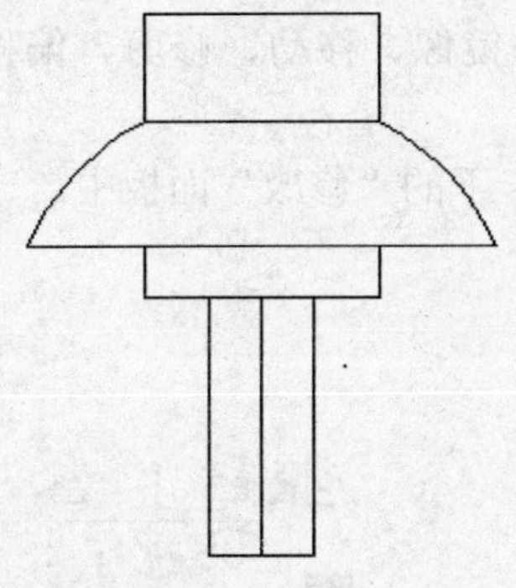

图 1-173　对称复制矩形

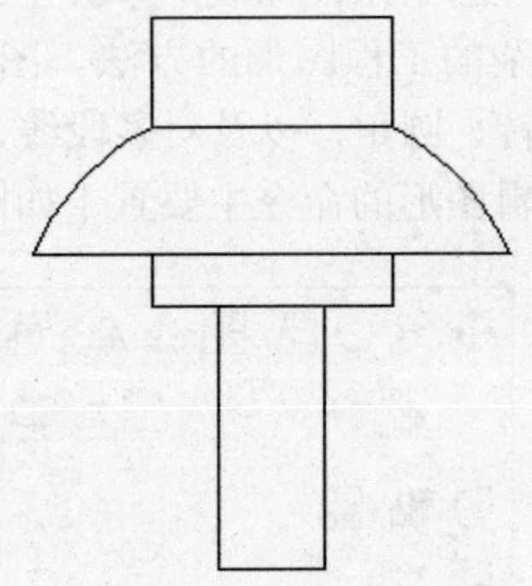

图 1-174　合并面域

1

第2章

3

4

5

6

7

8

9

附录A

# 第 2 章　图形编辑与标注

**本章您将学到：**

在电气图样中绘制了图形之后，还需要对图形进行编辑，修整成需要的图形。有时候还要标注若干安装尺寸，便于施工。至于文字内容，则是任何图样都少不了的。本章将介绍这三部分内容：平面图形编辑命令、尺寸标注、文字与编辑文字。

## 2.1　平面图形编辑命令

在理解了绘图原理，掌握了绘制简单图形的基础上，本章学习如何编辑基本图形，并绘制成复杂的工程图形的方法。图形的编辑方法主要有复制、镜像、移动、修剪、偏移、阵列、旋转、圆角，以及对多段线、样条曲线的修改等。

编辑图形的命令主要置于如图 2-1 所示的“常用”选项卡下的“修改”面板中。

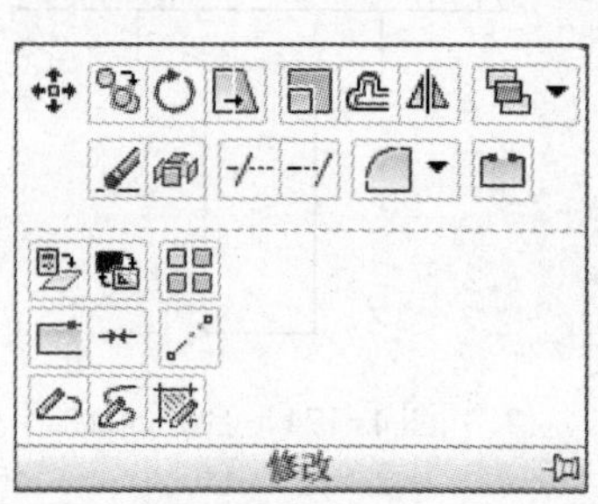


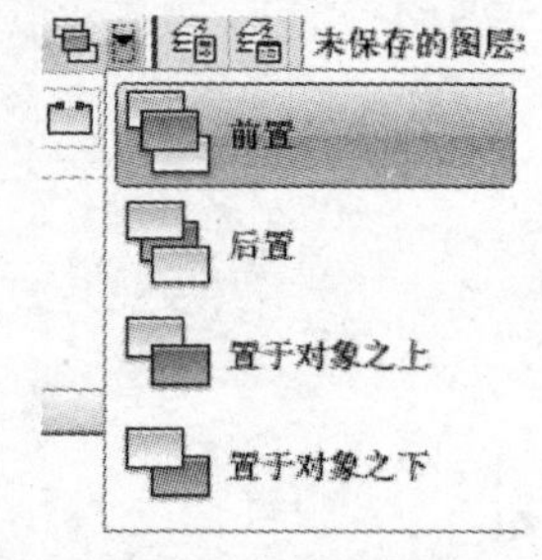


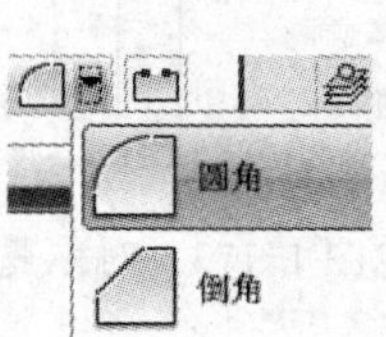


图 2-1　“修改”面板及其两个下拉列表

“修改”面板中的命令是平面操作命令，它们运行的默认平面是 XY 平面。各个命令按钮的图标、名称分别是：移动、复制、旋转、拉伸、缩放、偏移、镜像、删除、分解、修剪、延伸、打断、设置为 ByLayer、更改空间、阵列、打断于点、合并、拉长、编辑多段线、编辑样条曲线、编辑图案填充，其中下拉列表中的按钮图标的名称已经标注在图 2-1 中了。

复制图形对象的方法有多种，既可以直接复制，也可以通过剪贴板复制。其他体现复制功能的方法有偏移、镜像、阵列。

### 2.1.1　直接复制

“复制”命令按钮在“修改”面板中的位置如图 2-2 所示。

图 2-2　“复制”命令按钮

【示例】　把如图 2-3 所示的避雷器图形向右复制一

份。单击“复制”命令按钮，按照命令行的提示操作。

```
命令: _copy
选择对象: 指定对角点: 找到 4 个（把光标移动到图形上然后选择它，如图 2-4 所示）
选择对象:（回车）
当前设置: 复制模式=多个
指定基点或[位移(D)/模式(O)] <位移>: （单击确定复制基准点，如图 2-5 所示）指定第二个点或<使用第一个点作为位移>: （单击确定复制目标点）
指定第二个点或[退出(E)/放弃(U)] <退出>:（回车）
```

效果如图 2-6 所示。

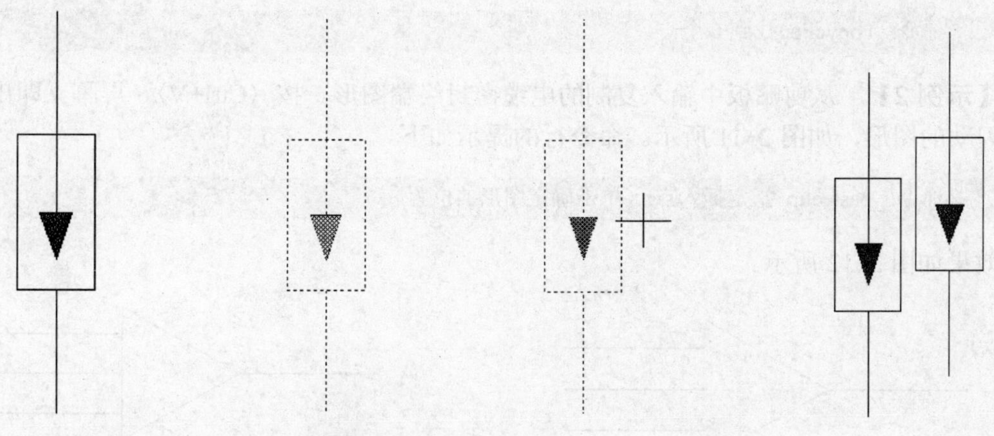

图 2-3　避雷器图形　　图 2-4　选择图形　　图 2-5　确定复制基准点　　图 2-6　确定复制目标点

**【电气示例】**　绘制变压器符号。

操作步骤如下。

1）单击“绘图”面板中的“圆”命令按钮，绘制圆$\phi$10，效果如图 2-7 所示。

2）单击“修改”面板中的“复制”命令按钮，把圆$\phi$10 向右复制一份，复制距离为 16，效果如图 2-8 所示。

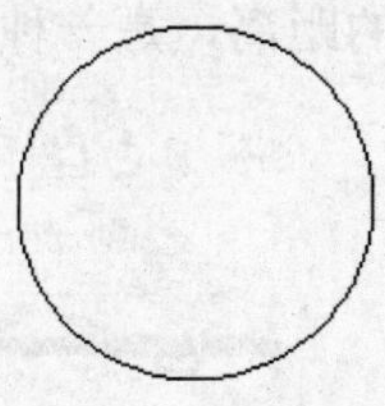

图 2-7　绘制圆

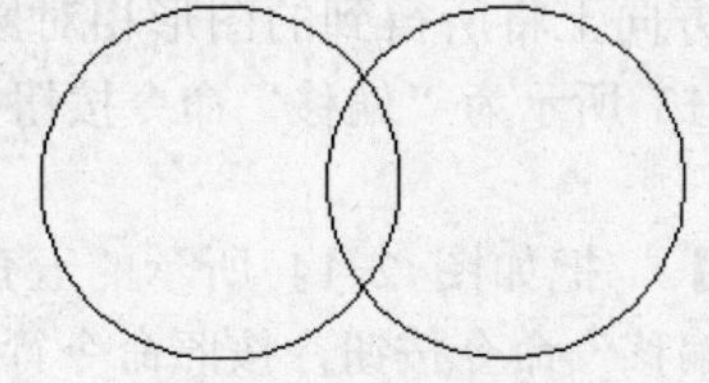

图 2-8　复制绘制圆

## ▷▷▷ 2.1.2　使用剪贴板

要向剪贴板中输入图形，可以在“实用程序”面板中单击“复制剪裁”和“粘贴”按钮，也可以选择图形后，按〈Ctrl+C〉。从剪贴板中输出图形，按〈Ctrl+V〉即可，效果是一样的。该命令位置如图 2-9 所示。

【示例 1】 向剪贴板中输入电缆密封终端图形。可以先选择图形，如图 2-10 所示。然后按〈Ctrl+C〉。命令行的提示如下如下。

复制剪裁
将选定对象复制到剪贴板
COPYCLIP

图 2-9 “复制”命令

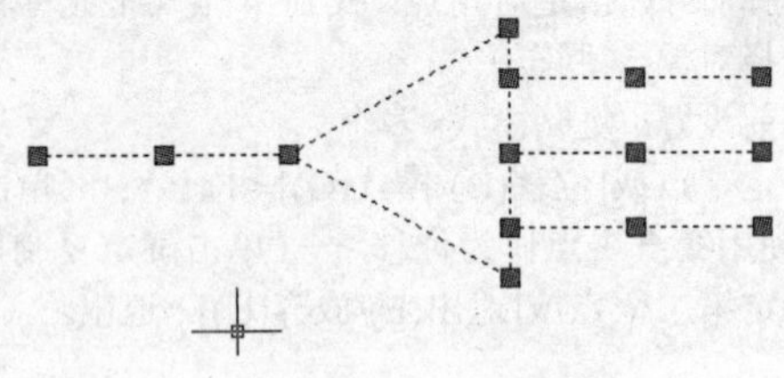

图 2-10 选择图形

命令: _copyclip 找到 6 个

【示例 2】 从剪贴板中输入复制的电缆密封终端图形。按〈Ctrl+V〉，屏幕立即出现随光标闪动的图形，如图 2-11 所示。命令行的提示如下。

命令: _pasteclip 指定插入点:（单击确定图形的位置）

效果如图 2-12 所示。

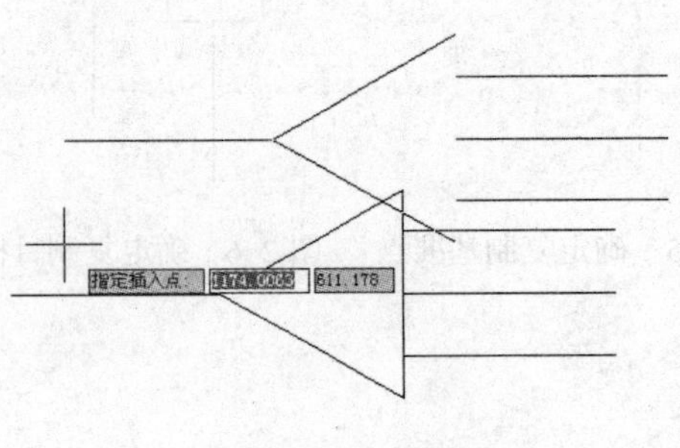


图 2-11 虚拟图形

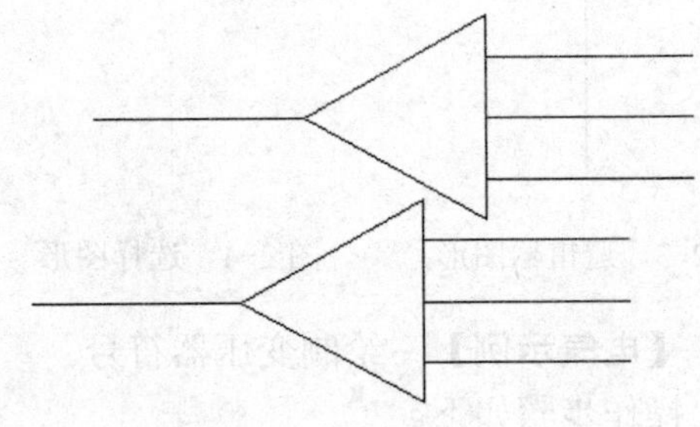

图 2-12 确定图形的位置

## ▷▷▷ 2.1.3 偏移

在指定方向上将所得到的图形相对原图形偏移复制指定的距离，是一种特别的复制方式。如图 2-13 所示为“偏移”命令按钮在“修改”面板中的位置。

【示例】 把如图 2-14 所示的五角形向左偏移复制一份。单击“偏移”命令按钮，按照命令行的提示操作。

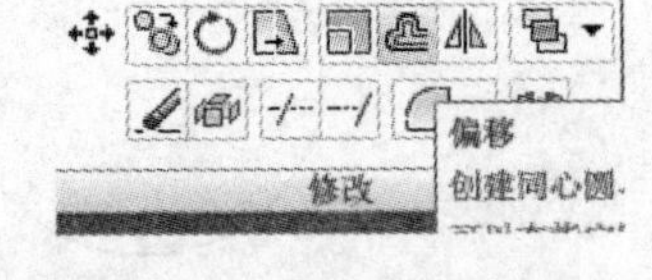


图 2-13 “偏移”命令按钮

命令: _offset
当前设置: 删除源=否 图层=源 OFFSETGAPTYPE=0
指定偏移距离或 [通过(T)/删除(E)/图层(L)] <通过>: 5（输入偏移值）
选择要偏移的对象，或[退出(E)/放弃(U)]<退出>:（单击五角形）
指定要偏移的那一侧上的点，或[退出(E)/多个(M)放弃(U)]<退出>:（在五角形的中心单击）
选择要偏移的对象或 <退出>: *取消*（按〈Esc〉键）

效果如图 2-15 所示。

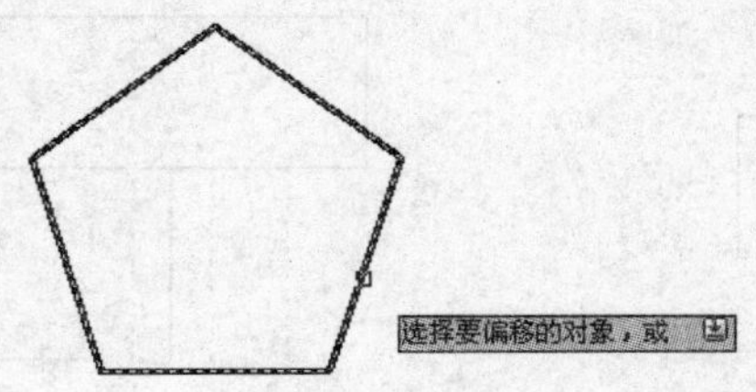


图 2-14　选择图形

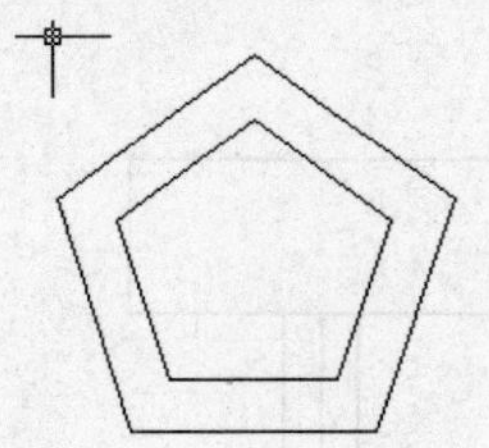

图 2-15　偏移复制图形

偏移复制命令也适于其他非直线类型的图形，如图 2-16、图 2-17、图 2-18 所示。

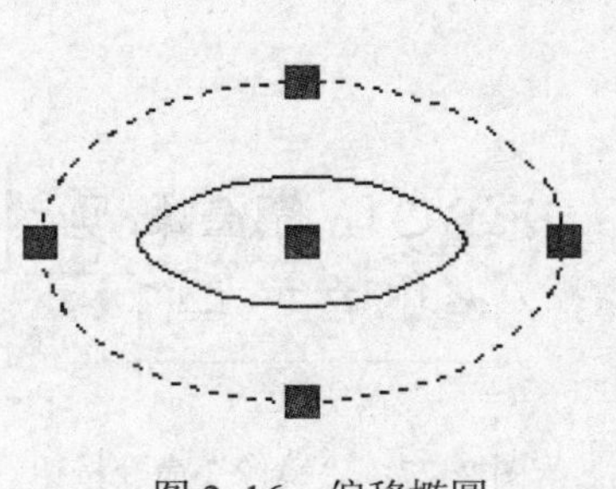

图 2-16　偏移椭圆

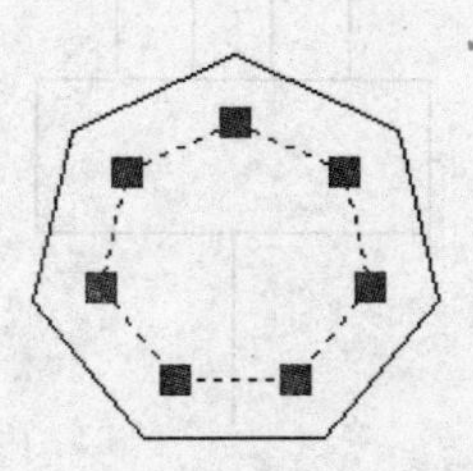

图 2-17　偏移正七边形

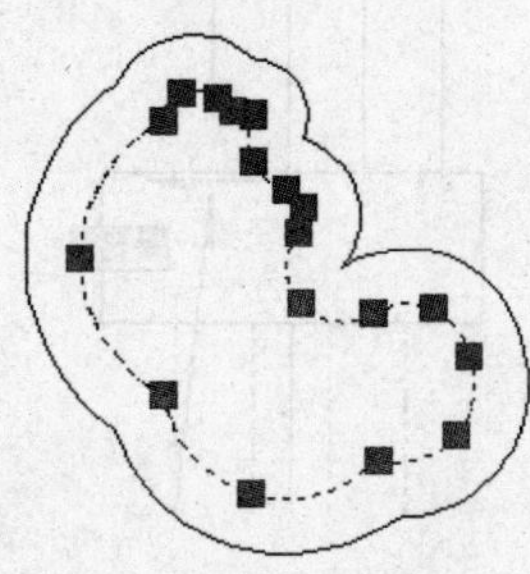

图 2-18　偏移云线

**【电气示例】**　绘制配电中心符号。

操作步骤如下。

1）单击“绘图”面板中的“矩形”命令按钮，绘制矩形 10×4，效果如图 2-19 所示。

2）单击“绘图”面板中的“直线”命令按钮，以如图 2-20 所示的中点为起点，绘制垂直向下的直线，长度为 5，效果如图 2-21 所示。

图 2-19　绘制矩形

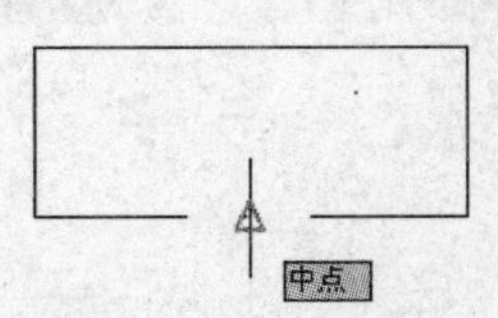


图 2-20　捕捉中点

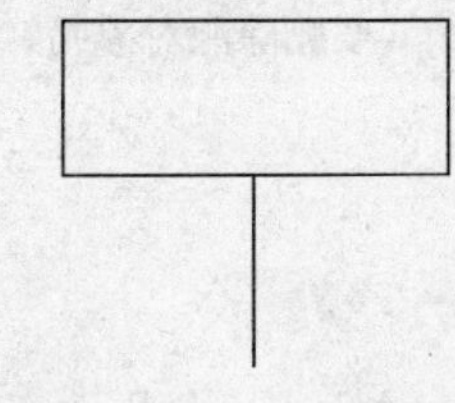

图 2-21　绘制直线

3）单击“修改”面板中的“偏移”命令按钮，把上一步绘制的直线向两边各偏移复制一份，复制距离为 1，效果如图 2-22 所示。

4）单击“修改”面板中的“偏移”命令按钮，把上一步偏移复制得到的直线向两边偏移复制一份，复制距离为 2，效果如图 2-23 所示。

5）单击“修改”面板中的“移动”命令按钮，以如图 2-24 所示的端点为移动基准点，以如图 2-25 所示的垂足为移动目标点，把虚线所示的四条直线向上移动，效果如图 2-26 所示。

## ▷▷▷ 2.1.4　镜像

镜像复制命令以对称轴为中位，像照镜子一样映照出图形。“镜像”命令按钮在“修改”面板中的位置如图 2-27 所示。

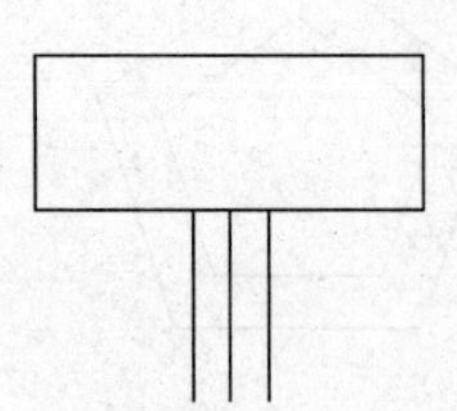
图 2-22　偏移复制直线

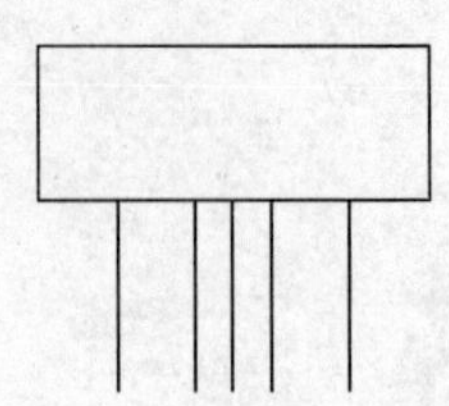
图 2-23　再次偏移复制直线

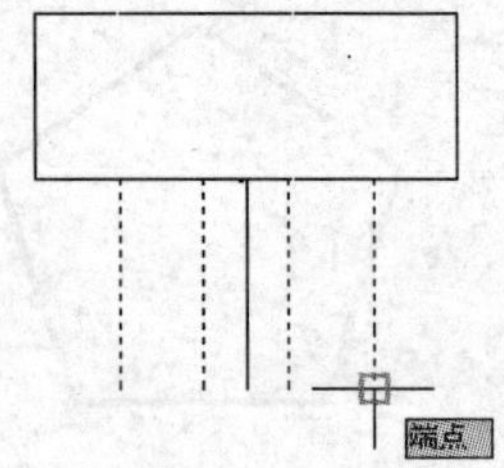

图 2-24　捕捉端点

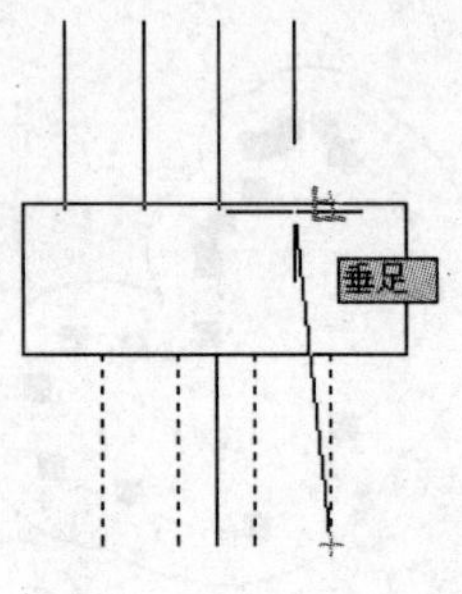

图 2-25　捕捉垂足

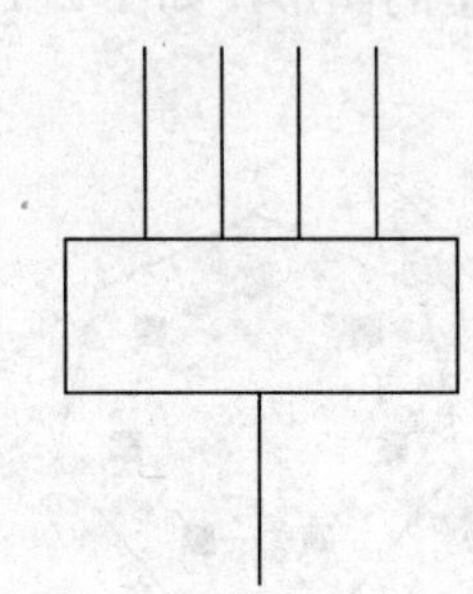
图 2-26　移动直线组

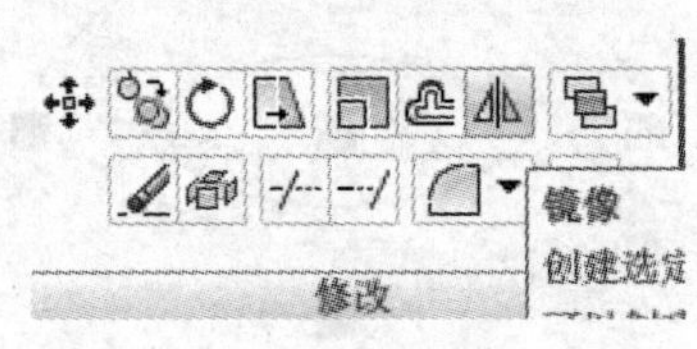

图 2-27　“镜像”命令按钮

**【示例】**　把三角形向右镜像复制一份。单击“镜像”命令按钮，按照命令行的提示操作。

命令: _mirror
选择对象: 找到 1 个（单击如图 2-28 所示的三角形）
选择对象:(回车结束)
指定镜像线的第一点:（捕捉如图 2-29 所示的中点为对称线的起点）指定镜像线的第二点:（向下牵拉对称线，如图 2-30 所示，然后单击确认）
要删除源对象吗？[是(Y)/否(N)] <N>:（回车，保留源实体）

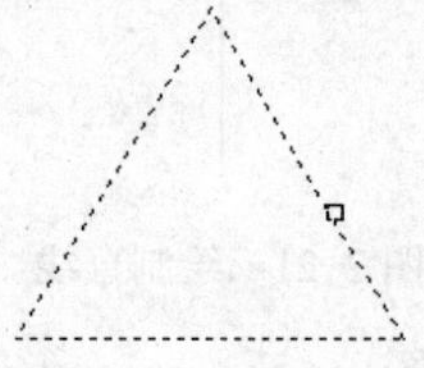
图 2-28　选择图形

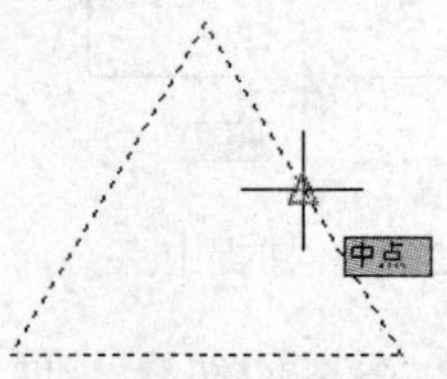

图 2-29　捕捉对称线的起点

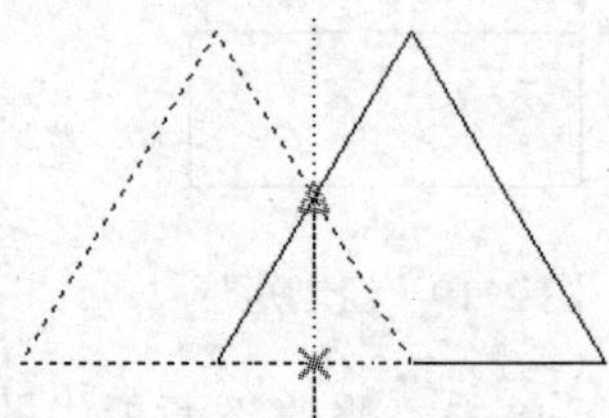
图 2-30　牵拉出对称线

效果如图 2-31 所示。

**【电气示例】**　绘制电容符号。

操作步骤如下。

1）单击“绘图”面板中的“直线”命令按钮，绘制长度为 10 的垂直直线，效果如图 2-32 所示。

2）单击“绘图”面板中的“直线”命令按钮，以垂直直线中点为起点，绘制水平向左的直线，长度为 15，效果如图 2-33 所示。

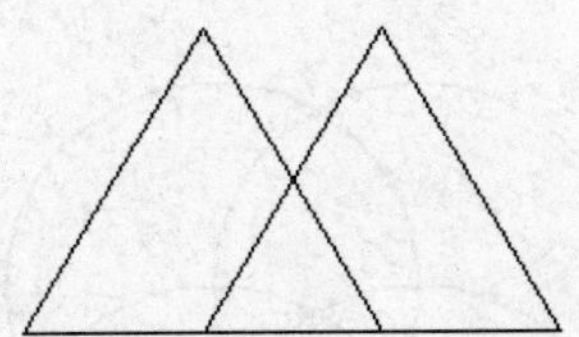

图 2-31　镜像复制图形

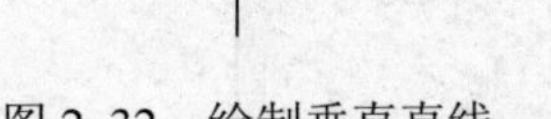

图 2-32　绘制垂直直线

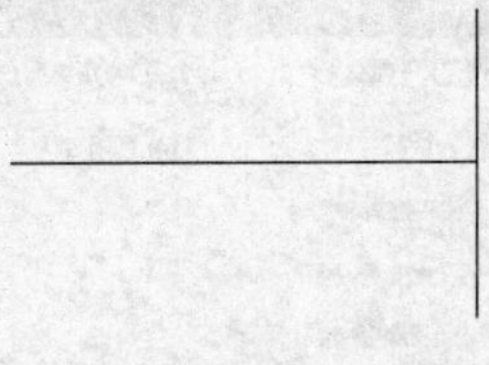

图 2-33　绘制水平直线

3）单击“修改”面板中的“镜像”命令按钮，把图形对称复制一份，按命令行的提示进行操作。

```
命令: _mirror
选择对象: 指定对角点：找到 2 个
选择对象:（回车结束）
指定镜像线的第一点: （在垂直直线右边单击确定一点）指定镜像线的第二点: （如图 2-34 所示，垂直向下牵拉出对称轴，然后单击鼠标右键确认）
要删除源对象吗？[是(Y)/否(N)] <N>:（回车，保留源实体）
```

效果如图 2-35 所示。

图 2-34　牵拉出对称轴　　　　图 2-35　对称复制图形

## 2.1.5　阵列

阵列可以按照矩形、环形一次复制出多个图形出来，“阵列”命令按钮在“修改”面板中的位置如图 2-36 所示。

阵列命令可以执行矩形阵列和环形阵列，下面通过实例分别学习。

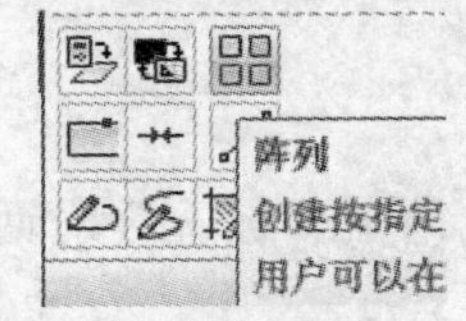


图 2-36　“阵列”命令按钮

【示例 1】　把一个圆向上、向右矩形阵列复制一份，距离都是 10。单击“修改”面板中的“阵列”命令按钮，出现如图 2-37 所示的“阵列”对话框，设置各项数值，单击“选择对象”按钮，即可以按照命令行的提示操作。

```
命令: _array
选择对象: 指定对角点: 找到 1 个（选择圆）
选择对象:（回车结束选择）
```

单击“阵列”对话框中的“确定”按钮，效果如图 2-38 所示。

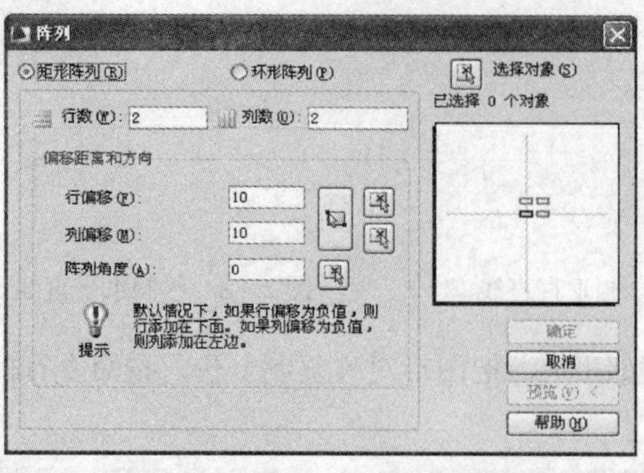


图 2-37　矩形“阵列”对话框

图 2-38　矩形阵列七角形

【示例 2】　把一个圆环形阵列复制一份。单击“修改”面板中的“阵列”命令按钮 ，出现如图 2-39 所示的“阵列”对话框，设置各项数值，单击“选择对象”按钮，即可以按照命令行的提示操作。

命令: _array
选择对象: 找到 1 个（选择圆）
选择对象:（回车结束选择）
单击“拾取中心点”按钮
指定阵列中心点:（捕捉如图 2-40 所示的象限点）

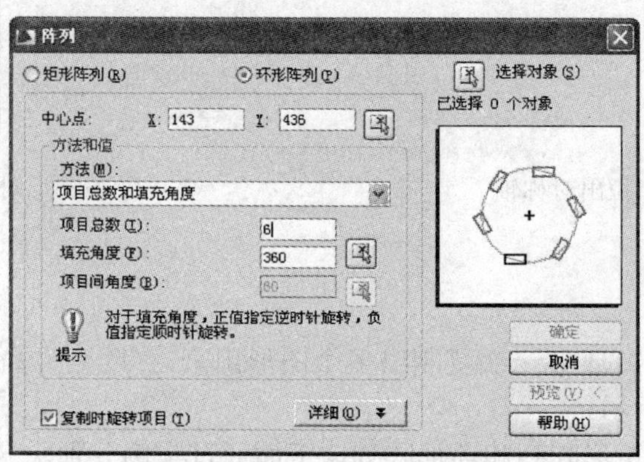


图 2-39　环形“阵列”对话框

单击“阵列”对话框中的“确定”按钮，效果如图 2-41 所示。

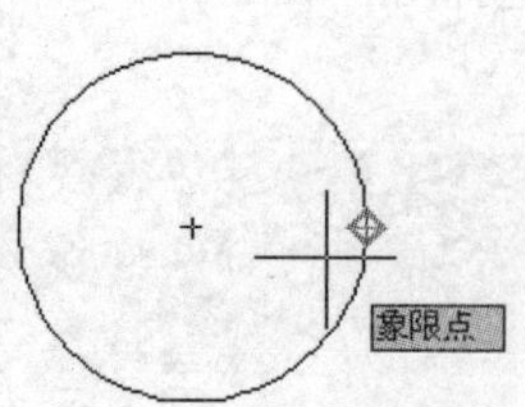


图 2-40　选择端点

图 2-41　环形阵列图形

阵列命令能够使复制结果均匀分布，是一种复制图形对象的技巧，使用十分广泛，应该熟练掌握它的使用方法和操作细节。现在通过一个实际的例子学习如何使用阵列命令提高造型效率。

---

**注意**　阵列命令是一种特别的复制命令，同坐标系相联系，可以执行三维阵列任务。

---

**【电气示例】**　绘制花灯符号。

操作步骤如下。

1）单击“绘图”面板中的“圆”命令按钮，绘制圆$\phi$20，效果如图2-42所示。

2）单击“绘图”面板中的“直线”命令按钮，绘制起点在圆心，终点在如图2-43所示象限点的直线，效果如图2-44所示。

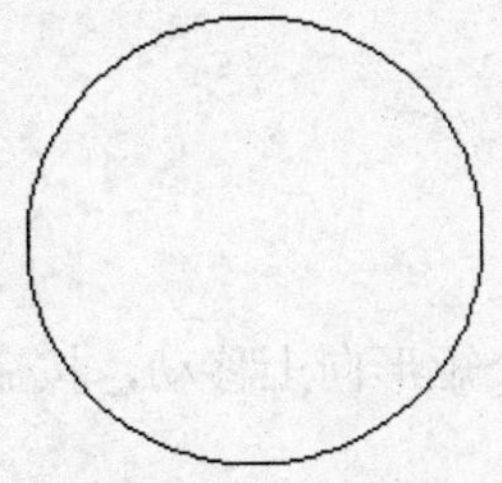

图2-42　绘制圆

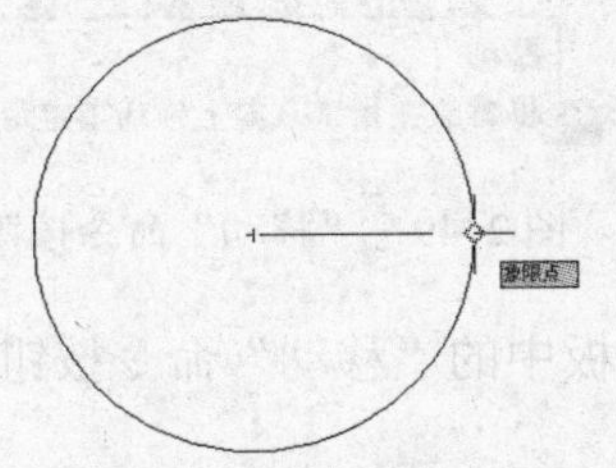


图2-43　绘制直线

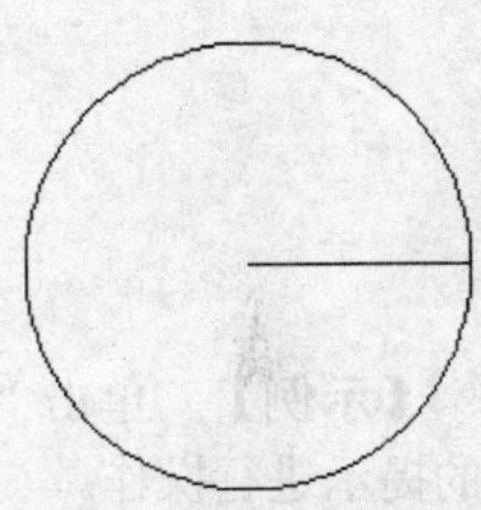

图2-44　绘制直线

3）单击“修改”面板中的“阵列”命令按钮，屏幕出现“阵列”对话框，如图2-45所示。在“阵列”对话框设置参数，以圆心为阵列中心，把直线环形阵列12个，效果如图2-46所示。

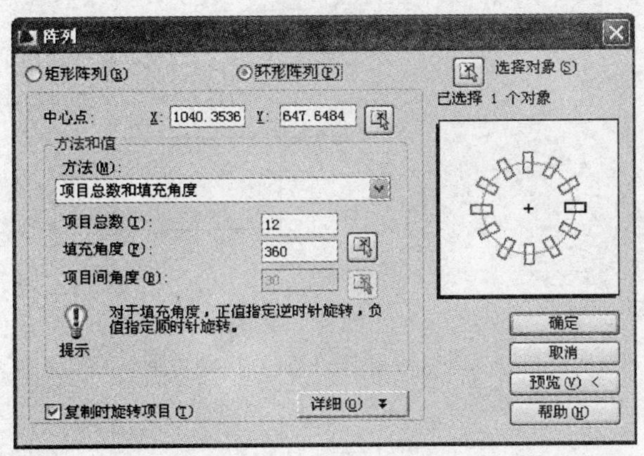


图2-45　“阵列”对话框

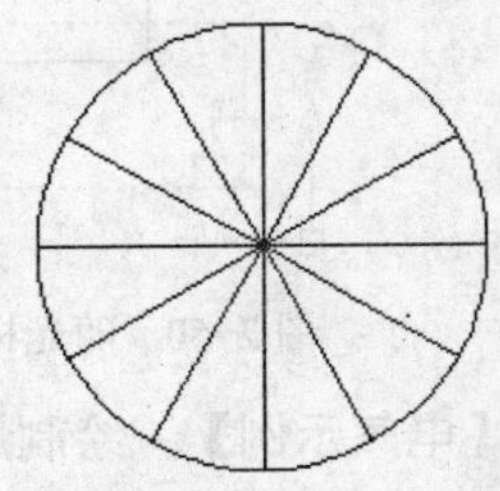

图2-46　环形阵列直线

4）单击“修改”面板中的“删除”命令按钮，删除如图2-47所示的虚线，效果如图2-48所示。

改变位置既包括移动图形、旋转图形，还有既移动又旋转图形的对齐命令。

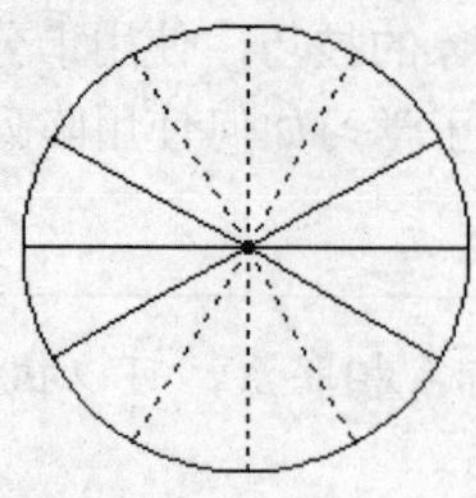

图 2-47　选择直线

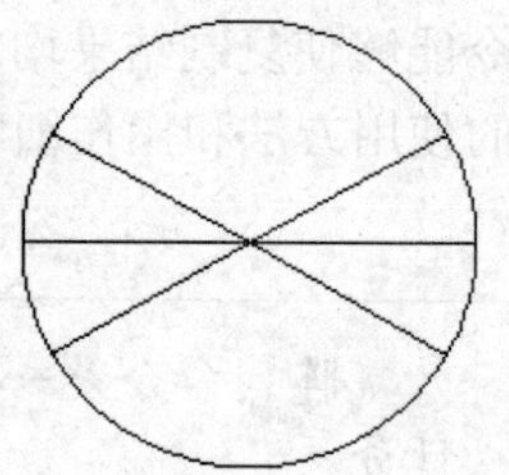

图 2-48　删除直线

## 2.1.6　移动

如图 2-49 所示为“移动”命令按钮在“修改”面板中的位置。

图 2-49　“移动”命令按钮

**【示例】**　单击“修改”面板中的“移动”命令按钮，把一个矩形向上移动，按命令行的提示进行操作。

```
命令: _move
选择对象: 找到 1 个（选择矩形）
选择对象: （回车）
指定基点或[位移(D)] <位移>:（单击确定移动基准点，如图 2-50 所示，出现随光标闪动的矩形）
指定第二点或 <使用第一点作为位移>:（单击确定移动目标点）
```

结果如图 2-51 所示。

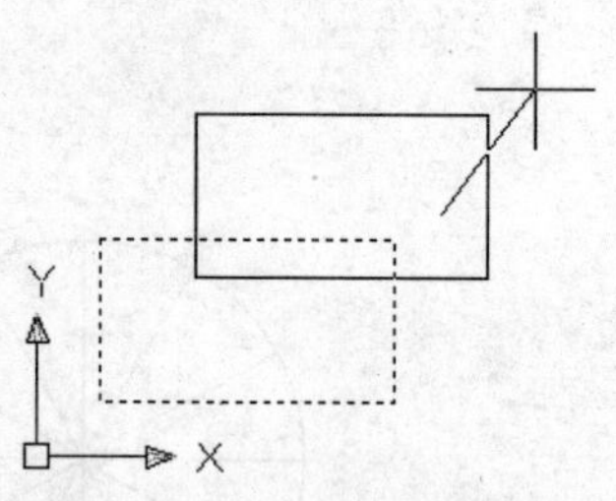


图 2-50　随光标闪动的矩形

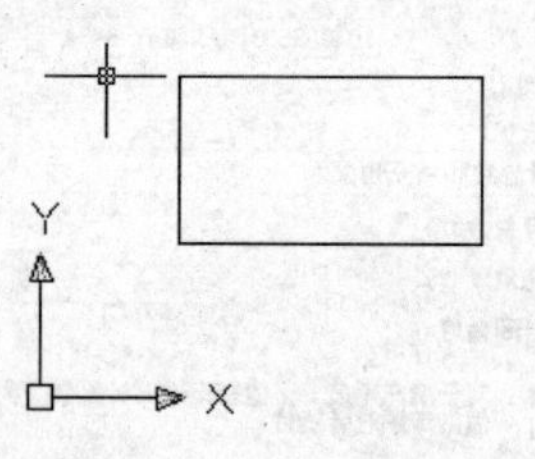


图 2-51　移动矩形

**【电气示例】**　绘制熔断器符号。

操作步骤如下。

1）单击“绘图”面板中的“矩形”命令按钮，绘制矩形 5×10，效果如图 2-52 所示。

2）单击“绘图”面板中的“直线”命令按钮，绘制长度为 20 的垂直直线，效果如图 2-53 所示。

3）单击“修改”面板中的“移动”命令按钮，把矩形 5×10 以图 2-54 所示的上边中点为移动基准点，以图 2-55 所示的最近点为移动目标点进行移动，效果如图 2-56 所示。

图 2-52　绘制矩形　　　　图 2-53　绘制直线

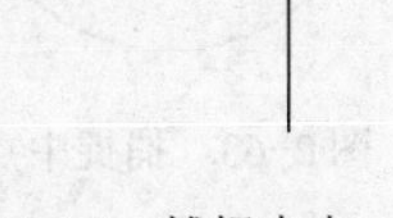


图 2-54　捕捉中点

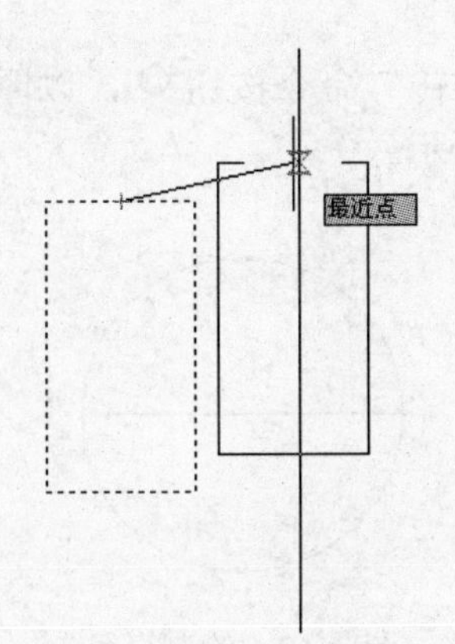


图 2-55　捕捉最近点

图 2-56　移动矩形

## 2.1.7　旋转

如图 2-57 所示为“旋转”命令按钮 在“修改”面板中的位置。

图 2-57　“旋转”命令按钮

**【示例】**　单击“修改”面板中的“旋转”命令按钮，把一个矩形旋转 30°，按照命令行的提示进行操作。

```
命令: _rotate
UCS 当前的正角方向:  ANGDIR=逆时针   ANGBASE=0
选择对象: 找到 1 个（选择矩形）
选择对象:（回车结束选择）
指定基点:（选择如图 2-58 所示的端点，出现如图 2-59 所示的随光标旋转的矩形）
指定旋转角度或 [复制(C)/参照(R)]<0>: 30（输入旋转角度值）
```

效果如图 2-60 所示。

**【电气示例】**　绘制信号灯符号。

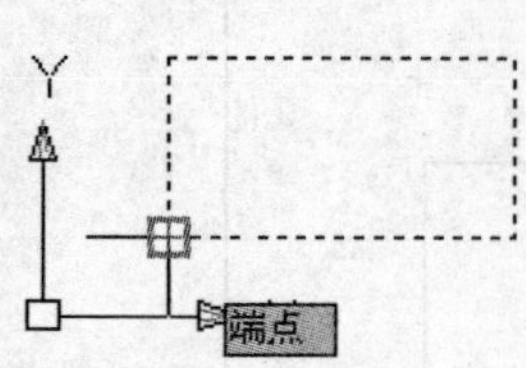


图 2-58　捕捉旋转中心

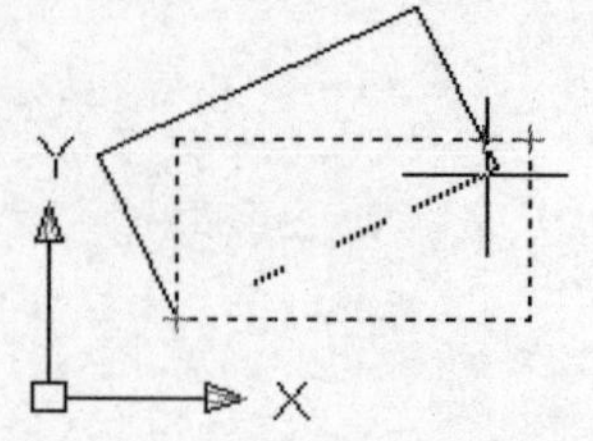


图 2-59　随光标旋转的矩形

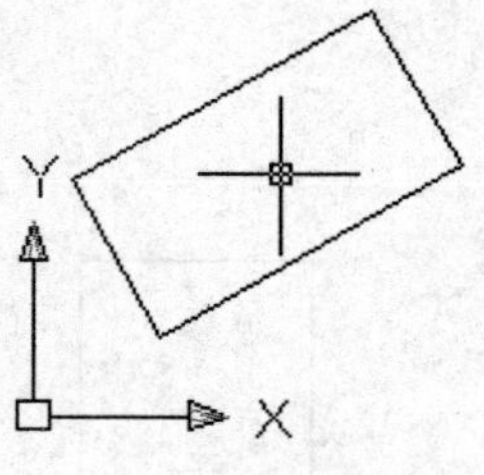


图 2-60　旋转图形

操作步骤如下。

1）单击“绘图”面板中的“圆”命令按钮，绘制圆$\phi$20，效果如图 2-61 所示。

2）单击“绘图”面板中的“直线”命令按钮，绘制圆$\phi$20 的水平直径，效果如图 2-62 所示。

3）单击“修改”面板中的“旋转”命令按钮，以图 2-63 所示的中点为旋转中心，把直径旋转 45°，效果如图 2-64 所示。

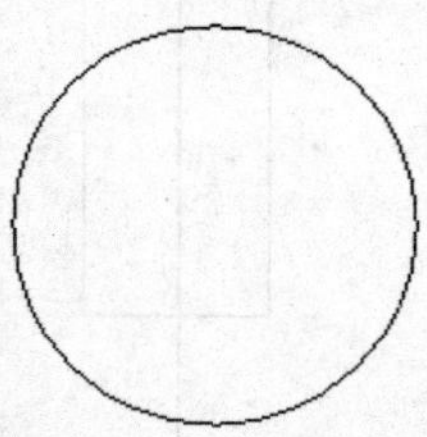

图 2-61　绘制圆

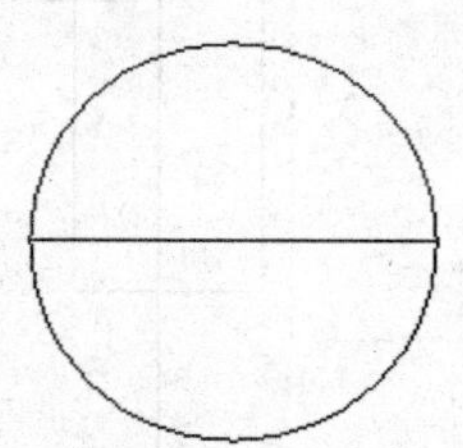

图 2-62　绘制直径

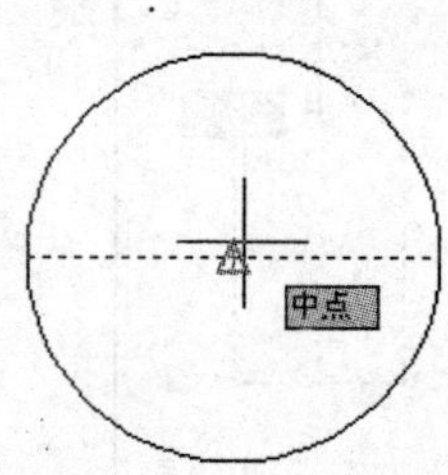


图 2-63　捕捉中点

4）单击“绘图”面板中的“直线”命令按钮，再次绘制圆$\phi$20 的水平直径，效果如图 2-65 所示。

5）单击“修改”面板中的“旋转”命令按钮，以图 2-63 所示的中点为旋转中心，把直径旋转−45°，效果如图 2-66 所示。

图 2-64　旋转直径

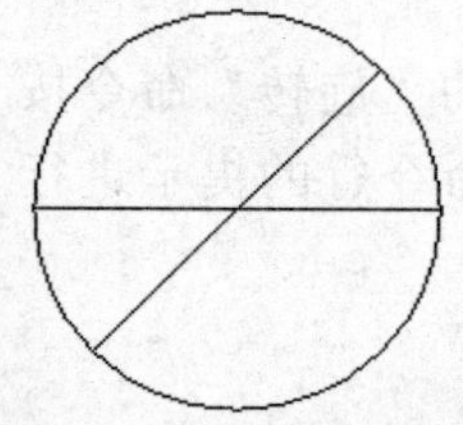

图 2-65　再次绘制水平直径

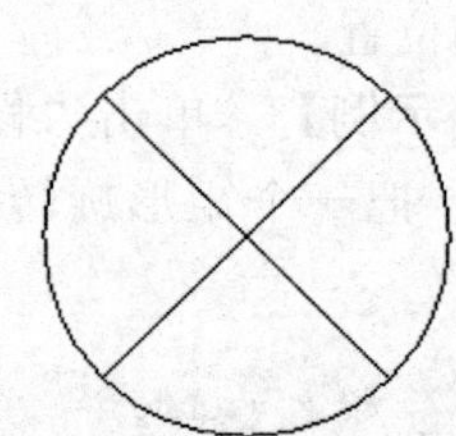

图 2-66　再次旋转直径

### ▷▷▷ 2.1.8　对齐

在“菜单浏览器”中选择“修改”→“三维操作”→“对齐”菜单命令，如图 2-67 所示。

【示例】　使如图 2-68 所示的三角形和矩形对齐，按命令行的提示进行操作。

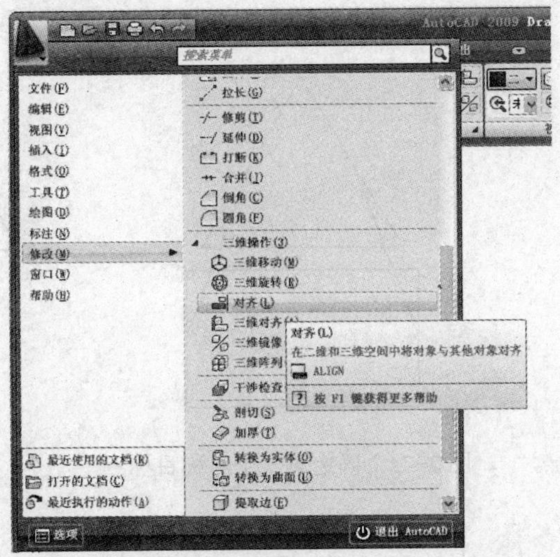


图 2-67　“对齐”菜单命令

命令: _align
选择对象: 找到 1 个（选择矩形，如图 2-69 所示）
选择对象:（回车）
指定第一个源点: （捕捉矩形左边中点）
指定第一个目标点: （捕捉三角形左边的中点，如图 2-70 所示）
指定第二个源点: （捕捉矩形右边的中点，如图 2-71 所示）
指定第二个目标点: （捕捉三角形右边的中点，如图 2-72 所示）
指定第三个源点或 <继续>:（回车）
是否基于对齐点缩放对象？[是(Y)/否(N)] <否>:（回车）

效果如图 2-73 所示。

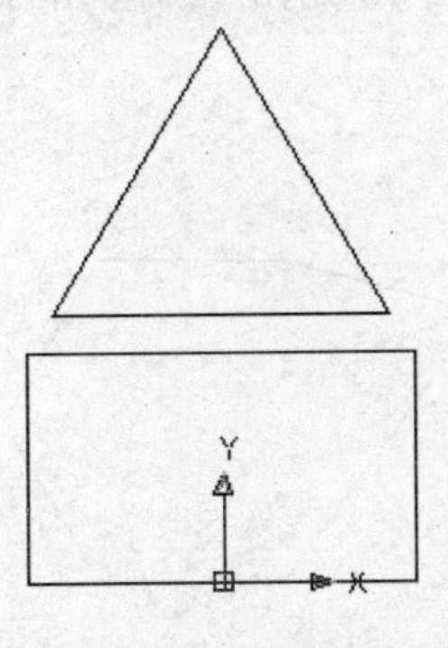


图 2-68　矩形和三角形

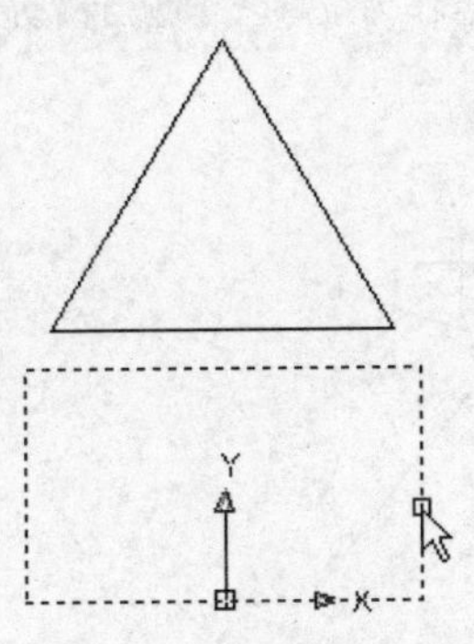


图 2-69　捕捉矩形

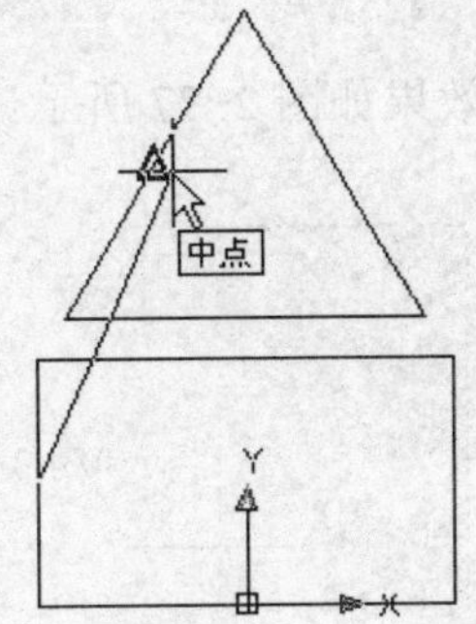


图 2-70　捕捉三角形上的中点

对图形对象的修改操作包括拉伸、缩放、延伸、修剪、拉长、打断于点、倒角、圆角等。

## ▷▷▷ 2.1.9　拉伸

拉伸是指按照指定的距离和角度拉长图形，“拉伸”命令按钮在“修改”面板中的位置如图 2-74 所示。

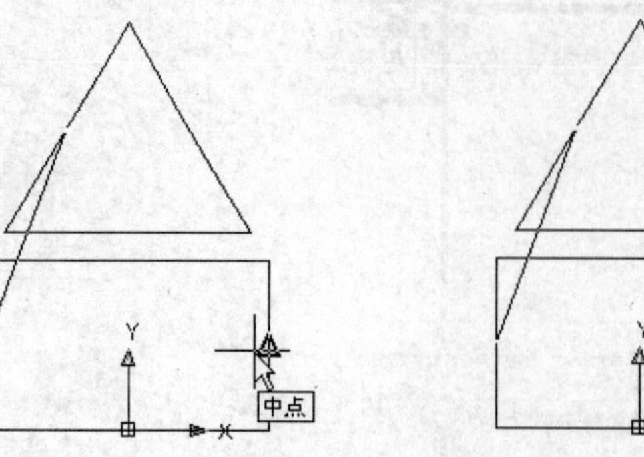


图 2-71　捕捉矩形右边的中点

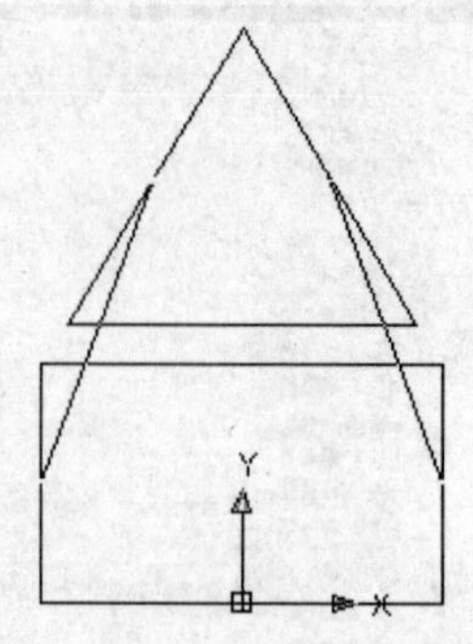

图 2-72　确定第二个对称目标点

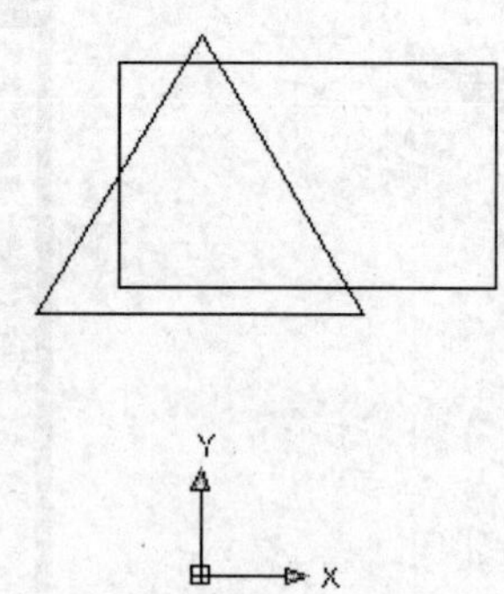

图 2-73　对齐图形

图 2-74　“拉伸”命令按钮

【示例】　按命令行的提示，把六边形适当拉长。

```
命令: _stretch
以交叉窗口或交叉多边形选择要拉伸的对象...
选择对象: 指定对角点: 找到 1 个（选择六边形，如图 2-75 所示）
选择对象:（回车）
指定基点或[位移(D)]<位移>:（单击一点）
指定第二个点或 <使用第一个点作为位移>:（适当移动光标，如图 2-76 所示，然后单击）
```

效果如图 2-77 所示。

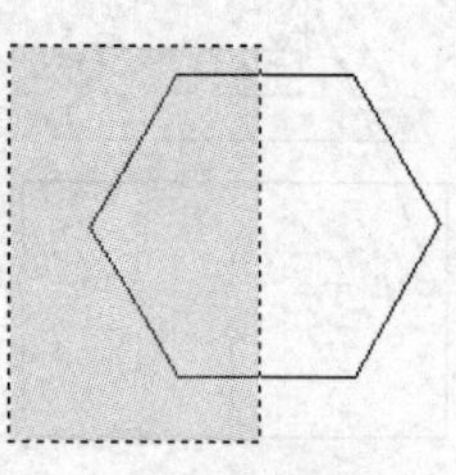

图 2-75　选择六边形

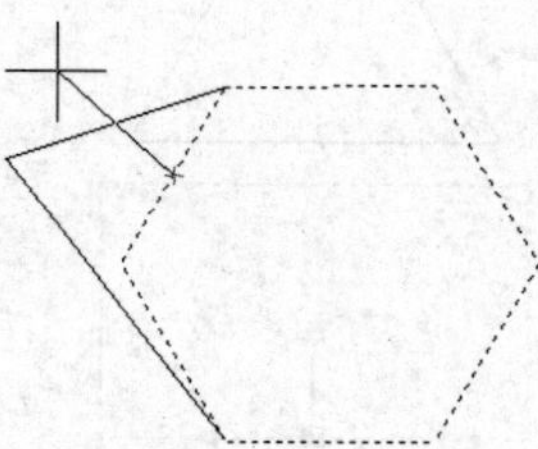

图 2-76　牵拉图形

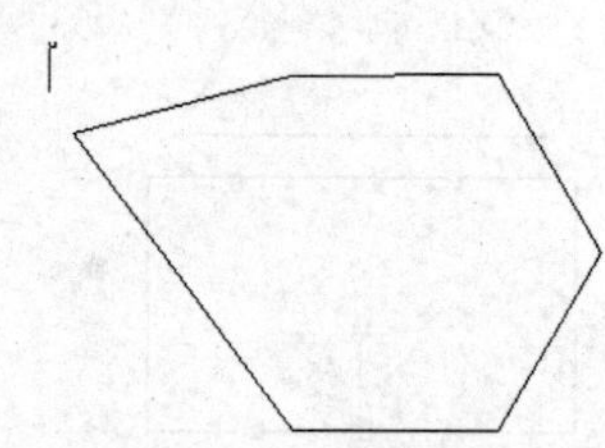

图 2-77　拉伸图形

【电气示例】　绘制熔断电阻器符号。

操作步骤如下。

1）单击“绘图”面板中的“矩形”命令按钮，绘制矩形 6×4，效果如图 2-78 所示。

2）单击“绘图”面板中的“直线”命令按钮，绘制矩形 6×4 的垂直中线，效果如图 2-79 所示。

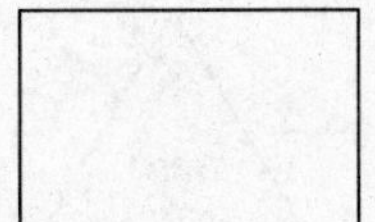

图 2-78　绘制矩形

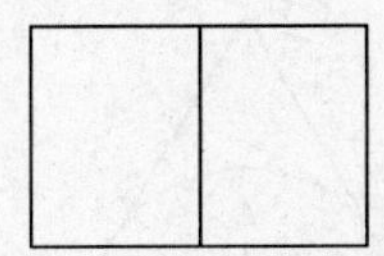

图 2-79　绘制垂直中线

3）单击“绘图”面板中的“直线”命令按钮，绘制起点在垂直中线的中点，水平向左，长度为 7 的水平直线，效果如图 2-80 所示。

4）单击“绘图”面板中的“直线”命令按钮，绘制起点在矩形 6×4 右边中点，水平向右，长度为 4 的水平直线，效果如图 2-81 所示。

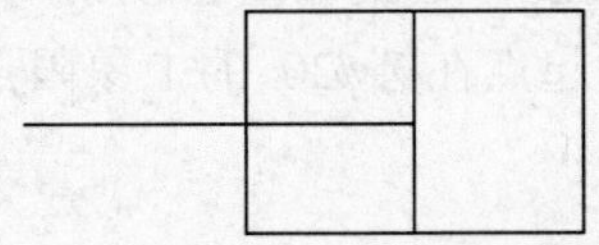

图 2-80　绘制左边直线

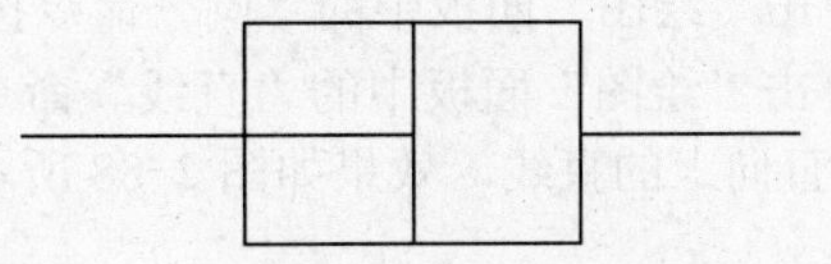

图 2-81　绘制右边直线

5）单击“修改”面板中的“拉伸”命令按钮，把如图 2-82 所示框选的图形水平拉长，拉长 4，效果如图 2-83 所示。

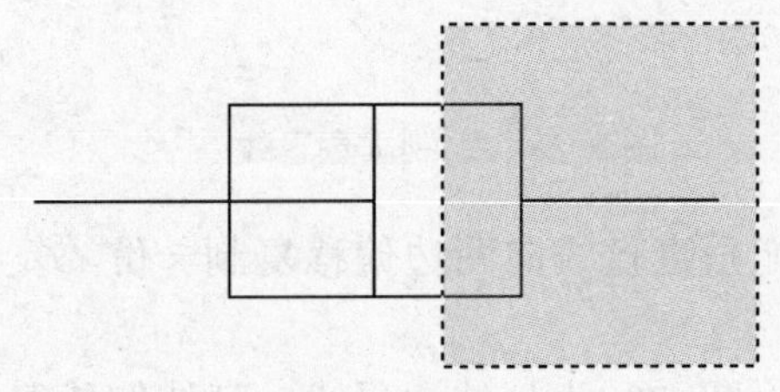

图 2-82　框选的图形

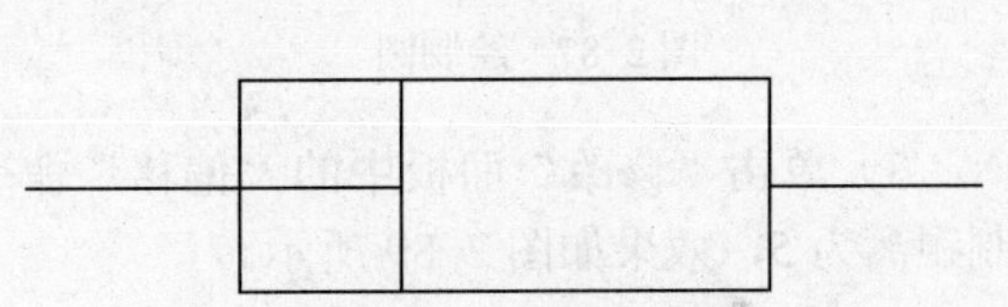

图 2-83　拉长图形

### 2.1.10　缩放

“缩放”命令按钮的作用是按照指定的比例缩小放大图形。它在“修改”面板中的位置如图 2-84 所示。

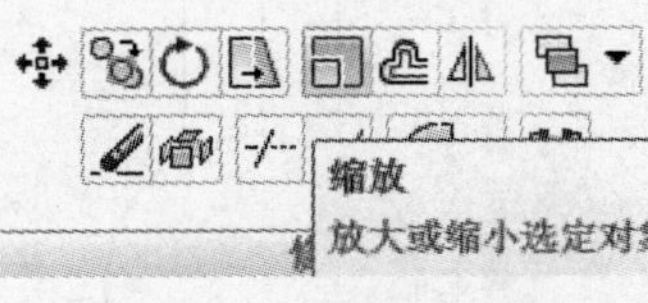


图 2-84　“缩放”命令按钮

【示例】　按命令行的提示操作，以原点为中心，把图 2-85 所示的圆缩小到原来的 3/4。

```
命令: _scale
选择对象: 找到 1 个（选择圆）
选择对象:（回车）
指定基点:0,0（输入原点）
指定比例因子或 [复制(C)/参照(R)]<1.0000>: 0.75
```

效果如图 2-86 所示。

【电气示例】　绘制三相绕线转子电动机。

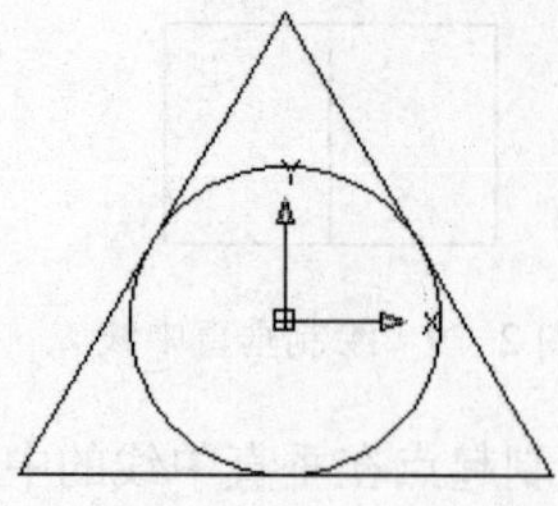


图 2-85　圆和三角形

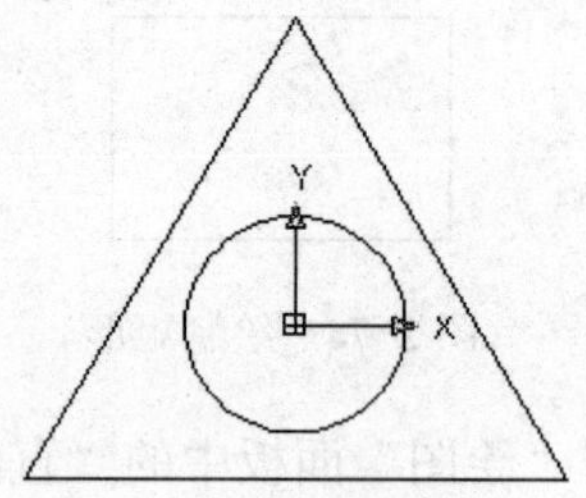


图 2-86　缩小圆

操作步骤如下。

1）单击“绘图”面板中的“圆”命令按钮，绘制圆$\phi$20，效果如图 2-87 所示。

2）单击“绘图”面板中的“直线”命令按钮，绘制起点在圆$\phi$20 的上象限点，长度为 10，垂直向上的直线，效果如图 2-88 所示。

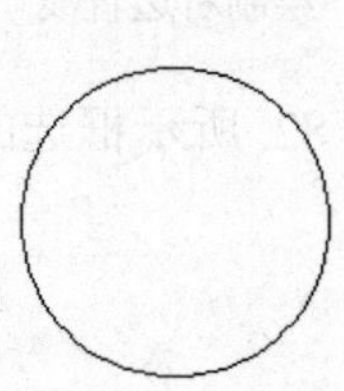

图 2-87　绘制圆

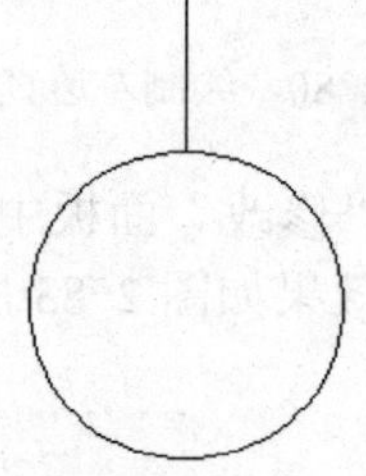

图 2-88　绘制垂直直线

3）单击“修改”面板中的“偏移”命令按钮，把垂直直线向两边偏移复制一份，复制距离为 5，效果如图 2-89 所示。

4）单击“修改”面板中的“延伸”命令按钮，以圆$\phi$20 为延伸边界线，延伸偏移复制得到的垂直直线，效果如图 2-90 所示。

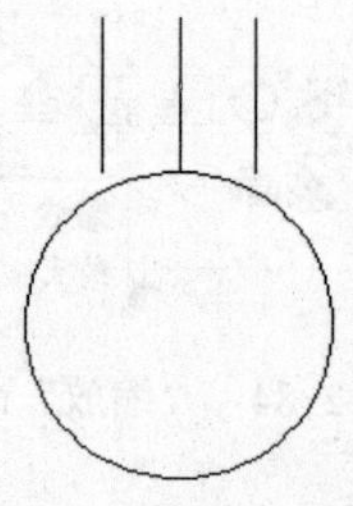

图 2-89　偏移复制直线

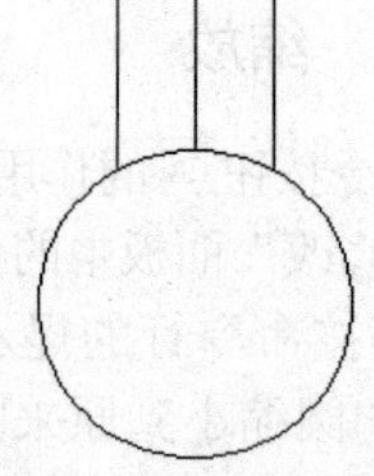

图 2-90　延伸垂直直线

5）单击“绘图”面板中的“圆”命令按钮，以圆$\phi$20 的圆心为圆心，绘制圆$\phi$20。

6）单击“修改”面板中的“镜像”命令按钮，以圆$\phi$20 的水平直径为对称轴，把三条垂直直线对称复制一份，效果如图 2-91 所示。

7）单击“修改”面板中的“缩放”命令按钮，以圆心为中心，如图 2-92 所示单击一个圆$\phi$20，把圆$\phi$20 放大 1.2 倍，效果如图 2-93 所示。

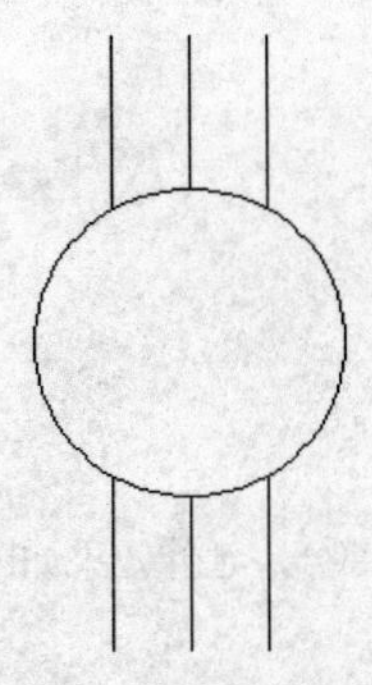

图 2-91　对称复制直线

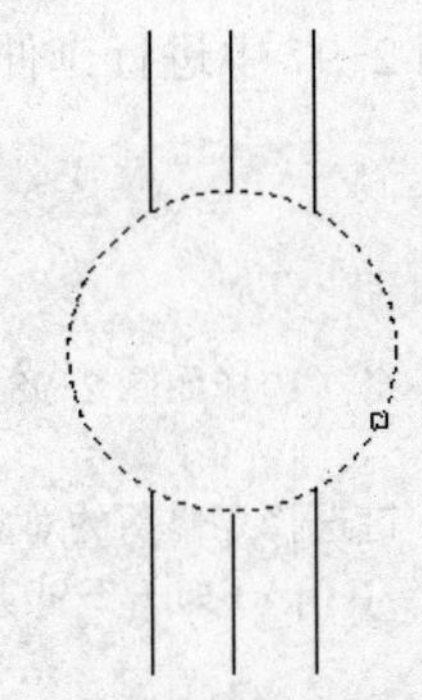

图 2-92　单击一个圆

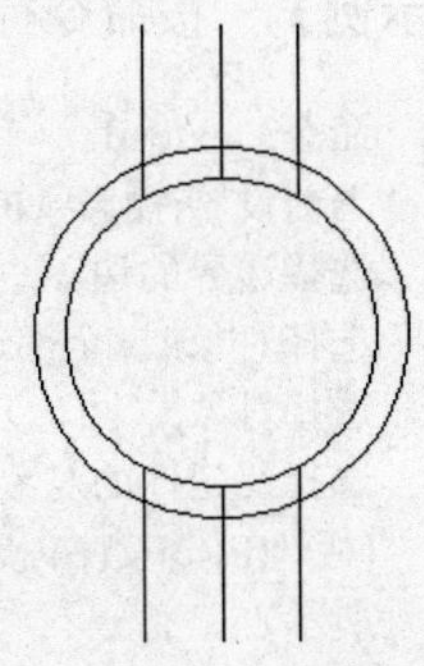

图 2-93　放大圆

8）单击“修改”面板中的“修剪”命令按钮，以放大的圆为修剪边，修剪掉它内部上边的线头，效果如图 2-94 所示。

9）单击“注释”面板中的“单行文字”命令按钮，按命令行的提示撰写文字。

```
命令: _dtext
当前文字样式: “Standard”  文字高度: 2.5000  注释性: 否
指定文字的起点或 [对正(J)/样式(S)]:（单击确定一点为文字起点）
指定高度 <2.5000>:（回车）
指定文字的旋转角度 <0>:（回车）
```

即可输入文字“M”和“3~”，效果如图 2-95 所示。

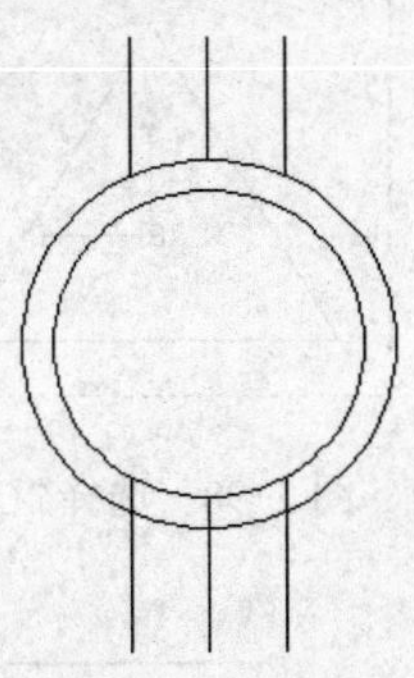

图 2-94　修剪线条

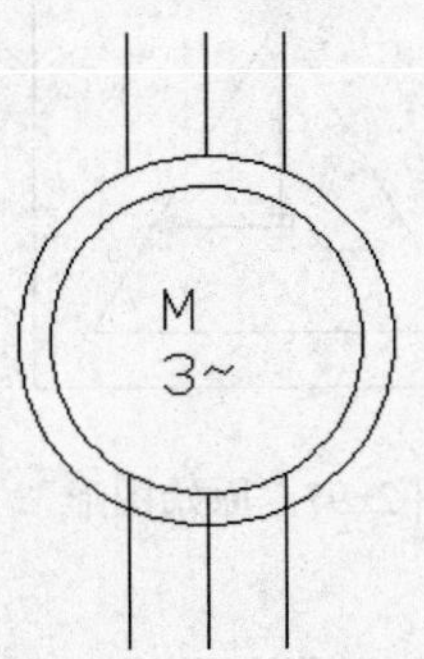


图 2-95　书写文字

## 2.1.11　延伸

“延伸”命令按钮在“修改”面板中的位置如图 2-96 所示。

图 2-96　“延伸”命令按钮

【示例】 按命令行的提示在图 2-97 中进行延伸操作。

命令: _extend
当前设置:投影=UCS,边=无
选择边界的边...
选择对象或<全部选择>: 找到 1 个（选择如图 2-98 所示的矩形）
选择对象:（回车）
选择要延伸的对象,或按住 Shift 键选择要修剪的对象,或
[栏选(F)/窗交(C)/投影(P)/边(E)/放弃(U)]:（如图 2-99 所示，单击直线右边部分，延伸效果如图 2-100 所示）
选择要延伸的对象,或按住 Shift 键选择要修剪的对象,或
[栏选(F)/窗交(C)/投影(P)/边(E)/放弃(U)]:（以下依次单击直线靠近矩形的部分）
选择要延伸的对象,或按住 Shift 键选择要修剪的对象,或
[栏选(F)/窗交(C)/投影(P)/边(E)/放弃(U)]:
选择要延伸的对象,或按住 Shift 键选择要修剪的对象,或
[栏选(F)/窗交(C)/投影(P)/边(E)/放弃(U)]:
选择要延伸的对象,或按住 Shift 键选择要修剪的对象,或
[栏选(F)/窗交(C)/投影(P)/边(E)/放弃(U)]:
选择要延伸的对象,或按住 Shift 键选择要修剪的对象,或
[栏选(F)/窗交(C)/投影(P)/边(E)/放弃(U)]:（回车）

效果如图 2-101 所示。

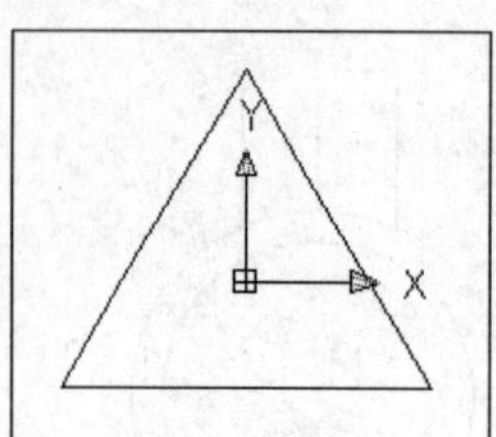


图 2-97 原始图形

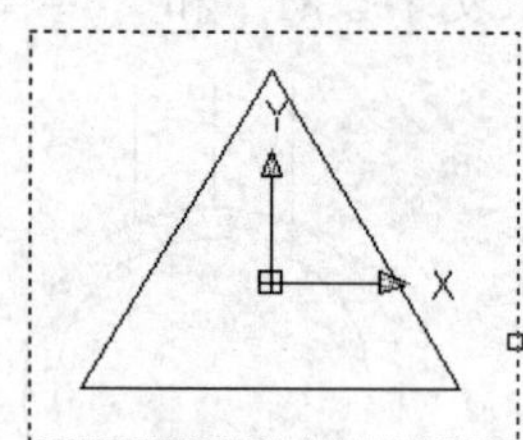


图 2-98 选择矩形

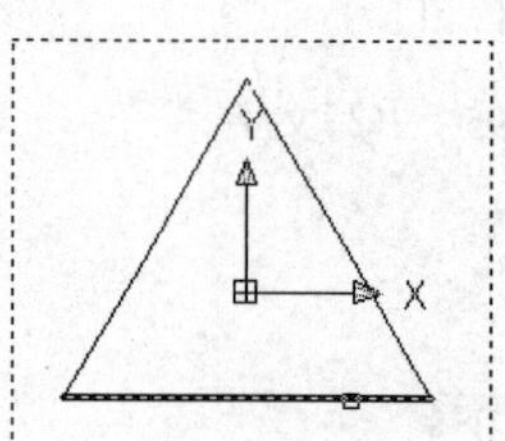


图 2-99 选择一根直线

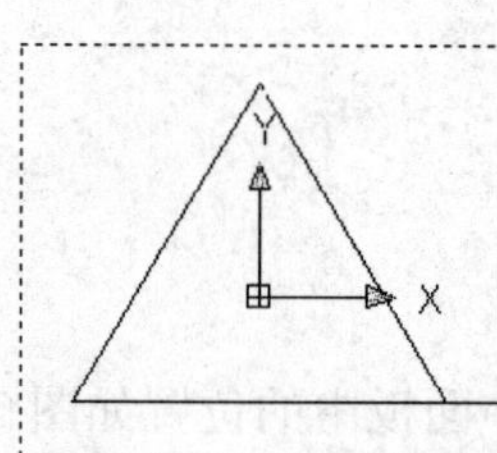


图 2-100 延伸一根直线

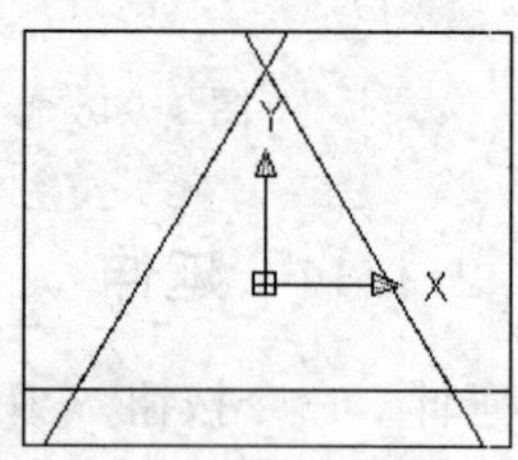


图 2-101 延伸六根直线

【电气示例】 绘制扼流圈符号。

操作步骤如下。

1）单击“绘图”面板中的“直线”命令按钮，绘制长度为 30 的垂直直线，效果如图 2-102 所示。

2）单击“绘图”面板中的“圆”命令按钮，绘制圆心在垂直直线中点的圆$\phi$15，效果如图2-103所示。

3）单击“修改”面板中的“修剪”命令按钮，以垂直直线为修剪边，修剪掉它左边的圆弧，效果如图2-104所示。

4）单击“绘图”面板中的“直线”命令按钮，绘制起点在直线中点，长度为-7.5，水平向左的直线，效果如图2-105所示。

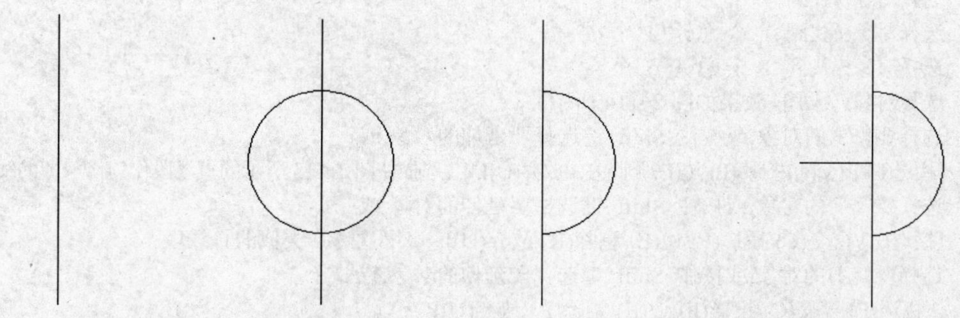

图2-102 绘制直线　图2-103 绘制圆　图2-104 修剪圆　图2-105 绘制水平直线

5）单击“修改”面板中的“延伸”命令按钮，以水平直线为延伸边界线，延伸图2-106所示光标捕捉的圆弧上端，效果如图2-107所示。

6）单击“修改”面板中的“修剪”命令按钮，以图2-108所示的虚线线条为修剪边，修剪光标所示的线头，效果如图2-109所示。

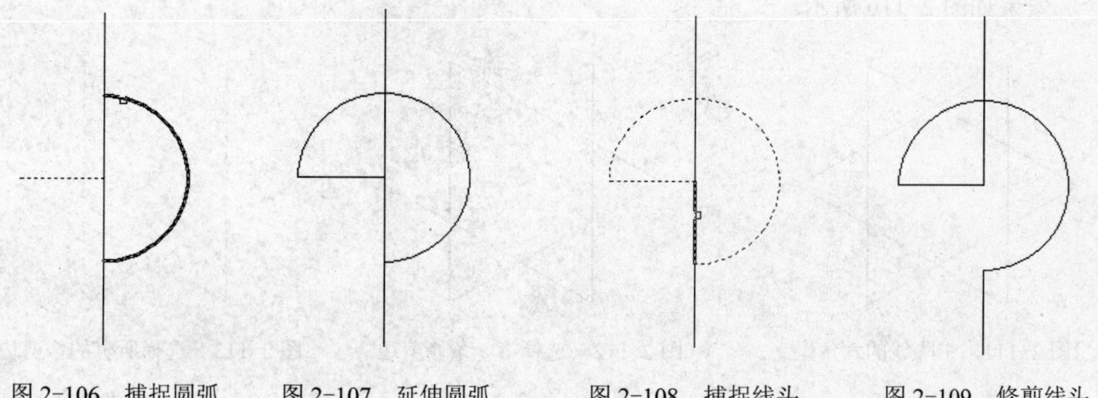

图2-106 捕捉圆弧　图2-107 延伸圆弧　图2-108 捕捉线头　图2-109 修剪线头

## 2.1.12 修剪

“修剪”命令按钮在“修改”面板中的位置如图2-110所示。

图2-110 “修剪”命令按钮

【示例】 修剪如图 2-111 所示的六角星内部的线条，按命令行的提示操作。

```
命令: _trim
当前设置:投影=UCS,边=无
选择剪切边...
选择对象或<全部选择>: 找到 1 个（选择如图 2-112 所示的直线）
选择对象: 找到 1 个,总计 2 个（顺次选择如图 2-113 所示的直线）
选择对象: 找到 1 个,总计 3 个
选择对象: 找到 1 个,总计 4 个
选择对象: 找到 1 个,总计 5 个
选择对象:（回车,效果如图 2-114 所示）
选择要修剪的对象,或按住 Shift 键选择要延伸的对象,或
[栏选(F)/窗交(C)/投影(P)/边(E)/删除(R)/放弃(U)]: （选择如图 2-115 所示的直线段作为修剪掉的线条）
选择要修剪的对象,或按住 Shift 键选择要延伸的对象,或
[栏选(F)/窗交(C)/投影(P)/边(E)/删除(R)/放弃(U)]: （顺次选择类似的直线段）
选择要修剪的对象,或按住 Shift 键选择要延伸的对象,或
 [栏选(F)/窗交(C)/投影(P)/边(E)/删除(R)/放弃(U)]:
选择要修剪的对象,或按住 Shift 键选择要延伸的对象,或
[栏选(F)/窗交(C)/投影(P)/边(E)/删除(R)/放弃(U)]:
选择要修剪的对象,或按住 Shift 键选择要延伸的对象,或
[栏选(F)/窗交(C)/投影(P)/边(E)/删除(R)/放弃(U)]:
选择要修剪的对象,或按住 Shift 键选择要延伸的对象,或
[栏选(F)/窗交(C)/投影(P)/边(E)/删除(R)/放弃(U)]: （回车）
```

效果如图 2-116 所示。

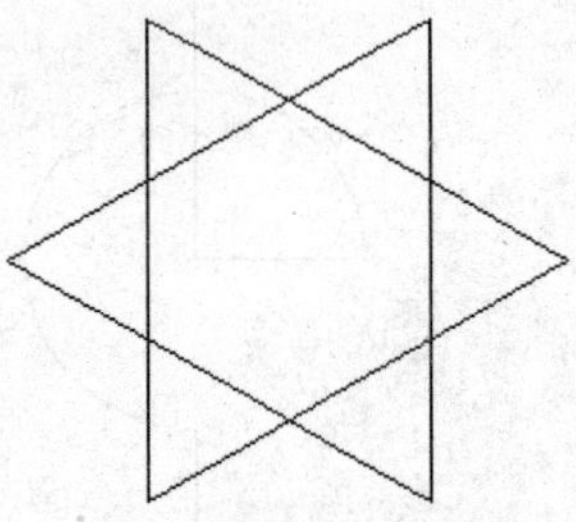

图 2-111 带隔线的六角星

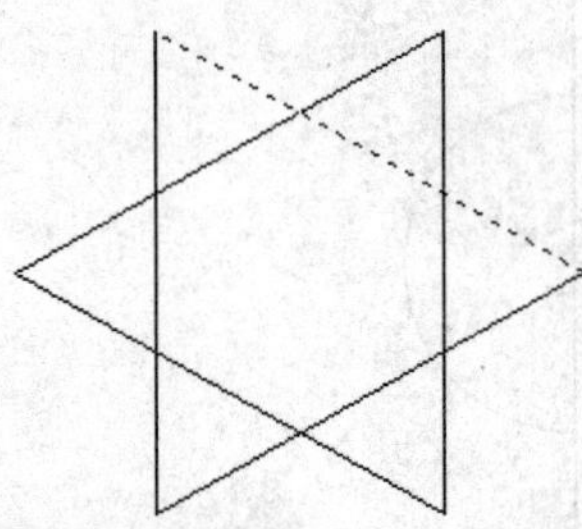

图 2-112 选择第一条修剪边

图 2-113 选择所有的修剪边

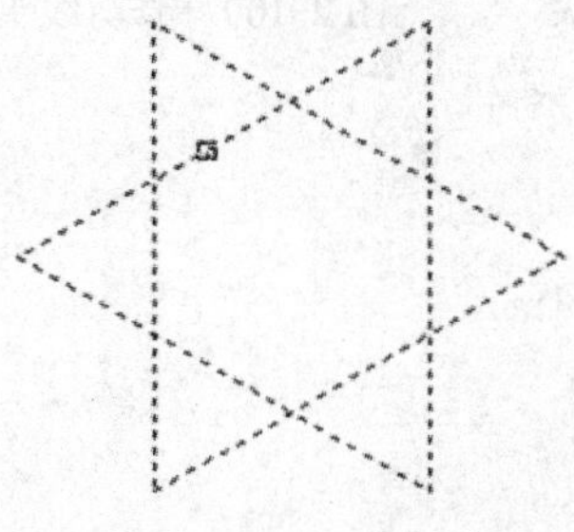

图 2-114 选择第一条隔线

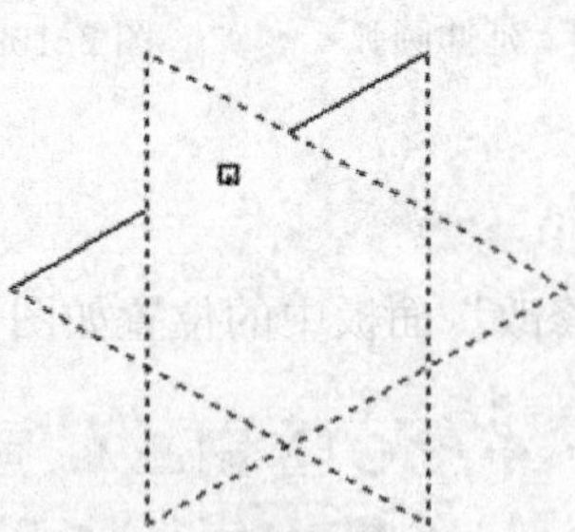

图 2-115 剪去第一条隔线

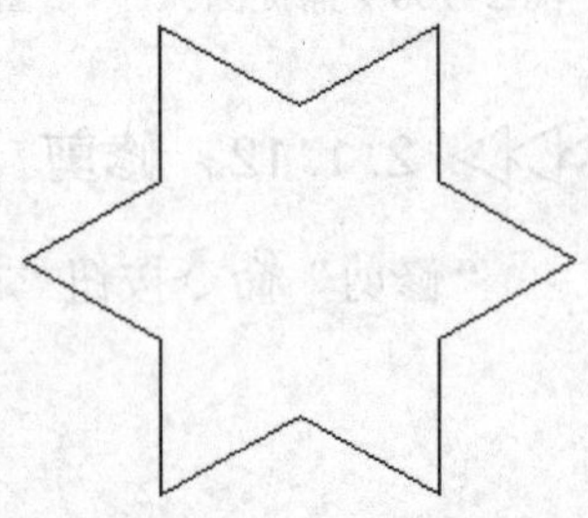

图 2-116 剪去所有隔线

【电气示例】 绘制三相笼型电动机符号。

操作步骤如下。

1）单击“绘图”面板中的“直线”命令按钮，绘制长度为 20 的垂直直线，效果如图 2-117 所示。

2）单击“修改”面板中的“偏移”命令按钮，把垂直直线向两边各偏移复制一份，复制距离为 5，效果如图 2-118 所示。

3）单击“绘图”面板中的“圆”命令按钮，绘制圆心在中间垂直直线中点的圆 $\phi$15，效果如图 2-119 所示。

图 2-117　绘制垂直直线　　图 2-118　偏移垂直直线　　图 2-119　绘制圆

4）单击“修改”面板中的“修剪”命令按钮，以圆 $\phi$15 为修剪边，修剪掉它下边和内部的线头，效果如图 2-120 所示。

5）单击“注释”面板中的“单行文字”命令按钮，在圆 $\phi$15 中心撰写文字“M”和“3~”，效果如图 2-121 所示。

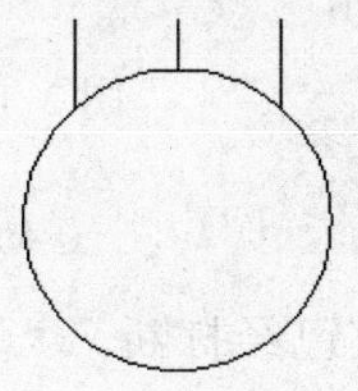

图 2-120　修剪线头

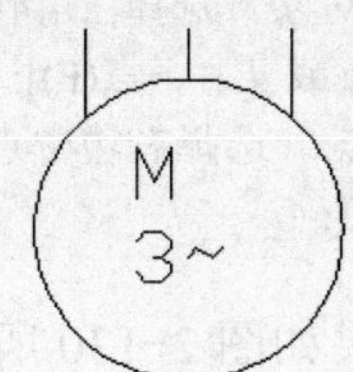


图 2-121　写入文字

### 2.1.13　拉长

使用“拉长”命令可以按照指定的长度拉长图形，如图 2-122 所示为“拉长”命令按钮在“修改”面板中的位置。

【示例】　拉长一个曲线五角星的边，按命令行的提示操作。

图 2-122　“拉长”命令按钮

```
命令: _lengthen
选择对象或 [增量(DE)/百分数(P)/全部(T)/动态(DY)]: de（执行增量选项）
输入长度增量或 [角度(A)] <0.0000>: 3（输入拉长量）
选择要修改的对象或 [放弃(U)]:（选择如图 2-123 所示的曲边，单击实现拉长，如图 2-124 所示）
选择要修改的对象或 [放弃(U)]:（顺次单击需要拉长的曲边）
选择要修改的对象或 [放弃(U)]:
选择要修改的对象或 [放弃(U)]:
```

```
选择要修改的对象或 [放弃(U)]:
选择要修改的对象或 [放弃(U)]: *取消*（按〈Esc〉键）
```

效果如图 2-125 所示。

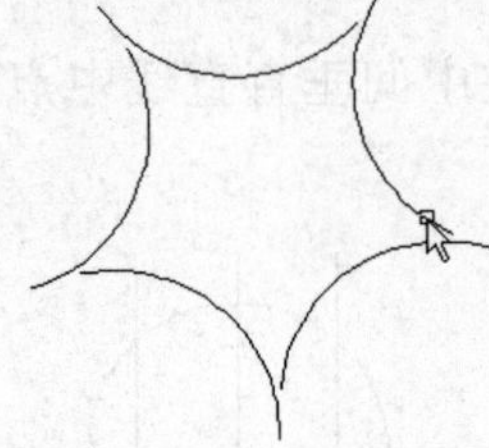
图 2-123　选择需要拉长的对象

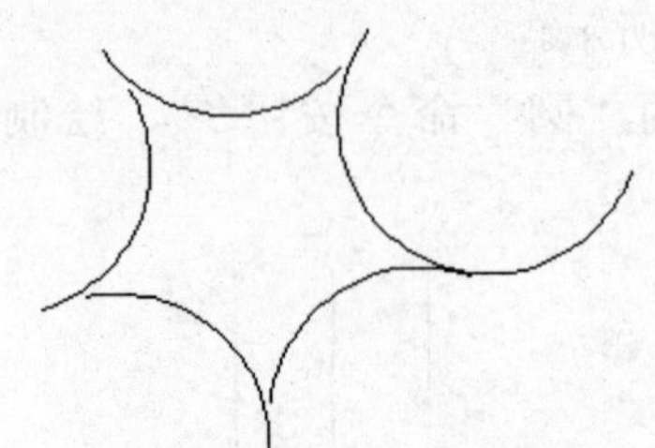
图 2-124　拉长曲边

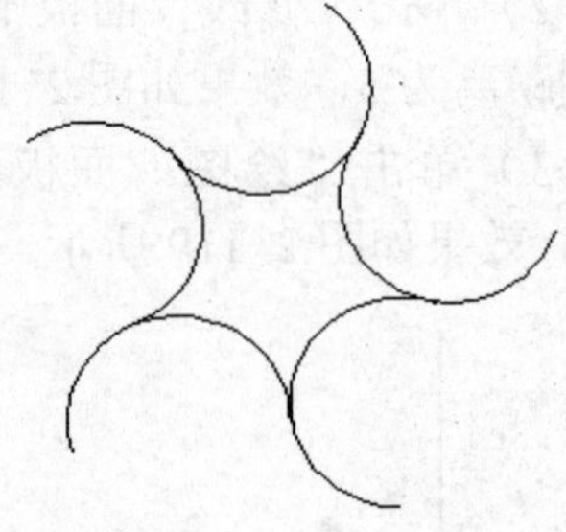
图 2-125　拉长所有曲边

## ▷▷▷ 2.1.14　打断于点

本命令用于在指定的位置截断线条，如图 2-126 所示为“打断于点”命令 在“修改”面板中的位置。

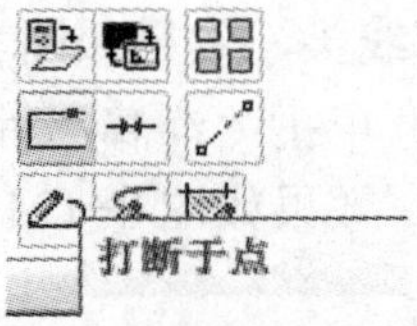

图 2-126　“打断于点”命令按钮

【示例】　在右边中点处打断如图 2-127 所示的一个三角形，按命令行的提示操作。

```
命令: _break 选择对象:（选择三角形，如图 2-128 所示）
指定第二个打断点或 [第一点(F)]: _f
指定第一个打断点:（选择右边中点，如图 2-129 所示）
指定第二个打断点: @
```

单击右边线条，效果如图 2-130 所示，可见确实已经打断。

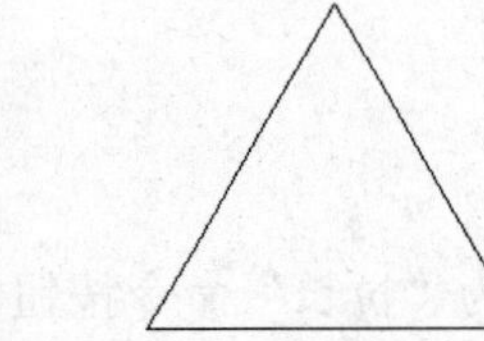
图 2-127　三角形

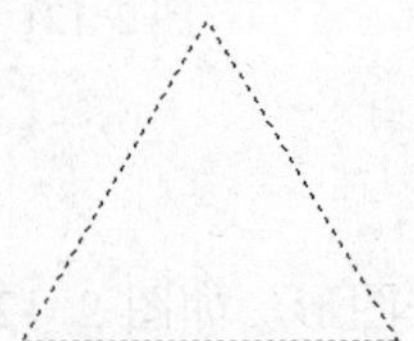
图 2-128　选择三角形

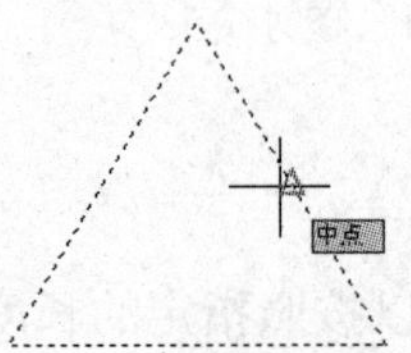

图 2-129　选择中点

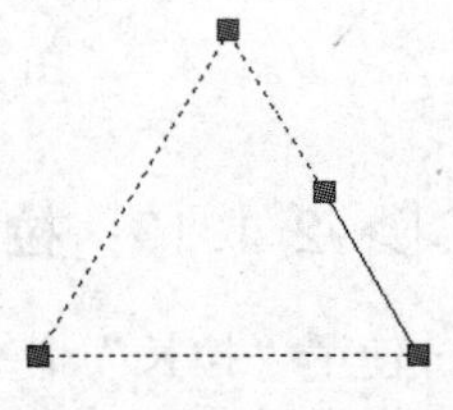
图 2-130　打断线条

## ▷▷▷ 2.1.15　打断

本命令用于截除指定位置的线条，如图 2-131 所示为“打断”命令按钮 在“修改”面板中的位置。

图 2-131　“打断”命令按钮

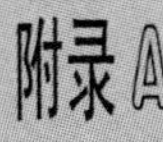

【示例】　打断椭圆上指定的线段，按命令行的提示操作。

命令: _break 选择对象:（捕捉如图 2-132 所示的点作为截除线段的起点）
指定第二个打断点或 [第一点(F)]:（捕捉如图 2-133 所示的象限点作为截除线段的终点）

效果如图 2-134 所示。

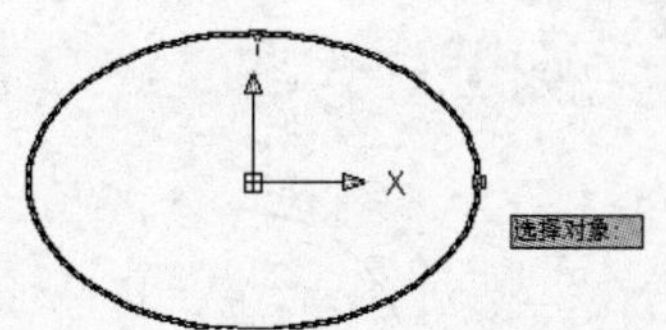


图 2-132　捕捉截除线段的起点

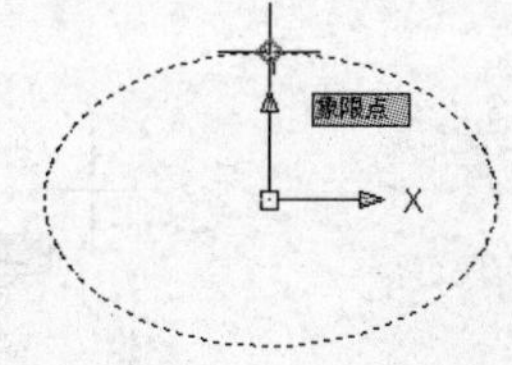


图 2-133　捕捉截除线段的终点

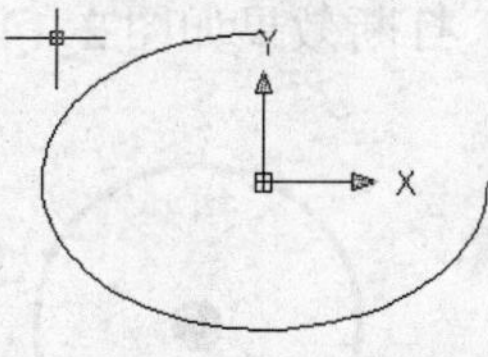


图 2-134　截除线段

【电气示例】　绘制局部照明灯符号。

操作步骤如下。

1）单击“绘图”面板中的“圆”命令按钮，绘制圆$\phi$20，效果如图 2-135 所示。

2）单击“绘图”面板中的“圆”命令按钮，绘制与圆$\phi$20 同心的圆$\phi$3，效果如图 2-136 所示。

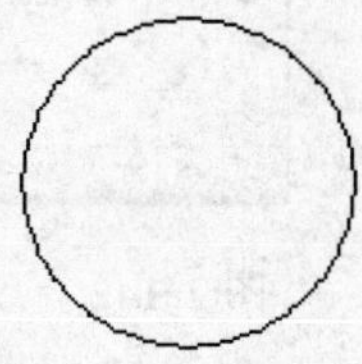

图 2-135　绘制圆

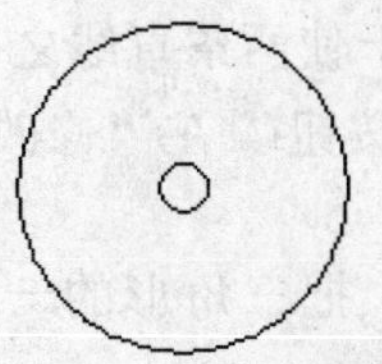

图 2-136　绘制同心圆

3）单击“绘图”面板中的“图案填充”命令按钮，屏幕出现“图案填充和渐变色”对话框。使用图 2-137 所示的图案和比例给圆$\phi$3 打上剖面线，效果如图 2-138 所示。

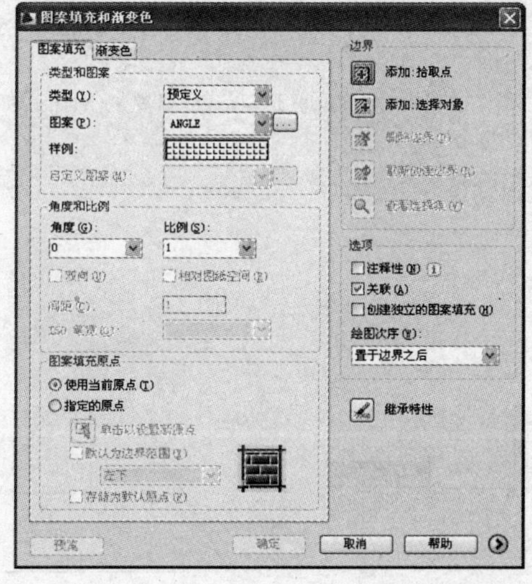


图 2-137　“图案填充和渐变色”对话框

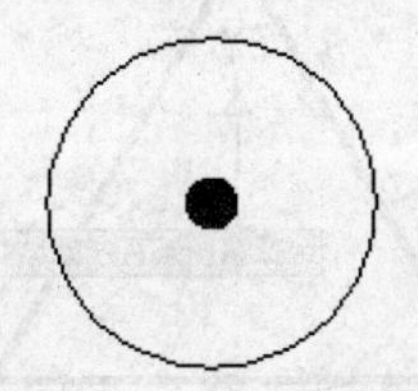

图 2-138　填充圆

4）单击“修改”面板中的“打断”命令按钮，按命令行的提示把圆$\phi$20 适当打断成圆弧。

命令: _break 选择对象:（如图 2-139 所示，单击圆$\phi$20，单击位置即是打断起始位置）
指定第二个打断点或 [第一点(F)]:（如图 2-140 所示单击，系统自动以单击位置到圆$\phi$20 上最近的位置为打断终点）

打断效果如图 2-141 所示。

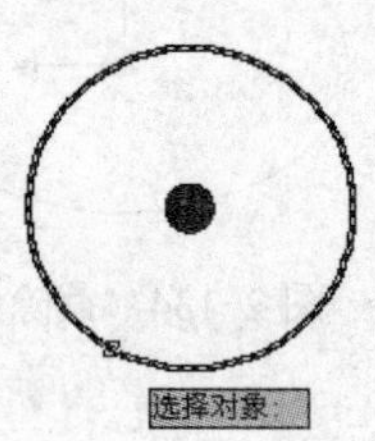

图 2-139　单击圆

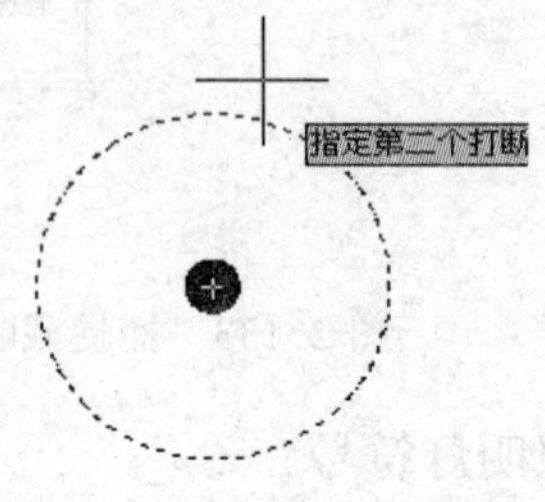

图 2-140　确定打断位置

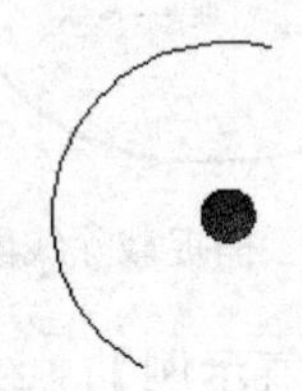
图 2-141　打断圆

## 2.1.16　倒角

本命令用于使两条直线之间按照指定的倒角距离倒角，“倒角”命令按钮在“修改”面板中的位置如图 2-142 所示。

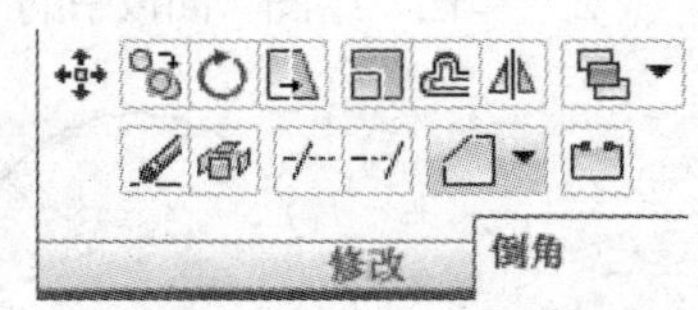

图 2-142　“倒角”命令按钮

【示例】　把三角形的一个角倒角，按命令行的提示操作。

命令: _chamfer
（“修剪”模式） 当前倒角距离 1 = 0.0000，距离 2 = 0.0000
选择第一条直线或 [放弃(U)/多段线(P)/距离(D)/角度(A)/修剪(T)/方式(E)/多个(M)]: d（执行修改倒角距离的选项）
指定第一个倒角距离 <0.0000>: 60（确定新倒角距离）
指定第二个倒角距离 <60.0000>:（回车）
选择第一条直线或 [放弃(U)/多段线(P)/距离(D)/角度(A)/修剪(T)/方式(E)/多个(M)]:（如图 2-143 所示选择第一条直线）
选择第二条直线:（如图 2-144 所示选择第二条直线）

效果如图 2-145 所示。

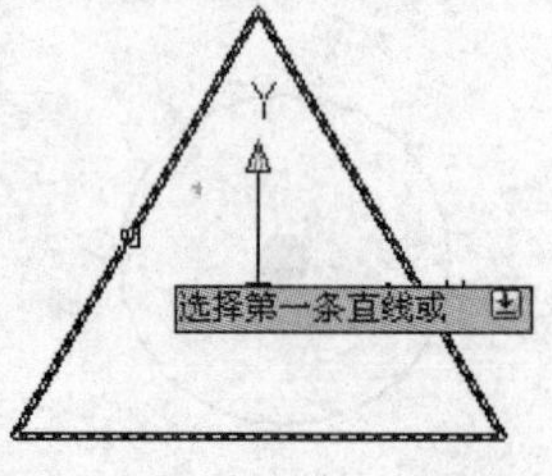

图 2-143　选择第一条直线

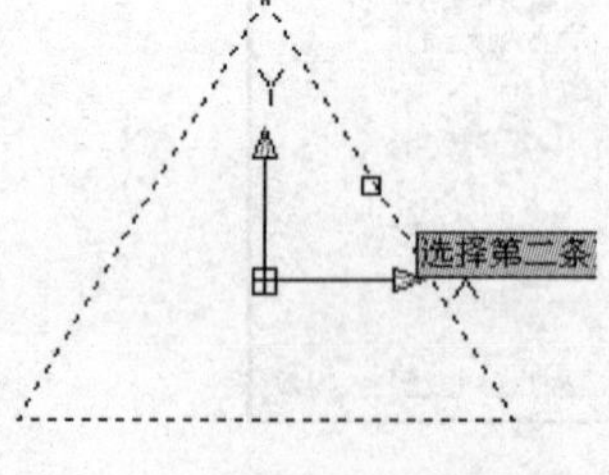

图 2-144　选择第二条直线

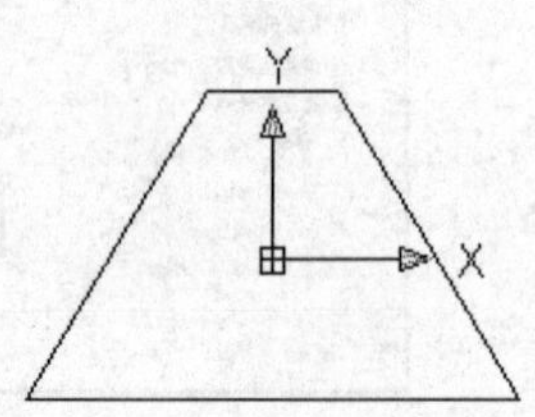

图 2-145　倒角操作

【电气示例】　绘制多线型电缆接线盒符号。

操作步骤如下。

1）单击“绘图”面板中的“矩形”命令按钮，绘制矩形 10×5，效果如图 2-146 所示。

2）单击“绘图”面板中的“直线”命令按钮，绘制矩形 10×5 的水平中线，效果如图 2-147 所示。

图 2-146　绘制矩形　　　　图 2-147　绘制水平中线

3）在命令行输入命令“LENGTHEN”，把水平中线各向两边延伸，延伸长度为 5，效果如图 2-148 所示。

4）单击“修改”面板中的“偏移”命令按钮，把水平直线向两边偏移复制一份，复制距离为 2，效果如图 2-149 所示。

图 2-148　拉长直线　　　　图 2-149　偏移复制直线

5）单击“修改”面板中的“倒角”命令按钮，按命令行的提示把步骤 1）、2）创建的直线倒角，倒角距离为 1。

```
命令: _chamfer
(“修剪”模式) 当前倒角距离 1 = 10.0000，距离 2 = 10.0000
选择第一条直线或 [放弃(U)/多段线(P)/距离(D)/角度(A)/修剪(T)/方式(E)/多个(M)]: d（执行修改倒角距离的选项）
指定第一个倒角距离 <10.0000>: 1（确定新倒角距离）
指定第二个倒角距离 <1.0000>:5（回车）
选择第一条直线或 [放弃(U)/多段线(P)/距离(D)/角度(A)/修剪(T)/方式(E)/多个(M)]:（选择如图 2-150 所示的边）
选择第二条直线: （选择如图 2-151 所示的边）
```

倒角效果如图 2-152 所示。

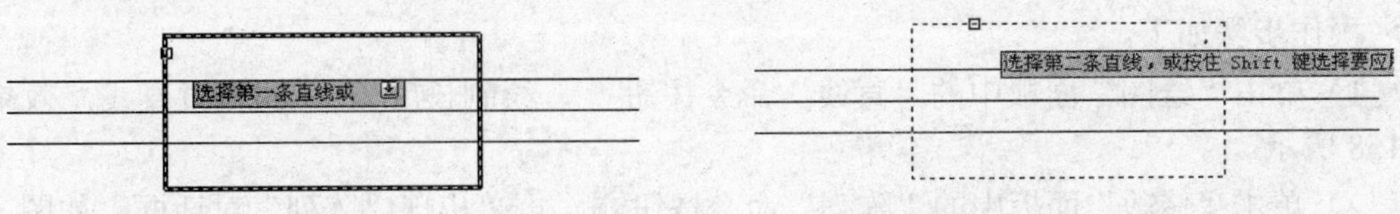


图 2-150　选择一条边　　　　图 2-151　选择另一条边

6）参考上一步骤，把其他四个角进行倒角操作，效果如图 2-153 所示。

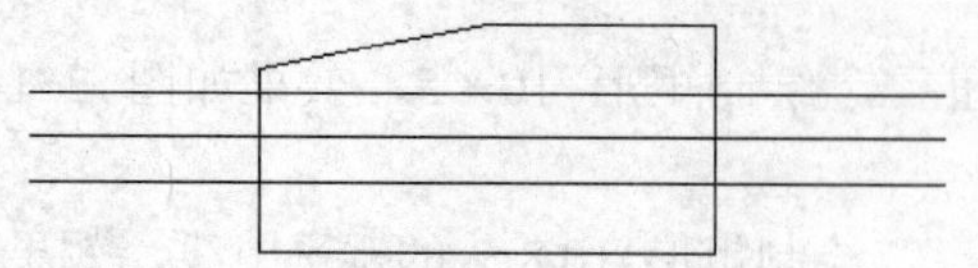
图 2-152　一个角倒角

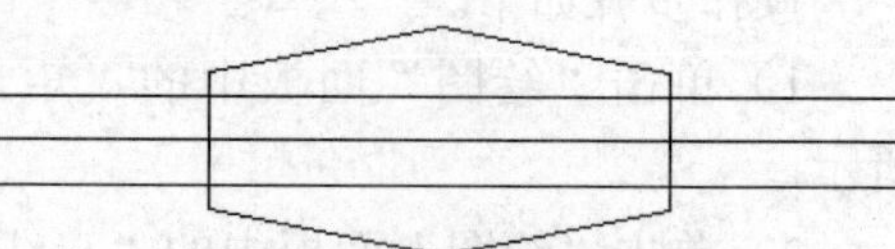
图 2-153　三个角倒角

## ▷▷▷ 2.1.17　圆角

本命令用于在两条直线之间按照指定的圆角半径创建圆角，“圆角”命令按钮在“修改”面板中的位置如图 2-154 所示。

图 2-154　“圆角”命令按钮

【示例】　把五角形的上角倒圆角，按命令行的提示操作。

```
命令: _fillet
当前设置: 模式 = 修剪，半径 = 0.0000
选择第一个对象或 [放弃(U)/多段线(P)/半径(R)/修剪(T)/多个(M)]: r（执行确定新圆角半径的选项）
指定圆角半径 <10.0000>:50（输入新圆角半径）
选择第一个对象或 [放弃(U)/多段线(P)/半径(R)/修剪(T)/多个(M)]:（选择如 2-155 所示的直线）
选择第二个对象，或按住 Shift 键选择要应用角点的对象:（选择如图 2-156 所示的直线）
```

效果如图 2-157 所示。

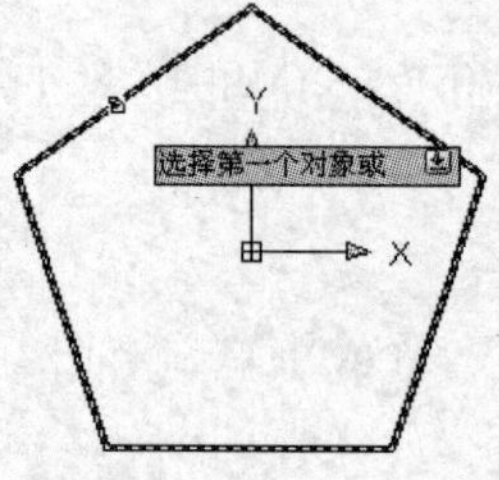

图 2-155　选择左边直线

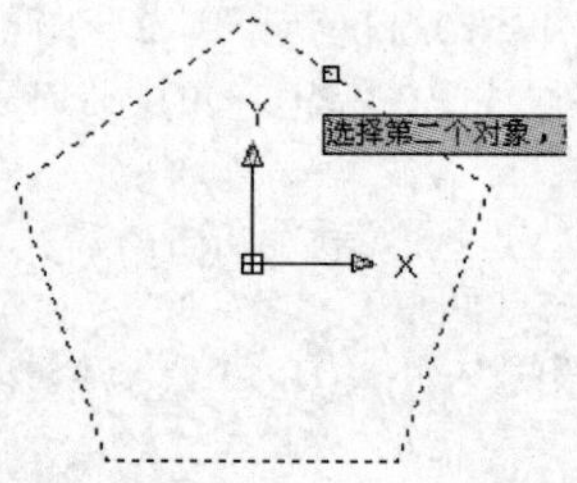

图 2-156　选择右边直线

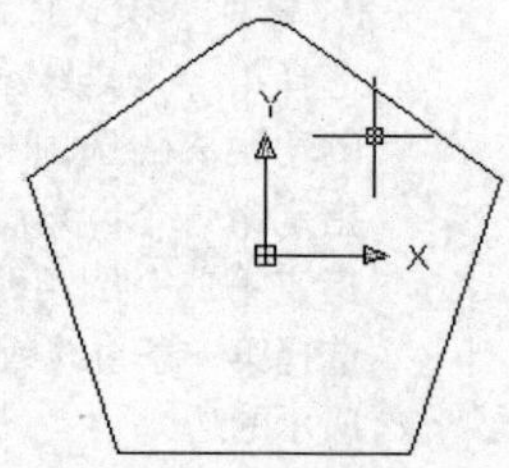

图 2-157　矩形圆角

【电气示例】　绘制电感器符号。

操作步骤如下。

1）单击“绘图”面板中的“直线”命令按钮，绘制长度为 5 的垂直直线，效果如图 2-158 所示。

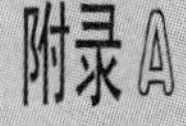
2）单击“修改”面板中的“阵列”命令按钮，屏幕出现“阵列”对话框，如图 2-159

所示设置参数，把直线阵列 5 行，行距为 1.25，效果如图 2-160 所示。

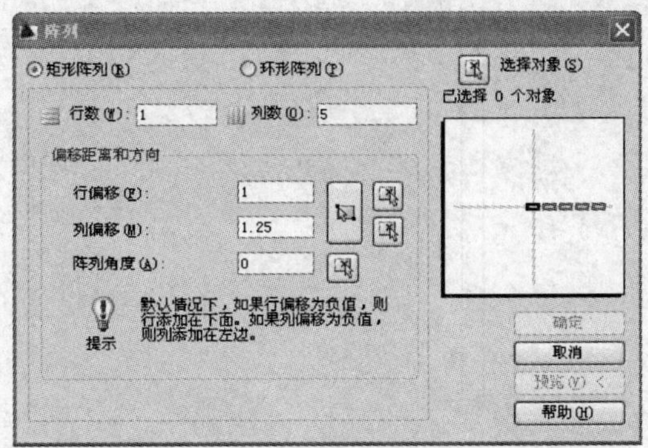

图 2-158　绘制直线　　图 2-159　“阵列”对话框　　图 2-160　阵列直线

3）单击“修改”面板中的“圆角”命令按钮，按命令行的提示创建圆角。

```
命令: _fillet
当前设置: 模式 = 修剪，半径 = 10.0000
选择第一个对象或 [多段线(P)/半径(R)/修剪(T)]:（选择如图 2-161 所示的虚线）
选择第二个对象,或按住 Shift 键选择要应用角点的对象:（选择如图 2-161 所示的直线）
```

阶段效果如图 2-162 所示。

4）参考上面的步骤，创建其他圆角，阶段效果如图 2-163 所示。

5）单击“修改”面板中的“删除”命令按钮，删除中间三条直线，效果如图 2-164 所示。

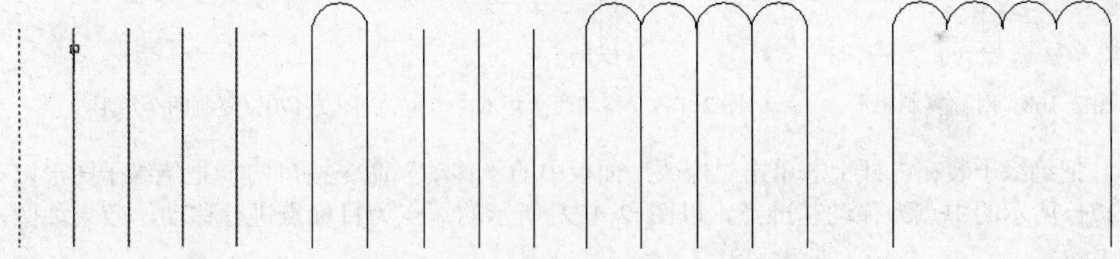

图 2-161　选择直线　　图 2-162　绘制圆角　图 2-163　创建其他圆角　图 2-164　删除中间三条直线

### 2.1.18　绘制电线杆组装图

操作步骤如下。

1）首先绘制电线杆的杆体和横担。单击“绘图”面板中的“矩形”命令按钮，绘制起点在原点的矩形 150×3000，效果如图 2-165 所示。

2）单击“绘图”面板中的“矩形”命令按钮，以图 2-166 所示的中点为起点，绘制矩形 1220×(-50)，效果如图 2-167 所示。

3）单击“修改”面板中的“镜像”命令按钮，以通过如图 2-166 所示的中点的垂直直线为对称轴，把矩形 1220×(-50)对称复制一份，效果如图 2-168 所示。

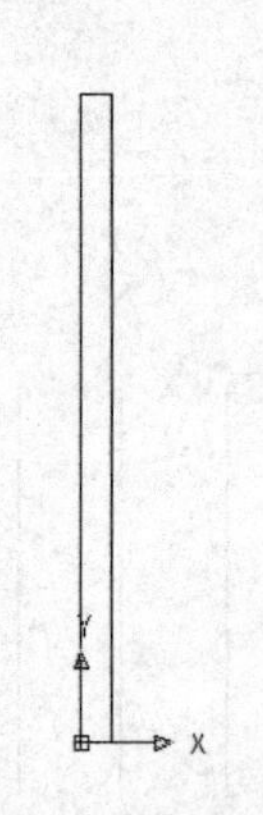
图 2-165　绘制矩形

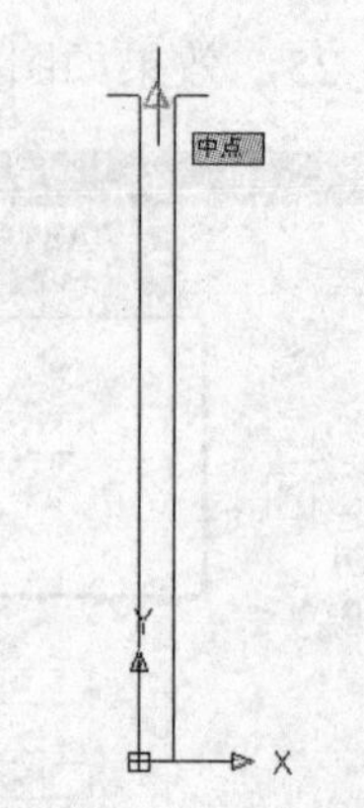

图 2-166　捕捉中点

图 2-167　绘制矩形

4）单击“修改”面板中的“移动”命令按钮，把两个矩形 1220×(-50)垂直向下移动，移动距离为 300，效果如图 2-169 所示。

5）单击“修改”面板中的“复制”命令按钮，把两个矩形 1220×(-50)垂直向下复制一份，复制距离为 970，效果如图 2-170 所示。

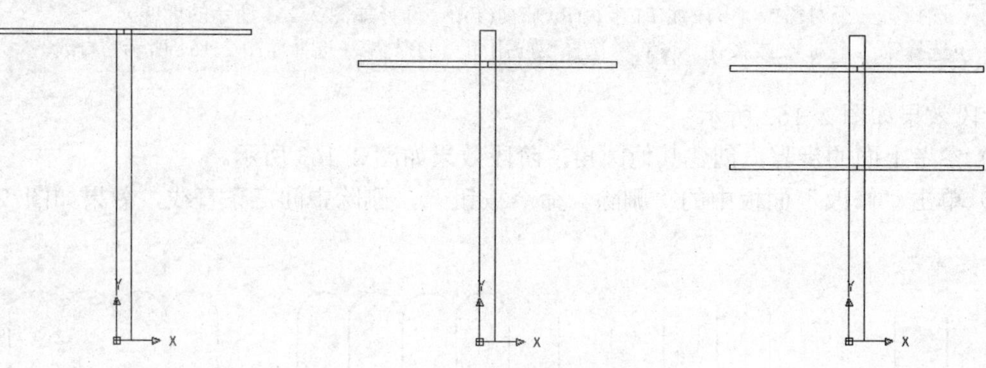
图 2-168　对称复制矩形　　图 2-169　移动两个矩形　　图 2-170　复制两个矩形

6）把绝缘子装在电杆上。单击“修改”面板中的“移动”命令按钮，把绝缘子图形以图 2-171 所示的中点为移动基准点，以图 2-172 所示的端点为目标点进行移动，效果如图 2-173 所示。

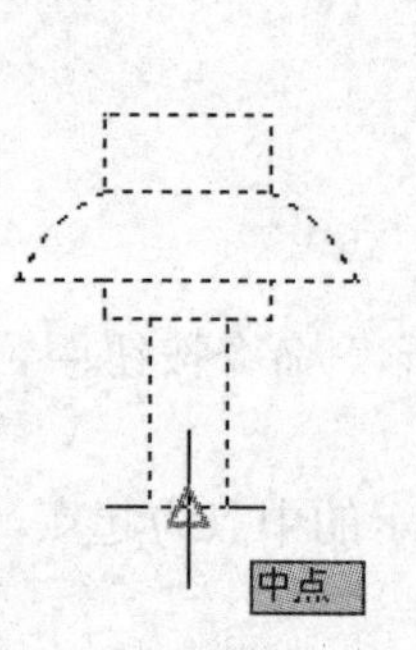

图 2-171　捕捉中点

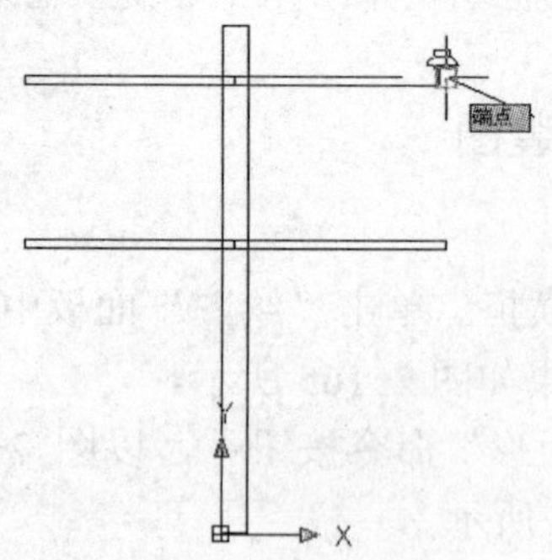

图 2-172　捕捉端点

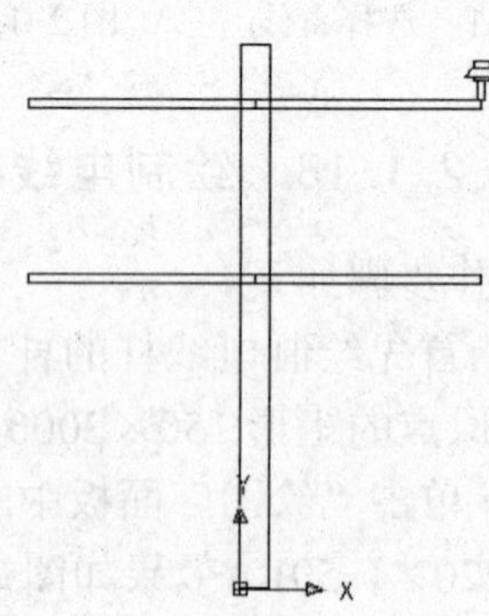
图 2-173　移动图形

7）单击“修改”面板中的“移动”命令按钮，把绝缘子图形向左边移动，移动距离为 40，效果如图 2-174 所示。

8）单击“修改”面板中的“复制”命令按钮，把绝缘子图形向左边复制一份，复制距离为 910，效果如图 2-175 所示。

9）单击“修改”面板中的“复制”命令按钮，以如图 2-176 所示的端点为复制基准点，把两个绝缘子图形垂直向下复制到下边横杆上，效果如图 2-177 所示。

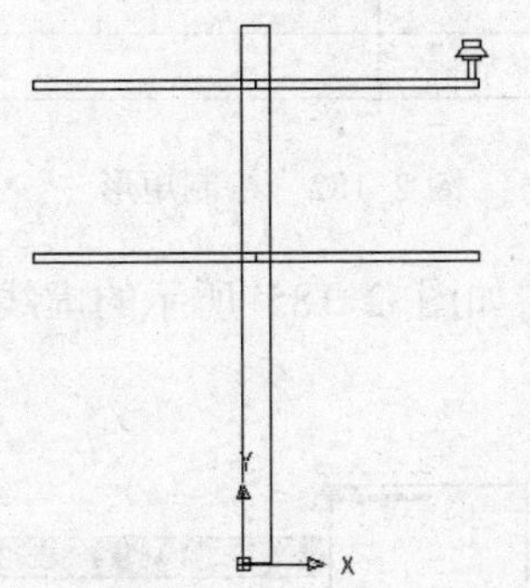

图 2-174　移动绝缘子图形

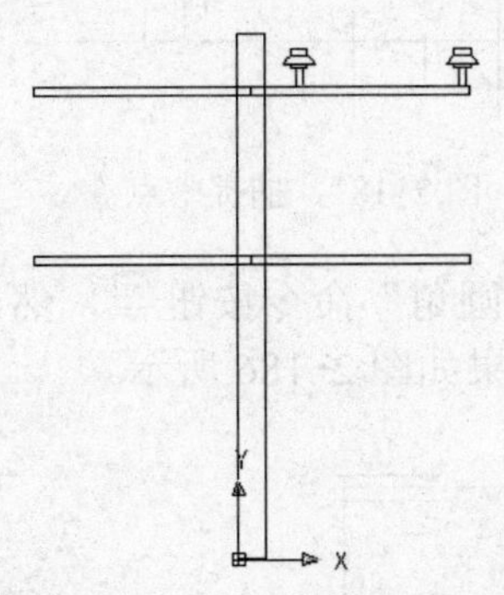

图 2-175　向左边复制绝缘子图形

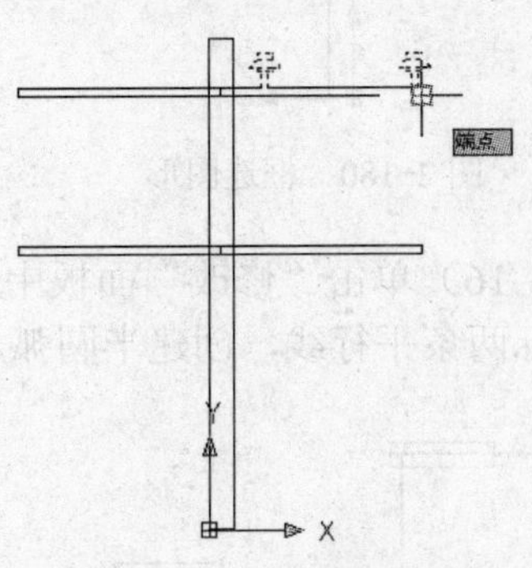


图 2-176　捕捉端点

10）单击“修改”面板中的“镜像”命令按钮，以通过如图 2-178 所示中点的垂直直线为对称轴，把右边两个绝缘子图形对称复制一份，效果如图 2-179 所示。

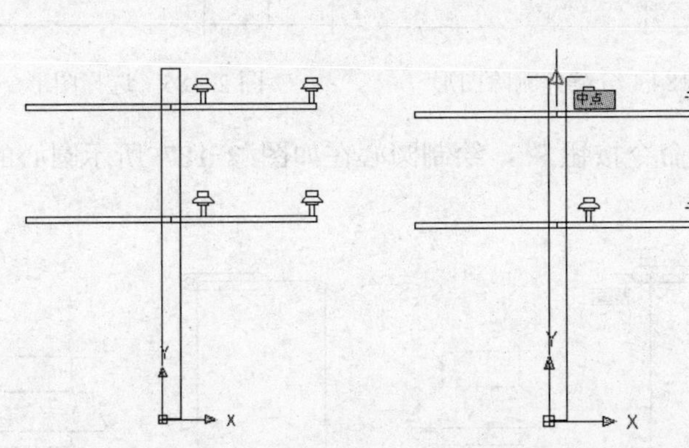

图 2-177　向下复制绝缘子图形

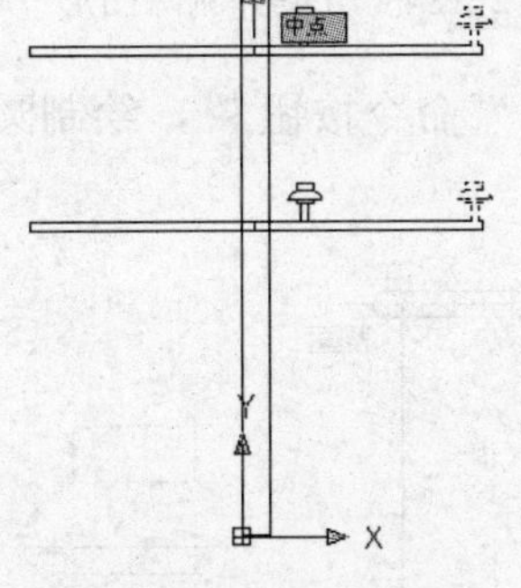


图 2-178　捕捉中点

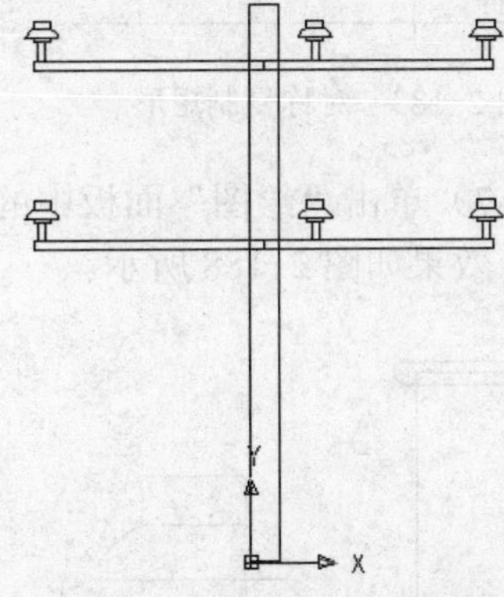

图 2-179　对称复制图形

11）现在绘制夹紧横担的螺栓套。单击“实用程序”面板中的“窗口”命令按钮，放大如图 2-180 所示框选的图形，预备下一步操作。

12）单击“绘图”面板中的“矩形”命令按钮，绘制起点在如图 2-181 所示中点的矩形 85×10，效果如图 2-182 所示。

13）单击“修改”面板中的“镜像”命令按钮，以矩形 85×10 下边为对称轴，把矩形 85×10 对称复制一份，效果如图 2-183 所示。

14）单击“修改”面板中的“分解”命令按钮，把两个矩形 85×10 分解成线条。

15）单击“修改”面板中的“删除”命令按钮，删除两个矩形 85×10 两边、中间的线条，效果如图 2-184 所示。

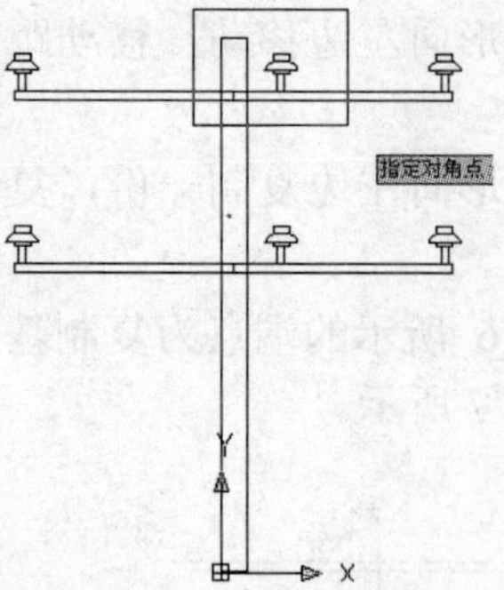

指定对角点

图 2-180　框选图形

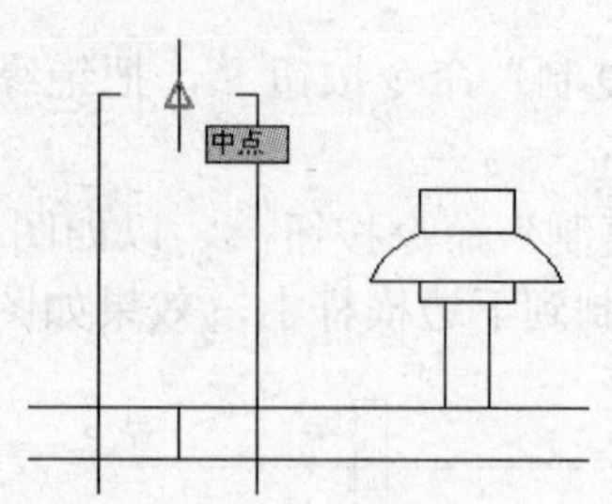


图 2-181　捕捉中点

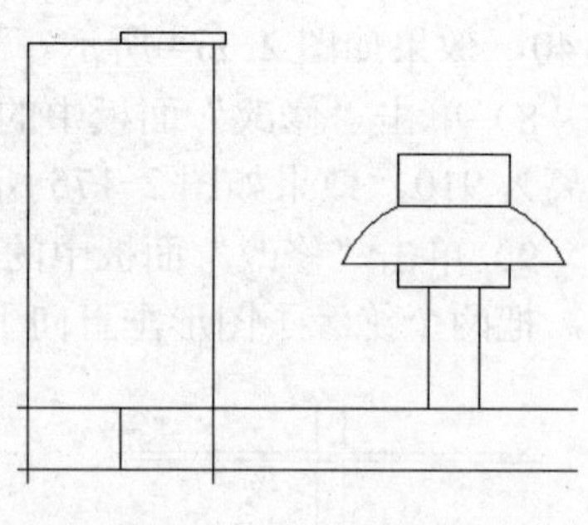

图 2-182　绘制矩形

16）单击“修改”面板中的“圆角”命令按钮，然后单击如图 2-185 所示的虚线和光标两条平行线，创建半圆弧，效果如图 2-186 所示。

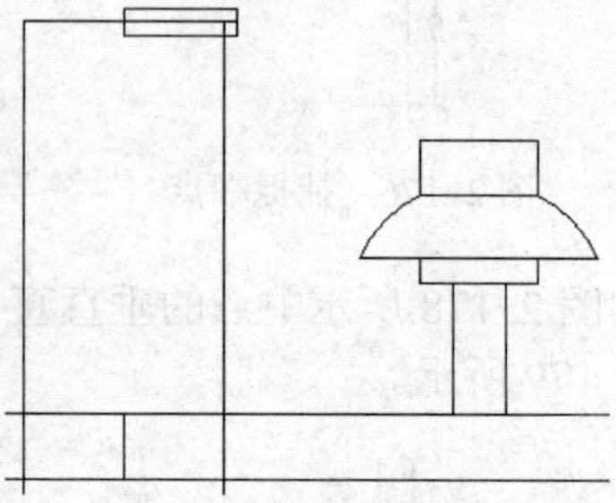

图 2-183　对称复制矩形

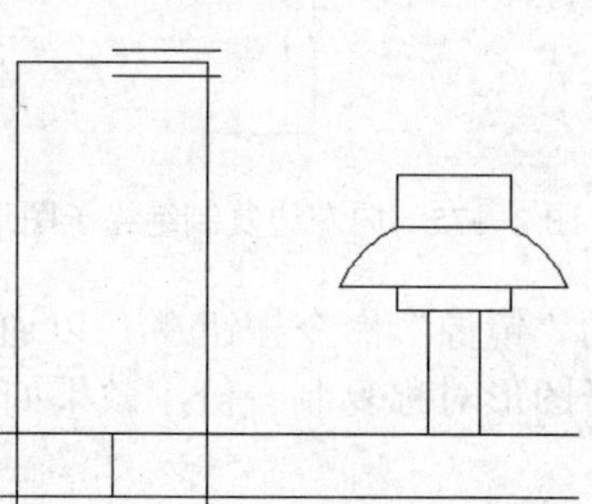

图 2-184　分解并删除图形

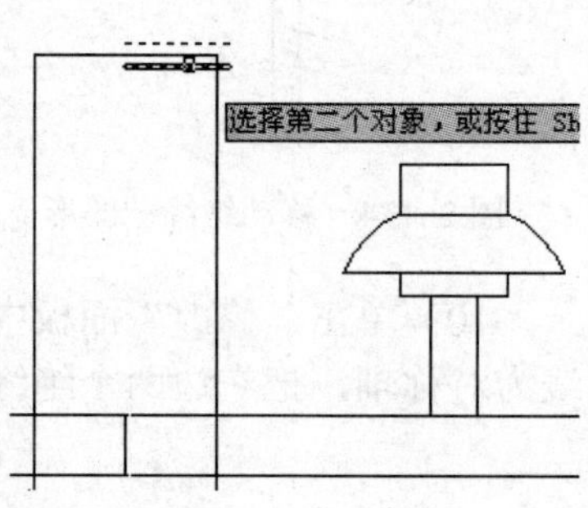


图 2-185　选择图形

17）单击“绘图”面板中的“圆”命令按钮，绘制圆心在如图 2-187 所示圆心的圆 $\phi10$，效果如图 2-188 所示。

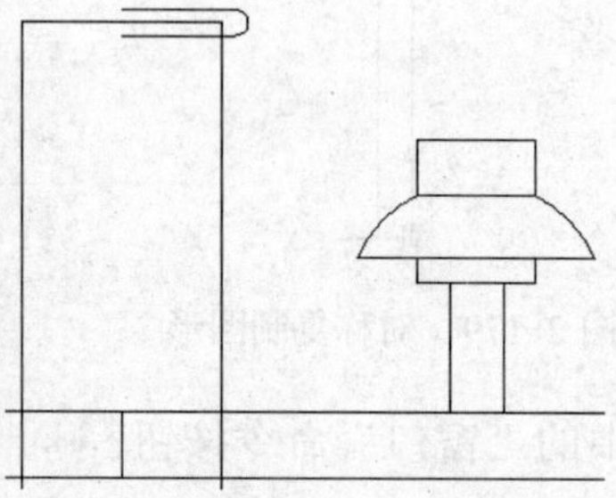

图 2-186　创建半圆弧

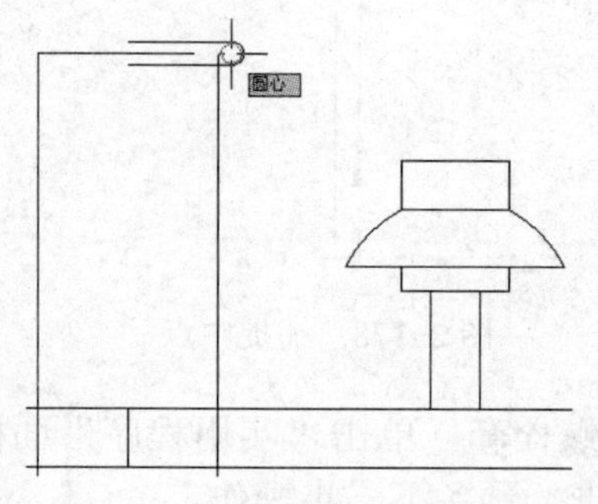


图 2-187　捕捉圆心

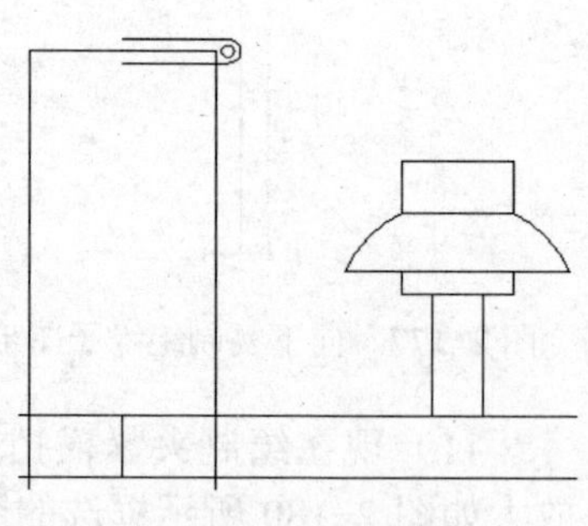

图 2-188　绘制圆

18）单击“修改”面板中的“镜像”命令按钮，把半边螺栓套图形向左对称复制一份，效果如图 2-189 所示。

19）单击“修改”面板中的“移动”命令按钮，把螺栓套图形向下移动，移动距离为 325，效果如图 2-190 所示。

20）单击“修改”面板中的“复制”命令按钮，把螺栓套向下复制一份，复制距离为 970，效果如图 2-191 所示。

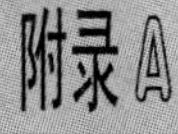

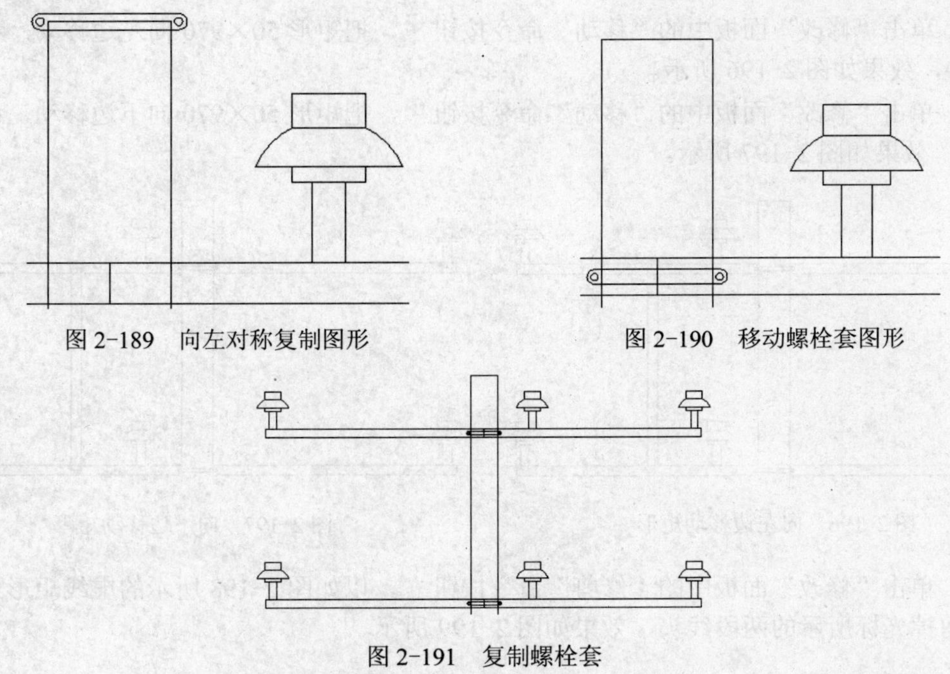

图 2-189　向左对称复制图形　　图 2-190　移动螺栓套图形

图 2-191　复制螺栓套

21）单击“修改”面板中的“修剪”命令按钮，以如图 2-192 所示的虚线矩形为修剪边，修剪掉光标所示的 4 段线头，结果如图 2-193 所示。

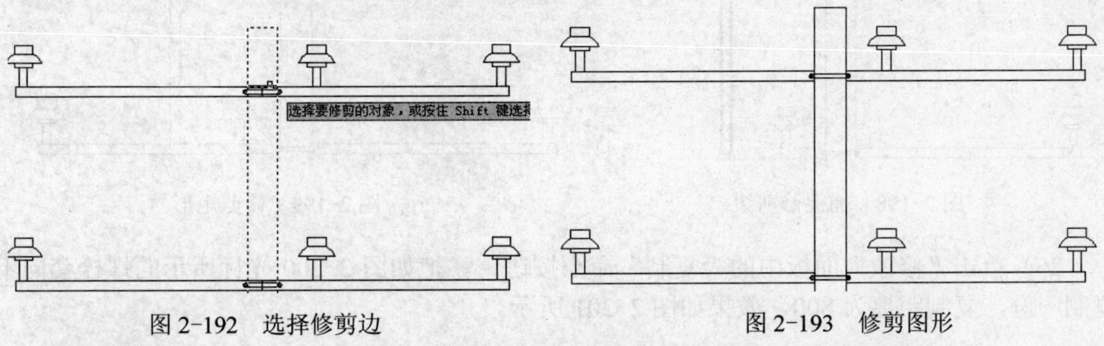


图 2-192　选择修剪边　　图 2-193　修剪图形

22）现在绘制纵向的支撑。单击“绘图”面板中的“矩形”命令按钮，绘制起点在如图 2-194 所示端点的矩形 50×970，效果如图 2-195 所示。

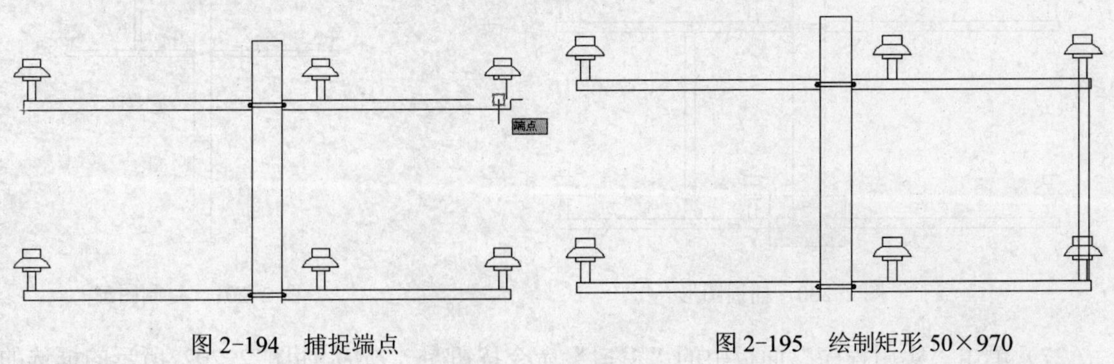


图 2-194　捕捉端点　　图 2-195　绘制矩形 50×970

23）单击“修改”面板中的“移动”命令按钮，把矩形 50×970 向左边移动，移动距离为 610，效果如图 2-196 所示。

24）单击“修改”面板中的“移动”命令按钮，把矩形 50×970 向下边移动，移动距离为 25，效果如图 2-197 所示。

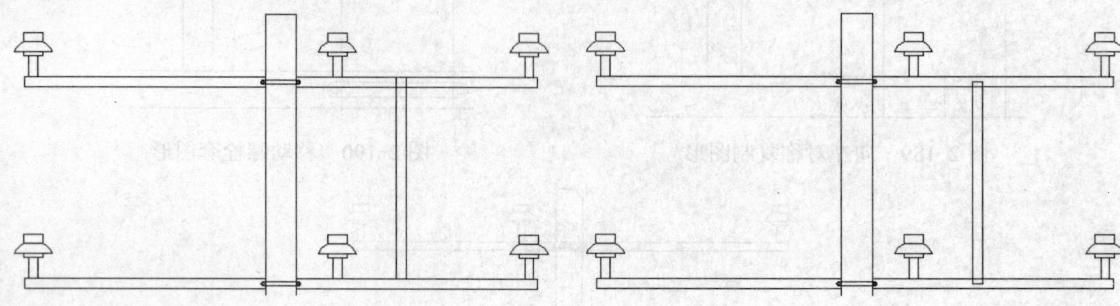

图 2-196　向左边移动矩形　　　　图 2-197　向下边移动矩形

25）单击“修改”面板中的“修剪”命令按钮，以如图 2-198 所示的虚线矩形为修剪边，修剪掉光标所示的两段线头，效果如图 2-199 所示。

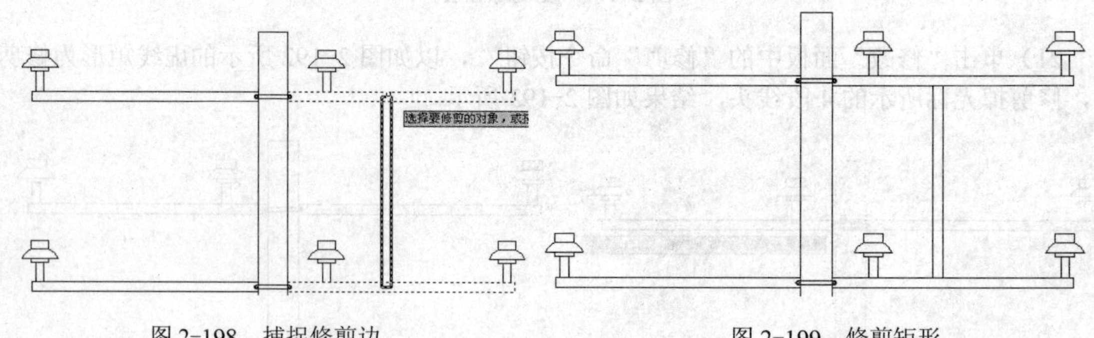


图 2-198　捕捉修剪边　　　　图 2-199　修剪矩形

26）单击“修改”面板中的“复制”命令按钮，把如图 2-200 光标所示的螺栓套向下复制一份，复制距离为 800，效果如图 2-201 所示。

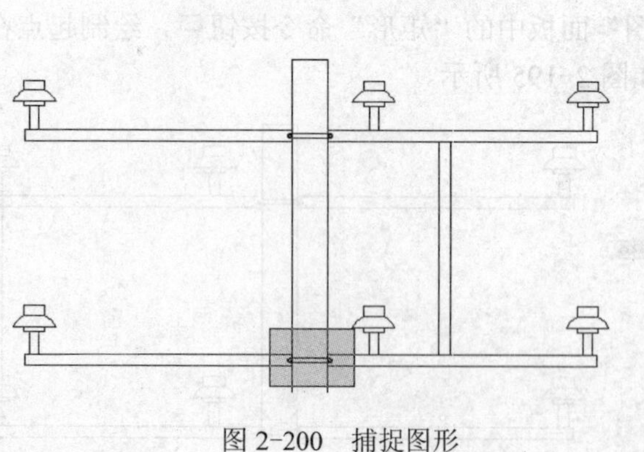

图 2-200　捕捉图形

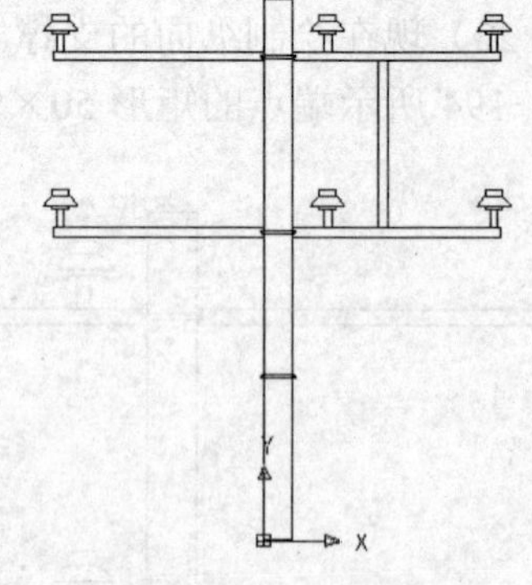


图 2-201　复制图形

27）单击“实用程序”面板中的“窗口”命令按钮，放大如图 2-202 所示的框选的图形，预备下一步操作，效果如图 2-203 所示。

28）单击“修改”面板中的“圆角”命令按钮，然后单击如图 2-204 所示的虚线和光标两条平行线，创建半圆弧，效果如图 2-205 所示。

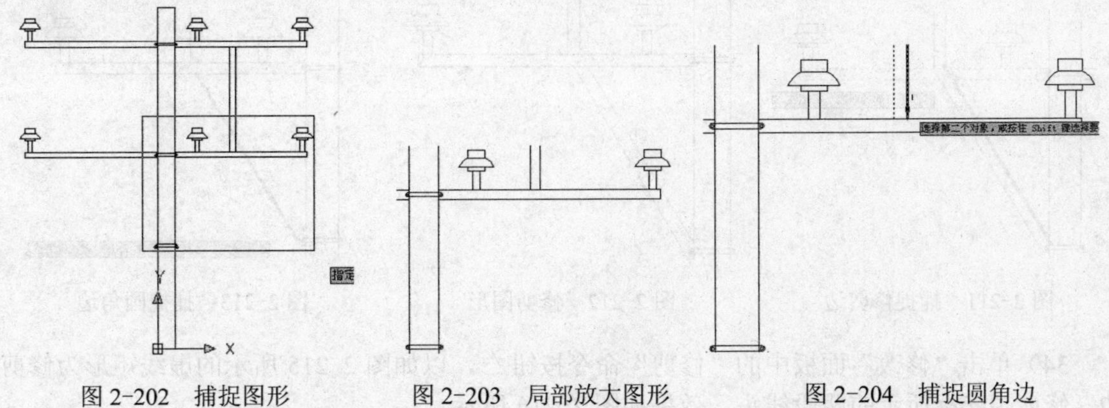

图 2-202 捕捉图形　　图 2-203 局部放大图形　　图 2-204 捕捉圆角边

29）现在绘制斜撑。单击“绘图”面板中的“直线”命令按钮，绘制如图 2-206、图 2-207 所示的两个圆心的连线，效果如图 2-208 所示。

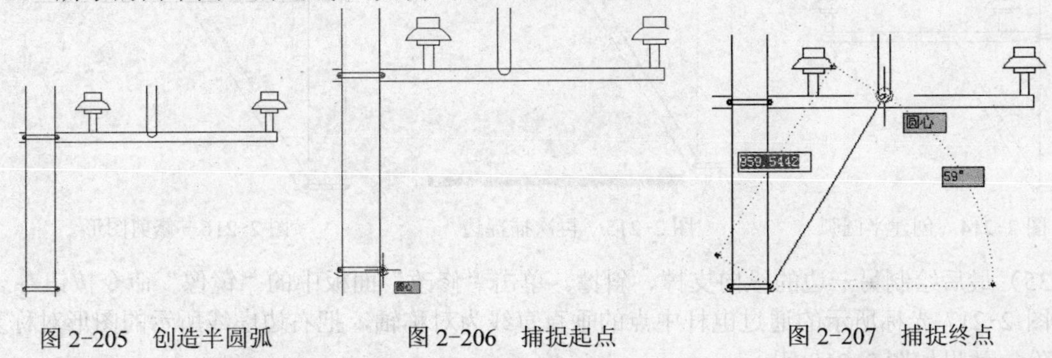


图 2-205 创造半圆弧　　图 2-206 捕捉起点　　图 2-207 捕捉终点

30）单击“修改”面板中的“偏移”命令按钮，把斜线向两边各偏移复制一份，复制距离为 25，效果如图 2-209 所示。

31）单击“修改”面板中的“删除”命令按钮，删除斜线和绘制的半圆弧，效果如图 2-210 所示。

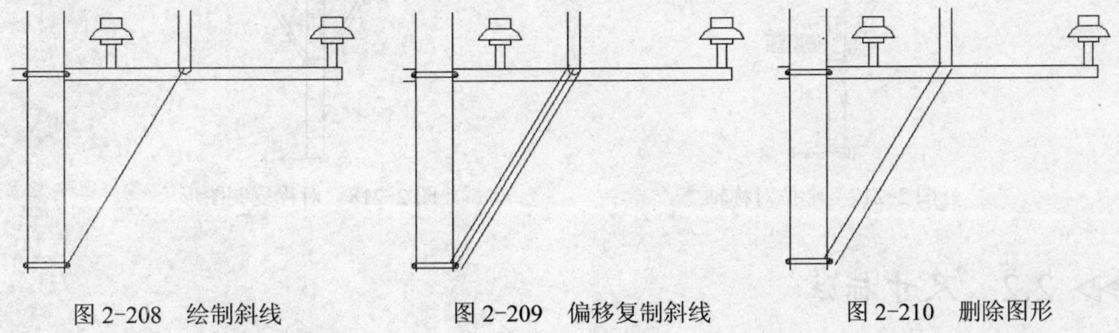

图 2-208 绘制斜线　　图 2-209 偏移复制斜线　　图 2-210 删除图形

32）单击“修改”面板中的“修剪”命令按钮，以如图 2-211 所示的虚线矩形为修剪边，修剪掉光标所示的两段线头，效果如图 2-212 所示。

33）单击“修改”面板中的“圆角”命令按钮，然后单击如图 2-213 所示的虚线和光标两条平行线，创建半圆弧，效果如图 2-214 所示。

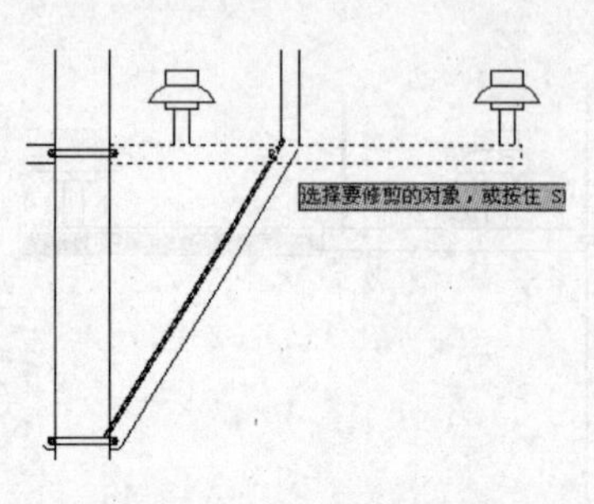

图 2-211　捕捉修剪边

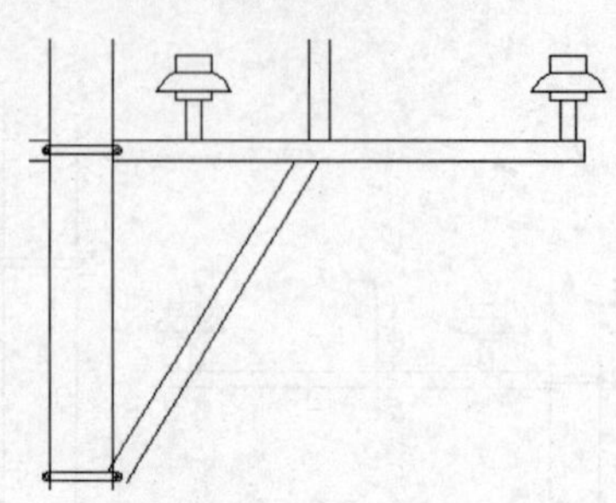
图 2-212　修剪图形

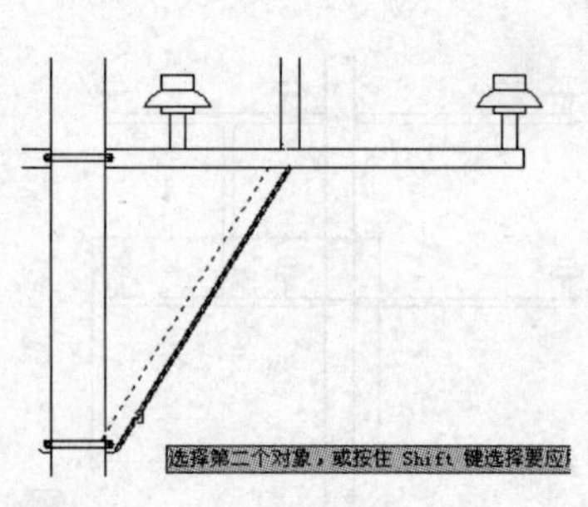

图 2-213　捕捉圆角边

34）单击“修改”面板中的“修剪”命令按钮，以如图 2-215 所示的虚线矩形为修剪边，修剪掉光标所示的两段线头，效果如图 2-216 所示。

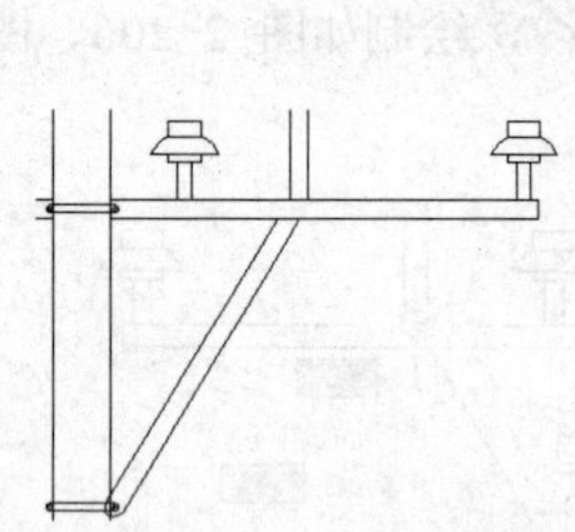
图 2-214　创建半圆弧

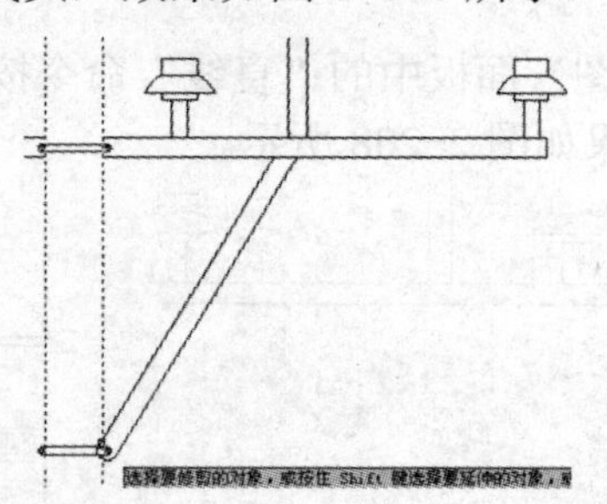
图 2-215　再次捕捉边

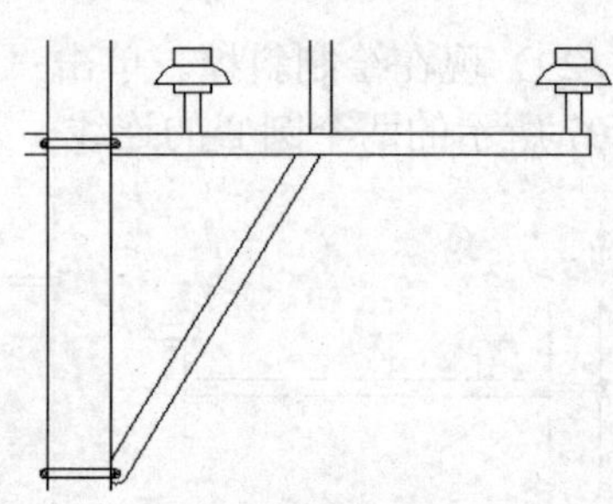
图 2-216　修剪图形

35）最后绘制另一边的纵向支撑、斜撑。单击“修改”面板中的“镜像”命令按钮，以如图 2-217 光标所示的通过电杆中点的垂直直线为对称轴，把右边虚线所示的图形对称复制一份，效果如图 2-218 所示。

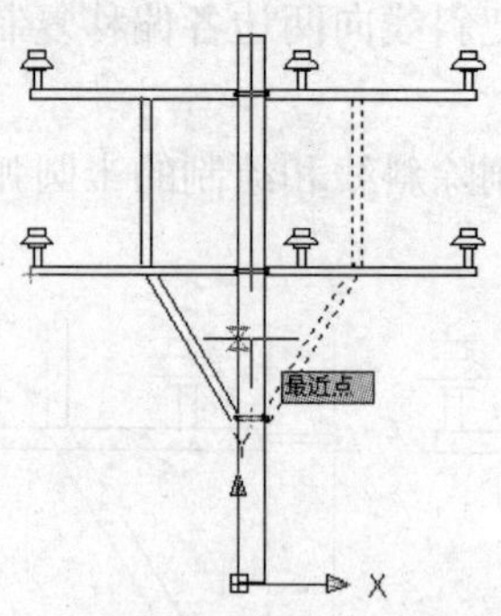

图 2-217　牵拉对称轴

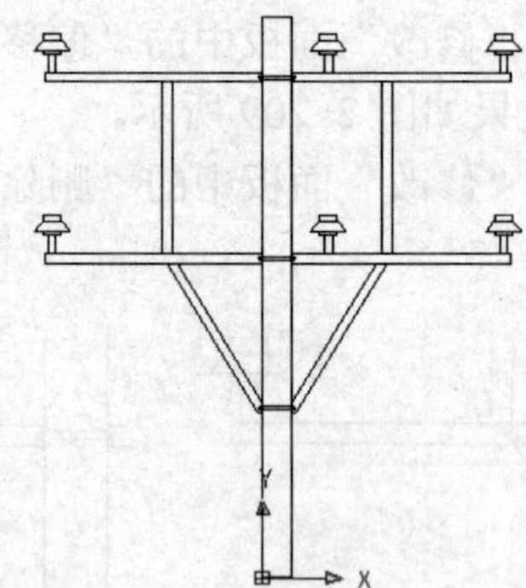

图 2-218　对称复制图形

## 2.2　尺寸标注



尺寸标注可分为长度方向的尺寸、圆周尺寸、角度尺寸，标注尺寸的方法有单独标注、

基线标注、连续标注、引线标注。读者应熟练掌握本章的内容，以便完成图样的尺寸标注。本章包括尺寸元素、线性尺寸标注、对齐尺寸标注、角度尺寸标注、基线标注、连续标注、多重引线标注和关联标注。

## 2.2.1　尺寸元素

如图 2-219 所示，一个尺寸标注单元由尺寸线、尺寸界线、尺寸箭头和尺寸文字四部分组成。构成尺寸的尺寸线、尺寸界线、尺寸箭头和尺寸文字是一个块，因此如果要对它们分别编辑的话，要先炸开。

尺寸标注分为线性尺寸标注、对齐尺寸标注、弧长尺寸标注、坐标尺寸标注、半径尺寸标注、直径尺寸标注、角度尺寸标注、基线标注、连续标注等，线性尺寸标注又分水平标注、垂直标注和旋转标注三种。图 2-220 显示了部分常用尺寸标注的类型。

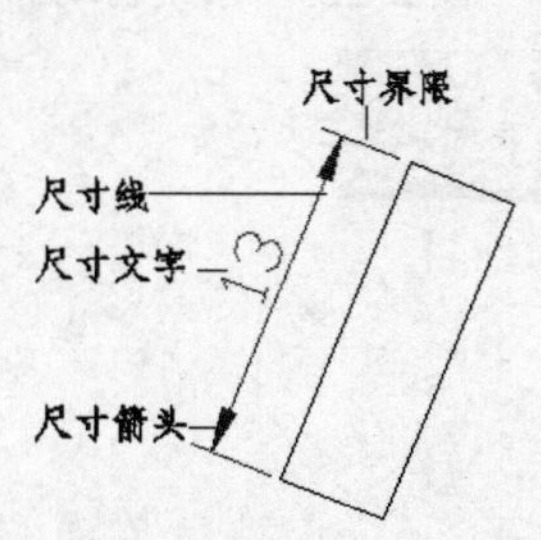


图 2-219　尺寸标注的组成

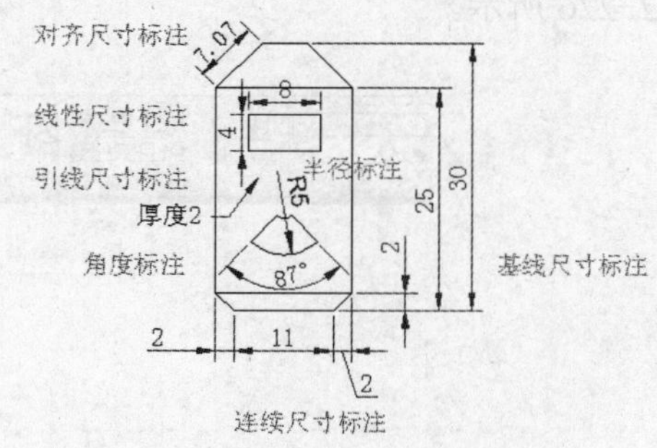


图 2-220　部分常用尺寸标注的类型

各种类型的尺寸标注命令集中在如图 2-221 所示的“注释”选项卡下的“标注”面板中。

## 2.2.2　线性尺寸标注

“标注”面板中第一项是“线性”标注命令，它用于标注在 X 轴、Y 轴方向上的尺寸。如图 2-222 所示为“线性”标注命令按钮⊢⊣在“标注”面板中的位置。

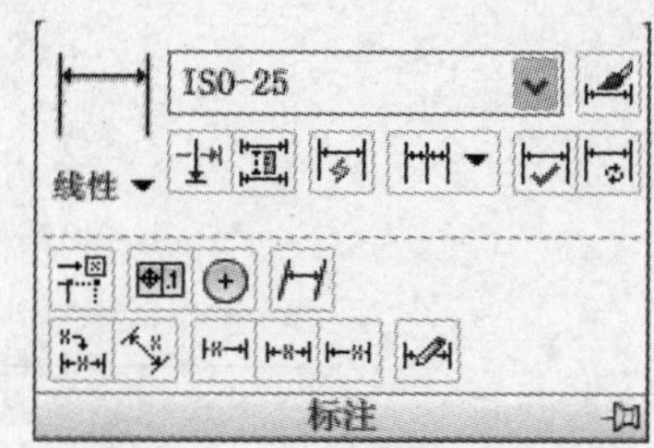


图 2-221　“标注”面板

图 2-222　“线性”尺寸标注命令按钮

【示例】　给如图 2-223 所示的圆锥体标注直径与高度，操作步骤如下。

1）标注底面直径。单击“线性”标注命令按钮⊢⊣，按以下提示步骤操作。

```
命令：_dimlinear
指定第一条延伸线原点或 <选择对象>:（选择圆锥体左下方的端点）
指定第二条延伸线原点:（选择圆锥体右下方的端点）
```

```
指定尺寸线位置或
[多行文字(M)/文字(T)/角度(A)/水平(H)/垂直(V)/旋转(R)]: (确定尺寸标注的位置)
标注文字 =51.96
```

效果如图 2-223 所示。

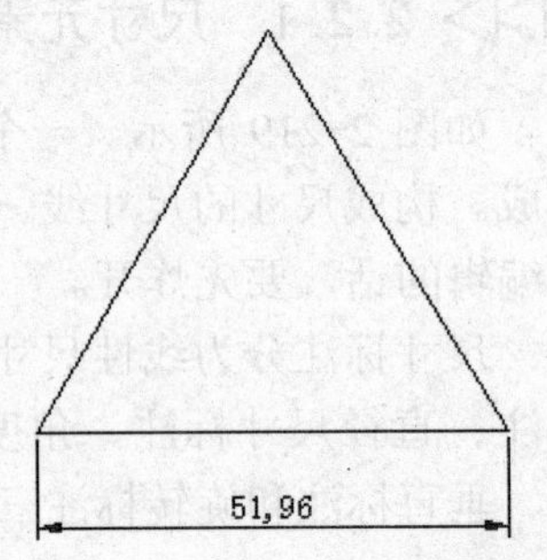


图 2-223　系统自动标注的尺寸

2）重复步骤 1，标注直径。在指定尺寸线位置或[多行文字(M)/文字(T)/角度(A)/水平(H)/垂直(V)/旋转(R)]这一步输入“m”并回车，将观察到如图 2-224 所示的“多行文字编辑器”，其中深色数字是系统标出的长度值，可以删除该值并写入需要的文字。现在要在“尺寸”前加直径符号$\phi$，单击“多行文字编辑器”中的“符号”命令按钮@，将弹出如图 2-225 所示的下拉菜单，选择“直径（I）%%c”，效果如图 2-226 所示。

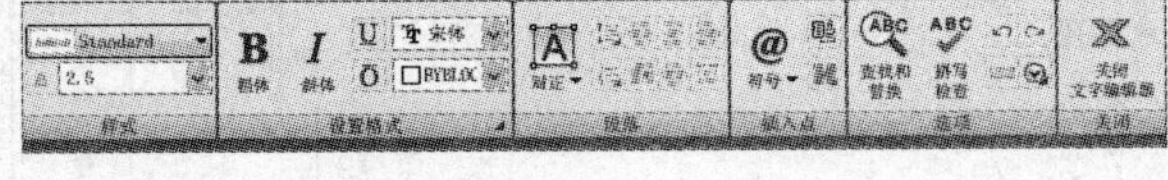


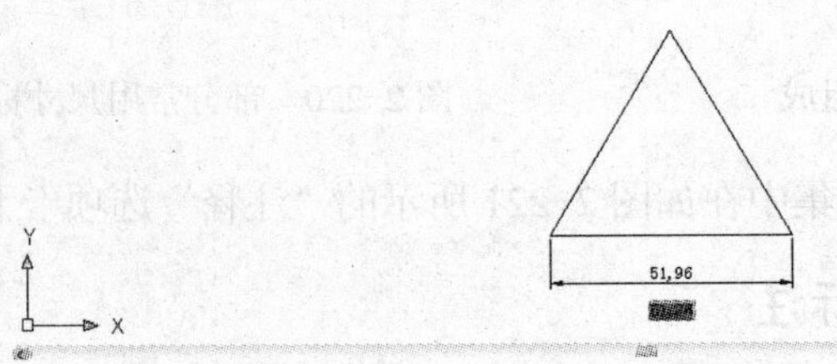


图 2-224　在“多行文字编辑器”中修改文字

3）单击“线性”标注命令按钮，标注高度，效果如图 2-227 所示。

| 符号 | 代码 |
|---|---|
| 度数(D) | %%d |
| 正/负(P) | %%p |
| 直径(I) | %%c |
| 约等于 | \U+2248 |
| 角度 | \U+2220 |
| 边界线 | \U+E100 |
| 中心线 | \U+2104 |
| 差值 | \U+0394 |
| 电相角 | \U+0278 |
| 流线 | \U+E101 |
| 恒等于 | \U+2261 |
| 初始长度 | \U+E200 |
| 界碑线 | \U+E102 |
| 不相等 | \U+2260 |
| 欧姆 | \U+2126 |
| 欧米加 | \U+03A9 |
| 地界线 | \U+214A |
| 下标 2 | \U+2082 |
| 平方 | \U+00B2 |
| 立方 | \U+00B3 |
| 不间断空格(S) | Ctrl+Shift+Space |
| 其他(O)... | |

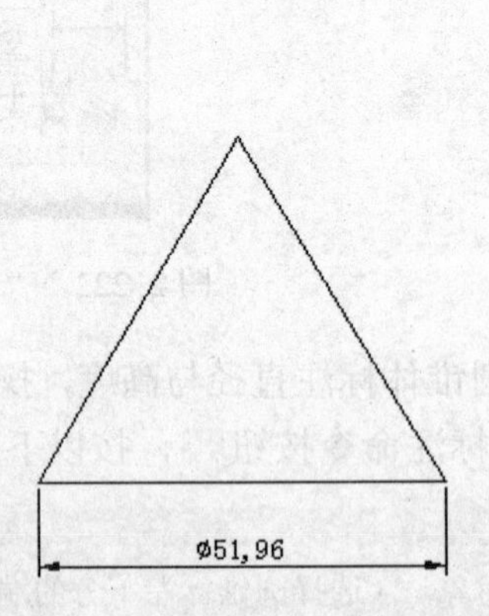


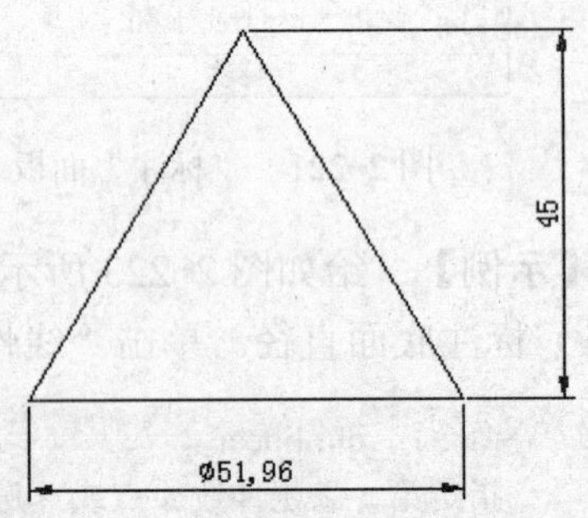


图 2-225　添加直径代号　图 2-226　圆锥体的直径尺寸标注　图 2-227　圆锥体的高度尺寸标注

## ▷▷▷ 2.2.3　对齐尺寸标注

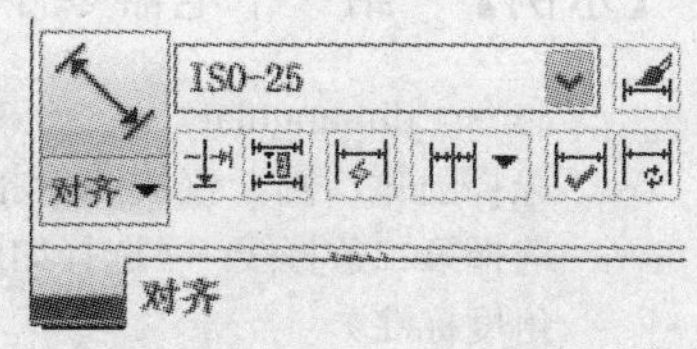


图 2-228　“对齐”尺寸标注命令按钮

“对齐”尺寸标注用于标注尺寸沿尺寸起点、终点连线方向上的尺寸，“对齐”标注命令按钮在“标注”面板中的位置如图 2-228 所示。

**【示例】**　给图 2-229 所示的三角形标注斜边长度。单击“对齐”标注命令按钮，按如下步骤操作。

```
命令: _dimaligned
指定第一条延伸线原点或 <选择对象>:（选择如图 2-229 所示的三角形上端点）
指定第二条延伸线原点:（选择如图 2-230 所示的三角形下端点，出现如图 2-231 所示的随光标迁移的虚拟标注）
指定尺寸线位置或
[多行文字(M)/文字(T)/角度(A)]:（单击确定标注的位置）
标注文字 = 29.08
```

效果如图 2-232 所示。

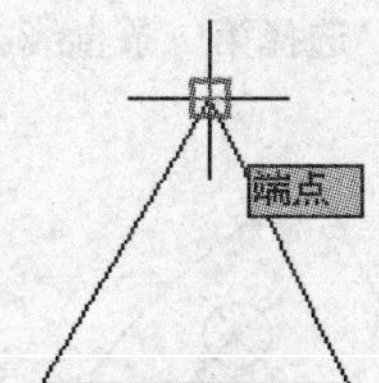


图 2-229　捕捉标注起点

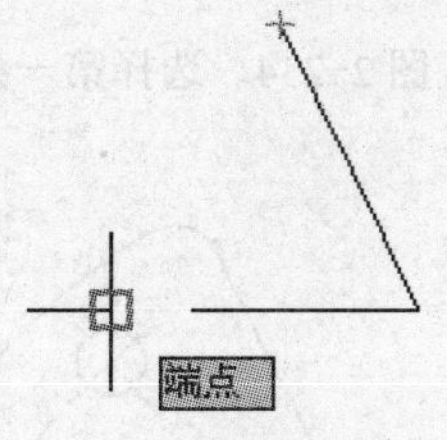


图 2-230　捕捉标注终点

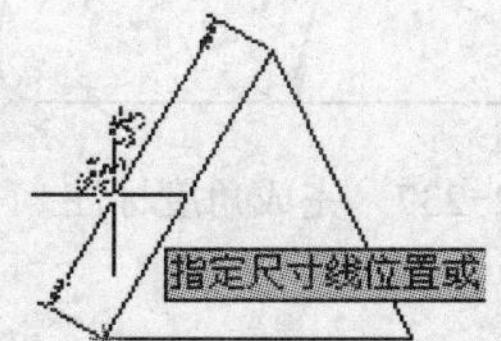


图 2-231　浮动的尺寸标注

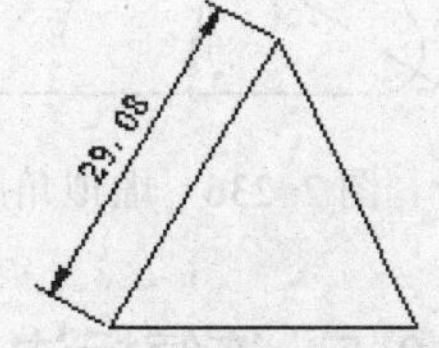


图 2-232　完成尺寸标注

## ▷▷▷ 2.2.4　角度尺寸标注

“角度”尺寸标注用于标注两条斜线的角度，它在“标注”面板中的位置如图 2-233 所示。

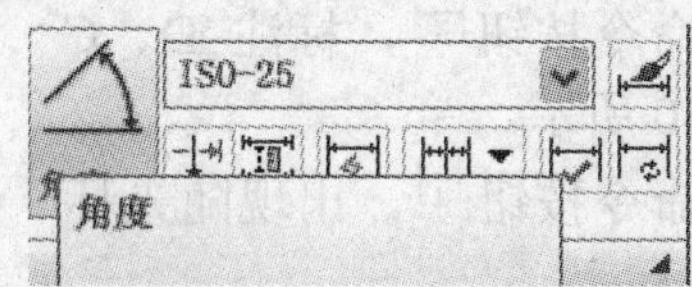


图 2-233　“角度”尺寸标注命令按钮

【示例】 给一个电器零件的圆弧部分标注包含角，按如下步骤操作。

命令: _dimangular
选择圆弧、圆、直线或 <指定顶点>:（选择如图 2-234 所示的第一条直线）
选择第二条直线: （选择如图 2-235 所示的第二条直线，出现如图 2-236 所示的随光标迁移的虚拟角度标注）
指定标注弧线位置或 [多行文字(M)/文字(T)/角度(A)/象限点(Q)]:（单击确认角度标注的位置）
标注文字 =63°

效果如图 2-237 所示。

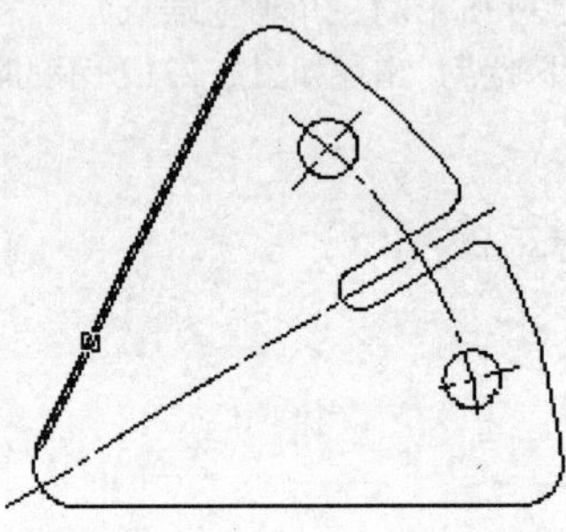
图 2-234 选择第一条直线

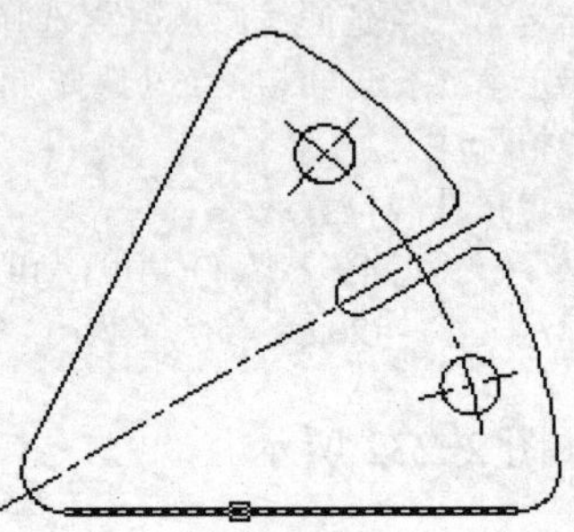
图 2-235 选择第二条直线

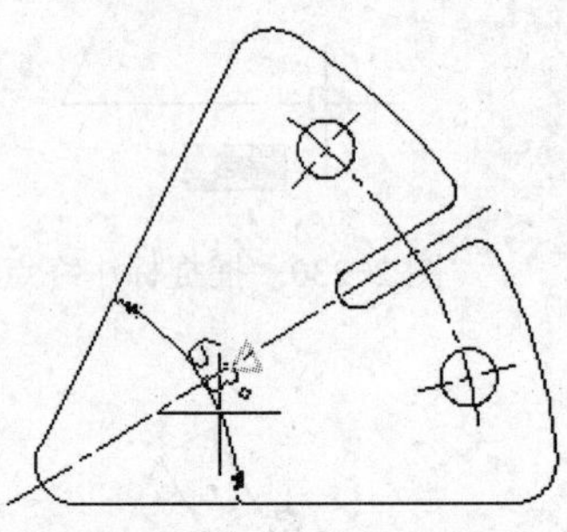
图 2-236 虚拟角度标注

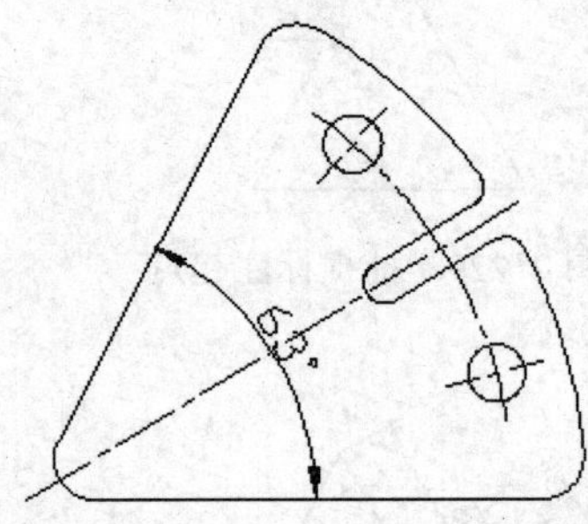

图 2-237 完成角度标注

## 2.2.5 连续标注

"连续"标注共用尺寸线，可以标注电气图样的建筑轴线。它在标注面板中的位置如图 2-238 所示。

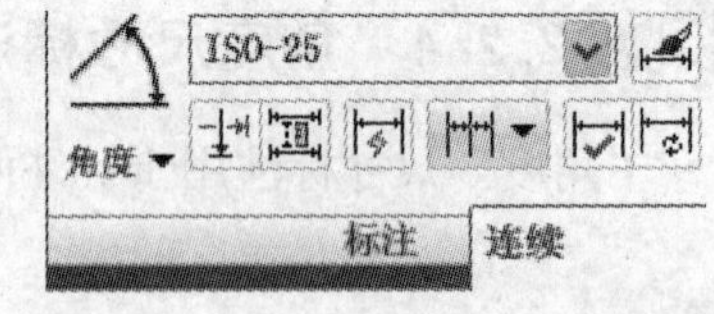

图 2-238 "连续"标注命令按钮

【示例】 标注如图 2-239 所示照明施工图的左边轴线之间的距离，操作步骤如下。

1）单击"线性"尺寸标注命令按钮，标注 D、C 轴线之间的距离，效果如图 2-240 所示。

2）然后单击"连续"标注命令按钮，出现随光标迁移的尺寸标注，如图 2-241 所示。

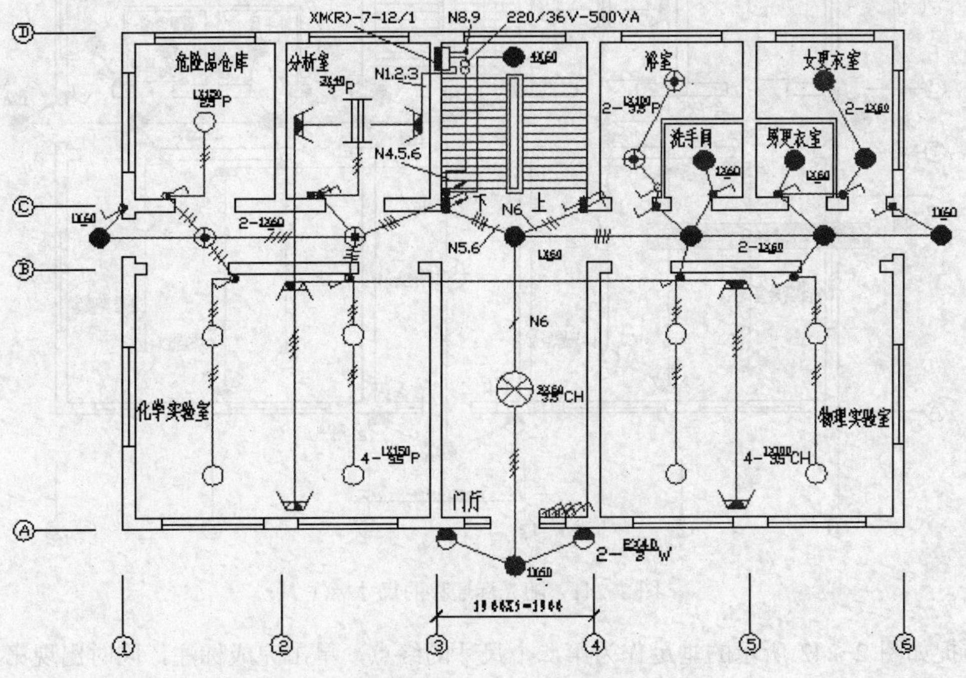


图 2-239　照明施工图

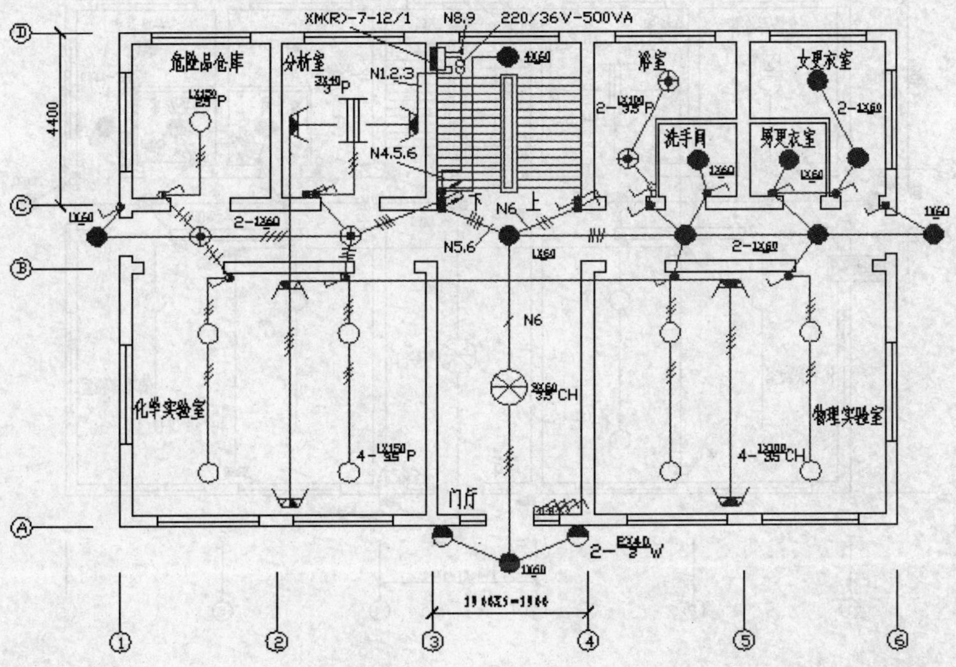


图 2-240　第一个标注

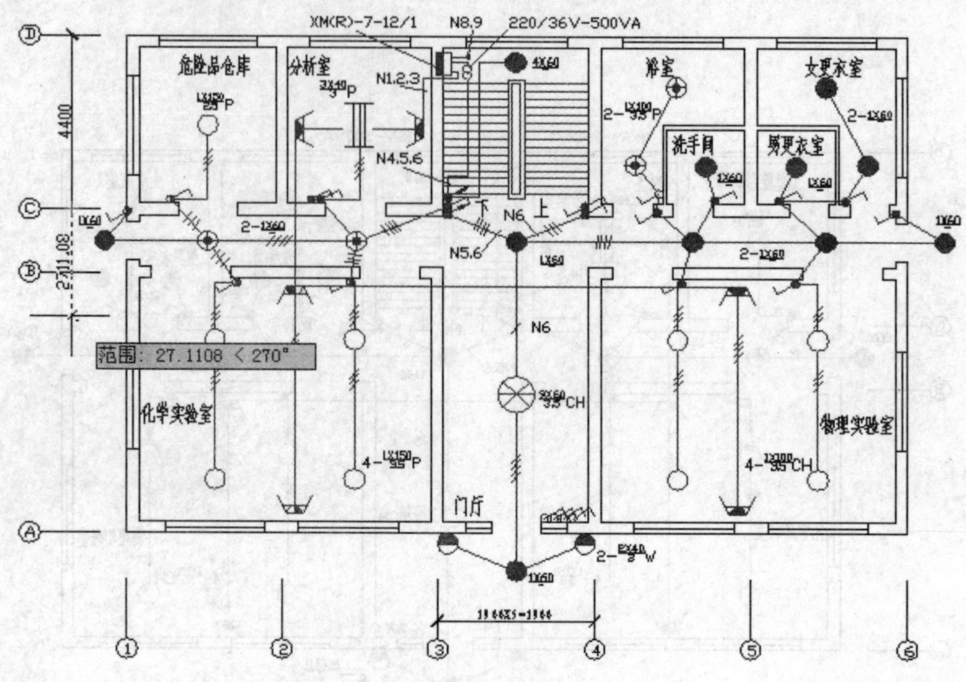


图 2-241　随光标迁移的尺寸标注

捕捉如图 2-242 所示的垂足作为第二个尺寸的终点，单击完成标注，同时出现第三个虚拟尺寸标注，如图 2-243 所示。

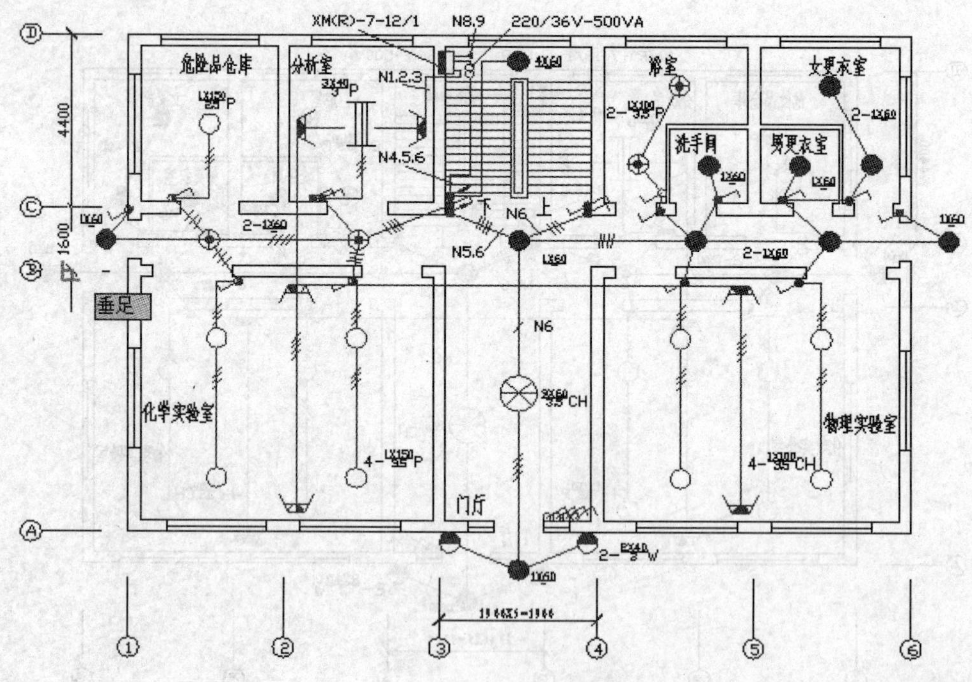


图 2-242　捕捉一个端点

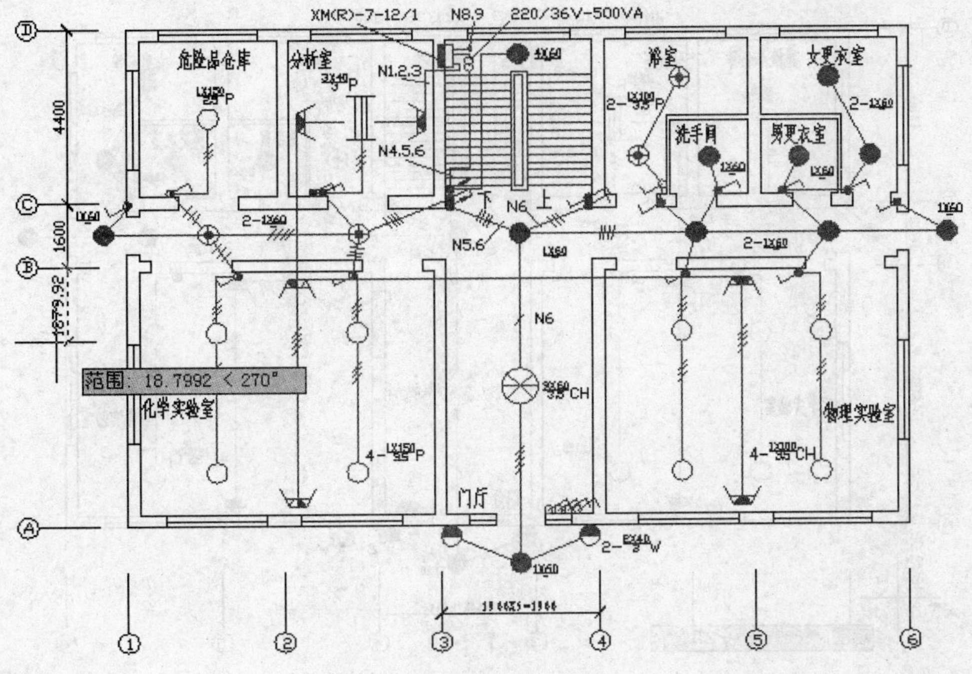

图 2-243　第二个标注

3）捕捉如图 2-244 所示的垂足作为第三个尺寸的终点，单击完成标注，同时出现第四个虚拟尺寸标注，如图 2-245 所示。

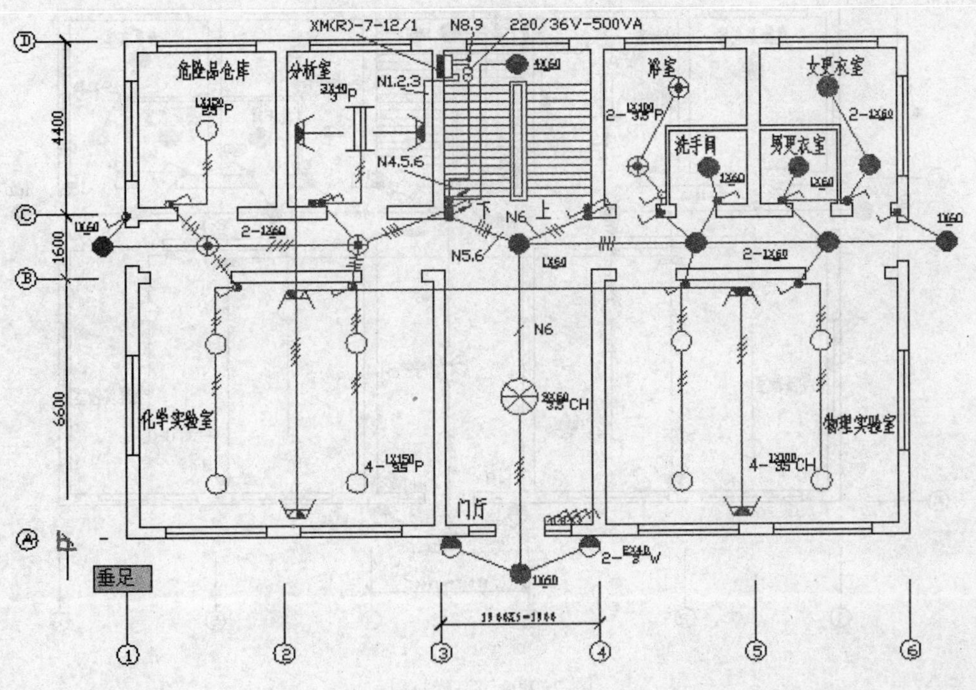

图 2-244　再捕捉一个端点

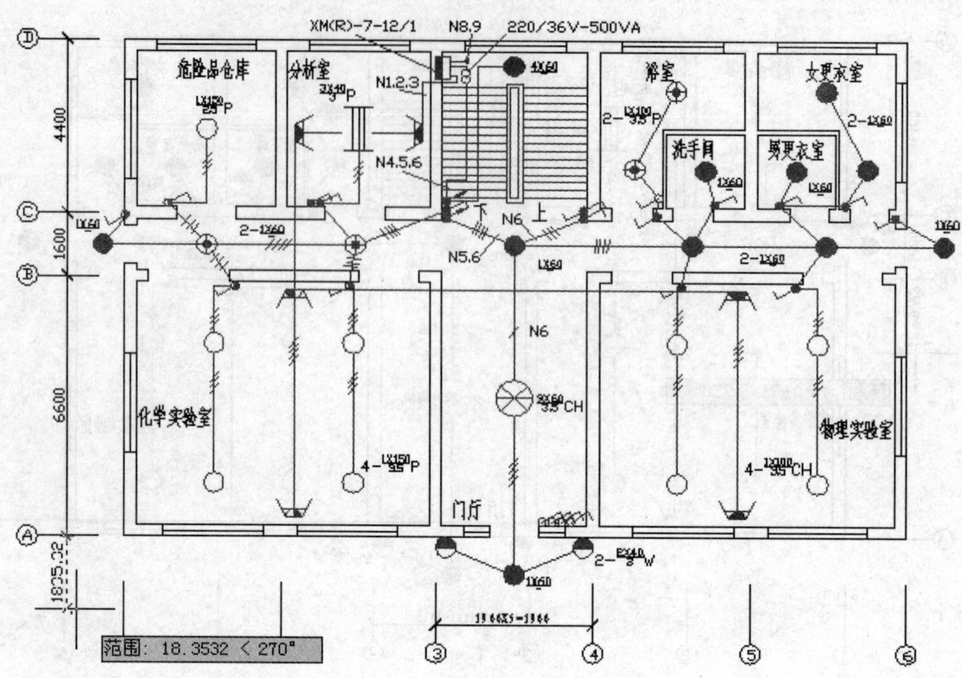


图 2-245　第三个虚拟标注

4）连续两次回车结束连续尺寸标注，效果如图 2-246 所示。

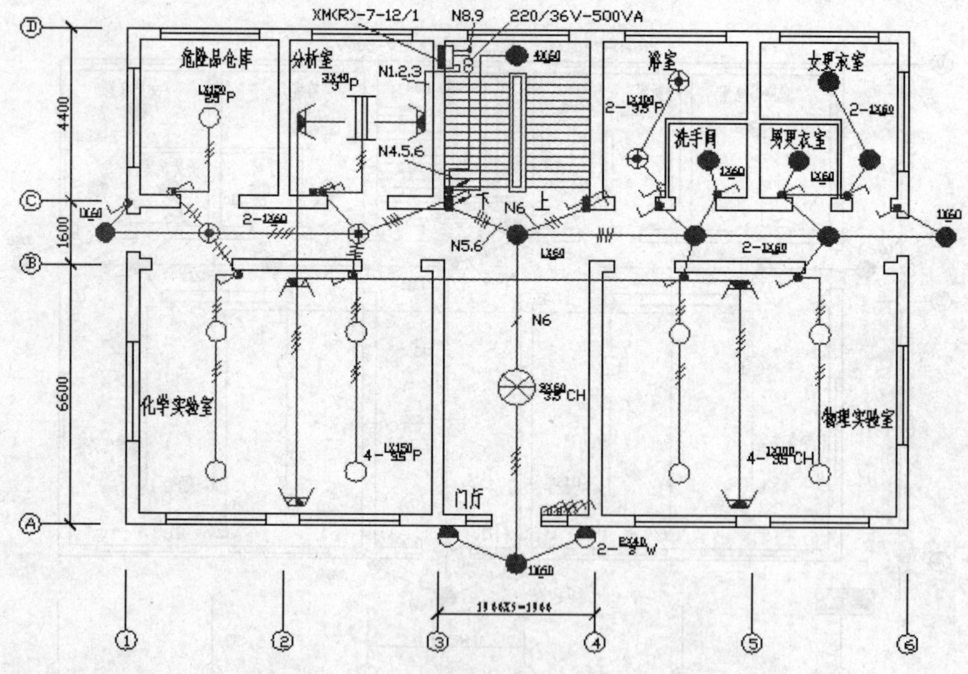


图 2-246　完成标注

## 2.2.6 多重引线标注

在标注厚度和标明零件序号时，需要使用引线标注，多重引线标注是 AutoCAD2009 在原版本的引线标注基础上拓展的功能，“多重引线”标注命令按钮在“注释”面板中的位置如图 2-247 所示。

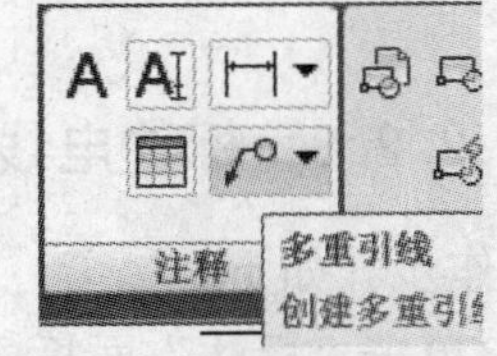

图 2-247 “多重引线”命令按钮

【示例】 给一块如图 2-248 所示的某电器冲压力零件标注厚度，厚度为 0.4。单击“多重引线”标注命令按钮，按命令行的提示操作。

```
命令: _mleader
指定引线箭头的位置或 [引线基线优先(L)/内容优先(C)/ 选项(O)] <选项>:（回车）（默认“选项”设置）
输入选项[引线类型(L)/引线基线(A)/ 内容类型(C)/最大节点数(M)/第一个角度(F)/第二个角度(S)/退出选项(X)] <退出选项>:m（这里选择最大节点数）
输入引线的最大节点数 <2>:3（这里选择 3 个节点）
输入选项[引线类型(L)/引线基线(A)/ 内容类型(C)/最大节点数(M)/第一个角度(F)/第二个角度(S)/退出选项(X)] <最大节点数>:x（这里选择退出选项）
指定引线基线的位置: (如图 2-249 所示为选择第一个节点和第二个节点的位置)
```

当三个节点确定好后，在出现的“多行文字编辑器”中输入“厚度 0.4”，然后单击“关闭”按钮，完成操作。

效果如图 2-250 所示。

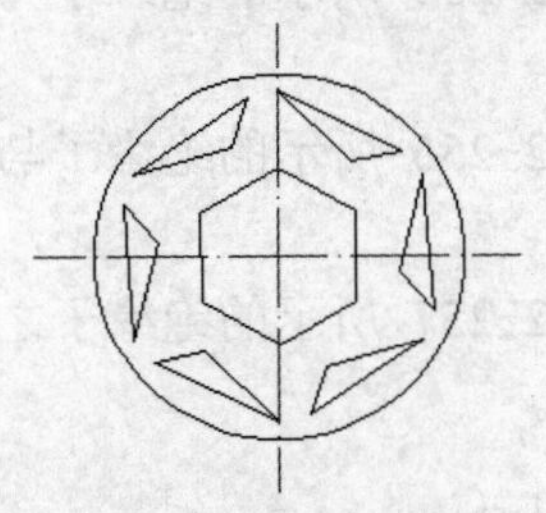
图 2-248 零件

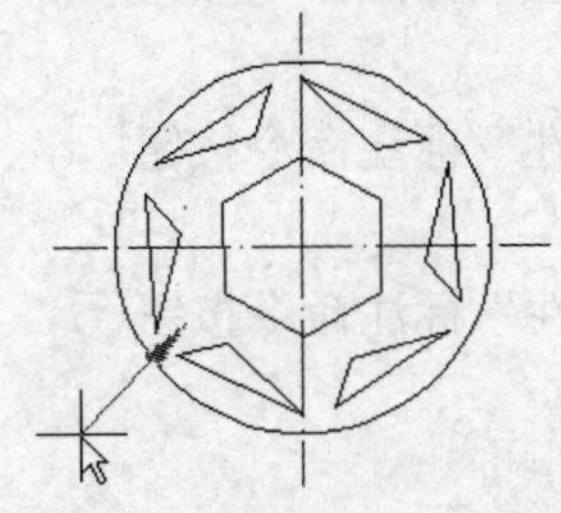
图 2-249 选择节点的位置

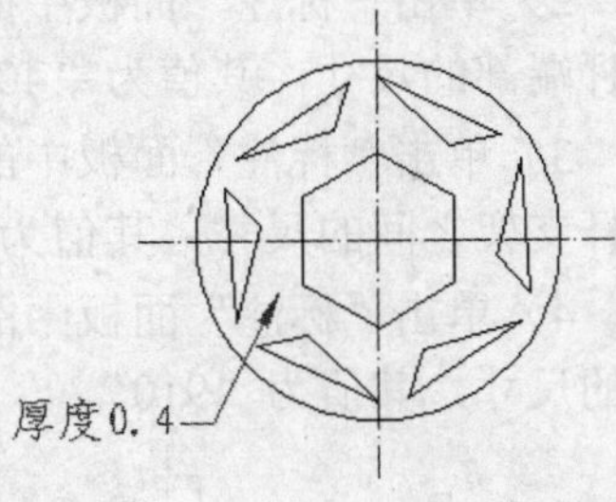

图 2-250 完成厚度标注

【提示】 在使用 AutoCAD 2009 版本时，建议用户使用“多重引线”标注命令进行操作，若需要运用“快速引线”标注命令，可通过在命令行中输入：_qleader，再按照命令行的提示操作。

## 2.2.7 关联标注

所标注尺寸与被标注对象有关联关系称为尺寸关联。如果标注的尺寸是按自动测量值进行标注的，且符合尺寸关联模式，那么改变图形的尺寸后，其标注尺寸也发生改变，尺寸界线、尺寸线的位置自动变更到新位置，尺寸值也改变成新的测量值。相反，改变尺寸界线起始点的位置，图形尺寸也会发生相应变化。尺寸关联功能使用户的尺寸标注和图形编辑操作更加有效率。

要查看尺寸标注是否为关联标注，可以在“特性”对话框中查看。双击尺寸对象，打开“特性”对话框，对话框中的“关联”特性值可说明该尺寸标注是否为关联标注，如图 2-251 所示。

## ▷▷▷ 2.2.8 标注电线杆组装图

操作步骤如下。

1）单击“标注”面板中的“线性”标注命令按钮，标注如图 2-252、图 2-253 所示的两个端点之间的尺寸，其值为“970”，阶段效果如图 2-254 所示。

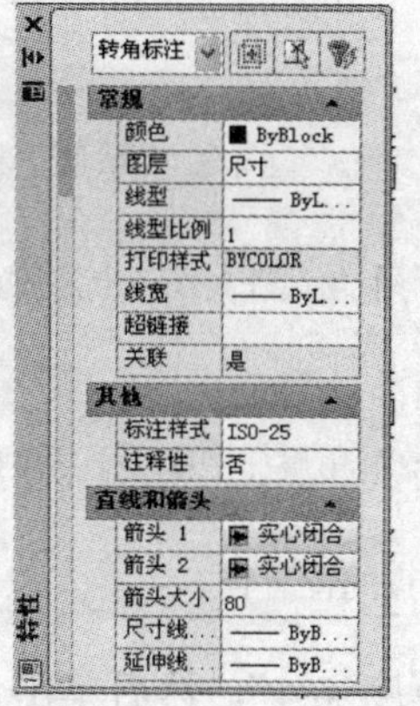


图 2-251 “特性”对话框

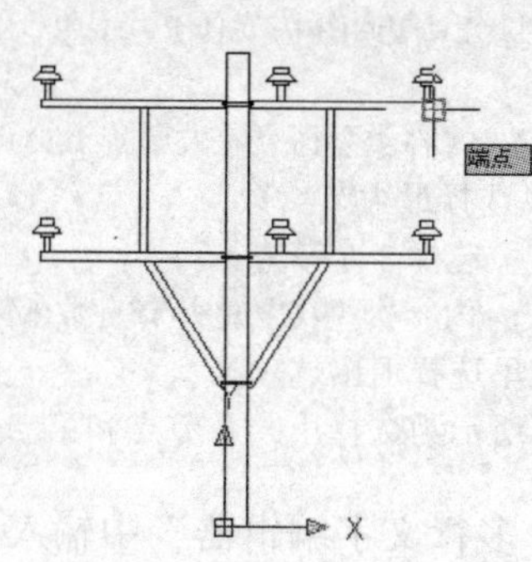


图 2-252 捕捉尺寸线起点

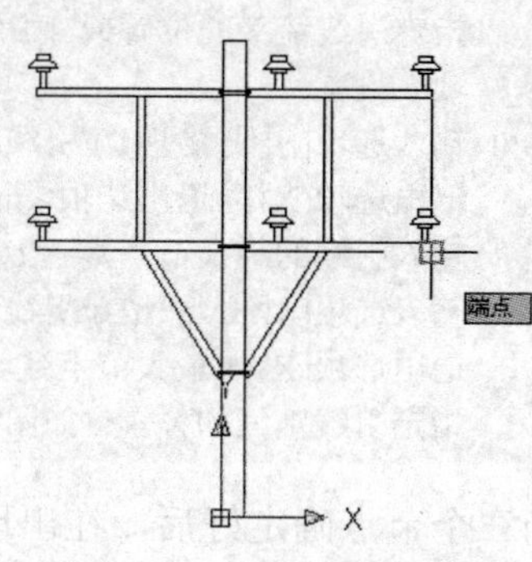


图 2-253 捕捉尺寸线终点

2）单击“标注”面板中的“线性”标注命令按钮，标注如图 2-255 所示的绝缘子与横杆端部的尺寸，其值为“40”。

3）单击“标注”面板中的“线性”标注命令按钮，标注如图 2-256 所示的绝缘子与横杆支架之间的尺寸，其值为“630”。

4）单击“标注”面板中的“线性”标注命令按钮，标注如图 2-257 所示的绝缘子之间的尺寸，其值为“910”。

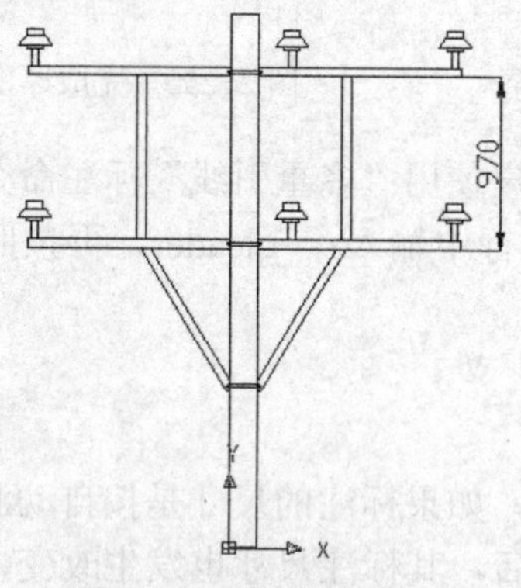


图 2-254 标注横杆距离

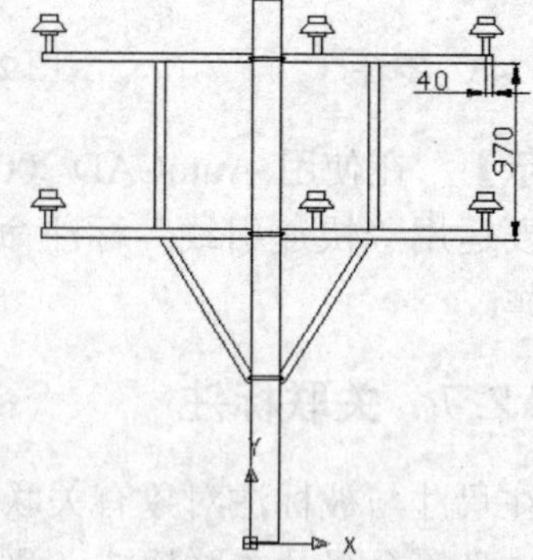


图 2-255 标注绝缘子与横杆端部的尺寸

5）单击“标注”面板中的“线性”标注命令按钮，标注如图 2-258 所示的绝缘子与电杆中心的尺寸，其值为“270”。

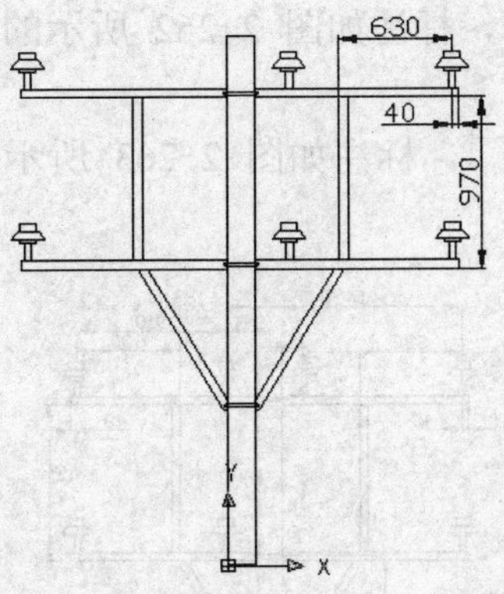


图 2-256　标注绝缘子与横杆支架之间的距离

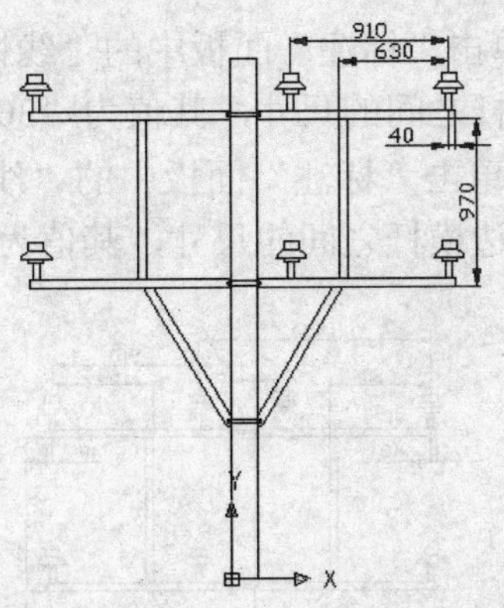


图 2-257　标注绝缘子之间的尺寸

6）单击“标注”面板中的“线性”标注命令按钮，标注如图 2-259 所示的左边绝缘子与横杆支架之间的尺寸，其值为“630”。

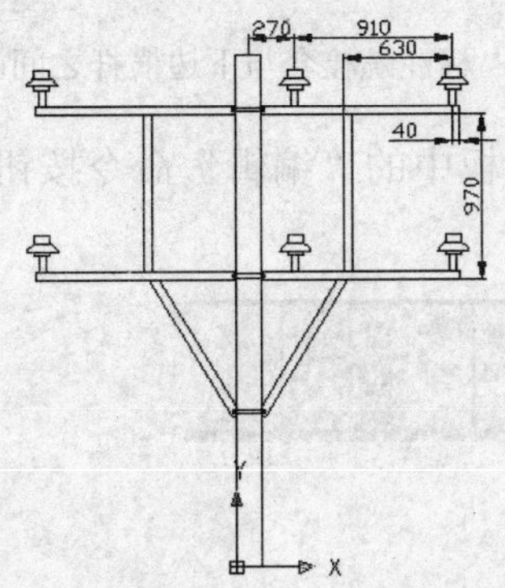


图 2-258　标注绝缘子与电杆中心的尺寸

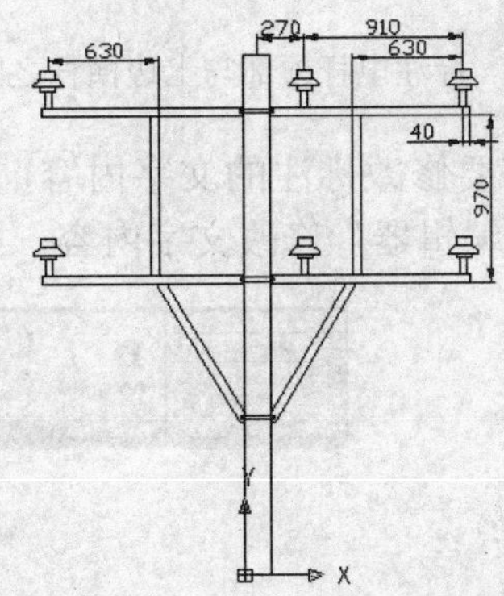


图 2-259　左边绝缘子与横杆支架之间的尺寸

7）单击“标注”面板中的“线性”标注命令按钮，标注如图 2-260 所示的左边绝缘子之间的尺寸，其值为“1450”。

8）单击“标注”面板中的“线性”标注命令按钮，标注如图 2-261 所示的左边绝缘子与横杆端部的尺寸，其值为“40”。

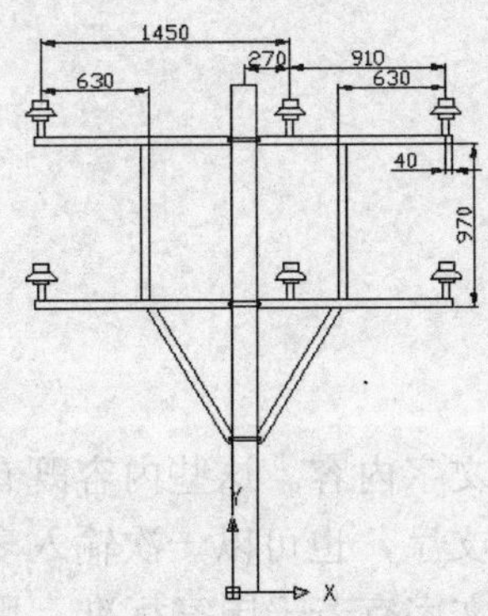


图 2-260　标注左边绝缘子之间的尺寸

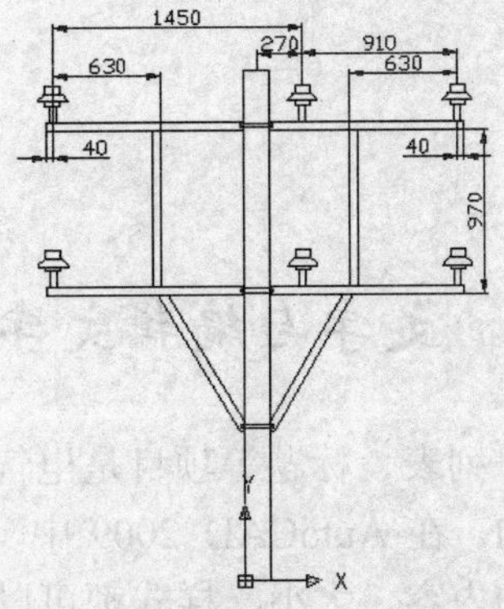


图 2-261　标注左边绝缘子与横杆端部的尺寸

9）单击“标注”面板中的“线性”标注命令按钮，标注如图 2-262 所示的电杆顶部与上边横杆之间的尺寸，其值为“300”。

10）单击“标注”面板中的“线性”标注命令按钮，标注如图 2-263 所示的底部螺栓套与下边横杆之间的尺寸，其值为“800”。

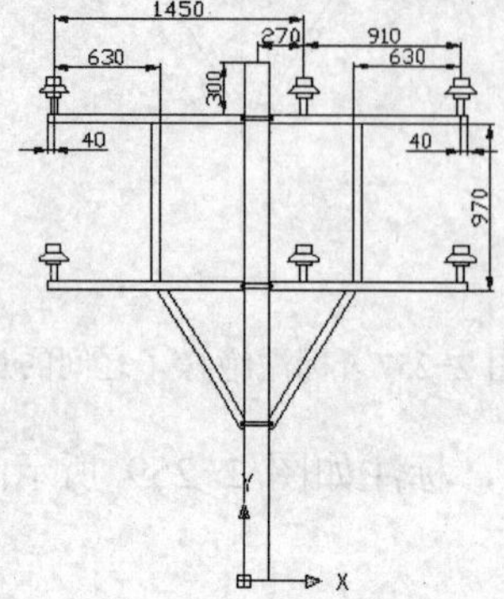


图 2-262　标注电杆顶部与上边横杆之间的尺寸

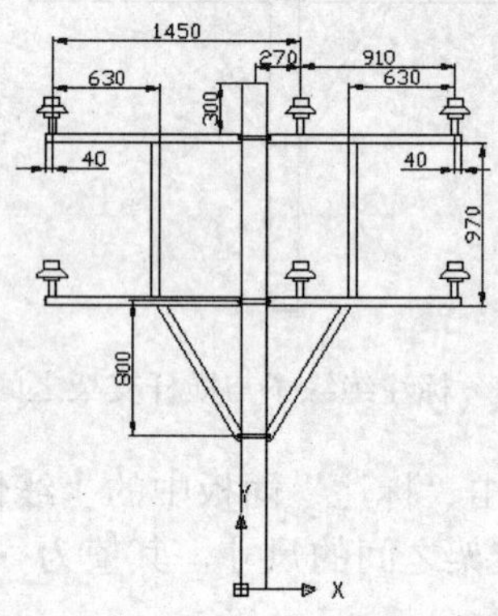


图 2-263　标注螺栓套与下边横杆之间的尺寸

如果需要修改标注的文字内容，则单击“文字”面板中的“编辑”命令按钮，打开“多行文字编辑器”修改文字内容，如图 2-264 所示。

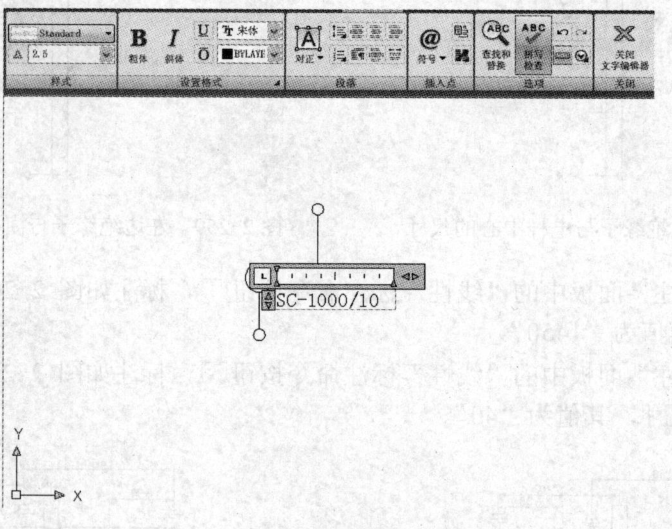


图 2-264　编辑文字

## ▷▷ 2.3　文字与编辑文字

说明、列表、标题等项目是电气工程图样必不可少的文字内容。这些内容既有单行的，也有多行的。在 AutoCAD 2009 中，既可以一次输入一行文字，也可以一次输入多行文字。输入文字的内容、大小、样式都可以修改。工程图样中的文字有若干国家标准，用户可以在 AutoCAD 2009 中选择符合国标的文字样式。通过本章的学习，读者可以学会单行文字、多

行文字的输入方法，以及修改文字的方法。用户还可以修改、新建文字样式，使输入的文字符合统一的要求。

在 AutoCAD 2009 中，文字命令集中安排在“注释”选项卡下的“文字”面板中，如图 2-265 所示。其中包括输入多行文字A、单行文字AI、编辑、查找文字、文字样式、缩放、对正等命令。下面介绍常用的文字命令。

### 2.3.1 多行文字

多行文字是指一段文字，它们宽度一定，行数不限。“多行文字”命令按钮A在“文字”面板中的位置如图 2-266 所示。

图 2-265 “文字”面板

图 2-266 “多行文字”命令按钮位置

单击“多行文字”命令按钮A，AutoCAD 2009 弹出如图 2-267 所示的“多行文字编辑器”，即可输入文字。

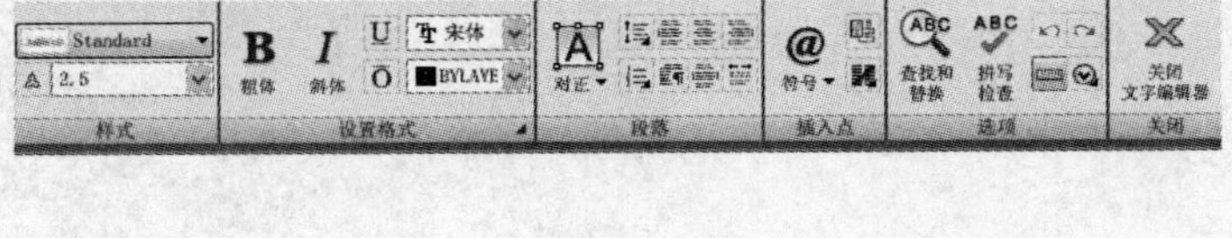


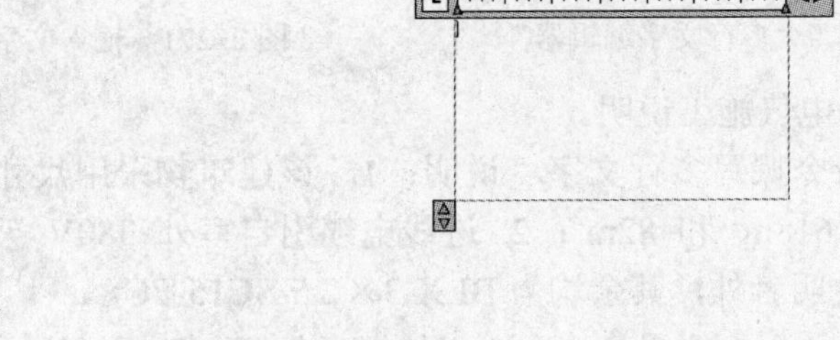


图 2-267 “多行文字编辑器”

【示例】 使用多行文字输入命令撰写一行文字，学习多行文字命令的使用方法。

单击“多行文字”命令按钮A，屏幕出现带“指定第一角点”的选择光标，用于指定文字位置，如图 2-268 所示。单击，然后拖动，再单击确定，出现如图 2-269 所示的文字框位置。

屏幕出现如图 2-270 所示的“多行文字编辑器”，在“设置格式”面板中，选择“仿宋”字体输入。随后光标在输入框左侧闪动，输入文字“建筑电气工程图”，单击“多行文字编辑器”右边的“关闭”按钮，完成输入，效果如图 2-271 所示。

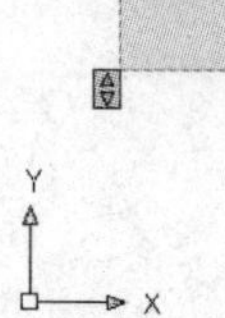


图 2-268　文字位置选择光标

图 2-269　文字框

建筑电气工程图

图 2-270　“多行文字编辑器” 　　图 2-271　输入文字“建筑电气工程图”

【电气示例】　撰写电气施工说明。

使用多行文字输入命令撰写多行文字“说明：1. 该建筑物采用尺寸定位，三个房间的建筑面积分别为 142m$^2$，618m$^2$ 和 82m$^2$；2. 进线电缆引自室外 380V 架空线路的第 42 号杆；3. 各电动机配线除注明者外，其余均为 BLX-3×2.5-SC15-FC。

单击“多行文字”输入命令按钮A，命令行的提示如下。

命令: _mtext　当前文字样式:"Standard"　文字高度:2.5　注释性:否（系统显示当前多行文字系统的设置为标准设置，字高为 2.5）
指定第一角点:（系统要求输入多行文字书写范围的第一个角点）
指定对角点或 [高度(H)/对正(J)/行距(L)/旋转(R)/样式(S)/宽度(W)/栏(C)]:l（执行确定标注文字的行间距）
输入行距类型 [至少(A)/精确(E)] <至少(A)>:（回车，确认最小文字的行间距）
输入行距比例或行距 <1x>:（回车，确认行间距为 1 倍字宽）

指定对角点或 [高度(H)/对正(J)/行距(L)/旋转(R)/样式(S)/宽度(W) 栏(C)]: h（执行修改文字字高选项）
指定高度 <2.5>: 3（输入新字高 3）
指定对角点或 [高度(H)/对正(J)/行距(L)/旋转(R)/样式(S)/宽度(W) 栏(C)]: r
指定旋转角度 <0>:（回车确认不旋转）
指定对角点或 [高度(H)/对正(J)/行距(L)/旋转(R)/样式(S)/宽度(W) 栏(C)]: w（执行修改文字字宽选项）
指定宽度: 10

屏幕出现“多行文字编辑器”，按图 2-272 所示的输入参数和文字，单击“多行文字编辑器”右边的“关闭”按钮，完成操作，效果如图 2-273 所示。

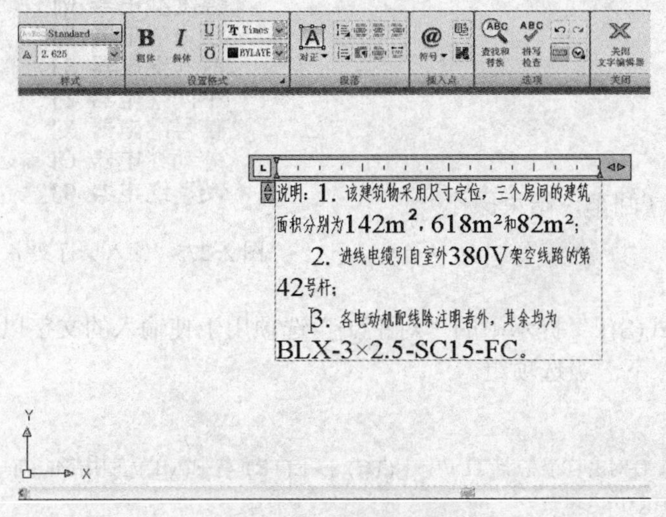


图 2-272　“多行文字编辑器”

说明：1. 该建筑物采用尺寸定位，三个房间的建筑
面积分别为 $142m^2$，$618m^2$ 和 $82m^2$；
2. 进线电缆引自室外380V架空线路的第
42号杆；
3. 各电动机配线除注明者外，其余均为
BLX-3×2.5-SC15-FC。

图 2-273　多行文字输入效果

选项“指定对角点”确定文字的起始角点。如果用户确定另一角点，AutoCAD 2009 将以这两个点之间的横向宽度作为文字行的宽度，以第一个角点作为文字行顶线的起点。“高度（H）”选项用于确定文字的高度，在“指定高度”后输入高度值即可。“行距（L）”、“旋转（R）”、“宽度（W）”选项的值都可以修改，按提示操作即可。

“对正（J）”决定所标注段落文字的排列形式。如果执行该选项，命令行窗口提示。

输入对正方式 [左上(TL)/中上(TC)/右上(TR)/左中(ML)/正中(MC)/右中(MR)/左下(BL)/中下(BC)/右下(BR)] <左上(TL)>:

各选项表示的排列形式在对应的中文中指明。

## ▷▷▷ 2.3.2　单行文字

“单行文字”命令按钮用于创建一行或者多行文字，但每行文字是一个独立的图形对象，可以参与图形编辑，如移动、旋转、调整格式等。单行文字命令按钮在“文字”面板中的位置如图 2-274 所示。

图 2-274　“单行文字”命令按钮

【电气示例】　逐行撰写继电器名称与符号。

本例用于学习单行文字的输入步骤，按命令行的提示操作。

命令: _dtext
当前文字样式: “Standard” 文字高度: 2.5000 注释性: 否
指定文字的起点或 [对正(J)/样式(S)]: （在图形编辑窗口中单击确定文字起点）
指定高度 <2.5000>:（回车，默认文字高度为 2.5）
指定文字的旋转角度 <0>: （回车，确认文字不旋转）

就可以输入文字: 电流继电器 LJ
电压继电器 YJ
温度继电器 WJ
压力继电器 YJ
时间继电器 SJ
中间继电器 ZJ
信号继电器 XJ
差动继电器 CJ
功率继电器 GJ（回车，结束操作）

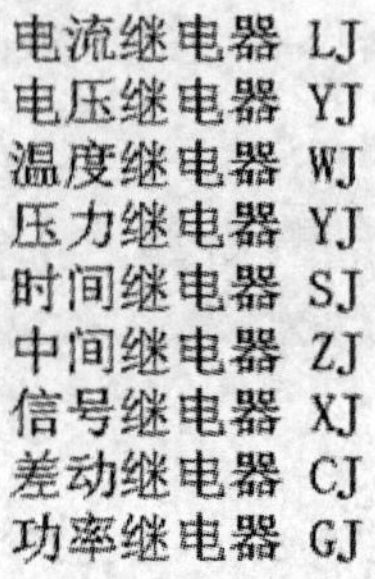

电流继电器 LJ
电压继电器 YJ
温度继电器 WJ
压力继电器 YJ
时间继电器 SJ
中间继电器 ZJ
信号继电器 XJ
差动继电器 CJ
功率继电器 GJ

图 2-275 输入单行文字

效果如图 2-275 所示。

命令行中其他选项简介如下。

“指定文字的起点或 [对正(J)/样式(S)]:”提示中的“对正(J)”选项用于使输入的文字以某种方式排列对齐。执行该选项，进入下一级选项组。

输入选项
[对齐(A)/布满(F)/居中(C)/中间(M)/右对齐(R)/左上(TL)/中上(TC)/右上(TR)/左中(ML)/正中(MC)/右中(MR)/左下(BL)/中下(BC)/右下(BR)]:

其中“对齐（A）”选项要求确定所标注文字行基线的始点位置与终点位置。使用这个选项写一行文字，命令行的提示如下。

命令: _dtext
当前文字样式: “Standard” 文字高度:2.5000 注释性: 否
指定文字的起点或 [对正(J)/样式(S)]: j
输入选项 [对齐(A)/布满(F)/居中(C)/中间(M)/右对齐(R)/左上(TL)/中上(TC)/右上(TR)/左中(ML)/正中(MC)/右中(MR)/左下(BL)/中下(BC)/右下(BR)]: a（执行 Align 选项）
指定文字基线的第一个端点: （单击确认文字起始点）
指定文字基线的第二个端点: （单击确认文字终点，如图 2-276 所示）

输入文字: 双断路器双母线（回车结束操作）

效果如图 2-277 所示。

“布满(F)”选项用于确定文字行基线的始点位置、终点位置以及文字的字高，使用“布满(F)”选项的命令行提示如下。

命令: _dtext
当前文字样式: “Standard” 文字高度: 2.5000 注释性: 否
指定文字的起点或 [对正(J)/样式(S)]: j

输入选项 [对齐(A)/布满(F)/居中(C)/中间(M)/右对齐(R)/左上(TL)/中上(TC)/右上(TR)/左中(ML)/正中(MC)/右中(MR)/左下(BL)/中下(BC)/右下(BR)]: f（执行“布满(F)”选项）
指定文字基线的第一个端点:（在上一段文字边单击确认文字起始点）
指定文字基线的第二个端点:（单击确认文字终点，如图 2-278 所示）
指定高度 <2.5000>: 80（输入文字高度）

输入文字: 线路变压器路（如图 2-279 所示，回车结束操作）

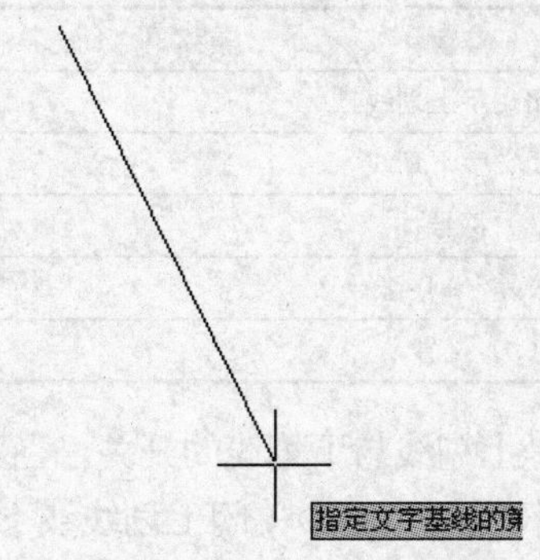


图 2-276　确认文字起点与终点

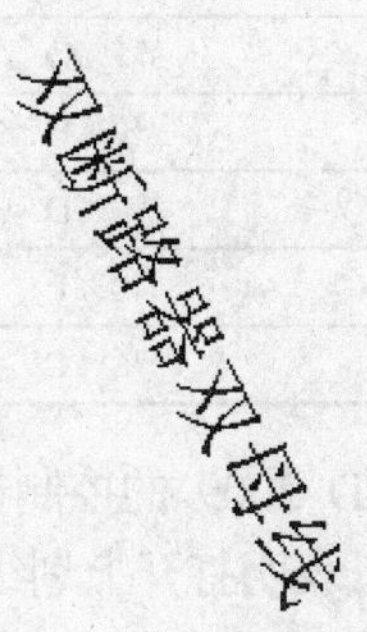


图 2-277　执行“对齐(A)”选项的效果

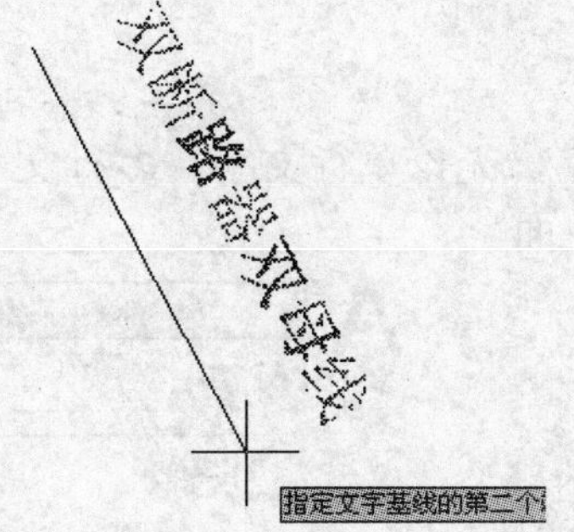


图 2-278　确定新一行文字的起点与终点

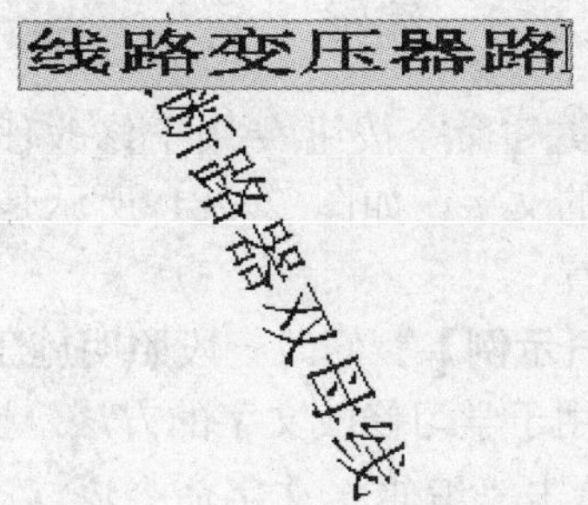


图 2-279　输入文字的中间效果

效果如图 2-280 所示。

比较以上输入结果可见，执行“对齐(A)”选项的结果是输入的字符均匀分布于两点之间；文字行的旋转角度由两点间的倾斜角度确定；字高、字宽根据两点间的距离、字符的多少按文字宽度的比例自动确定。执行“布满(F)”选项结果，文字字符均匀分布于指定的两点之间，其他与“对齐(A)”选项是一样的。

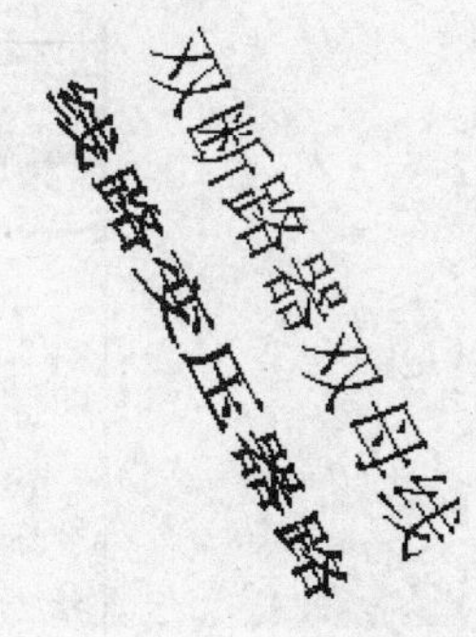


图 2-280　文字输入的最终效果

文字输入过程中的其他技巧如下。

- 在一个单行文字 A 命令下，可书写若干行单行文字。每输入一行文字后，按回车键，文字输入点自动换行，然后即可输入第二行文字。
- 在输入文字的过程中，可以移动光标到新位置并按拾取键，原文字行结束，用户可以在新的位置输入文字。

- 要改正刚才输入的字符，只要按一次〈←〉键，就能把该字符删除，然后输入新的字符。

工程绘图中某些常用符号不能直接输入，AutoCAD 2009 提供了某些工程绘图中常用符号的输入代号。比如要在一段文字的上方或下方加划线、标注°(度)、±、$\phi$ 等符号，可以输入相应的代号。AutoCAD 2009 常用符号的输入代号如表 2-1 所示。

表 2-1　工程符号的代号

| 符　号 | 功　能 |
|---|---|
| %%O | 打开或关闭文字上划线 |
| %%U | 打开或关闭文字下划线 |
| %%D | 标注度（°）符号 |
| %%P | 标注正负公差（±）符号 |
| %%C | 标注直径（$\phi$）符号 |

AutoCAD 2009 的控制符中，%%O 和%%U 分别是上划线与下划线的开关。当第一次出现这个符号时，表明打开上划线或下划线。当第二次出现该符号时，则会关闭上划线或下划线。

在“输入文字”提示下输入控制符时，这些控制符将临时显示在屏幕上。一旦结束文字输入，控制符从屏幕上消失，换成相应的符号。

### 2.3.3 编辑

“编辑”命令按钮用于修改任何方法输入的文字，无论单行文字、多行文字还是尺寸标注中的文字。如图 2-281 所示是该命令在“文字”面板中的位置。

图 2-281　“编辑”文字命令按钮

【电气示例】　修改一段照明施工说明。

本例用于学习修改文字的方法。操作步骤如下。

1）单击“编辑”文字命令，然后选择多行文字对象，屏幕弹出已加载本段文字的“多行文字编辑器”，如图 2-282 所示。

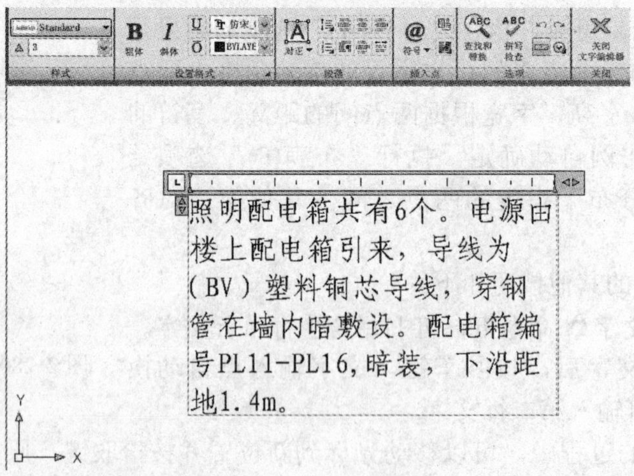

图 2-282　选中“字符”卡片中的文字

2）拖动光标，选择所有的文字，然后在“字体”下拉列表框中选择“宋体”字型，改变字体，如图 2-283 所示。

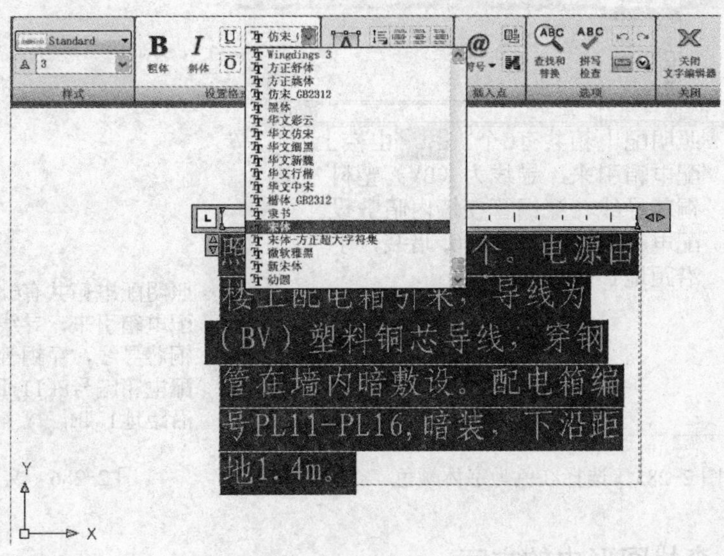


图 2-283　确定使用宋体字

3）在“字体高度”文字框中输入“2.5”，把当前文字字高由 3 改变为 2.5。

4）选取“电源”这几个字，再单击“粗体”按钮“B”，变成粗体，如图 2-284 所示。

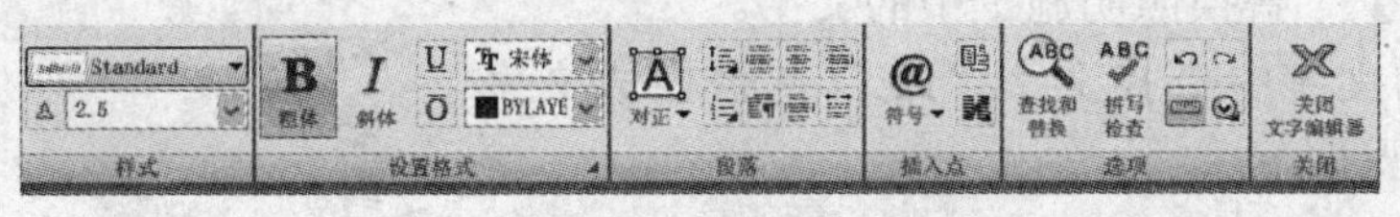


图 2-284　使用粗体

5）从“颜色”下拉列表框中选择红色，确定文字的颜色，如图 2-285 所示。

6）单击“多行文字编辑器”中的“关闭”按钮，完成修改，效果如图 2-286 所示。

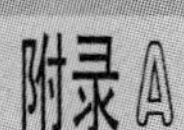

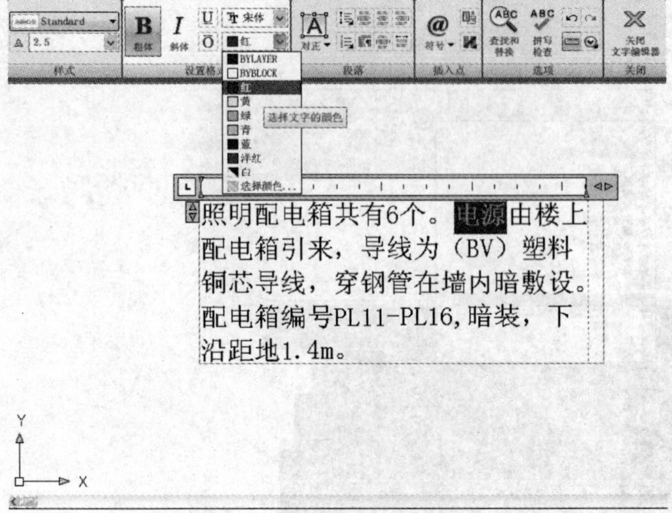


图 2-285　选择红色为字体颜色

照明配电箱共有6个。电源由楼上配电箱引来，导线为（BV）塑料铜芯导线，穿钢管在墙内暗敷设。配电箱编号PL11-PL16，暗装，下沿距地1.4m。

图 2-286　文字修改效果

## 2.3.4　查找图形中的文字

使用“查找图形中的文字”命令按钮，可以在文字中方便地找到指定的字符并加以替换，如图 2-287 所示为“查找图形中的文字”命令在“文字”面板中的位置。

图 2-287　“查找”命令按钮

**【电气示例】**　替换照明施工中的文字。

在所输入的文字中查找文字“PL”并替换成文字“AL”，操作步骤如下。

1）单击“查找图形中的文字”命令，屏幕弹出“查找和替换”对话框，如图 2-288 所示。

2）在“查找内容”文字输入栏中输入文字“PL”，在“替换为”文字输入栏中输入文字“AL”，然后单击“查找”按钮，即可找到文字“PL”，如图 2-289 所示。

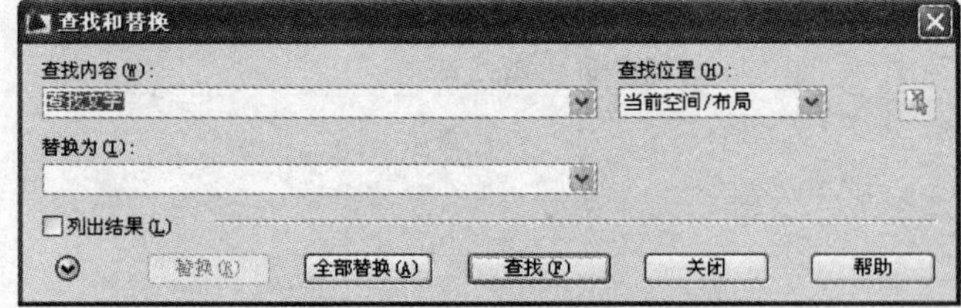


图 2-288　“查找和替换”对话框

3）然后单击“全部替换”按钮，即可修改文字，另弹出的“查找和替换”对话框将提示修改成功，如图 2-290 所示，替换了两处。

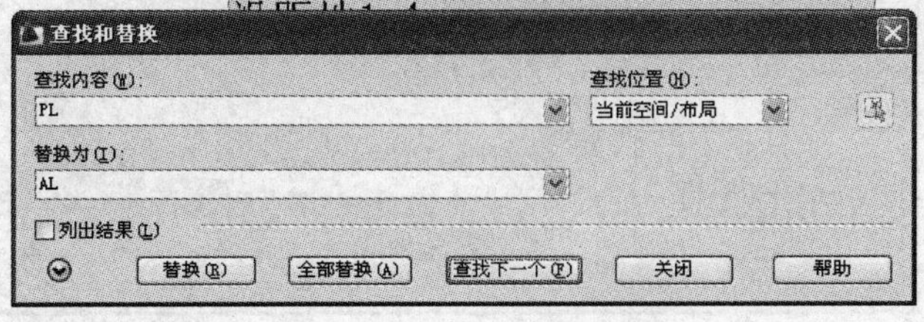


图 2-289　查找文字

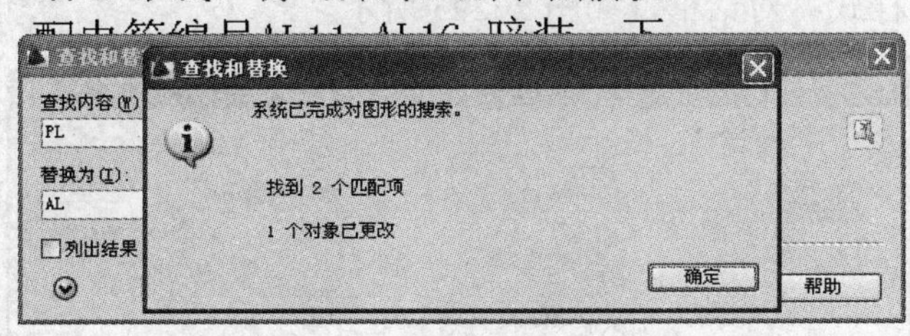


图 2-290　替换文字

## ▷▷▷ 2.3.5　文字样式

文字样式是指文字的风格、高度、宽度、倾斜角度，在 AutoCAD 2009 中输入的文字都符合某种文字样式。“文字样式”命令按钮用于修改文字的样式，或者建立新的文字样式。如图 2-291 所示为文字样式命令按钮在“文字”面板中的位置。

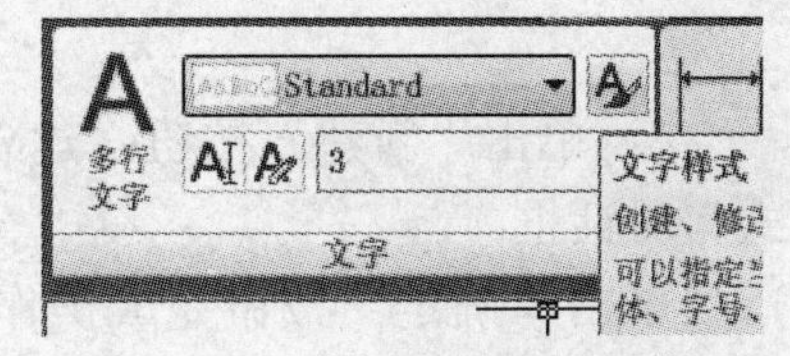


图 2-291　“文字样式”命令按钮

单击“文字样式”命令按钮，屏幕弹出如图 2-292 所示的“文字样式”对话框。

“文字样式”对话框中选项众多，下面介绍其中的常用项：

- “字体”选项组确定文字的字体。用户可通过“字体名”下拉列表框选择字体文件，通过“字体样式”下拉列表框确定字体的样式（如斜体、粗体等）。
- “高度”编辑框确定文字的高度。
- “效果”项目组中的“宽度因子”项用于设置文字的宽度。

【示例】　设置图样使用的字体为仿宋字，宽度比例因子为 0.76，字高为 2.5，以便符合国家标准。操作步骤如下。

1
第 2 章
3
4
5
6
7
8
9

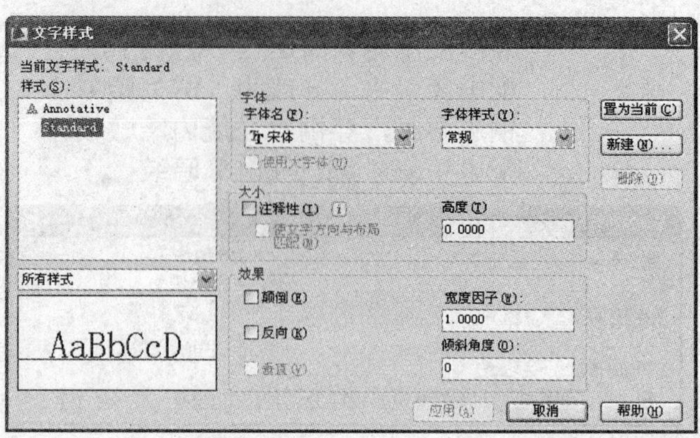


图 2-292　“文字样式”对话框

1）单击“文字样式”命令按钮，系统提示如下。

命令: _style

屏幕出现“文字样式”对话框，如图 2-293 所示。

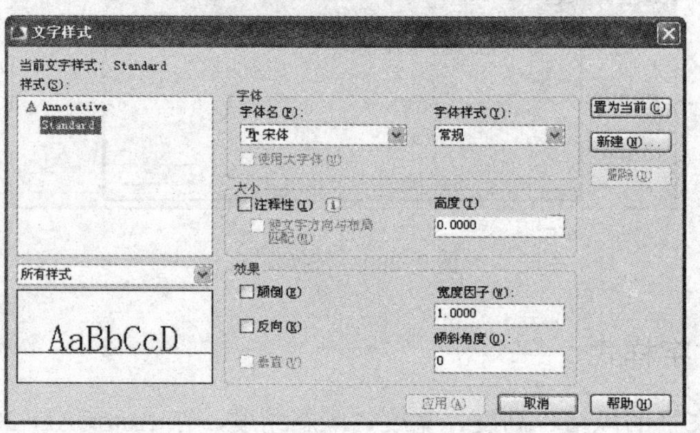


图 2-293　“文字样式”对话框

2）单击“新建”按钮，建立新的文字样式，屏幕出现如图 2-294 所示的“新建文字样式”对话框。

单击“确定”按钮完成操作，返回“文字样式”对话框。

3）按照如图 2-295 所示的参数修改文字样式。

4）顺次单击“应用”和“关闭”按钮，结束文字样式设置。

新建文字样式
样式名: 样式 1
确定
取消

图 2-294　建立新的文字样式

5）检验设置效果，在屏幕上写入文字“10kV 变电所一次电路图”。单击“单行文字”命令按钮，系统提示如下。

命令: _dtext（输入单行文字输入命令）
当前文字样式: “样式 1”　文字高度:2.5000　注释性: 否　（系统显示当前文字样式设置状态：样式名称“style2”，字高 2.5）

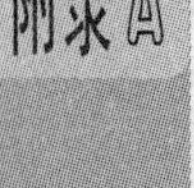
附录A

```
指定文字的起点或 [对正(J)/样式(S)]: （在图形编辑窗口中单击一点为起点）
指定文字的旋转角度 <0>: （回车确认不旋转）

输入文字: 10kV 变电所一次电路图（回车结束操作）
```

图 2-295　修改参数

效果如图 2-296 所示。

“样式名”选项组可以用来建立新的文字样式，更改已有的文字样式名或删除已有的文字样式。用户可通过该“样式名”下拉列表框选择已有的文字样式作为当前文字样式。AutoCAD 2009 为用户提供的默认样式名为“Standard”。单击“新建”按钮，可以增加新文字样式，弹出如图 2-297 所示的“新建文字样式”对话框。在“样式名”编辑框中输入新文字样式的名字，单击“确定”按钮即可。

**10kV变电所一次电路图**

图 2-296　检验文字样式设置

图 2-297　“新建文字样式”对话框

要给文字样式更名，可以从“样式名”下拉列表框中选择要更名的文字样式，然后单击“重命名”按钮，屏幕弹出与图 2-297 类似的对话框，通过该对话框确定新的文字样式名。

**【电气示例】**　输入电气元件明细。

输入以下文字内容：“1.单极拉线开关”、“2.日光灯 60W”、“3.单相暗装接地插座”、“4.熔断器”，要求字高 2.5，纵向排列，间距 8，然后使用阵列命令对齐文字，使图样版面整洁利落。操作步骤如下。

1）单击“单行文字”输入命令按钮，按命令行的提示操作。

```
命令: _dtext（输入单行文字书写命令）
当前文字样式: “Standard” 文字高度:2.5   注释性: 否（系统显示当前单行文字系统的设置为标准设置，字高为 2.5）
```

指定文字的起点或 [对正(J)/样式(S)]:（系统提示书写单行文字的起始点。使用十字光标单击图形编辑窗口内的一点作为文字起点）
指定高度 <2.5000>:（系统提示输入文字的高度，回车默认文字的高度为 2.5）
指定文字的旋转角度 <0>:（系统提示输入文字相对于水平方向的旋转角度，回车默认不旋转）

输入文字: 1.单极拉线开关（回车结束操作）

效果如图 2-298 所示。

1. 单极拉线开关

图 2-298 输入单行文字

2）单击“常用”标签，切换到“常用”选项卡，单击“修改”面板中的“阵列”命令按钮，按命令行的提示操作。

命令: _array（输入阵列命令）

屏幕出现“阵列”对话框，按照图 2-299 所示在矩形阵列对话框中填入相应的参数。

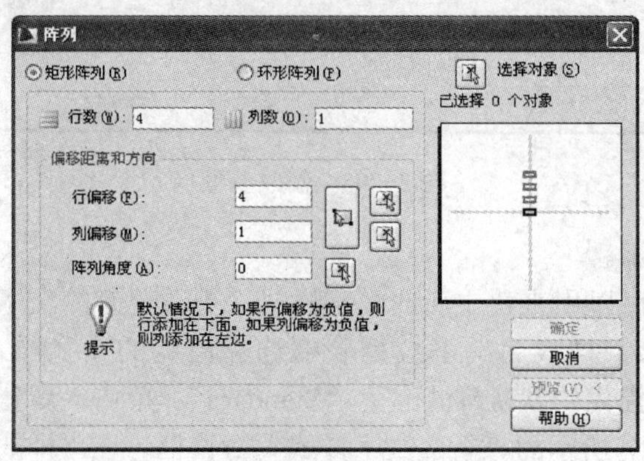


图 2-299 “阵列”命令对话框

单击“选择对象”按钮，按命令行的提示操作。

选择对象: 指定对角点: 找到 1 个（系统提示选择被矩形阵列的实体，使用鼠标光标反向拉动选择输入的文字）
选择对象:（系统继续提示选择被矩形阵列的实体，回车结束选择，回到矩形阵列对话框）

屏幕重新回到如图 2-299 所示的对话框。单击“预览”按钮，如图 2-300 所示。

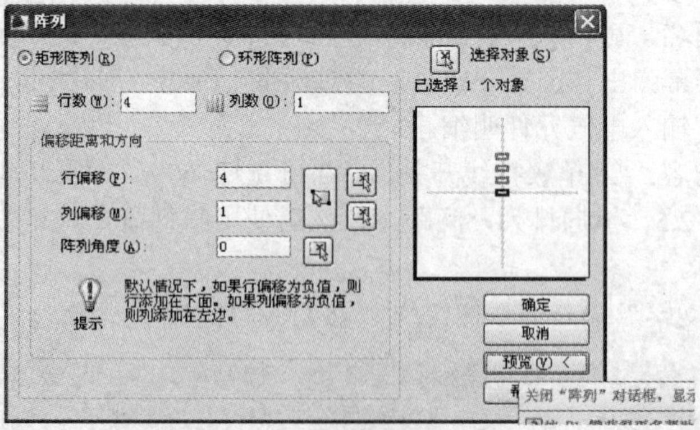


图 2-300 单击“预览”按钮

效果如图 2-301 所示。

1. 单极拉线开关
1. 单极拉线开关
1. 单极拉线开关
1. 单极拉线开关

图 2-301 完成阵列效果

通过阵列来整齐划一地排列文字，再进行修改。

3）双击单行文字可以对其内容修改。双击从下往上第二行字体，如图 2-302 所示。把“1.单极拉线开关”修改为“2.日光灯 60W”，如图 2-303 所示。

1. 单极拉线开关
1. 单极拉线开关
1. 单极拉线开关
1. 单极拉线开关

图 2-302 双击单行文字

1. 单极拉线开关
1. 单极拉线开关
2. 日光灯60W
1. 单极拉线开关

图 2-303 单行文字修改

按回车键，结束操作，阶段效果如图 2-304 所示。

4）重复步骤 3)，修改剩下的文字，效果如图 2-305 所示。

1. 单极拉线开关
1. 单极拉线开关
2. 日光灯60W
1. 单极拉线开关

图 2-304 单行文字修改效果

4. 熔断器
3. 单相暗装接地插座
2. 日光灯60W
1. 单极拉线开关

图 2-305 文字修改效果图

【电气示例】 查找并替换电气元件参数。

本例学习在绘制工程图样过程中，使用“查找图形中的文字”命令把“2.日光灯 60W”替换为“2.日光灯 80W”。并学习先创建一个文字模板，修改后再把文字输入图形的方法。操作步骤如下。

1）在记事本内写入上例的文字，并保存为文件“元件表”，效果如图 2-306 所示。

2）单击“多行文字”输入命令按钮A，按提示确定文字范围。

3）在文字输入框中单击右键，执行其中的“输入文字”命令，如图 2-307 所示，屏幕出现如图 2-308 所示的“选择文件”对话框，选择“元件表”文件，单击“打开”按钮，文字就被输入“多行文字编辑器”中，效果如图 2-309 所示。

1

第2章

3

4

5

6

7

8

9

附录A


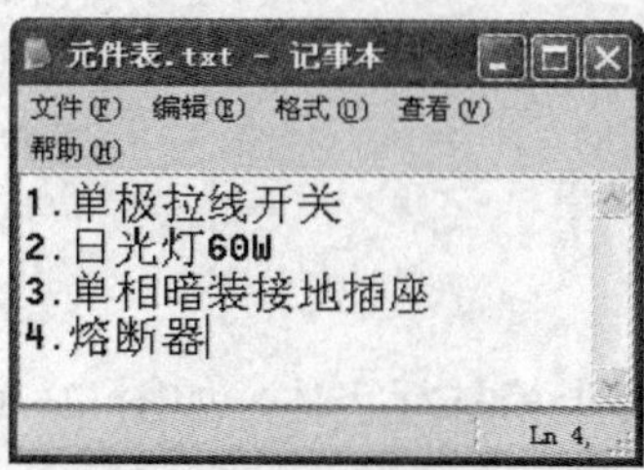


图 2-306　创建“元件表”文件

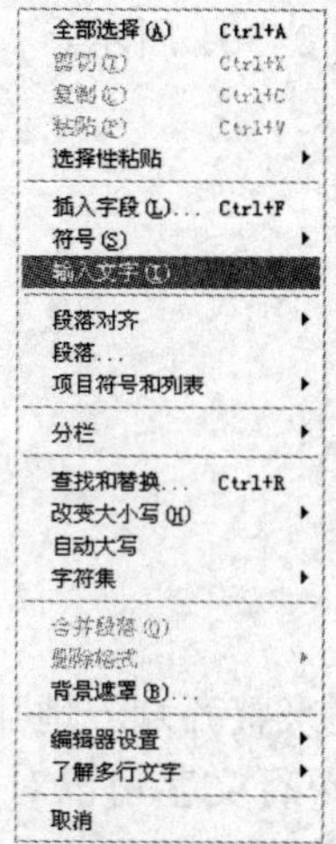


图 2-307　输入文字命令

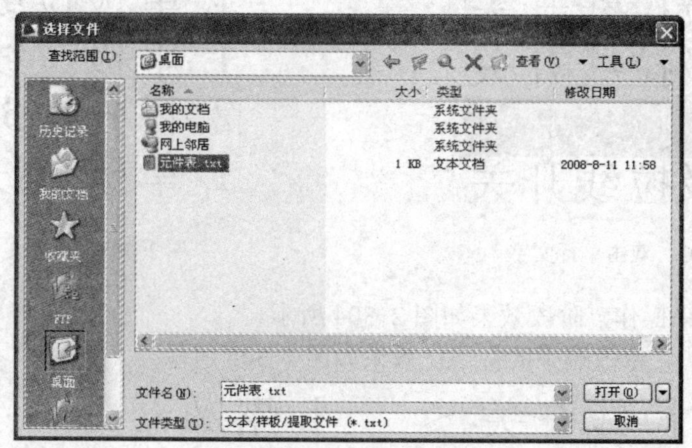


图 2-308　“选择文件”对话框

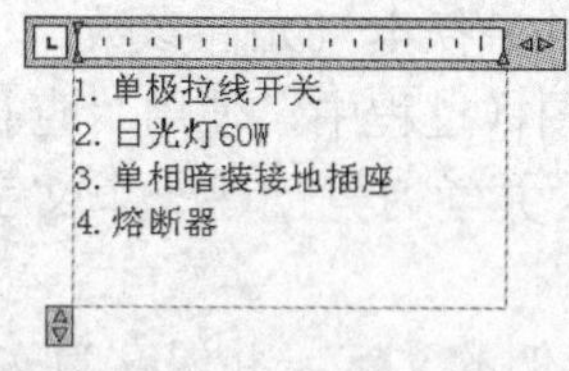


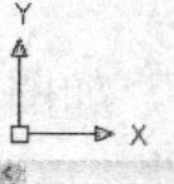


图 2-309　“多行文字编辑器”

4）单击“查找图形中的文字”命令按钮，打开“查找和替换”对话框，分别输入文字“2.日光灯 60W”和“2.日光灯 80W”，效果如图 2-310 所示。

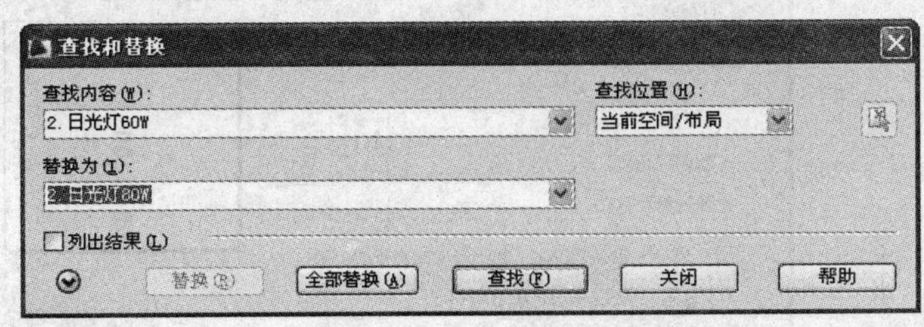


图 2-310　输入文字

5）单击“查找”命令，找到文字“2.日光灯 60W”，如图 2-311 所示。

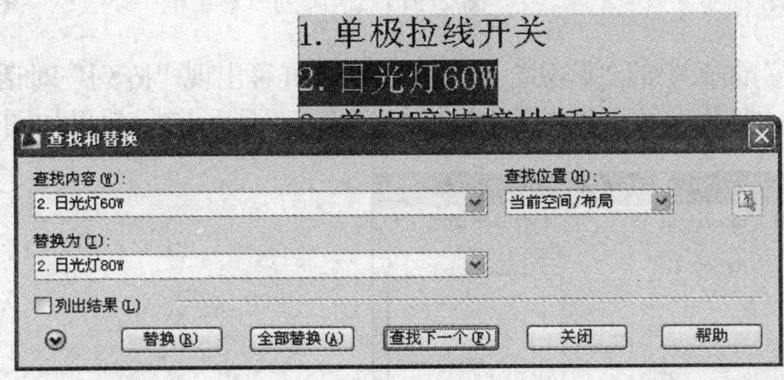


图 2-311　查找文字

6）单击“全部替换”命令按钮，即可替换文字“2.日光灯 60W”，如图 2-312 所示。

7）单击“关闭”按钮完成对文字的修改，效果如图 2-313 所示。

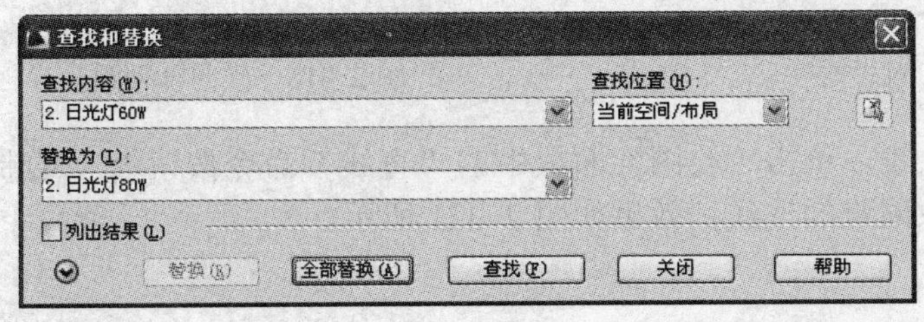


图 2-312　文字替换成功

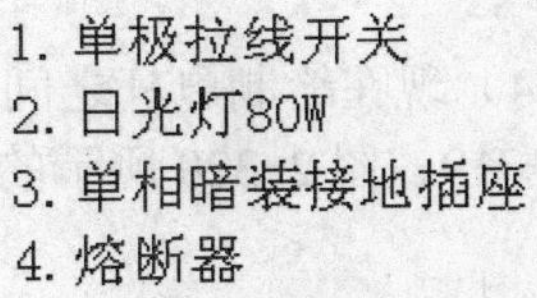

1. 单极拉线开关
2. 日光灯80W
3. 单相暗装接地插座
4. 熔断器

图 2-313　修改文字

## ▷▷▷ 2.3.6　电气示例：绘制外电总平面图

操作步骤如下。

**1. 绘制图形**

1）单击“绘图”面板中的“圆”命令按钮，绘制圆$\phi 2$，作为电线杆，效果如图 2-314 所示。

2）单击“修改”面板中的“阵列”命令按钮，屏幕出现“阵列”对话框，如图 2-315 所示填好各项数值。把圆柱体$\phi 2$ 阵列 7 行，行距为 12，效果如图 2-316 所示。

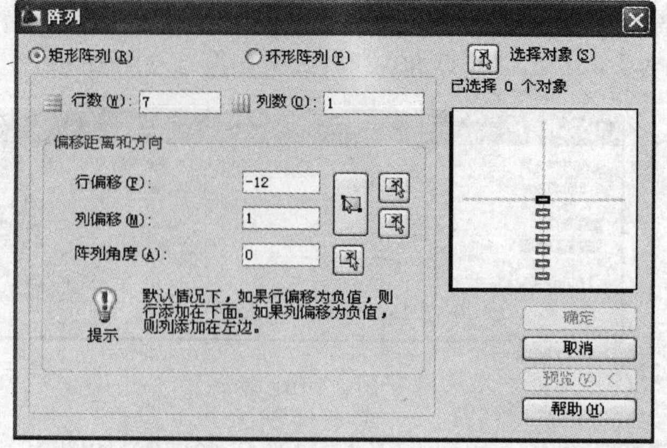


图 2-314　绘制圆　　图 2-315　“阵列”对话框　　图 2-316　纵向阵列圆

3）单击“修改”面板中的“阵列”命令按钮，屏幕出现“阵列”对话框，按如图 2-317 所示填好各项数值。把从上往下第 5 个圆阵列 6 列，列距为 12，效果如图 2-318 所示。

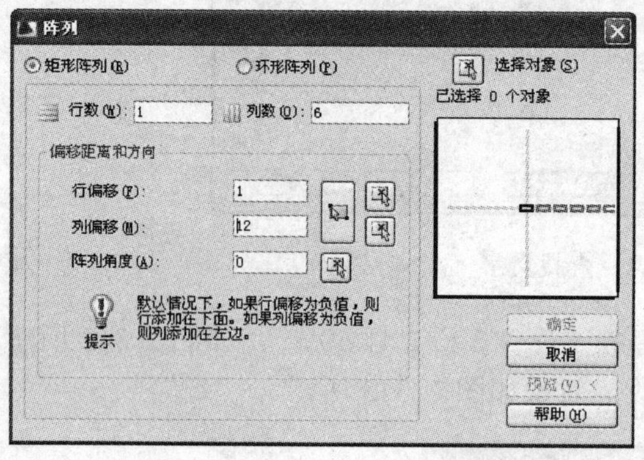


图 2-317　“阵列”对话框　　图 2-318　横向阵列圆

4）现在绘制电杆之间的输电线。单击“绘图”面板中的“直线”命令按钮，绘制如图 2-319、图 2-320 所示的两个象限点的连线，效果如图 2-321 所示。

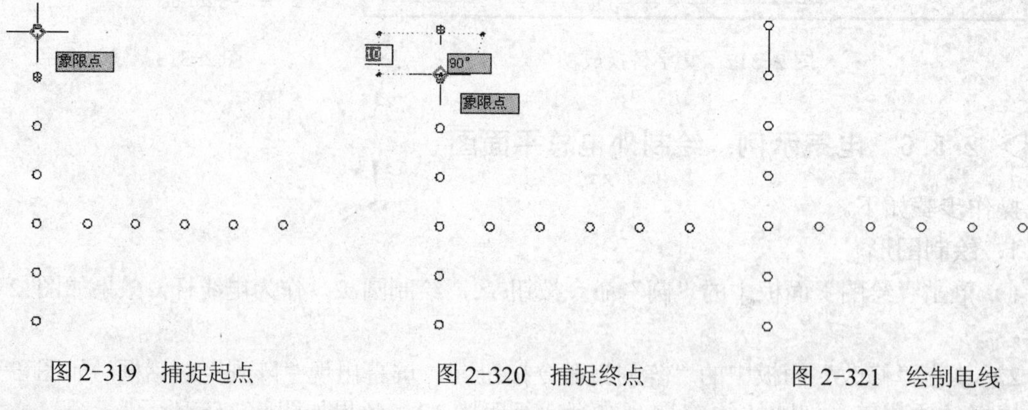


图 2-319　捕捉起点　　图 2-320　捕捉终点　　图 2-321　绘制电线

5）单击“修改”面板中的“阵列”命令按钮，把直线阵列 6 行，行距为-12，效果如

图 2-322 所示。

6）单击“绘图”面板中的“直线”命令按钮，绘制如图 2-323、图 2-324 所的示两个象限点的连线，效果如图 2-325 所示。

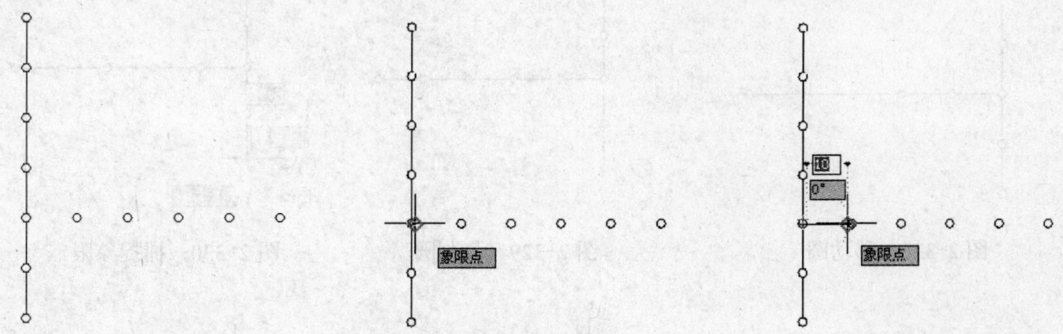


图 2-322　阵列电线　　图 2-323　捕捉起点　　图 2-324　捕捉终点

7）单击“修改”面板中的“阵列”命令按钮，把刚才绘制的直线阵列 5 列，列距为 12，效果如图 2-326 所示。

8）单击“绘图”面板中的“圆”命令按钮，绘制一个圆$\phi$5（与最下边一个圆$\phi$2 同心），作为变压器符号，效果如图 2-327 所示。

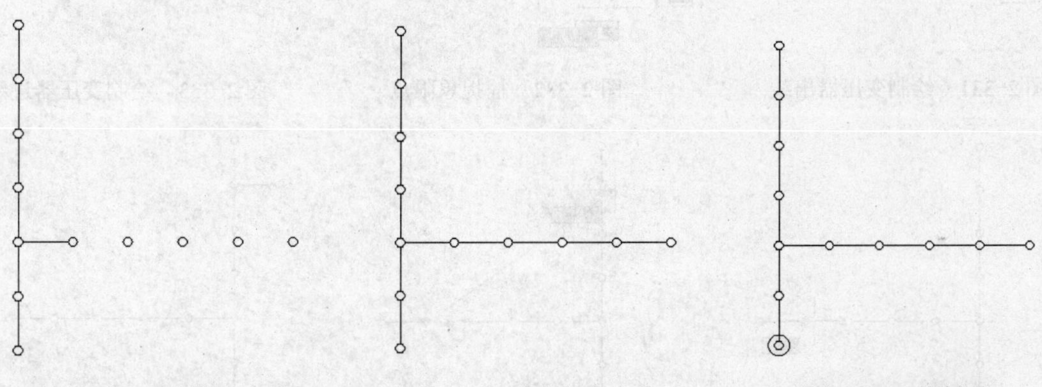

图 2-325　绘制横向电线　　图 2-326　阵列横向电线　　图 2-327　绘制圆

9）单击“修改”面板中的“移动”命令按钮，把圆$\phi$5 向左移动，移动距离为 10，效果如图 2-328 所示。

10）单击“修改”面板中的“复制对象”命令按钮，以相对左标点@-10,-10 为复制目标点，复制最下边的圆$\phi$2，效果如图 2-329 所示。

11）单击“绘图”面板中的“直线”命令按钮，绘制起点在圆$\phi$5 右边的象限点，终点在如图 2-330 所示象限点的直线，作为变压器出线，效果如图 2-331 所示。

12）单击“绘图”面板中的“直线”命令按钮，绘制起点在圆$\phi$5 下边的象限点，终点在如图 2-332 所示象限点的直线，作为变压器进线，效果如图 2-333 所示。

13）单击“修改”面板中的“复制”命令按钮，以如图 2-334 所示的端点为复制基准点，以如图 2-335 所示的象限点为复制目标点，把如图 2-334 所示的虚线图形复制一份，效果如图 2-336 所示。

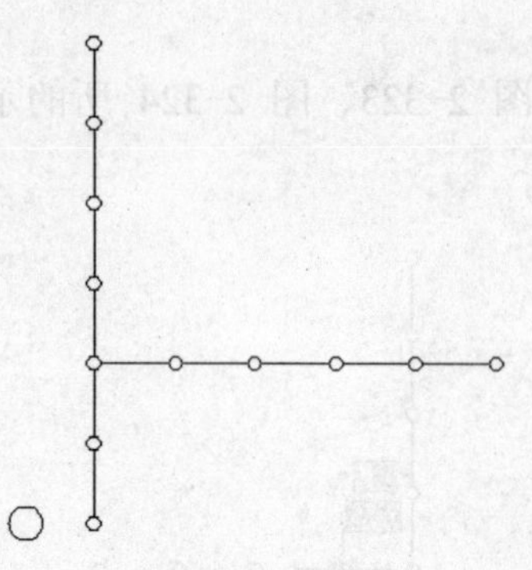

图 2-328　移动圆

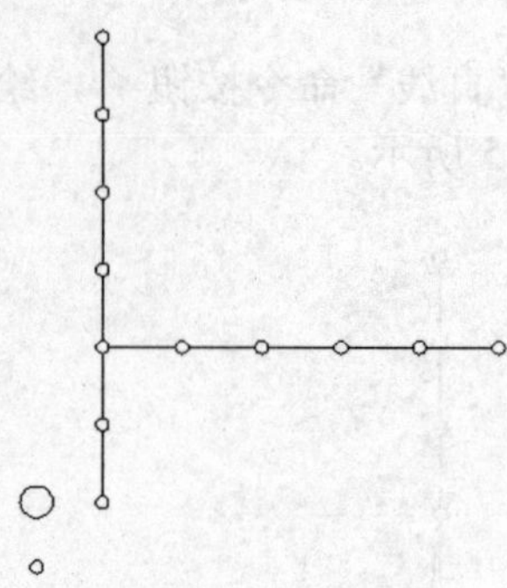

图 2-329　复制圆

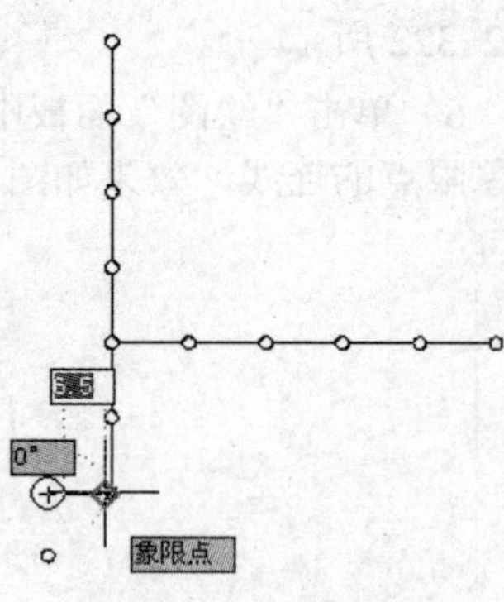


图 2-330　捕捉象限点

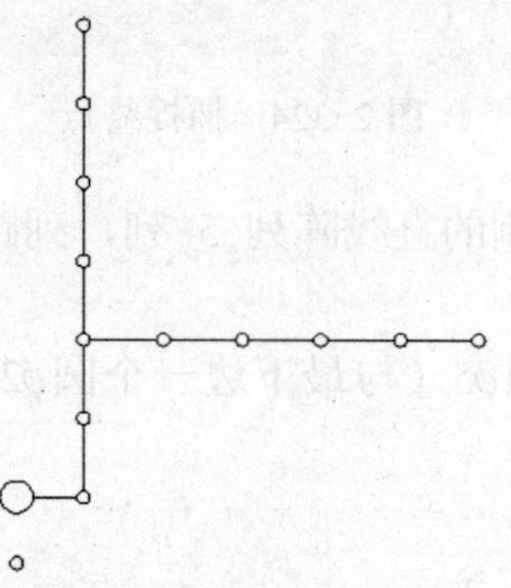

图 2-331　绘制变压器出线

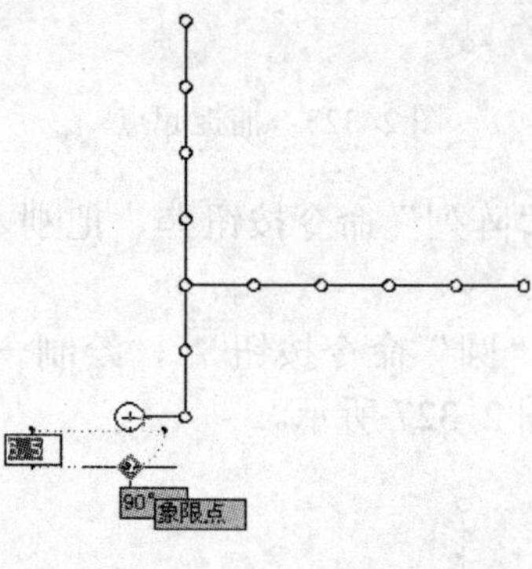


图 2-332　捕捉象限点

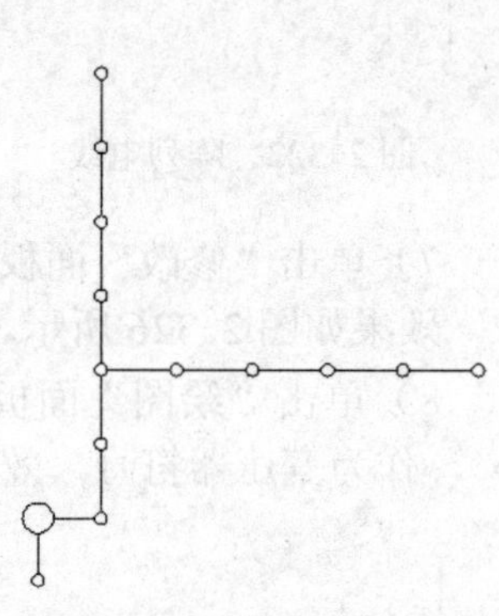

图 2-333　绘制变压器进线

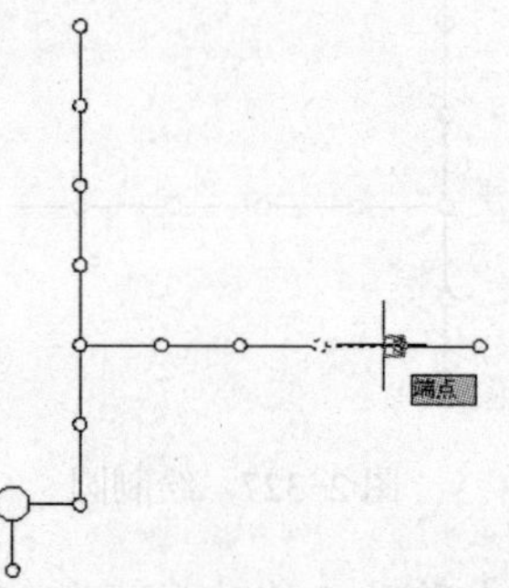


图 2-334　捕捉端点

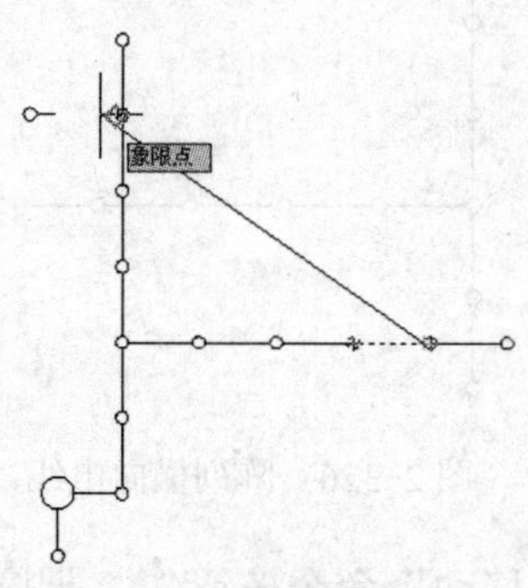


图 2-335　捕捉目标点

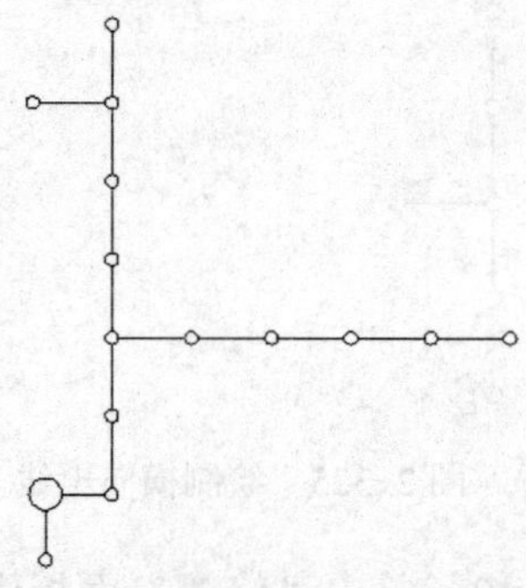

图 2-336　复制图形

14）现在绘制车间平面图，并将其移动到适当的位置。单击“绘图”面板中的“矩形”命令按钮，绘制矩形 20×15，效果如图 2-337 所示。

15）单击“修改”面板中的“移动”命令按钮，把矩形 20×15 以其右边中点为移动基准点，以如图 2-338 所示的象限点为移动目标点移动，效果如图 2-339 所示。

16）单击“修改”面板中的“移动”命令按钮，把矩形 20×15 向左边移动，移动距离为 5，效果如图 2-340 所示。

17）单击“绘图”面板中的“直线”命令按钮，绘制起点在圆 $\phi 5$ 左边的象限点，终点在矩形 20×15 右边中点的直线，作为本车间的进线，效果如图 2-341 所示。

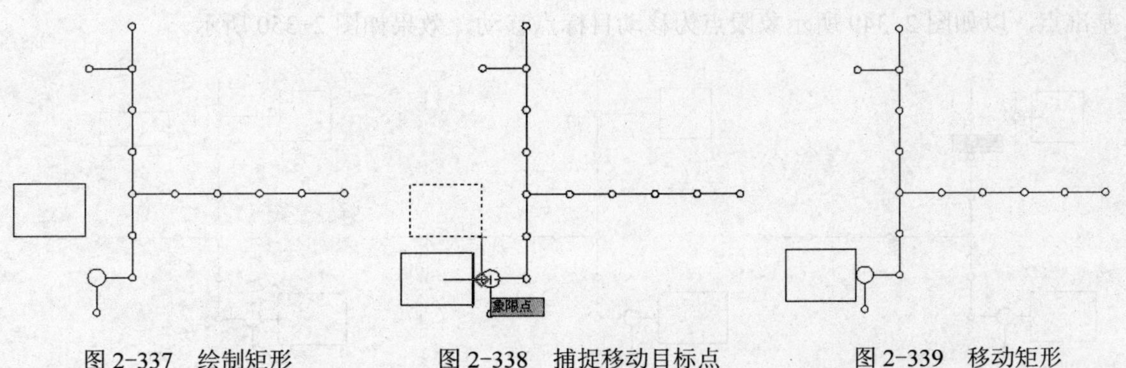


图 2-337　绘制矩形　　图 2-338　捕捉移动目标点　　图 2-339　移动矩形

18）单击“绘图”面板中的“矩形”命令按钮，绘制矩形 15×15，效果如图 2-342 所示。

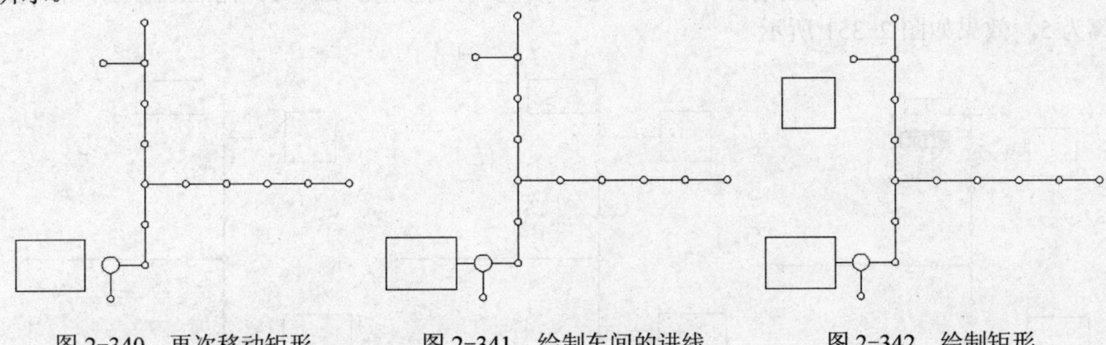

图 2-340　再次移动矩形　　图 2-341　绘制车间的进线　　图 2-342　绘制矩形

19）单击“修改”面板中的“移动”命令按钮，把矩形 15×15 以其右边中点为移动基准点，以如图 2-343 所示的象限点为移动目标点移动，效果如图 2-344 所示。

20）单击“修改”面板中的“移动”命令按钮，把矩形 15×15 向左边移动，移动距离为 5，效果如图 2-345 所示。

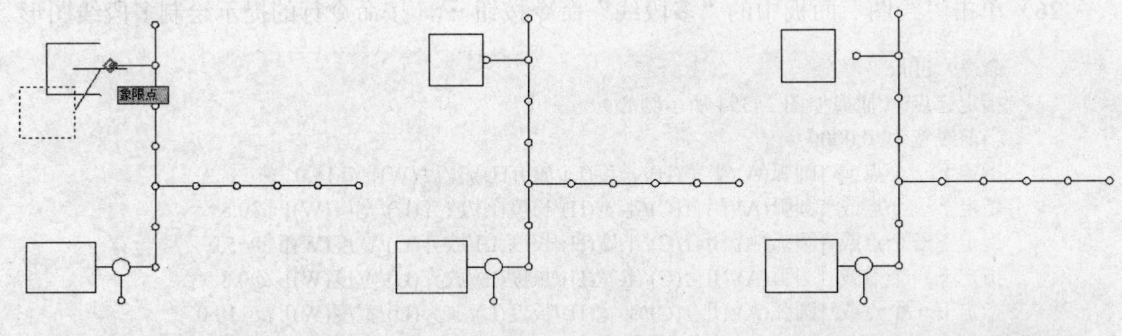


图 2-343　捕捉象限点　　图 2-344　移动矩形　　图 2-345　再次移动矩形

21）单击“绘图”面板中的“直线”命令按钮，绘制起点在如图 2-346 所示的象限点，终点在矩形 15×15 右边中点的直线，作为本车间的进线，效果如图 2-347 所示。

22）单击“绘图”面板中的“矩形”命令按钮，绘制矩形 20×10，效果如图 2-348 所示。

23）单击“修改”面板中的“移动”命令按钮，把矩形 20×10 以其左边中点为移动基准点，以如图 2-349 所示象限点为移动目标点移动，效果如图 2-350 所示。

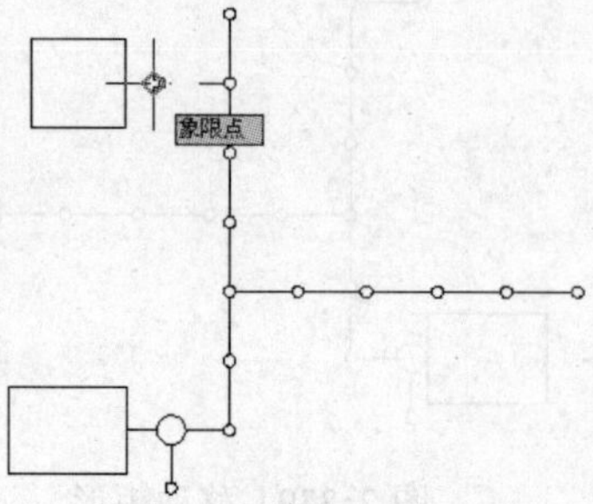

图 2-346　捕捉象限点 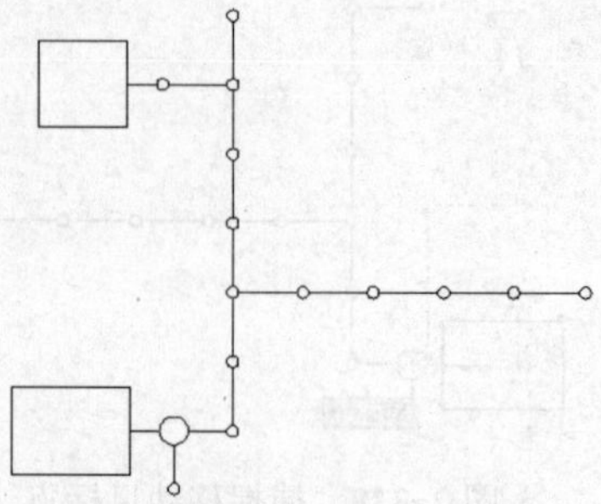　　图 2-347　绘制本车间的进线 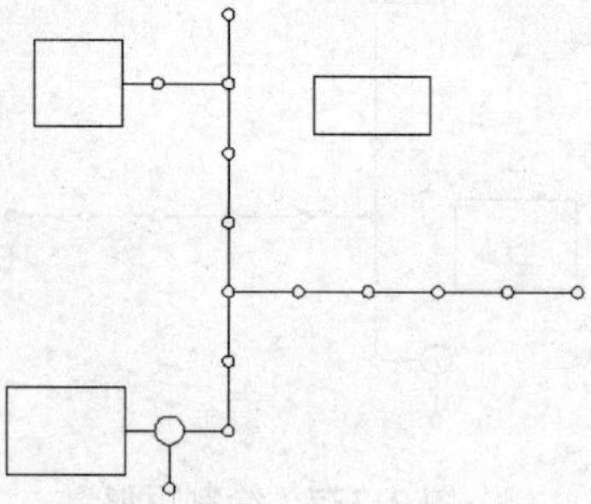　　图 2-348　绘制矩形

24）单击“修改”面板中的“移动”命令按钮✥，把矩形 20×10 向右边移动，移动距离为 5，效果如图 2-351 所示。

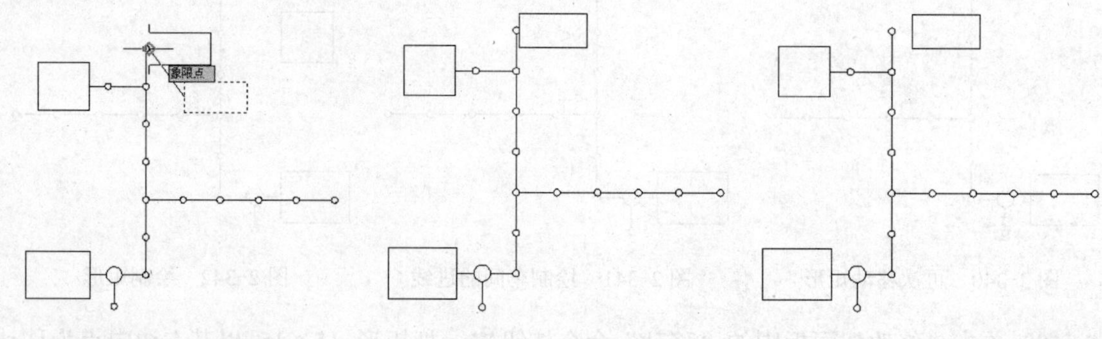


图 2-349　捕捉象限点　　图 2-350　移动矩形　　图 2-351　再次移动矩形

25）单击“绘图”面板中的“直线”命令按钮，绘制起点在如图 2-352 所示的象限点，终点在矩形 20×10 左边中点的直线，作为本车间的进线，效果如图 2-353 所示。

26）单击“绘图”面板中的“多段线”命令按钮，按命令行的提示绘制多段线图形。

```
命令: _pline
指定起点:（捕捉如图 2-354 所示圆心）
当前线宽为 0.0000
指定下一个点或 [圆弧(A)/半宽(H)/长度(L)/放弃(U)/宽度(W)]: @15,0
指定下一个点或 [圆弧(A)/闭合(C)/半宽(H)/长度(L)/放弃(U)/宽度(W)]: @0,5
指定下一个点或 [圆弧(A)/闭合(C)/半宽(H)/长度(L)/放弃(U)/宽度(W)]: @-5,0
指定下一个点或 [圆弧(A)/闭合(C)/半宽(H)/长度(L)/放弃(U)/宽度(W)]: @0,8
指定下一个点或 [圆弧(A)/闭合(C)/半宽(H)/长度(L)/放弃(U)/宽度(W)]: @-10,0
指定下一个点或 [圆弧(A)/闭合(C)/半宽(H)/长度(L)/放弃(U)/宽度(W)]: c（闭合图形）
```

效果如图 2-355 所示。

27）单击“修改”面板中的“移动”命令按钮✥，以相对坐标点@-5,5 为移动目标点，移动刚才绘制的图形。效果如图 2-356 所示。

28）单击“绘图”面板中的“直线”命令按钮，绘制起点在如图 2-357 所示的象限点，终点在正上方垂足点的直线，作为本车间的进线，效果如图 2-358 所示。

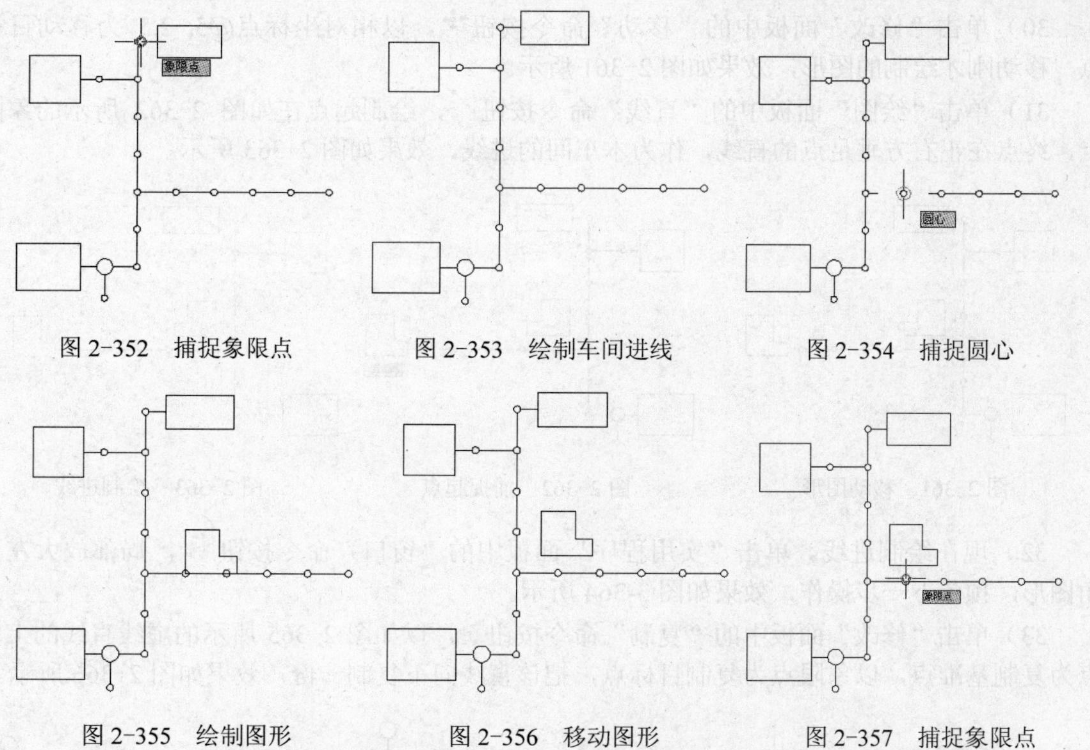


图 2-352　捕捉象限点　　图 2-353　绘制车间进线　　图 2-354　捕捉圆心

图 2-355　绘制图形　　图 2-356　移动图形　　图 2-357　捕捉象限点

29）单击“绘图”面板中的“多段线”命令按钮 ，按命令行的提示绘制多段线图形。

```
命令: _pline
指定起点: （捕捉如图 2-359 所示圆心）
当前线宽为 0.0000
指定下一个点或 [圆弧(A)/半宽(H)/长度(L)/放弃(U)/宽度(W)]: @15,0
指定下一个点或 [圆弧(A)/闭合(C)/半宽(H)/长度(L)/放弃(U)/宽度(W)]: @0,15
指定下一个点或 [圆弧(A)/闭合(C)/半宽(H)/长度(L)/放弃(U)/宽度(W)]: @-10,0
指定下一个点或 [圆弧(A)/闭合(C)/半宽(H)/长度(L)/放弃(U)/宽度(W)]: @0,-10
指定下一个点或 [圆弧(A)/闭合(C)/半宽(H)/长度(L)/放弃(U)/宽度(W)]: @-5,0
指定下一个点或 [圆弧(A)/闭合(C)/半宽(H)/长度(L)/放弃(U)/宽度(W)]: c（闭合图形）
```

效果如图 2-360 所示。

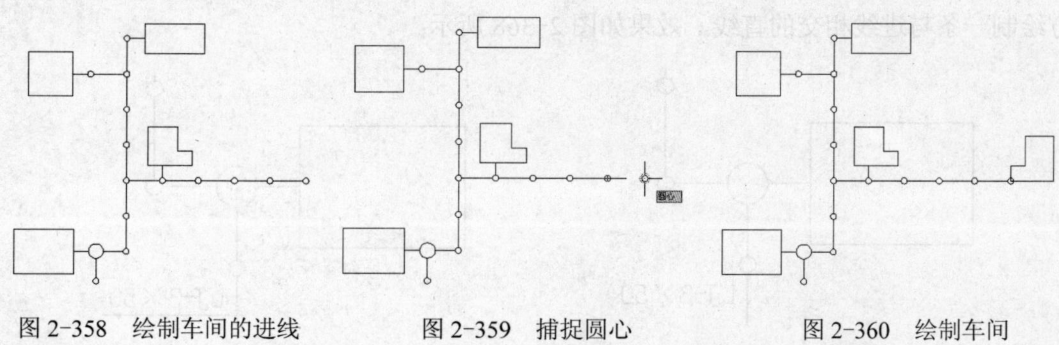


图 2-358　绘制车间的进线　　图 2-359　捕捉圆心　　图 2-360　绘制车间

30）单击“修改”面板中的“移动”命令按钮，以相对坐标点@5,-2.5 为移动目标点，移动刚才绘制的图形，效果如图 2-361 所示。

31）单击“绘图”面板中的“直线”命令按钮，绘制起点在如图 2-362 所示的象限点，终点在正右方垂足点的直线，作为本车间的进线，效果如图 2-363 所示。

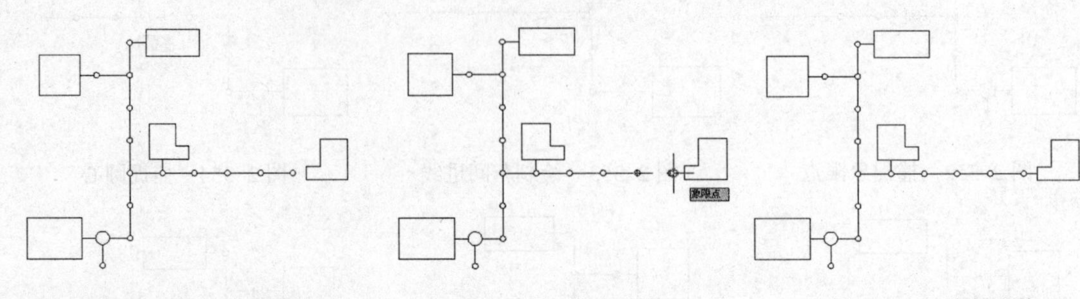


图 2-361　移动图形　　图 2-362　捕捉起点　　图 2-363　绘制进线

32）现在绘制进线。单击“实用程序”面板中的“窗口”命令按钮，局部放大左下角图形，预备下一步操作，效果如图 3-364 所示。

33）单击“修改”面板中的“复制”命令按钮，以如图 2-365 所示的虚线直线的上端点为复制基准点，以象限点为复制目标点，把该直线向下复制一份，效果如图 2-366 所示。

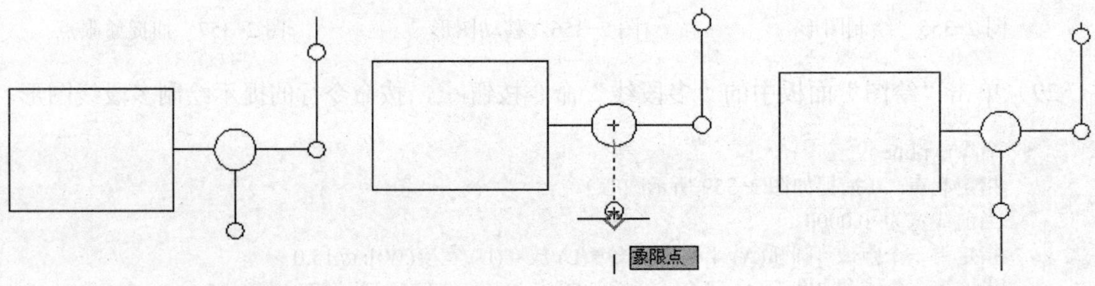


图 2-364　局部放大　　图 2-365　捕捉象限点　　图 2-366　复制图形

2. 撰写文字

1）单击“文字”面板中的“多行文字”命令按钮，在适当位置撰写文字“LJ-3×50”，代表一种铝绞线，用于传送 10kV 高压，效果如图 2-367 所示。

2）绘制说明箭头。单击“绘图”面板中的“直线”命令按钮，在文字“LJ-3×50”下方绘制一条与进线相交的直线，效果如图 2-368 所示。

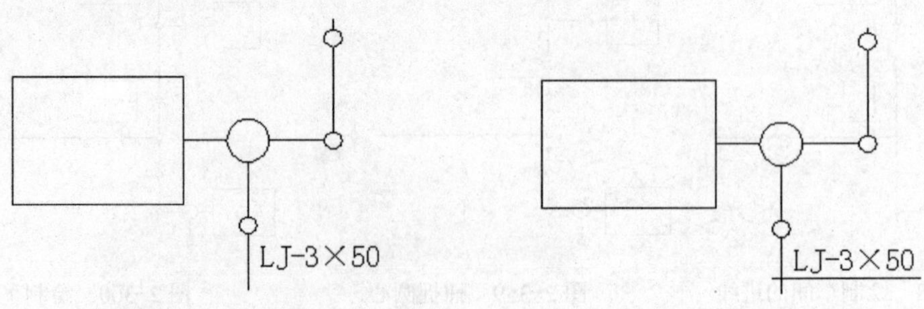


图 2-367　撰写文字　　图 2-368　绘制直线

3）单击“绘图”面板中的“直线”命令按钮，绘制一条短斜线。

4）单击“修改”面板中的“移动”命令按钮，把短斜线以其中点为移动基准点，以如图 2-369 所示的交点为移动目标点移动，形成指示箭头，效果如图 2-370 所示。

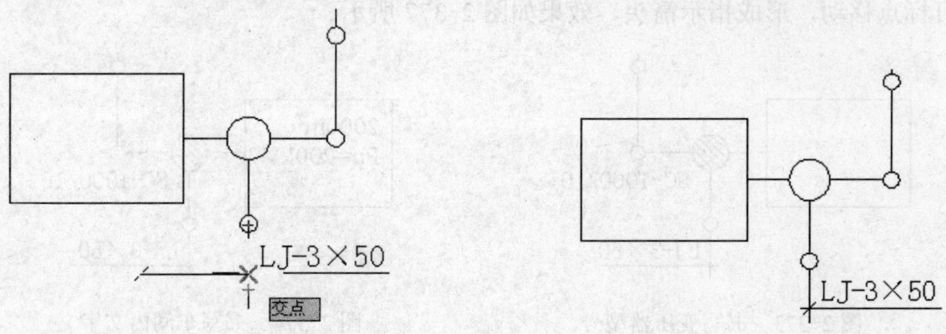


图 2-369　捕捉交点　　　　图 2-370　绘制箭头

5）单击“绘图”面板中的“图案填充”命令按钮，屏幕出现“图案填充和渐变色”对话框，按如图 2-371 所示设置参数，给圆$\phi$ 5 打上斜剖面线，作为变压器符号，效果如图 2-372 所示。

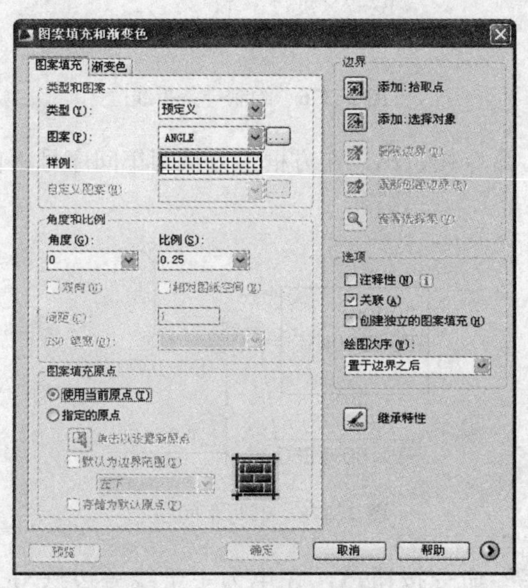


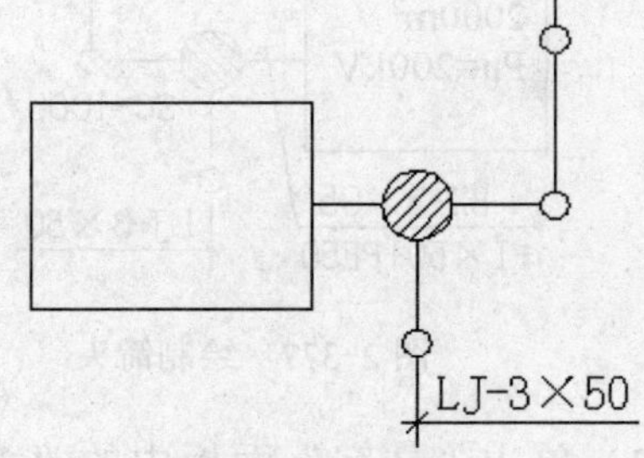


图 2-371　“图案填充和渐变色”对话框　　　　图 2-372　填充圆

6）单击“文字”面板中的“多行文字”命令按钮**A**，在变压器符号右下角撰写文字“SC-1000/10”，代表变压器的型号，效果如图 2-373 所示。

7）单击“文字”面板中的“多行文字”命令按钮**A**，在方框内撰写文字“2000m² Pp=200kV”，代表车间的面积和电力负载的数值，效果如图 2-374 所示。

8）单击“文字”面板中的“多行文字”命令按钮**A**，在方框下方撰写文字“BX-3×95+1×50+PE50”，代表车间进线的型号，是一种铜芯橡皮线，效果如图 2-375 所示。

9）单击“绘图”面板中的“直线”命令按钮，在文字中间绘制一条折线，效果如图

2-376 所示。

10）单击“绘图”面板中的“直线”命令按钮，绘制一条短斜线。然后单击“修改”面板中的“移动”命令按钮，把短斜线以其中点为移动基准点，以折线和车间进线的交点为移动目标点移动，形成指示箭头，效果如图 2-377 所示。

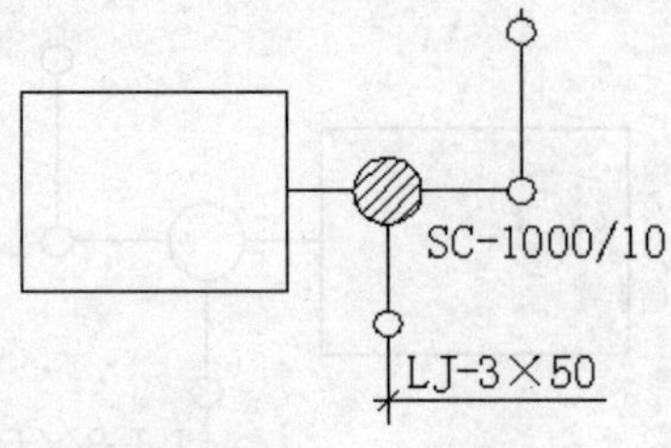


图 2-373　书写变压器型号

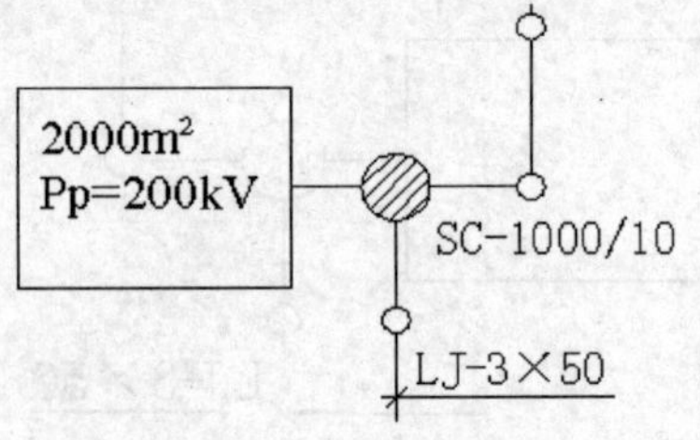


图 2-374　书写车间内文字

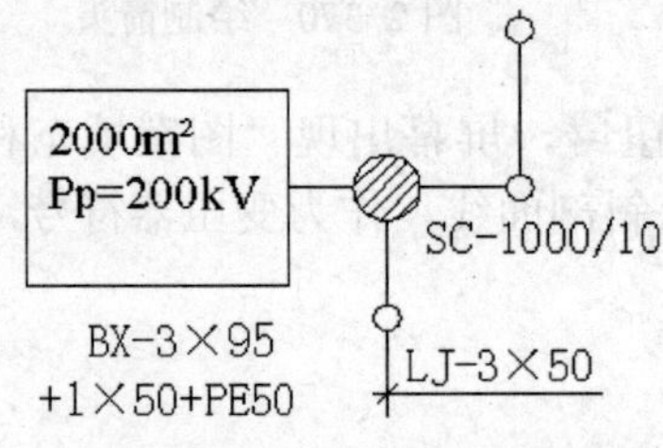


图 2-375　书写车间进线的型号

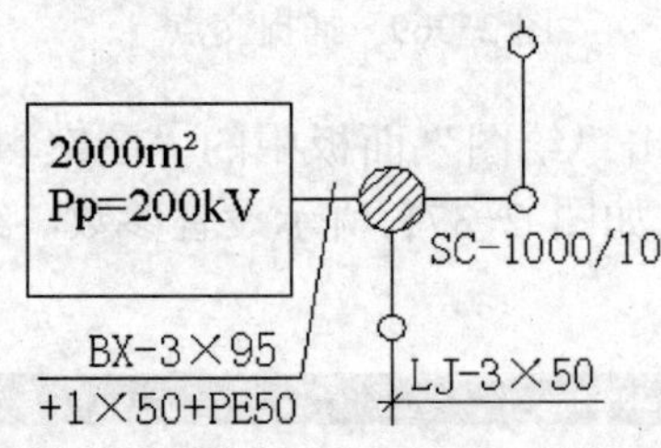


图 2-376　绘制一条折线

11）单击“文字”面板中的“多行文字”命令按钮A，在方框上方撰写车间序号“1”，效果如图 2-378 所示。

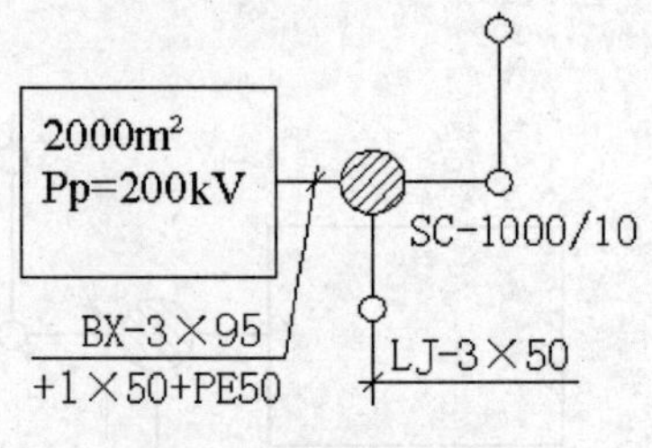


图 2-377　绘制箭头

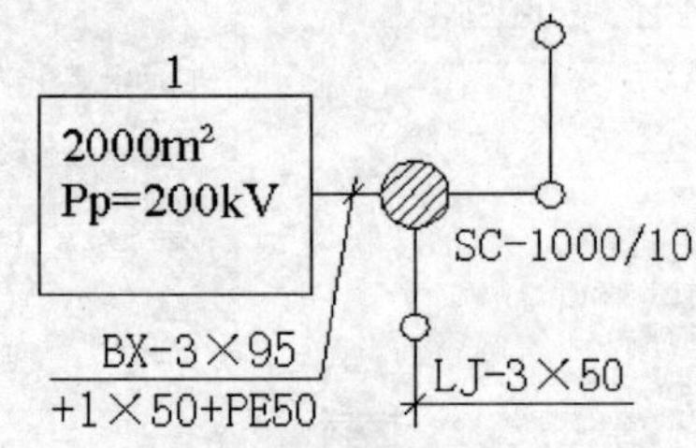


图 2-378　书写车间序号

12）单击“文字”面板中的“多行文字”命令按钮A，在电力主干线旁边撰写文字“BX-3×120+1×70+PE70”，代表主干线的型号，效果如图 2-379 所示。

13）参考上面绘制说明箭头的操作方法，在主干线文字下方绘制箭头，效果如图 2-380 所示。

14）单击“平移”命令按钮，显示图形的上部，预备下一步操作，效果如图 2-381 所示。

15）单击“文字”面板中的“多行文字”命令按钮A，在适当位置撰写文字“BX-3×35+1×16+PE16”，代表这个车间进线的型号，效果如图 2-382 所示。

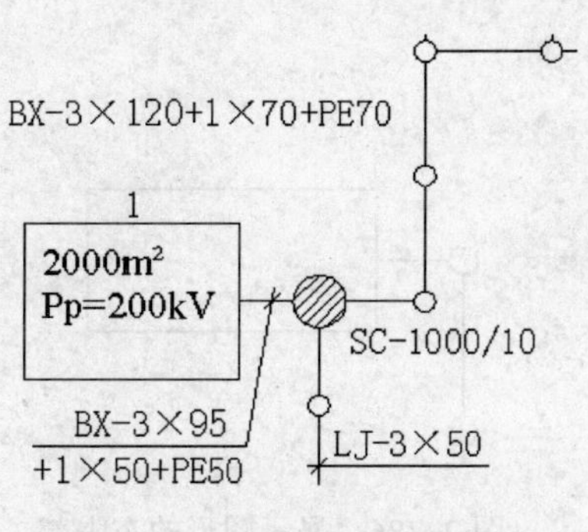

图 2-379 书写主干线型号

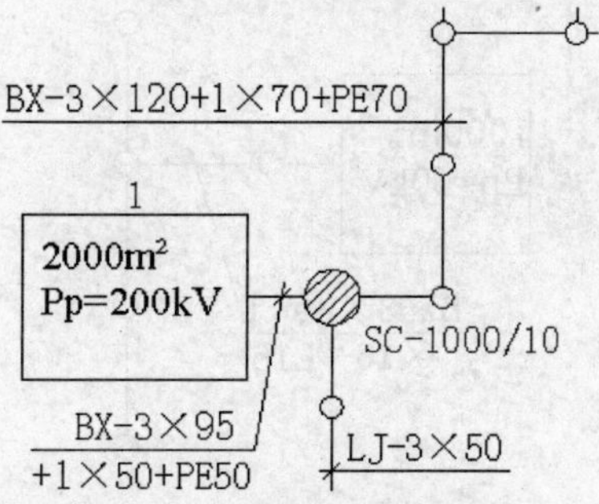

图 2-380 绘制主干线说明箭头

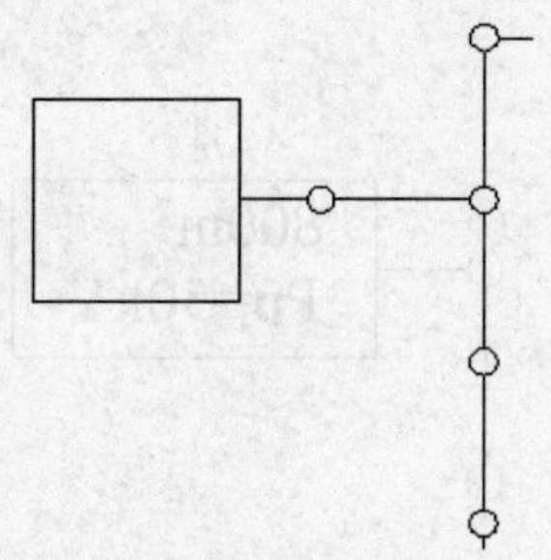
图 2-381 显示图形的上部

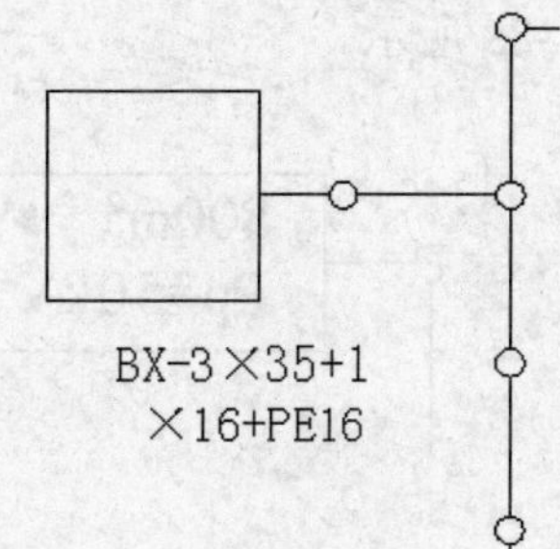

图 2-382 书写本车间进线的型号

16）参考上面绘制说明箭头的操作方法，在主干线文字下方绘制箭头，如图 2-383 所示。

17）单击“文字”面板中的“多行文字”命令按钮A，在方框内撰写车间的面积和电力负载数值，效果如图 2-384 所示。

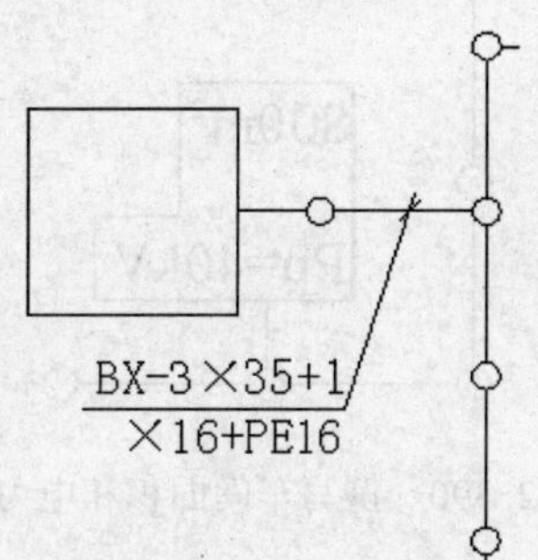

图 2-383 绘制箭头

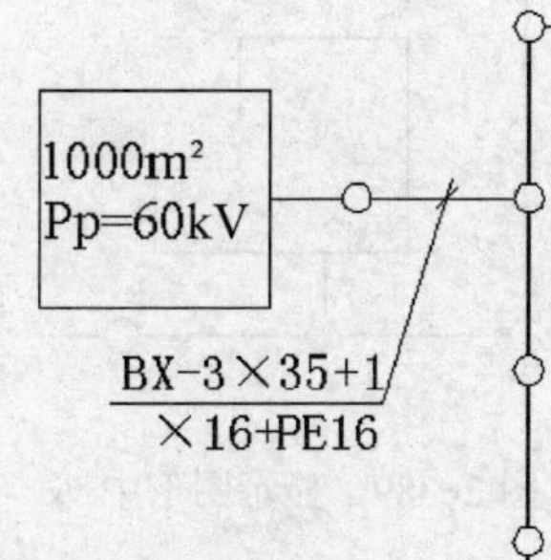

图 2-384 撰写车间面积和电力负载

18）单击“文字”面板中的“多行文字”命令按钮A，在方框上方撰写车间序号“2”，效果如图 2-385 所示。

19）单击“平移”命令按钮，显示图形的右上部，预备下一步操作，效果如图 2-386 所示。

20）单击“文字”面板中的“多行文字”命令按钮A，在方框内撰写车间的面积和电力负载数值，效果如图 2-387 所示。

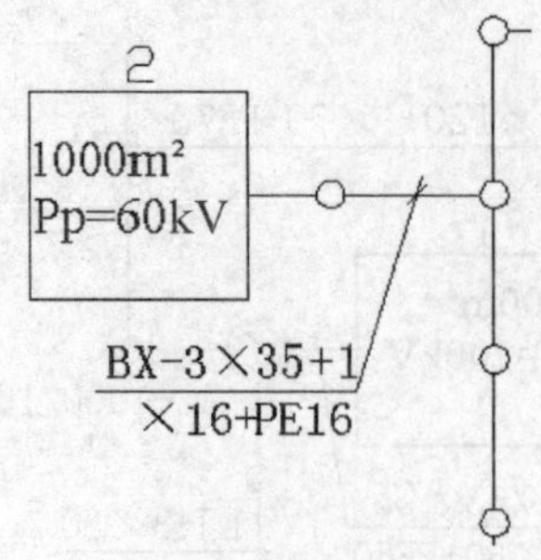

图 2-385　撰写车间序号

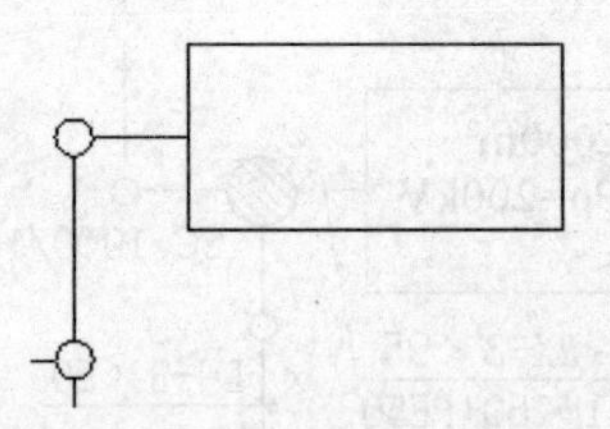
图 2-386　显示图形的右上部

21）单击“文字”面板中的“多行文字”命令按钮A，在方框上方撰写车间序号“4”，效果如图 2-388 所示。

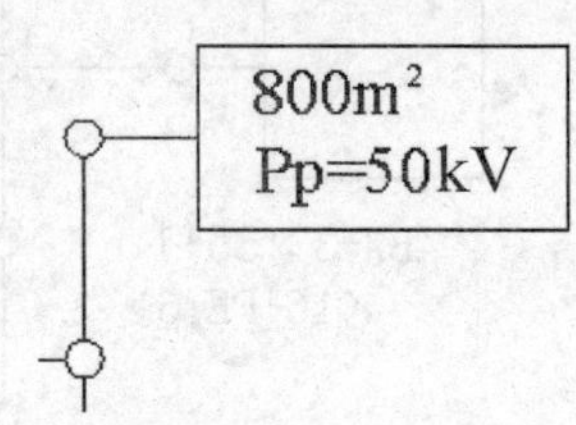

图 2-387　撰写车间面积和电力负载

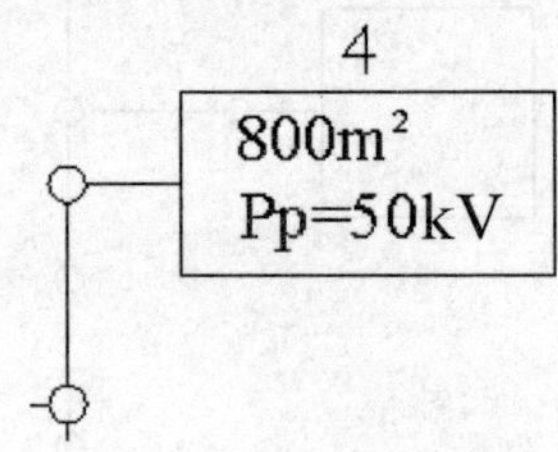

图 2-388　撰写车间序号

22）单击 “平移”命令按钮，显示图形中部，预备下一步操作，效果如图 2-389 所示。

23）单击“文字”面板中的“多行文字”命令按钮A，在方框内撰写车间的面积和电力负载数值，效果如图 2-390 所示。

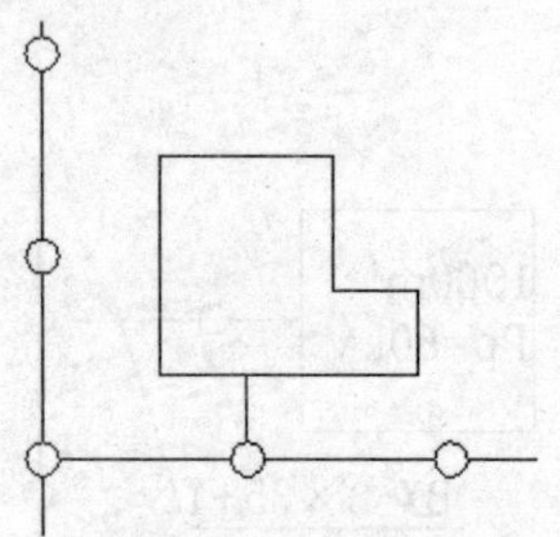
图 2-389　显示图形中部

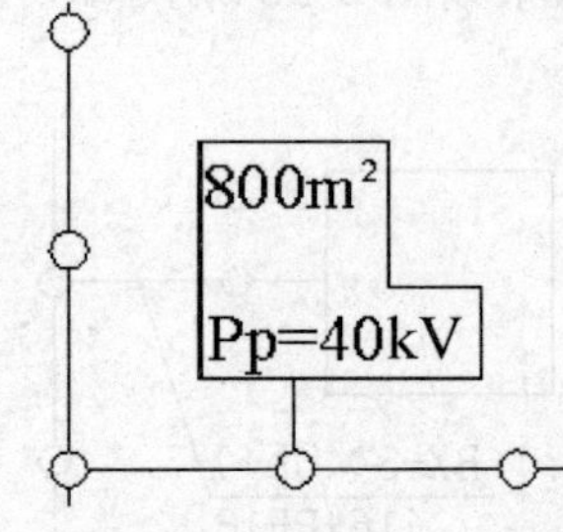

图 2-390　撰写车间面积和电力负载

24）单击“文字”面板中的“多行文字”命令按钮A，在方框上方撰写车间序号“3”，效果如图 2-391 所示。

25）单击“平移”命令按钮，显示图形右部，预备下一步操作，效果如图 2-392 所示。

26）单击“文字”面板中的“多行文字”命令按钮A，在横向主干线旁边撰写文字“BX-3×95+1×50+PE50”，代表横向主干线的型号，效果如图 2-393 所示。

27）单击“绘图”面板中的“直线”命令按钮，在文字下方绘制一条折线，效果如图 2-394 所示。

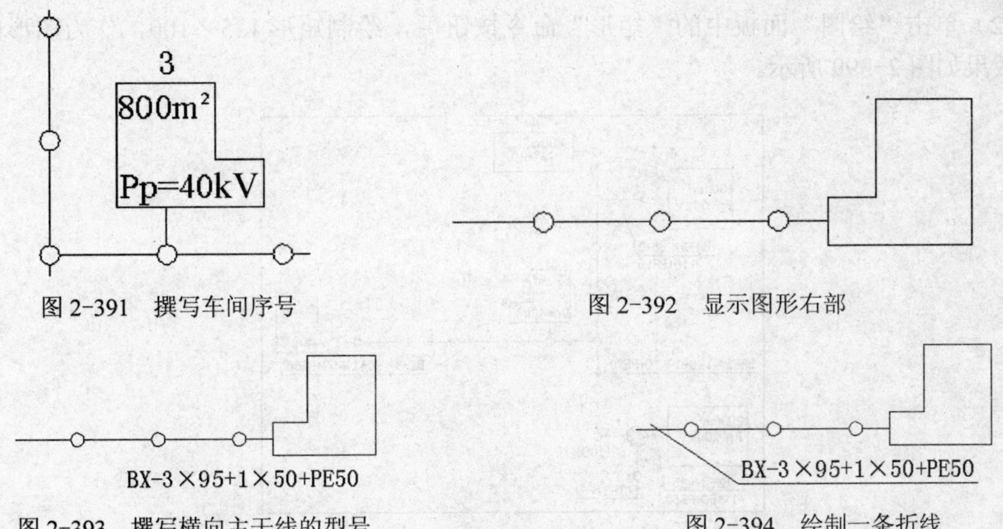

图 2-391　撰写车间序号　　　图 2-392　显示图形右部

图 2-393　撰写横向主干线的型号　　　图 2-394　绘制一条折线

28）单击“绘图”面板中的“直线”命令按钮，绘制一条短斜线。然后单击“修改”面板中的“移动”命令按钮，把短斜线以其中点为移动基准点，以线和横向主干线的交点为移动目标点移动，形成指示箭头，效果如图 2-395 所示。

29）单击“文字”面板中的“多行文字”命令按钮**A**，在方框内撰写这个车间的面积和电力负载数值，效果如图 2-396 所示。

30）单击“文字”面板中的“多行文字”命令按钮**A**，在方框上方撰写车间序号“5”，效果如图 2-397 所示。

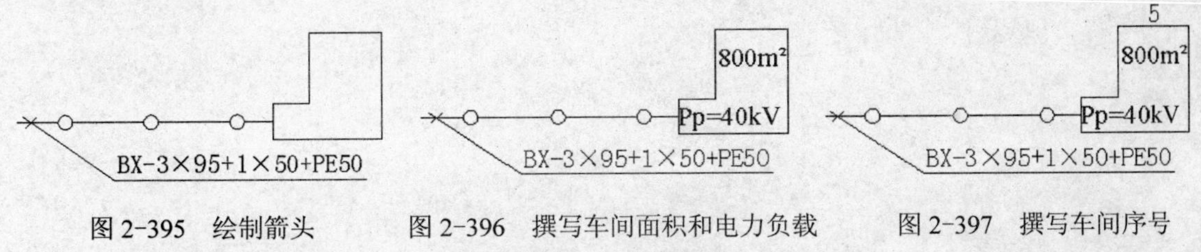

图 2-395　绘制箭头　　　图 2-396　撰写车间面积和电力负载　　　图 2-397　撰写车间序号

31）缩放演示中的窗口，显示全部图形，效果如图 2-398 所示。

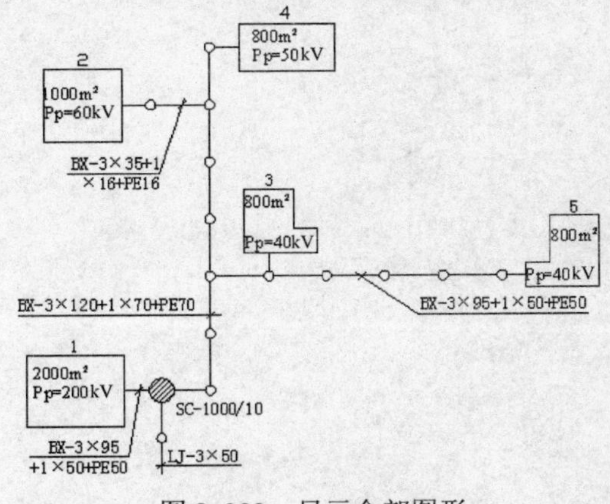

图 2-398　显示全部图形

32）单击“绘图”面板中的“矩形”命令按钮▭，绘制矩形 125×100，作为图形的边框，效果如图 2-399 所示。

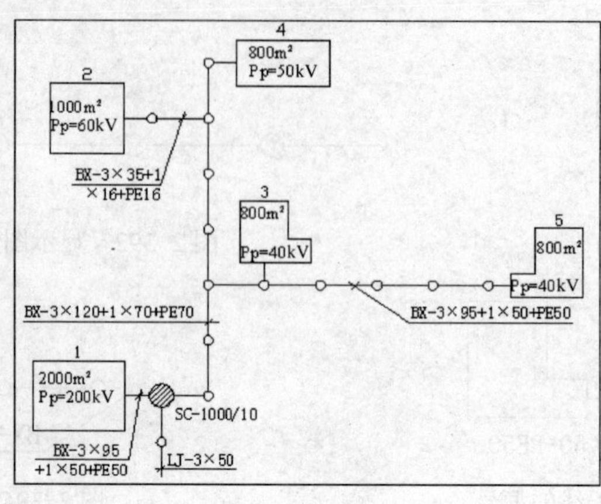


图 2-399　绘制矩形

# 第3章　电气元器件设计

**本章您将学到：**

本章介绍如何使用 AutoCAD 2009 进行电气元器件的三维设计。许多电气设备，如开关、插座、灯具，具有丰富多样的外形。先形象直观地进行三维设计，再创建出合格的平面图形，是绘制这些电气元器件图样的有效方法。在电气元器件的三维设计工作中，需要经常使用坐标系命令。先介绍在 AutoCAD 2009 中如何操作坐标系，然后介绍如何创建基本的几何造型，最后介绍如何编辑加工这些简单的何造型，绘制出复杂的电气元器件工业造型。

## 3.1　用户坐标系

AutoCAD 2009 系统规定用户总是在一定的三维空间中绘图，平面绘图只是在三维空间的某个平面上绘制图形而已。只要启动 AutoCAD 2009，系统就自动配置好一种绘图坐标，用户也可以根据自己的需要改变坐标系。

要使用三维命令，首先要进入三维工作空间。在 AutoCAD 2009 界面的右下角单击“切换工作空间”按钮，选择菜单中的“三维建模”，就进入到三维工作空间中。打开“视图”选项卡，常用的关于坐标系的命令在如图 3-1 所示的“UCS”面板中，用户只要单击其中的按钮即可启动对应的坐标系命令。UCS 即“用户坐标系”的英文的第一个字母组合。下面介绍“UCS”面板中常用的按钮。

### 3.1.1　上一个 UCS

如图 3-2 所示为“上一个 UCS”按钮，该命令按钮用于恢复到最后一次坐标系改变之前的状态。

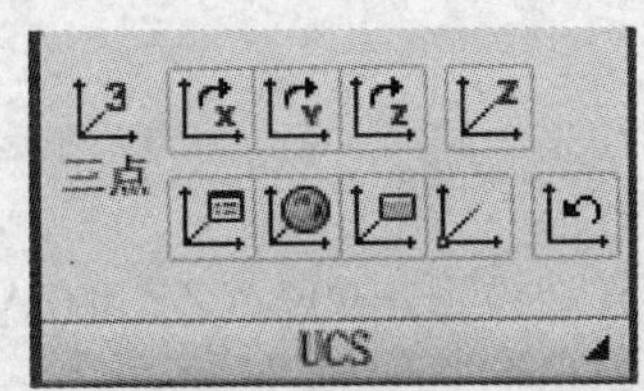


图 3-1　“UCS”面板

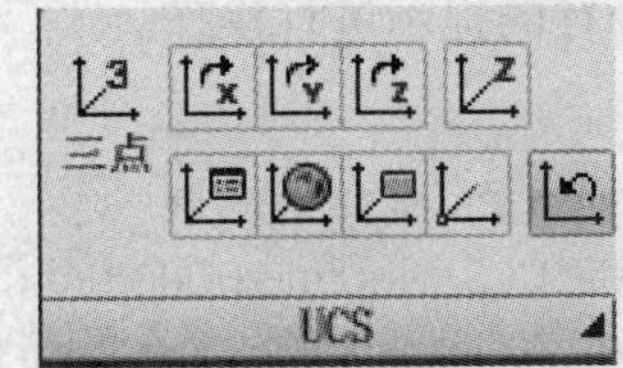


图 3-2　“上一个 UCS”按钮

【示例】　如果坐标系本来是如图 3-3 所示的世界 UCS，但是用户把它绕 X 轴旋转了 90°，如图 3-4 所示。现在要恢复到世界 UCS，只要单击“上一个 UCS”按钮即可。命令行的提示如下。

```
命令: _ucs
当前 UCS 名称: *没有名称*
指定 UCS 的原点或 [面(F)/命名(NA)/对象(OB)/上一个(P)/视图(V)/世界(W)/X/Y/Z/Z 轴(ZA)] <世界>: _p
```

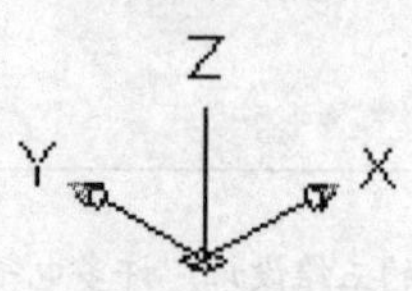


图 3-3 世界 UCS

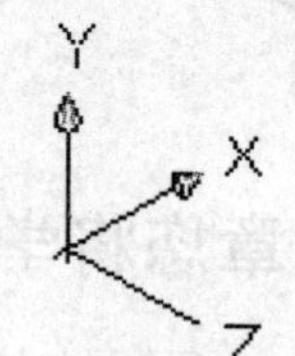


图 3-4 改变了的 UCS

### 3.1.2 世界 UCS

单击“世界 UCS”命令按钮可以使处于任何状态的坐标系恢复到世界 UCS 状态，如图 3-5 所示为“世界 UCS”命令按钮。

【示例】 单击“世界 UCS”命令按钮，命令行提示命令的执行内容。

```
命令: _ucs
当前 UCS 名称: *没有名称*
指定 UCS 的原点或 [面(F)/命名(NA)/对象(OB)/上一个(P)/视图(V)/世界(W)/X/Y/Z/Z 轴(ZA)] <世界>: _w
```

坐标系立即恢复到世界 UCS。

### 3.1.3 原点 UCS

本命令用于在新的原点建立坐标系，而 X 轴、Y 轴和 Z 轴的指向不变。如图 3-6 所示为“原点 UCS”命令按钮。

三点

图 3-5 “世界 UCS”命令按钮

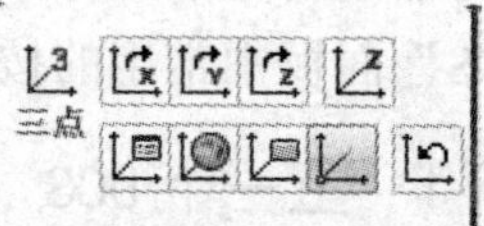


图 3-6 “原点 UCS”命令按钮

【示例】 把坐标系移动到如图 3-7 所示端面的圆心。单击“原点 UCS”命令按钮，按命令行的提示进行操作。

```
命令: _ucs
当前 UCS 名称: *俯视*
指定 UCS 的原点或 [面(F)/命名(NA)/对象(OB)/上一个(P)/视图(V)/世界(W)/X/Y/Z/Z 轴(ZA)] <世界>: _o
指定新原点 <0,0,0>: _cen 于（如图 3-8 所示捕捉圆的圆心）
```

效果如图 3-9 所示。

### 3.1.4 Z 轴矢量 UCS

本命令用于在新的原点和 Z 轴的新指向建立坐标系，而 X 轴、Y 轴并不绕 Z 轴旋转。

如图 3-10 所示为“Z 轴矢量 UCS”命令按钮。

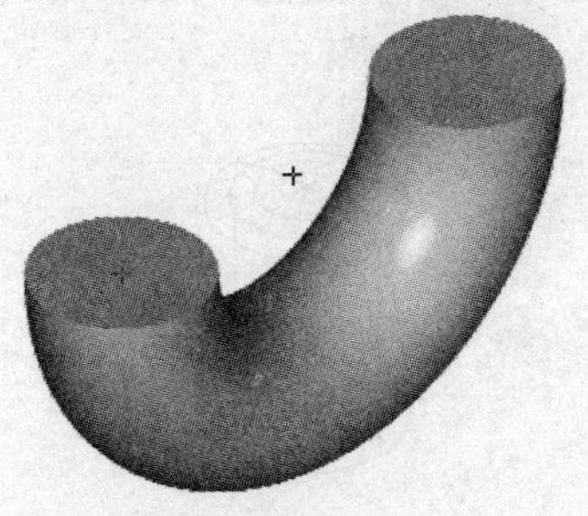

图 3-7　圆

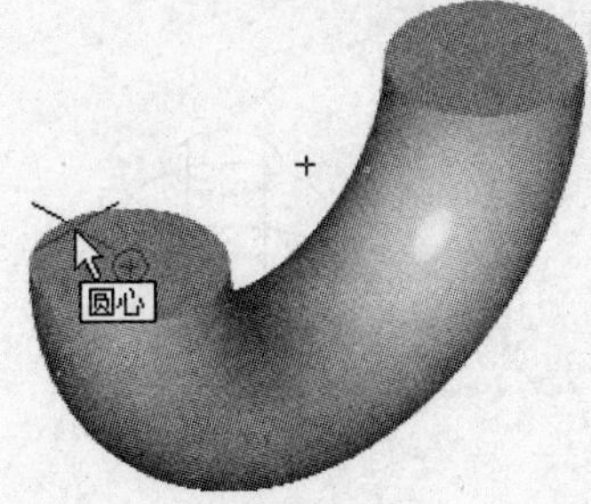


图 3-8　捕捉圆心

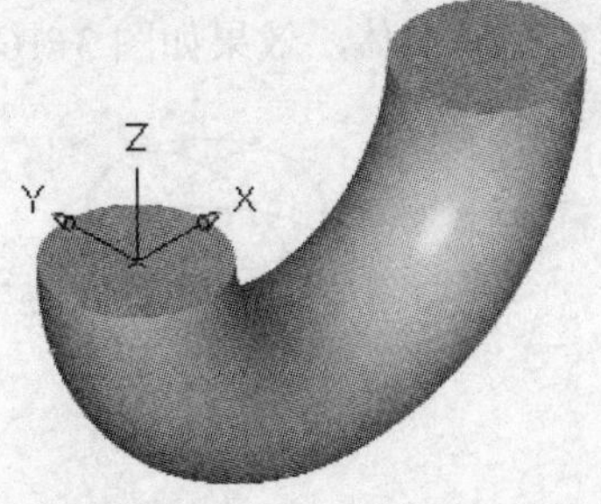


图 3-9　移动坐标系

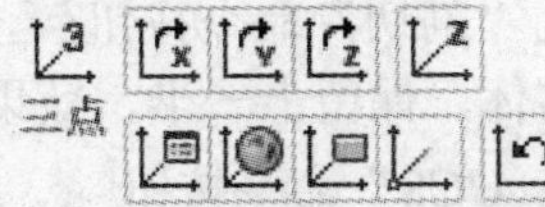


图 3-10　“Z 轴矢量 UCS”命令按钮

【示例】　通过指定 Z 轴的位置确定一个新坐标系。单击“Z 轴矢量 UCS”命令按钮，按命令行的提示进行操作。

```
命令: _ucs
当前 UCS 名称: *没有名称*
指定 UCS 的原点或 [面(F)/命名(NA)/对象(OB)/上一个(P)/视图(V)/世界(W)/X/Y/Z/Z 轴(ZA)]
<世界>: _zaxis
指定新原点或 [对象(O)] <0,0,0>: _nea 到（捕捉如图 3-11 所示的最近点，光标牵引出如图 3-12
所示的新 Z 轴矢量的跟踪线）
在正 Z 轴范围上指定点 <-33.7731,-101.4609,1.0000>: @10,0,0（按相对坐标确定新 Z 轴的指向）
```

效果如图 3-13 所示。

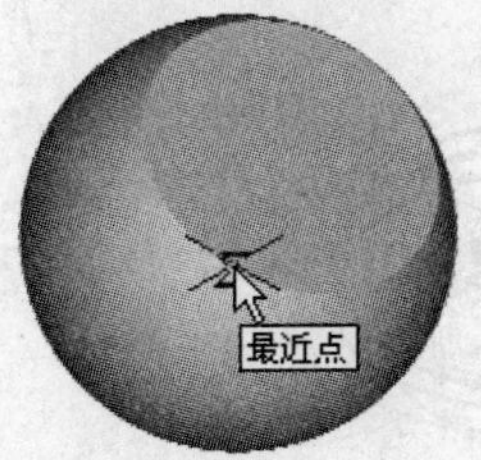


图 3-11　捕捉最近点

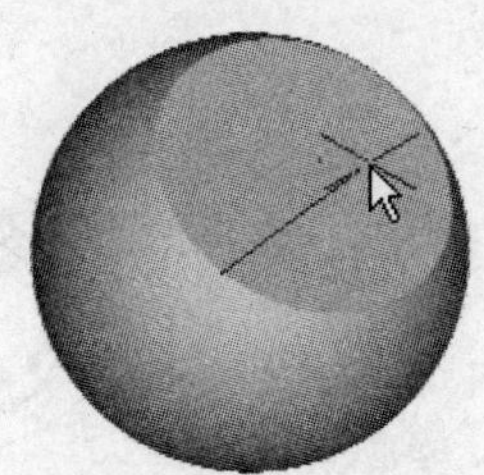

图 3-12　新 Z 轴矢量的跟踪线

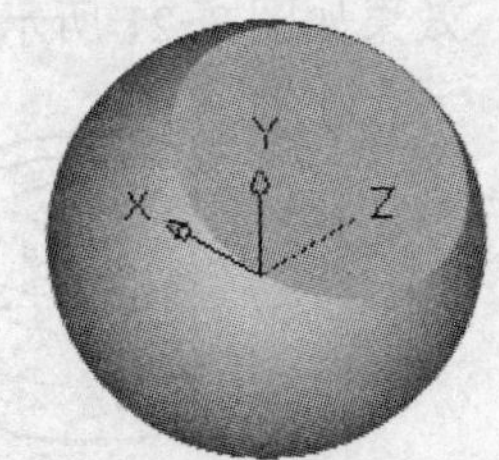


图 3-13　按新 Z 轴矢量设置的坐标系

## 3.1.5　绘制高压瓷绝缘子

操作步骤如下。

1）首先绘制高压瓷绝缘子上半边的基本形体。单击“三维建模”面板中的“球体”命令按钮，以点（0,0,0）为球心，绘制球$\phi$500，效果如图 3-14 所示。

2）单击“三维建模”面板中的“圆柱体”命令按钮，以原点为底面圆心绘制圆柱体$\phi$180×300，效果如图 3-15 所示。

3）单击“实体编辑”面板中的“交集”命令按钮，创建球$\phi$500 和圆柱体$\phi$180×300 的交集实体，效果如图 3-16 所示。

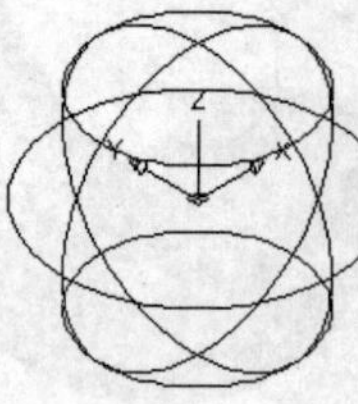

图 3-14　绘制球

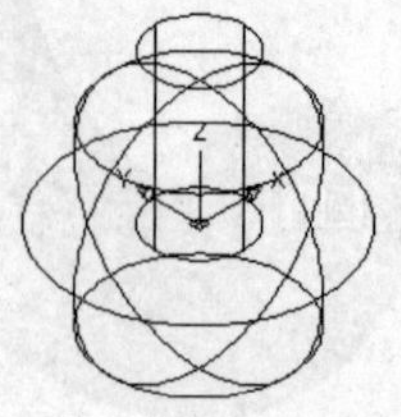

图 3-15　绘制圆柱体

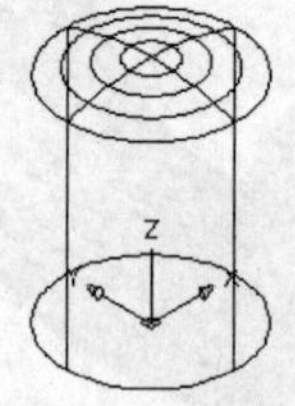

图 3-16　交集操作

4）单击“实体编辑”面板中的“剖切”命令按钮，使用平行于 XY 平面，并通过如图 3-17 所示圆心的平面对半剖切实体，保留上一半，效果如图 3-18 所示。

5）单击 UCS 面板中的“原点 UCS”命令按钮，把坐标系移动到球缺的底面中心，如图 3-19 所示。

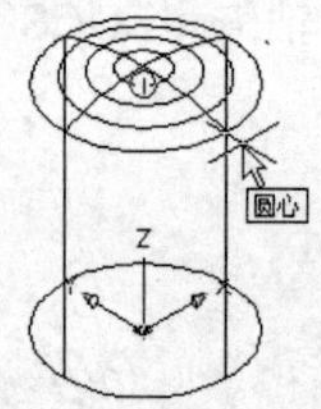

图 3-17　捕捉圆心

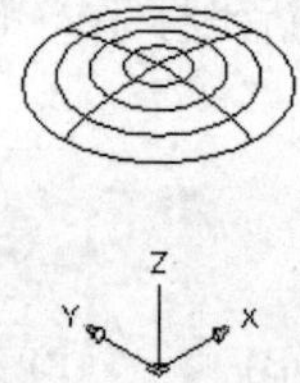

图 3-18　剖切实体

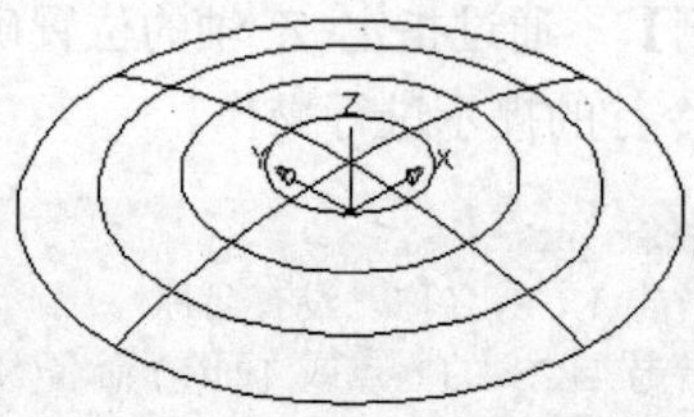

图 3-19　移动坐标系

6）单击“三维建模”面板中的“圆柱体”命令按钮，以点（0，0，-30）为底面圆心绘制圆柱体$\phi$100×60，效果如图 3-20 所示。

7）单击“三维建模”面板中的“圆环体”命令按钮，绘制中心在原点的圆环体$\phi$ 140 ×$\phi$10，效果如图 3-21 所示。

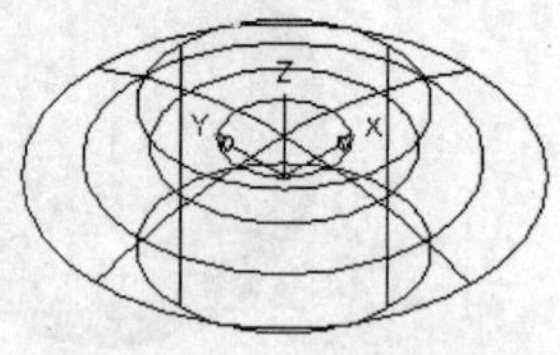

图 3-20　绘制圆柱体

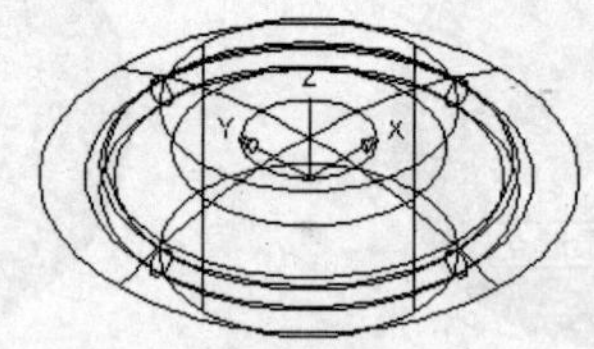

图 3-21　绘制圆环体

8）单击“实体编辑”面板中的“并集”命令按钮，合并所有实体，效果如图 3-22 所示。

9）下面修整局部特征。单击“修改”面板中的“圆角”命令按钮，把如图 3-23 所示的光标所指的边倒圆角 R12，效果如图 3-24 所示。

10）为了在背面操作，在“菜单浏览器”中选择“视图”→“动态观察”→“受约束的动态观察”菜单命令，适当旋转造型，翻转出背面，效果如图 3-25 所示。

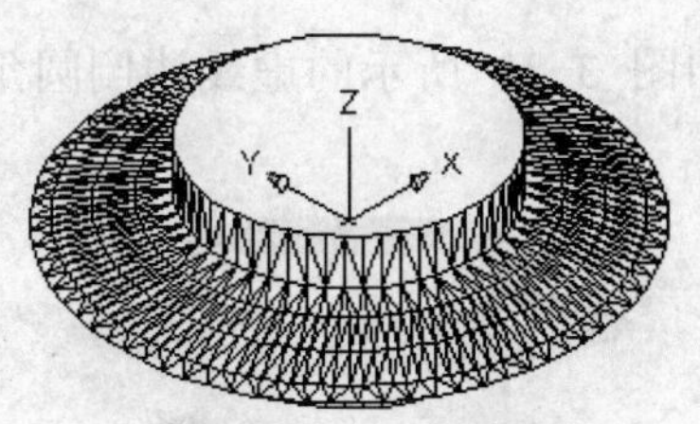


图 3-22　合并所有实体

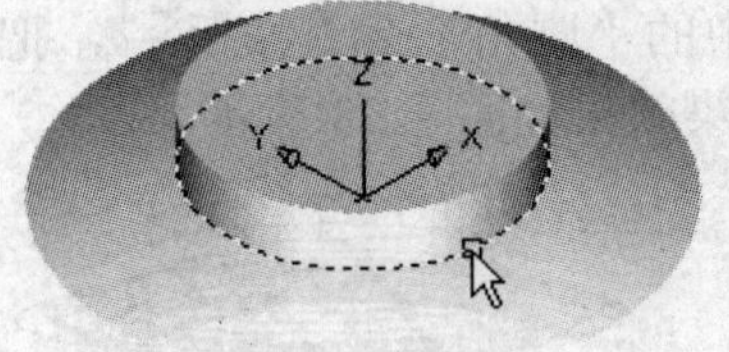


图 3-23　指示边

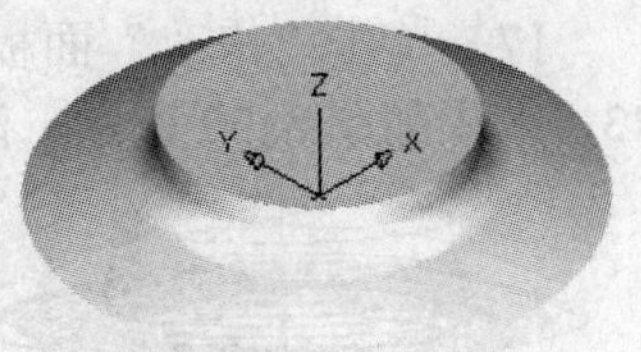


图 3-24　圆角操作

11）单击“修改”面板中的“圆角”命令按钮，把并集操作产生的边倒圆角 R5，效果如图 3-26 所示。

12）从“菜单浏览器”中选择“视图”→“三维视图”→“西南等轴测视图”菜单命令，恢复视图。

13）单击 UCS 面板中的“原点 UCS”命令按钮，把坐标系移动到如图 3-27 所示的底面中心。

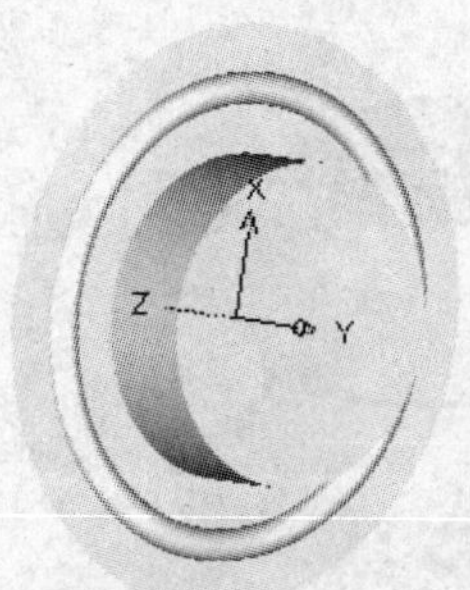


图 3-25　翻转造型

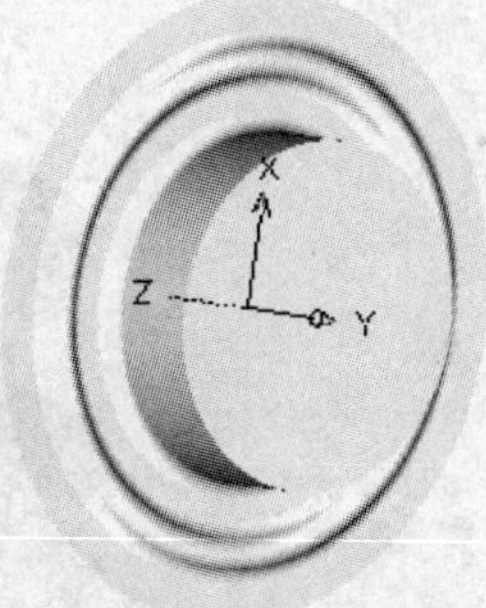


图 3-26　边倒圆角

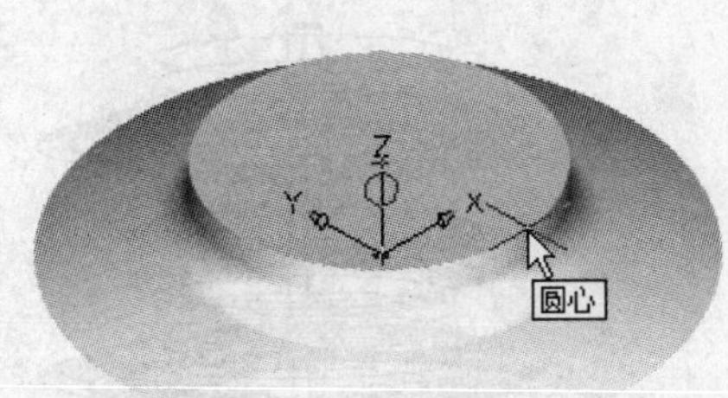


图 3-27　捕捉圆心

14）绘制高压瓷绝缘子中间的凸节。单击“三维建模”面板中的“圆柱体”命令按钮，以原点为底面圆心绘制圆柱体$\phi$120×20，效果如图 3-28 所示。

15）下面绘制高压瓷绝缘子的下半边，并修整局部细节。单击“修改”面板中的“复制”命令按钮，以下边实体的底面圆心为复制基准点，以圆柱体$\phi$ 120×20 上底面圆心为复制目标点，把下边实体向上复制一份，效果如图 3-29 所示。

16）为了便于操作，可以从“菜单浏览器”中选择“视图”→“动态观察”→“受约束的动态观察”菜单命令，适当旋转造型，效果如图 3-30 所示。

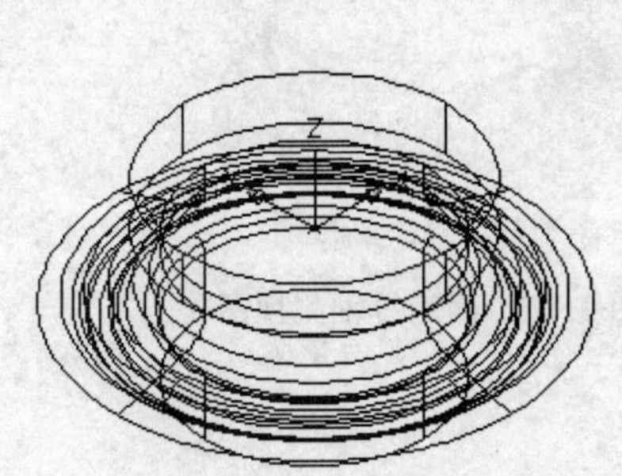


图 3-28　绘制圆柱体

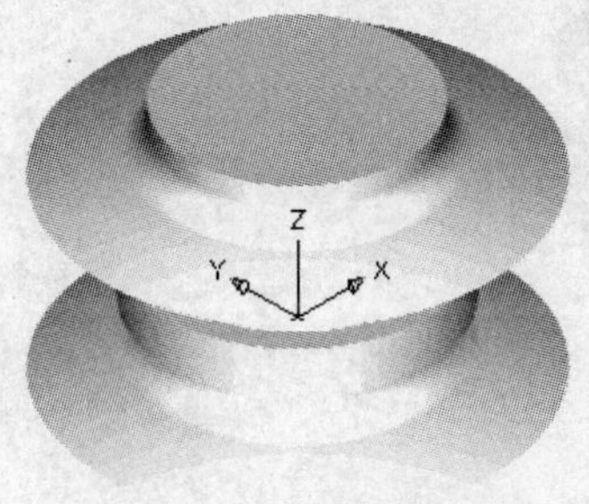


图 3-29　复制实体

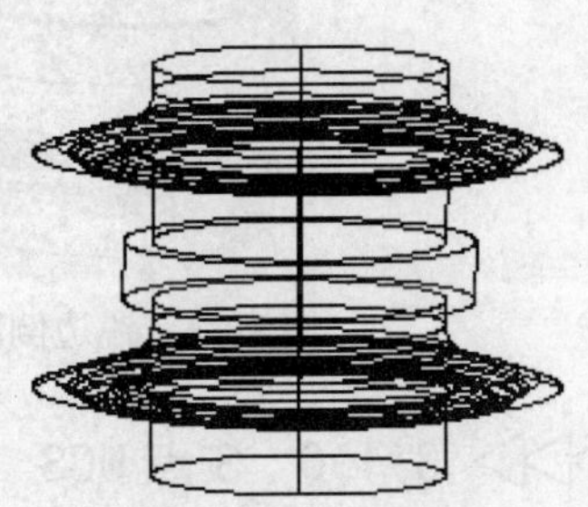

图 3-30　旋转造型

17）单击“修改”面板中的“圆角”命令按钮，把如图 3-31 所示的虚线边倒圆角 R3，效果如图 3-32 所示，渲染效果如图 3-33 所示。

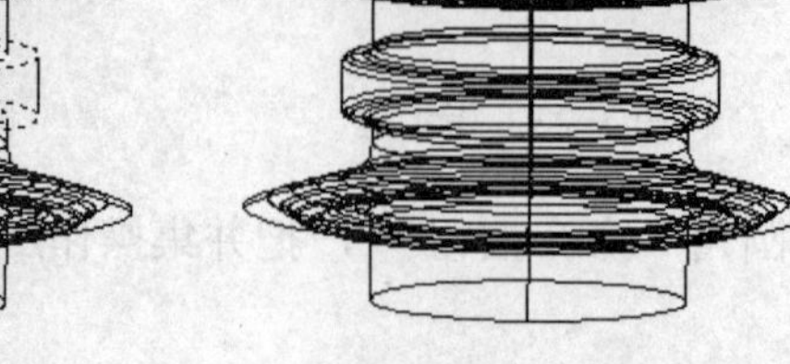

图 3-31　捕捉边　　图 3-32　圆角操作　　图 3-33　渲染效果

18）单击“三维建模”面板中的“圆柱体”命令按钮，以实体底面中心为底面圆心绘制圆柱体$\phi$11×150，效果如图 3-34 所示。

19）单击“实体编辑”面板中的“差集”命令按钮，使用实体减切圆柱体$\phi$ 11×150，形成安装孔，效果如图 3-35 所示。

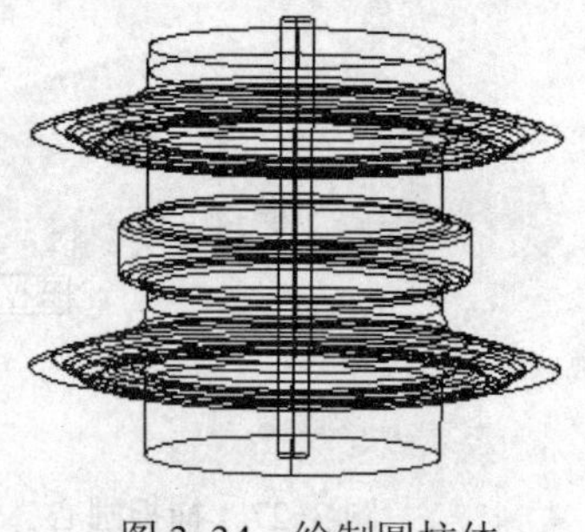

图 3-34　绘制圆柱体

图 3-35　减切圆柱体

20）单击“修改”面板中的“圆角”命令按钮，把其他锐边倒圆角 R3，效果如图 3-36 所示。

21）从“菜单浏览器”中选择“视图”→“三维视图”→“西南等轴测视图”菜单命令，恢复视图，渲染效果如图 3-37 所示。

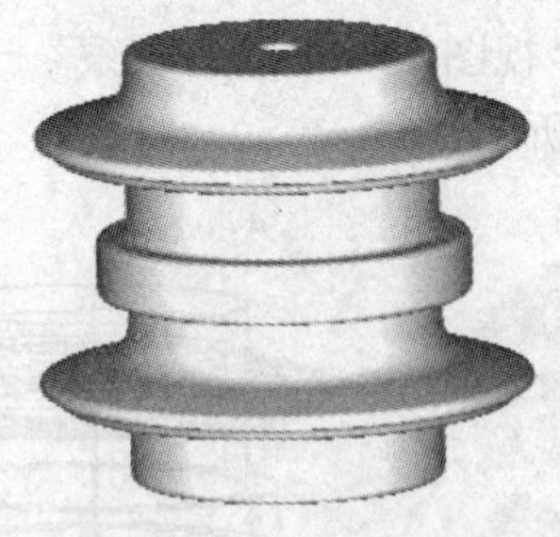

图 3-36　锐边倒圆角

图 3-37　西南等轴测视图

### 3.1.6　3 点 UCS

本命令用于按照给定的原点、X 轴、Y 轴通过的点建立坐标系。如图 3-38 所示为“3 点

UCS”命令按钮。

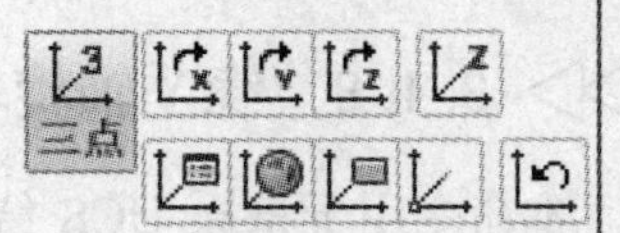

图 3-38　“3 点 UCS”命令按钮

【示例】　指定一个原点和 X 轴、Y 轴的方向，确定一个新坐标系。单击“3 点 UCS”命令按钮，按命令行的提示进行操作。

```
命令: _ucs
当前 UCS 名称: *没有名称*
指定 UCS 的原点或 [面(F)/命名(NA)/对象(OB)/上一个(P)/视图(V)/世界(W)/X/Y/Z/Z 轴(ZA)]<世界>: _3
指定新原点 <0,0,0>: _ner 于（捕捉如图 3-39 所示的最近点）
在正 X 轴范围上指定点 <1.0000,-106.9343,0.0000>: @0,10,0（按相对坐标确定 X 轴通过的点）
在 UCS XY 平面的正 Y 轴范围上指定点 <-1.0000,-106.9343,0.0000>: @-10,0,0（按相对坐标确定 Y 轴通过的点）
```

效果如图 3-40 所示。

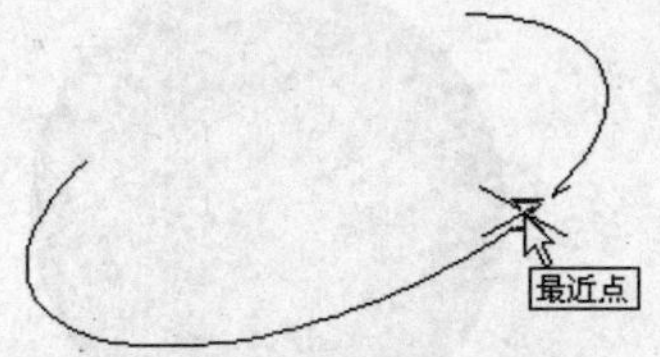


图 3-39　捕捉象限点

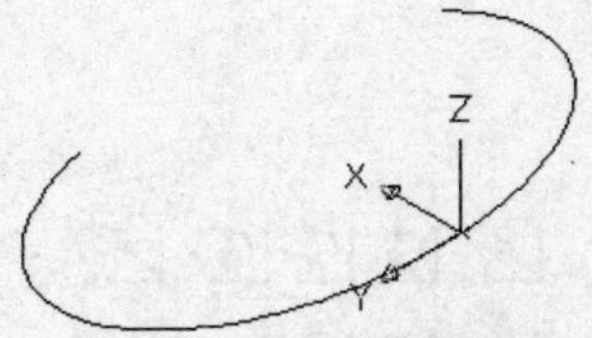


图 3-40　3 点确定 UCS

## 3.1.7　绕 X 轴旋转 UCS

本命令用于将原 UCS 绕 X 轴旋转指定的角度，得到新的 UCS。如图 3-41 所示为“绕 X 轴旋转当前 UCS”命令按钮。

【示例】　把坐标系绕 X 轴旋转 90°。单击“绕 X 轴旋转当前 UCS”命令按钮，按命令行的提示进行操作。

```
命令: _ucs
当前 UCS 名称: *世界*
指定 UCS 的原点或 [面(F)/命名(NA)/对象(OB)/上一个(P)/视图(V)/世界(W)/X/Y/Z/Z 轴(ZA)]<世界>: _X
指定绕 X 轴的旋转角度 <90>:（回车）
```

效果如图 3-42 所示。

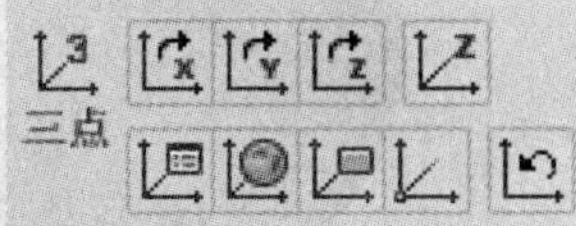


图 3-41　“绕 X 轴旋转当前 UCS”命令按钮

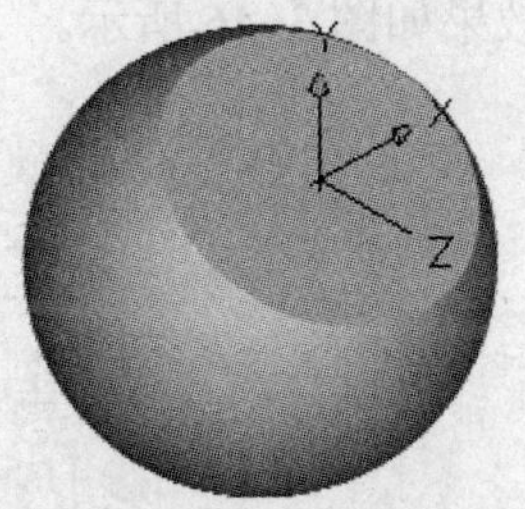


图 3-42　绕 X 轴旋转 90°

### 3.1.8 绕 Y 轴旋转 UCS

本命令用于将原 UCS 绕 Y 轴旋转指定的角度，得到新的 UCS。如图 3-43 所示为“绕 Y 轴旋转当前 UCS”命令按钮。

【示例】 把坐标系绕 Y 轴旋转 90°。单击“绕 Y 轴旋转当前 UCS”命令按钮，按命令行的提示进行操作。

```
命令: _ucs
当前 UCS 名称: *世界*
指定 UCS 的原点或 [面(F)/命名(NA)/对象(OB)/上一个(P)/视图(V)/世界(W)/X/Y/Z/Z 轴(ZA)] <世界>: _Y
指定绕 Y 轴的旋转角度 <90>:（回车）
```

效果如图 3-44 所示。

图 3-43 “绕 Y 轴旋转当前 UCS”命令按钮

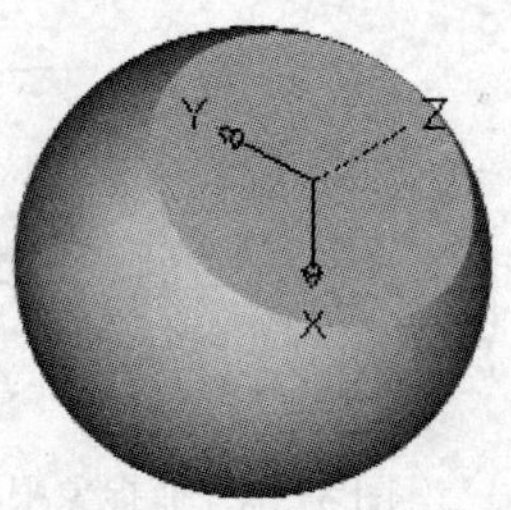


图 3-44 绕 Y 轴旋转 90°

### 3.1.9 绕 Z 轴旋转 UCS

本命令用于将原 UCS 绕 Z 轴旋转指定的角度，得到新的 UCS。如图 3-45 所示为“绕 Z 轴旋转当前 UCS”命令按钮。

【示例】 把坐标系绕 Z 轴旋转 90°。单击“绕 Z 轴旋转当前 UCS”命令按钮，按命令行的提示进行操作。

```
命令: _ucs
当前 UCS 名称: *没有名称*
指定 UCS 的原点或 [面(F)/命名(NA)/对象(OB)/上一个(P)/视图(V)/世界(W)/X/Y/Z/Z 轴(ZA)] <世界>: _z
指定绕 Z 轴的旋转角度 <90>: （回车）
```

效果如图 3-46 所示。

图 3-45 “绕 Z 轴旋转当前 UCS”命令按钮

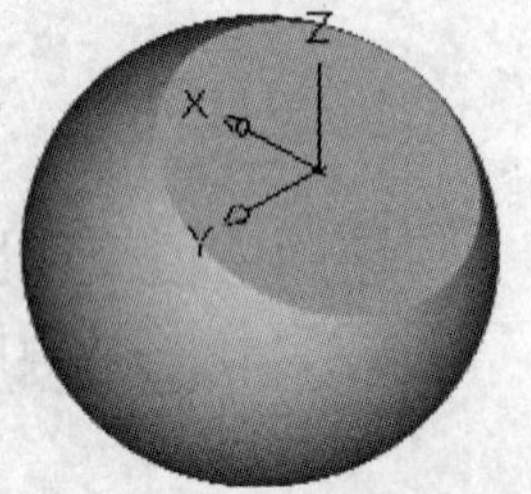


图 3-46 绕 Z 轴旋转 90°

## ▷▷ 3.2 三维建模

三维模型在设计工作中具有重要作用，它可以生成工程图样。所有的三维模型都是由基本的三维实体通过并集、差集、交集以及其他平面编辑方法创建出来的。如图 3-47 所示为“默认”选项卡中的“三维建模”面板，集中了绘制基本三维实体的命令，下面通过示例来学习各个命令的使用方法。

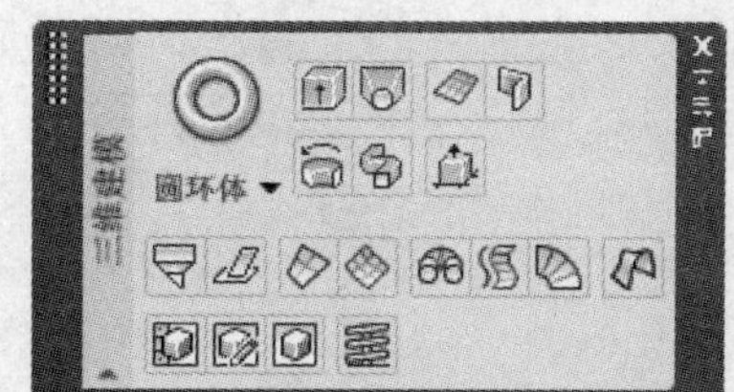

图 3-47 “三维建模”面板

### ▷▷▷ 3.2.1 长方体

如图 3-48 所示，单击“三维建模”面板中的“长方体”命令按钮，绘制长方体 150×50×300，按命令行的提示进行操作。

```
命令: _box
指定第一个角点或 [中心(C)]: 0,0,0（单击，确定长方体的起始角点）
指定角点或 [立方体(C)/长度(L)]: l（执行输入长方体长度选项）
指定长度: 150（输入长度值 150）
指定宽度: 50（输入宽度值 50）
指定高度或 [两点(2P)]: 300（输入高度值 300）
```

效果如图 3-49 所示。

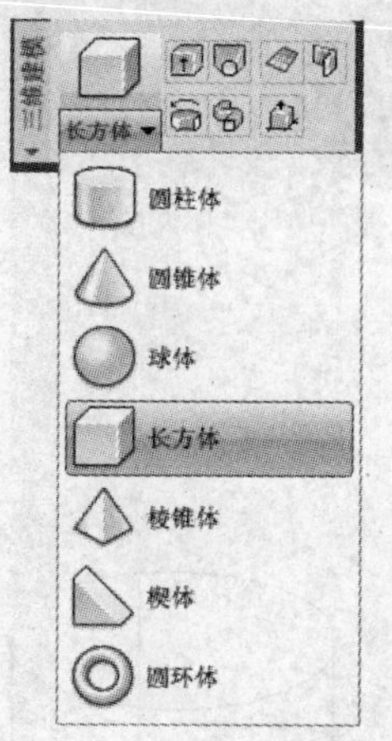

图 3-48 “长方体”命令按钮

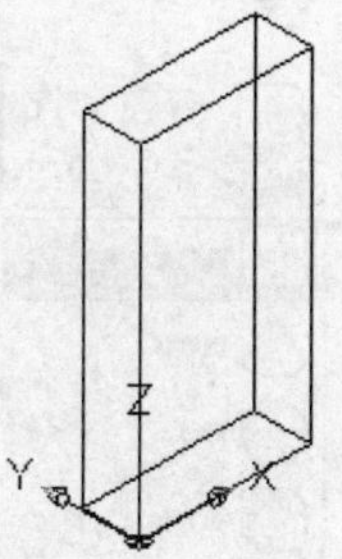

图 3-49 绘制长方体 150×50×300

### ▷▷▷ 3.2.2 球体

【示例】 如图 3-50 所示，单击“三维建模”面板中的“球体”命令按钮，以原点为球心，绘制球$\phi$1000，按命令行的提示进行操作。

```
命令: _sphere
指定中心点或 [三点(3P)/两点(2P)/相切、相切、半径(T)]: 0,0,0
指定球体半径或 [直径(D)]: 500
```

效果如图 3-51 所示。

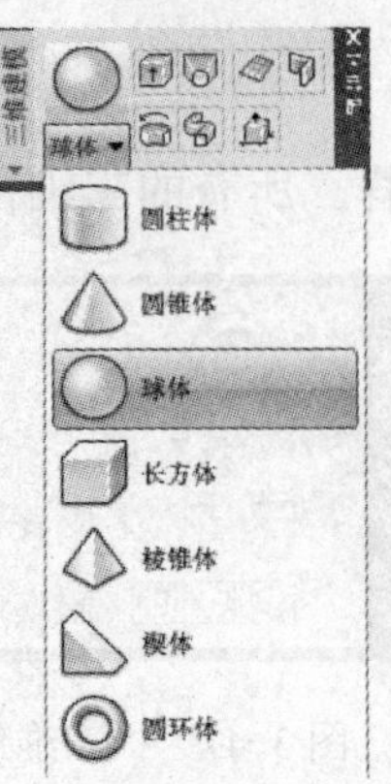


图 3-50 “球体”命令按钮

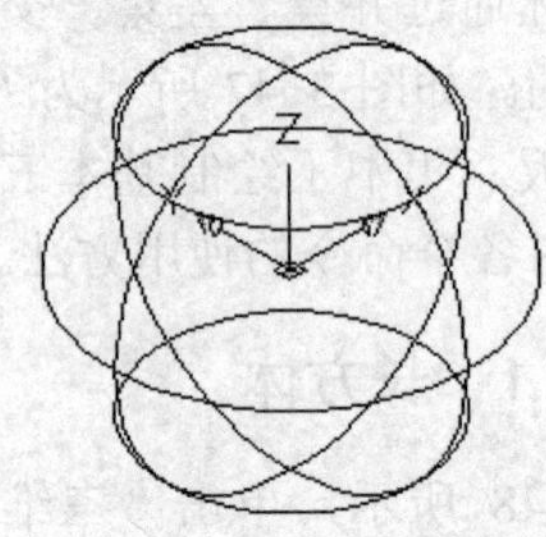


图 3-51 绘制球体

## ▷▷▷ 3.2.3 圆柱体

单击如图 3-52 所示的“圆柱体”命令按钮，绘制圆柱体$\phi$ 600×500，按命令行的提示进行操作。

```
命令: _cylinder
指定底面的中心点或 [三点(3P)/两点(2P)/相切、相切、半径(T)/椭圆(E)]:<0,0,0>（直接回车，确定以坐标原点为圆柱体φ600×500 的底面中心）
指定底面半径或 [直径(D)]: d
指定直径: 600（输入直径值 600）
指定高度或 [两点(2P)/轴端点(A)]:500（输入高度值 500）
```

效果如图 3-53 所示。

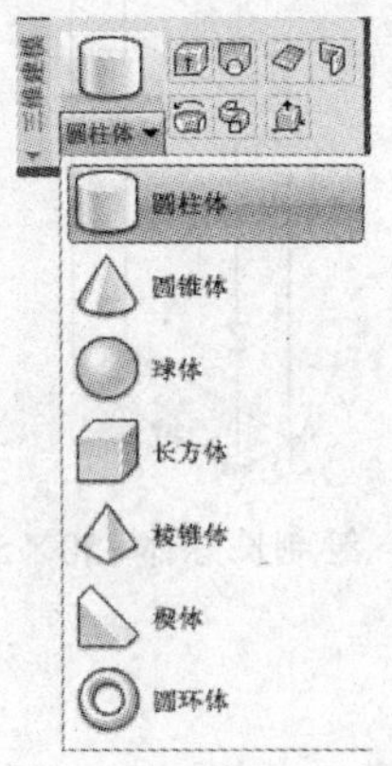


图 3-52 “圆柱体”命令

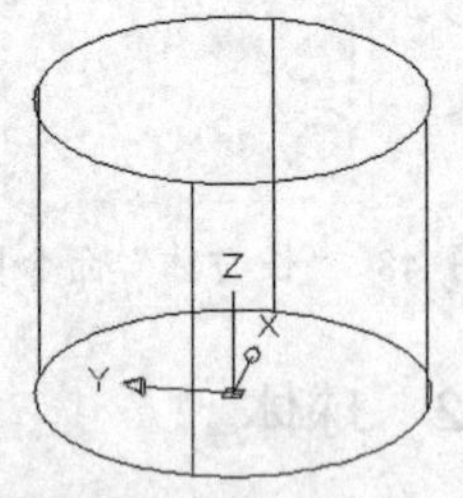


图 3-53 绘制圆柱体

也可以绘制椭圆柱体，按命令行的提示绘制椭圆柱体 100×40×100。

```
命令: _cylinder
指定底面的中心点或 [三点(3P)/两点(2P)/相切、相切、半径(T)/椭圆(E)]: e（执行绘制椭圆锥体选项）
指定第一个轴的端点或 [中心(C)]: c（执行中心点选项）
```

```
指定中心点: 0,0,0（回车）
指定到第一个轴的距离 <15.0000>: @50,0
指定第二个轴的端点: 20
指定高度或 [两点(2P)/轴端点(A)] <20.0000>:100
```

效果如图 3-54 所示。

## 3.2.4　圆锥体

【示例】　如图 3-55 所示，单击“三维建模”面板中的“圆锥体”命令按钮，绘制圆锥体$\phi 40\times 20$，按命令行的提示进行操作。

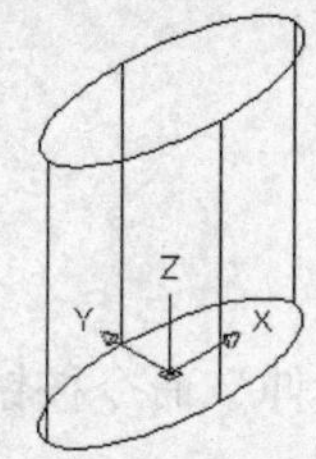


图 3-54　绘制椭圆柱体

图 3-55　“圆锥体”命令按钮

```
命令: _cone
指定底面的中心点或 [三点(3P)/两点(2P)/相切、相切、半径(T)/椭圆(E)]: 0,0（输入原点）
指定底面半径或 [直径(D)] <15.0000>: d（执行确定圆锥底面直径的选项）
指定直径 <30.0000>: 40（输入直径值 40）
指定高度或 [两点(2P)/轴端点(A)/顶面半径(T)] <53.8185>: 20（输入圆锥高度值 20）
```

阶段效果如图 3-56 所示。

也可以绘制椭圆锥体，按命令行的提示绘制椭圆锥体 100×40×100。

```
命令: _cone
指定底面的中心点或 [三点(3P)/两点(2P)/相切、相切、半径(T)/椭圆(E)]: e（执行绘制椭圆锥体选项）
指定第一个轴的端点或 [中心(C)]: c（执行中心点选项）
指定中心点: 0,0,0（回车）
指定到第一个轴的距离 <20.0000>: 100,0
指定第二个轴的端点: 20
指定高度或 [两点(2P)/轴端点(A)/顶面半径(T)] <20.0000>: 100
```

效果如图 3-57 所示。

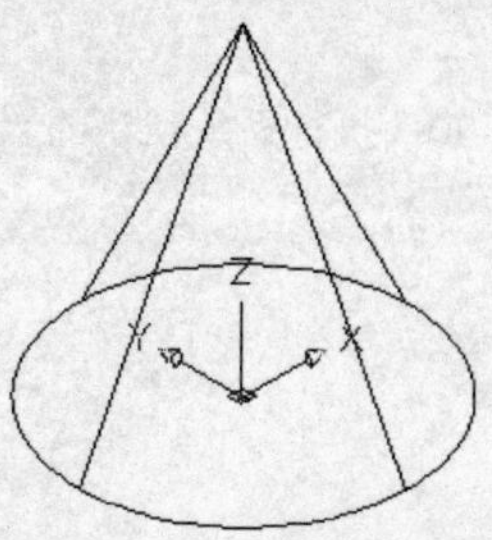


图 3-56　绘制圆锥体

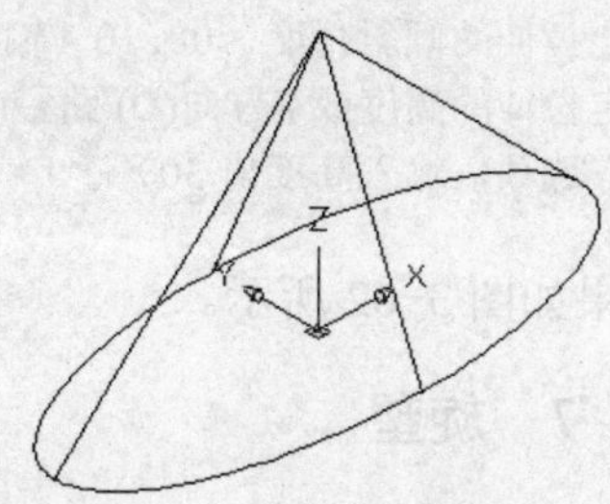


图 3-57　绘制椭圆锥体

1 2 第3章 4 5 6 7 8 9 附录A

### ▷▷▷ 3.2.5 圆环体

【示例】 如图 3-58 所示，单击“三维建模”面板中的“圆环体”命令按钮◎，绘制圆环体φ170×φ30，按命令行的提示进行操作。

```
命令: _torus
指定中心点或 [三点(3P)/两点(2P)/相切、相切、半径(T)]: 0,0,0（回车）
指定半径或 [直径(D)] <20.0000>: d（执行确定圆环体直径选项）
指定圆环体的直径 <40.0000>: 170（输入圆环体直径值 170）
指定圆管半径或 [两点(2P)/直径(D)]: d（执行确定圆管直径选项）
指定圆管直径 <0.0000>: 30 （输入圆管直径值 30）
```

效果如图 3-59 所示。

### ▷▷▷ 3.2.6 拉伸

【示例】 如图 3-60 所示，单击“三维建模”面板中的“拉伸”命令按钮，拉伸云线。拉伸高度为 30，拉伸角度为 10°，按命令行的提示进行操作。

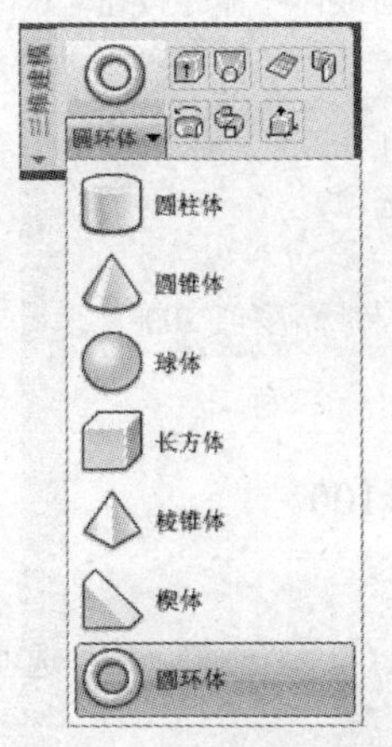

图 3-58 “圆环”命令按钮

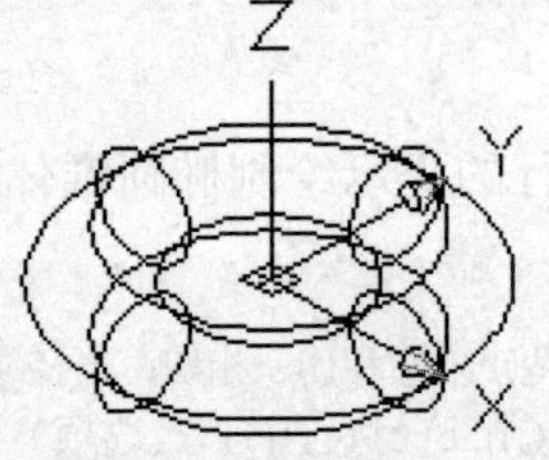

图 3-59 绘制圆环

图 3-60 “拉伸”命令按钮

```
命令: _extrude
当前线框密度: ISOLINES=4
选择要拉伸的对象: 找到 1 个（选择如图 3-61 所示的云线）
选择要拉伸的对象: （回车结束选择）
指定拉伸的高度或 [方向(D)/路径(P)/倾斜角(T)] <-30.0000>: t
指定拉伸的倾斜角度 <0>: 10（输入拉伸的倾斜角度 10°）
指定拉伸的高度或 [方向(D)/路径(P)/倾斜角(T)] <-30.0000>: 30（执行系统默认的“指定拉伸高度”选项，输入高度值 30）
```

阶段效果如图 3-62 所示。

### ▷▷▷ 3.2.7 旋塑

【示例】 如图 3-63 所示，单击“三维建模”面板中的“旋转”命令按钮，以 Y 轴

为旋转轴旋塑五边形，创建三维实体，按命令行的提示进行操作。

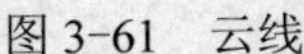

图 3-61　云线

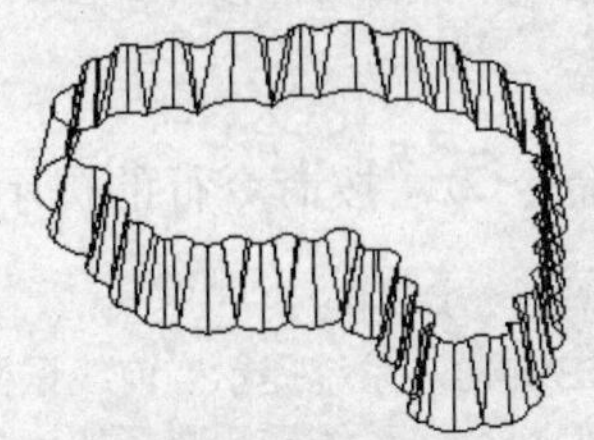

图 3-62　拉伸云线

图 3-63　“旋转”命令按钮

```
命令: _revolve
当前线框密度:  ISOLINES=4
选择要旋转的对象: 找到 1 个（选择如图 3-64 所示的五边形）
选择要旋转的对象: （回车）
指定轴起点或根据以下选项之一定义轴 [对象(O)/X/Y/Z] <对象>: y（以 Y 轴为旋转轴）
指定旋转角度或 [起点角度(ST)] <360>: 250（输入旋转角度值）
```

效果如图 3-65 所示，消隐效果如图 3-66 所示。

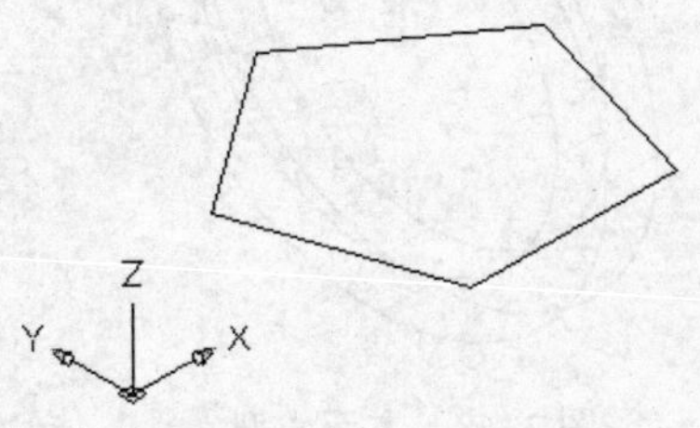


图 3-64　五边形

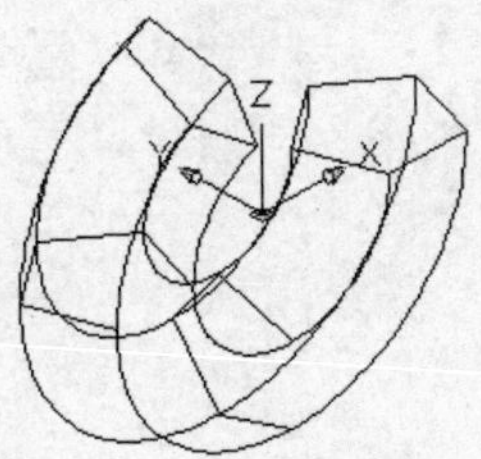


图 3-65　旋转五边形

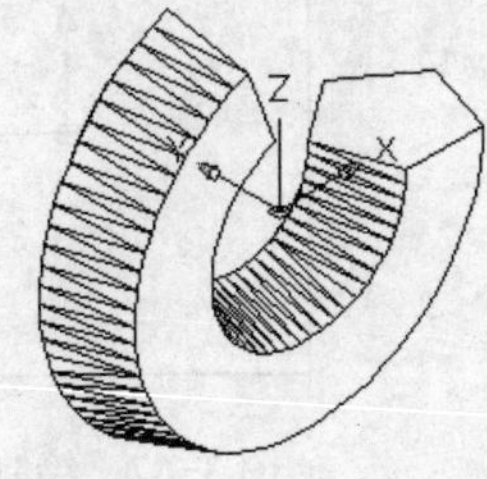


图 3-66　消隐效果

使用旋塑命令可以创建一些 AutoCAD 2009 没有直接提供的造型。下面这个例子创建的方环就是三维建模面板中未提供的造型。绘制步骤如下。

1）单击多边形绘制命令，按命令行的提示操作。

```
命令: _polygon
输入边的数目 <6>:4 （系统提示输入多边形的边数，输入边数 4 回车确认）
指定正多边形的中心点或 [边(E)]: 0,0（系统提示输入多边形的中心，输入原点）
输入选项 [内接于圆(I)/外切于圆(C)] <C>:（系统提示将输入三角形的内接圆半径还是外切圆半
径，回车默认将输入三角形的内接圆半径）
指定圆的半径:50（系统提示输入三角形内接圆半径，输入半径 50）
```

效果如图 3-67 所示。

2）单击移动命令，按命令行的提示操作。

```
命令: _move（输入移动命令）
选择对象:（系统提示选择被移动的实体，使用选择框选择正方形）
选择对象:（系统继续提示选择被移动的实体，回车结束选择）
指定基点或 [位移(D)] <位移>:（系统提示输入移动操作的基准点，在图形编辑窗口内单击一点作
```

为基准点）
指定第二个点或 <使用第一个点作为位移>: @400,0（系统提示输入移动操作的目标点，输入相对点@400,0）

3）旋塑成型，单击旋转命令，按命令行的提示操作。

命令: _revolve（输入旋塑命令）
当前线框密度: ISOLINES=10（系统提示当前线框密度，系统参数 ISOLINES 为 10）
选择要旋转的对象: 找到 1 个（系统提示选择被旋塑的实体，使用光标捕捉方框选取正方形）
选择要旋转的对象:（系统继续提示选择被旋塑的实体，回车结束选择）
指定轴起点或根据以下选项之一定义轴 [对象(O)/X/Y/Z] <对象>: y（系统提示输入旋转轴，这里按 Y 轴旋转，键入“y”）
指定旋转角度或 [起点角度(ST)] <360>:（系统提示输入旋塑的角度，回车默认为 360°）

效果如图 3-68 所示。

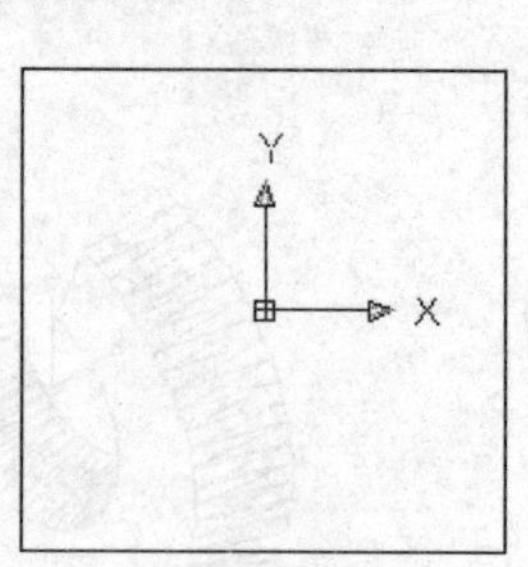


图 3-67 绘制正方形

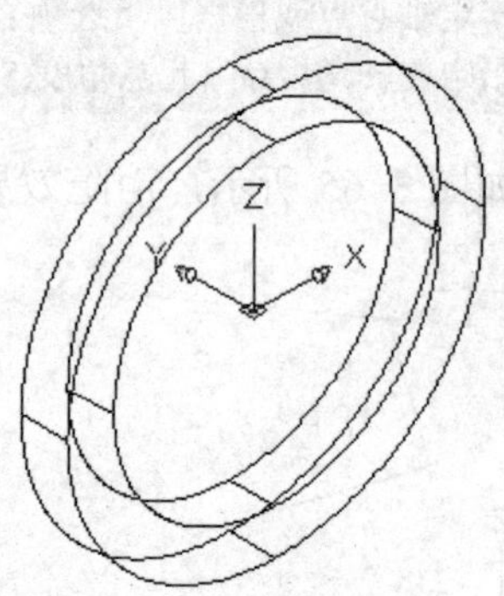


图 3-68 方环成型

## ▷▷▷ 3.2.8 低压绝缘子造型

操作步骤如下。

1）首先绘制低压绝缘子的基本形体。单击“绘图”面板中的“多段线”命令按钮，按命令行的提示绘制多段线。

命令: _pline
指定起点: 60,0
当前线宽为 0.0000
指定下一个点或 [圆弧(A)/半宽(H)/长度(L)/放弃(U)/宽度(W)]: 0,0
指定下一点或 [圆弧(A)/闭合(C)/半宽(H)/长度(L)/放弃(U)/宽度(W)]: 0,100
指定下一点或 [圆弧(A)/闭合(C)/半宽(H)/长度(L)/放弃(U)/宽度(W)]: 48,100
指定下一点或 [圆弧(A)/闭合(C)/半宽(H)/长度(L)/放弃(U)/宽度(W)]: 60,0
指定下一点或 [圆弧(A)/闭合(C)/半宽(H)/长度(L)/放弃(U)/宽度(W)]:

阶段效果如图 3-69 所示。

2）单击“三维建模”面板中的“旋转”命令按钮，以 Y 轴为旋转轴旋塑多段线，创建三维实体，阶段效果如图 3-70 所示。

3）在“菜单浏览器”中选择“视图”→“三维视图”→“西南等轴测视图”命令，把视图转到如图 3-71 所示的方向。

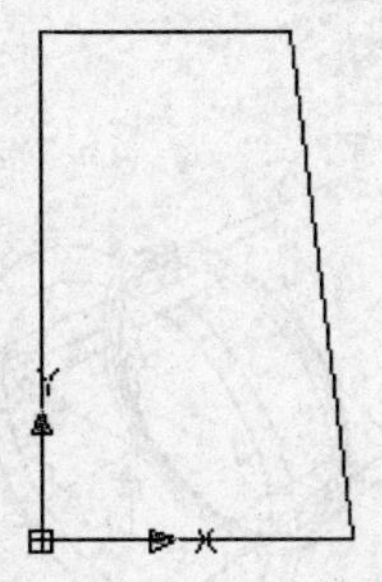


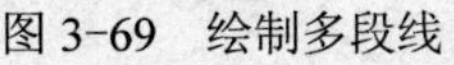

图 3-69　绘制多段线

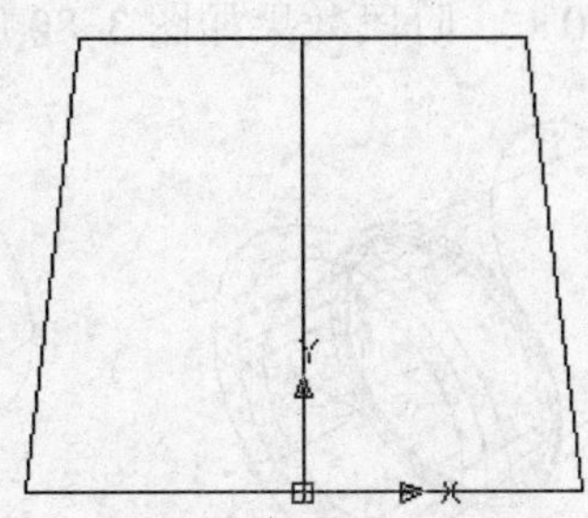


图 3-70　旋转多段线

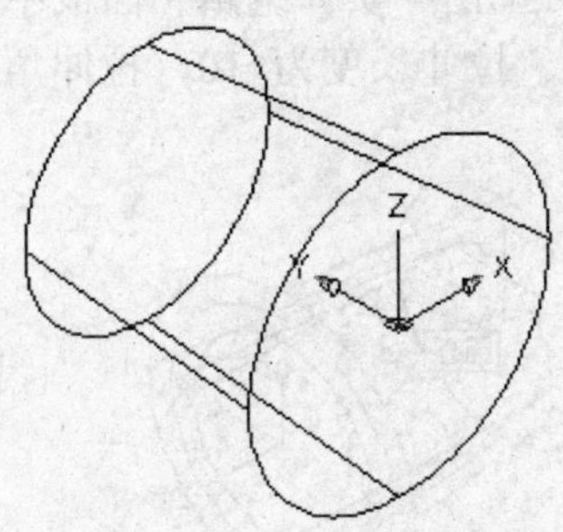


图 3-71　西南等轴测视图

4）单击“实体编辑”面板中的“抽壳”命令按钮，把实体创建成壁厚为 10 的壳体，注意如图 3-72 所示的光标所指的表面不抽壳，效果如图 3-73 所示。

5）在“视图”选项卡中单击 UCS 面板中的“绕 X 轴旋转当前 UCS”命令按钮，把坐标系绕 X 轴旋转 90°，效果如图 3-74 所示。

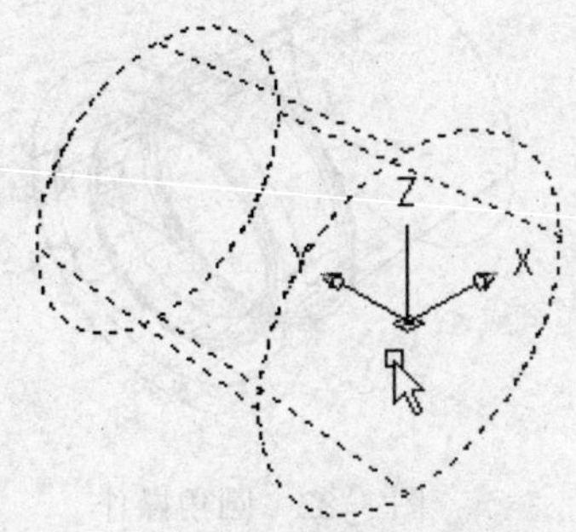


图 3-72　选择表面

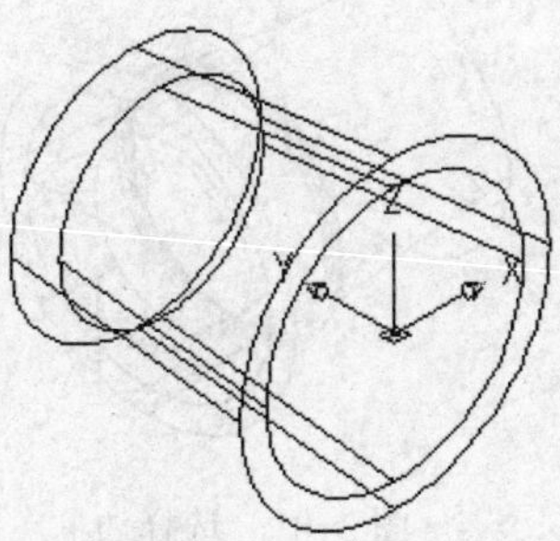


图 3-73　抽壳

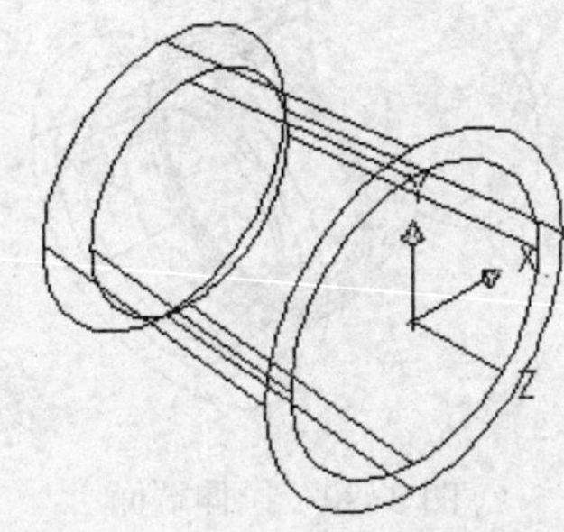


图 3-74　旋转坐标系

6）单击“三维建模”面板中的“圆柱体”命令按钮，以原点为底面圆心绘制圆柱体$\phi$80×(-100)，效果如图 3-75 所示。

7）单击“实体编辑”面板中的“并集”命令按钮，合并所有实体，效果如图 3-76 所示。

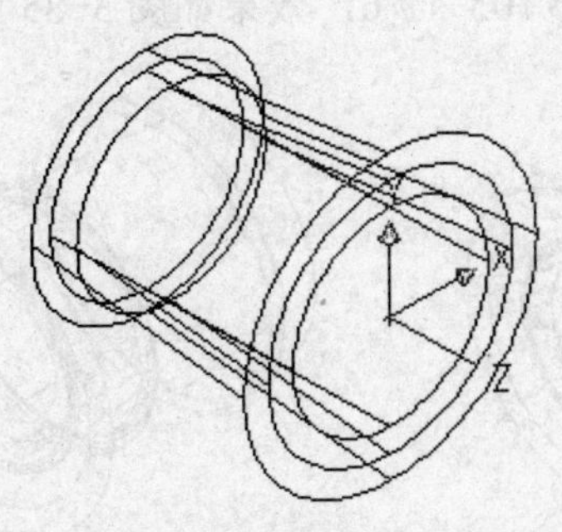


图 3-75　绘制圆柱体

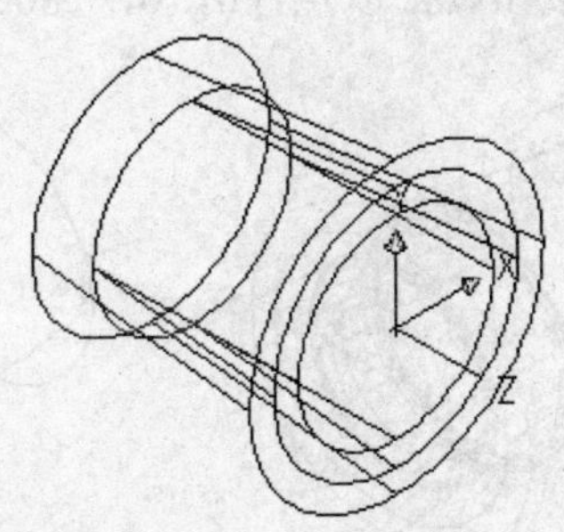


图 3-76　合并实体

8）单击“修改”面板中的“圆角”命令按钮，把如图 3-77 虚线所示边倒圆角 R3，阶段效果如图 3-78 所示。

9）单击“实体编辑”面板中的“拉伸面”命令按钮，拉伸如图 3-79 所示的光标所指的端面。拉伸长度为-10，拉伸角度为 40°，阶段效果如图 3-80 所示。

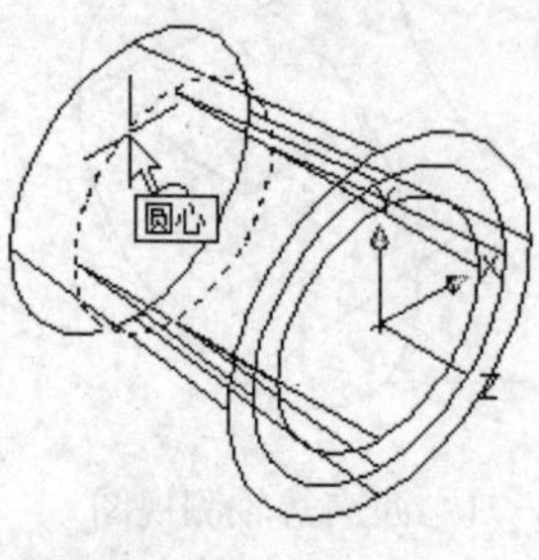

图 3-77　指示边

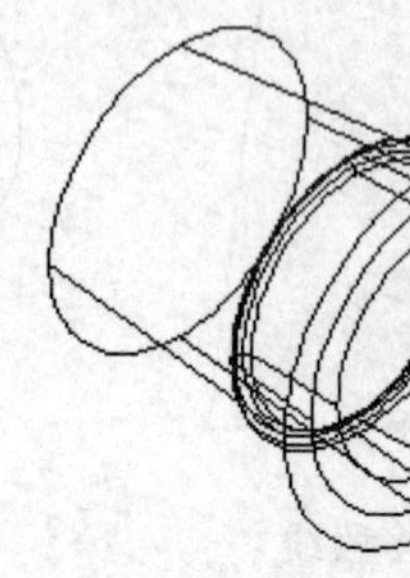

图 3-78　圆角操作

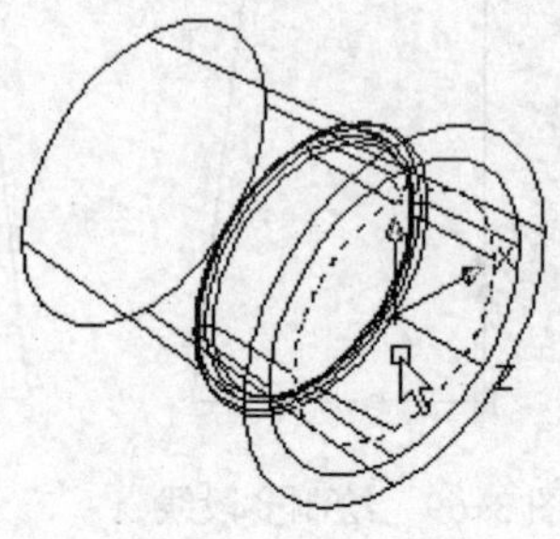

图 3-79　指示端面

10）单击“修改”面板中的“圆角”命令按钮，把如图 3-81 所示的虚线边倒圆角 R2，阶段效果如图 3-82 所示。

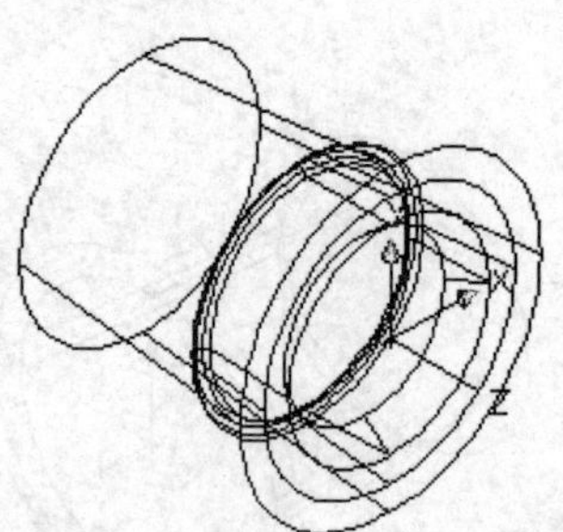

图 3-80　拉伸端面

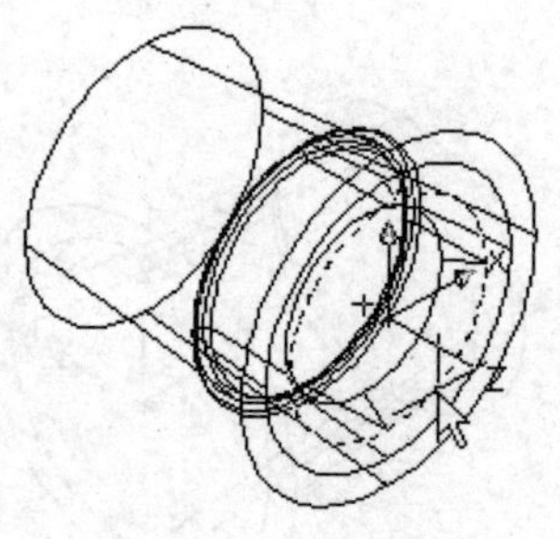

图 3-81　选择边

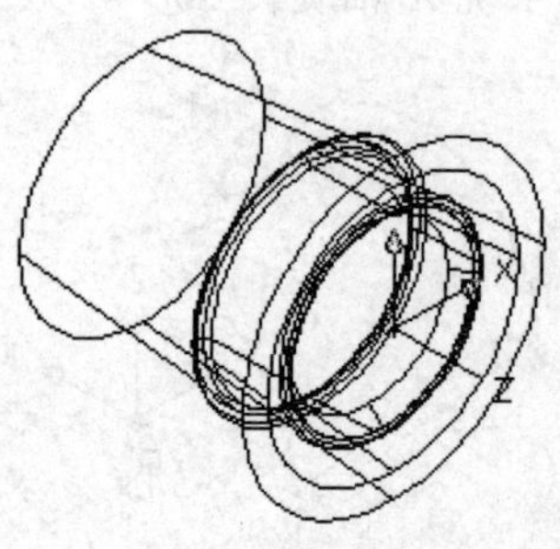

图 3-82　圆角操作

11）单击“三维建模”面板中的“圆柱体”命令按钮，以原点为底面圆心绘制圆柱体 $\phi 50\times(-45)$，效果如图 3-83 所示。

12）单击“实体编辑”面板中的“差集”命令按钮，使用毛坯减切圆柱体 $\phi 50\times(-45)$，效果如图 3-84 所示。

13）绘制低压绝缘子上的凹槽，此凹槽用于安装电线。单击“三维建模”面板中的“圆环体”命令按钮，以点（0，0，-80）绘制圆环体 $\phi 103\times\phi 6$，效果如图 3-85 所示。

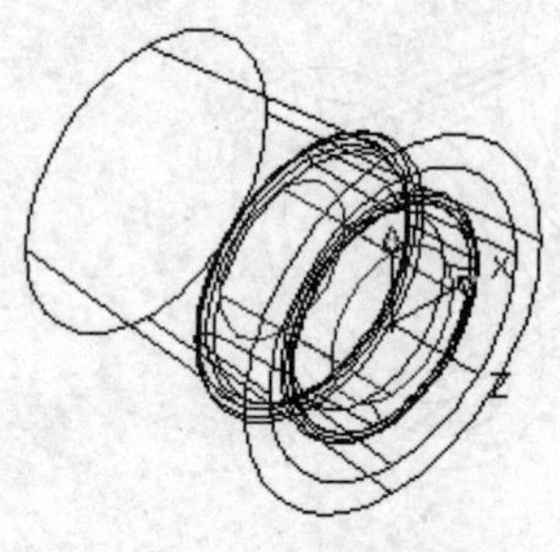

图 3-83　绘制圆柱体

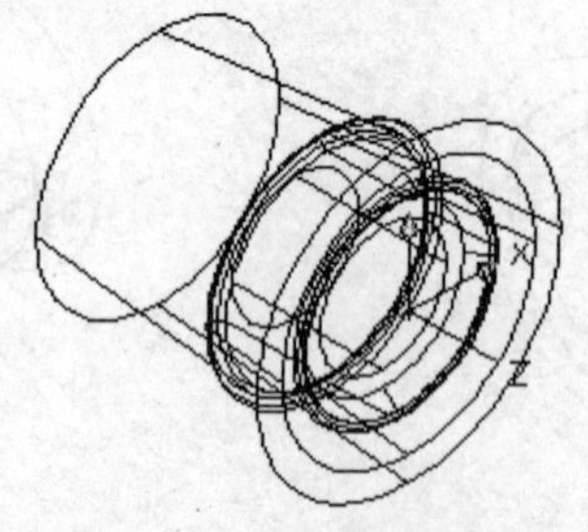

图 3-84　减切圆柱体

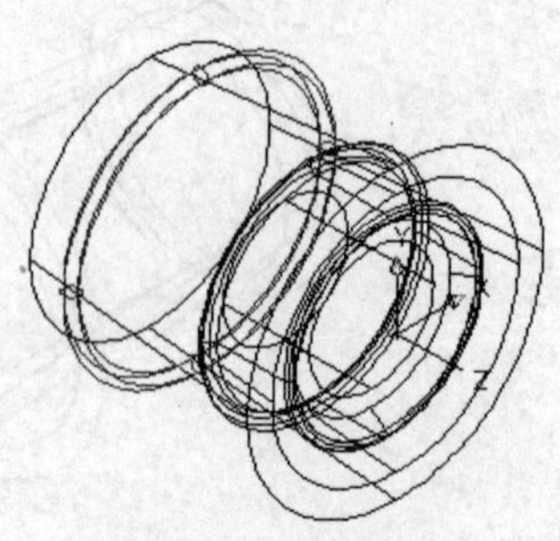

图 3-85　绘制圆环体

14）单击“实体编辑”面板中的“差集”命令按钮，使用毛坯减切圆环体$\phi$103×$\phi$6，效果如图3-86所示。

15）最后绘制低压绝缘子顶端的工艺凹槽，它可减轻高温烧制过程中的温度应力危害。单击UCS面板中的“绕Y轴旋转当前UCS”命令按钮，把坐标系绕Y轴旋转90°，效果如图3-87所示。

16）单击“三维建模”面板中的“圆柱体”命令按钮，以实体后端面中心为底面圆心绘制圆柱体$\phi$6×50，效果如图3-88所示。

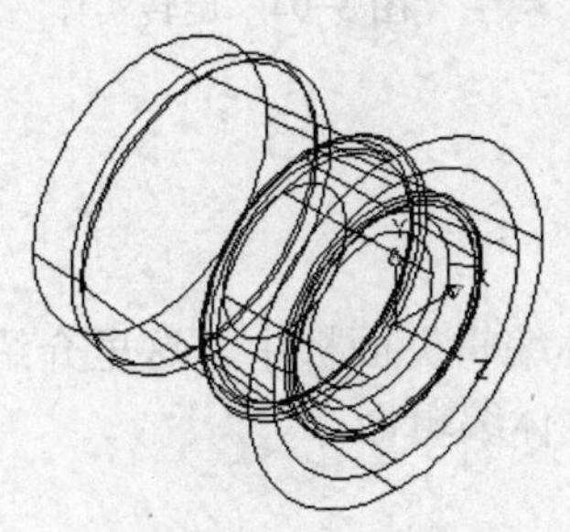
图3-86　减切圆环体

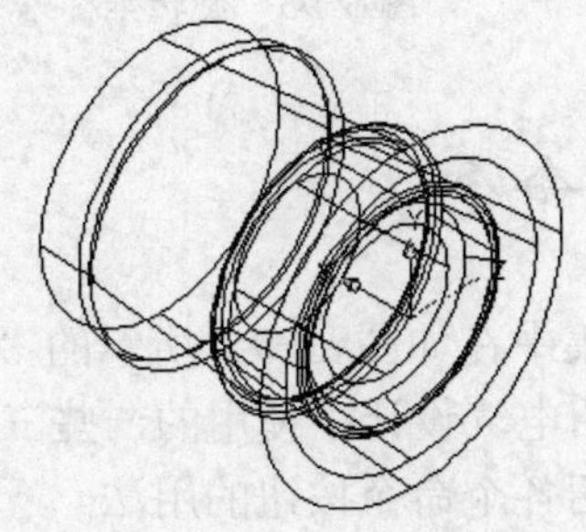
图3-87　绕Y轴坐标系

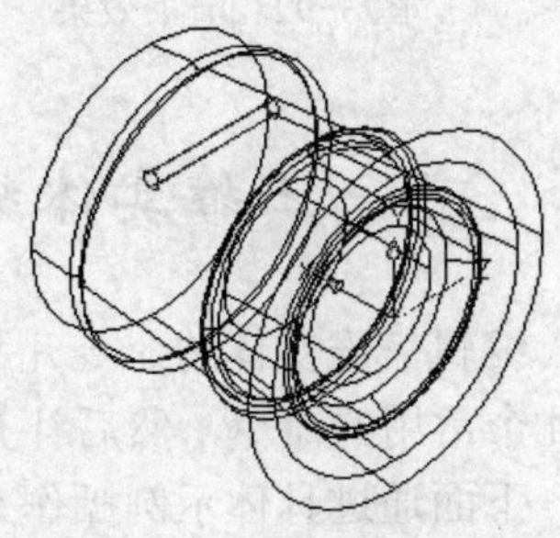
图3-88　绘制圆柱体

17）单击UCS面板中的“上一个UCS”命令按钮，恢复以前的坐标系，效果如图3-89所示。

18）单击“修改”面板中的“阵列”命令按钮，以原点为阵列中心，把圆柱体$\phi$6×50环形阵列4个，效果如图3-90所示。

19）单击“实体编辑”面板中的“差集”命令按钮，使用毛坯减切4个圆柱体$\phi$6×50，效果如图3-91所示，渲染效果如图3-92所示。

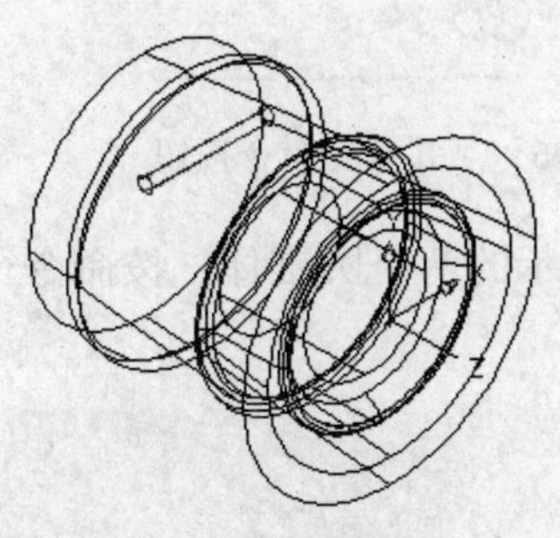
图3-89　绘制圆柱体

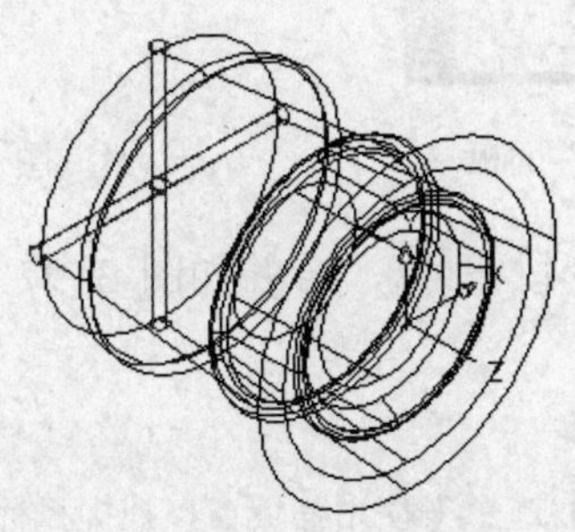
图3-90　阵列圆柱体

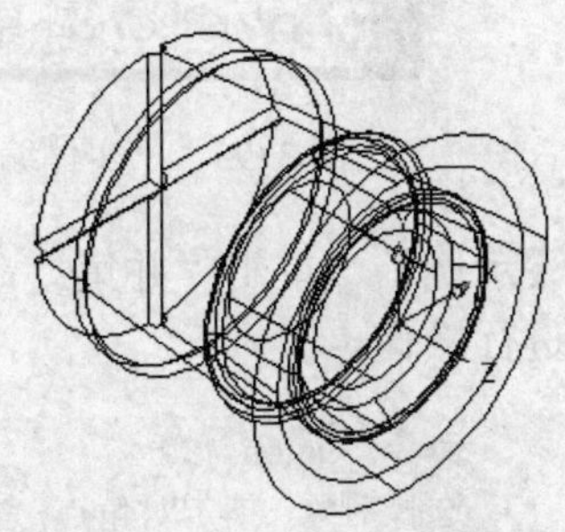
图3-91　减切圆柱体

20）单击UCS面板中的“绕Y轴旋转当前UCS”命令按钮，把坐标系绕Y轴旋转90°，效果如图3-93所示。

21）单击“修改”面板中的“旋转”命令按钮，以原点为旋转中心，把绝缘子旋转90°，效果如图3-94所示。

图 3-92　渲染效果

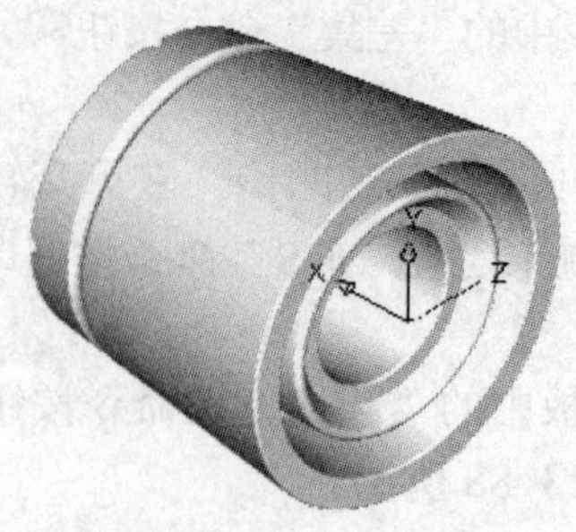


图 3-93　旋转坐标系

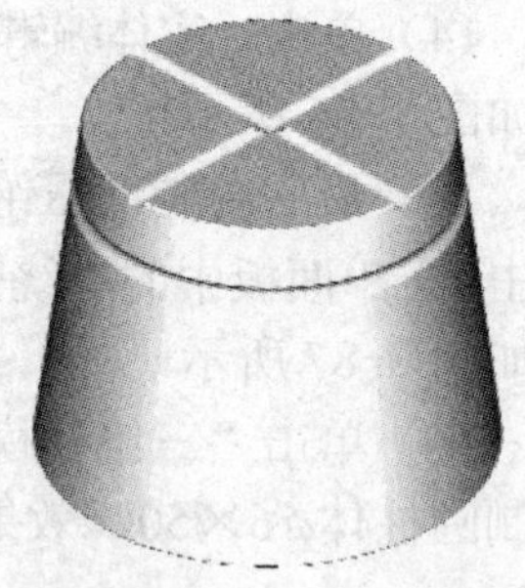

图 3-94　旋转实体

## 3.3　三维实体编辑命令

编辑三维实体的命令几乎都集中在如图 3-95 所示的“实体编辑”面板中。这里介绍其中几个常用的命令，然后补充介绍电气设计中使用的一些三维实体编辑命令。

下面通过具体示例操作来介绍各个命令按钮的用法。

### 3.3.1　并集

本命令用于合并多个独立的实体，如果所得到的实体的点、线、面符合欧拉公式，就能合并成功。“并集”命令按钮在实体编辑面板的位置如图 3-96 所示。

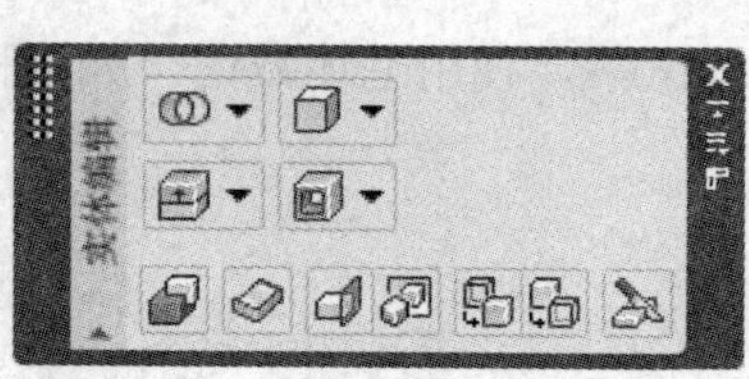


图 3-95　“实体编辑”面板

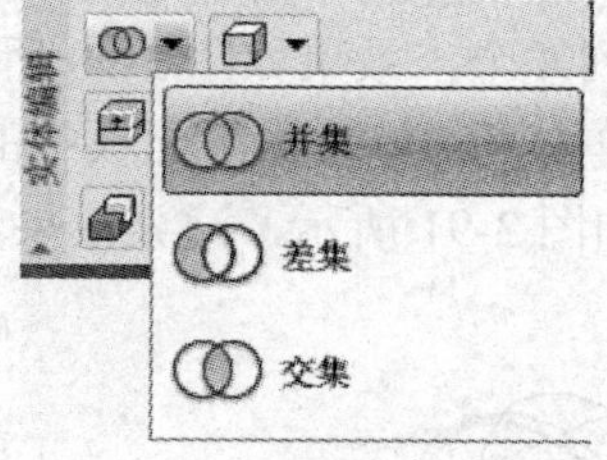


图 3-96　“并集”命令按钮

【示例】　单击“并集”命令按钮，合并如图 3-97 所示的两个圆锥体，按命令行的提示进行操作。

```
命令: _union
选择对象: 指定对角点: 找到 2 个（使用捕捉窗口捕捉目标实体）
选择对象:（回车）
```

效果如图 3-98 所示，注意产生了相贯线。

### 3.3.2　差集

“差集”命令按钮用于在一个实体上切除一部分，它在“实体编辑”面板的位置如图 3-99 所示。

单击“差集”命令按钮，后边的圆锥体减切前边的圆锥体，按命令行的提示进行操作。

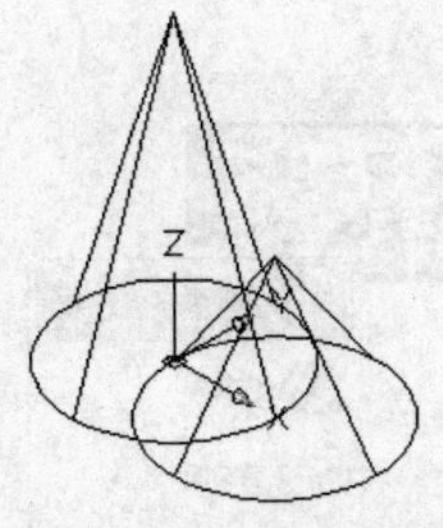

图 3-97　两个圆锥体

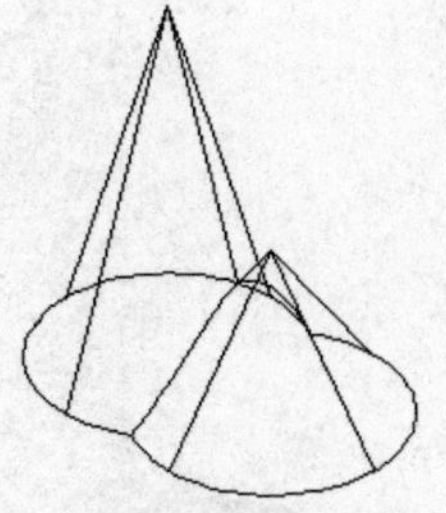

图 3-98　合并圆锥体

图 3-99　“差集”命令按钮

```
命令: _subtract
选择要从中减去的实体或面域...
选择对象: 找到 1 个（选择如图 3-100 所示后边的圆锥体）
选择对象:（回车）
选择要减去的实体或面域…
选择对象: 指定对角点：找到 1 个（选择如图 3-101 所示前边的圆锥体）
选择对象: （回车）
```

效果如图 3-102 所示。

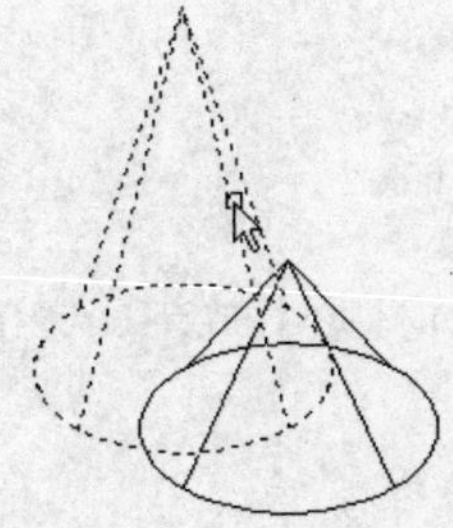

图 3-100　选择被减切体

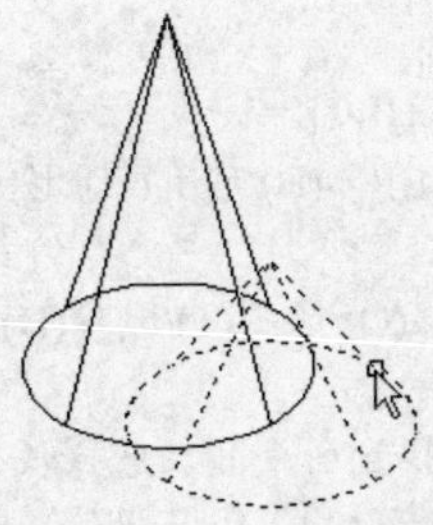

图 3-101　选择减切体

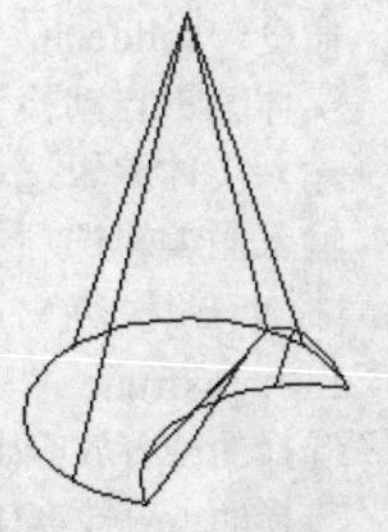

图 3-102　差集操作

## ▷▷▷ 3.3.3　交集

“交集”命令按钮用于创建多个实体之间相交的部分，它在“实体编辑”面板的位置如图 3-103 所示。

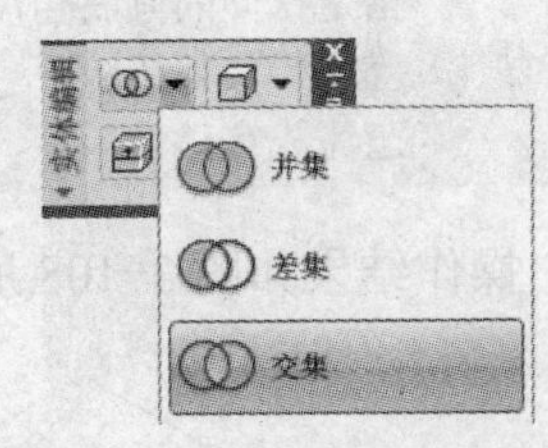


图 3-103　“交集”命令按钮

**【示例】**　单击“交集”命令按钮，创建如图 3-104 所示的两个球体的交集实体，按命令行的提示进行操作。

```
命令: _intersect
选择对象: 找到 1 个（选择后边的球体）
选择对象: 找到 1 个，总计 2 个（选择前边的球体）
选择对象:（回车）
```

如图 3-105 所示。

## ▷▷▷ 3.3.4　拉伸面

“拉伸面”命令用于拉伸实体上一个表面，使其伸长一块。如图 3-106 所示是拉伸面

命令在“实体编辑”面板中的位置。

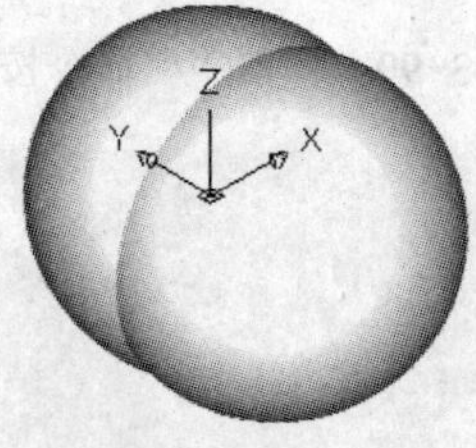


图 3-104 两个球体

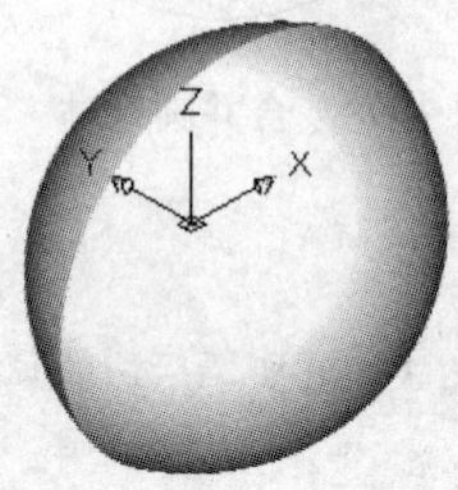


图 3-105 交集实体

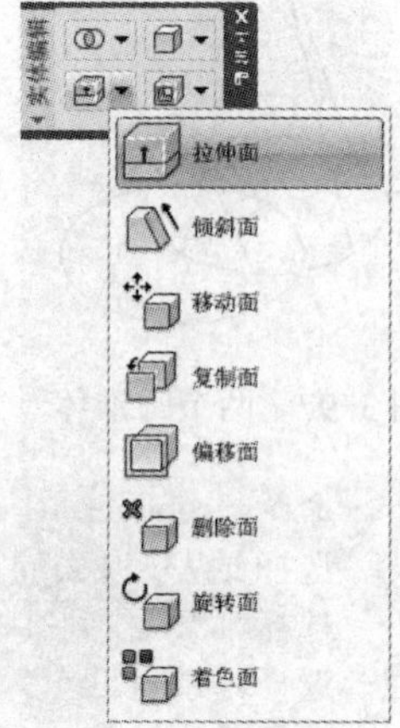


图 3-106 “拉伸面”命令按钮

**【示例】** 反向拉伸如图 3-107 所示的长方体的上底面，单击“拉伸面”命令按钮，按命令行的提示进行操作。

```
命令: _solidedit
实体编辑自动检查:   SOLIDCHECK=1
输入实体编辑选项 [面(F)/边(E)/体(B)/放弃(U)/退出(X)] <退出>: _face
输入面编辑选项
[拉伸(E)/移动(M)/旋转(R)/偏移(O)/倾斜(T)/删除(D)/复制(C)/颜色(L)/材质(A)/放弃(U)/退出(X)] <退出>: _extrude
选择面或 [放弃(U)/删除(R)]:找到一个面（选择长方体的上底面）
选择面或 [放弃(U)/删除(R)/全部(ALL)]:（回车）
指定拉伸高度或 [路径(P)]:-30（输入拉伸高度为-30）
指定拉伸的倾斜角度 <0>: 30（输入拉伸倾斜角度为 30°）
已开始实体校验。
已完成实体校验。
```

操作结果如图 3-108 所示。

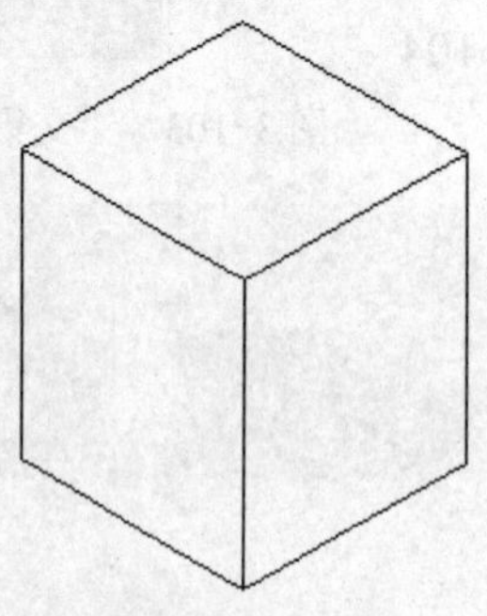

图 3-107 长方体

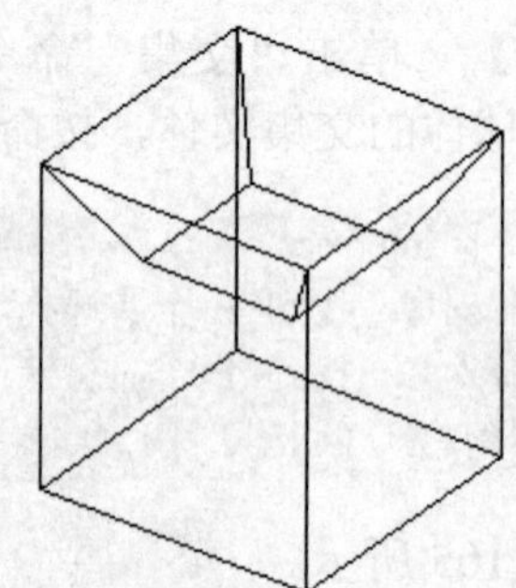

图 3-108 面拉伸

### 3.3.5　旋转面

本命令用于根据指定的旋转轴、旋转角度旋转实体的一个表面，它的位置如图3-109所示。

【示例】　单击“旋转面”命令按钮，旋转球缺的一个表面，按命令行提示进行操作。

```
命令: _solidedit
实体编辑自动检查:  SOLIDCHECK=1
输入实体编辑选项 [面(F)/边(E)/体(B)/放弃(U)/退出(X)] <退出>: _face
输入面编辑选项 [拉伸(E)/移动(M)/旋转(R)/偏移(O)/倾斜(T)/删除(D)/复制(C)/颜色(L)/ 材质(A)/放弃(U)/退出(X)] <退出>: _rotate
选择面或 [放弃(U)/删除(R)]: 找到一个面（选择球缺的左边表面）
选择面或 [放弃(U)/删除(R)/全部(ALL)]:（回车）
指定轴点或 [经过对象的轴(A)/视图(V)/X 轴(X)/Y 轴(Y)/Z 轴(Z)] <两点>:y（确定旋转轴的方向）
指定旋转原点 <0,0,0>: _cen 于（捕捉球体的球心）
指定旋转角度或 [参照(R)]: 20（输入角度为20°）
已开始实体校验。
已完成实体校验。
```

操作结果如图3-110所示。

### 3.3.6　复制面

本命令可以复制实体上的一个表面，得到一个面域。“复制面”命令按钮在“实体编辑”面板中的位置如图3-111所示。

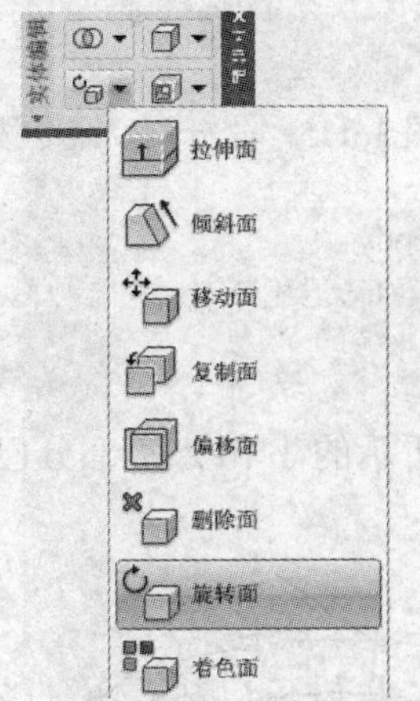


图3-109　“旋转面”命令按钮

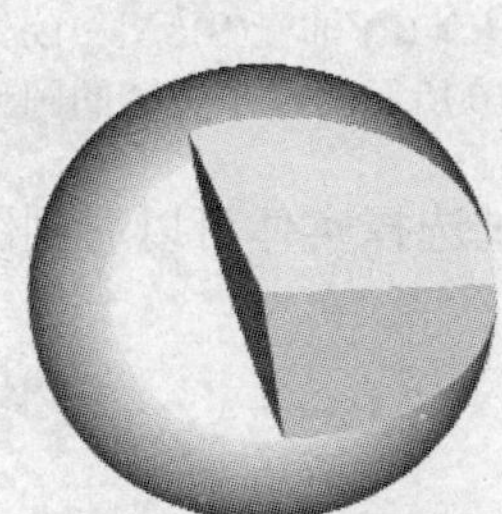

图3-110　旋转表面

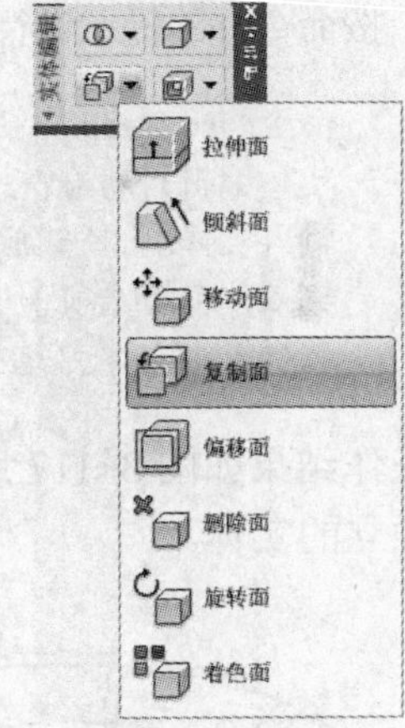


图3-111　“复制面”命令按钮

【示例】　单击“复制面”按钮，复制球缺上的一个表面，按命令行的提示进行操作。

```
命令: _solidedit
实体编辑自动检查:  SOLIDCHECK=1
输入实体编辑选项 [面(F)/边(E)/体(B)/放弃(U)/退出(X)] <退出>: _face
输入面编辑选项 [拉伸(E)/移动(M)/旋转(R)/偏移(O)/倾斜(T)/删除(D)/复制(C)/ 颜色(L)/材质(A)/放弃(U)/退出(X)] <退出>: _copy
```

> 选择面或 [放弃(U)/删除(R)]：找到一个面（选择如图 3-112 的表面）
> 选择面或 [放弃(U)/删除(R)/全部(ALL)]：（回车）
> 指定基点或位移:(在图形编辑窗口单击确定复制基准点)
> 指定位移的第二点：(在图形编辑窗口单击确定复制目标点，牵拉出复制距离矢量，如图 3-113 所示)

渲染结果如图 3-114 所示。

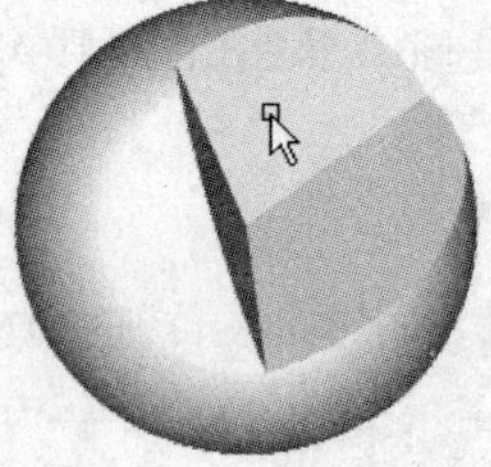

图 3-112　选择表面

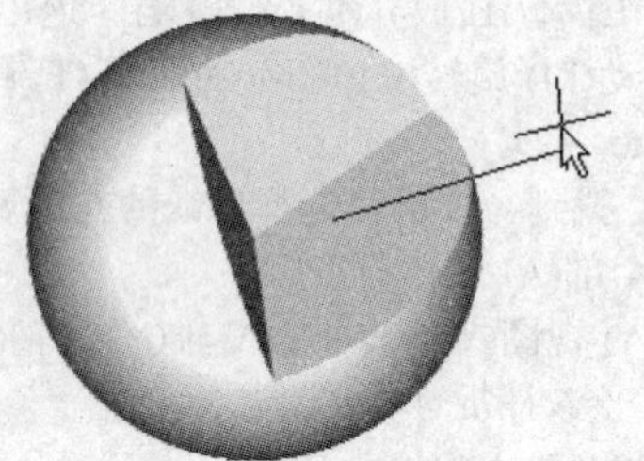

图 3-113　牵拉出移动矢量

图 3-114　复制表面

### ▷▷▷ 3.3.7　分割

本命令可以使同一个实体上不相连的部分分离成独立的实体。"分割"命令按钮在"实体编辑"面板中的位置如图 3-115 所示。

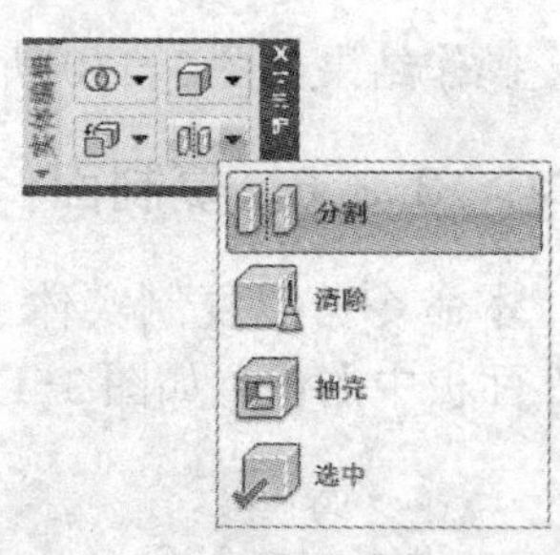


图 3-115　"分割"命令按钮

【示例】　分割一个中断的圆环体。单击"分割"命令按钮，按命令行的提示进行操作。

> 命令: _solidedit
> 实体编辑自动检查:　SOLIDCHECK=1
> 输入实体编辑选项 [面(F)/边(E)/体(B)/放弃(U)/退出(X)] <退出>: _body
> 输入体编辑选项 [压印(I)/分割实体(P)/抽壳(S)/清除(L)/检查(C)/放弃(U)/退出(X)] <退出>: _separate
> 选择三维实体:（选择如图 3-116 所示的一个中断的圆环体）

操作结果如图 3-117 所示，通过选择实体可以看到图 3-117 所示的 1 和 2 两部分已成为两个独立的实体。

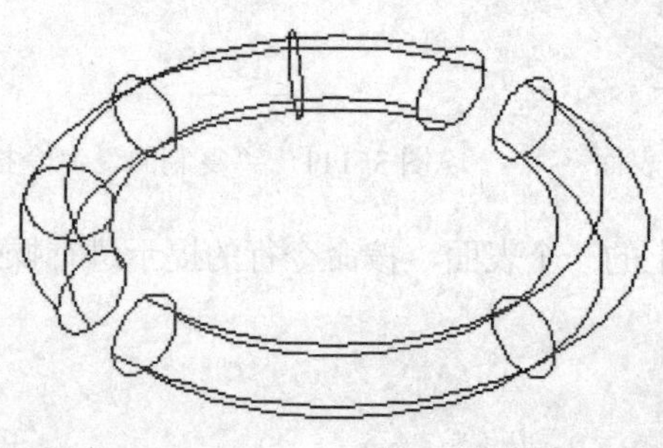

图 3-116　圆环体

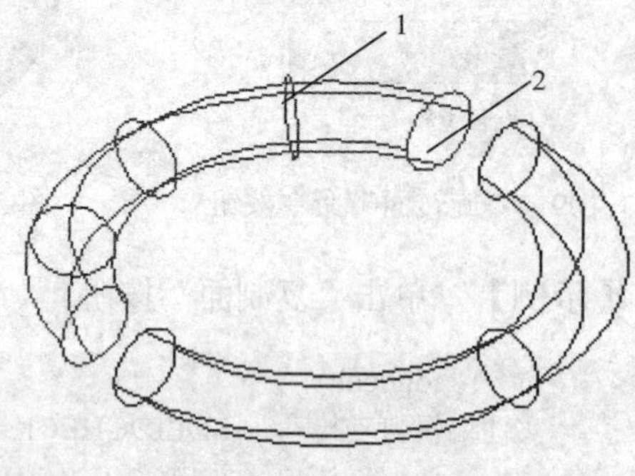


图 3-117　分割实体

### 3.3.8 抽壳

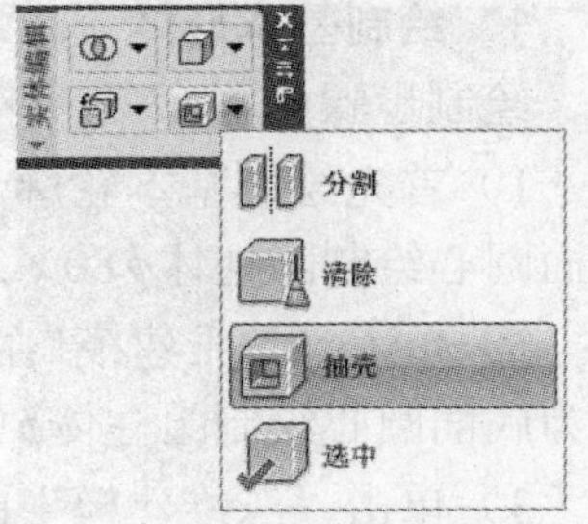

图 3-118 “壳体”命令按钮

抽壳命令用于按照不变的壁厚创建壳体，能否抽壳成功取决于所得到的实体的点、线、面是否符合欧拉公式，“抽壳”命令按钮在“实体编辑”面板中的位置如图 3-118 所示。

【示例】 单击“抽壳”命令按钮，把如图 3-119 所示的球缺体创建成壁厚为 0.5 的壳体，按命令行的提示进行操作。

```
命令: _solidedit
实体编辑自动检查:  SOLIDCHECK=1
输入实体编辑选项 [面(F)/边(E)/体(B)/放弃(U)/退出(X)] <退出>: _body
输入体编辑选项[压印(I)/分割实体(P)/抽壳(S)/清除(L)/检查(C)/放弃(U)/退出(X)] <退出>: _shell
选择三维实体:（选择球缺体）
删除面或 [放弃(U)/添加(A)/全部(ALL)]: 找到一个面，已删除 1 个（单击球缺体的端面）
删除面或 [放弃(U)/添加(A)/全部(ALL)]:（回车）
输入抽壳偏移距离: 0.5（输入壳体壁厚度为 0.5）
已开始实体校验。
已完成实体校验。
输入体编辑选项[压印(I)/分割实体(P)/抽壳(S)/清除(L)/检查(C)/放弃(U)/退出(X)] <退出>: *取消*
```

渲染效果如图 3-120 所示。

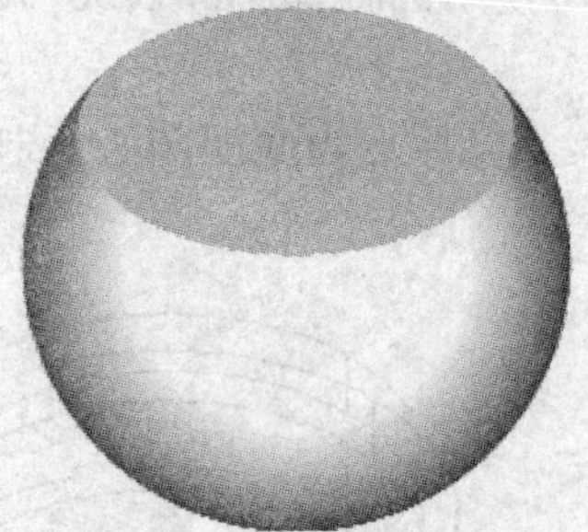

图 3-119 球缺体

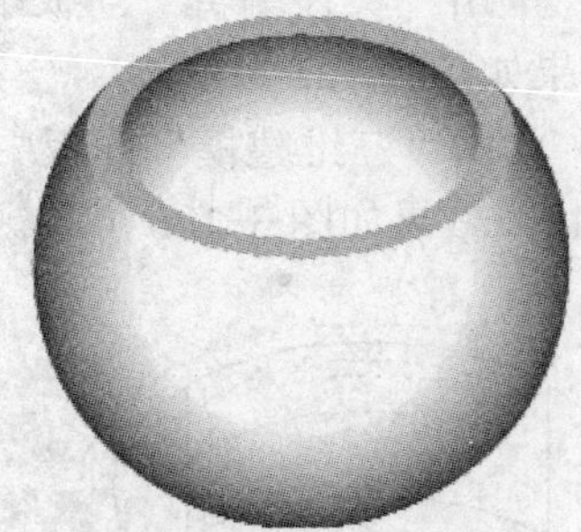

图 3-120 抽壳操作

## 3.4 综合实例

本节介绍三个电气元器件的设计实例，使读者熟悉 AutoCAD 2009 的三维设计功能。它们分别是拉线开关座、冲压接线片和电动机。

### 3.4.1 设计拉线开关座

拉线开关是传统的开关设备之一，广泛应用于民用照明电路中。它的电气元器件全部安装在拉线开关座中，下面先绘制拉线开关座的基本形体，再绘制拉线孔，最后绘制主螺栓座和电气螺栓座。

1．绘制基本形体

绘制步骤如下。

1）首先绘制基本轮廓。单击“三维建模”面板中的“圆柱体”命令按钮，以原点为底面圆心绘制圆柱体$\phi$80×30，效果如图 3-121 所示。

2）单击“三维建模”面板中的“圆柱体”命令按钮，以圆柱体$\phi$ 80×30 的上底面圆心为底面圆心绘制圆柱体$\phi$90×(-10)，效果如图 3-122 所示。

3）单击“三维建模”面板中的“圆柱体”命令按钮，以圆柱体$\phi$ 90×(-10)的上底面圆心为底面圆心绘制圆柱体$\phi$70×(-10)，效果如图 3-123 所示。

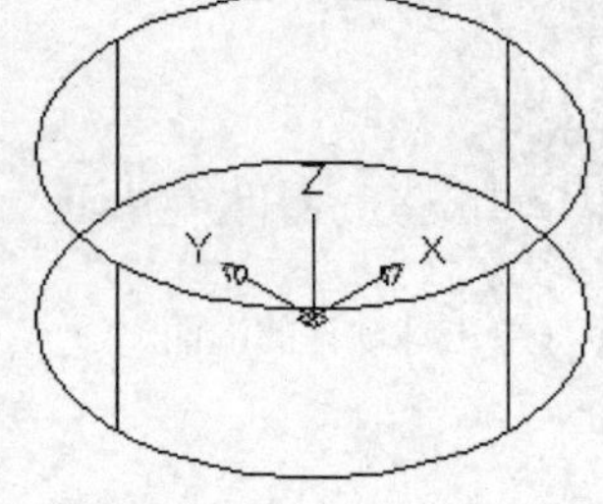


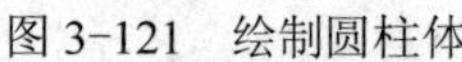
图 3-121　绘制圆柱体

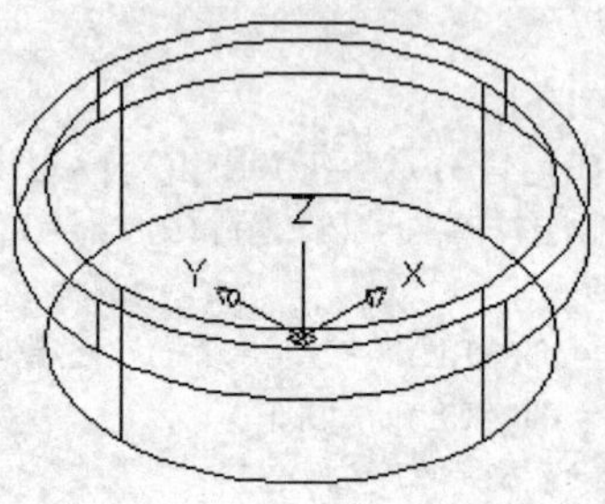

图 3-122　绘制圆柱体

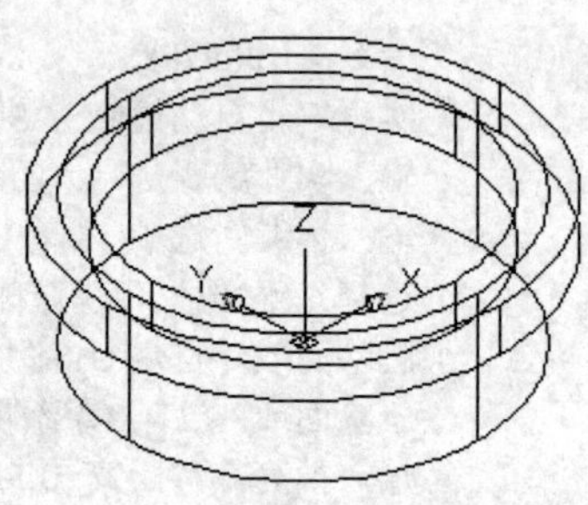

图 3-123　绘制圆柱体

4）单击“实体编辑”面板中的“并集”命令按钮，使用圆柱体$\phi$ 90×(-10)减切圆柱体$\phi$70×(-10)，效果如图 3-124 虚线所示。

5）单击“实体编辑”面板中的“差集”命令按钮，使用圆柱体$\phi$ 80×30 减切方圆环，效果如图 3-125 所示。

6）单击“三维建模”面板中的“圆柱体”命令按钮，以原点为底面圆心绘制圆柱体$\phi$70×15，效果如图 3-126 所示。

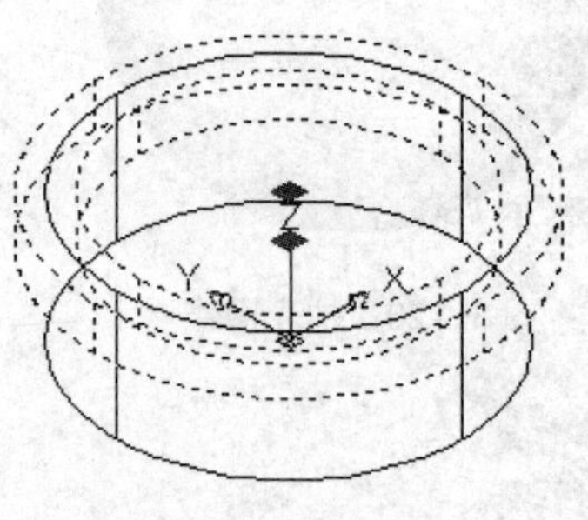

图 3-124　创建方圆环

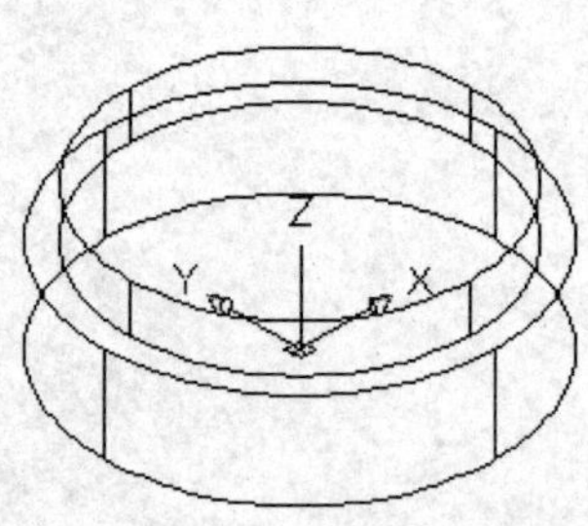

图 3-125　减切方圆环

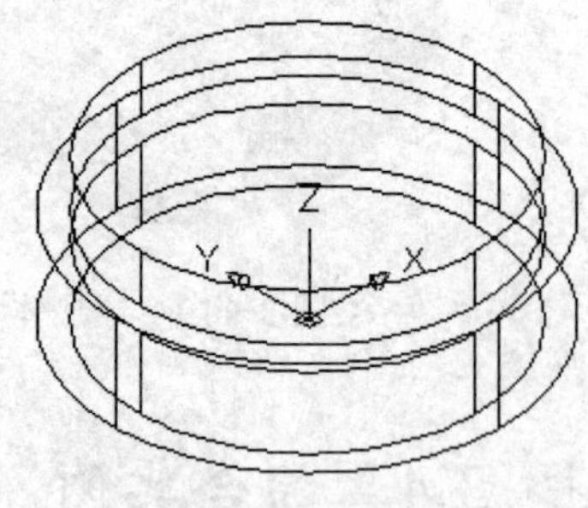

图 3-126　绘制圆柱体

7）单击“三维建模”面板中的“圆柱体”命令按钮，以原点为底面圆心绘制圆柱体$\phi$40×15，效果如图 3-127 所示。

8）单击“实体编辑”面板中的“差集”命令按钮，使用圆柱体$\phi$ 70×15 减切圆柱体$\phi$40×15，效果如图 3-128 虚线所示。

9）为了观察差集效果，可以从“菜单浏览器”中选择“视图”→“动态观察”→“受约束的动态观察”菜单命令，适当旋转造型，露出底部，效果如图 3-129 所示。

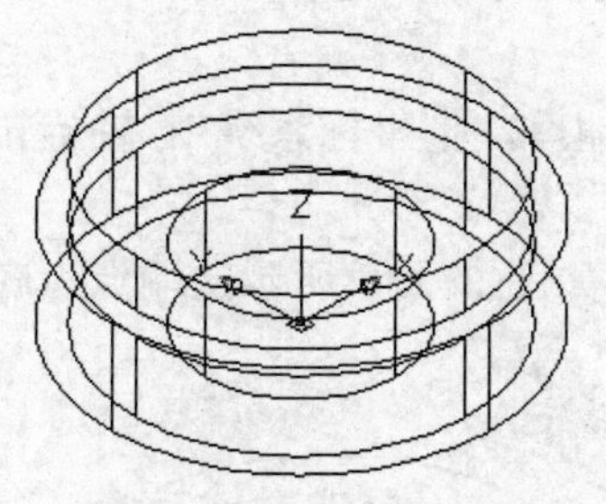

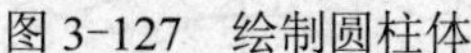

图 3-127 绘制圆柱体

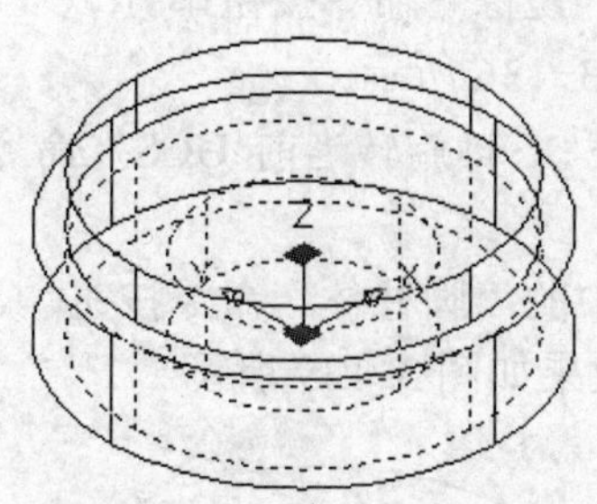

图 3-128 剪切圆柱体

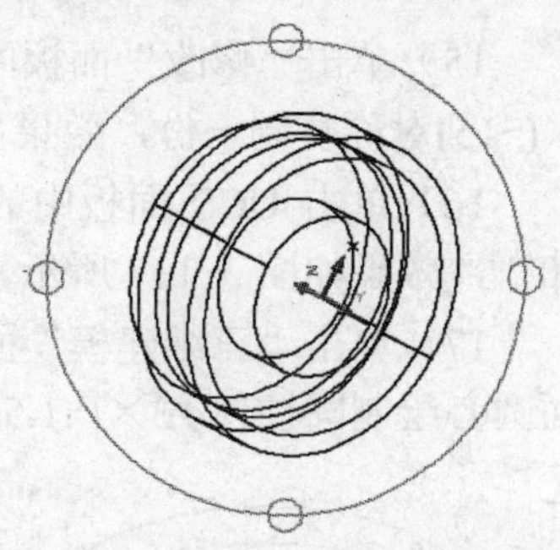

图 3-129 旋转造型

10）为了观察造型效果，在“菜单浏览器”中选择“视图”→“消隐”菜单命令，创建底部的消隐效果图，效果如图 3-130 所示。

11）然后绘制中间的方坑。单击“三维建模”面板中的“长方体”命令按钮，以造型的上底面圆心为起点，绘制长方体 13×13×(-25)，效果如图 3-131 所示。

12）单击“修改”面板中的“阵列”命令按钮，以原点为阵列中心，把长方体 13×13×(-25)环形阵列 4 个，效果如图 3-132 所示。

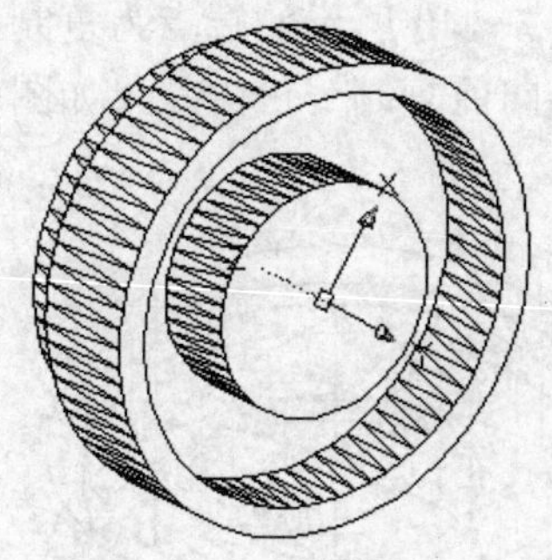

图 3-130 消隐效果图

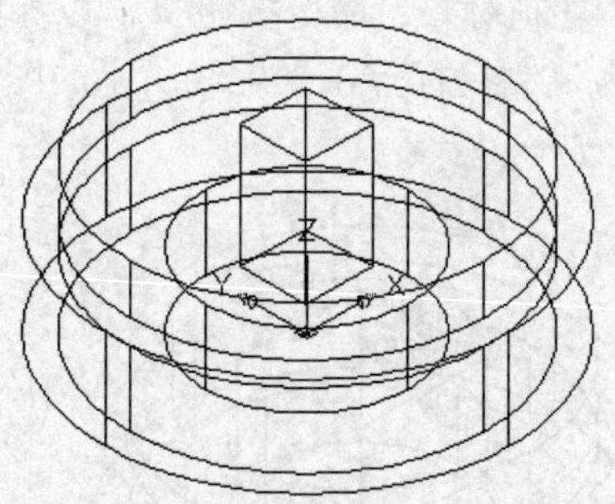

图 3-131 绘制长方体

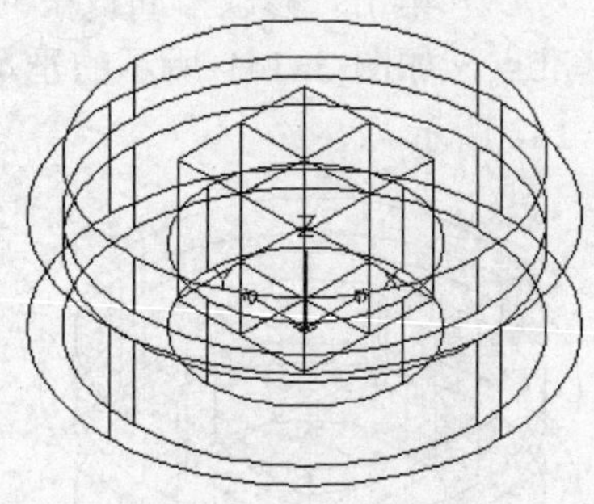

图 3-132 阵列长方体

13）单击“实体编辑”面板中的“差集”命令按钮，使用造型毛坯减切 4 个长方体 13×13×(-25)，消隐效果如图 3-133 所示。

14）现在绘制安装转子的凹槽。单击“三维建模”面板中的“长方体”命令按钮，以如图 3-134 所示的中点为起点，绘制长方体 1.5×1.5×(-15)，效果如图 3-135 所示。

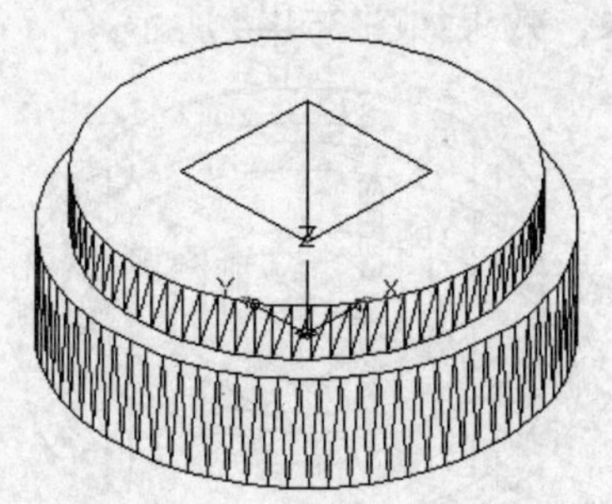

图 3-133 减切 4 个长方体

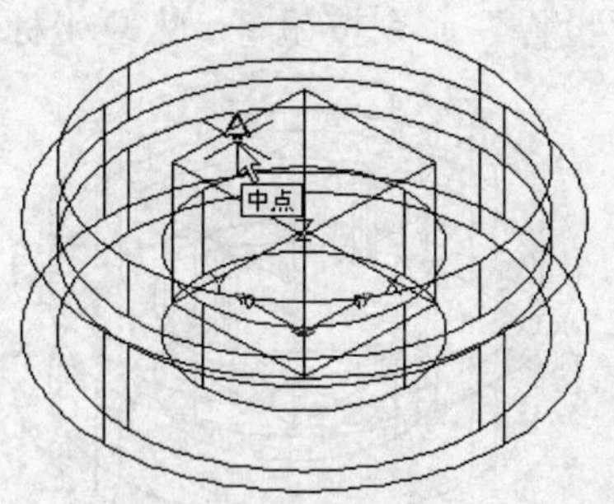


图 3-134 捕捉中点

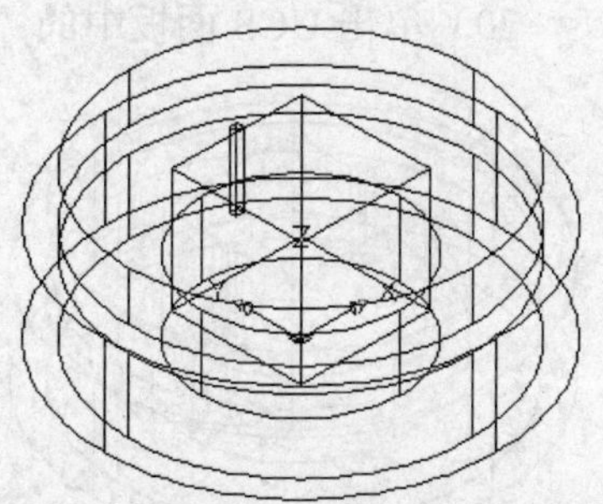

图 3-135 绘制长方体

15）单击“修改”面板中的“镜像”命令按钮，以 Y 轴为对称轴，把长方体 1.5×1.5×(-15)对称复制一份，效果如图 3-136 所示。

16）单击 UCS 面板中的“绕 X 轴旋转当前 UCS”命令按钮，把坐标系统绕 X 轴旋转 90°，效果如图 3-137 所示。

17）单击“三维建模”面板中的“圆柱体”命令按钮，以如图 3-138 所示的端点为底面圆心绘制圆柱体$\phi$3×(-1.5)，效果如图 3-139 所示。

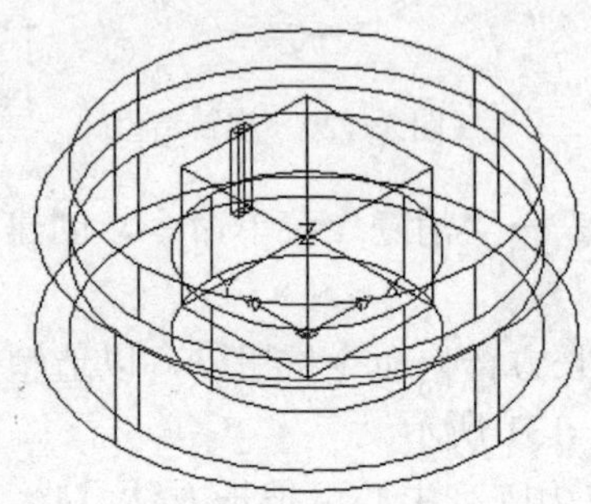

图 3-136　对称复制长方体

图 3-137　旋转坐标系

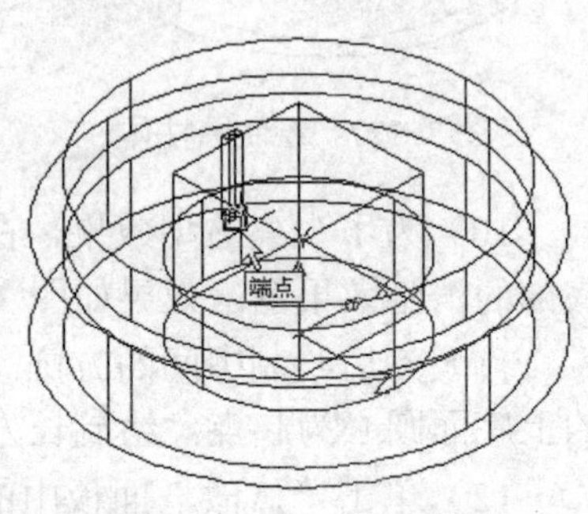



图 3-138　捕捉端点

18）单击“修改”面板中的“复制对象”命令按钮，以如图 3-140 所示的端点为复制基准点，如图 3-141 所示的垂足为复制目标点，把虚线所示的图形向前复制一份，效果如图 3-142 所示。

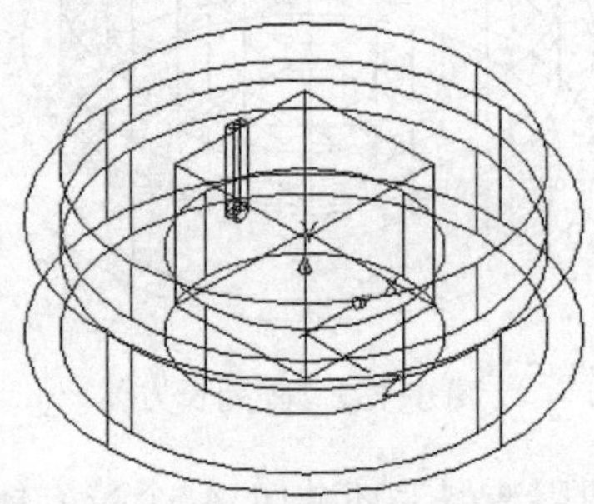

图 3-139　绘制圆柱体

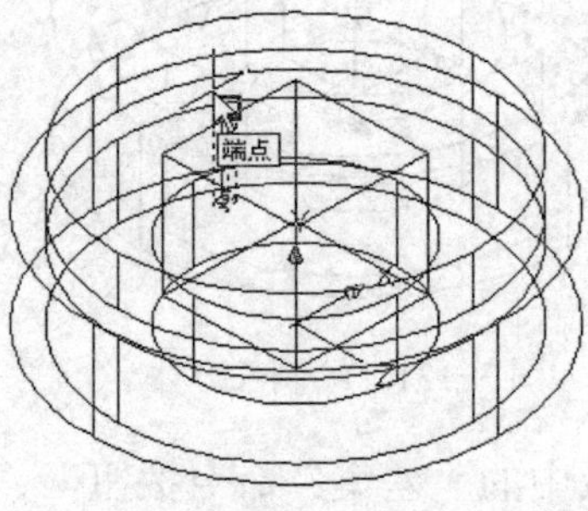



图 3-140　捕捉端点

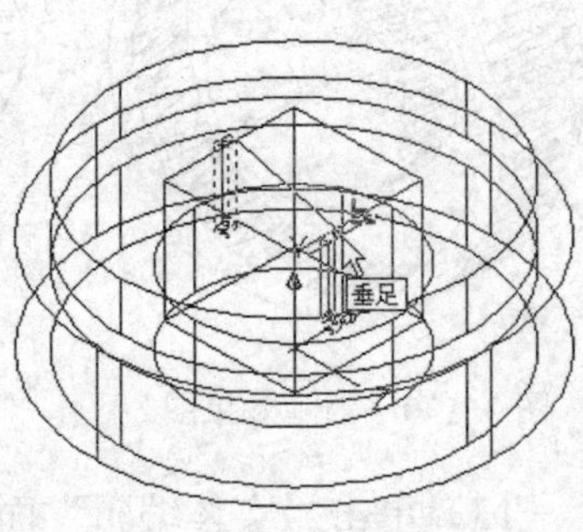



图 3-141　捕捉垂足

19）单击“实体编辑”面板中的“差集”命令按钮，使用造型毛坯减切 4 个长方体 1.5×1.5×(-15)和两个圆柱体$\phi$3×(-15)，效果如图 3-143 所示。

20）单击 UCS 面板中的“世界”命令按钮，恢复坐标系，效果如图 3-144 所示。

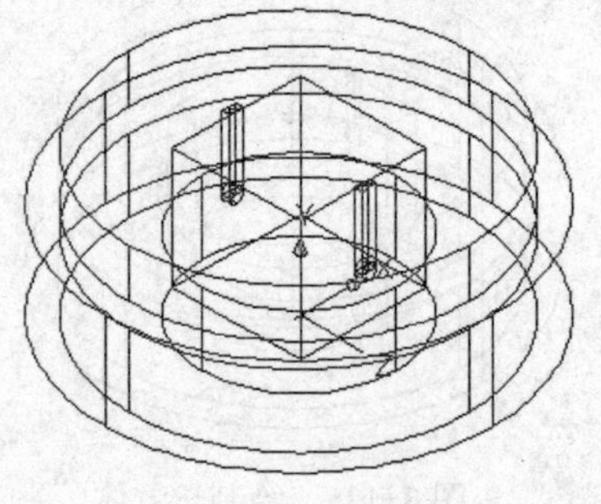

图 3-142　复制图形

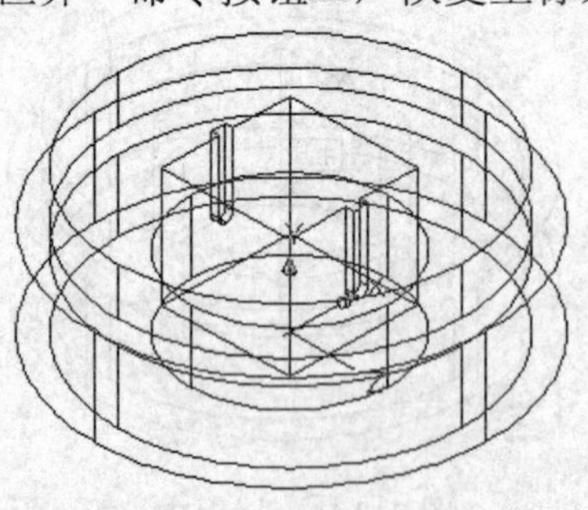

图 3-143　减切图形

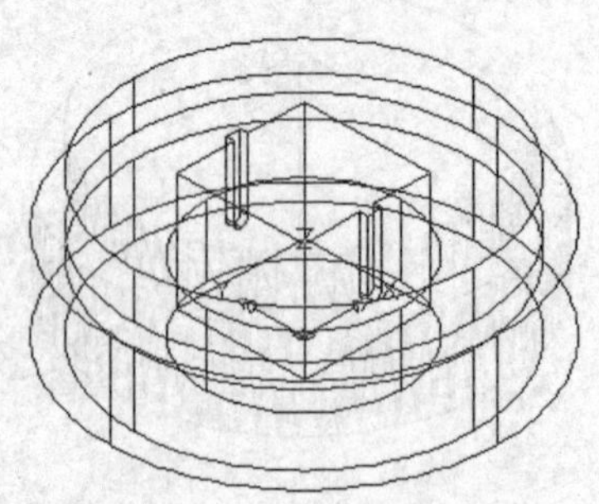

图 3-144　恢复坐标系

21）现在绘制凹槽旁边的凸起。单击“三维建模”面板中的“长方体”命令按钮，以如图3-145所示的端点为起点，绘制长方体-2×2×(-25)，效果如图3-146所示。

22）单击“修改”面板中的“移动”命令按钮，把长方体-2×2×(-25)沿X轴方向移动，移动距离为-1，效果如图3-147所示。

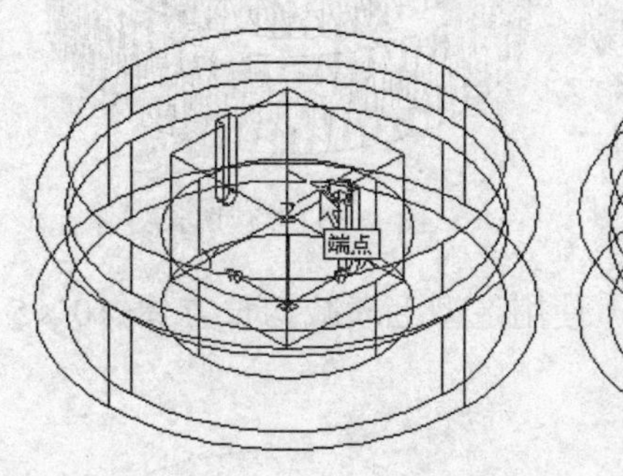


图3-145 捕捉端点

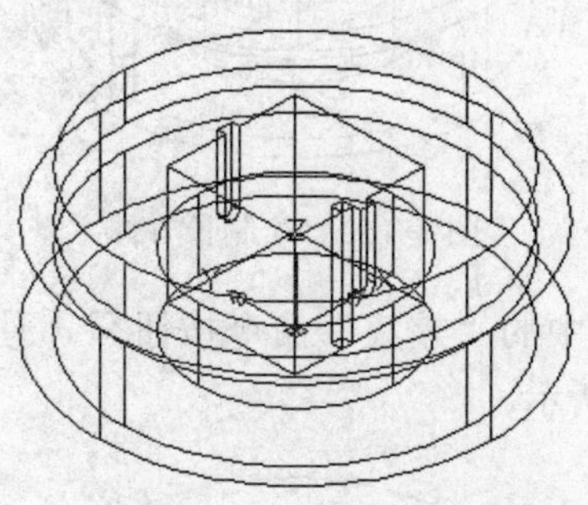

图3-146 绘制长方体

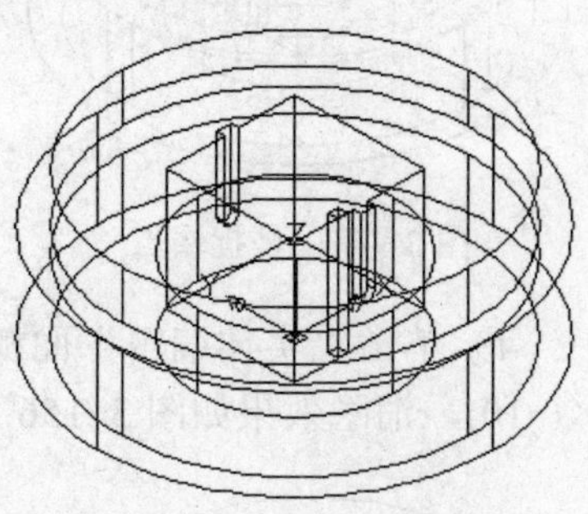

图3-147 移动长方体

23）单击“修改”面板中的“镜像”命令按钮，以Y轴为对称轴，把长方体-2×2×(-25)对称复制一份，效果如图3-148所示。

24）单击“实体编辑”面板中的“并集”命令按钮，合并所有实体，消隐效果如图3-149所示。

25）在“菜单浏览器”中选择“视图”→“三维视图”→“东北等轴测视图”命令，察看这个视角的造型，效果如图3-150所示。

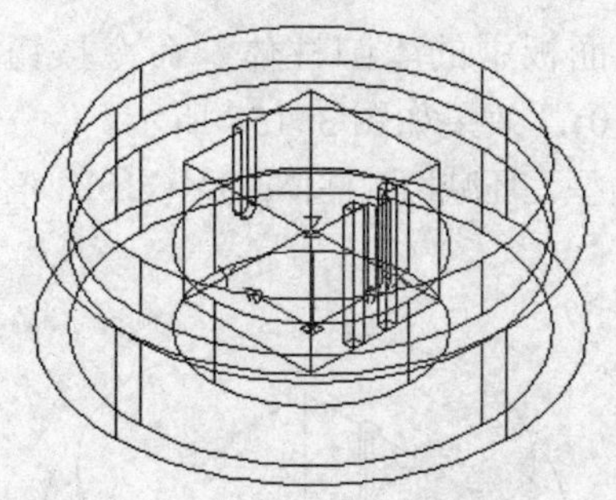

图3-148 对称复制长方体

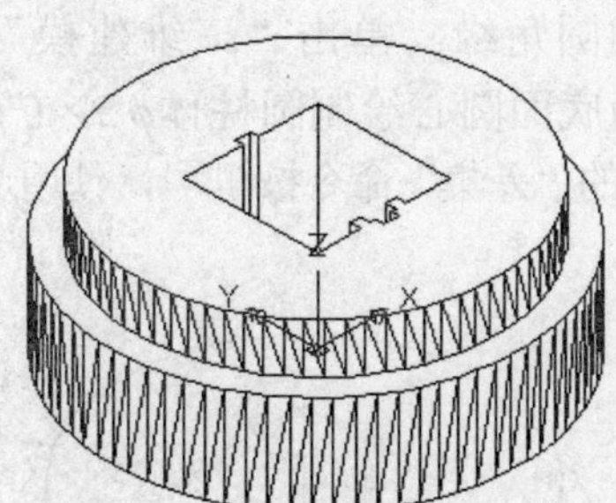

图3-149 合并造型

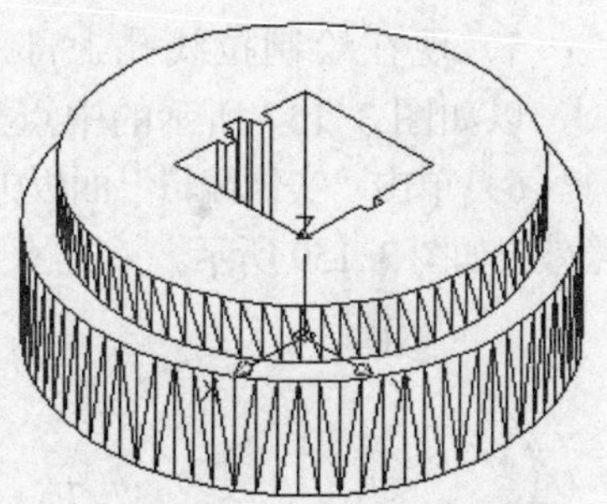

图3-150 东北等轴测视图

**2. 绘制拉线孔**

绘制步骤如下。

1）首先绘制方坑边缘的方缺口，它用于卡紧簧片。单击“三维建模”面板中的“长方体”命令按钮，以如图3-151所示的端点为起点，绘制长方体1×10×(-2)，效果如图3-152所示。

2）单击“实体编辑”面板中的“差集”命令按钮，使用造型毛坯减切长方体1×10×(-2)，消隐效果如图3-153所示。

3）单击“三维建模”面板中的“长方体”命令按钮，以如图3-154所示的端点为起点，绘制长方体-10×5×(-10)，效果如图3-155所示。

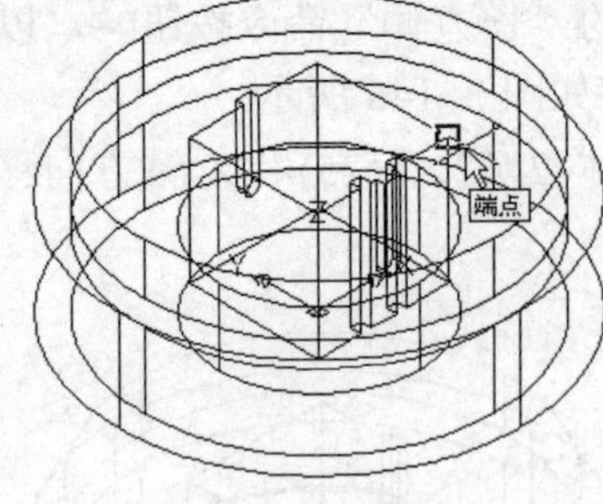

图 3-151 捕捉端点

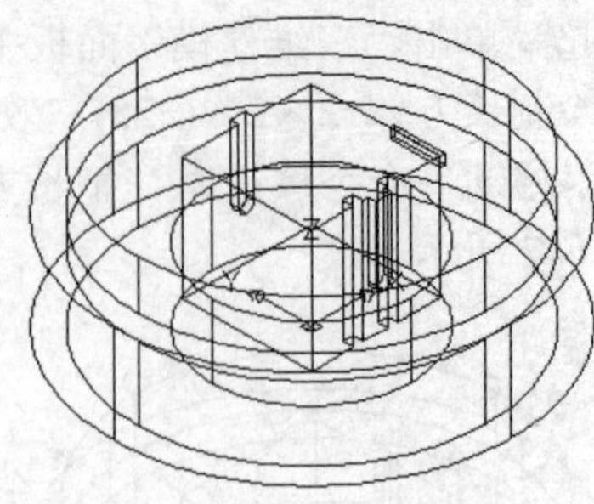
图 3-152 绘制长方体

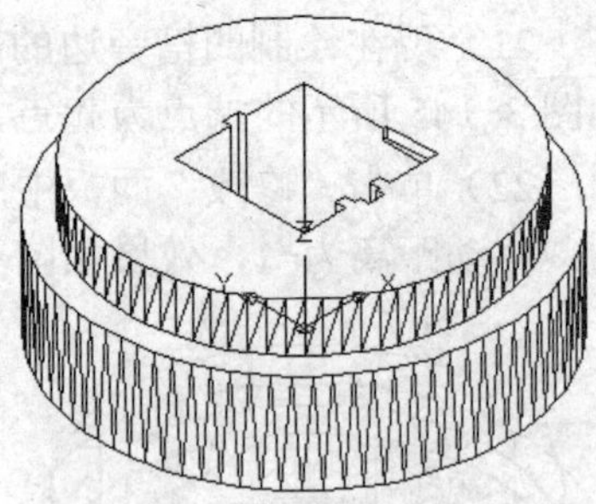
图 3-153 减切长方体

4）单击“实体编辑”面板中的“差集”命令按钮，使用造型毛坯减切长方体-10×5×(-10)，消隐效果如图 3-156 所示。

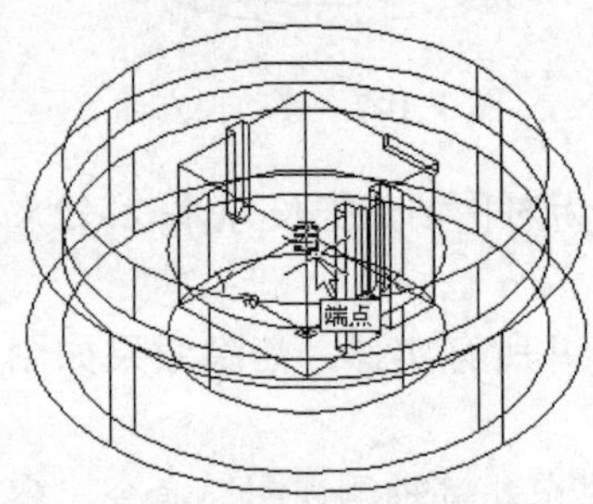

图 3-154 捕捉端点

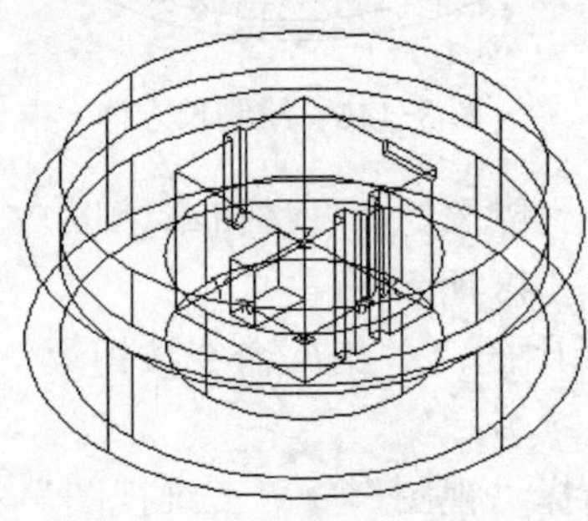
图 3-155 绘制长方体

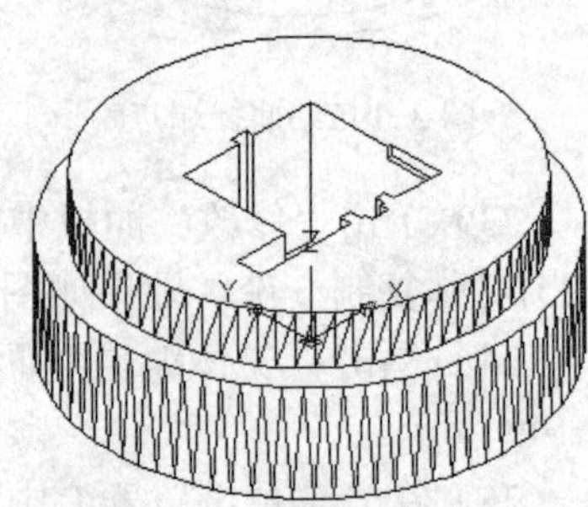
图 3-156 减切长方体

5）现在绘制拉线孔上部的圆角缘。单击“三维建模”面板中的“圆柱体”命令按钮，以如图 3-157 所示的中点为底面圆心绘制圆柱体$\phi$5×(-10)，效果如图 3-158 所示。

6）单击“实体编辑”面板中的“差集”命令按钮，使用造型毛坯减切圆柱体$\phi$5×(-10)，消隐效果如图 3-159 所示。

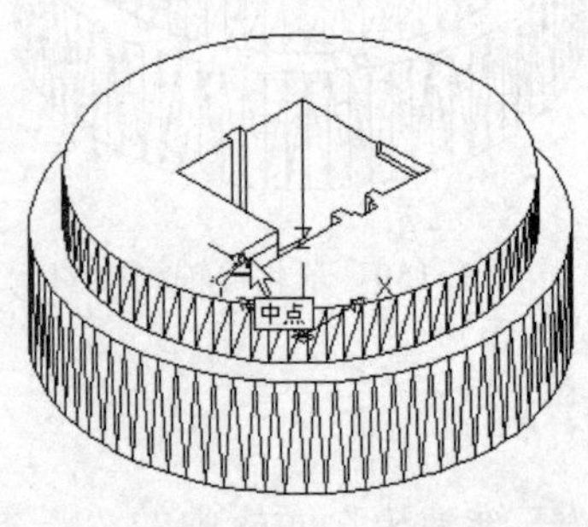

图 3-157 捕捉中点

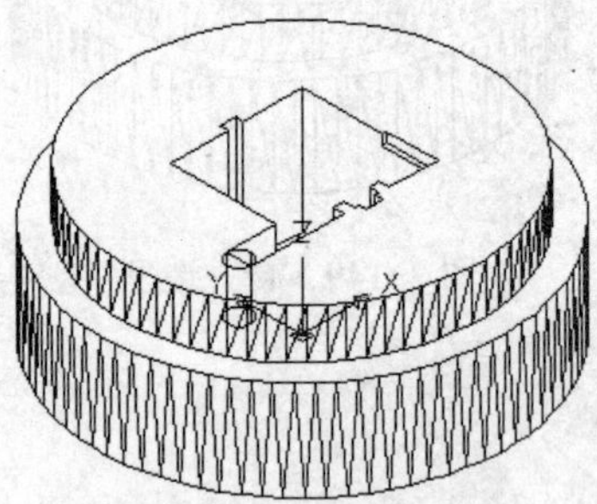
图 3-158 绘制圆柱体

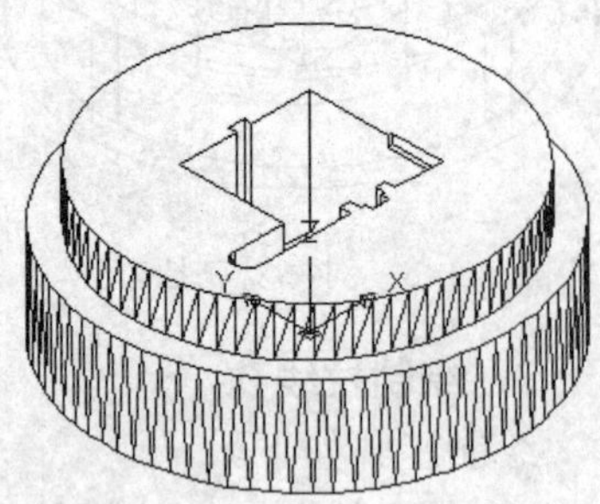
图 3-159 减切圆柱体

7）现在绘制拉线孔。单击“三维建模”面板中的“圆柱体”命令按钮，以如图 3-157 所示的中点为底面圆心绘制圆柱体$\phi$3×(-30)，效果如图 3-160 所示。

8）单击“实体编辑”面板中的“差集”命令按钮，使用造型毛坯减切圆柱体$\phi$3×(-30)，效果如图 3-161 所示。

9）现在把拉线孔边缘圆角化，以免割伤拉线。单击“修改”面板中的“圆角”命令按

钮，把上一步骤创建的圆孔上边缘倒圆角 R3，效果如图 3-162 所示。

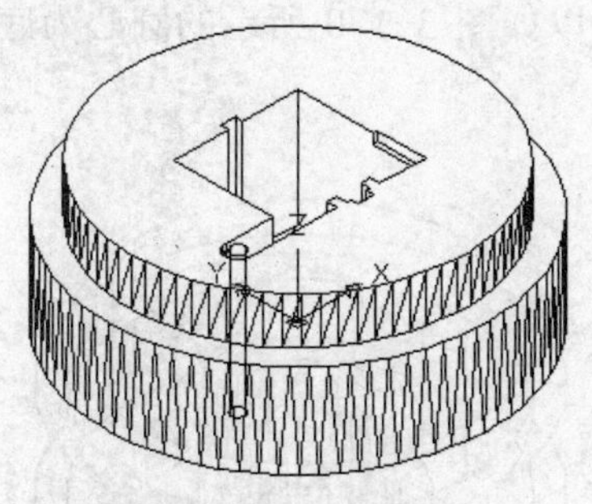

图 3-160　绘制圆柱体

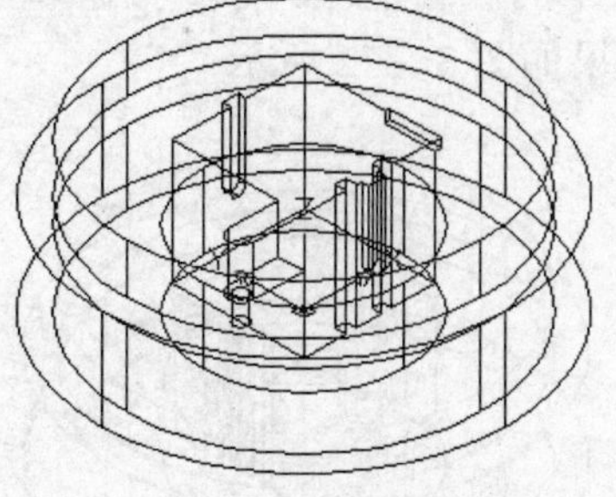
图 3-161　减切圆柱体

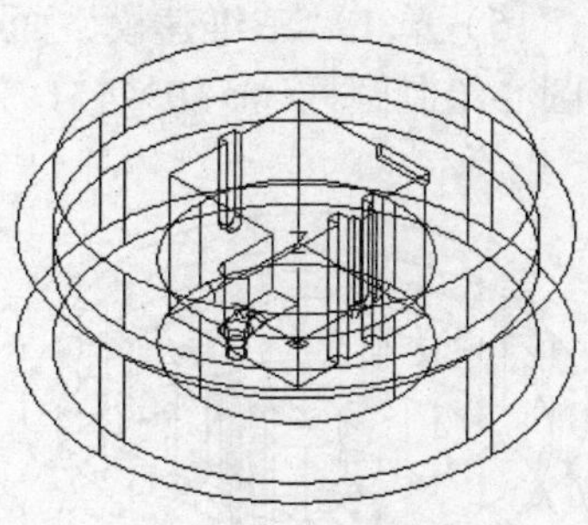
图 3-162　孔缘倒圆角

10）单击“修改”面板中的“圆角”命令按钮，把如图 3-163 所示的虚线边缘线倒圆角 R3，效果如图 3-164 所示。

11）现在绘制拉线孔的下部。单击“三维建模”面板中的“圆柱体”命令按钮，以如图 3-165 所示孔的下底圆心为底面圆心绘制圆柱体$\phi$12×(−15)，效果如图 3-166 所示。

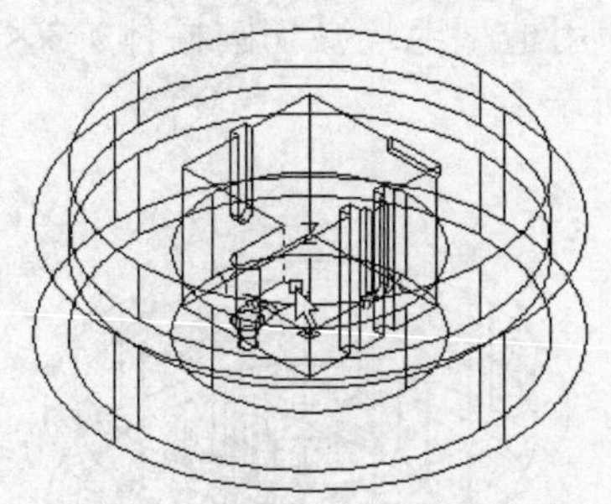
图 3-163　捕捉边

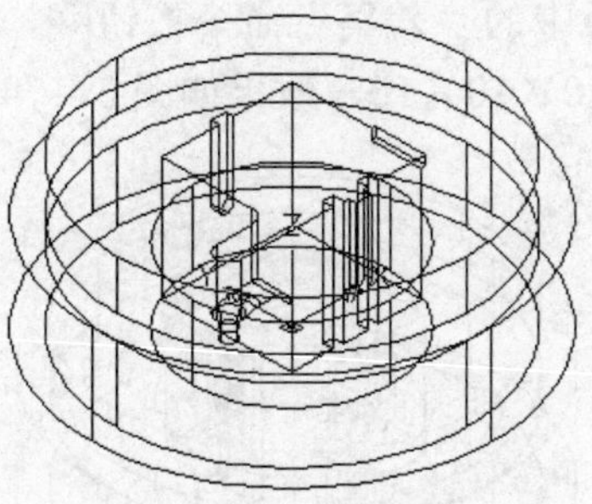
图 3-164　边倒圆角

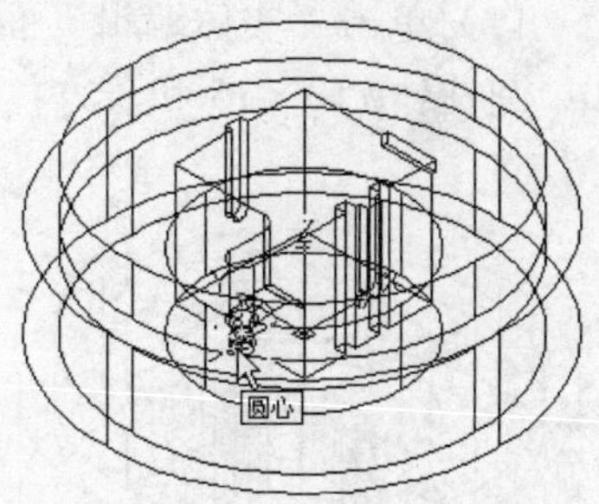

图 3-165　捕捉圆心

12）单击“三维建模”面板中的“长方体”命令按钮，以如图 3-167 所示的象限点为起点，绘制长方体-13×12×15，效果如图 3-168 所示。

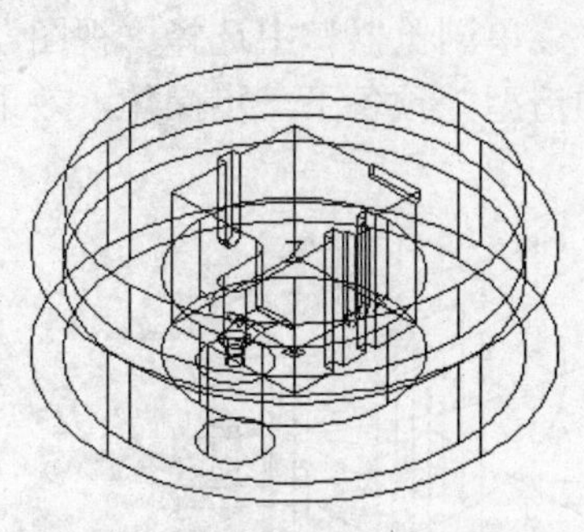
图 3-166　绘制圆柱体

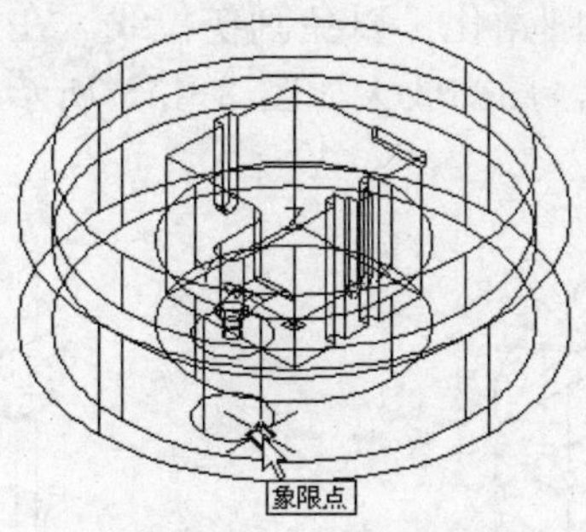

图 3-167　捕捉象限点

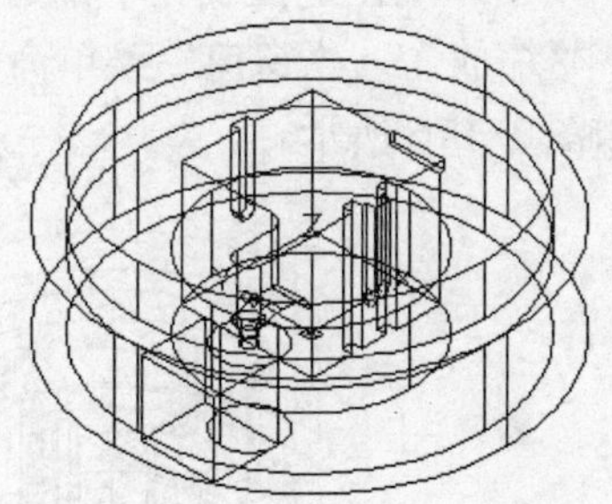
图 3-168　绘制长方体

13）单击“实体编辑”面板中的“并集”命令按钮，合并所有实体，效果如图 3-169 所示。

14）单击“三维建模”面板中的“圆柱体”命令按钮，以如图 3-170 所示的圆心为底

面圆心绘制圆柱体φ3×30，效果如图 3-171 所示。

15）单击“三维建模”面板中的“圆柱体”命令按钮，以如图 3-170 所示的圆心为底面圆心绘制圆柱体φ10×15，效果如图 3-172 所示。

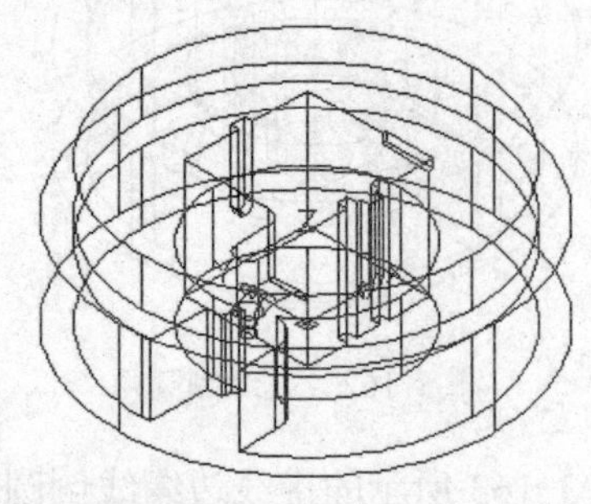

图 3-169　合并实体

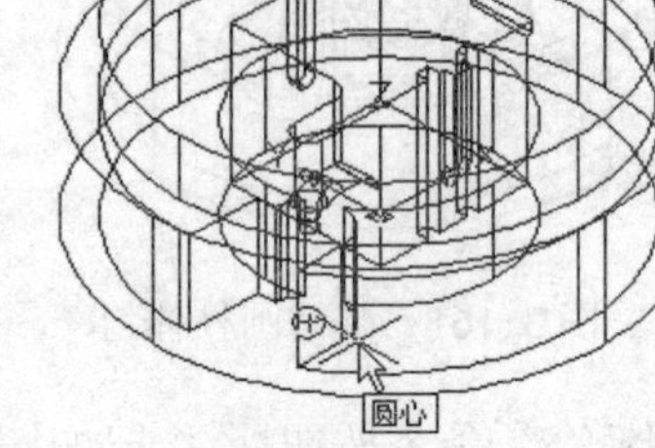


图 3-170　捕捉圆心

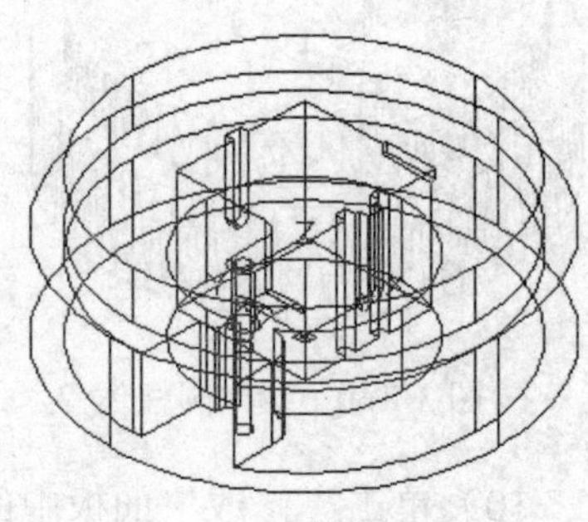

图 3-171　绘制圆柱体

16）单击“三维建模”面板中的“长方体”命令按钮，以圆柱体φ 10×15 的前下边象限点为起点，绘制长方体-20×10×10，效果如图 3-173 所示。

17）单击“实体编辑”面板中的“差集”命令按钮，使用造型毛坯减切圆柱体φ 3×30、圆柱体φ10×15 和长方体-20×10×10，效果如图 3-174 所示。

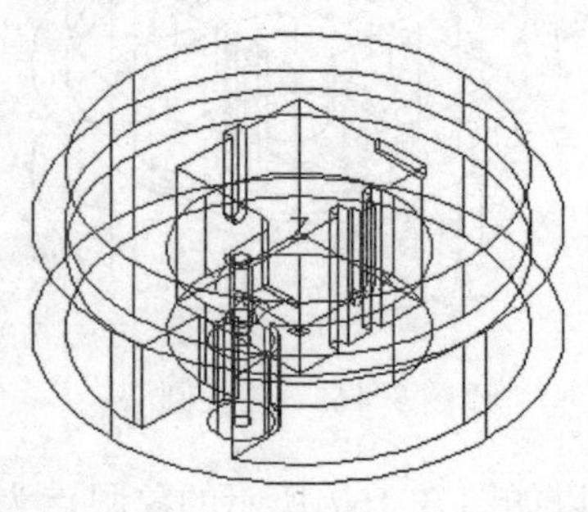

图 3-172　绘制圆柱体

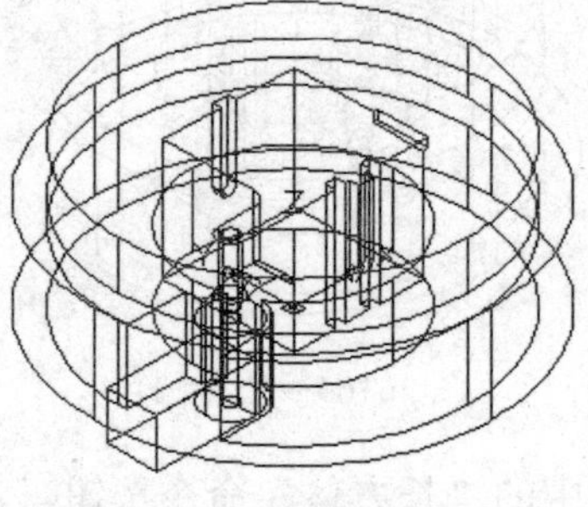

图 3-173　绘制长方体

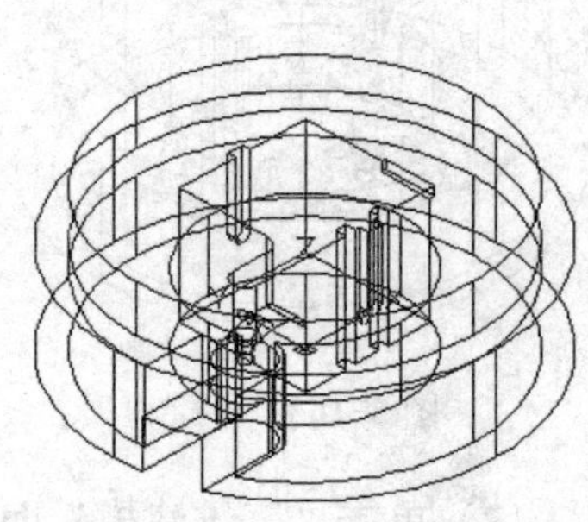

图 3-174　减切实体

18）现在把拉线孔下部边缘圆角化，以免割伤拉线。在“菜单浏览器”中选择“视图”→“缩放”→“窗口”菜单命令，局部放大如图 3-175 所示的造型，预备下一步操作，效果如图 3-176 所示。

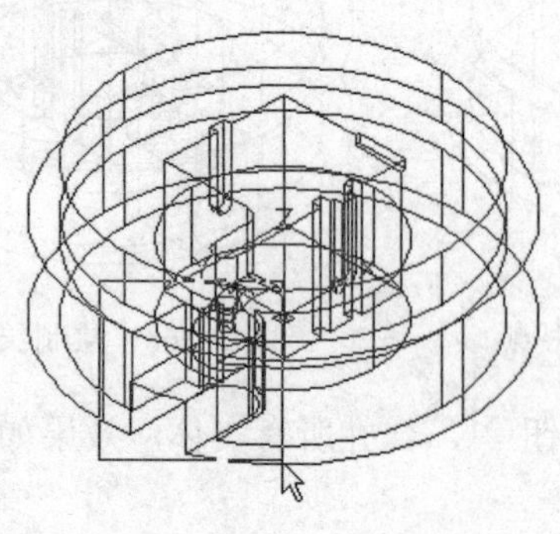

图 3-175　选择造型

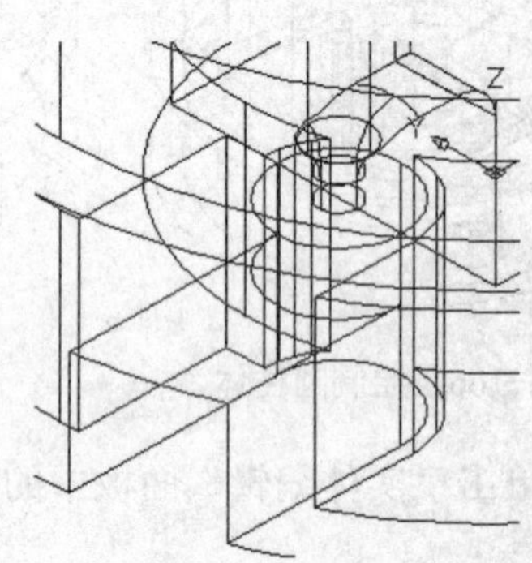

图 3-176　局部放大

19）单击“修改”面板中的“圆角”命令按钮，把如图 3-177 所示的虚线边相互倒圆角 *R*2，效果如图 3-178 所示。

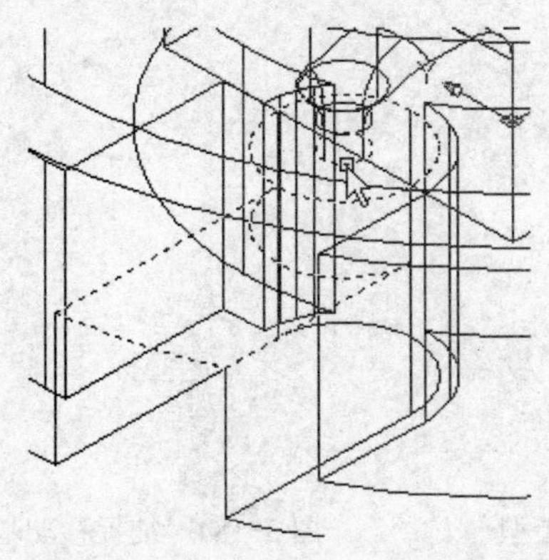

图 3-177　选择边

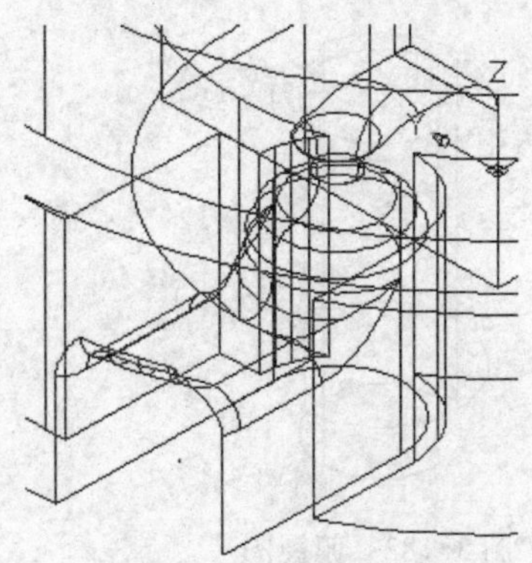


图 3-178　边倒圆角

20）在“菜单浏览器”中选择“视图”→“缩放”→“上一步”菜单命令，恢复视图，效果如图 3-179 所示。

21）在“菜单浏览器”中选择“视图”→“三维视图”→“俯视”菜单命令，把当前视图转换为俯视图，查看造型的位置是否适当，消隐效果如图 3-180 所示。

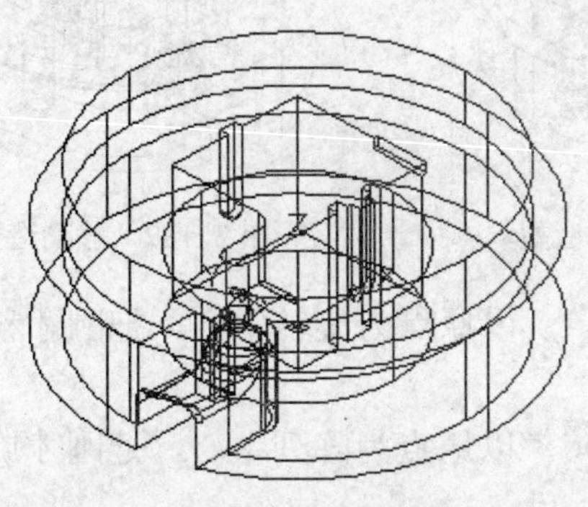

图 3-179　恢复视图

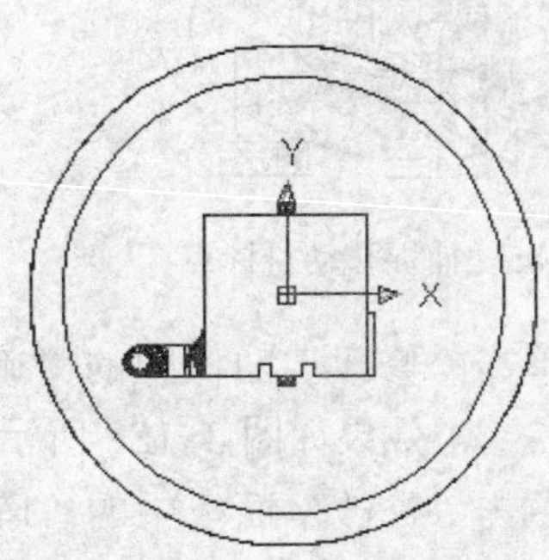


图 3-180　俯视图

22）为了清晰地观察沉孔结构，我们可以从“菜单浏览器”中选择“视图”→“动态观察”→“受约束的动态观察”菜单命令，适当旋转造型，露出背面，渲染效果如图 3-181 所示。

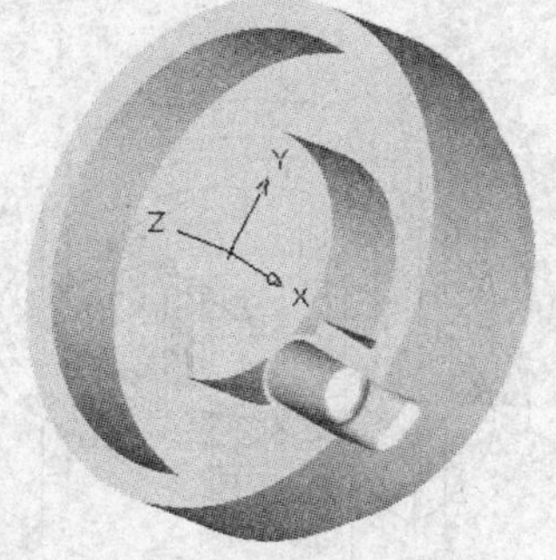


图 3-181　适当旋转造型

**3．绘制主螺栓座**

绘制步骤如下。

1）首先创建螺栓座座体。单击“三维建模”面板中的“圆柱体”命令按钮，绘制圆柱体$\phi$ 6×15，然后以圆柱体$\phi$6×15 的上底面圆心为底面圆心绘制圆柱体$\phi$8×(−12)，效果如图 3-182 所示。

2）单击“实体编辑”面板中的“并集”命令按钮，合并两个圆柱体，效果如图 3-183 所示。

3）单击“修改”面板中的“移动”命令按钮，把合并的实体以如图 3-184 所示的象限点为移动基准点，以如图 3-185 所示象限点为移动目标点移动，效果如图 3-186 所示。

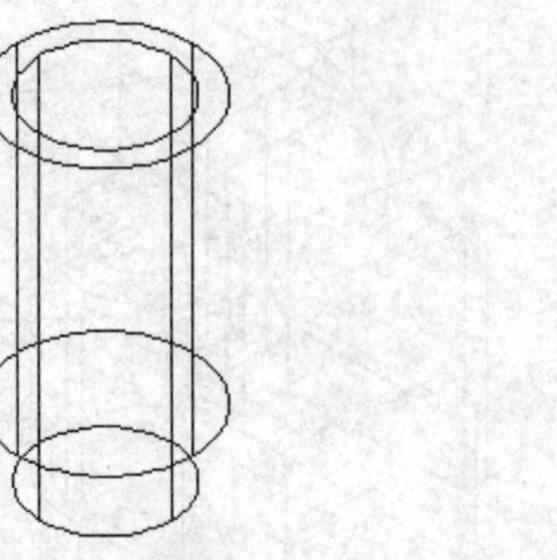

图 3-182　俯视图

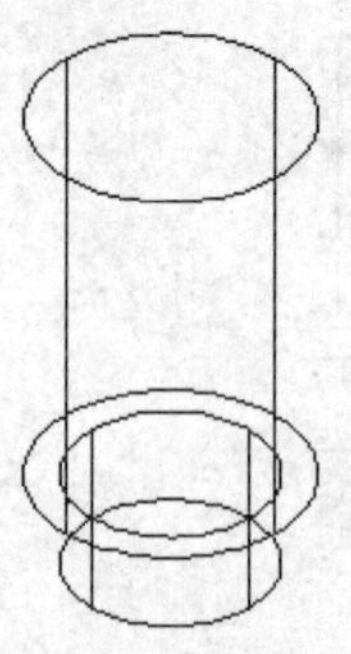

图 3-183　合并造型

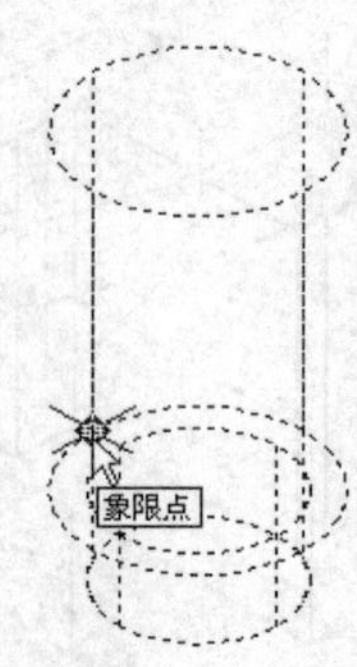


图 3-184　捕捉移动基准点

4）单击“修改”面板中的“移动”命令按钮，把移动过来的实体向上移动，移动距离为 3，效果如图 3-187 所示。

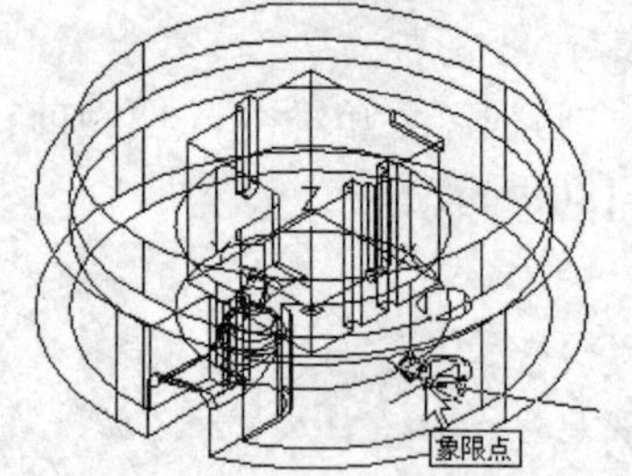


图 3-185　捕捉移动目标点

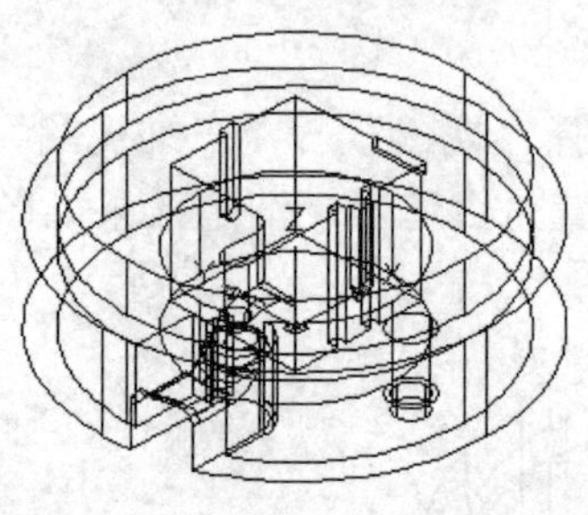

图 3-186　定位造型

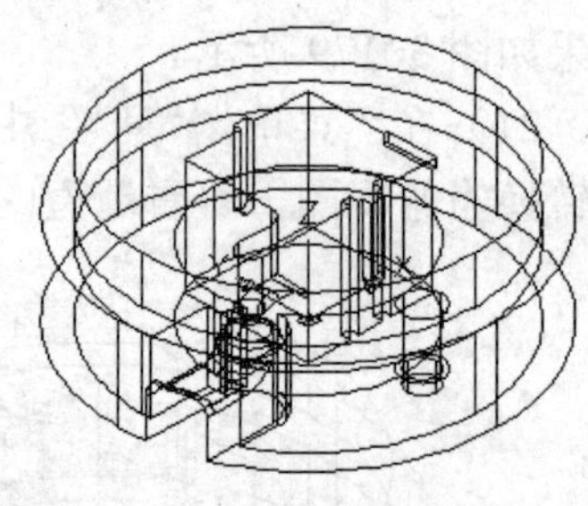

图 3-187　移动造型

5）单击“修改”面板中的“旋转”命令按钮，以原点为旋转中心，把刚才移动的造型旋转-43°，效果如图 3-188 所示。

6）单击“修改”面板中的“阵列”命令按钮，以原点为阵列中心，把刚才旋转的造型环形阵列两个，效果如图 3-189 所示。

7）单击“实体编辑”面板中的“并集”命令按钮，合并所有实体。

8）创建螺栓座上的孔。单击“三维建模”面板中的“圆柱体”命令按钮，以如图 3-190 所示的圆心为底面圆心绘制圆柱体$\phi 4\times 40$，效果如图 3-191 所示。

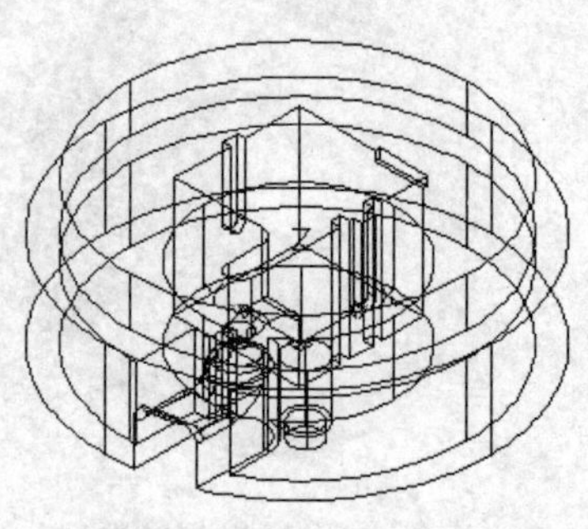

图 3-188　旋转造型

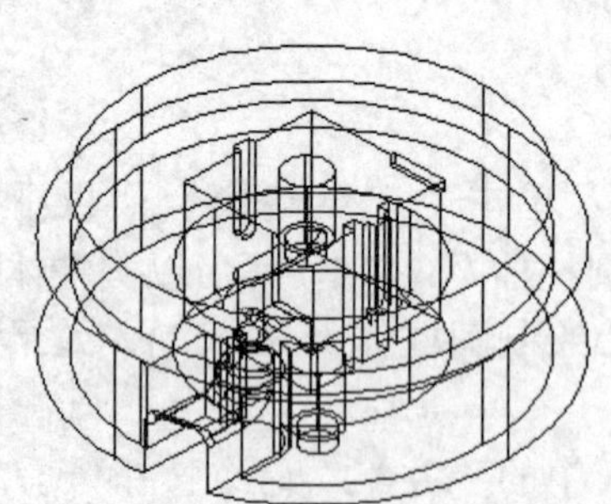

图 3-189　阵列造型

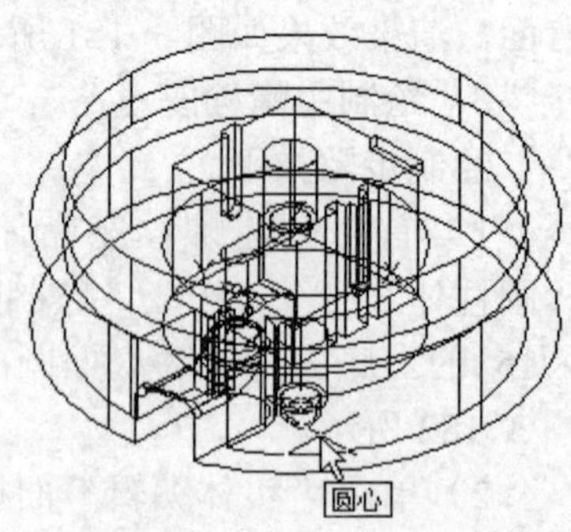


图 3-190　捕捉圆心

9）单击“三维建模”面板中的“圆柱体”命令按钮，类似地在后边一个螺栓座上绘制圆柱体$\phi 4\times 40$，效果如图3-192所示。

10）单击“实体编辑”面板中的“差集”命令按钮，使用造型毛坯减切两个圆柱体$\phi 4\times 40$，效果如图3-193所示。

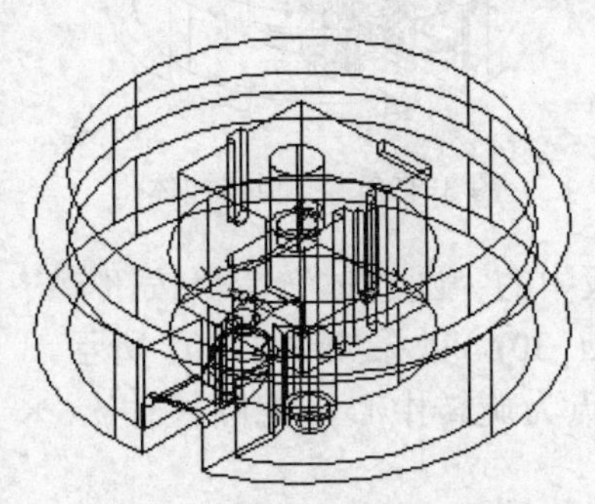

图3-191 绘制圆柱体

图3-192 绘制另一个圆柱体

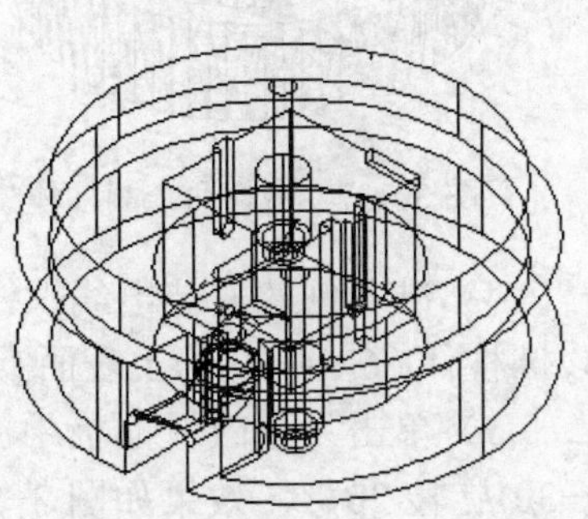

图3-193 减切两个圆柱体

11）单击“三维建模”面板中的“圆柱体”命令按钮，以如图3-194所示的圆心为底面圆心绘制圆柱体$\phi 6\times(-26)$，效果如图3-195所示。

12）单击“三维建模”面板中的“圆柱体”命令按钮，类似地在前边一个螺栓座上绘制圆柱体$\phi 6\times(-26)$，效果如图3-196所示。

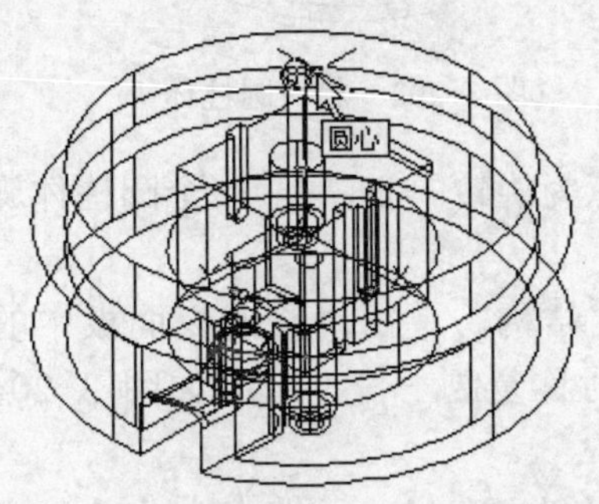


图3-194 捕捉圆心

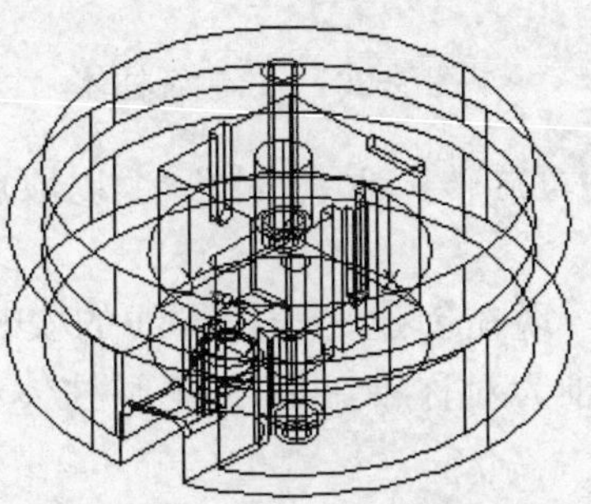

图3-195 绘制圆柱体

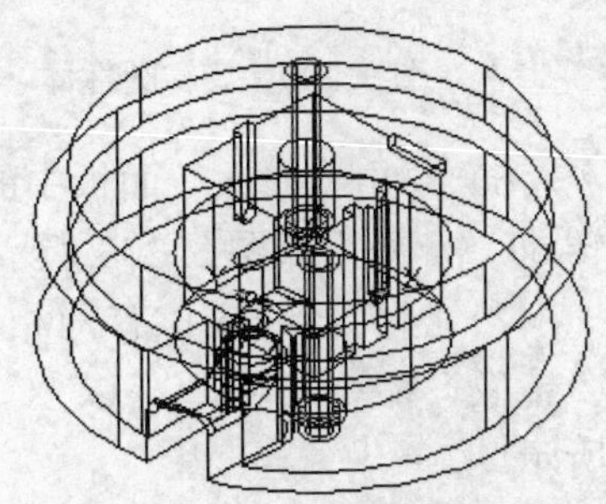

图3-196 绘制另一个圆柱体

13）单击“实体编辑”面板中的“差集”命令按钮，使用造型毛坯减切两个圆柱体$\phi 6\times(-26)$，效果如图3-197所示。

**4. 绘制电气螺栓座**

绘制步骤如下。

1）准备创建卡紧簧片的孔。单击“三维建模”面板中的“圆柱体”命令按钮，以点（27.5，0）为底面圆心绘制圆柱体$\phi 3\times 30$，效果如图3-198所示。

2）准备创建进出电线的孔。单击“三维建模”面板中的“圆柱体”命令按钮，以圆柱体$\phi 3\times 30$的上表面圆心为底面圆心绘制圆柱体$\phi 6\times(-10)$，效果如图3-199所示。

3）单击“修改”面板中的“旋转”命令按钮，以原点为旋转中心，把圆柱体$\phi 6\times(-10)$旋转20°，效果如图3-200所示。

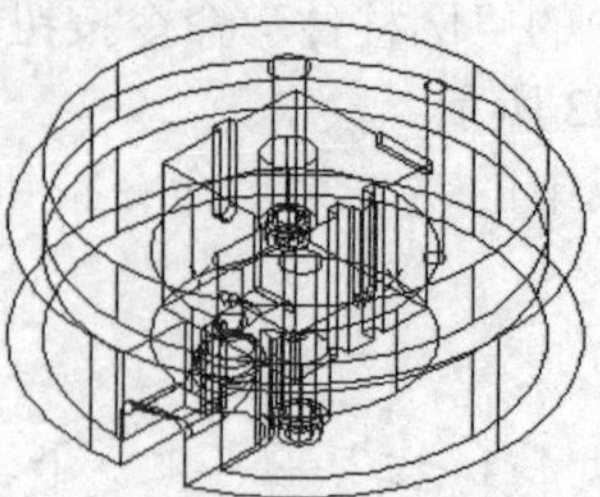
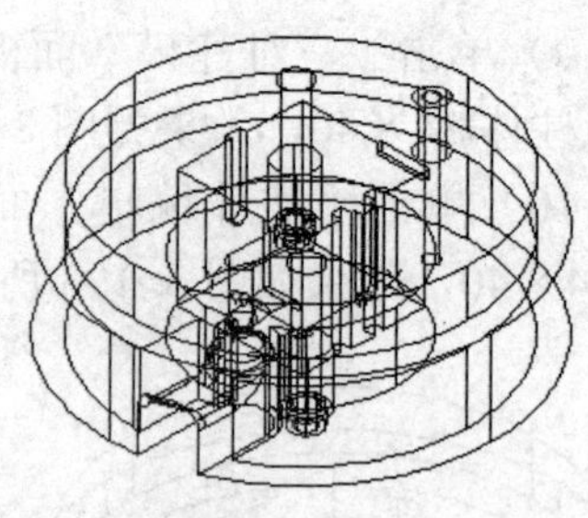
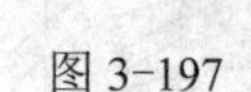

图 3-197　减切两个圆柱体　　图 3-198　绘制圆柱体　　图 3-199　绘制圆柱体

4）准备创建安装电线螺钉的孔。单击“三维建模”面板中的“圆柱体”命令按钮，以圆柱体$\phi 6\times(-10)$的上表面圆心为底面圆心绘制圆柱体$\phi 6\times(-30)$，效果如图 3-201 所示。

5）单击“修改”面板中的“旋转”命令按钮，以原点为旋转中心，把圆柱体$\phi 6\times(-30)$旋转 20°，效果如图 3-202 所示。

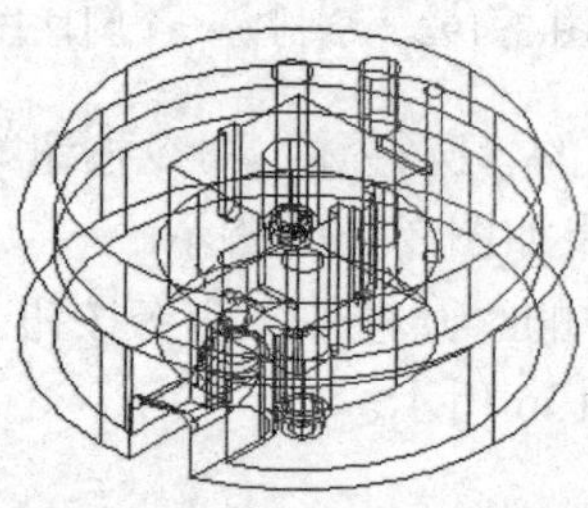
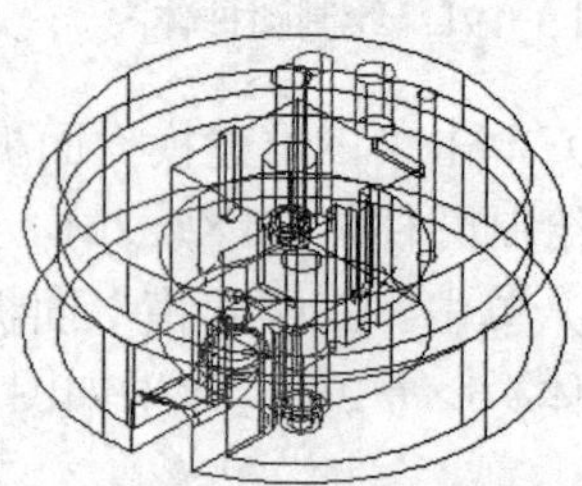

图 3-200　旋转圆柱体　　图 3-201　绘制圆柱体　　图 3-202　旋转圆柱体

6）单击“修改”面板中的“旋转”命令按钮，以原点为旋转中心，把 3 个圆柱体旋转 60°，效果如图 3-203 所示。

7）因为导线应该有两相，现在创建另一根导线的安装结构。单击“修改”面板中的“镜像”命令按钮，以 X 轴为对称轴，把 3 个圆柱体对称复制一份，效果如图 3-204 所示。

8）单击“修改”面板中的“旋转”命令按钮，以原点为旋转中心，把复制出来的 3 个圆柱体旋转 60°，效果如图 3-205 所示。

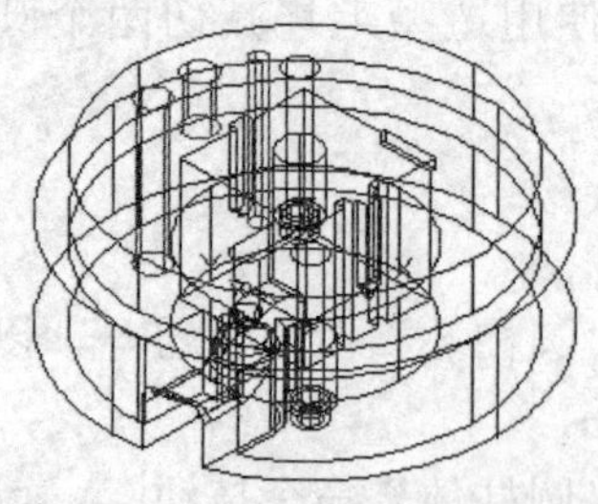
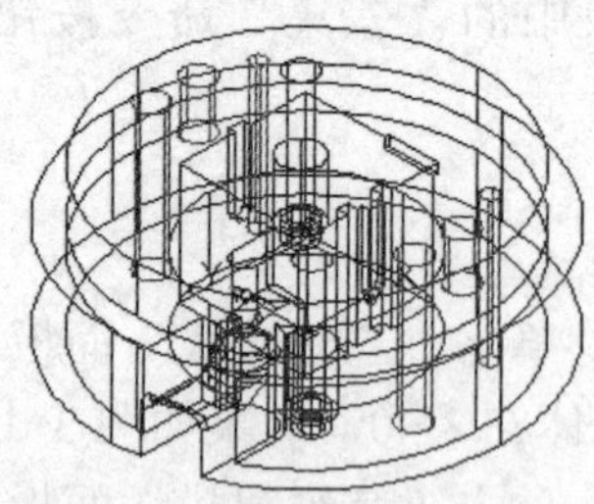
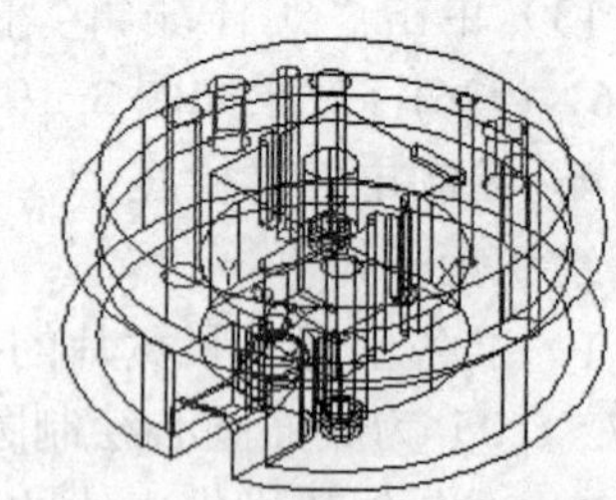

图 3-203　旋转三个圆柱体　　图 3-204　对称复制实体　　图 3-205　旋转实体

9）单击“实体编辑”面板中的“差集”命令按钮，使用造型毛坯减切 6 个圆柱体，效果如图 3-206 所示。

10）现在创建压紧转子的簧片的安装结构。单击 UCS 面板中的“原点 UCS”命令按钮，把坐标系向上移动，移动距离为 30，效果如图 3-207 所示。

11）单击“三维建模”面板中的“圆柱体”命令按钮，以点（-27.5，0）为底面圆心绘制圆柱体$\phi 6\times(-5)$，效果如图 3-208 所示。

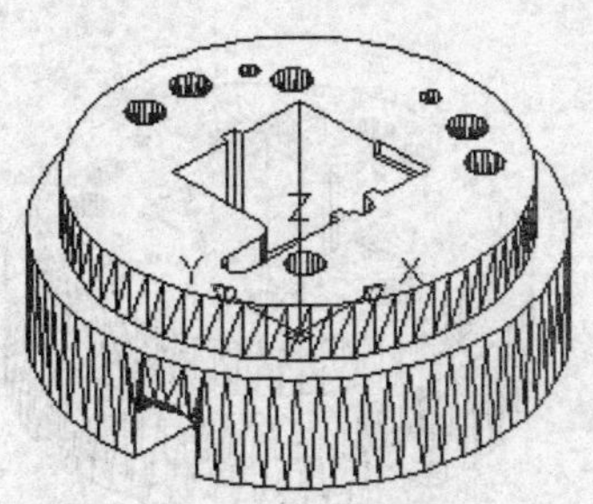


图 3-206　减切实体

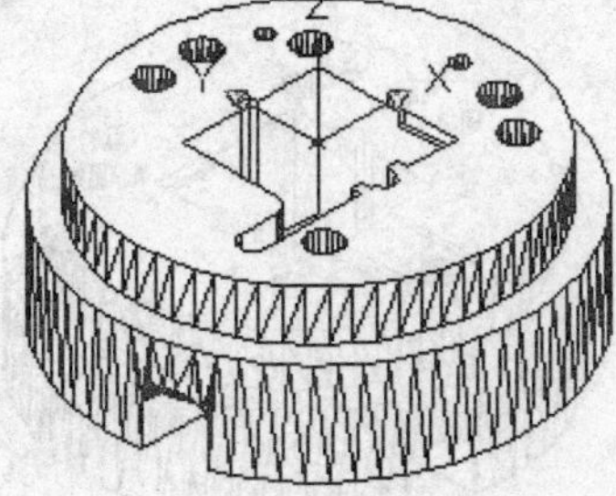


图 3-207　移动坐标系

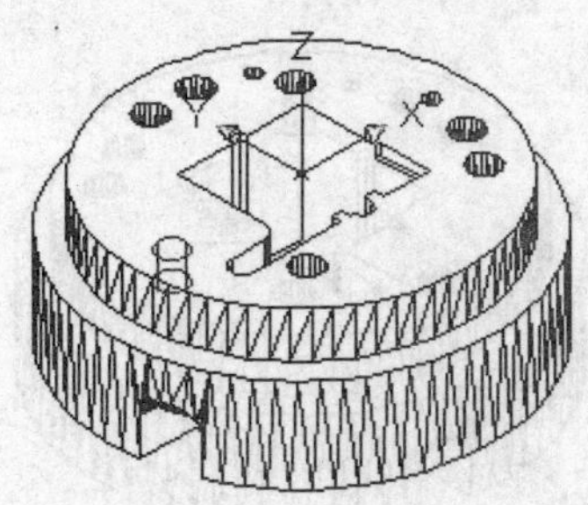


图 3-208　绘制圆柱体

12）单击“三维建模”面板中的“圆柱体”命令按钮，以圆柱体$\phi 6\times(-5)$的上表面圆心为底面圆心绘制圆柱体$\phi 10\times(-1)$，效果如图 3-209 所示。

13）单击“实体编辑”面板中的“差集”命令按钮，使用造型毛坯减切两个圆柱体，消隐效果如图 3-210 所示。

14）单击“三维建模”面板中的“长方体”命令按钮，以如图 3-211 所示的象限点为起点，绘制长方体 15×(-10)×(-1)，效果如图 3-212 所示。

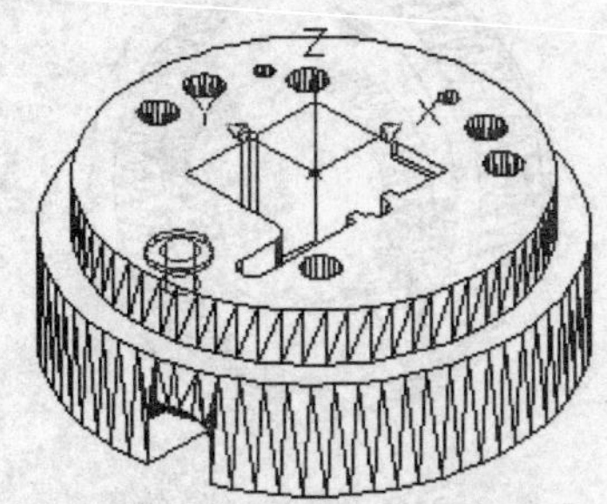


图 3-209　绘制圆柱体

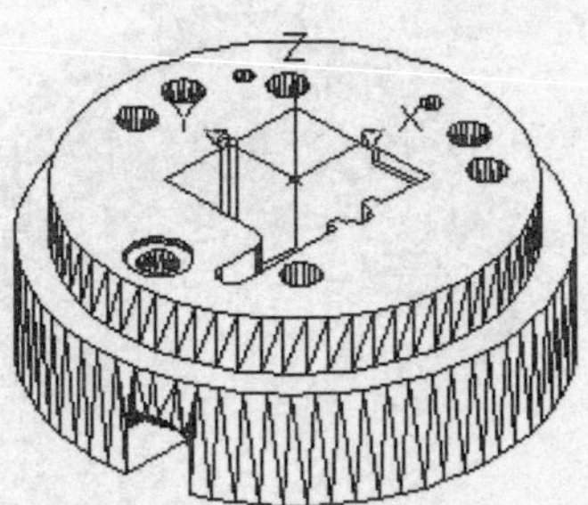


图 3-210　减切两个圆柱体

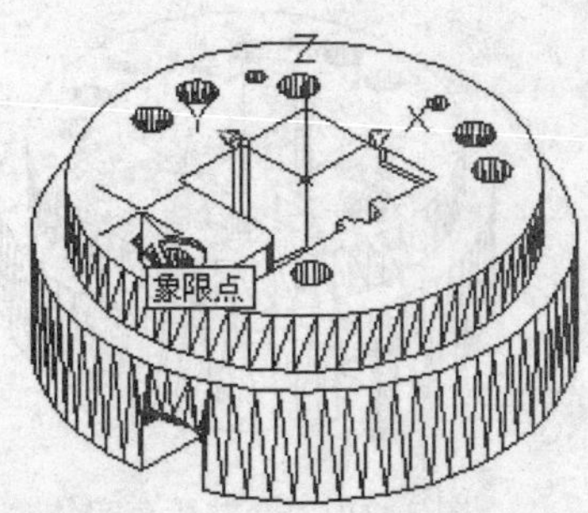


图 3-211　捕捉象限点

15）单击“实体编辑”面板中的“差集”命令按钮，使用造型毛坯减切长方体 15×(-10)×(-1)，消隐效果如图 3-213 所示。

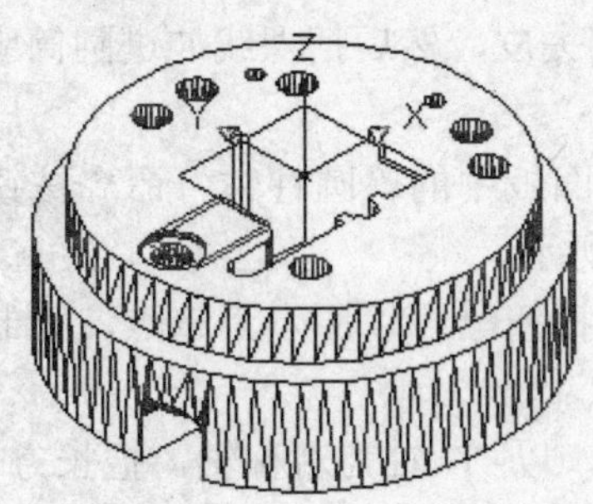


图 3-212　绘制长方体 15×(-10)×(-1)

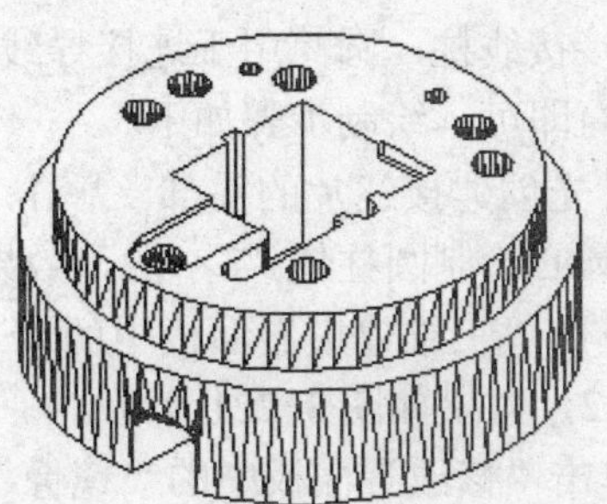

图 3-213　减切长方体

16）单击“三维建模”面板中的“圆柱体”命令按钮，以如图 3-214 所示的端点为底面圆心绘制圆柱体$\phi 3\times2$，效果如图 3-215 所示。

17）单击“修改”面板中的“移动”命令按钮，把圆柱体$\phi3\times2$ 以相对坐标@5, -5 移动，效果如图 3-216 所示。

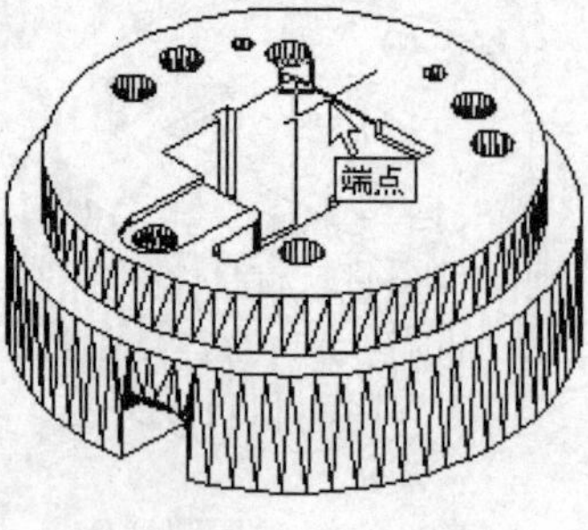

图 3-214　捕捉端点

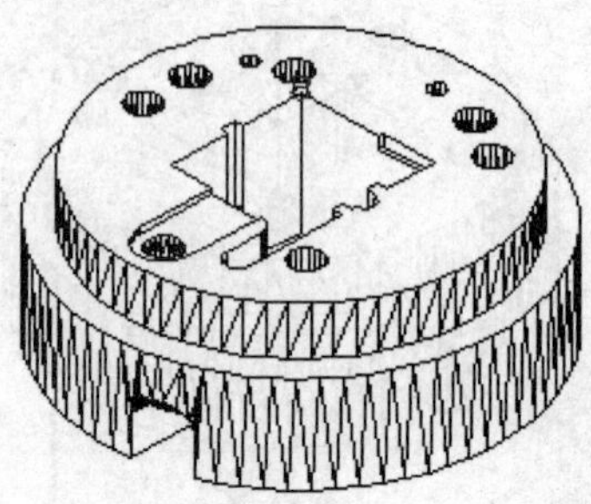

图 3-215　绘制圆柱体

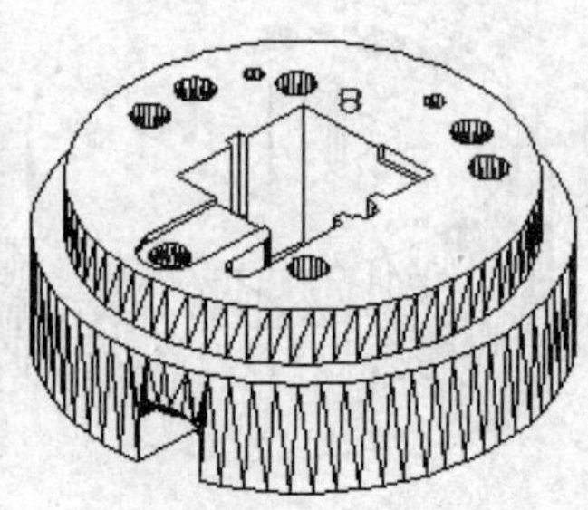

图 3-216　移动圆柱体

18）单击“实体编辑”面板中的“并集”命令按钮，合并所有实体，消隐效果如图 3-217 所示，渲染效果如图 3-218 所示。

19）从“菜单浏览器”中选择“视图”→“动态观察”→“受约束的动态观察”菜单命令，适当旋转造型，以便观察造型底面，消隐效果如图 3-219 所示。

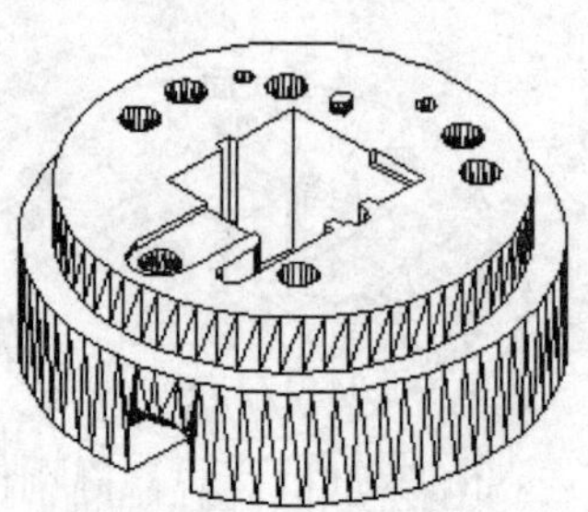

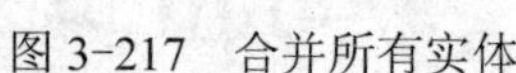

图 3-217　合并所有实体

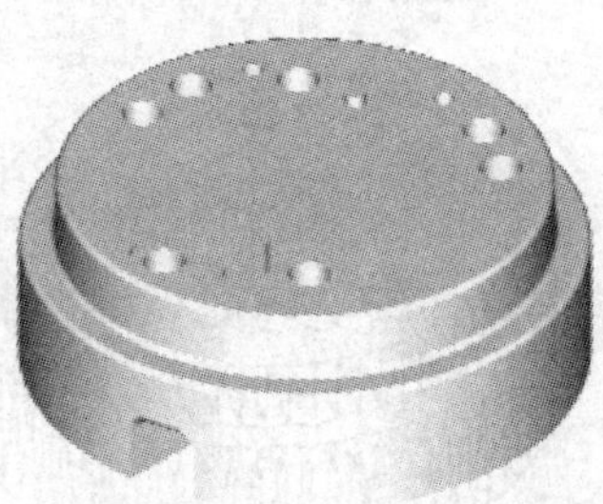

图 3-218　渲染效果

图 3-219　底面消隐效果

### 3.4.2　冲压接线片

众多电气线路的导线与接线柱之间通过冲压接线片连接。它是圆圈和圆筒的组合体。圆圈用于连接接线柱，圆筒用于连接导线。把导线头部去皮，然后把裸线伸进圆筒中，用电工钳夹扁圆筒即可。绘制步骤如下。

1）首先创建接线片的头部。单击“三维建模”面板中的“圆柱体”命令按钮，以原点为底面圆心绘制圆柱体$\phi 4\times0.2$，效果如图 3-220 所示。

2）单击“三维建模”面板中的“长方体”命令按钮，以原点为起点，绘制长方体 $1\times(-8)\times0.2$，效果如图 3-221 所示。

3）单击“修改”面板中的“镜像”命令按钮，以 Y 轴为对称轴，把长方体 $1\times(-8)\times0.2$ 对称复制一份，效果如图 3-222 所示。

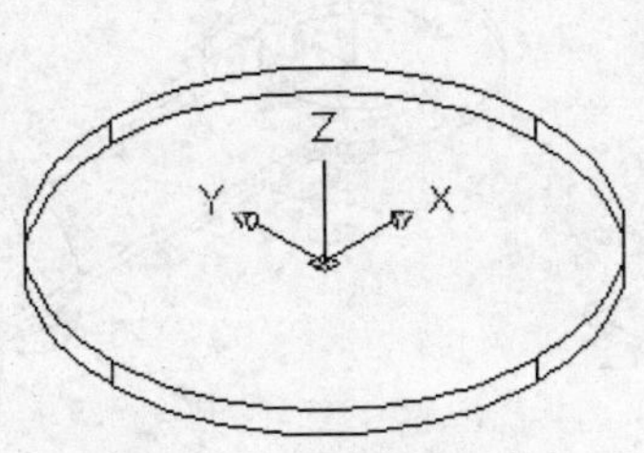

图 3-220　绘制圆柱体

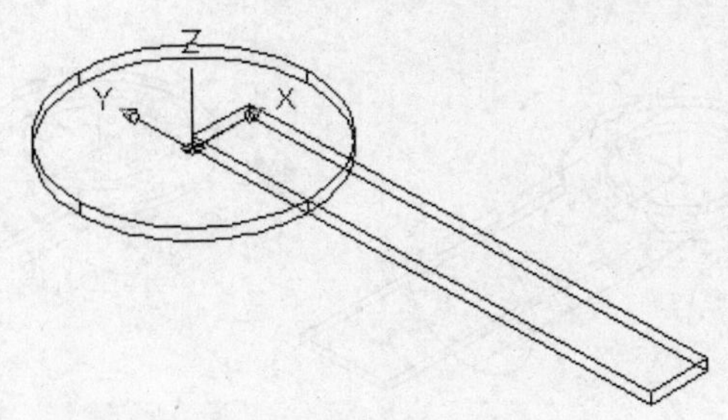

图 3-221　绘制长方体

4）单击“实体编辑”面板中的“并集”命令按钮，合并所有实体，效果如图 3-223 所示。

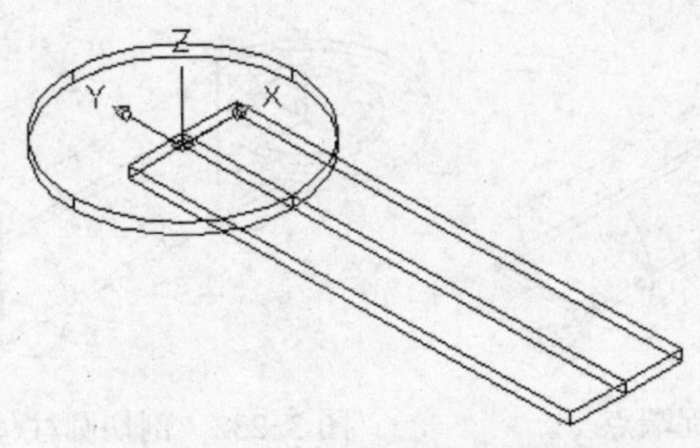

图 3-222　对称复制长方体

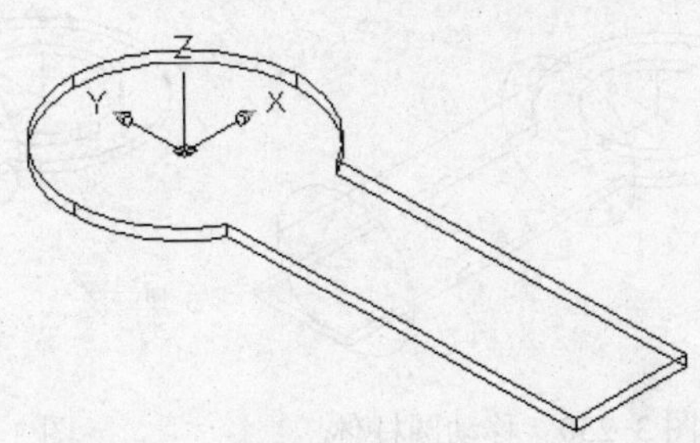

图 3-223　合并实体

5）单击“三维建模”面板中的“圆柱体”命令按钮，以原点为底面圆心绘制圆柱体 $\phi 2.5\times 1$，效果如图 3-224 所示。

6）单击“实体编辑”面板中的“差集”命令按钮。使用毛坯减切圆柱体 $\phi 2.5\times 1$，效果如图 3-225 所示。

7）现在创建接线片的尾部。单击 UCS 面板中的“绕 X 轴旋转当前 UCS”命令按钮，把坐标系绕 X 轴旋转 90°，效果如图 3-226 所示。

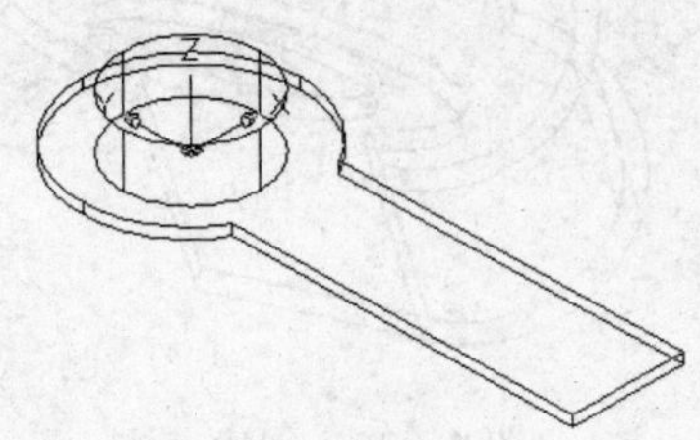

图 3-224　绘制圆柱体

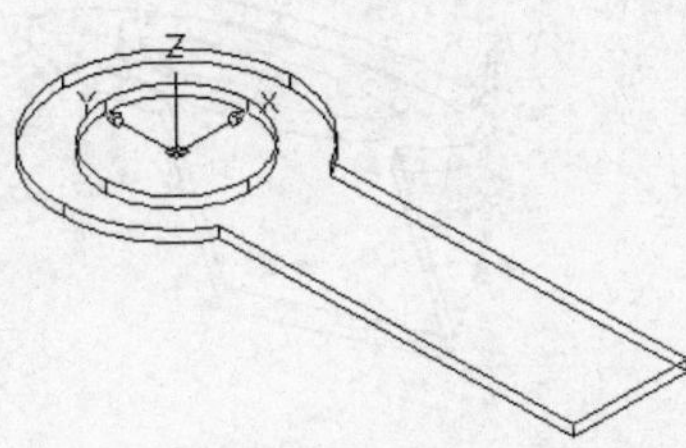

图 3-225　减切圆柱体 $\phi 2.5\times 1$

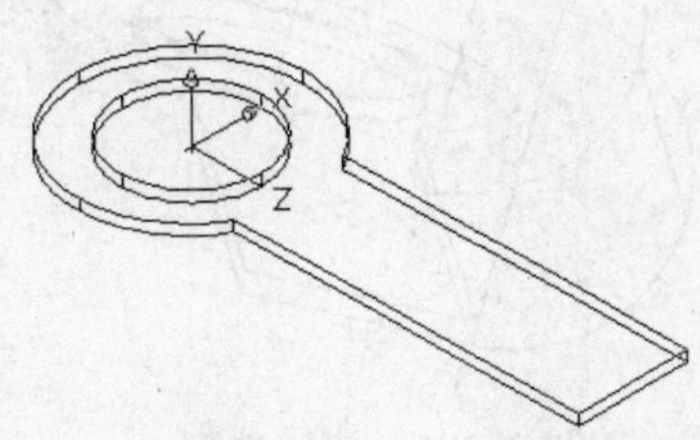

图 3-226　旋转坐标系

8）单击“三维建模”面板中的“圆柱体”命令按钮，以原点为底面圆心绘制圆柱体 $\phi 3\times 4$，效果如图 3-227 所示。

9）单击“修改”面板中的“移动”命令按钮，把圆柱体 $\phi 3\times 4$ 以如图 3-228 所示的象限点为移动基准点，以如图 3-229 所示的端点为移动目标点移动，效果如图 3-230 所示。

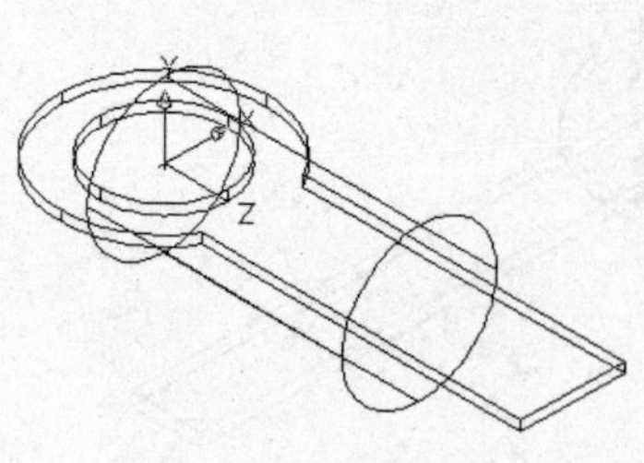
图 3-227　绘制圆柱体

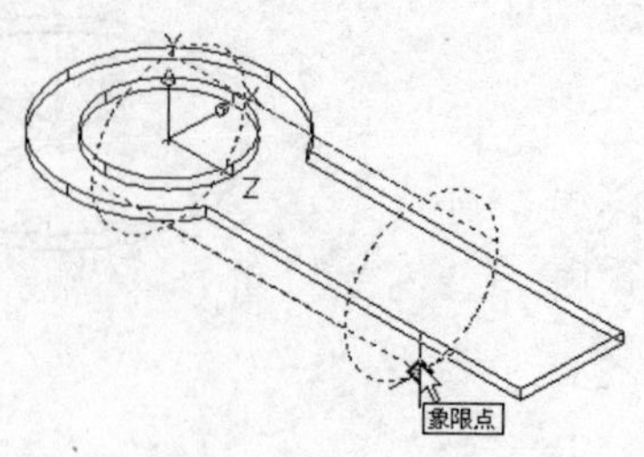

图 3-228　捕捉象限点

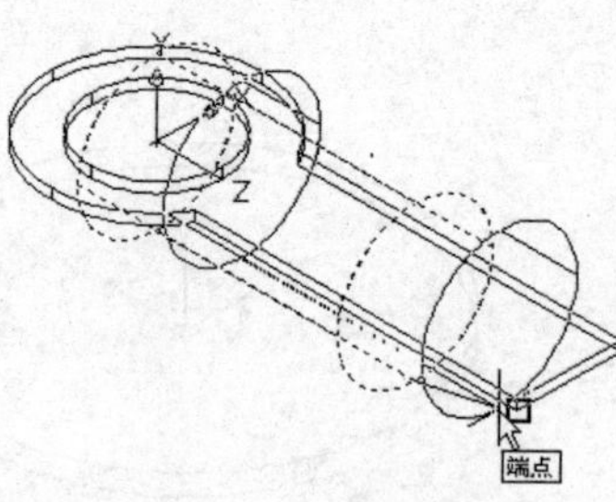

图 3-229　捕捉端点

10）单击“实体编辑”面板中的“剖切”命令按钮，使用平行于 YZ 平面，并通过如图 3-231 所示端点的平面对半剖切圆柱体$\phi 3\times 4$，效果如图 3-232 所示。

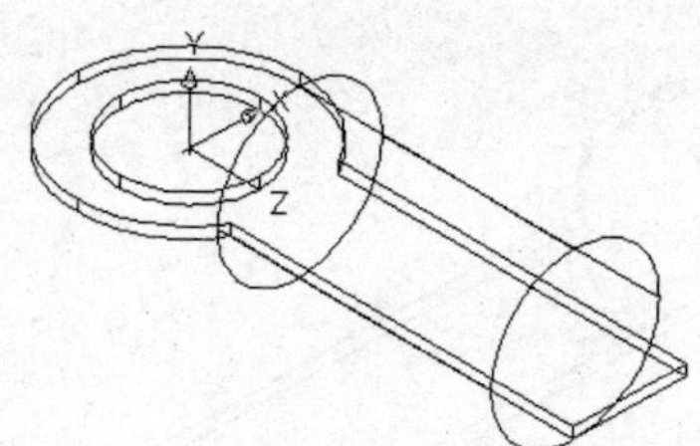
图 3-230　移动圆柱体

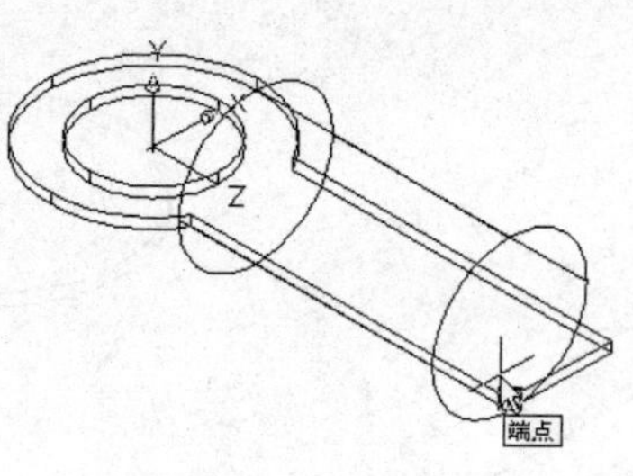

图 3-231　捕捉端点

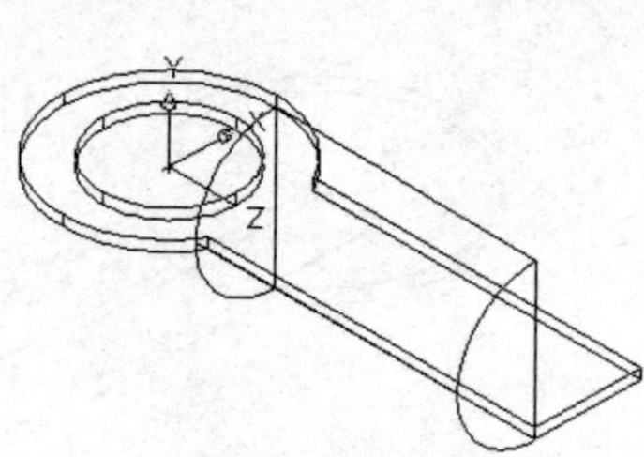
图 3-232　剖切圆柱体

11）从“菜单浏览器”中选择“视图”→“动态观察”→“受约束的动态观察”菜单命令，适当旋转造型，效果如图 3-233 所示。

12）单击“实体编辑”面板中的“抽壳”命令按钮，在系统要求选择要删除的表面时，在如图 3-234 所示的半圆柱体$\phi 3\times 4$ 端面上单击，在前端面双击，把它创建成壁厚为 0.2 的壳体，效果如图 3-235 所示。

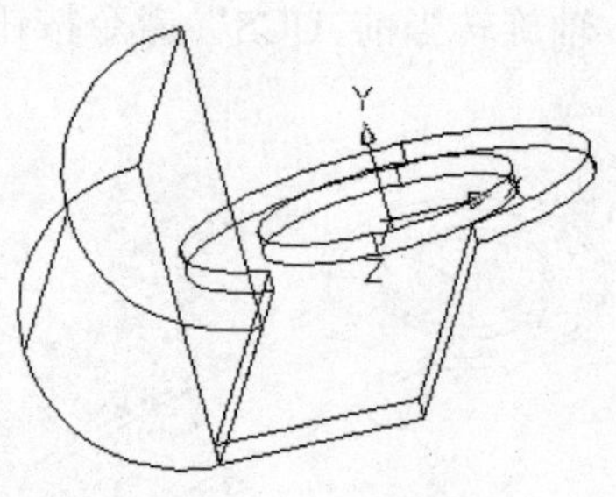
图 3-233　旋转造型

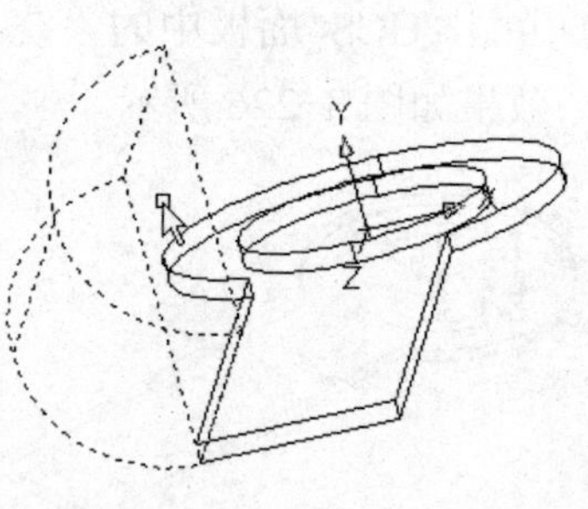
图 3-234　选择表面

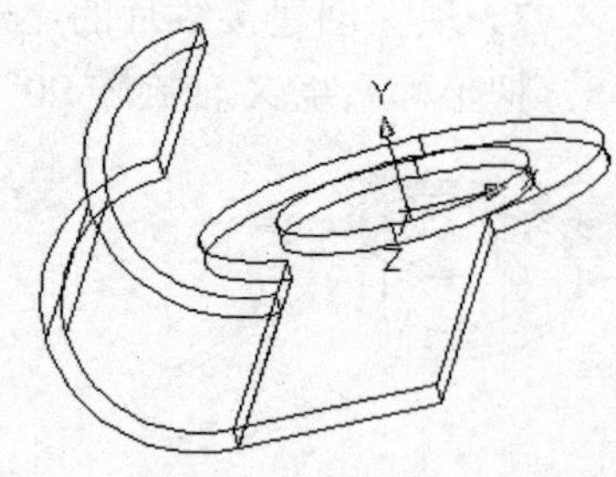
图 3-235　创建壳体

13）单击“实体编辑”面板中的“拉伸面”命令按钮，拉伸如图 3-236 所示的光标所指的端面。拉伸长度为 0.9，拉伸角度为 0°，效果如图 3-237 所示。

14）单击“修改”面板中的“镜像”命令按钮，以 Z 轴为对称轴，把左边的半个壳体对称复制一份，效果如图 3-238 所示。

15）在“菜单浏览器”中选择“视图”→“三维视图”→“西南等轴测视图”菜单命令，恢复视图，效果如图 3-239 所示。

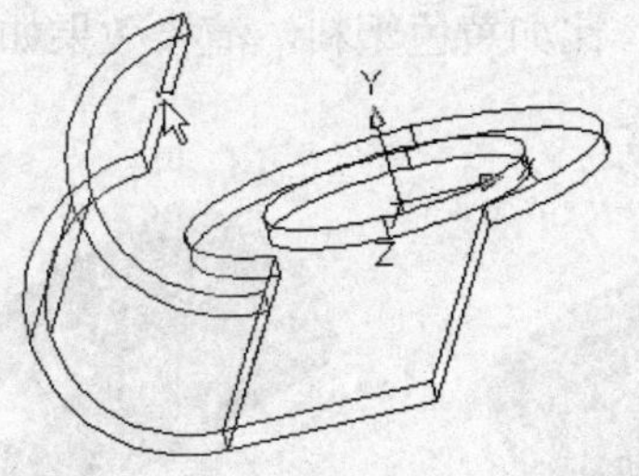


图 3-236　选择端面

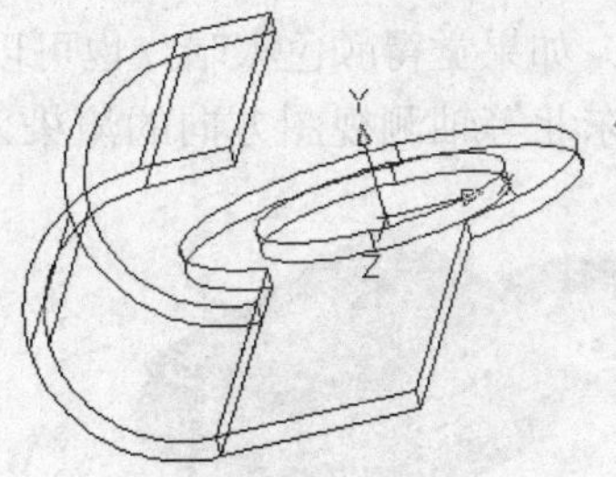


图 3-237　拉伸端面

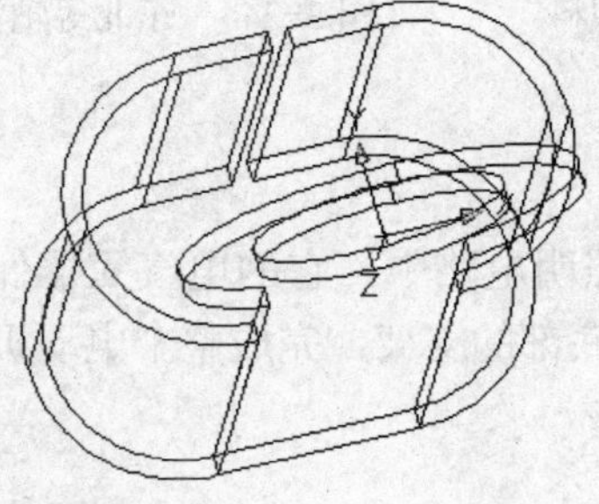


图 3-238　对称复制壳体

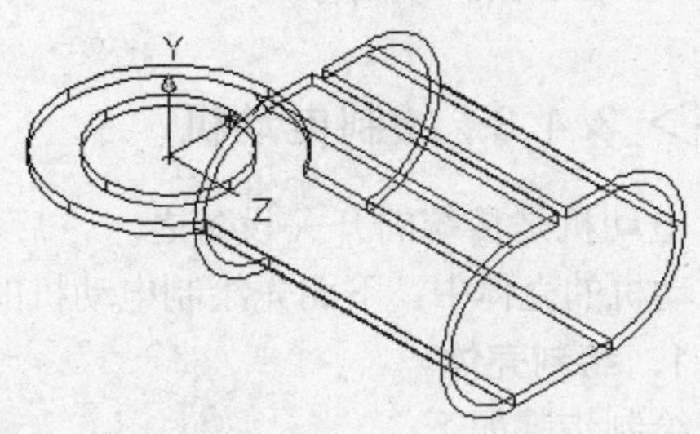


图 3-239　恢复视图

16）下面可以通过“工具选项板”将材质应用到对象或面。

通过逐一查看“工具选项板”窗口中的选项卡查找所需的材质（如图 3-240 所示）。将材质工具从选项板拖动到对象或面。也可以单击材质，然后使用画笔光标选择对象或面。

下面通过“工具选项板”的材质工具，准备赋予接线片黄铜材质。选择金属材质（如图 3-241 所示），单击“金属.装饰金属.黄铜.光滑”按钮，然后用画笔光标选择接线片，给冲压接线片赋予黄铜材质。

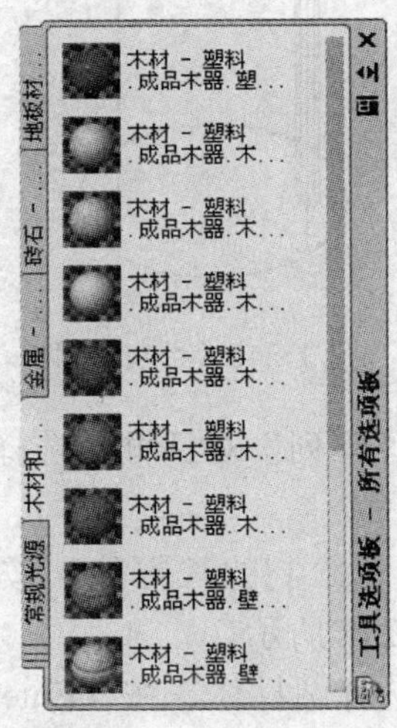


图 3-240　“材质”工具选项板

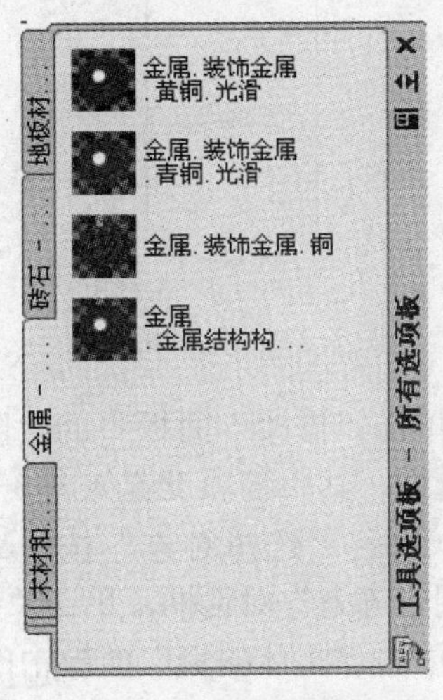


图 3-241　选择金属材质

17）在“菜单浏览器”中选择 “视图”→“渲染”→“渲染”菜单命令，创建接线片的渲染效果图，渲染效果如图 3-242 所示。

18）如果觉得颜色太暗，也可以选择其他材质渲染，比如黄色塑料，渲染效果如图 3-243 所示，东北等轴测视图方向的渲染效果如图 3-244 所示。

图 3-242 黄铜材质

图 3-243 黄色塑料

图 3-244 东北等轴测视图方向

## ▷▷▷ 3.4.3 绘制电动机

电动机是传统的开关设备之一，广泛应用于民用照明电路中。它的电气元器件全部安装在电动机的壳体中，下面先绘制电动机的壳体，再绘制底部的支架，完成整个电动机的制作。

**1. 绘制壳体**

绘制步骤如下。

1）首先绘制电动机壳体。单击“三维建模”面板中的“圆柱体”命令按钮，以基点（200,200,0）为底面圆心绘制圆柱体$\phi$100×140，结果如图 3-245 所示。

2）单击“三维建模”面板中的“长方体”命令按钮，以基点（245,199,25）为起点，绘制长方体 10×2×120，效果如图 3-246 所示。

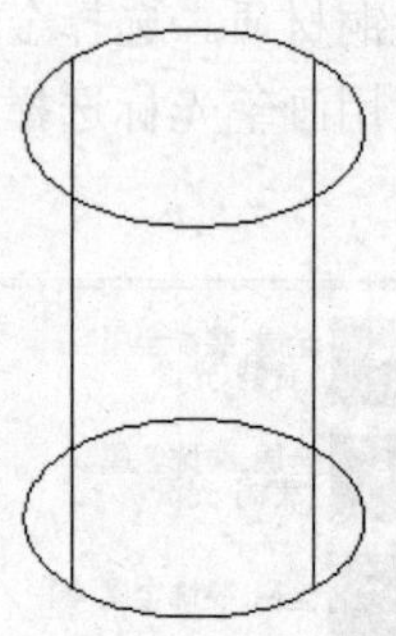

图 3-245 绘制圆柱体

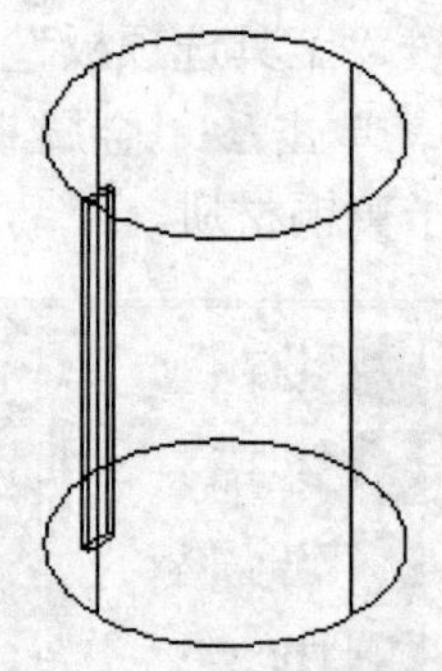

图 3-246 绘制长方体

3）单击“修改”面板中的“阵列”命令按钮，弹出“阵列”对话框，选择“环形阵列”单选框，其中各项设置如图 3-247 所示。

4）单击 “选择对象”按钮，回到视图区域，选中新绘制的长方体，按〈Enter〉键，回到“阵列”对话框，单击“确定”按钮，结果如图 3-248 所示。

5）单击“实体编辑”面板中的“差集”命令按钮，选择圆柱体，按〈Enter〉键，再选择所有的长方体，按〈Enter〉键。

6）在“菜单浏览器”中选择“视图”→“三维视图”→“西南等轴测”菜单命令，结果如图 3-249 所示。

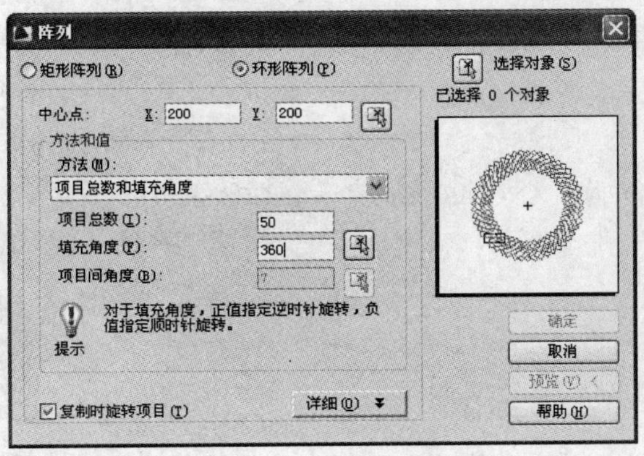


图 3-247 “阵列”对话框

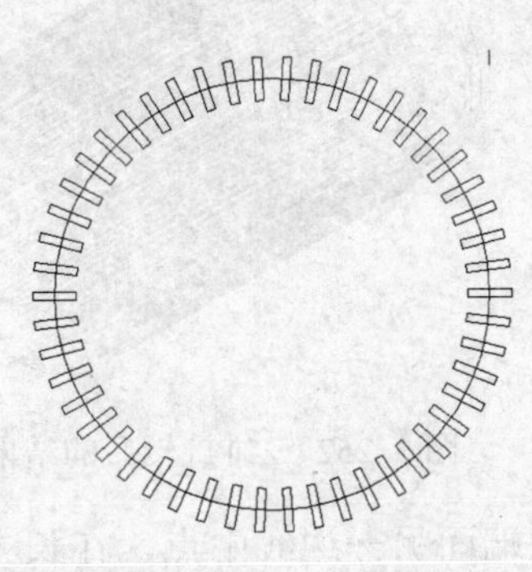

图 3-248 阵列矩形

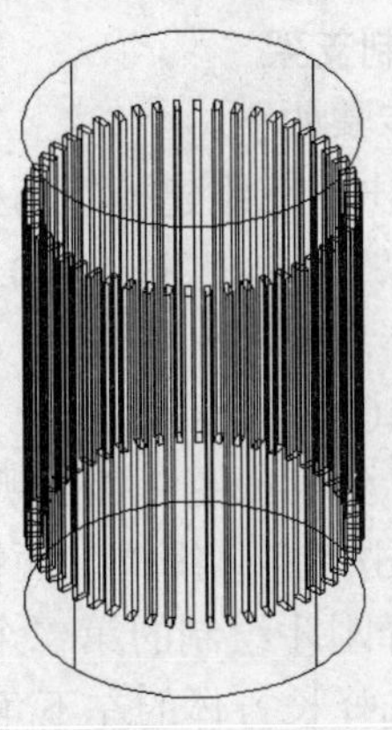

图 3-249 转换视图

7）单击“修改”面板中的“圆角”命令按钮，把圆柱体的上边缘倒圆角 R10。然后再将圆柱体的下边缘进行圆角 R10，结果如图 3-250 所示。

8）单击“三维建模”面板中的“圆柱体”命令按钮，分别以“0,0,170”和“0,0,0”作为圆柱体底面中心点，绘制半径为“10”和“5”，高度为“6”和“210”两个圆柱体。

9）单击“修改”面板中的“移动”命令按钮，选中视图中的所有对象，选择圆柱体底面圆圆心作为移动基点，在命令行中输入“0,0,0”，按〈Enter〉键，结果如图 3-251 所示。

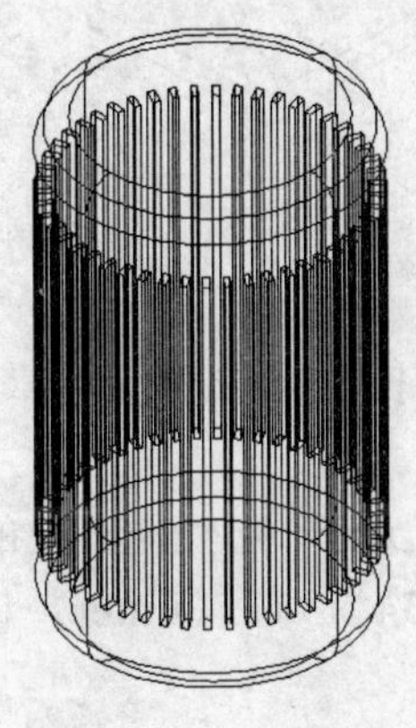

图 3-250 进行圆角

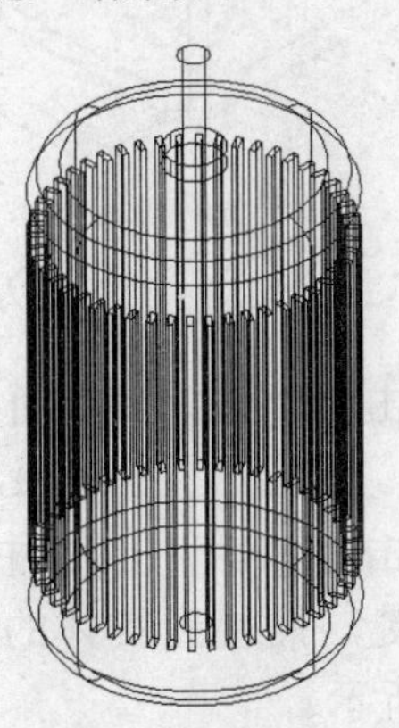

图 3-251 移动图形

10）在“菜单浏览器”中选择“修改”→“三维操作”→“三维旋转”菜单命令，命令行的提示如下。

```
命令: _3drotate
UCS 当前的正角方向:  ANGDIR=逆时针  ANGBASE=0
选择对象: 找到 2 个                    // 选择所有对象
选择对象:
指定基点: 0,0,0
拾取旋转轴: X
指定角的起点: 90
```

这样完成对象的旋转。单击“修改”面板中的“移动”命令按钮，将对象从原点移动到“500,0,0”处，结果如图 3-252 所示。

### 2. 绘制支架

绘制步骤如下。

1）单击“三维建模”面板中的“长方体”命令按钮，以“0,0,0”和“140,200,10”为长方体的两对角点绘制一个长方体，再以“0,35,0”和“@140,8,100”为两对角点，高度为 100 绘制另一个长方体，结果如图 3-253 所示。

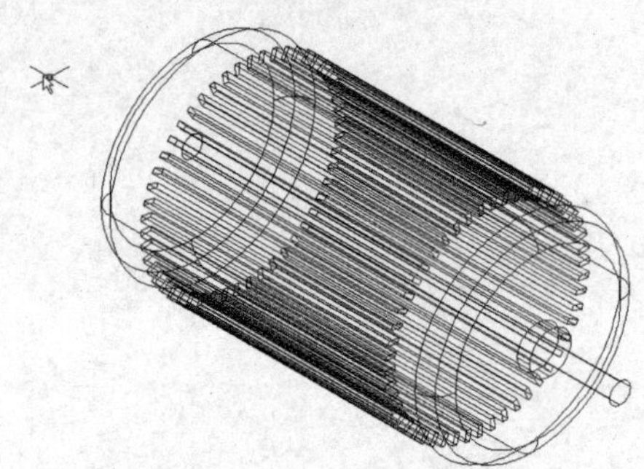

图 3-252 三维旋转后的结果

2）单击“实体编辑”面板中的“剖切”命令按钮，选择刚才绘制的第二个长方体，按〈Enter〉键，依次选择长方体的左下角点，上端面一边线中点，上端面另一边线中点，在长方体右半侧单击鼠标左键，结果如图 3-254 所示。

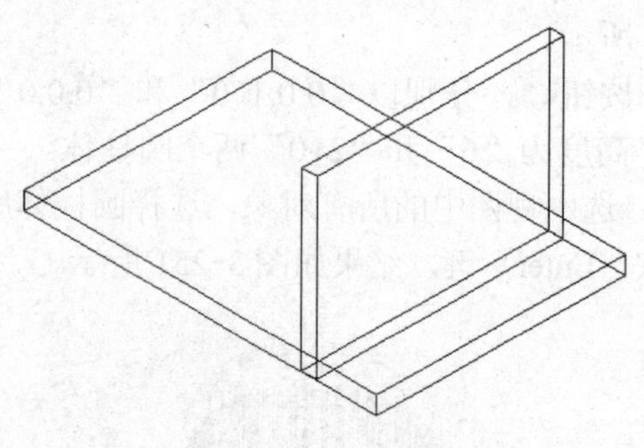

图 3-253　绘制长方体

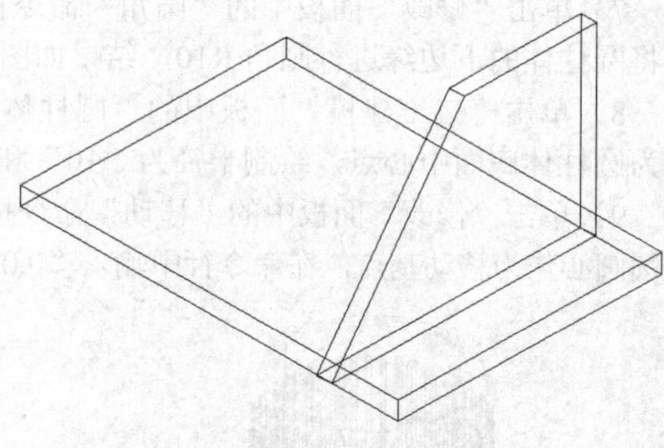

图 3-254　进行剖切

3）单击“实体编辑”面板中的“剖切”命令按钮，将长方体右边也切掉，结果如图 3-255 所示。

4）单击“修改”面板中的“复制对象”命令按钮，选择刚才剖切过的实体，按〈Enter〉键，捕捉到实体的顶点，在命令行中输入“@0,134”，按〈Enter〉键，结果如图 3-256 所示。

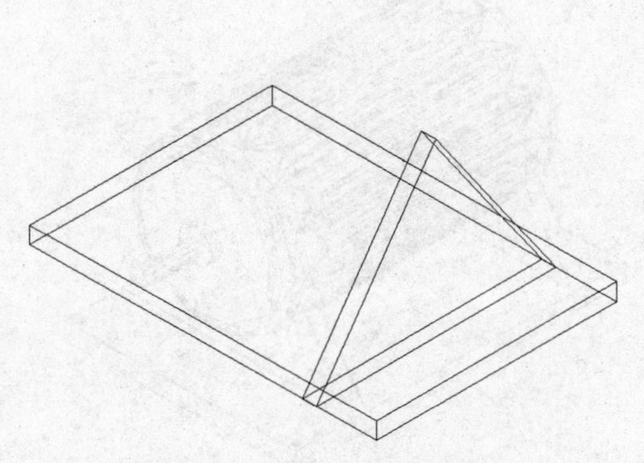
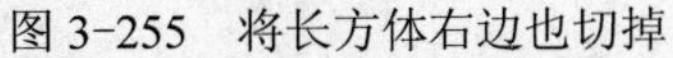
图 3-255　将长方体右边也切掉

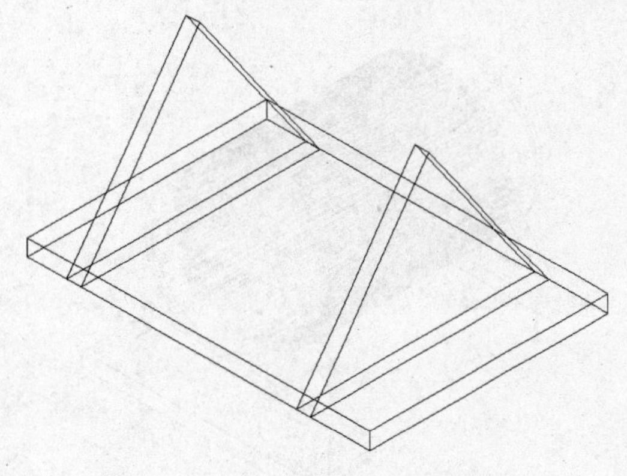
图 3-256　进行复制

5）单击“修改”面板中的“移动”命令按钮，将刚才绘制的两个三角形实体以原点作为基点移动到“0,0,10”。

6）单击“三维建模”面板中的“圆柱体”命令按钮，以“5,5,0”为圆柱体底面的中心点，绘制半径为 2，高度为 10 的圆柱体，结果如图 3-257 所示。

7）单击“修改”面板中的“复制对象”命令按钮，以新绘制的圆柱体上表面圆心作为复制基点，以“@130,0”，“@130,190”，“@0,190”作为复制的第二点，结果如图 3-258 所示。

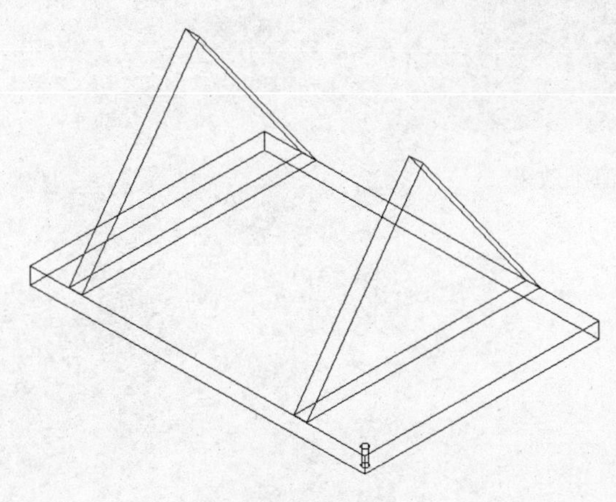
图 3-257　进行移动

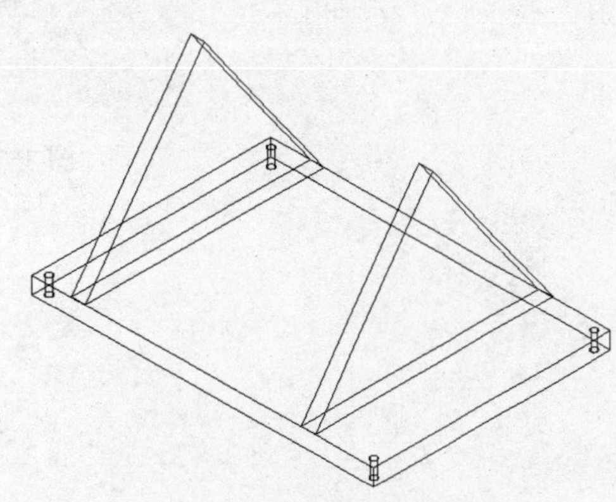
图 3-258　进行复制

8）单击“实体编辑”面板中的“差集”命令按钮，将新绘制的 4 个圆柱体从底座的长方体中减去。

9）单击“修改”面板中的“移动”命令按钮，选择壳体，在命令行中输入“500,-170,0”，按〈Enter〉键，再在命令行中输入“70,15,80”，按〈Enter〉键，将绘制的底座移动到电动机壳体的下方，结果如图 3-259 所示。

10）这样，这个电动机的三维范例就制作完成了，消隐效果如图 3-260 所示，渲染效果如图 3-261 所示。

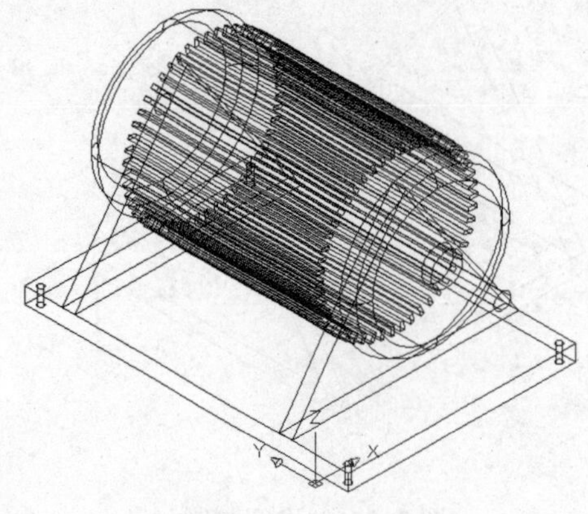


图 3-259　差集后的结果

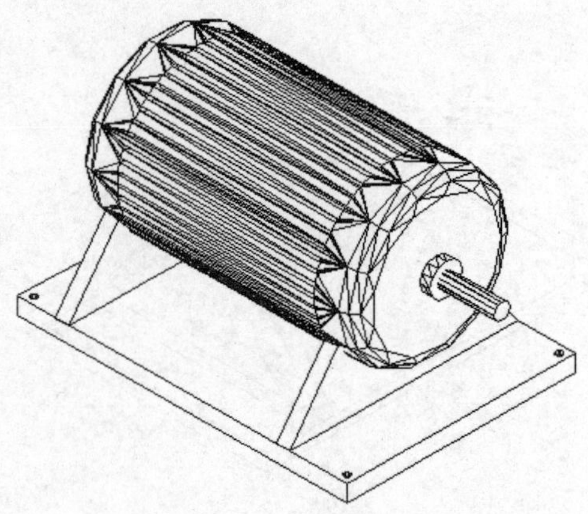

图 3-260　消隐效果

图 3-261　渲染效果

# 第2篇

# 电气制图规则和变送电图例

- 第 4 章　电气工程图的基本知识
- 第 5 章　变电和输电工程设计

# 第 4 章　电气工程图的基本知识

**本章您将学到：**

本章主要介绍电气工程图的基本知识，包括电气工程图的种类及特点、电气工程 CAD 制图的规范、电气图形符号的构成。绘制电气工程图需要遵循众多的规范，但这不应该被读者看成是学习绘制电气工程图的障碍。正是因为电气工程图是规范的，所以设计人员就可以大量借鉴以前的工作成果，将旧图样中使用的标题栏、表格、元器件符号甚至经典线路照搬到新图样中，稍加修改即可使用。为此本章最后请读者绘制若干简单的电气工程图，供以后的章节借鉴。

## 4.1　电气工程图的种类及特点

电气工程图既可以根据功能和使用场合分为不同的类别，也具有某些共同的特点，这些都有别于建筑工程图、机械工程图。

### 4.1.1　电气工程图的种类

电气工程图用来阐述电气工程的构成和功能，描述电气装置的工作原理，提供安装和维护使用的信息。电气工程的规模不同，该项工程的电气图的种类和数量也不同。一项工程的电气图通常装订成册，包含以下内容。

**1. 目录和前言**

目录便于检索图样，由序号、图样名称、编号、张数等构成。

前言中包括设计说明、图例、设备材料明细表、工程经费概算等。

设计说明的主要目的在于阐述电气工程设计的依据、基本指导思想与原则，图样中未能清楚表明的工程特点、安装方法、工艺要求、特殊设备的安装使用说明，以及有关的注意事项等的补充说明。图例即图形符号，一般只列出本套图样涉及到的一些特殊图例。设备材料明细表列出该项电气工程所需的主要电气设备和材料的名称、型号、规格和数量，可供经费预算和购置设备材料时参考。工程经费概算用于大致统计出电气工程所需的费用，可以作为工程经费预算和决算的重要依据。

**2. 电气系统图**

电气系统图用于表示整个工程或该工程中某一项目的供电方式和电能输送的关系，也可表示某一装置各主要组成部分的关系。例如，一个电动机的供电关系，则可采用如图 4-1 所示的电气系统图。该电气系统由电源 L1、L2、L3、熔断器 FU、交流接触器 KM、热继电器 K、电动机 M 构成，并通过连线表示如何连接这些元件。

### 3. 电路图

电路图主要表示一系统或装置的电气工作原理，又称为电气原理图。例如，为了描述图4-1 所示电动机的控制原理，要使用图 4-2 所示的电路图清楚地表示其工作原理。按钮 S1 用于起动电动机，按下它可让交流接触器 KM 的电磁线圈通电，闭合交流接触器 KM 的主触头，电动机运转；按钮 S2 用于使电动机停止运转，按下它电动机就停转。

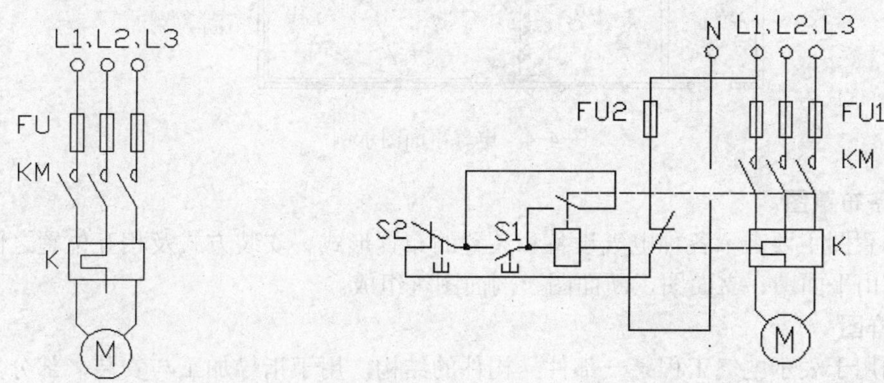


图 4-1　电动机电气系统图　　　　图 4-2　电动机控制电路原理图

### 4. 接线图

接线图主要用于表示电气装置内部各元器件之间及其与外部其他装置之间的连接关系，有单元接线图、互连接线圈端子接线图、电线电缆配置图等类型。图 4-3 所示的接线图清楚地表示了各元器件之间的实际位置和连接关系。图中，电源（L1、L2、L3）由型号为 BX-3×6 的导线，顺序接至端子排 X、熔断器 FU、交流接触器 KM 的主触头，再经热继电器 K 的热元件，接至电动机 M 的接线端子 U、V、W。这幅图与实际电路是完全对应的。

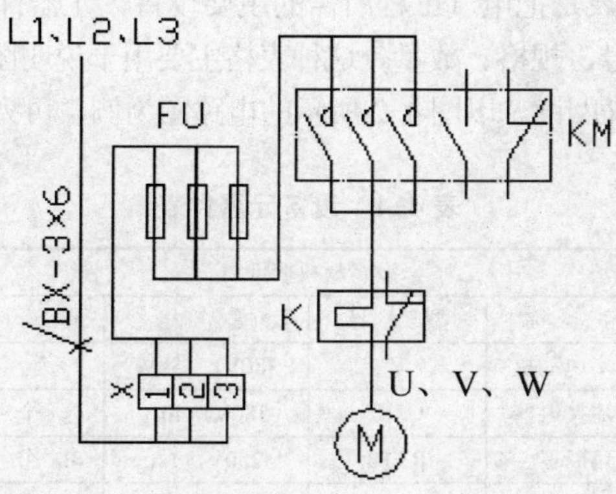


图 4-3　电动机主回路接线图

### 5. 电气平面图

电气平面图表示电气工程中电气设备、装置和线路的平面布置，一般在建筑平面图中绘制出来。根据用途的不同，电气工程平面图可分为线路平面图、变电所平面图、动力平面图、照明平面图、弱电系统平面图、防雷与接地平面图等。图 4-4 是一个车间的电气平面布置图。图中从配电柜引出导线接到上下两组配电箱，各个配电箱再分别连接电动机。

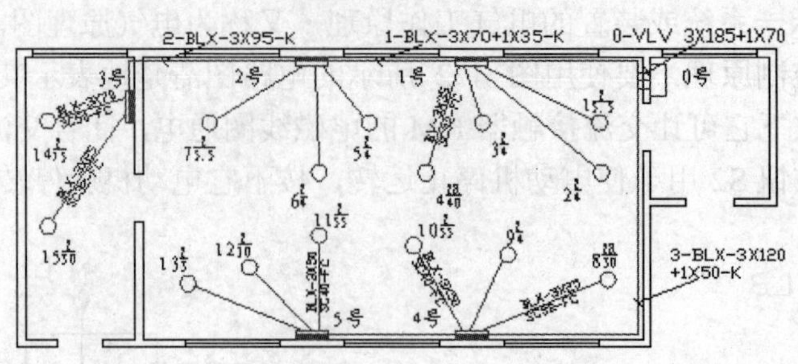


图 4-4　电气平面图示例

6．设备布置图

设备布置图主要表示各种电气设备和装置的布置形式、安装方式及相互位置之间的尺寸关系，通常由平面图、立面图、断面图、剖面图等组成。

7．大样图

大样图用于表示电气工程某一部件、构件的结构，用于指导加工与安装，部分大样图为国家标准图。

8．产品使用说明书用电气图

厂家往往在产品使用说明书中附上电气工程中选用的设备和装置电气图。

9．其他电气图

电气系统图、电路图、接线图、平面图是最主要的电气工程图。但在一些较复杂的电气工程中，为了补充和详细说明某一局部工程，还需要使用一些特殊的电气图，如功能图、逻辑图、印制板电路图、曲线图、表格等。

10．设备元器件和材料明细表

设备元器件和材料明细表是把电气工程所需的主要设备、元器件、材料和有关的数据列成表格，表示其名称、符号、型号、规格、数量。这种表格主要用于说明图上符号所对应的元器件名称和有关数据，应与图联系起来阅读。以图 4-2 所示的电路图为例，可列出表 4-1 设备元器件表。

表 4-1　设备元器件表

| 设备材料明细表 | | | | | | | |
|---|---|---|---|---|---|---|---|
| 序　号 | 符　号 | 名　称 | 型　号 | 规　格 | 单　位 | 数　量 | 备　注 |
| 1 | M | 异步电动机 | Y | 380V，15kW | 台 | 1 | |
| 2 | KM | 交流接触器 | CJ10 | 380V，40A | 个 | 1 | |
| 3 | FU2 | 熔断器 | RT18 | 250V，1A | 个 | 1 | 配熔芯 1A |
| 4 | FU1 | 熔断器 | RT0 | 380V，40A | 个 | 3 | 配熔芯 32A |
| 5 | K | 热继电器 | JR3 | 40A | 个 | 1 | 整定值 25A |
| 6 | S1　S2 | 按钮 | LA2 | 250V，3A | 个 | 2 | -常开、-常闭触点 |

## 4.1.2　电气工程图的一般特点

1．图形符号、文字符号和项目代号是构成电气图的基本要素

图形符号、文字符号和项目代号是电气图的基本要素，一些技术数据也是电气图的主要

内容。电气系统、设备或装置通常由许多部件、组件、功能单元等组成。一般是用一种图形符号描述和区分这些项目的名称、功能、状态、特征、相互关系、安装位置、电气连接等，不必画出它们的外形结构。

在一张图上，一类设备只用一种图形符号。比如各种熔断器都用同一个符号表示。为了区别同一类设备中不同元器件的名称、功能、状态、特征以及安装位置，还必须在符号旁边标注文字符号。例如，不同功能、不同规格的熔断器分别标注为 FU1、FU2、FU3、FU4。为了更具体地区分，除了标注文字符号、项目代号外，有时还要标注一些技术数据，如图中熔断器的有关技术数据，如 RL-15 / 15A 等。

**2．简图是电气工程图的主要形式**

简图是用图形符号、带注释的围框或简化外形表示系统或设备中各组成部分之间相互关系的一种图。电气工程图绝大多数都采用简图这种形式。

简图并不是指内容“简单”，而是指形式的“简化”，它是相对于严格按几何尺寸、绝对位置等绘制的机械图而言的。电气工程图中的系统图、电路图、接线图、平面布置图等都是简图。

**3．元器件和连接线是电气图描述的主要内容**

一种电气装置主要由电气元器件和电气连接线构成，因此，无论是说明电气工作原理的电路原理图，表示供电关系的电气系统图，还是表明安装位置和接线关系的平面图和接线图等，都是以电气元器件和连接线作为描述的主要内容。也因为对元器件和连接线的描述方法不同，构成了电气图的多样性。

连接线在电路图中通常有多线表示法、单线表示法和混合表示法。每根连接线或导线各用一条图线表示的方法，称为多线表示法；两根或两根以上的连接线只用一条图线表示的方法，称为单线表示法；在同一图中，单线和多线同时使用的方法称为混合表示法。

**4．电气元器件在电路图中的三种表示方法**

用于电气元器件的表示方法可分别采用集中表示法、半集中表示法、分开表示法。

集中表示法是把一个元器件各组成部分的图形符号绘制在一起的方法。比如可以把交流接触器的主触头和辅助触头、热继电器的热元器件和触点集中绘制在一起。分开表示法是把一个元器件的各组成部分分开布置；对同一个交流接触器，驱动线圈、主触头、辅助触头、热继电器的热元器件、触点分别画在不同的电路中，用同一个符号 KM 或 K 将各部分联系起来。

半集中表示法是介于集中表示法和分开表示法之间的一种表示法。其特点是，在图中把一个项目的某些部分的图形符号分开布置，并用机械连接线表示出项目中各部分的关系。其目的是得到清晰的电路布局。在这里，机械连接线可以是直线，也可以折弯、分支或交叉。

**5．表示连接线去向的两种方法**

在接线图和某些电路图中，通常要求表示连接线的两端各引向何处。表示连接线去向一般有连续线表示法和中断线表示法。

表示两接线端子（或连接点）之间导线的线条是连续的方法，称为连续线表示法；表示两接线端子或连接点之间导线的线条中断的方法，称为中断线表示法。

**6．功能布局法和位置布局法是电气工程图两种基本的布局方法**

功能布局法是指电气图中元器件符号的布置，只考虑便于看出它们所表示的元器件之间功能关系而不考虑实际位置的一种布局方法。电气工程图中的系统图、电路原理图都是采用这种布局方法。例如图 4-1 中，各元器件按供电顺序（电源——负载）排列，图 4-2 中，各元器件按动作原理

排列，至于这些元器件的实际位置怎样布置则不表示。这样的图就是按功能布局法绘制的图。

位置布局法是指电气图中元器件符号的布置对应于该元器件实际位置的布局方法。电气工程图中的接线图、平面图通常采用这种布局方法。例如图 4-3 中，控制箱内各元器件基本上都是按元器件的实际相对位置布置和接线的。图 4-4 的平面图中，配电箱、电动机及其连接导线是按实际位置布置。这样的图就是按位置布局法绘制的图。

**7. 对能量流、信息流、逻辑流、功能流的不同描述方法，构成了电气图的多样性**

在某一个电气系统或电气装置中，各种元器件、设备、装置之间，从不同角度，不同侧面去考察，存在着不同的关系，构成 4 种物理流。

能量流——电能的流向和传递；

信息流——信号的流向、传递和反馈；

逻辑流——表征相互间的逻辑关系；

功能流——表征相互间的功能关系。

物理流有的是实有的或有形的，如能量流、信息流等；有的则是抽象的，表示的是某种概念，如逻辑流、功能流等。

在电气技术领域内，往往需要从不同的目的出发，对上述 4 种物理流进行研究和描述，而作为描述这些物理流的工具之一——电气图，当然也需要采用不同的形式。这些不同的形式，从本质上揭示了各种电气图内在的特征和规律。实际上将电气图分成若干种类，从而构成了电气图的多样性。

例如：描述能量流和信息流的电气图，有系统图、框图、电路图、接线图等；描述逻辑流的电气图有逻辑图等；描述功能流的有功能表图、程序图、电气系统说明书用图等。

## 4.2 电气工程 CAD 制图的规范

电气工程设计部门设计、绘制图样，施工单位按图样组织工程施工，所以图样必须有设计和施工等部门共同遵守的一定的格式和一些基本规定、要求。这些规定包括建筑电气工程图自身的规定和机械制图、建筑制图等方面的有关规定。

**1. 图纸的格式与幅面尺寸**

（1）图纸的格式

一张图纸的完整图面是由边框线、图框线、标题栏、会签栏组成，其格式如图 4-5 所示。

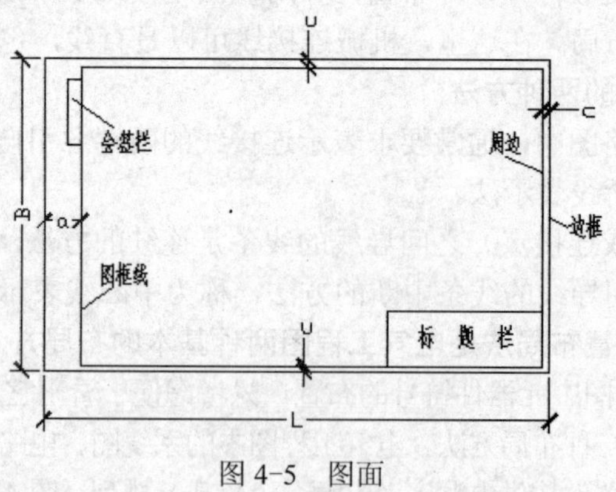


图 4-5 图面

（2）幅面尺寸

图纸的幅面就是由边框线所围成的图面。幅面尺寸共分五等：A0～A4，具体的尺寸要求见表 4-2。

表 4-2　基本幅面尺寸　　　　（单位：mm）

| 幅面代号 | A0 | A1 | A2 | A3 | A4 |
|---|---|---|---|---|---|
| 宽×长（B×L） | 841×1189 | 594×841 | 420×594 | 297×420 | 297×210 |
| 边宽（C） | 10 | | | 5 | |
| 装订侧边宽 | 25 | | | | |

## 2．标题栏

标题栏是用来确定图样的名称、图号、张次、更改和有关人员签署等内容的栏目，位于图样的下方或右下方。图中的说明、符号均应以标题栏的文字方向为准。

目前我国尚没有统一规定标题栏的格式，各设计部门标题栏格式不一定相同。通常采用的标题栏格式应有以下内容：设计单位名称、工程名称、项目名称、图名、图别、图号等，图 4-6 是一种标题栏格式，可供读者借鉴。

| 设计单位名称 | | | | 工程名称 | 设计号 | |
|---|---|---|---|---|---|---|
| | | | | | 图号 | |
| 总工程师 | | 主要设计人 | | 项目名称 | | |
| 设计总工程师 | | 技　　核 | | | | |
| 专业工程师 | 制图 | | | | | |
| 组长 | | 描　　图 | | 图　　名 | | |
| 日期 | 比例 | | | | | |

图 4-6　标题栏格式

## 3．图幅分区

如果电气图上的内容很多，尤其是一些幅面大、内容复杂的图，要进行分区，以便在读图或更改图的过程中，迅速找到相应的部分。

图幅分区的方法是等分图纸相互垂直的两边。分区的数目视图的复杂程度而定，但要求每边必须为偶数。每一分区的长度一般不小于 25mm，不大于 75mm。分区代号，竖向方向用大写拉丁字母从上到下编号，横向方向用阿拉伯数字从左往右编号，如图 4-7 所示。分区代号用字母和数字表示，字母在前，数字在后，如 B2、C3 等。

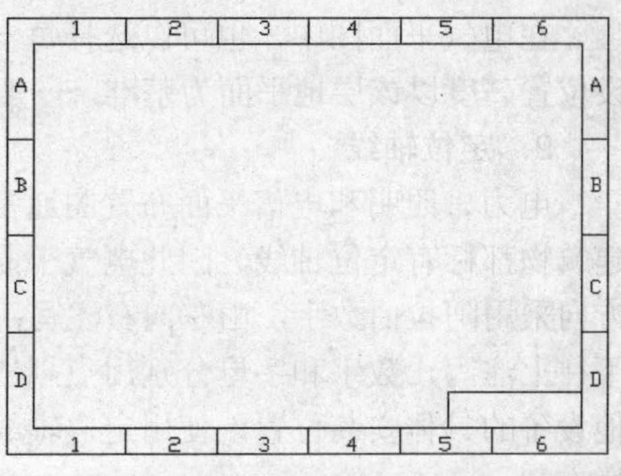


图 4-7　图幅分区

## 4．图线

图线是绘制电气图所用的各种线条的统称，常用的图线见表 4-3。

1
2
3
第 4 章
5
6
7
8
9
附录A

表 4-3　图线形式与应用

| 图线名称 | 图线形式 | 图 线 应 用 | 图 线 名 称 | 图线形式 | 图 线 应 用 |
|---|---|---|---|---|---|
| 粗实线 | ▬▬▬ | 电气线路，一次线路 | 点划线 | —·—·— | 控制线，信号线，围框线 |
| 细实线 | ——— | 二次线路，一般线路 | 点划线，双点划线 | —·—·— <br> —··—··— | 辅助围框线 |
| 虚　线 | — — — — | 屏蔽线，机械连线 | 双点划线 | —··—··— | 辅助围框线，36V 以下线路 |

5．字体

电气图中的字体必须符合标准，一般汉字常用仿宋体、宋体，字母、数字用正体、罗马字体。字体的大小一般为 2.5~4.0，也可以根据不同的场合使用更大的字体，根据文字所代表的内容不同应用不同大小的字体。一般来说，电气器件触点号最小，线号次之，器件名称号最大。具体也要根据实际调整。

6．比例

由于图幅有限，而实际的设备尺寸大小不同，需要按照不同的比例绘制成才能安置在图中。图形与实物尺寸的比值称为比例。大部分电气工程图是不按比例绘制的，某些位置图则按比例绘制或部分按比例绘制。

电气工程图采用的比例一般为 1∶10，1∶20，1∶50，1∶100，1∶200，1∶500。例如，图样比例为 1∶100，图样上某段线路为 15cm，则实际长度为 15cm×100cm=1500cm。

7．方位

一般来说，电气平面图按上北下南，左西右东来表示建筑物和设备的位置和朝向。但外电总平面图中用方位标记（指北针方向）来表示朝向。这是因为外电总平面图表现的图形不能总是刚好符合某规格的图样幅面，需要旋转一个角度才行。

8．安装标高

在电气平面图中，电气设备和线路的安装高度是用标高来表示的，这与建筑制图类似。标高有绝对标高和相对标高两种表示方法。绝对标高是我国的一种高度表示方法，又称为海拔高度。相对标高是选定某一参考面为零点而确定的高度尺寸。建筑工程图上采用的相对标高，一般是选定建筑物室外地平面为±0.00m，标注方法为根据这个高度标注出相对高度。

在电气平面图中，也可以选择每一层地平面或楼面为参考面，电气设备和线路安装，敷设位置高度以该层地平面为基准，一般称为敷设标高。

9．定位轴线

电力、照明和电信平面布置图通常是在建筑物平面图上完成的。由于在建筑平面图中，建筑物都标有定位轴线，因此电气平面布置图也带有轴线。定位轴线编号的原则是：在水平方向采用阿拉伯数字，由左向右注写；在垂直方向采用拉丁字母（其中 I、O、Z 不用），由下往上注写，数字和字母分别用点划线引出。通过定位轴线可以帮助人们了解电气设备和其他设备的具体安装位置，使用定位轴线，可以很容易找到设备的位置，对修改、设计变更图样有利。

10．详图

电气设备中某些零部件、连接点等的结构、做法、安装工艺要求等，有时需要将这些部分单独放大，详细表示，这种图称为详图。

电气设备的某些部分的详图可以画在同一张图样上，也可画在另一张图样上。为了将它们联系起来，需要使用一个统一的标记。标注在总图某位置上的标记称详图索引标志；标注在详图位置上的标记称详图标志。

## 4.3 电气图形符号的构成和分类

按简图形式绘制的电气工程图中，元器件、设备、装置、线路及其安装方法等都是借用图形符号、文字符号和项目代号来表达的；分析电气工程图，首先要明了这些符号的形式、内容、含义以及它们之间的相互关系。

### 4.3.1 电气图形符号的构成

电气图形符号包括一般符号、符号要素、限定符号和方框符号。

1．一般符号

一般符号是用来表示一类产品或此类产品特征的简单符号，如电阻、开关、电容等。

2．符号要素

符号要素是一种具有确定意义的简单图形，必须同其他图形组合构成一个设备或概念的完整符号。例如，真空二极管由外壳、阴极、阳极和灯丝 4 个符号要素组成的。符号要素一般不能单独使用，只有按照一定方式组合起来才能构成完整的符号。符号要素的不同组合可以构成不同的符号。

3．限定符号

一种用以提供附加信息的加在其他符号上的符号称为限定符号。限定符号一般不代表独立的设备、器件和元器件，仅用来说明某些特征、功能和作用等。限定符号一般不单独使用，当一般符号加上不同的限定符号，可得到不同的专用符号。例如，在开关的一般符号上加不同的限定符号可分别得到隔离开关、断路器、接触器、按钮开关、转换开关等。

限定符号通常不能单独使用，但一般符号有时也可用作限定符号，如电容器的一般符号加到传声器符号上，即可构成电容式传声器的符号。

4．方框符号

用以表示元器件、设备等的组合及其功能，既不给出元器件、设备的细节，也不考虑所有连接的一种简单的图形符号。

方框符号在框图中使用最多。电路图中的外购件、不可修理件也可用方框符号表示。

### 4.3.2 电气图形符号的分类

新的《电气图用图形符号　总则》国家标准代号为 GB/T4728.1-1985，采用国际电工委员会（IEC）标准，在国际上具有通用性，有利于对外技术交流。GB/T4728 电气图用图形符号共分 13 部分。

1．总则

有本标准内容提要、名词术语、符号的绘制、编号使用及其他规定。

2．符号要素、限定符号和其他常用符号

内容包括轮廓和外壳、电流和电压的种类、可变性、力或运动的方向、流动方向、材料

的类型、效应或相关性、辐射、信号波形、机械控制、操作件和操作方法、非电量控制、接地、接机壳和等电位、理想电路元器件等。

3．导体和连接件

内容包括电线、屏蔽或绞合导线、同轴电缆、端子与导线连接、插头和插座、电缆终端头等。

4．基本无源元器件

内容包括电阻器、电容器、电感器、铁氧体磁心、压电晶体等。

5．半导体管和电子管

如二极管、三极管、晶闸管、电子管等。

6．电能的发生与转换

内容包括绕组、发电机、变压器等。

7．开关、控制和保护器件

内容包括触点、开关、开关装置、控制装置、起动器、继电器、接触器和保护器件等。

8．测量仪表、灯和信号器件

内容包括指示仪表、记录仪表、热电偶，遥测装置、传感器、灯、电铃、峰鸣器、喇叭等。

9．电信：交换和外围设备

内容包括交换系统、选择器、电话机、电报和数据处理设备、传真机等。

10．电信：传输

内容包括通信电路、天线、波导管器件、信号发生器、激光器、调制器、解调器、光纤传输线路等。

11．建筑安装平面布置图

内容包括发电站、变电所、网络、音响和电视的分配系统、建筑用设备、露天设备等。

12．二进制逻辑元器件

内容包括计数器、存储器等。

13．模拟元器件

内容包括放大器、函数器、电子开关等。

## ▷▷ 4.4　电动机供电系统图

### 制作思路

电动机供电线路是基本的动力供电线路，它既可以绘制成单线的，也可以绘制成三线的。单线的比较简单，可以先绘制，然后借鉴它绘制成三线的电动机供电线路。

### ▷▷▷ 4.4.1　单线

绘制步骤如下。

1）首先绘制接线柱符号。单击“绘图”面板中的“圆”命令按钮，绘制圆$\phi 5$，效果如图 4-8 所示。通过捕捉象限点绘制矩形。

2）现在绘制熔断器符号。单击“绘图”面板中的“矩形”命令按钮，绘制起点在如



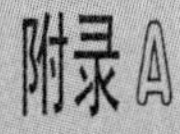

图 4-9 所示的象限点的矩形 5×(-15)，效果如图 4-10 所示。

3）现在绘制触点符号。单击“修改”面板中的“复制”命令按钮，把圆$\phi$5 以其圆心为复制基准点，以矩形 5×(-15)下边中点为复制目标点复制圆，效果如图 4-11 所示。

4）现在排布电气符号。单击“修改”面板中的“移动”命令按钮，把矩形 5×(-15)和圆$\phi$5 向下方移动，移动距离为 20，效果如图 4-12 所示。

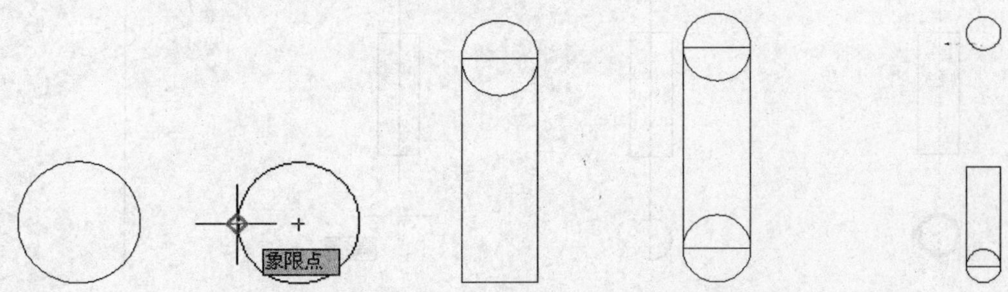


图 4-8　绘制圆　图 4-9　捕捉象限点　图 4-10　绘制矩形　图 4-11　复制圆　图 4-12　移动矩形和圆

5）单击“修改”面板中的“移动”命令按钮，把圆$\phi$5 向下方移动，移动距离为 10，效果如图 4-13 所示。

6）现在绘制接线。单击“绘图”面板中的“直线”命令按钮，绘制起点在如图 4-14 所示的象限点，端点在如图 4-15 所示的象限点的连线，效果如图 4-16 所示。

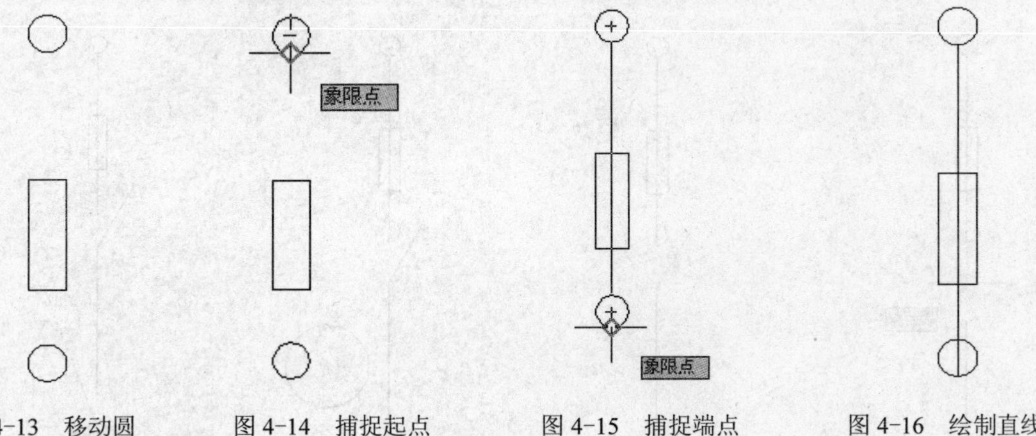


图 4-13　移动圆　图 4-14　捕捉起点　图 4-15　捕捉端点　图 4-16　绘制直线

7）单击“修改”面板中的“修剪”命令按钮，以如图 4-17 所示的虚线直线为修剪边，修剪掉光标所示的圆弧，结果如图 4-18 所示。

8）单击“绘图”面板中的“直线”命令按钮，按命令行的提示绘制直线。

```
命令: _line 指定第一点: （捕捉如图 4-19 所示的端点）
指定下一点或 [放弃(U)]: @0,-15（按相对坐标输入端点）
指定下一点或 [放弃(U)]: @0,-50
指定下一点或 [闭合(C)/放弃(U)]:（回车）
```

结果如图 4-20 所示。

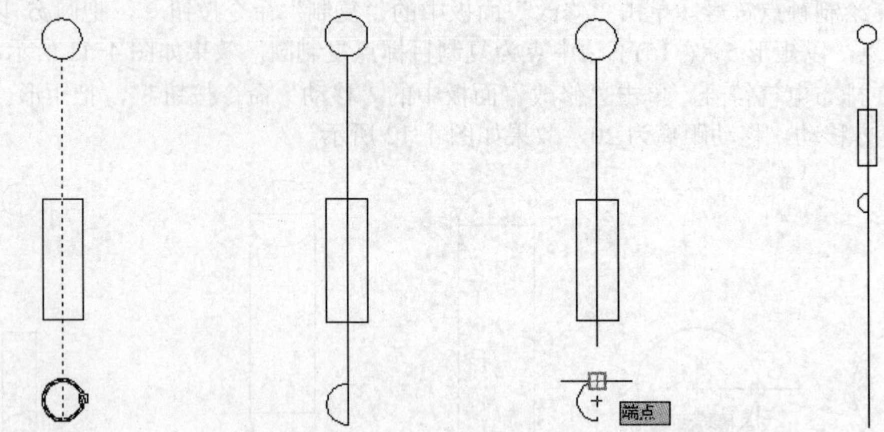


图 4-17 指示修剪边　　图 4-18 修剪圆弧　　图 4-19 捕捉端点　　图 4-20 绘制直线

9）单击“修改”面板中的“旋转”命令按钮，以如图 4-21 所示的端点为旋转中心，把虚线所示的直线逆时针旋转 30º，结果如图 4-22 所示。

10）现在绘制电动机符号。单击“绘图”面板中的“圆”命令按钮，绘制圆$\phi$20，效果如图 4-23 所示。

11）单击“修改”面板中的“移动”命令按钮，把圆$\phi$20 以其上边象限点为移动基准点，以如图 4-24 所示的端点为移动目标点移动，效果如图 4-25 所示。

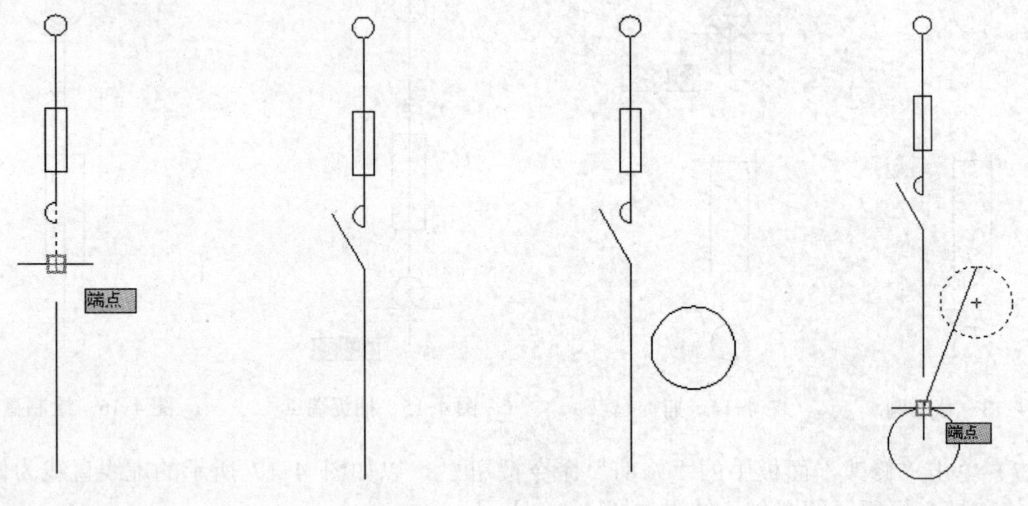


图 4-21 捕捉端点　　图 4-22 旋转直线　　图 4-23 绘制圆　　图 4-24 捕捉端点

12）现在开始绘制热继电器符号。单击“绘图”面板中的“矩形”命令按钮，绘制矩形 30×15，效果如图 4-26 所示。

13）单击“修改”面板中的“移动”命令按钮，把矩形 30×15 以其下边中点为移动基准点，以如图 4-27 所示的象限点为移动目标点移动，效果如图 4-28 所示。

14）单击“修改”面板中的“移动”命令按钮，把矩形 30×15 向上方移动，移动距

离为20，效果如图4-29所示。

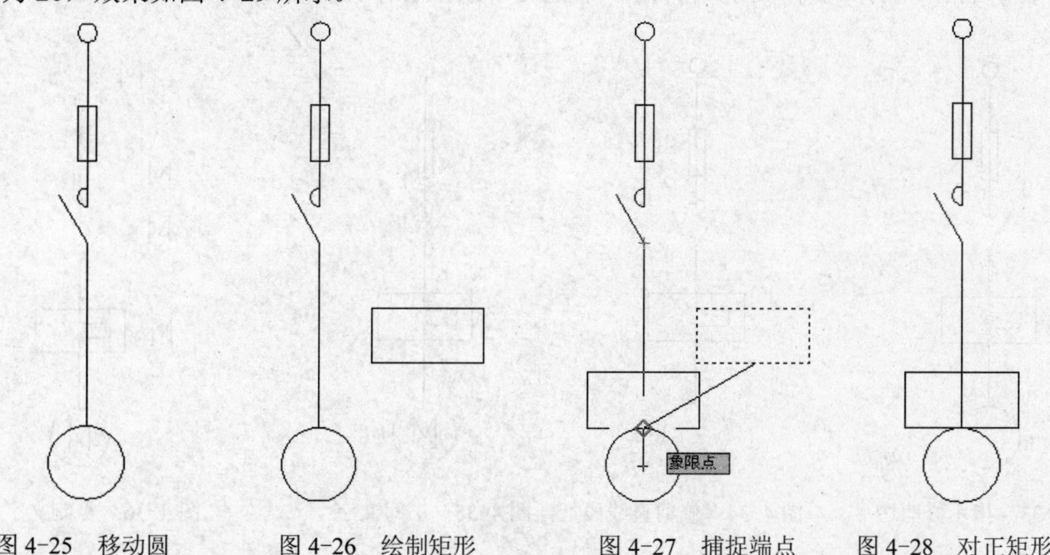


图4-25 移动圆 图4-26 绘制矩形 图4-27 捕捉端点 图4-28 对正矩形

15）单击“绘图”面板中的“矩形”命令按钮，绘制起点在如图4-30所示的交点的矩形(-10)×5，效果如图4-31所示。

16）单击“修改”面板中的“移动”命令按钮，把矩形-10×5向上方移动，移动距离为5，效果如图4-32所示。

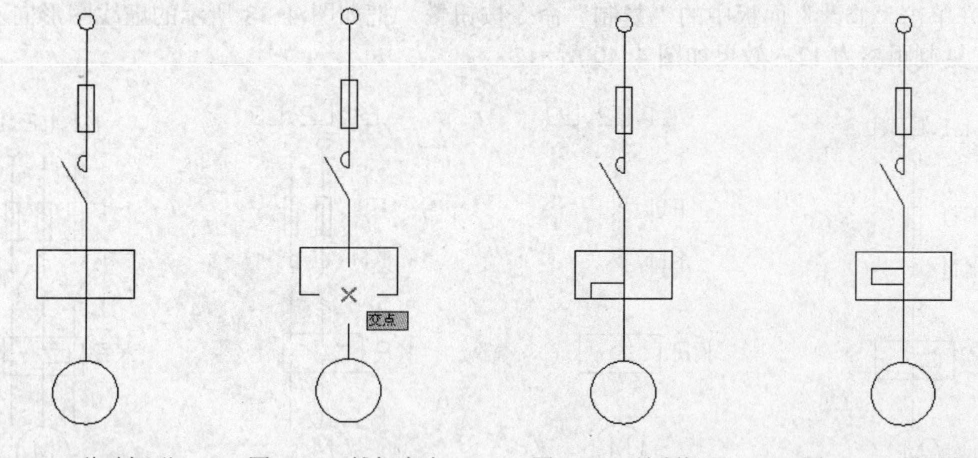


图4-29 移动矩形 图4-30 捕捉交点 图4-31 绘制矩形 图4-32 移动矩形

17）单击“修改”面板中的“修剪”命令按钮，以如图4-33所示的矩形-10×5为修剪边，修剪掉光标所示的线头，结果如图4-34所示。

18）最后书写各种符号的文字代号。单击“注释”面板中的“多行文字”命令按钮，在圆$\phi$20中书写文字“M”，表示电动机，结果如图4-35所示。

19）单击“修改”面板中的“复制”命令按钮，把文字在元件旁边各复制一份，效果如图4-36所示。

20）单击“注释”选项卡，单击“文字”面板中的“编辑”命令按钮，然后单击文字，在屏幕出现的“多行文字编辑器”中把文字改成各个元器件的代号，效果如图 4-37 所示。

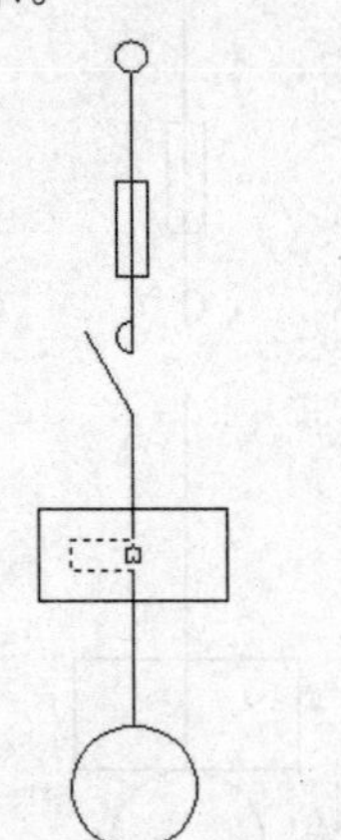

图 4-33　指示修剪边

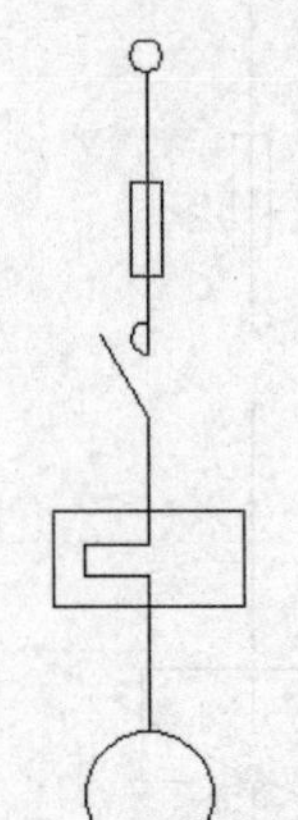

图 4-34　修剪直线段

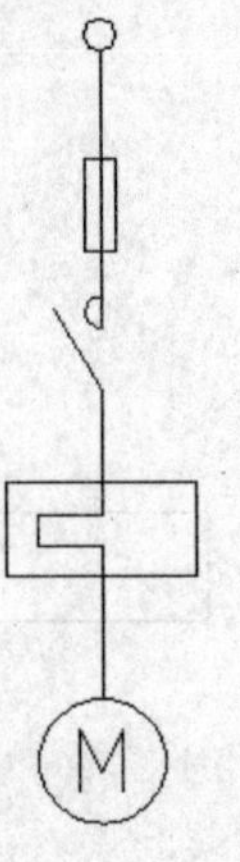


图 4-35　书写文字

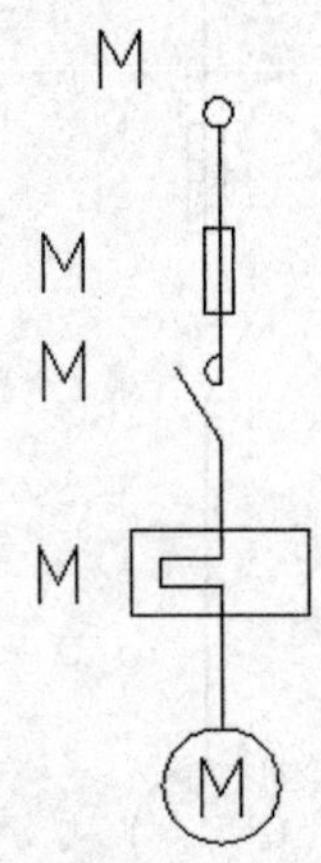


图 4-36　复制文字

### 4.4.2　三线

绘制步骤如下。

1）首先排布图形的基本内容。单击“修改”面板中的“复制”命令按钮，把如图 4-38 所示的虚线图形向右复制一份，复制距离为 12，效果如图 4-39 所示。

2）单击“修改”面板中的“复制”命令按钮，把如图 4-38 所示的虚线图形向左复制一份，复制距离为 12，效果如图 4-40 所示。

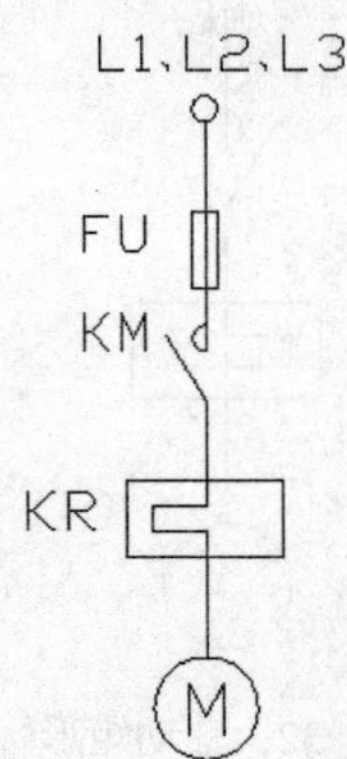


图 4-37　修改文字

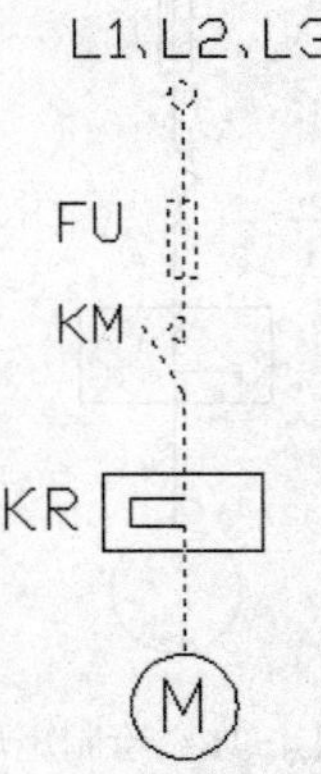


图 4-38　选择图形

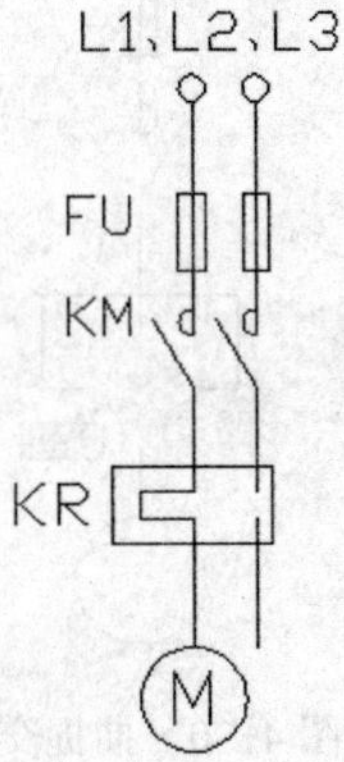


图 4-39　向右复制图形

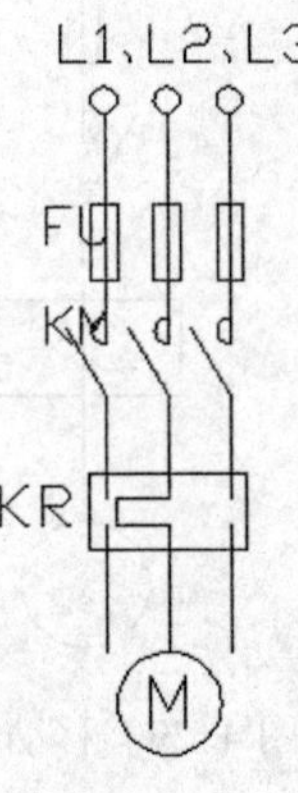


图 4-40　向左复制图形

3）单击“修改”面板中的“移动”命令按钮，适当调整各条文字的位置，与元器件位置相符，效果如图 4-41 所示。

4）这一步绘制新的连线。单击“绘图”面板中的“直线”命令按钮，绘制起点在电动机符号圆心，端点在@30<135 的直线，效果如图 4-42 所示。

5）单击“修改”面板中的“镜像”命令按钮，以过电动机符号圆心，垂直向下的直线为对称轴，把斜线对称复制一份，效果如图 4-43 所示。

6）单击“修改”面板中的“修剪”命令按钮，以如图 4-44 所示的虚线矩形为修剪边，修剪掉光标所示的两边线头，结果如图 4-45 所示。

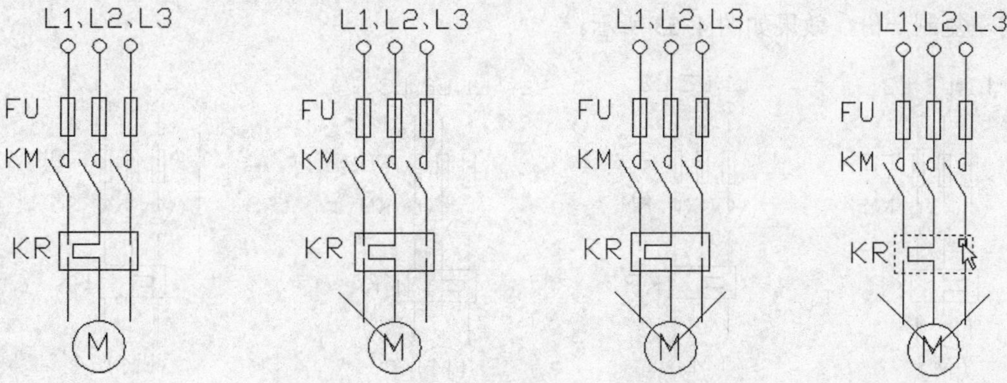


图 4-41　调整文字的位置　　图 4-42　绘制斜线　　图 4-43　对称复制斜线　　图 4-44　指示修剪边

7）单击“修改”面板中的“修剪”命令按钮，以如图 4-46 所示的虚线矩形为修剪边，修剪掉光标所示的两边线头，结果如图 4-47 所示。

8）单击“修改”面板中的“打断”命令按钮，把如图 4-48 所示的直线从光标位置以下打断，结果如图 4-49 所示。

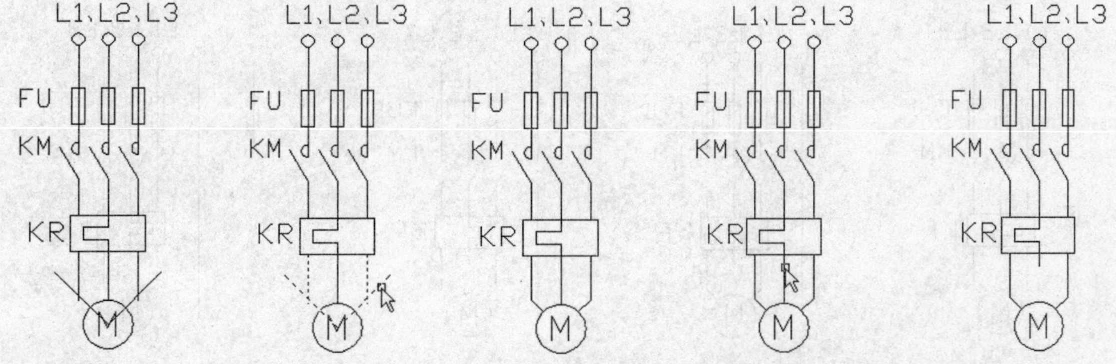


图 4-45　修剪图形　图 4-46　准备修剪　图 4-47　修剪线头　图 4-48　捕捉打断位置　图 4-49　打断直线

## 4.5　电动机控制电路图

### 制作思路

电动机控制电路图是原理图，它是由在供电线路图上添加控制电路构成的。

绘制步骤如下。

1）单击“修改”面板中的“移动”命令按钮，把中间 3 个元件的符号移动到右边，效果如图 4-50 所示。

2）单击“注释”选项卡，单击“文字”面板中的“编辑”命令按钮，然后单击文字

"FU"，在"多行文字编辑器"中把文字"FU"改成"FU1"，效果如图 4-51 所示。

3）绘制中性线。单击"修改"面板中的"复制"命令按钮，把如图 4-52 所示的虚线图形向左复制一份，效果如图 4-53 所示。

图 4-50　移动符号

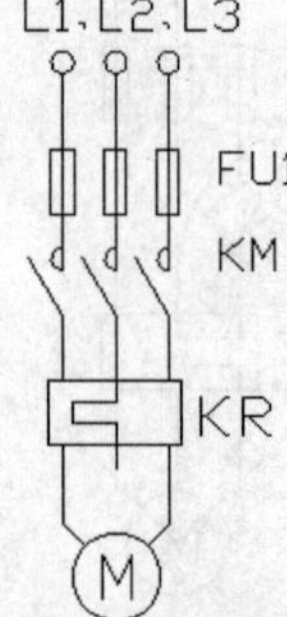


图 4-51　修改文字

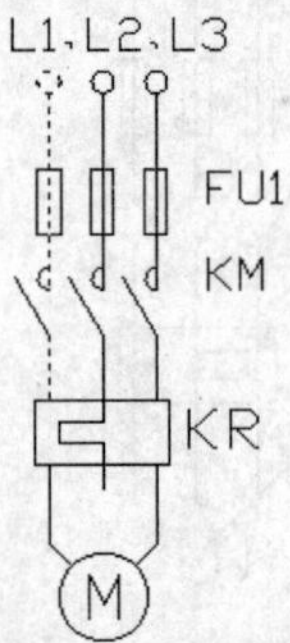


图 4-52　选择线条

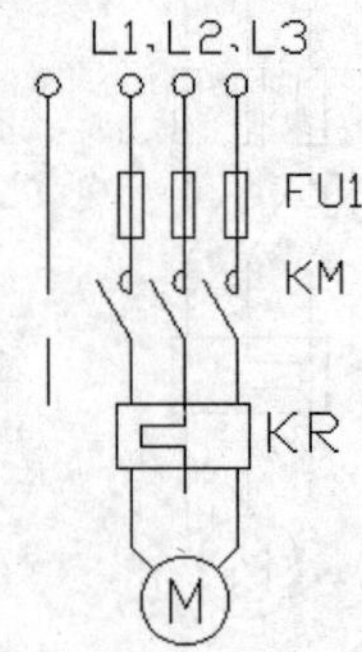


图 4-53　复制图形

4）单击"修改"面板中的"拉伸"命令按钮，把图 4-54 中选择的直线垂直向下拉长，效果如图 4-55 所示。

5）现在绘制控制线路的引入线。单击"修改"面板中的"复制"命令按钮，把如图 4-56 所示的虚线图形向左复制一份，效果如图 4-57 所示。

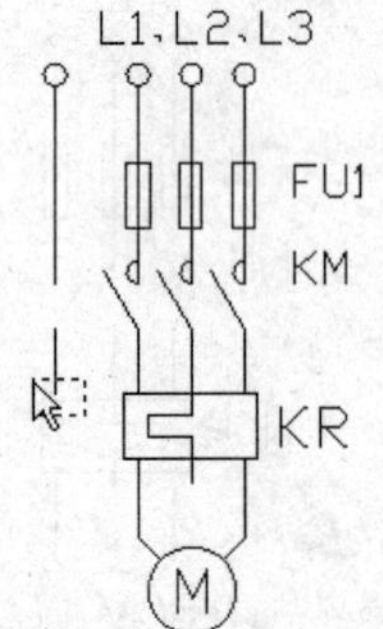


图 4-54　选择图形

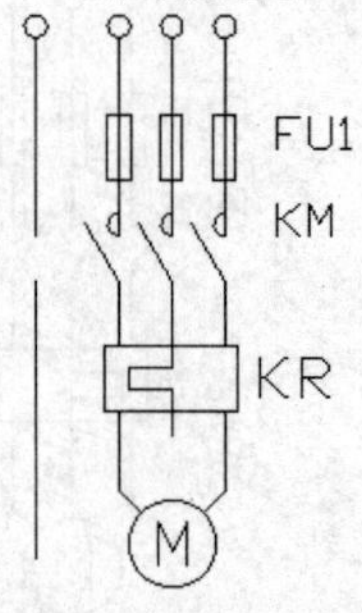


图 4-55　拉长直线

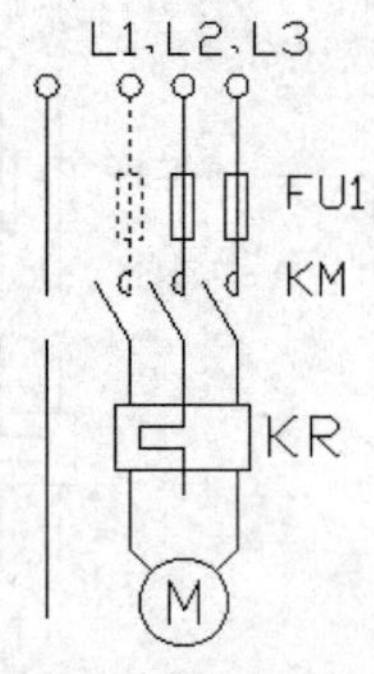


图 4-56　选择图形

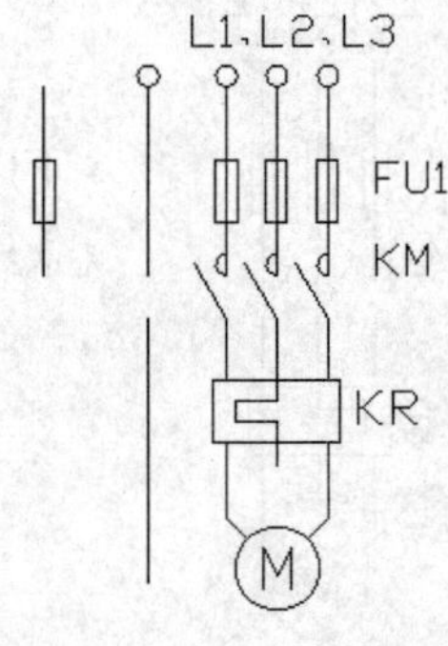


图 4-57　复制图形

6）单击"修改"面板中的"拉伸"命令按钮，把如图 4-58 所示的虚线直线以端点为拉长起点，以如图 4-59 所示的垂足为拉长终点垂直向下拉长，效果如图 4-60 所示。

7）绘制第一个开关符号。单击"绘图"面板中的"直线"命令按钮，以图 4-61 所示的端点为起点，绘制水平向右，长度为 10 的直线，效果如图 4-62 所示。

8）单击"绘图"面板中的"直线"命令按钮，绘制演示中的折线。

```
命令: _line 指定第一点:（选择图 4-63 中所示的点）
指定下一点或 [放弃(U)]: @0,-10
指定下一点或 [闭合(C)/放弃(U)]: @-70,0
指定下一点或 [闭合(C)/放弃(U)]:（回车）
```

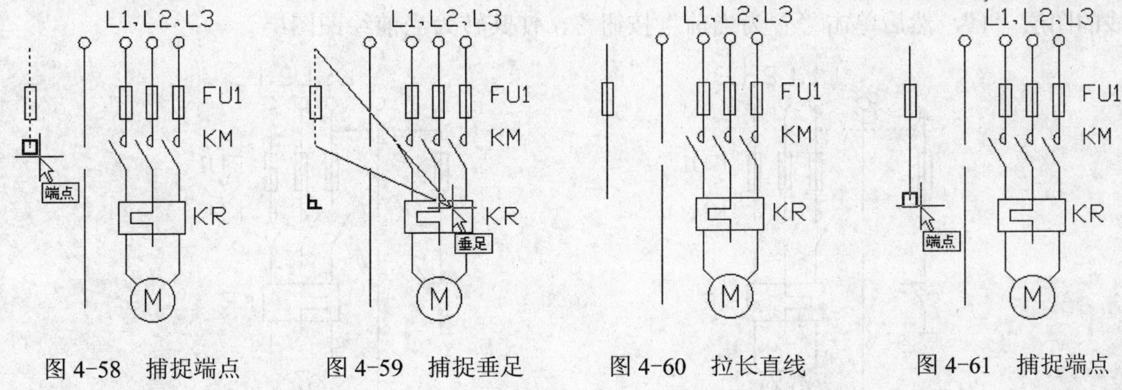


图 4-58　捕捉端点　　图 4-59　捕捉垂足　　图 4-60　拉长直线　　图 4-61　捕捉端点

效果如图 4-64 所示。

9）单击“绘图”面板中的“直线”命令按钮，绘制起点在如图 4-65 所示的端点，终点在@20<60 的直线，效果如图 4-66 所示。

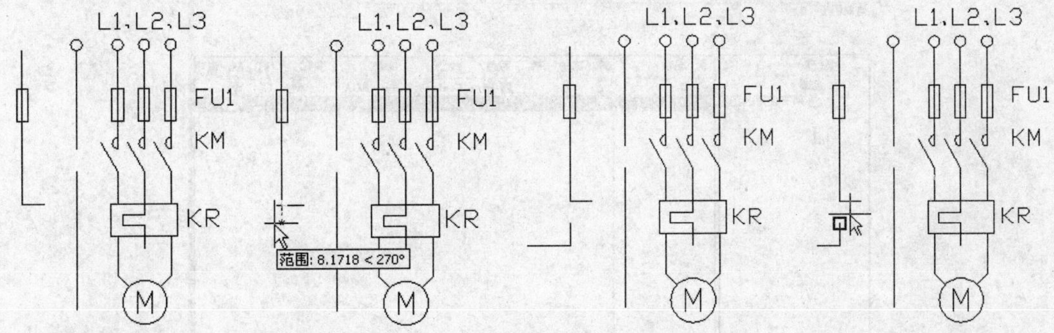


图 4-62　绘制水平直线　图 4-63　选择演示中的点　图 4-64　绘制折线　图 4-65　捕捉端点

10）绘制控制线路与主电路的接线。单击“绘图”面板中的“直线”命令按钮，绘制如图 4-67、图 4-68 所示的最近点和垂足的连线，效果如图 4-69 所示。

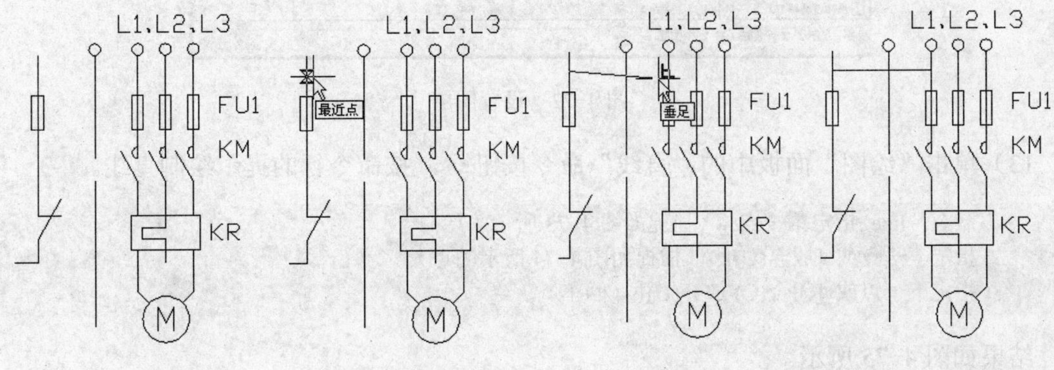


图 4-66　绘制斜线　　图 4-67　捕捉最近点　　图 4-68　捕捉垂足　　图 4-69　绘制直线

11）单击“修改”面板中的“修剪”命令按钮，以如图 4-70 所示的虚线直线为修剪边，修剪掉光标所示的线头，结果如图 4-71 所示。

12）绘制关联线。单击“图层特性”命令按钮，设置如图 4-72 所示的使用蓝色短划线的图层“1”，然后单击“置为当前”按钮，使其转为当前绘图图层。

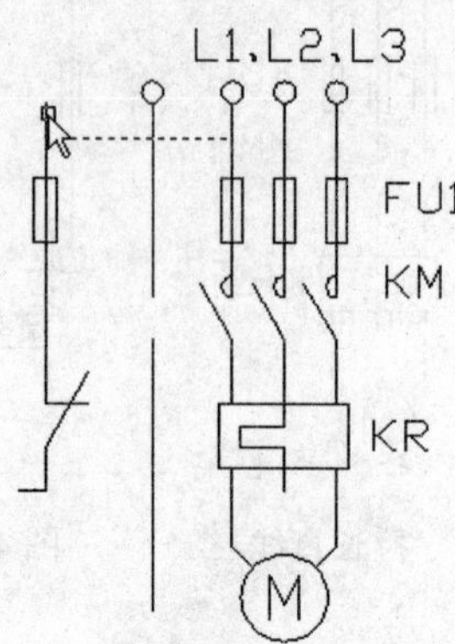


图 4-70 指示修剪边

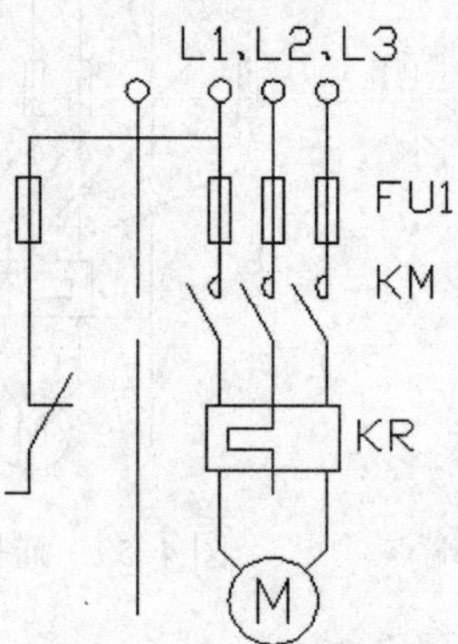


图 4-71 修剪线头

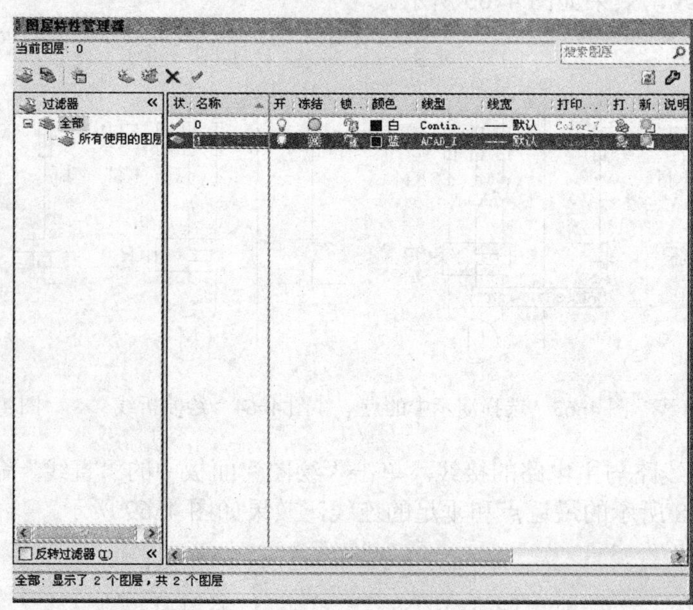


图 4-72 设置图层

13）单击“绘图”面板中的“直线”命令按钮，按命令行的提示绘制直线。

> 命令: _line 指定第一点: （捕捉如图 4-73 所示的点）
> 指定下一点或 [放弃(U)]: （捕捉如图 4-74 所示的点）
> 指定下一点或 [闭合(C)/放弃(U)]:（回车）

结果如图 4-75 所示。

14）现在绘制线圈符号。单击“修改”面板中的“复制”命令按钮，以如图 4-76 所示的端点为复制基准点，以如图 4-77 所示的端点为复制目标点，把虚线所示的矩形复制一份，效果如图 4-78 所示。

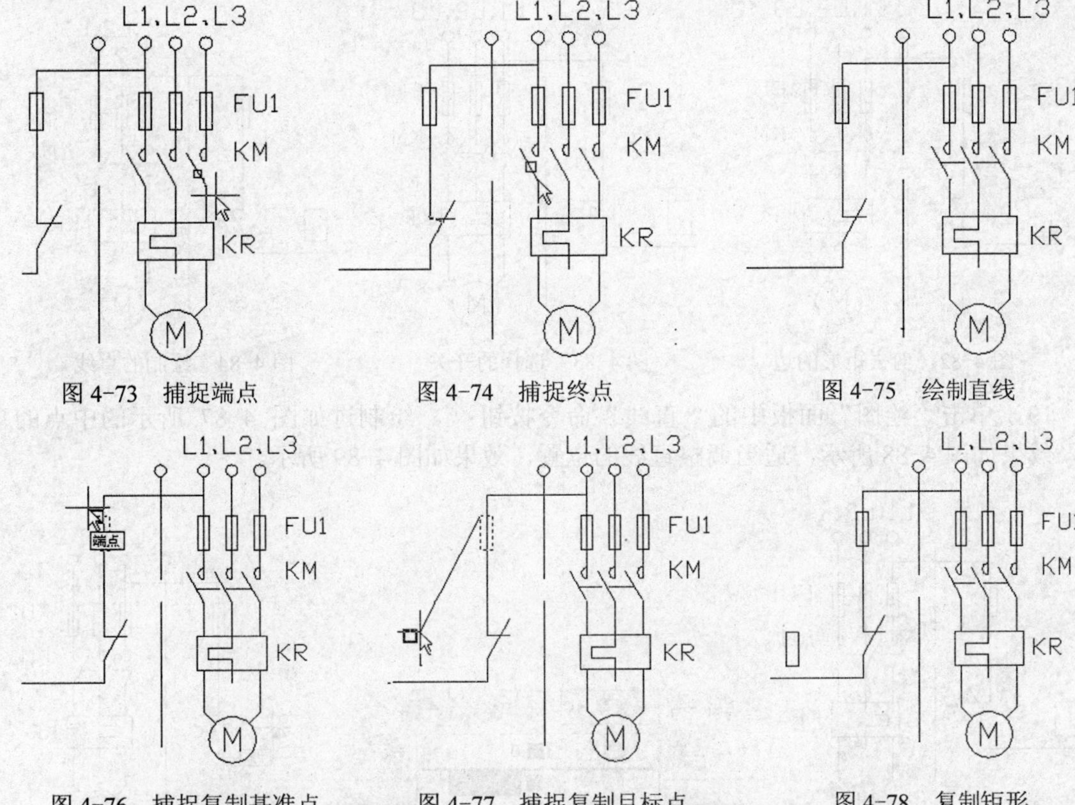


图 4-73　捕捉端点　　图 4-74　捕捉终点　　图 4-75　绘制直线

图 4-76　捕捉复制基准点　　图 4-77　捕捉复制目标点　　图 4-78　复制矩形

15）单击“修改”面板中的“复制”命令按钮，以如图 4-79 所示的端点为复制基准点，以如图 4-80 所示的端点为复制目标点，把虚线所示的矩形复制一份，效果如图 4-81 所示。

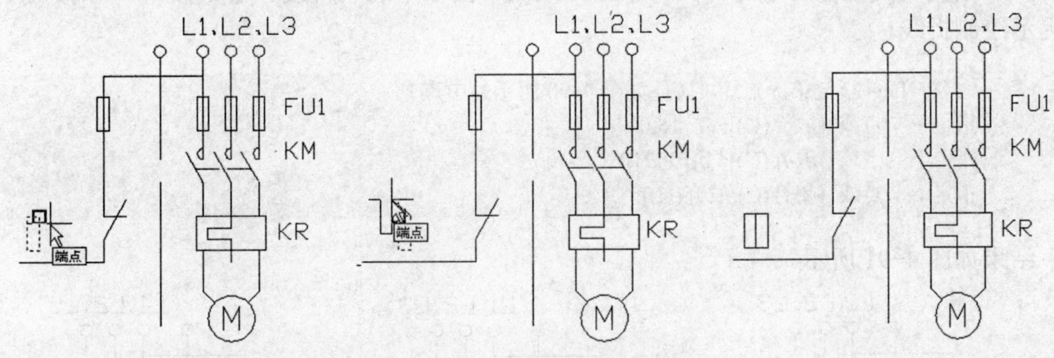


图 4-79　捕捉复制基准点　　图 4-80　捕捉复制目标点　　图 4-81　复制矩形

16）单击“修改”面板中的“修剪”命令按钮，以所复制的两个矩形为修剪边，修剪掉它们重合的边，结果如图 4-82 所示。

17）单击“绘图”面板中的“直线”命令按钮，在如图 4-83 所示的开关处，绘制如图 4-84 所示的直线和如图 4-85 所示的折线，完成开关的绘制。

18）绘制线圈的接入线。如图 4-86 所示，在“图层”面板中的“图层控制”下拉列表框中选择“0”图层，使其转入现役图层。

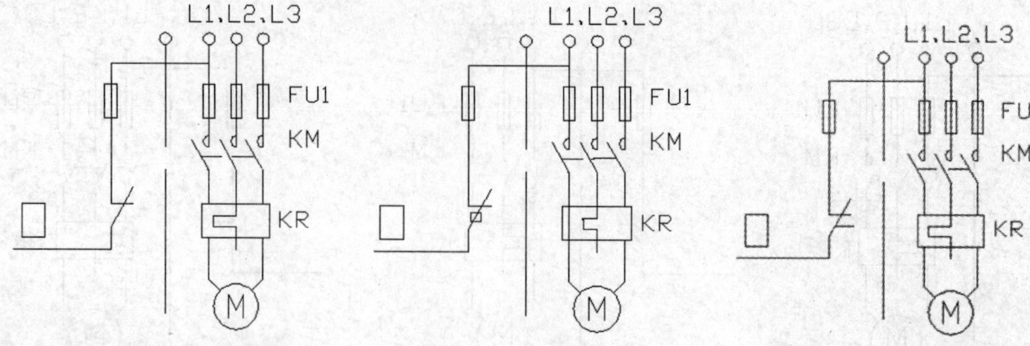


图 4-82　剪去矩形的边　　图 4-83　选择的开关　　图 4-84　绘制的直线

19）单击“绘图”面板中的“直线”命令按钮，绘制过如图 4-87 所示的中点的直线，效果如图 4-88 所示，适当调整直线的位置，效果如图 4-89 所示。

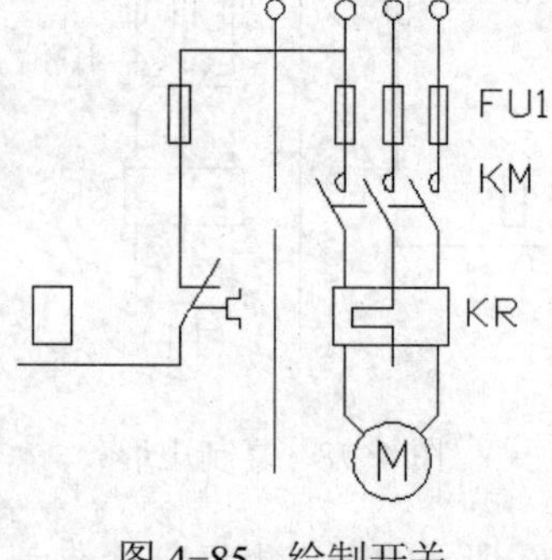


图 4-85　绘制开关

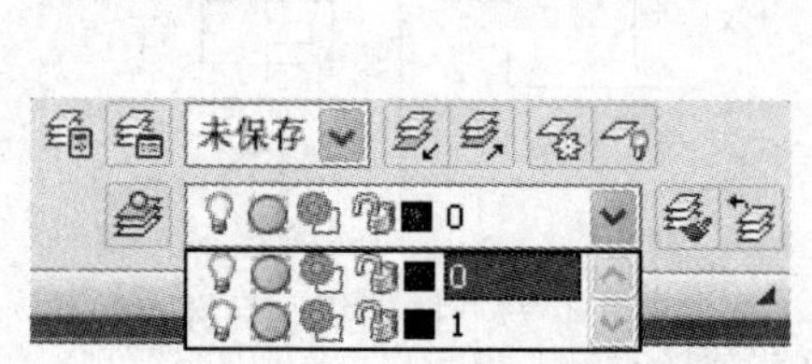


图 4-86　选择“0”图层

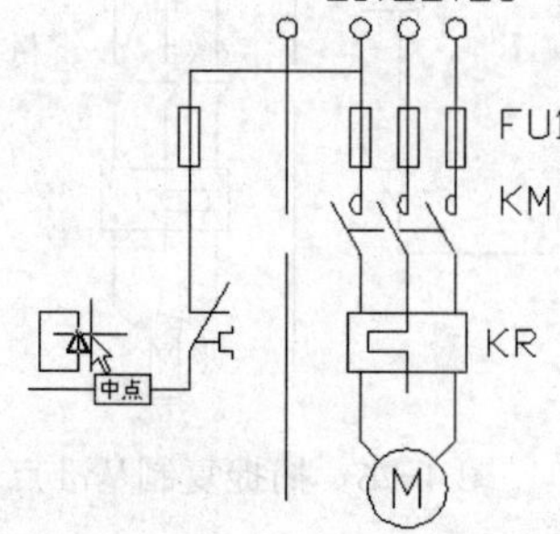


图 4-87　捕捉中点

20）绘制线圈左边的常开开关。单击“绘图”面板中的“直线”命令按钮，按命令行的提示绘制折线。

```
命令: _line 指定第一点: （捕捉如图 4-90 所示的中点）
指定下一点或 [放弃(U)]: @-15,0
指定下一点或 [放弃(U)]: @10<210
指定下一点或 [闭合(C)/放弃(U)]: （回车）
```

结果如图 4-91 所示。

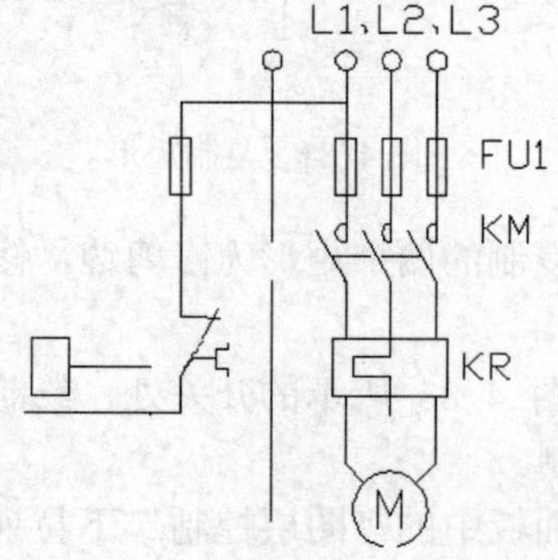


图 4-88　绘制直线

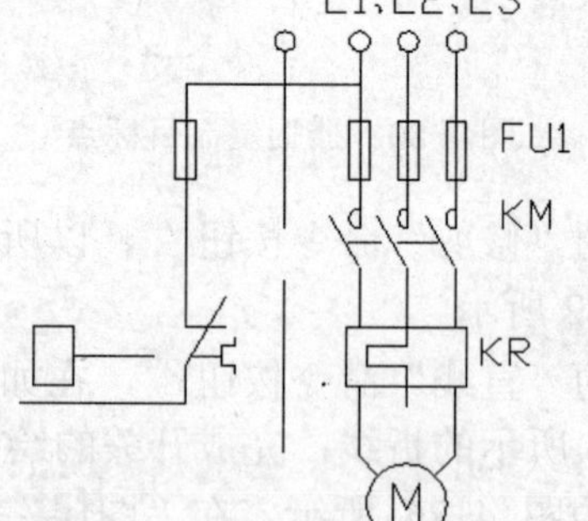


图 4-89　调整直线后的位置

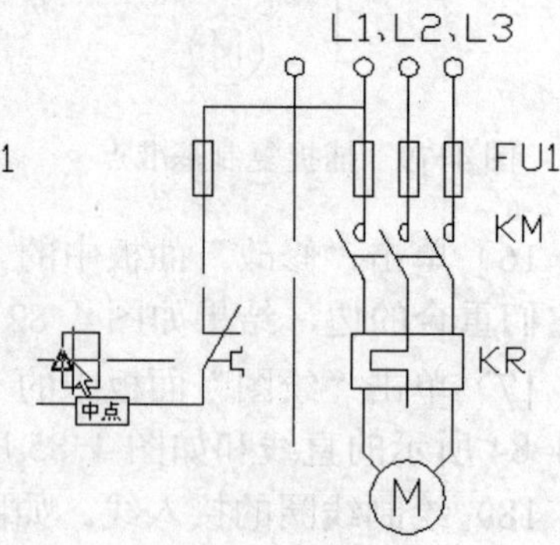


图 4-90　捕捉中点

21）单击“绘图”面板中的“直线”命令按钮，以如图 4-92 所示的向左延长线上距离为 10 的点为起点，绘制长度为 15 的直线，结果如图 4-93 所示。

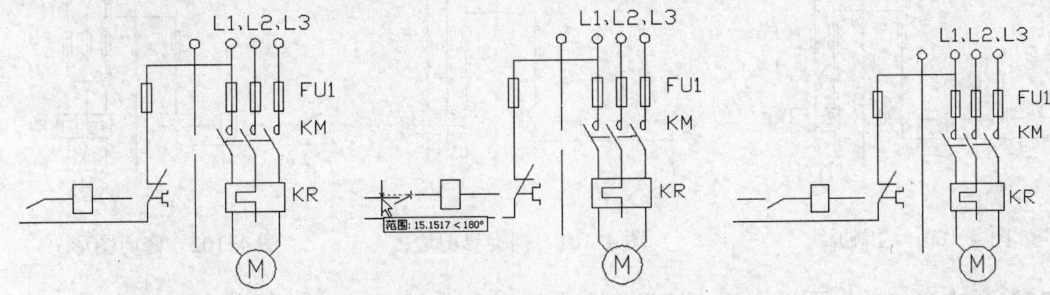


图 4-91　绘制折线　　图 4-92　绘制直线起点的位置　　图 4-93　绘制直线

22）绘制另外一个常闭开关。单击“修改”面板中的“复制”命令按钮，以如图 4-94 所示的端点为复制基准点，以如图 4-95 所示的端点为复制目标点，把虚线所示的图形向左复制一份，效果如图 4-96 所示。

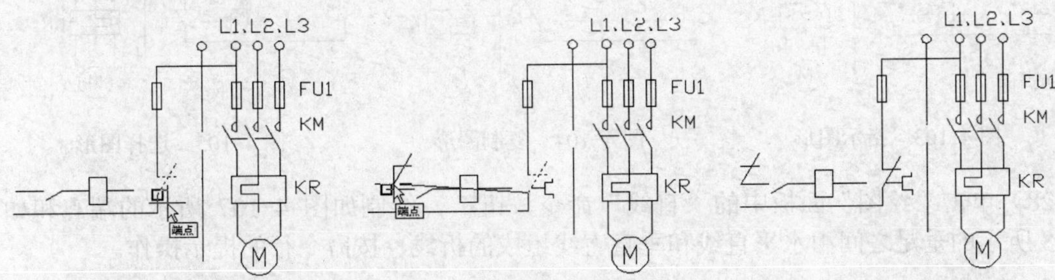


图 4-94　捕捉复制基准点　　图 4-95　捕捉复制目标点　　图 4-96　复制图形

23）单击“修改”面板中的“旋转”命令按钮，以如图 4-95 所示的端点为旋转中心，把复制得到的图形逆时针旋转 90º，效果如图 4-97 所示。

24）绘制开关之间的连线。单击“绘图”面板中的“直线”命令按钮，绘制如图 4-98 所示的端点和如图 4-99 所示的垂足之间由水平直线和垂直直线组成的折线，效果如图 4-100 所示。

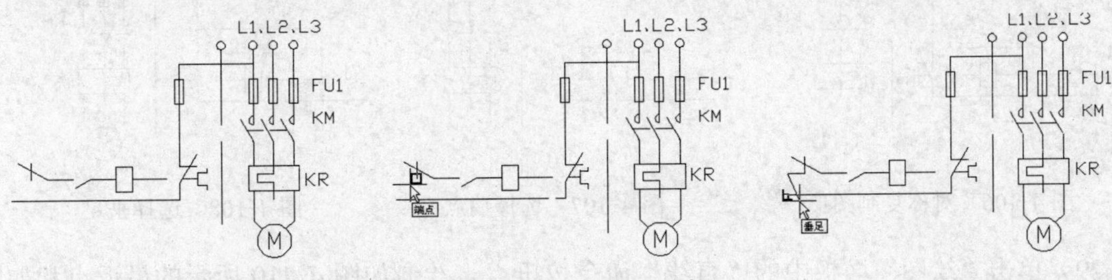


图 4-97　旋转图形　　图 4-98　捕捉端点　　图 4-99　捕捉垂足

25）单击“修改”面板中的“修剪”命令按钮，以如图 4-101 所示的虚线直线为修剪边，修剪掉光标所示的线头，结果如图 4-102 所示。

26）再设置一个常开开关。单击“修改”面板中的“复制”命令按钮，把如图 4-103

所示的虚线图形向右上角复制一份，效果如图 4-104 所示。

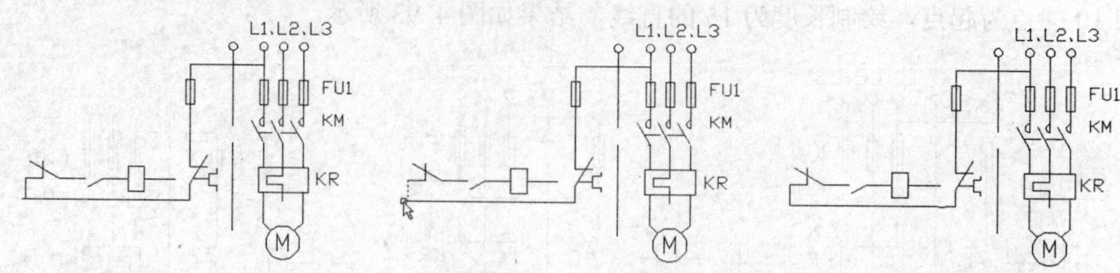


图 4-100　绘制折线　　图 4-101　捕捉修剪边　　图 4-102　修剪图形

27）单击“修改”面板中的“镜像”命令按钮，以所复制的水平直线为对称轴，把如图 4-105 所示的光标所指的斜线对称复制一份，并删除源对象，效果如图 4-106 所示。

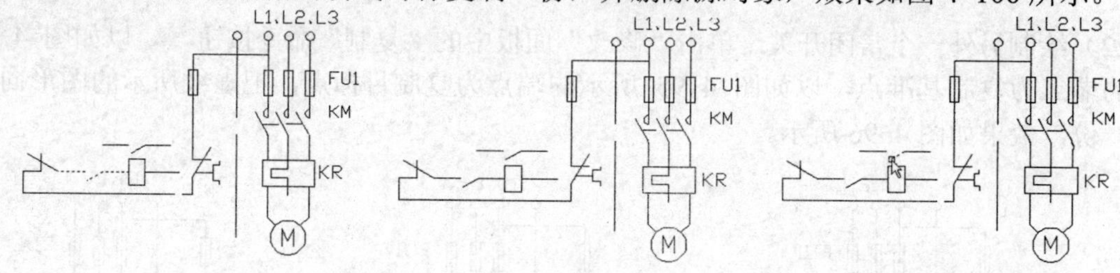


图 4-103　指示图形　　图 4-104　复制图形　　图 4-105　选择图形

28）单击“绘图”面板中的“直线”命令按钮，绘制如图 4-107 所示的端点和如图 4-108 所示的垂足之间由水平直线和垂直直线组成的折线，按命令行的提示操作。

```
命令: _line 指定第一点: （捕捉端点）
指定下一点或 [放弃(U)]: @0,15
指定下一点或 [放弃(U)]: @-60,0
指定下一点或 [闭合(C)/放弃(U)]: （捕捉垂足）
```

效果如图 4-109 所示。

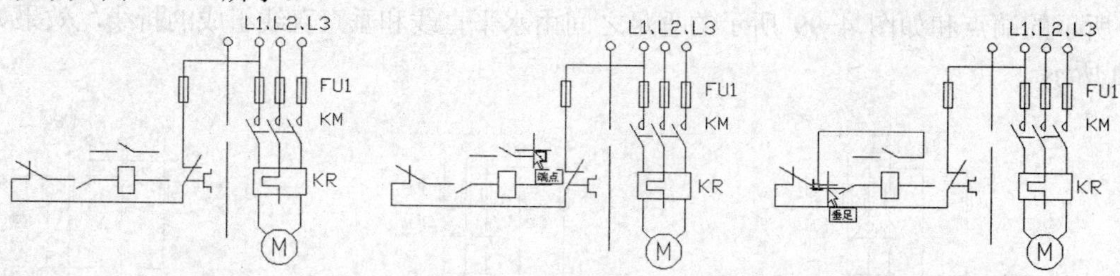


图 4-106　对称复制图形　　图 4-107　选择端点　　图 4-108　选择垂足

29）单击“绘图”面板中的“直线”命令按钮，绘制如图 4-110 所示的最近点和如图 4-111 所示的垂足之间的连线，效果如图 4-112 所示。

30）单击“修改”面板中的“修剪”命令按钮，以如图 4-113 所示的虚线直线为修剪边，修剪光标所示的线头，结果如图 4-114 所示。

31）现在绘制按钮的触点符号。单击“绘图”面板中的“直线”命令按钮，在如图 4-115

所示的十字光标所指的位置绘制按钮头，效果如图 4-116 所示。

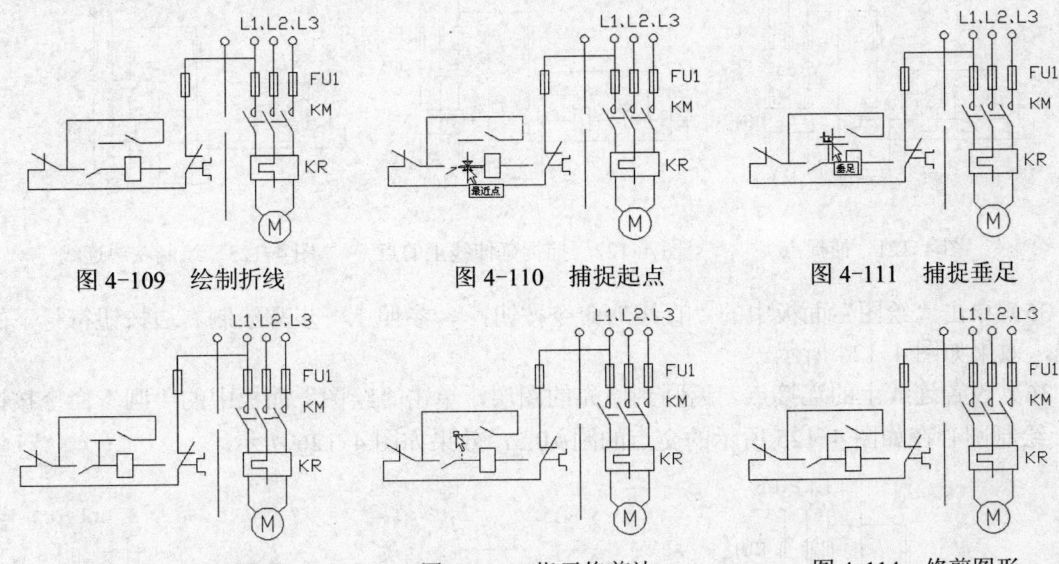


图 4-109　绘制折线　　图 4-110　捕捉起点　　图 4-111　捕捉垂足

图 4-112　绘制直线　　图 4-113　指示修剪边　　图 4-114　修剪图形

32）单击“绘图”面板中的“直线”命令按钮，以图 4-117 所示的端点为起点，绘制接触器线圈到中性线的折线，效果如图 4-118 所示。

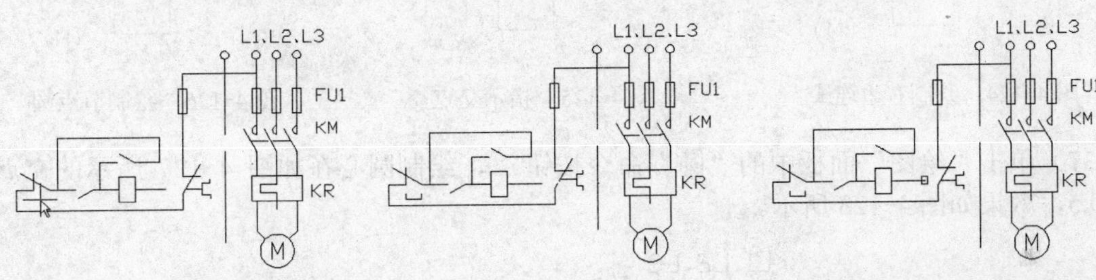


图 4-115　绘制按钮头位置　　图 4-116　绘制按钮头　　图 4-117　捕捉端点

33）单击“修改”面板中的“复制”命令按钮，把按钮头符号向右复制到另一个按钮符号下边，效果如图 4-119 所示。

34）在“特性”面板中选择“蓝色”，选择如图 4-120 所示的线型，单击“绘图”面板中的“直线”命令按钮，绘制如图 4-121 所示的光标所指的点和如图 4-122 所示的光标所指的点之间的连线，效果如图 4-123 所示。

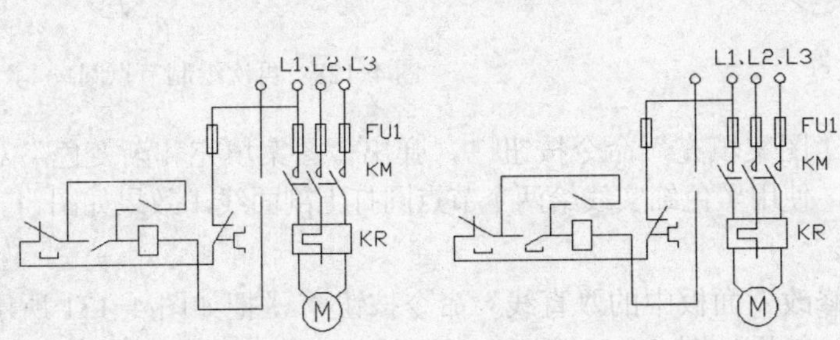


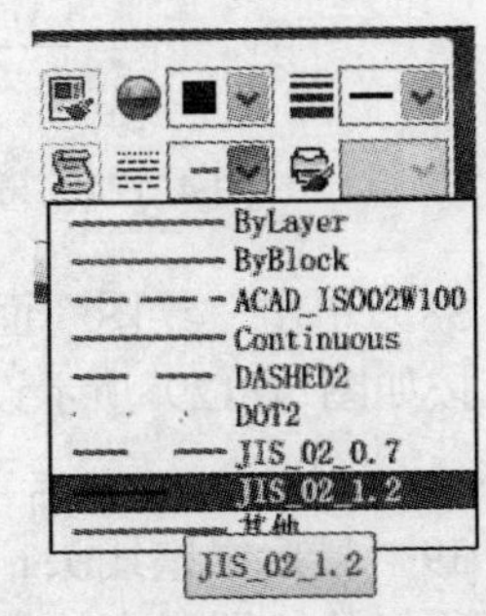


图 4-118　绘制中性线连线　　图 4-119　复制按钮头　　图 4-120　选择的颜色和线型

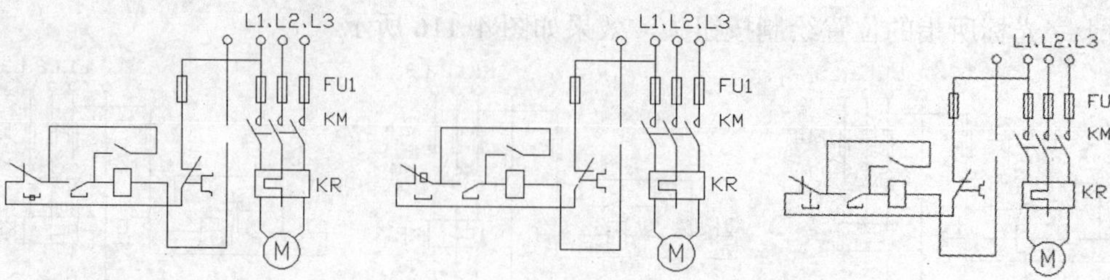


图 4-121　捕捉点　　图 4-122　捕捉延伸线上的点　　图 4-123　绘制左边连线

35）单击“绘图”面板中的“直线”命令按钮，参照上一步骤绘制右边按钮符号下的连线，效果如图 4-124 所示。

36）设置连线上的连接点。返回到原先的图层，单击“绘图”面板中的“圆”命令按钮，绘制圆心在如图 4-125 所示的交点的圆$\phi$0.5，效果如图 4-126 所示。

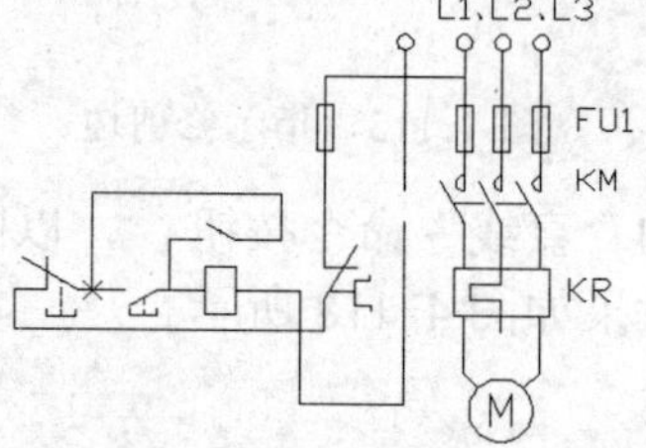


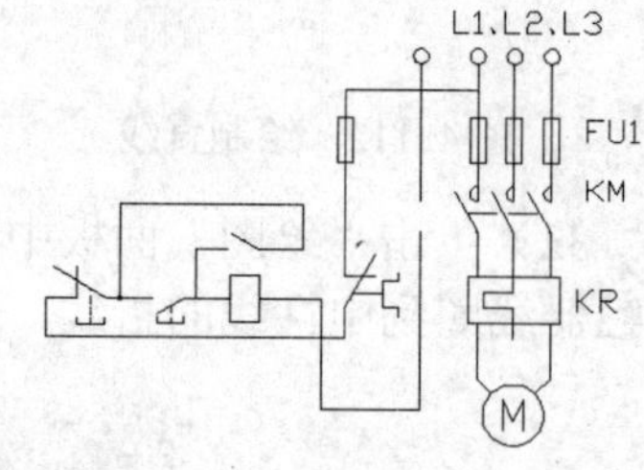


图 4-124　绘制右边连线　　图 4-125　指示交点　　图 4-126　绘制节点圆

37）单击“绘图”面板中的“圆”命令按钮，绘制圆心在如图 4-127 所示的交点的圆$\phi$0.5，效果如图 4-128 所示。

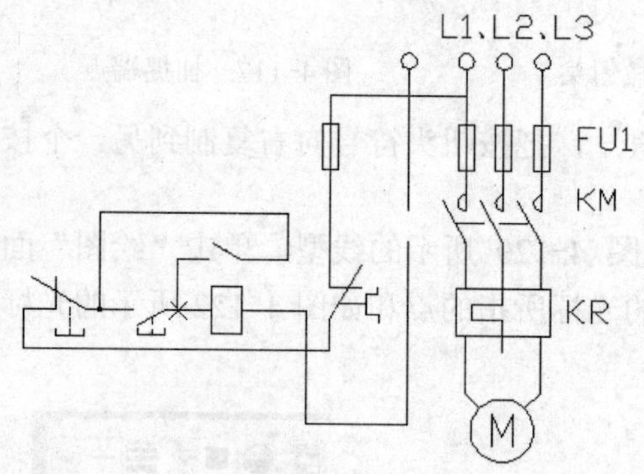


图 4-127　再次指示交点

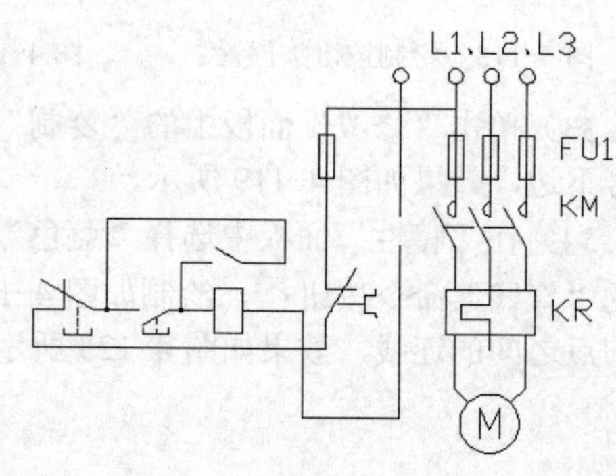


图 4-128　再次绘制节点圆

38）单击“绘图”面板中的“图案填充”命令按钮，弹出“图案填充和渐变色”对话框，按如图 4-129 所示设置参数，使用黑色细实线给两个节点圆打上剖面线，效果如图 4-130 所示。

39）最后修整线头。单击“修改”面板中的“直线”命令按钮，把如图 4-131 所示的光标所指的位置以上的线头连接，效果如图 4-132 所示。

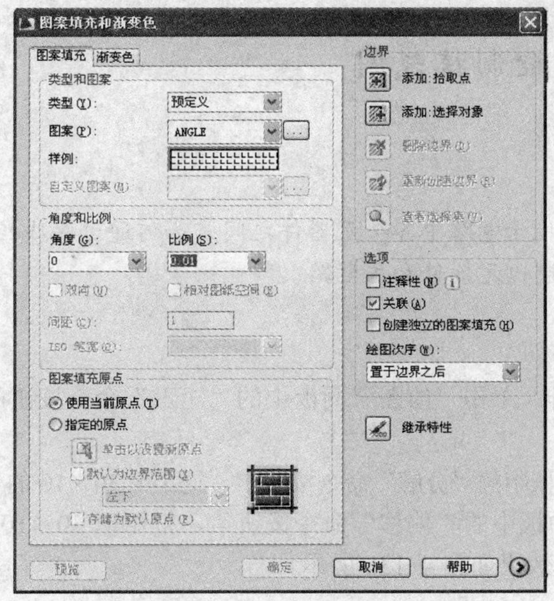


图 4-129　“图案填充和渐变色”对话框

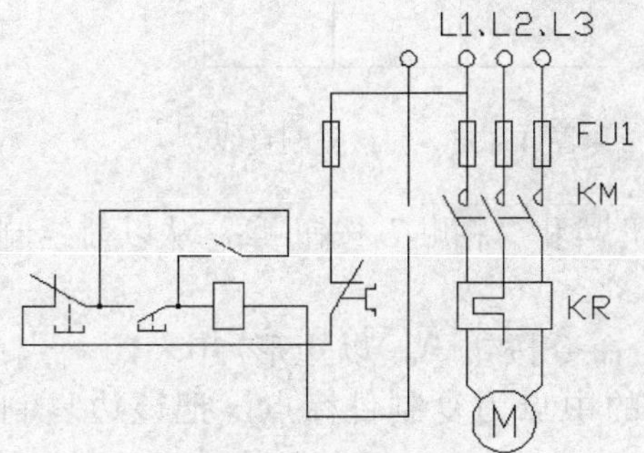


图 4-130　填充节点圆

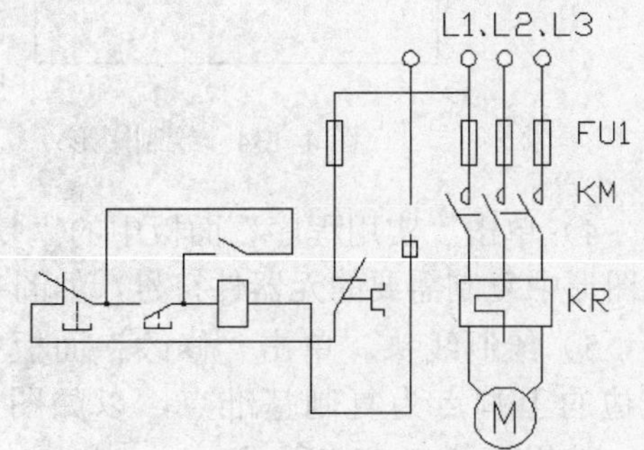


图 4-131　捕捉打断位置

40）单击“注释”面板中的“多行文字”命令按钮 A，在左边熔断器旁边撰写符号“FU2”，常闭按钮旁边写上“S2”，常开按钮旁边写上“S1”，中性线上面写上“N”，效果如图 4-133 所示。

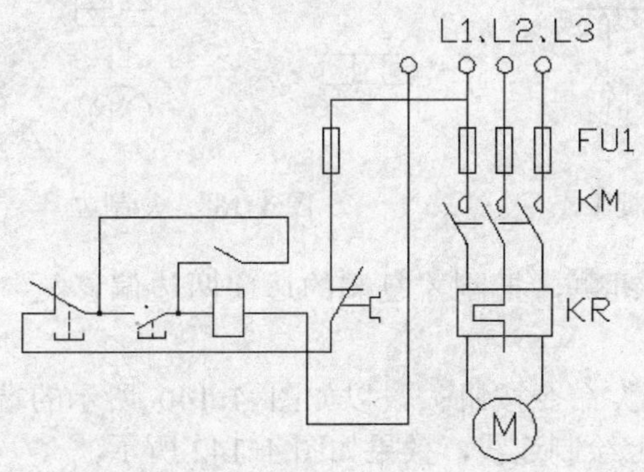


图 4-132　连接直线

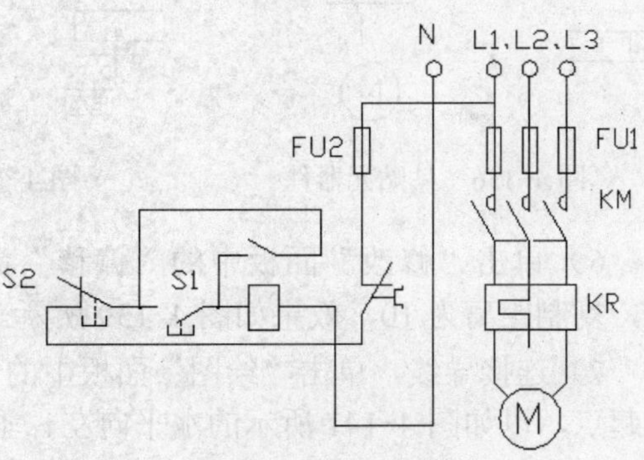


图 4-133　撰写文字

## 4.6 电动机控制接线图

### 制作思路

电动机控制接线图指示电路中各个元器件之间是如何通过导线相互连接的，用于现场施工和线路检修，要求绘制出元器件和主电路。

绘制步骤如下。

1）首先绘制接线排。单击“绘图”面板中的“矩形”命令按钮，绘制矩形 30×10，效果如图 4-134 所示。

2）单击“修改”面板中的“分解”命令按钮，把矩形 30×10 的 4 条边分解成 4 条直线。

3）单击“修改”面板中的“偏移”命令按钮，把矩形 30×10 左右两边向内偏移复制一份，复制距离为 10，效果如图 4-135 所示。

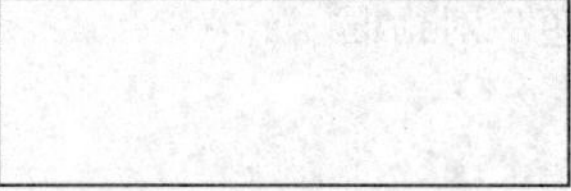

图 4-134 绘制矩形

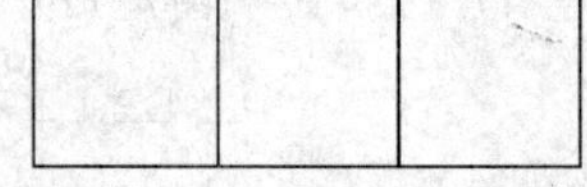

图 4-135 偏移复制直线

4）单击“实用程序”面板中的“复制剪裁”按钮和“粘贴”按钮，从以前绘制过的图形中复制需要的元器件符号，如图 4-136 所示。

5）绘制线头。单击“修改”面板中的“复制”命令按钮，以矩形 30×10 一条垂直边的上端点为复制基准点，以如图 4-137 所示的中点为复制目标点，把该边复制一份，效果如图 4-138 所示。

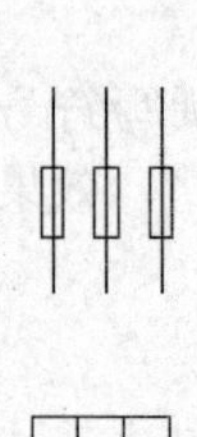

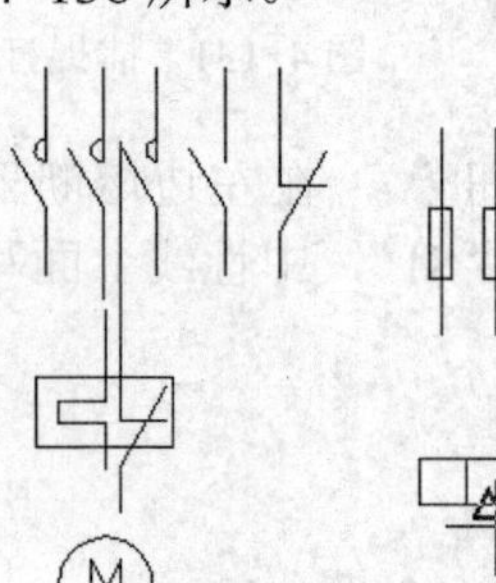


图 4-136 粘贴元器件

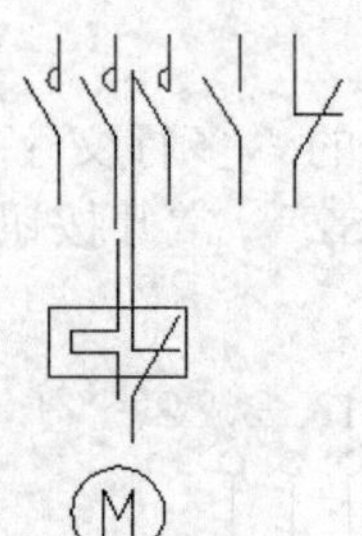


图 4-137 捕捉中点

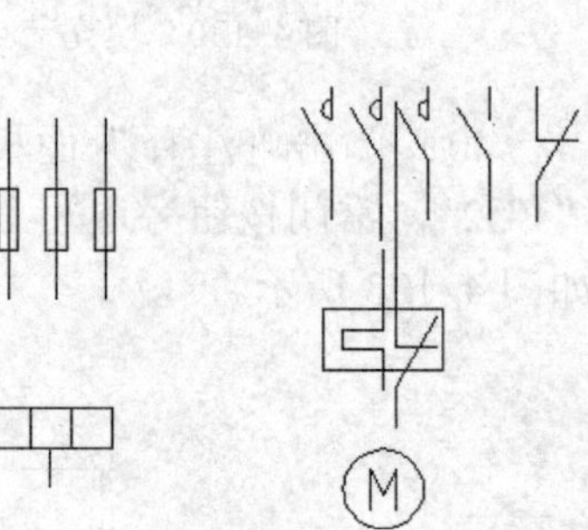


图 4-138 复制边

6）单击“修改”面板中的“偏移”命令按钮，把刚才复制的边向两边偏移复制一份，复制距离为 10，效果如图 4-139 所示。

7）连接导线。单击“绘图”面板中的“直线”命令按钮，以如图 4-140 所示的端点为起点，以如图 4-141 所示的水平向左、垂直向上绘制连线，效果如图 4-142 所示。

8）单击“修改”面板中的“镜像”命令按钮，以过如图 4-143 所示的中点的水平直

线为对称轴，把虚线所示的线条对称复制一份，效果如图 4-144 所示。

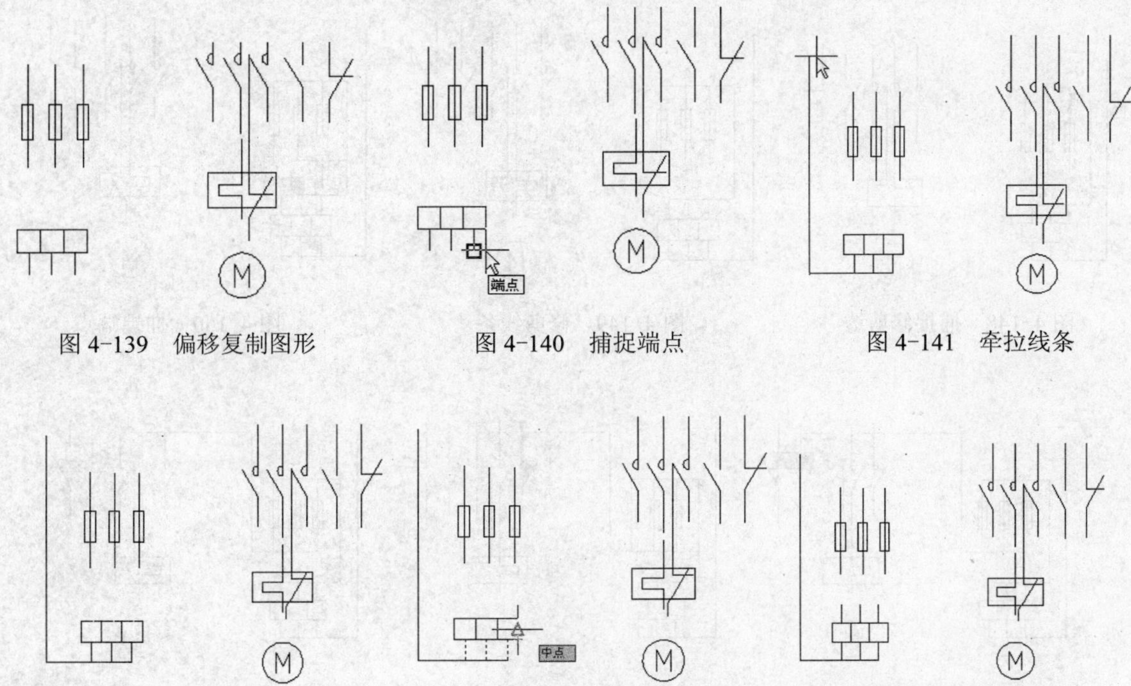


图 4-139　偏移复制图形　　图 4-140　捕捉端点　　图 4-141　牵拉线条

图 4-142　绘制导线　　图 4-143　捕捉中点　　图 4-144　镜像复制图形

9）单击“绘图”面板中的“直线”命令按钮，以如图 4-145 所示的端点为起点，如图 4-146 所示水平向左、垂直向上、水平向右绘制连线，终点是如图 4-146 所示的垂足，效果如图 4-147 所示。

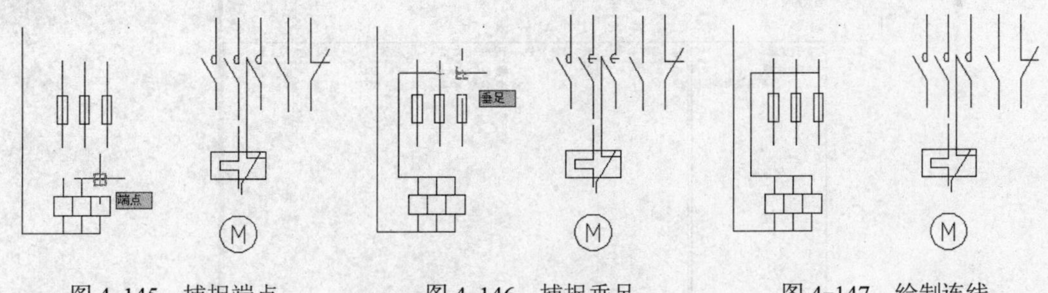


图 4-145　捕捉端点　　图 4-146　捕捉垂足　　图 4-147　绘制连线

10）单击“修改”面板中的“修剪”命令按钮，以如图 4-148 所示的虚线直线为修剪边，修剪掉它上边的线头，结果如图 4-149 所示。

11）单击“绘图”面板中的“直线”命令按钮，以图 4-150 所示的端点为起点，如图 4-151 所示水平向右、垂直向上、水平向右绘制连线，终点是如图 4-151 所示的垂足，如图 4-152 所示。

12）单击“修改”面板中的“修剪”命令按钮，以如图 4-152 所示的虚线直线为修剪边，修剪掉它上边的线头，结果如图 4-153 所示。

13）单击“图层”面板中的“图层特性”命令按钮，设置如图 4-154 所示的使用褐

色短划线的第二个图层“1”。

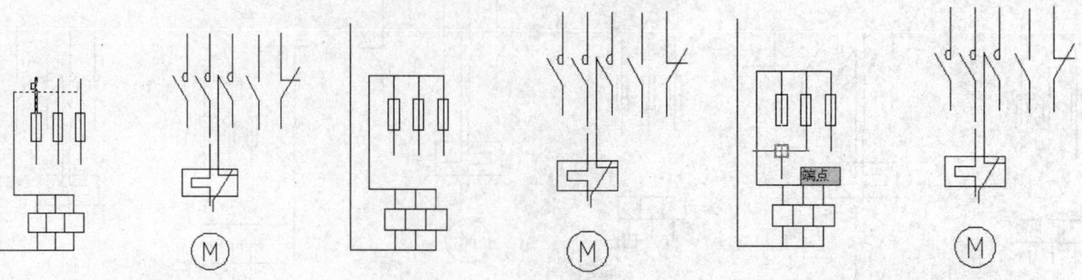


图 4-148　捕捉修剪边　　　　图 4-149　修剪线条　　　　图 4-150　捕捉端点

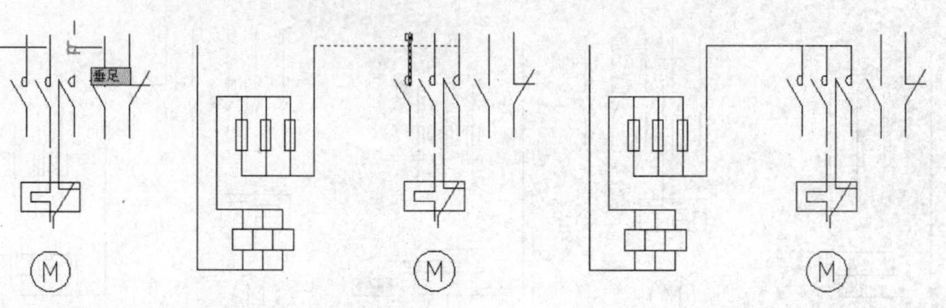


图 4-151　捕捉垂足　　　　图 4-152　捕捉修剪边　　　　图 4-153　修剪线头

14）绘制主触点的功能框。单击“绘图”面板中的“矩形”命令按钮▭，绘制起点在如图 4-155 所示的三相触点接触器符号左下角，终点在光标所示的位置的矩形，效果如图 4-156 所示。

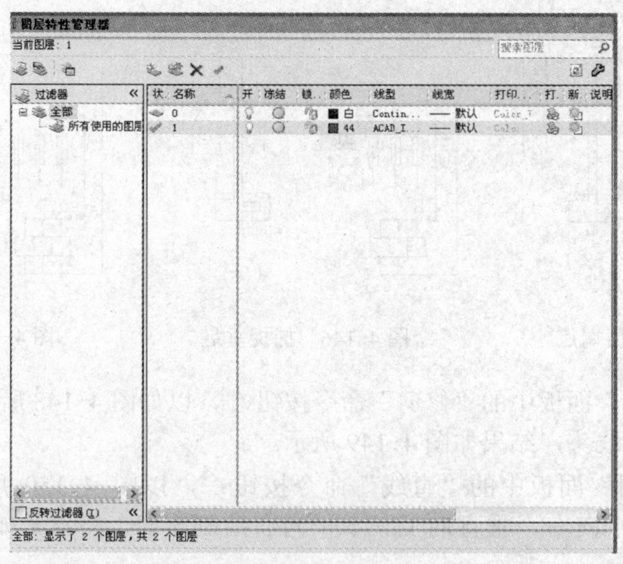


图 4-154　设置图层

15）单击“修改”面板中的“修剪”命令按钮，以矩形框为修剪边，修剪掉如图 4-157 所示的光标所指的若干线头，结果如图 4-158 所示。

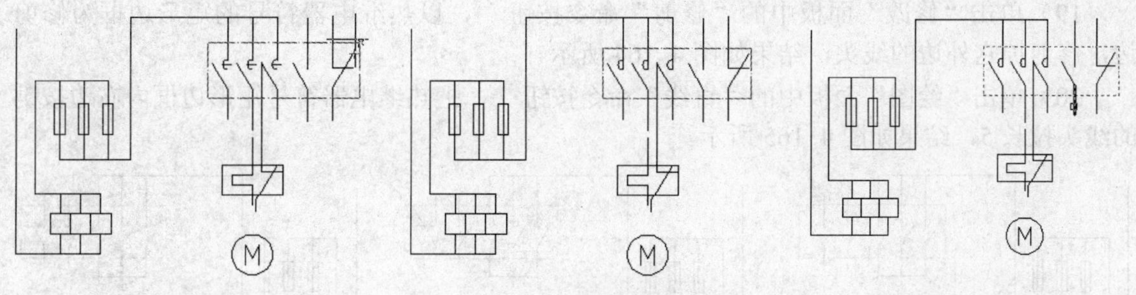

图 4-155　单击终点　　　图 4-156　绘制矩形框　　　图 4-157　捕捉线头

16）在命令行窗口输入命令“lengthen”，按命令行的提示把修剪后的线头拉长 5，结果如图 4-159 所示。

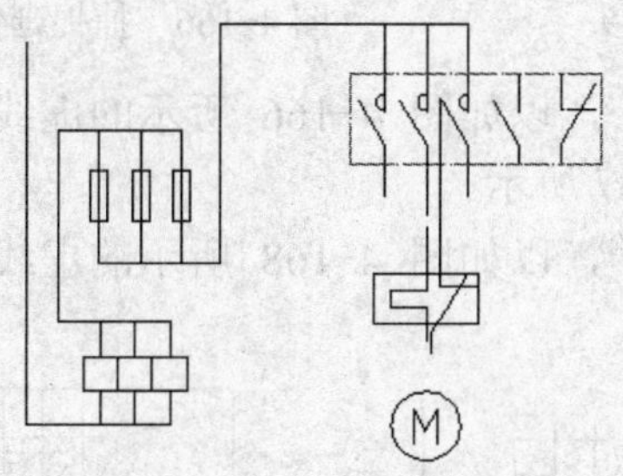

图 4-158　修剪线头

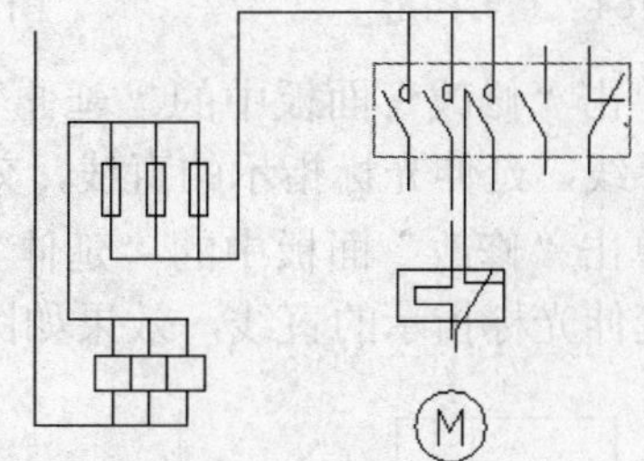

图 4-159　拉长线头

17）现在绘制连接主触点的导线。如图 4-160 所示，在“图层”面板中“图层控制”下拉列表中选择“0”图层，使其转入绘图图层。

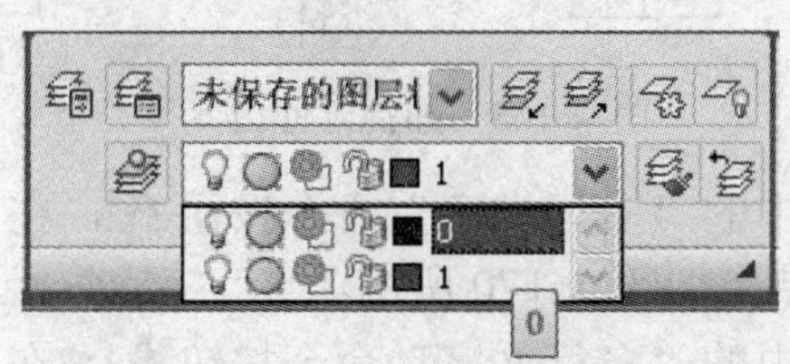


图 4-160　转换图层

18）单击“绘图”面板中的“直线”命令按钮，绘制起点在如图 4-161 所示的端点，终点在如图 4-162 所示的端点的直线，效果如图 4-163 所示。

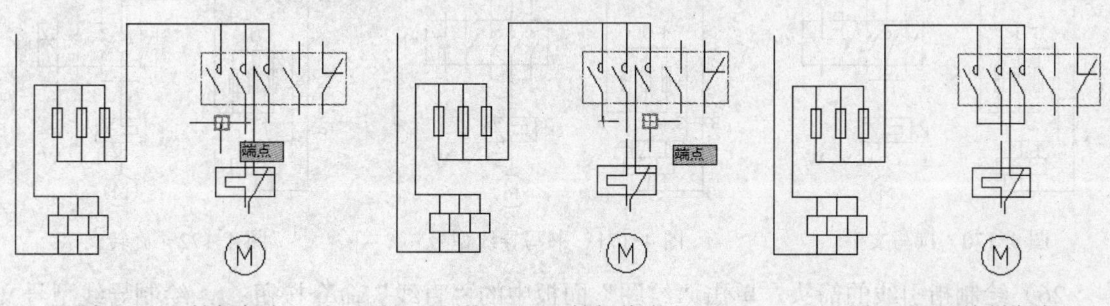


图 4-161　捕捉起点　　　图 4-162　捕捉终点　　　图 4-163　绘制直线

19）单击“修改”面板中的“修剪”命令按钮，以热继电器符号的矩形边框为修剪边，修剪掉它外边的线头，结果如图4-164所示。

20）单击“绘图”面板中的“直线”命令按钮，把热继电器符号矩形边框内右边按键的线头拉长5，结果如图4-165所示。

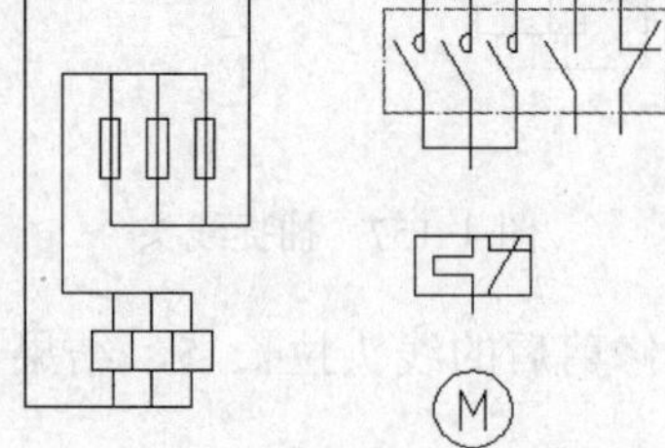


图4-164　修剪图形

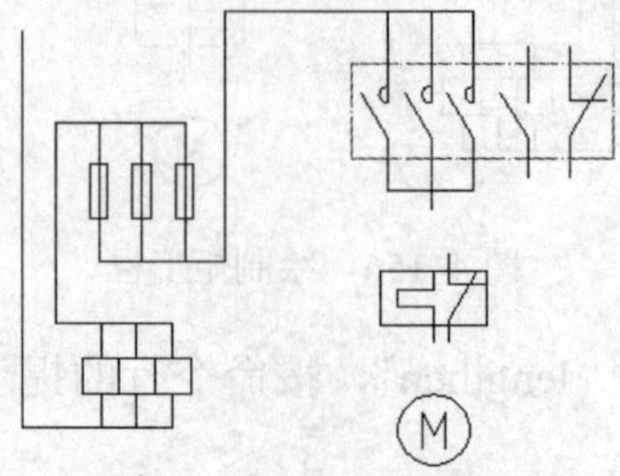


图4-165　拉长线头

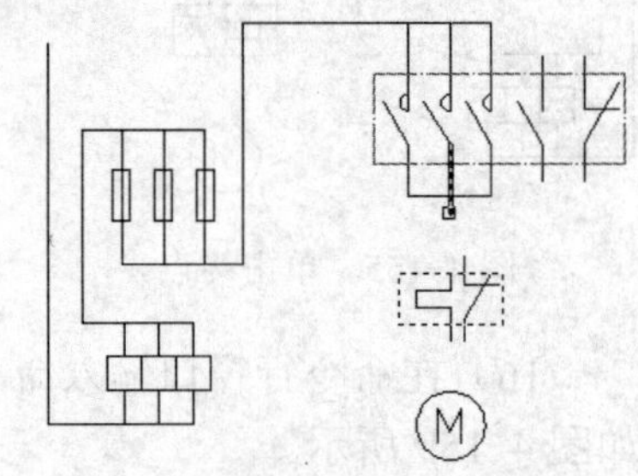


图4-166　捕捉延伸直线

21）单击“修改”面板中的“延伸”命令按钮，以如图4-166所示的虚线矩形边框为延伸边界线，延伸光标指示的直线，效果如图4-167所示。

22）单击“修改”面板中的“延伸”命令按钮，以如图4-168所示的虚线圆为延伸边界线，延伸光标指示的直线，效果如图4-169所示。

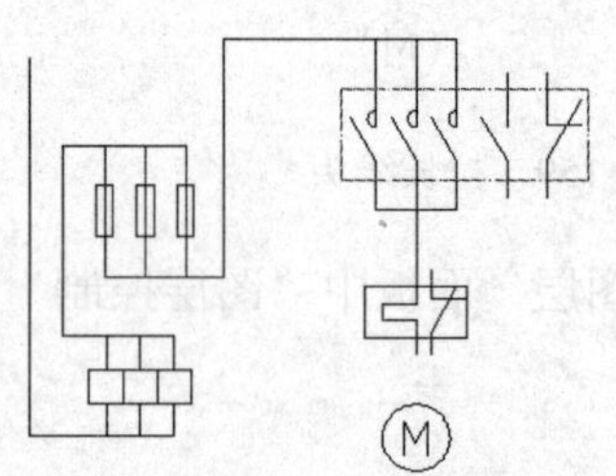


图4-167　延伸直线

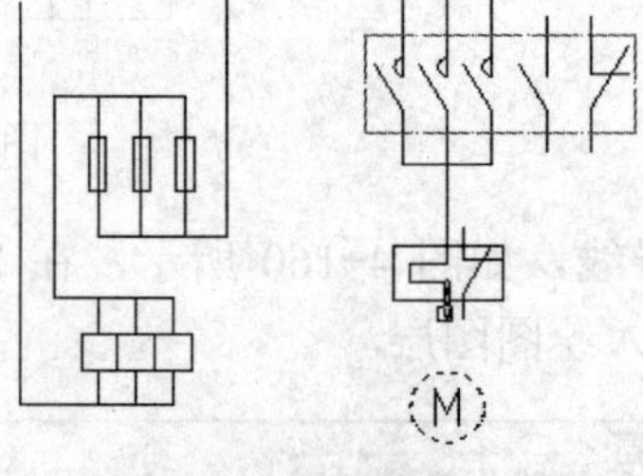


图4-168　捕捉延伸边界

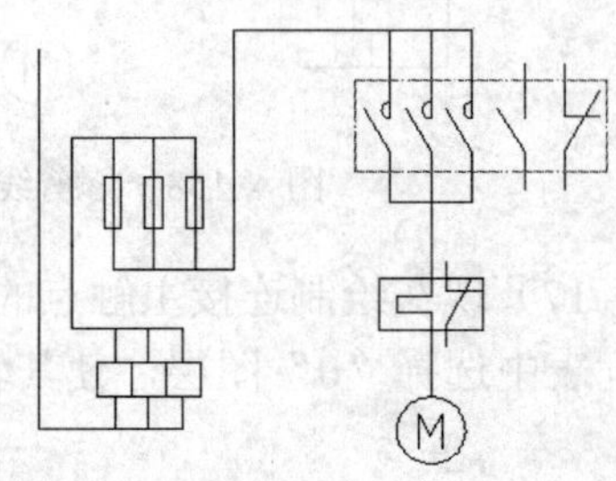


图4-169　延伸电机引线

23）单击“注释”面板中的“多行文字”命令按钮，在主触点符号、热继电器符号旁边书写这些符号的代号，结果如图4-170所示。

24）单击“注释”面板中的“多行文字”命令按钮，在接入导线旁边书写文字，表示导线的型号，结果如图4-171所示。

25）单击“修改”面板中的“旋转”命令按钮，以适当位置的点为旋转中心，把导线的型号文字旋转90º，结果如图4-172所示。

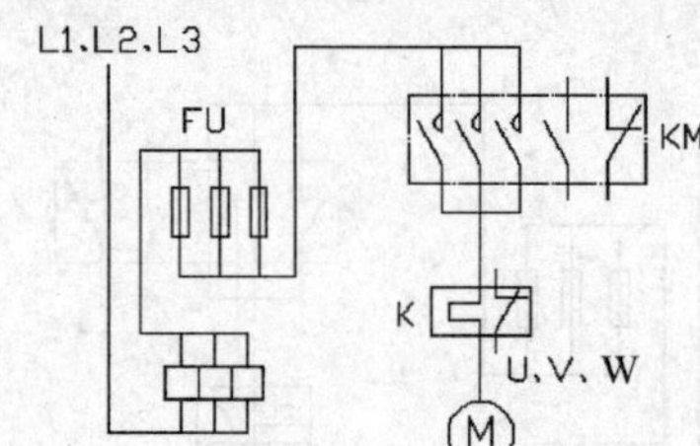


图4-170　撰写文字

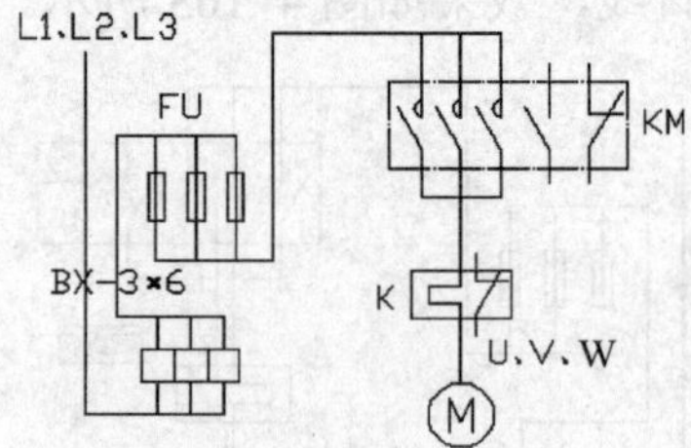


图4-171　书写导线型号

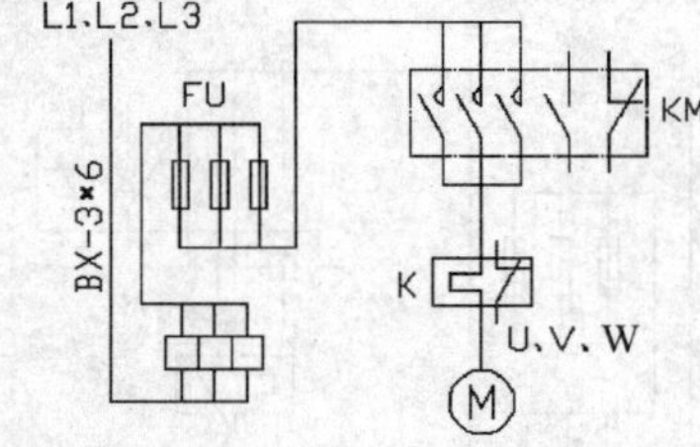


图4-172　旋转文字

26）绘制指引线的箭头。单击“绘图”面板中的“直线”命令按钮，绘制导线型号文字下边的导线指引线，结果如图4-173所示。

27）单击“绘图”面板中的“直线”命令按钮，绘制导线型号文字下边指引线的箭头，结果如图 4-174 所示。

28）参考上面主接入导线型号文字的写法，撰写端子排上的指示文字“X、1、2、3”，结果如图 4-175 所示。

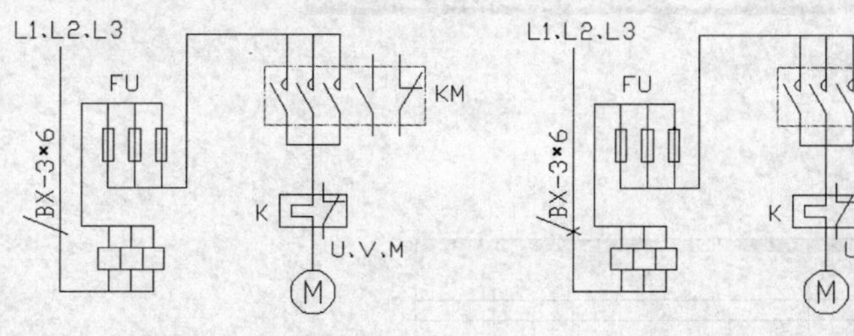


图 4-173　绘制指引线　　图 4-174　绘制箭头

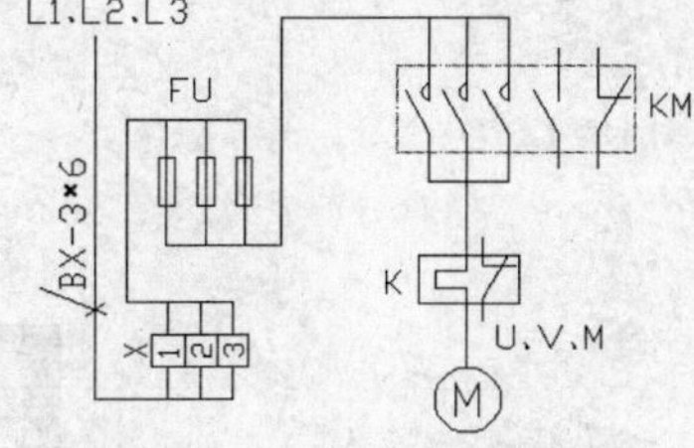


图 4-175　撰写端子排的文字

29）单击“修改”面板中的“拉伸”命令按钮，在正交状态下适当调整图形之间的间距和位置，使整个图形整洁紧凑，结果如图 4-176 所示。

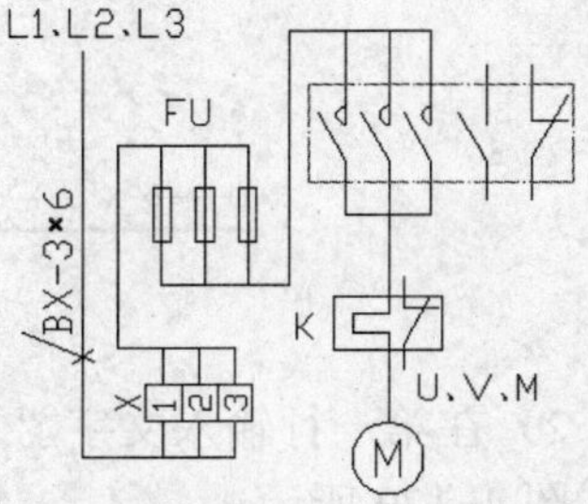

图 4-176　修整图形

## 4.7　设备元器件表

### 制作思路

电气线路图中使用的各种元器件都要造册登记，详细标明名称、型号和参数，构成设备元器件表，便于采购部门安排进货，也便于财务部门核算成本。它是电气工程图的重要组成部分。可以使用表格绘制命令绘制表格，然后逐一添加内容，完成整个表格。

绘制步骤如下。

1）单击“注释”面板中的“表格”命令按钮，弹出如图 4-177 所示的“插入表格”对话框，准备绘制一个 8 列 6 行的表格，列宽为 100，行高为 4。

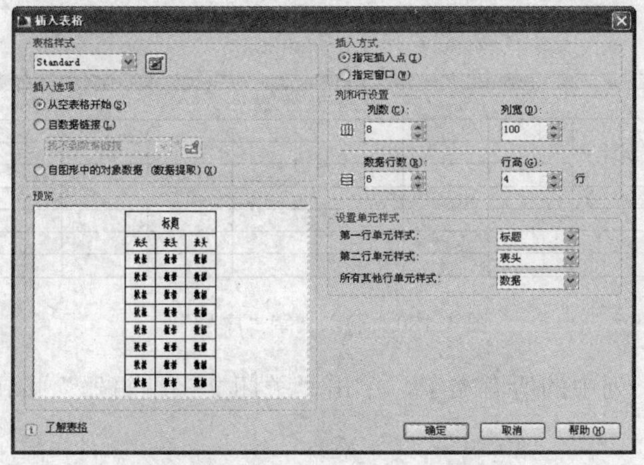


图 4-177　“插入表格”对话框

单击“确定”按钮，屏幕出现设置好的表格和“多行文字编辑器”，如图 4-178 所示，即可在第一行输入文字了。

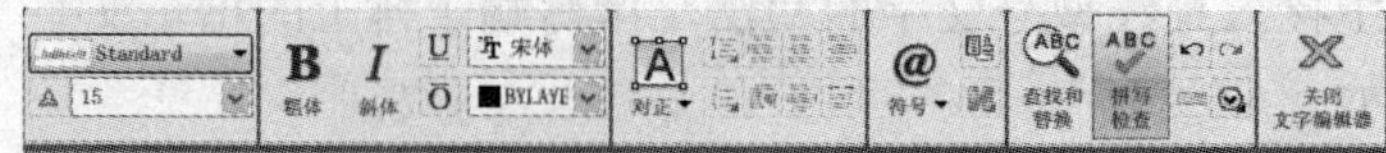


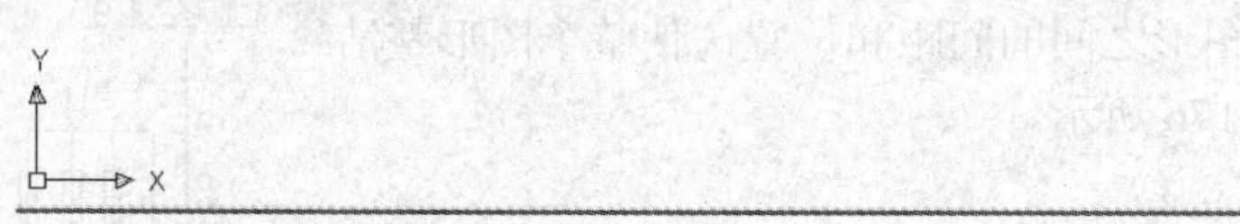

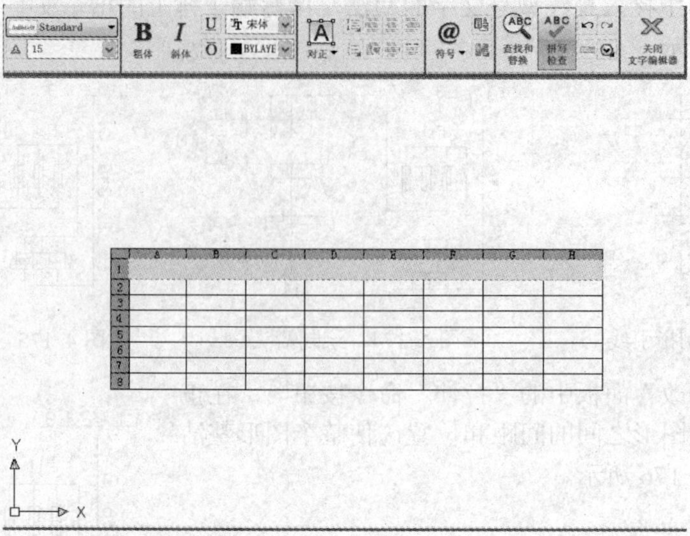

图 4-178　表格和“多行文字编辑器”

2）在第一行输入文字“设备元件表”之后回车，即可输入第二行第一列中的文字，效果如图 4-179 所示。

| | A | B | C | D | E | F | G | H |
|---|---|---|---|---|---|---|---|---|
| 1 | 设备元件表 | | | | | | | |
| 2 | | | | | | | | |
| 3 | | | | | | | | |
| 4 | | | | | | | | |
| 5 | | | | | | | | |
| 6 | | | | | | | | |
| 7 | | | | | | | | |
| 8 | | | | | | | | |

图 4-179　输入第一行文字

3）在第二行第一列中输入文字“序号”之后回车，即可输入第三行第一列中的文字，效果如图 4-180 所示。

| | A | B | C | D | E | F | G | H |
|---|---|---|---|---|---|---|---|---|
| 1 | 设备元件表 | | | | | | | |
| 2 | 序号 | | | | | | | |
| 3 | | | | | | | | |
| 4 | | | | | | | | |
| 5 | | | | | | | | |
| 6 | | | | | | | | |
| 7 | | | | | | | | |
| 8 | | | | | | | | |

图 4-180　输入文字“序号”

4）顺次输入第一列中的所有文字，单击“关闭文字编辑器”按钮，效果如图 4-181 所示。

| 设备元件表 | | | | | | | |
|---|---|---|---|---|---|---|---|
| 序号 | | | | | | | |
| 1 | | | | | | | |
| 2 | | | | | | | |
| 3 | | | | | | | |
| 4 | | | | | | | |
| 5 | | | | | | | |
| 6 | | | | | | | |

图 4-181　输入第一列文字

5）双击第二列的第一行空格，如图 4-182 所示，即可输入文字。

| 设备元件表 | | | | | | | |
|---|---|---|---|---|---|---|---|
| 序号 | | | | | | | |
| 1 | | | | | | | |
| 2 | | | | | | | |
| 3 | | | | | | | |
| 4 | | | | | | | |
| 5 | | | | | | | |
| 6 | | | | | | | |

图 4-182　双击空格

6）顺次输入第二列中的所有文字，单击“关闭文字编辑器”按钮，效果如图 4-183 所示。

| 设备元件表 | | | | | | | |
|---|---|---|---|---|---|---|---|
| 序号 | 符号 | | | | | | |
| 1 | M | | | | | | |
| 2 | KM | | | | | | |
| 3 | FU2 | | | | | | |
| 4 | FU1 | | | | | | |
| 5 | K | | | | | | |
| 6 | S1 S2 | | | | | | |

图 4-183　输入第二列文字

7）参照第二列文字的输入方法，输入第三列文字，单击“关闭文字编辑器”按钮，效果如图 4-184 所示。

| 设备元件表 | | | | | | | |
|---|---|---|---|---|---|---|---|
| 序号 | 符号 | 名称 | | | | | |
| 1 | M | 异步电动机 | | | | | |
| 2 | KM | 交流接触器 | | | | | |
| 3 | FU2 | 熔断器 | | | | | |
| 4 | FU1 | 熔断器 | | | | | |
| 5 | K | 热继电器 | | | | | |
| 6 | S1 S2 | 按钮 | | | | | |

图 4-184　输入第三列文字

8）参照第二列文字的输入方法，输入第四列文字，单击“关闭文字编辑器”按钮，效果如图 4-185 所示。

9）参照第二列文字的输入方法，输入第五列文字，单击“关闭文字编辑器”按钮，效果如图 4-186 所示。

10）参照第二列文字的输入方法，输入第六列文字，单击“关闭文字编辑器”按钮，效果如图 4-187 所示。

| 设备元件表 | | | | | | | |
|---|---|---|---|---|---|---|---|
| 序号 | 符号 | 名称 | 型号 | | | | |
| 1 | M | 异步电动机 | Y | | | | |
| 2 | KM | 交流接触器 | CJ10 | | | | |
| 3 | FU2 | 熔断器 | RC1 | | | | |
| 4 | FU1 | 熔断器 | RTD | | | | |
| 5 | K | 热继电器 | JR3 | | | | |
| 6 | S1 S2 | 按钮 | LA2 | | | | |

图 4-185　输入第四列文字

| 设备元件表 | | | | | | | |
|---|---|---|---|---|---|---|---|
| 序号 | 符号 | 名称 | 型号 | 规格 | | | |
| 1 | M | 异步电动机 | Y | 300V，15KW | | | |
| 2 | KM | 交流接触器 | CJ10 | 300V，40A | | | |
| 3 | FU2 | 熔断器 | RC1 | 250V，1A | | | |
| 4 | FU1 | 熔断器 | RTD | 380V，40A | | | |
| 5 | K | 热继电器 | JR3 | 40A | | | |
| 6 | S1 S2 | 按钮 | LA2 | 250V，3A | | | |

图 4-186　输入第五列文字

| 设备元件表 | | | | | | | |
|---|---|---|---|---|---|---|---|
| 序号 | 符号 | 名称 | 型号 | 规格 | 单位 | | |
| 1 | M | 异步电动机 | Y | 300V，15KW | 台 | | |
| 2 | KM | 交流接触器 | CJ10 | 300V，40A | 个 | | |
| 3 | FU2 | 熔断器 | RC1 | 250V，1A | 个 | | |
| 4 | FU1 | 熔断器 | RTD | 380V，40A | 个 | | |
| 5 | K | 热继电器 | JR3 | 40A | 个 | | |
| 6 | S1 S2 | 按钮 | LA2 | 250V，3A | 个 | | |

图 4-187　输入第六列文字

11）参照第二列文字的输入方法，输入第七列文字，单击“关闭文字编辑器”按钮，效果如图 4-188 所示。

| 设备元件表 | | | | | | | |
|---|---|---|---|---|---|---|---|
| 序号 | 符号 | 名称 | 型号 | 规格 | 单位 | 数量 | |
| 1 | M | 异步电动机 | Y | 300V，15KW | 台 | 1 | |
| 2 | KM | 交流接触器 | CJ10 | 300V，40A | 个 | 1 | |
| 3 | FU2 | 熔断器 | RC1 | 250V，1A | 个 | 1 | |
| 4 | FU1 | 熔断器 | RTD | 380V，40A | 个 | 3 | |
| 5 | K | 热继电器 | JR3 | 40A | 个 | 1 | |
| 6 | S1 S2 | 按钮 | LA2 | 250V，3A | 个 | 2 | |

图 4-188　输入第七列文字

12）参照第二列文字的输入方法，输入第八列文字，单击“关闭文字编辑器”按钮，效果如图 4-189 所示。

| 设备元件表 | | | | | | | |
|---|---|---|---|---|---|---|---|
| 序号 | 符号 | 名称 | 型号 | 规格 | 单位 | 数量 | 备注 |
| 1 | M | 异步电动机 | Y | 300V，15KW | 台 | 1 | |
| 2 | KM | 交流接触器 | CJ10 | 300V，40A | 个 | 1 | |
| 3 | FU2 | 熔断器 | RC1 | 250V，1A | 个 | 1 | 配熔丝1A |
| 4 | FU1 | 熔断器 | RTD | 380V，40A | 个 | 3 | 配熔丝30A |
| 5 | K | 热继电器 | JR3 | 40A | 个 | 1 | 整定值25A |
| 6 | S1 S2 | 按钮 | LA2 | 250V，3A | 个 | 2 | 一常开，一常闭触点 |

图 4-189　输入第八列文字

## 4.8　小车间电气平面图

### 制作思路

本例车间电气平面图中，先绘制车间的墙线，然后绘制供电线路。

绘制步骤如下。

1）在命令行窗口输入命令“mline”，按命令行的提示绘制多线，作为小车间的墙线。

```
命令: mline
当前设置: 对正 = 上，比例 =20.00，样式 =STANDARD
指定起点或 [对正(J)/比例(S)/样式(ST)]:  s
输入多线比例 <20.00>:  2
当前设置: 对正 = 上，比例 =2.00，样式 =STANDARD
指定起点或 [对正(J)/比例(S)/样式(ST)]:（在绘图区域任选一点）
指定下一点:  @10,0
指定下一点或 [放弃(U)]:  @0,100
指定下一点或 [闭合(C)/放弃(U)]:  @-200,0
指定下一点或 [闭合(C)/放弃(U)]:  @0,-100
指定下一点或 [闭合(C)/放弃(U)]:  @170,0
指定下一点或 [闭合(C)/放弃(U)]:
```

效果如图4-190所示。

2）单击“绘图”面板中的“直线”命令按钮，绘制墙线开口处的连线，效果如图4-191所示。

图4-190　绘制墙线

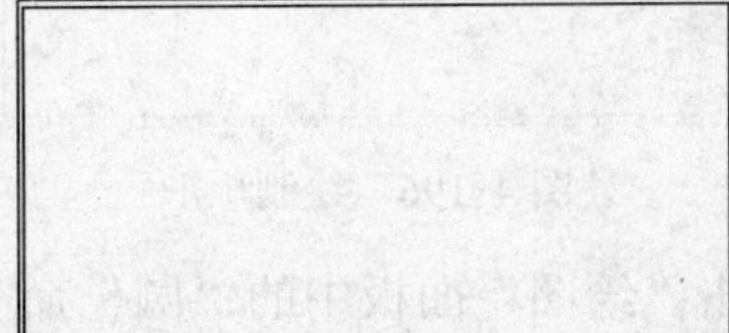
图4-191　封闭开口

3）单击“绘图”面板中的“直线”命令按钮，绘制起点在如图4-192所示的中点，终点在@20<30的斜线，作为门线，效果如图4-193所示。

图4-192　捕捉中点

图4-193　绘制门线

4）单击“绘图”面板中的“图案填充”命令按钮，屏幕出现“图案填充和渐变色”对话框，按如图 4-194 所示设置参数，填充墙线，效果如图 4-195 所示。

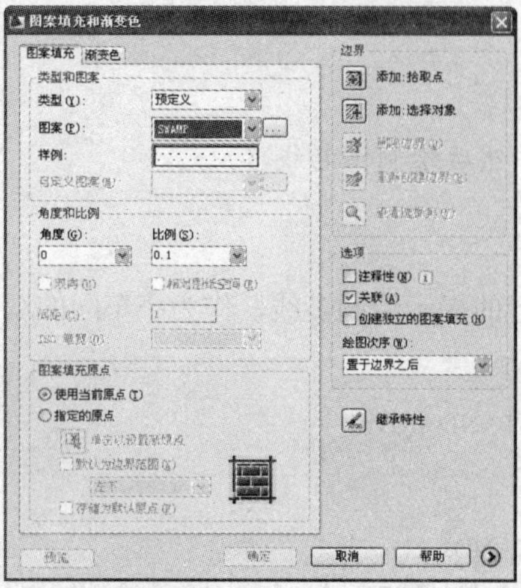

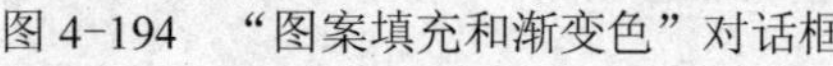


图 4-194 “图案填充和渐变色”对话框

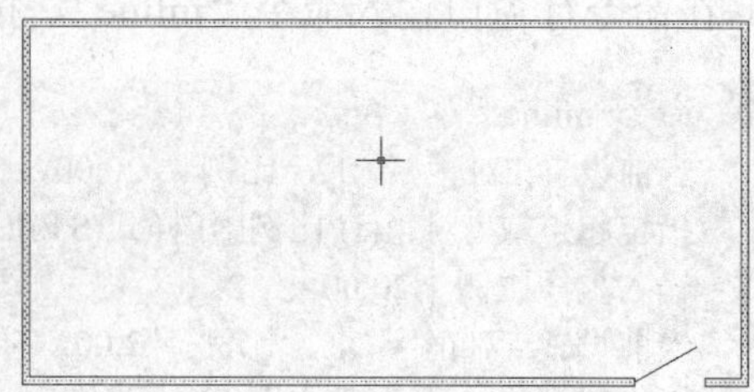

图 4-195 填充墙线

5）现在绘制配电箱。单击“绘图”面板中的“矩形”命令按钮，在房间左上角绘制矩形 3×20，效果如图 4-196 所示。

6）单击“修改”面板中的“复制”命令按钮，正交地把矩形 3×20 向右复制一份，复制距离为 3，效果如图 4-197 所示。

图 4-196 绘制矩形

图 4-197 复制矩形

7）单击“绘图”面板中的“圆”命令按钮，在房间中绘制三个圆$\phi 3$，作为电动机符号，效果如图 4-198 所示。

8）单击“绘图”面板中的“直线”命令按钮，绘制配电柜和上边两台电动机之间的连线。单击“绘图”面板中的“直线”命令按钮，沿墙角绘制配电柜和剩下一台电动机之间的连线，效果如图 4-199 所示。

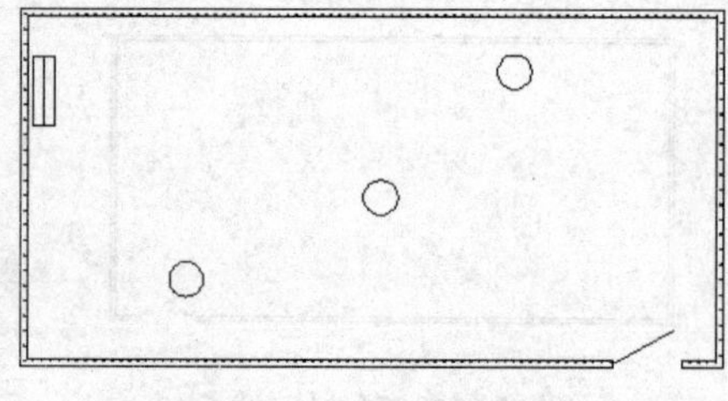

图 4-198 绘制电动机符号

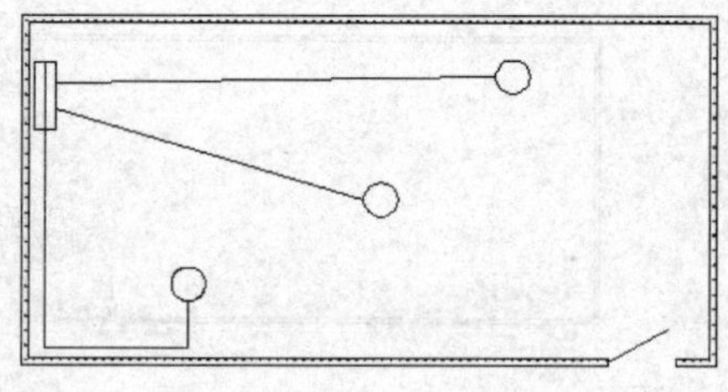

图 4-199 绘制连线

9）按照配电箱的画法填充矩形。单击“绘图”面板中的“图案填充”命令按钮，屏幕出现“图案填充和渐变色”对话框，按如图 4-200 所示设置参数，使用当前颜色填充左边的矩形框，效果如图 4-201 所示。

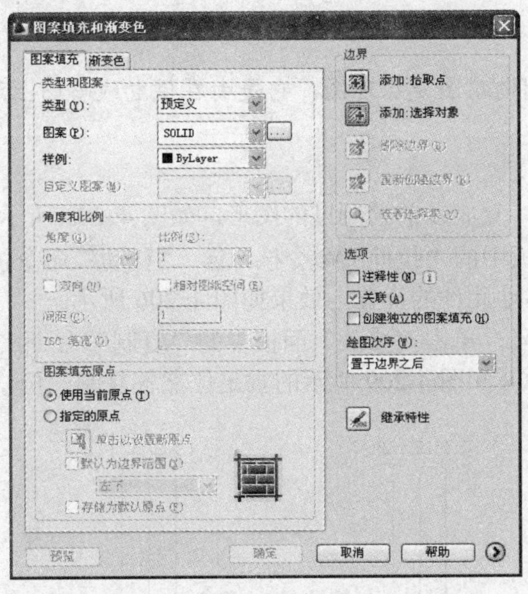


图 4-200　“图案填充和渐变色”对话框

10）单击“注释”面板中的“多行文字”命令按钮，书写配电柜的代号和电动机的标号和型号参数，结果如图 4-202 所示。

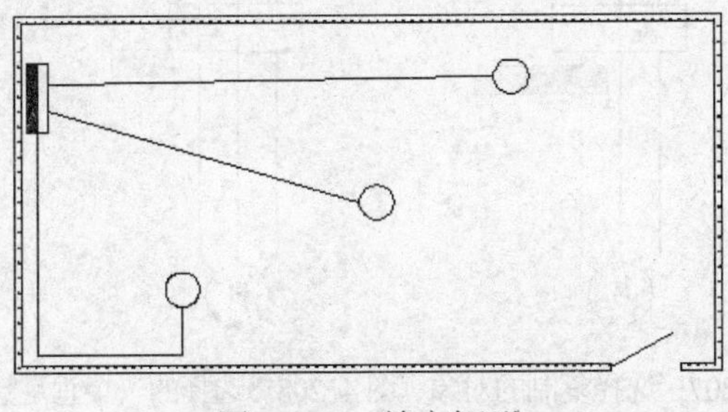

图 4-201　填充矩形

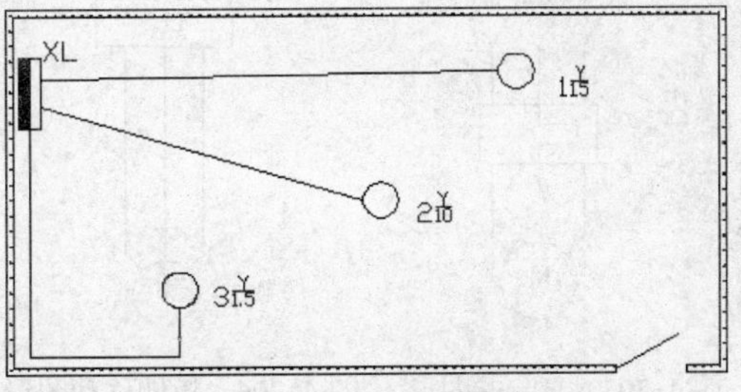


图 4-202　书写配电柜和电动机代号

11）单击“注释”面板中的“多行文字”命令按钮，书写导线的型号，结果如图 4-203 所示。

12）单击“绘图”面板中的“直线”命令按钮，绘制指示导线的箭头，结果如图 4-204 所示。

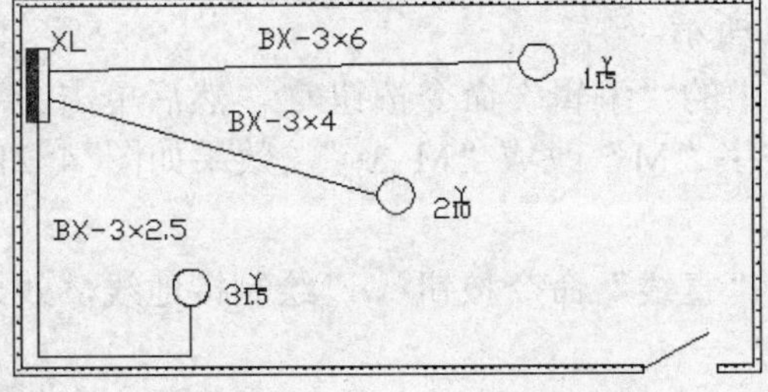


图 4-203　书写导线的型号

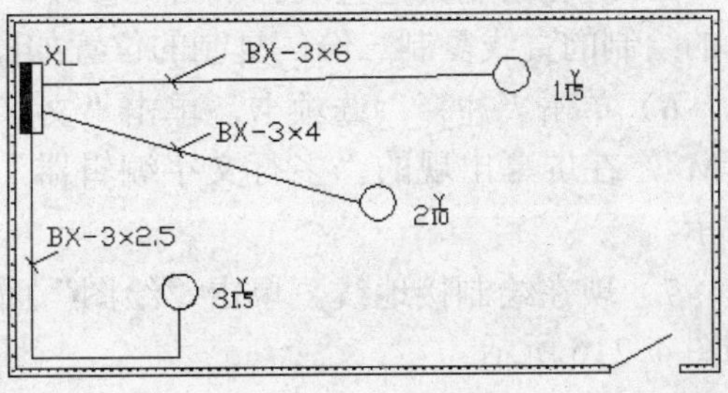


图 4-204　绘制箭头

## 4.9 自耦减压起动柜控制电路图

### 制作思路

自耦减压起动柜控制电路图是原理图，它是由在供电线路图上添加控制电路构成的。

绘制步骤如下。

1）先绘制供电线路，复制以前绘制过的图形，如图 4-205 所示。

2）单击“修改”面板中的“拉伸”命令按钮、“移动”命令按钮，把图 4-205 复制的图形拉长并适当调整移动元件的位置，效果如图 4-206 所示。

3）绘制热继电器符号。单击“修改”面板中的“复制”命令按钮，把如图 4-207 所示的虚线图形向如图 4-208 和图 4-209 所示的垂足位置各复制一份，效果如图 4-210 所示。

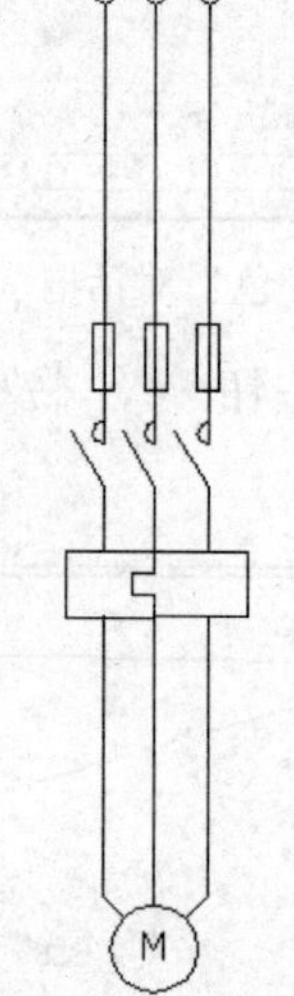


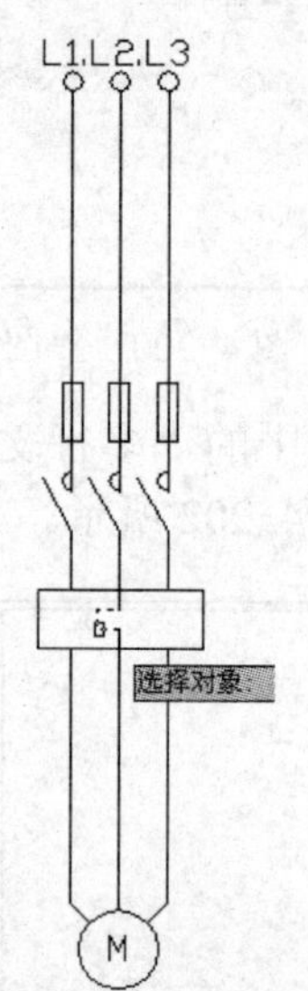


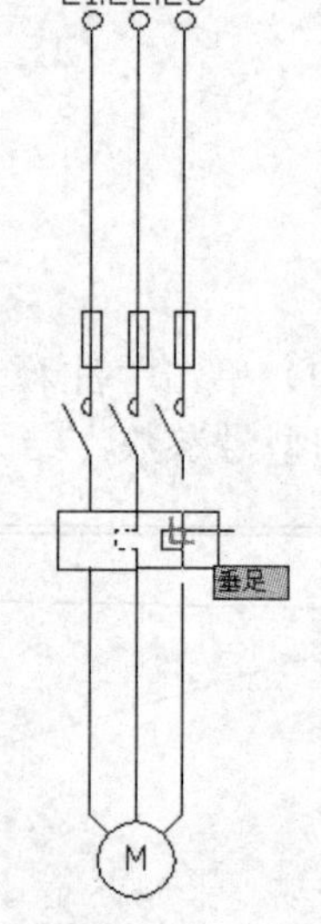


图 4-205 复制的图形　图 4-206 拉伸移动图形　图 4-207 选择复制的对象　图 4-208 选择的一个垂足

4）现在绘制接线。单击“绘图”面板中的“直线”命令按钮，绘制起点在如图 4-211 所示的端点，终点在如图 4-212 所示的端点的连线，效果如图 4-213 所示。

5）现在绘制其他直线。单击“修改”面板中的“复制”命令按钮，把如图 4-213 所示的绘制的直线复制三份，复制的位置如图 4-214 所示。

6）单击“注释”选项卡，单击“文字”面板中的“编辑”命令按钮，然后单击文字“M”，在屏幕出现的“多行文字编辑器”中把文字“M”改成“M 3~”，效果如图 4-215 所示。

7）现在绘制接地线。单击“绘图”面板中的“直线”命令按钮，绘制接地线，效果如图 4-216 所示。

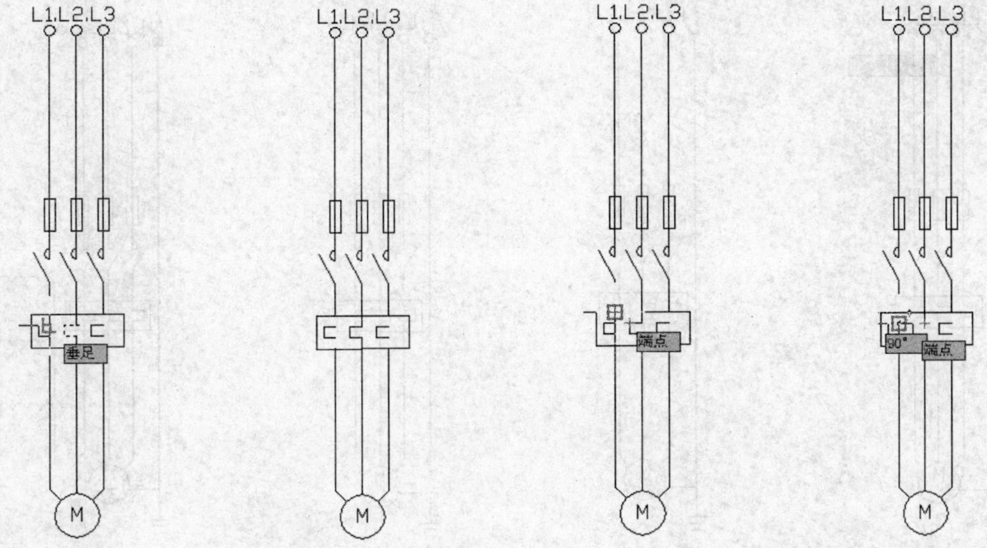


图 4-209　选择的另一垂足　　图 4-210　复制后效果　　图 4-211　选择起点端点　图 4-212　选择终点端点

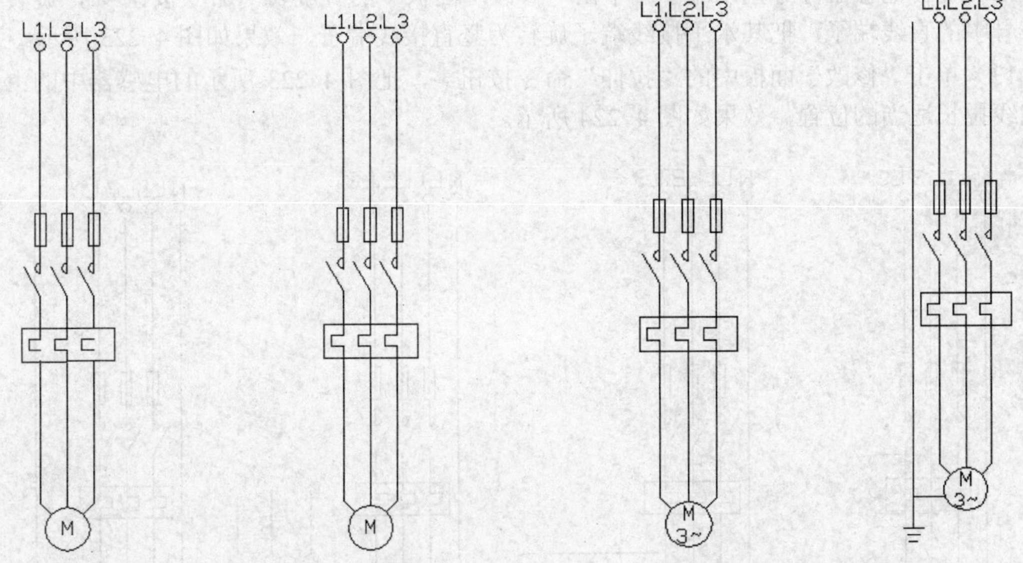


图 4-213　绘制的直线　　图 4-214　复制的其他直线　　图 4-215　修改的文字　　图 4-216　绘制地线

8）单击“修改”面板中的“复制”命令按钮，把如图 4-217 所示的光标所指的小圆圈复制到地线上，效果如图 4-218 所示。

9）书写地线的文字代号。单击“注释”面板中的“多行文字”命令按钮 A，在刚刚复制的小圆圈上书写文字“N”，表示地线，结果如图 4-219 所示。

10）从以前绘制的图形中复制电感器符号，复制三份，如图 4-220 所示。

11）现在排布电感器符号。单击“修改”面板中的“旋转”命令按钮，把电感器符号顺时针旋转 90º，效果如图 4-221 所示。然后单击“修改”面板中的“移动”命令按钮，移动电感器到合适的位置，如图 4-222 所示。

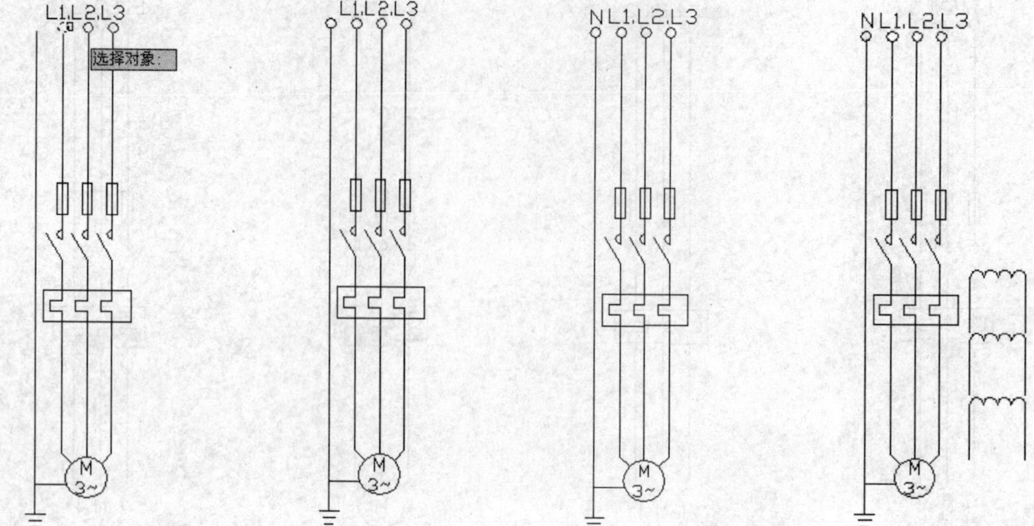


图 4-217　选择小圆圈　　图 4-218　复制后效果　　图 4-219　书写地线符号　图 4-220　复制电感器符号

12）旋转电感器符号直线端子。单击“修改”面板中的“旋转”命令按钮，旋转电感器符号中的直线端子，把其水平接线端子旋转为竖直接线端子，效果如图 4-223 所示。

13）单击“修改”面板中的“拉伸”命令按钮，把图 4-223 所示的电感器中的上面三条直线拉长适当的位置，效果如图 4-224 所示。

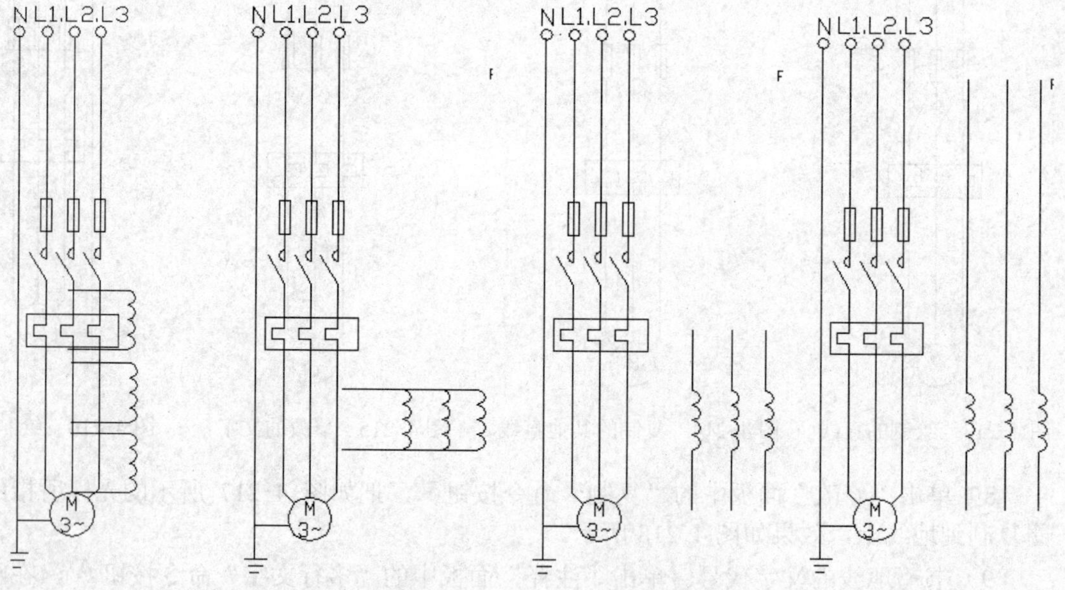


图 4-221　旋转电感器符号　图 4-222　移动电感器符号　图 4-223　旋转直线　　图 4-224　拉长直线

14）单击“绘图”面板中的“直线”命令按钮，绘制如图 4-225 所示的直线。

15）单击“修改”面板中的“圆角”命令按钮，把如图 4-226 所示的光标所指的直线和虚线之间倒圆角 0，使其连接起来，效果如图 4-227 所示。

16）继续单击“修改”面板中的“圆角”命令按钮，把如图 4-227 所示的剩下的直线之间倒圆角 0，使其连接起来，效果如图 4-228 所示。

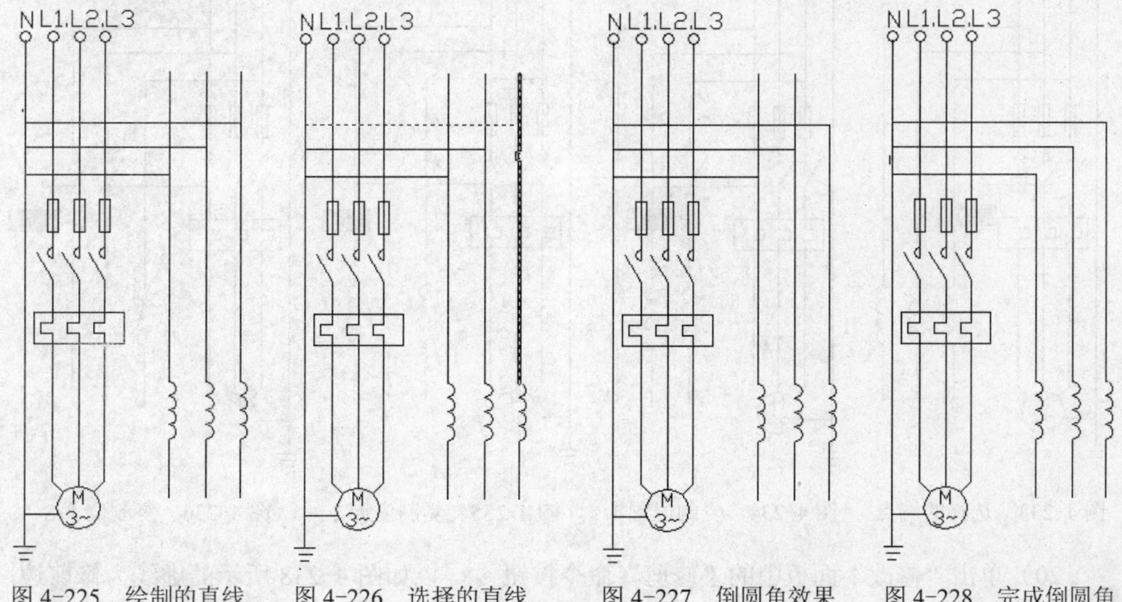


图 4-225 绘制的直线　　图 4-226 选择的直线　　图 4-227 倒圆角效果　　图 4-228 完成倒圆角

17）单击“修改”面板中的“修剪”命令按钮，以如图 4-229 所示的虚线直线为修剪边，修剪掉光标所示的直线段，结果如图 4-230 所示。

18）继续单击“修改”面板中的“修剪”命令按钮，修剪如图 4-230 所示的剩下的直线段，结果如图 4-231 所示。

19）复制开关。单击“修改”面板中的“复制”命令按钮，把如图 4-232 所示的光标所指的虚线开关以如图 4-233 所示的端点为基点，分别复制到如图 4-234、图 4-235、图 4-236 所示的垂足点的位置，效果如图 4-237 所示。

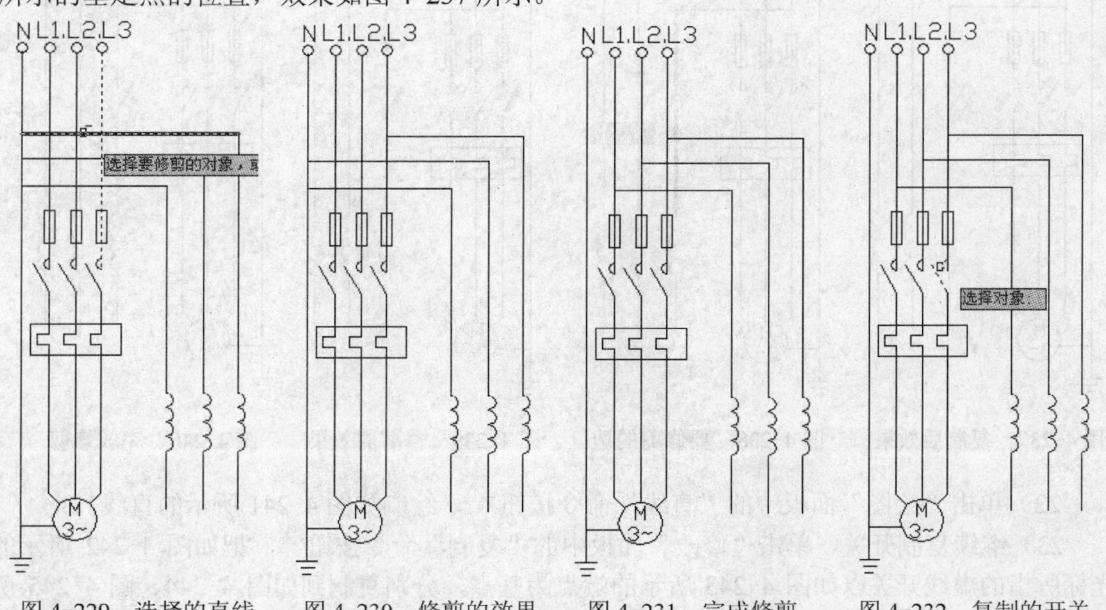


图 4-229 选择的直线　　图 4-230 修剪的效果　　图 4-231 完成修剪　　图 4-232 复制的开关

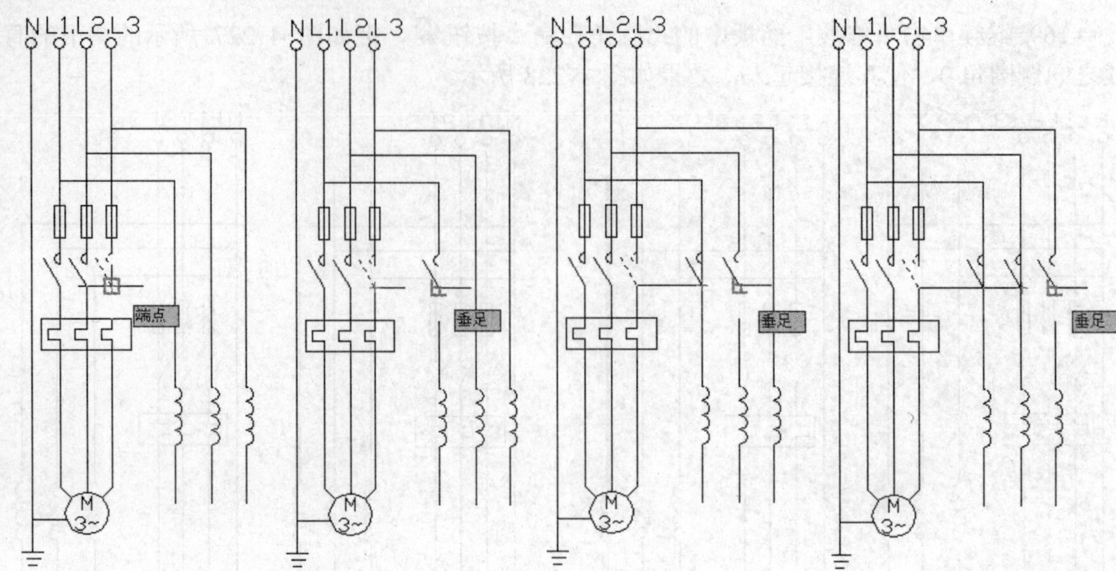


图 4-233　选择的端点　　图 4-234　复制位置 1　　图 4-235　复制位置 2　　图 4-236　复制位置 3

20）单击“修改”面板中的“修剪”命令按钮，以如图 4-238 所示的虚线为修剪边，修剪掉光标所示的直线段，结果如图 4-239 所示。

21）继续单击“修改”面板中的“修剪”命令按钮，按照相同的方法修剪掉开关内所示的直线段，结果如图 4-240 所示。

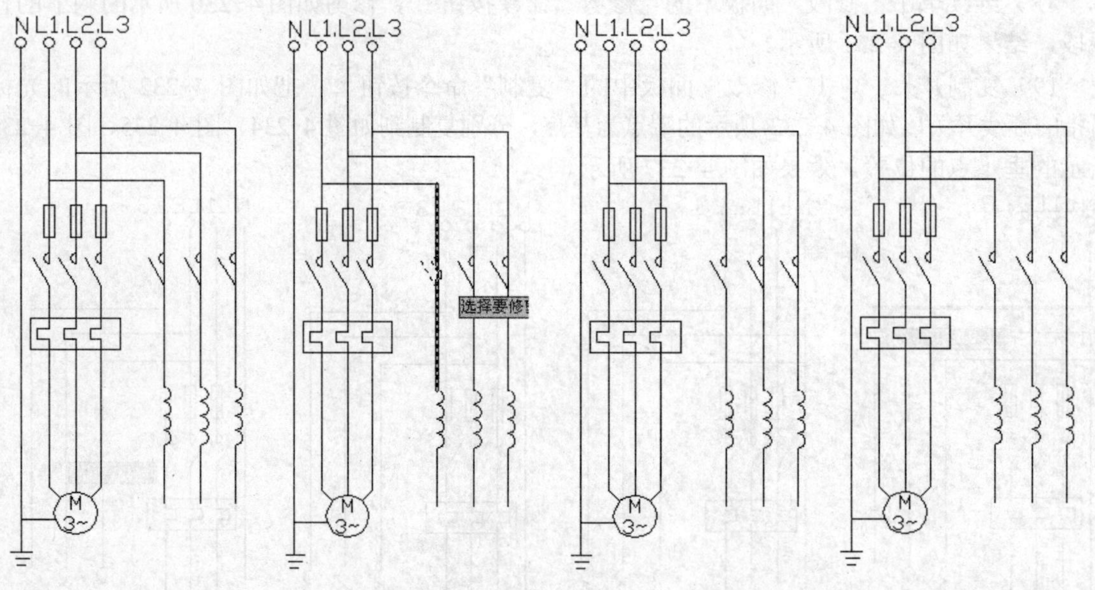


图 4-237　复制后效果　　图 4-238　要修剪的边　　图 4-239　修剪的效果　　图 4-240　完成修剪

22）单击“绘图”面板中的“直线”命令按钮，绘制如图 4-241 所示的直线。

23）继续复制开关。单击“修改”面板中的“复制”命令按钮，把如图 4-242 所示的光标所指的虚线开关以如图 4-243 所示的端点为基点，分别复制到如图 4-244、图 4-245 所

示的端点位置，效果如图 4-246 所示。

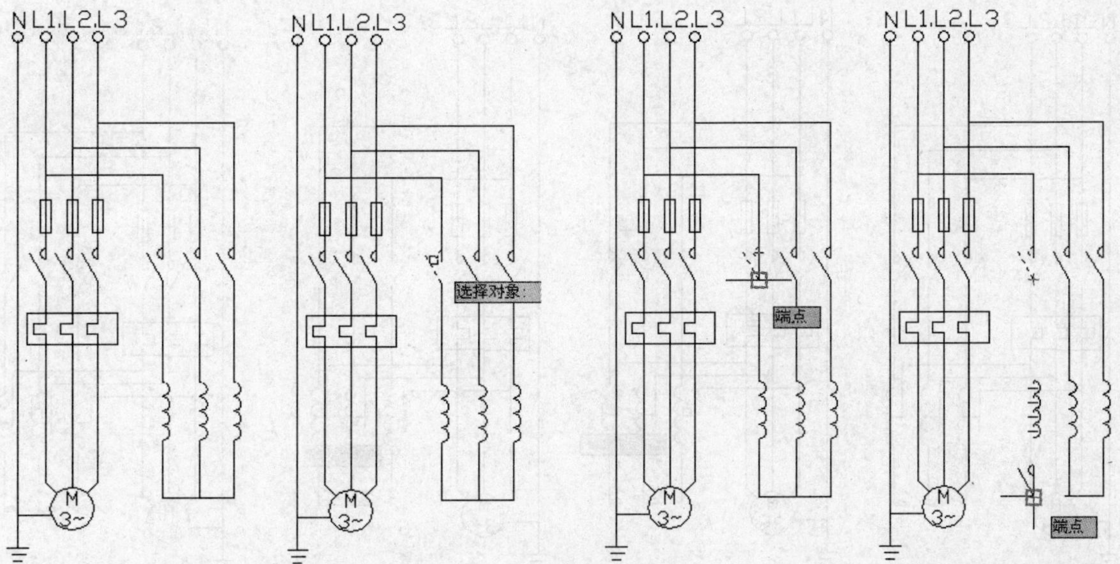


图 4-241　绘制的直线　图 4-242　选择的复制的开关　图 4-243　选择的端点　　图 4-244　复制位置 1

24）现在旋转刚刚复制的开关符号。单击“修改”面板中的“旋转”命令按钮，把两个开关符号分别顺时针旋转 90º，效果如图 4-221 所示。

25）单击“修改”面板中的“修剪”命令按钮，按照前面相同的方法，修剪掉开关处的直线段，结果如图 4-248 所示。

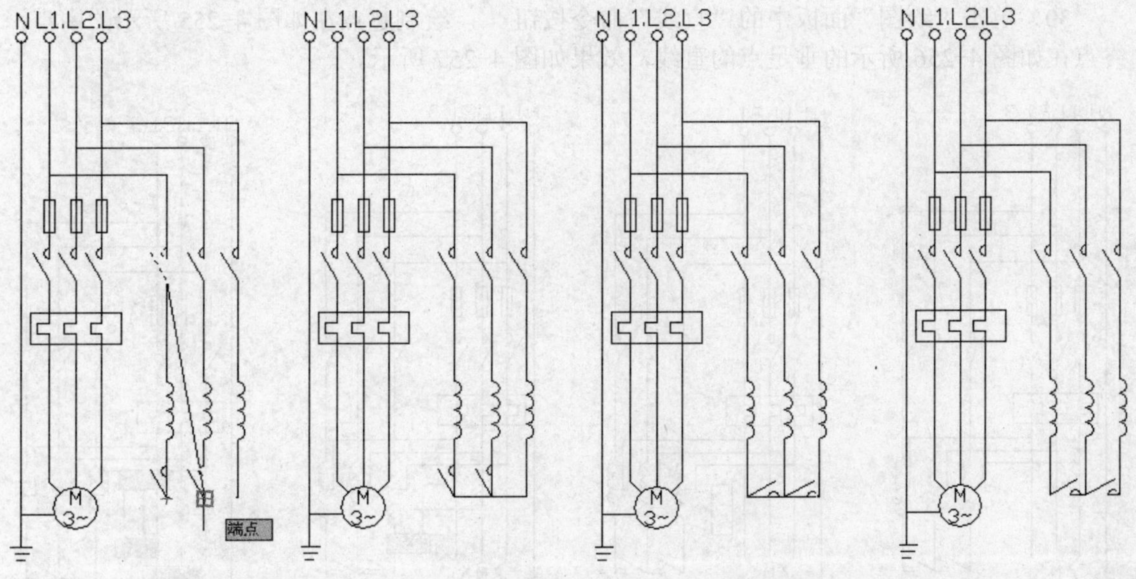


图 4-245　复制位置 2　图 4-246　复制后的效果　　图 4-247　旋转的效果　　图 4-248　修剪后的效果

26）单击“绘图”面板中的“直线”命令按钮，绘制如图 4-249 所示的折线。

27）单击“修改”面板中的“修剪”命令按钮，以如图 4-250 所示的光标所指的虚线为修剪边，修剪掉如图 4-251 所示的光标所指的直线，效果如图 4-252 所示。

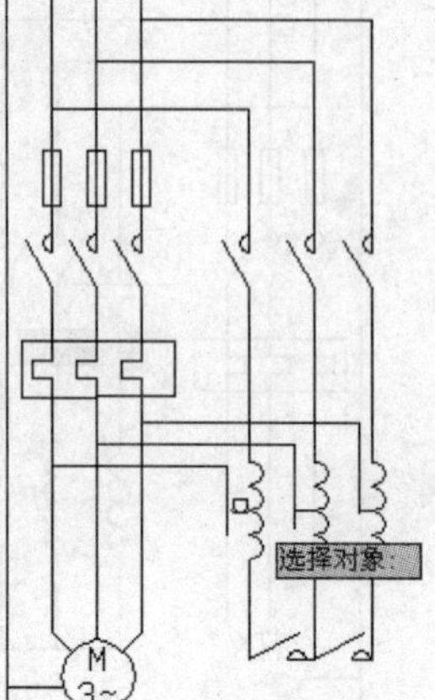

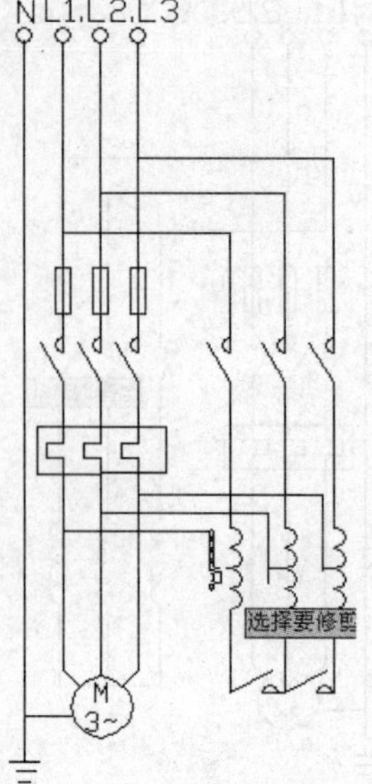

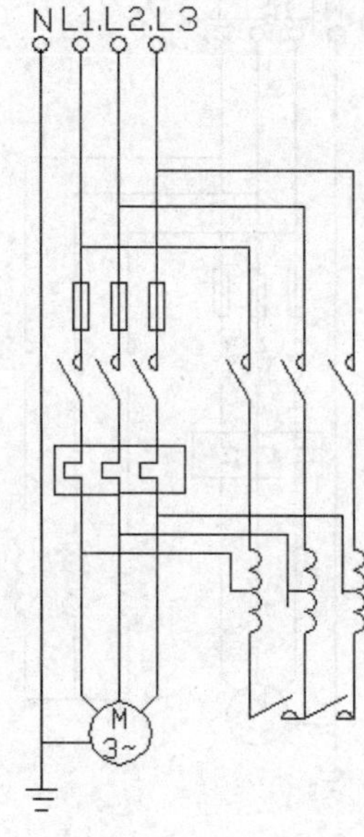


图 4-249　绘制的折线　　图 4-250　修剪的边　　图 4-251　修剪的对象　　图 4-252　修剪的效果

28）继续单击“修改”面板中的“修剪”命令按钮，修剪如图 4-252 所示的剩下的直线，效果如图 4-253 所示。

29）现在绘制接线。单击“绘图”面板中的“矩形”命令按钮，绘制一个矩形，效果如图 4-254 所示。

30）单击“绘图”面板中的“直线”命令按钮，绘制起点在如图 4-255 所示的中点，终点在如图 4-256 所示的垂足点的直线，效果如图 4-257 所示。

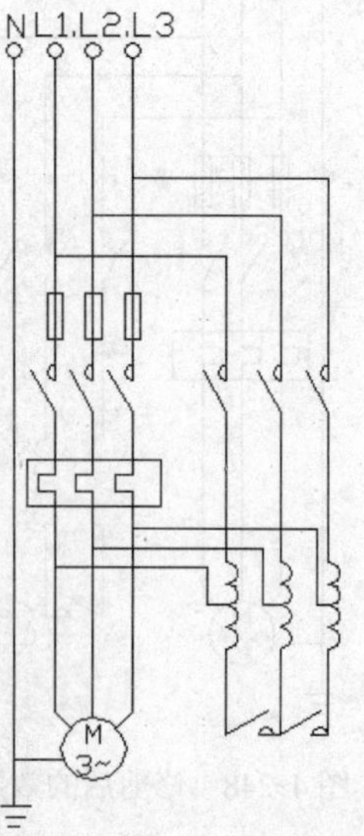

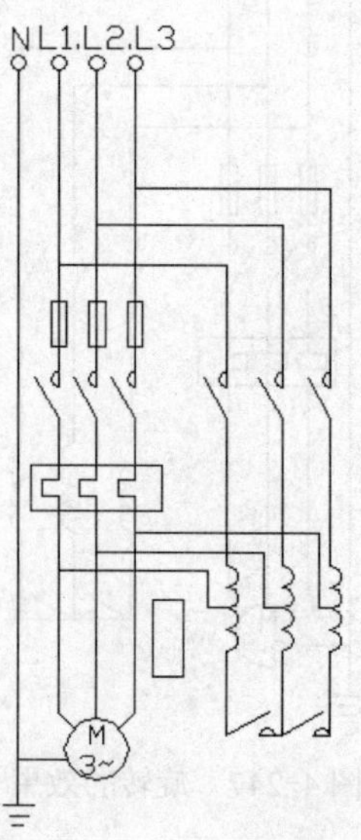

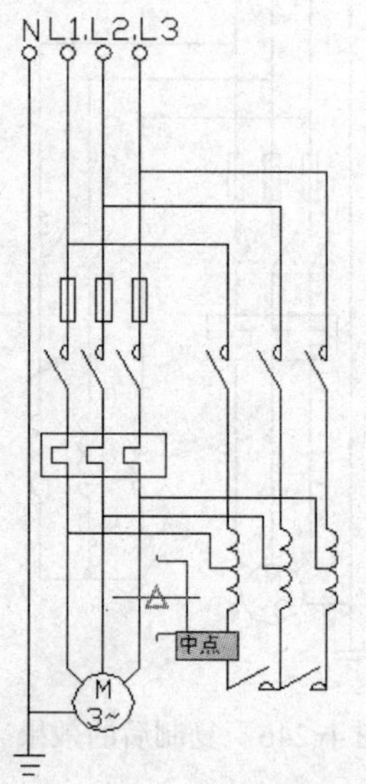

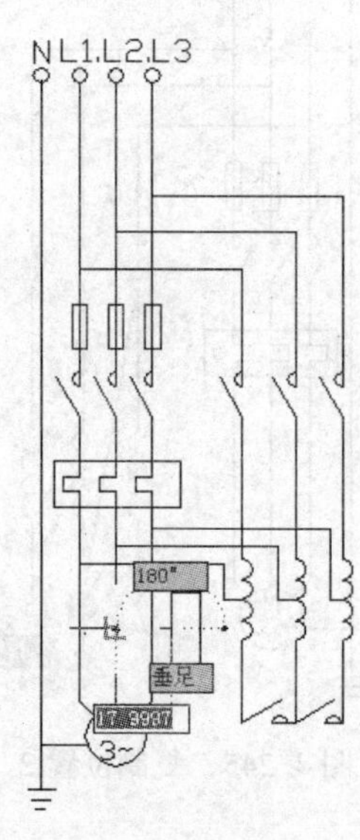


图 4-253　完成修剪　　图 4-254　绘制的矩形　　图 4-255　直线的起点　　图 4-256　直线的终点

31）单击“修改”面板中的“偏移”命令按钮，把刚刚绘制的直线向上和下偏移复制两份，复制距离适当，效果如图 4-258 所示。

32）单击“修改”面板中的“圆角”命令按钮，把如图 4-258 所示的三条直线之间相互倒圆角 0，效果如图 4-259 所示。

33）删除如图 4-260 所示的光标所指的直线。单击“修改”面板中的“修剪”命令按钮，修剪掉如图 4-261 所示的光标所指的直线，效果如图 4-262 所示。

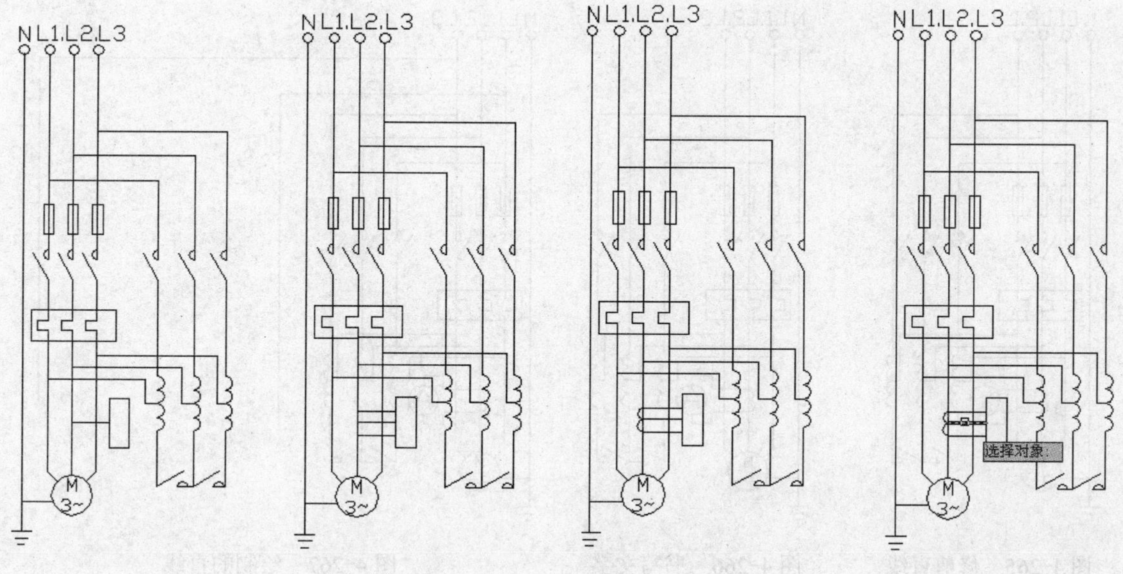


图 4-257　绘制的直线　　图 4-258　偏移的直线　　图 4-259　倒圆角的效果　　图 4-260　删除的直线

34）首先绘制电流表符号。单击“绘图”面板中的“圆”命令按钮，在如图 4-263 所示的中点位置绘制一个圆，效果如图 4-264 所示。

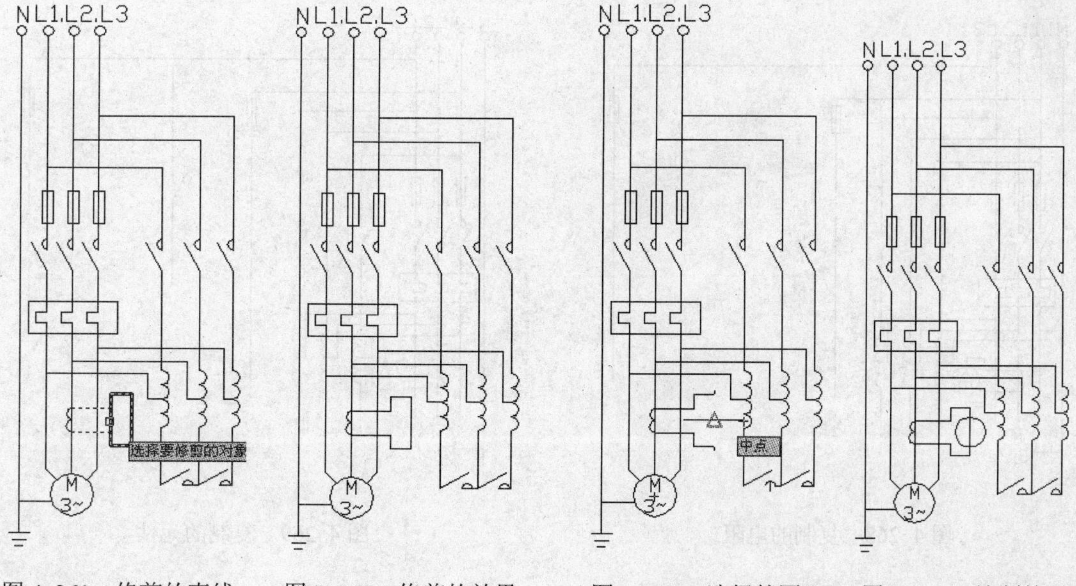


图 4-261　修剪的直线　　图 4-262　修剪的效果　　图 4-263　选择的圆心　　图 4-264　绘制的圆

35）单击“修改”面板中的“修剪”命令按钮，以圆为修剪边界修剪掉圆里面的直线，效果如图 4-265 所示。

36）书写电流表的文字代号。单击“注释”面板中的“多行文字”命令按钮 A，在刚刚修剪的圆里面书写文字“A”，表示电流表，结果如图 4-266 所示。

37）下面绘制控制电路，单击“绘图”面板中的“直线”命令按钮，绘制两条直线，作为控制回路与供电电路之间的连线，效果如图 4-267 所示。

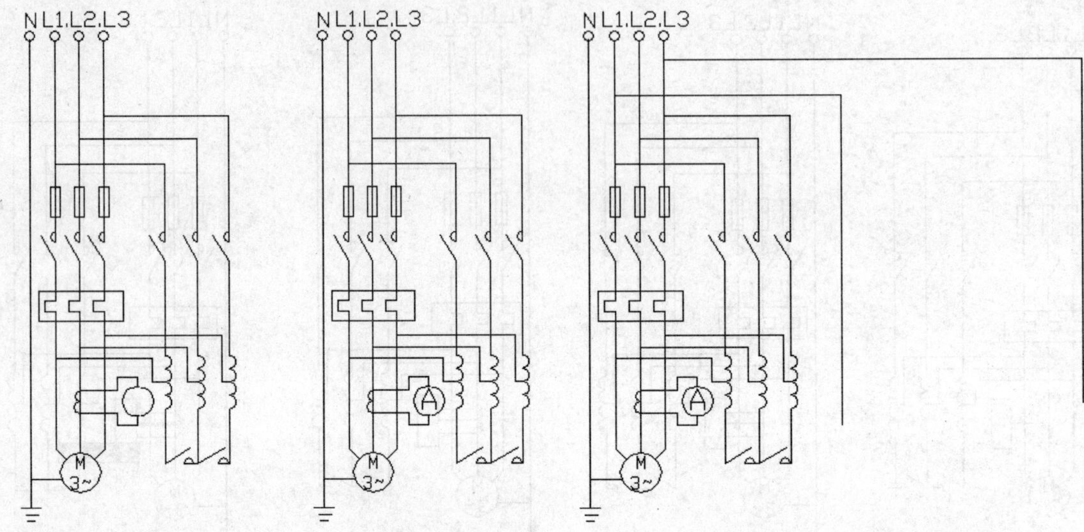


图 4-265　修剪直线　　图 4-266　书写文字　　图 4-267　绘制的直线

38）复制电阻。单击“修改”面板中的“复制”命令按钮，把熔断器电阻分别复制两份到两条连线的位置，起到保护作用，效果如图 4-268 所示。

39）从以前绘制的图形中复制开关按钮和信号灯符号，效果如图 4-269 所示。

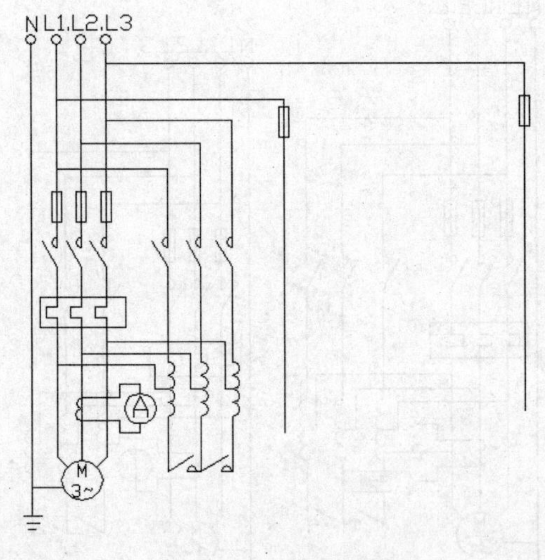


图 4-268　复制的电阻

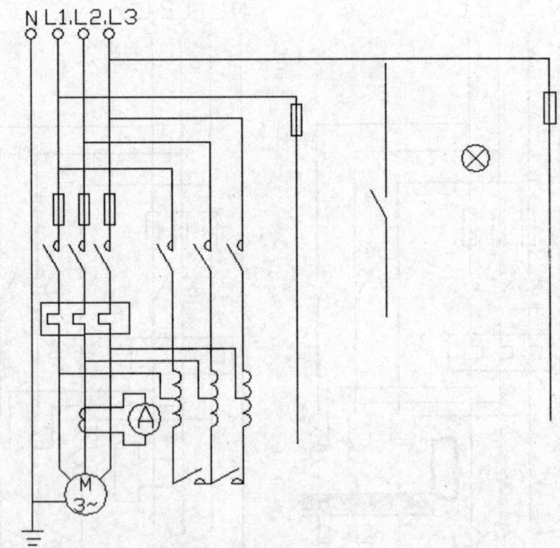


图 4-269　复制的元件

40）单击“修改”面板中的“拉伸”命令按钮，把刚刚复制的开关直线适当缩短，效

果如图 4-270 所示。

41）单击“修改”面板中的“旋转”命令按钮、“移动”命令按钮，把刚刚缩短的开关顺时针旋转 90°，并适当移动位置，效果如图 4-271 所示。

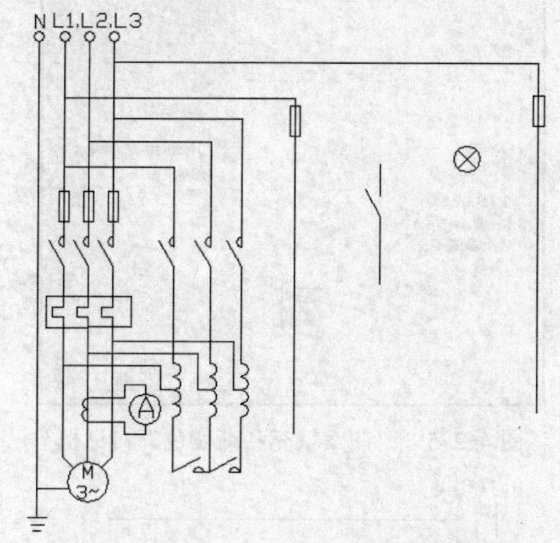

图 4-270　缩短直线

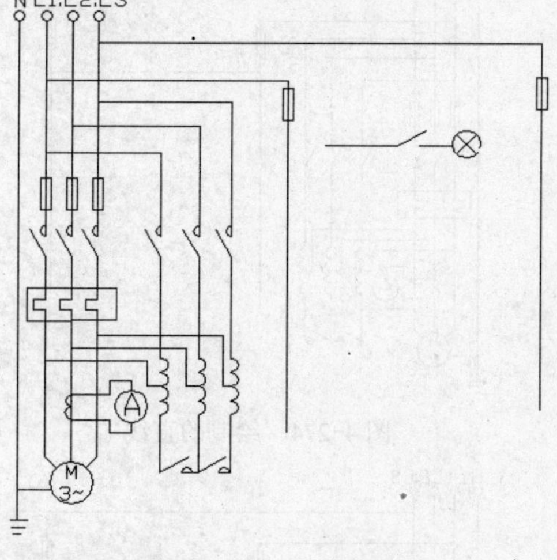

图 4-271　旋转移动开关

42）单击“修改”面板中的“延伸”命令按钮，以如图 4-272 所示的虚线直线为延伸边界线，延伸光标指示的直线，效果如图 4-273 所示。

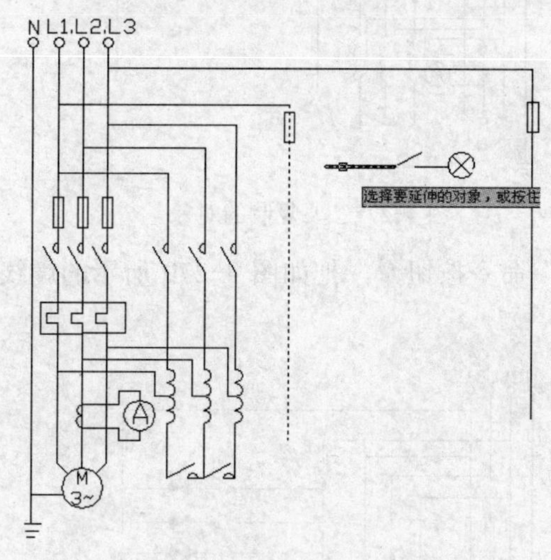

图 4-272　延伸的直线

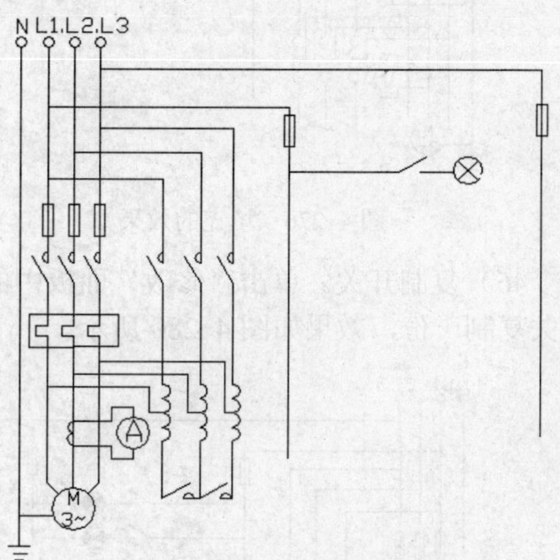

图 4-273　延伸的效果

43）单击“绘图”面板中的“直线”命令按钮，绘制直线，效果如图 4-274 所示。

44）填充信号灯符号。单击“绘图”面板中的“图案填充”命令按钮，屏幕出现“图案填充和渐变色”对话框，按如图 4-275 所示设置参数，使用当前颜色填充信号灯，效果如图 4-276 所示。

45）复制线路。单击“修改”面板中的“复制”命令按钮，把如图 4-277 所示的虚线线路向下复制两份，效果如图 4-278 所示。

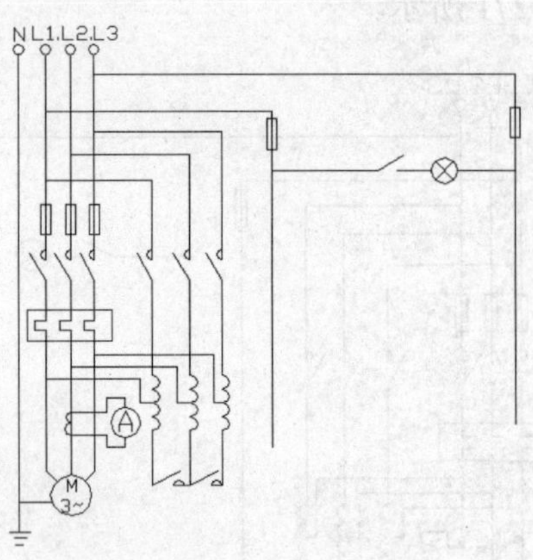


图 4-274　绘制的直线

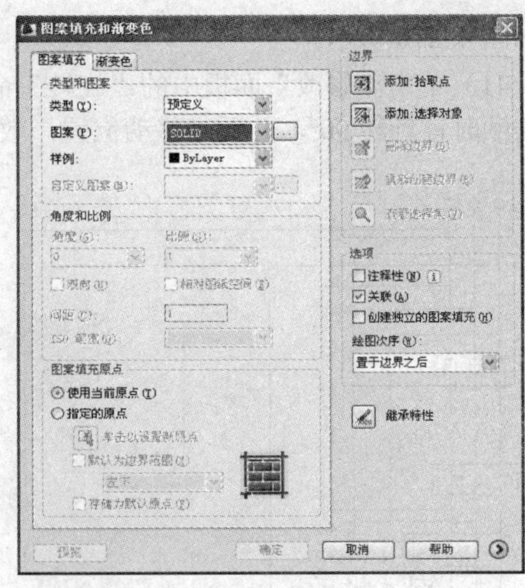


图 4-275　“图案填充和渐变色”对话框

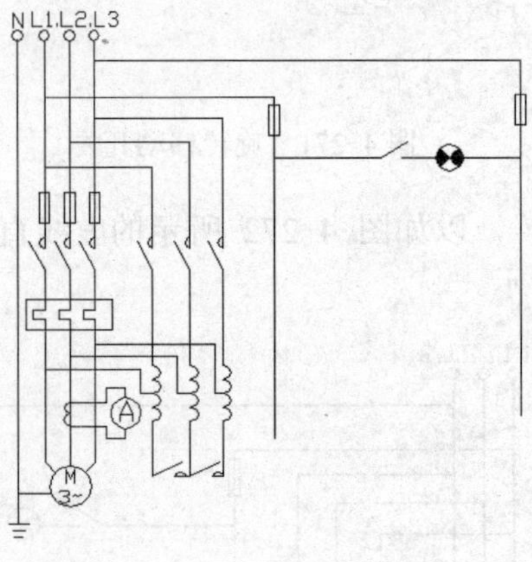


图 4-276　填充的效果

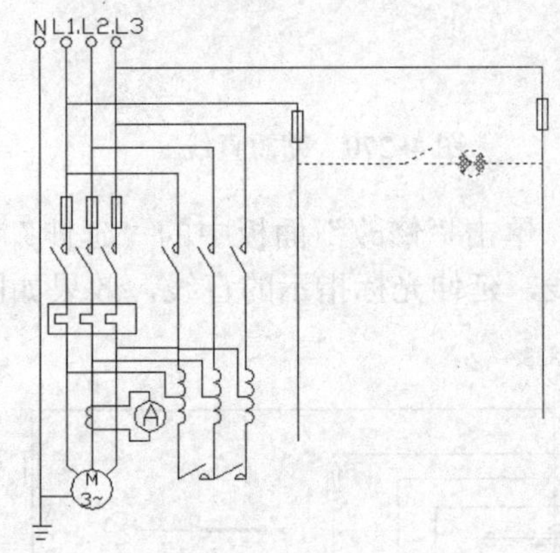


图 4-277　要复制的对象

46）复制开关。单击“修改”面板中的“复制”命令按钮，把如图 4-279 所示的虚线开关复制一份，效果如图 4-280 所示。

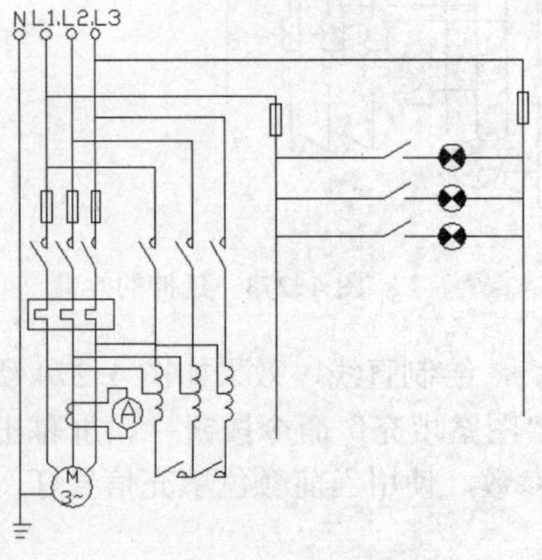


图 4-278　复制后效果

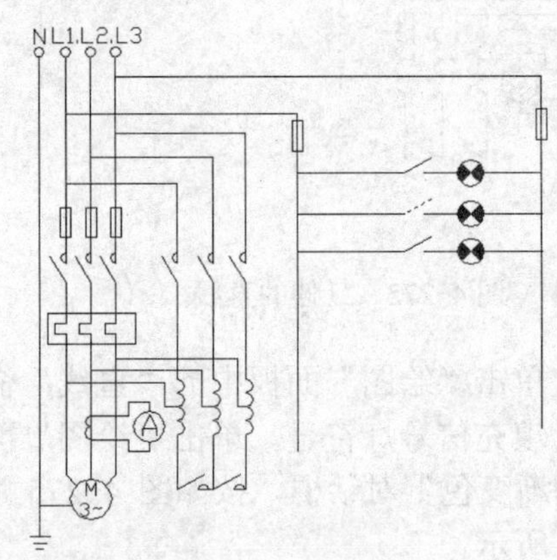


图 4-279　要复制的开关

47）单击“修改”面板中的“镜像”命令按钮，以水平直线为对称轴，把刚刚复制的开关对称复制一份，并删除源对象，效果如图 4-281 所示。

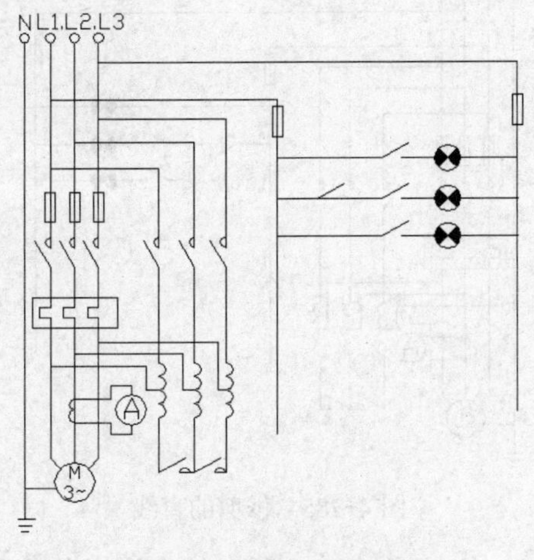

图 4-280　复制的效果

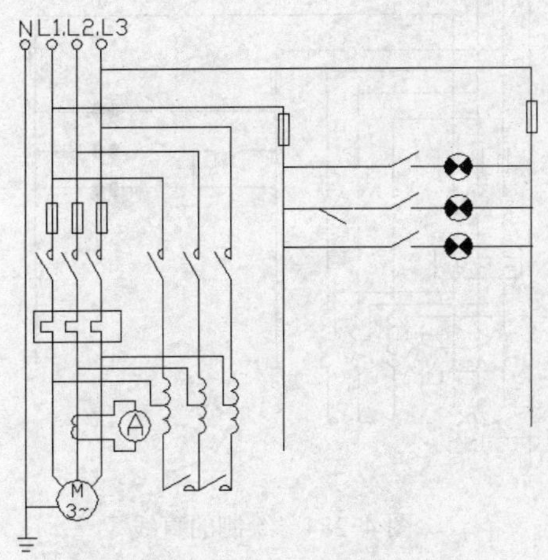


图 4-281　镜像开关

48）单击“绘图”面板中的“直线”命令按钮，绘制直线，形成常闭开关，效果如图 4-282 所示。

49）单击“修改”面板中的“修剪”命令按钮，修剪掉常闭开关中多余的直线，效果如图 4-283 所示。

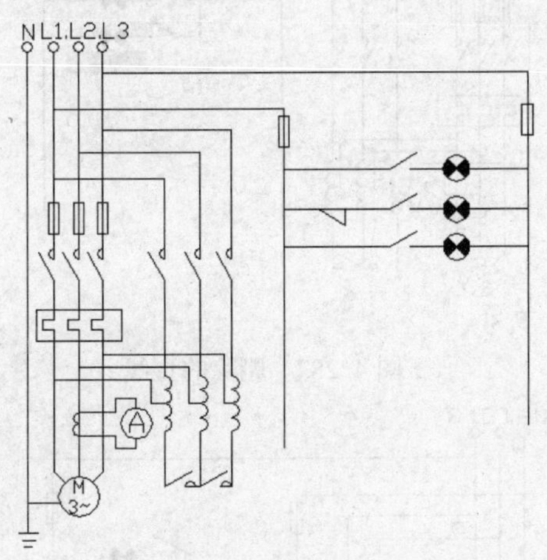


图 4-282　绘制直线

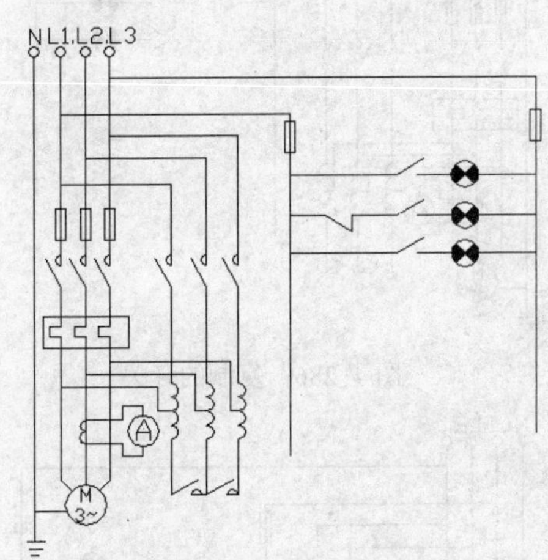


图 4-283　修剪开关

50）单击“绘图”面板中的“直线”命令按钮，绘制如图 4-284 所示的直线。

51）单击“修改”面板中的“修剪”命令按钮，修剪掉多余的直线，效果如图 4-285 所示。

52）复制常闭开关。单击“修改”面板中的“复制”命令按钮，把绘制的常闭开关复制一份，效果如图 4-286 所示。

53）单击“修改”面板中的“删除”命令按钮，删除如图 4-287 所示的光标所指的开关直线，单击“修改”面板中的“拉伸”命令按钮，把刚刚绘制的常闭开关做适当修改，效

果如图 4-288 所示。

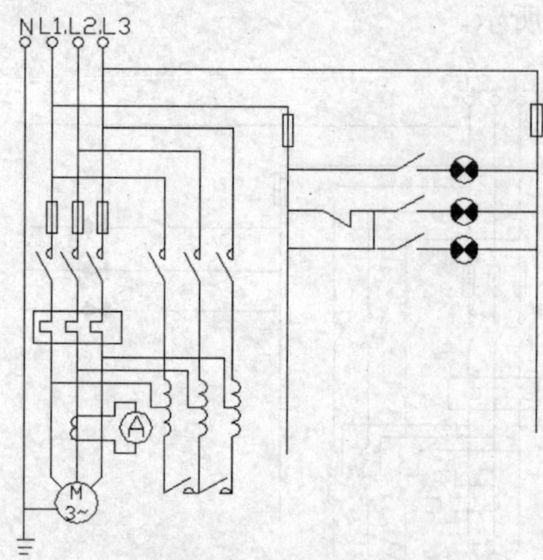


图 4-284　绘制的直线

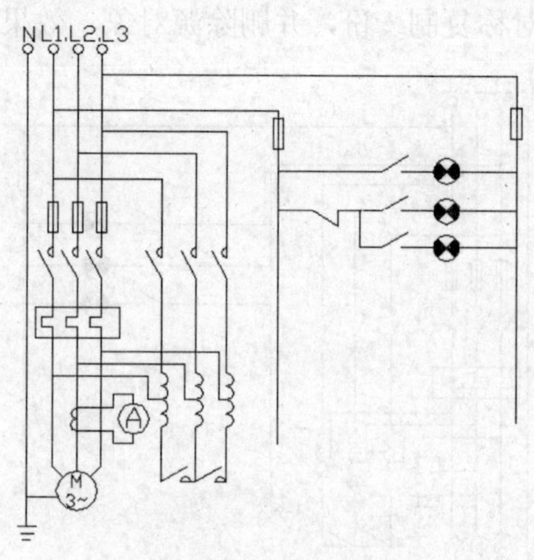


图 4-285　修剪的直线

54）单击“修改”面板中的“复制”命令按钮，把如图 4-289 所示的虚线对象复制一份，效果如图 4-290 所示。

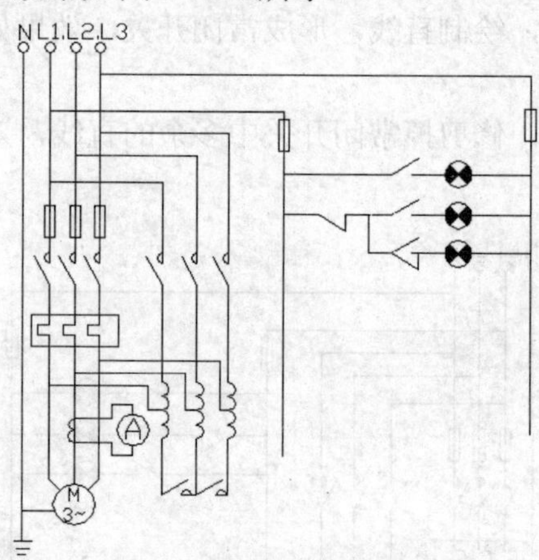


图 4-286　复制的开关

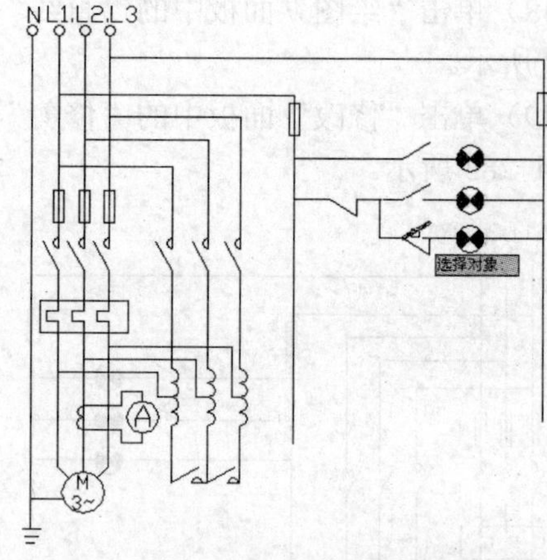


图 4-287　删除的直线

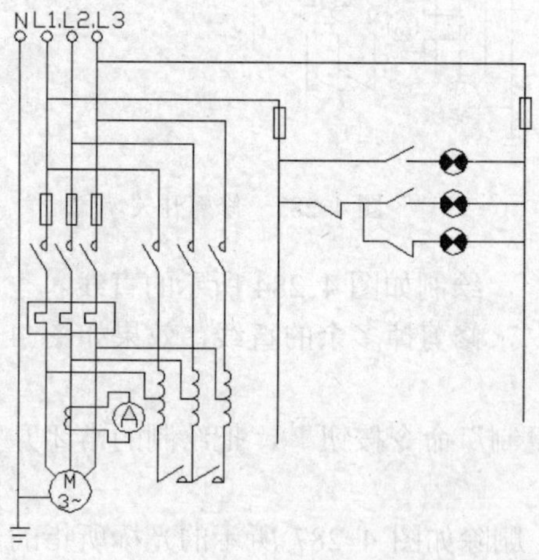


图 4-288　拉伸的效果

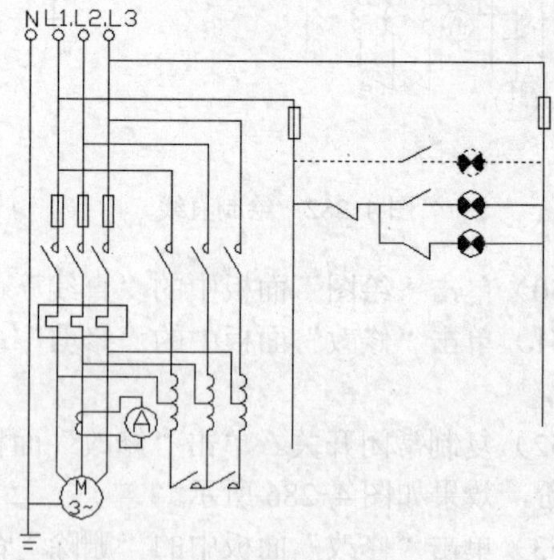


图 4-289　复制的对象

55）单击“修改”面板中的“拉伸”命令按钮，适当修改刚刚绘制的常闭开关，效果如图 4-291 所示。

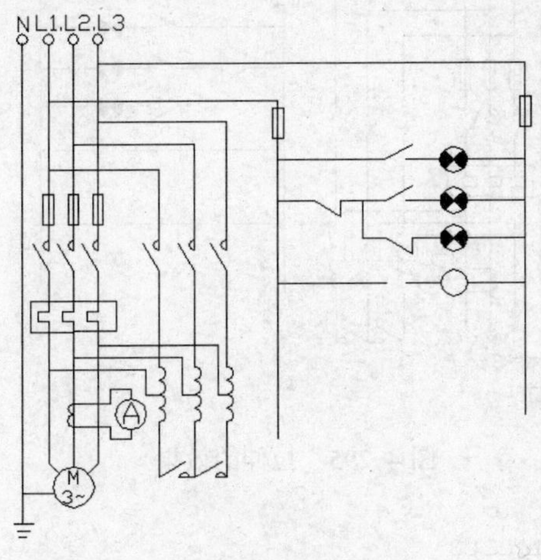

图 4-290　复制后效果

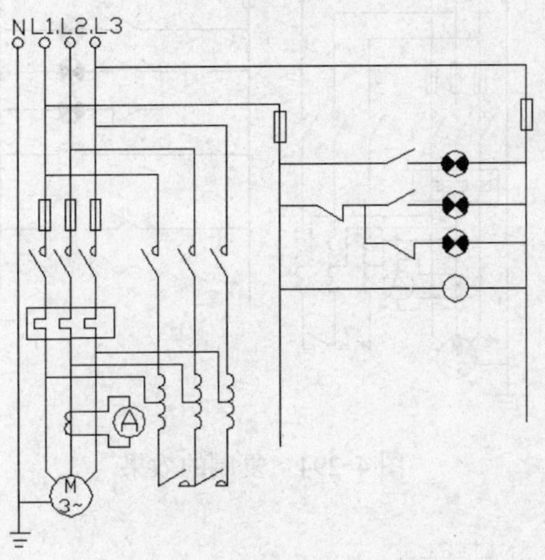

图 4-291　拉伸的效果

56）书写电压表的文字代号。单击“注释”面板中的“多行文字”命令按钮 A，在复制的圆里面书写文字“V”，表示电压表，效果如图 4-292 所示。

57）单击“修改”面板中的“复制”命令按钮，把如图 4-293 所示的虚线对象复制一份，效果如图 4-294 所示。

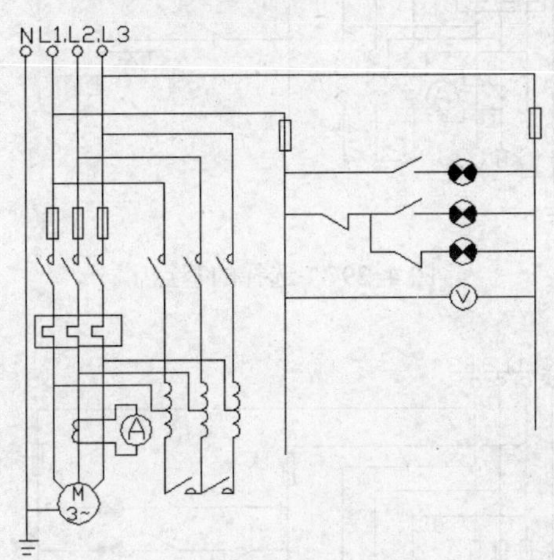

图 4-292　书写文字

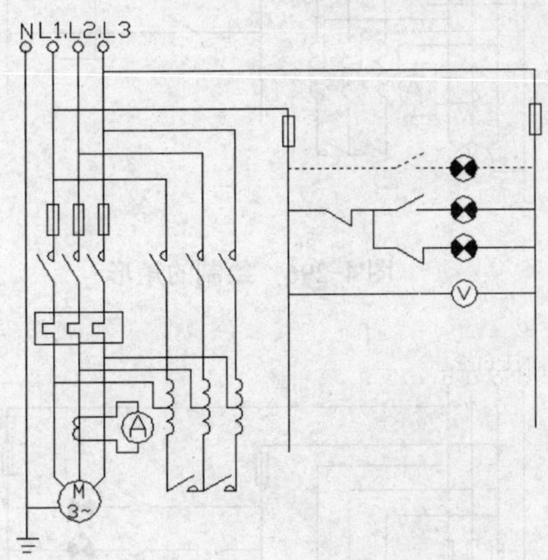

图 4-293　复制的对象

58）单击“修改”面板中的“拉伸”命令按钮，适当拉伸刚刚复制的对象，效果如图 4-295 所示。

59）现在绘制接触器符号。单击“绘图”面板中的“矩形”命令按钮，绘制矩形，效果如图 4-296 所示。

60）单击“修改”面板中的“移动”命令按钮，以如图 4-297 所示的矩形中点为基点，以如图 4-298 所示的端点为移动目标点移动矩形，效果如图 4-299 所示。

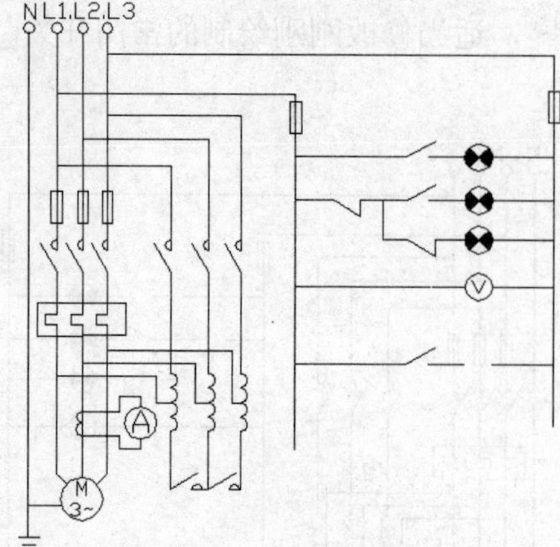


图 4-294　复制的效果

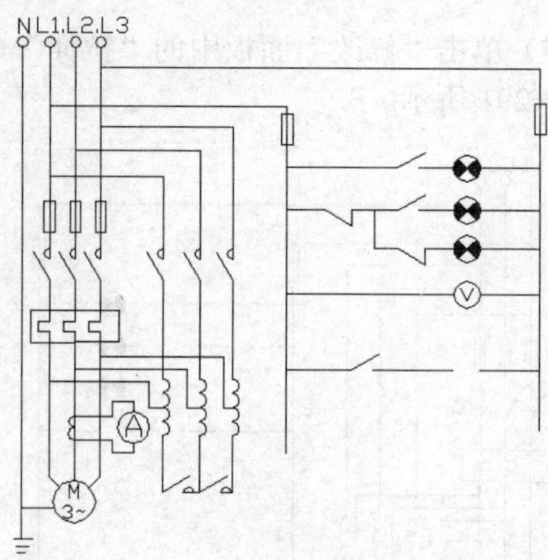


图 4-295　拉伸的效果

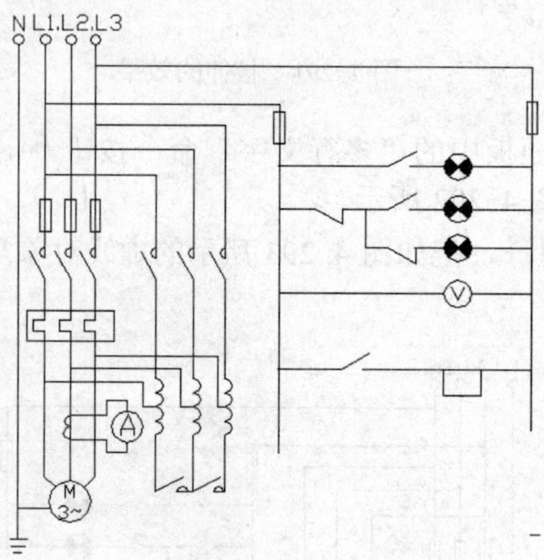


图 4-296　绘制的矩形

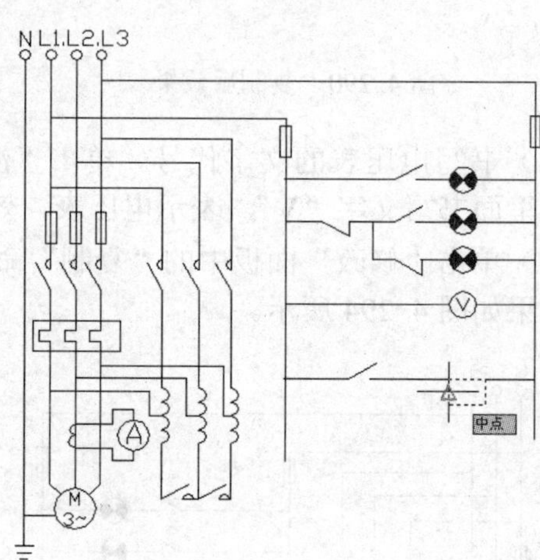


图 4-297　选择的基点

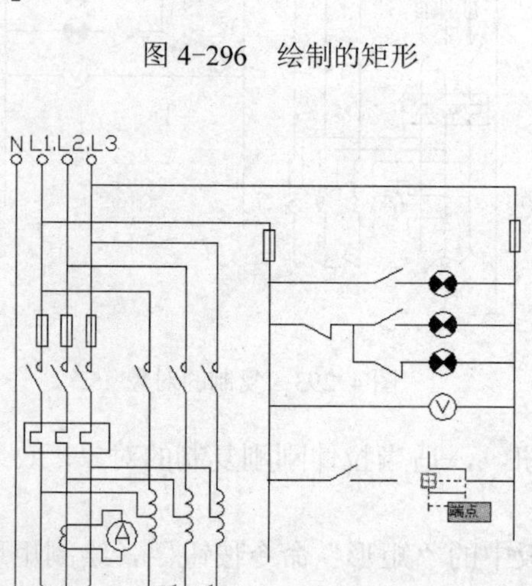


图 4-298　选择的移动目标点

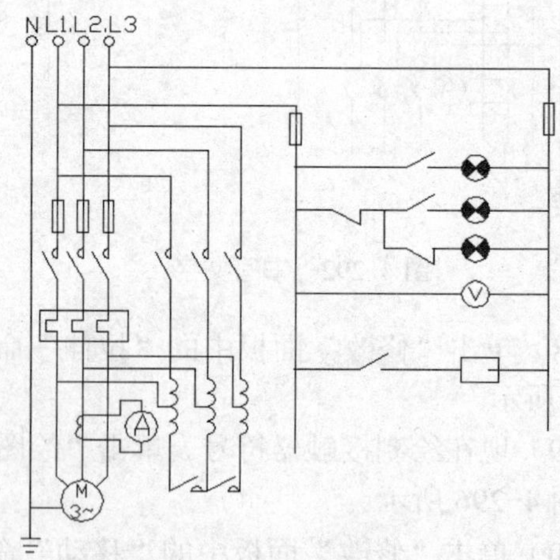


图 4-299　移动的矩形

61）单击“修改”面板中的“修剪”命令按钮，以矩形为修剪边修剪掉里面的线头，效果如图 4-300 所示。

62）书写接触器的文字代号。单击“注释”面板中的“多行文字”命令按钮 A，在绘制的矩形里面书写文字“KM1”，表示接触器，效果如图 4-301 所示。

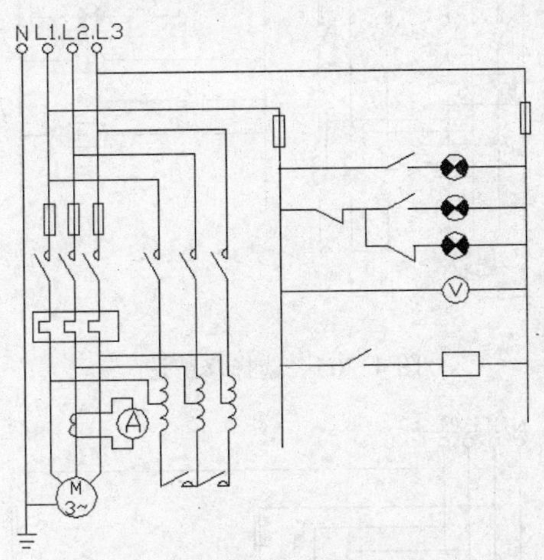

图 4-300 修剪的效果

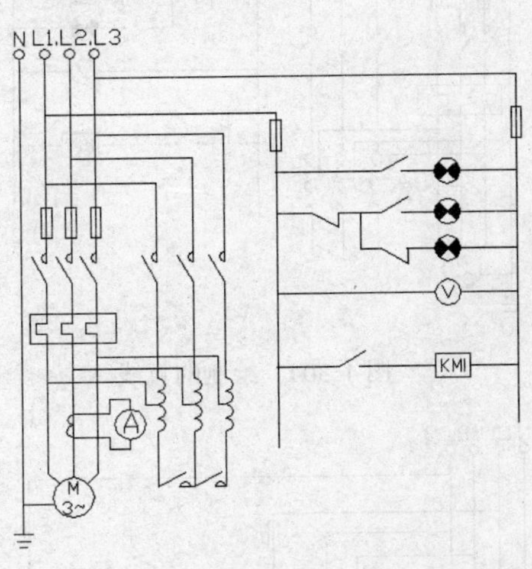

图 4-301 书写的文字

63）单击“修改”面板中的“复制”命令按钮，把如图 4-302 所示的虚线对象复制一份，效果如图 4-303 所示。

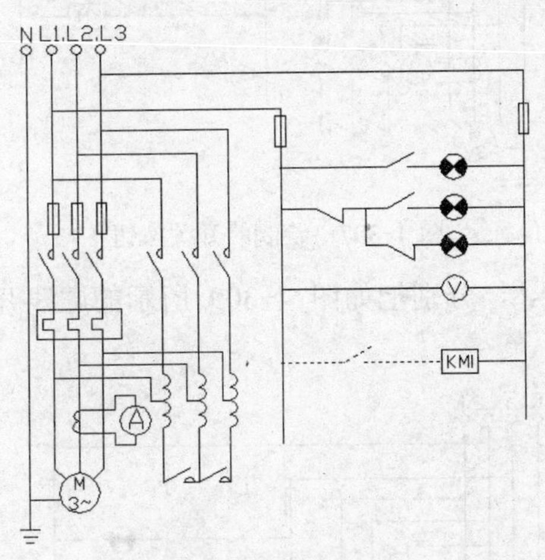

图 4-302 复制的对象

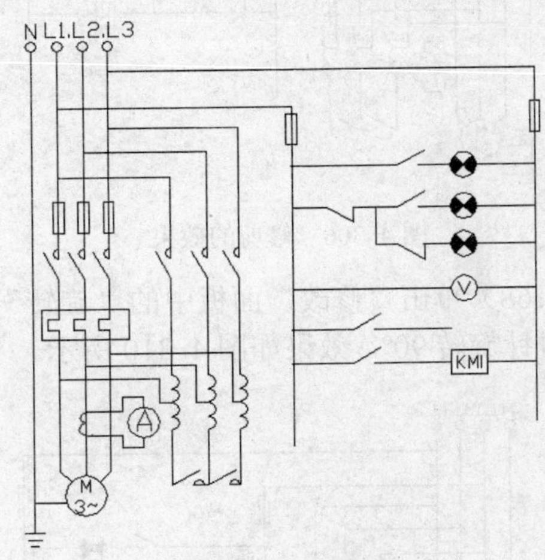

图 4-303 复制的效果

64）单击“绘图”面板中的“直线”命令按钮，绘制如图 4-304 所示的两条直线。

65）单击“修改”面板中的“修剪”命令按钮，以如图 4-305 所示的虚线直线为修剪边修剪掉外面的线头，效果如图 4-306 所示。

66）单击“绘图”面板中的“直线”命令按钮，绘制如图 4-307 所示的开关按钮。

67）单击“修改”面板中的“复制”命令按钮，把常闭开关复制三份，放置的位置如图 4-308 所示。

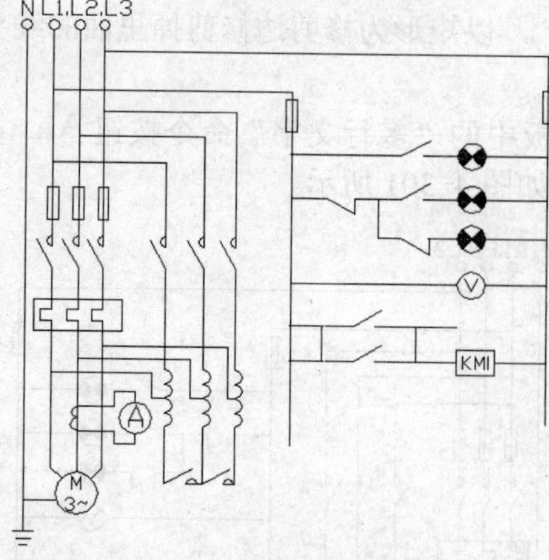


图 4-304　绘制的直线

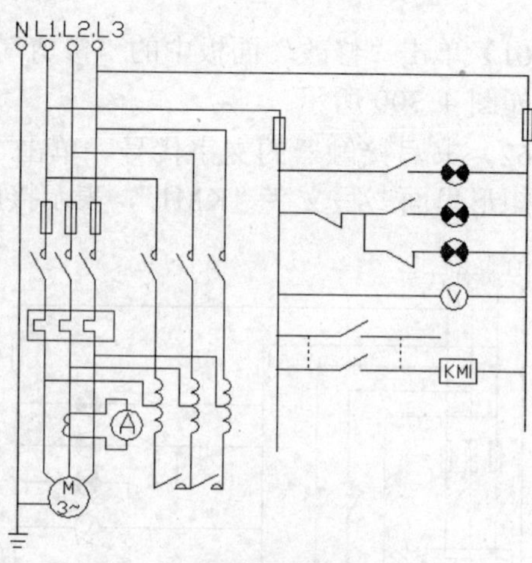


图 4-305　选择修剪边

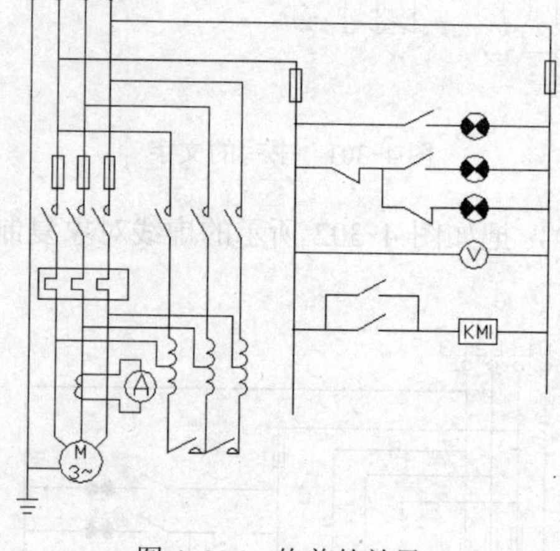


图 4-306　修剪的效果

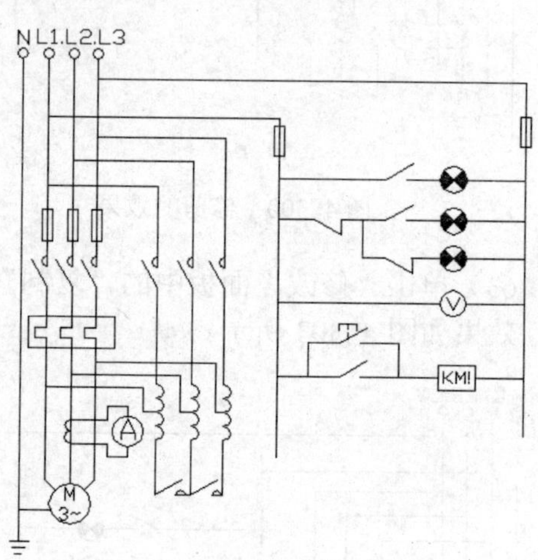


图 4-307　绘制的开关按钮

68）单击“修改”面板中的“旋转”命令按钮，分别把如图 4-309 所示的虚线开关逆时针旋转 90º，效果如图 4-310 所示。

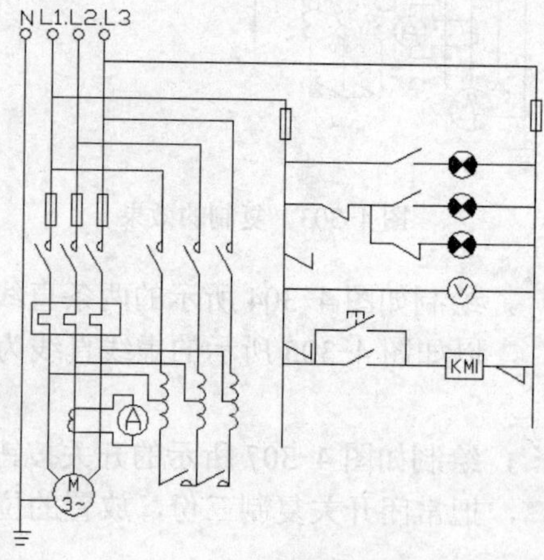


图 4-308　复制后效果

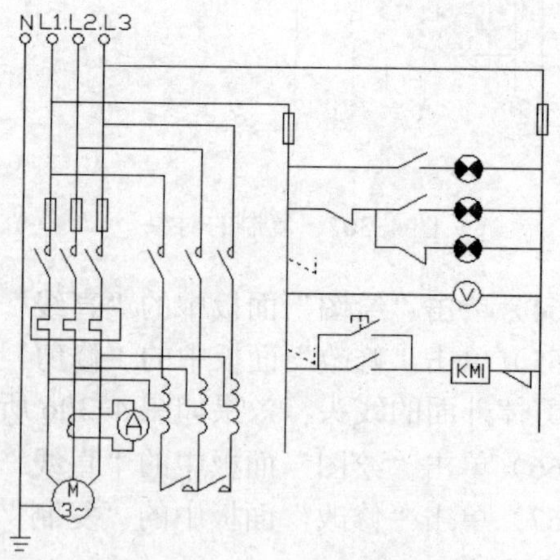


图 4-309　旋转的对象

69）单击“修改”面板中的“修剪”命令按钮，以如图 4-311 所示的虚线为修剪边，修剪掉里面的直线，效果如图 4-312 所示。

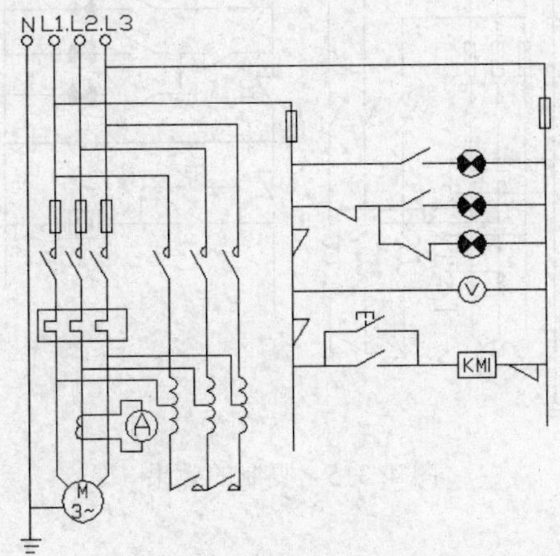


图 4-310　旋转的效果

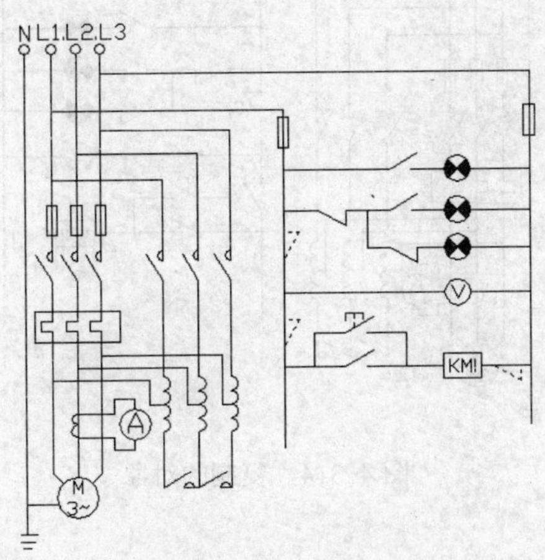


图 4-311　选择的修剪边

70）单击“绘图”面板中的“直线”命令按钮，绘制如图 4-313 所示的开关按钮。

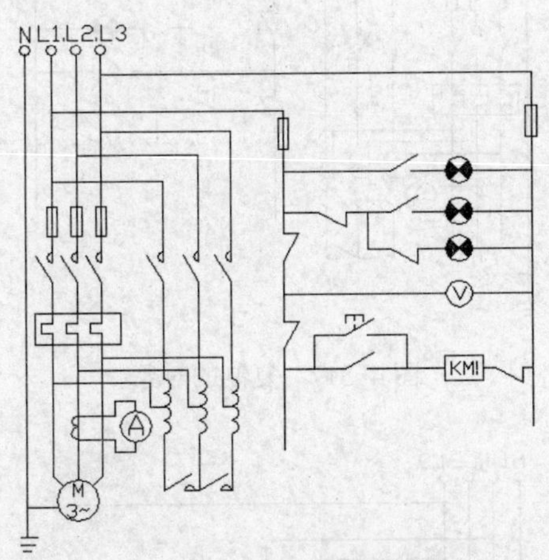


图 4-312　修剪的效果

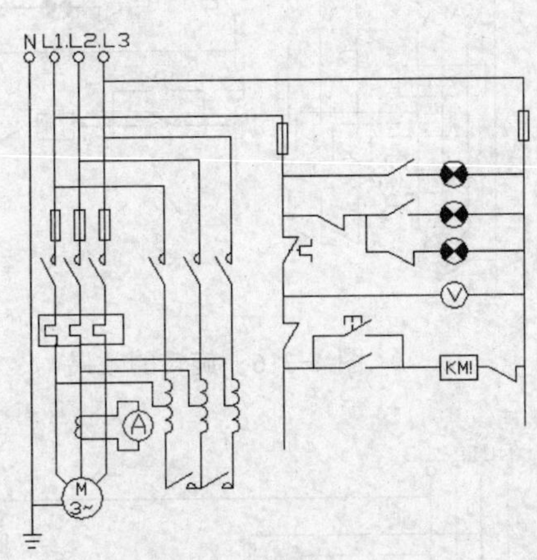


图 4-313　绘制的开关按钮

71）单击“修改”面板中的“复制”命令按钮，复制如图 4-314 所示的虚线开关按钮，效果如图 4-315 所示。

72）单击“修改”面板中的“旋转”命令按钮，把刚刚复制的开关按钮逆时针旋转 90°，效果如图 4-316 所示。

73）单击“修改”面板中的“复制”命令按钮，把如图 4-317 所示的虚线图形复制一份，放置的位置如图 4-318 所示。

74）单击“绘图”面板中的“直线”命令按钮，绘制如图 4-319 所示的直线。

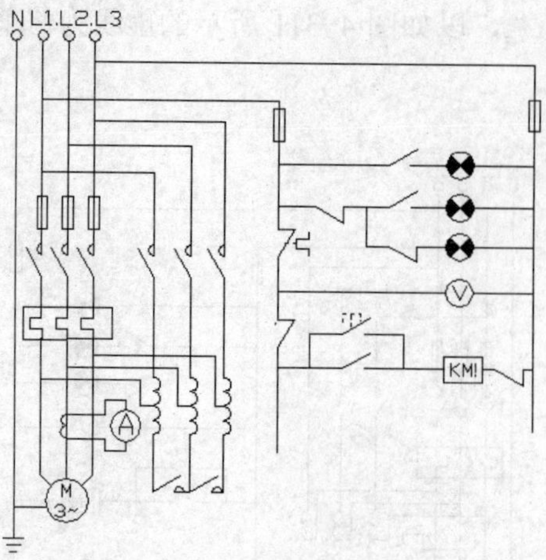


图 4-314　复制的对象

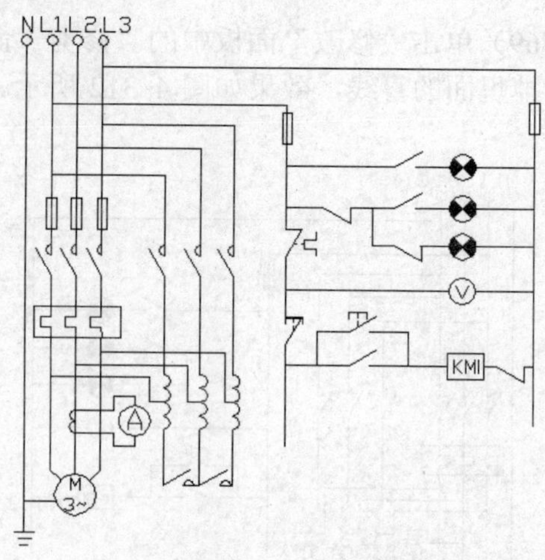


图 4-315　复制的效果

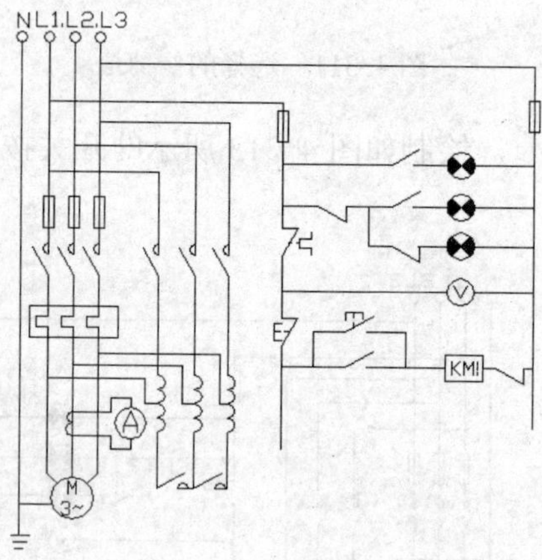


图 4-316　旋转的效果

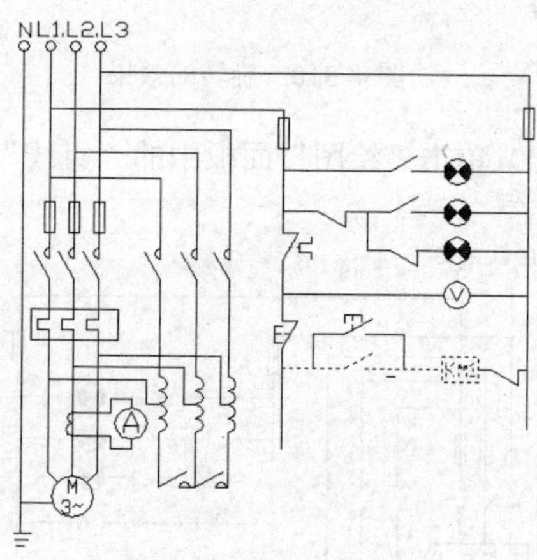


图 4-317　复制的对象

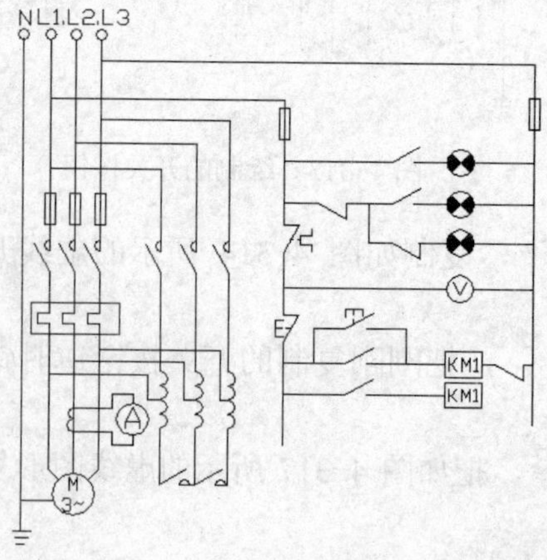


图 4-318　复制的效果

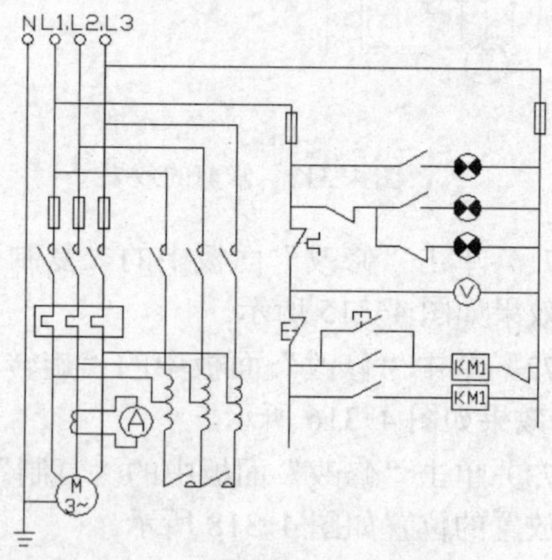


图 4-319　绘制的直线

75）单击“注释”选项卡，单击“文字”面板中的“编辑”命令按钮，然后单击刚刚复制的文字“KM1”，在出现的“多行文字编辑器”中把“KM1”改成“KM2”，效果如图4-320所示。

76）单击“修改”面板中的“复制”命令按钮，把如图4-321所示的虚线图形复制一份，放置的位置如图4-322所示。

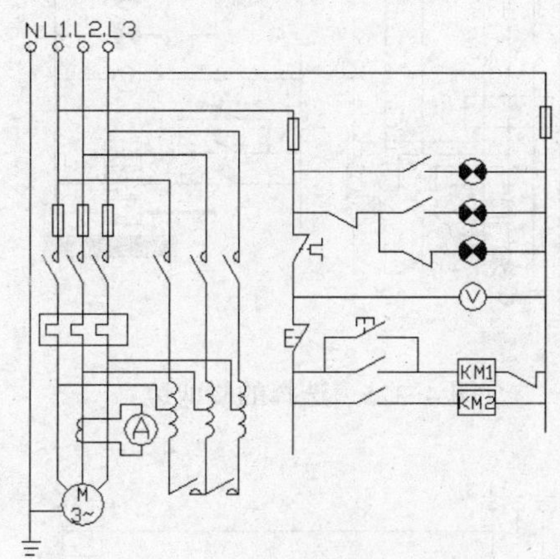


图4-320 修改文字

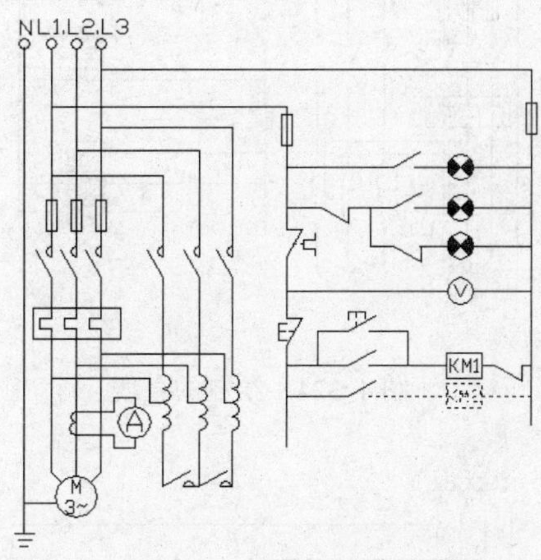


图4-321 复制的图形

77）单击“注释”选项卡，单击“文字”面板中的“编辑”命令按钮，然后单击刚刚复制的文字“KM2”，在出现的“多行文字编辑器”中把“KM2”改成“SJ”，效果如图4-323所示。

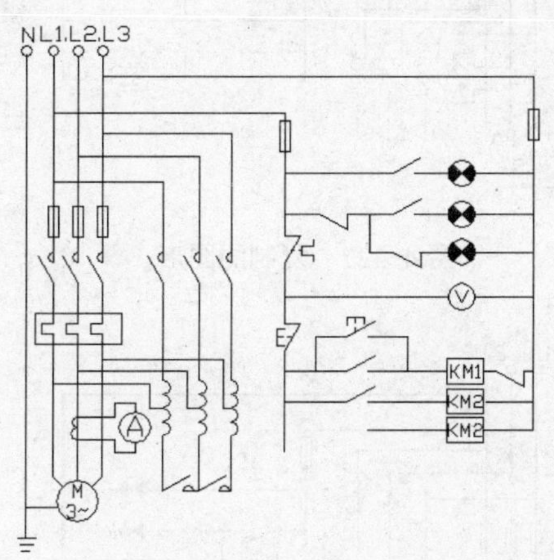


图4-322 复制的效果

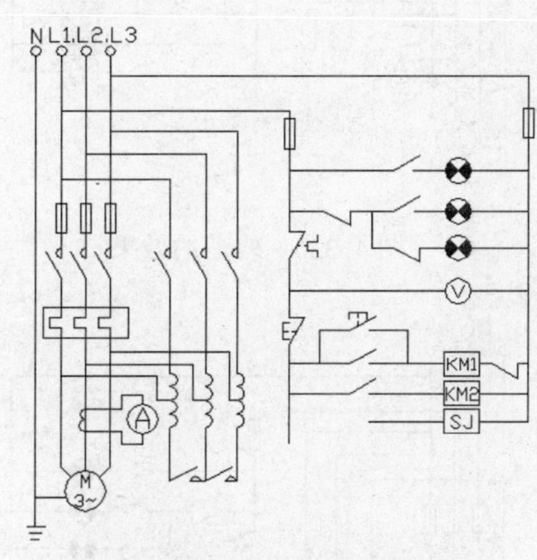


图4-323 修改的文字

78）单击“绘图”面板中的“直线”命令按钮，绘制如图4-324所示的直线。

79）单击“修改”面板中的“修剪”命令按钮，以如图4-325所示的虚线为修剪边，修剪掉光标所示的直线，效果如图4-326所示。

80）单击“修改”面板中的“复制”命令按钮，把如图4-327所示的虚线图形复制一份，放置的位置如图4-328所示。

81）单击“修改”面板中的“圆角”命令按钮，把如图4-329所示的虚线与光标所示的直线之间倒圆角0，使其连接起来，效果如图4-330所示。

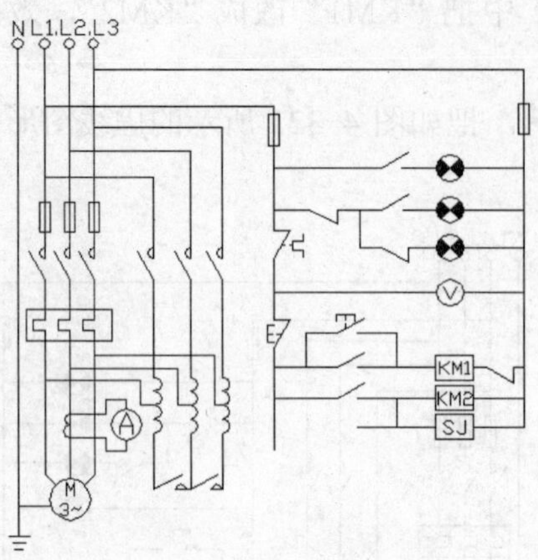

图 4-324　绘制的直线

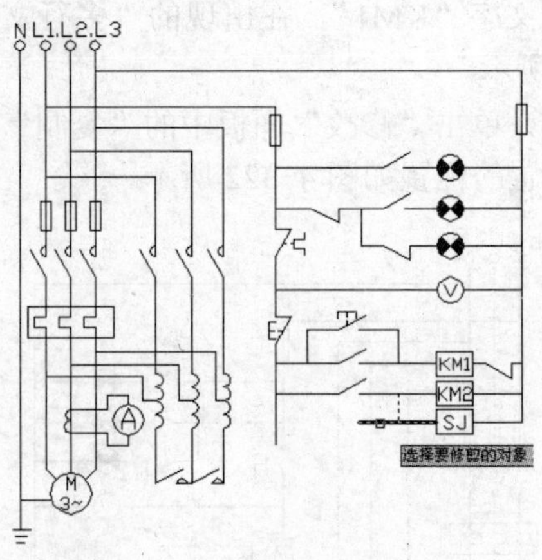

图 4-325　选择的修剪边

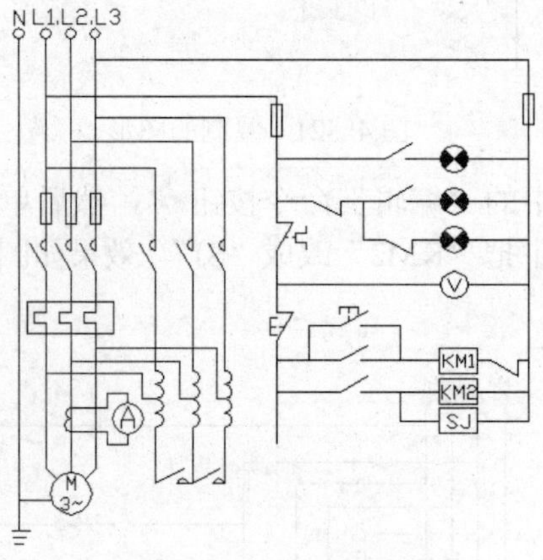

图 4-326　修剪的效果

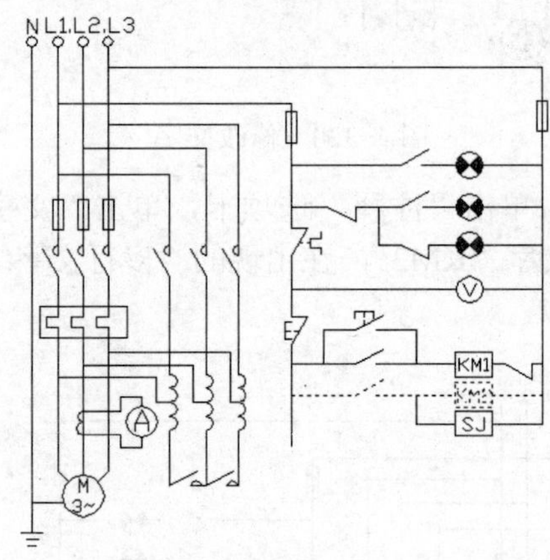

图 4-327　复制的图形

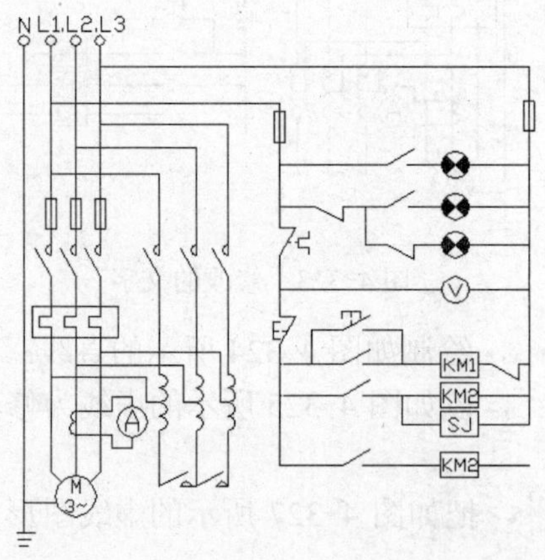

图 4-328　复制的效果

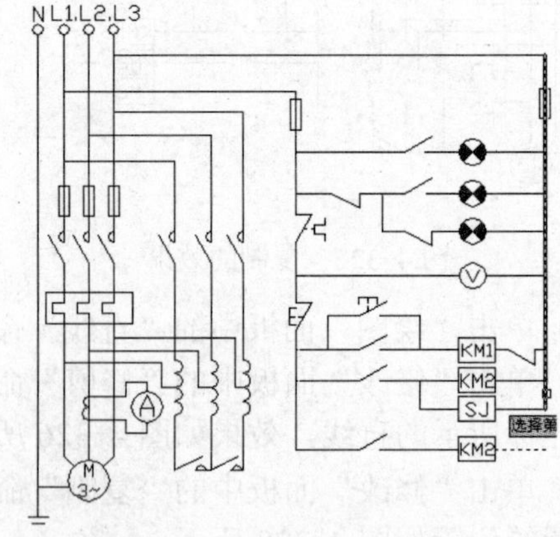

图 4-329　倒圆角的边

82）单击“注释”选项卡，单击“文字”面板中的“编辑”命令按钮，然后单击刚刚复制的文字“KM2”，在出现的“多行文字编辑器”中把“KM2”改成“KA”，效果如图 4-331 所示。

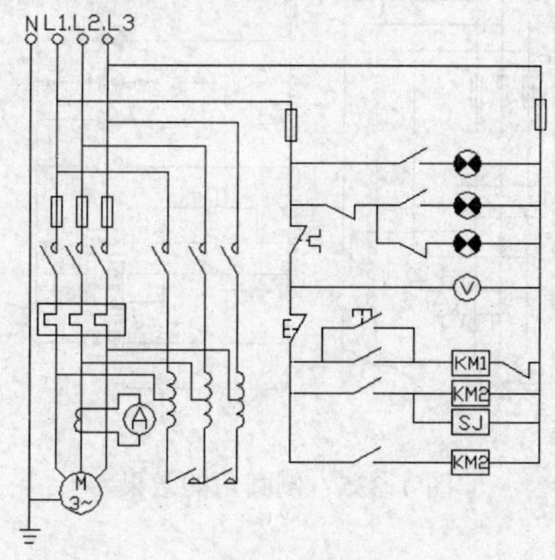


图 4-330　倒圆角的效果

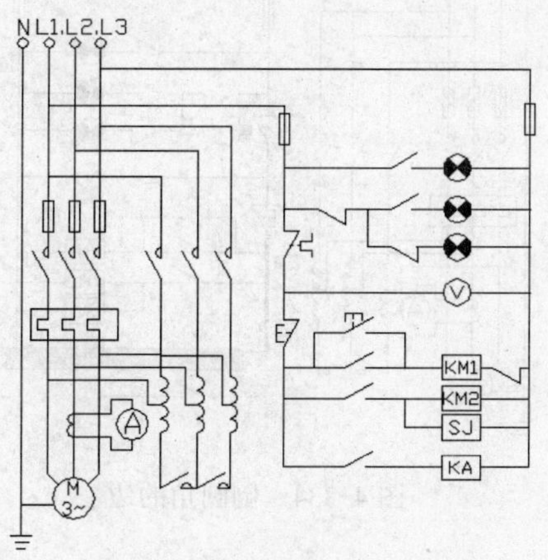


图 4-331　修改的文字

83）单击“修改”面板中的“复制”命令按钮，把如图 4-332 所示的虚线图形复制一份，放置的位置如图 4-333 所示。

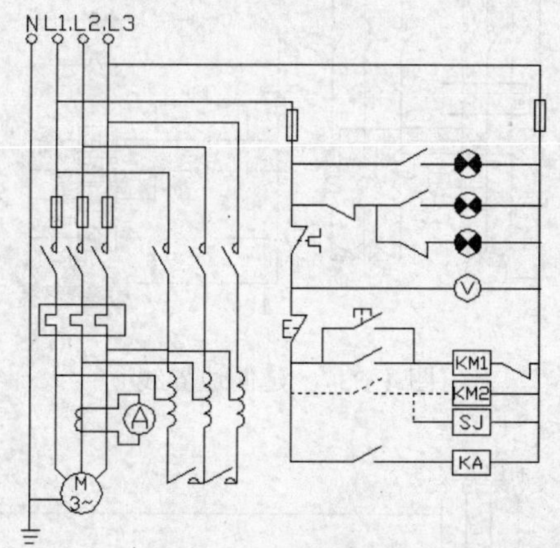


图 4-332　复制的对象

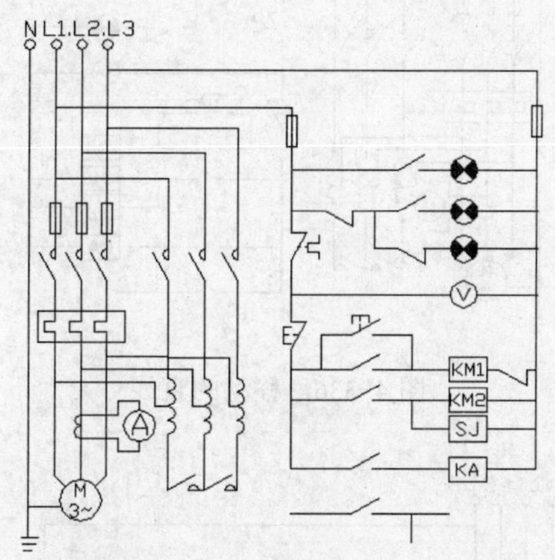


图 4-333　复制的效果

84）单击“修改”面板中的“圆角”命令按钮，把如图 4-334 所示的虚线与光标所示的直线之间倒圆角 R0，使其连接起来，效果如图 4-335 所示。

85）单击“修改”面板中的“移动”命令按钮，把刚刚复制的直线向上方移动，效果如图 4-336 所示。

86）单击“修改”面板中的“延伸”命令按钮，以如图 4-337 所示的虚线直线为延伸边界线，延伸光标指示的直线，效果如图 4-338 所示。

87）单击“修改”面板中的“修剪”命令按钮，修剪掉多余的直线，效果如图 4-339 所示。

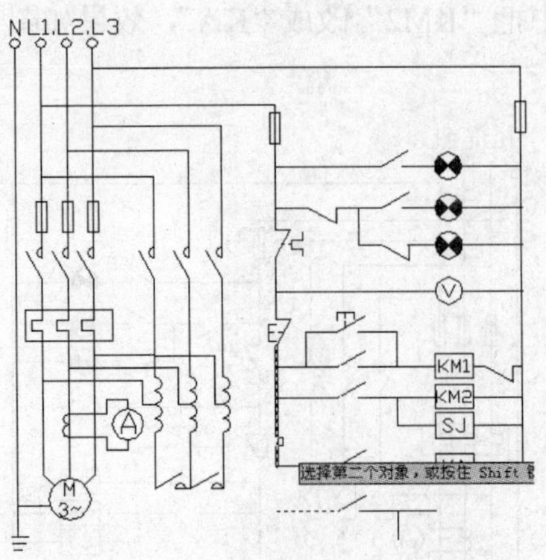


图 4-334　倒圆角的边

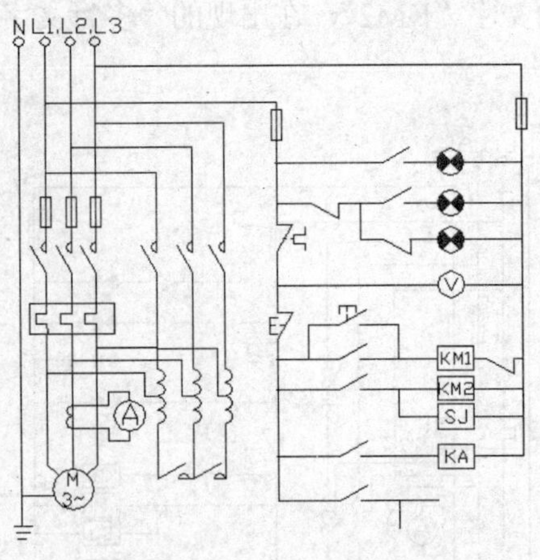


图 4-335　倒圆角的效果

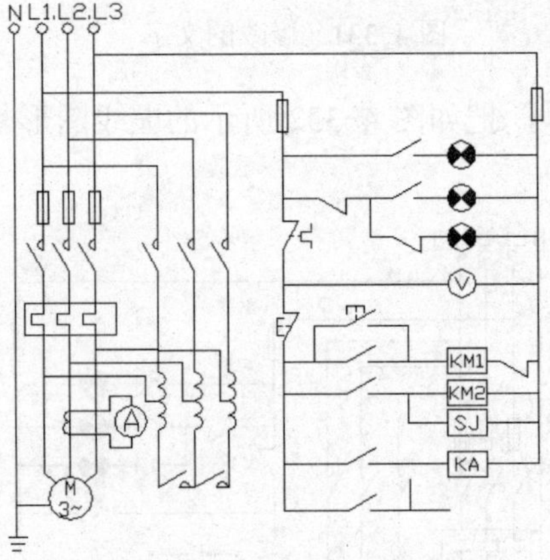


图 4-336　移动的直线

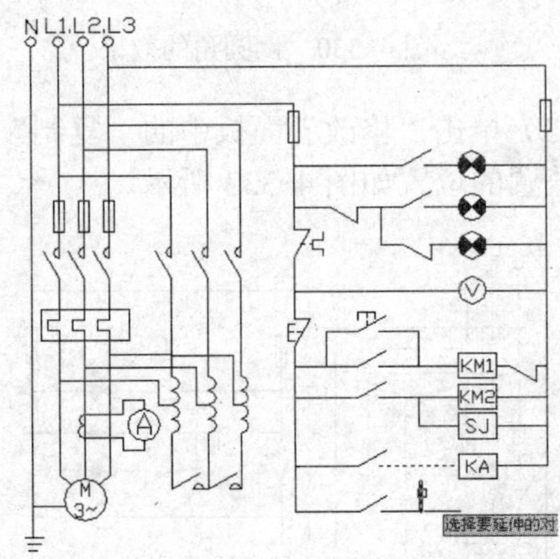


图 4-337　延伸边界线

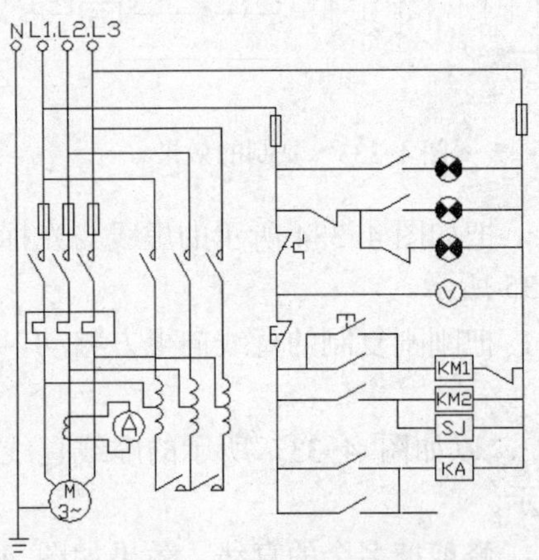


图 4-338　延伸的效果

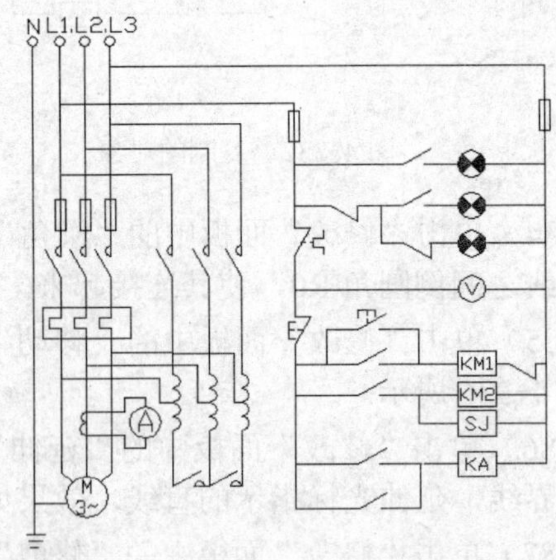


图 4-339　修剪的效果

88）单击“修改”面板中的“复制”命令按钮，把如图 4-340 所示的虚线图形复制一份，放置的位置如图 4-341 所示。

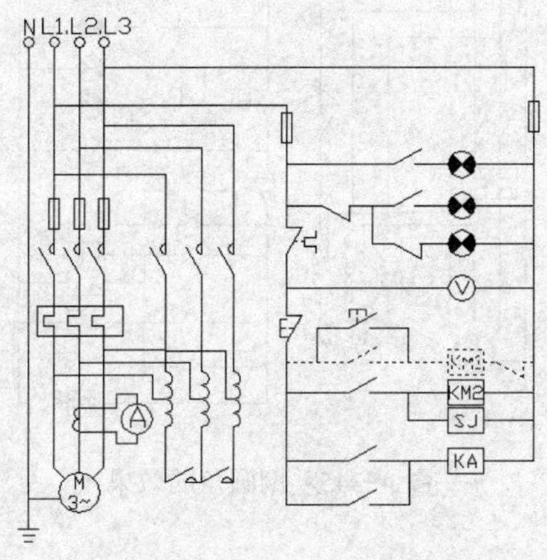

图 4-340　复制的对象

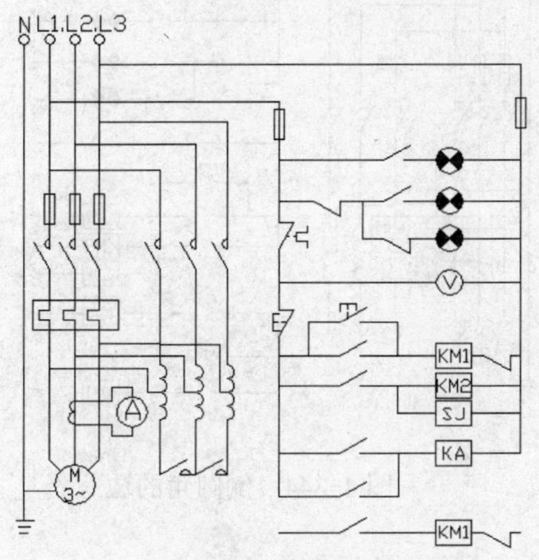

图 4-341　复制的效果

89）单击“修改”面板中的“圆角”命令按钮，把如图 4-342 所示的虚线与光标所示的直线之间倒圆角 R0，使其连接起来，效果如图 4-343 所示。

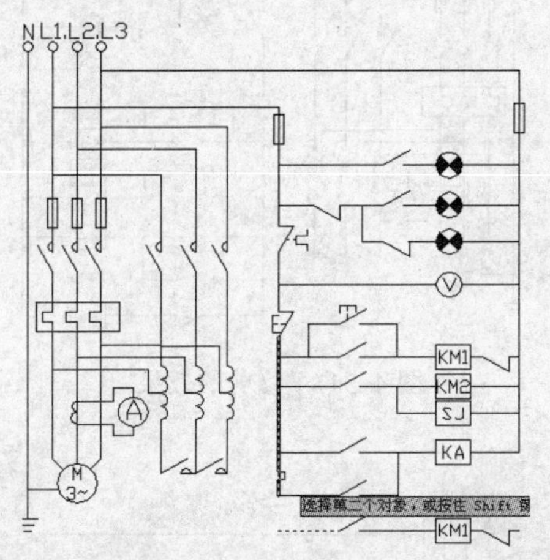

图 4-342　倒圆角的边

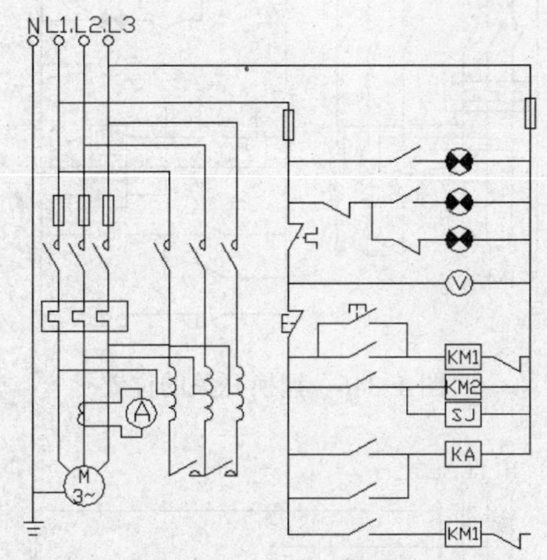

图 4-343　倒圆角的效果

90）单击“修改”面板中的“圆角”命令按钮，把如图 4-344 所示的虚线与光标所示的直线之间倒圆角 R0，使其连接起来，效果如图 4-345 所示。

91）单击“修改”面板中的“移动”命令按钮，相互调换刚刚复制的两个开关的位置，效果如图 4-346 所示。

92）单击“修改”面板中的“修剪”命令按钮，修剪掉多余的线头，效果如图 4-347 所示。

93）单击“注释”选项卡，单击“文字”面板中的“编辑”命令按钮，然后单击刚刚复制的文字“KM1”，在出现的“多行文字编辑器”中把“KM1”改成“KM3”，效果如图 4-348 所示。

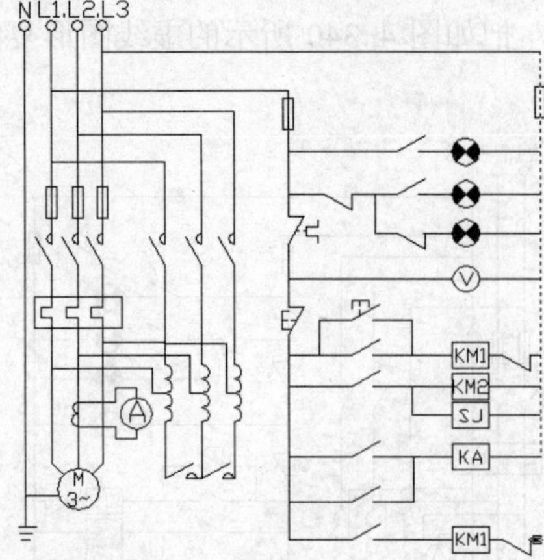


图 4-344　倒圆角的边

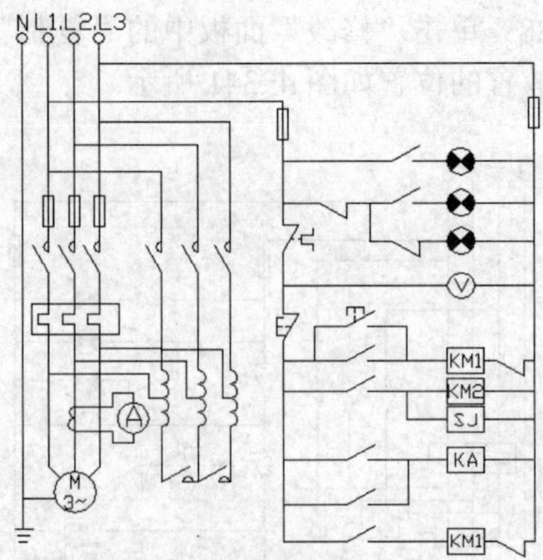


图 4-345　倒圆角的效果

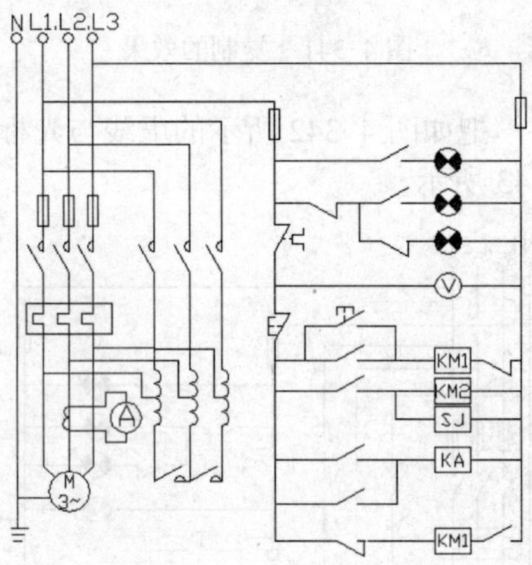


图 4-346　调换开关的位置

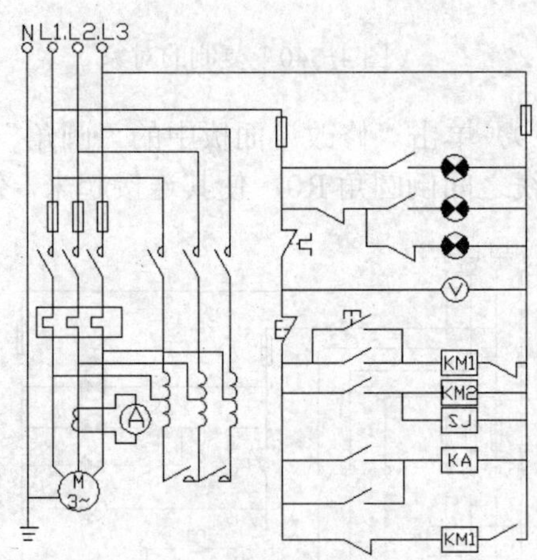


图 4-347　修剪的效果

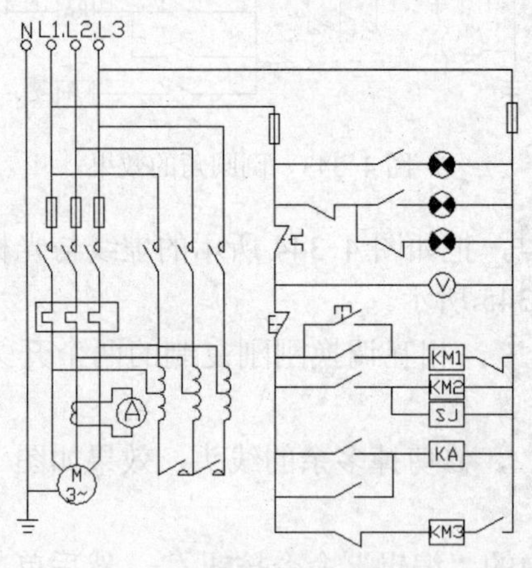


图 4-348　修改的文字

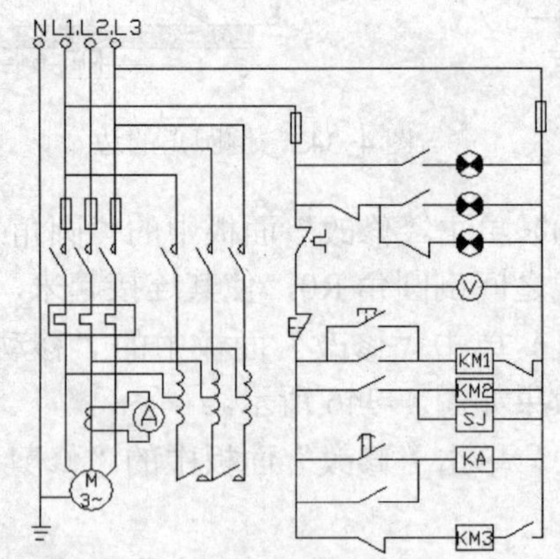


图 4-349　绘制的开关按钮

94）单击“绘图”面板中的“直线”命令按钮、“圆弧”命令按钮，绘制如图 4-349 所示的开关按钮。

95）先书写供电线路的符号代号。单击“注释”面板中的“多行文字”命令按钮，书写文字，单击“修改”面板中的“复制”命令按钮，单击“注释”选项卡。单击“文字”面板中的“编辑”命令按钮，修改复制的文字，效果如图 4-350 所示。

96）书写控制回路的符号代号。单击“修改”面板中的“复制”命令按钮，单击“注释”选项卡。单击“文字”面板中的“编辑”命令按钮，修改复制的文字，效果如图 4-351 所示。

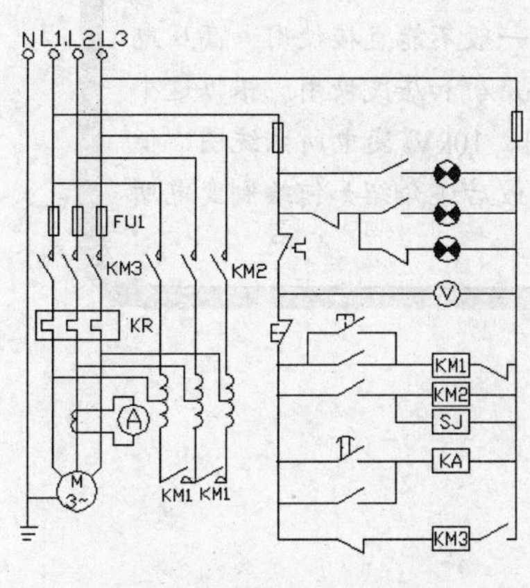


图 4-350　书写的文字

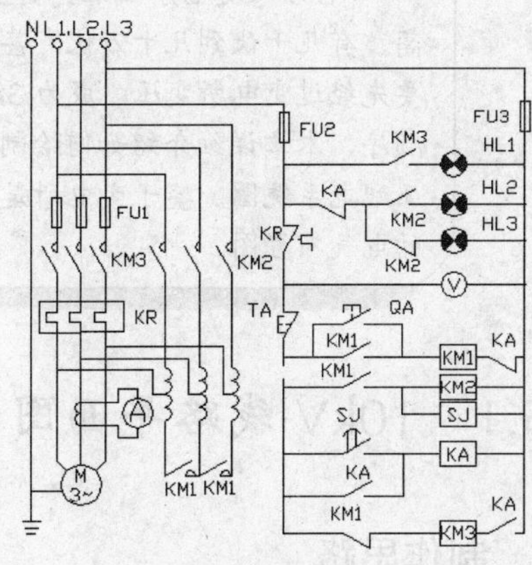


图 4-351　书写的另外文字

97）书写控制回路的数字。单击“注释”面板中的“多行文字”命令按钮，书写数字。单击“修改”面板中的“复制”命令按钮，单击“注释”选项卡。单击“文字”面板中的“编辑”命令按钮，修改复制的数字，效果如图 4-352 所示。

98）单击“修改”面板中的“移动”命令按钮、“拉伸”命令按钮，修改图形，最终效果如图 4-353 所示。

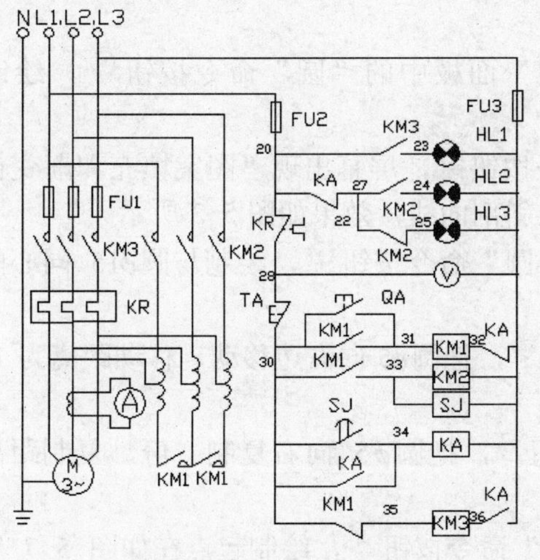


图 4-352　书写的数字

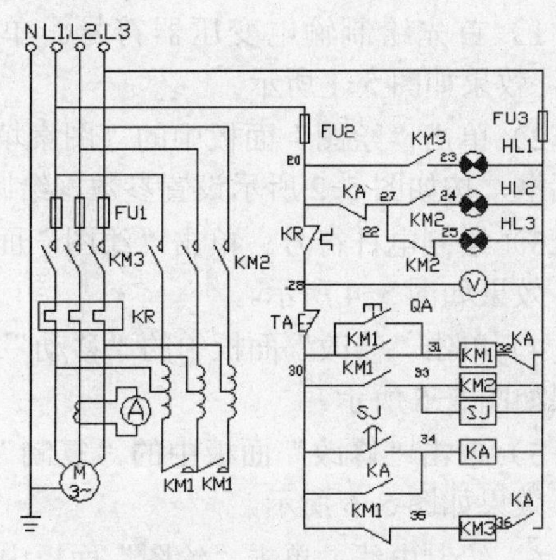


图 4-353　最终效果

# 第5章 变电和输电工程设计

**本章您将学到：**

电力从发电厂出来，需要升压后输送给遥远的用户。输电电压一般很高，有几千伏到几十万伏，甚至上百万伏，用户一般不能直接使用。高压电要先经过变电所变压，成为380V、220V才能供厂矿和居民使用。根据这个顺序，本章详细介绍如何绘制10kV线路平面图、10kV变电所系统图、低压配电系统图。鉴于变电所是其中重要的枢纽，最后还介绍如何绘制变电所的电气布置图。

## 5.1 10kV线路平面图

**制作思路**

输送电力是第一项电气工程，电力一般通过电线杆上的高压线输送。在绘制电力输送图时，不仅要绘制线路的主线走向，还要详细绘制每根电线杆的拉线方向。所受拉力不平衡的电线杆，还需要设置拉线进行平衡。

### 5.1.1 主线

主线是电力送出变压器和电力输入变压器之间的线路。主线可能要跨越高山大河、公路桥梁，这些都需要绘制清楚。绘制步骤如下。

1）首先绘制输电变压器符号。单击“绘图”面板中的“圆”命令按钮，绘制圆$\phi15$，效果如图5-1所示。

2）单击“绘图”面板中的“图案填充”命令按钮，屏幕出现“图案填充和渐变色”对话框，按如图5-2所示设置参数，给圆$\phi15$打上斜剖面线，效果如图5-3所示。

3）绘制电杆符号。单击“绘图”面板中的“圆”命令按钮，绘制与圆$\phi15$同心的圆$\phi5$，效果如图5-4所示。

4）单击“修改”面板中的“移动”命令按钮，把圆$\phi5$向右边移动，移动距离为15，效果如图5-5所示。

5）单击“修改”面板中的“复制”命令按钮，把圆$\phi5$向右复制一份，复制距离为20，效果如图5-6所示。

6）绘制电线。单击“绘图”面板中的“直线”命令按钮，绘制起点在如图5-7所示的象限点，端点在如图5-8、图5-9所示的象限点的直线，效果如图5-10所示。

图 5-1　绘制圆

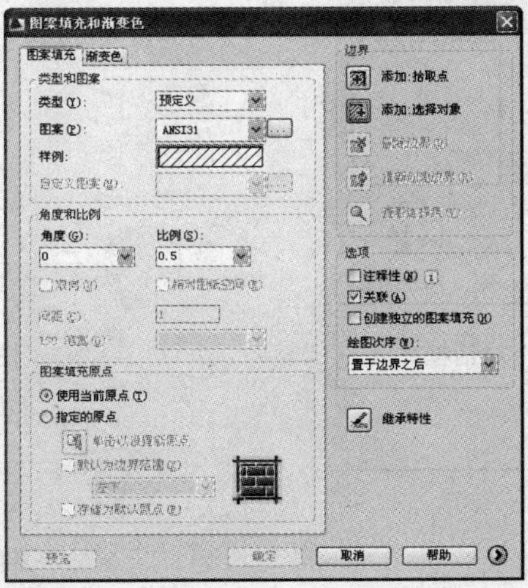

图 5-2　“图案填充和渐变色”对话框

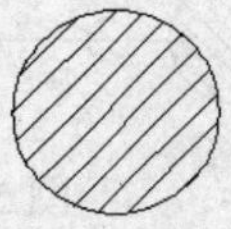

图 5-3　图案填充

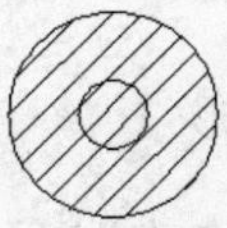

图 5-4　绘制圆

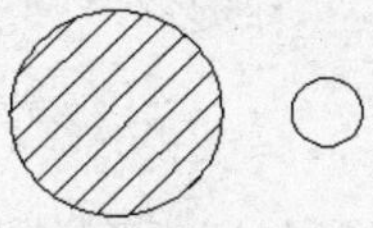

图 5-5　移动圆

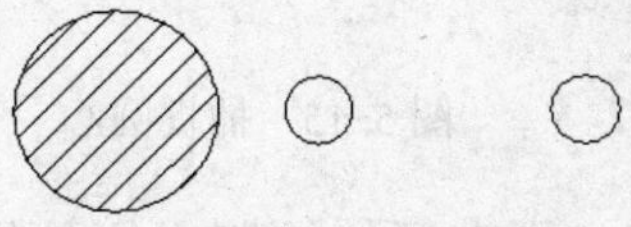

图 5-6　复制圆

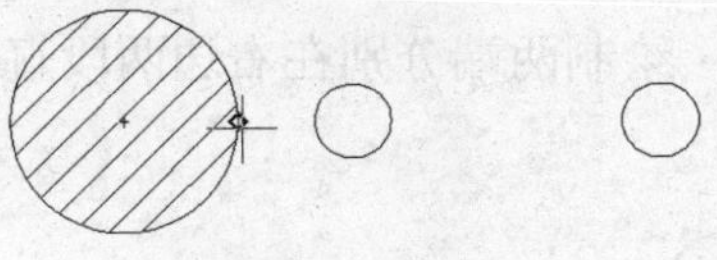

图 5-7　捕捉起点

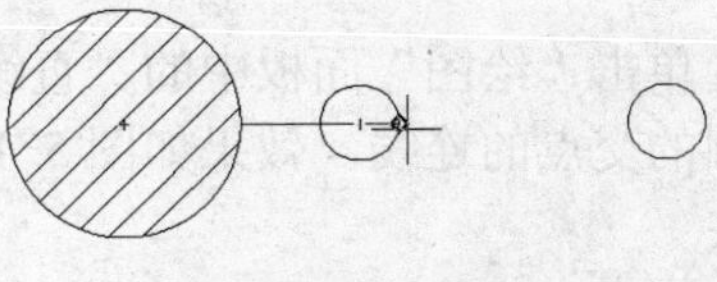

图 5-8　捕捉一个端点

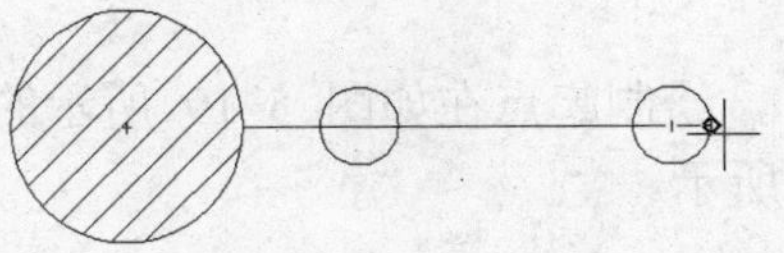

图 5-9　捕捉另一个端点

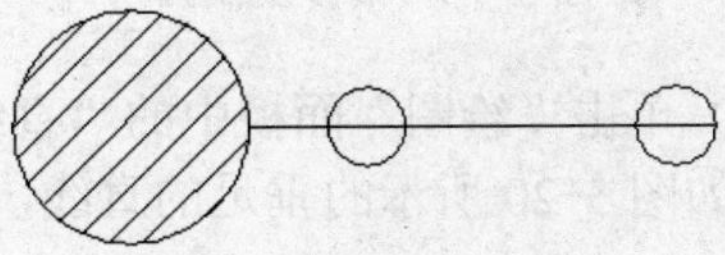

图 5-10　绘制直线

7）单击“修改”面板中的“阵列”命令按钮，屏幕出现如图 5-11 所示的“阵列”对话框，设置各项数值，把如图 5-10 所示的右边的圆$\phi5$ 和其左边的直线阵列 4 列，列距为 20，效果如图 5-12 所示。

8）单击“修改”面板中的“修剪”命令按钮，以如图 5-13 所示的两个虚线圆$\phi5$ 为修剪边，修剪掉它里边的线头，结果如图 5-14 所示。

9）单击“修改”面板中的“旋转”命令按钮，以如图 5-15 所示的光标所指的圆心为旋转基点，把虚线所示的图形旋转-3°，结果如图 5-16 所示。

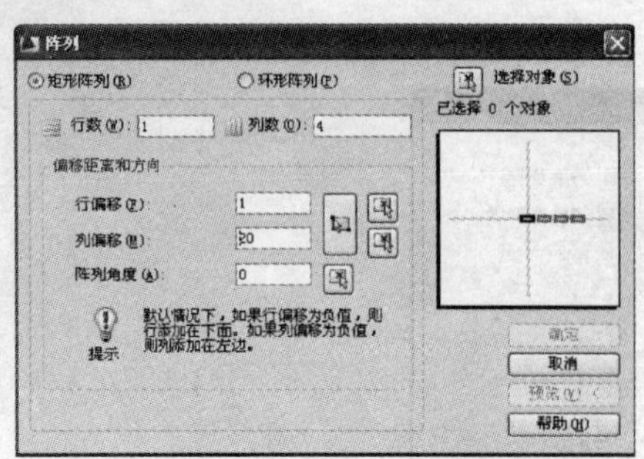


图 5-11 “阵列”对话框

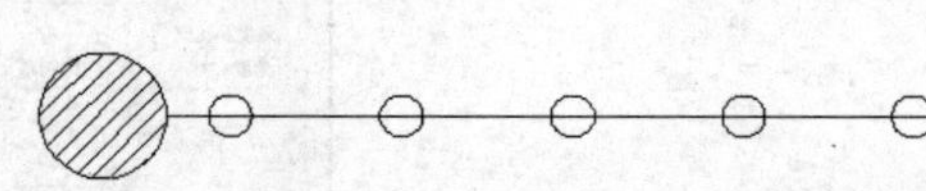

图 5-12 阵列图形

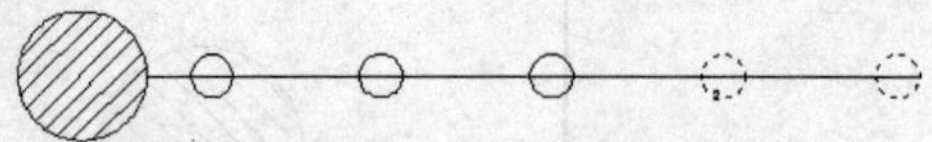

图 5-13 捕捉线头

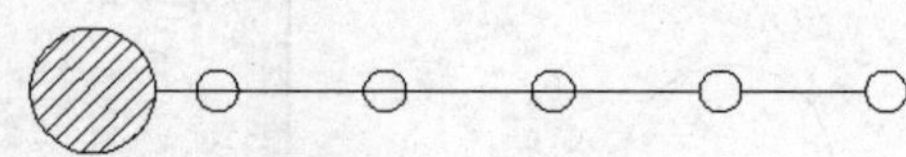

图 5-14 修剪线头

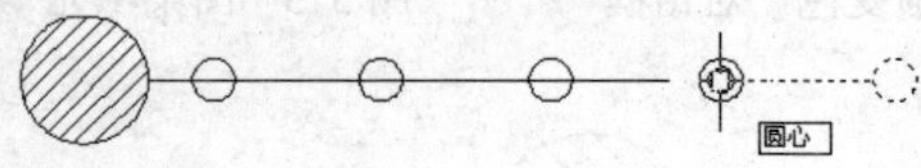

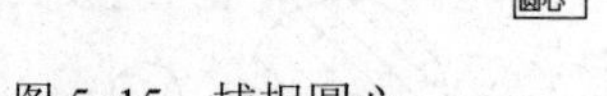


图 5-15 捕捉圆心

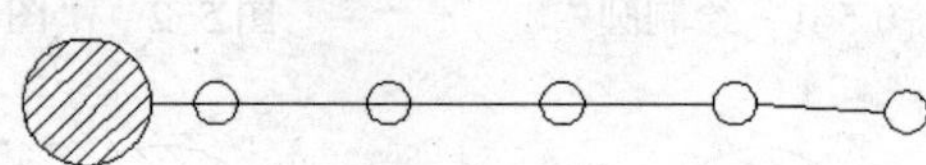

图 5-16 旋转图形

10）现在开始绘制平衡拉线，它用于平衡电杆受到的拉力。单击“修改”面板中的“偏移”命令按钮，把右边第 2 个圆向外边偏移复制一份，复制距离为 3，效果如图 5-17 所示。

11）单击“绘图”面板中的“直线”命令按钮，绘制两端分别在右边两段直线与偏移复制的圆的交点的连线，效果如图 5-18 所示。

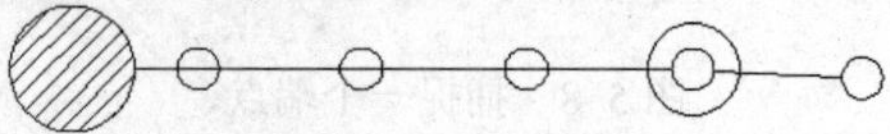

图 5-17 偏移复制圆

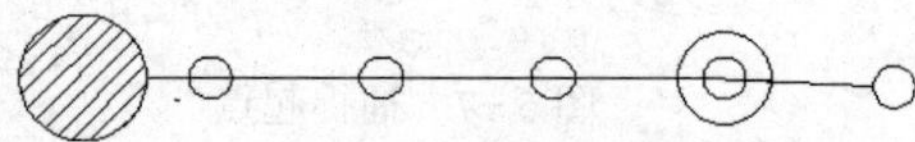

图 5-18 绘制直线

12）单击“绘图”面板中的“直线”命令按钮，绘制起点在如图 5-19 所示的位置，终点在如图 5-20 所示的垂足的直线，效果如图 5-21 所示。

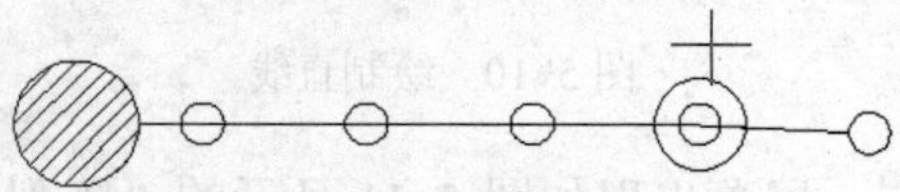

图 5-19 捕捉起点

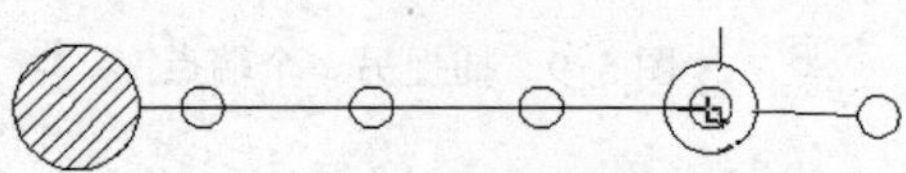

图 5-20 捕捉垂足

13）单击“修改”面板中的“删除”命令按钮，删除如图 5-22 所示的虚线图形，效果如图 5-23 所示。

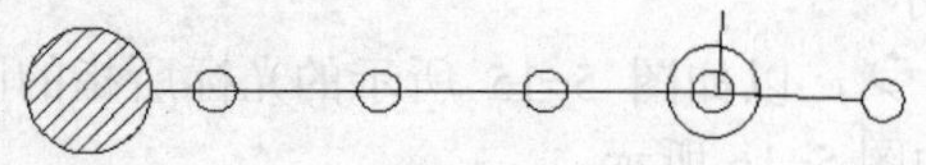

图 5-21 绘制垂线

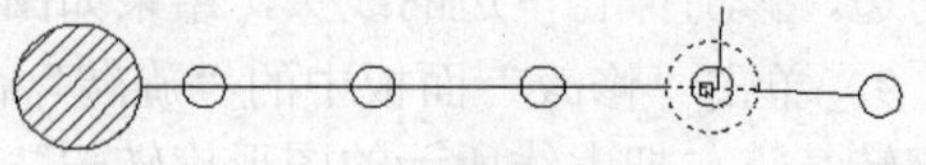

图 5-22 指示图形

14）单击“修改”面板中的“移动”命令按钮，把所绘制的垂线以其下边端点为移动基准点，如图 5-24 所示，圆心为移动目标点移动，效果如图 5-25 所示。

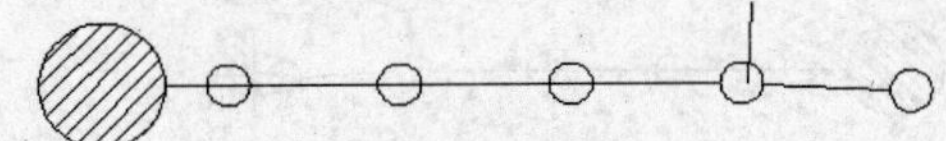

图 5-23　删除图形

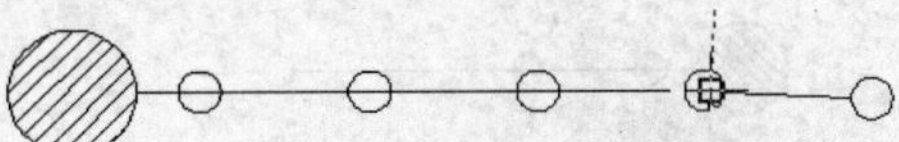

图 5-24　捕捉端点

15）单击“绘图”面板中的“直线”命令按钮，绘制一条垂直于所绘垂线的短直线，效果如图 5-26 所示。

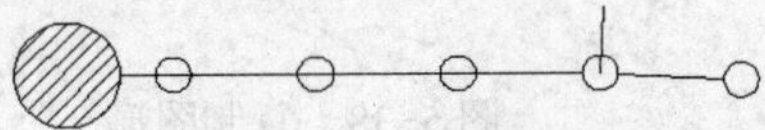

图 5-25　移动垂线

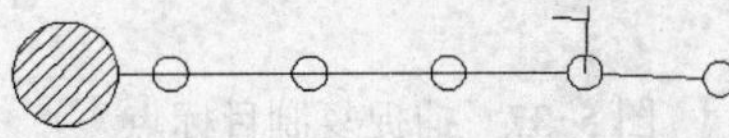

图 5-26　绘制直线

16）单击“修改”面板中的“移动”命令按钮，把刚才绘制的短直线以其中点为移动基准点，以如图 5-27 所示的端点为移动目标点移动，效果如图 5-28 所示。

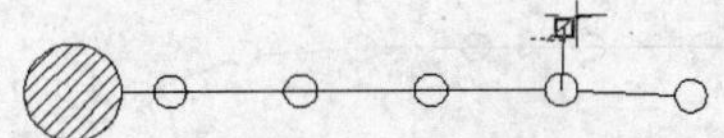

图 5-27　捕捉端点

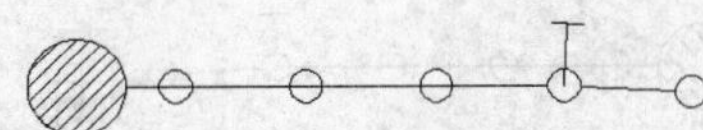

图 5-28　移动直线

17）单击“修改”面板中的“修剪”命令按钮，以如图 5-29 所示的虚线圆为修剪边，修剪掉它里边的线头，作为平衡拉线，结果如图 5-30 所示。

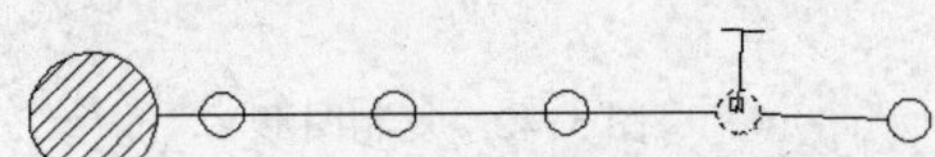

图 5-29　捕捉线头

图 5-30　修剪线头

18）继续绘制电杆和导线。单击“修改”面板中的“复制”命令按钮，以如图 5-31 所示的端点为复制基准点，以如图 5-32 所示的象限点为复制目标点，把虚线所示的图形向右复制一份，效果如图 5-33 所示。

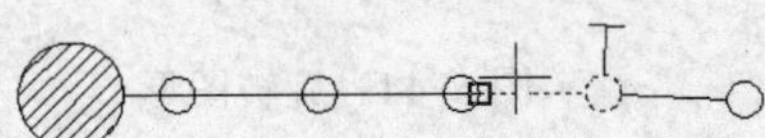

图 5-31　捕捉端点

图 5-32　捕捉象限点

19）单击“修改”面板中的“旋转”命令按钮，以如图 5-34 所示的光标所指的圆心为旋转基点，把虚线所示的图形顺时针旋转 21°，结果如图 5-35 所示。

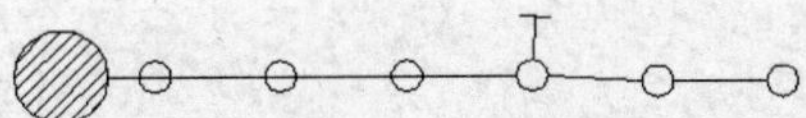

图 5-33　复制图形

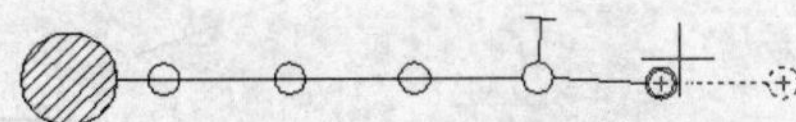

图 5-34　捕捉圆心

20）单击“修改”面板中的“复制”命令按钮，以如图 5-36 所示的端点为复制基准点，以如图 5-37 所示的端点为复制目标点，把虚线所示的图形向右复制一份，效果如图 5-38 所示。

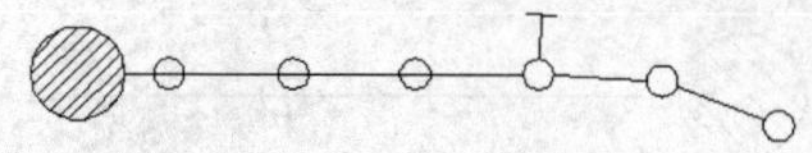

图 5-35　旋转图形

图 5-36　捕捉复制基准点

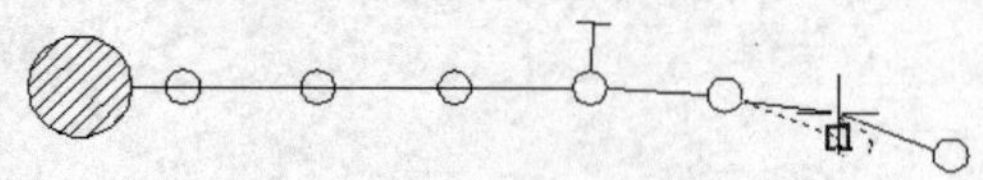

图 5-37　捕捉复制目标点

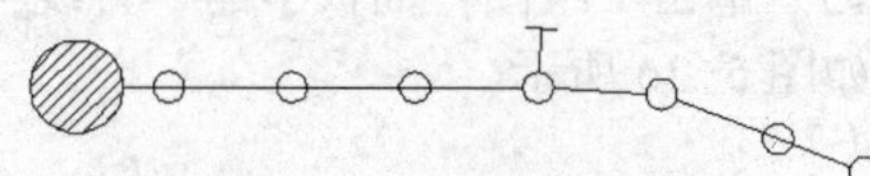

图 5-38　复制图形

21）单击“修改”面板中的“复制”命令按钮，以如图 5-39 所示的端点为复制基准点，以如图 5-40 所示的端点、图 5-41 所示的交点为复制目标点，把虚线所示的图形向右复制一份，效果如图 5-42 所示。

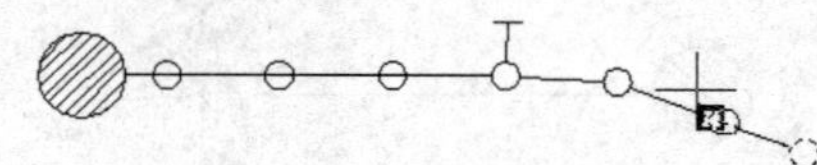

图 5-39　捕捉端点

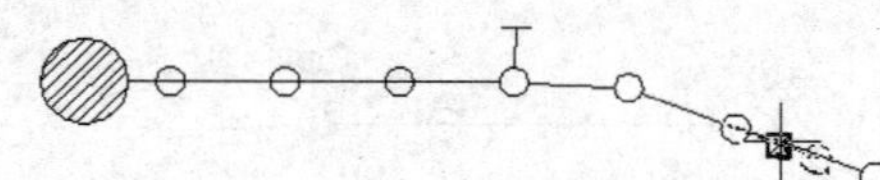

图 5-40　捕捉延伸外观交点

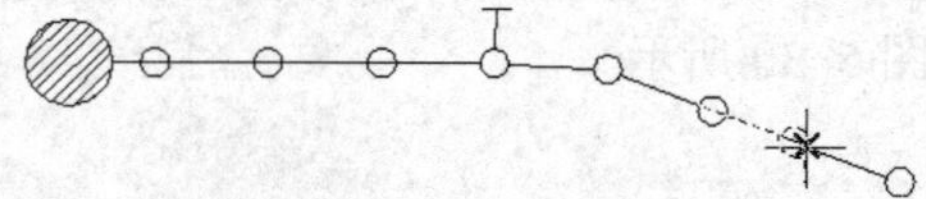

图 5-41　捕捉交点

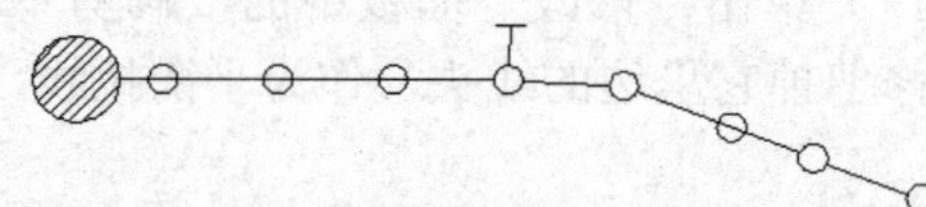

图 5-42　复制图形

22）单击“修改”面板中的“旋转”命令按钮，以如图 5-43 所示的光标所指的圆心为旋转基点，把虚线所示的图形顺时针旋转 47°，结果如图 5-44 所示。

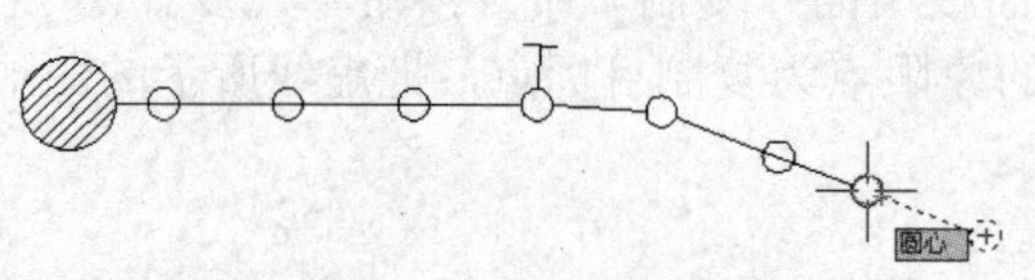


图 5-43　捕捉圆心

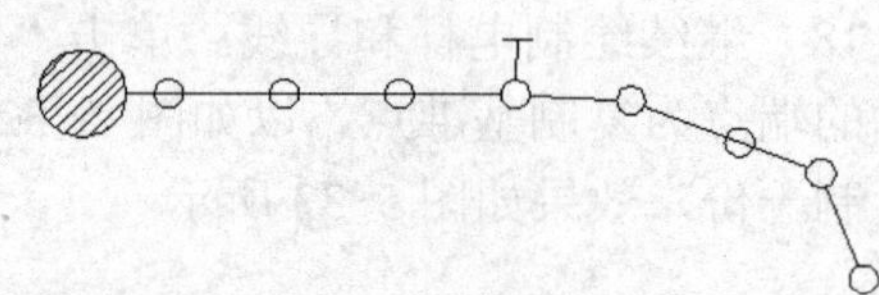

图 5-44　旋转图形

23）单击“修改”面板中的“复制”命令按钮，以如图 5-45 所示的端点为复制基准点，以如图 5-46 所示的端点为复制目标点，把虚线所示的图形向右复制一份，效果如图 5-47 所示。

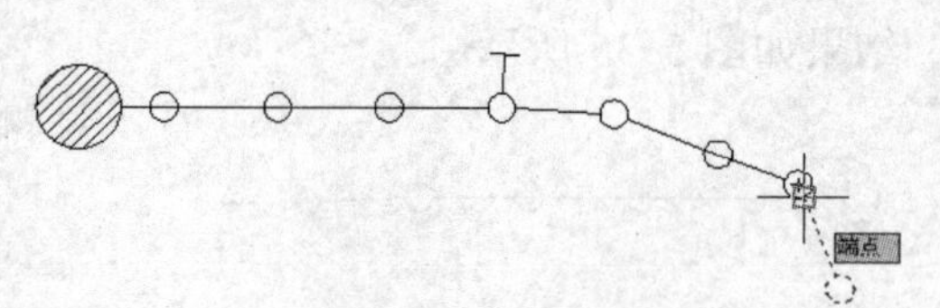


图 5-45　捕捉端点

图 5-46　捕捉复制目标点

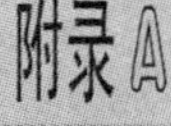

24）单击“修改”面板中的“复制”命令按钮，以如图 5-48 所示的端点为复制基准点，以如图 5-49、图 5-50 所示的延伸外观交点、交点为复制目标点，把虚线所示的图形向右复制一份，效果如图 5-51 所示。

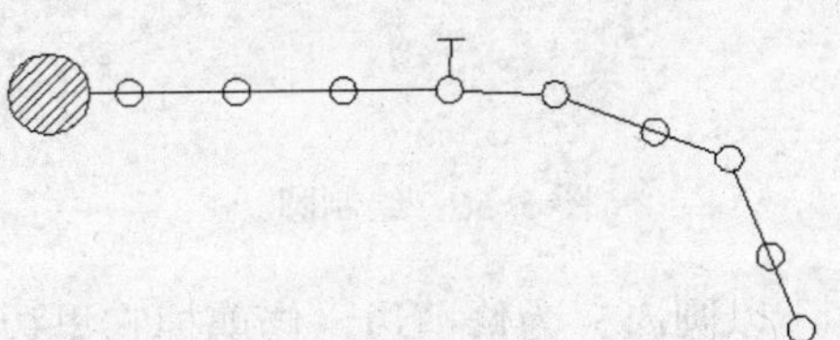

图 5-47　复制图形

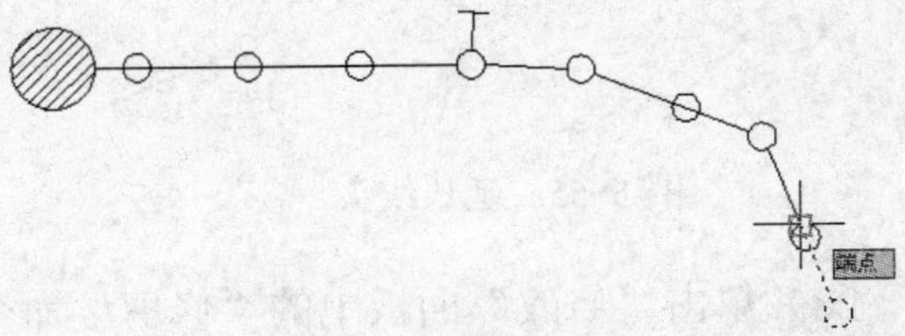

图 5-48　捕捉端点

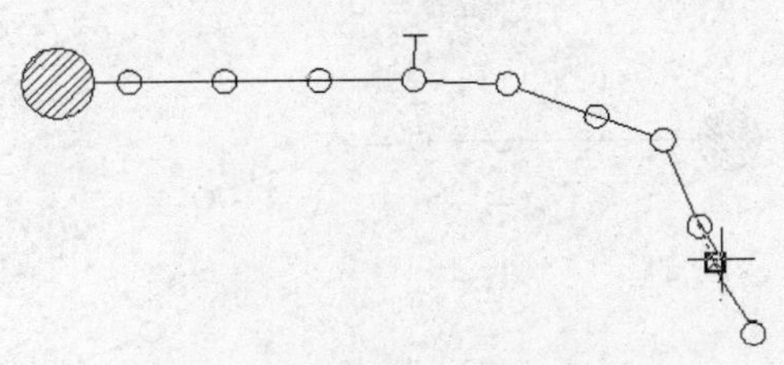

图 5-49　捕捉延伸外观交点

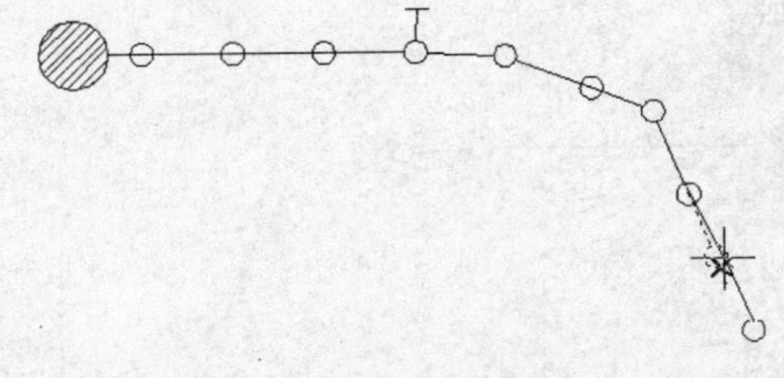

图 5-50　捕捉交点

25）单击“修改”面板中的“旋转”命令按钮，以如图 5-52 所示的光标所指的圆心为旋转中心，把虚线所示的图形逆时针旋转 45°，结果如图 5-53 所示。

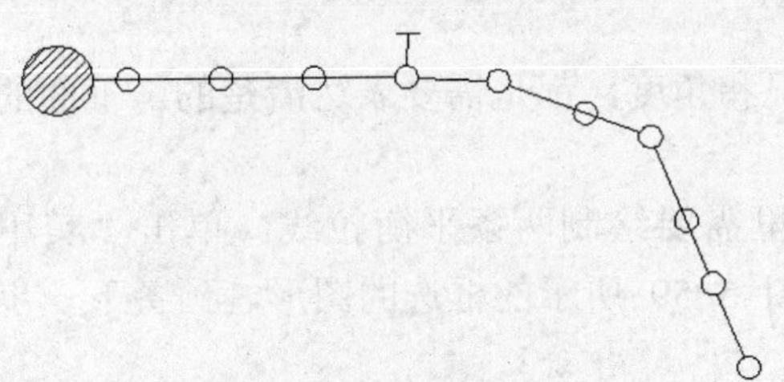

图 5-51　复制图形

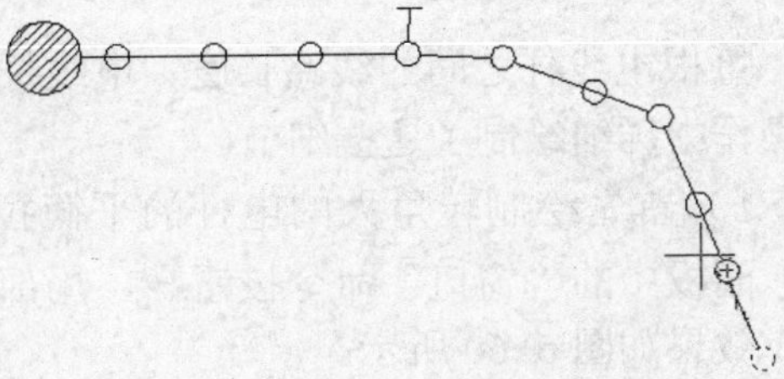

图 5-52　捕捉圆心

26）在命令行窗口输入命令“lengthen”，把如图 5-54 所示的光标所指的线头拉长 20，结果如图 5-55 所示。

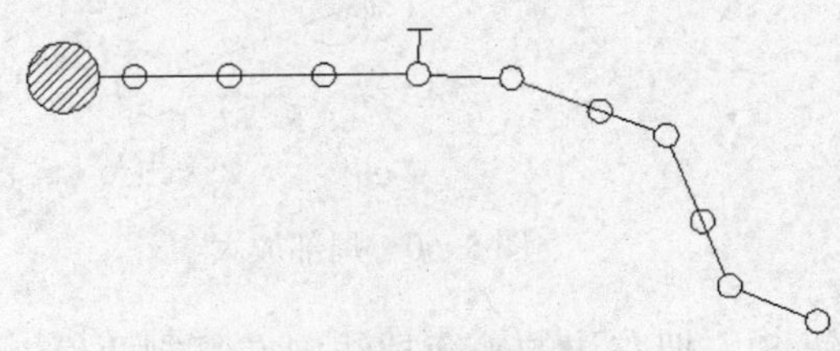

图 5-53　旋转图形

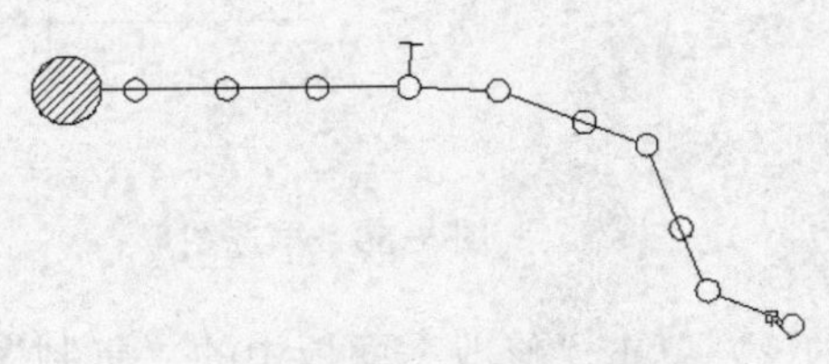

图 5-54　捕捉线头

27）最后绘制用电变压器。单击“绘图”面板中的“圆”命令按钮，绘制圆心在右边直线端点的圆$\phi 15$，效果如图 5-56 所示。

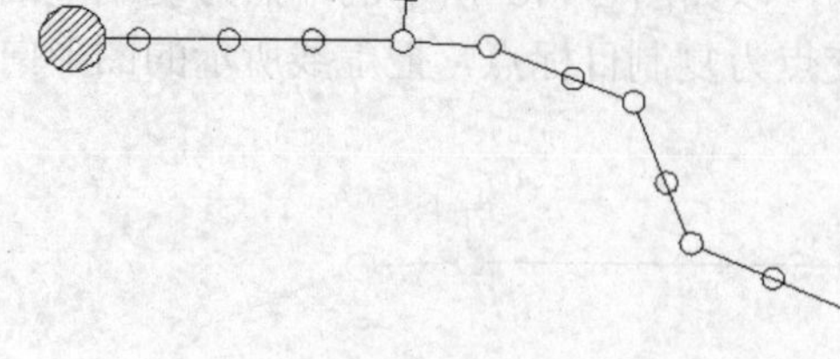
图 5-55 延长线头

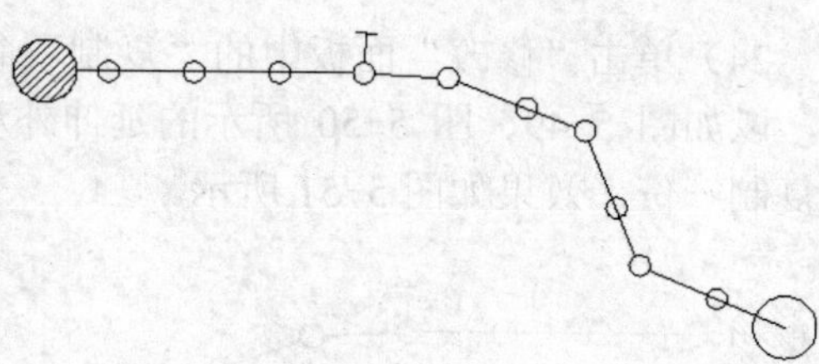
图 5-56 绘制圆

28）单击“修改”面板中的“修剪”命令按钮，以圆$\phi$15 为修剪边，修剪掉它里边的线头，结果如图 5-57 所示。

29）参考第 4 根电杆的平衡拉线绘制方法，绘制第 5 根电杆的平衡拉线，结果如图 5-58 所示。

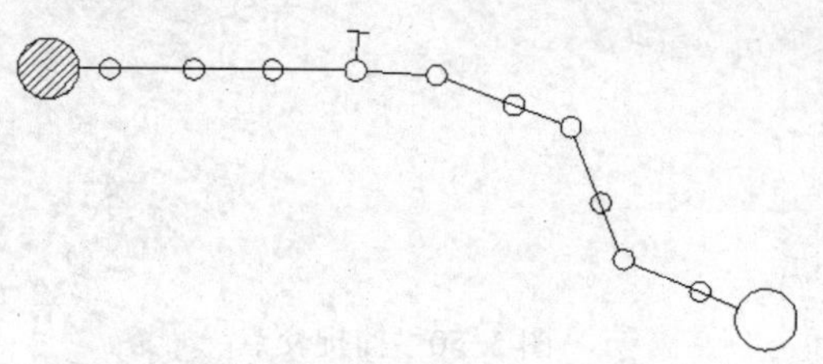
图 5-57 修剪线头

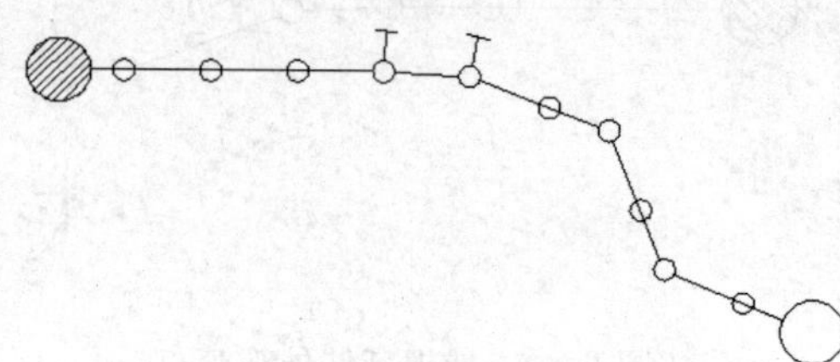
图 5-58 绘制平衡拉线

### 5.1.2 细节

每根电线杆之间的线路长度、电线杆受力情况和角度，都是需要表达清楚的。下面的绘图操作中详细绘制了这些细节。

1）首先绘制转角大的电杆的平衡拉线，这里需要绘制两条平衡拉线。单击“实用程序”面板中的“窗口”命令按钮，局部放大如图 5-59 所示的框选的图形，预备下一步操作，效果如图 5-60 所示。

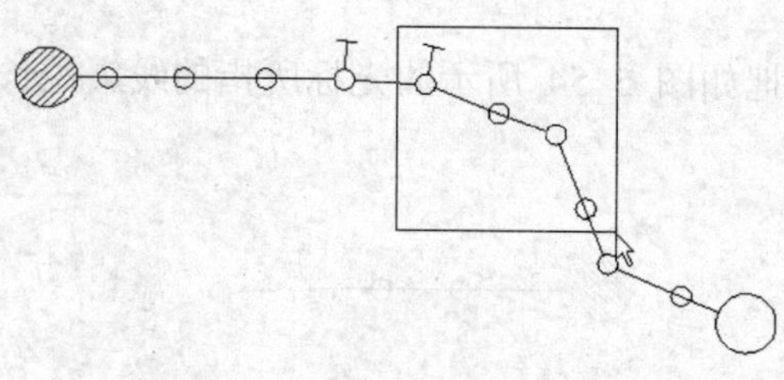
图 5-59 框选图形

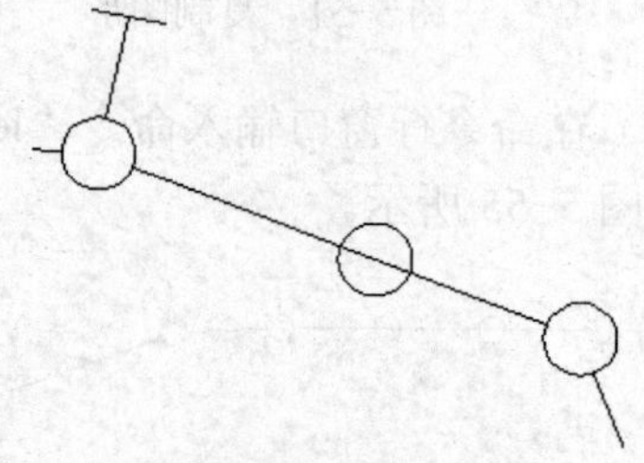
图 5-60 局部放大

2）单击“修改”面板中的“复制”命令按钮，把左边的平衡拉线向右复制两份，效果如图 5-61 所示。

3）在“菜单浏览器”中选择“修改”→“三维操作”→“对齐”菜单命令，按命令行的提示操作，把一个平衡拉线对齐到线路上。

```
命令: _align
选择对象: 指定对角点: 找到 2 个（选择平衡拉线）
选择对象:（回车）
指定第一个源点:（捕捉如图 5-62 所示的端点）
指定第一个目标点:（捕捉如图 5-63 所示的最近点）
指定第二个源点:（捕捉如图 5-64 所示的端点）
指定第二个目标点:（捕捉如图 5-65 所示的端点）
指定第三个源点或 <继续>:（回车）
是否基于对齐点缩放对象？[是(Y)/否(N)] <否>:（回车）
```

过程效果如图 5-66 所示，对齐效果如图 5-67 所示。

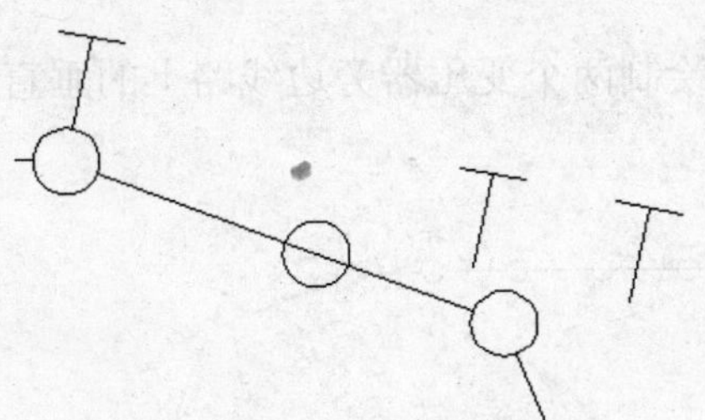
图 5-61　复制图形

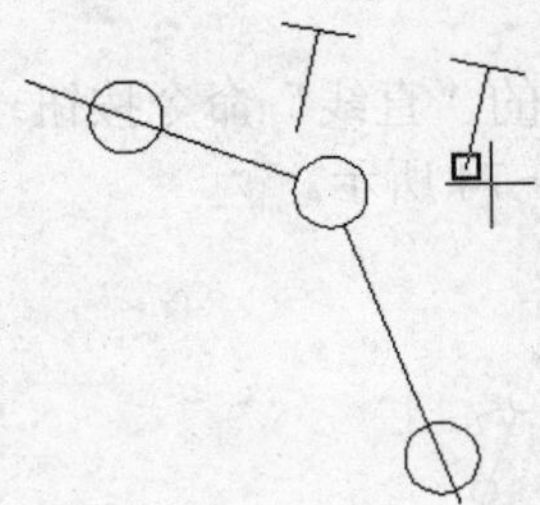
图 5-62　捕捉第一个源点

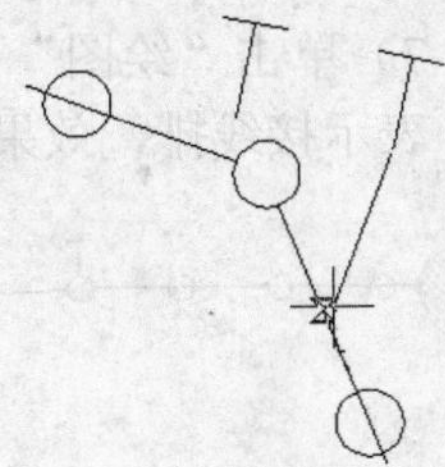
图 5-63　捕捉第一个目标点

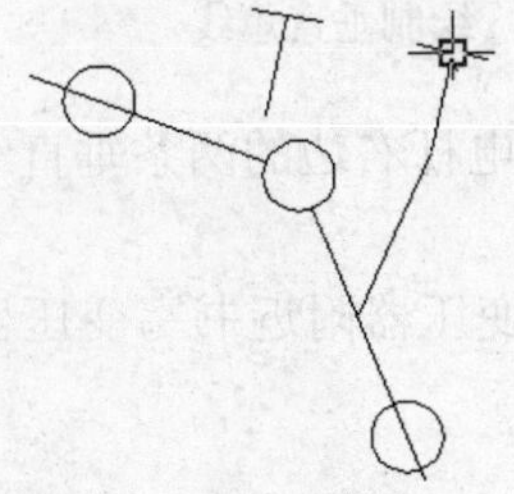
图 5-64　捕捉第二个源点

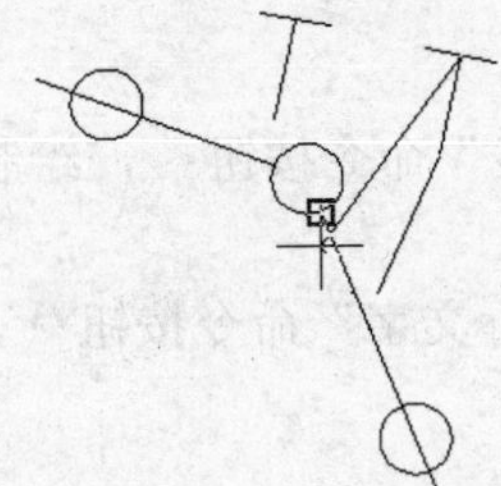
图 5-65　捕捉第二个目标点

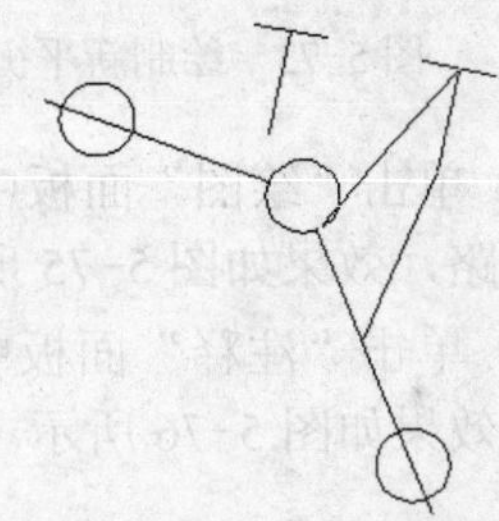
图 5-66　对齐线

4）在“菜单浏览器”中选择“修改”→“移动”命令按钮，把对齐的平衡拉线以如图 5-68 所示的端点为移动基准点，以下边线路在如图 5-69 所示位置的延伸交点为移动目标点移动，效果如图 5-70 所示。

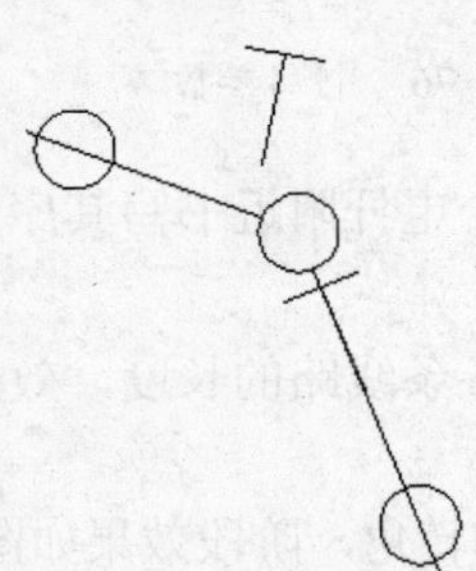
图 5-67　对齐平衡拉线

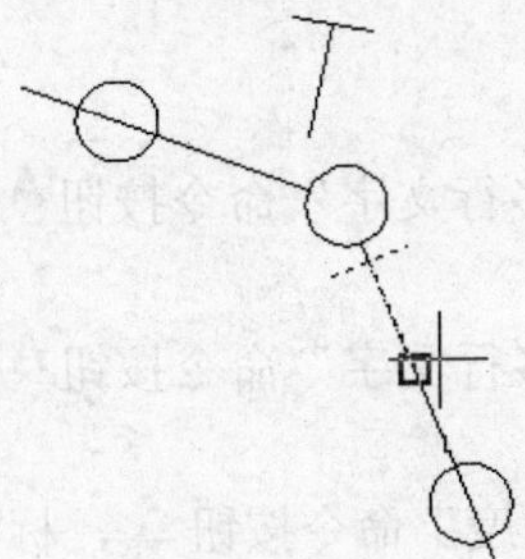
图 5-68　捕捉移动基准点

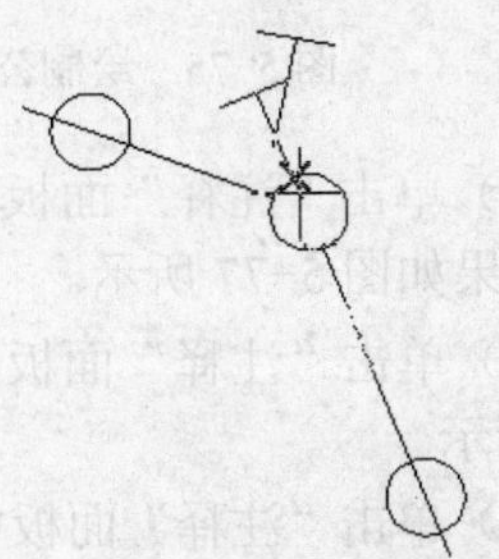
图 5-69　捕捉移动目标点

5）参考以上操作方法，绘制左边线路的平衡拉线，效果如图 5-71 所示。

6）参考以上绘制平衡拉线操作方法，绘制如图 5-72 所示的光标所指的电杆的平衡拉线，效果如图 5-73 所示。

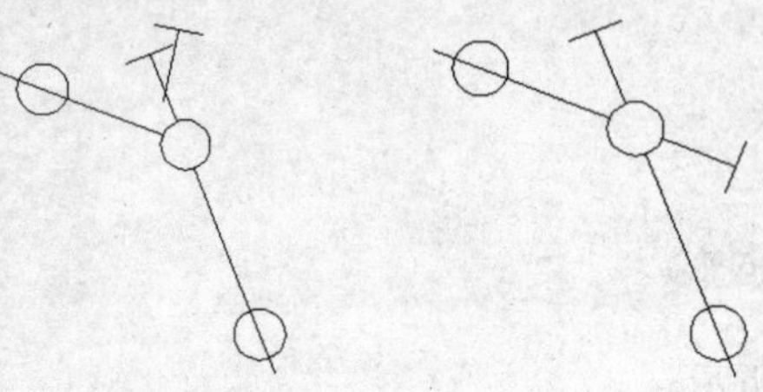
图 5-70 移动平衡拉线 图 5-71 绘制平衡拉线

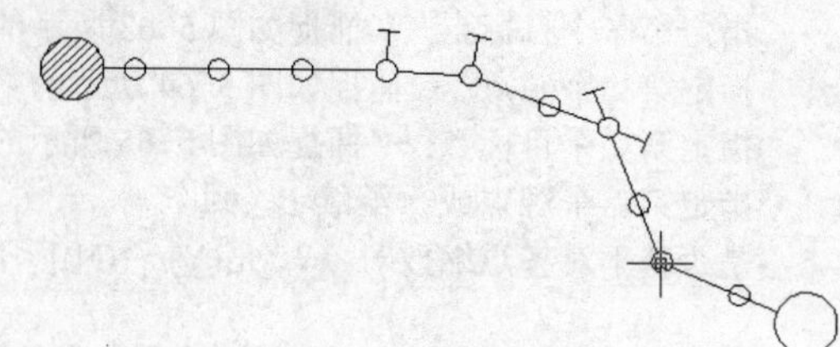
图 5-72 指示电杆

7）单击"绘图"面板中的"直线"命令按钮，绘制两个变压器旁边线路上的垂直短线，表示接线排，效果如图 5-74 所示。

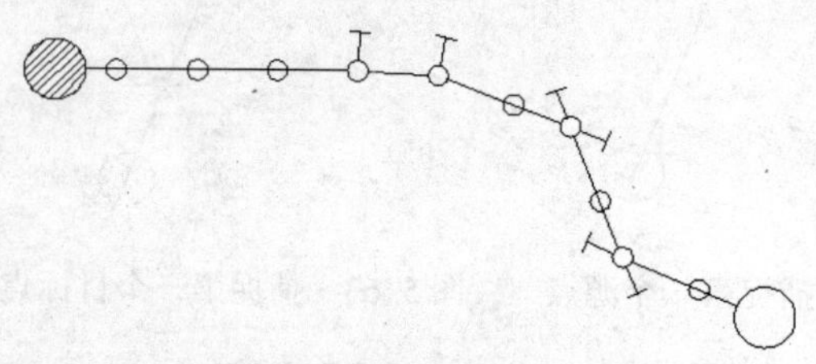
图 5-73 绘制新平衡拉线

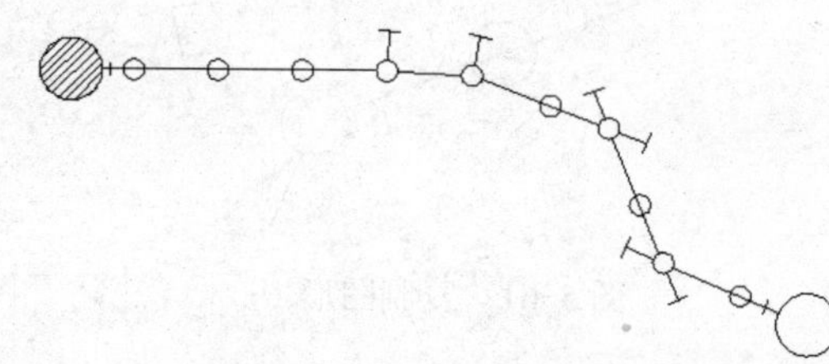
图 5-74 绘制垂直短线

8）单击"绘图"面板中的"直线"命令按钮，绘制第 2 根电杆右边的两条垂直线，表示公路，效果如图 5-75 所示。

9）单击"注释"面板中的"多行文字"命令按钮 A，在两个变压器附近书写变压器的参数，效果如图 5-76 所示。

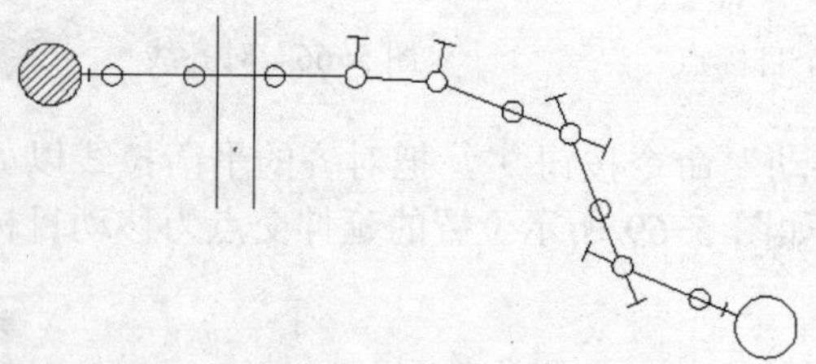
图 5-75 绘制公路

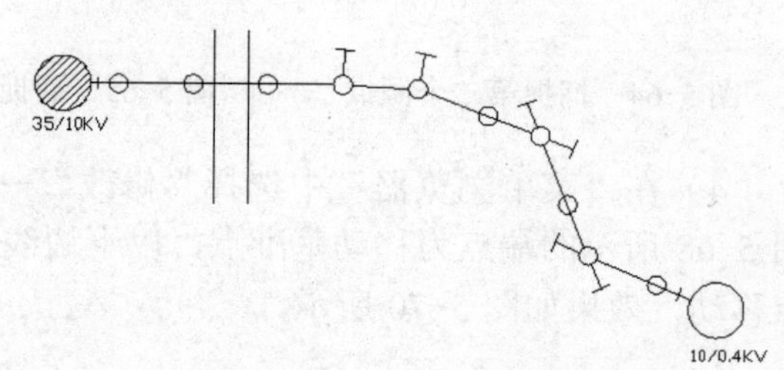

图 5-76 书写参数

10）单击"注释"面板中的"多行文字"命令按钮 A，在各个电杆附近书写其序号和型号，效果如图 5-77 所示。

11）单击"注释"面板中的"多行文字"命令按钮 A，书写各条线路的长度，效果如图 5-78 所示。

12）单击"注释"面板中的"角度"命令按钮，标注线路的转角，阶段效果如图 5-79 所示。

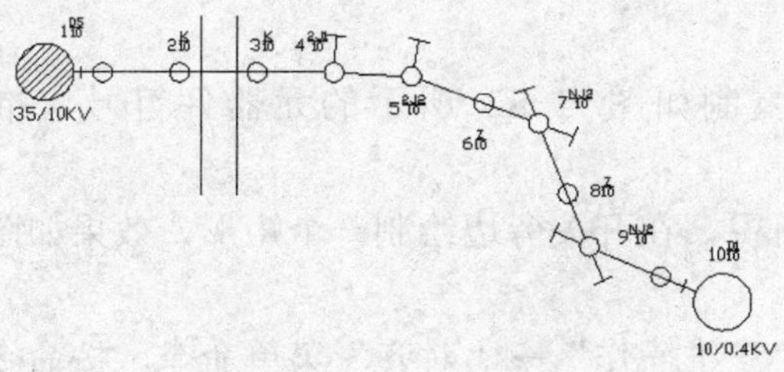

图 5-77 书写电杆参数

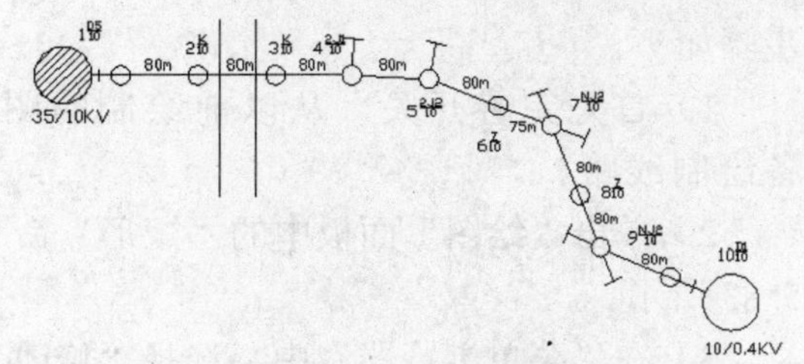

图 5-78 书写线路长度

13）单击“注释”面板中的“多行文字”命令按钮A，书写导线的型号，效果如图 5-80 所示。

14）单击“绘图”面板中的“直线”命令按钮，绘制导线型号文字指向导线的直线，效果如图 5-81 所示。

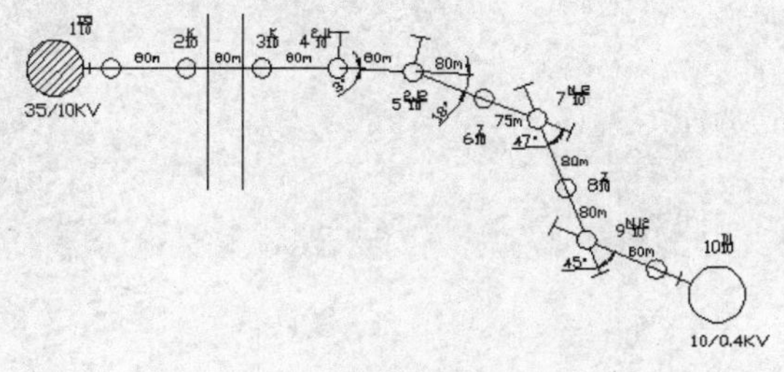

图 5-79 标注线路的转角

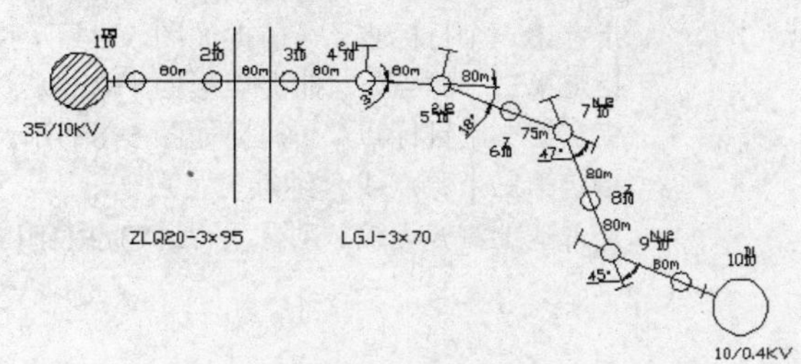

图 5-80 书写导线的型号

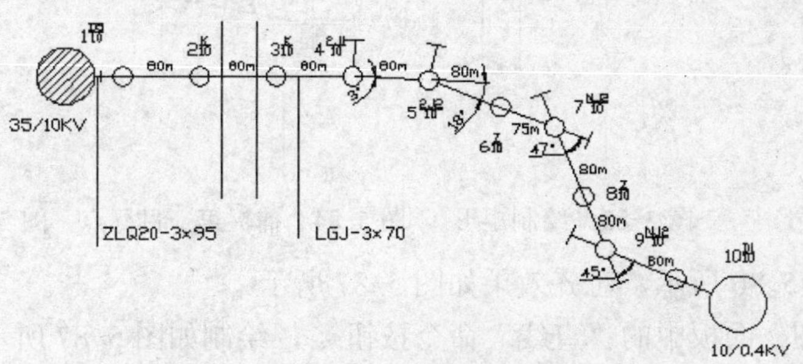

图 5-81 绘制直线

## 5.2 10kV 变电所系统图

### 制作思路

变电所的电气原理图有两种：一种是简单的系统图，表明变电所工作的大致原理；一种是更详细地阐述电气原理的接线图。本例先绘制系统图，再绘制电气主接线图。

### 5.2.1 系统图

变电所的工作原理是，电力通过具有自保护功能的高压开关接入变压器进行变压，当然整套设备都要接地良好。在下面系统图的绘制工作中清晰地表达了这些要求。绘制步骤如下。

1）首先完善开关。从以前绘制的图形中复制如图 5-82 所示的元器件符号，准备绘制线路。

2）单击“绘图”面板中的“矩形”命令按钮，在开关旁边绘制一个矩形，效果如图 5-83 所示。

3）在“菜单浏览器”中，选择“修改”→“三维操作”→“对齐”菜单命令，按命令行的提示操作，把一个平衡拉线对齐到线路上。

```
命令: _align
选择对象: 指定对角点: 找到 1 个（选择平衡拉线）
选择对象:（回车）
指定第一个源点: （捕捉矩形的上边中点）
指定第一个目标点: （捕捉如图 5-84 所示的最近点）
指定第二个源点: （捕捉矩形的下边中点）
指定第二个目标点: （捕捉如图 5-85 所示的最近点）
指定第三个源点或 <继续>:（回车）
是否基于对齐点缩放对象？[是(Y)/否(N)] <否>:（回车）
```

图 5-82 贴入符号　　图 5-83 绘制矩形

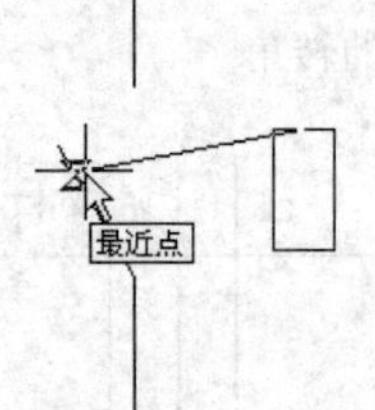


图 5-84 捕捉第一目标点

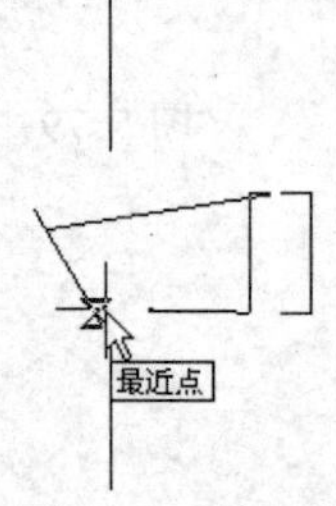


图 5-85 捕捉第二目标点

中间过程如图 5-86 所示，对齐效果如图 5-87 所示。

4）单击“绘图”面板中的“直线”命令按钮，绘制如图 5-87 所示的短直线为地线。

5）单击“绘图”面板中的“直线”命令按钮，绘制起点在如图 5-88 所示的位置，垂直于矩形的直线，效果如图 5-89 所示。

图 5-86 对齐线

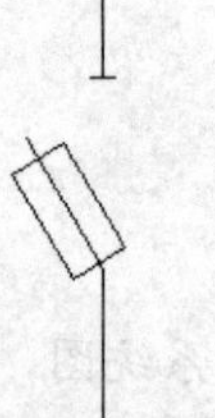

图 5-87 对齐矩形并绘制地线

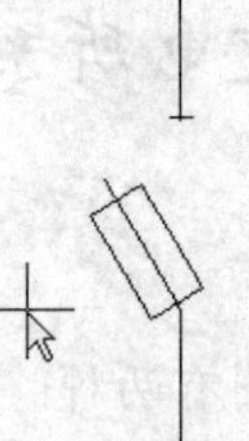

图 5-88 捕捉起点

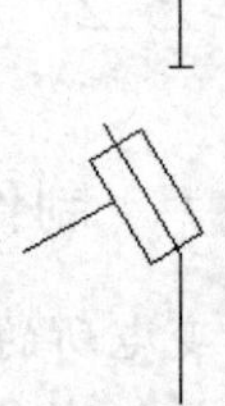

图 5-89 绘制垂线

6）单击“修改”面板中的“复制”命令按钮，把箭头复制到开关旁边，效果如图 5-90 所示。

7）参考以前对齐平衡拉线的方法，对齐箭头，效果如图 5-91 所示。

8）在命令行窗口输入命令“lengthen”，把上边的线头适当拉长，效果如图 5-92 所示。

9）绘制表征电力汇入方向的箭头。单击“修改”面板中的“复制”命令按钮，把箭头向上复制一份，效果如图 5-93 所示。

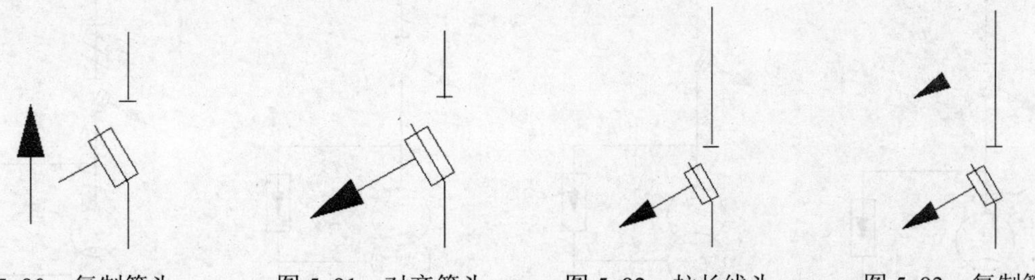

图 5-90　复制箭头　　图 5-91　对齐箭头　　图 5-92　拉长线头　　图 5-93　复制箭头

10）参考以前对齐平衡拉线的方法，把复制的箭头对齐到上边线头上，效果如图 5-94 所示。

11）单击“绘图”面板中的“直线”命令按钮，在上边线头上绘制三条短斜线，表示此线路实际为三相线，效果如图 5-95 所示。

12）在“菜单浏览器”中，选择“视图”→“三维视图”→“俯视”菜单命令，显示全部图形，效果如图 5-96 所示。

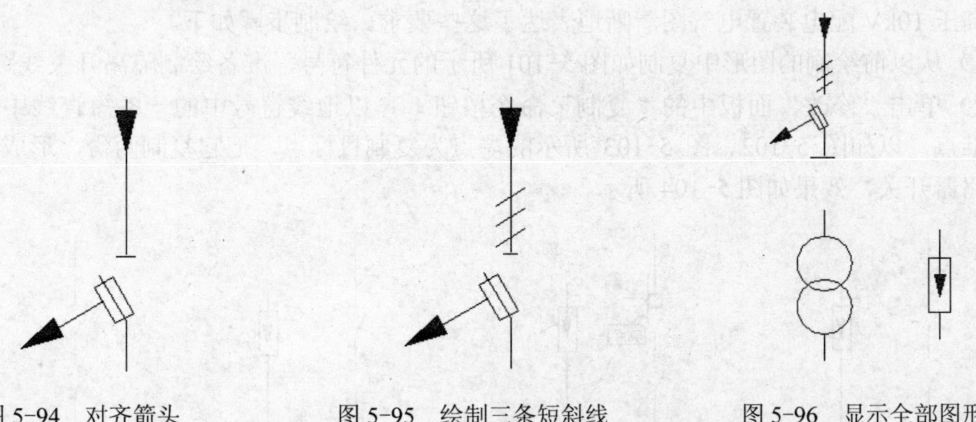

图 5-94　对齐箭头　　图 5-95　绘制三条短斜线　　图 5-96　显示全部图形

13）单击“绘图”面板中的“直线”命令按钮，使用直线连接各个元件，组织线路，效果如图 5-97 所示。

14）单击“绘图”面板中的“直线”命令按钮，在下边线头上绘制三条短斜线，表示出线也为三相线，效果如图 5-98 所示。

15）从以前绘制的图形中复制一个地线符号，并安装在避雷器下边，如图 5-99 所示。

16）单击“注释”面板中的“多行文字”命令按钮 A，书写各个元件的代号，结果如图 5-100 所示。

## 5.2.2　电气主接线图

高压电需要经过配电设备接入变压器才能变压。高压配电设备接入高压母线，然后接入高压监测设备、变压设备。变压设备可能不只一套。每套变压设备输出的低压电力接入各自的低压母线，然后输送给用电设备使用。

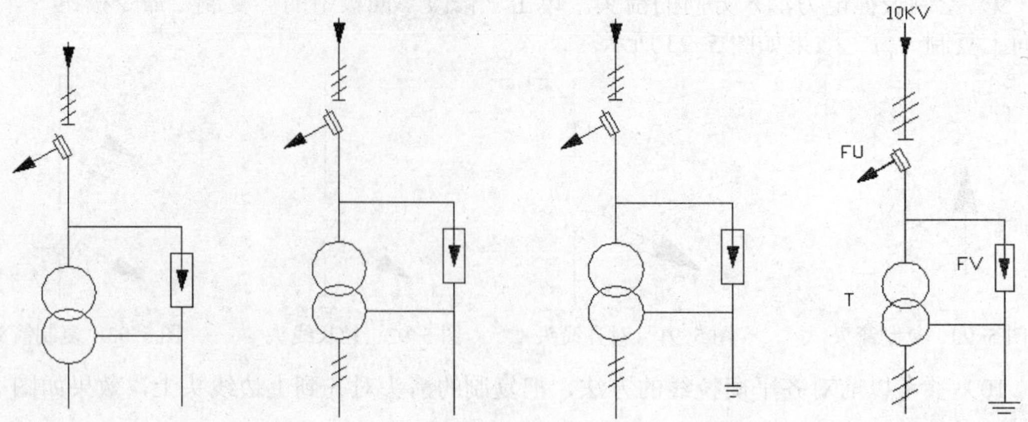


图 5-97　连接元器件　图 5-98　绘制三条短斜线　图 5-99　安装地线　图 5-100　书写文字

1．高压 10kV 配电装置

高压电进入变电所，需要经过若干高压电气设备。为了避免雷暴袭击，要使高压线通过避雷设备；为了在过载、过流等情况下自动断开线路，需要使高压线通过保护线路。下面绘制的高压 10kV 配电装置电气图清晰地表达了这些要求。绘制步骤如下。

1）从以前绘制的图形中复制如图 5-101 所示的元件符号，准备绘制隔离开关线路。

2）单击“修改”面板中的“复制”命令按钮，以地线符号中的一条短直线中点为复制基准点，以如图 5-102、图 5-103 所示的端点为复制目标点，把它复制两份，形成两个自动断路器开关，效果如图 5-104 所示。

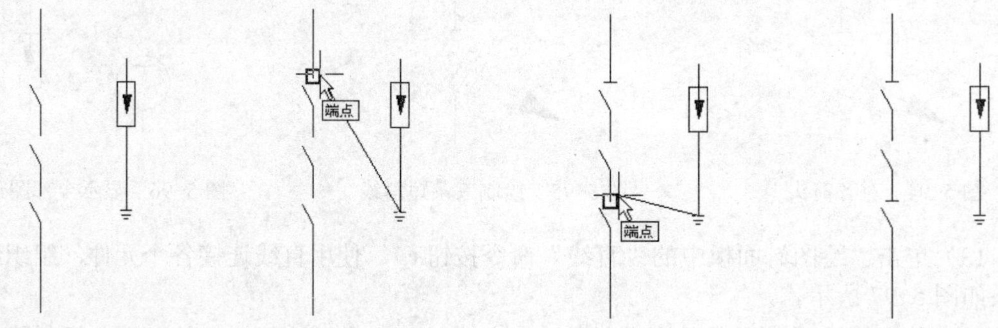


图 5-101　贴入元器件符号　图 5-102　捕捉一个端点　图 5-103　捕捉另一个端点　图 5-104　复制直线

3）绘制一个断路器。单击“绘图”面板中的“直线”命令按钮，在如图 5-105 所示的端点绘制交叉的斜直线，效果如图 5-106 所示。

4）单击“绘图”面板中的“圆”命令按钮，在线路中绘制一个圆，然后单击“绘图”面板中的“直线”命令按钮，从圆的左边象限点绘制水平向左的短直线，形成电流互感器，效果如图 5-107 所示。

5）单击“移动”命令按钮和“拉伸”命令按钮，适当调整图形，使其紧凑整齐。然后单击“绘图”面板中的“直线”命令按钮，绘制直线，效果如图 5-108 所示。

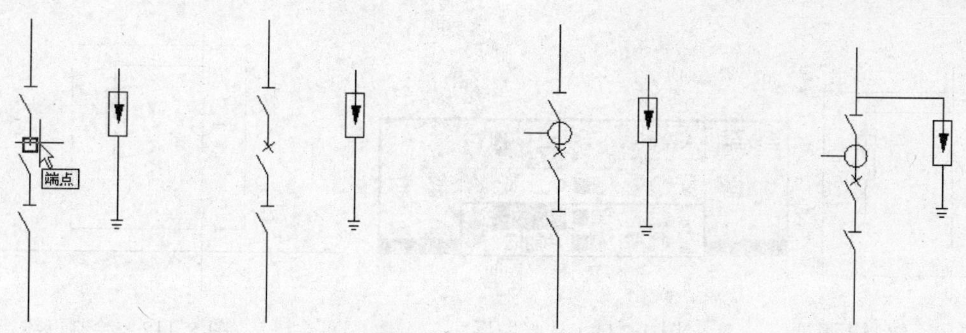


图 5-105 指示端点 图 5-106 绘制斜直线 图 5-107 绘制电流互感器 图 5-108 调整图形

6）单击“图层”面板中的“图层特性”命令按钮，设置一个使用短划线的“功能框”图层，如图 5-109 所示，单击“置为当前”按钮，使它转入现役。

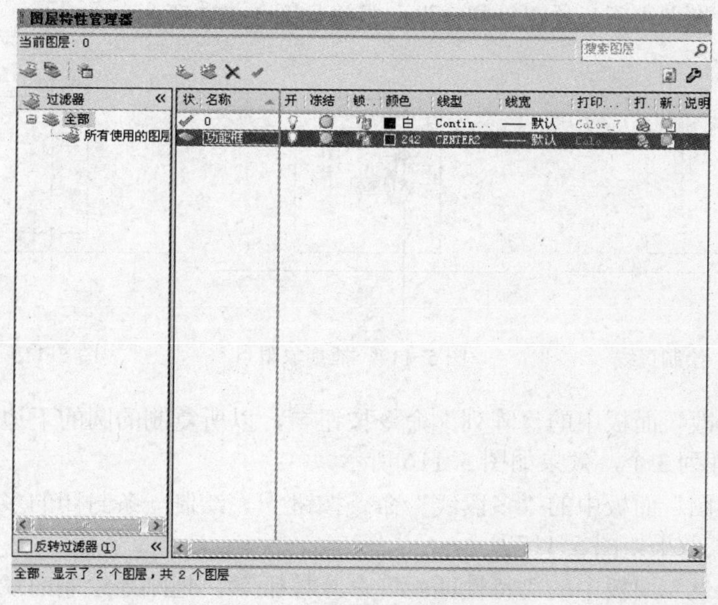


图 5-109 设置“功能框”图层

7）单击“绘图”面板中的“矩形”命令按钮，绘制包含所有元器件的矩形，效果如图 5-110 所示。

**2．变压设备**

变压设备是变电所的主要工作设备，其中心设备是变压器。为了使变压器长期、正常地工作，要给变压器配备各种保护设备、接地设备、电压、电流、负载监测设备。绘制步骤如下。

1）在“图层”面板中的“图层控制”下拉列表框中选择“0”图层，如图 5-111 所示，使其转入现役图层。

2）单击“绘图”面板中的“直线”命令按钮，绘制一条横线作为高压母线，效果如图 5-112 所示。

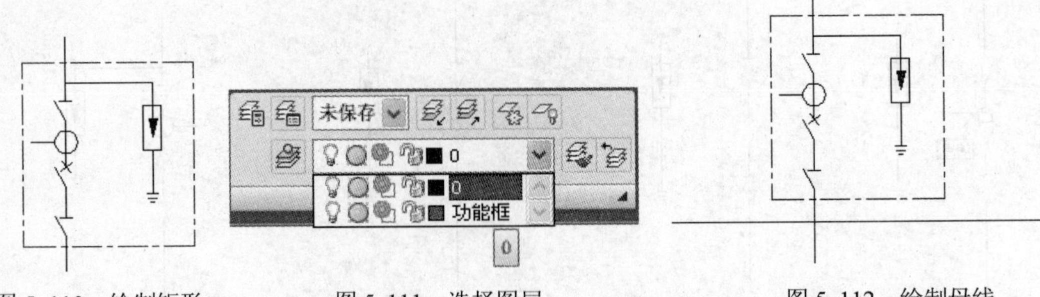


图 5-110　绘制矩形　　图 5-111　选择图层　　图 5-112　绘制母线

3）绘制高压母线的引出线。单击“绘图”面板中的“直线”命令按钮，在母线左边绘制一条向下的垂直直线，效果如图 5-113 所示。

4）现在绘制直接连接高压母线的三相电抗器，用于改善功率系数。单击“修改”面板中的“复制”命令按钮，以如图 5-114 所示的象限点为复制基准点，以刚才绘制的直线下端点为复制目标点，把虚线所示的圆复制一份，效果如图 5-115 所示。

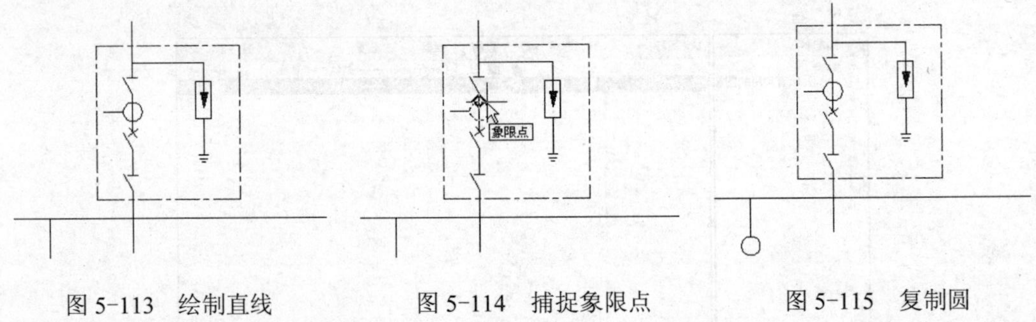


图 5-113　绘制直线　　图 5-114　捕捉象限点　　图 5-115　复制圆

5）单击“修改”面板中的“阵列”命令按钮，以所复制的圆的下边象限点为阵列中心，把该圆环形阵列 3 个，效果如图 5-116 所示。

6）单击“绘图”面板中的“多段线”命令按钮，绘制一条封闭的多段线，把母线和阵列的圆框起来，效果如图 5-117 所示。

7）单击“特性”面板中的“特性匹配”命令按钮，把刚才绘制的线框转换成褐色短划线，效果如图 5-118 所示。

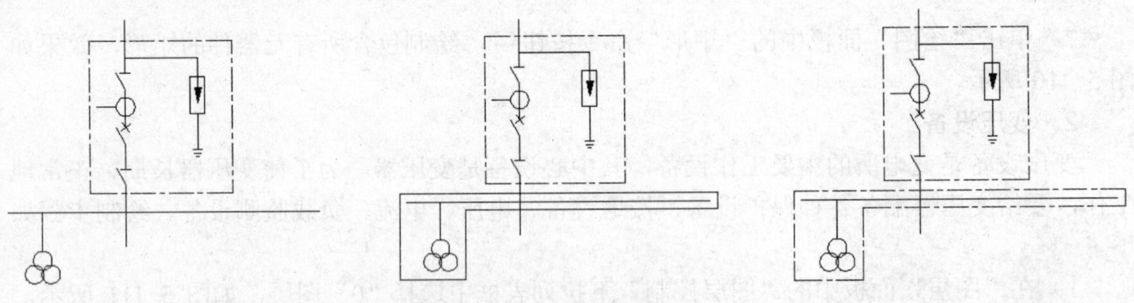

图 5-116　阵列圆　　图 5-117　绘制线框　　图 5-118　转换线型

8）从以前绘制的图形中复制如图 5-119 所示的元器件符号，组成第一条变压线路。

9）单击“修改”面板中的“拉伸”命令按钮，调整线路上的图形，使其紧凑，效果

如图 5-120 所示。

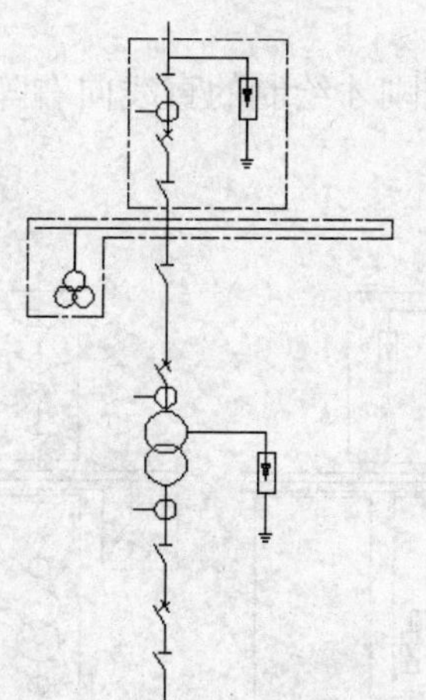

图 5-119　第一条变压线路

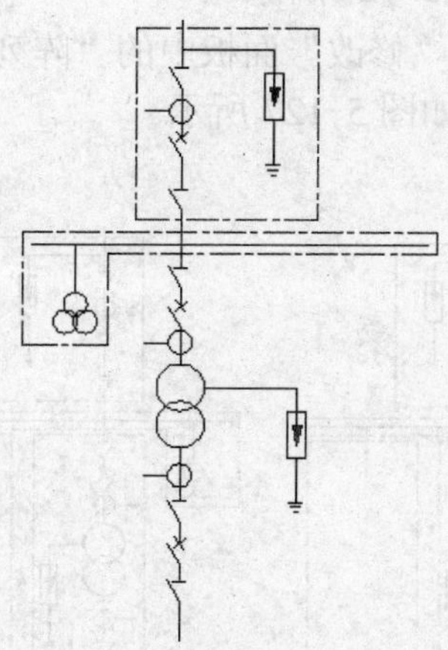

图 5-120　调整图形

10）单击“绘图”面板中的“矩形”命令按钮，绘制包含第一条变压线路所有元件的矩形，然后单击“特性”面板中的“特性匹配”命令按钮，把刚才绘制的线框转换成褐色短划线，效果如图 5-121 所示。

11）单击“修改”面板中的“复制”命令按钮，把刚才转化的线框向右复制一份，作为第二条变压线路的线框，效果如图 5-122 所示。

12）单击“绘图”面板中的“直线”命令按钮，从母线上向第二条变压线路线框内绘制一条直线，以示该线路存在，效果如图 5-123 所示。

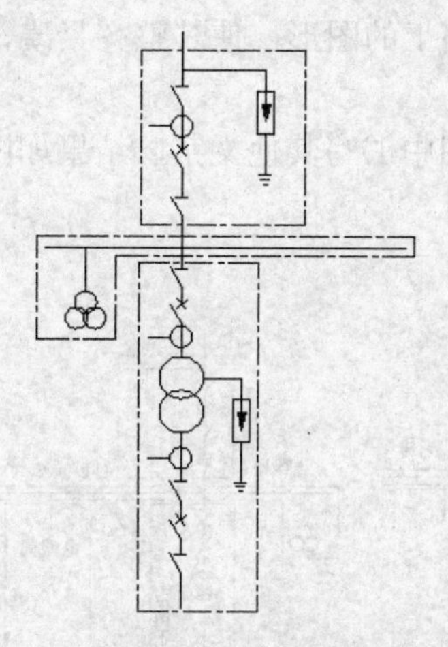

图 5-121　绘制线框

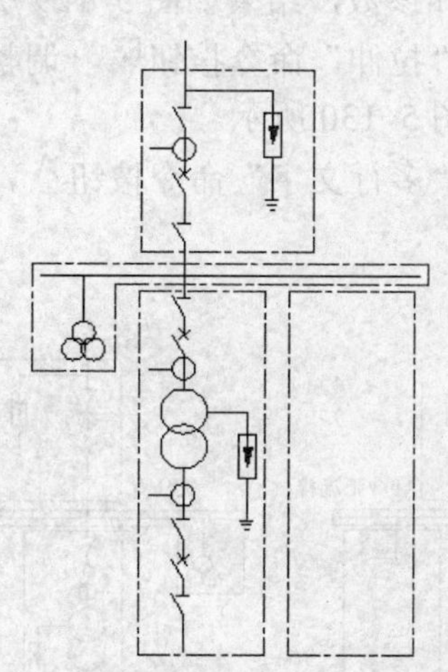

图 5-122　复制线框

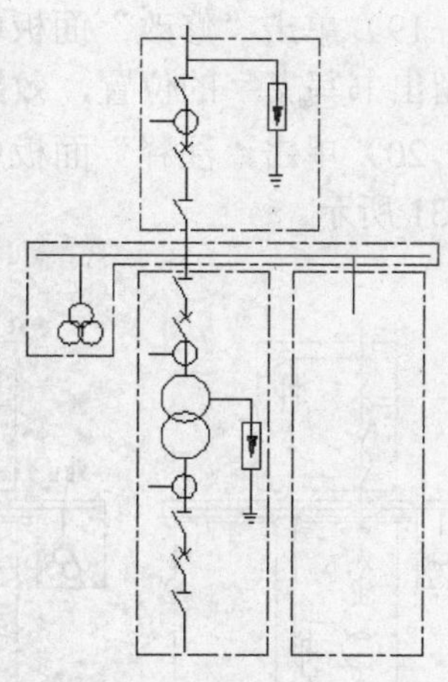

图 5-123　绘制直线

13）单击“修改”面板中的“复制”命令按钮，把母线框以及内部其他元器件向下复制一份，并绘制低压母线，效果如图 5-124 所示。

14）单击“修改”面板中的“复制”命令按钮，把低压母线框内的圆向下复制一份，形成变压器符号，效果如图 5-125 所示。

15）单击“绘图”面板中的“直线”命令按钮，从低压母线上绘制一条垂直向下的直线，效果如图 5-126 所示。

16）单击“修改”面板中的“阵列”命令按钮，把刚才绘制的直线向右阵列 5 列，列距为 8，效果如图 5-127 所示。

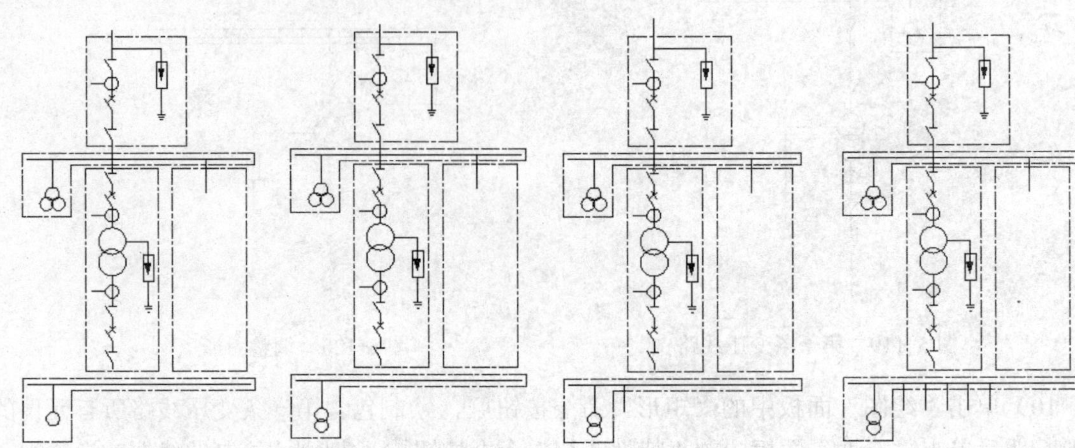

图 5-124　复制母线框　　图 5-125　复制圆　　图 5-126　绘制直线　　图 5-127　阵列直线

17）单击“修改”面板中的“延伸”命令按钮，把第一条变压线路下边的直线延伸到低压母线上，效果如图 5-128 所示。

18）单击“注释”面板中的“多行文字”命令按钮 A，在高压隔离开关框上书写代号“=WL1”，以及高压母线的代号和参数，结果如图 5-129 所示。

19）单击“修改”面板中的“拉伸”命令按钮，调整线路上的图形，使其整齐紧凑，并留出书写文字的位置，效果如图 5-130 所示。

20）单击“注释”面板中的“多行文字”命令按钮 A，在图中书写其他文字，结果如图 5-131 所示。

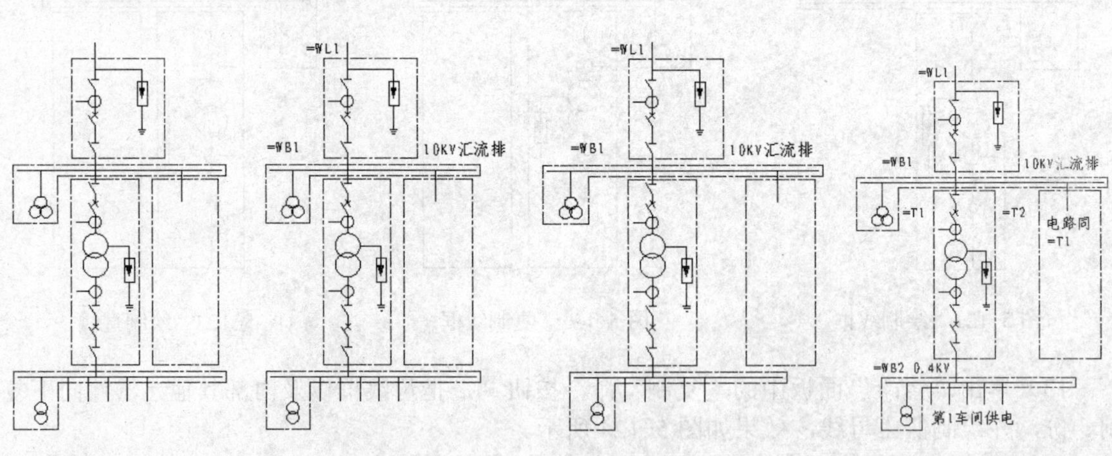


图 5-128　延伸直线　　图 5-129　书写文字　　图 5-130　调整图形　　图 5-131　书写其他文字

# 5.3　低压配电系统图

## 制作思路

变电所输出的低压电可以直接输送给用电设备使用。可以使低压电先通过隔离变压器，进行 1:1 变压，然后汇流到低压母线上。从母线上接出各条低压线路，供用户使用。还需要安装保护、检测电路，以便监测、保护电网。本例先绘制进线图，再绘制支线图。

### 5.3.1　进线

低压进线也需要进行保护和接地，绘制步骤如下。

1）从以前绘制的图形中复制如图 5-132 所示的元器件符号，准备绘制进线主线路。

2）单击“移动”命令按钮和“直线”命令按钮，把元器件符号组装成线路，效果如图 5-133 所示。

3）单击“注释”面板中的“多行文字”命令按钮，在线路中书写元器件的代号等文字，结果如图 5-134 所示。

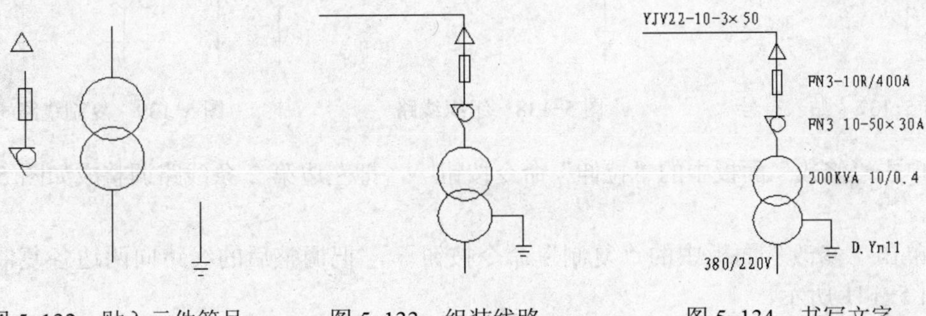


图 5-132　贴入元件符号　　图 5-133　组装线路　　图 5-134　书写文字

4）单击“绘图”面板中的“直线”命令按钮，绘制一条横直线作为变压器出线上的汇流线，效果如图 5-135 所示。

5）单击“注释”面板中的“多行文字”命令按钮，书写汇流线的型号，结果如图 5-136 所示。

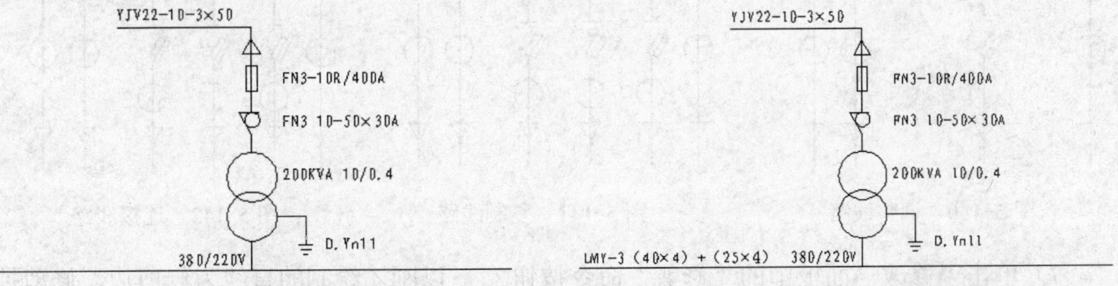


图 5-135　绘制汇流线　　图 5-136　书写汇流线的型号

1

### 5.3.2 支线

由于用电设备的需求不同，即使同一电压的线路也要安装不同的保护、检测设备。操作步骤如下。

2

1）从以前绘制的图形中复制如图 5-137 所示的元器件符号，放在低压母线下面，准备绘制一条支路。

2）单击“修改”面板中的“移动”命令按钮，把这些元器件符号组织成线路，效果如图 5-138 所示。

3

3）单击“修改”面板中的“复制”命令按钮，把线路向右复制 5 份，效果如图 5-139 所示。

4

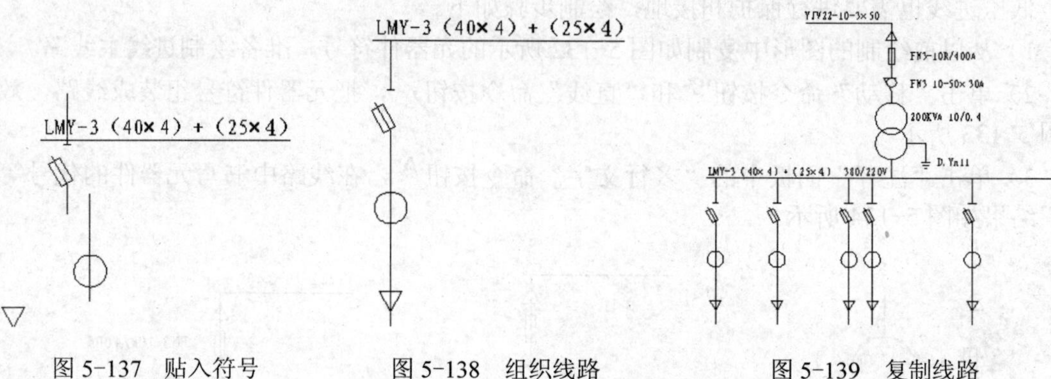


第 5 章

图 5-137 贴入符号　　图 5-138 组织线路　　图 5-139 复制线路

6

4）单击“修改”面板中的“拉伸”命令按钮，把左边第 2 条线路调整成如图 5-140 所示的样式。

5）单击“修改”面板中的“复制”命令按钮，把调整后的线路向两边各复制一份，效果如图 5-141 所示。

7

6）单击“绘图”面板中的“直线”命令按钮，绘制连接左边三条支路的连线，效果如图 5-142 所示。

8

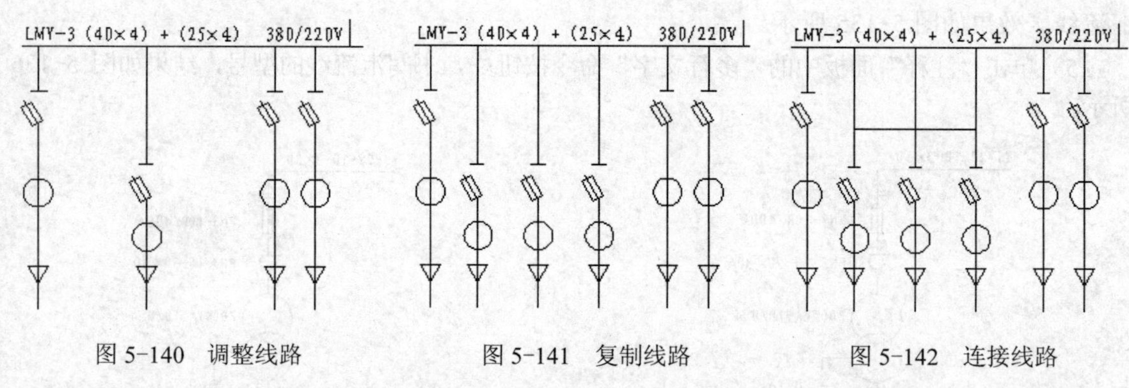


9

图 5-140 调整线路　　图 5-141 复制线路　　图 5-142 连接线路

7）单击“修改”面板中的“修剪”命令按钮，以刚才绘制的直线为修剪边，修剪掉它上边多余的线头，形成组合的支线，结果如图 5-143 所示。

附录 A

8）单击“修改”面板中的“复制”命令按钮，把组合支线向右边复制两份，效果如

图 5-144 所示。

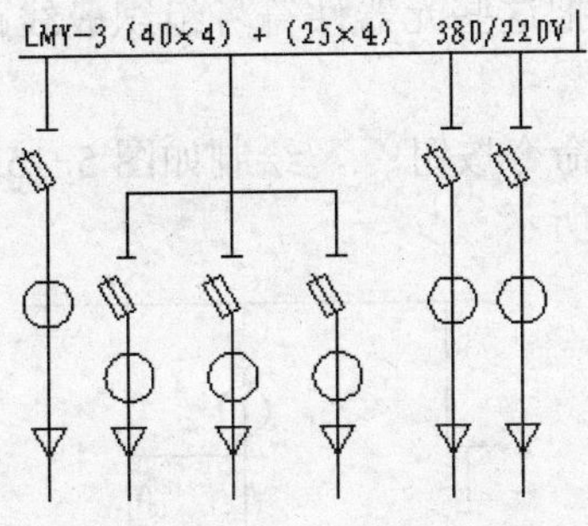


图 5-143　形成组合支线

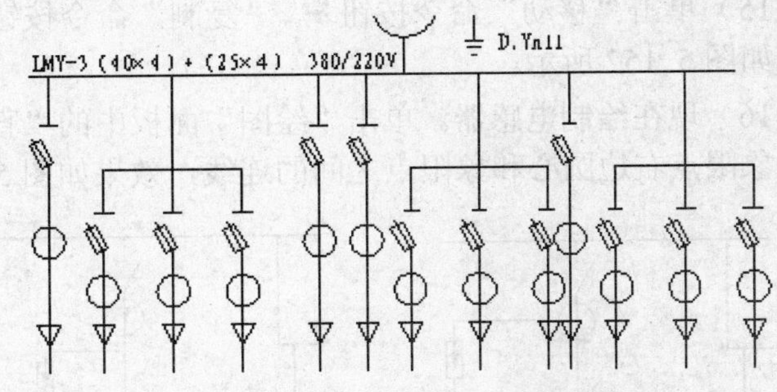


图 5-144　复制组合支线

9）单击“实用程序”面板中的“窗口”命令按钮，局部放大图形右边，预备下一步操作，效果如图 5-145 所示。

10）在命令行窗口输入命令“lengthen”，把如图 5-146 所示的光标所指的两边线头适当拉长，效果如图 5-147 所示。

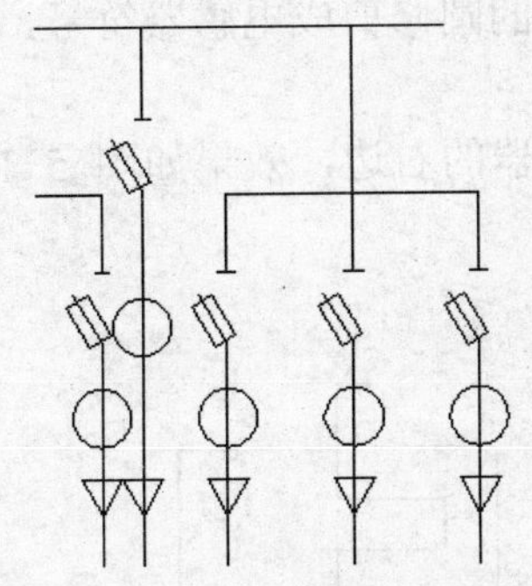

图 5-145　局部放大

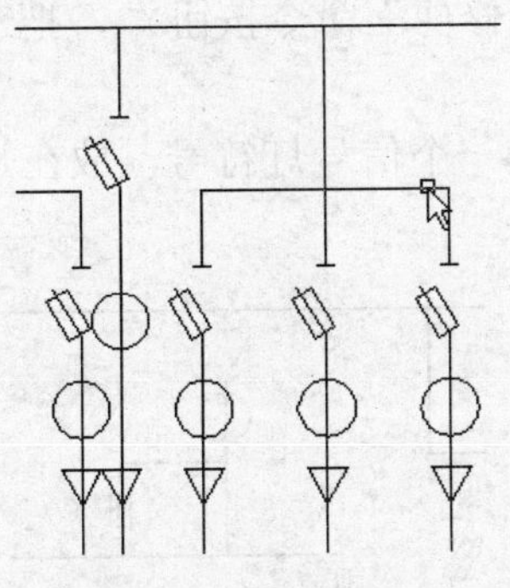

图 5-146　指示线头

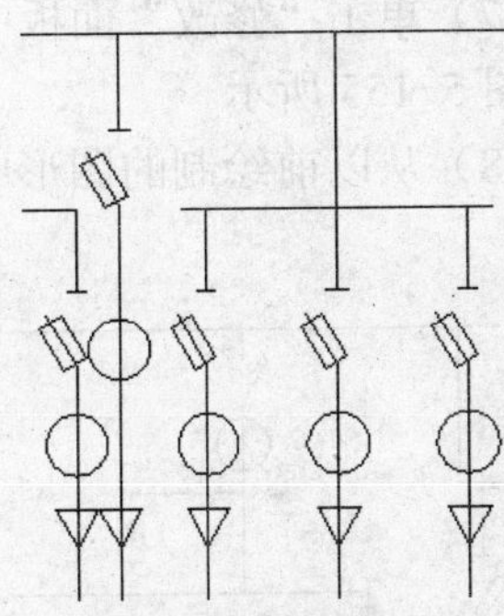

图 5-147　拉长线头

11）单击“绘图”面板中的“直线”命令按钮，从所拉长的直线端点绘制垂直向母线的连线，效果如图 5-148 所示。

12）从以前绘制的图形中复制如图 5-149 所示的元器件符号，放在组合线路的中线上。

13）单击“修改”面板中的“修剪”命令按钮，把中线上开关内的直线修剪掉，形成断路器符号，结果如图 5-150 所示。

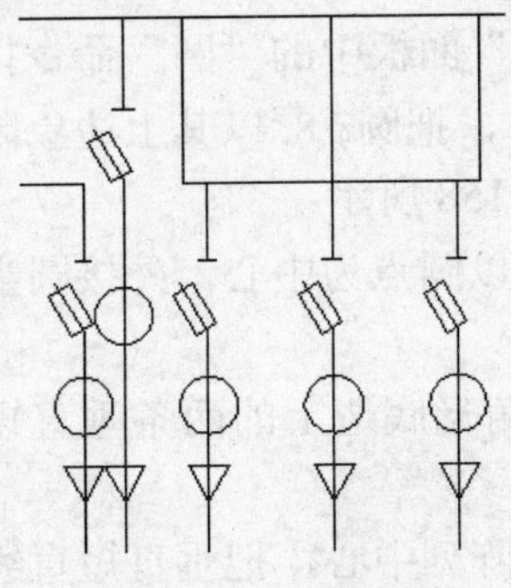

图 5-148　绘制垂线

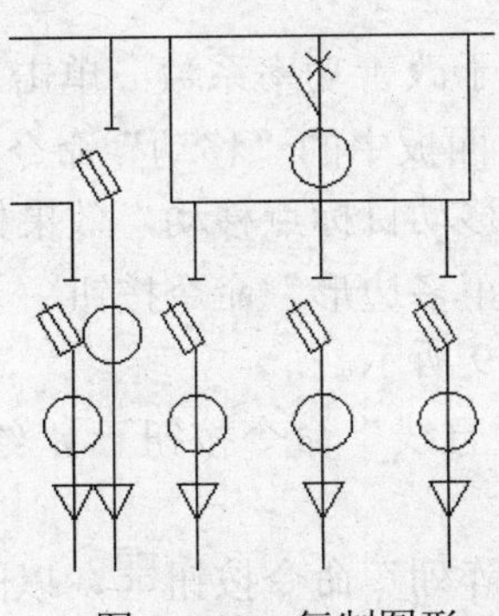

图 5-149　复制图形

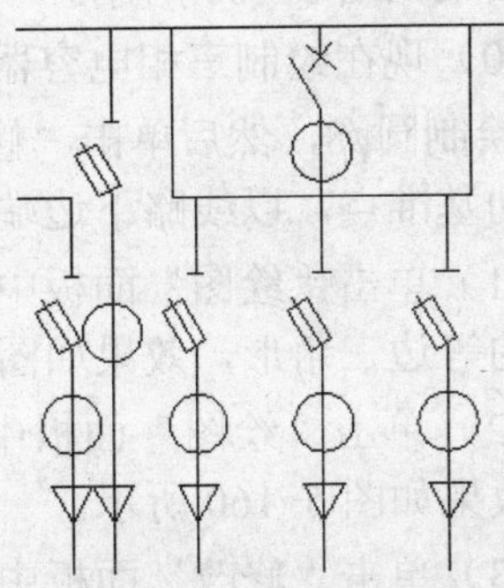

图 5-150　修剪图形

14）从以前绘制的图形中复制如图 5-151 所示的元器件符号，放在母线的右边。

15）单击“移动”命令按钮、“复制”命令按钮，把这些元器件符号组织成线路，效果如图 5-152 所示。

16）现在绘制电感器。单击“绘图”面板中的“直线”命令按钮，绘制如图 5-153 所示的象限点右边圆心和象限点之间的连线，效果如图 5-154 所示。

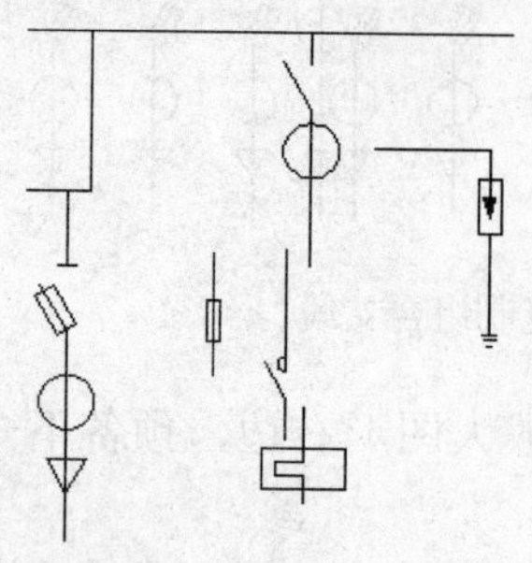

图 5-151　复制元件

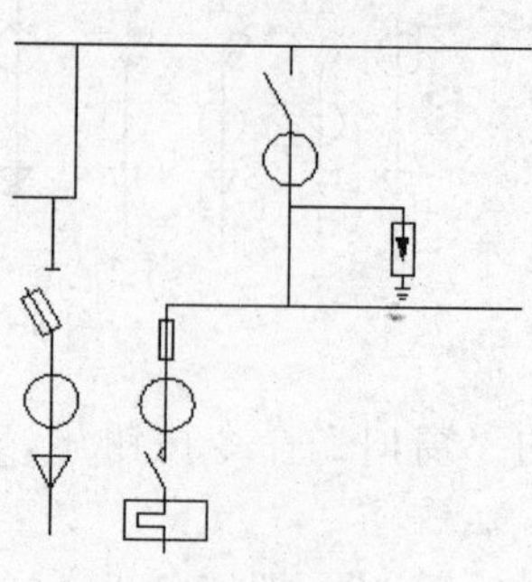

图 5-152　组织元件

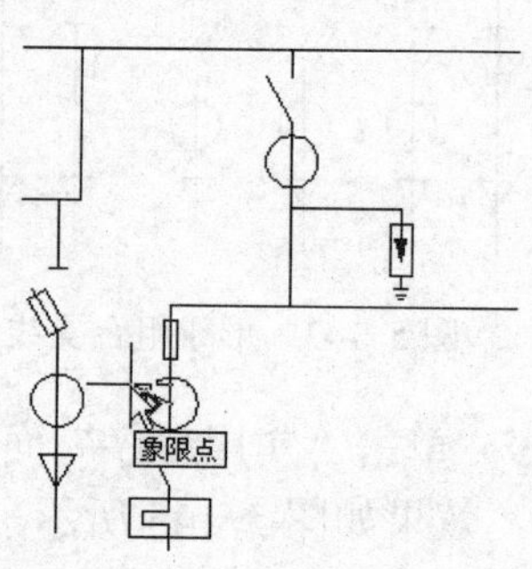


图 5-153　捕捉象限点

17）单击“修改”面板中的“修剪”命令按钮，把左下角的圆修剪成电感器符号，结果如图 5-155 所示。

18）从以前绘制的图形中复制一个信号灯符号，放在热继电器的右边，效果如图 5-156 所示。

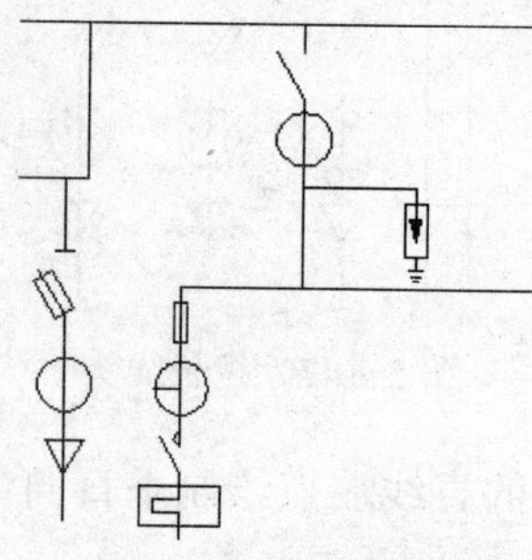

图 5-154　绘制直线

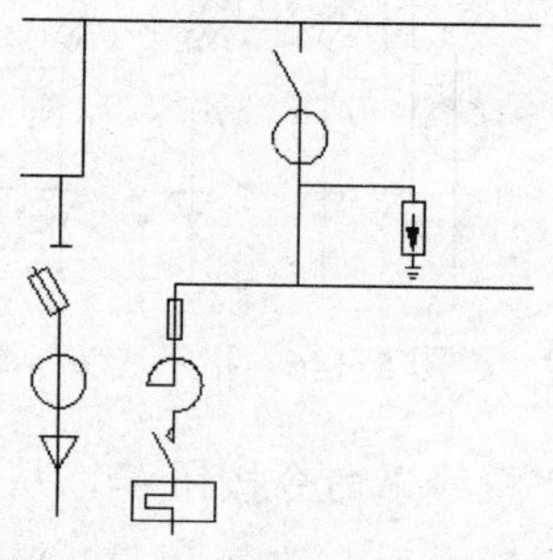

图 5-155　修剪图形

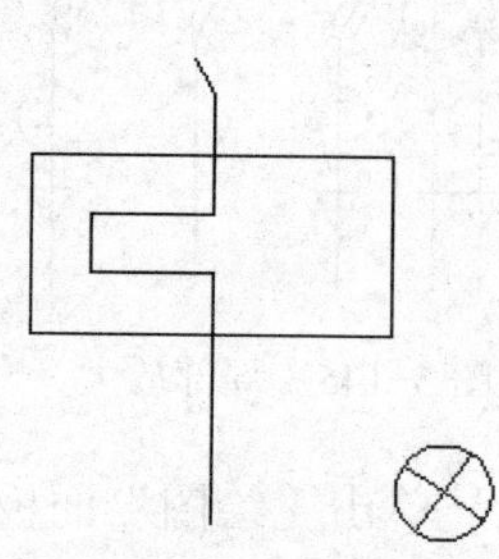

图 5-156　复制图形

19）单击“绘图”面板中的“直线”命令按钮，绘制信号灯左边象限点到线路的垂线，效果如图 5-157 所示。

20）现在绘制三相电容器，用于改善功率系数。单击“绘图”面板中的“圆”命令按钮，绘制圆$\phi8$，然后单击“修改”面板中的“移动”命令按钮，把圆$\phi 8$ 以其上边象限点为移动基准点，以线路下边端点为移动目标点移动，效果如图 5-158 所示。

21）单击“绘图”面板中的“正多边形”命令按钮，绘制以圆点为中心，外接圆半径为 4 的等边三角形，效果如图 5-159 所示。

22）单击“绘图”面板中的“直线”命令按钮，绘制三角形底边上的两条垂直短直线，效果如图 5-160 所示。

23）单击“修改”面板中的“阵列”命令按钮，以圆心为阵列中心，把垂直短直线环形阵列 3 个，效果如图 5-161 所示。

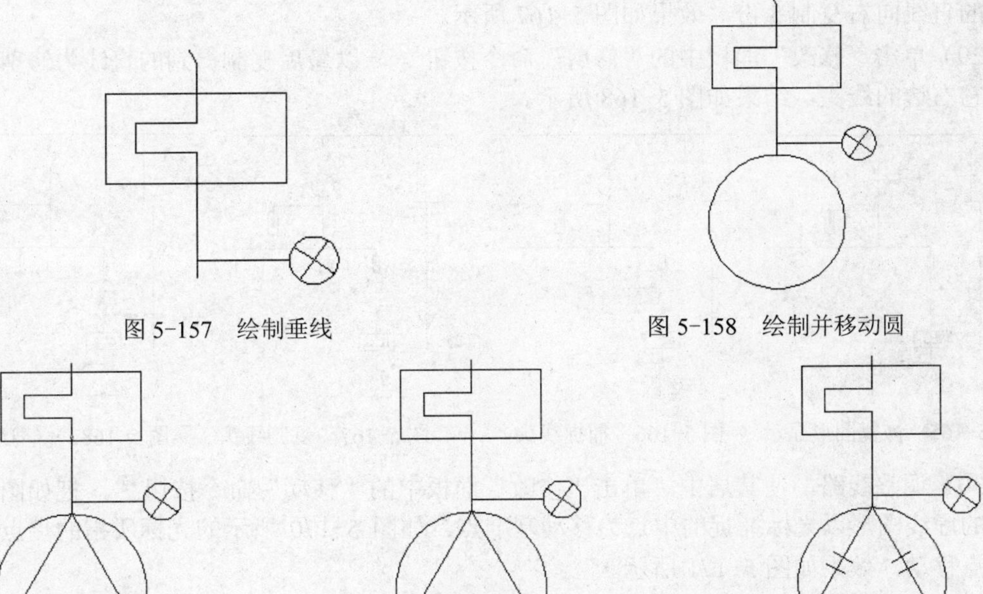

图 5-157　绘制垂线

图 5-158　绘制并移动圆

图 5-159　绘制等边三角形

图 5-160　绘制短直线

图 5-161　阵列短直线

24）单击“修改”面板中的“删除”命令按钮，删除圆$\phi 8$，效果如图 5-162 所示。

25）单击“修改”面板中的“修剪”命令按钮，以短直线为修剪边，修剪掉它里边的线头，结果如图 5-163 所示。

26）单击“修改”面板中的“旋转”命令按钮，以热继电器上端点为旋转中心，把按键适当旋转，使其转变成常闭按键，结果如图 5-164 所示。

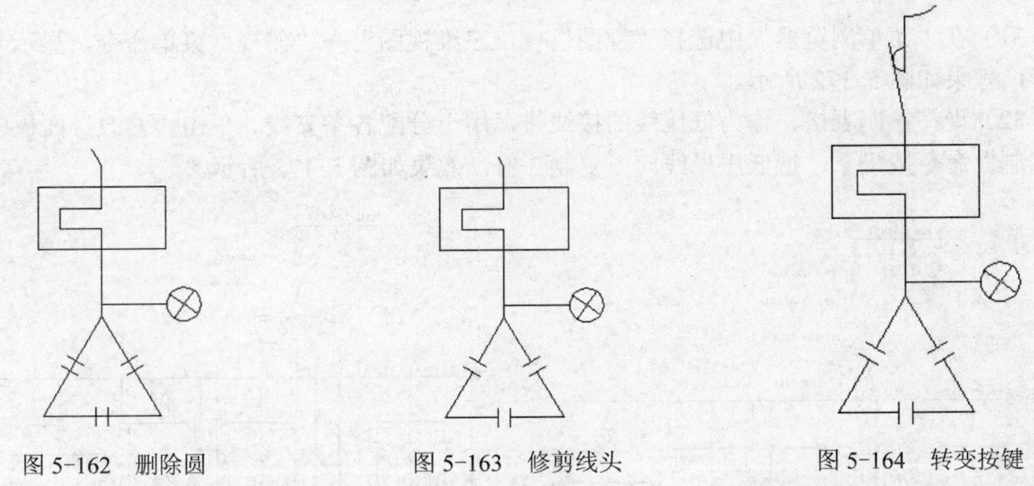

图 5-162　删除圆

图 5-163　修剪线头

图 5-164　转变按键

27）单击“实用程序”面板中的“上一个”命令按钮，恢复图形显示，结果如图 5-165 所示。

28）绘制本支线的其他引线。单击“修改”面板中的“复制”命令按钮，把如图 5-166

所示的直线向右复制 5 份，效果如图 5-167 所示。

29）单击“修改”面板中的“修剪”命令按钮，以最后复制得到的直线为修剪边，修剪掉它右边的线头，结果如图 5-168 所示。

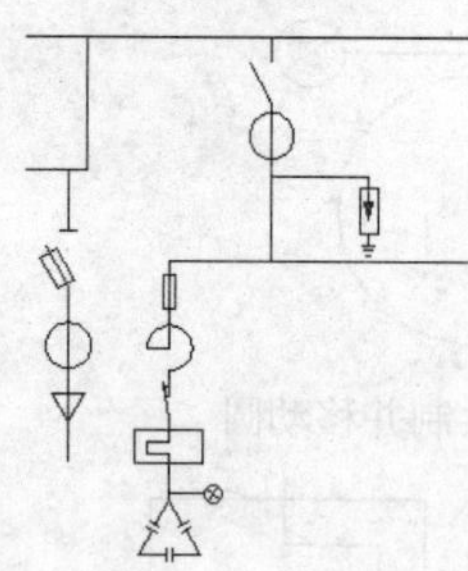

图 5-165　恢复图形显示

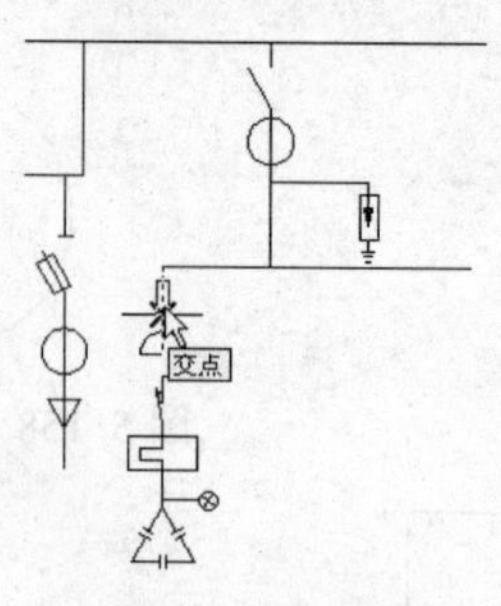


图 5-166　捕捉线头

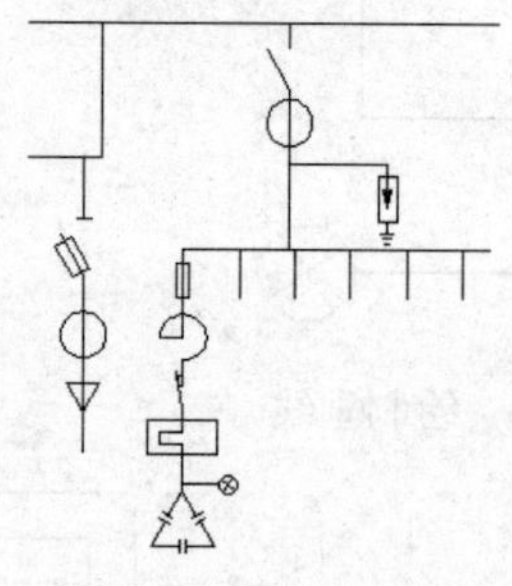

图 5-167　复制线头

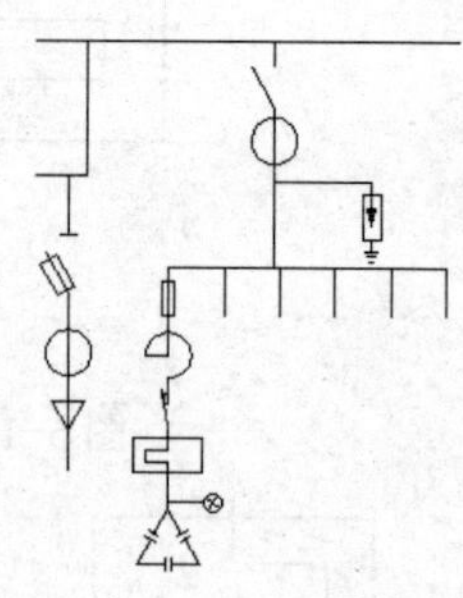

图 5-168　修剪线头

30）调整线路，使其居中。单击“修改”面板中的“移动”命令按钮，把如图 5-169 所示的虚线图形以光标捕捉的中点为移动基准点，如图 5-170 所示的光标所指的端点为移动目标点移动，效果如图 5-171 所示。

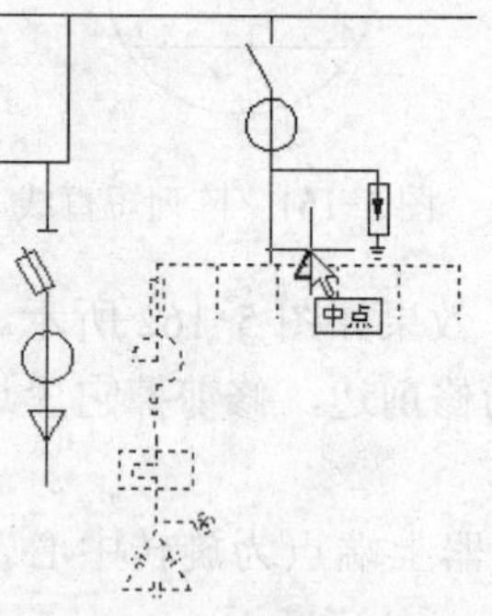


图 5-169　捕捉中点

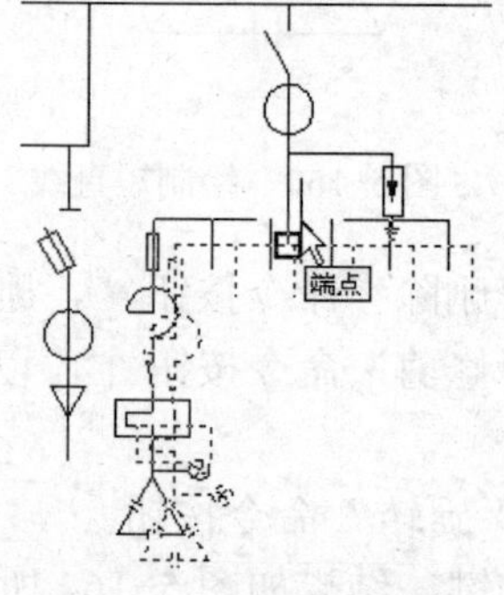


图 5-170　捕捉端点

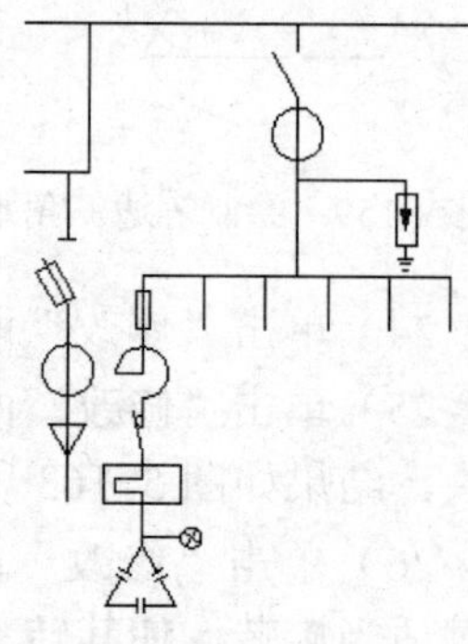

图 5-171　移动图形

31）在“菜单浏览器”中选择“视图”→“三维视图”→“俯视”菜单命令，显示全部图形，效果如图 5-172 所示。

32）现在绘制表格，作为低压线的接线排，用于分配各条支线。单击“修改”面板中的“复制”命令按钮，把低压母线向下复制 3 份，效果如图 5-173 所示。

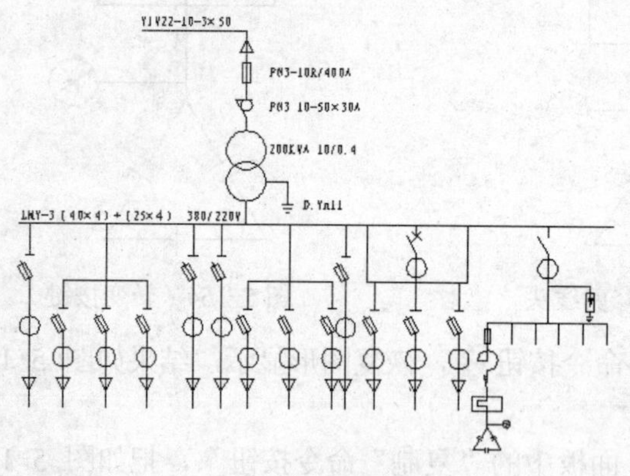


图 5-172　显示全部图形

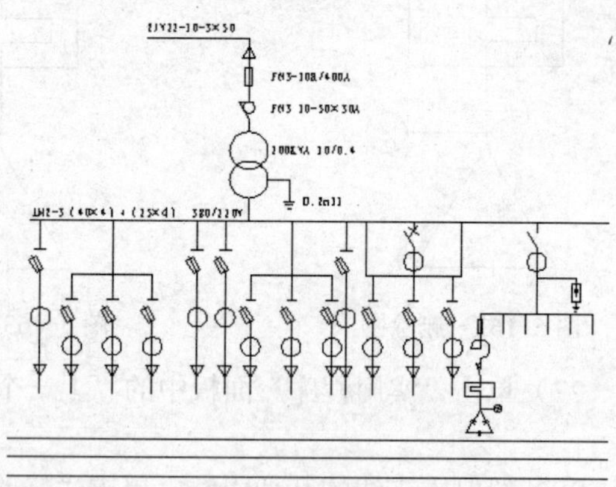

图 5-173　复制图形

33）单击“绘图”面板中的“直线”命令按钮，绘制左边3个端点的上下两段连线，效果如图5-174所示。

34）单击“修改”面板中的“阵列”命令按钮，屏幕出现如图5-175所示的“阵列”对话框，设置各项数值，把上边端点的连线阵列13列，列距为10，效果如图5-176所示。

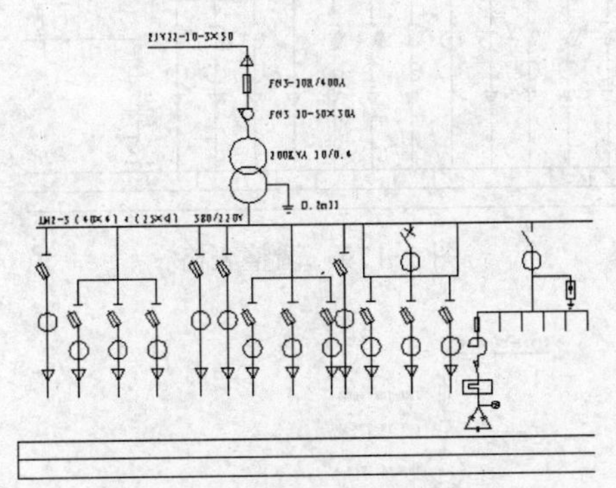

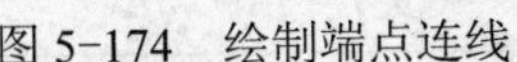
图5-174 绘制端点连线

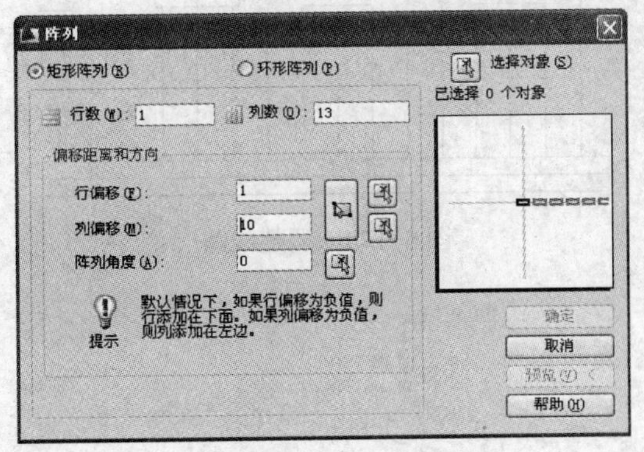

图5-175 “阵列”对话框

35）单击“修改”面板中的“延伸”命令按钮，把所有支路的下端延伸到下边表格上，效果如图5-177所示。

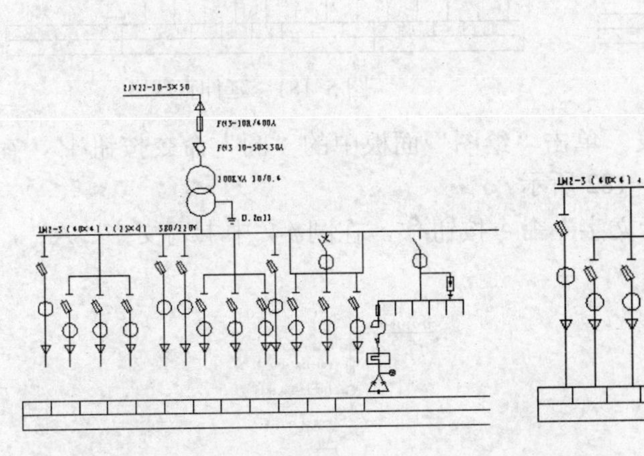
图5-176 阵列直线

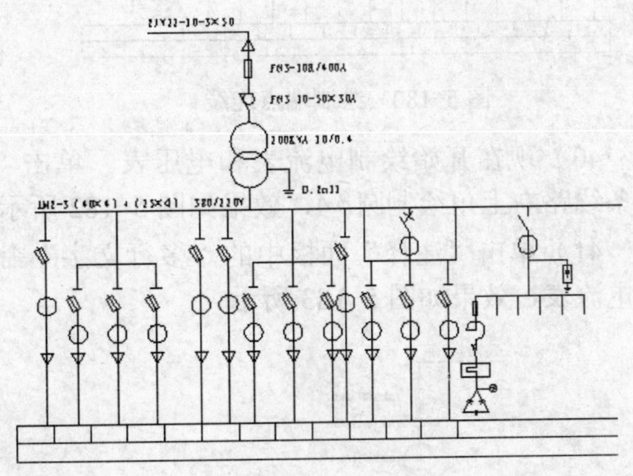
图5-177 延伸直线

36）单击“修改”面板中的“移动”命令按钮，以表格为参照，按间距为10调整线路之间的距离，效果如图5-178所示。

37）单击“修改”面板中的“移动”命令按钮，调整表格，使其与调整后的线路相适应，效果如图5-179所示。

38）单击“绘图”面板中的“直线”命令按钮，绘制表格右边端点的连线，效果如图5-180所示。

39）单击“修改”面板中的“延伸”命令按钮，以表格底边为延伸边界线，延伸中间若干垂直隔断线，效果如图5-181所示。

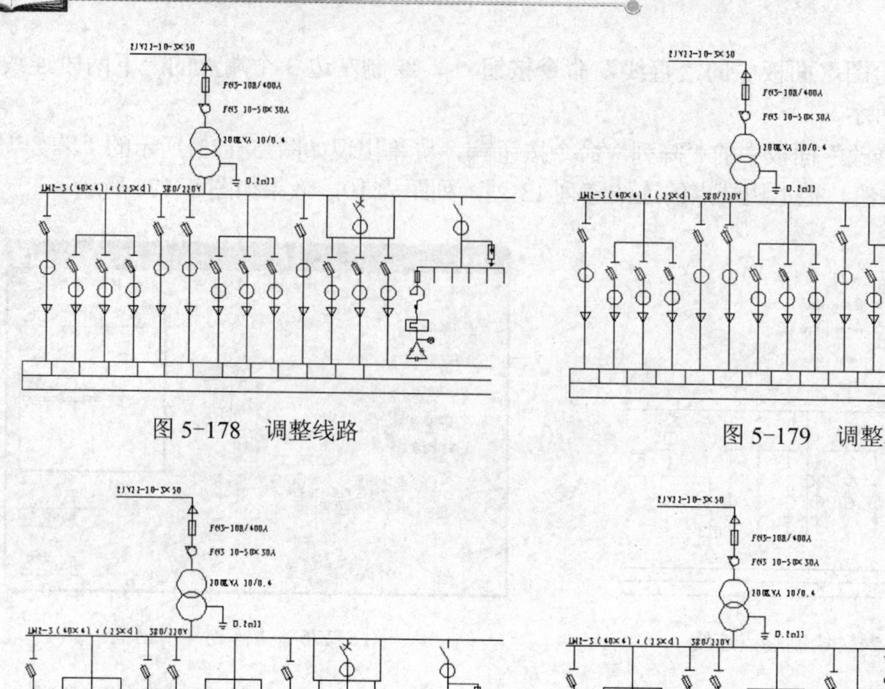

图 5-178　调整线路

图 5-179　调整表格

图 5-180　绘制端点连线

图 5-181　延伸直线

40）现在开始绘制电流表和电压表。单击“绘图”面板中的“圆”命令按钮，在第一条线路右上角绘制圆$\phi 4$，效果如图 5-182 所示。

41）单击“注释”面板中的“多行文字”命令按钮，在圆$\phi 4$ 中书写文字“A”，表示电流表，效果如图 5-183 所示。

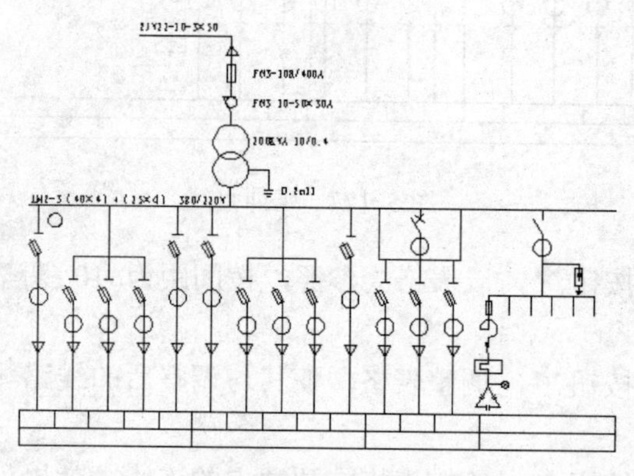

图 5-182　绘制圆

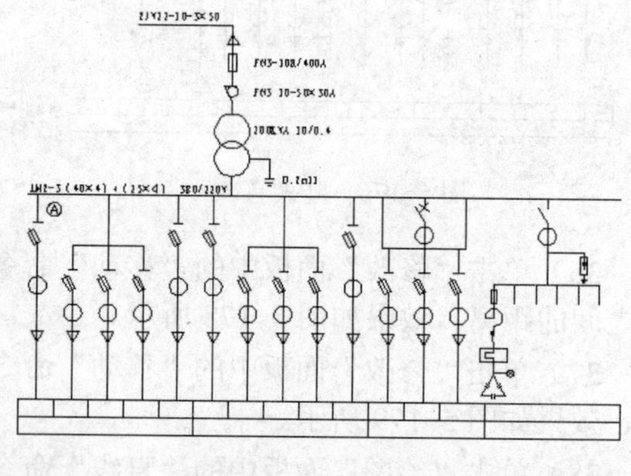

图 5-183　书写文字“A”

42）单击“修改”面板中的“复制”命令按钮，把电流表符号向右复制，在每条线路上配置一个，效果如图 5-184 所示。

43）单击“修改”面板中的“复制”命令按钮，把电流表符号向右复制，在如图 5-185

所示的光标所指的线路左边位置配置一个，效果如图 5-186 所示。

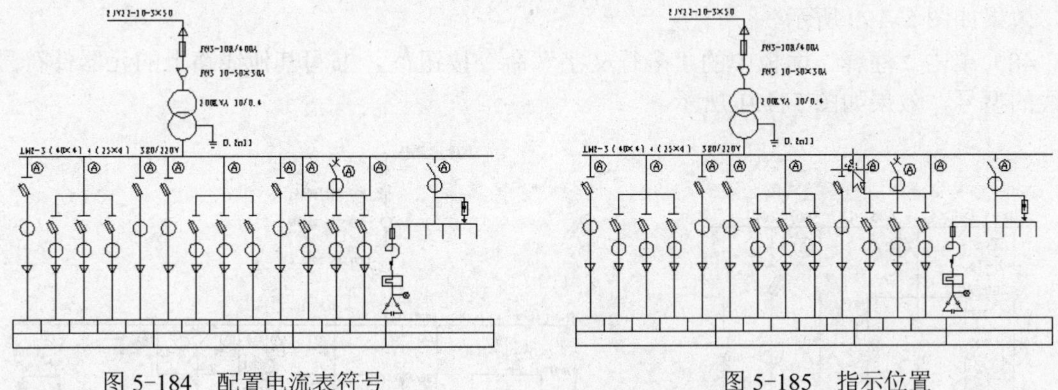

图 5-184　配置电流表符号　　图 5-185　指示位置

44）单击“注释”选项卡，单击“文字”面板中的“编辑”命令按钮，把刚才配置的线路右边电流表符号中的文字由“A”改成“V”，形成电压表符号，效果如图 5-187 所示。

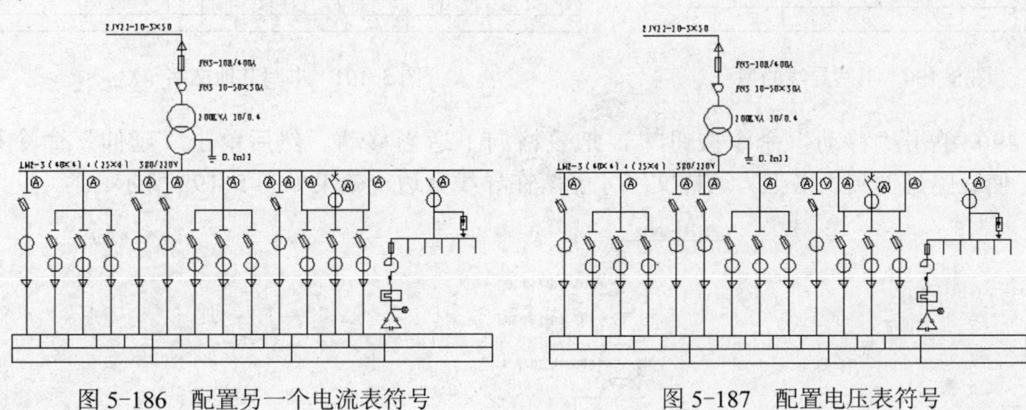

图 5-186　配置另一个电流表符号　　图 5-187　配置电压表符号

45）单击“实用程序”面板中的“窗口”命令按钮，局部放大图形左边，预备下一步操作，效果如图 5-188 所示。

46）单击“注释”面板中的“多行文字”命令按钮，书写第一条线路上元器件的代号，效果如图 5-189 所示。

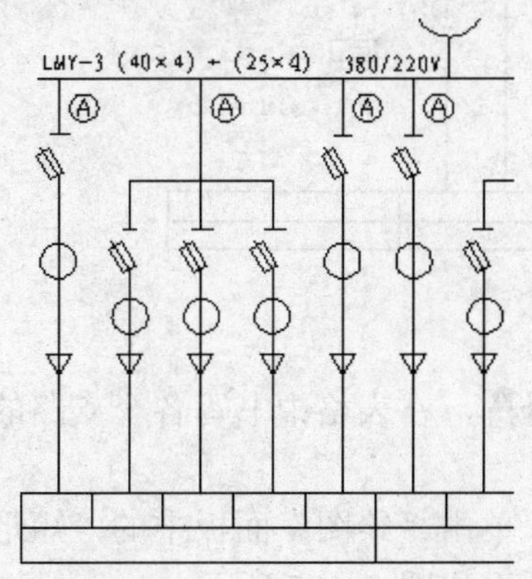


图 5-188　局部放大图形左边

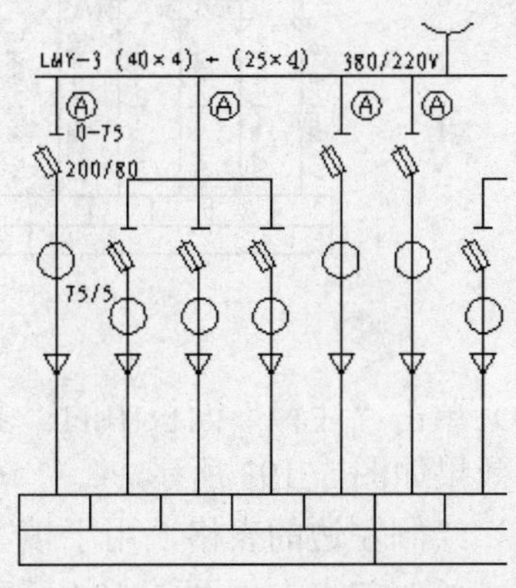


图 5-189　书写第一条线路的元器件代号

1
2
3
4
第 5 章
6
7
8
9
附录 A

47）单击“注释”面板中的“多行文字”命令按钮 A，书写第一条线路上下端导线的型号，效果如图 5-190 所示。

48）单击“注释”面板中的“多行文字”命令按钮 A，书写其他线路上的元器件符号、导线的型号，效果如图 5-191 所示。

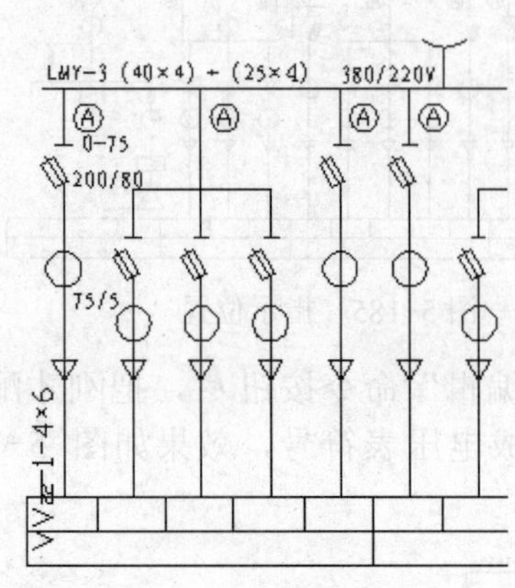


图 5-190　书写导线的型号

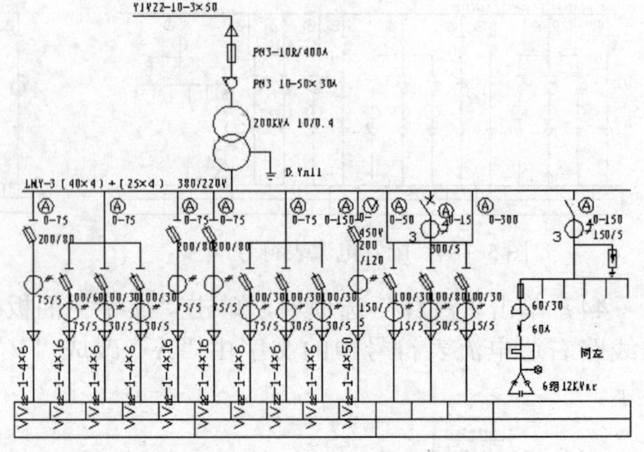

图 5-191　书写其他文字

49）单击“移动”命令按钮，把表格向下适当移动。然后单击“延伸”命令按钮，使线路延伸到表格上。这样文字才能落在导线旁边，效果如图 5-192 所示。

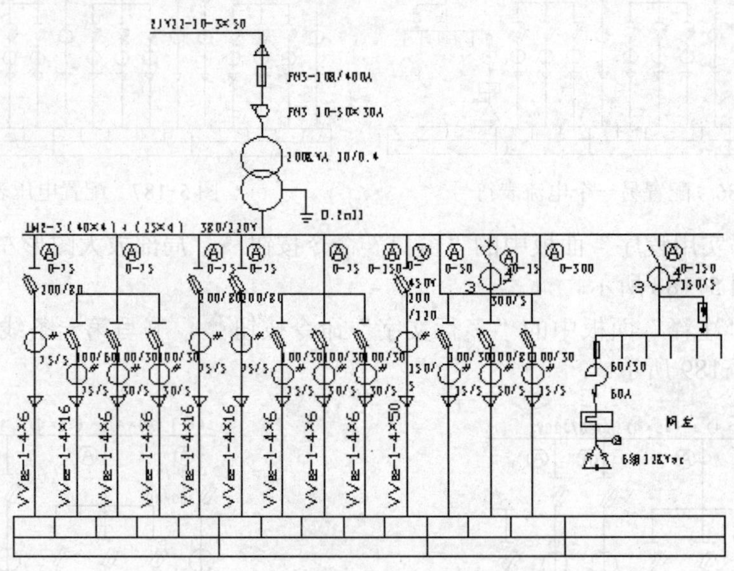

图 5-192　调整表格

50）单击“注释”面板中的“多行文字”命令按钮 A，在表格中书写各个支路的代号和组号，效果如图 5-193 所示。

51）绘制左边的表格，用于填写各层元件的文字。单击“绘图”面板中的“矩形”命令按钮，绘制起点在如图 5-194 所示的端点的矩形，效果如图 5-195 所示。

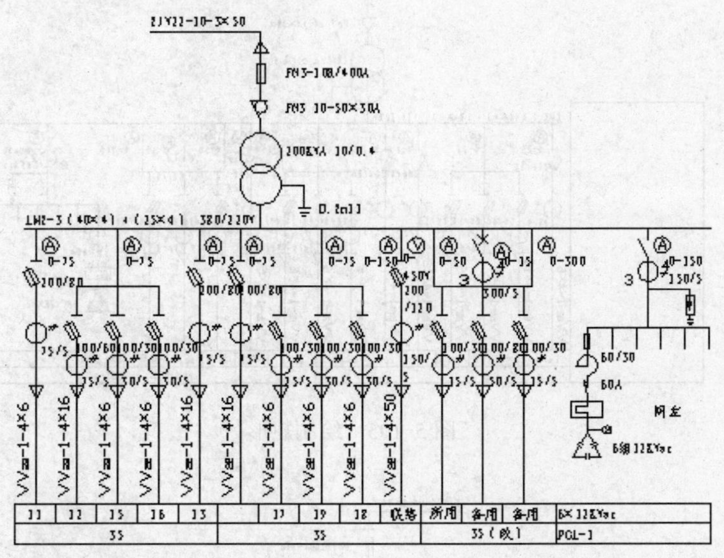

图 5-193　书写线路代号

52）单击“修改”面板中的“分解”命令按钮，把矩形分解成直线。然后单击“修改”面板中的“阵列”命令按钮，把矩形下边阵列 17 行，行距为 5，效果如图 5-196 所示。

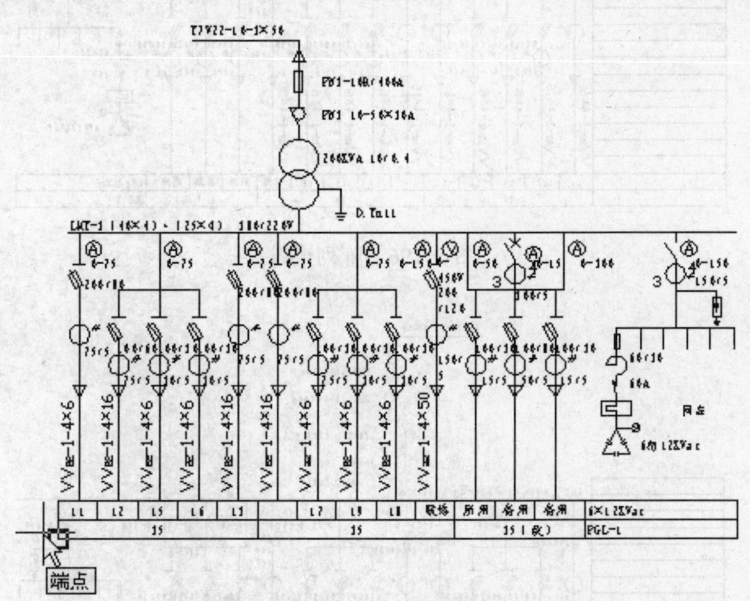

图 5-194　捕捉端点

53）单击“修改”面板中的“删除”命令按钮，删除如图 5-197 所示的虚线线条，效果如图 5-198 所示。

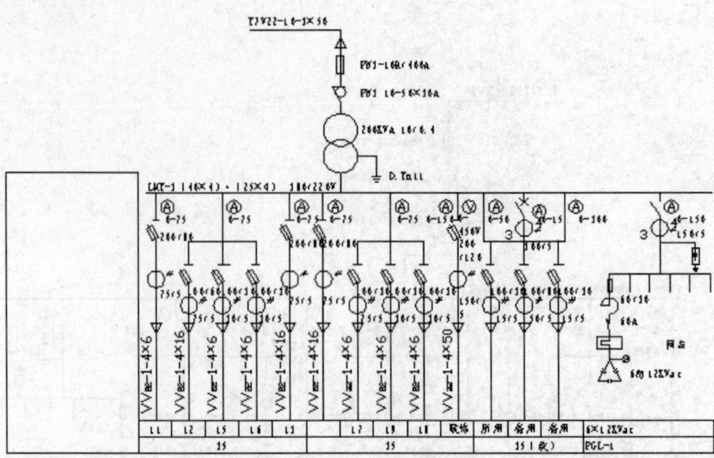

图 5-195　绘制矩形

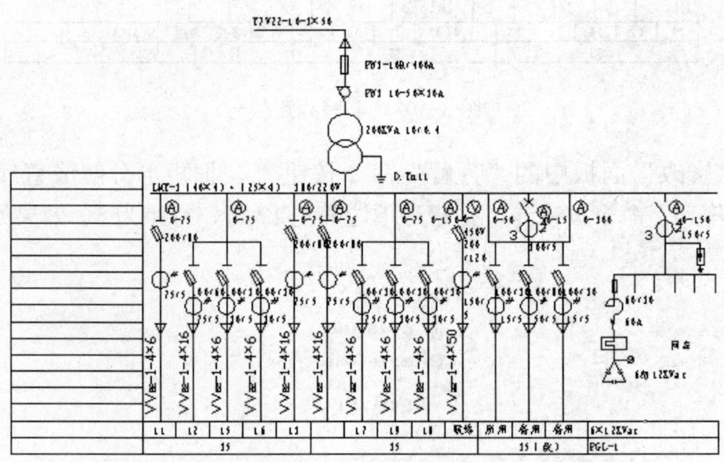

图 5-196　阵列直线

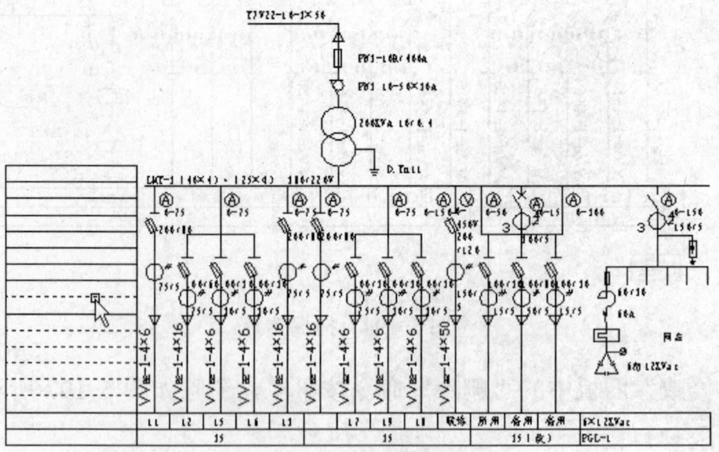

图 5-197　捕捉线条

54）单击“注释”面板中的“多行文字”命令按钮A，在左边表格中书写各行元器件名称，效果如图 5-199 所示。

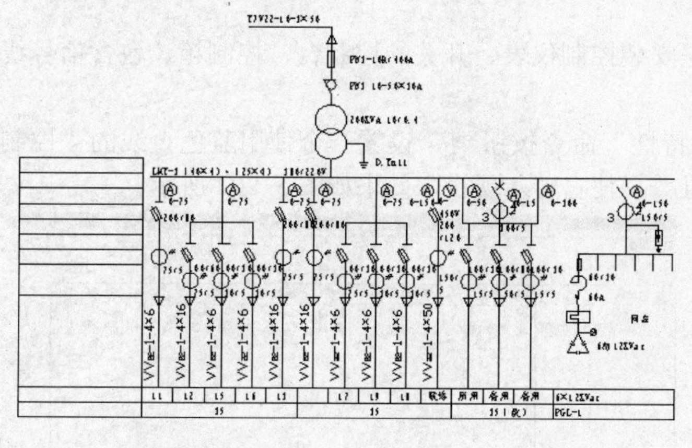

图 5-198 删除直线

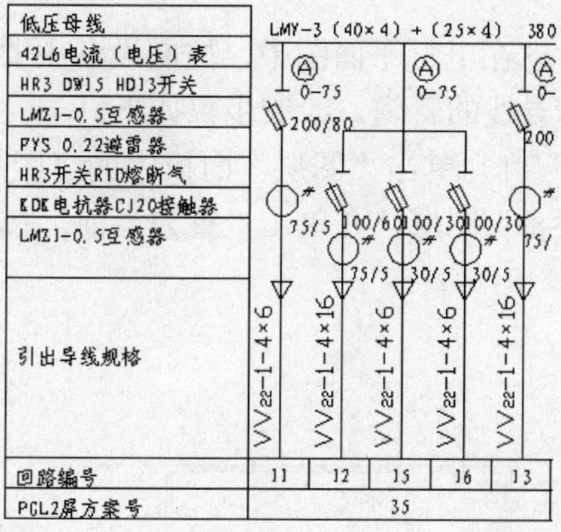


图 5-199 书写文字

55）在“菜单浏览器”中选择“视图”→“三维视图”→“俯视”菜单命令，显示全部图形，效果如图 5-200 所示。

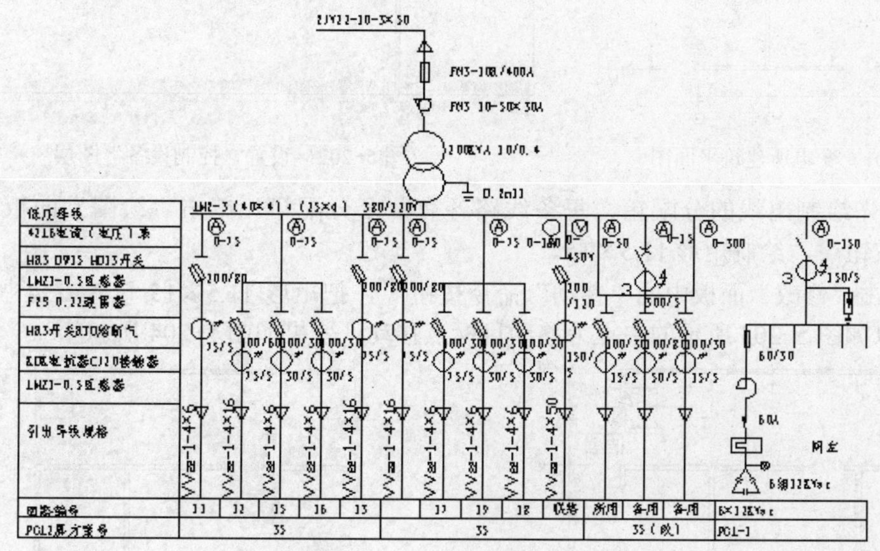


图 5-200 显示全部图形

## 5.4 变电所平面图

### 制作思路

变电所平面图就是在变电所建筑平面图中绘制各种电气设备和电气控制设备。本例中，先绘制控制设备，然后绘制变压设备，最后给变电所平面图标上说明文字以及安装尺寸。

打开一幅如图 5-201 所示的变电所建筑平面图，准备在其中绘制电气图。

### 5.4.1 控制设备

在电气平面图中，控制设备主要是安装控制仪表、开关的控制台、控制箱、包含信号线和导线的管道。绘制步骤如下。

1）单击“图层”面板中的“图层特性”命令按钮，设置一个使用蓝色直线的“控制设备”图层，并单击“置为当前”按钮，使它转入现役，效果如图 5-202 所示。

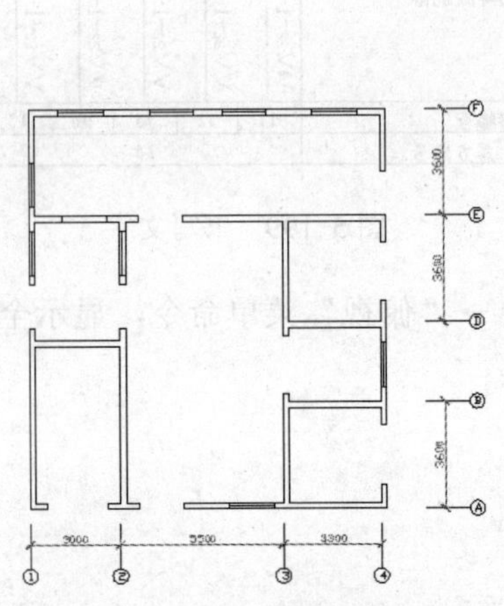

图 5-201 变电所建筑平面图

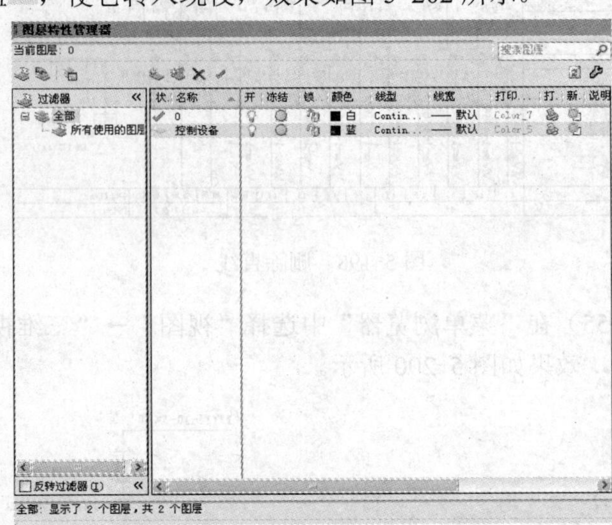

图 5-202 设置“控制设备”图层

2）首先绘制出线的分配箱，每条线路各有一个分配箱。单击“绘图”面板中的“矩形”命令按钮，绘制矩形 11.5×15。

3）单击“修改”面板中的“移动”命令按钮，把矩形 11.5×15 以其右边中点为移动基准点，以如图 5-203 所示的中点为移动目标点移动，效果如图 5-204 所示。

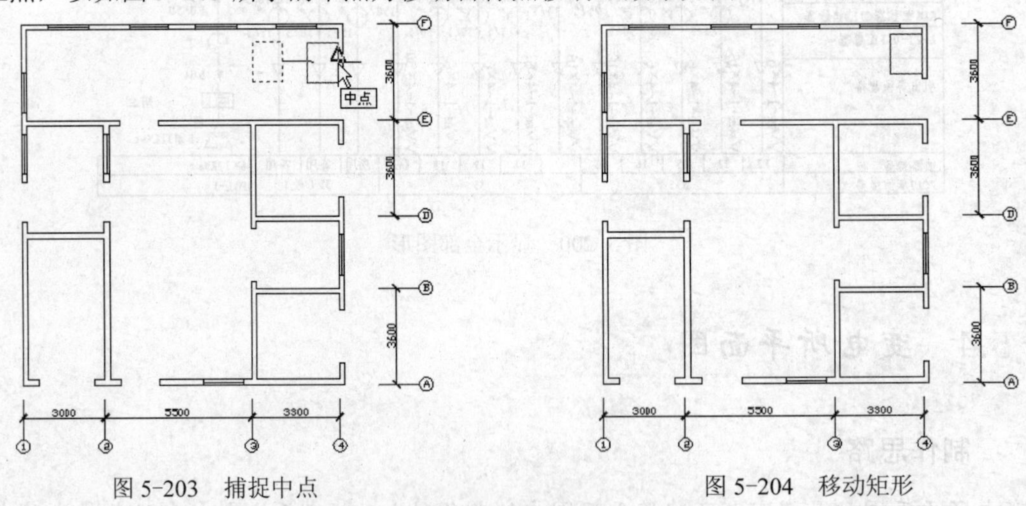

图 5-203 捕捉中点　　　　图 5-204 移动矩形

4）单击“修改”面板中的“阵列”命令按钮，把矩形 11.5×15 阵列 10 列，列距为-11.5，效果如图 5-205 所示。

5）现在绘制跨越墙线的管道，其中容纳着电线。单击“修改”面板中的“分解”命令按钮，把左边第2个矩形11.5×15分解成4条直线。

6）单击“修改”面板中的“偏移”命令按钮，把分解矩形得到的左边那条边向右边偏移复制两份，偏移复制距离为1和6，效果如图5-206所示。

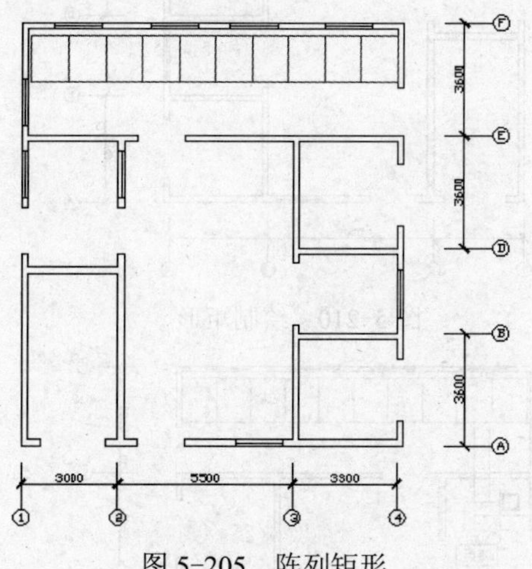


图5-205　阵列矩形

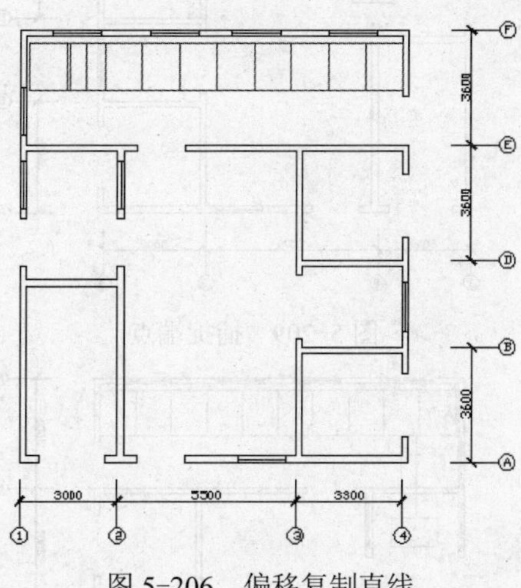


图5-206　偏移复制直线

7）单击“修改”面板中的“移动”命令按钮，把偏移复制的直线向下移动，移动距离为15，效果如图5-207所示。

8）在命令行窗口输入命令“lengthen”，把偏移复制的直线向下拉长12，效果如图5-208所示。

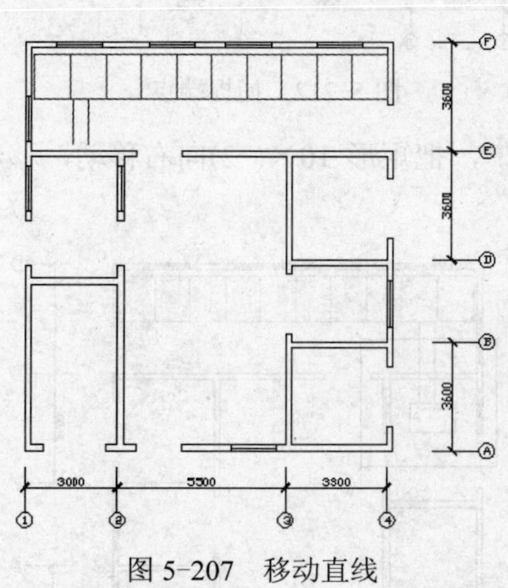


图5-207　移动直线

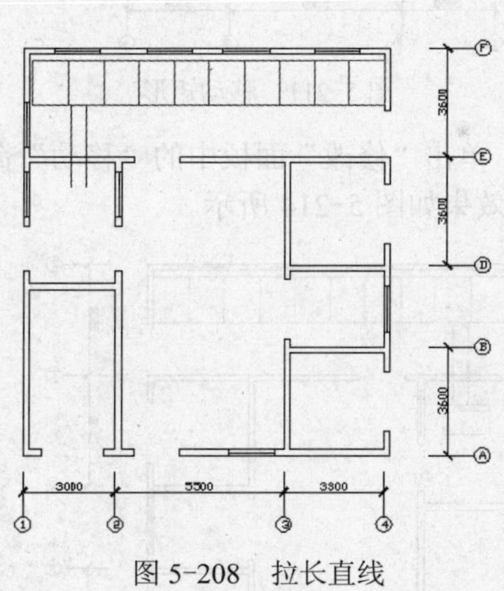


图5-208　拉长直线

9）现在绘制电线的转换站，电线将在这里重新组合。单击“绘图”面板中的“矩形”命令按钮，绘制起点在如图5-209所示的端点的矩形15×9.5，效果如图5-210所示。

10）单击“修改”面板中的“移动”命令按钮，把矩形15×9.5向右移动，移动距离为3，效果如图5-211所示。

11）单击“绘图”面板中的“矩形”命令按钮，绘制起点在如图5-212所示的端点的矩形10×(-2)，效果如图5-213所示。

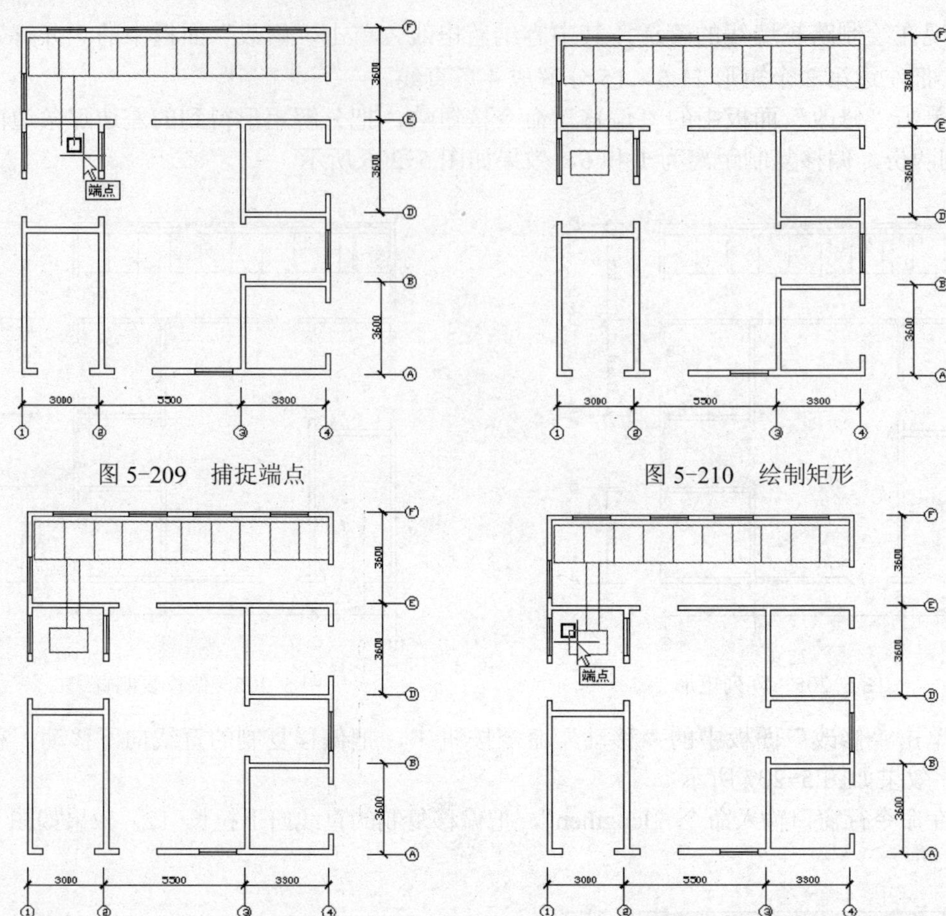


图 5-209　捕捉端点

图 5-210　绘制矩形

图 5-211　移动矩形

图 5-212　捕捉端点

12）单击“修改”面板中的“移动”命令按钮，把矩形 10×(-2)向右移动，移动距离为 2.5，效果如图 5-214 所示。

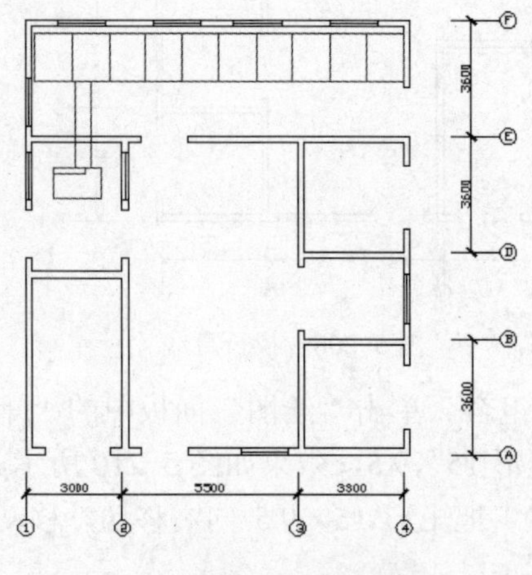


图 5-213　绘制矩形

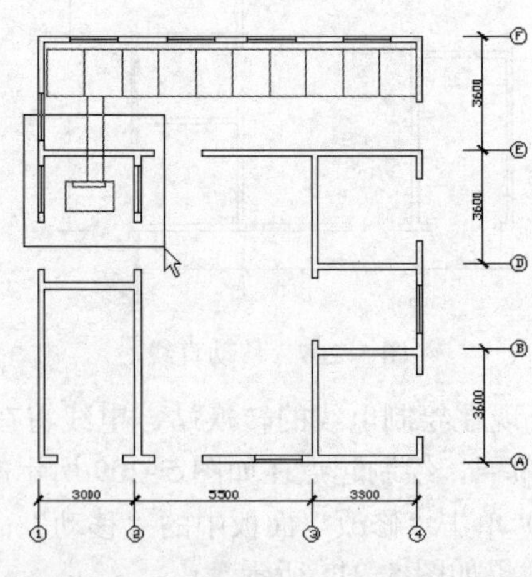


图 5-214　移动矩形并框选图形

13）单击“实用程序”面板中的“窗口”命令按钮，局部放大如图 5-214 所示的框选

的图形，预备下一步操作，效果如图5-215所示。

14）单击“修改”面板中的“复制”命令按钮，把矩形 10×(-2)向下复制两份，复制距离为2，效果如图5-216所示。

15）单击“修改”面板中的“复制”命令按钮，把如图5-217所示的光标所指的直线向左复制两份，复制距离为10和25，效果如图5-218所示。

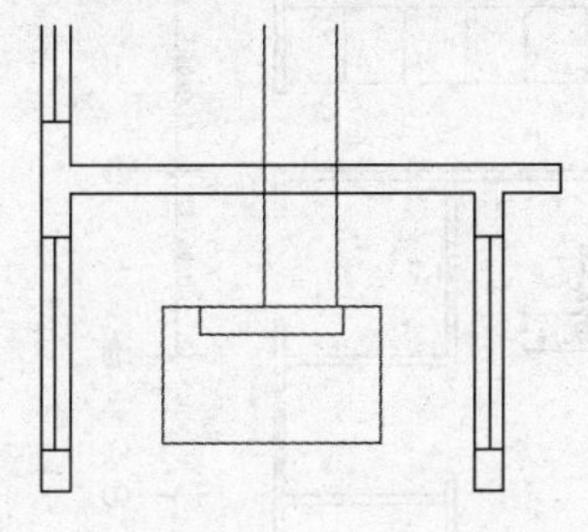

图5-215　局部放大

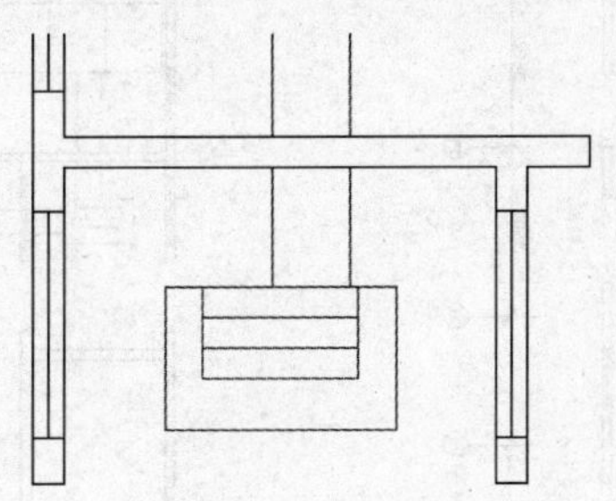

图5-216　复制矩形

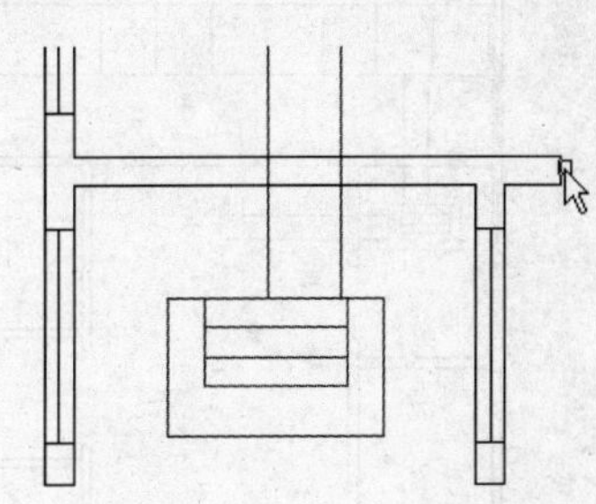

图5-217　选择直线

16）剪掉墙线遮掩的管道线。单击“修改”面板中的“修剪”命令按钮，以如图5-219所示的虚线直线为修剪边，修剪掉光标所示的线头，结果如图5-220所示。

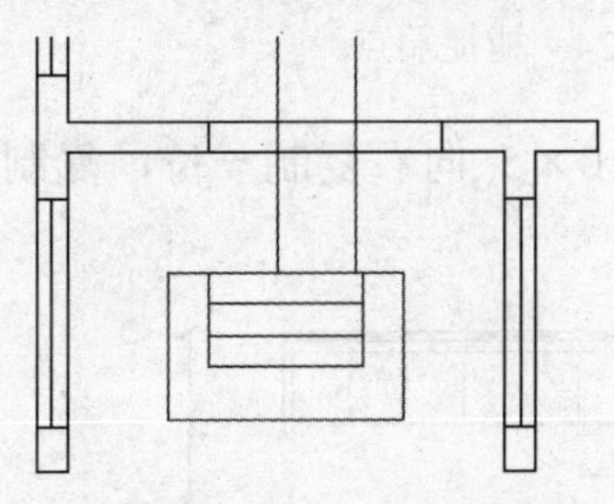

图5-218　复制直线

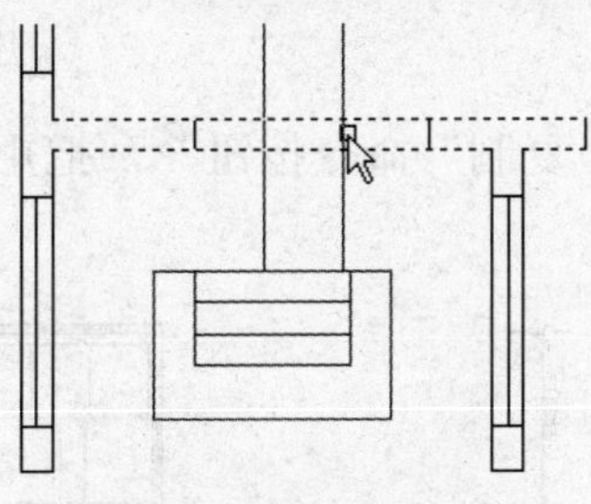

图5-219　选择线头

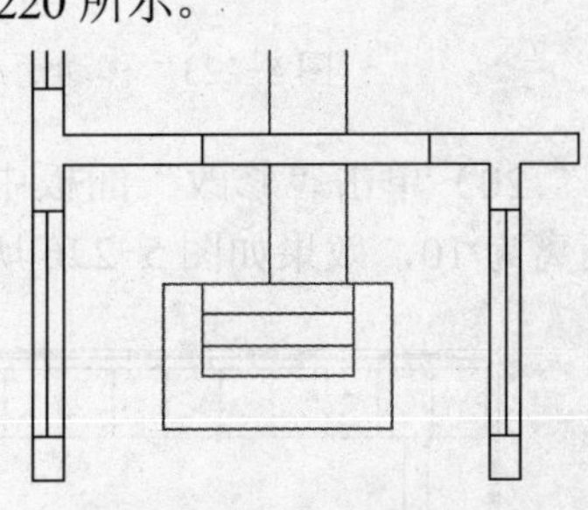

图5-220　修剪线头

17）现在绘制转换站右边的管道，它通向控制台。单击“绘图”面板中的“矩形”命令按钮，绘制起点在如图5-221所示的端点的矩形40×5。然后在“菜单浏览器”中选择“视图”→“三维视图”→“俯视”菜单命令，显示全部图形，效果如图5-222所示。

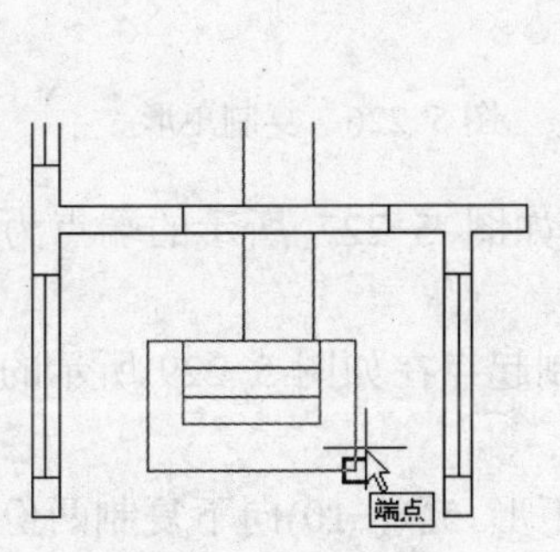


图5-221　捕捉端点

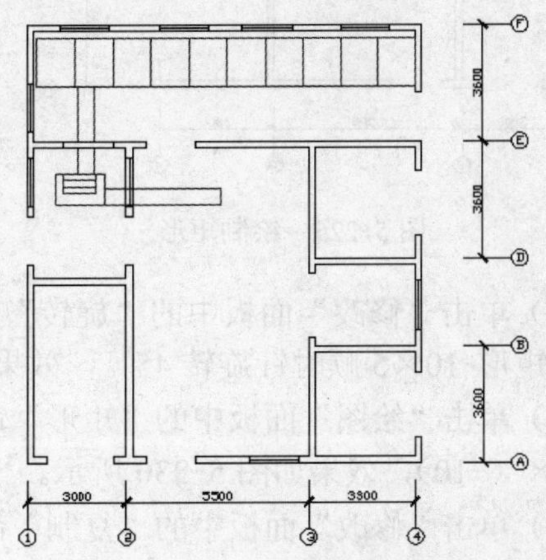


图5-222　绘制矩形

18）单击“修改”面板中的“移动”命令按钮，把矩形 40×5 向上移动，移动距离为 2.25，效果如图 5-223 所示。

19）现在开始绘制控制台。单击“绘图”面板中的“矩形”命令按钮，绘制起点在如图 5-224 所示的端点的矩形-10×5，效果如图 5-225 所示。

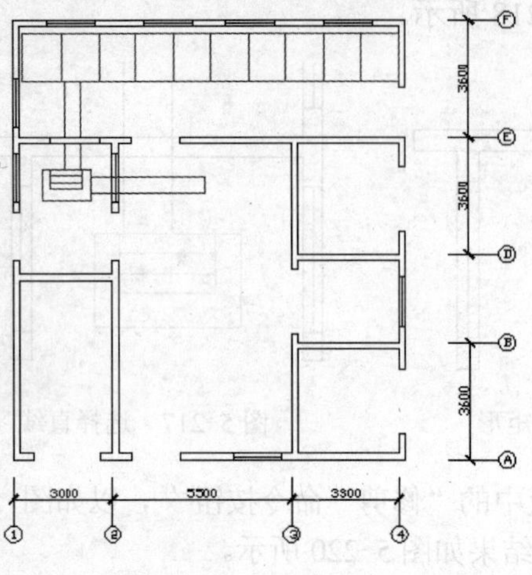

图 5-223　移动矩形

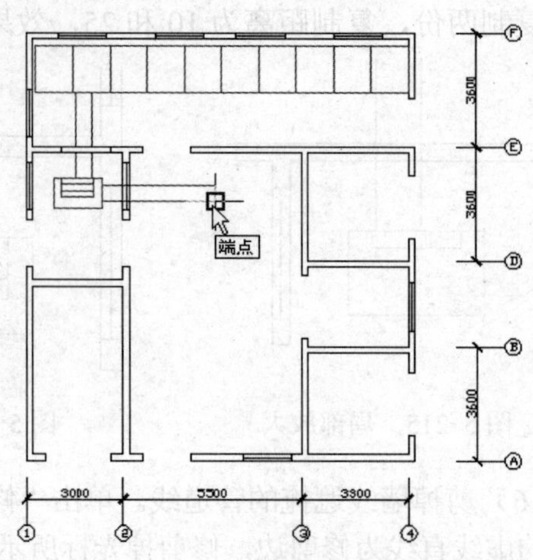

图 5-224　捕捉端点

20）单击“修改”面板中的“复制”命令按钮，把矩形-10×5 向右复制一份，复制距离为 10，效果如图 5-226 所示。

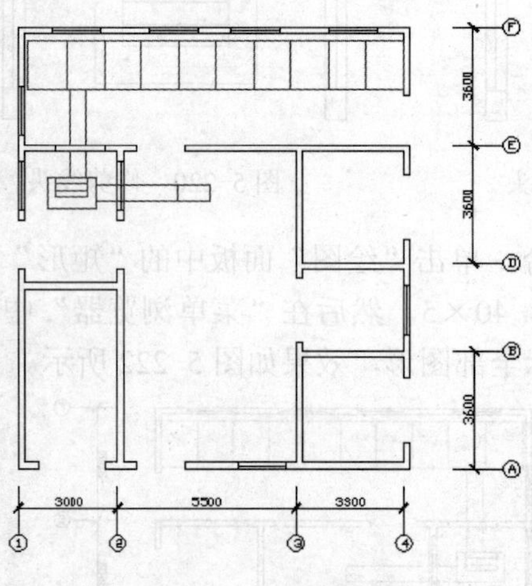

图 5-225　绘制矩形

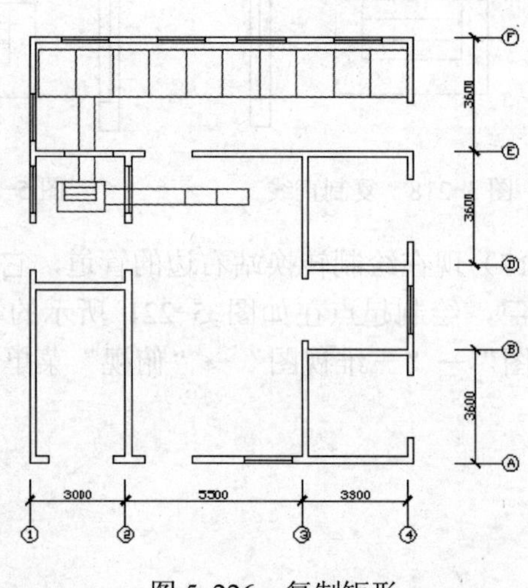

图 5-226　复制矩形

21）单击“修改”面板中的“旋转”命令按钮，以如图 5-227 所示的端点为旋转中心，把矩形-10×5 顺时针旋转 45°，效果如图 5-228 所示。

22）单击“绘图”面板中的“矩形”命令按钮，绘制起点在如图 5-229 所示的端点的矩形 5×（-10），效果如图 5-230 所示。

23）单击“修改”面板中的“复制”命令按钮，把矩形 5×(-10)向下复制两份，复制距离为 10 和 20，效果如图 5-231 所示。

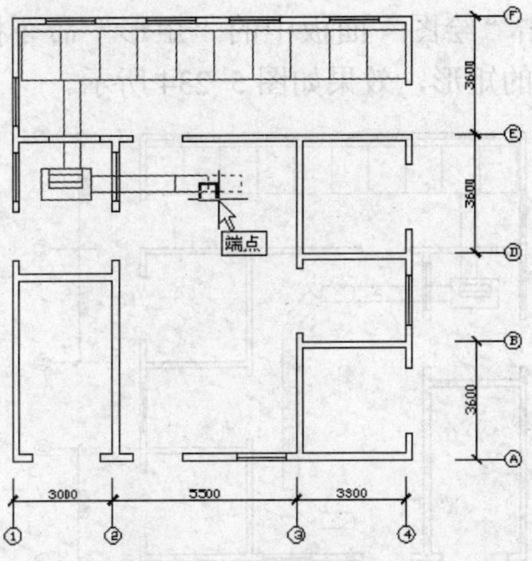

图 5-227　捕捉端点 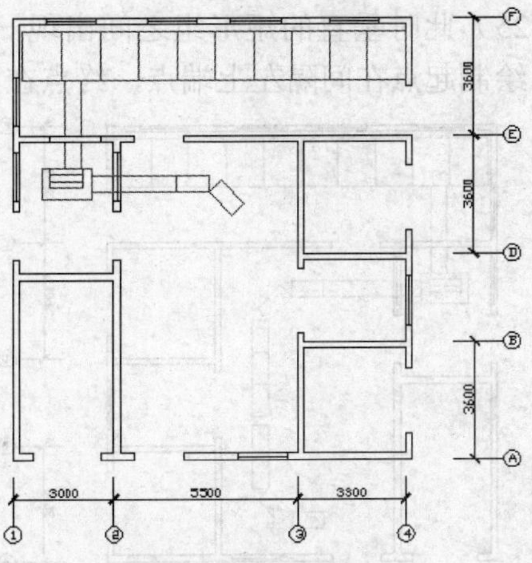　　　图 5-228　旋转矩形

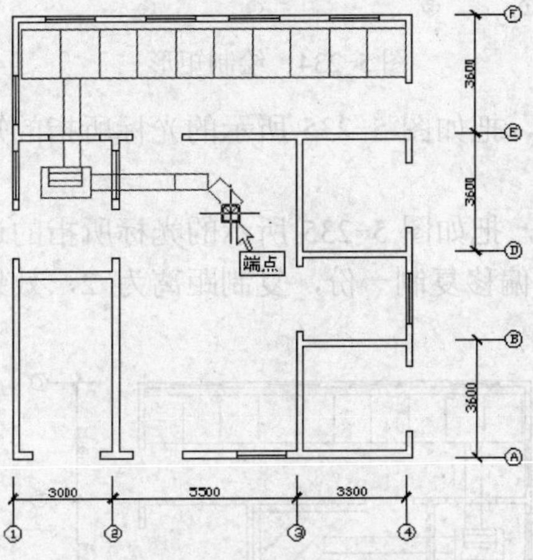

图 5-229　捕捉端点 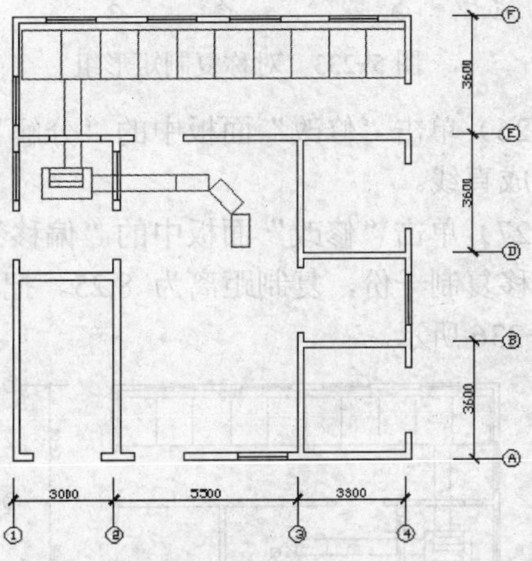　　　图 5-230　绘制矩形

24）单击“修改”面板中的“镜像”命令按钮，以过如图 5-232 所示的中点的水平直线为对称轴，把虚线所示的图形对称复制一份，效果如图 5-233 所示。

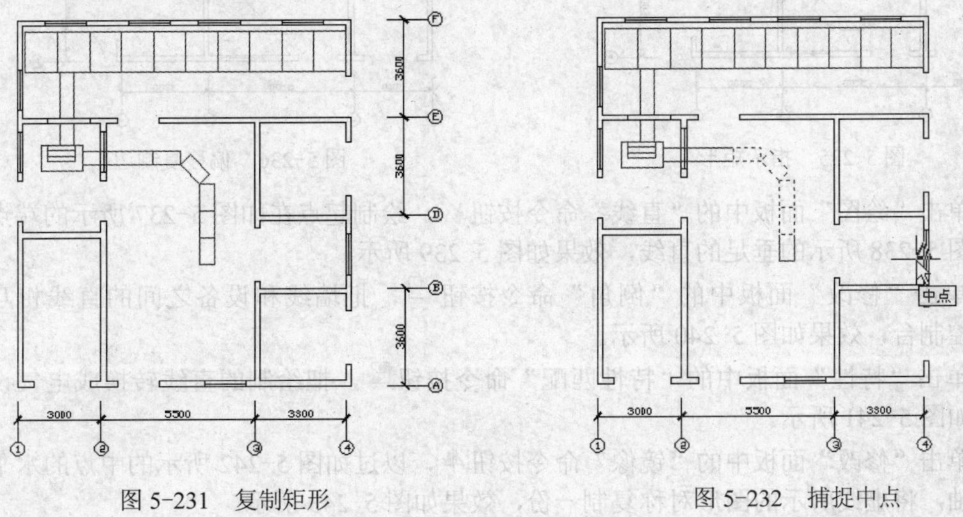


图 5-231　复制矩形　　　图 5-232　捕捉中点

25）此时垂直的矩形组之间出现一段间隔。单击“绘图”面板中的“矩形”命令按钮，绘制起点在间隔左上端点，终点在间隔右下端点的矩形，效果如图 5-234 所示。

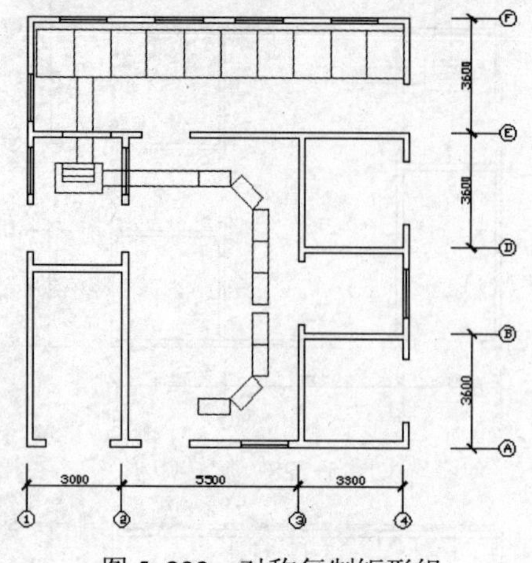


图 5-233　对称复制矩形组

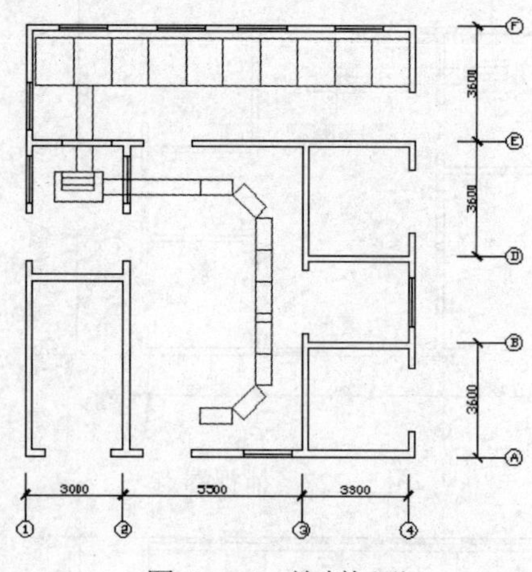


图 5-234　绘制矩形

26）单击“修改”面板中的“分解”命令按钮，把如图 5-235 所示的光标所指的矩形分解成直线。

27）单击“修改”面板中的“偏移”命令按钮，把如图 5-235 所示的光标所指的边向外偏移复制一份，复制距离为 8.25。把对面墙线向里偏移复制一份，复制距离为 2，效果如图 5-236 所示。

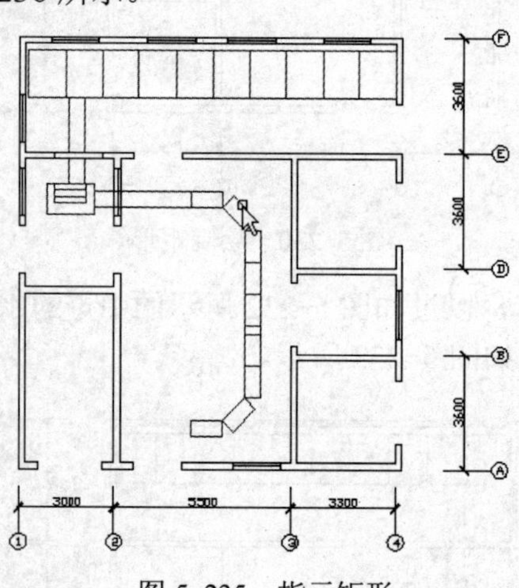


图 5-235　指示矩形

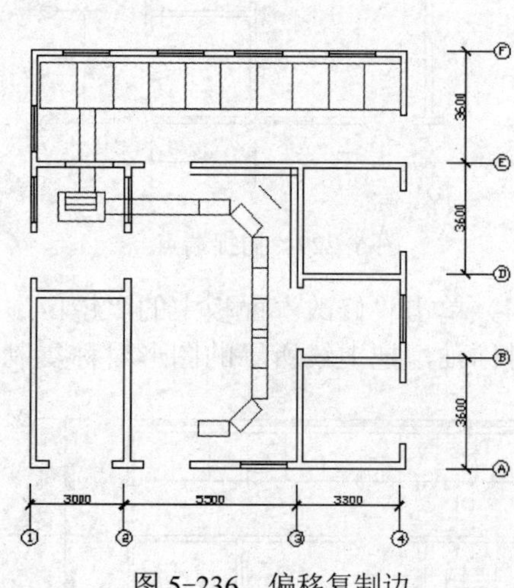


图 5-236　偏移复制边

28）单击“绘图”面板中的“直线”命令按钮，绘制起点在如图 5-237 所示的端点，终点在如图 5-238 所示的垂足的直线，效果如图 5-239 所示。

29）单击“修改”面板中的“倒角”命令按钮，把墙线和设备之间的直线相互倒角，形成控制台，效果如图 5-240 所示。

30）单击“特性”面板中的“特性匹配”命令按钮，把绘制的直线转换成电气设备线，效果如图 5-241 所示。

31）单击“修改”面板中的“镜像”命令按钮，以过如图 5-242 所示的中点的水平直线为对称轴，将虚线所示的图形对称复制一份，效果如图 5-243 所示。

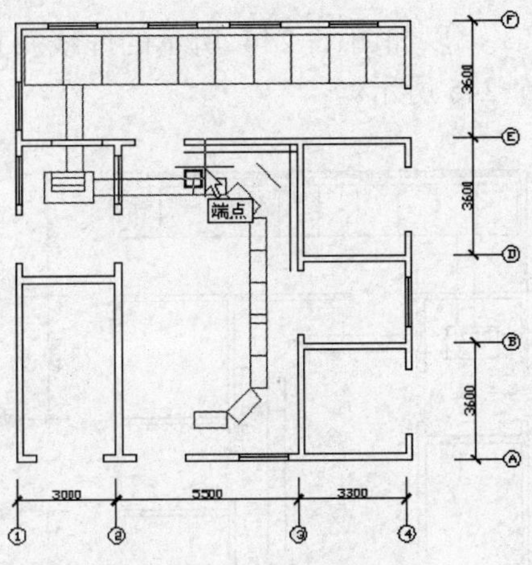


图 5-237　捕捉端点

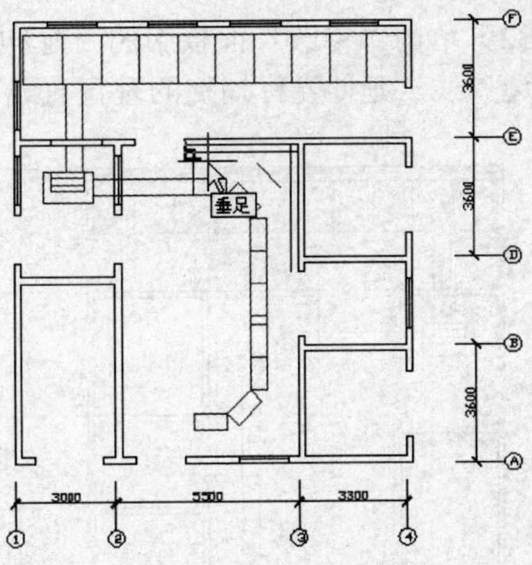


图 5-238　捕捉垂足

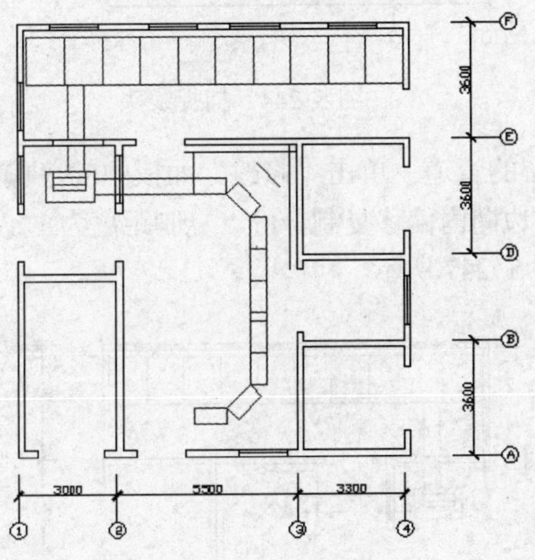


图 5-239　绘制直线

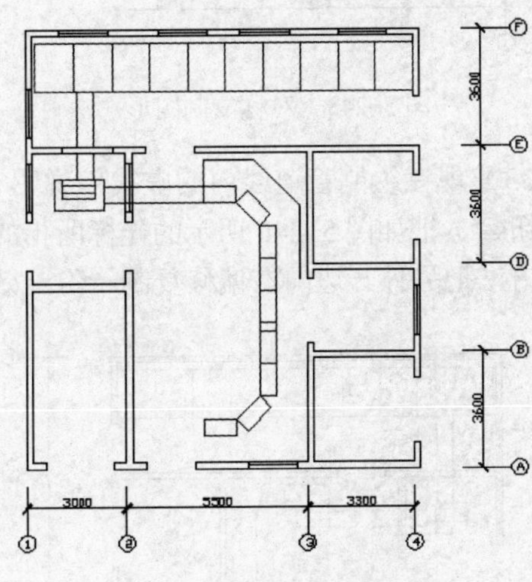


图 5-240　连接直线

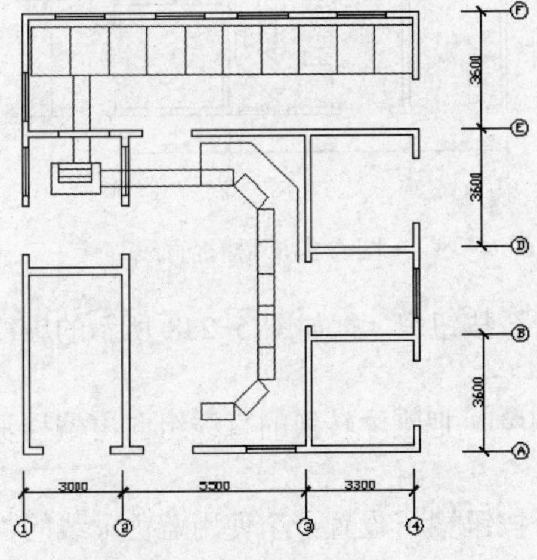


图 5-241　转换线型

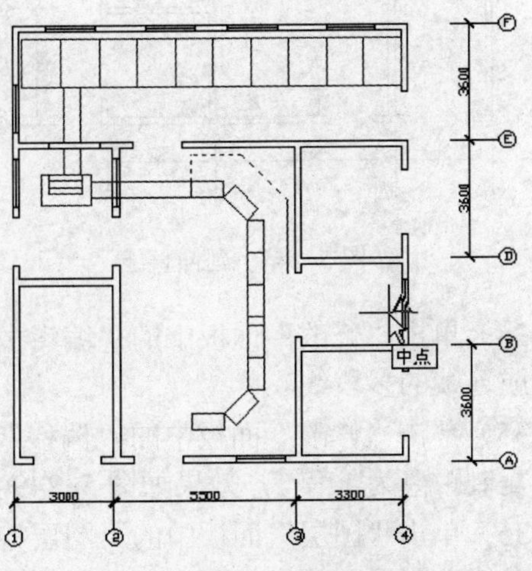


图 5-242　捕捉中点

32）单击“修改”面板中的“延伸”命令按钮，以如图 5-244 所示的虚线斜直线为延伸边界线，延伸光标捕捉的垂直直线，效果如图 5-245 所示。

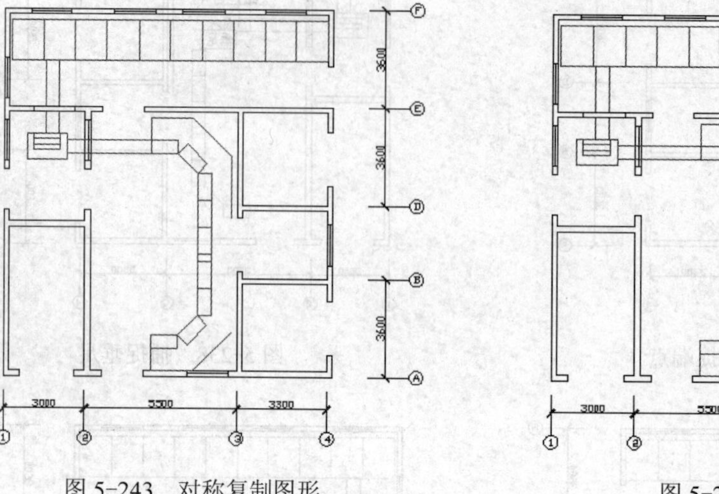


图 5-243　对称复制图形　　　　图 5-244　捕捉线头

33）现在绘制管道线内的虚线，说明它是空心的管道。单击“修改”面板中的“偏移”命令按钮，把如图 5-246 所示的光标所指的管道的边向内偏移复制一份，复制距离为 1。按照相同的方法把另外一边向右偏移复制一份，效果如图 5-247 所示。

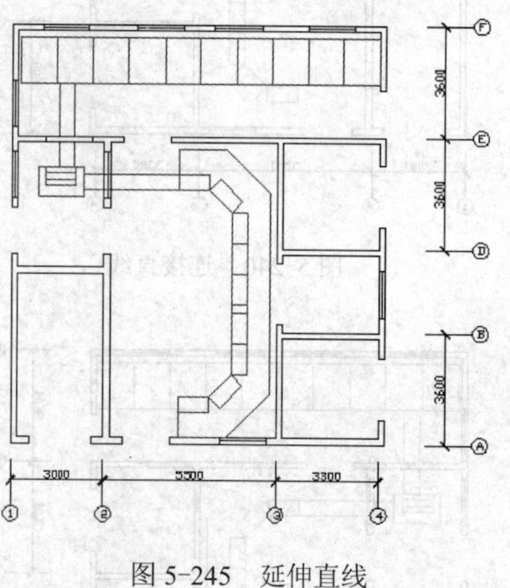

图 5-245　延伸直线

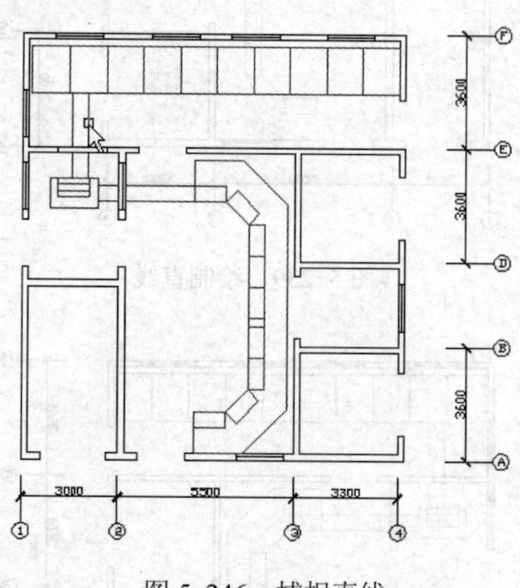

图 5-246　捕捉直线

34）单击“修改”面板中的“编辑多段线”命令按钮，把如图 5-248 所示的虚线线条转换成连续的多段线。

35）单击“修改”面板中的“偏移”命令按钮，把刚才转换的直线组向内偏移复制两份，复制距离为 1 和 7，效果如图 5-249 所示。

36）单击“图层”面板中的“图层特性”命令按钮，设置一个使用蓝色虚线的“控制设备虚线”图层，效果如图 5-250 所示。

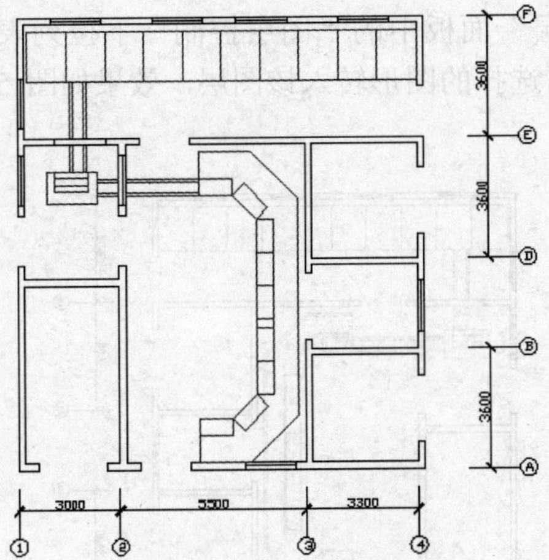


图 5-247　偏移复制管线

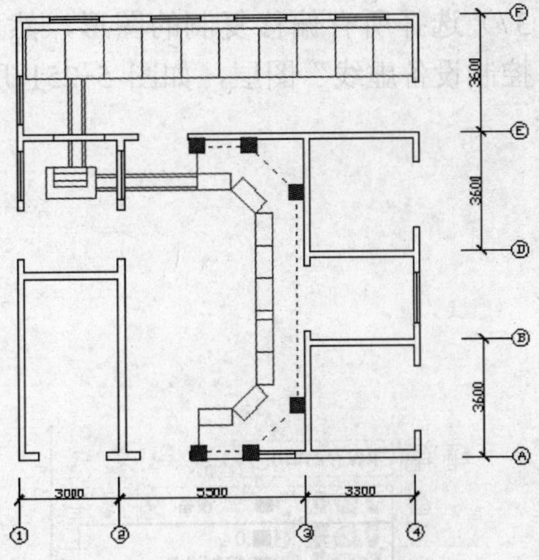


图 5-248　转换直线组

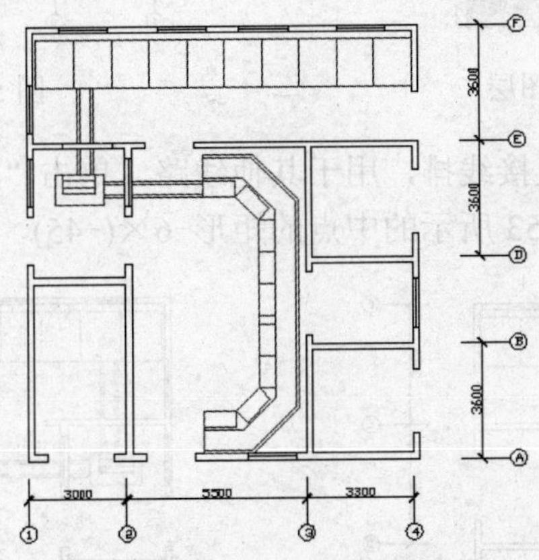


图 5-249　偏移复制多段线

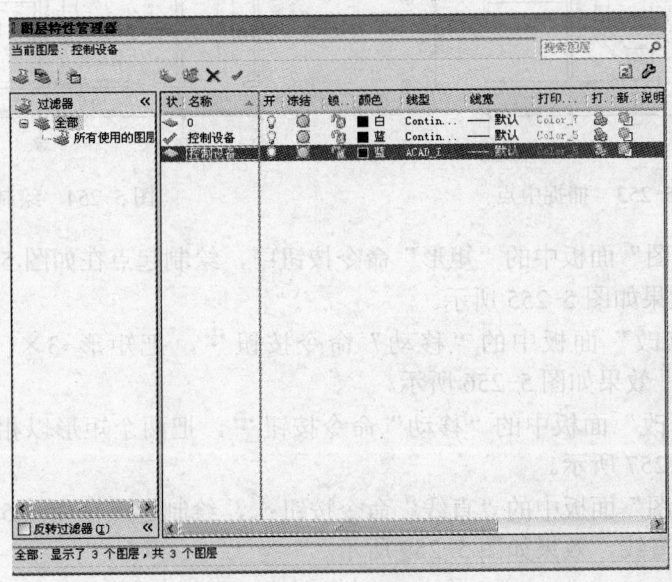


图 5-250　设置图层

1 2 3 4 第5章 6 7 8 9 附录A

37）选择所有偏移复制的图形，然后在“图层”面板中的“图层控制”下拉列表中选择“控制设备虚线”图层，如图 5-251 所示，使所选择的图形转入该图层，效果如图 5-252 所示。

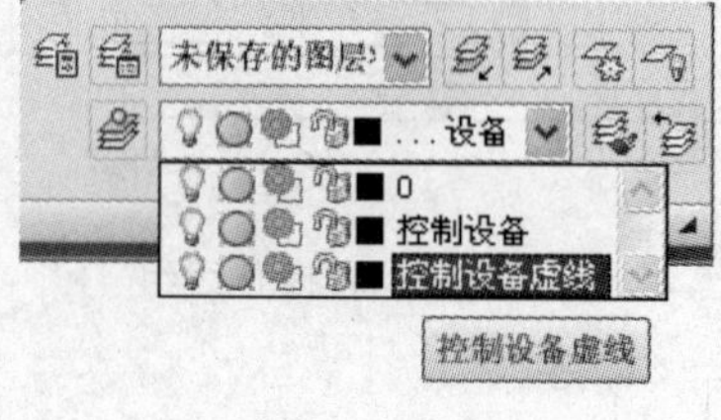


图 5-251　选择图层

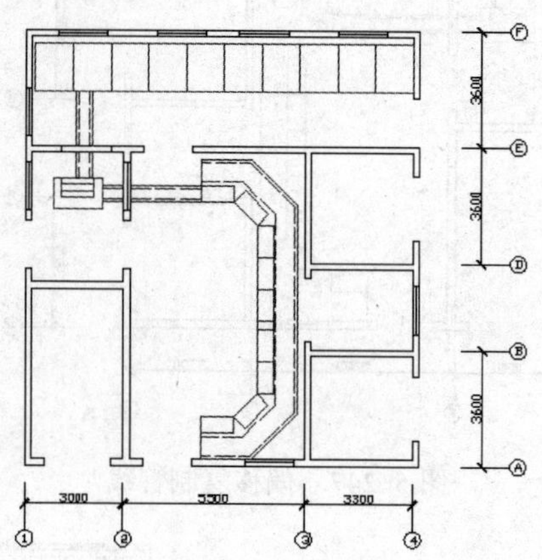

图 5-252　转换图层

38）现在开始绘制另一组接线排，用于其他线路。单击“绘图”面板中的“矩形”命令按钮，绘制起点在如图 5-253 所示的中点的矩形-6×(-45)，效果如图 5-254 所示。

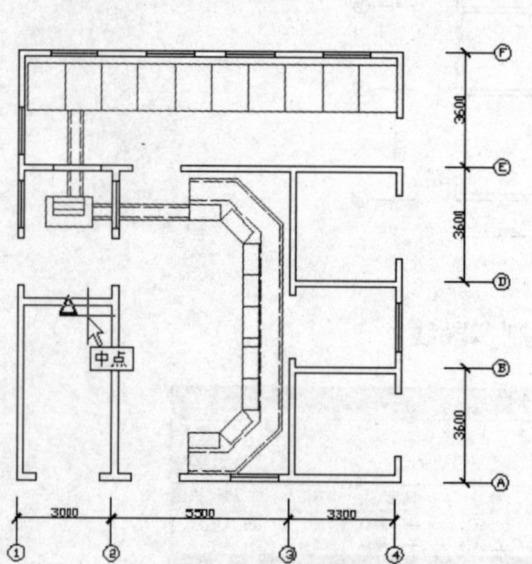


图 5-253　捕捉中点

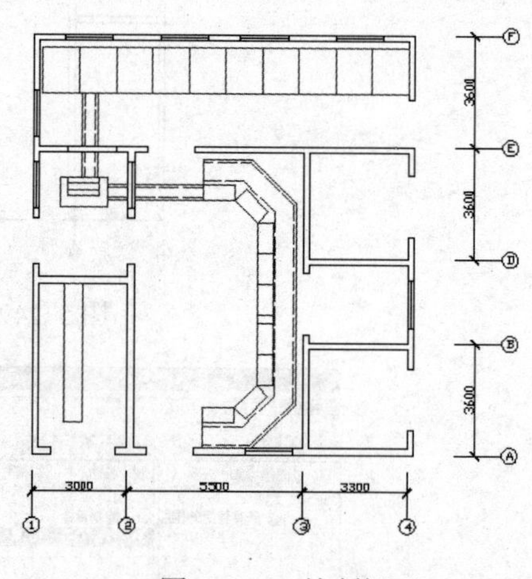

图 5-254　绘制矩形

39）单击“绘图”面板中的“矩形”命令按钮，绘制起点在如图 5-253 所示的中点的矩形-3×(-40)，效果如图 5-255 所示。

40）单击“修改”面板中的“移动”命令按钮，把矩形-3×(-40)以相对坐标点@-1.5，-2.5 移动，效果如图 5-256 所示。

41）单击“修改”面板中的“移动”命令按钮，把两个矩形以相对坐标点@-3，-3 移动，效果如图 5-257 所示。

42）单击“绘图”面板中的“直线”命令按钮，绘制起点在如图 5-258 所示的中点，垂直于左边墙线的直线，效果如图 5-259 所示。

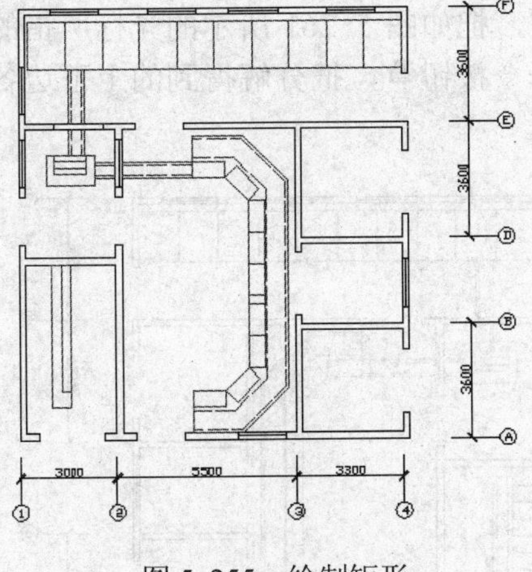


图 5-255　绘制矩形

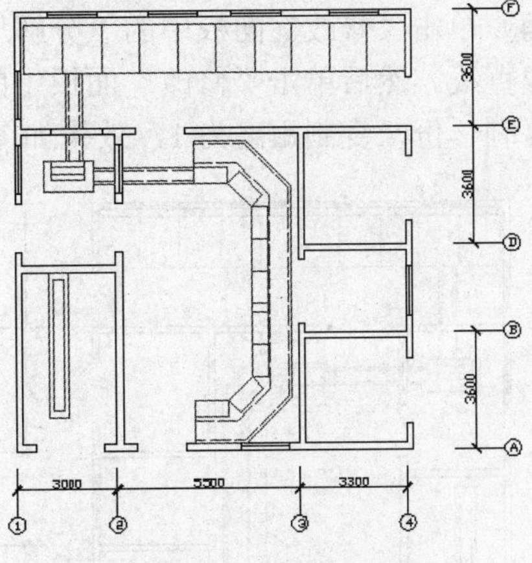


图 5-256　移动矩形

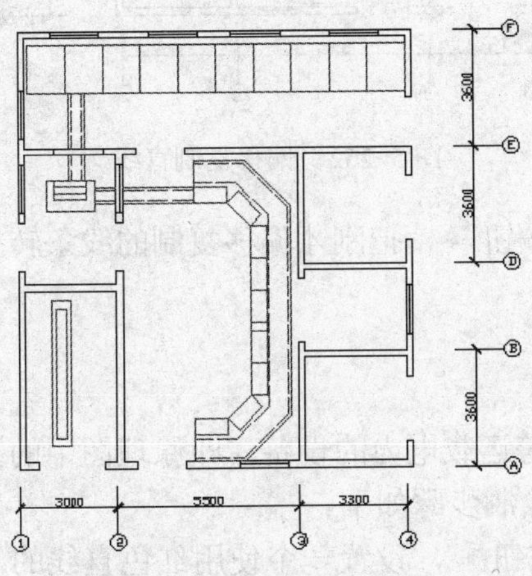


图 5-257　移动两个矩形

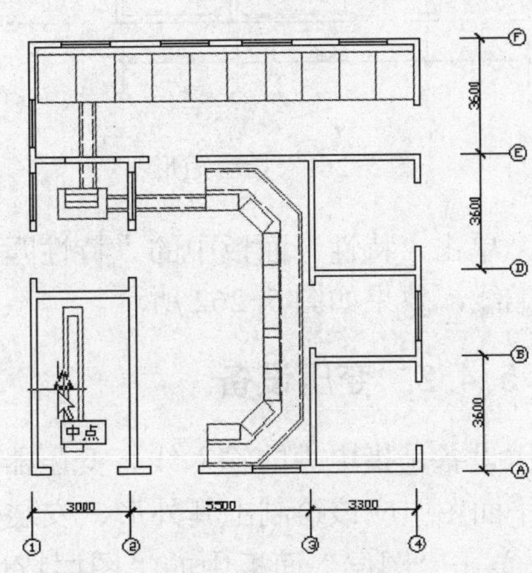


图 5-258　捕捉中点

43）单击“修改”面板中的“偏移”命令按钮，把刚才绘制的直线分别向两边偏移复制 4 份，偏移复制距离为 5，效果如图 5-260 所示。

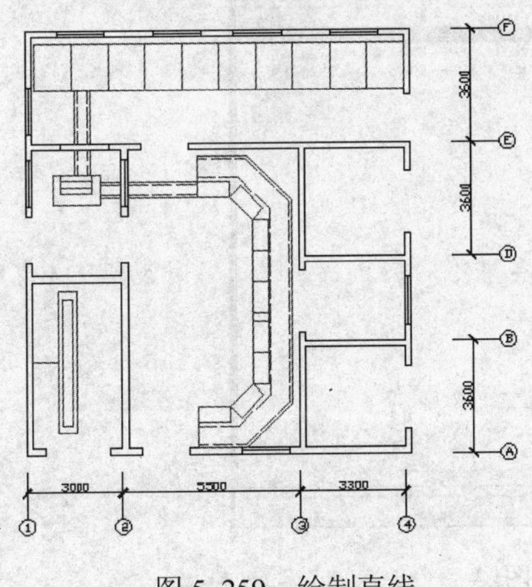


图 5-259　绘制直线

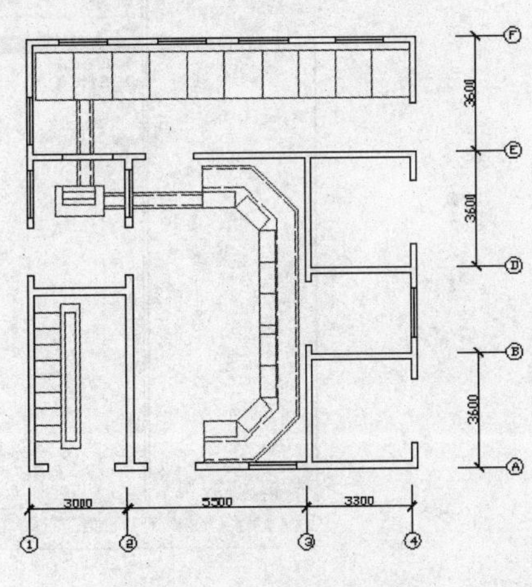


图 5-260　偏移复制直线

44）单击“修改”面板中的“分解”命令按钮，把如图 5-261 所示的光标所指的矩形分解成直线。然后单击“修改”面板中的“偏移”命令按钮，把分解得到的上下边各向里偏移复制一份，复制距离为 1，效果如图 5-262 所示。

图 5-261　指示矩形

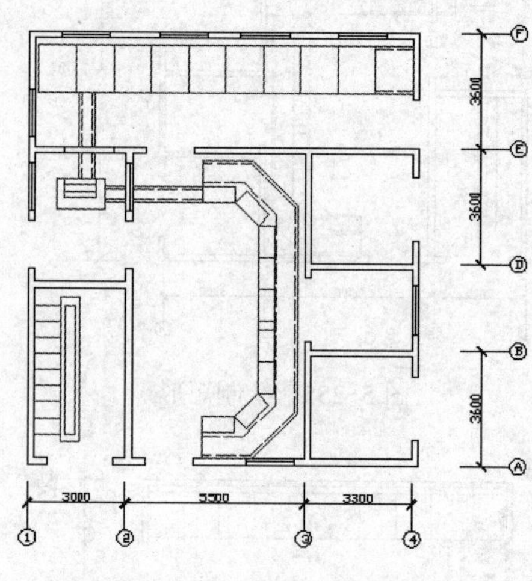


图 5-262　偏移复制直线

45）单击“特性”面板中的“特性匹配”命令按钮，把刚才偏移复制的线条转换成控制设备虚线，效果如图 5-262 所示。

## ▷▷▷ 5.4.2　变压设备

变压设备是指电力的输入线、变压器、输出线等运载电力的设备，即原理图中的主线。不过在平面图中应该绘制出其外形、安装位置等。绘制步骤如下。

1）单击“图层”面板中的“图层特性”命令按钮，设置一个使用红色直线的“变压设备”图层，并单击“置为当前”按钮，使它转入现役，效果如图 5-263 所示。

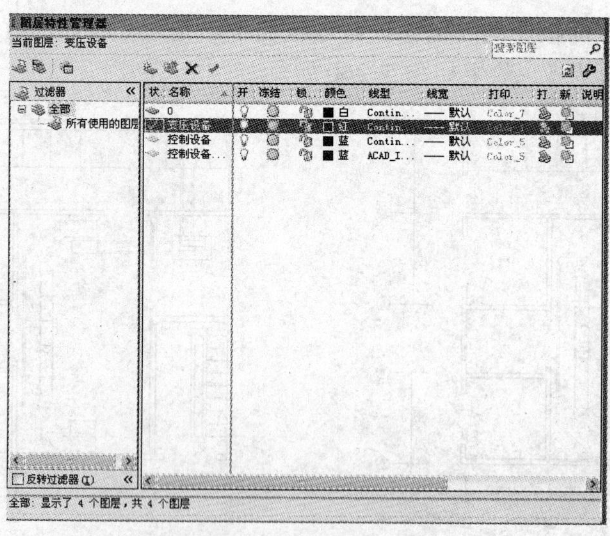


图 5-263　设置图层

2）单击“绘图”面板中的“矩形”命令按钮，绘制起点在如图 5-264 所示的中点的矩形 15×3，效果如图 5-265 所示。

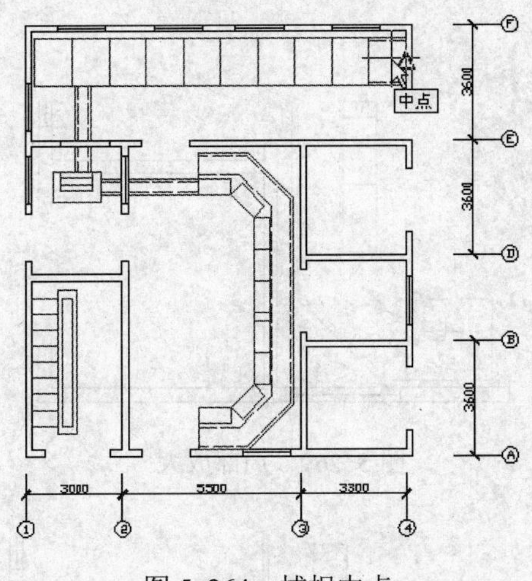

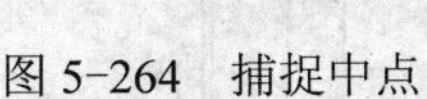
图 5-264 捕捉中点

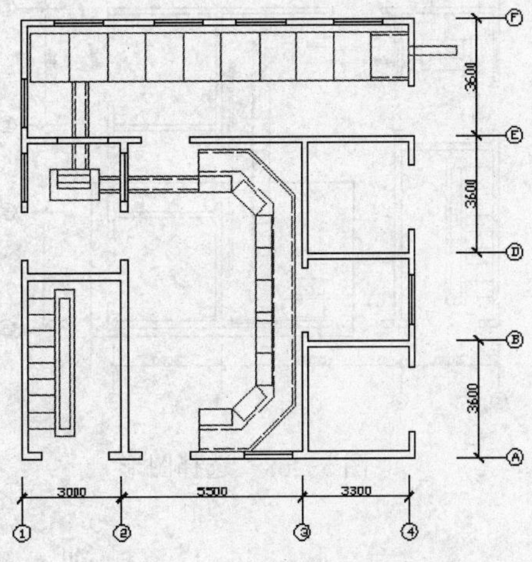

图 5-265 绘制矩形

3）单击“修改”面板中的“移动”命令按钮，把矩形 15×3 以相对坐标点@2，2 移动，效果如图 5-266 所示。

4）单击“修改”面板中的“镜像”命令按钮，以过控制设备入口右边中点的水平直线为对称轴，把矩形 15×3 对称复制一份，效果如图 5-267 所示。

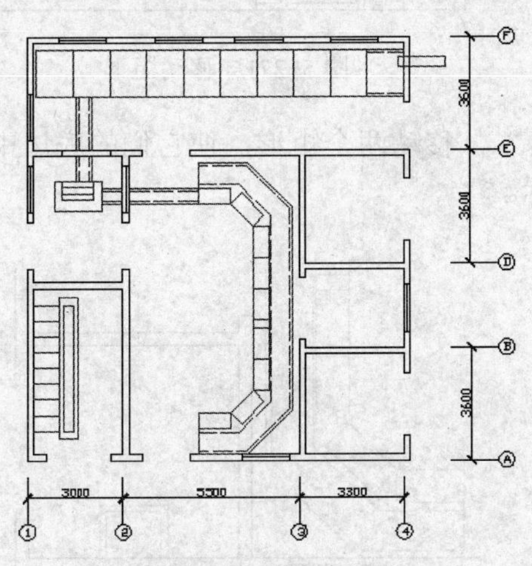

图 5-266 移动矩形 15×3

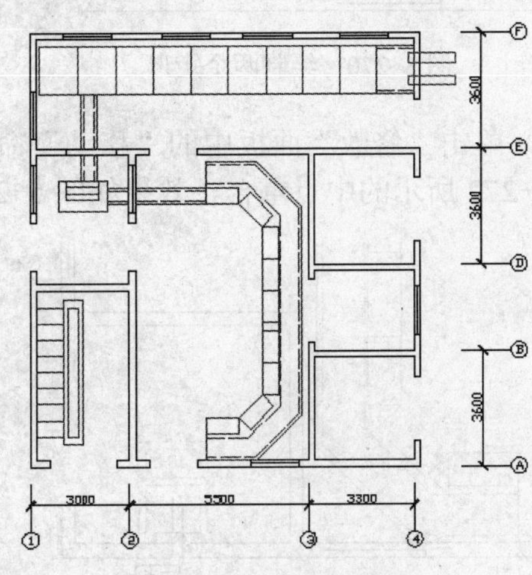

图 5-267 对称复制矩形

5）单击“实用程序”面板中的“窗口”命令按钮，局部放大如图 5-268 所示的选择的图形，预备下一步操作，效果如图 5-269 所示。

6）现在绘制变压器入线的接线排。单击“绘图”面板中的“矩形”命令按钮，绘制矩形 10×8 和矩形 8×7，效果如图 5-270 所示。

7）单击“修改”面板中的“移动”命令按钮，移动矩形 10×8，使它的底边中点和矩形 8×7 的底边中点重合，效果如图 5-271 所示。

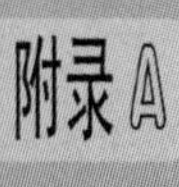


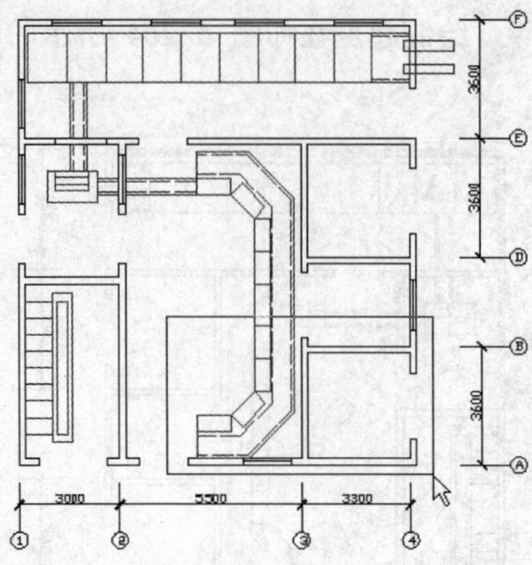


图 5-268　选择图形

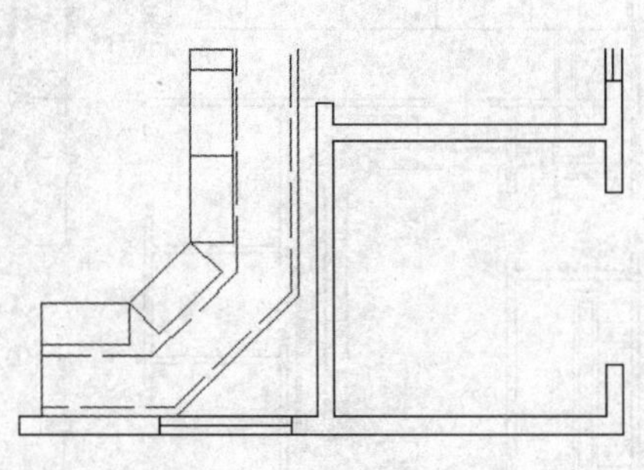

图 5-269　局部放大

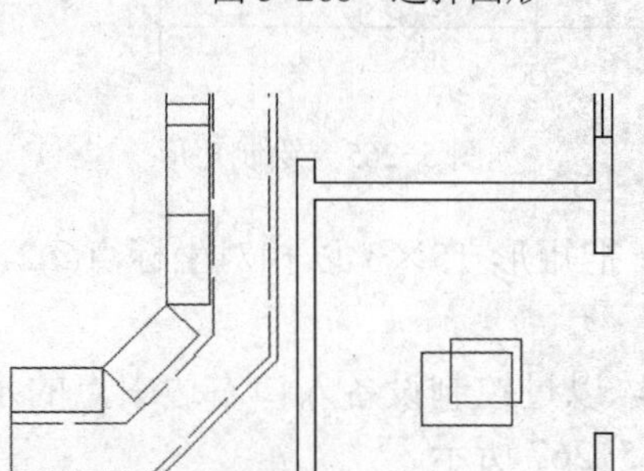

图 5-270　绘制两个矩形

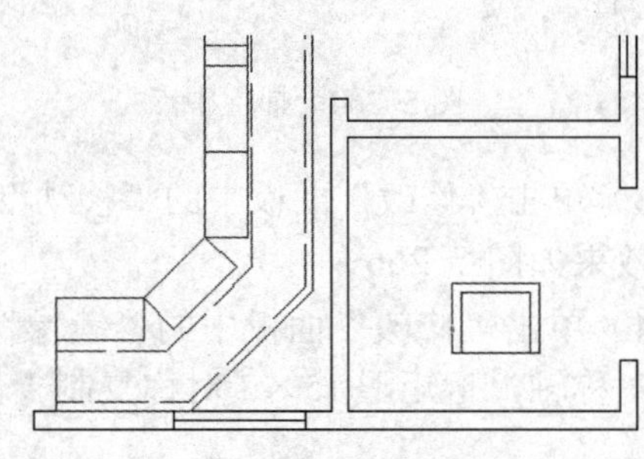

图 5-271　移动矩形

8）单击“修改”面板中的“移动”命令按钮，移动两个矩形，使它们的底边中点和如图 5-272 所示的中点重合，效果如图 5-273 所示。

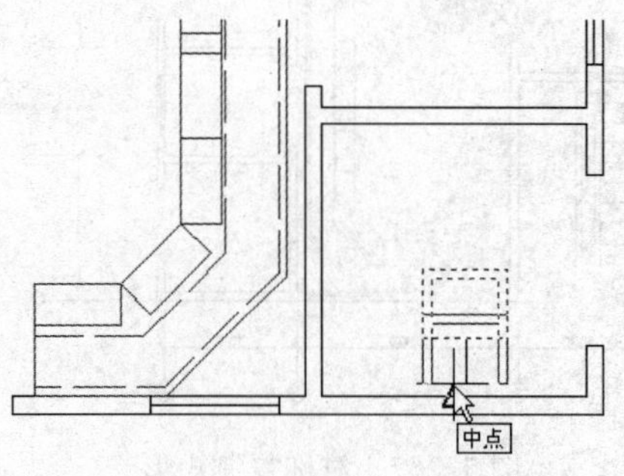


图 5-272　捕捉中点

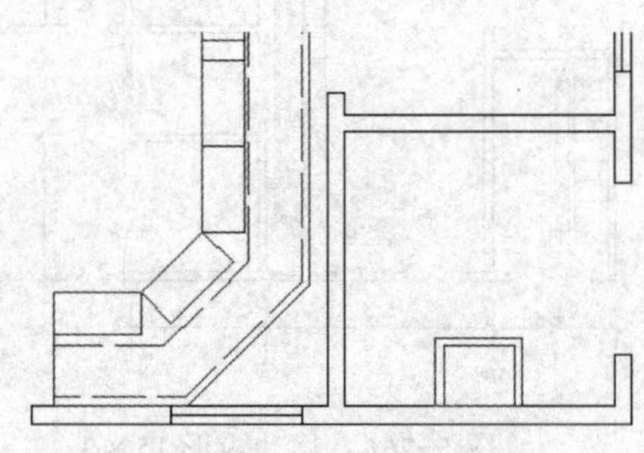

图 5-273　移动两个矩形

9）单击“绘图”面板中的“面域”命令按钮，把两个矩形转变成面域。

10）在“菜单浏览器”中选择“修改”→“实体编辑”→“差集”菜单命令，使用大面域减切小面域，效果如图 5-274 所示。

11）现在绘制下边的变压器主体。单击“绘图”面板中的“矩形”命令按钮，绘制矩形 10×5，效果如图 5-275 所示。

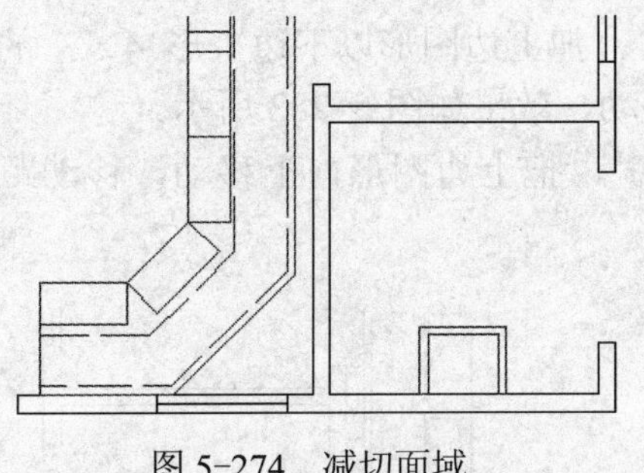

图 5-274　减切面域

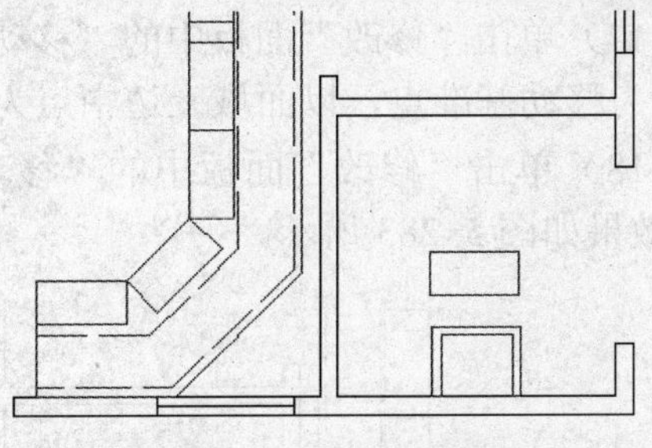

图 5-275　绘制矩形

12）单击“绘图”面板中的“矩形”命令按钮，绘制矩形 1×3，效果如图 5-276 所示。

13）单击“绘图”面板中的“矩形”命令按钮，绘制矩形 2×8，效果如图 5-277 所示。

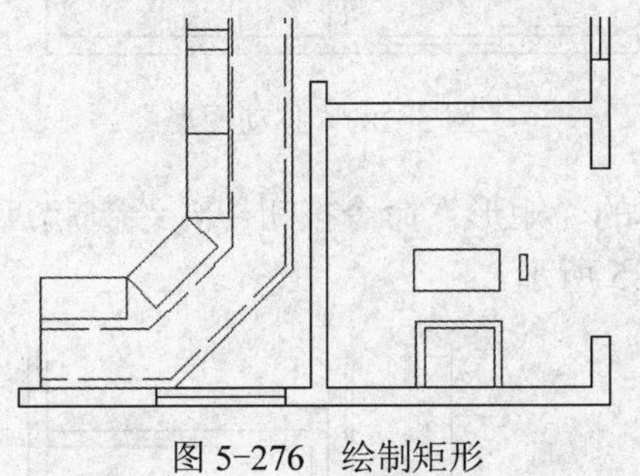

图 5-276　绘制矩形

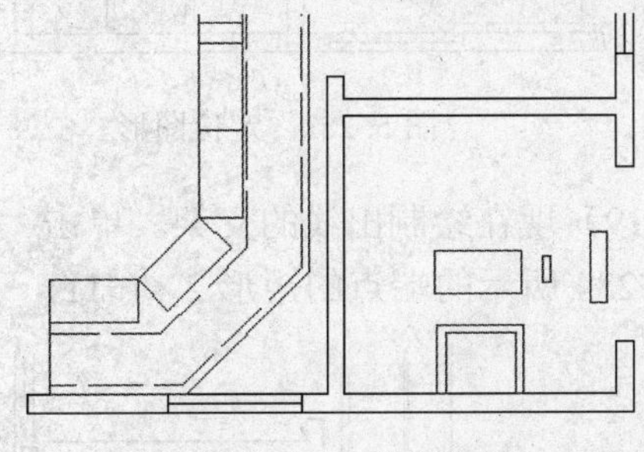

图 5-277　绘制矩形

14）单击“绘图”面板中的“矩形”命令按钮，绘制矩形 4×3，效果如图 5-278 所示。

15）单击“修改”面板中的“移动”命令按钮，使用对应边中点重合的方法，把各个矩形排列成如图 5-279 所示的形状。

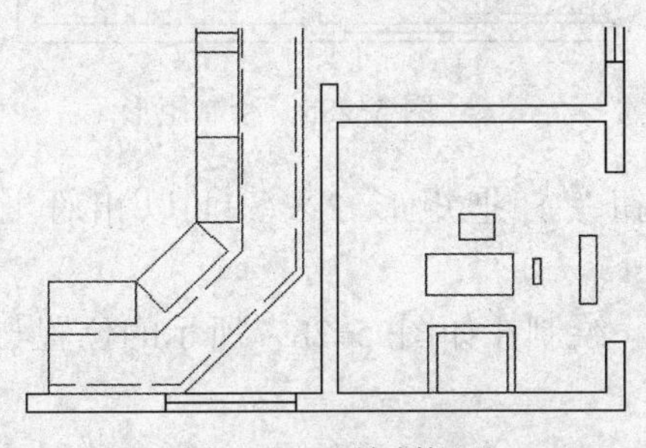

图 5-278　绘制矩形

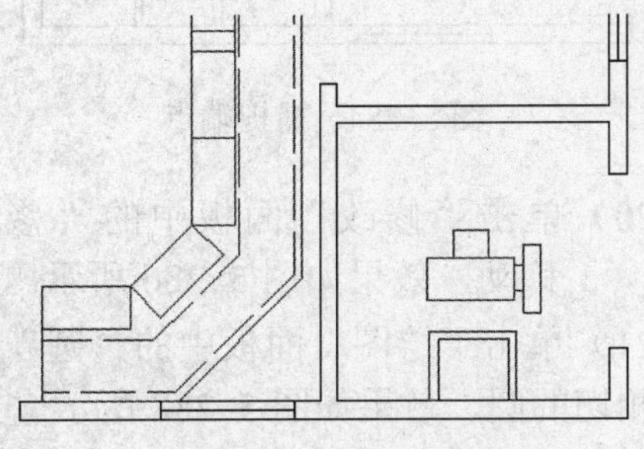

图 5-279　排列矩形

16）单击“修改”面板中的“镜像”命令按钮，以过如图 5-280 所示的中点的水平直线为对称轴，把矩形 4×3 对称复制一份，效果如图 5-281 所示。

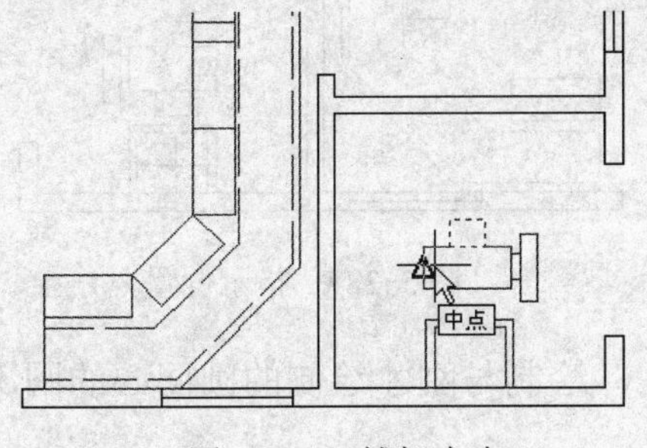


图 5-280　捕捉中点

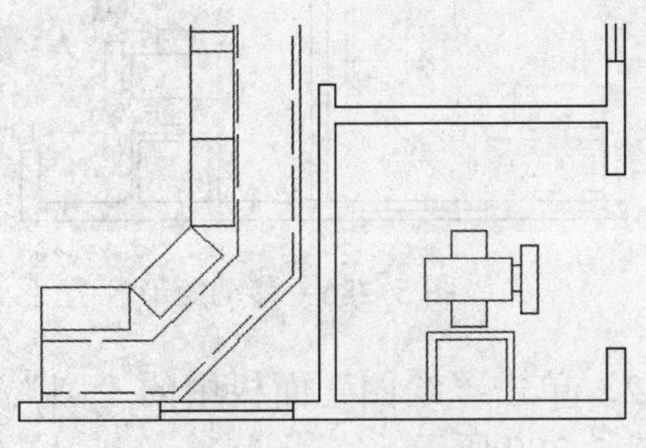

图 5-281　绘制矩形

17）单击“修改”面板中的“移动”命令按钮，把上边图形以下边矩形 4×3 的底边中点为移动基准点，以面域上边中点为移动目标点移动，效果如图 5-282 所示。

18）单击“修改”面板中的“移动”命令按钮，把上边图形向上移动，移动距离为 1，效果如图 5-283 所示。

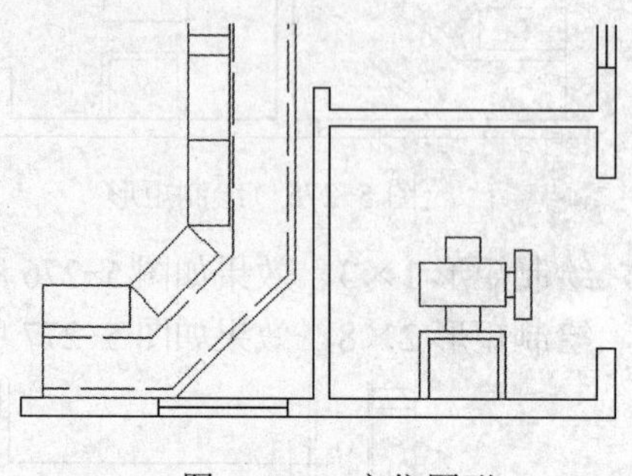

图 5-282　定位图形

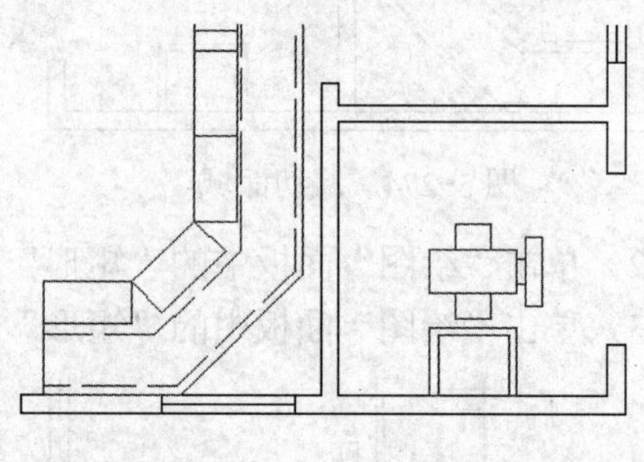

图 5-283　移动图形

19）现在绘制出线的支架。单击“绘图”面板中的“矩形”命令按钮，绘制起点在如图 5-284 所示的端点的矩形 2×(-11)，效果如图 5-285 所示。

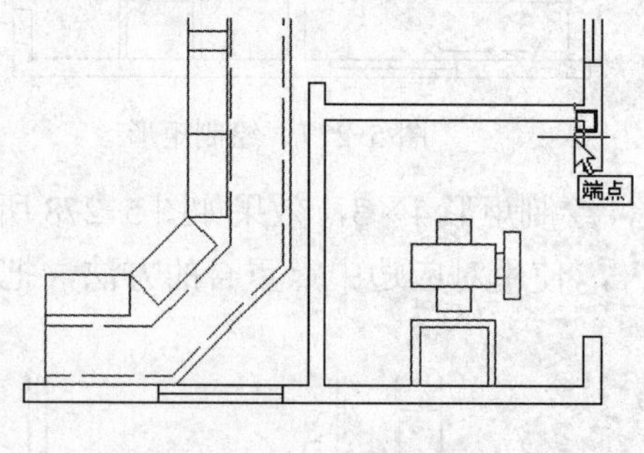


图 5-284　捕捉端点

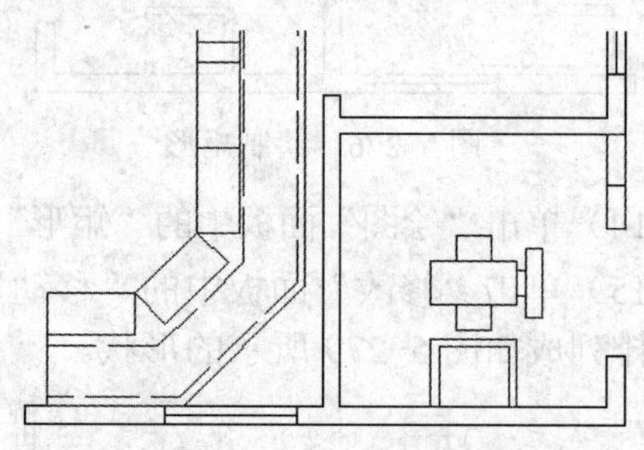

图 5-285　绘制矩形

20）单击“修改”面板中的“移动”命令按钮，把矩形 2×(-11)以相对坐标点@-11，1 移动，效果如图 5-286 所示。

21）单击“绘图”面板中的“圆”命令按钮，绘制在如图 5-287 所示的位置与面域三边相切的圆，效果如图 5-288 所示。

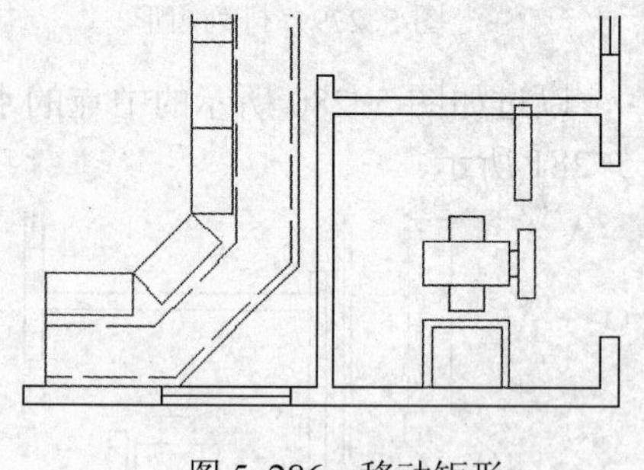

图 5-286　移动矩形

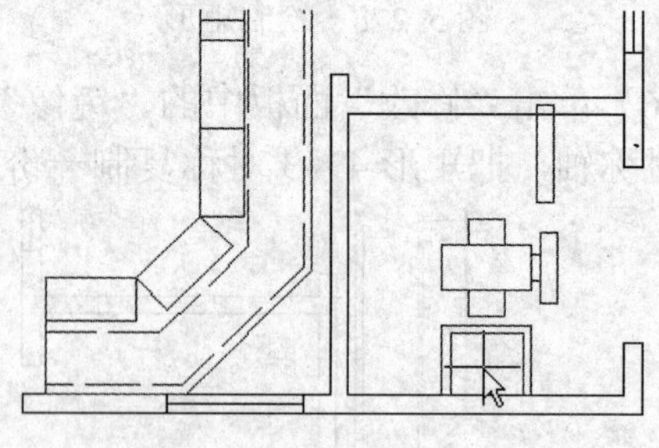

图 5-287　指示位置

22）单击“绘图”面板中的“圆”命令按钮，绘制与刚才绘制的圆同心的圆$\phi2$，效果如图 5-289 所示。

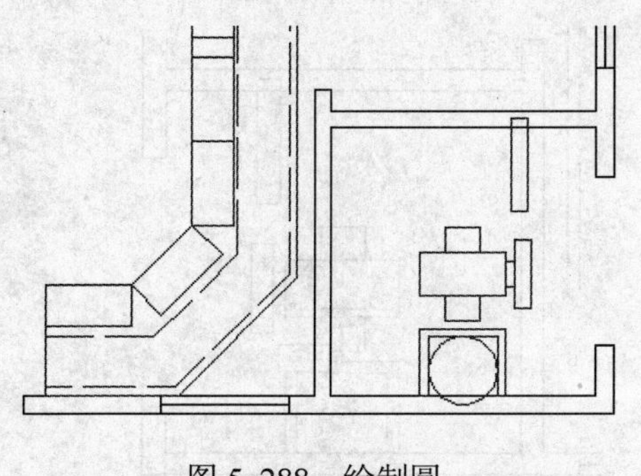

图 5-288　绘制圆

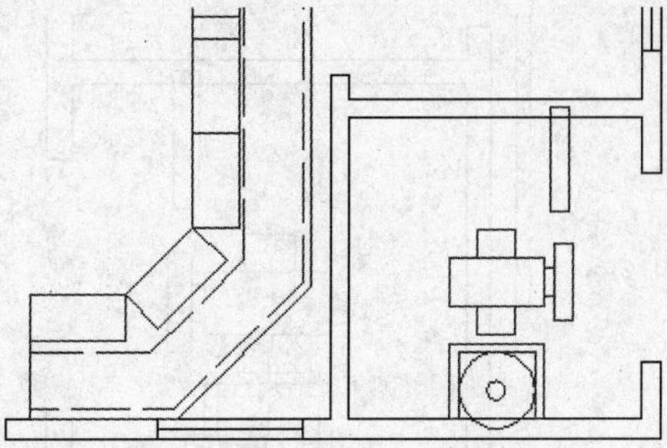

图 5-289　绘制圆$\phi$2

23）单击“修改”面板中的“删除”命令按钮，删除大圆，效果如图 5-290 所示。

24）单击“绘图”面板中的“圆”命令按钮，以面域上如图 5-291 所示的位置处的两个中点绘制圆，作为接线柱，效果如图 5-292 所示。

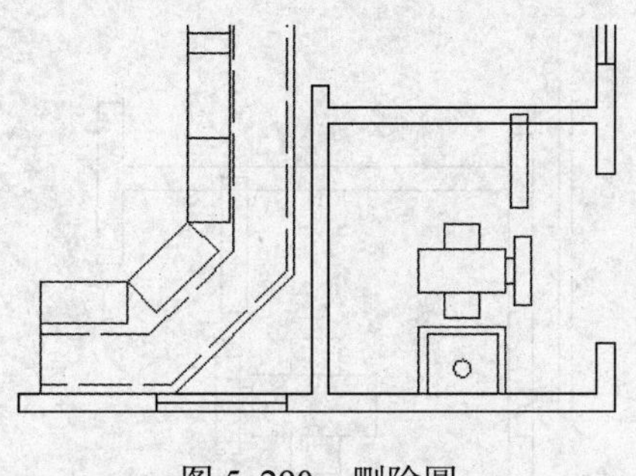

图 5-290　删除圆

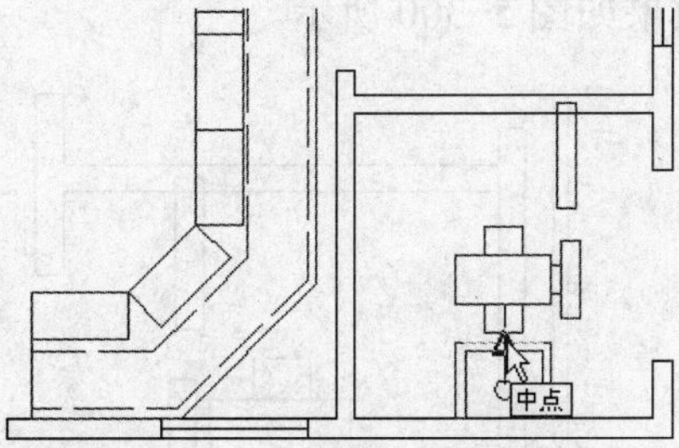

图 5-291　捕捉中点

25）单击“修改”面板中的“复制”命令按钮，把刚才绘制的圆各向两边复制一份，复制距离为 3，效果如图 5-293 所示。

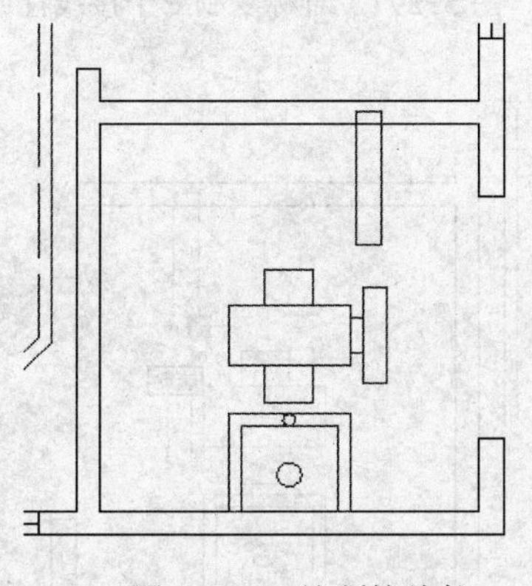

图 5-292　绘制接线柱

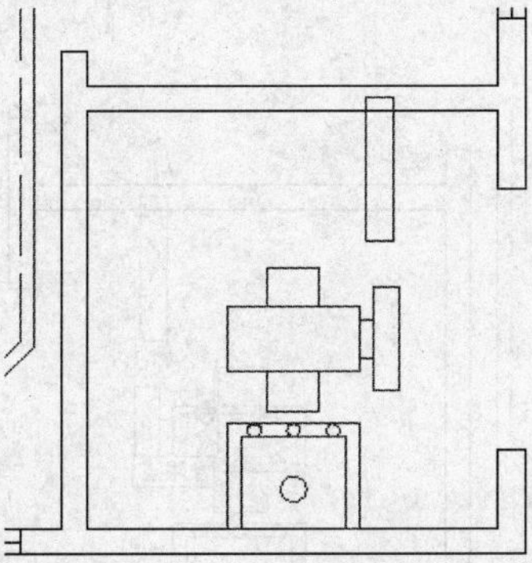

图 5-293　复制接线柱

26）单击“修改”面板中的“复制”命令按钮，以如图 5-294 所示的接线柱的下象限点为复制基准点，以如图 5-295 所示的中点为复制目标点，把三个接线柱向上复制一份，效果如图 5-296 所示。

27）单击“修改”面板中的“镜像”命令按钮，以变压器符号的水平中轴线为对称轴，把下边的接线柱对称复制一份，效果如图 5-297 所示。

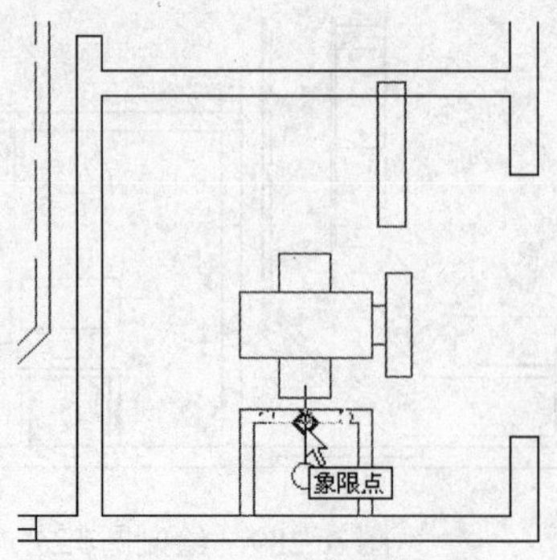


图 5-294　捕捉象限点

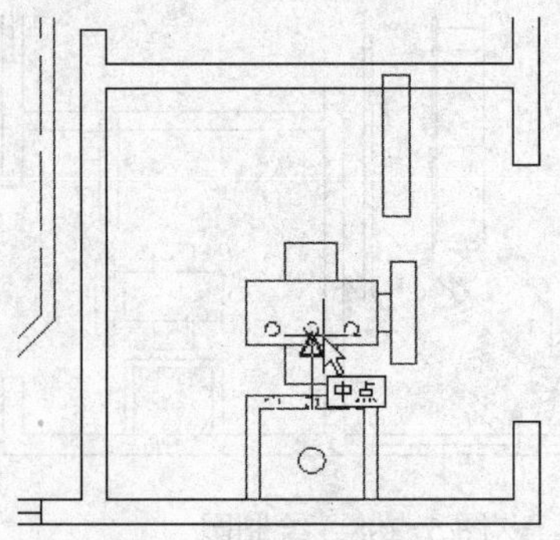


图 5-295　捕捉中点

28）单击“修改”面板中的“复制”命令按钮，以如图 5-298 所示的虚线接线柱的左边象限点为复制基准点，以如图 5-299 所示的端点为复制目标点，把该接线柱向上复制一份，效果如图 5-300 所示。

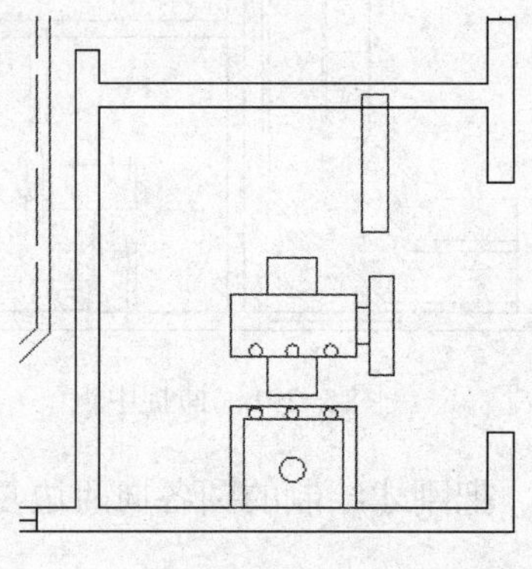

图 5-296　复制三个接线柱

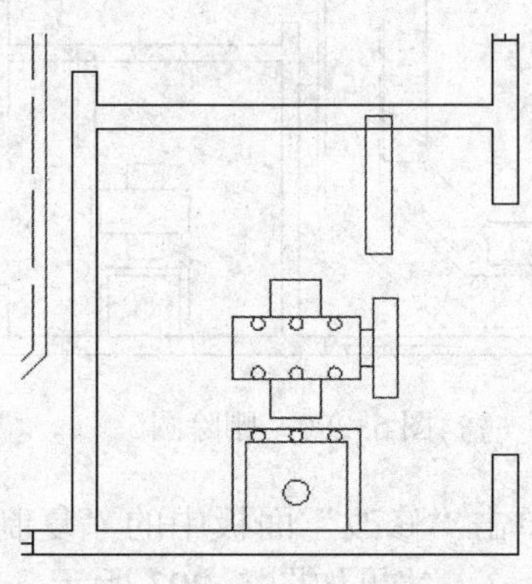

图 5-297　对称复制三个接线柱

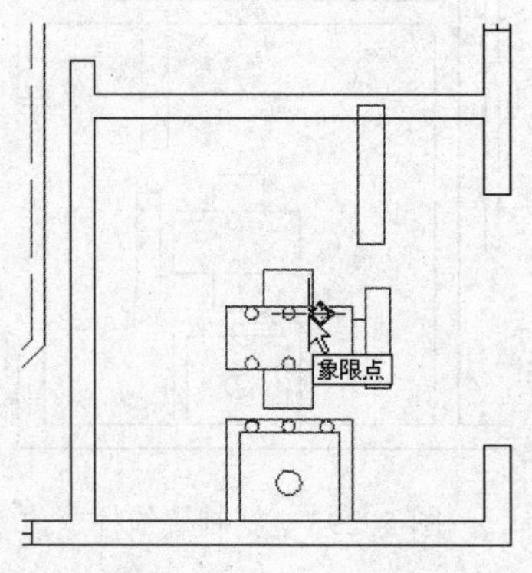


图 5-298　捕捉象限点

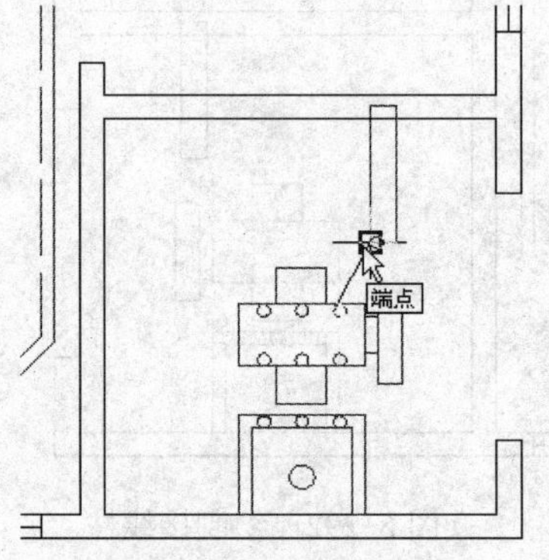


图 5-299　捕捉端点

29）单击“修改”面板中的“阵列”命令按钮，把复制得到的接线柱阵列 4 行，行距为 2.5，效果如图 5-301 所示。

30）单击“修改”面板中的“移动”命令按钮，把支架上的接线柱向上移动，移动距离为 1，效果如图 5-302 所示。

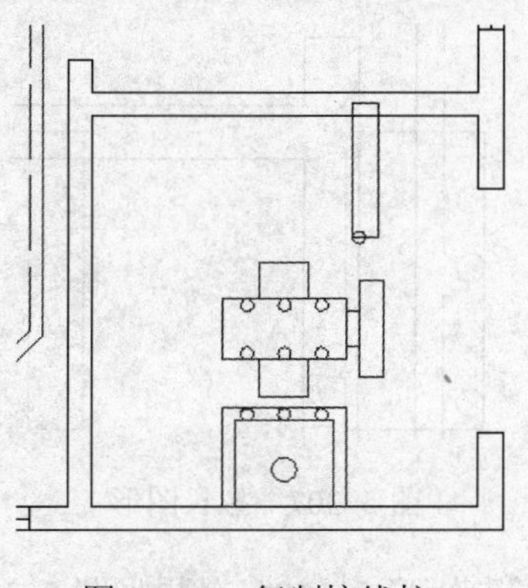

图 5-300　复制接线柱

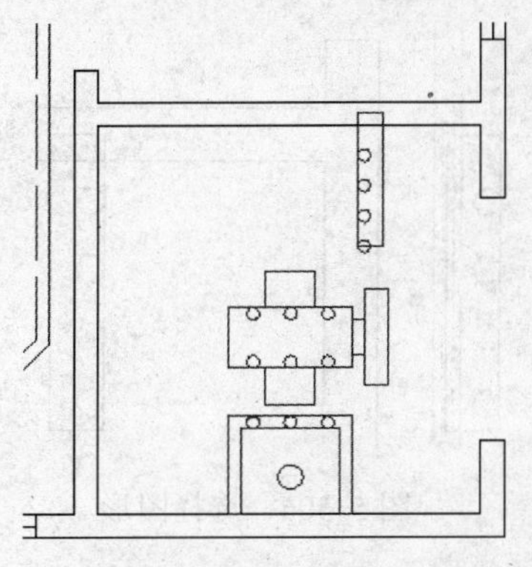

图 5-301　阵列接线柱

31）单击“修改”面板中的“移动”命令按钮，把支架连同接线柱向左边复制两份，复制距离为 13 和 27.5，效果如图 5-303 所示。

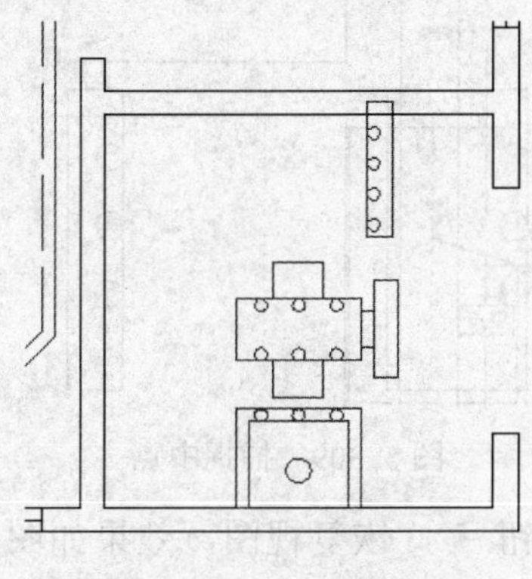

图 5-302　移动接线柱

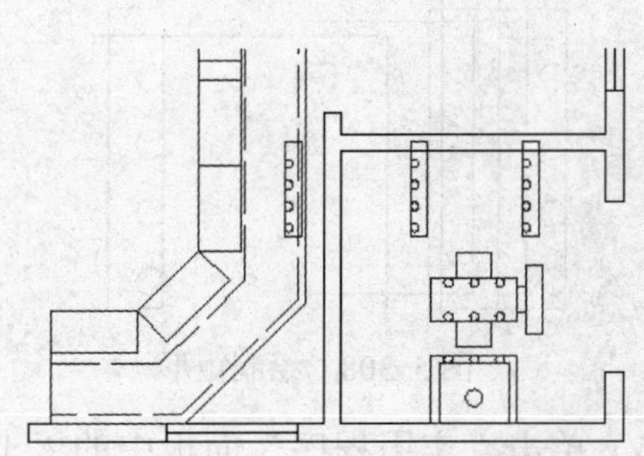

图 5-303　复制支架

32）把控制台那边的支架修改成支板，便于安装。单击“实用程序”面板中的“窗口”命令按钮，局部放大如图 5-304 所示的选择的图形，预备下一步操作，效果如图 5-305 所示。

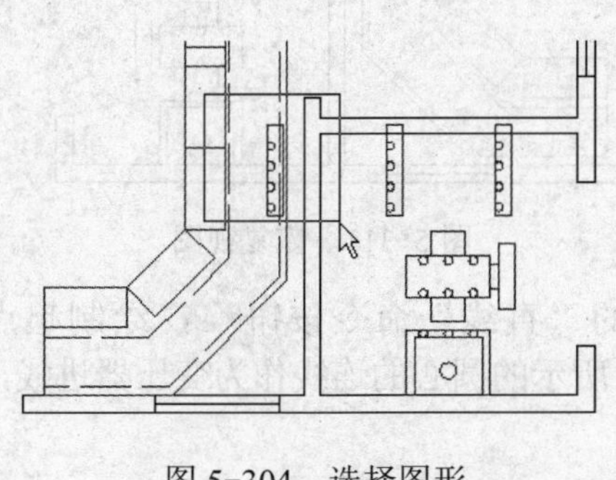

图 5-304　选择图形

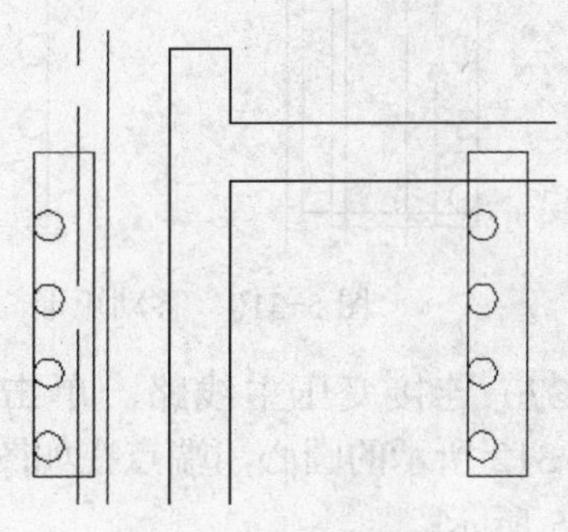

图 5-305　局部放大

33）单击“修改”面板中的“拉伸”命令按钮，把如图 5-306 所示的图形向右拉长，拉长距离为 3，效果如图 5-307 所示。

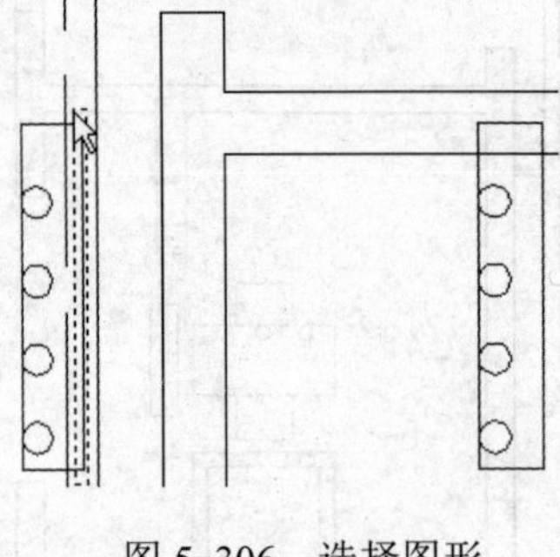
图 5-306 选择图形

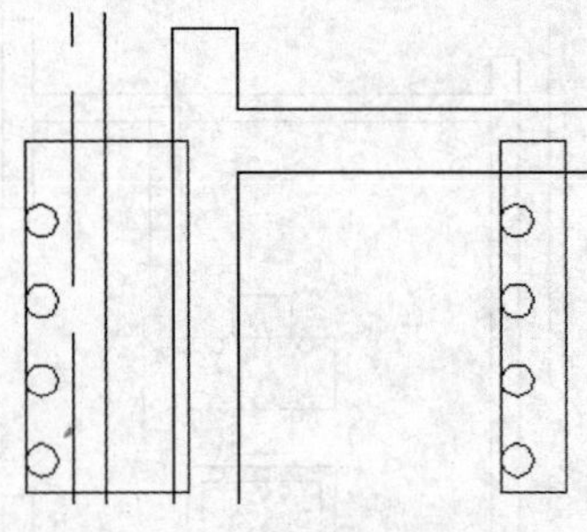
图 5-307 拉长图形

34）单击“绘图”面板中的“矩形”命令按钮，绘制矩形 6×10，效果如图 5-308 所示。

35）单击“修改”面板中的“移动”命令按钮，把矩形 6×10 以其左边中点为移动基准点，以如图 5-309 所示的中点为移动目标点移动，效果如图 5-310 所示。

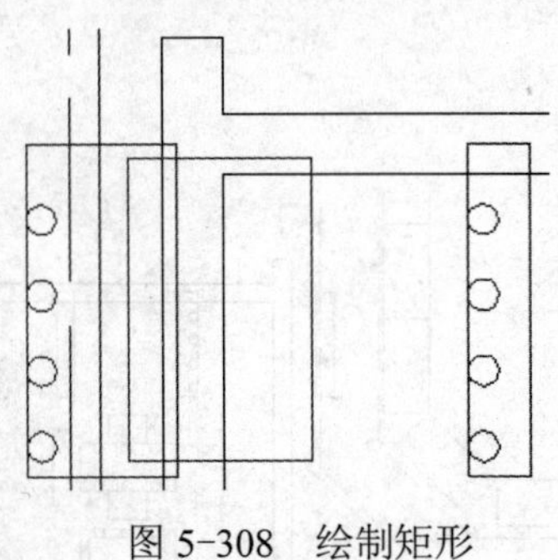
图 5-308 绘制矩形

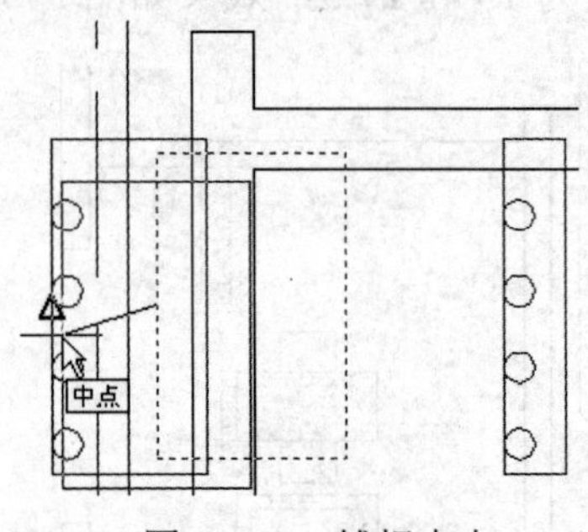

图 5-309 捕捉中点

36）单击“实用程序”面板中的“上一个”命令按钮，恢复视图，效果如图 5-311 所示。

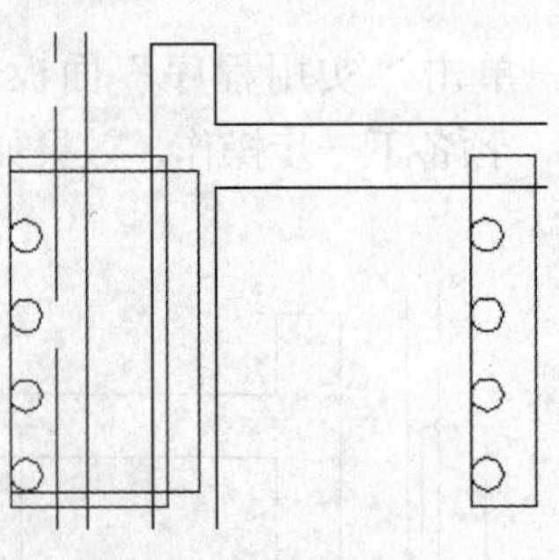
图 5-310 移动矩形

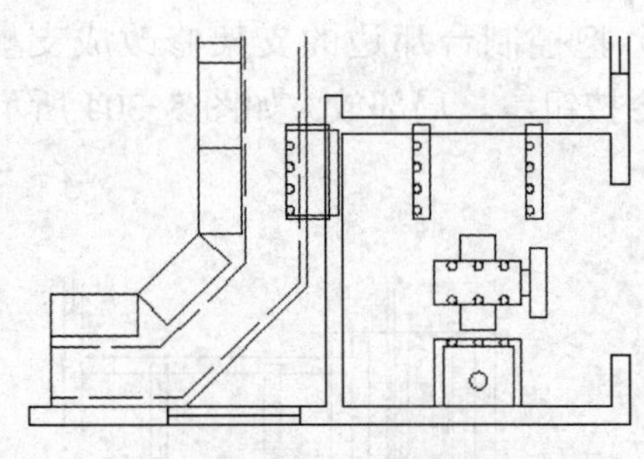
图 5-311 恢复视图

37）连接变压主线路。单击“绘图”面板中的“直线”命令按钮，绘制起点在如图 5-312 所示的圆心，端点在如图 5-313、图 5-314 所示的圆心的连线作为变压器进线，如图 5-315 所示。

38）参照上面绘制进线的方法，绘制其他两条进线，效果如图 5-316 所示。

39）单击“修改”面板中的“移动”命令按钮，把如图 5-317 所示的光标所指的接线柱左边移动，移动距离为 1。

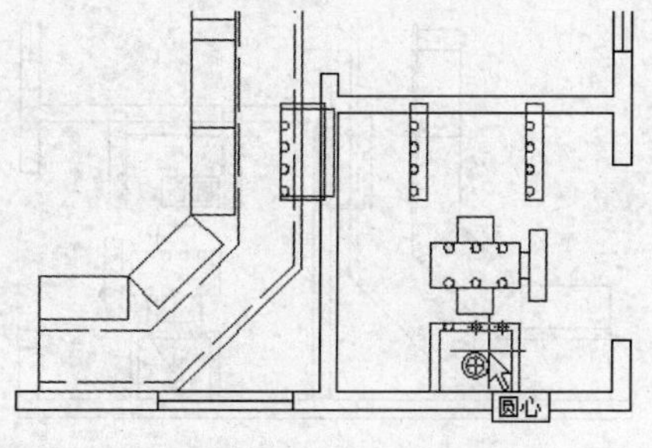


图 5-312　捕捉起点

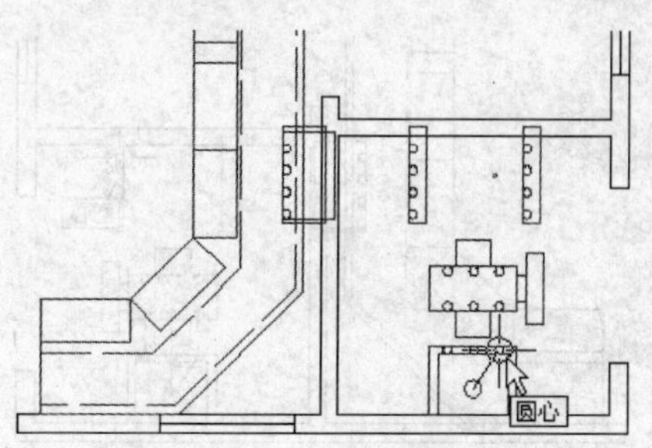


图 5-313　捕捉端点

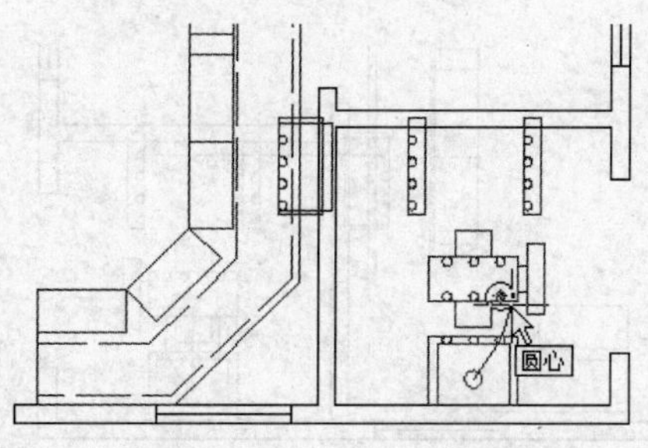


图 5-314　捕捉终点

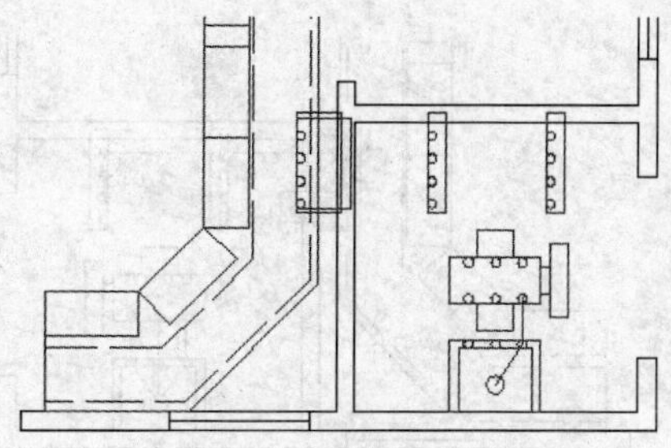

图 5-315　绘制一条进线

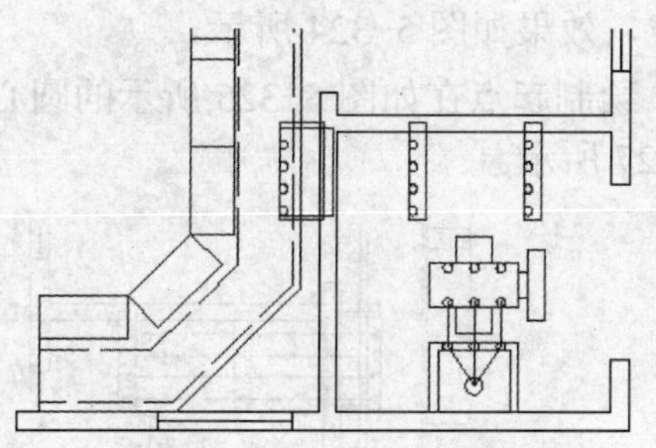

图 5-316　绘制其他两条进线

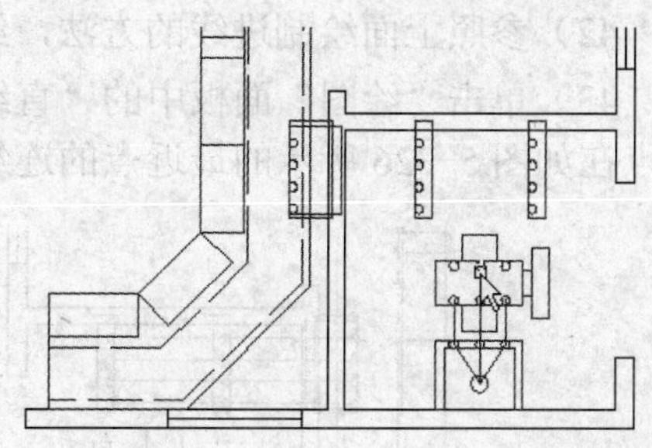

图 5-317　指示接线柱

40）单击“修改”面板中的“镜像”命令按钮，以过如图 5-318 所示的中点的垂直直线为对称轴，把刚才移动的接线柱对称复制一份，效果如图 5-319 所示。

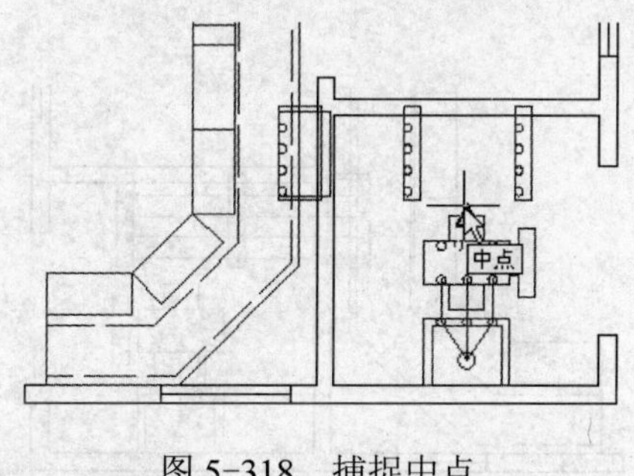


图 5-318　捕捉中点

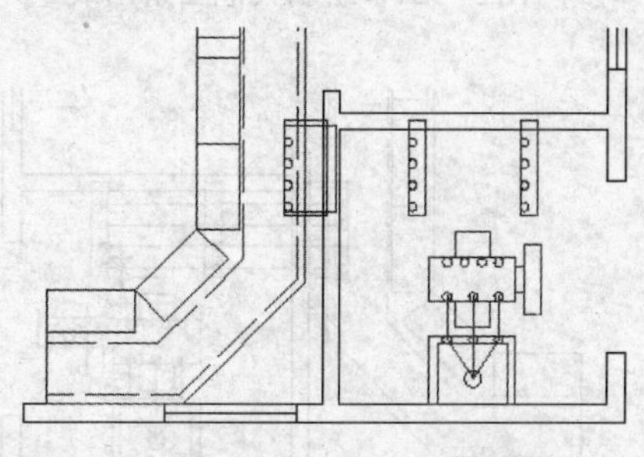

图 5-319　对称复制接线柱

41）单击“绘图”面板中的“直线”命令按钮，绘制起点在如图 5-320 所示的圆心，端点在如图 5-321、图 5-322 所示的圆心的连线，作为变压器出线，效果如图 5-323 所示。

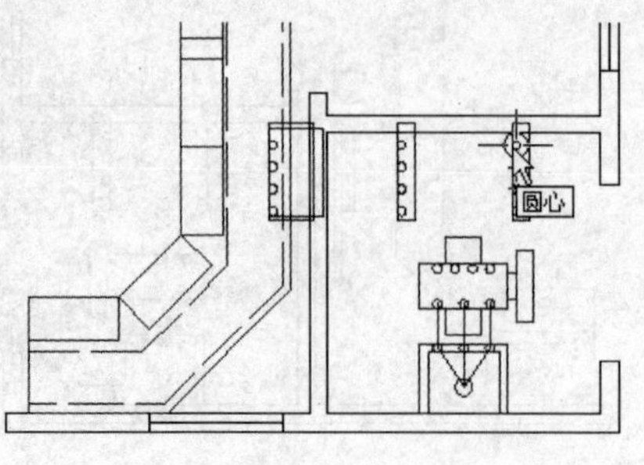


图 5-320　捕捉起点

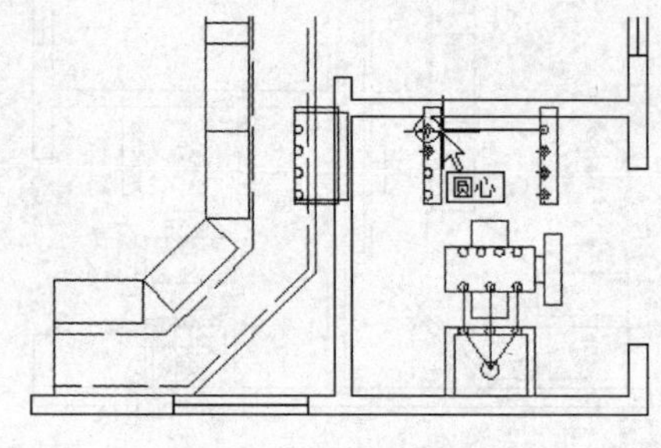


图 5-321　捕捉端点

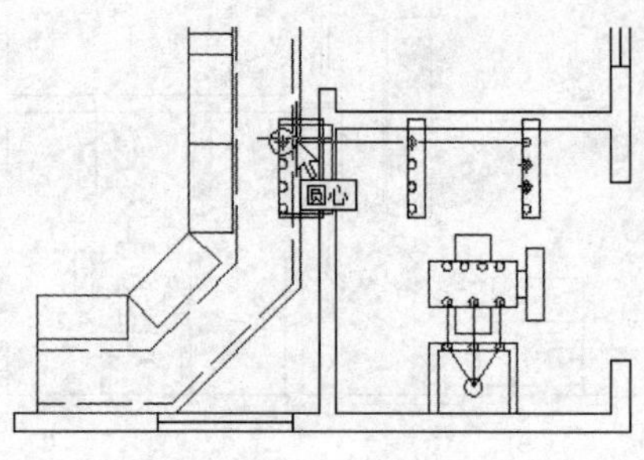


图 5-322　捕捉终点

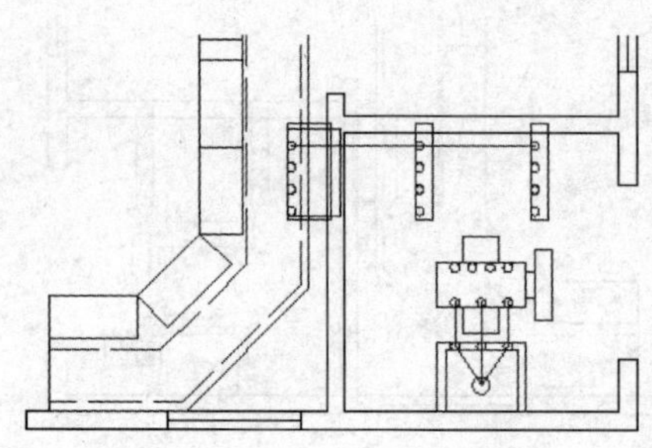

图 5-323　绘制一条变压器出线

42）参照上面绘制进线的方法，绘制其他三条出线，效果如图 5-324 所示。

43）单击“绘图”面板中的“直线”命令按钮，绘制起点在如图 5-325 所示的圆心，端点在如图 5-326 所示的最近点的连线，效果如图 5-327 所示。

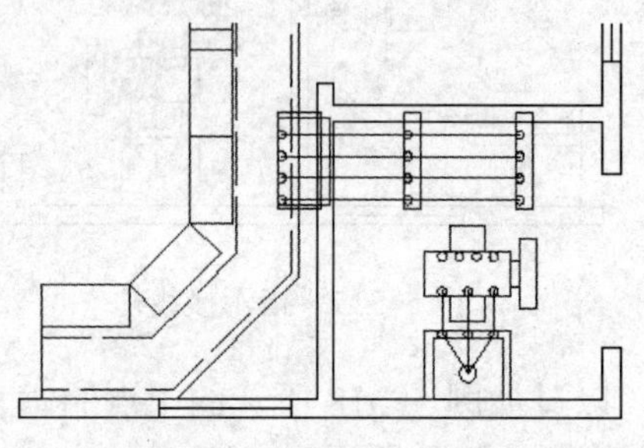

图 5-324　绘制其他三条出线

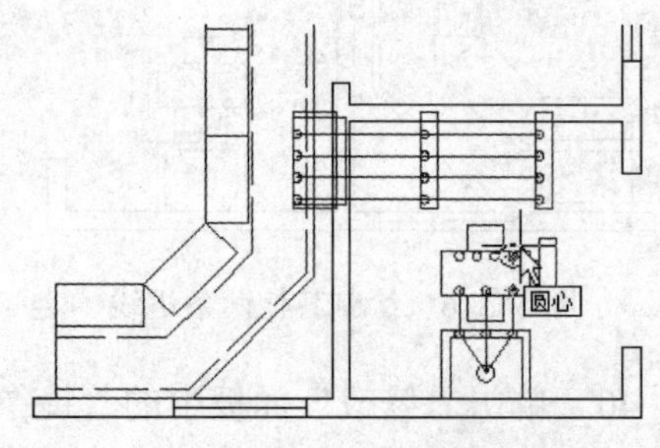


图 5-325　捕捉起点

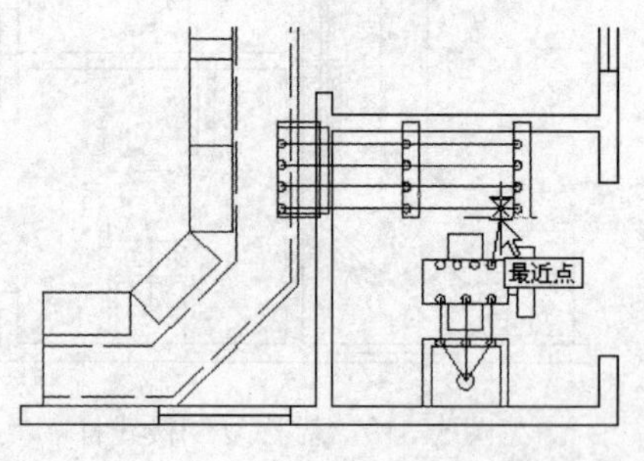


图 5-326　捕捉最近点

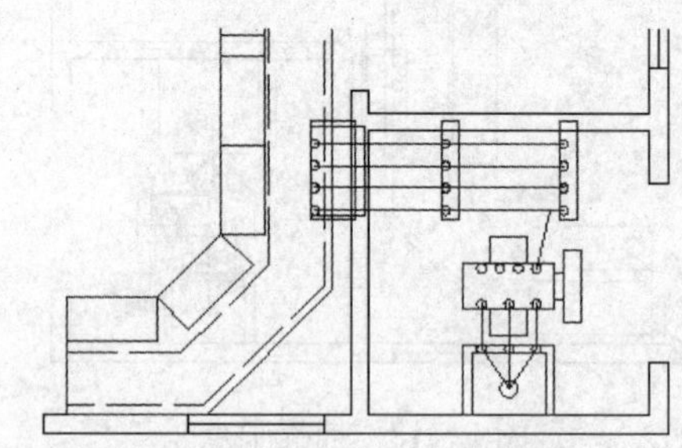

图 5-327　绘制一条连线

44）参照上面绘制进线的方法，绘制其他三条出线，效果如图 5-328 所示。

45）单击“修改”面板中的“延伸”命令按钮，把如图 5-329 所示的光标捕捉的线头延伸到虚线所示的控制台上，效果如图 5-330 所示。

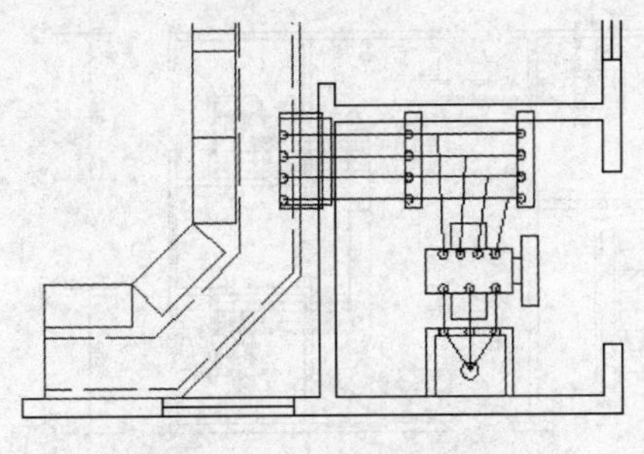

图 5-328　绘制其他连线

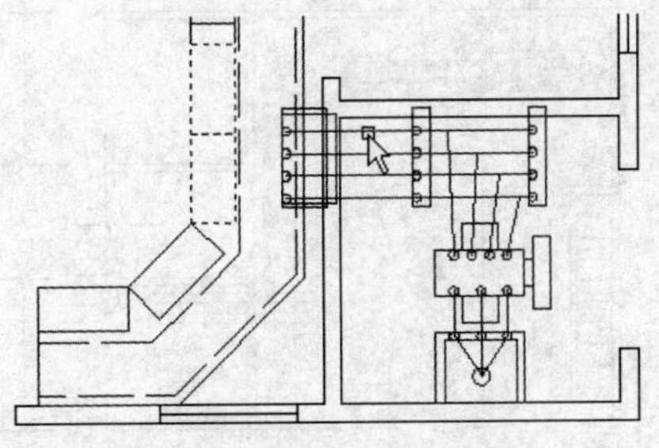

图 5-329　捕捉线头

46）在命令行窗口输入命令“lengthen”，把下边 4 条延伸到控制台的线头分别拉长 1、2、3，效果如图 5-331 所示。

47）单击“实用程序”面板中的“上一个”命令按钮，恢复视图，效果如图 5-332 所示。

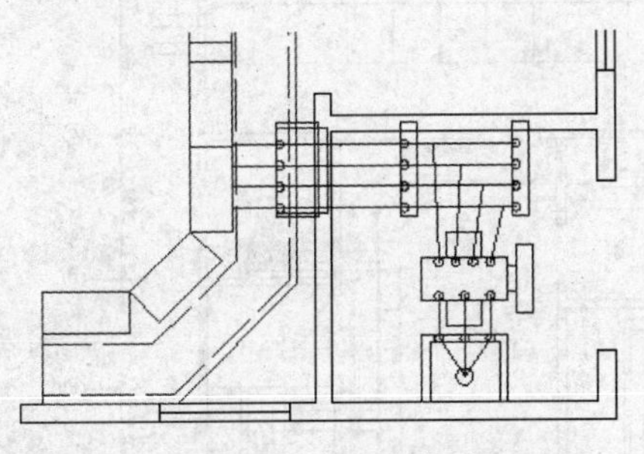

图 5-330　延伸线头

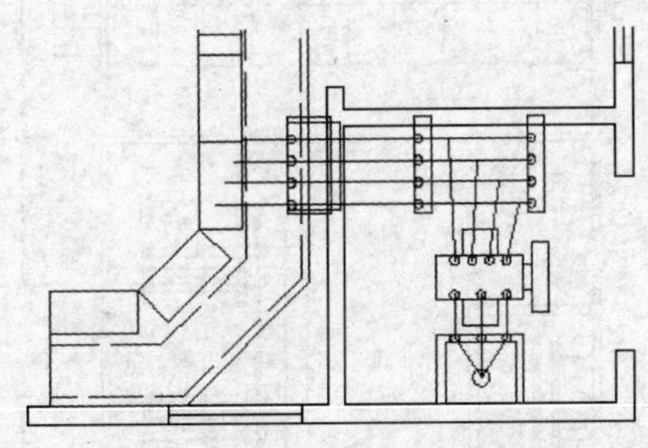

图 5-331　拉长线头

48）绘制另一组变压器，它位于另一个房间内。单击“修改”面板中的“镜像”命令按钮，把如图 5-333 所示的框选的图形以过如图 5-334 所示的中点的水平直线为对称轴，对称复制一份，效果如图 5-335 所示。

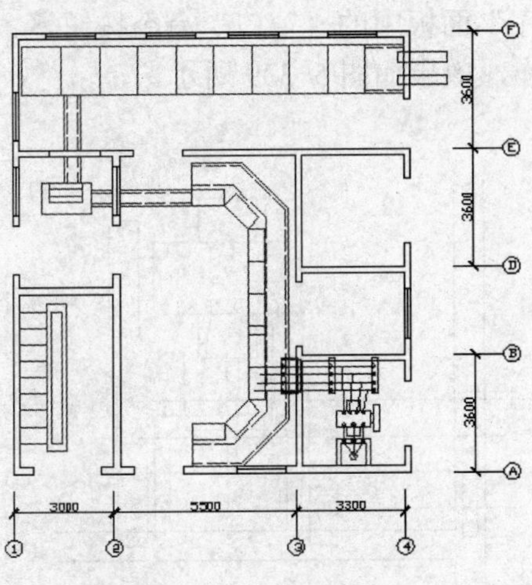


图 5-332　恢复视图

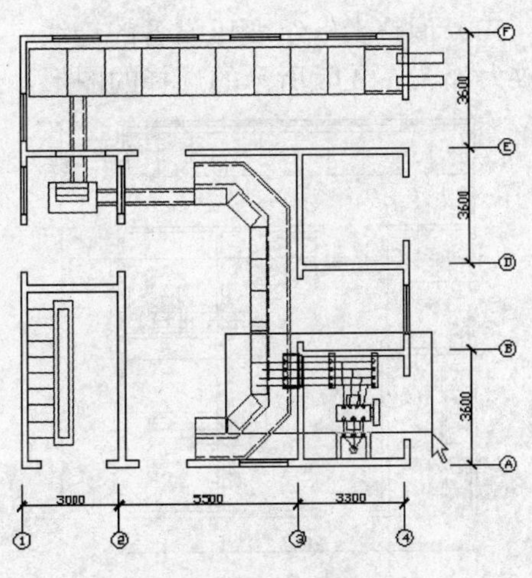


图 5-333　框选的图形

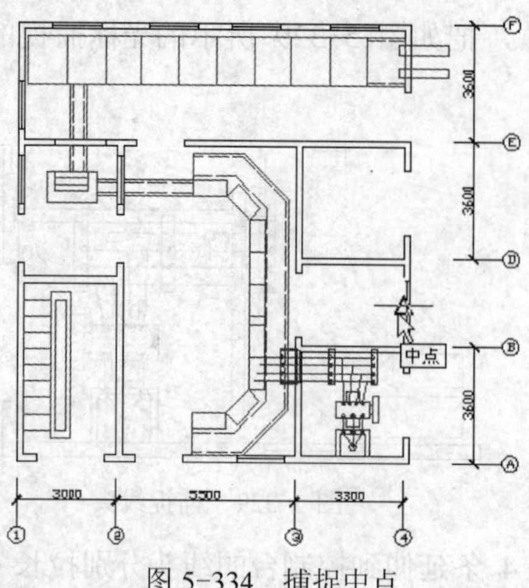


图 5-334　捕捉中点　　图 5-335　对称复制图形

49）单击“修改”面板中的“复制”命令按钮，把如图 5-336 所示的框选的图形向上复制到上边变压器所在房间的墙线上，效果如图 5-337 所示。

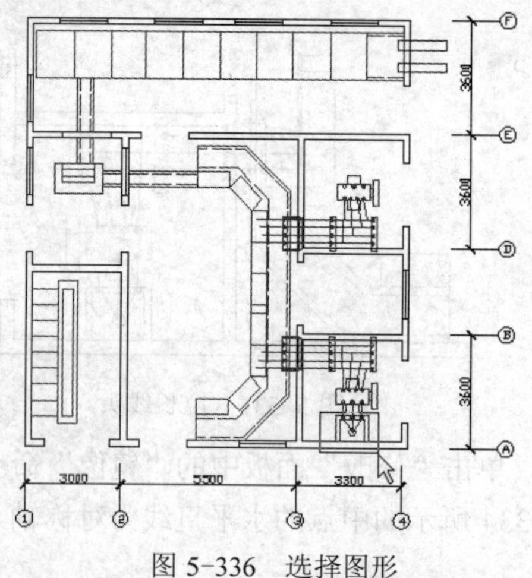

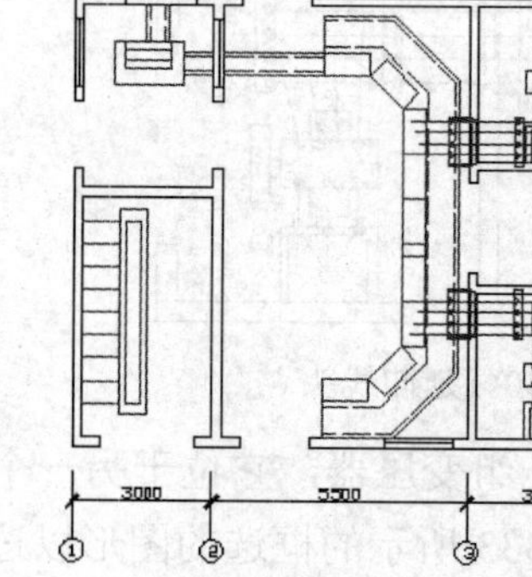

图 5-336　选择图形　　图 5-337　复制图形

50）调整上一组变压设备的连线。单击“实用程序”面板中的“窗口”命令按钮，局部放大如图 5-338 所示的选择的图形，预备下一步操作，效果如图 5-339 所示。

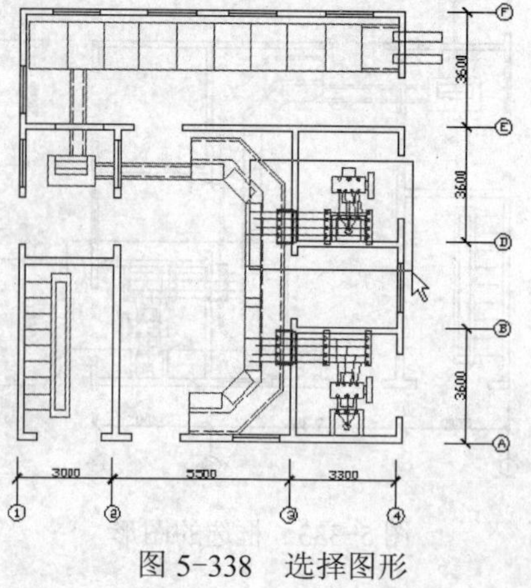

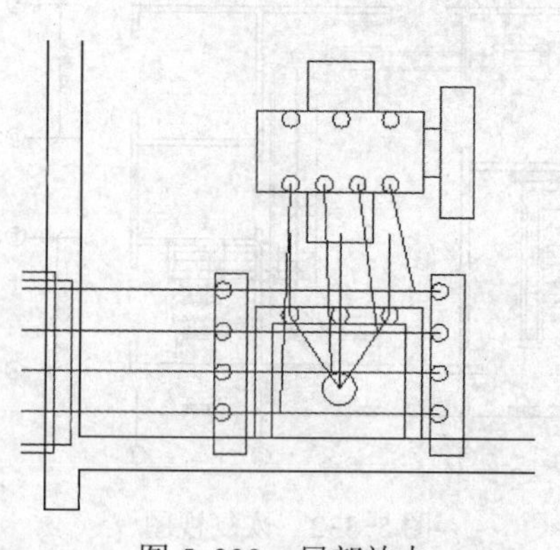

图 5-338　选择图形　　图 5-339　局部放大

51）单击“修改”面板中的“镜像”命令按钮，以过如图5-340所示的中点的水平直线为对称轴，把虚线所示的接线柱对称复制一份，注意删除源对象，效果如图5-341所示。

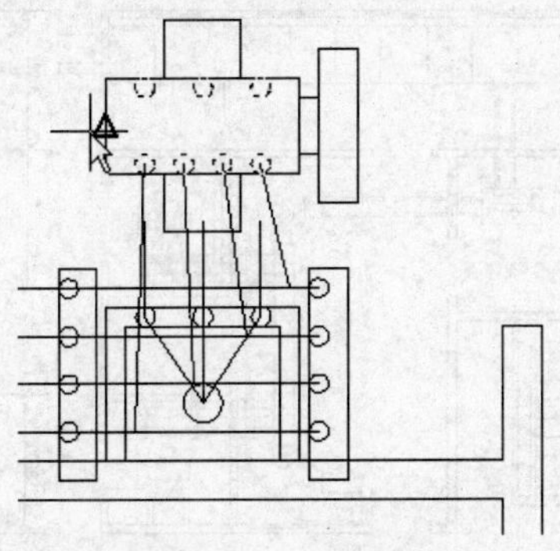
图5-340　捕捉中点

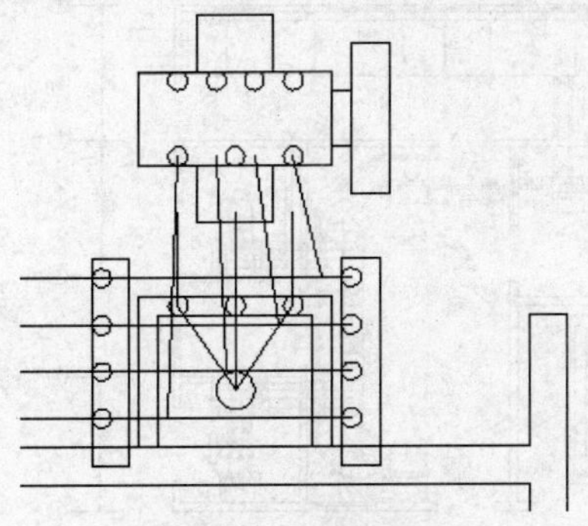
图5-341　对称复制

52）单击图中未连接上接线柱的导线，通过移动夹点的方法把它们一一连接到接线柱上，效果如图5-342所示。

53）单击“修改”面板中的“修剪”命令按钮，以各个接线柱为修剪边，修剪掉它里边的线头，效果如图5-343所示。

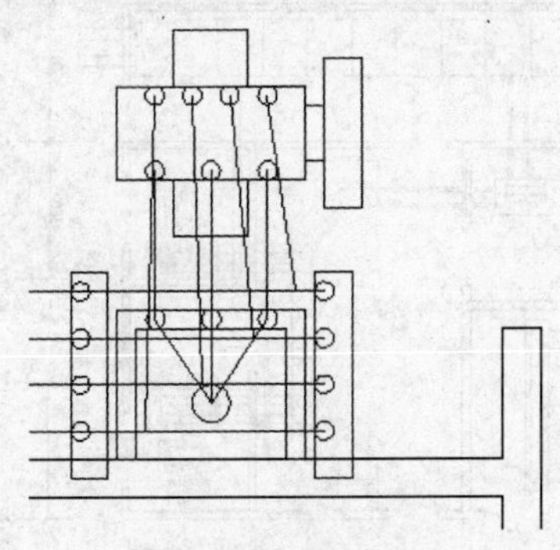
图5-342　整理导线

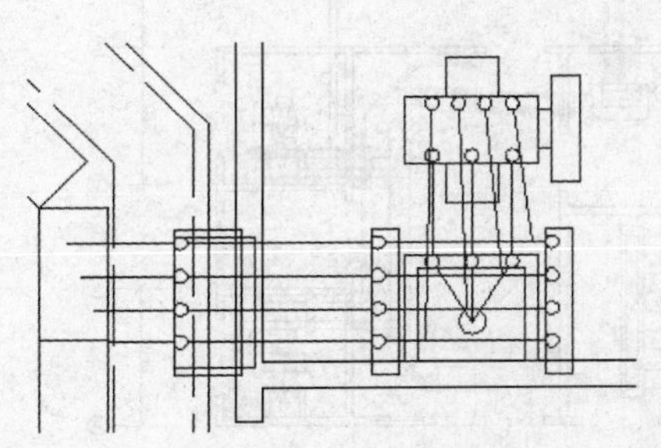
图5-343　修剪线头

54）单击“实用程序”面板中的“上一个”命令按钮，恢复视图，效果如图5-344所示。

55）现在绘制变压器入线。单击“修改”面板中的“偏移”命令按钮，把如图5-345所示的光标所指的直线向右边偏移复制两份，偏移复制距离为2和4，效果如图5-346所示。

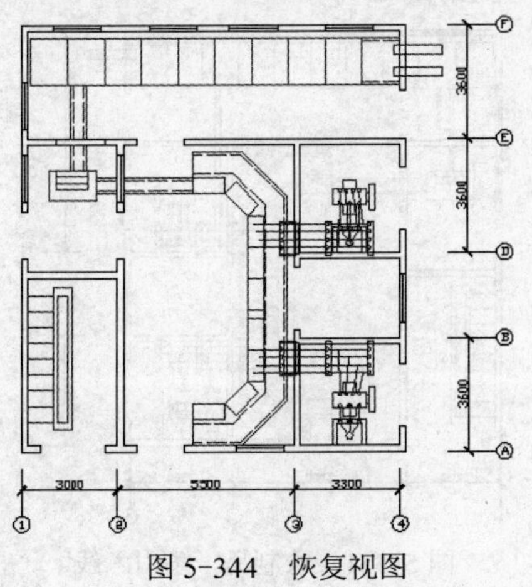

图5-344　恢复视图

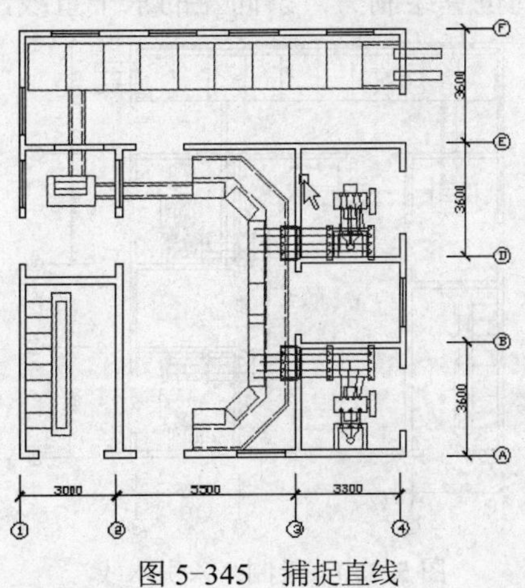

图5-345　捕捉直线

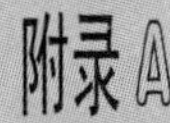


56）单击“修改”面板中的“延伸”命令按钮，以如图 5-347 所示的光标所指的矩形为延伸边界线，延伸刚才偏移复制的直线，效果如图 5-348 所示。

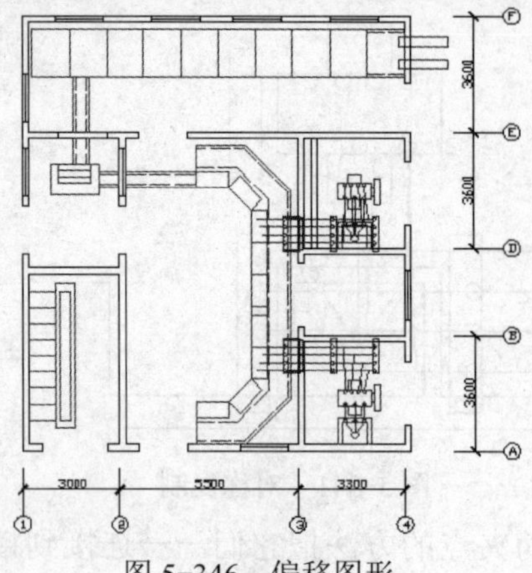

图 5-346　偏移图形

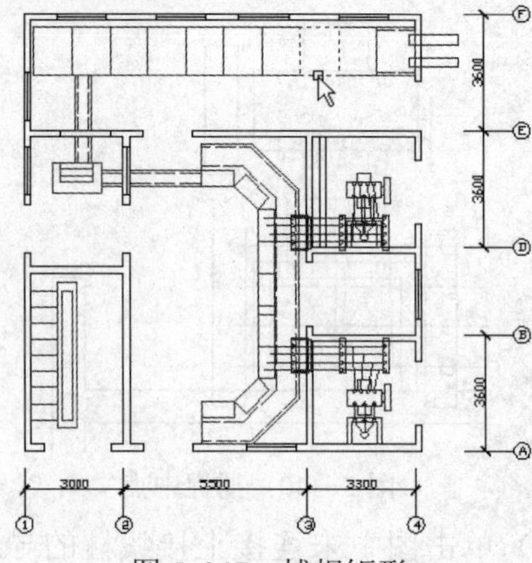

图 5-347　捕捉矩形

57）单击“绘图”面板中的“直线”命令按钮，绘制起点在如图 5-349 所示的圆心，向左的水平直线，效果如图 5-350 所示。

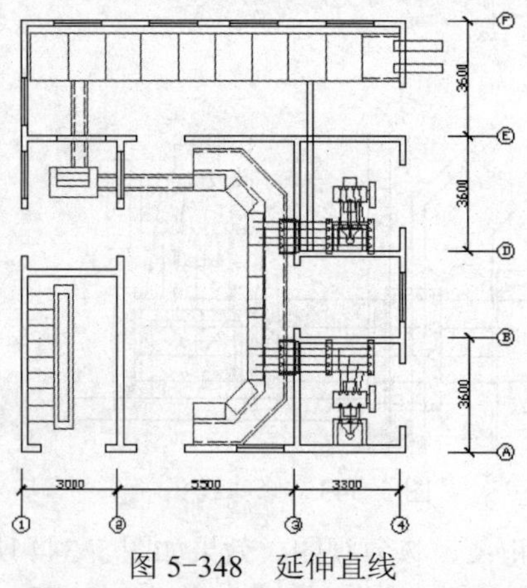

图 5-348　延伸直线

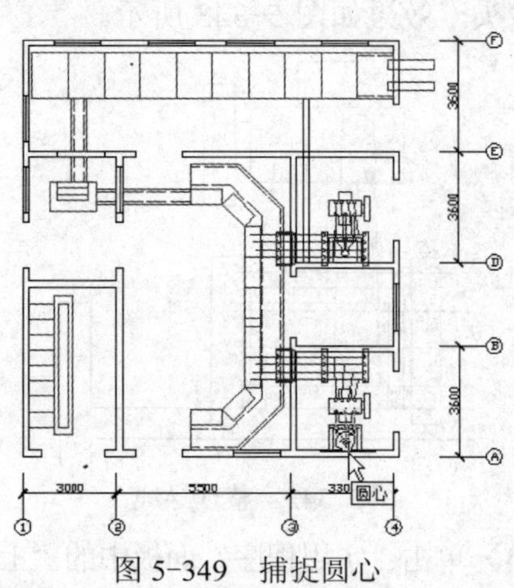

图 5-349　捕捉圆心

58）单击“绘图”面板中的“直线”命令按钮，参照上面的操作在上面变压器设施中同样的位置绘制另一条向左的水平直线，效果如图 5-351 所示。

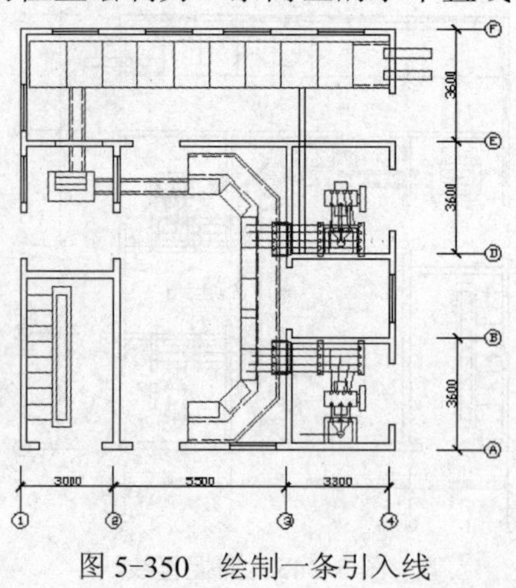

图 5-350　绘制一条引入线

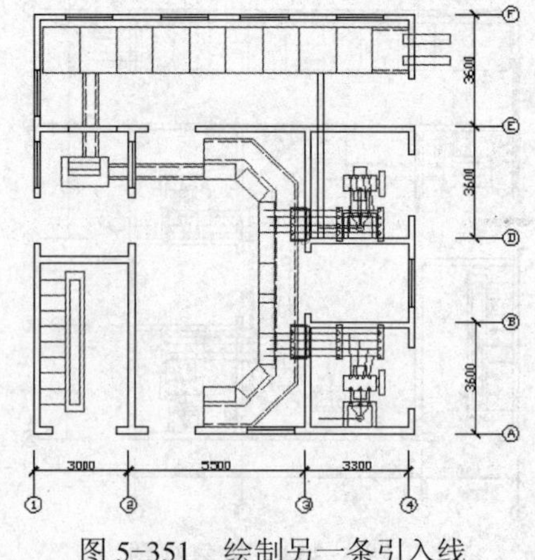

图 5-351　绘制另一条引入线

59）单击“修改”面板中的“圆角”命令按钮，把如图 5-352 所示的虚线直线和光标捕捉的线头之间相互倒适当大小的圆角，使其连接起来，效果如图 5-353 所示。

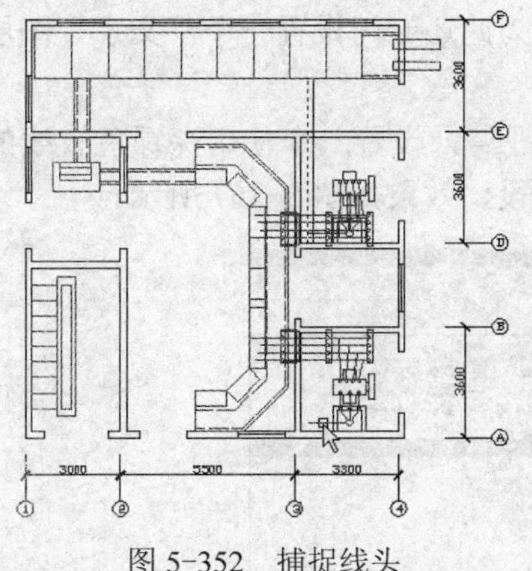


图 5-352　捕捉线头

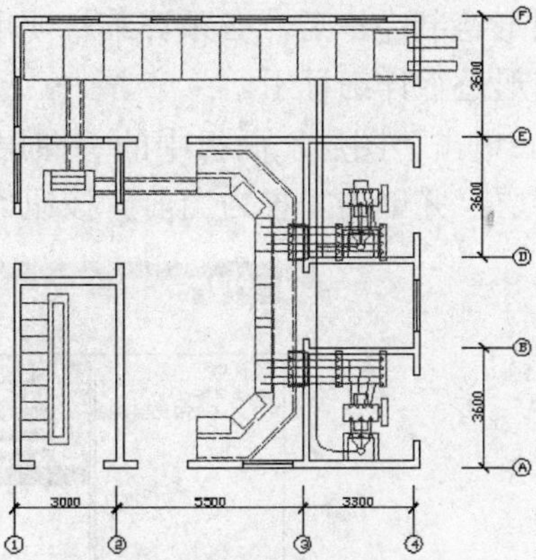

图 5-353　连接下边的引入线

60）单击“修改”面板中的“圆角”命令按钮，把如图 5-354 所示的虚线直线和光标捕捉的线头之间相互倒适当大小的圆角，使其连接起来，效果如图 5-355 所示。

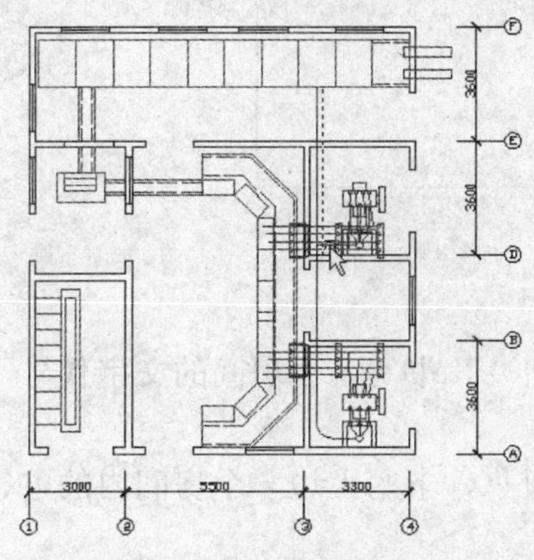


图 5-354　捕捉线头

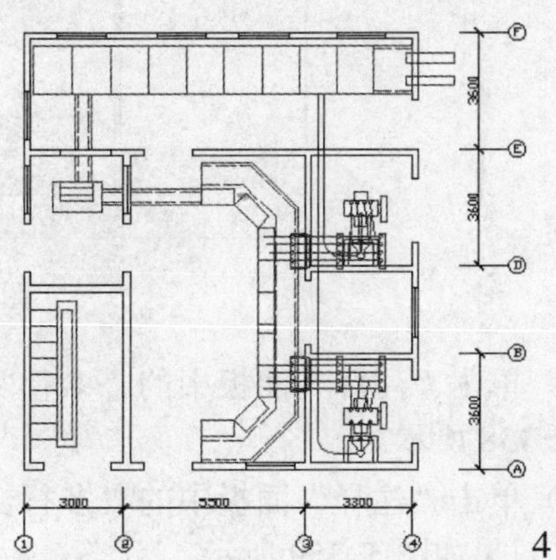


图 5-355　连接上边的引入线

61）单击“特性”面板中的“特性匹配”命令按钮，把黑色实线构成的引入线转换成红色导线，效果如图 5-356 所示。

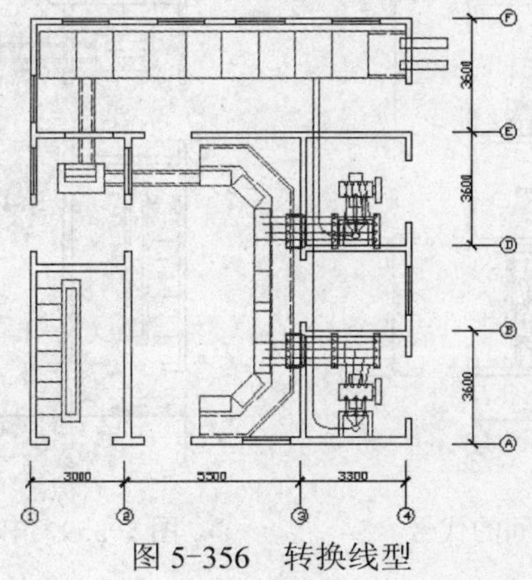


图 5-356　转换线型

## 5.4.3 文字

图形绘制完毕后，必须详细标明所绘制的内容。为此还专门设置一个“文字”图层。下面对图形进行详细标示。

1）单击“图层”面板中的“图层特性”命令按钮，设置一个使用深绿色直线的“文字”图层，并单击“置为当前”按钮，使它转入现役，效果如图 5-357 所示。

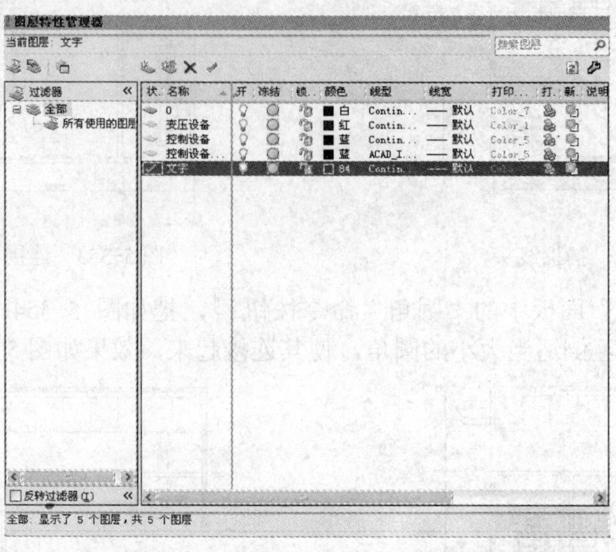


图 5-357　设置图层

2）单击“注释”面板中的“多行文字”命令按钮，书写各个房间的文字代号，效果如图 5-358 所示。

3）单击“注释”面板中的“多行文字”命令按钮，书写上边一个房间内的电气设备编号，效果如图 5-359 所示。

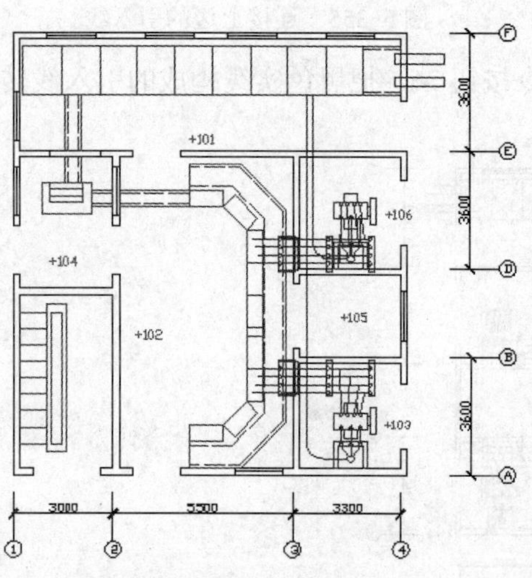


图 5-358　书写各个房间的代号

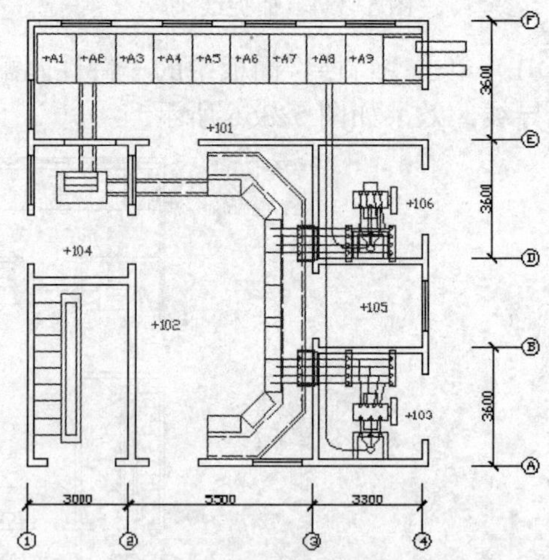


图 5-359　书写上边房间内的设备编号

4）单击“注释”面板中的“多行文字”命令按钮 A，按照设备走向书写其他电气设备的编号，效果如图 5-360 所示。

5）单击“注释”面板中的“多行文字”命令按钮 A，最后书写变压器的编号，效果如图 5-361 所示。

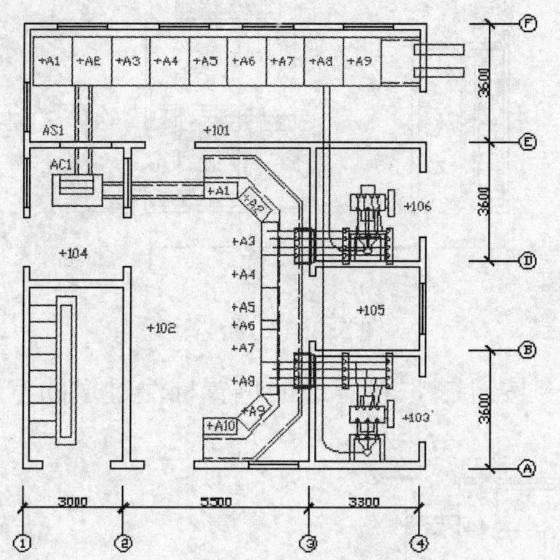

图 5-360　书写其他设备的编号

图 5-361　书写变压器的编号号

6）单击“图层”面板中的“图层特性”命令按钮，设置一个使用褐色直线的“尺寸标注”图层，并单击“置为当前”按钮，使它转入现役，效果如图 5-362 所示。

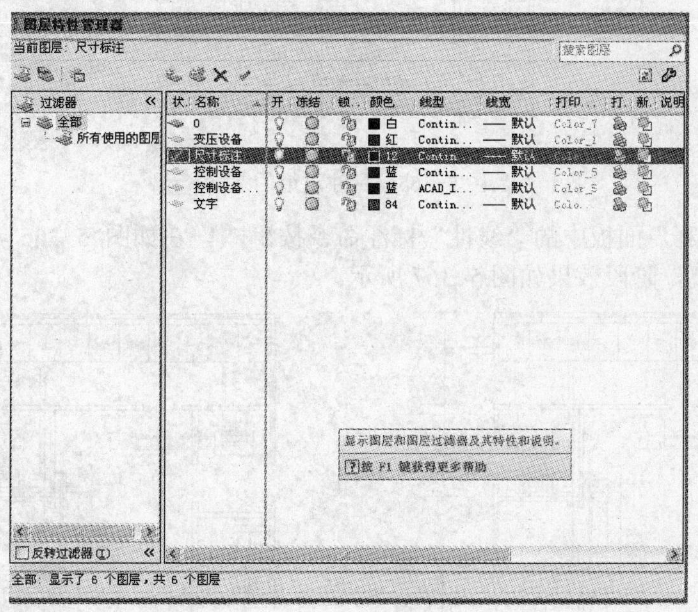


图 5-362　设置图层

7）单击“注释”面板中的“线性”标注命令按钮，在如图 5-363 所示的位置标注设备边缘到墙线的距离，阶段效果如图 5-364 所示。

1
2
3
4
第 5 章
6
7
8
9
附录A

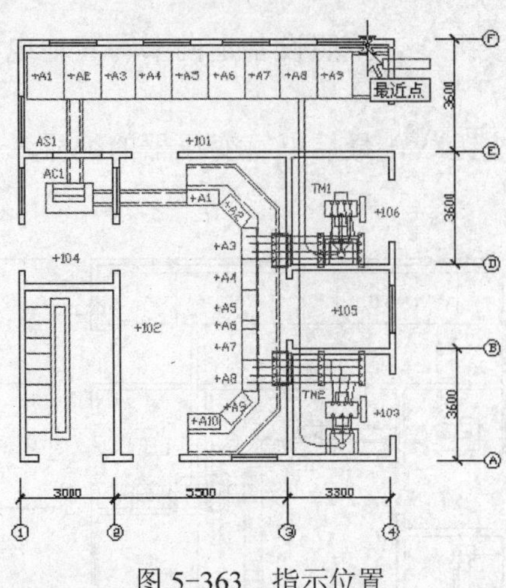

图 5-363　指示位置

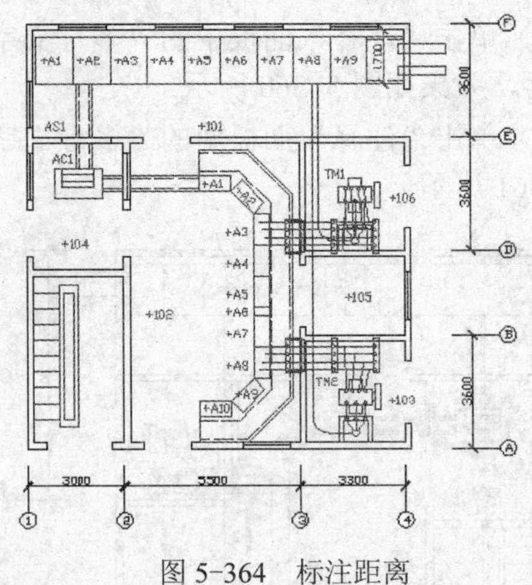

图 5-364　标注距离

8）单击“注释”面板中的“线性”标注命令按钮，在下边的位置标注过道的宽度，阶段效果如图 5-365 所示。

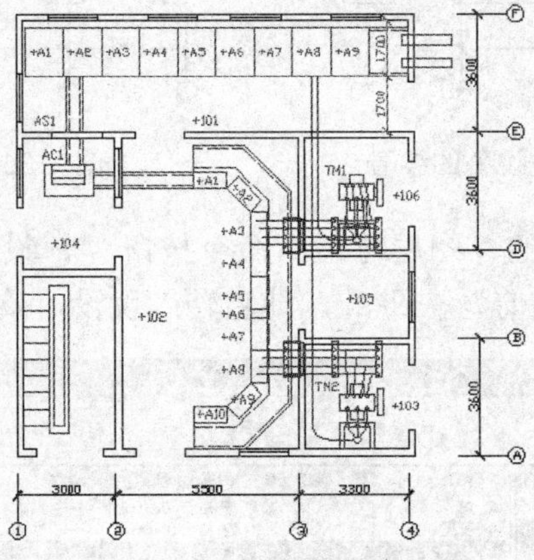

图 5-365　标注过道的宽度

9）单击“注释”面板中的“线性”标注命令按钮，在如图 5-366 所示的位置标注变压器到门边的距离，阶段效果如图 5-367 所示。

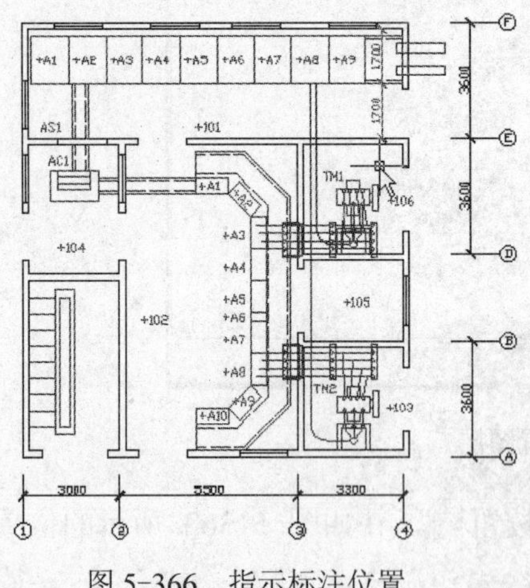

图 5-366　指示标注位置

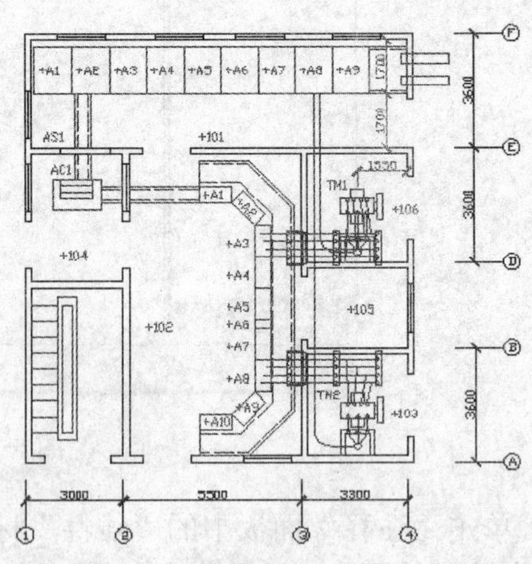

图 5-367　标注变压器到门边的距离

10）单击“注释”面板中的“线性”标注命令按钮，在如图 5-368 所示的位置标注支架到墙边的距离，阶段效果如图 5-369 所示。

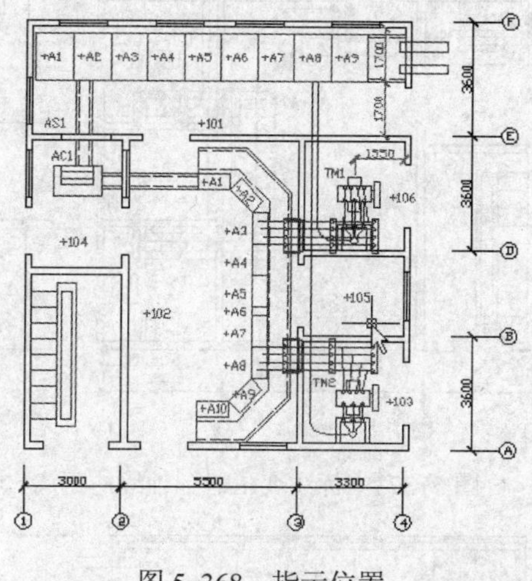

图 5-368　指示位置

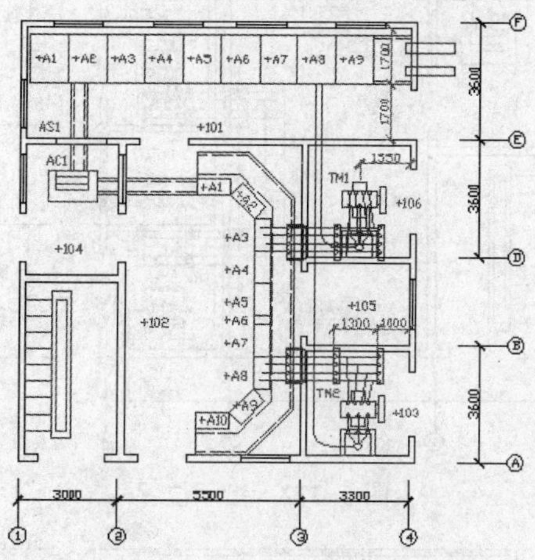

图 5-369　标注支架到墙线的距离

11）单击“注释”面板中的“线性”标注命令按钮，在如图 5-370 所示的光标所指的位置标注控制台到墙边的距离，阶段效果如图 5-371 所示。

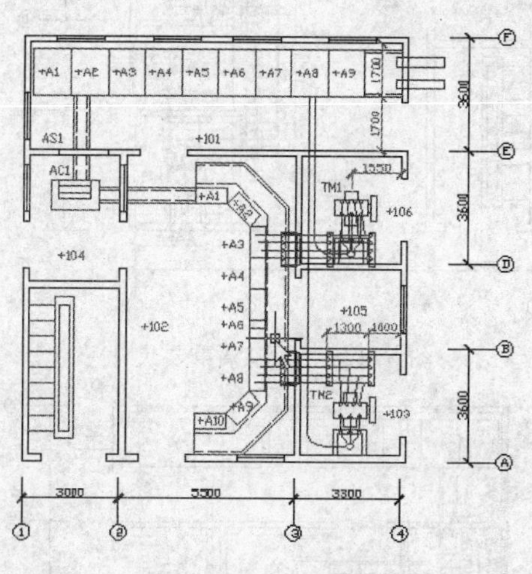

图 5-370　指示位置

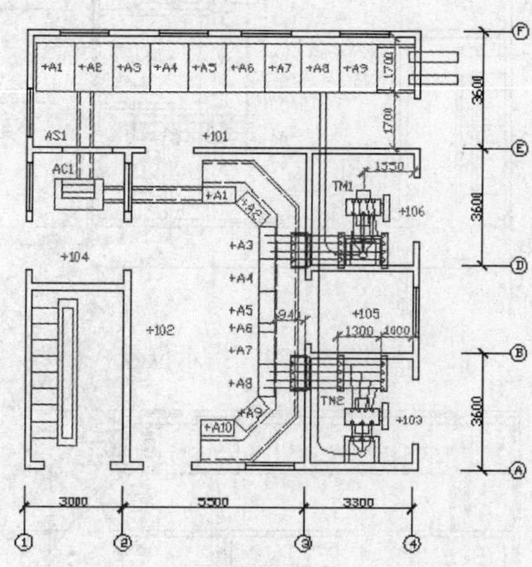

图 5-371　标注控制台到墙线的距离

12）单击“注释”面板中的“线性”标注命令按钮，在如图 5-372 所示的光标所指位置标注下边一台变压器到轴线 4 的距离，阶段效果如图 5-373 所示。

13）单击“注释”面板中的“线性”标注命令按钮，在如图 5-374 所示的光标所指位置标注控制台上某重要尺寸，阶段效果如图 5-375 所示。

14）单击“注释”面板中的“线性”标注命令按钮，在如图 5-376 所示的光标所指位置标注线路转换台的尺寸和到墙线的距离，阶段效果如图 5-377 所示。

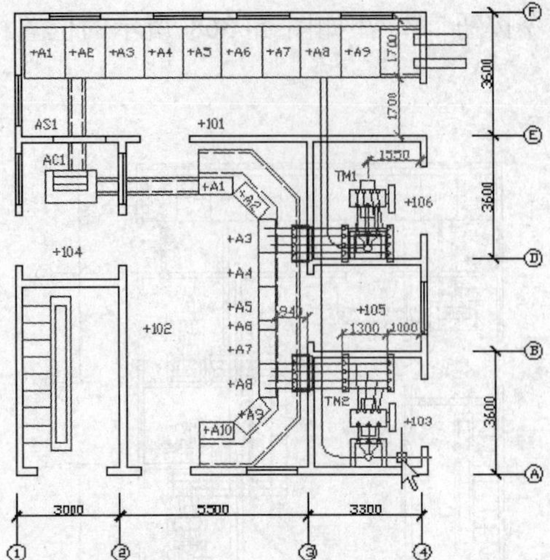

图 5-372　指示位置

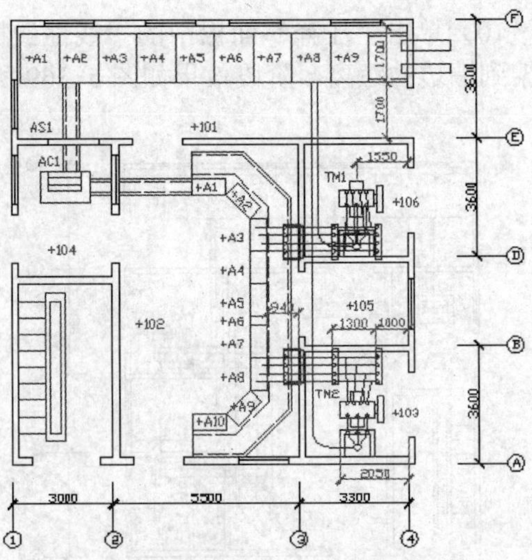

图 5-373　标注变压器到轴线的距离

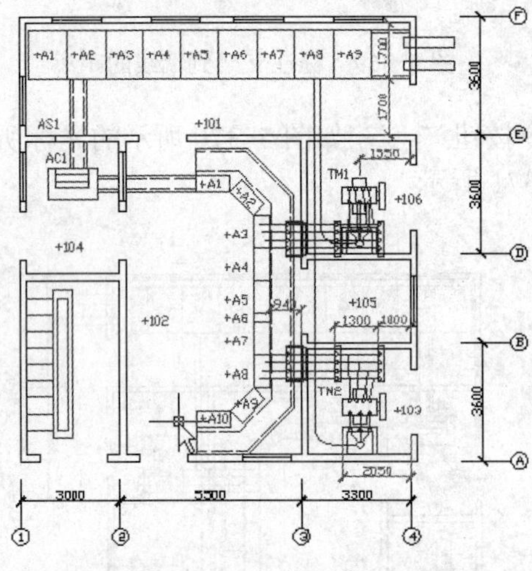

图 5-374　指示位置

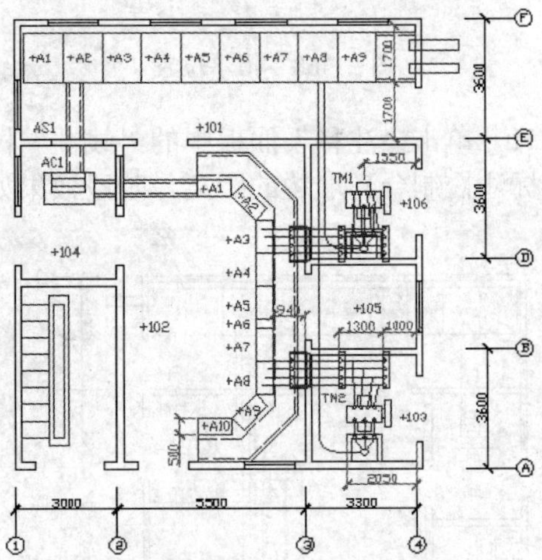

图 5-375　标注某重要尺寸

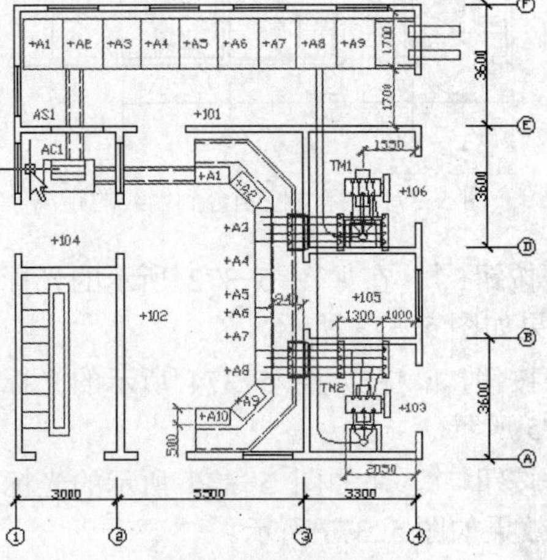

图 5-376　指示位置

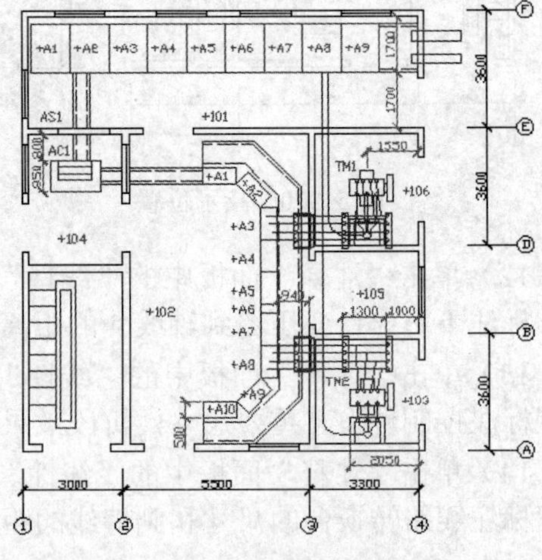

图 5-377　标注转换台的尺寸

15）单击“注释”面板中的“线性”标注命令按钮，在如图 5-378 所示的光标所指的位置标注控制线管到墙线的距离，阶段效果如图 5-379 所示。

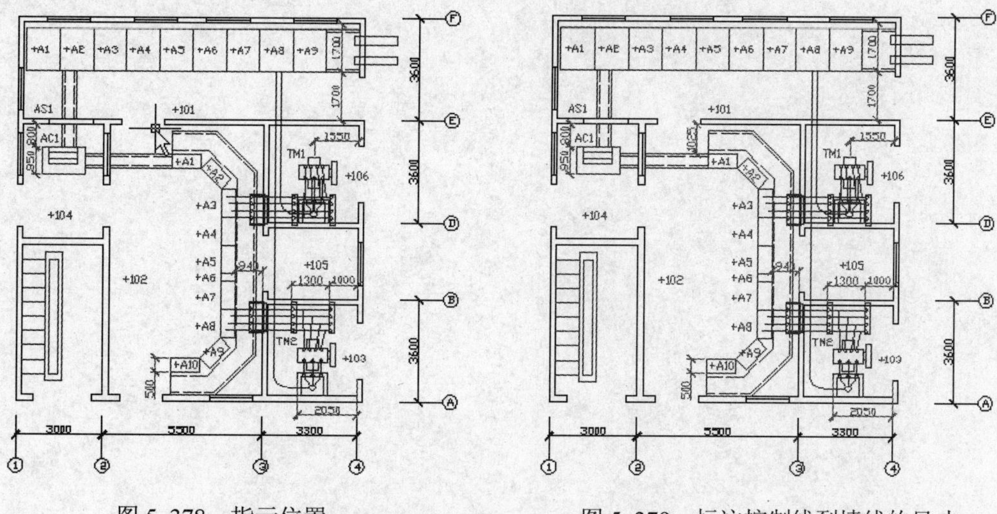


图 5-378　指示位置　　　　图 5-379　标注控制线到墙线的尺寸

16）单击“特性”面板中的“特性匹配”命令按钮，把轴线上的标注转换成其他尺寸标注的线型，以示全图统一，效果如图 5-380 所示。

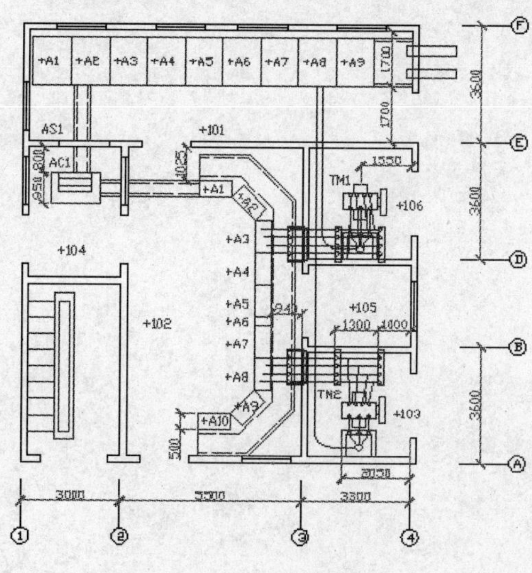


图 5-380　转换线型

# 第3篇

# 电力工程图例

# 第6章 住宅电气设计

**本章您将学到：**

民用住宅中配备着多种电气系统：照明、电话、宽带网、闭路电视、火灾报警等。本章列举 3 种住宅电气设计，有属于强电的照明系统设计，还有属于弱电的天线系统设计、电话系统设计。

## 6.1 实验室照明平面图

### 制作思路

照明电气图一般都是在绘制好的建筑图中绘制的。如果没有建筑图，就需要设计单位自行测绘建筑平面图，并在此基础上绘制出电气图。本例先绘制建筑图，然后绘制照明电气系统。

### 6.1.1 轴线和墙线

绘制建筑图时，先绘制有轴线和墙线的基本图，然后绘制门洞和窗洞，即可完成绘制电气图需要的建筑图。这层建筑是某中学的一层实验室，其中有配电用的电工间，进行物理、化学试验的实验室、存储化学物质的房间以及厕所、更衣室、浴室，各房间对电气性能有不同的要求。

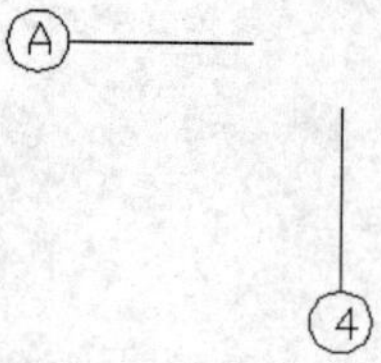

**1. 基本图**

绘制步骤如下。

1）使用剪贴板从以前绘制的图形中复制如图 6-1 所示的两条轴线。

图 6-1　贴入轴线

2）单击“修改”面板中的“阵列”命令按钮，屏幕出现如图 6-2 所示的“阵列”对话框，填好各项数值，把纵向轴线阵列 6 列，列距为 39，效果如图 6-3 所示。

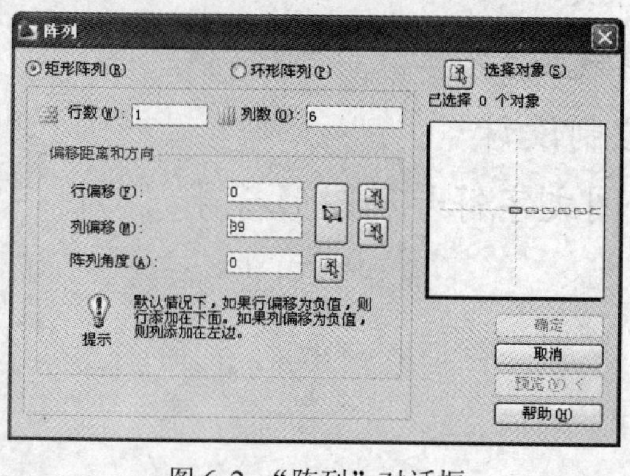


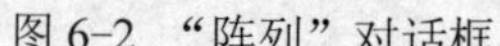
图 6-2　“阵列”对话框

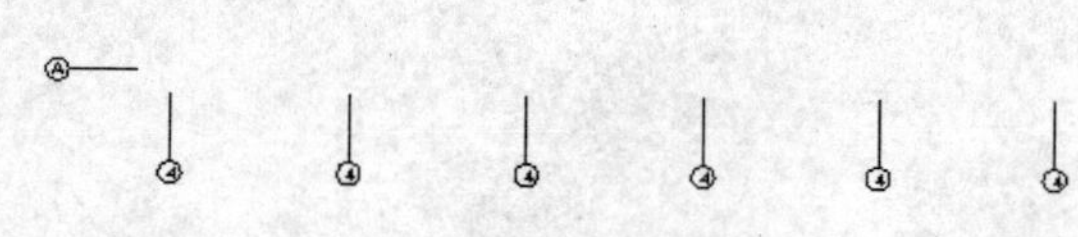

图 6-3　阵列轴线

3）单击“修改”面板中的“复制”命令按钮，把横向轴线向上复制 3 份，距离为“66”、“82”和“126”，效果如图 6-4 所示。

4）单击“注释”选项卡，单击“文字”面板中的“编辑”命令按钮，然后单击轴线圆圈内的文字，在“多行文字编辑器”中把这些文字改成“A”、“B”、“C”、“D”和“1”、“2”、“3”、“4”、“5”、“6”，效果如图 6-5 所示。

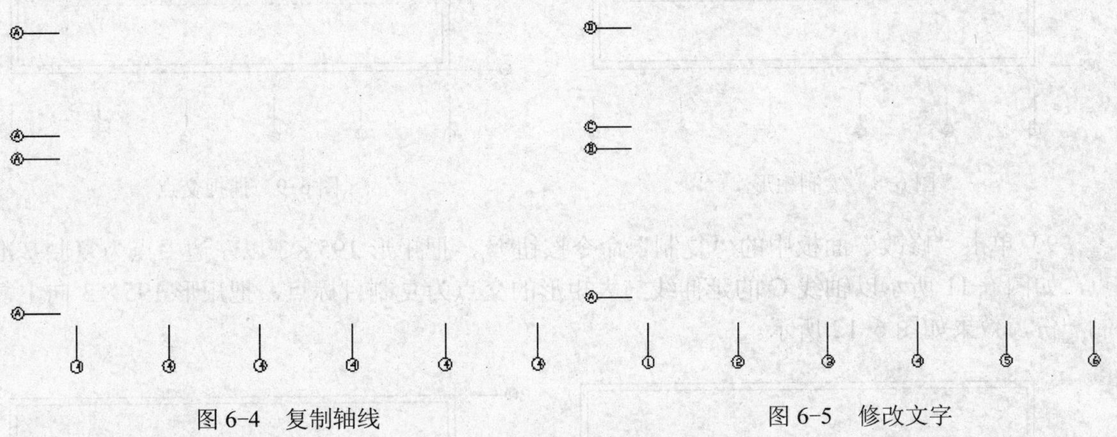

图 6-4 复制轴线　　图 6-5 修改文字

5）开始绘制外墙线。单击“绘图”面板中的“矩形”命令按钮，绘制起点在轴线“1”、“A”交点，终点在轴线“6”、“D”交点的矩形，效果如图 6-6 所示。

6）单击“修改”面板中的“偏移”命令按钮，把矩形向里边偏移复制一份，复制距离为 3，效果如图 6-7 所示。

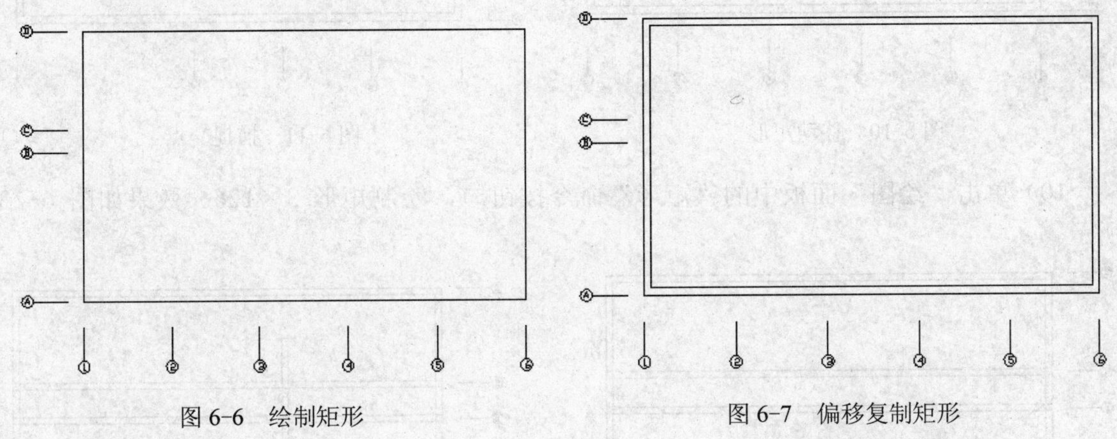

图 6-6 绘制矩形　　图 6-7 偏移复制矩形

7）开始绘制内墙线。单击“绘图”面板中的“矩形”命令按钮，绘制矩形 195×3，效果如图 6-8 所示。

8）单击“修改”面板中的“移动”命令按钮，把矩形 195×3 以左边中点为移动基准点，如图 6-9 所示，以轴线 B 的延伸线与大矩形的交点为移动目标点移动，效果如图 6-10 所示。

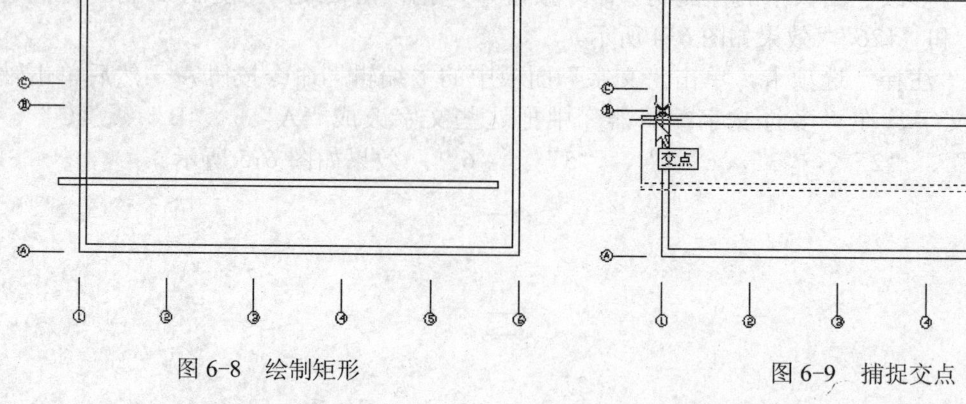


图 6-8　绘制矩形

图 6-9　捕捉交点

9）单击“修改”面板中的“复制”命令按钮，把矩形 195×3 以左边中点为复制基准点，如图 6-11 所示以轴线 C 的延伸线与大矩形的交点为复制目标点，把矩形 195×3 向上复制一份，效果如图 6-12 所示。

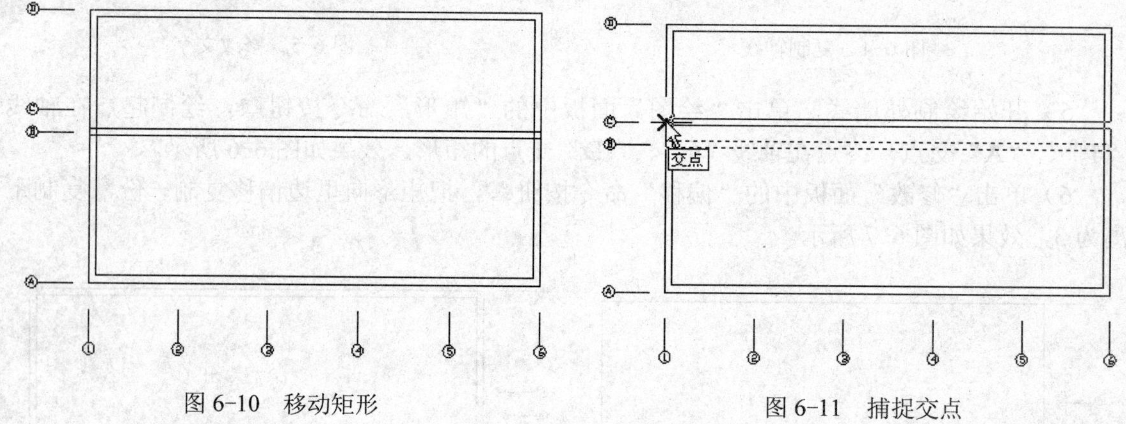


图 6-10　移动矩形

图 6-11　捕捉交点

10）单击“绘图”面板中的“矩形”命令按钮，绘制矩形 3×126。效果如图 6-13 所示。

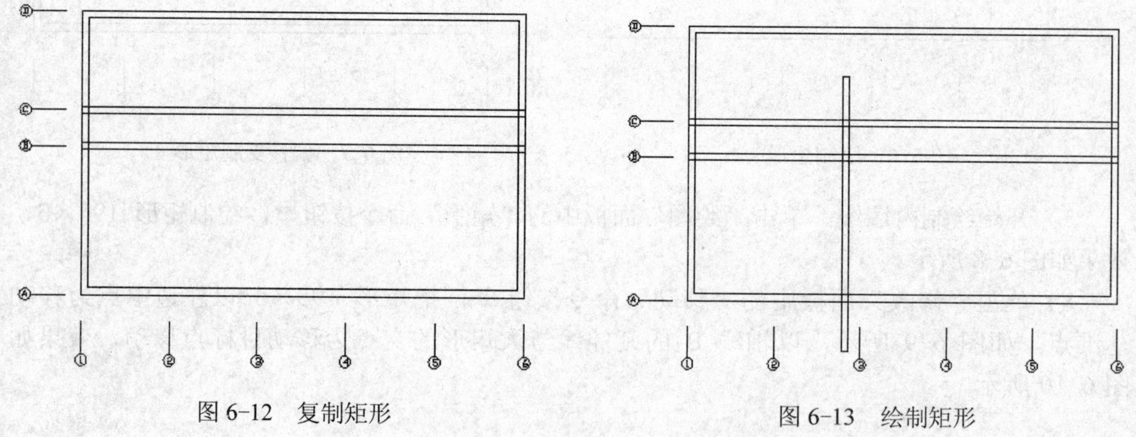

图 6-12　复制矩形

图 6-13　绘制矩形

11）单击“修改”面板中的“移动”命令按钮，把矩形 3×126 以底边中点为移动基

准点，如图 6-14 所示，以轴线 3 的延伸线与大矩形的交点为移动目标点移动，效果如图 6-15 所示。

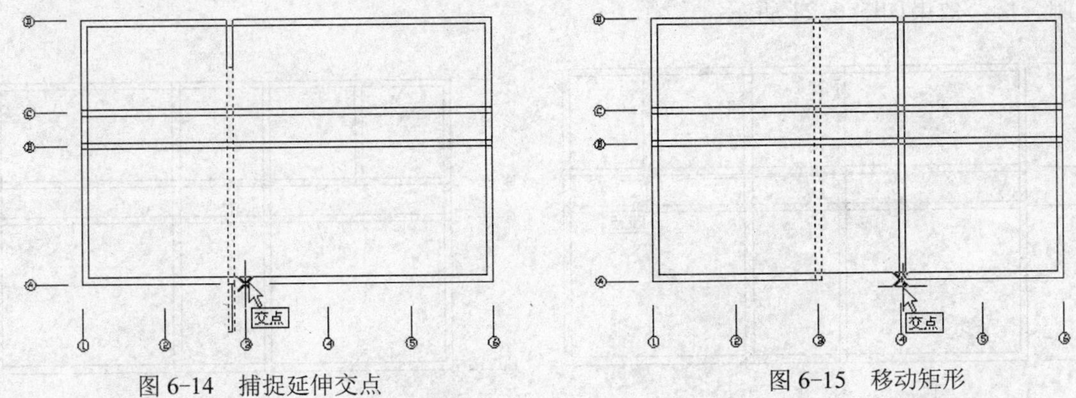

图 6-14 捕捉延伸交点　　图 6-15 移动矩形

12）单击“修改”面板中的“复制”命令按钮，把矩形 3×126 以底边中点为复制基准点，如图 6-15 所示以轴线 4 的延伸线与大矩形的交点为复制目标点，把矩形 3×126 向右复制一份，效果如图 6-16 所示。

13）单击“绘图”面板中的“矩形”命令按钮，绘制矩形 3×45.5，效果如图 6-17 所示。

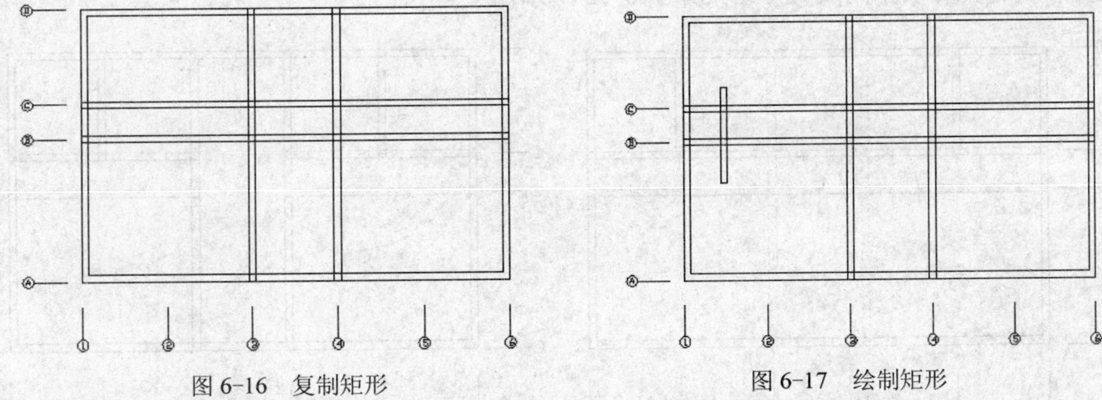
图 6-16 复制矩形　　图 6-17 绘制矩形

14）单击“修改”面板中的“移动”命令按钮，把矩形 3×45.5 以底边中点为移动基准点，如图 6-18 所示，以轴线 2 的延伸线与矩形的交点为移动目标点移动，效果如图 6-19 所示。

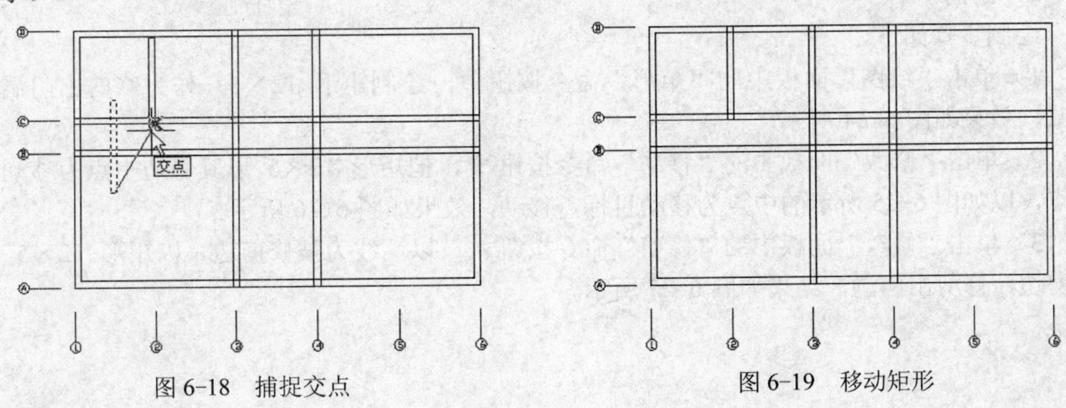

图 6-18 捕捉交点　　图 6-19 移动矩形

15）单击“修改”面板中的“复制”命令按钮，把矩形 3×45.5 以底边中点为复制基准点，如图 6-20 所示以轴线 5 的延伸线与大矩形的交点为复制目标点，把矩形 3×45.5 向右复制一份，效果如图 6-21 所示。

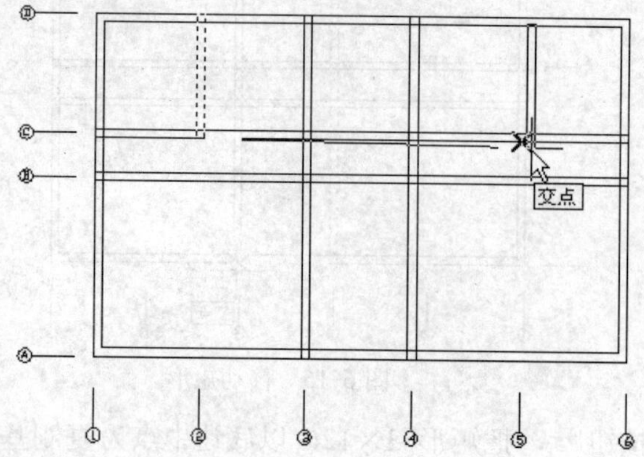

图 6-20　捕捉延伸交点

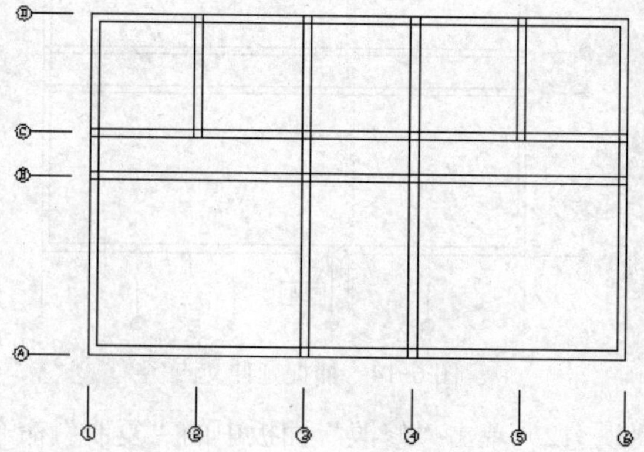

图 6-21　复制矩形

16）单击“修改”面板中的“修剪”命令按钮，以如图 6-22 所示的虚线矩形为修剪边，修剪掉光标所示的线头，结果如图 6-23 所示。

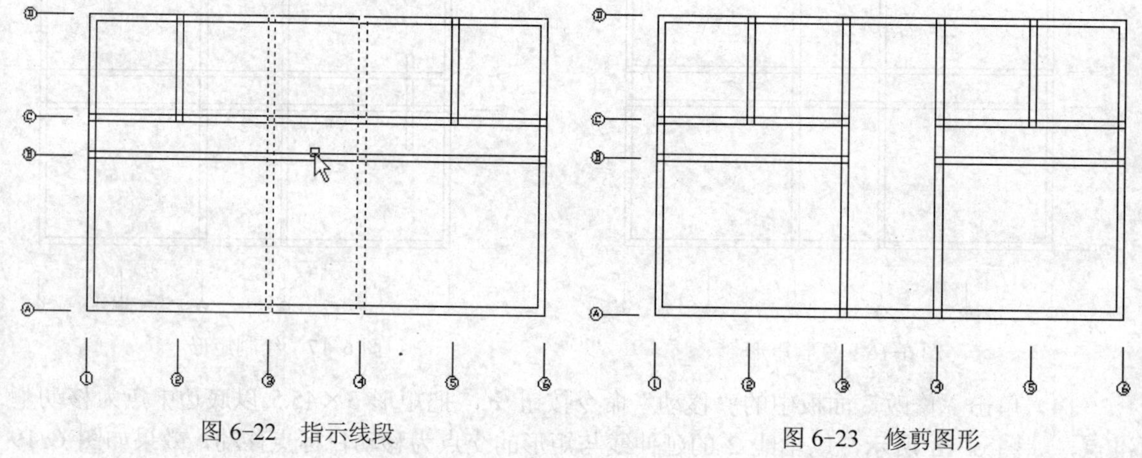

图 6-22　指示线段　　　　图 6-23　修剪图形

2．门洞

绘制步骤如下。

1）单击“绘图”面板中的“矩形”命令按钮，绘制矩形 12×5，作为修剪出门洞的工具，效果如图 6-24 所示。

2）单击“修改”面板中的“移动”命令按钮，把矩形 12×5 以其底边中点为移动基准点，以如图 6-25 所示的中点为移动目标点移动，效果如图 6-26 所示。

3）单击“修改”面板中的“修剪”命令按钮，以墙线为被修剪边，以矩形 12×5 为修剪边，修剪出门洞，结果如图 6-27 所示。

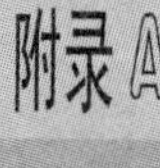
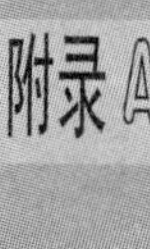

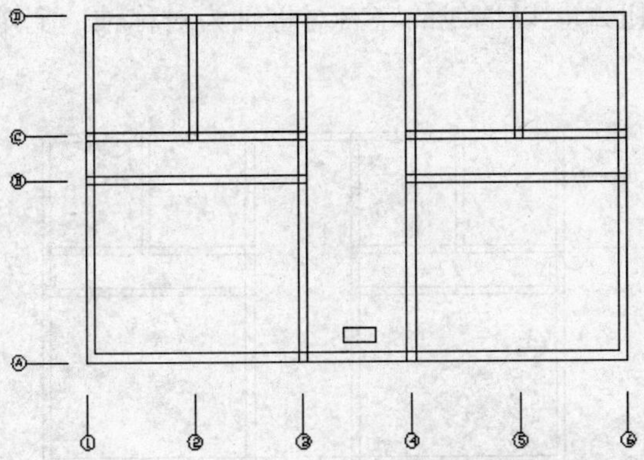

图 6-24　绘制矩形

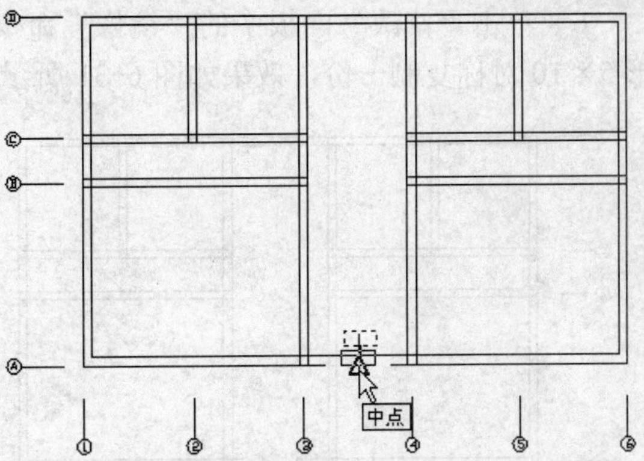

图 6-25　捕捉中点

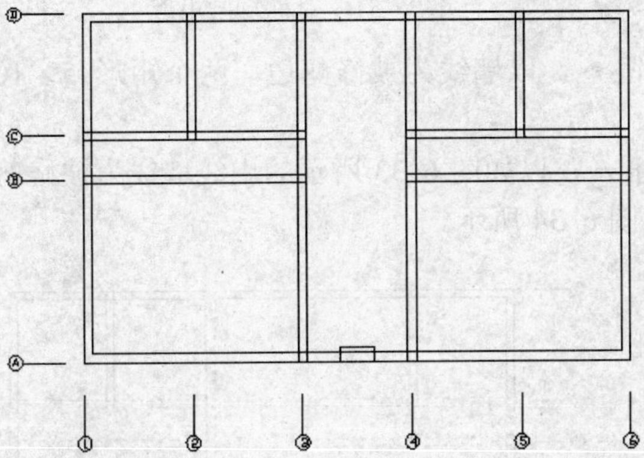

图 6-26　移动矩形

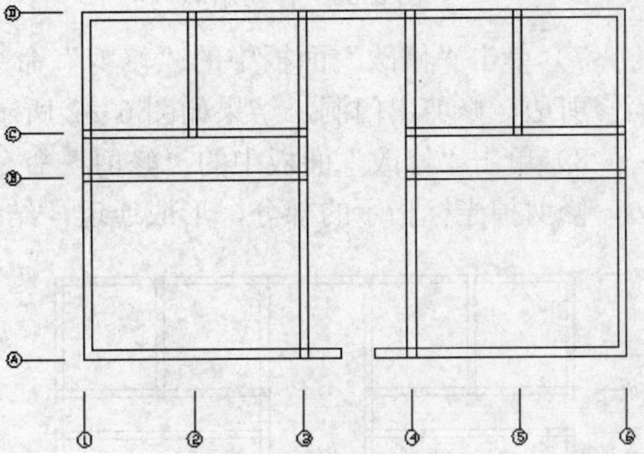

图 6-27　修剪出门洞

4）单击“绘图”面板中的“矩形”命令按钮，以如图 6-28 所示的端点为起点绘制矩形 5×10，效果如图 6-29 所示。

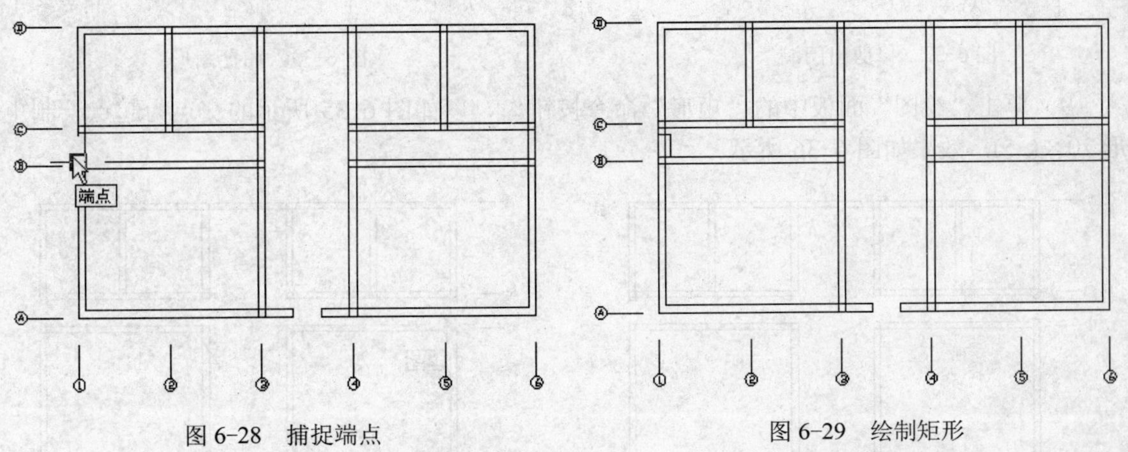


图 6-28　捕捉端点

图 6-29　绘制矩形

5）单击“修改”面板中的“移动”命令按钮，把矩形 5×10 向上移动，移动距离为 1.5，效果如图 6-30 所示。

6）单击“修改”面板中的“镜像”命令按钮，以墙线的左右对称轴为对称轴，把矩形 5×10 对称复制一份，效果如图 6-31 所示。

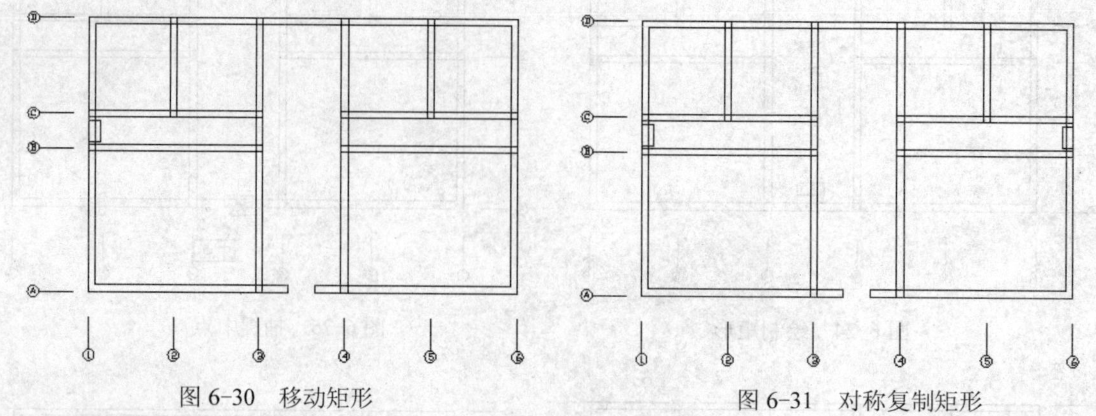

图 6-30　移动矩形　　　图 6-31　对称复制矩形

7）单击“修改”面板中的“修剪”命令按钮，以墙线为被修剪边，两个矩形 5×10 为修剪边，修剪出门洞，结果如图 6-32 所示。

8）单击“修改”面板中的“修剪”命令按钮，以如图 6-33 所示的虚线墙线为被修剪边，修剪掉光标指示的部分，形成通道，结果如图 6-34 所示。

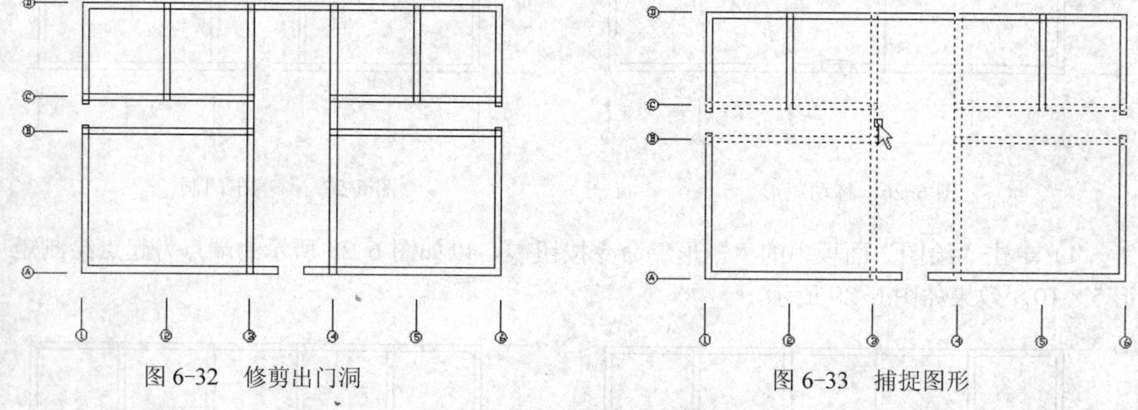

图 6-32　修剪出门洞　　　图 6-33　捕捉图形

9）单击“绘图”面板中的“矩形”命令按钮，以如图 6-35 所示的交点为起点绘制矩形 20×(-5)，效果如图 6-36 所示。

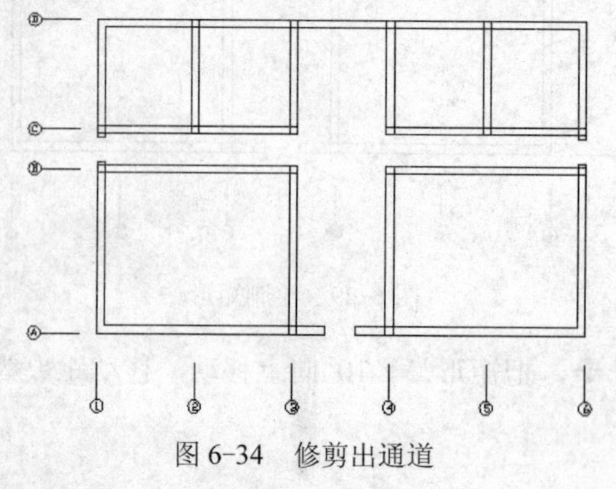

图 6-34　修剪出通道

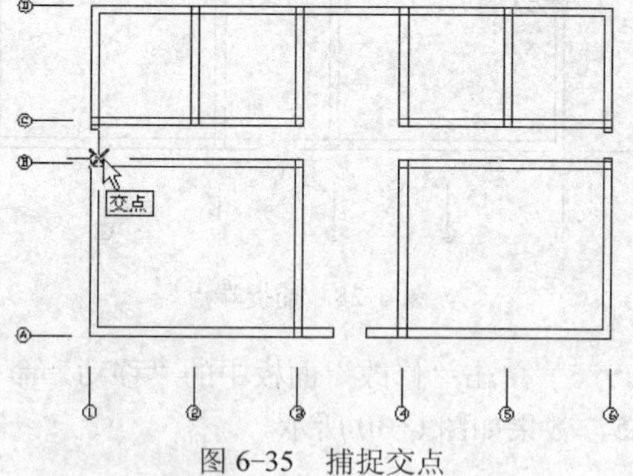


图 6-35　捕捉交点

10）单击“修改”面板中的“移动”命令按钮✥，把矩形20×(−5)向右移动，移动距离为3，效果如图6−37所示。

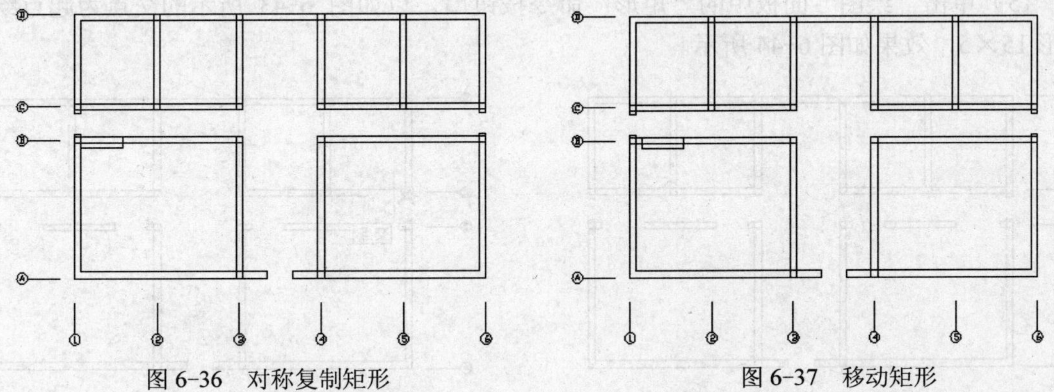

图6−36 对称复制矩形　　图6−37 移动矩形

11）单击“绘图”面板中的“矩形”命令按钮，以如图6−38所示的交点为起点，绘制矩形(−15)×(−5)，效果如图6−39所示。

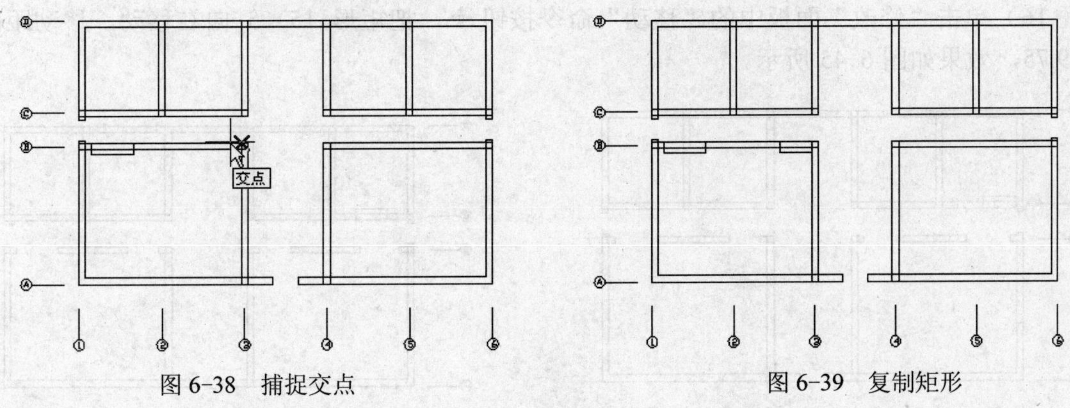


图6−38 捕捉交点　　图6−39 复制矩形

12）单击“修改”面板中的“移动”命令按钮✥，把得到的矩形(−15)×(−5)向左移动，移动距离为3，效果如图6−40所示。

13）单击“修改”面板中的“镜像”命令按钮，以墙线的左右对称轴为对称轴，把两个矩形20×(−5)和(−15)×(−5)对称复制一份，效果如图6−41所示。

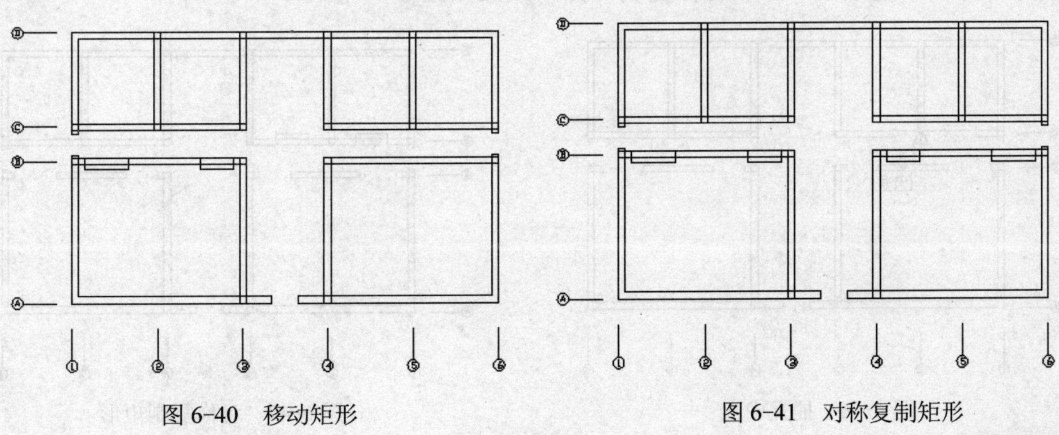

图6−40 移动矩形　　图6−41 对称复制矩形

14）单击“修改”面板中的“修剪”命令按钮-/-，以墙线为被修剪边，以4个矩形为修剪边，修剪出门洞，效果如图6-42所示。

15）单击“绘图”面板中的“矩形”命令按钮□，以如图 6-43 所示的交点为起点绘制矩形15×5，效果如图6-44所示。

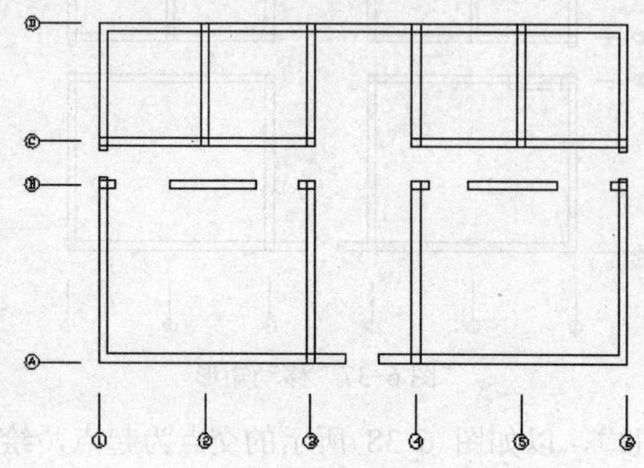

图6-42　修剪出门洞

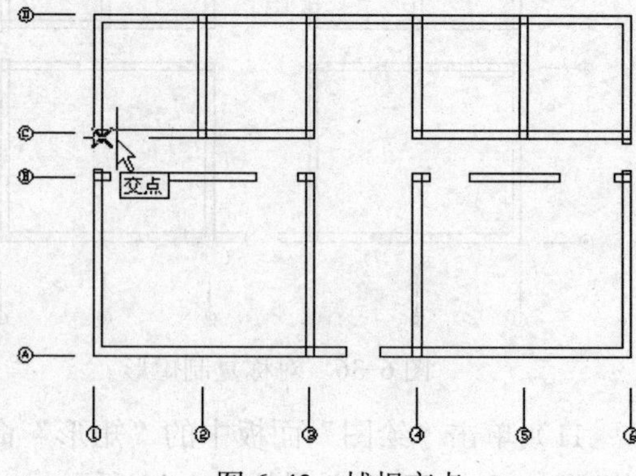


图6-43　捕捉交点

16）单击“修改”面板中的“移动”命令按钮✥，把矩形 15×5 向右移动，移动距离为9.75，效果如图6-45所示。

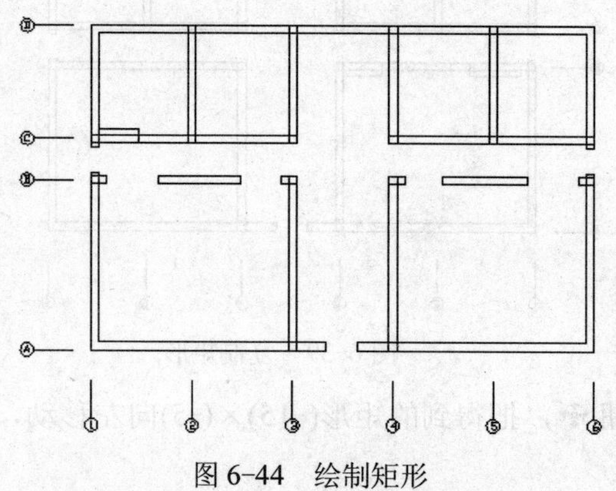

图6-44　绘制矩形

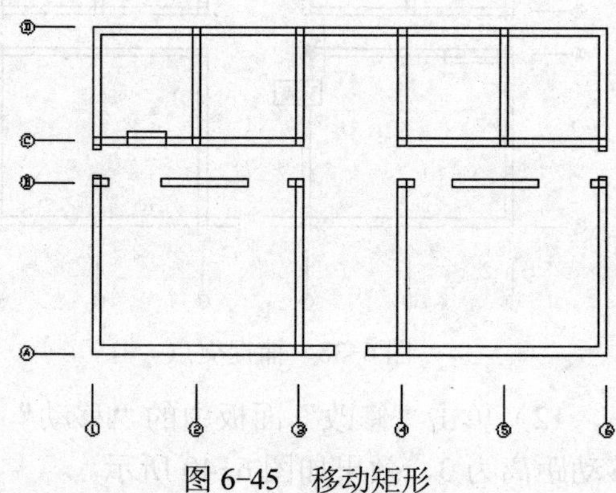

图6-45　移动矩形

17）单击“修改”面板中的“镜像”命令按钮⚠，以通过如图 6-46 所示的中点的垂直直线为对称轴，把矩形15×5对称复制一份，效果如图6-47所示。

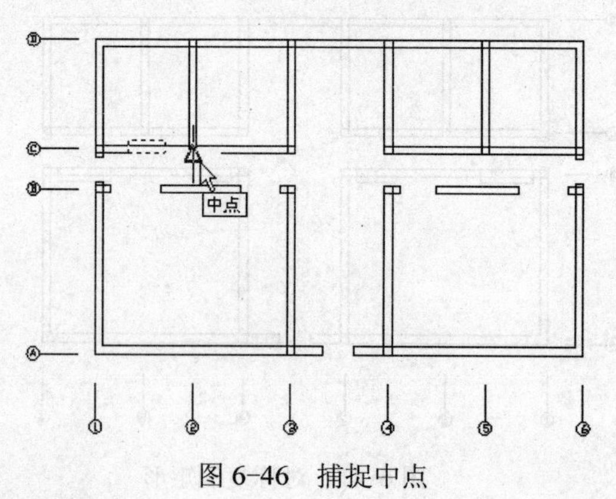


图6-46　捕捉中点

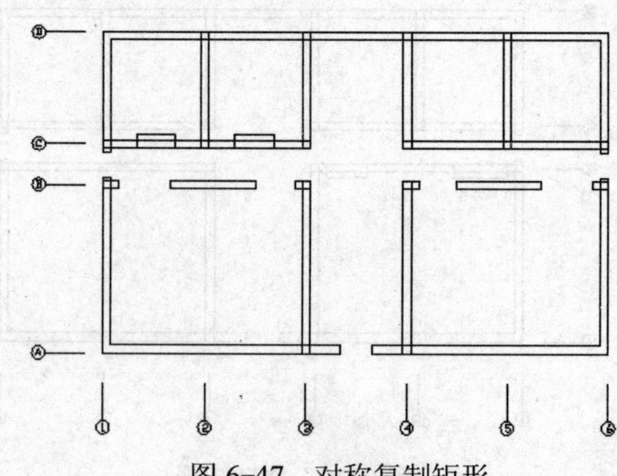

图6-47　对称复制矩形

18）单击“修改”面板中的“修剪”命令按钮，以墙线为被修剪边，以两个矩形 15×5 为修剪边，修剪出门洞，结果如图 6-48 所示。

19）单击“绘图”面板中的“矩形”命令按钮，以如图 6-49 所示的交点为起点绘制矩形 10×5，效果如图 6-50 所示。

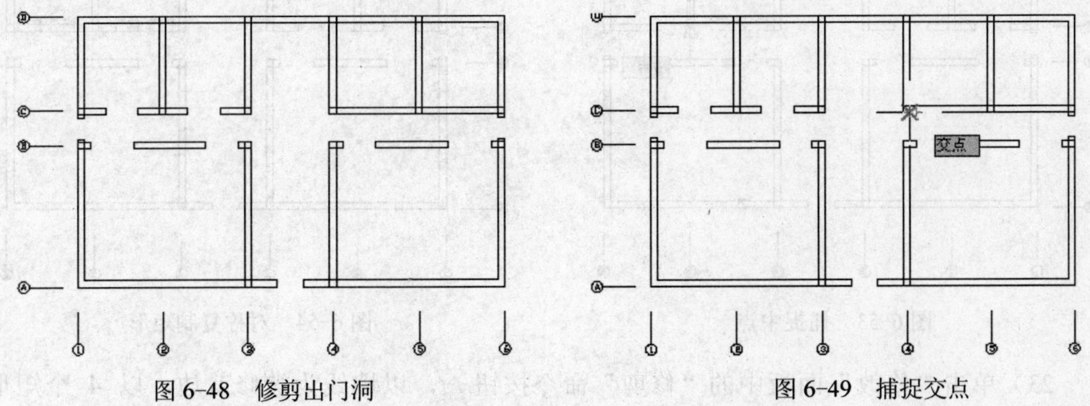


图 6-48　修剪出门洞　　　图 6-49　捕捉交点

20）单击“修改”面板中的“移动”命令按钮，把矩形 10×5 向右移动，移动距离为 3，效果如图 6-51 所示。

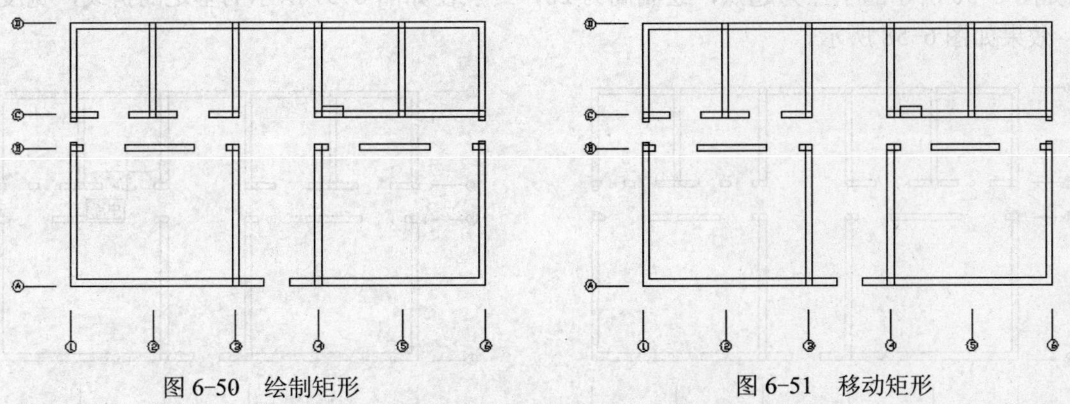

图 6-50　绘制矩形　　　图 6-51　移动矩形

21）单击“修改”面板中的“复制”命令按钮，把矩形 10×5 向右复制一份，复制距离为 15，效果如图 6-52 所示。

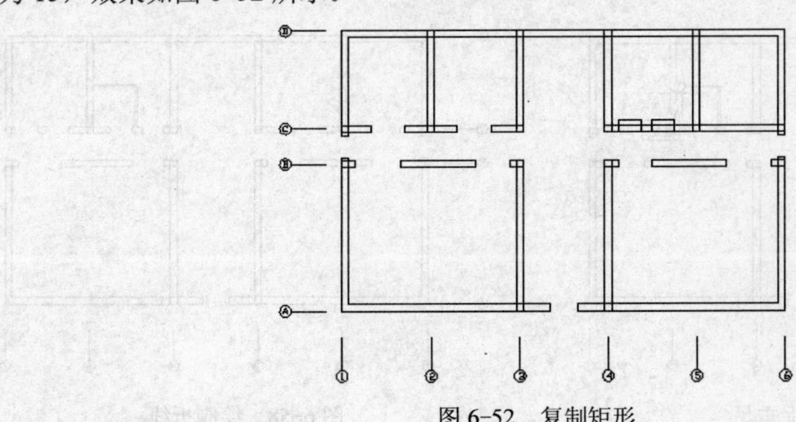

图 6-52　复制矩形

22）单击“修改”面板中的“镜像”命令按钮，以通过如图 6-53 所示的中点的垂直直线为对称轴，把两个矩形 10×5 对称复制一份，效果如图 6-54 所示。

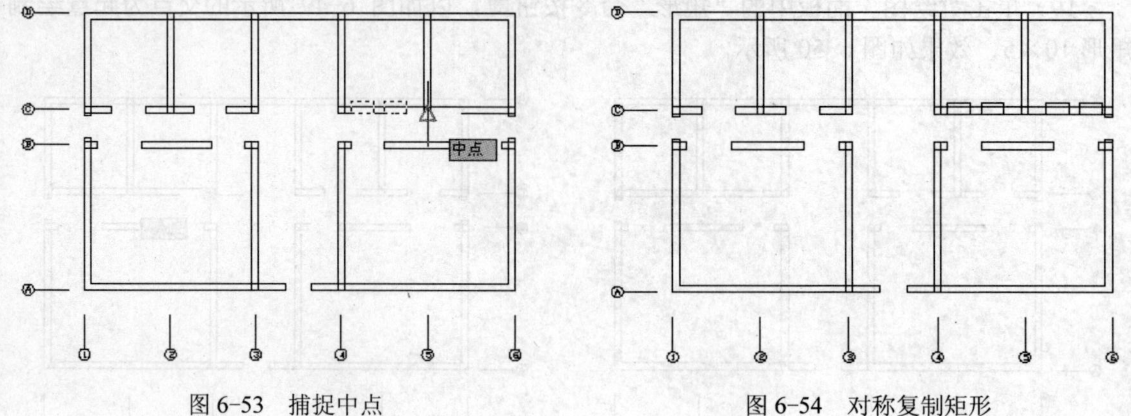


图 6-53 捕捉中点

图 6-54 对称复制矩形

23）单击“修改”面板中的“修剪”命令按钮，以墙线为被修剪边，以 4 个矩形 10×5 为修剪边，修剪出门洞，效果如图 6-55 所示。

24）现在绘制洗手间的遮壁。在“菜单浏览器”中选择“绘图”→“多线”菜单命令，以如图 6-56 所示的中点为起点，绘制高为 20，终点在如图 6-57 所示的垂足的折线，宽度为 1，效果如图 6-58 所示。

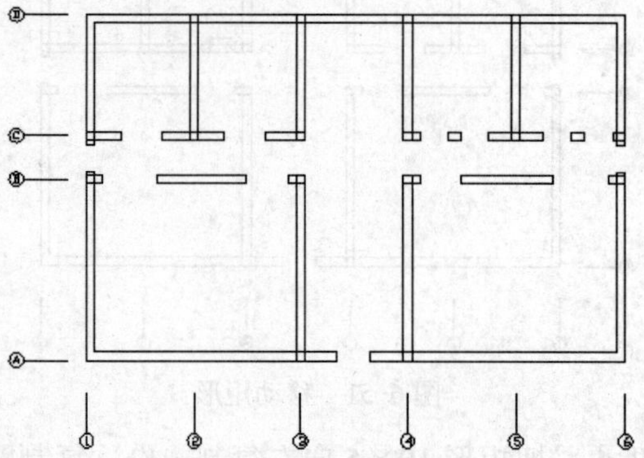

图 6-55 修剪出门洞

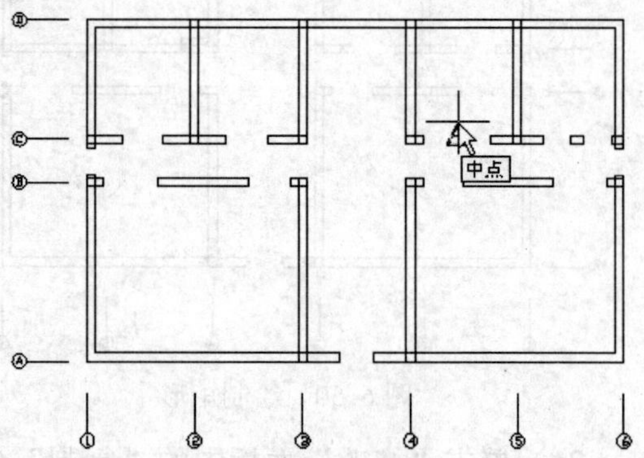

图 6-56 捕捉中点

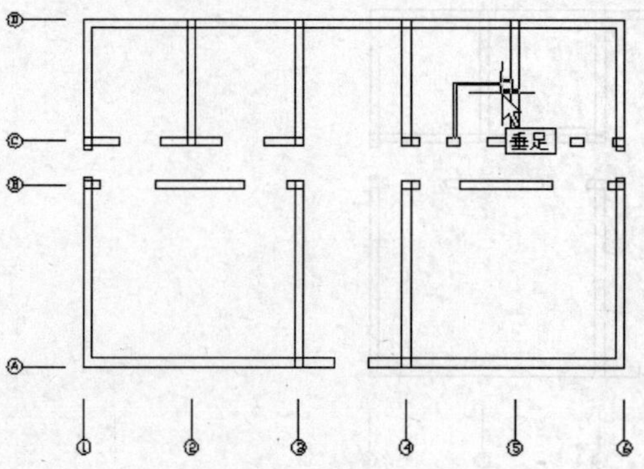

图 6-57 捕捉垂足

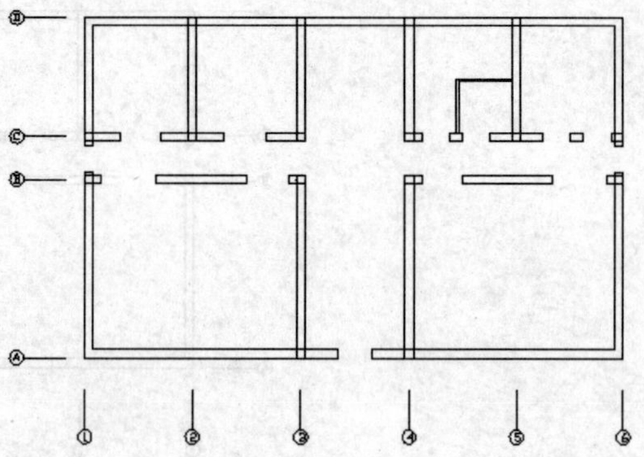

图 6-58 绘制折线

25）单击“实用程序”面板中的“窗口”命令按钮，局部放大刚才绘制的图形部分，预备下一步操作，效果如图 6-59 所示。

26）单击“修改”面板中的“镜像”命令按钮，以该局部图形的中轴为对称轴，把折线对称复制一份，效果如图 6-60 所示。

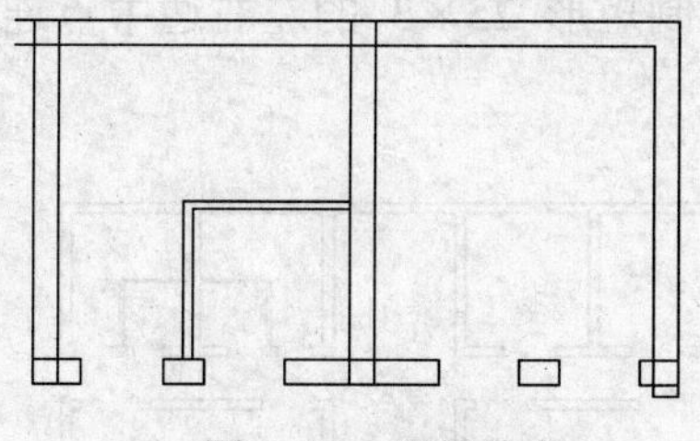

图 6-59 局部放大

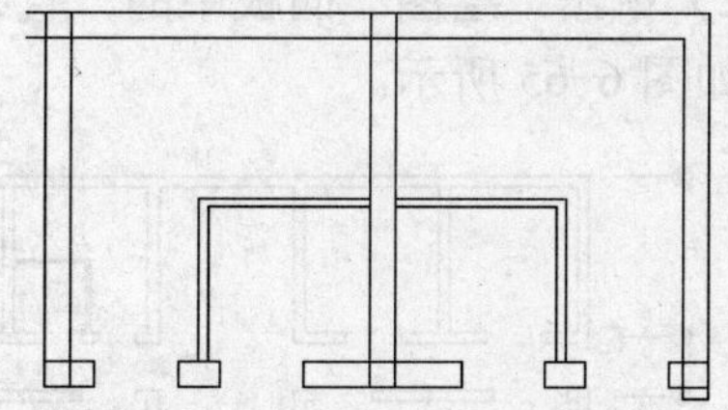

图 6-60 对称复制折线

27）单击“实用程序”面板中的“上一个”命令按钮，恢复视图，效果如图 6-61 所示。

28）单击“修改”面板中的“分解”命令按钮，把墙线分解成直线。

29）单击“绘图”面板中的“面域”命令按钮，把墙线图形转变成面域。

30）在“菜单浏览器”中选择“修改”→“实体编辑”→“并集”菜单命令，合并所有面域，效果如图 6-62 所示。

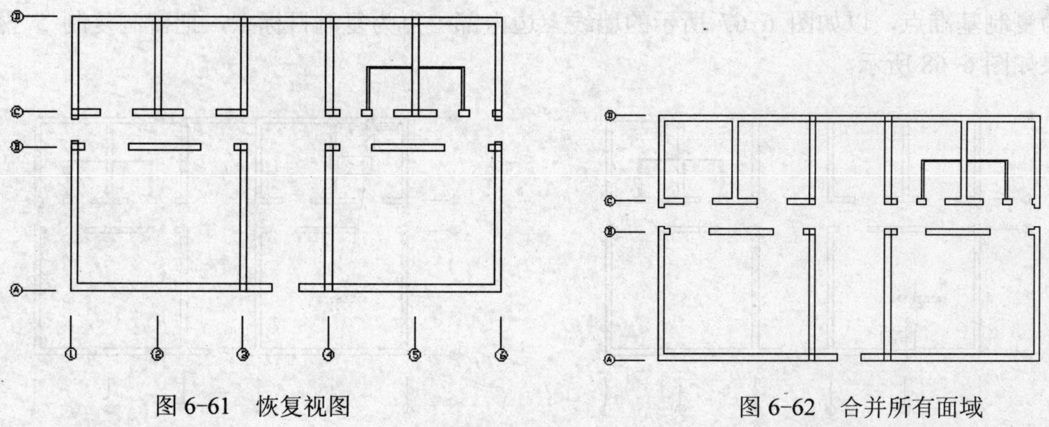

图 6-61 恢复视图　　图 6-62 合并所有面域

31）单击“修改”面板中的“修剪”命令按钮，修剪掉墙线内的线头，结果如图 6-63 所示。

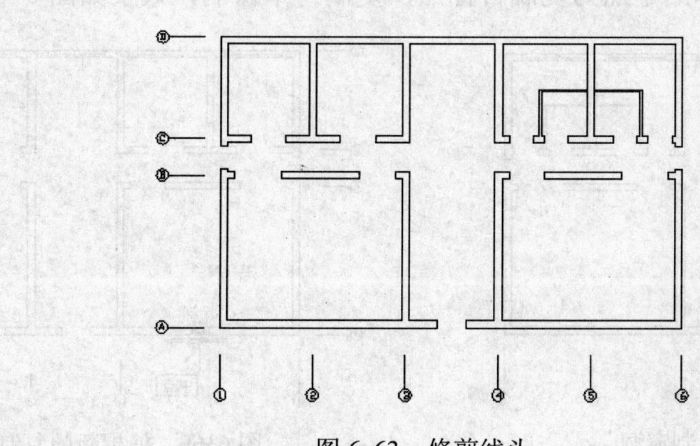

图 6-63 修剪线头

### 3. 窗洞

绘制步骤如下。

1）单击“绘图”面板中的“矩形”命令按钮，在墙线左下间内绘制矩形 25×3，作为绘制窗洞的工具，效果如图 6-64 所示。

2）单击“绘图”面板中的“直线”命令按钮，绘制矩形 25×3 的左右边中点连线，效果如图 6-65 所示。

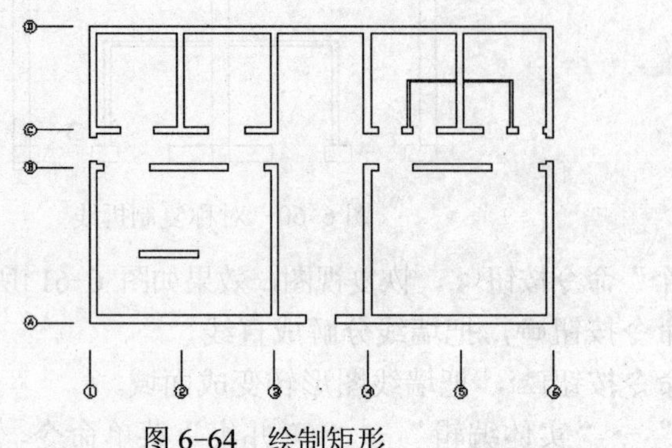

图 6-64 绘制矩形　　图 6-65 绘制连线

3）单击“修改”面板中的“复制”命令按钮，以如图 6-66 所示的矩形 25×3 底边中点为复制基准点，以如图 6-67 所示的墙线上边内部中点为复制目标点，把窗洞复制 5 份，效果如图 6-68 所示。

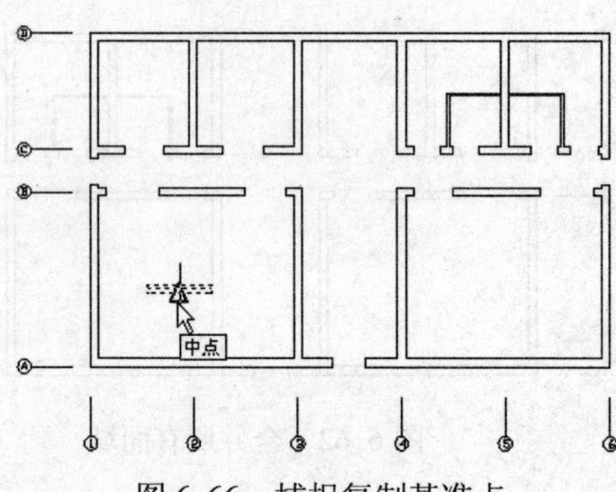


图 6-66 捕捉复制基准点

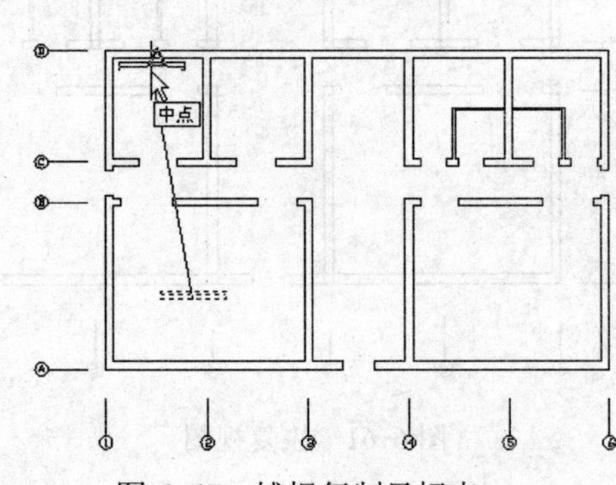


图 6-67 捕捉复制目标点

继续以如图 6-69 所示的中点为复制目标点，复制一个窗洞，效果如图 6-70 所示。

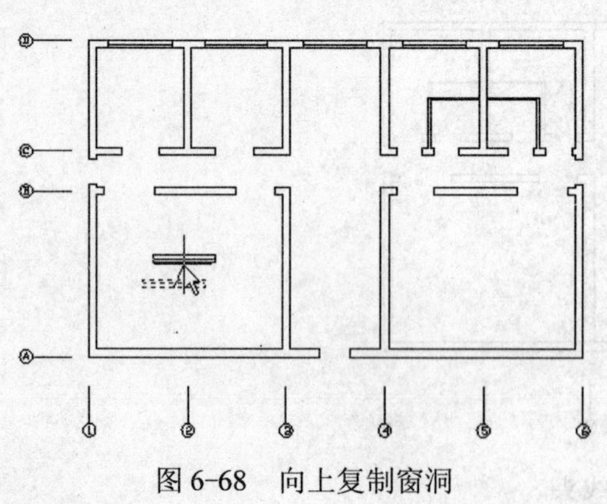

图 6-68 向上复制窗洞

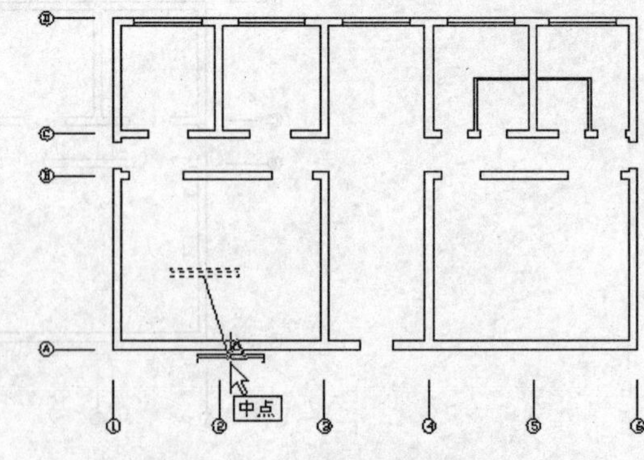


图 6-69 捕捉新的复制目标点

4）单击“修改”面板中的“移动”命令按钮✥，把下边的窗洞向右移动，移动距离为10，效果如图 6-71 所示。

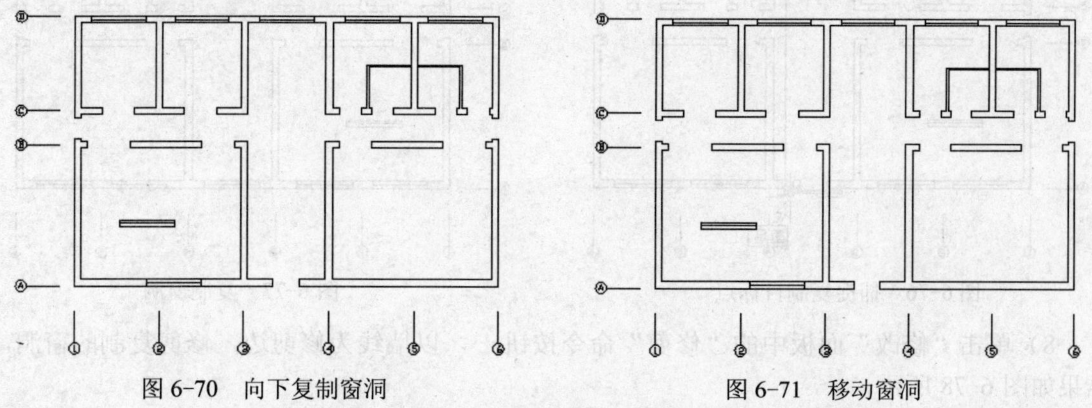

图 6-70 向下复制窗洞　　图 6-71 移动窗洞

5）单击“修改”面板中的“镜像”命令按钮，以过如图 6-72 所示的中点的垂直直线为对称轴，把下边的窗洞对称复制一份，效果如图 6-73 所示。

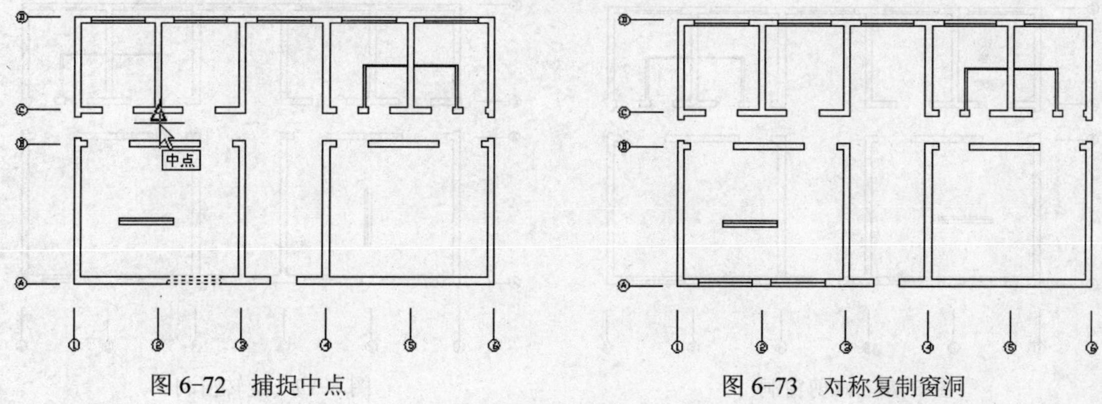


图 6-72 捕捉中点　　图 6-73 对称复制窗洞

6）单击“修改”面板中的“镜像”命令按钮，以过墙线的垂直中轴为对称轴，把下边的窗洞对称复制一份，效果如图 6-74 所示。

7）单击“修改”面板中的“复制”命令按钮，以如图 6-75 所示的端点为复制基准点，以如图 6-76 所示的垂足为复制目标点，把上边中间的窗洞复制一份，效果如图 6-77 所示。

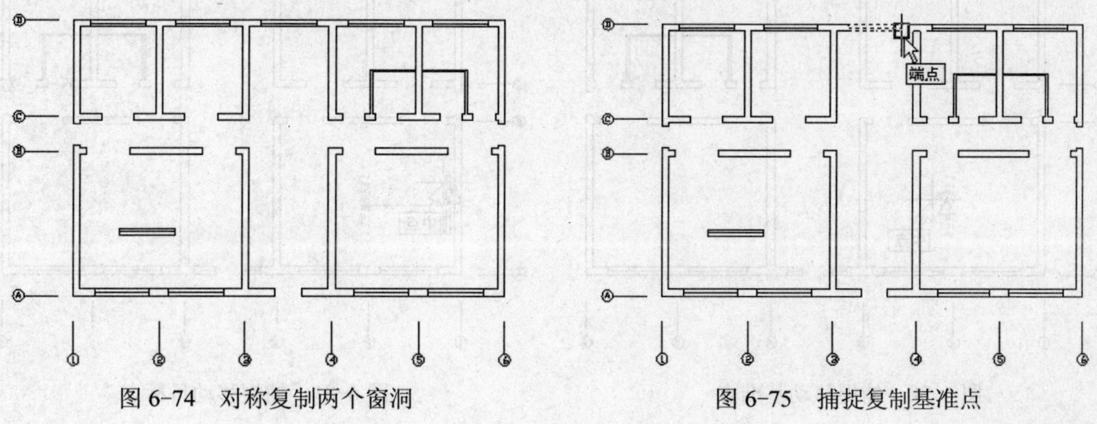


图 6-74 对称复制两个窗洞　　图 6-75 捕捉复制基准点

图 6-76　捕捉复制目标点　　　　图 6-77　复制窗洞

8）单击“修改”面板中的“修剪”命令按钮，以墙线为修剪边，修剪复制的窗洞，结果如图 6-78 所示。

9）单击“修改”面板中的“旋转”命令按钮，把左下角的窗洞旋转 90°，结果如图 6-79 所示。

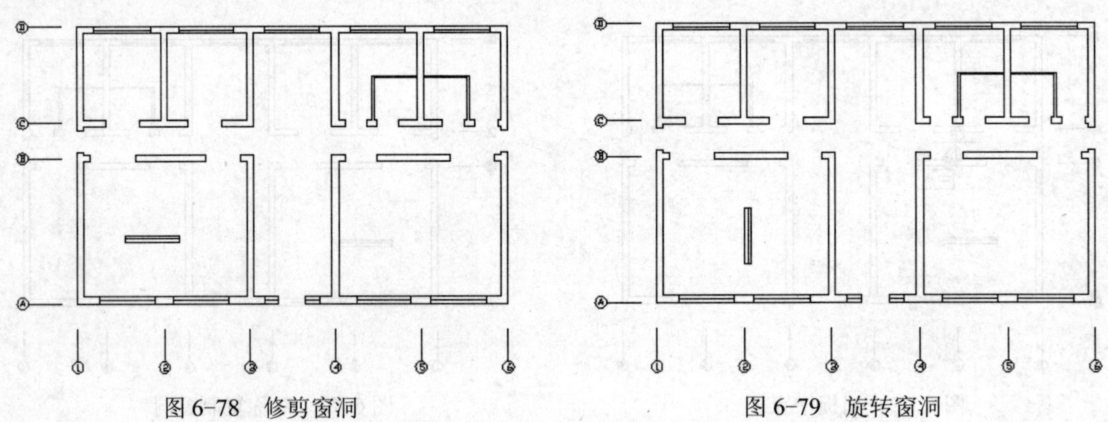

图 6-78　修剪窗洞　　　　图 6-79　旋转窗洞

10）单击“修改”面板中的“移动”命令按钮，以如图 6-80 所示的垂直窗洞的右边中点为移动基准点，以如图 6-81 所示的中点为移动目标点，移动垂直窗洞，效果如图 6-82 所示。

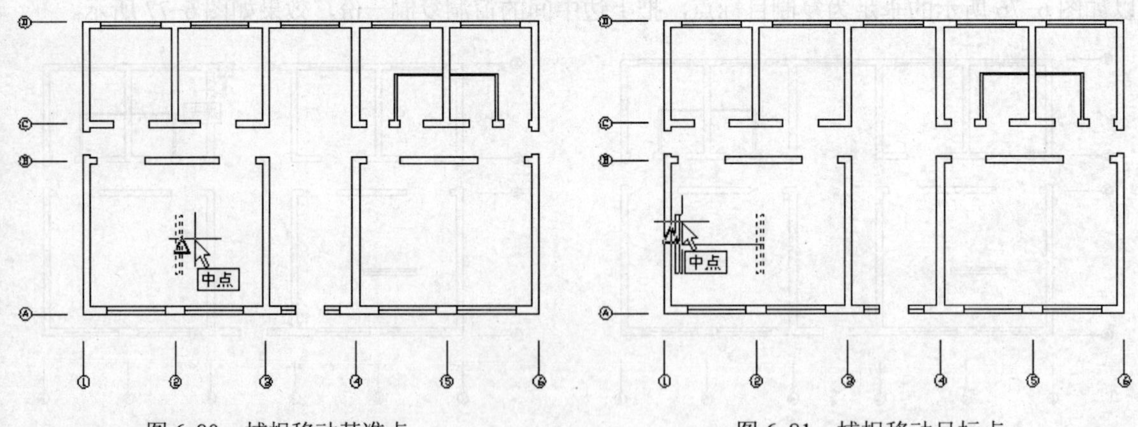


图 6-80　捕捉移动基准点　　　　图 6-81　捕捉移动目标点

11）单击“修改”面板中的“复制”命令按钮，以垂直窗洞的右边中点为复制基准点，以如图 6-83 所示的中点为复制目标点，把垂直窗洞复制一份，效果如图 6-84 所示。

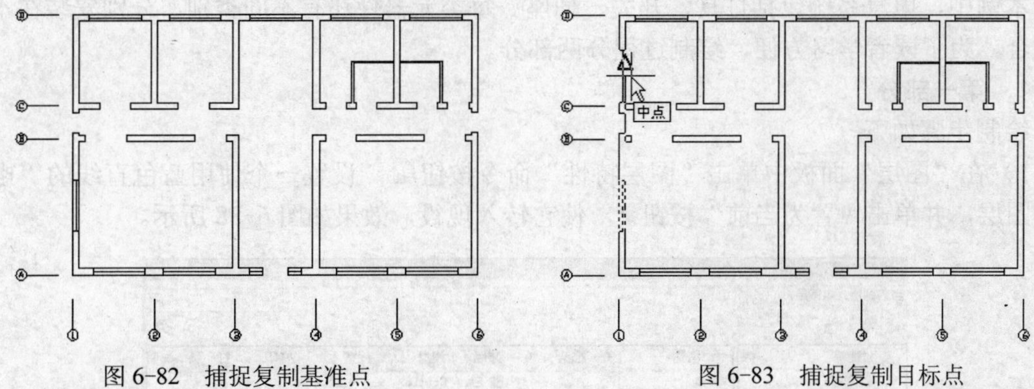


图 6-82　捕捉复制基准点　　　　图 6-83　捕捉复制目标点

12）单击“修改”面板中的“镜像”命令按钮，以过墙线的垂直中轴为对称轴，把垂直窗洞对称复制一份，效果如图 6-85 所示。

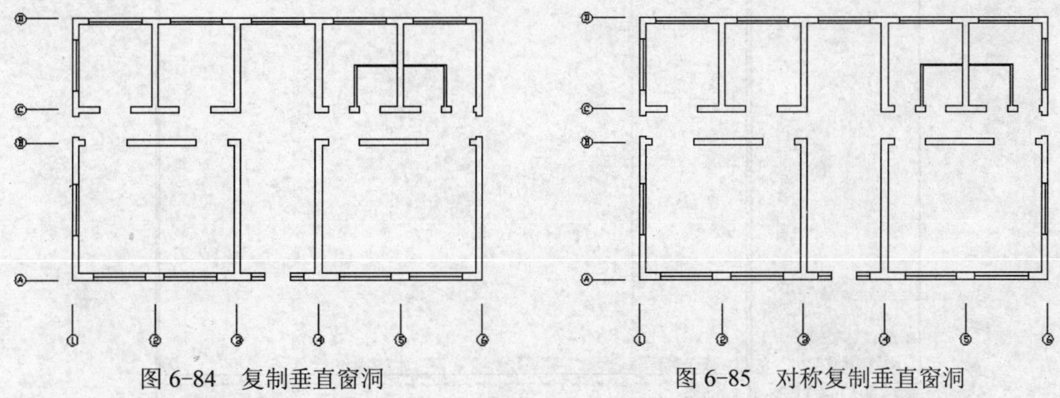

图 6-84　复制垂直窗洞　　　　图 6-85　对称复制垂直窗洞

13）单击“注释”面板中的“多行文字”命令按钮 A，书写各个房间的文字代号，结果如图 6-86 所示。

14）单击“注释”面板中的“线性”标注命令按钮，标注轴线的间距尺寸，阶段效果如图 6-87 所示。

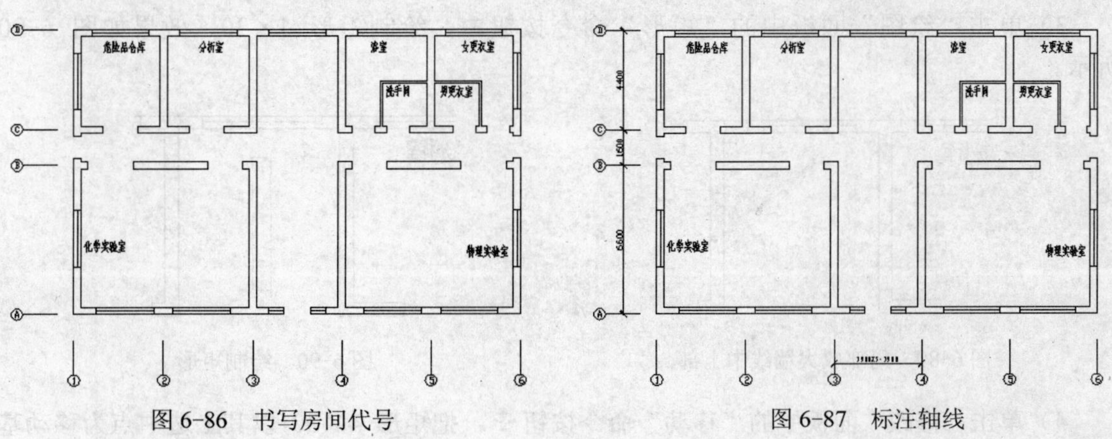


图 6-86　书写房间代号　　　　图 6-87　标注轴线

### 6.1.2 照明电气设计

本例中，电气系统包括灯具、开关、插座。每类元器件还有不同类别，分别安装在不同的场合。为了读者学习方便，绘制过程分两部分。

1. 第一部分

绘制步骤如下。

1）在“图层”面板中单击“图层特性”命令按钮，设置一个使用蓝色直线的“电气层”图层，并单击“置为当前”按钮，使它转入现役，效果如图 6-88 所示。

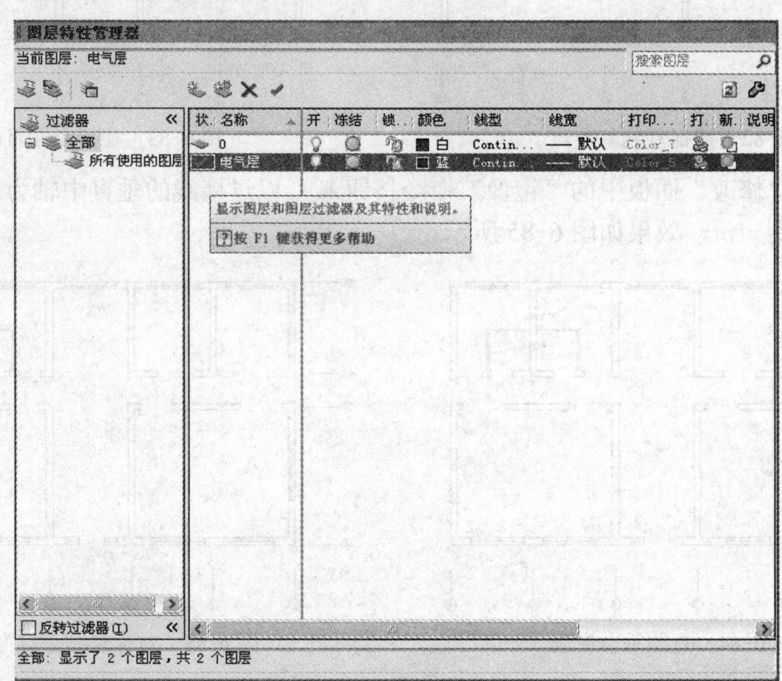


图 6-88 设置“电气层”图层

2）首先绘制电工室的电气设施。单击“实用程序”面板中的“窗口”命令按钮，局部放大墙线中上部，预备下一步操作，效果如图 6-89 所示。

3）单击“绘图”面板中的“矩形”命令按钮，绘制矩形 4×30，效果如图 6-90 所示。

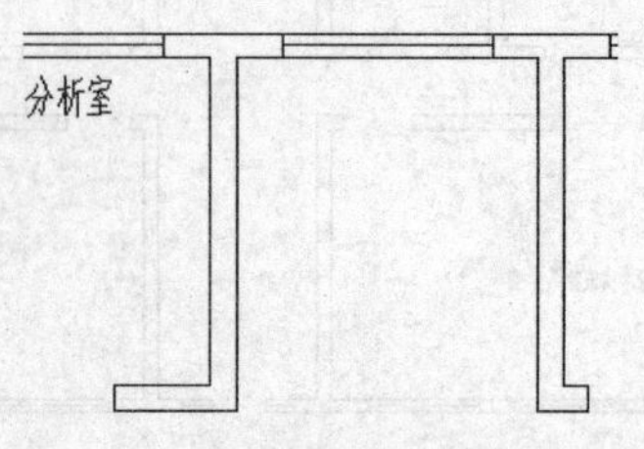


图 6-89 局部放大墙线中上部

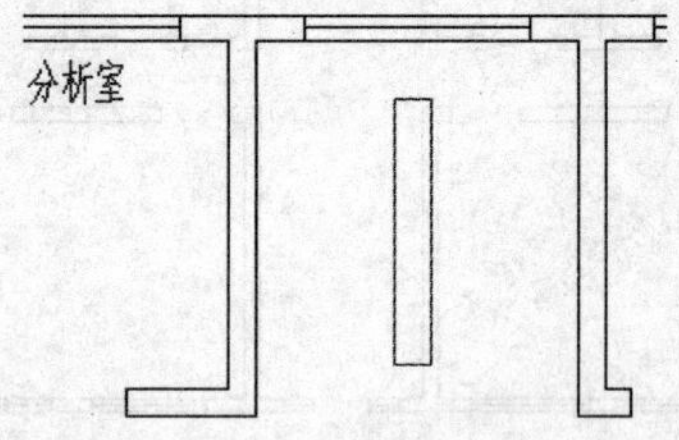


图 6-90 绘制矩形

4）单击“修改”面板中的“移动”命令按钮，把矩形 4×30 以其上边中点为移动基

准点，以如图 6-91 所示的中点为移动目标点移动，效果如图 6-92 所示。

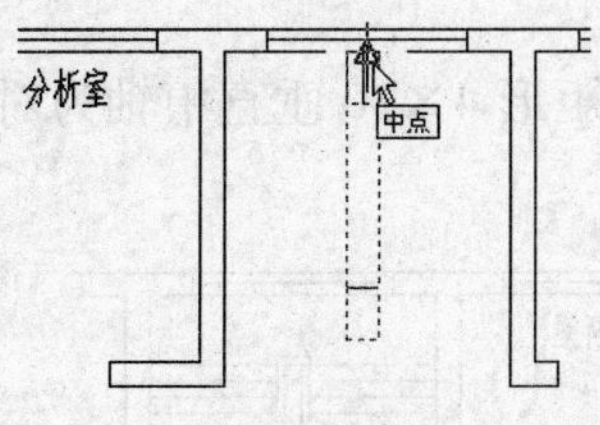


图 6-91　捕捉中点

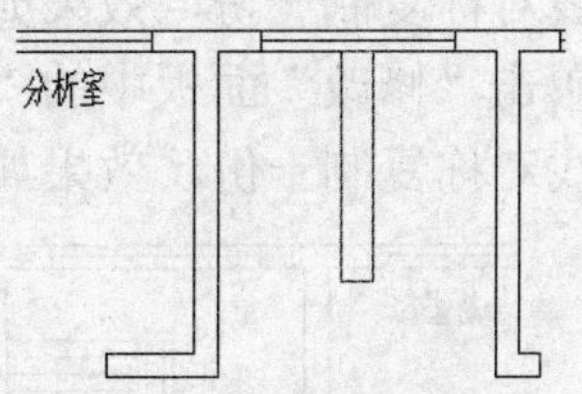


图 6-92　对正矩形

5）单击“修改”面板中的“移动”命令按钮，把矩形 4×30 正交地向下移动，移动距离适当即可，效果如图 6-93 所示。

6）单击“修改”面板中的“偏移”命令按钮，把矩形 4×30 向里边偏移复制一份，复制距离为 1，效果如图 6-94 所示。

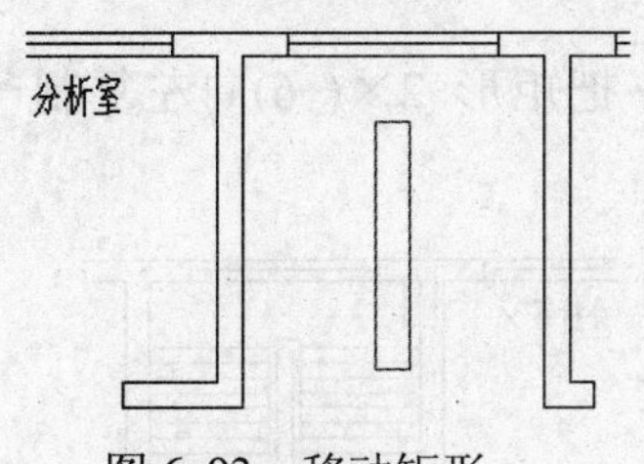


图 6-93　移动矩形

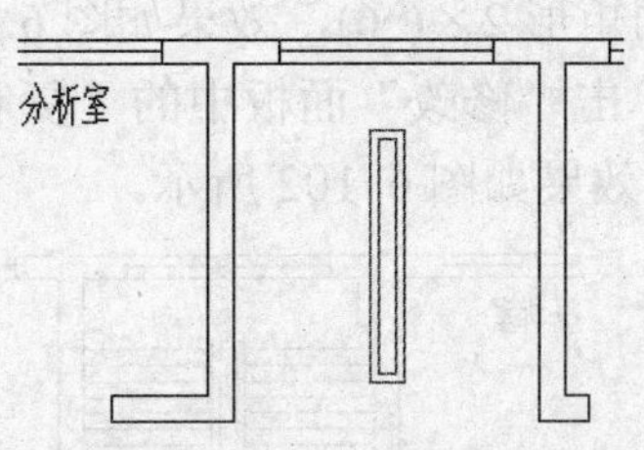


图 6-94　偏移矩形

7）单击“绘图”面板中的“直线”命令按钮，绘制起点在矩形 4×30 右边中点，终点在如图 6-95 所示的垂足的连线，效果如图 6-96 所示。

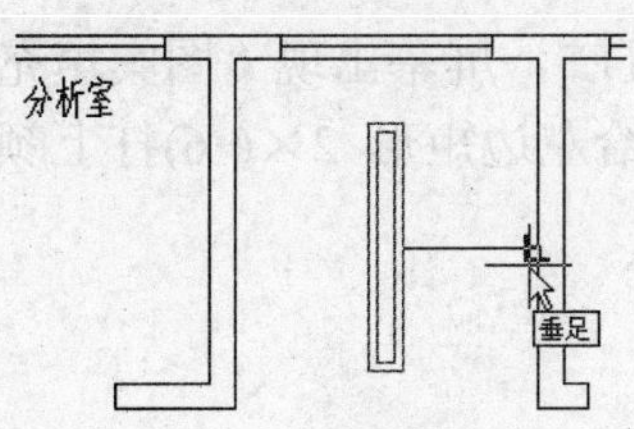


图 6-95　捕捉垂足

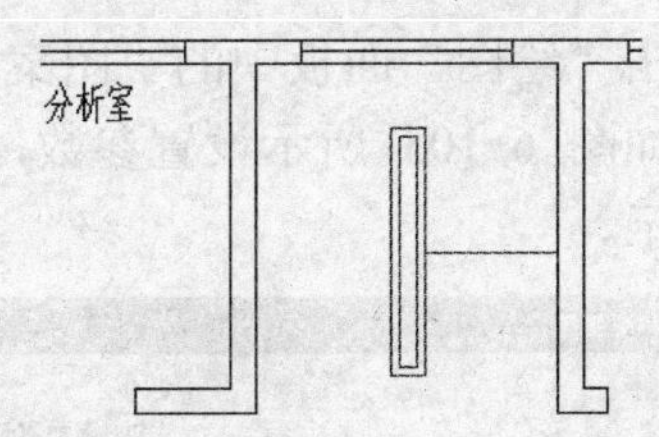


图 6-96　绘制连线

8）单击“修改”面板中的“阵列”命令按钮，屏幕出现如图 6-97 所示的“阵列”对话框，设置各项数值，把所绘制的直线阵列 8 行，行距为 2，效果如图 6-98 所示。

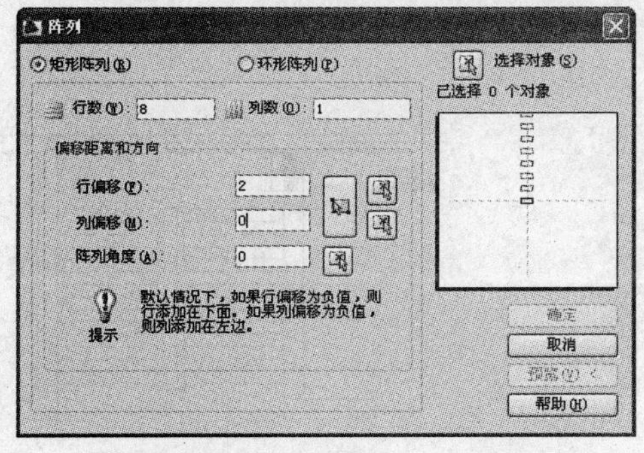


图 6-97　“阵列”对话框

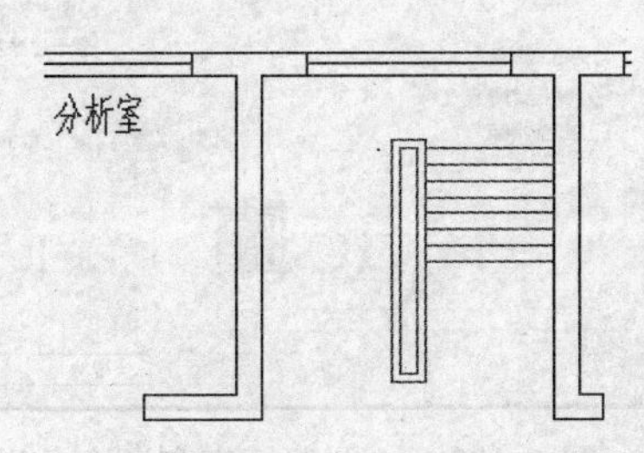


图 6-98　阵列连线

9）单击“修改”面板中的“镜像”命令按钮，以矩形 4×30 水平中轴为对称轴，把阵列的连线对称复制一份，效果如图 6-99 所示。

10）单击“修改”面板中的“镜像”命令按钮，以矩形 4×30 垂直中轴为对称轴，把右边的连线对称复制一份，效果如图 6-100 所示。

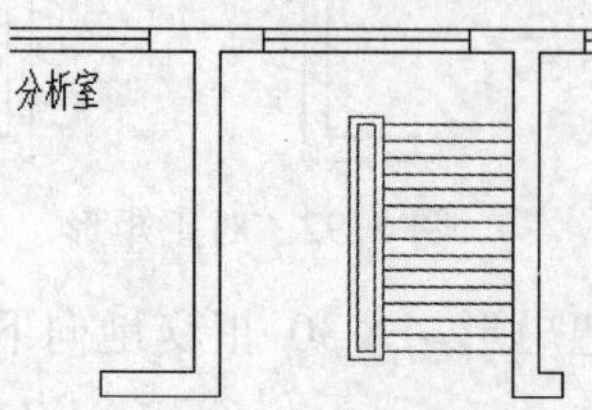

图 6-99　上下对称复制连线

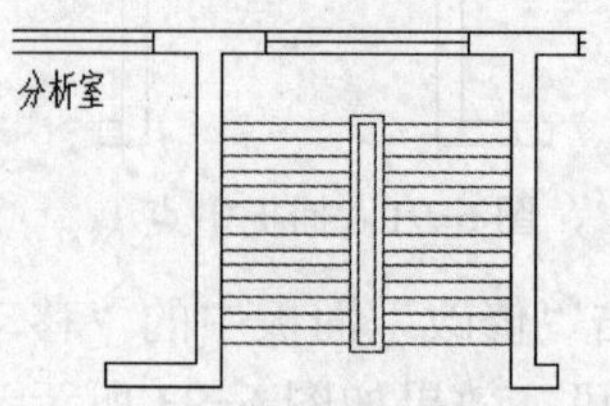

图 6-100　左右对称复制连线

11）现在绘制开关箱。单击“绘图”面板中的“矩形”命令按钮，绘制起点在本房间左上角点的矩形 2×(-6)，效果如图 6-101 所示。

12）单击“修改”面板中的“复制”命令按钮，把矩形 2×(-6)向左复制一份，复制距离为 2，效果如图 6-102 所示。

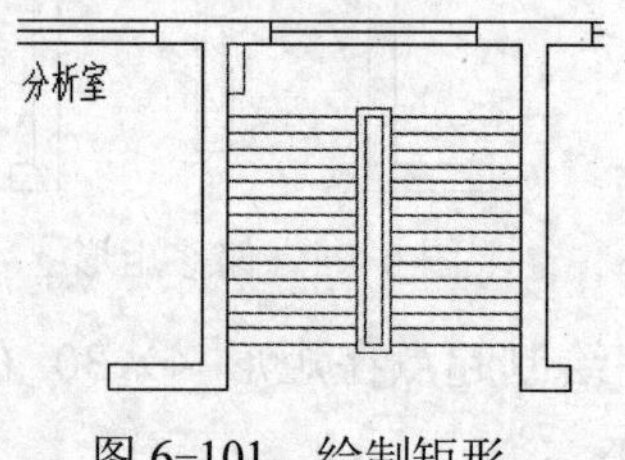

图 6-101　绘制矩形

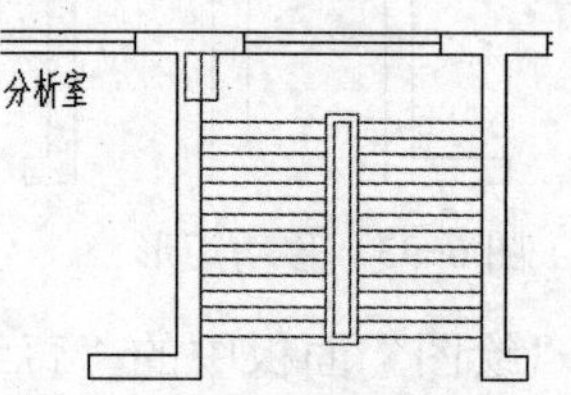

图 6-102　复制绘制矩形

13）单击“绘图”面板中的“图案填充”命令按钮，屏幕出现“图案填充和渐变色”对话框，按如图 6-103 所示设置参数，使用本层颜色给左边矩形 2×(-6)打上颜色，效果如图 6-104 所示。

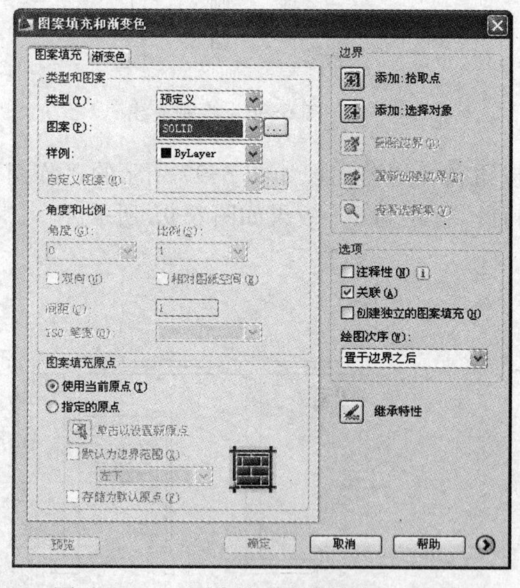

图 6-103　“图案填充和渐变色”对话框

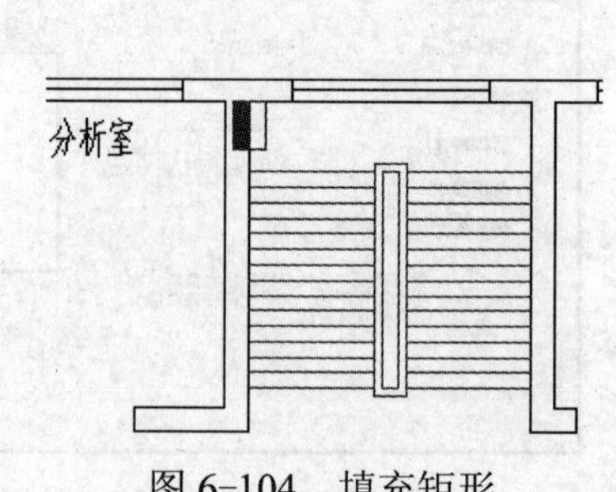

图 6-104　填充矩形

14）单击“修改”面板中的“移动”命令按钮✥，把两个矩形 2×(−6)垂直向下移动，移动距离为 1，效果如图 6-105 所示。

15）现在绘制操作手柄。单击“绘图”面板中的“圆”命令按钮，在配电箱右边绘制圆$\phi1$，然后单击“绘图”面板中的“图案填充”命令按钮，使用本层颜色填充它，效果如图 6-106 所示。

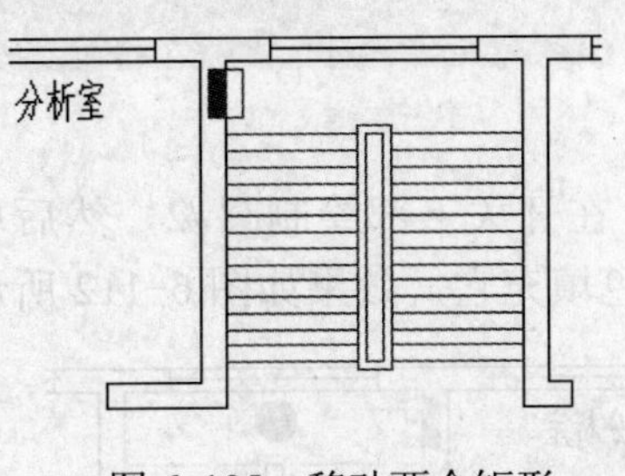


图 6-105　移动两个矩形

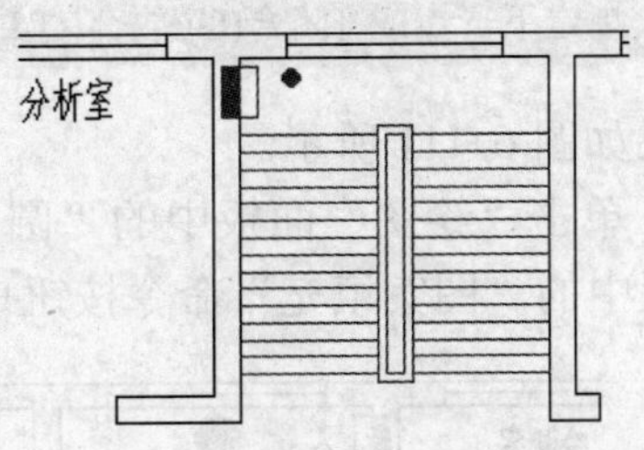


图 6-106　绘制并填充圆

16）单击“绘图”面板中的“直线”命令按钮，绘制圆$\phi1$ 到配电箱上的垂直连线。效果如图 6-107 所示。

17）绘制低压变压器。单击“绘图”面板中的“圆”命令按钮，在配电箱右边绘制两个圆$\phi2$，作为变压器符号，效果如图 6-108 所示。

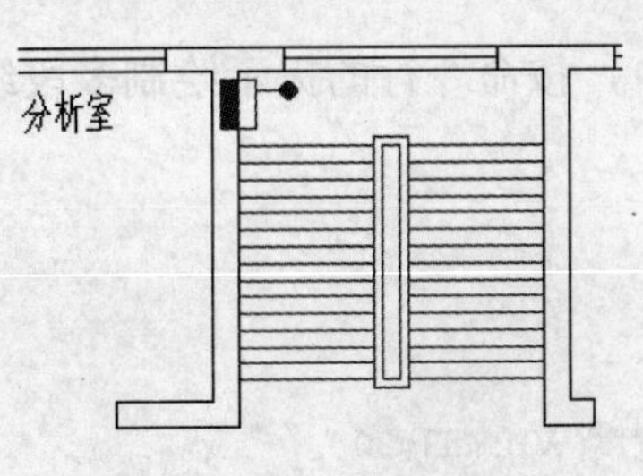


图 6-107　绘制垂直连线

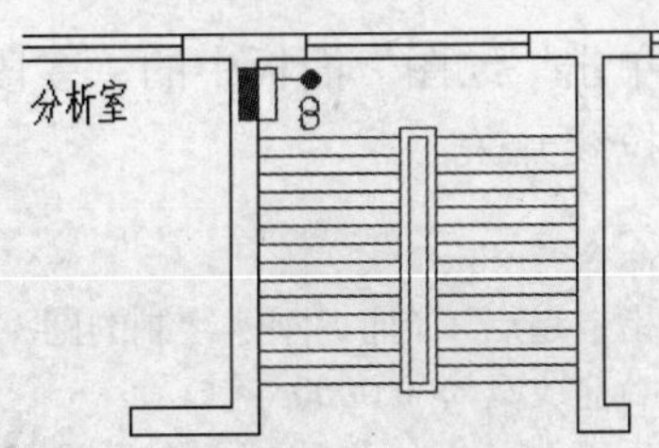


图 6-108　绘制变压器符号

18）单击“绘图”面板中的“圆”命令按钮，在里边中部绘制圆$\phi5$，然后单击“绘图”面板中的“图案填充”命令按钮，使用本层颜色填充它，作为本房间照明灯用，效果如图 6-109 所示。

19）单击“绘图”面板中的“圆”命令按钮，在左边下部绘制圆$\phi2$，然后单击“绘图”面板中的“图案填充”命令按钮，使用本层颜色填充它，作为开关，效果如图 6-110 所示。

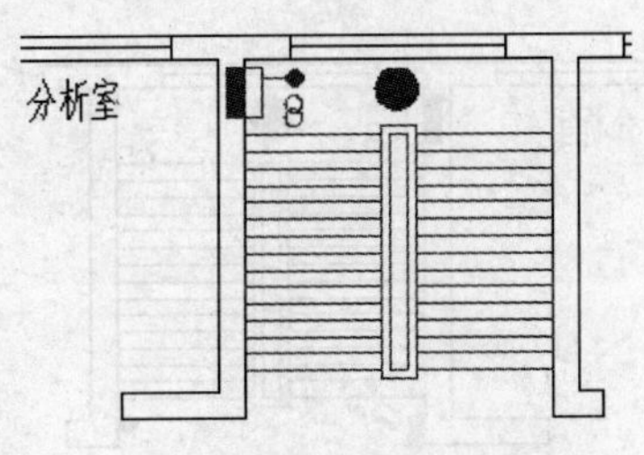


图 6-109　绘制并填充圆

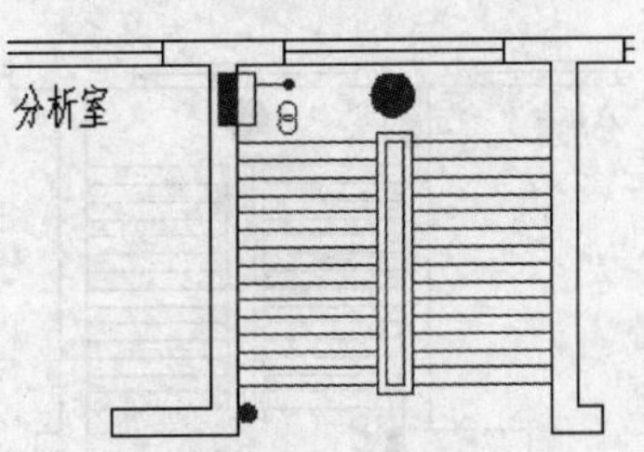


图 6-110　绘制并填充圆

20）单击“绘图”面板中的“直线”命令按钮，按命令行的提示绘制折线，形成一个单极暗装开关。

```
命令: _line 指定第一点: （选择绘制折线的起点，如图 6-111 所示）
指定下一点或 [放弃(U)]: @5<30
指定下一点或 [放弃(U)]: @2<-60
指定下一点或 [闭合(C)/放弃(U)]: （回车）
```

效果如图 6-111 所示。

21）单击“绘图”面板中的“圆”命令按钮，在开关下部绘制圆$\phi 2$，然后单击“绘图”面板中的“图案填充”命令按钮，使用本层颜色填充它，效果如图 6-112 所示。

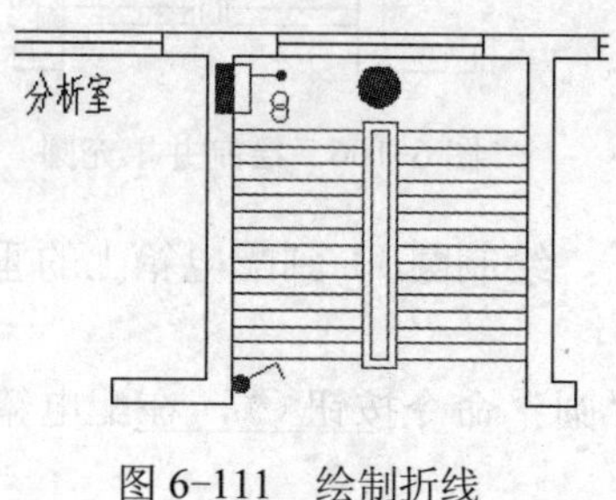

图 6-111　绘制折线

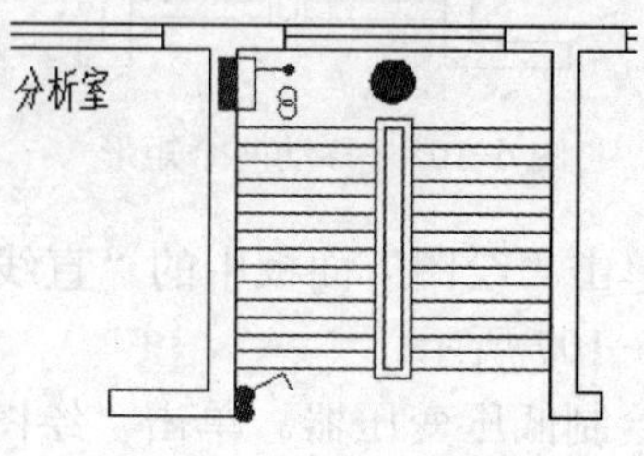

图 6-112　绘制并填充圆

22）单击“绘图”面板中的“多段线”命令按钮，按命令行的提示绘制多段线，形成单极暗装拉线开关。

```
命令: _pline
指定起点: （捕捉刚才绘制的圆φ2）
当前线宽为 0.0000
指定下一个点或 [圆弧(A)/半宽(H)/长度(L)/放弃(U)/宽度(W)]: @3<30
指定下一点或 [圆弧(A)/闭合(C)/半宽(H)/长度(L)/放弃(U)/宽度(W)]: w
指定起点宽度 <0.0000>: 1
指定端点宽度 <1.0000>: 0
指定下一点或 [圆弧(A)/闭合(C)/半宽(H)/长度(L)/放弃(U)/宽度(W)]: @3<30
指定下一点或 [圆弧(A)/闭合(C)/半宽(H)/长度(L)/放弃(U)/宽度(W)]: （回车）
```

效果如图 6-113 所示。

23）单击“修改”面板中的“复制”命令按钮，把单极暗装开关向右边墙角复制一份，效果如图 6-114 所示。

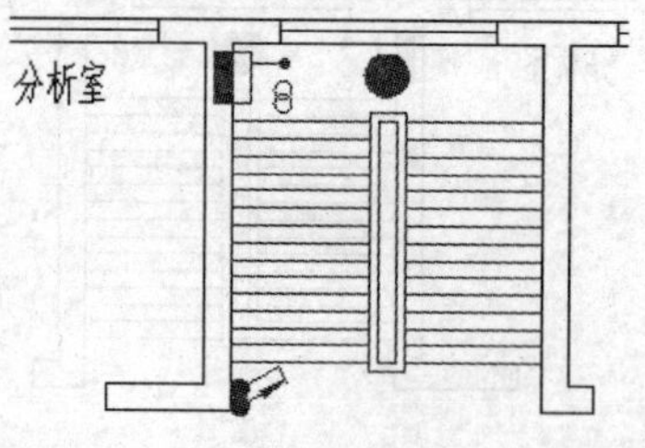

图 6-113　复制单极暗装拉线开关

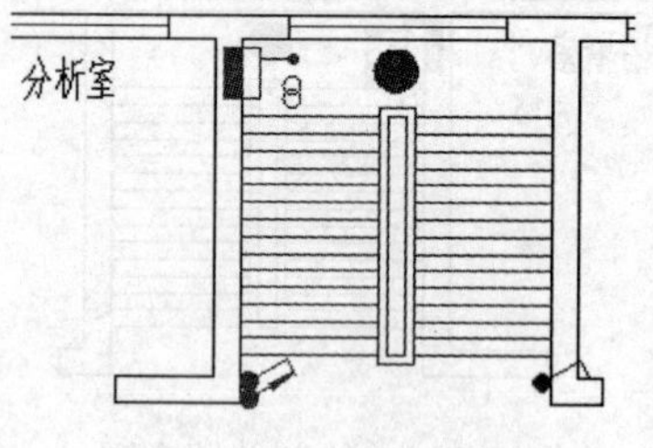

图 6-114　复制开关

24）单击“修改”面板中的“复制”命令按钮，把刚才复制的单极开关向下边垂直复制一份，效果如图 6-115 所示。

25）单击“绘图”面板中的“直线”命令按钮，绘制折线，效果如图 6-116 所示。

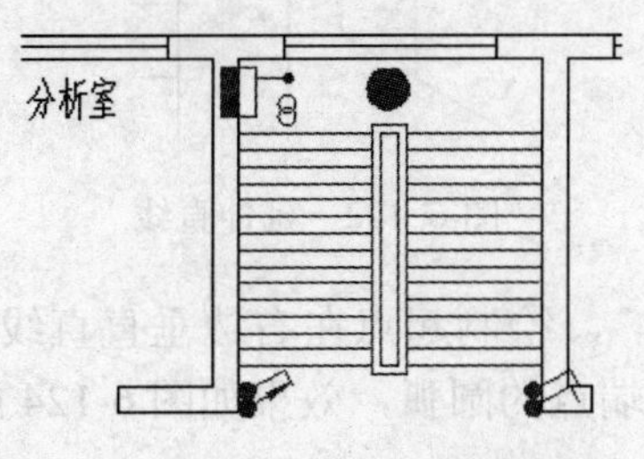


图 6-115　垂直复制开关

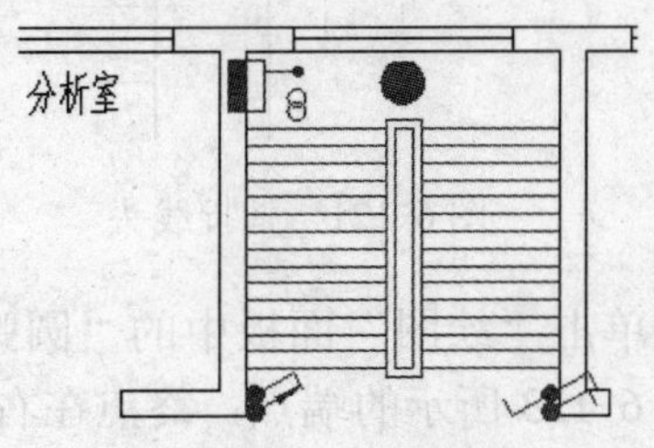


图 6-116　绘制折线

26）单击“平移”命令按钮，显示配电室左边的分析室，预备下一步操作，效果如图 6-117 所示。

27）单击“绘图”面板中的“直线”命令按钮，绘制如图 6-118 所示折线，准备绘制插座。

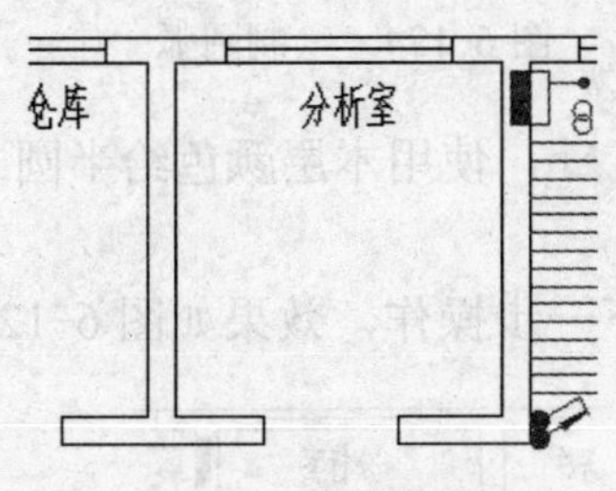


图 6-117　移动图形

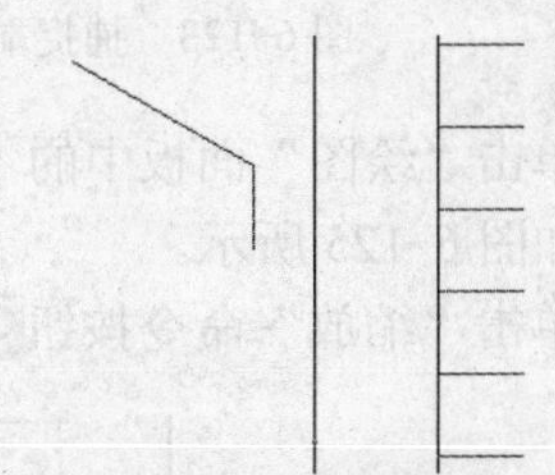

图 6-118　绘制折线

28）单击“修改”面板中的“镜像”命令按钮，以过折线下端点的水平直线为对称轴，把折线对称复制一份，效果如图 6-119 所示。

29）单击“修改”面板中的“复制”命令按钮，把折线中的垂直直线向左复制一份，效果如图 6-120 所示。

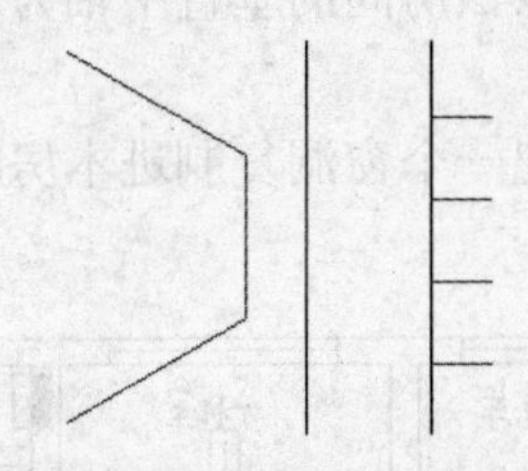

图 6-119　对称复制图形

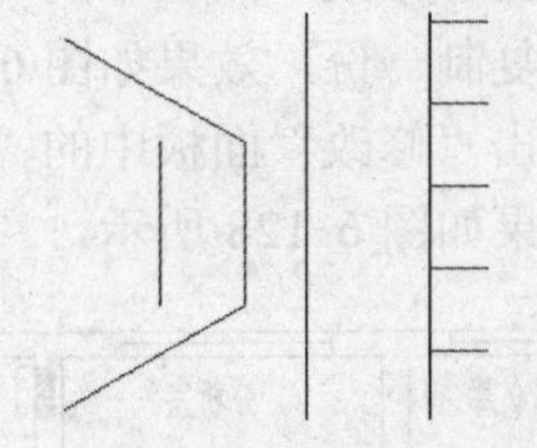

图 6-120　复制垂直直线

30）单击“修改”面板中的“延伸”命令按钮，以如图 6-121 所示的虚线斜线为延伸边界线，向两边延伸光标所示的垂直直线，效果如图 6-122 所示。

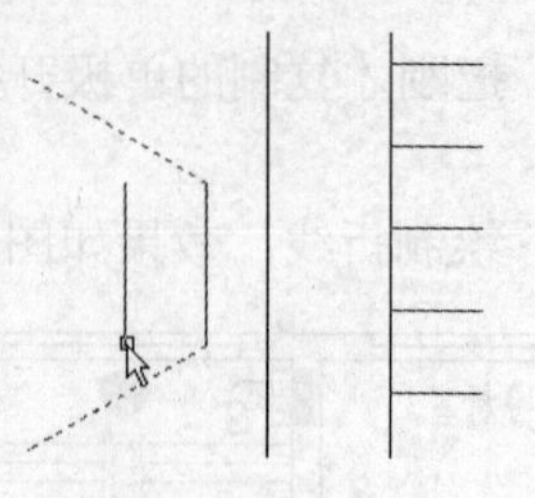
图 6-121　捕捉线头

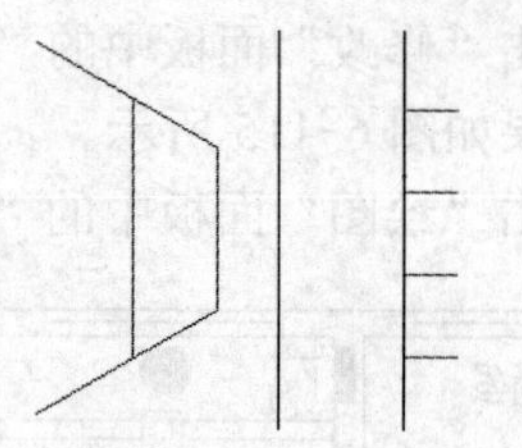
图 6-122　延伸直线

31）单击“绘图”面板中的“圆弧”命令按钮，绘制起点在右边垂直直线上端点，通过如图 6-123 所示的端点，终点在右边垂直直线下端点的圆弧，效果如图 6-124 所示。

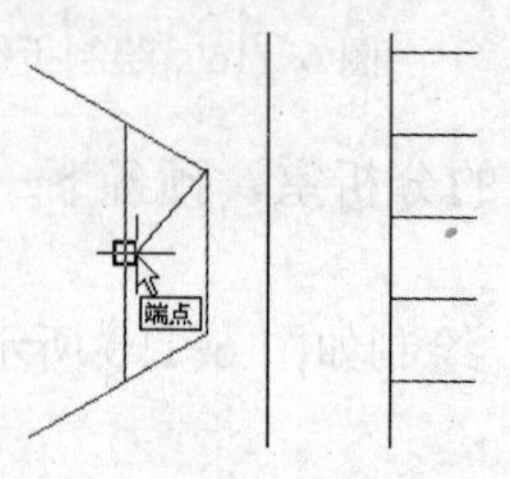

图 6-123　捕捉端点

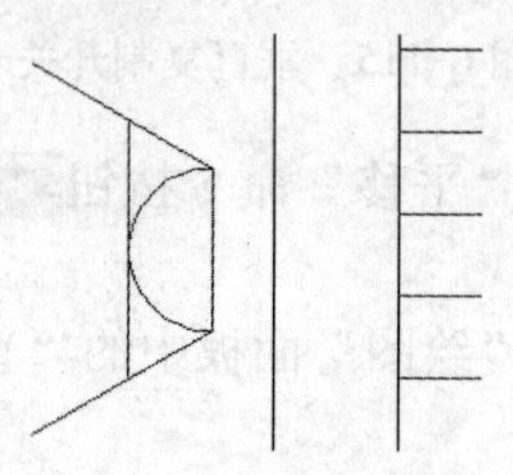
图 6-124　绘制圆弧

32）单击“绘图”面板中的“图案填充”命令按钮，使用本层颜色给半圆之内填充颜色，效果如图 6-125 所示。

33）单击“缩放”命令按钮，缩小图形，预备下一步操作，效果如图 6-126 所示。

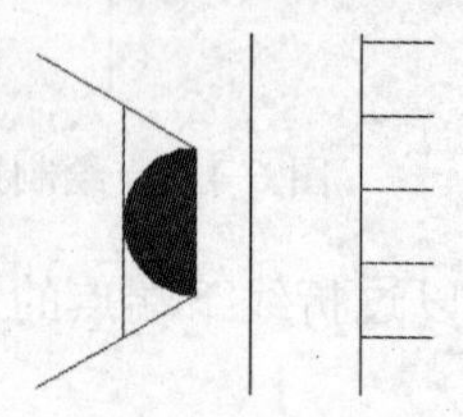
图 6-125　填充半圆

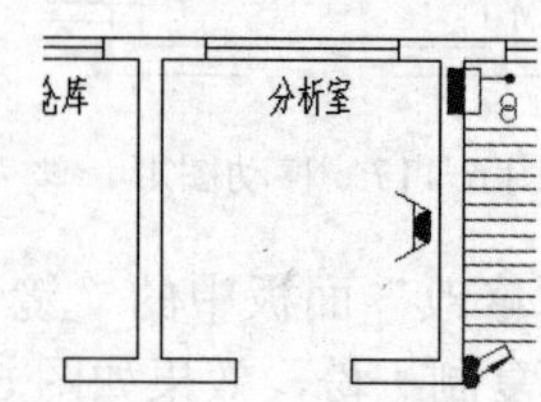

图 6-126　插座在房间中的位置

34）单击“修改”面板中的“镜像”命令按钮，以该房间的垂直中轴为对称轴，把插座图形对称复制一份，效果如图 6-127 所示。

35）单击“修改”面板中的“复制”命令按钮，把一个窗洞复制进本房间，当做日光灯符号，效果如图 6-128 所示。

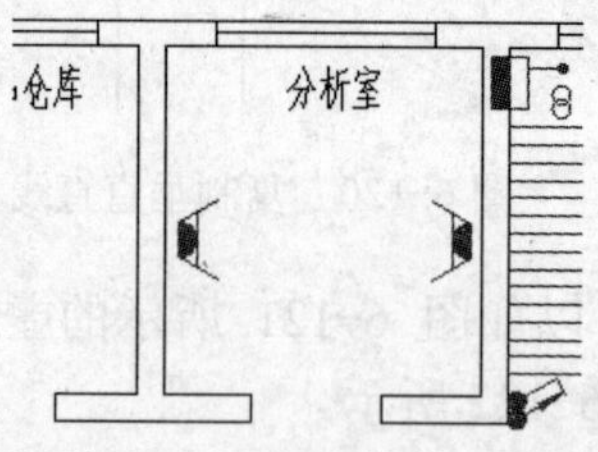

图 6-127　对称复制插座图形

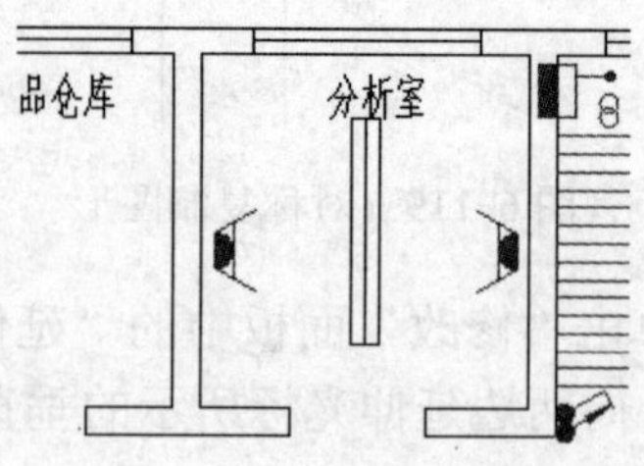

图 6-128　放置日光灯

36）单击“修改”面板中的“拉伸”命令按钮，把日光灯符号适当缩短，效果如图6-129所示。

37）单击“修改”面板中的“分解”命令按钮，把日光灯符号分解成直线，准备下一步操作。

38）在命令行窗口输入命令“lengthen”，把日光灯符号中的横线适当拉长，效果如图6-130所示。

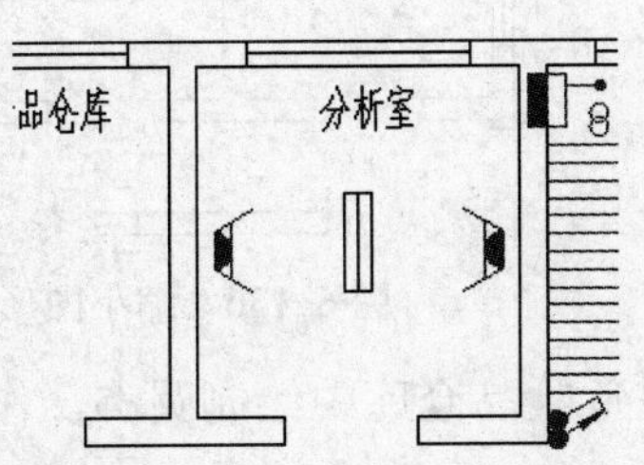

图6-129 适当缩短日光灯符号

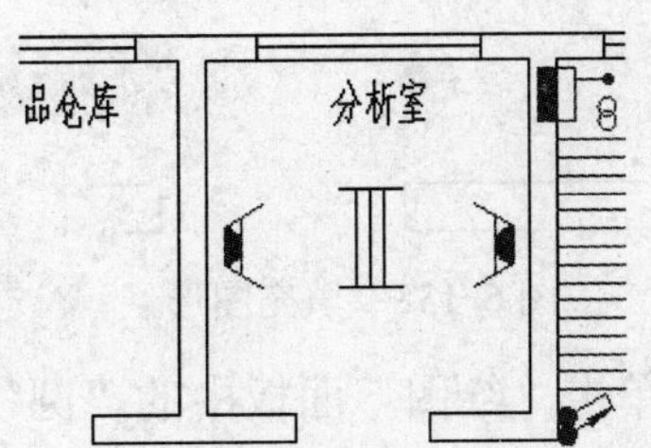

图6-130 适当拉长横线

## 2. 第二部分

绘制步骤如下。

1）单击“绘图”面板中的“圆”命令按钮，在房间外边走道里绘制圆$\phi5$，效果如图6-131所示。

2）单击“修改”面板中的“偏移”命令按钮，把圆$\phi5$向里边偏移复制一份，复制距离为1.5，效果如图6-132所示。

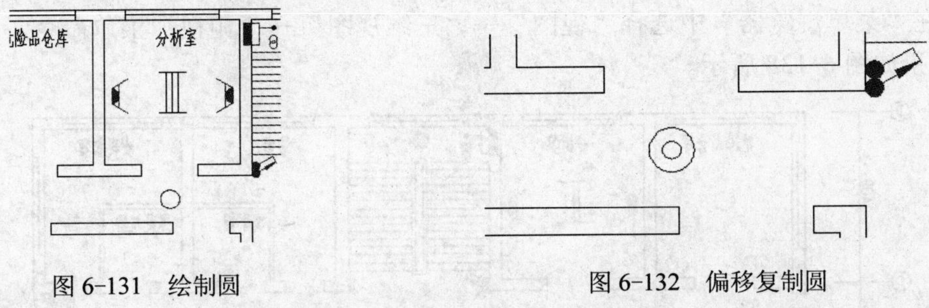

图6-131 绘制圆

图6-132 偏移复制圆

3）单击“绘图”面板中的“直线”命令按钮，绘制圆$\phi5$水平向右的半径，效果如图6-133所示。

4）单击“修改”面板中的“阵列”命令按钮，以圆$\phi5$的圆心为阵列中心，把半径环形阵列4个，效果如图6-134所示。

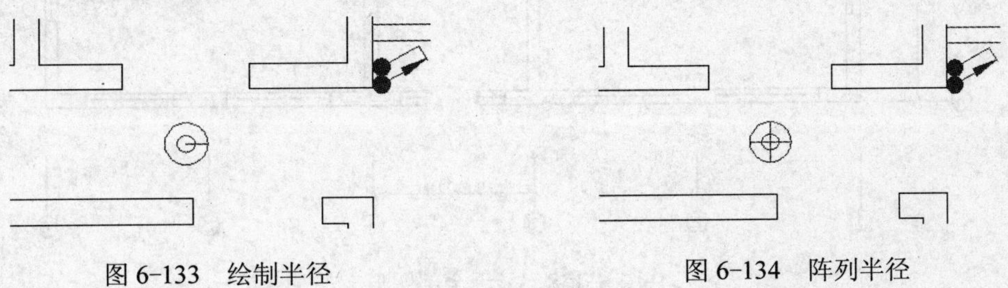
图6-133 绘制半径

图6-134 阵列半径

5）单击“绘图”面板中的“图案填充”命令按钮，使用本层颜色填充圆 $\phi 2$，效果如图 6-135 所示。

6）单击“缩放”命令按钮，缩小图形，预备下一步操作，效果如图 6-136 所示。

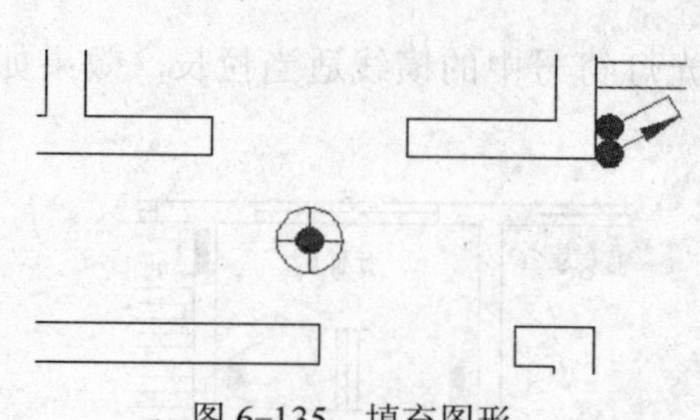
图 6-135　填充图形

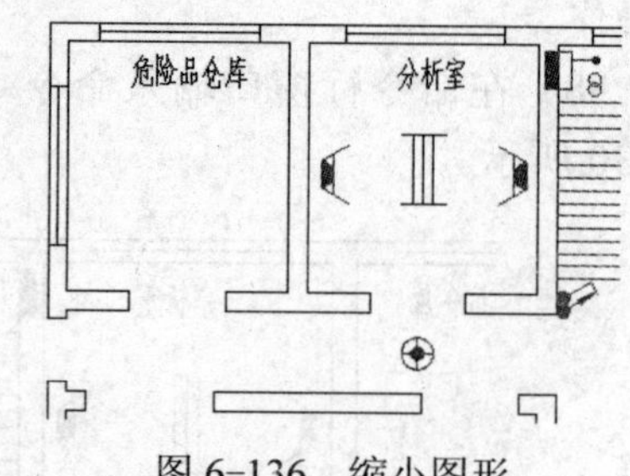

图 6-136　缩小图形

7）单击“绘图”面板中的“圆”命令按钮，在危险品仓库中绘制圆 $\phi 5$，作为灯具，效果如图 6-137 所示。

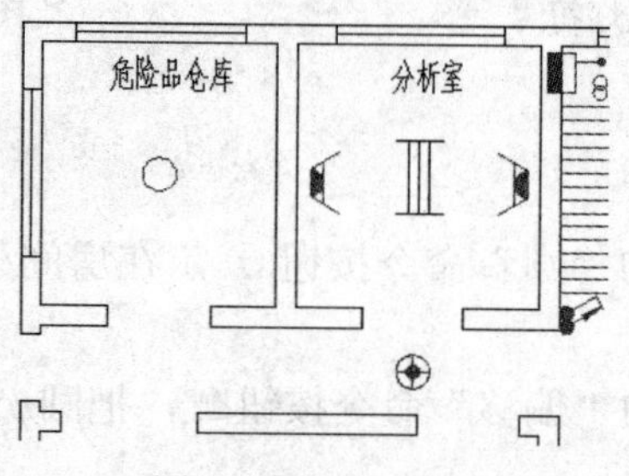

图 6-137　绘制圆

8）在“菜单浏览器”中选择“视图”→“三维视图”→“俯视”菜单命令，显示全部图形，效果如图 6-138 所示。

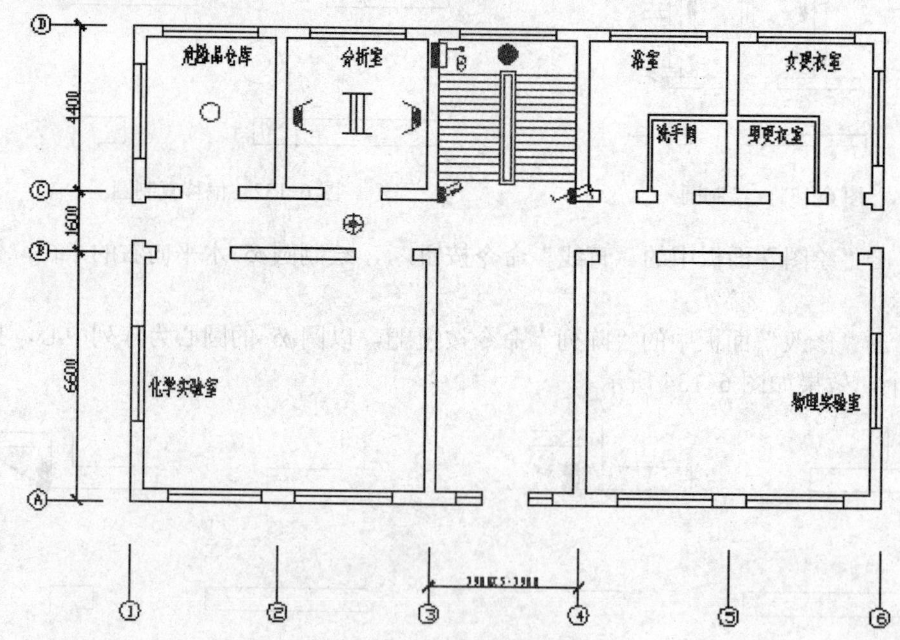

图 6-138　显示全部图形

9）单击“修改”面板中的“复制”命令按钮，把球形灯向如图 6-139 所示的位置复制。

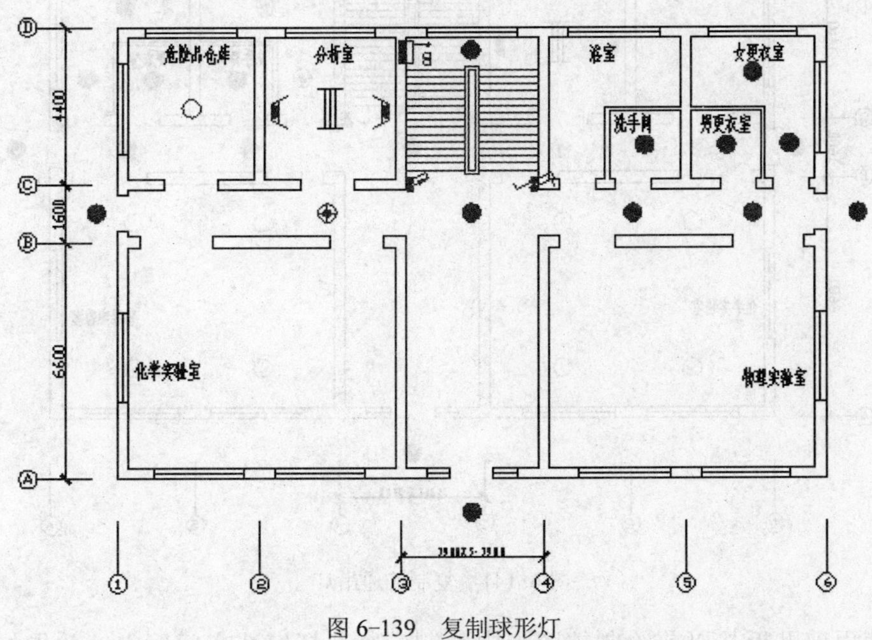


图 6-139　复制球形灯

10）单击“修改”面板中的“复制”命令按钮，把防水防尘灯向如图 6-140 所示的位置复制。

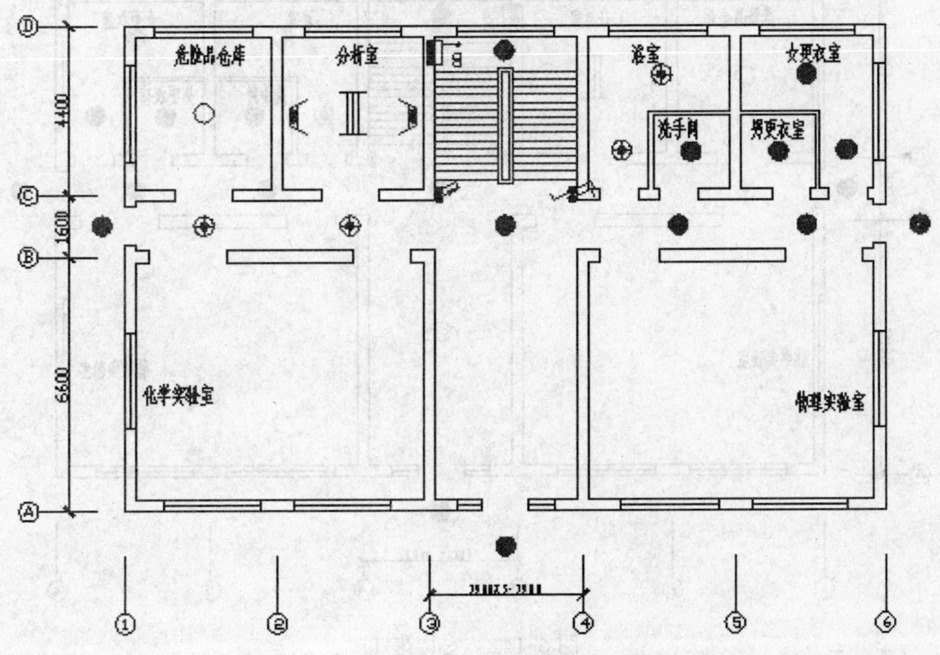


图 6-140　复制防水防尘灯

11）单击“修改”面板中的“复制”命令按钮，把普通吊灯向如图 6-141 所示的位置复制。

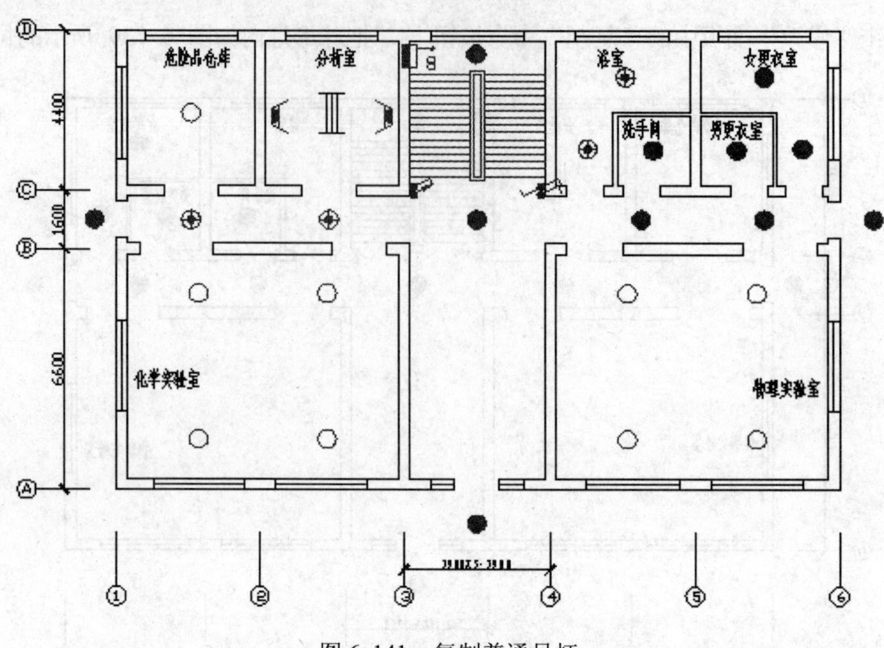


图 6-141　复制普通吊灯

12）使用剪贴板从以前绘制的图形中复制一个花灯安装在门厅中，效果如图 6-142 所示。

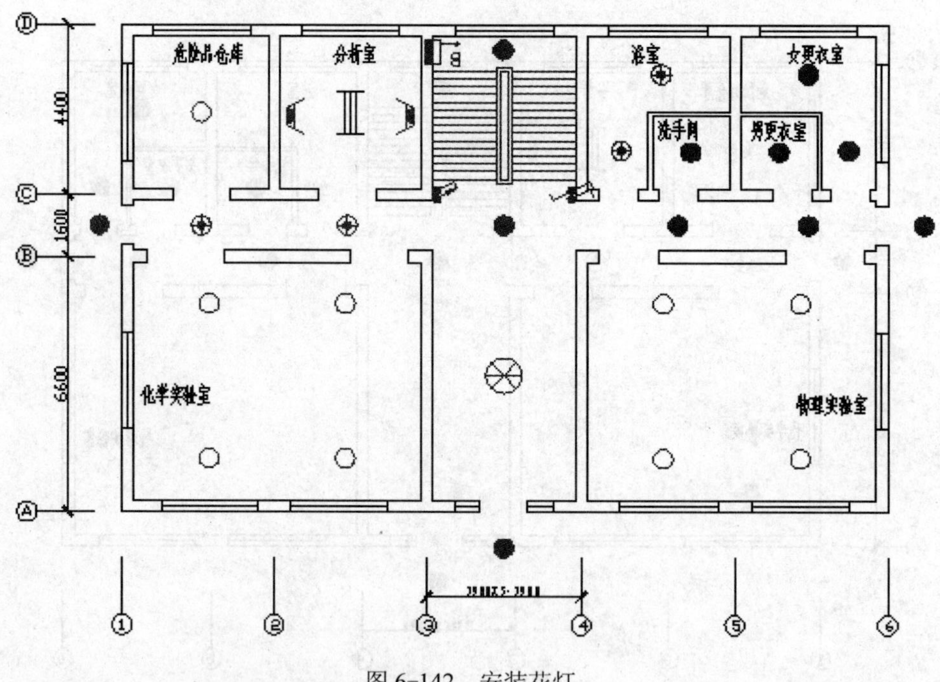


图 6-142　安装花灯

13）单击“修改”面板中的“复制”命令按钮，以如图 6-143 所示的端点为复制基准点，以如图 6-144 所示的中点为复制目标点，把防爆三相四孔插座复制一份，效果如图 6-145 所示。

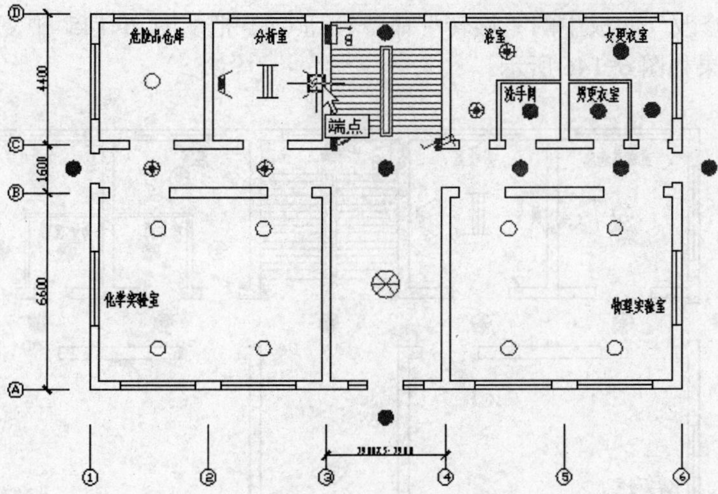


图6-143 捕捉复制基准点

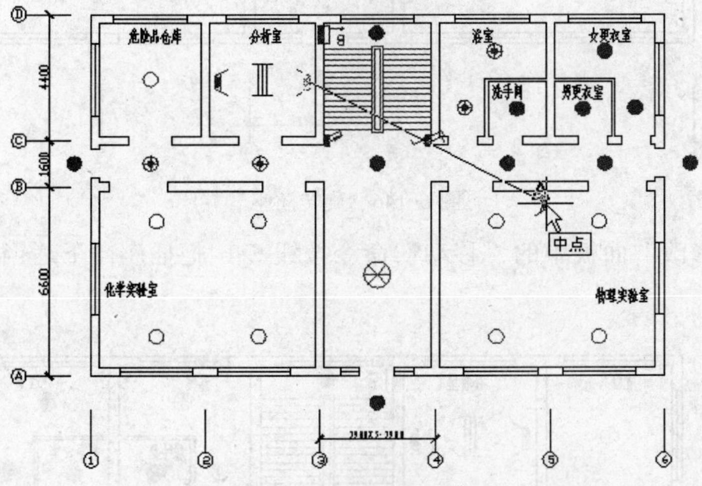


图6-144 捕捉复制目标点

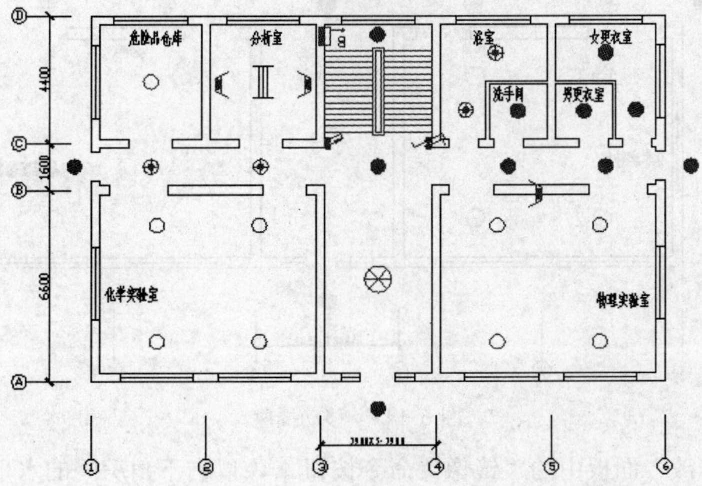


图6-145 复制插座

14）单击“修改”面板中的“旋转”命令按钮，把从图 6-145 中复制来的插座逆时针旋转 90°，效果如图 6-146 所示。

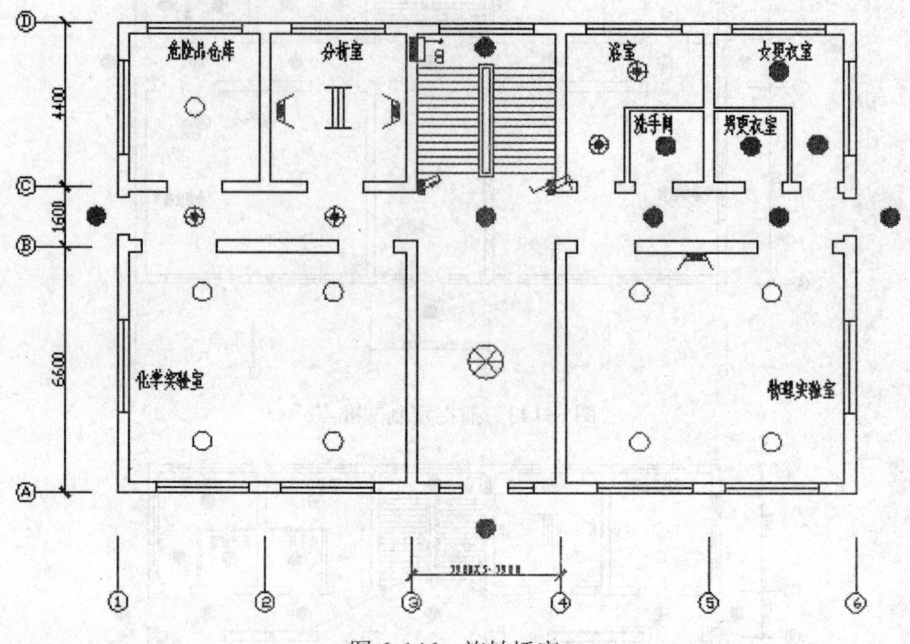


图 6-146　旋转插座

15）单击“修改”面板中的“移动”命令按钮，把插座向下适当移动，效果如图 6-147 所示。

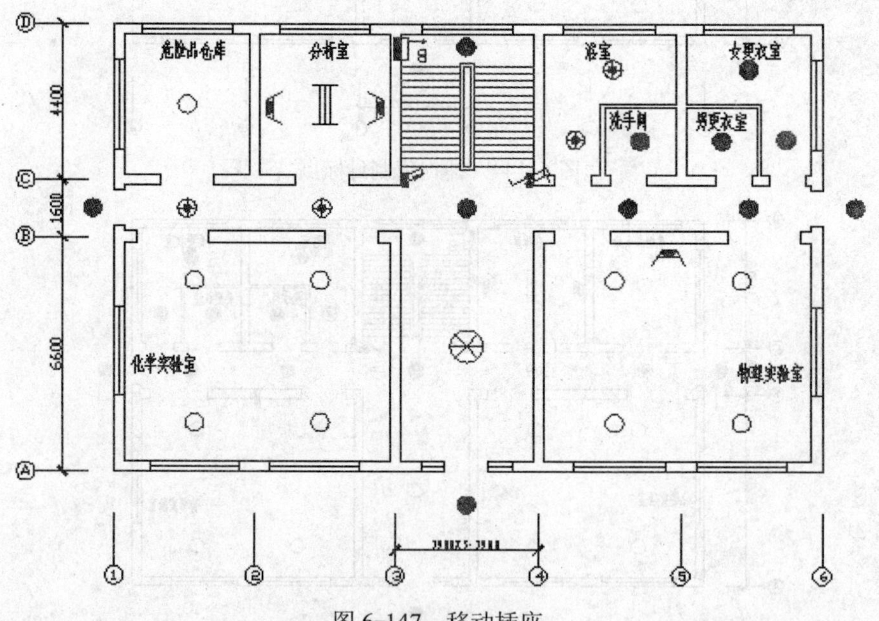


图 6-147　移动插座

16）单击“修改”面板中的“镜像”命令按钮，以右下角房间的水平中轴为对称轴，把插座图形对称复制一份，效果如图 6-148 所示。

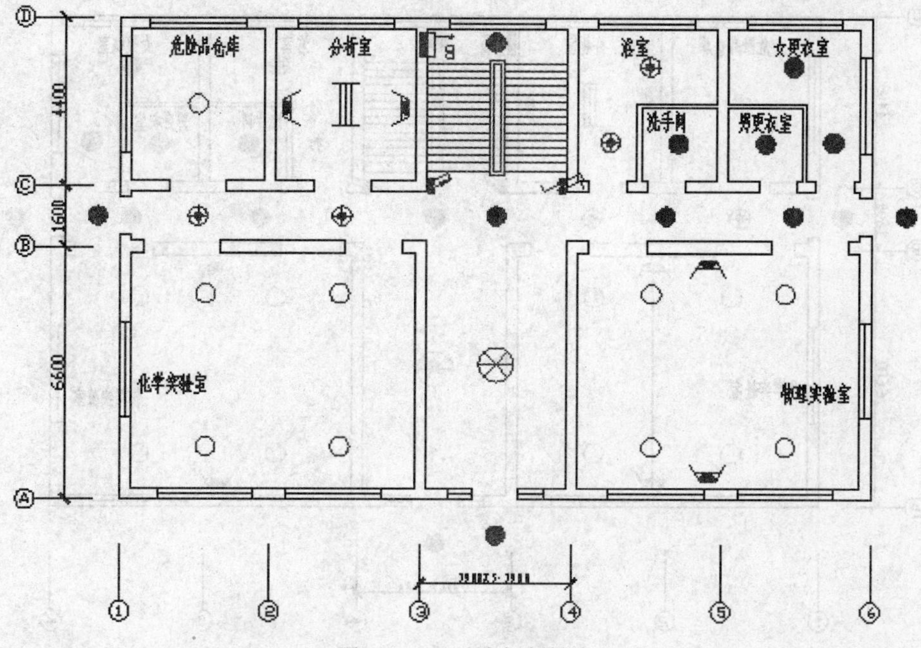


图 6-148　对称复制插座

17）单击“修改”面板中的“复制”命令按钮，把右下角房间中防爆三相四孔插座外形复制到左边房间中，效果如图 6-149 所示。

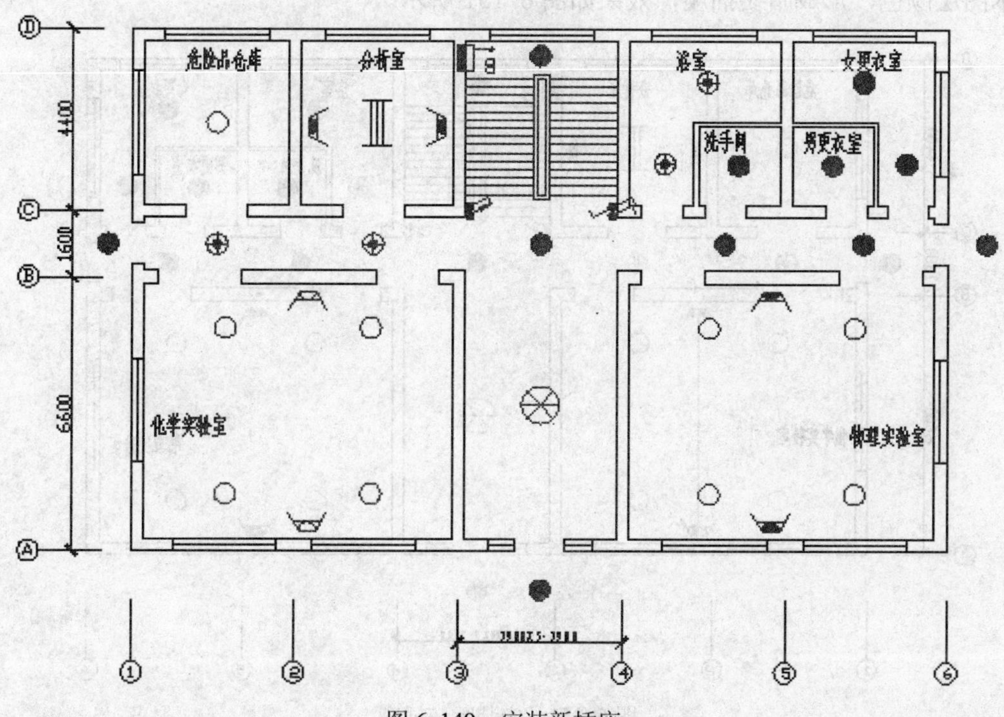


图 6-149　安装新插座

18）单击“绘图”面板中的“直线”命令按钮，绘制密闭三相四孔插座底边中点之间的连线，效果如图 6-150 所示。

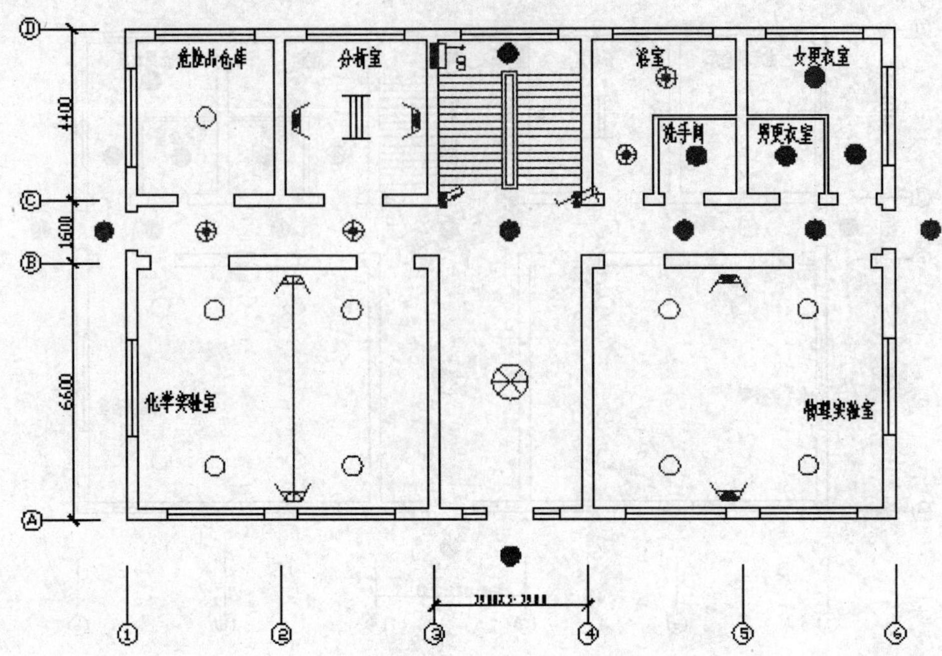


图 6-150　绘制插座之间的连线

19）单击“绘图”面板中的“图案填充”命令按钮，使用本层颜色给两个插座 1/4 圆打上本图层颜色，形成暗装插座，效果如图 6-151 所示。

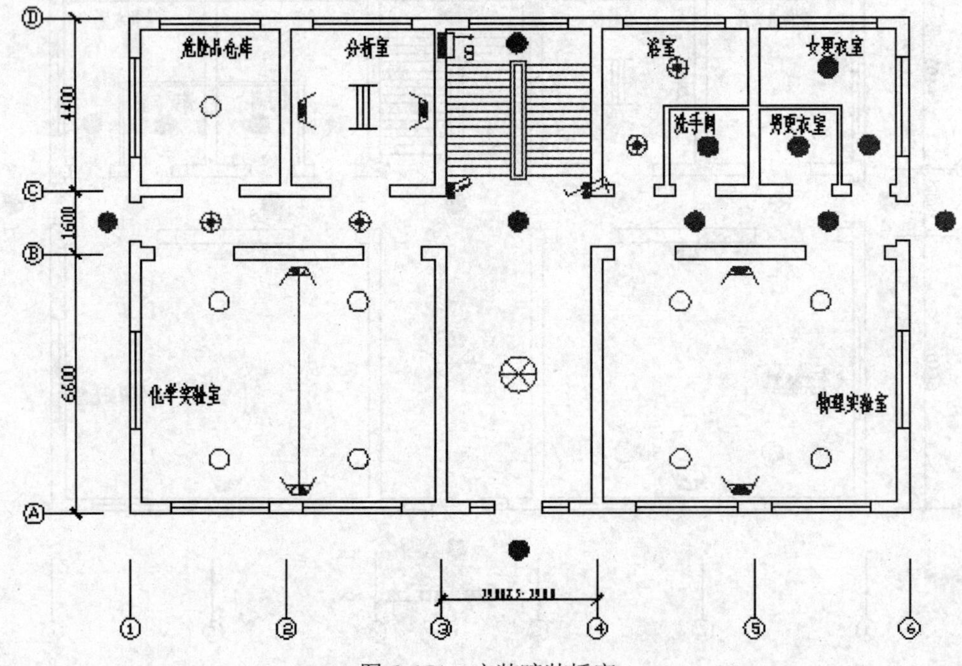


图 6-151　安装暗装插座

20）单击“修改”面板中的“复制”命令按钮，把单极暗装开关复制几份，安装在其他房间中，效果如图 6-152 所示。

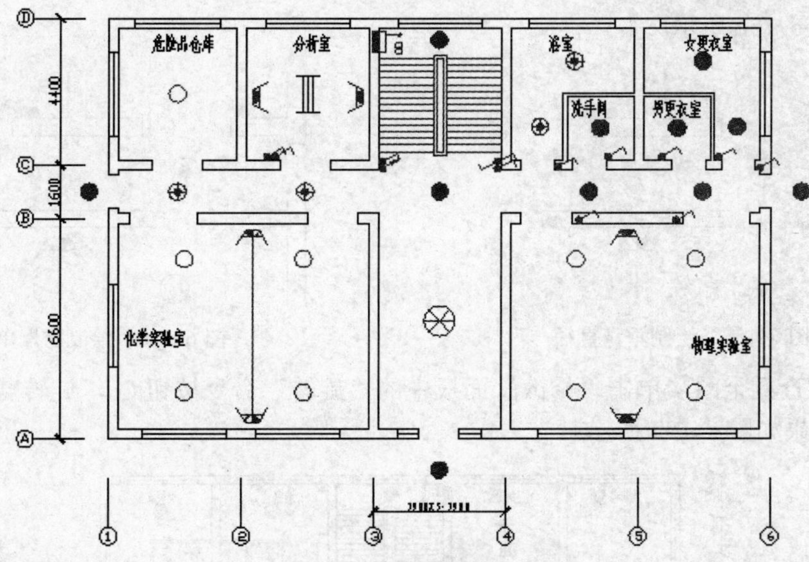


图 6-152 安装单极暗装开关

21）单击“修改”面板中的“复制”命令按钮，继续复制单极暗装开关的轮廓，分别安装在门厅、危险品室、化学实验室中和右门边，效果如图 6-153 所示。

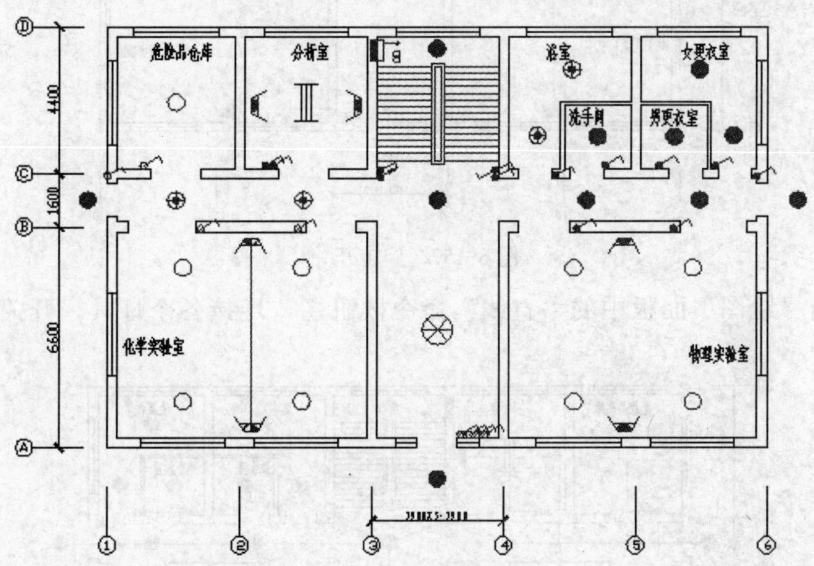


图 6-153 复制图形

22）单击“实用程序”面板中的“窗口”命令按钮，局部放大图形左边，预备下一步操作，效果如图 6-154 所示。

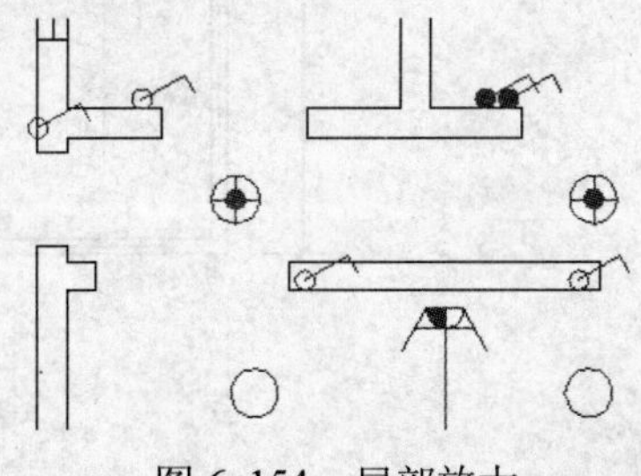

图 6-154 局部放大

23）单击“绘图”面板中的“直线”命令按钮，绘制开关中圆的垂直直径，效果如图 6-155 所示。

24）单击“绘图”面板中的“图案填充”命令按钮，使用本层颜色填充右半圆，形成防爆单极开

关，效果如图 6-156 所示。

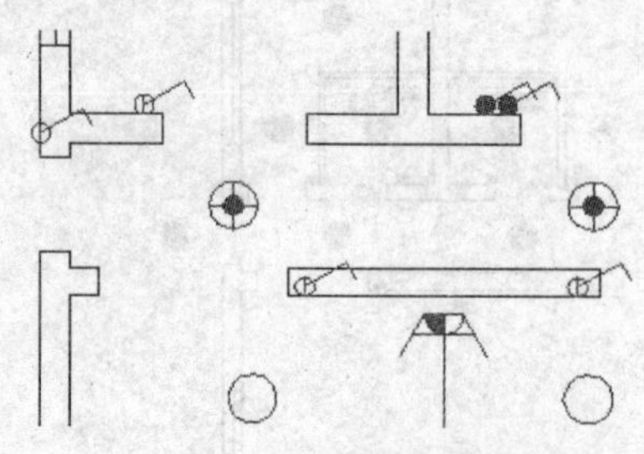

图 6-155　绘制垂直直径

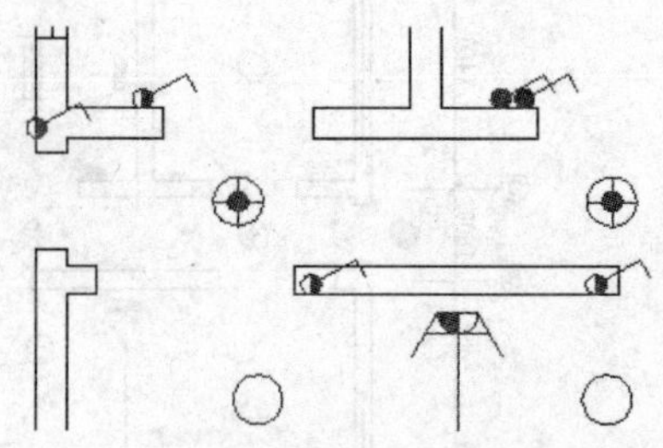

图 6-156　绘制防爆单极开关

25）缩小查看全图，单击“修改”面板中的“旋转”命令按钮 ，旋转若干开关，使其朝墙外，效果如图 6-157 所示。

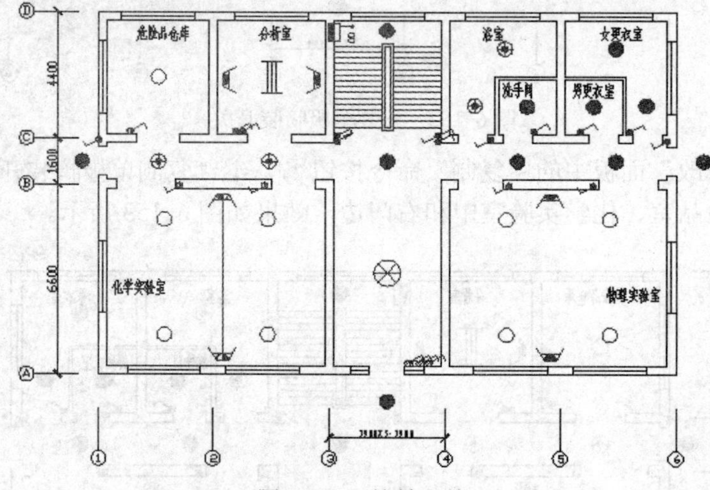


图 6-157　旋转开关

26）单击“绘图”面板中的“直线”命令按钮 ，连接各个灯具、开关，效果如图 6-158 所示。

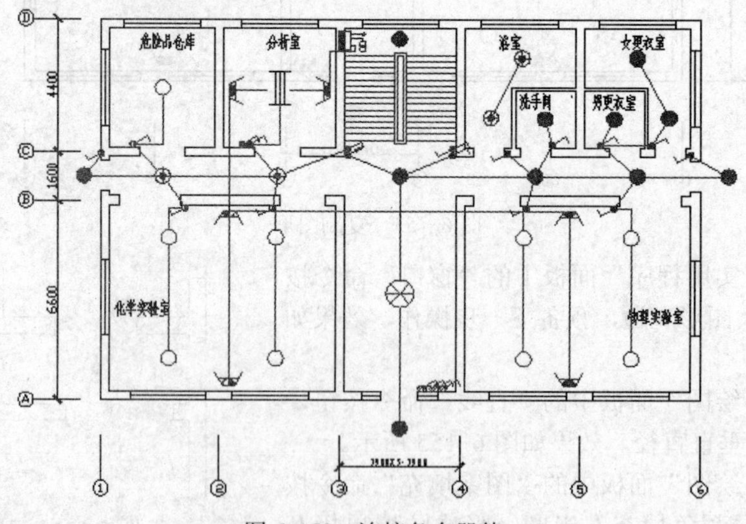


图 6-158　连接各个器件

27）最后检查图形，浴室外缺明装防水开关，门厅外缺壁灯两个，配电室缺开关一个，通过复制和绘制直线补齐它们，效果如图 6-159 所示。

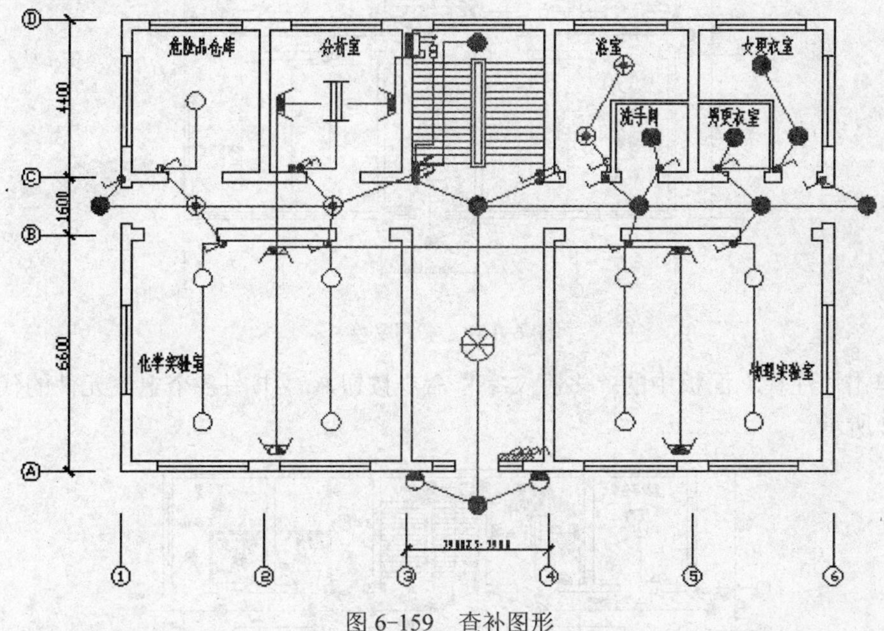


图 6-159　查补图形

28）单击“绘图”面板中的“直线”命令按钮 ，如图 6-160 所示在导线上绘制平行的斜线，表示它们的相数。

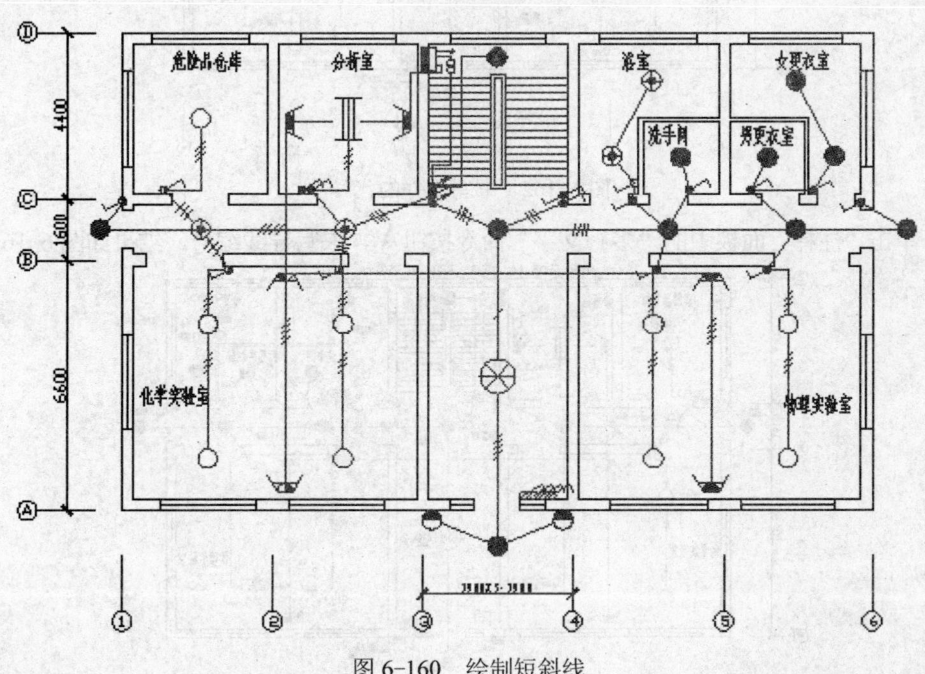


图 6-160　绘制短斜线

29）单击“注释”面板中的“多行文字”命令按钮 A，书写上下线文字和门厅文字，结果如图 6-161 所示。

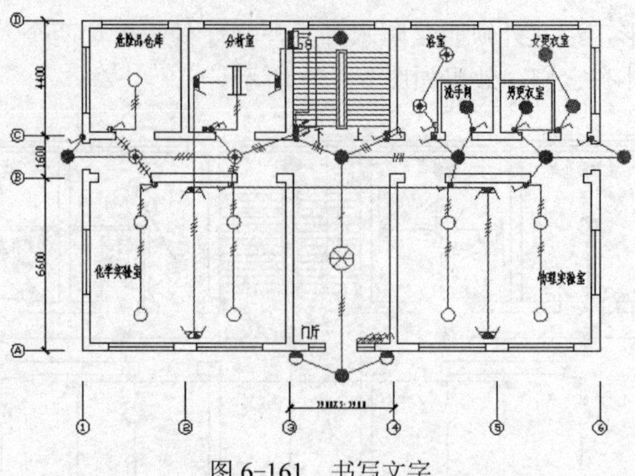


图 6-161　书写文字

30）单击“注释”面板中的“多行文字”命令按钮A，书写各个电气元件的代号，结果如图 6-162 所示。

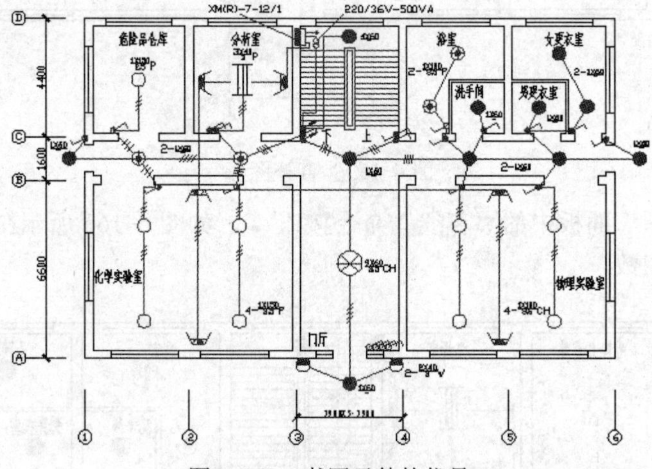


图 6-162　书写元件的代号

31）单击“注释”面板中的“多行文字”命令按钮A，书写导线编号，结果如图 6-163 所示。

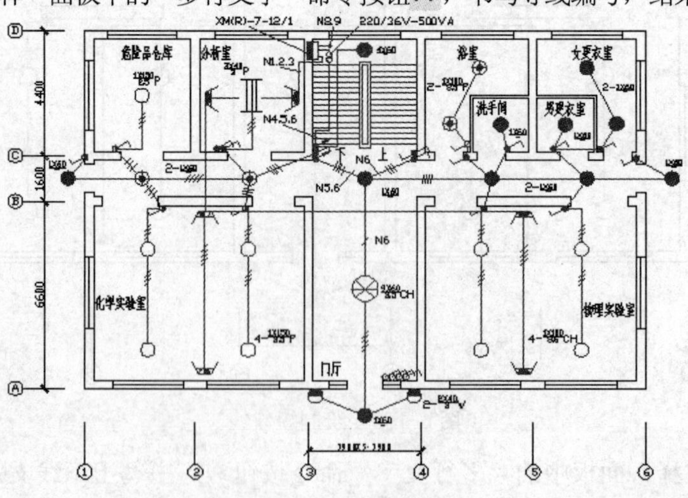


图 6-163　书写导线编号

# 6.2　某宾馆楼共用天线系统图

## 制作思路

相比强电系统，作为弱电系统的天线系统不需要很多不同类别的元器件。天线信号从一条主线引来后，即可分配到各条支线。如果线路过长，使信号衰减得太多，可以在适当的位置配置信号补偿设备。本例中，先绘制天线的主线图，然后绘制支线图，最后标注文字。

### 6.2.1　主线

天线的主线可能是多个信号源，但是也要汇流，经放大后形成可用的信号，然后分配给各条线路使用。绘制步骤如下。

1）首先绘制一条主天线。单击“绘图”面板中的“直线”命令按钮，按命令行的提示绘制直线段。

```
命令: _line 指定第一点:（选择任意的一点）
指定下一点或 [放弃(U)]: @0,-10
指定下一点或 [放弃(U)]: @0,-30
指定下一点或 [闭合(C)/放弃(U)]:（回车）
```

效果如图 6-164 所示。

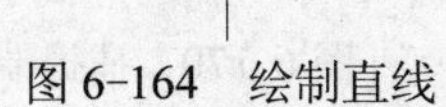

图 6-164　绘制直线

2）单击“修改”面板中的“阵列”命令按钮，屏幕出现如图 6-165 所示的“阵列”对话框，填好各项数值，以上段直线的上端点为阵列中心，把它环形阵列 9 个，效果如图 6-166 所示。

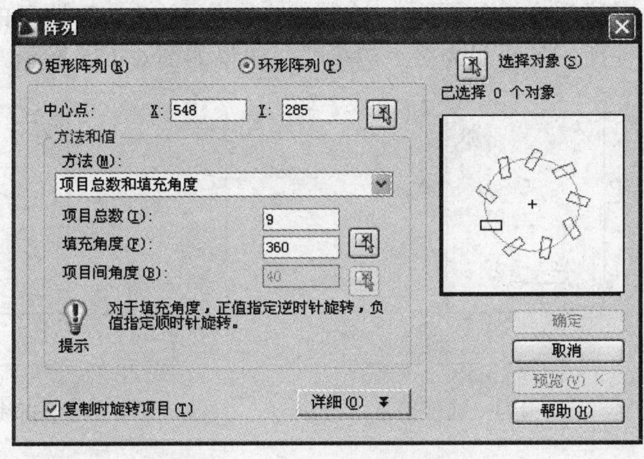


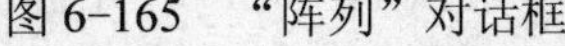

图 6-165　“阵列”对话框

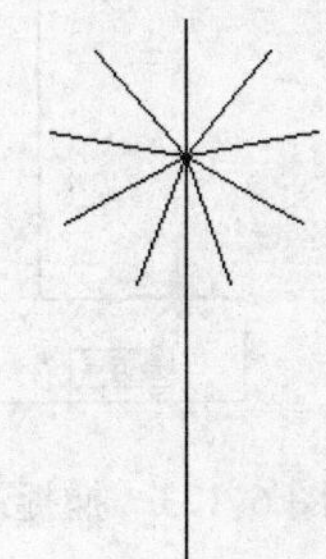

图 6-166　环形阵列直线

3）单击“修改”面板中的“删除”命令按钮，删去图 6-167 中的虚线，效果如图 6-168 所示。

4）绘制回流盒。单击“绘图”面板中的“矩形”命令按钮▭，绘制矩形 40×10，效果如图 6-169 所示。

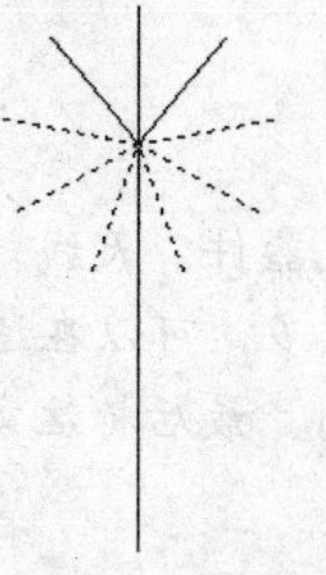
图 6-167　选择线条

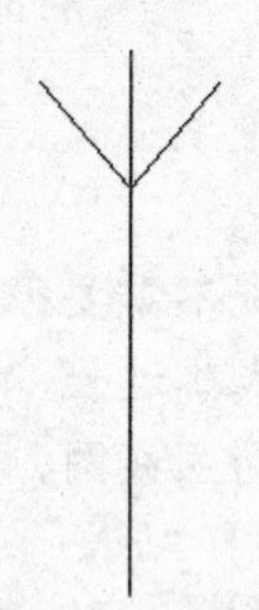
图 6-168　删除线条

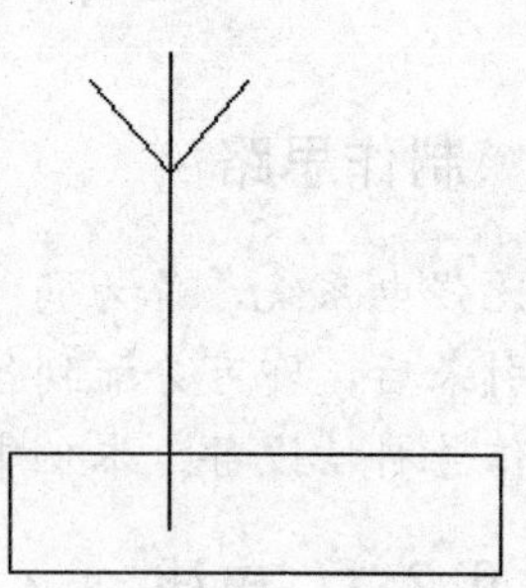
图 6-169　绘制矩形

5）单击“修改”面板中的“移动”命令按钮✥，以矩形 40×10 的上底边中点为移动基准点，以如图 6-170 所示的端点为移动目标点移动矩形 40×10，效果如图 6-171 所示。

6）绘制其他两条主天线。单击“修改”面板中的“复制”命令按钮，把直线表示的天线头部向左复制一份，效果如图 6-172 所示。

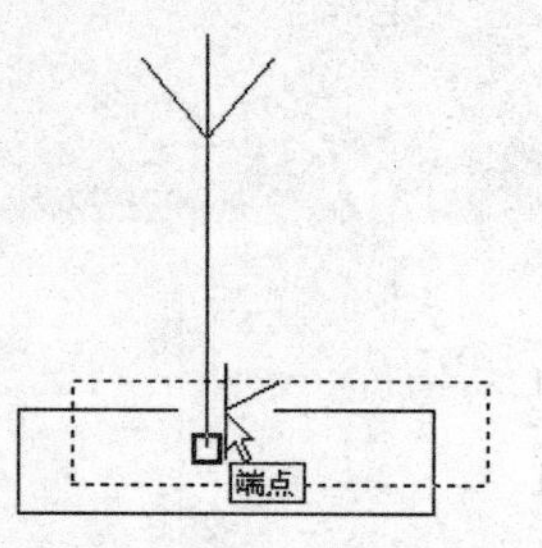

图 6-170　捕捉端点

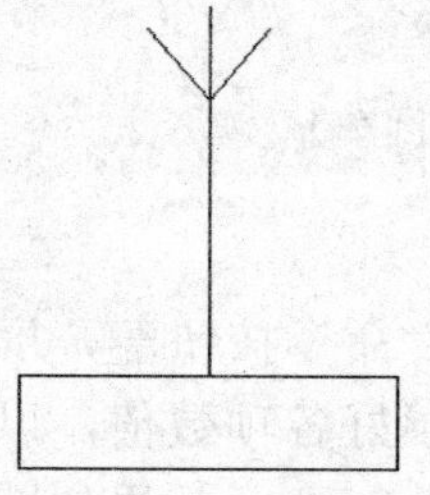
图 6-171　移动矩形

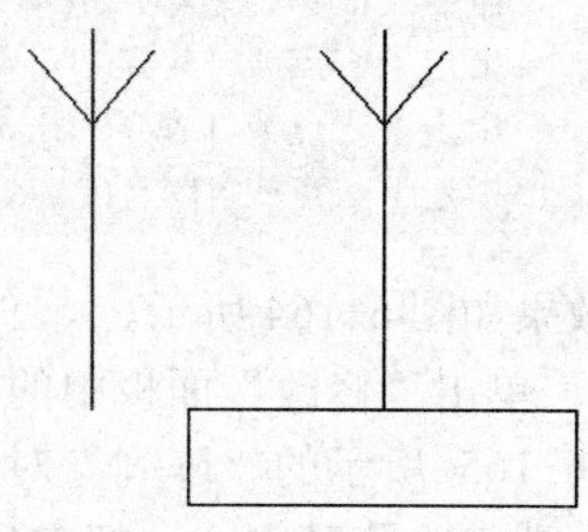
图 6-172　复制线头

7）单击“绘图”面板中的“直线”命令按钮，绘制起点在如图 6-173 所示的最近点，垂直向上并向左，以如图 6-174 所示的垂足为终点的折线，效果如图 6-175 所示。

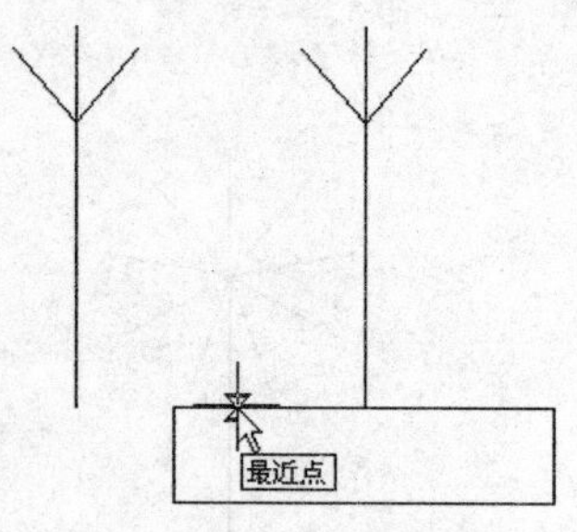

图 6-173　捕捉最近点

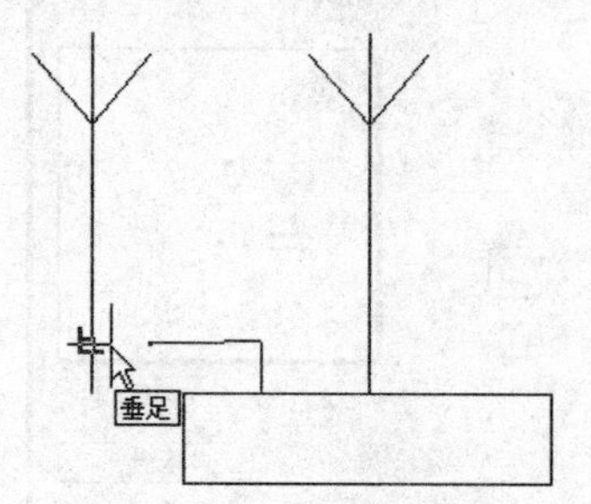

图 6-174　捕捉垂足

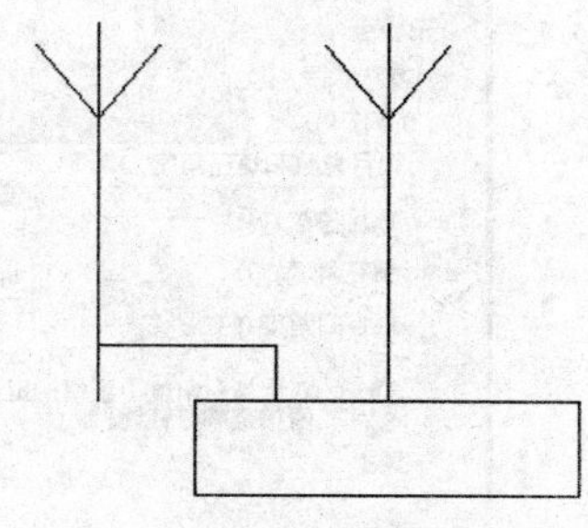
图 6-175　绘制折线

8）单击“修改”面板中的“圆角”命令按钮，把如图 6-176 光标所示的直线和虚线之间倒圆角 0，使其连接起来，效果如图 6-177 所示。

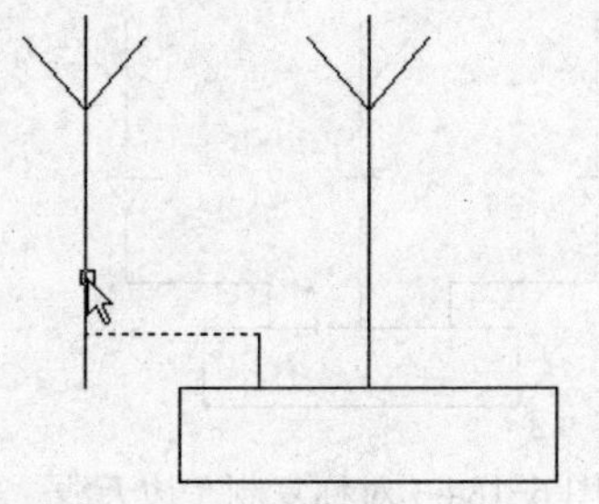

图 6-176 捕捉线头

图 6-177 连接天线

9）绘制表征信号走向的三角形。单击“绘图”面板中的“正多边形”命令按钮，以如图 6-178 所示的中点为中心，绘制外接圆半径为 3 的等边三角形，效果如图 6-179 所示。

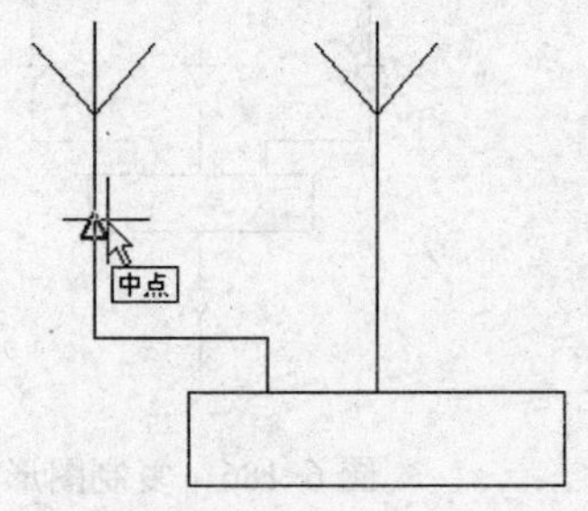


图 6-178 捕捉中点

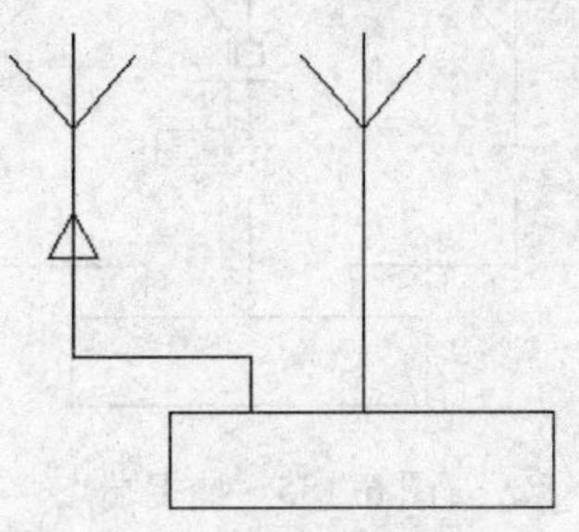

图 6-179 绘制等边三角形

10）单击“修改”面板中的“镜像”命令按钮，以等边三角形底边为对称轴，把它对称复制一份，注意删除源对象，效果如图 6-180 所示。

11）单击“修改”面板中的“复制”命令按钮，以等边三角形的下顶点为复制基准点，以如图 6-181 所示的垂足为目标点复制等边三角形，效果如图 6-182 所示。

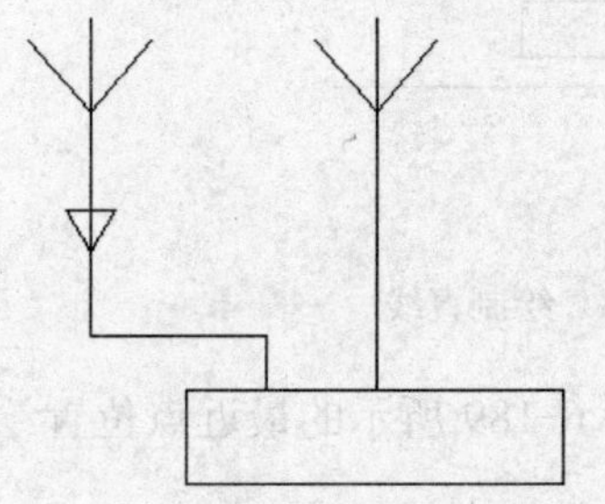

图 6-180 对称复制等边三角形

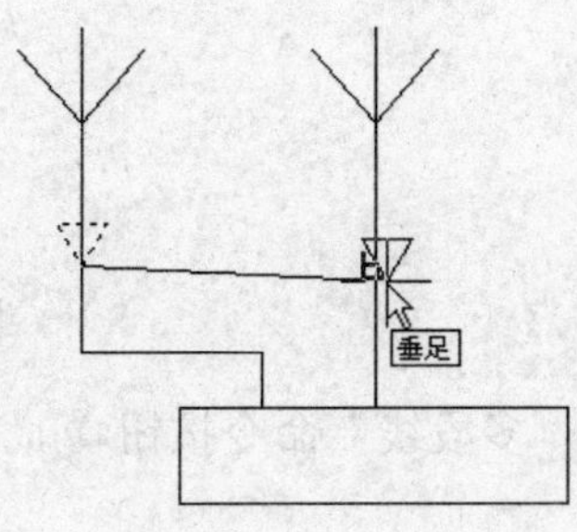


图 6-181 捕捉垂足

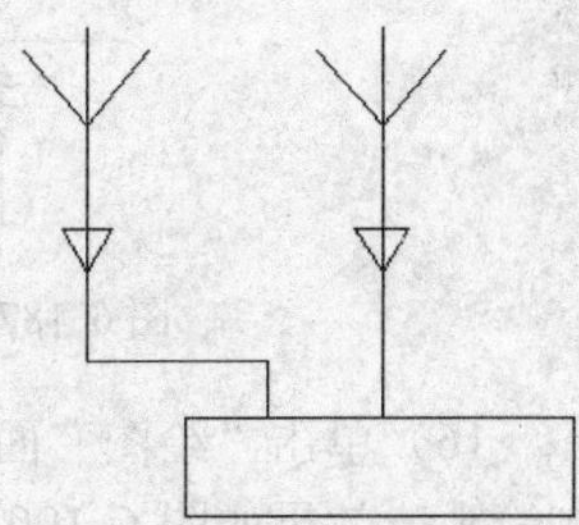

图 6-182 复制等边三角形

12）单击“修改”面板中的“修剪”命令按钮，以两个等边三角形为修剪边，修剪掉它里边的线头，结果如图 6-183 所示。

13）单击“修改”面板中的“镜像”命令按钮，以中间天线的中线为对称轴，把左边天线对称复制一份，效果如图 6-184 所示。

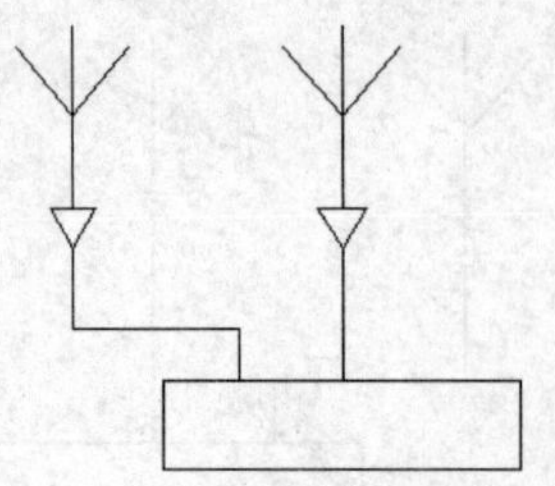

图 6-183　修剪线头

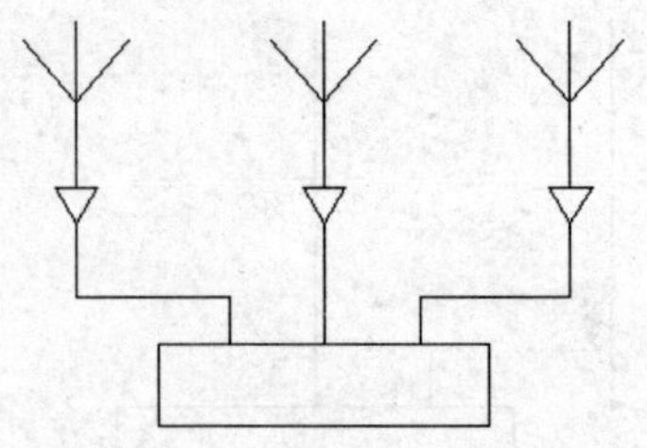

图 6-184　对称复制左边天线

14）单击“修改”面板中的“复制”命令按钮，以如图 6-185 所示的端点为复制基准点，以矩形下边中点为复制目标点，把虚线所示的图形向下复制一份，效果如图 6-186 所示。

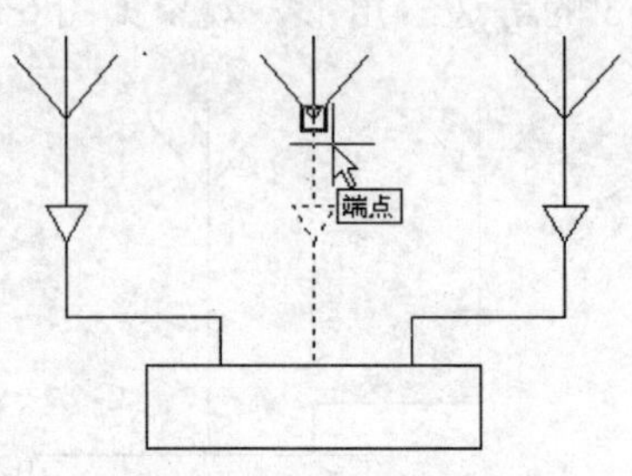


图 6-185　捕捉端点

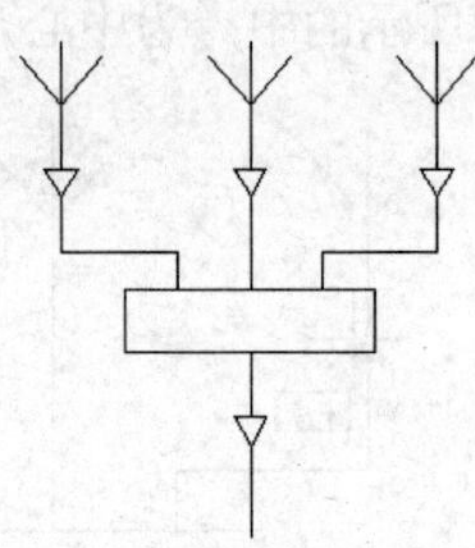

图 6-186　复制图形

15）绘制闭路电视信号的引入线。单击“绘图”面板中的“直线”命令按钮，绘制起点在如图 6-187 所示的中点，水平向右的直线，效果如图 6-188 所示。

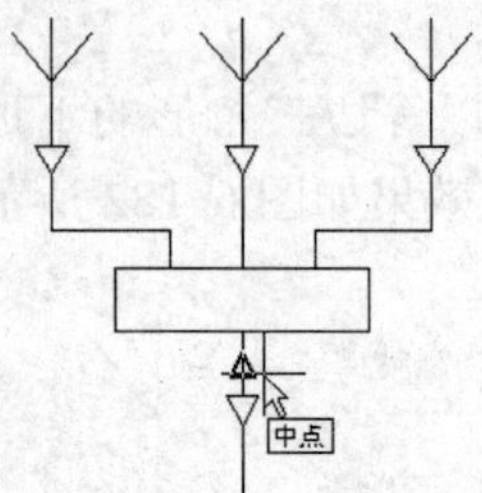


图 6-187　捕捉中点

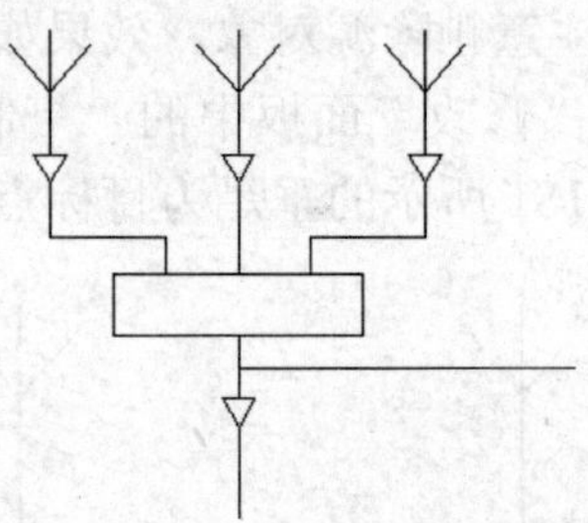

图 6-188　绘制直线

16）单击“绘图”面板中的“多段线”命令按钮，在如图 6-189 所示的最近点位置绘制箭头，效果如图 6-190 所示。

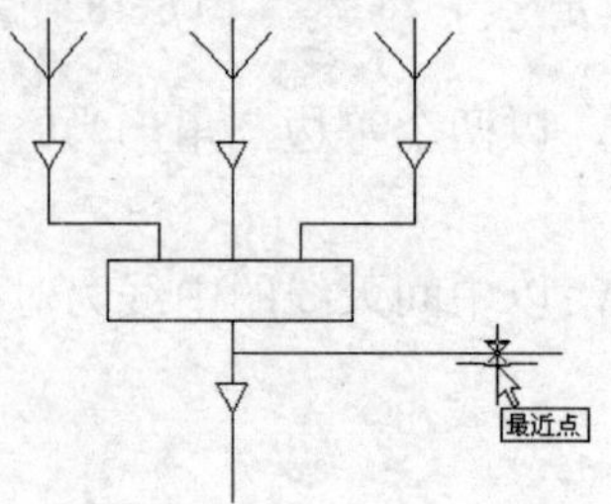


图 6-189　捕捉最近点

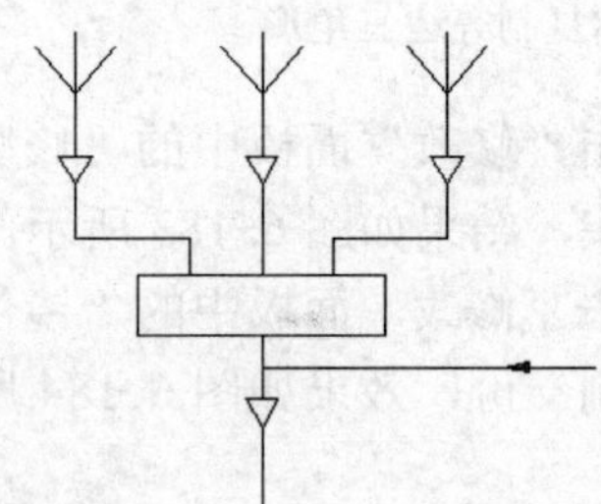

图 6-190　绘制箭头

## 6.2.2　支线

绘制步骤如下。

1）首先绘制分配器符号。单击“绘图”面板中的“圆”命令按钮，绘制圆心在如图6-191所示的端点的圆$\phi$15，效果如图6-192所示。

2）单击“绘图”面板中的“直线”命令按钮，绘制圆$\phi$15的水平直径，效果如图6-193所示。

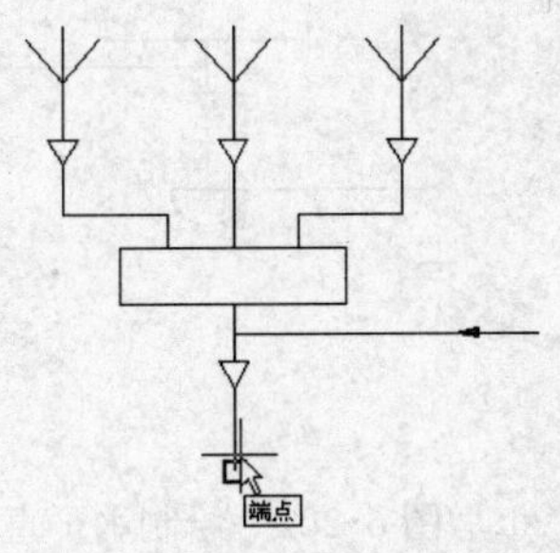


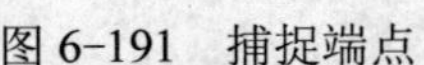

图6-191　捕捉端点

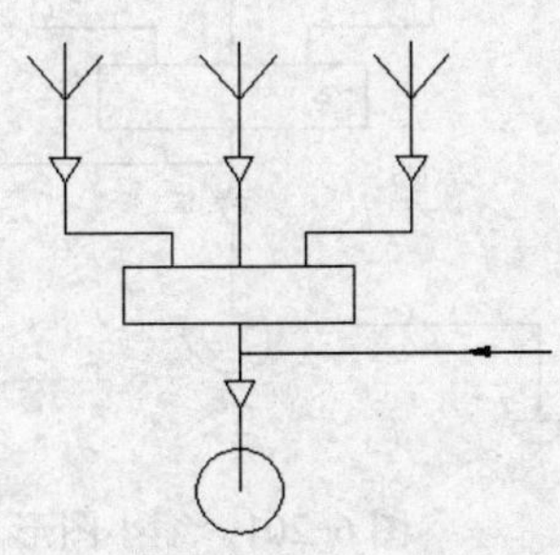

图6-192　绘制圆

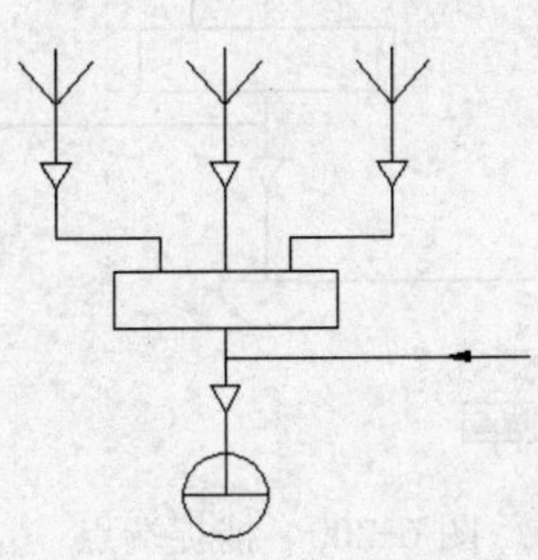

图6-193　绘制直径

3）单击“修改”面板中的“修剪”命令按钮，以圆$\phi$15的直径为修剪边，修剪掉它上边的圆弧，结果如图6-194所示。

4）绘制二级支线。单击“绘图”面板中的“直线”命令按钮，绘制起点在如图6-195所示的端点，水平向左，然后向下的折线，效果如图6-196所示。

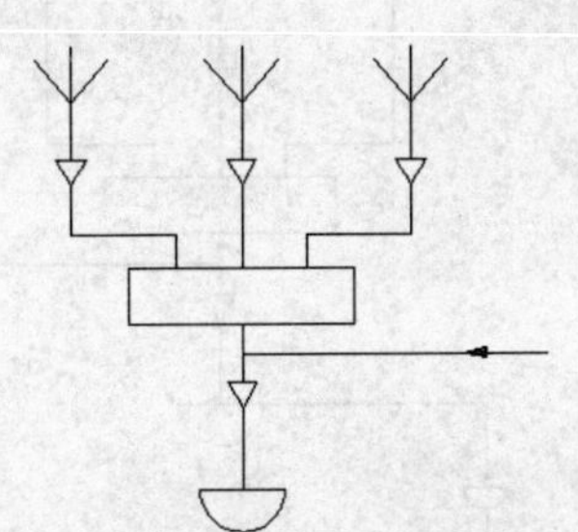

图6-194　修剪圆弧

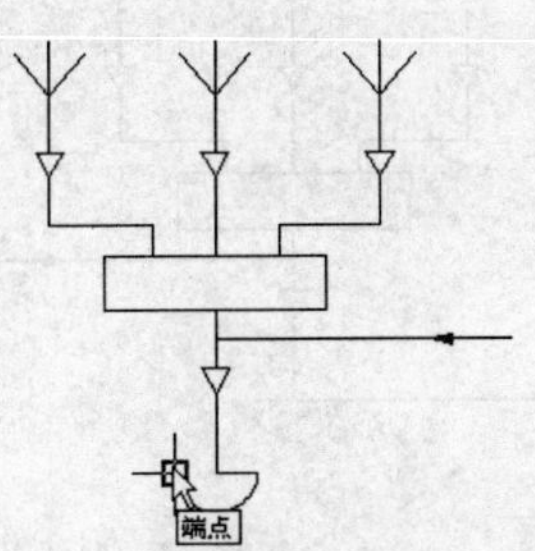


图6-195　捕捉端点

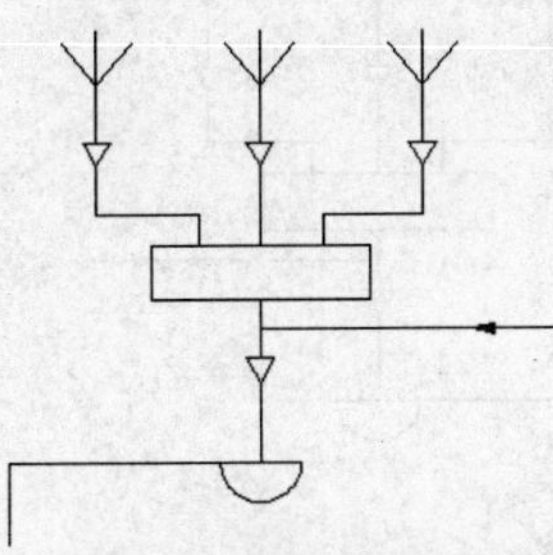

图6-196　绘制折线

5）单击“修改”面板中的“复制”命令按钮，以如图6-197所示的端点为复制基准点，以如图6-198所示的端点为复制目标点，把半圆复制一份，效果如图6-199所示。

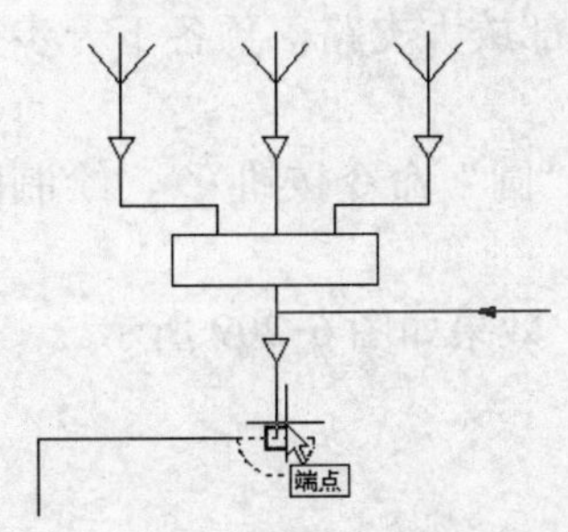


图6-197　捕捉复制基准点

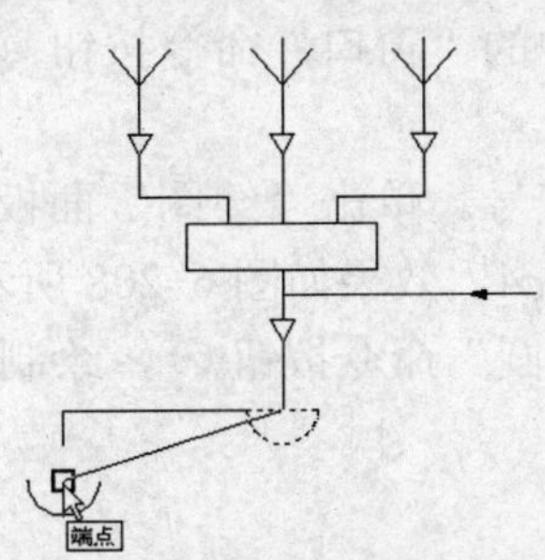


图6-198　捕捉复制目标点

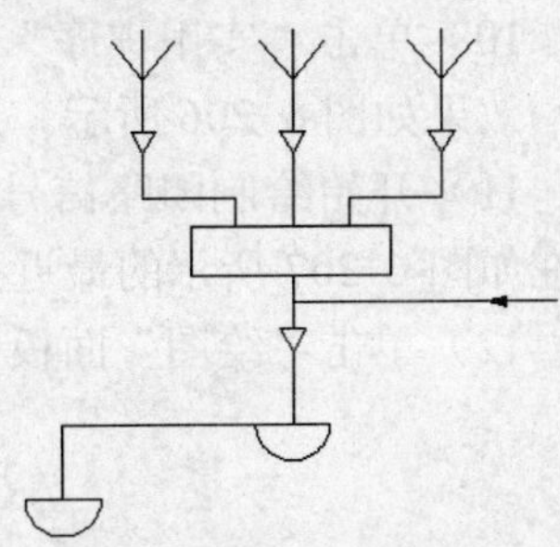

图6-199　复制图形

6）单击“修改”面板中的“缩放”命令按钮，以如图 6-200 所示的端点为中心，把半圆图形缩小一半，效果如图 6-201 所示。

7）开始绘制三级支线。单击“绘图”面板中的“直线”命令按钮，在左边支路下方绘制长度为 5 的直线，效果如图 6-202 所示。

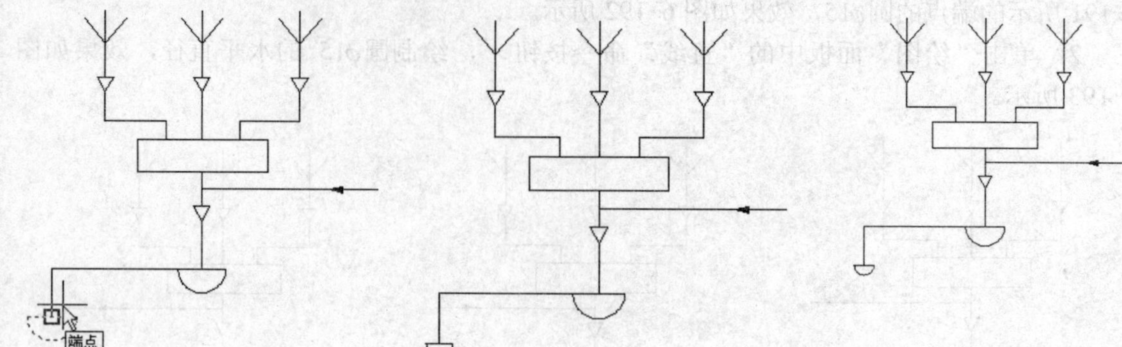


图 6-200　捕捉端点　　图 6-201　缩小图形　　图 6-202　绘制水平直线

8）单击“绘图”面板中的“直线”命令按钮，绘制起点在水平直线中点，垂直向上的一段直线，效果如图 6-203 所示。

9）单击“修改”面板中的“移动”命令按钮，把虚线所示的图形以其上端点为移动基准点，以如图 6-204 所示的象限点为移动目标点移动，效果如图 6-205 所示。

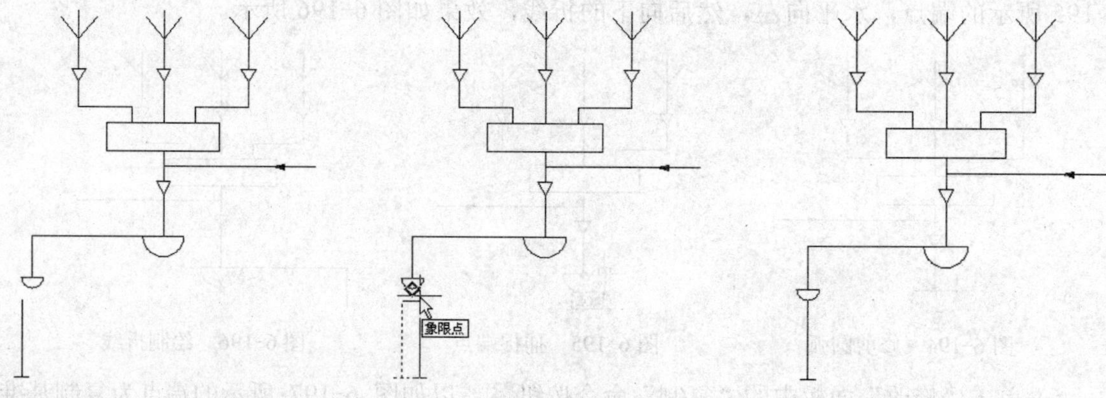


图 6-203　绘制垂直直线　　图 6-204　捕捉象限点　　图 6-205　移动图形

10）单击“实用程序”面板中的“窗口”命令按钮，局部放大支路，预备下一步操作，效果如图 6-206 所示。

11）开始绘制闭路信号插座符号。单击“绘图”面板中的“圆”命令按钮，绘制圆心在如图 6-207 所示的最近点的圆$\phi 4$，效果如图 6-208 所示。

12）单击“绘图”面板中的“圆”命令按钮，绘制圆$\phi 2$，效果如图 6-209 所示。

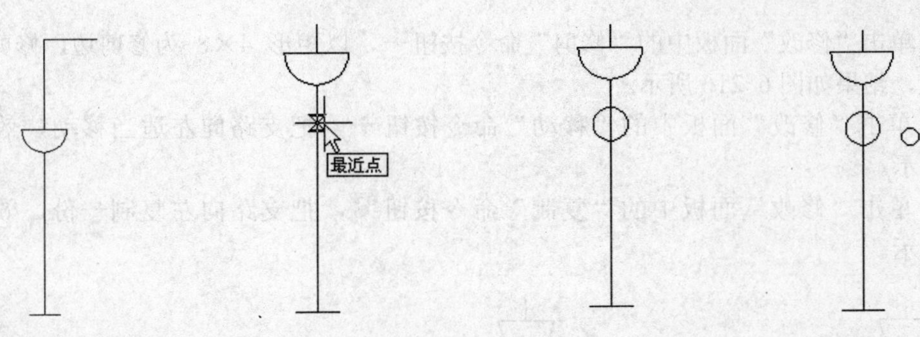


图 6-206　局部放大　　图 6-207　捕捉最近点　　图 6-208　绘制圆　　图 6-209　绘制圆

13）单击“修改”面板中的“移动”命令按钮✥，把圆$\phi 2$ 以其左边象限点为移动基准点，以圆$\phi 4$ 右边象限点为移动目标点移动，效果如图 6-210 所示。

14）单击“修改”面板中的“镜像”命令按钮，以支路中线为对称轴，把圆$\phi 2$ 对称复制一份，效果如图 6-211 所示。

15）单击“修改”面板中的“复制”命令按钮，把圆$\phi 4$ 和两个圆$\phi 2$ 向下连续复制 4 份，效果如图 6-212 所示。

图 6-210　移动圆　　图 6-211　对称复制圆　　图 6-212　复制图形

16）单击“绘图”面板中的“矩形”命令按钮，绘制矩形 4×8，作为阻抗平衡器符号，效果如图 6-213 所示。

17）单击“修改”面板中的“移动”命令按钮✥，把矩形 4×8 以其上底边中点为移动基准点，以如图 6-214 所示的最近点为移动目标点移动，效果如图 6-215 所示。

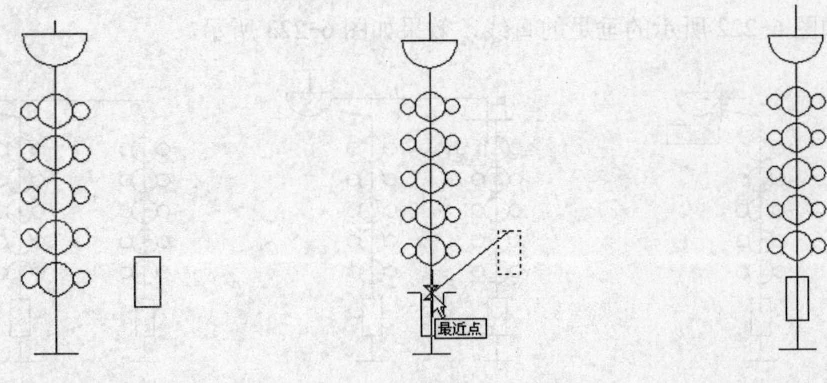


图 6-213　绘制矩形　　图 6-214　捕捉最近点　　图 6-215　移动矩形

18）单击“修改”面板中的“修剪”命令按钮，以矩形 4×8 为修剪边，修剪掉它里边的线段，结果如图 6-216 所示。

19）单击“修改”面板中的“移动”命令按钮，把支路向左适当移动，效果如图 6-217 所示。

20）单击“修改”面板中的“复制”命令按钮，把支路向左复制一份，效果如图 6-218 所示。

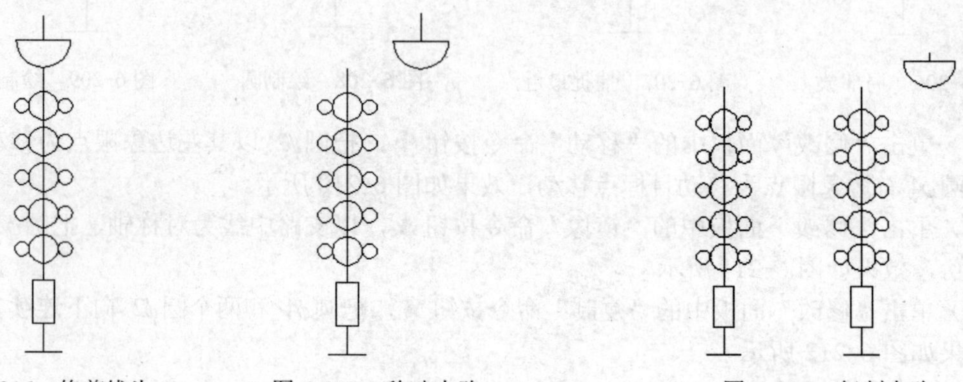

图 6-216　修剪线头　　图 6-217　移动支路　　图 6-218　复制支路

21）单击“绘图”面板中的“直线”命令按钮，绘制起点在右边支路上端点，终点在如图 6-219 所示的最近点的连线，效果如图 6-220 所示。

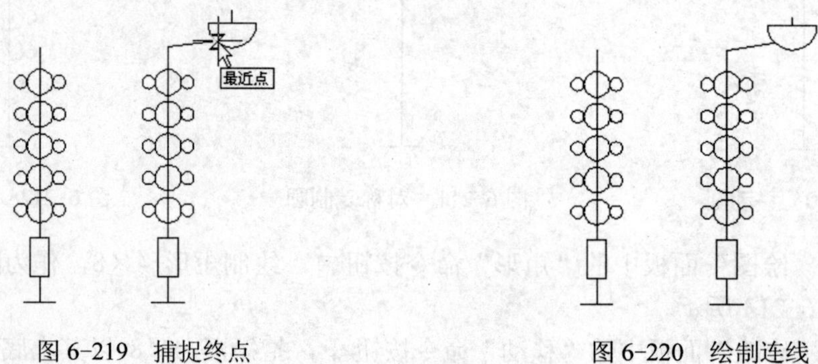


图 6-219　捕捉终点　　图 6-220　绘制连线

22）单击“绘图”面板中的“直线”命令按钮，绘制起点在如图 6-221 所示的最近点，端点在如图 6-222 所示的垂足的直线，效果如图 6-223 所示。

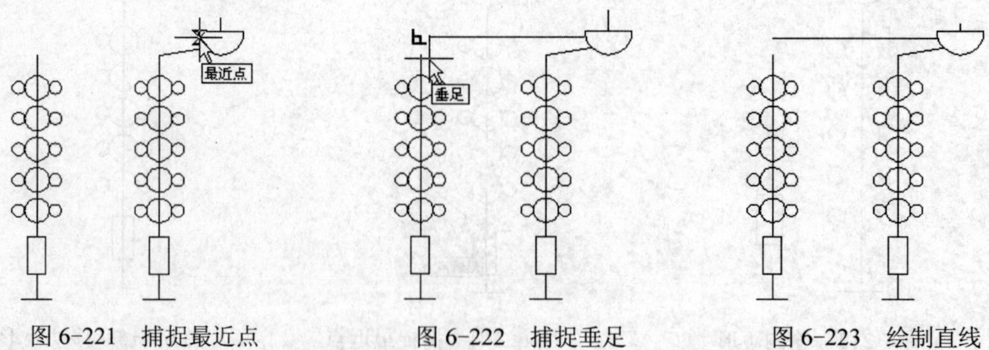


图 6-221　捕捉最近点　　图 6-222　捕捉垂足　　图 6-223　绘制直线

23）单击“修改”面板中的“圆角”命令按钮，把如图6-224所示的光标所指的直线和虚线之间倒圆角0，使其连接起来，效果如图6-225所示。

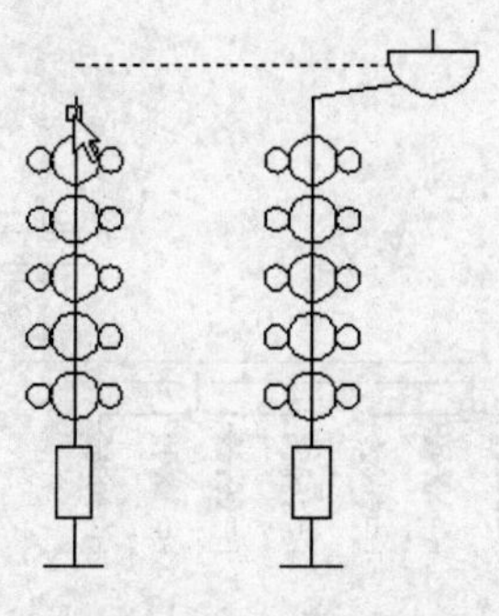

图6-224　捕捉线头

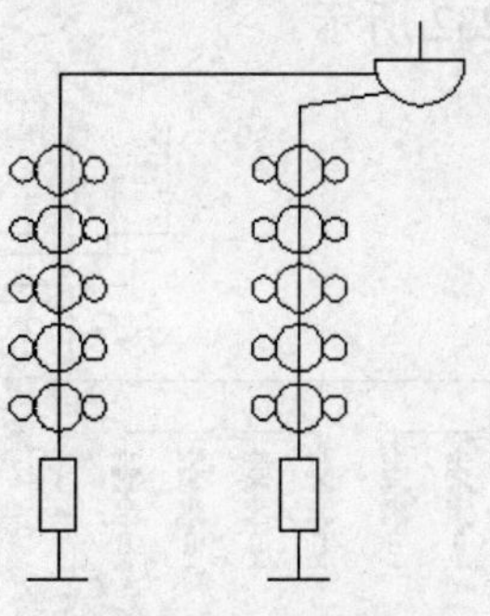

图6-225　连接线路

24）单击“修改”面板中的“镜像”命令按钮，以过如图6-226所示的端点的垂直直线为对称轴，把两条支路对称复制一份，效果如图6-227所示。

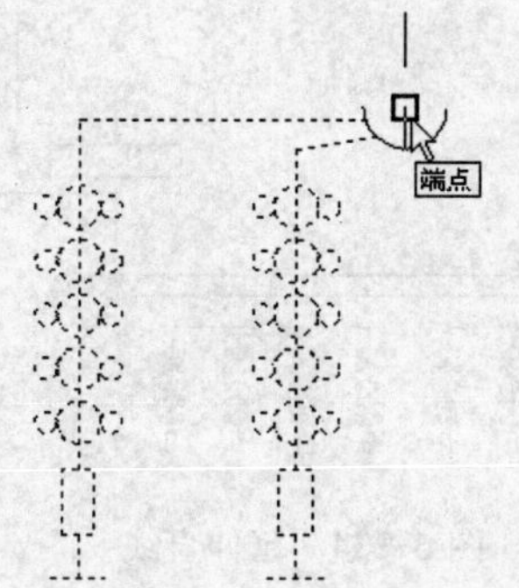


图6-226　捕捉端点

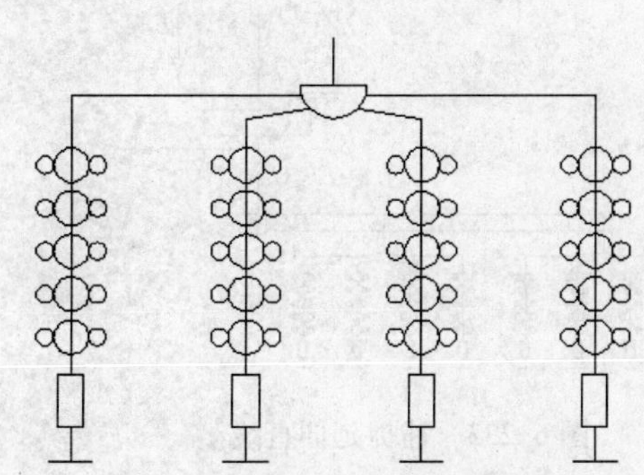

图6-227　对称复制两条支路

25）在“菜单浏览器”中选择“视图”→“三维视图”→“俯视”菜单命令，显示全部图形，预备下一步操作，效果如图6-228所示。

26）单击“修改”面板中的“拉伸”命令按钮，把如图6-229所示的图形向左适当移动，效果如图6-230所示。

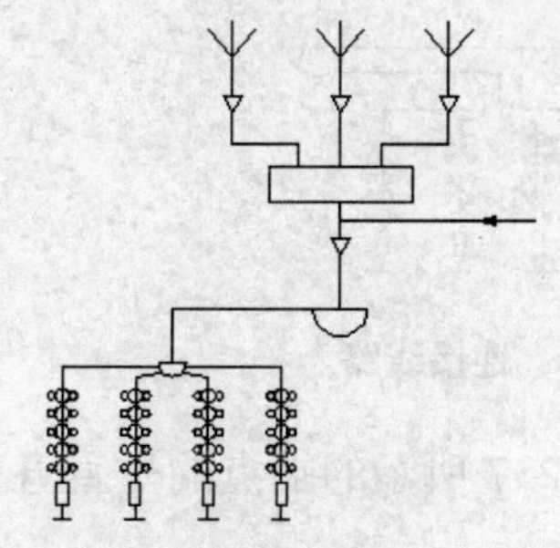

图6-228　显示全部图形

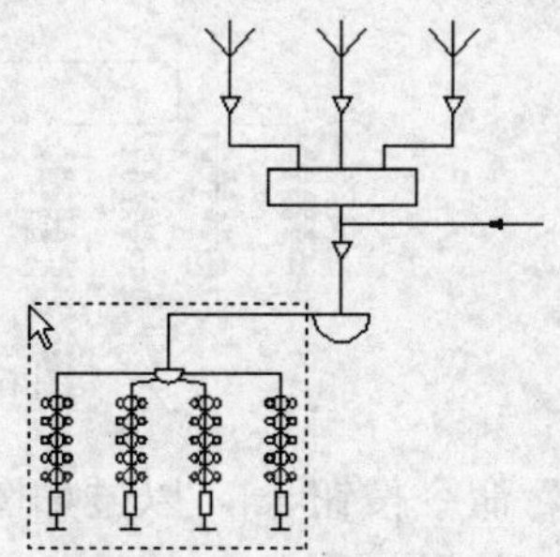

图6-229　向左适当拉长图形

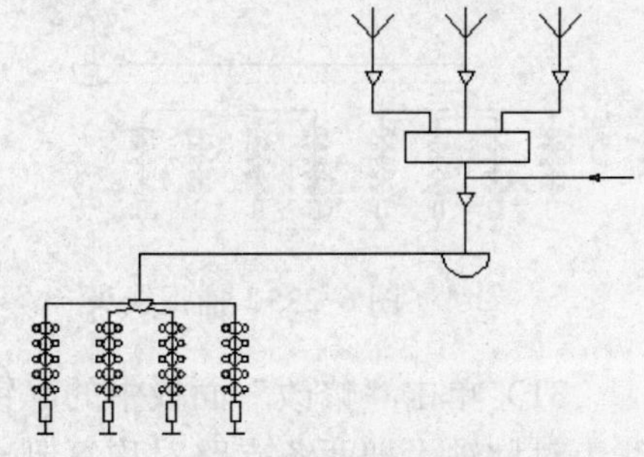

图6-230　拉长图形

27）绘制其他三级支线。单击“修改”面板中的“复制”命令按钮，把天线支路组向

右复制一份，效果如图 6-231 所示。

28）单击“修改”面板中的“复制”命令按钮，把水平的支路总线条向下复制一份，效果如图 6-232 所示。

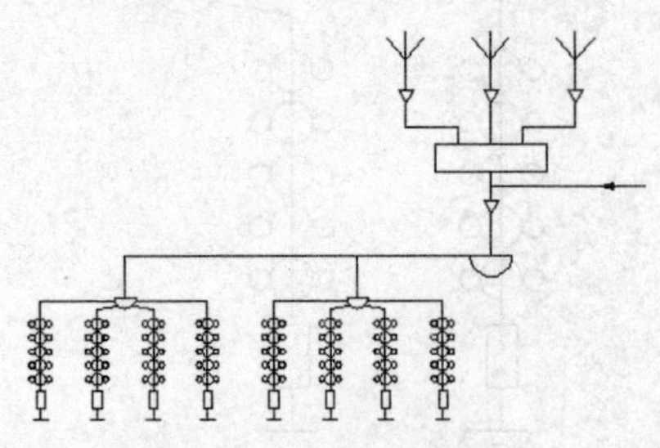
图 6-231　复制图形

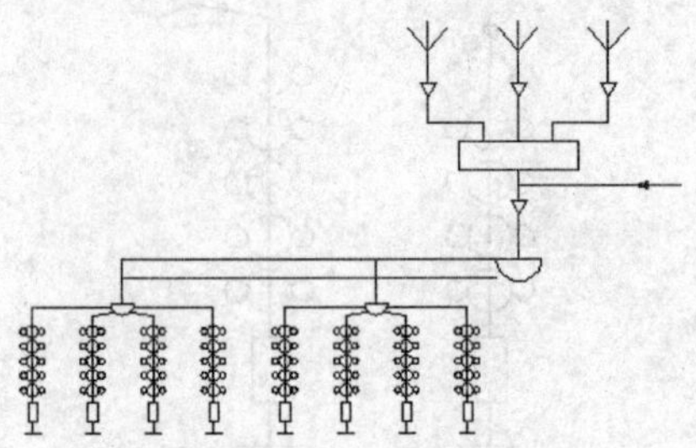
图 6-232　复制直线

29）单击“修改”面板中的“延伸”命令按钮，以如图 6-233 所示的虚线圆弧为延伸边界线，延伸刚才复制的直线，效果如图 6-234 所示。

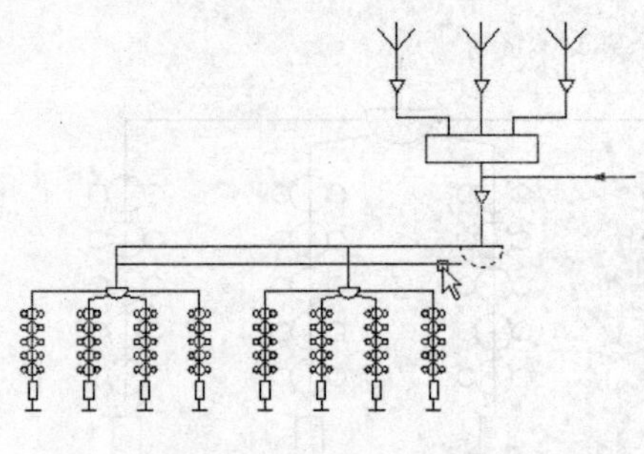
图 6-233　捕捉延伸直线

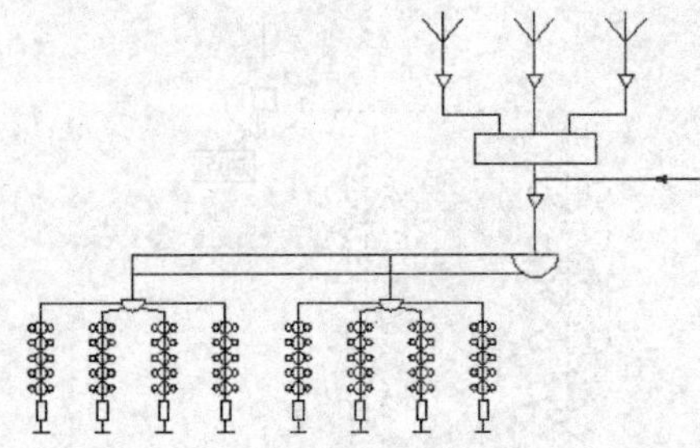
图 6-234　延伸直线

30）单击“修改”面板中的“圆角”命令按钮，把如图 6-235 所示的光标所指的直线和虚线之间倒圆角 0，使其连接起来，效果如图 6-236 所示。

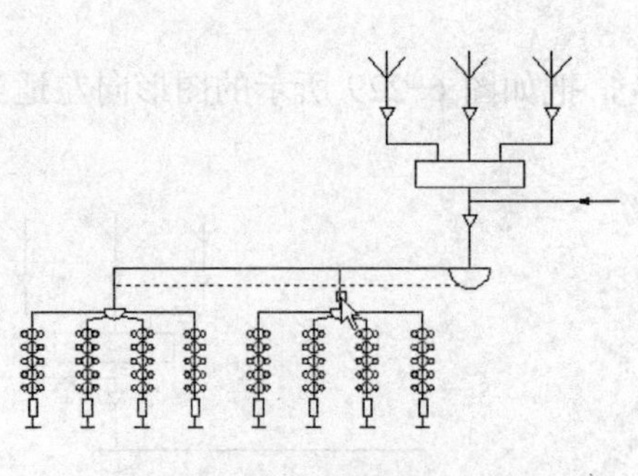
图 6-235　捕捉线头

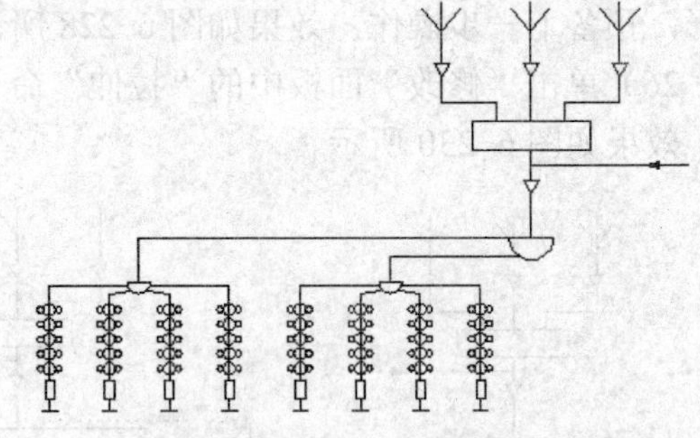
图 6-236　连接线路

31）单击“修改”面板中的“镜像”命令按钮，以过如图 6-237 所示的端点的垂直直线为对称轴，把两条支路对称复制一份，效果如图 6-238 所示。

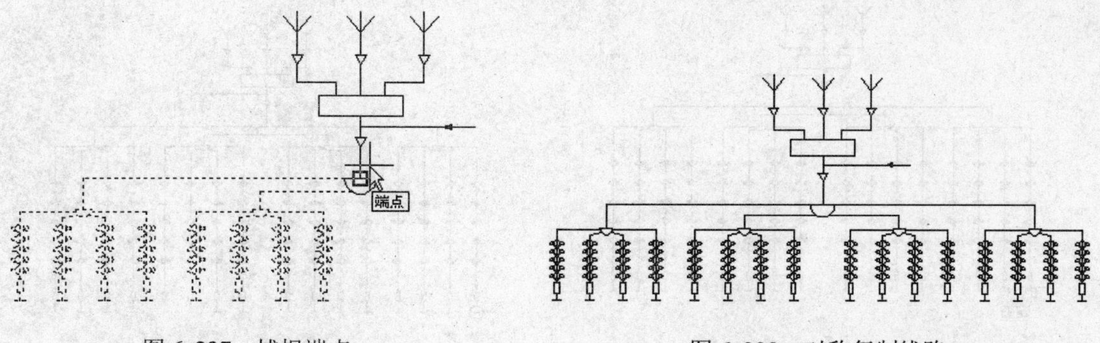


图 6-237 捕捉端点　　　　图 6-238 对称复制线路

32）单击“修改”面板中的“拉伸”命令按钮，把如图 6-239 所示的选择的图形向下适当拉长，效果如图 6-240 所示。

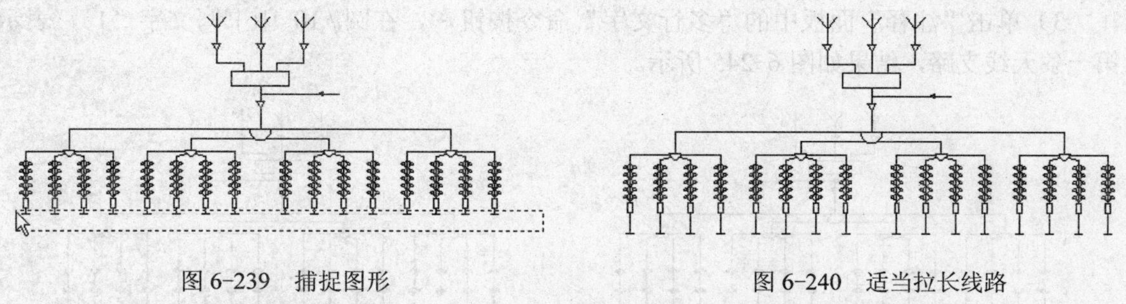

图 6-239 捕捉图形　　　　图 6-240 适当拉长线路

33）单击“修改”面板中的“拉伸”命令按钮，把图形中的其他元素向下适当拉长，调整图形，效果如图 6-241 所示。

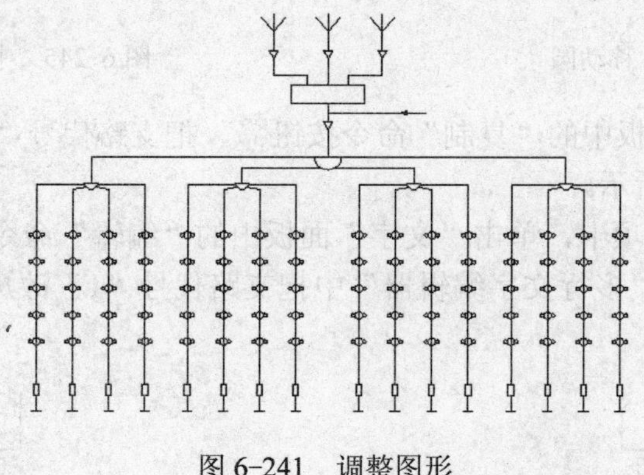

图 6-241 调整图形

## ▷▷▷ 6.2.3 标注文字

线路绘制完毕后应该进行必要的标注。但是天线系统有自己的特殊性，需要采用不同的标注方法。绘制步骤如下。

1）单击“绘图”面板中的“圆”命令按钮，绘制圆心在如图 6-242 所示的端点的圆 $\phi 10$，效果如图 6-243 所示。

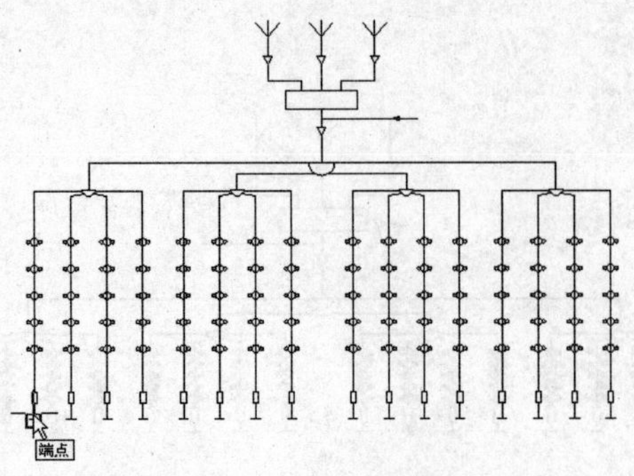


图 6-242　捕捉端点

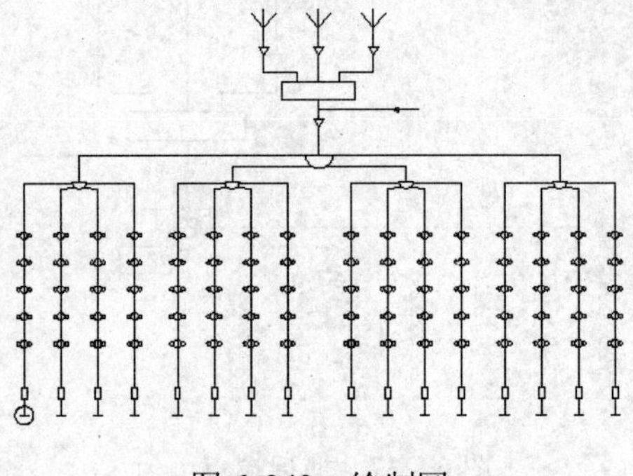

图 6-243　绘制圆

2）单击“修改”面板中的“移动”命令按钮✥，把圆$\phi$10 向下适当移动，效果如图 6-244 所示。

3）单击“注释”面板中的“多行文字”命令按钮A，在圆$\phi$10 中书写文字“1”，表示第一条天线支路，结果如图 6-245 所示。

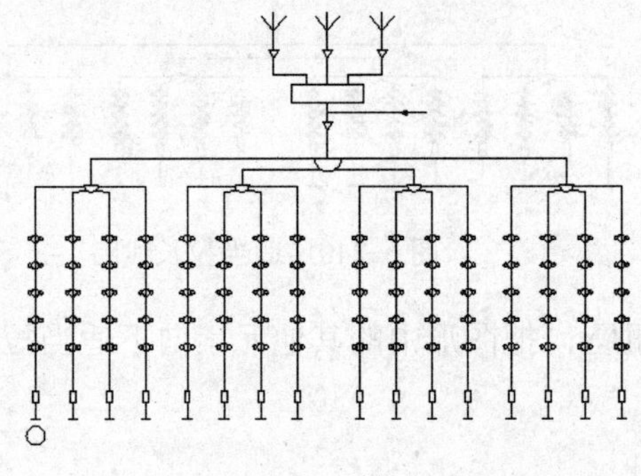

图 6-244　移动圆

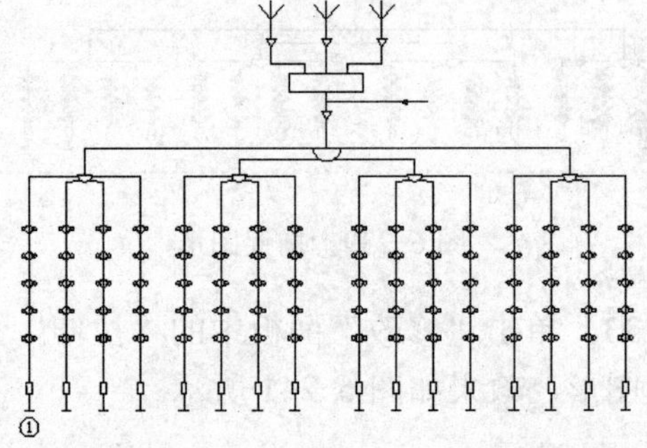


图 6-245　书写支路代号“1”

4）单击“修改”面板中的“复制”命令按钮，把支路代号“1”向右复制到其他支路下方，效果如图 6-246 所示。

5）单击“注释”选项卡，单击“文字”面板中的“编辑”命令按钮，然后单击中间的文字，在屏幕出现的“多行文字编辑器”中把支路代号“1”改成其他支路代号，效果如图 6-247 所示。

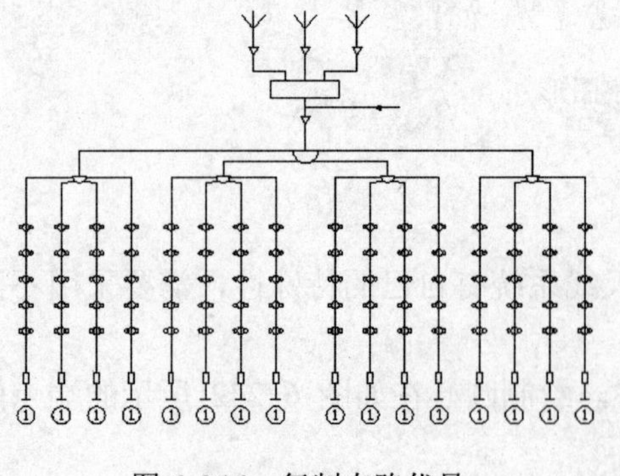


图 6-246　复制支路代号

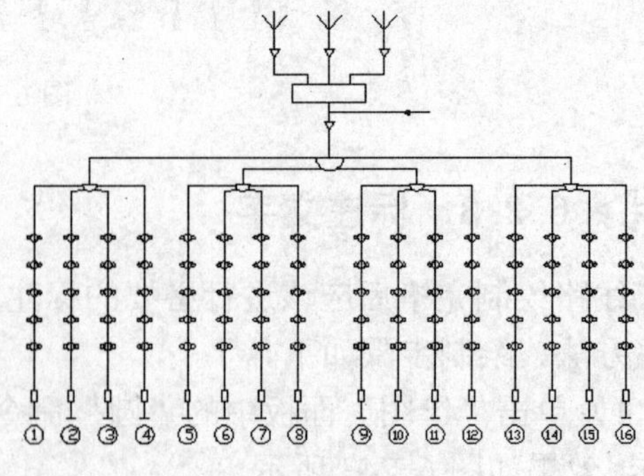


图 6-247　修改支路代号

6）单击“修改”面板中的“复制”命令按钮，把 2、3、4、5、6、9、10、11、12、13、14、15、16 支路中的一排端子向下复制一份，效果如图 6-248 所示。

7）单击“修改”面板中的“复制”命令按钮，把 10、11、12、13、14、15、16 支路中的一排端子向上复制一份，效果如图 6-249 所示。

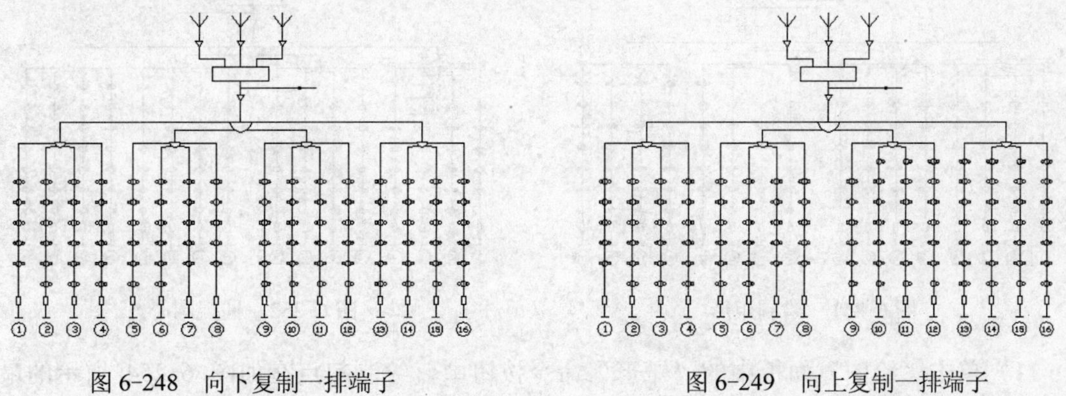

图 6-248 向下复制一排端子　　图 6-249 向上复制一排端子

8）在“图层”面板中单击“图层特性”命令按钮，设置使用绿色虚线的“线框”图层，使用棕色直线的“文字”图层，并单击“置为当前”按钮，使“线框”图层转入现役，如图 6-250 所示。

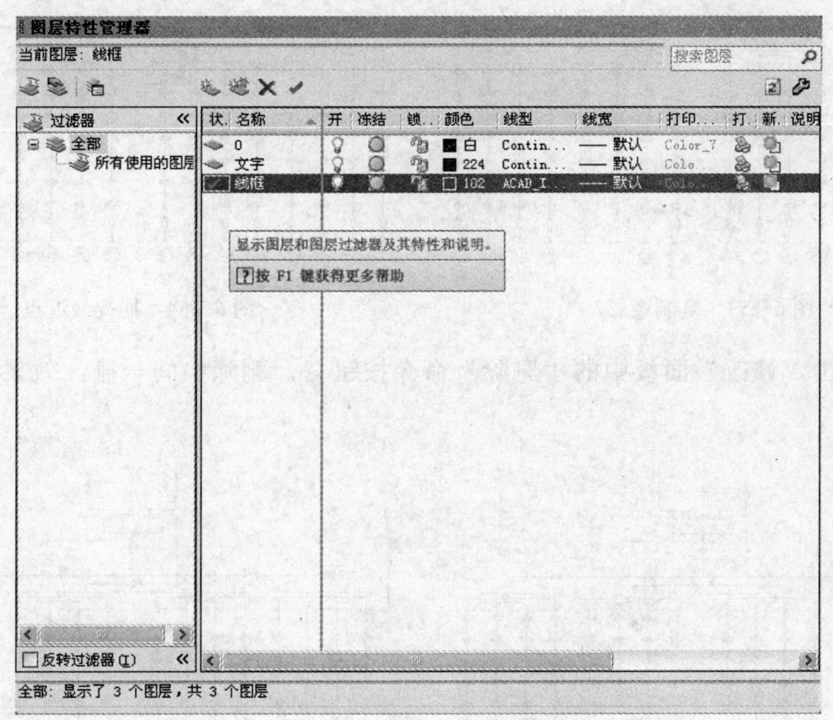


图 6-250 设置图层

9）单击“绘图”面板中的“矩形”命令按钮，绘制包含第一组支路汇流节点的矩形，效果如图 6-251 所示。

10）单击“修改”面板中的“复制”命令按钮，以如图 6-252 所示的圆心为复制基准点，以其他支路类似圆心为复制目标点，把矩形向右复制 3 份，效果如图 6-253 所示。

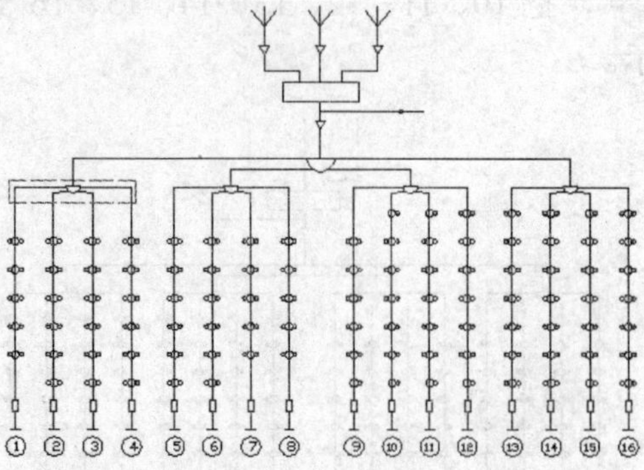

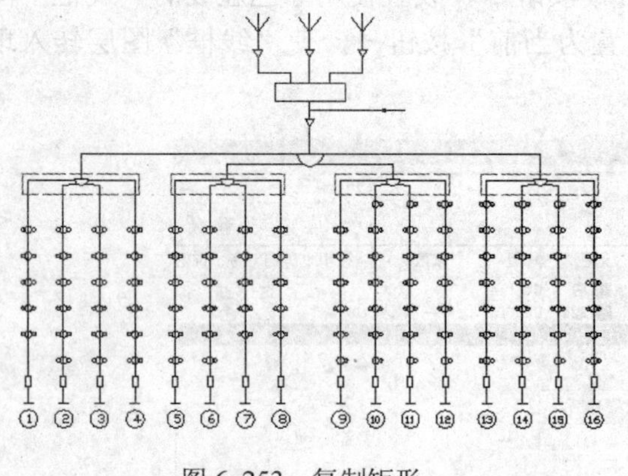

图 6-251　绘制矩形

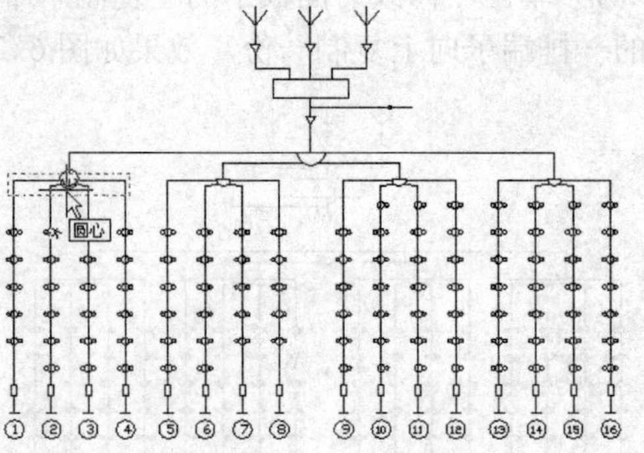

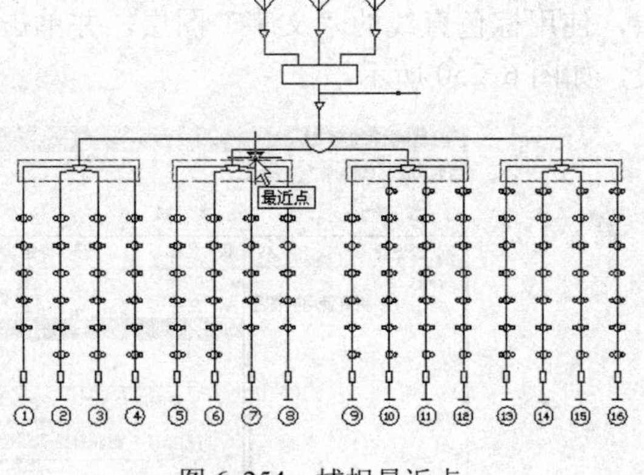


图 6-252　捕捉圆心

11）单击“绘图”面板中的“矩形”命令按钮，绘制起点在如图 6-254 所示的最近点，包含总节点的矩形，效果如图 6-255 所示。

图 6-253　复制矩形



图 6-254　捕捉最近点

12）单击“修改”面板中的“删除”命令按钮，删除中间一排，效果如图 6-256 所示。

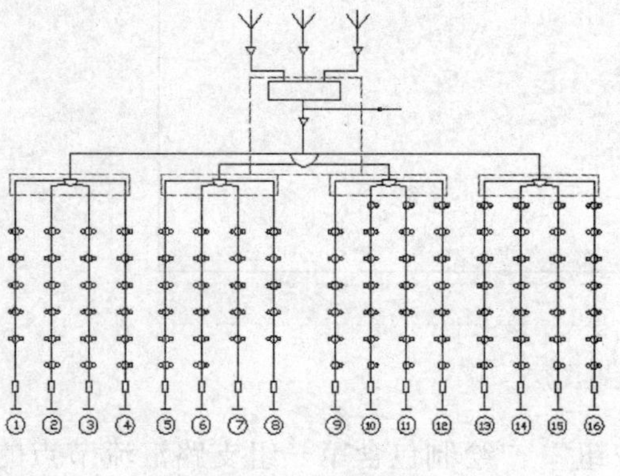

图 6-255　绘制矩形

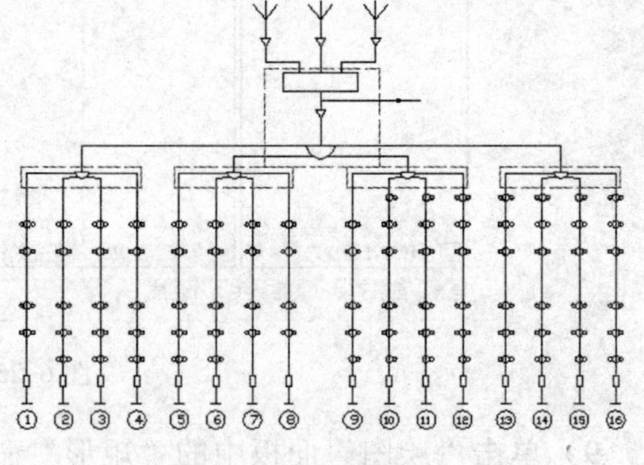

图 6-256　删除端子

13）单击“修改”面板中的“拉伸”命令按钮，适当调整图形之间的位置，效果如图6-257所示。

14）在“图层”面板中的“图层控制”下拉列表框中选择“0”图层，如图 6-258 所示，使其转入现役图层。

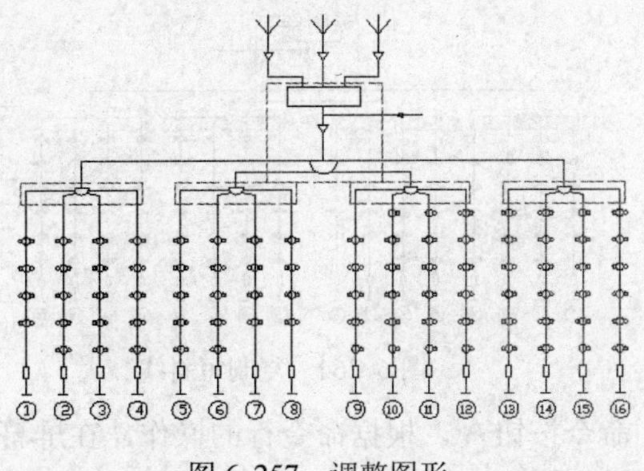

图 6-257 调整图形

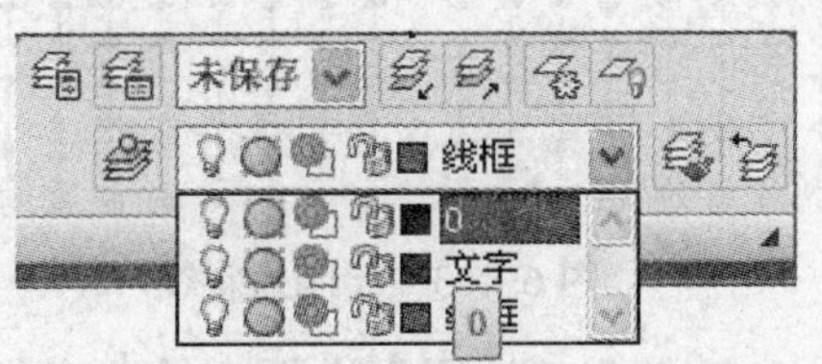


图 6-258 选择“0”图层

15）单击“绘图”面板中的“直线”命令按钮，绘制起点在如图 6-259 所示的光标所指的位置，水平向右的直线，长度适当即可，效果如图 6-260 所示。

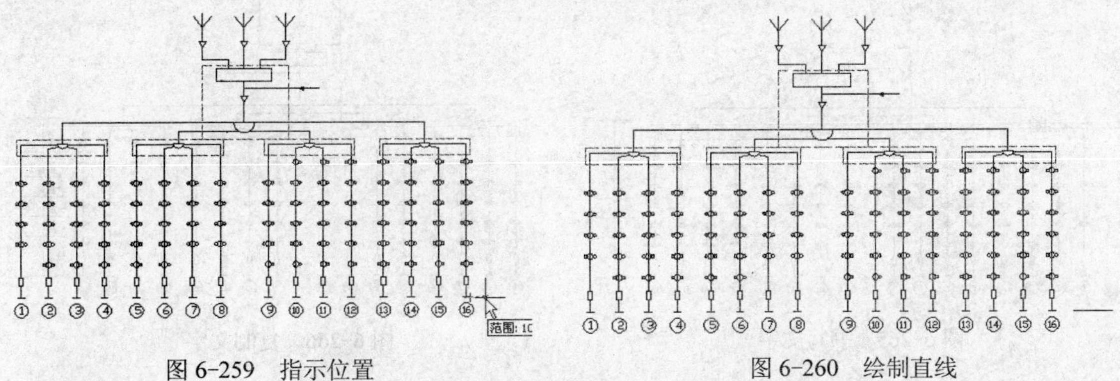

图 6-259 指示位置

图 6-260 绘制直线

16）单击“修改”面板中的“复制”命令按钮，把刚才绘制的直线向上复制 6 份，位置如图 6-261 所示。

17）单击“绘图”面板中的“直线”命令按钮，绘制如图 6-262 所示的直线。

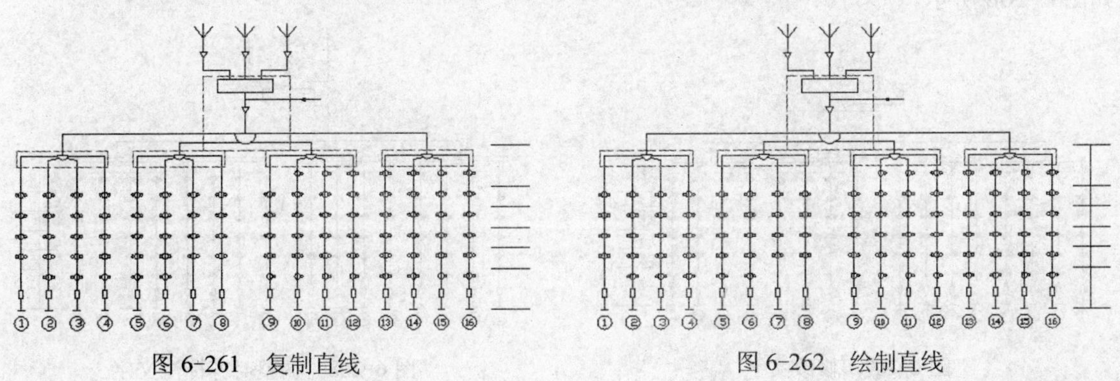

图 6-261 复制直线

图 6-262 绘制直线

18）单击“绘图”面板中的“直线”命令按钮，绘制如图 6-263 所示的短斜线。

19）单击“修改”面板中的“复制”命令按钮，把刚才绘制的短斜线向上复制 6 份，位置如图 6-264 所示。

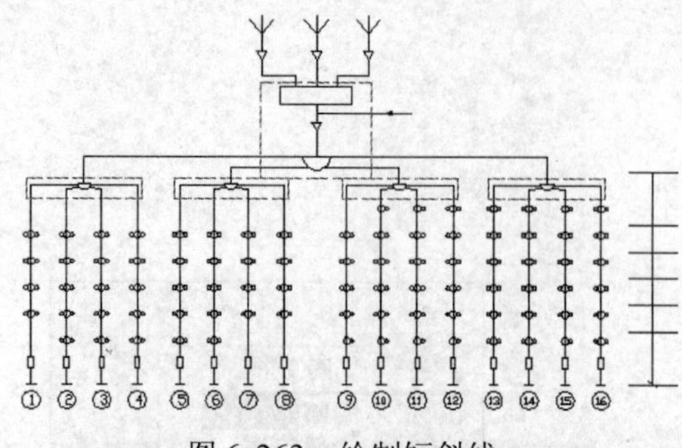

图 6-263 绘制短斜线

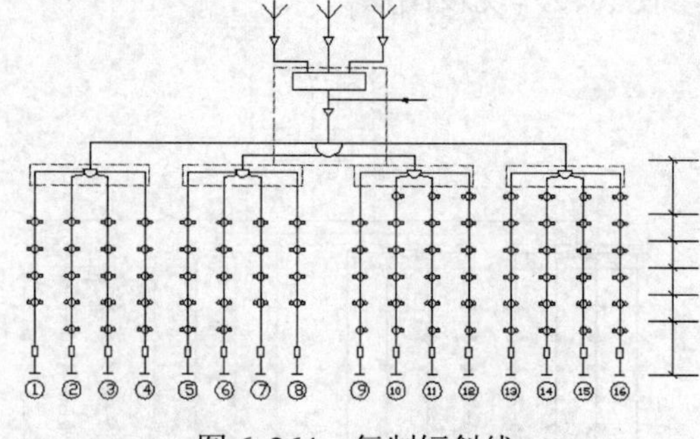

图 6-264 复制短斜线

20）单击“注释”面板中的“多行文字”命令按钮，根据命令行的操作，在屏幕出现的“多行文字编辑器”中书写所属楼层号，效果如图 6-265 所示。

21）单击“修改”面板中的“复制”命令按钮，把刚才书写的文字向上复制 5 份，位置如图 6-266 所示。

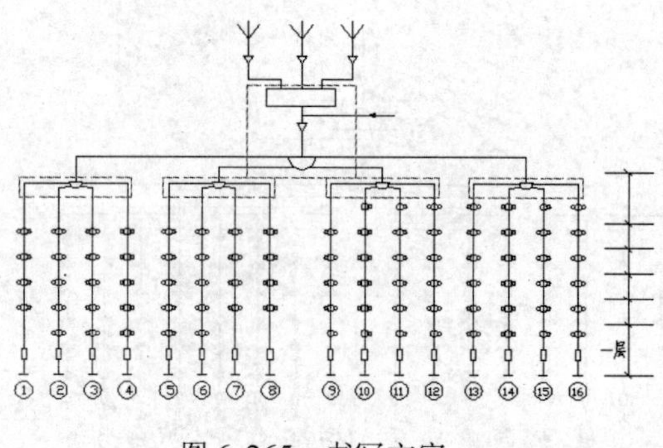

图 6-265 书写文字

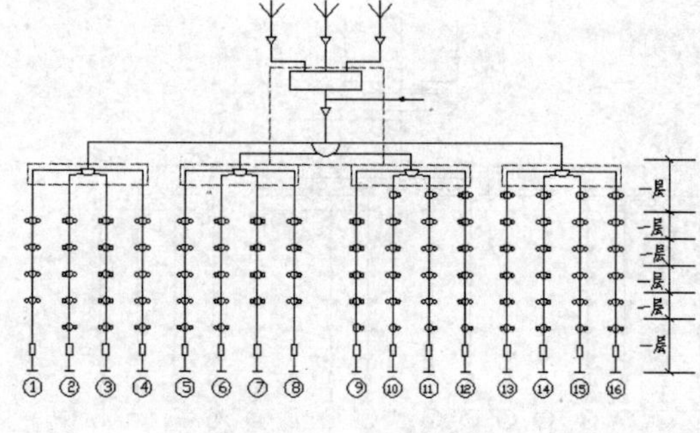

图 6-266 复制文字

22）单击“注释”选项卡，单击“文字”面板中的“编辑”命令按钮，单击复制的文字，打开“多行文字编辑器”，把刚才复制的文字修改成如图 6-267 所示的文字。

23）单击“修改”面板中的“移动”命令按钮，把修改的文字适当调整对齐，效果如图 6-268 所示。

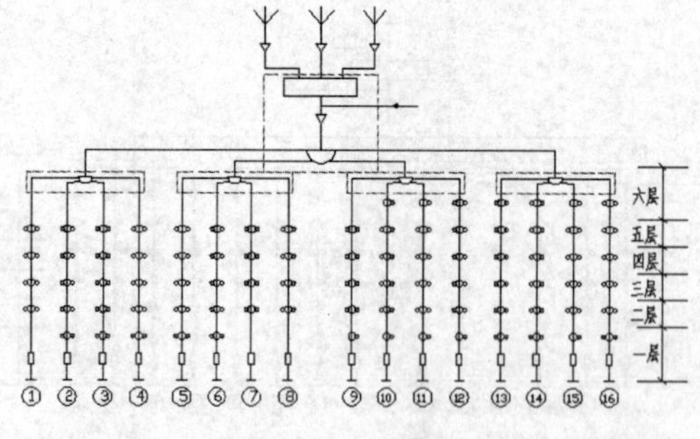


图 6-267 修改文字

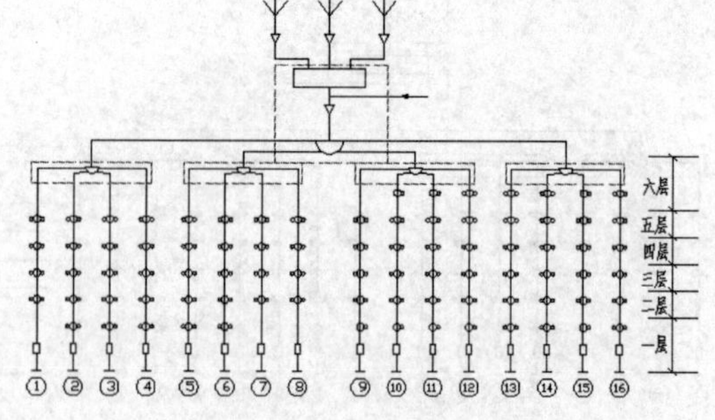


图 6-268 调整对齐标注文字

24）选择系统图中的标号和文字，在“图层”面板中的“图层控制”下拉列表框中选择“文字”图层，如图6-269所示，则实现的文字效果如图6-270所示。

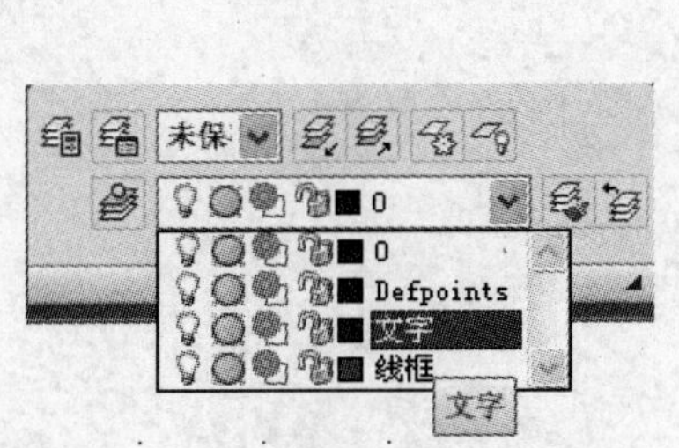


图6-269　选择“文字”图层

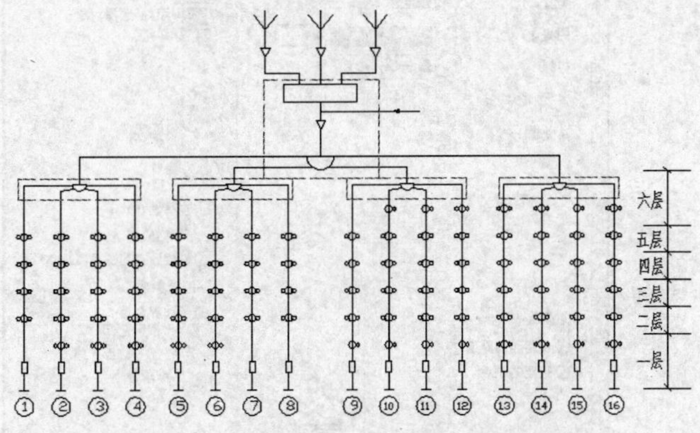


图6-270　转换文字颜色的效果

## 6.3　多层住宅电话系统图

### 制作思路

和前面的天线系统类似，本例中，我们绘制一层中有四户，一共六层的情况。先绘制主线图，然后绘制分线图，最后标注文字。

### 6.3.1　主线

绘制步骤如下。

1）绘制主接线图。单击“绘图”面板中的“矩形”命令按钮，绘制一个矩形，效果如图6-271所示。

2）单击“绘图”面板中的“直线”命令按钮，绘制矩形四个角的交叉直线，效果如图6-272所示。

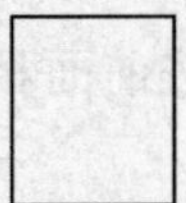

图6-271　绘制的矩形

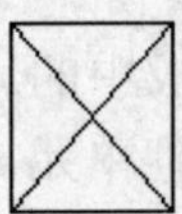

图6-272　绘制的交叉直线

3）单击“绘图”面板中的“图案填充”命令按钮，出现“图案填充和渐变色”对话框，按如图6-273所示设置参数，填充图6-272所示的矩形，效果如图6-274所示。

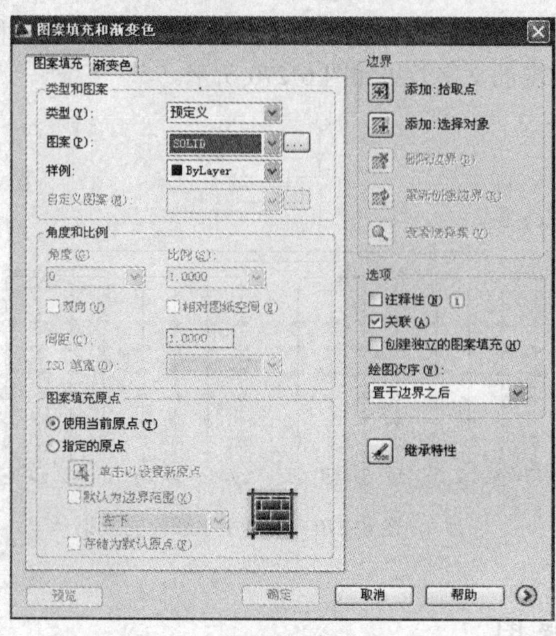

图 6-273 “图案填充和渐变色”对话框

图 6-274 填充的效果

4）单击“绘图”面板中的“多段线”命令按钮，按命令行的提示绘制多段线，完成进户线的绘制。

```
命令: _pline
指定起点: （捕捉矩形下面的一个点）
当前线宽为 0.0000
指定下一个点或 [圆弧(A)/半宽(H)/长度(L)/放弃(U)/宽度(W)]: w
指定起点宽度 <0.0000>: 0.3
指定端点宽度 <0.3000>: （回车）
指定下一个点或 [圆弧(A)/半宽(H)/长度(L)/放弃(U)/宽度(W)]:（捕捉合适的一点）
指定下一点或 [圆弧(A)/闭合(C)/半宽(H)/长度(L)/放弃(U)/宽度(W)]:（继续捕捉点）
指定下一点或 [圆弧(A)/闭合(C)/半宽(H)/长度(L)/放弃(U)/宽度(W)]:（回车）
```

效果如图 6-275 所示。

5）单击“绘图”面板中的“多段线”命令按钮，按前面相同的方法继续绘制多段线，使电话线可以分到其他单元，效果如图 6-276 所示。

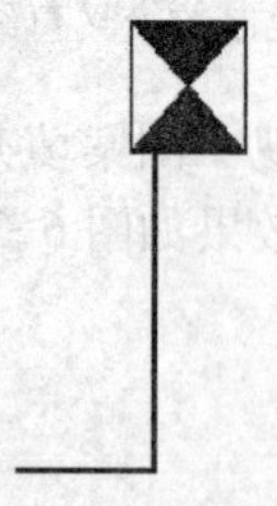

图 6-275 绘制的进户线

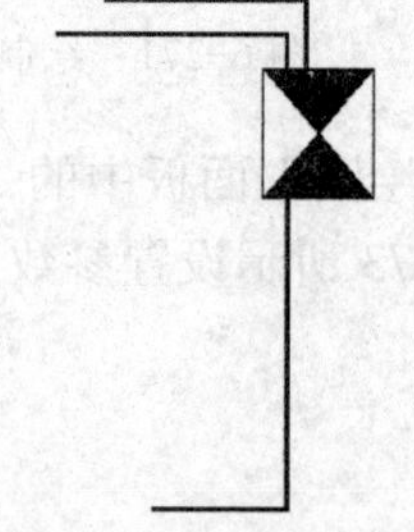

图 6-276 绘制进其他单元的电话线

6）继续单击“绘图”面板中的“多段线”命令按钮，按前面相同的方法绘制多段线，用于分线的绘制，效果如图 6-277 所示。

7）单击“修改”面板中的“拉伸”命令按钮，把绘制的图形适当缩短，效果如图 6-278 所示，这样就完成了主线的绘制。

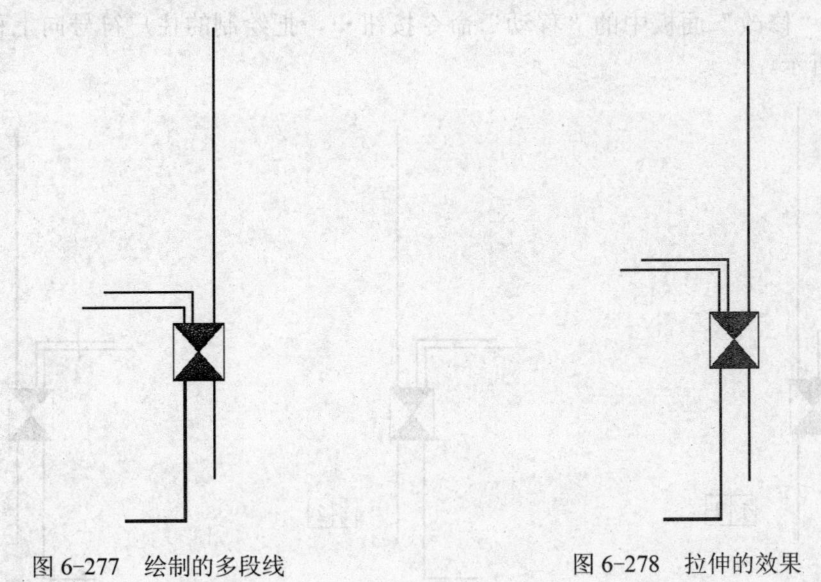

图 6-277　绘制的多段线　　图 6-278　拉伸的效果

## ▷▷▷ 6.3.2　分线

绘制步骤如下。

1）绘制楼层住户符号。单击“绘图”面板中的“矩形”命令按钮，绘制一个矩形，代表一户住户，效果如图 6-279 所示。

2）单击“绘图”面板中的“直线”命令按钮，绘制矩形的中心直线，分成两个房间，效果如图 6-280 所示。

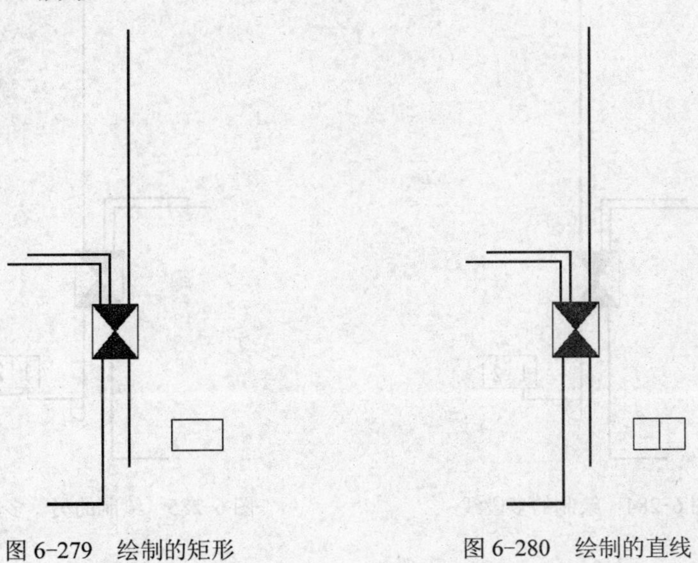

图 6-279　绘制的矩形　　图 6-280　绘制的直线

3）单击“注释”面板中的“多行文字”命令按钮A，书写每个房间的数字，效果如图 6-281 所示。

4）绘制分线盒。单击“绘图”面板中的“圆弧”命令按钮，绘制一个圆弧作为分线盒，效果如图 6-282 所示。

5）单击“修改”面板中的“移动”命令按钮✣，把绘制的住户符号向上移动，效果如图 6-283 所示。

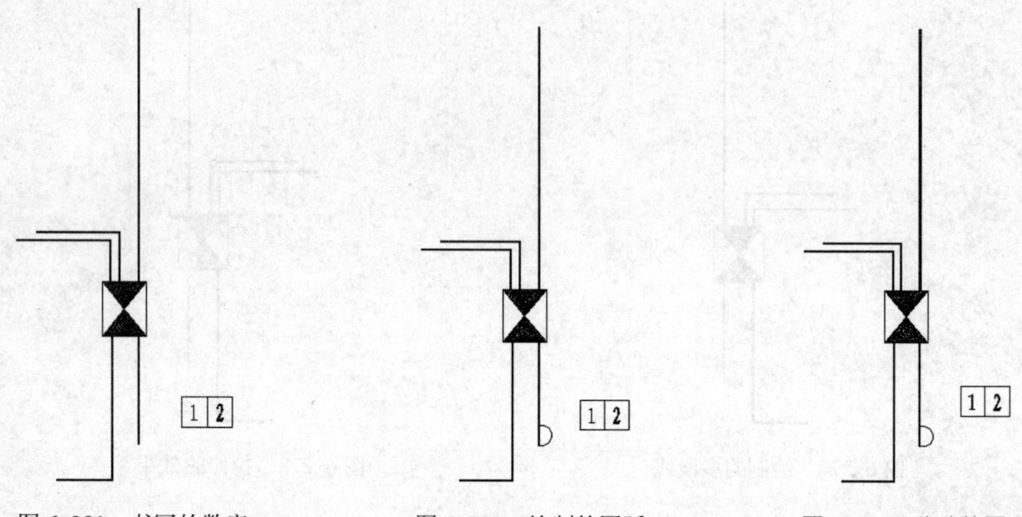


图 6-281　书写的数字　　图 6-282　绘制的圆弧　　图 6-283　移动的图形

6）单击“绘图”面板中的“多段线”命令按钮，绘制多段线，表示分线盒到房间的进线，效果如图 6-284 所示。

7）继续单击“绘图”面板中的“多段线”命令按钮，绘制多段线，表示房间到房间的进线，效果如图 6-285 所示。

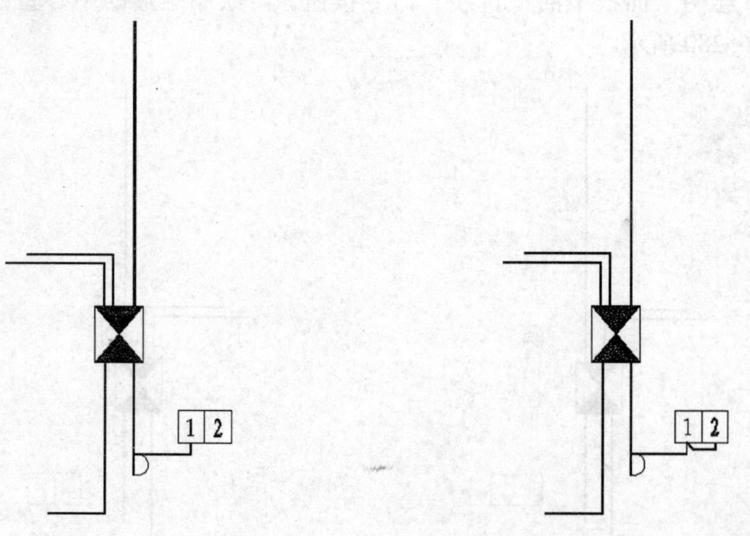


图 6-284　绘制的多段线　　图 6-285　绘制的另一多段线

8）单击“修改”面板中的“复制”命令按钮，把如图 6-286 所示的虚线图形分别向右复制 3 份，距离为“20”、“40”和“60”，代表有 4 个住户，效果如图 6-287 所示。

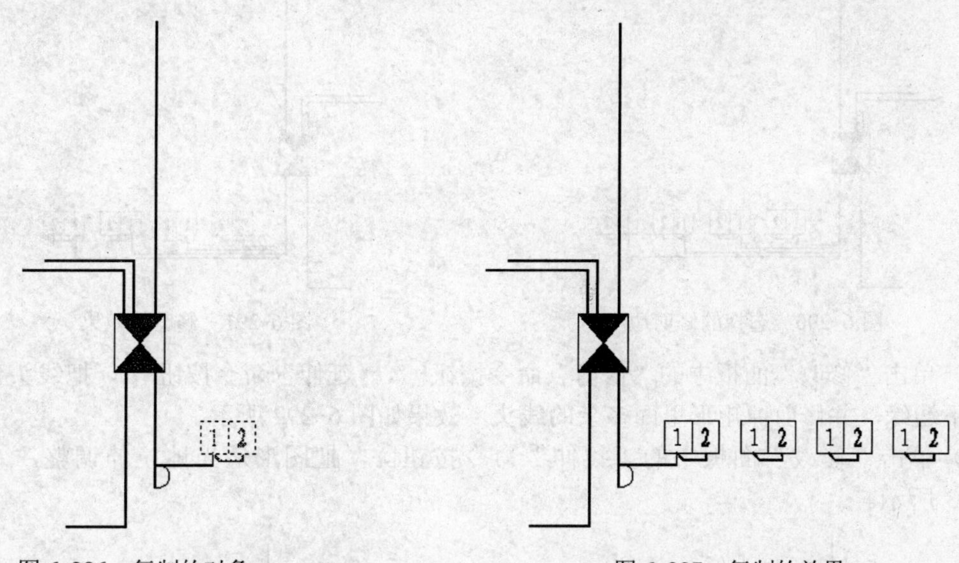


图 6-286　复制的对象　　　　图 6-287　复制的效果

9）单击“绘图”面板中的“多段线”命令按钮，继续绘制多段线，绘制其他住户从分线盒到房间的进线，效果如图 6-288 所示。

10）单击“修改”面板中的“移动”命令按钮，移动与分线盒连接的多段线，效果如图 6-289 所示。

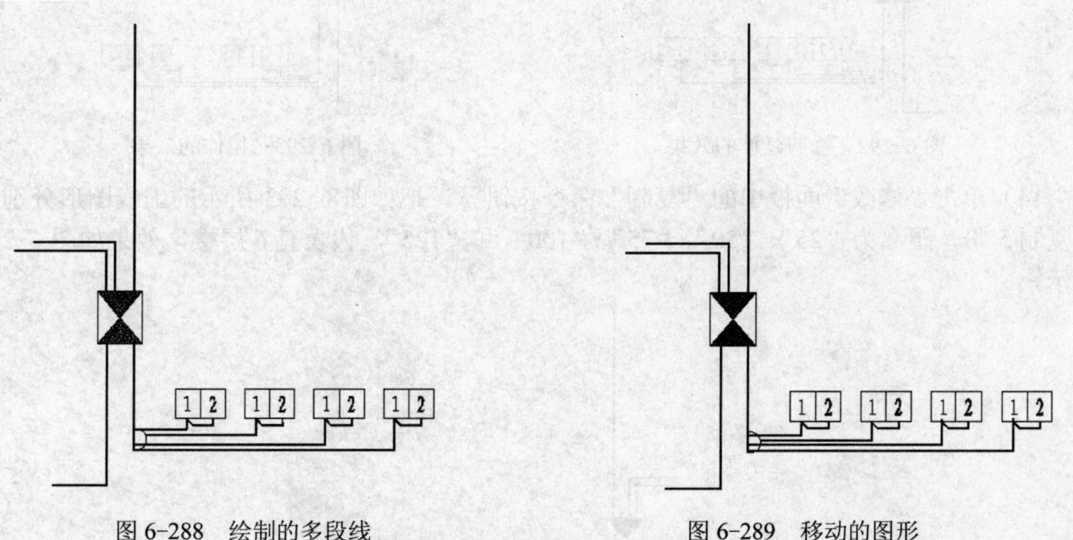


图 6-288　绘制的多段线　　　　图 6-289　移动的图形

11）单击“修改”面板中的“修剪”命令按钮，以如图 6-290 所示的虚线圆弧为修剪边，修剪掉圆弧里面不需要的线头，效果如图 6-291 所示。

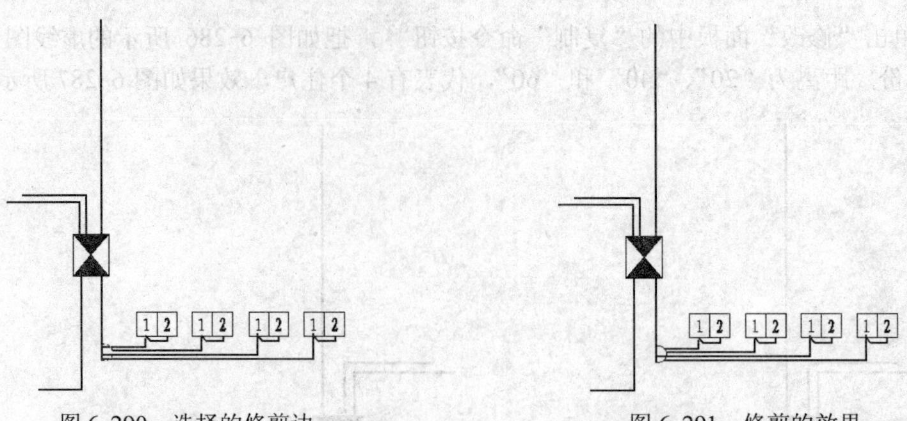


图 6-290　选择的修剪边　　　　图 6-291　修剪的效果

12）单击“修改”面板中的“修剪”命令按钮、“延伸”命令按钮，把线头延伸到矩形的下边缘，并修剪掉矩形里面多余的线头，效果如图 6-292 所示。

13）单击“修改”面板中的“拉伸”命令按钮，把图形适当地拉伸调整，效果如图 6-293 所示。

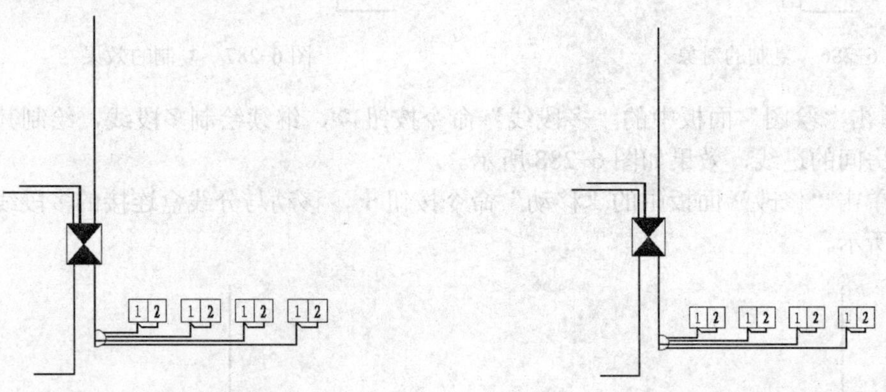


图 6-292　修剪延伸的效果　　　　图 6-293　拉伸的效果

14）单击“修改”面板中的“复制”命令按钮，把如图 6-293 所示的虚线图形分别向上复制 5 份，距离为“25”、“50”、“75”、“100”和“125”，代表有 6 层楼，效果如图 6-294 所示。

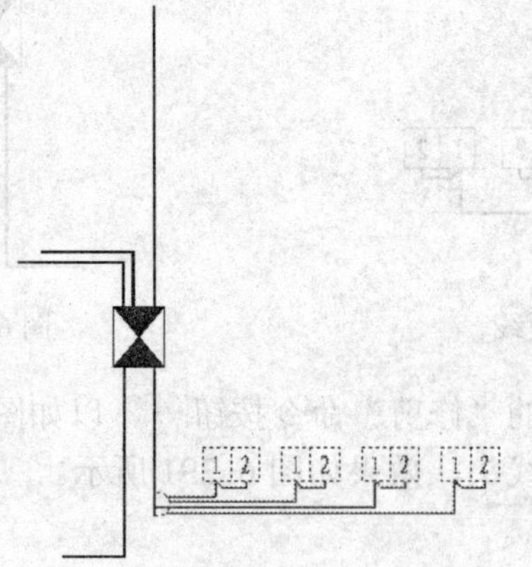


图 6-294　复制的对象

1
2
3
4
5
第 6 章
7
8
9
附录 A

15）单击“修改”面板中的“拉伸”命令按钮、“移动”命令按钮，把图形适当地拉伸移动调整，效果如图 6-293 所示，这样就完成了电话系统图的绘制，下面进行文字标注。

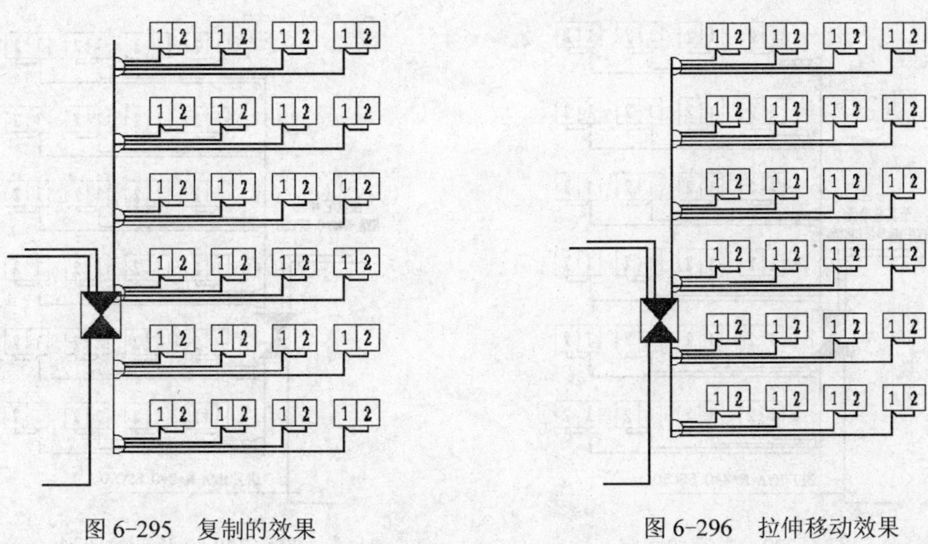

图 6-295　复制的效果　　　　图 6-296　拉伸移动效果

## 6.3.3 标注文字

绘制步骤如下。

1）单击“注释”面板中的“多行文字”命令按钮，书写进户线的标准，结果如图 6-297 所示。

2）单击“绘图”面板中的“直线”命令按钮，绘制一条直线，作为进户线的文字标注引线，效果如图 6-298 所示。

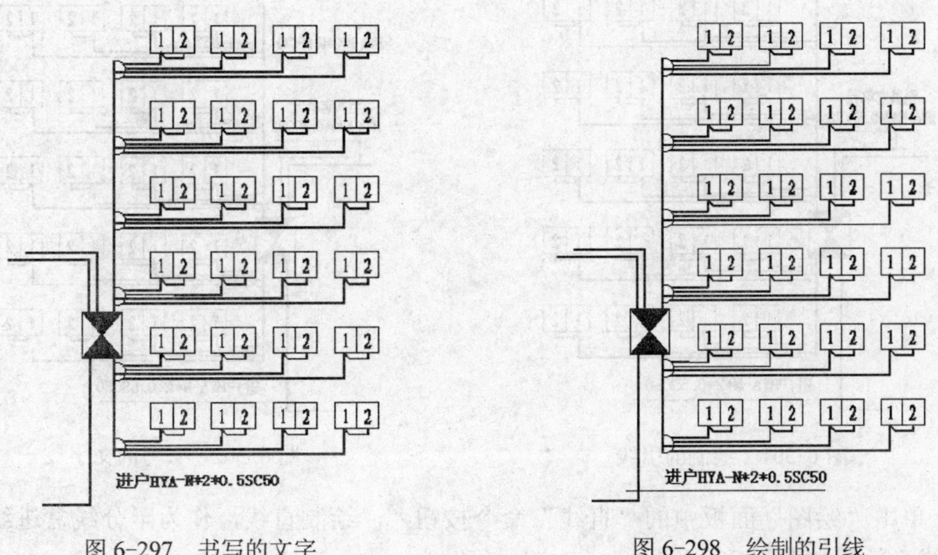


图 6-297　书写的文字　　　　图 6-298　绘制的引线

3）单击“注释”面板中的“多行文字”命令按钮，书写至其他单元的进线标准，效果如图 6-299 所示。

4）单击“修改”面板中的“移动”命令按钮 ✥，把刚刚书写的文字适当移动位置，效果如图 6-300 所示。

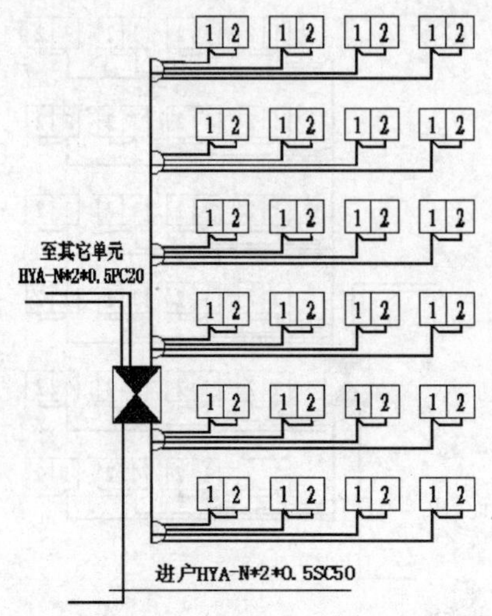


图 6-299　书写的文字

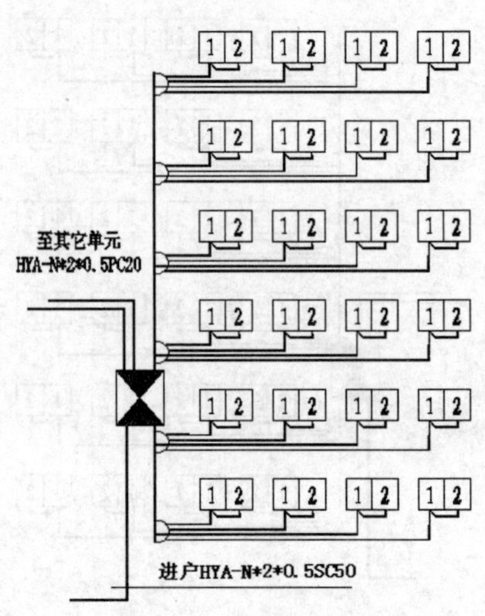


图 6-300　移动的图形

5）单击“绘图”面板中的“直线”命令按钮 ⁄，绘制直线，作为至其他单元进线的文字标注引线，效果如图 6-301 所示。

6）单击“注释”面板中的“多行文字”命令按钮 A，书写至分线盒的进线标准，效果如图 6-302 所示。

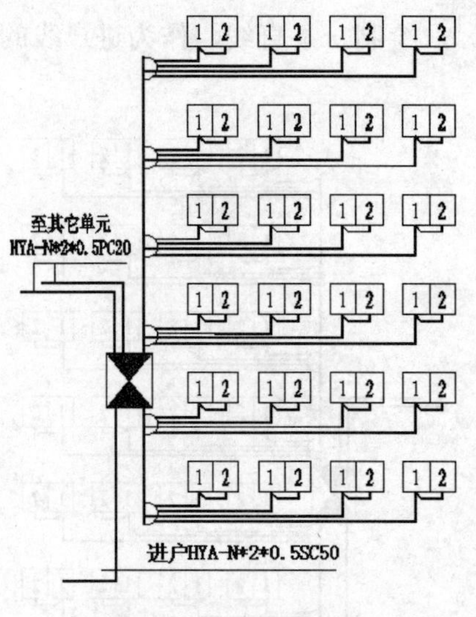


图 6-301　绘制的引线

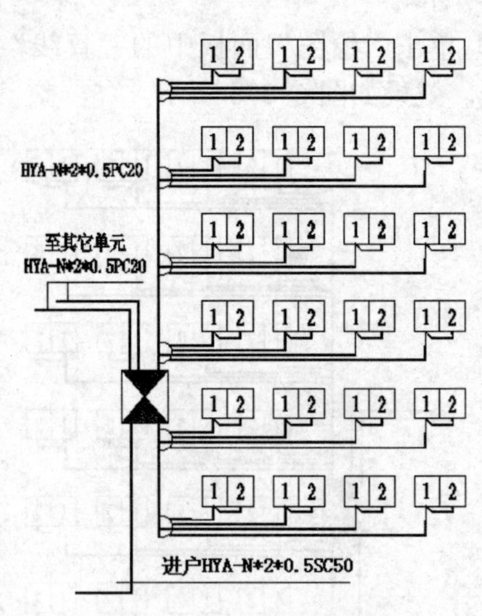


图 6-302　书写的文字

7）单击“绘图”面板中的“直线”命令按钮 ⁄，绘制直线，作为至分线盒进线的文字标注引线，效果如图 6-303 所示。

8）单击“注释”面板中的“多行文字”命令按钮 A，书写分线盒到住户的进线标准。

效果如图 6-304 所示。

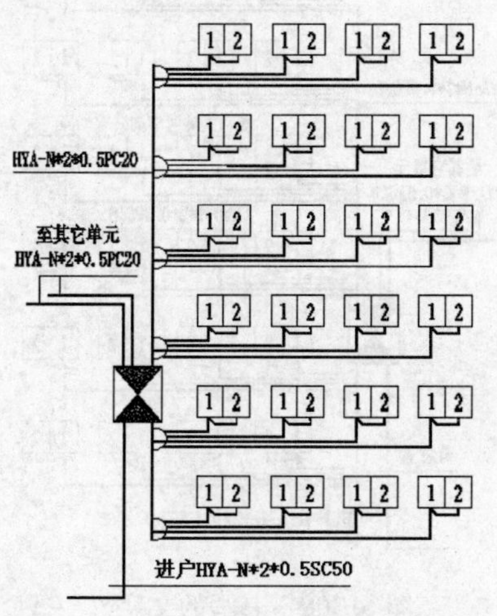


图 6-303　绘制的底线

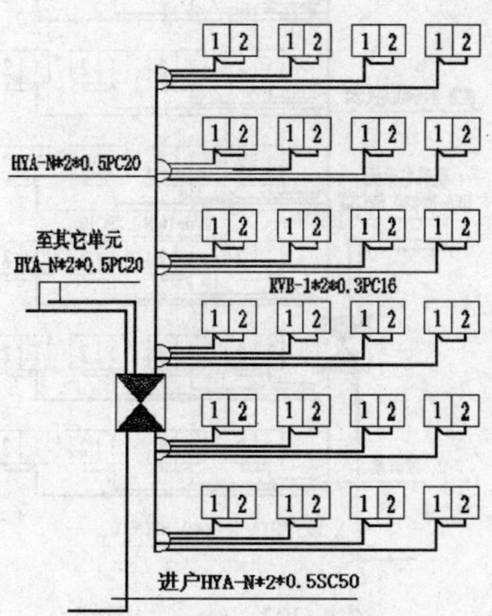


图 6-304　书写的文字

9）单击“绘图”面板中的“直线”命令按钮，绘制直线，作为分线盒到住户进线的文字标注引线，效果如图 6-305 所示。

10）单击“注释”面板中的“多行文字”命令按钮A，书写文字“分线盒”，效果如图 6-306 所示。

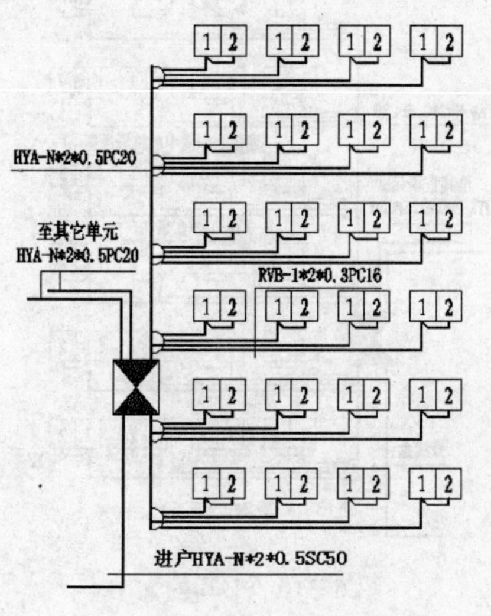


图 6-305　绘制的引线

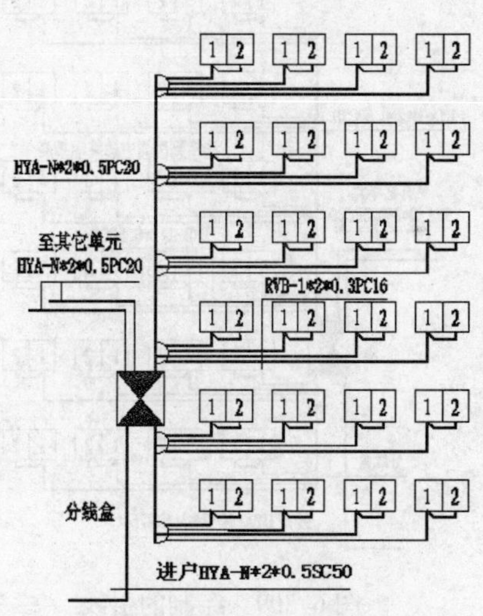


图 6-306　书写的文字

11）单击“绘图”面板中的“直线”命令按钮，绘制直线，作为分线盒的文字标注引线，效果如图 6-307 所示。

12）单击“注释”面板中的“多行文字”命令按钮A，书写文字“连接到房间中的终端插座”，表示进线最终连接的地方，效果如图 6-308 所示。

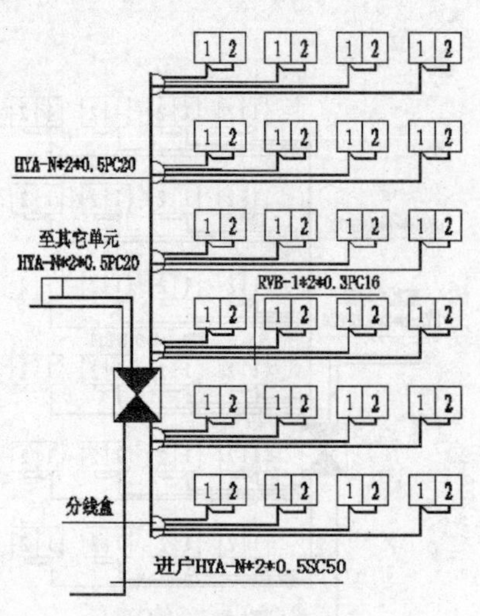


图 6-307　绘制的引线

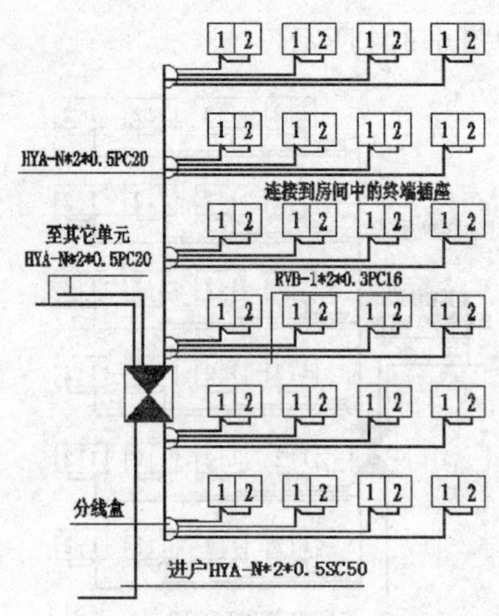


图 6-308　书写的文字

13）单击“绘图”面板中的“直线”命令按钮，绘制直线，作为刚刚输入标注文字的引线，效果如图 6-309 所示。

14）单击“注释”面板中的“多行文字”命令按钮A，书写文字“1F”，表示 1 层，效果如图 6-310 所示。

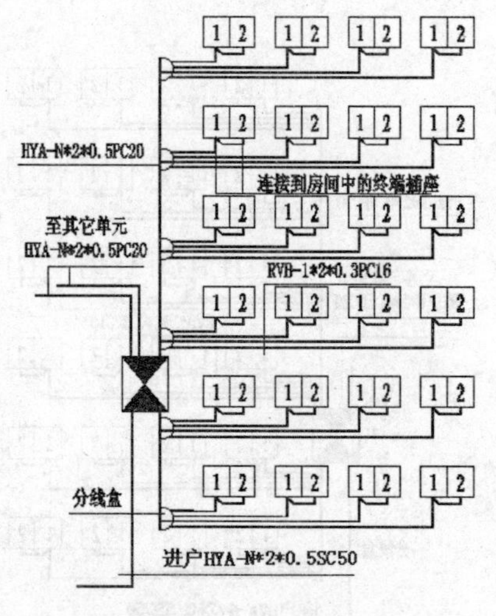


图 6-309　绘制的引线

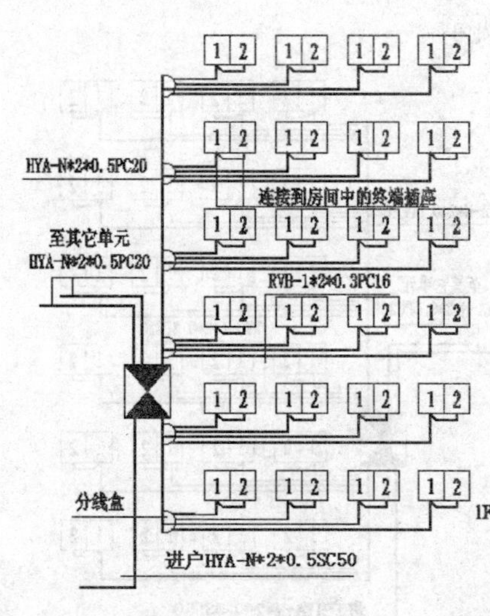


图 6-310　书写的文字

15）单击“绘图”面板中的“直线”命令按钮，绘制直线，作为文字“1F”的文字标注引线，效果如图 6-311 所示。

16）单击“修改”面板中的“复制”命令按钮，把如图 6-312 所示的虚线图形分别向上复制 5 份，距离为“25”、“50”、“75”、“100”和“125”，效果如图 6-313 所示。

17）单击“注释”选项卡，单击“文字”面板中的“编辑”命令按钮，然后单击刚刚复制的文字，在“多行文字编辑器”中分别把这些文字改成“2F”、“3F”、“4F”、“5F”和“6F”，效果如图 6-314 所示。

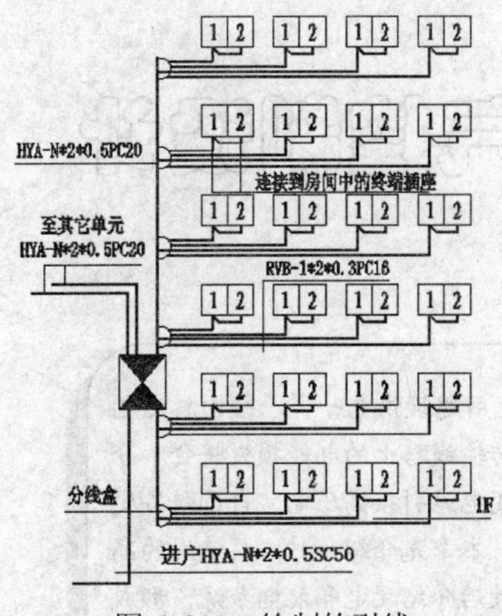


图 6-311 绘制的引线

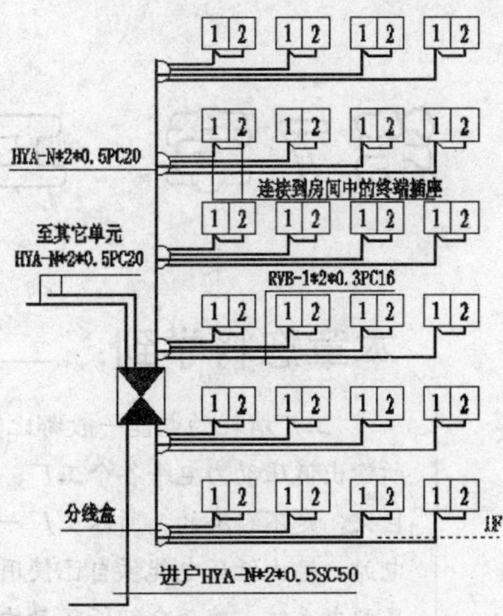


图 6-312 复制的对象

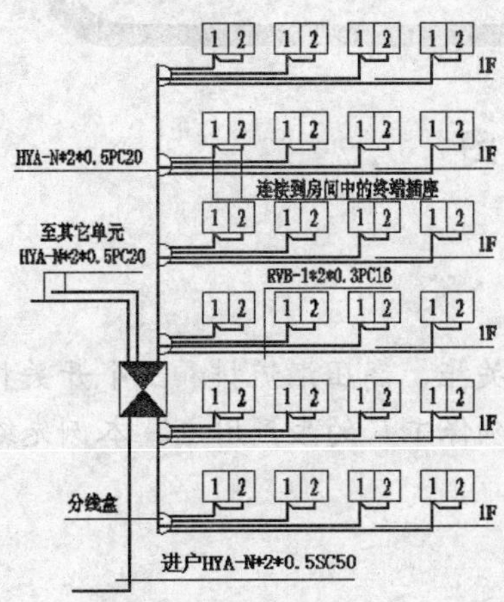


图 6-313 复制的效果

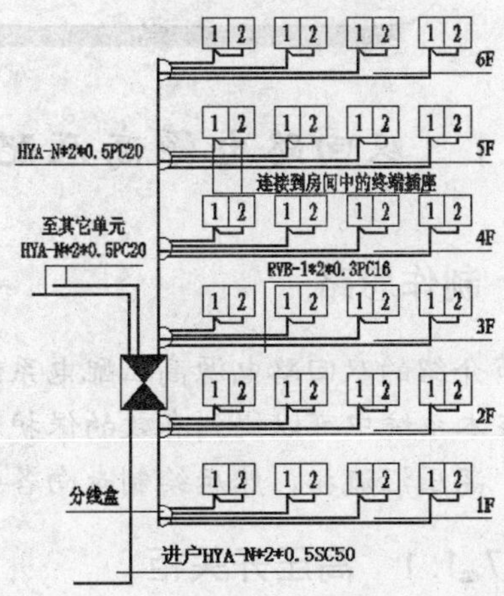


图 6-314 修改的文字

18）单击“修改”面板中的“拉伸”命令按钮、“移动”命令按钮，适当调整图形位置，使图形紧凑美观，最终效果如图 6-315 所示。

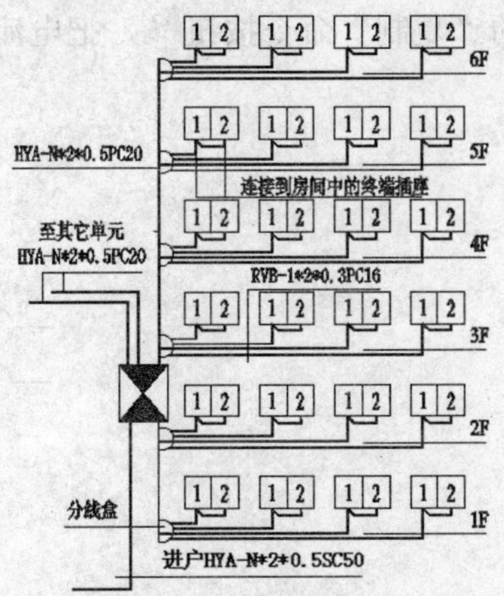


图 6-315 最终的效果

1

2

3

4

5

6

第7章

8

9

附录A

# 第 7 章　工厂电气控制设计

**本章您将学到：**

工厂消耗的电能一般都比较大，如果像给民用建筑供电一样，经由总变电所输出低压动力电给各个工厂、车间使用，那么传输线路上的电能损失将会十分巨大，是不经济的。所以工厂一般直接从上一级变电站引接高压电，自己配备变电站，输出低压电能供自己使用。按照这个顺序，本章先介绍一种工厂使用的高压配电系统，然后介绍低压动力电的配电系统，最后介绍配电箱配电系统，形成完整的工厂配电体系，供读者学习参考。

## 7.1　双回路电源高压配电所系统图

**制作思路**

本节介绍的双回路电源高压配电系统，由高压开关柜、高压汇流排和三个开关柜组成。高压电在本系统中可以得到有效的保护和精确测量，确保工厂的生产用电。本例先绘制高压开关柜、高压汇流排，然后绘制走向各个用户的支路。

### 7.1.1　高压开关柜

本系统的第一个环节是高压开关柜，它对外部高压线上引入的电力进行保护、测量，属于主线。绘制步骤如下。

1）从以前绘制的图形中复制如图 7-1 所示的元器件符号，准备绘制线路。

2）单击“修改”面板中的“复制”命令按钮，把电流互感器符号向上复制一份，效果如图 7-2 所示。

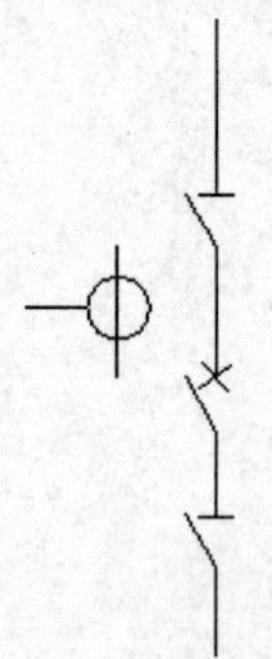

图 7-1　贴入符号

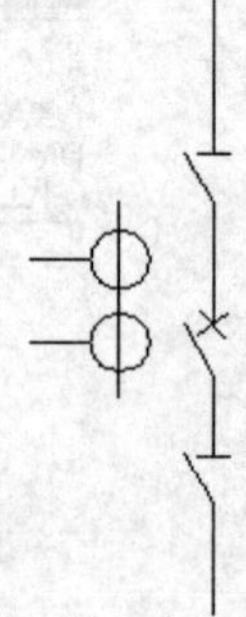

图 7-2　复制电流互感器符号

3）单击“修改”面板中的“镜像”命令按钮，以线路主线为对称轴，把两个电流互感器符号向右对称复制一份，效果如图7-3所示。

4）单击“绘图”面板中的“正多边形”命令按钮，绘制外接圆半径为1的等边三角形，效果如图7-4所示。

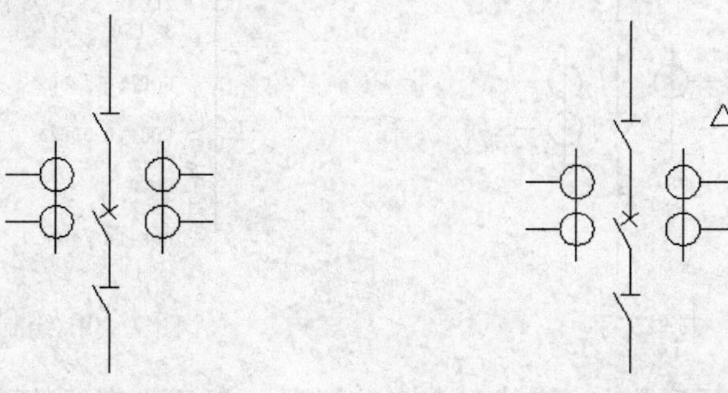

图7-3　对称复制图形　　　　图7-4　绘制三角形

5）单击“修改”面板中的“移动”命令按钮，把等边三角形以其底边中点为移动基准点，以如图7-5所示的最近点为移动目标点移动，效果如图7-6所示。

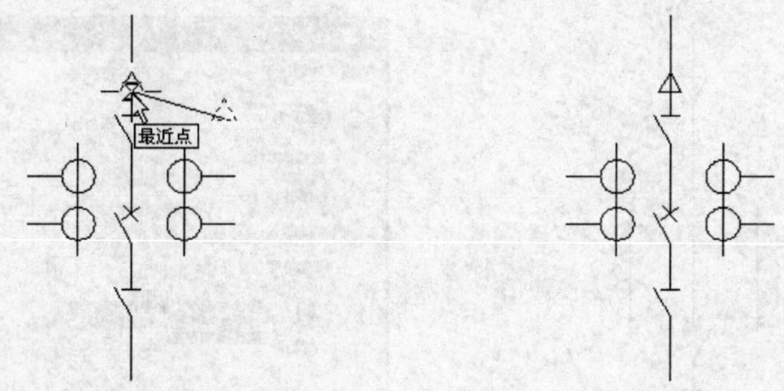


图7-5　捕捉最近点　　　　图7-6　移动三角形

6）单击“修改”面板中的“镜像”命令按钮，以过如图7-7所示的最近点的水平直线为对称轴，把三角形向上对称复制一份，效果如图7-8所示。

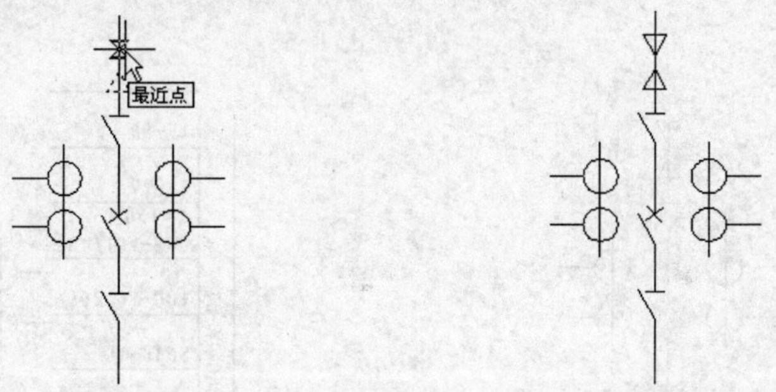


图7-7　捕捉最近点　　　　图7-8　对称复制三角形

7）单击“注释”面板中的“多行文字”命令按钮A，在线路旁边书写文字，指示各个元器件的代号、型号，效果如图7-9所示。

8）绘制容纳文字的表格。单击“绘图”面板中的“直线”命令按钮，在文字旁边绘制一条垂直直线，效果如图 7-10 所示。

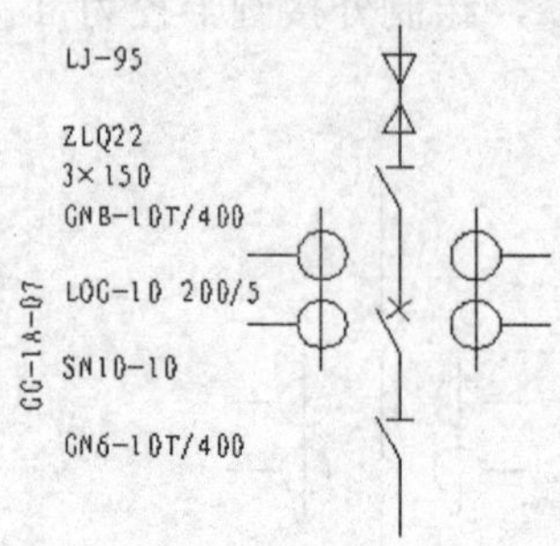

图 7-9　书写文字

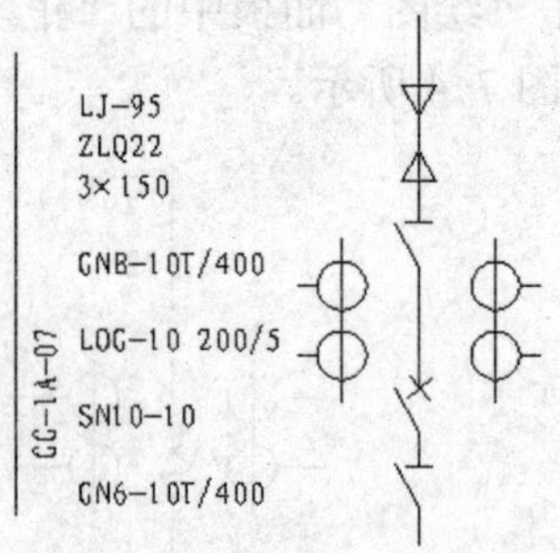

图 7-10　绘制垂直直线

9）单击“绘图”面板中的“直线”命令按钮，以垂直直线的下端点为起点，绘制一条水平直线，效果如图 7-11 所示。

10）单击“修改”面板中的“阵列”命令按钮，屏幕出现如图 7-12 所示的“阵列”对话框，填好各项数值，把水平直线阵列 7 行，行距为 8，效果如图 7-13 所示。

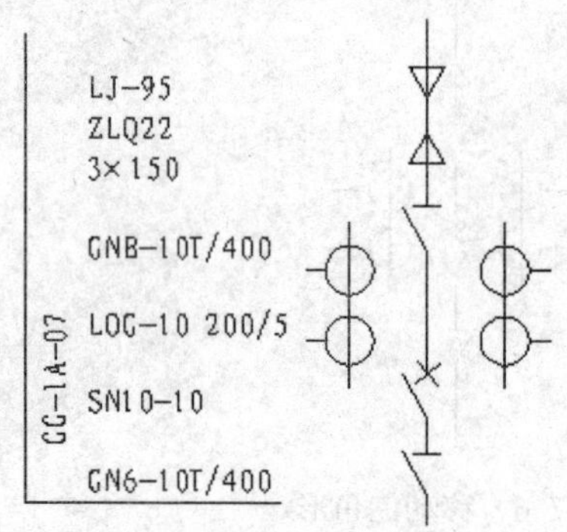

图 7-11　绘制水平直线

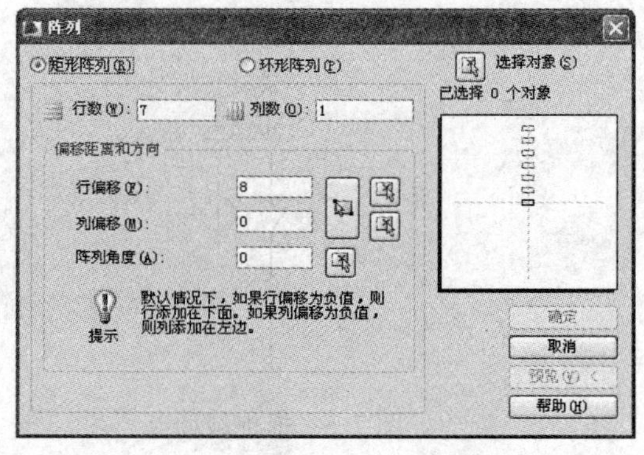

图 7-12 “阵列”对话框

11）单击“修改”面板中的“复制”命令按钮，把垂直直线向左边复制一份，效果如图 7-14 所示。

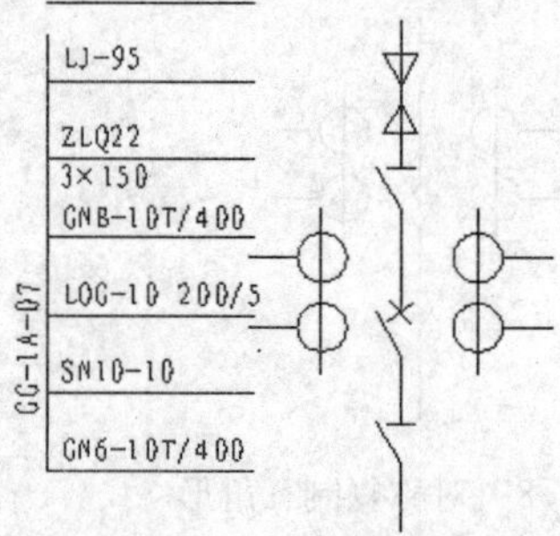

图 7-13　阵列直线

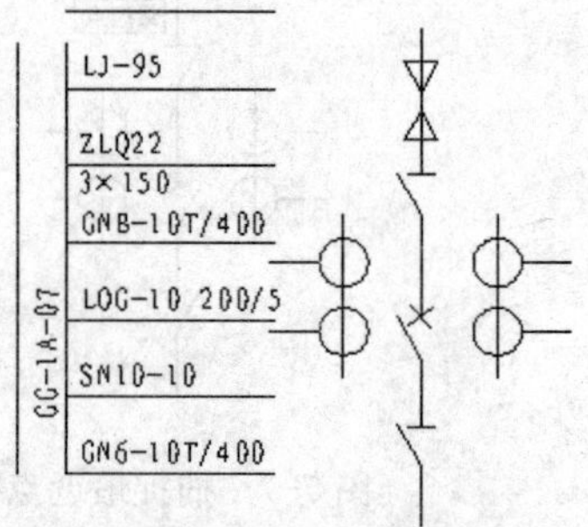

图 7-14 复制直线

12）单击“修改”面板中的“圆角”命令按钮，在如图 7-15 所示的虚线和光标所指的直线之间倒圆角 R0，效果如图 7-16 所示。

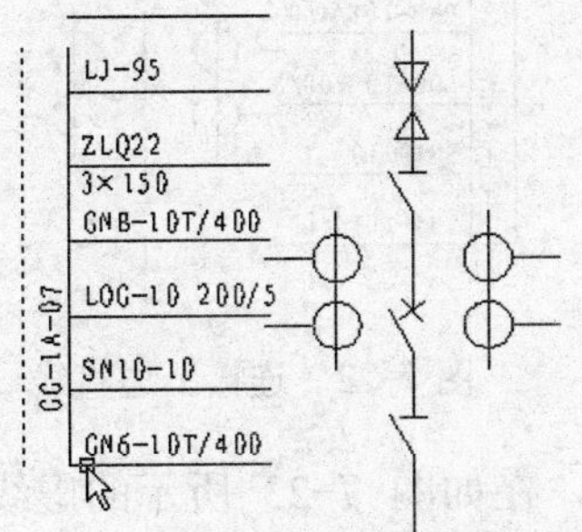


图 7-15　指示直线

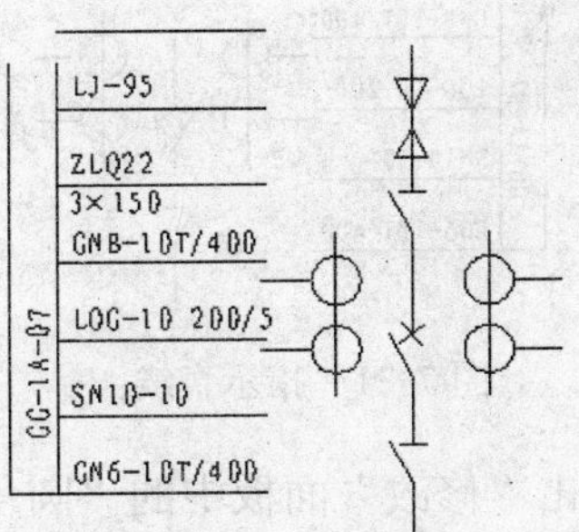


图 7-16　连接下边直线

13）单击“修改”面板中的“圆角”命令按钮，在如图 7-17 所示的虚线和光标所指的直线之间倒圆角 R0，效果如图 7-18 所示。

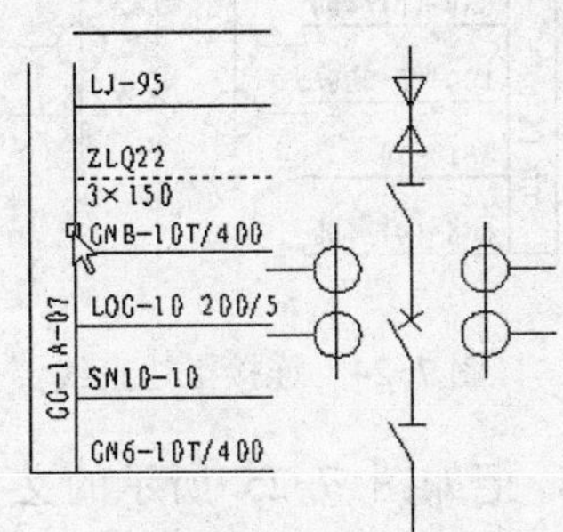


图 7-17　指示直线

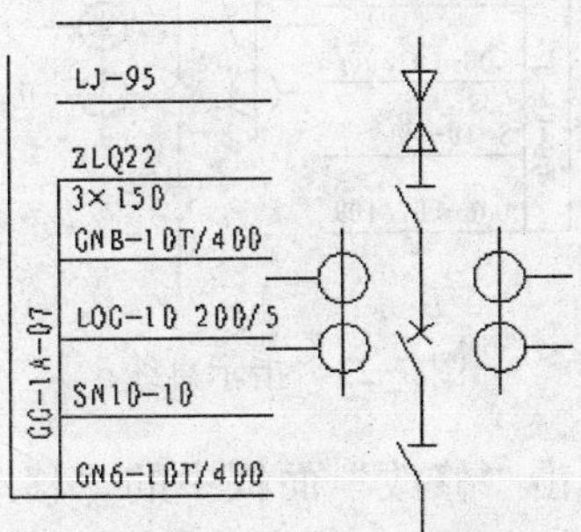


图 7-18　连接上边直线

14）单击“修改”面板中的“圆角”命令按钮，在如图 7-19 所示的虚线和光标所指的直线之间倒圆角 R0，效果如图 7-20 所示。

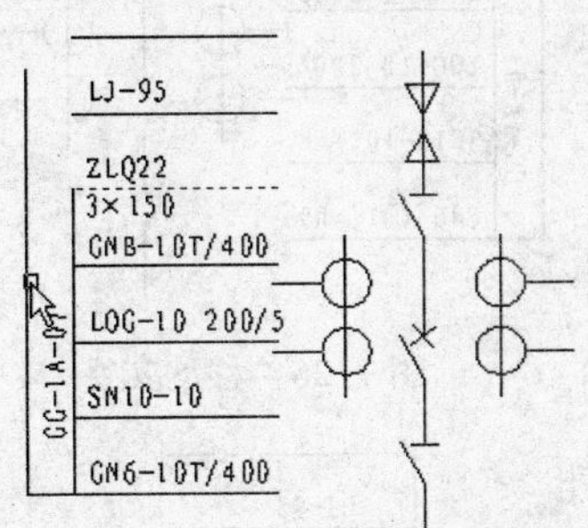


图 7-19　指示直线

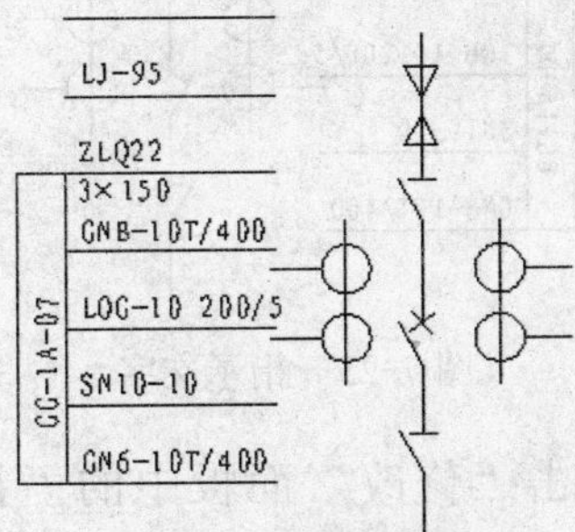


图 7-20　连接上边直线

15）单击“修改”面板中的“圆角”命令按钮，在如图 7-21 所示的虚线和光标所指的直线之间倒圆角 R0，效果如图 7-22 所示。

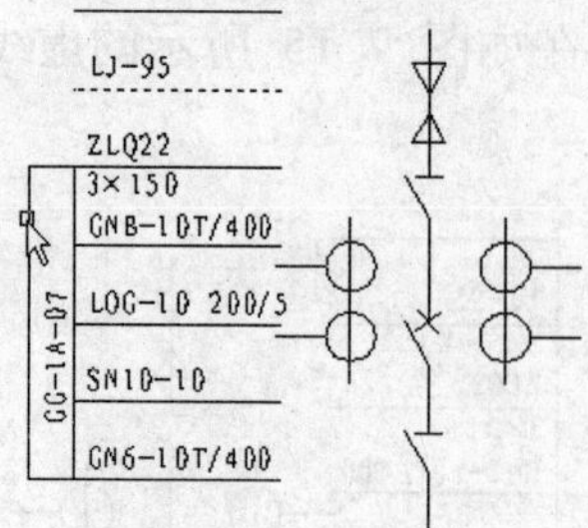


图 7-21　指示直线

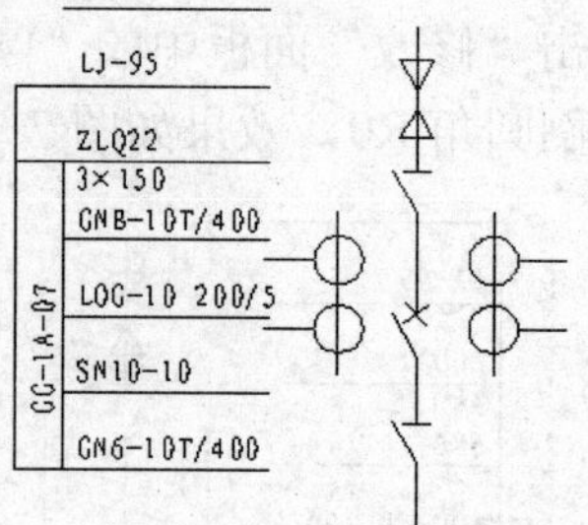


图 7-22　连接上边直线

16）单击“修改”面板中的“圆角”命令按钮，在如图 7-23 所示的虚线和光标所指的直线之间倒圆角 R0，效果如图 7-24 所示。

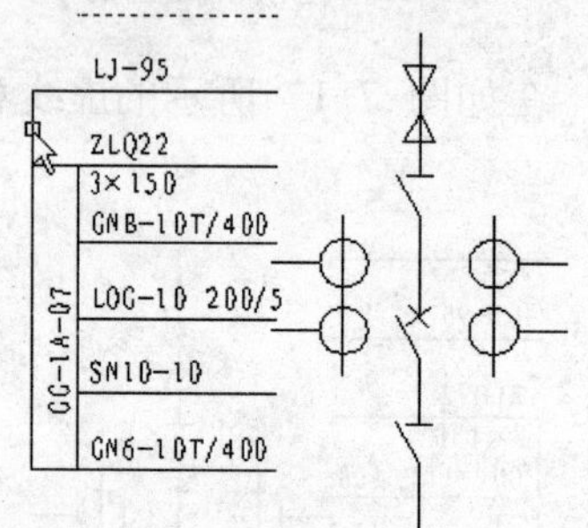


图 7-23　指示直线

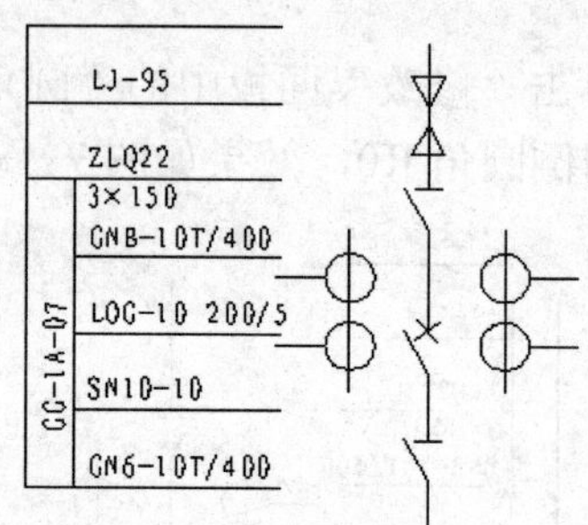


图 7-24　连接上边直线

17）单击“修改”面板中的“移动”命令按钮，把如图 7-25 所示的文字向上边移动，使它位于直线之间，效果如图 7-26 所示。

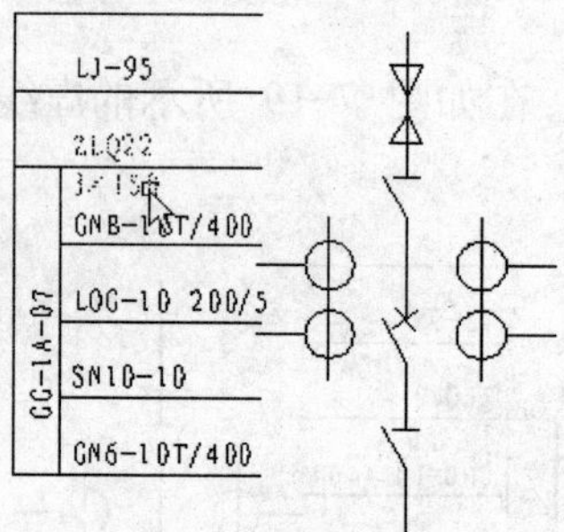


图 7-25　指示文字

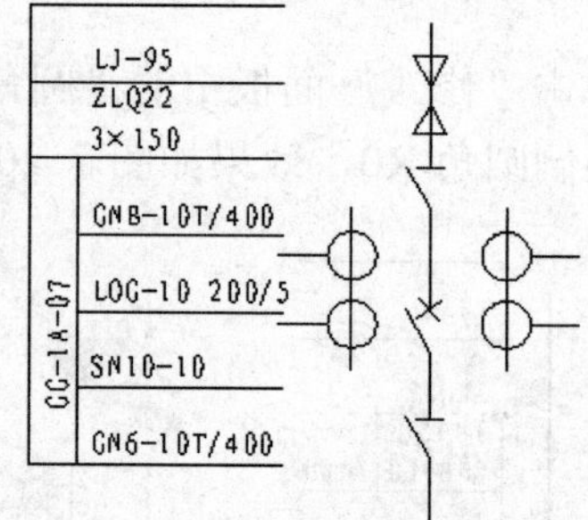


图 7-26　移动文字

18）单击“修改”面板中的“拉伸”命令按钮，适当调整图形文字之间的位置，使其整洁，效果如图 7-27 所示。

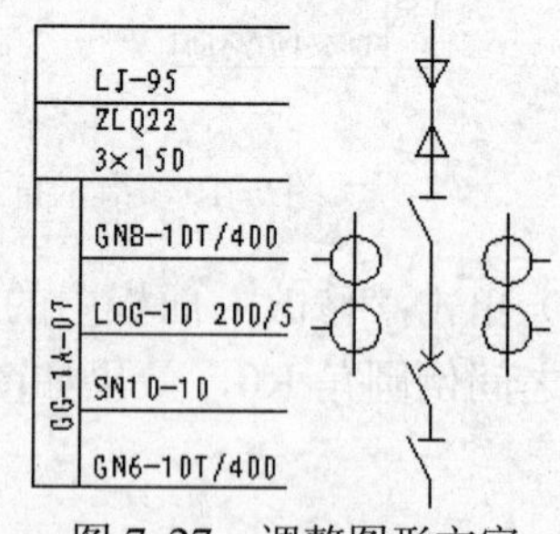


图 7-27　调整图形文字

19）在“图层”面板中单击“图层特性”命令按钮，设置一个使用褐色直线的“功能框”图层，并单击“置为当前”按钮，使它转入现役，如图 7-28 所示。

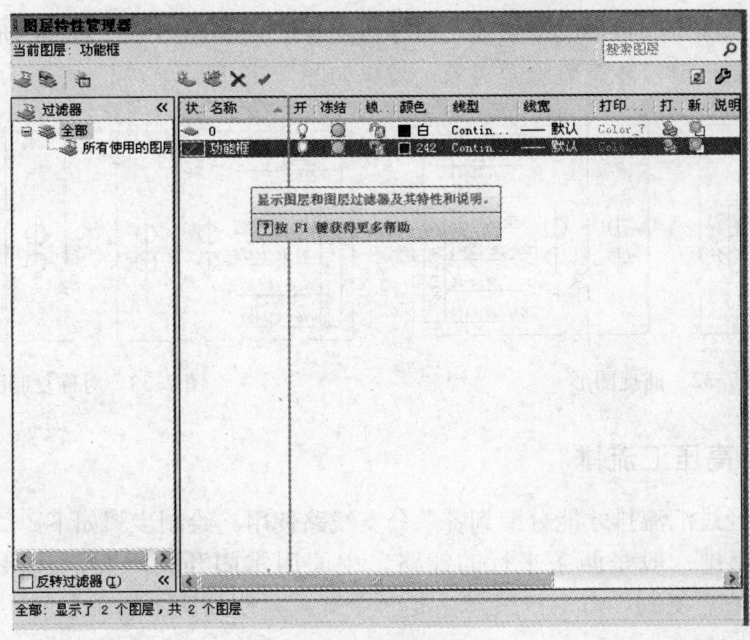


图 7-28　设置图层

20）单击“绘图”面板中的“矩形”命令按钮▭，绘制基本包括所有图形在内的矩形，效果如图 7-29 所示。

21）单击“修改”面板中的“镜像”命令按钮⚠，把图形向右对称复制一份，形成另一条线路，效果如图 7-30 所示。

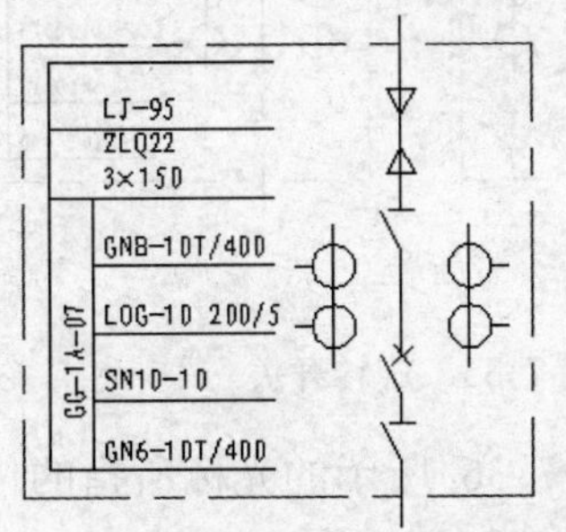


图 7-29　绘制矩形

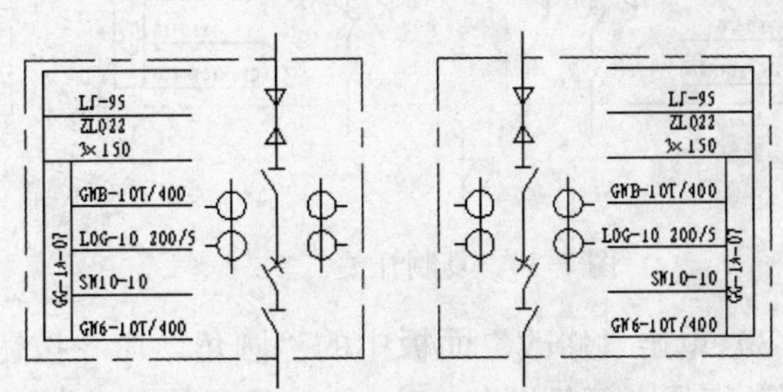


图 7-30　对称复制图形

22）单击“修改”面板中的“删除”命令按钮✎，删除右边图形上的两个三角形，效果如图 7-31 所示。

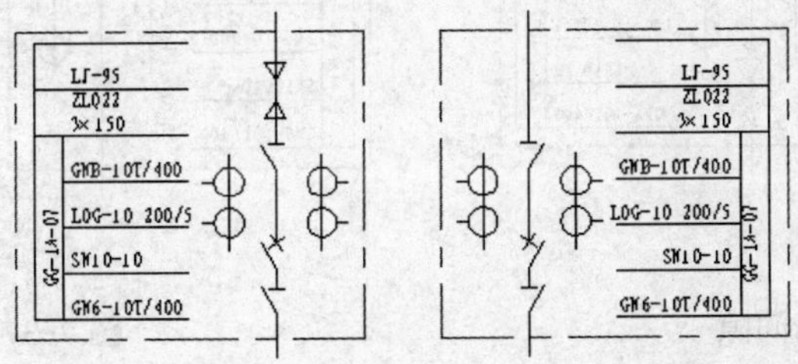


图 7-31　删除两个三角形

1
2
3
4
5
6
第7章
8
9
附录A

23）单击“修改”面板中的“镜像”命令按钮，把如图 7-32 右边图形中光标所指的三条斜线对称复制一份，注意删除源对象，效果如图 7-33 所示。

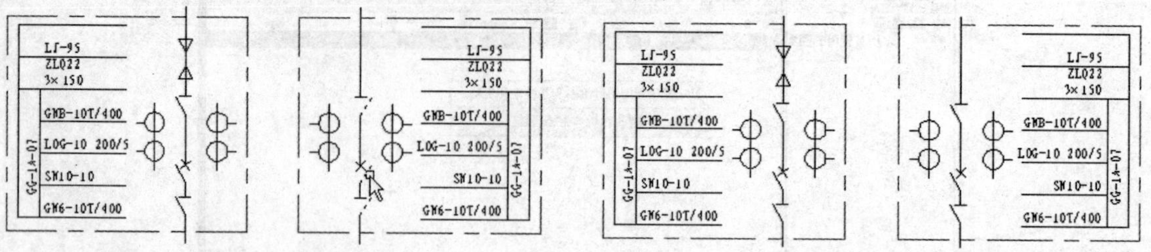


图 7-32　捕捉图形　　　　图 7-33　对称复制图形

## 7.1.2　高压汇流排

高压电必须经过汇流排才能分配到各条分支线路使用。绘制步骤如下。

1）高压汇流排一般是两条平行的线路，中间用常闭开关隔开，起保护作用。单击“修改”面板中的“复制”命令按钮，把一个开关复制到两个框图之间，效果如图 7-34 所示。

2）单击“修改”面板中的“旋转”命令按钮，把复制的开关旋转 90°，效果如图 7-35 所示。

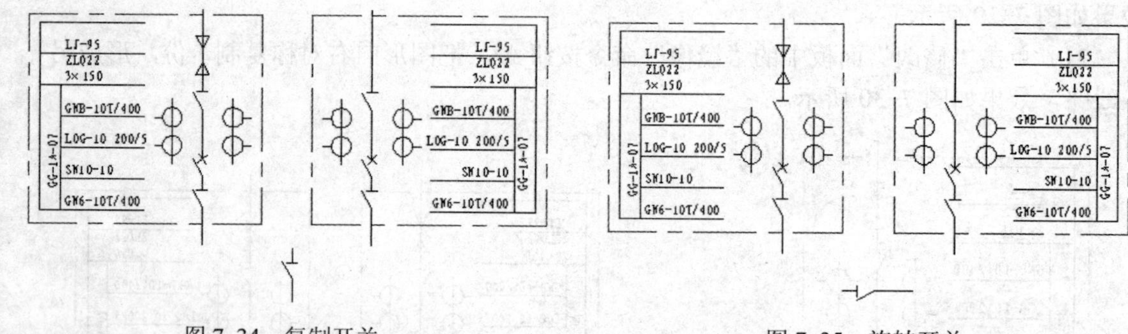


图 7-34　复制开关　　　　图 7-35　旋转开关

3）单击“修改”面板中的“圆角”命令按钮，在如图 7-36 所示的光标所指的位置的两条直线之间倒圆角 R0，使常开开关变成常闭开关，效果如图 7-37 所示。

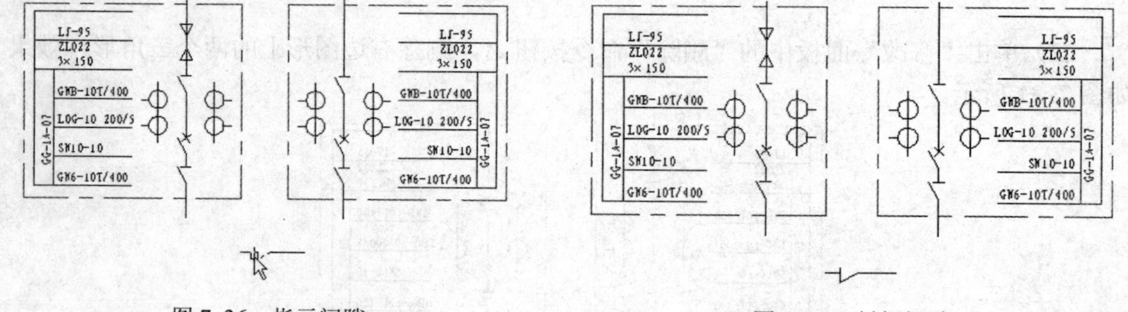


图 7-36　指示间隙　　　　图 7-37　封闭间隙

4）单击“修改”面板中的“拉伸”命令按钮，拉长开关两端的直线，使其成为一条

高压母线，效果如图 7-38 所示。

5）单击“修改”面板中的“拉伸”命令按钮，拉长两条高压线下端的直线，使其端点接触到高压母线上如图 7-39 所示的垂足点，效果如图 7-40 所示。

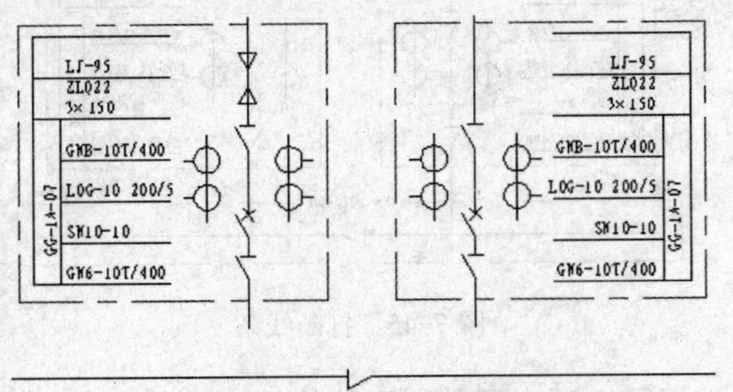


图 7-38　形成高压母线

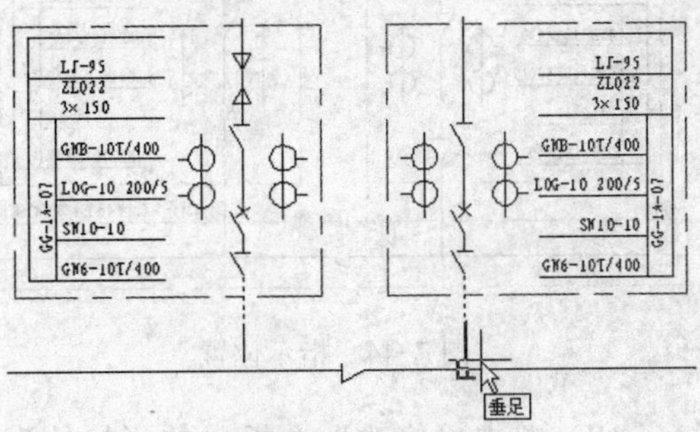


图 7-39　捕捉垂足

6）单击“绘图”面板中的“矩形”命令按钮，绘制包含高压母线的矩形，效果如图 7-41 所示。

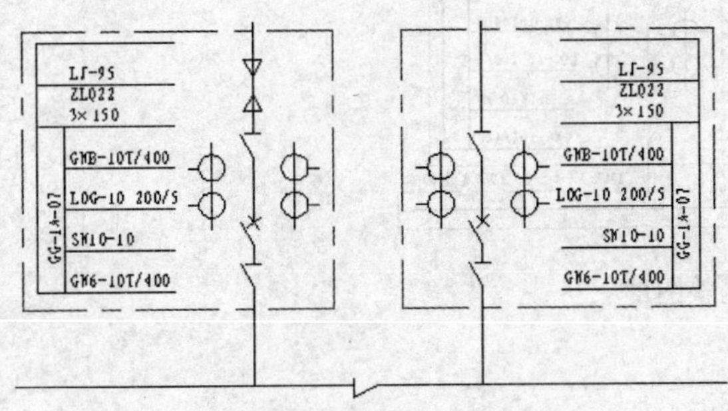


图 7-40　延伸线头

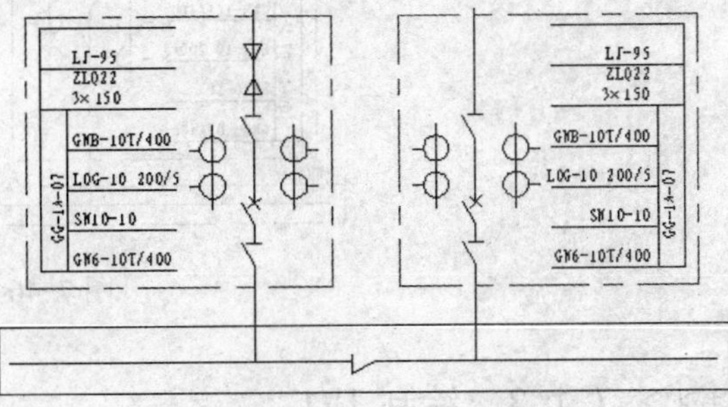


图 7-41　绘制矩形

7）单击“特性”面板中的“特性匹配”命令按钮，把刚才绘制的矩形转换成“功能框”上使用的线型，效果如图 7-42 所示。

8）单击“注释”面板中的“多行文字”命令按钮 A，在高压母线上方书写它的电气代号和运行参数，效果如图 7-43 所示。

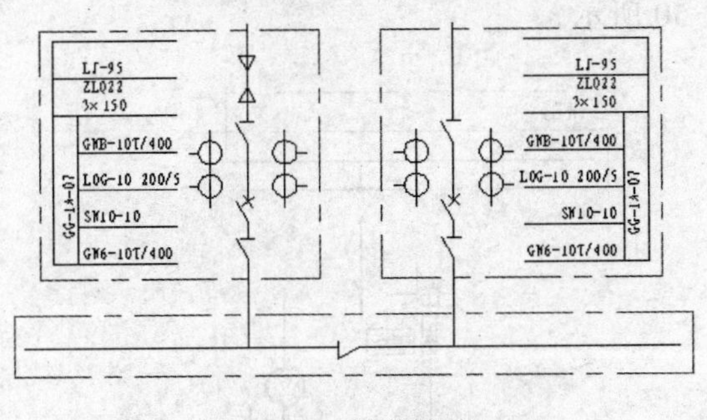


图 7-42　转换线型

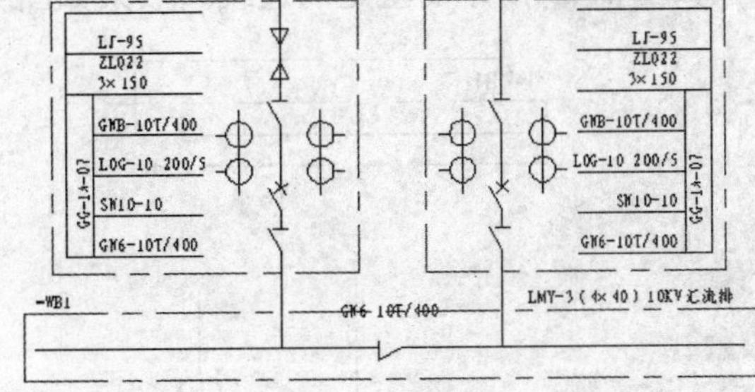


图 7-43　书写代号和参数

9）单击“修改”面板中的“打断”命令按钮，把高压母线的功能框在如图 7-44 所示

的光标所指的位置向右打断，使文字处于框线之间，效果如图 7-45 所示。

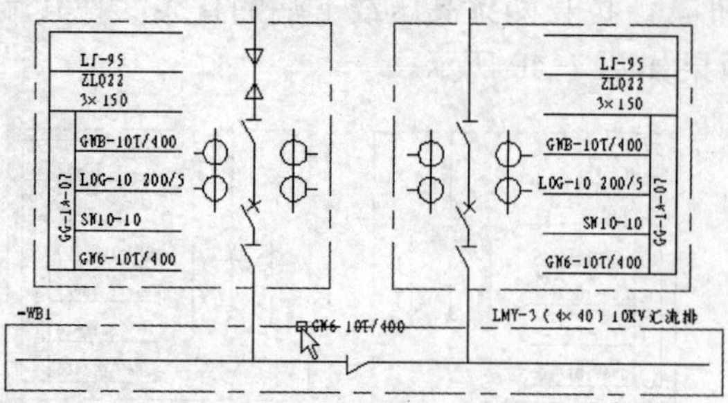

图 7-44　指示位置

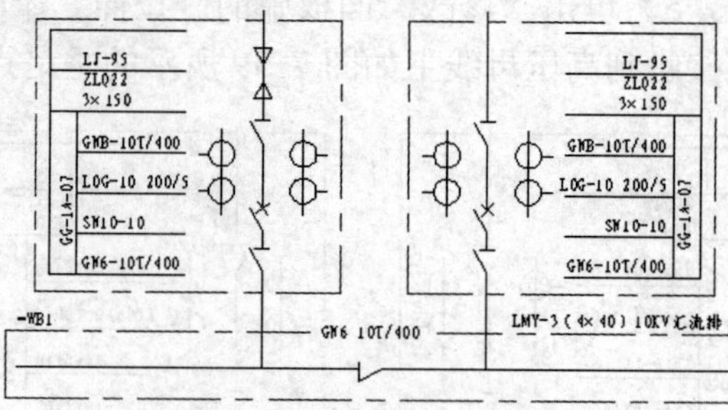

图 7-45　打断线条

10）单击“修改”面板中的“拉伸”命令按钮，适当调整图形使其整洁紧凑，效果如图 7-46 所示。

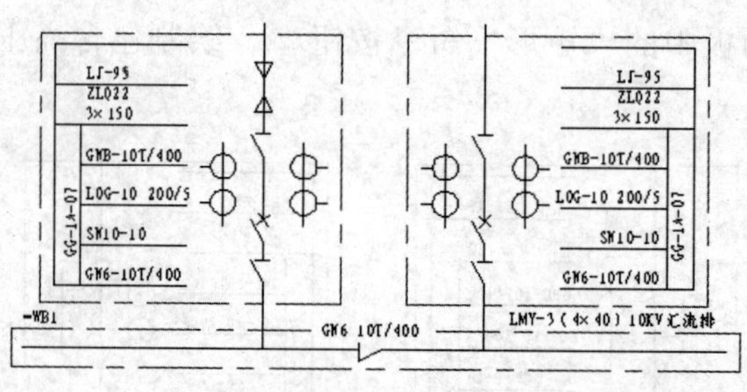


图 7-46　调整图形

## 7.1.3　绘制 TV1

开关柜是接入变压器的支线端，其功能与主线上的开关柜类似，指示它要保护的是一条支线。绘制步骤如下。

1）从以前绘制的图形中复制如图 7-47 所示的元器件符号到高压母线下方，准备绘制线路。

2）单击“绘图”面板中的“直线”命令按钮，绘制起点在如图 7-48 所示的端点，终点在如图 7-49 所示的垂足的连线，效果如图 7-50 所示。

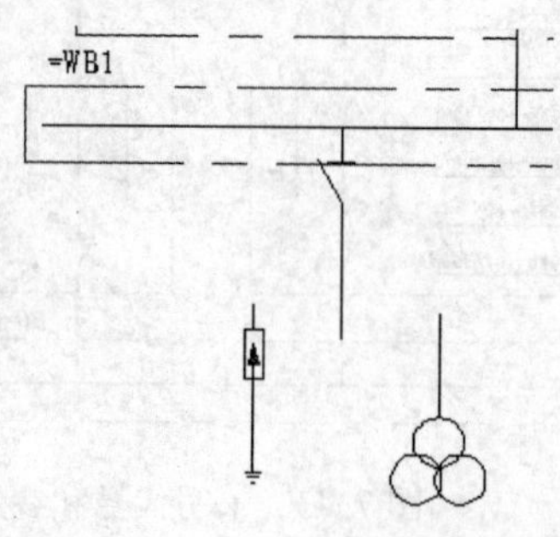


图 7-47　复制元器件

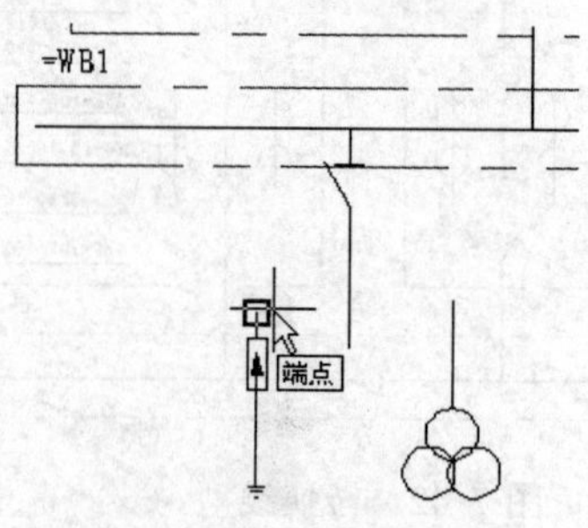


图 7-48　捕捉端点

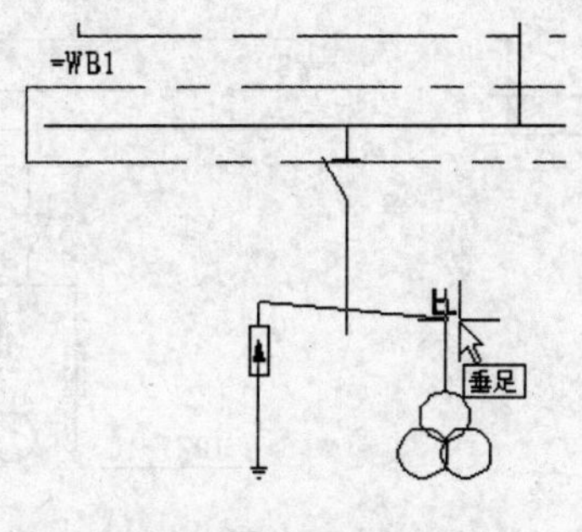


图 7-49　捕捉垂足

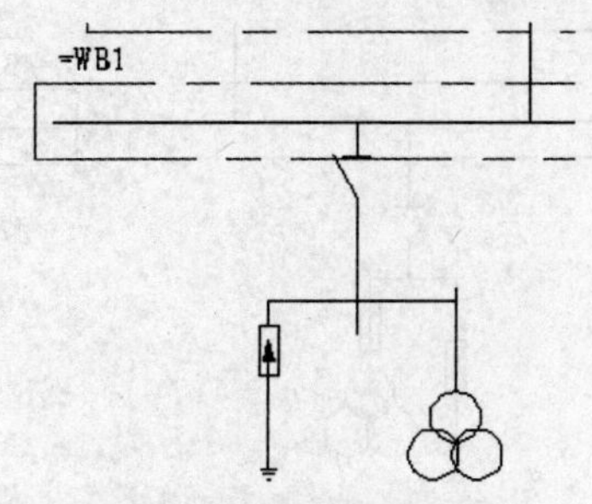


图 7-50　绘制线条

3）单击“修改”面板中的“修剪”命令按钮，以如图 7-51 所示的虚线直线为修剪边，修剪掉光标所示的线头，结果如图 7-52 所示。

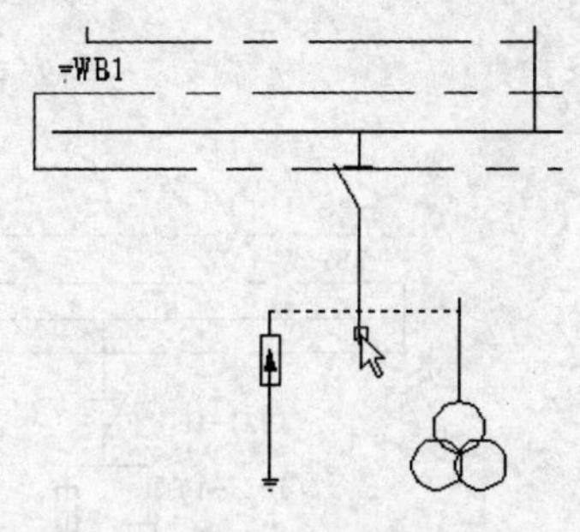


图 7-51　指示线头

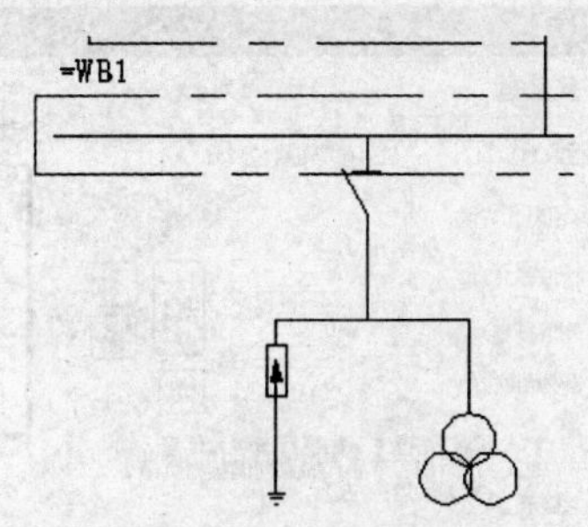


图 7-52　修剪线条

4）单击“修改”面板中的“复制”命令按钮，以如图 7-53 所示的端点为复制基准点，以如图 7-54 所示的最近点为复制目标点，把图中矩形向右复制一份，效果如图 7-55 所示。

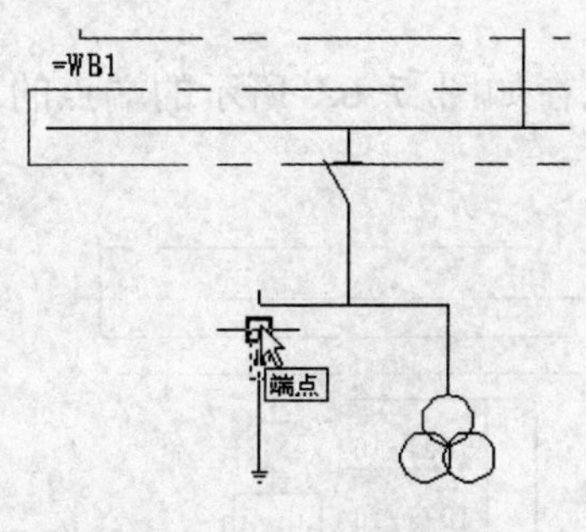


图 7-53　捕捉端点

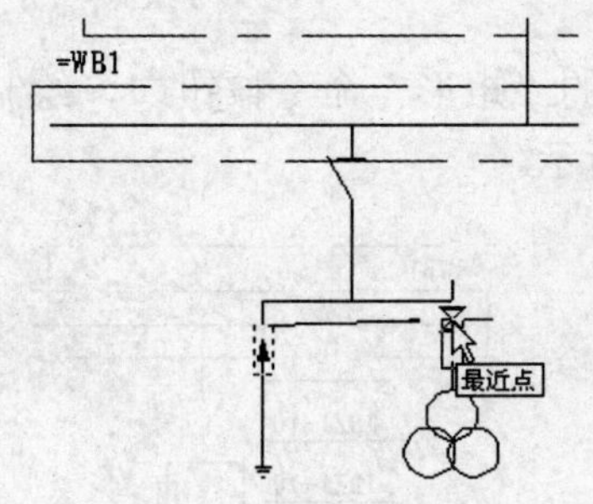


图 7-54　捕捉最近点

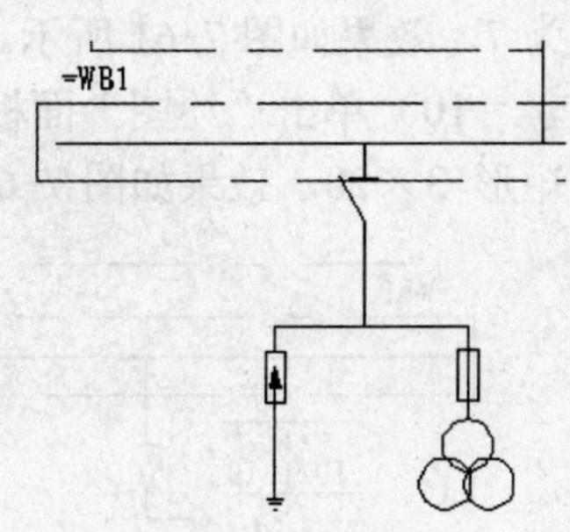


图 7-55　复制图形

5）单击“修改”面板中的“拉伸”命令按钮，适当调整图形使其整洁紧凑，效果如图 7-56 所示。

6）单击“注释”面板中的“多行文字”命令按钮 A，在接地符号左边书写文字，效果如图 7-57 所示。

7）单击“绘图”面板中的“直线”命令按钮，在文字下方绘制水平直线，效果如图 7-58 所示。

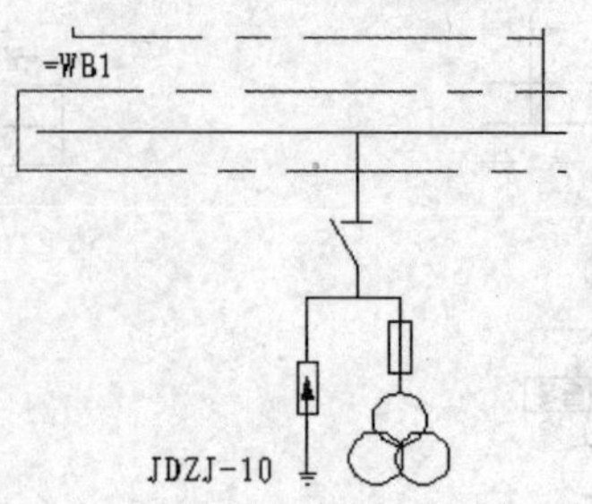


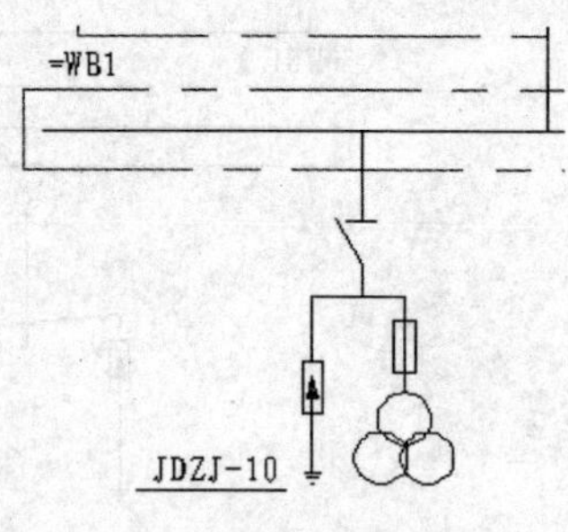


图 7-56　调整图形　　图 7-57　书写文字　　图 7-58　绘制直线

8）单击“修改”面板中的“阵列”命令按钮，屏幕出现如图 7-59 所示的“阵列”对话框，设置各项数值。把文字向上阵列 4 行，行距为 7，效果如图 7-60 所示。

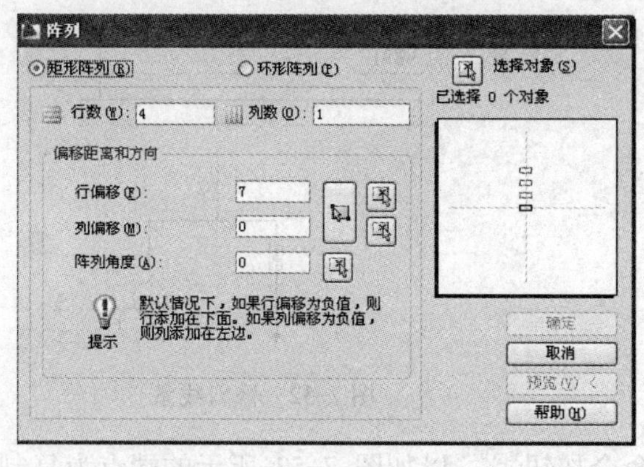


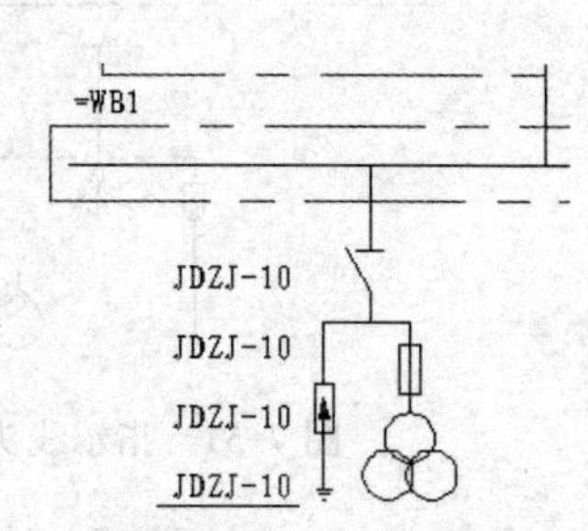


图 7-59　“阵列”对话框　　图 7-60　阵列文字

9）单击“修改”面板中的“阵列”命令按钮，把文字下的直线向上阵列 5 行，行距为 7，效果如图 7-61 所示。

10）单击“绘图”面板中的“矩形”命令按钮，绘制起点在如图 7-62 所示的端点的矩形-3×20，效果如图 7-63 所示。

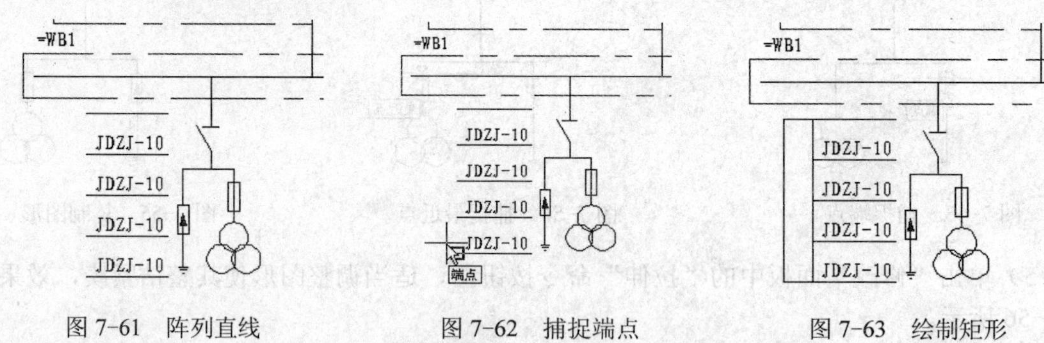


图 7-61　阵列直线　　图 7-62　捕捉端点　　图 7-63　绘制矩形

11）单击“修改”面板中的“复制”命令按钮，把下边第 2 排文字向左复制一份，效果如图 7-64 所示。

12）单击“修改”面板中的“旋转”命令按钮，把复制的文字旋转 90°，使其恰好位于矩形框中，效果如图 7-65 所示。

13）单击“注释”选项卡，单击“文字”面板中的“编辑”命令按钮，然后单击文字，在屏幕出现的“多行文字编辑器”中把文字改成如图 7-66 所示的文字。

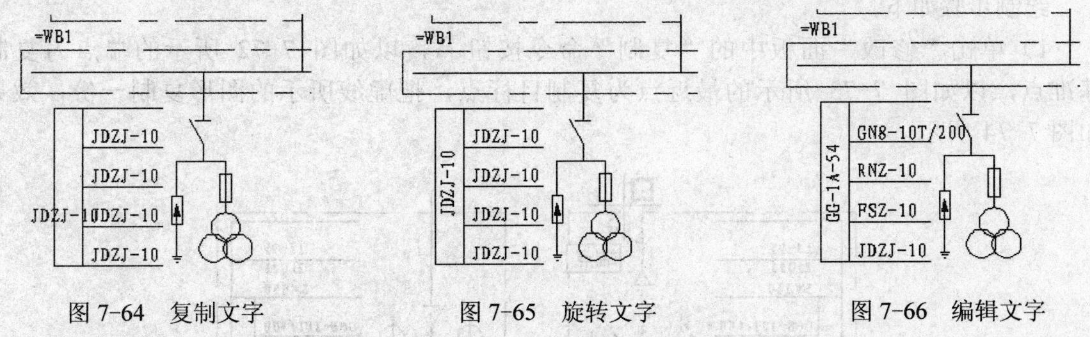


图 7-64　复制文字　　图 7-65　旋转文字　　图 7-66　编辑文字

14）单击“修改”面板中的“移动”命令按钮，把线路向右方适当移动，调整它和文字的位置，效果如图 7-67 所示。

15）单击“绘图”面板中的“矩形”命令按钮，绘制包含本线路的矩形，效果如图 7-68 所示。

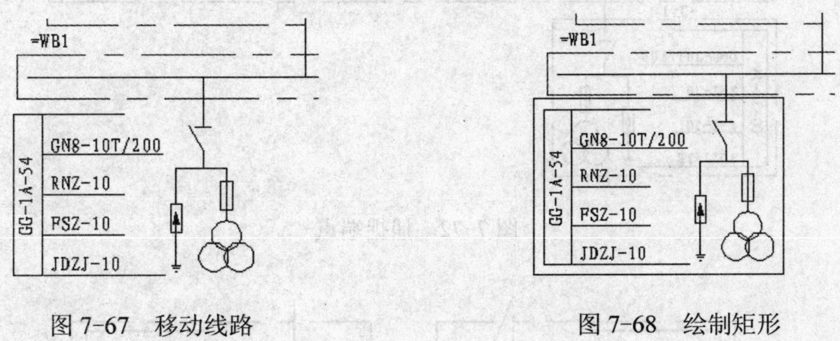


图 7-67　移动线路　　图 7-68　绘制矩形

16）单击“注释”面板中的“多行文字”命令按钮，在本线路上方书写代号，效果如图 7-69 所示。

17）单击“修改”面板中的“拉伸”命令按钮，适当调整图形之间的位置，效果如图 7-70 所示。

18）单击“特性”面板中的“特性匹配”命令按钮，把矩形转换成“功能框”上使用的线型，效果如图 7-71 所示。

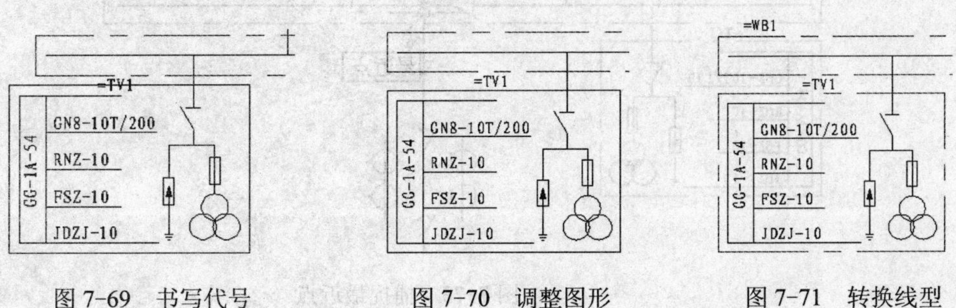


图 7-69　书写代号　　图 7-70　调整图形　　图 7-71　转换线型

## 7.1.4 开关柜 WL11

绘制步骤如下。

1）单击“修改”面板中的“复制”命令按钮，以如图 7-72 所示的端点为复制基准点，以如图 7-73 所示的最近点为复制目标点，把虚线所示的图形复制一份，效果如图 7-74 所示。

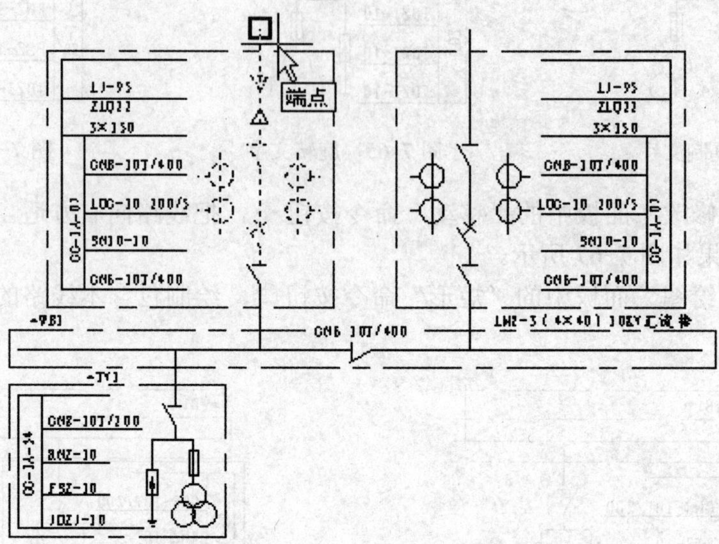


图 7-72 捕捉端点

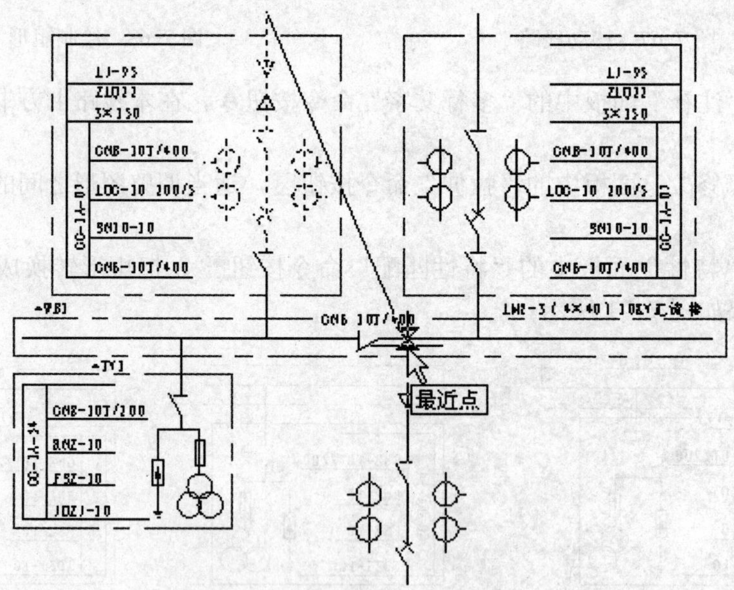


图 7-73 捕捉最近点

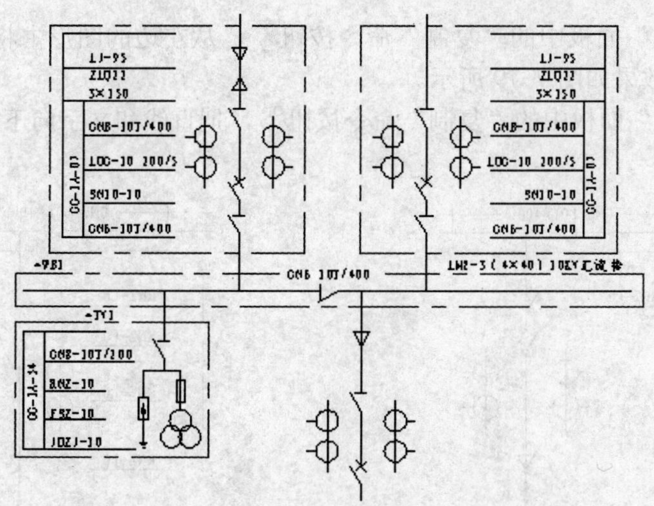

图 7-74　复制线路

2）单击“实用程序”面板中的“窗口”命令按钮，局部放大刚才复制的线路，预备下一步操作，效果如图 7-75 所示。

3）单击“修改”面板中的“拉伸”命令按钮，适当调整线路，使三角形位于开关下方，效果如图 7-76 所示。

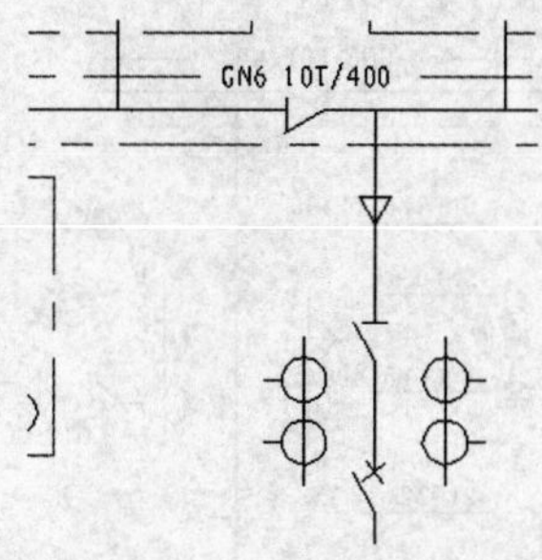

图 7-75　局部放大

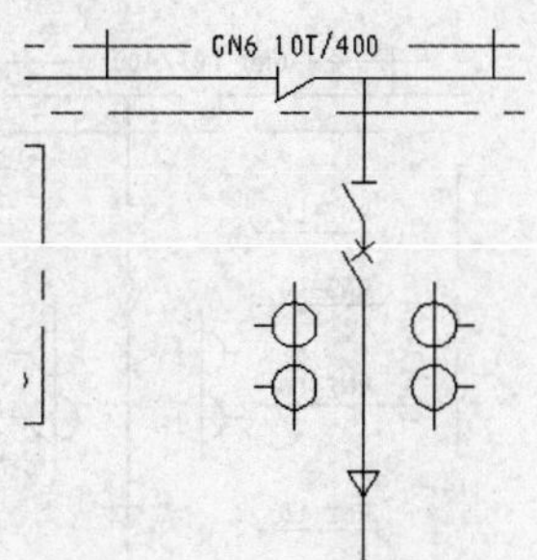

图 7-76　调整线路

4）单击“修改”面板中的“复制”命令按钮，从左边的线符号中复制一个箭头到线路上，效果如图 7-77 所示。

5）单击“修改”面板中的“镜像”命令按钮，以过箭头下端的水平直线为对称轴，把箭头对称复制一份，注意删除原对象，效果如图 7-78 所示。

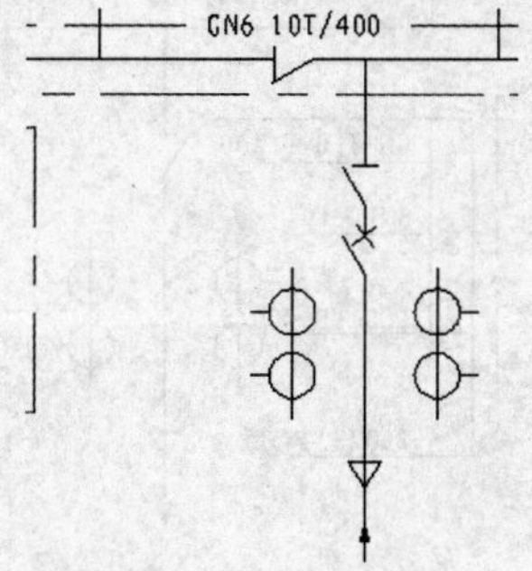

图 7-77　复制箭头

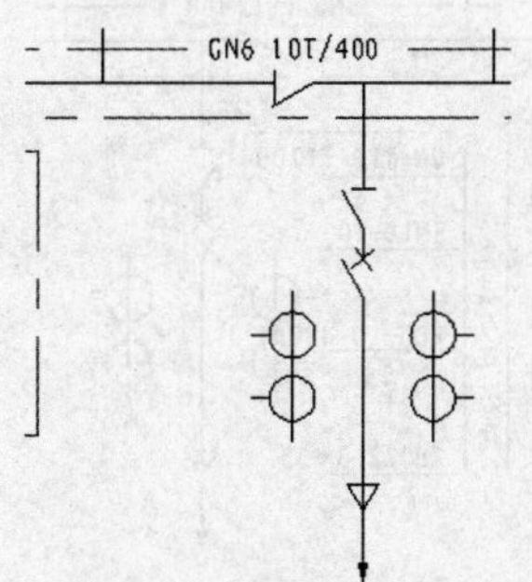

图 7-78　对称复制箭头

6）单击“修改”面板中的“复制”命令按钮，从左边的图形中将一组文字与直线复制到线路左上边，效果如图 7-79 所示。

7）单击“修改”面板中的“复制”命令按钮，把直线和文字向下复制 3 份，效果如图 7-80 所示。

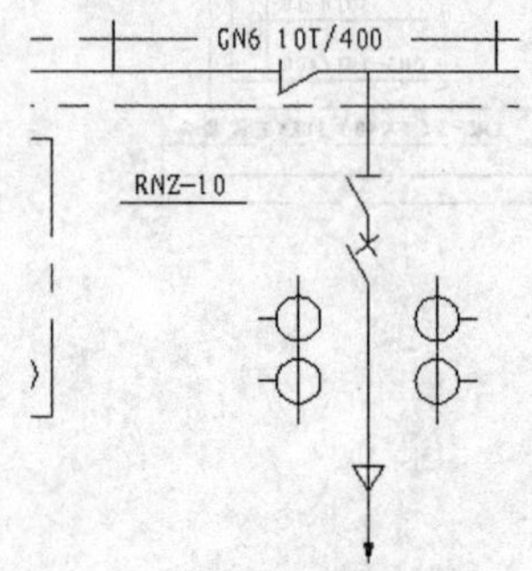

图 7-79　复制直线和文字

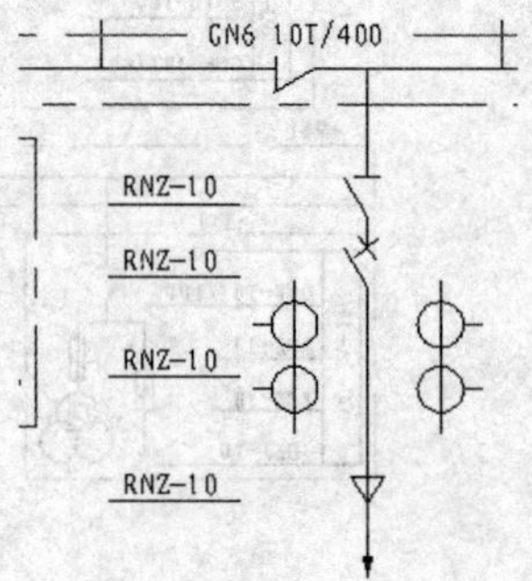

图 7-80　复制文字和直线

8）单击“修改”面板中的“复制”命令按钮，从左边的图形中复制垂直的文字到线路左边，准备修改成其他文字，效果如图 7-81 所示。

9）单击“注释”选项卡，单击“文字”面板中的“编辑”命令按钮，然后单击文字，在屏幕出现的“多行文字编辑器”中把文字改成如图 7-82 所示的文字。

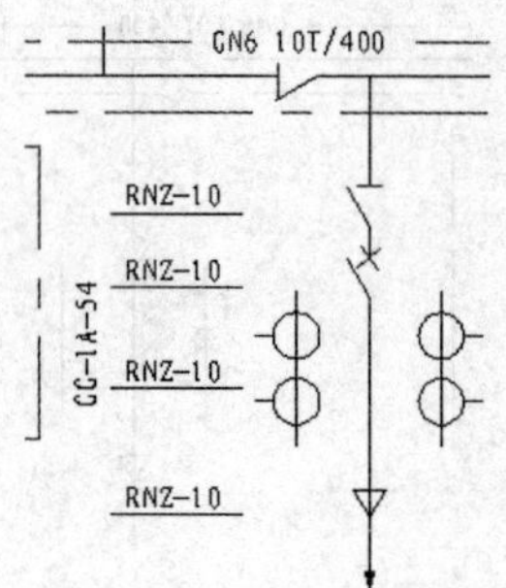

图 7-81　复制垂直的文字

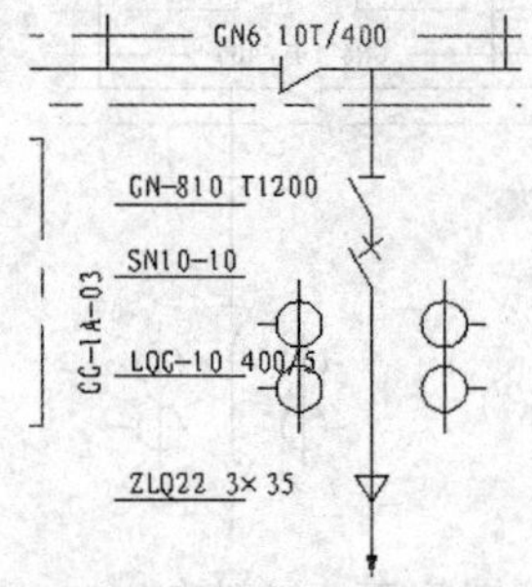

图 7-82　编辑文字

10）单击“绘图”面板中的“直线”命令按钮，绘制其他直线，准备绘制表格，效果如图 7-83 所示。

11）单击“修改”面板中的“拉伸”命令按钮，把直线组修改成如图 7-84 所示的表格。

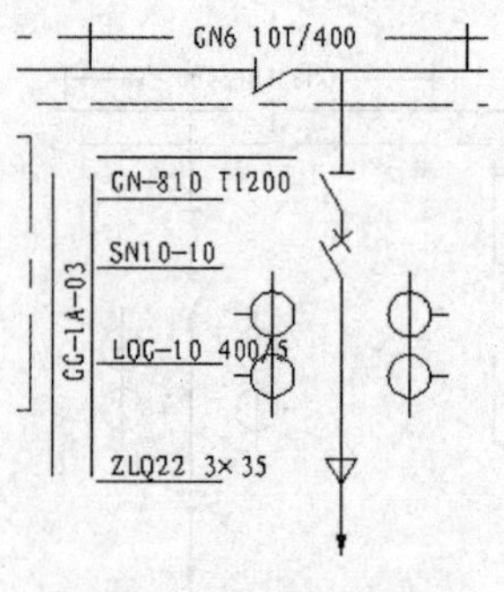

图 7-83　绘制直线

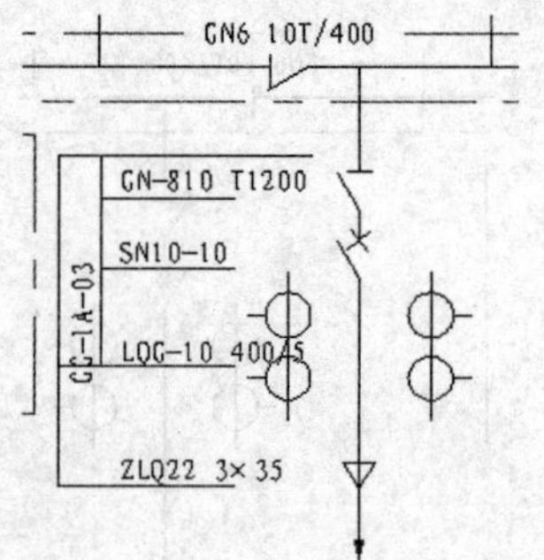

图 7-84　绘制表格

12）单击“修改”面板中的“移动”命令按钮✥，把线路适当向右移动，效果如图 7-85 所示。

13）单击“绘图”面板中的“矩形”命令按钮□，绘制包含本线路的矩形，效果如图 7-86 所示。

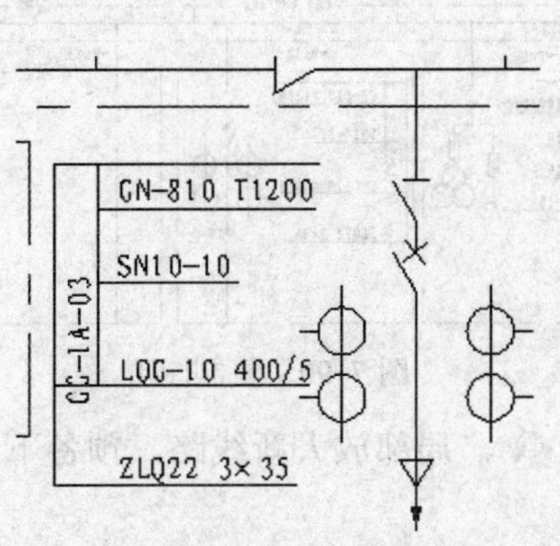


图 7-85　移动线路

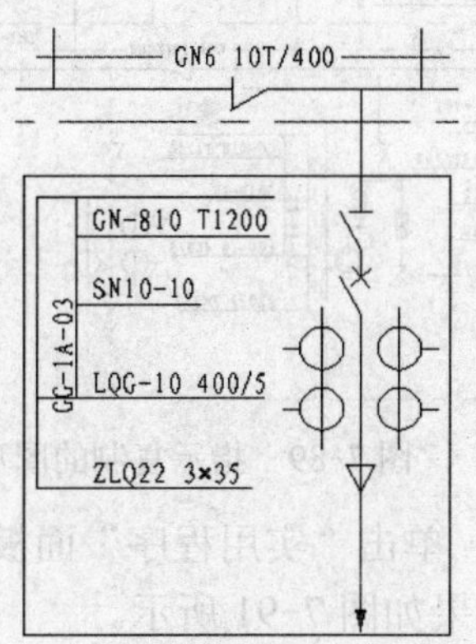


图 7-86　绘制矩形

14）单击“注释”面板中的“多行文字”命令按钮A，在矩形上方书写本线路的文字代号，效果如图 7-87 所示。

15）单击“特性”面板中的“特性匹配”命令按钮，把矩形转换成“功能框”上使用的线型，效果如图 7-88 所示。

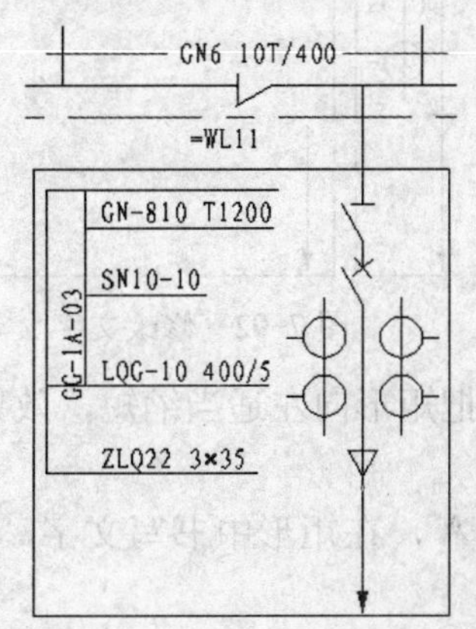


图 7-87　书写文字代号

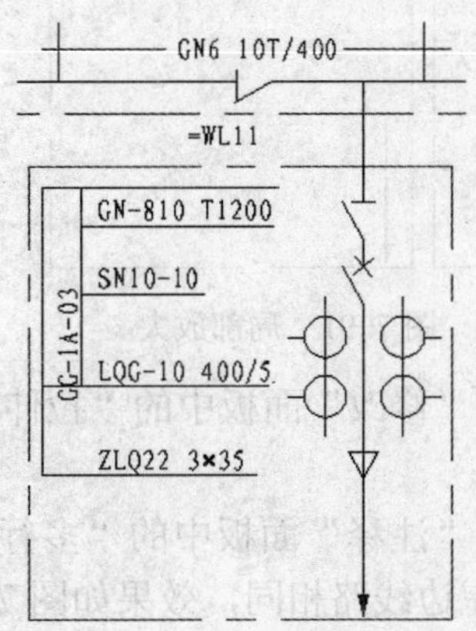


图 7-88　转换线型

## ▷▷▷ 7.1.5　开关柜 WL12 和 WL13

绘制步骤如下。

1）单击“修改”面板中的“复制”命令按钮，把如图 7-89 所示的虚线图形分别向右复制一份，并适当调整位置，效果如图 7-90 所示。

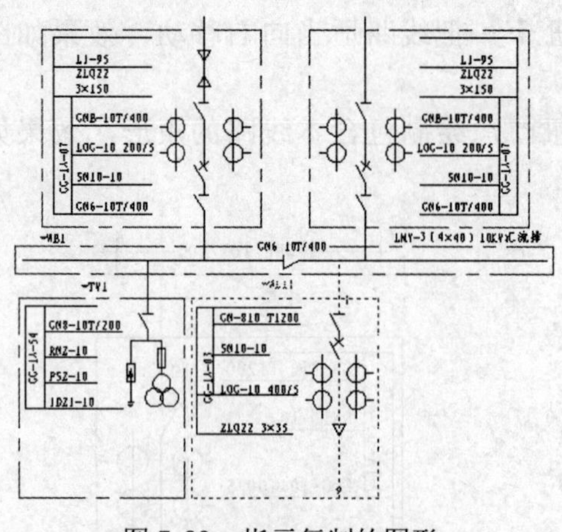

图 7-89　指示复制的图形

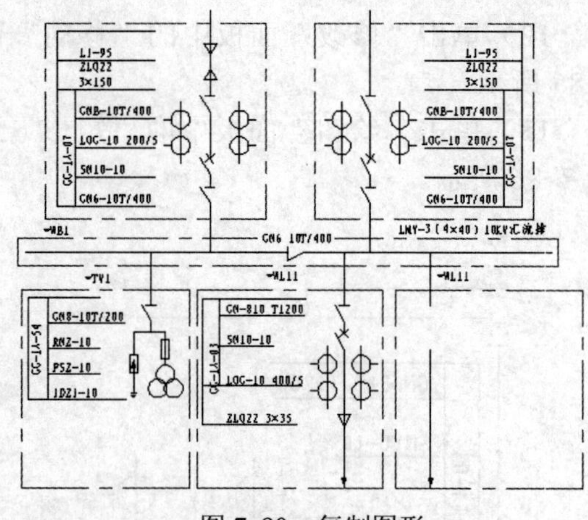

图 7-90　复制图形

2）单击“实用程序”面板中的“窗口”命令按钮，局部放大新线路，预备下一步操作，效果如图 7-91 所示。

3）单击“注释”选项卡，单击“文字”面板中的“编辑”命令按钮，在“多行文字编辑器”中修改本线路的文字代号，效果如图 7-92 所示。

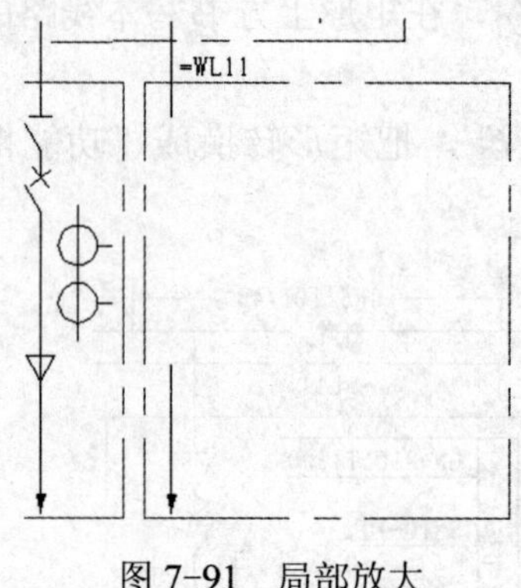

图 7-91　局部放大

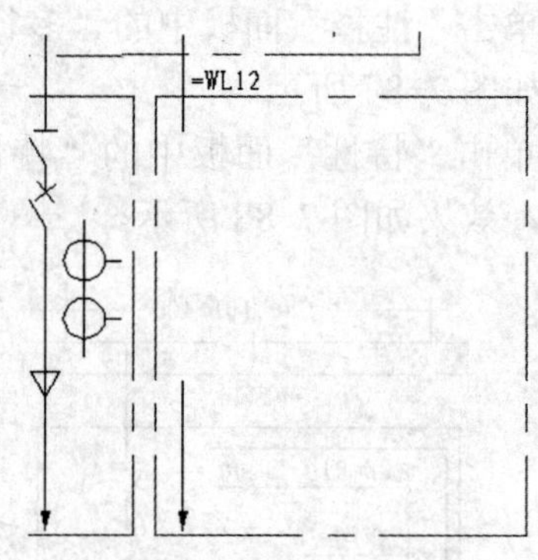

图 7-92　修改文字

4）单击“修改”面板中的“拉伸”命令按钮，把矩形向左适当缩短，效果如图 7-93 所示。

5）单击“注释”面板中的“多行文字”命令按钮 A，在矩形中书写文字，表示本线路的电路图与左边线路相同，效果如图 7-94 所示。

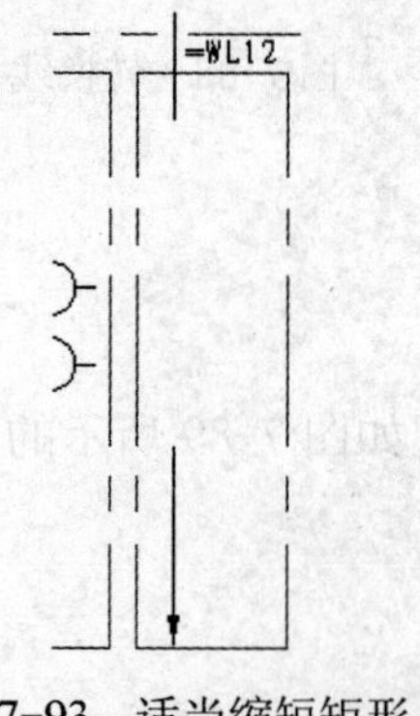

图 7-93　适当缩短矩形

图 7-94　书写文字

6）单击“修改”面板中的“复制”命令按钮，把线路的所有内容向右复制一份，形成新线路，效果如图 7-95 所示。

7）单击“注释”选项卡，单击“文字”面板中的“编辑”命令按钮，然后单击文字，在屏幕出现的“多行文字编辑器”中修改新线路的文字代号，效果如图 7-96 箭头所示。

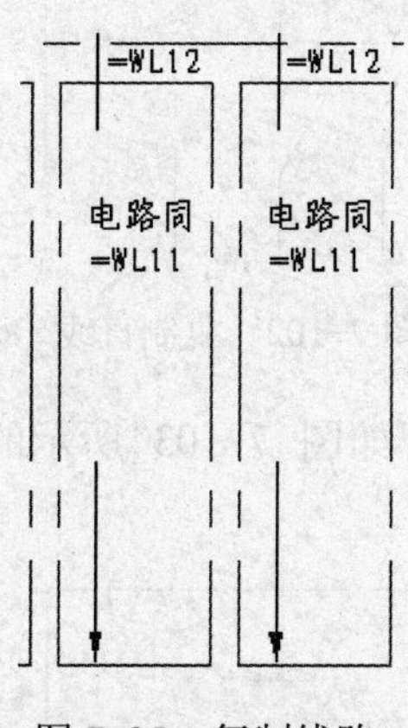


图 7-95　复制线路

图 7-96　修改文字

8）单击“修改”面板中的“复制”命令按钮，把左边第 2 条线路的所有内容向右复制一份，形成新线路，效果如图 7-97 所示。

9）修改开关的类型，添加一个断路器。单击“实用程序”面板中的“窗口”命令按钮，局部放大如图 7-98 所示的光标所指的图形，预备下一步操作，效果如图 7-99 所示。

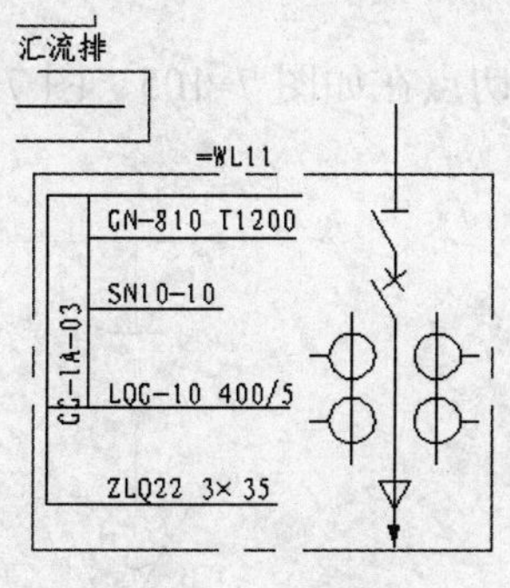


图 7-97　复制线路

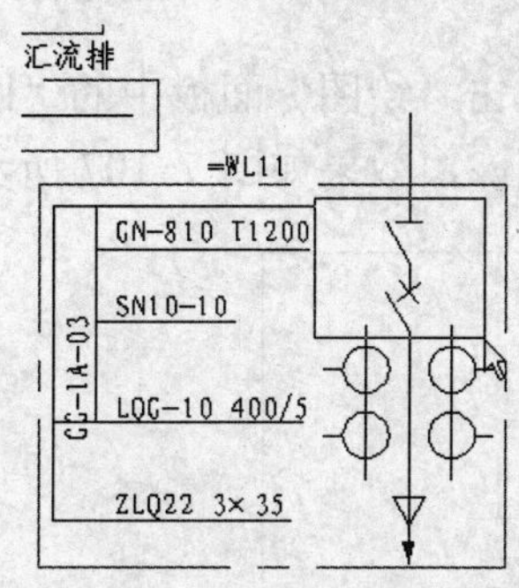


图 7-98　选择图形

10）单击“修改”面板中的“删除”命令按钮，删除交叉的斜线，如图 7-100 所示。

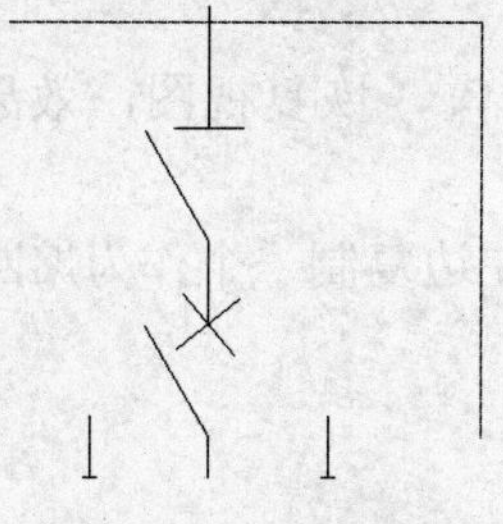

图 7-99　局部放大

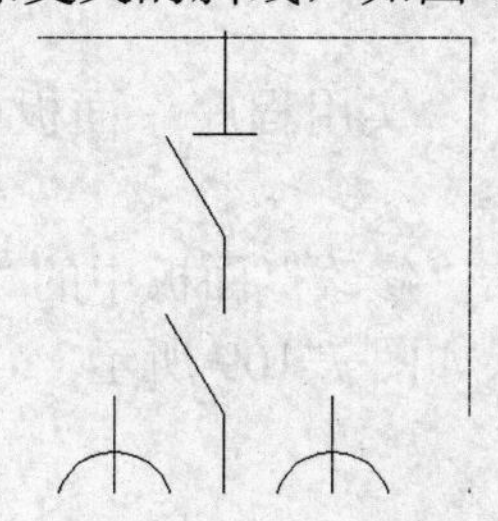

图 7-100　删除斜线

11）单击“修改”面板中的“复制”命令按钮，以横线的终点为复制基准点，以如图 7-101 所示的端点为复制目标点，把横线向下复制一份，效果如图 7-102 所示。

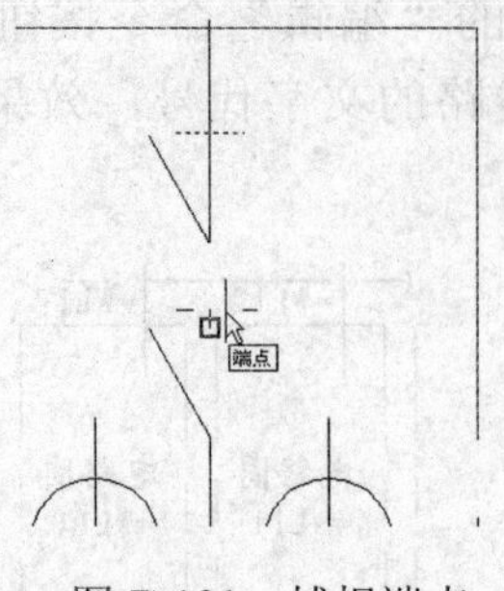


图 7-101　捕捉端点

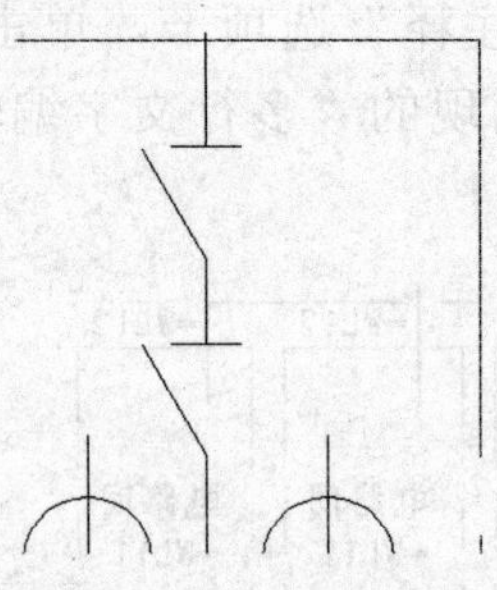

图 7-102　复制直线

12）单击“修改”面板中的“圆角”命令按钮，把如图 7-103 所示的虚线和光标所指的直线之间倒圆角 R0，效果如图 7-104 所示。

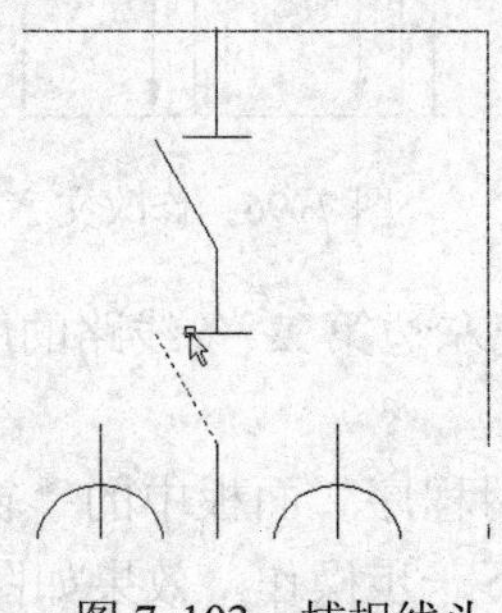

图 7-103　捕捉线头

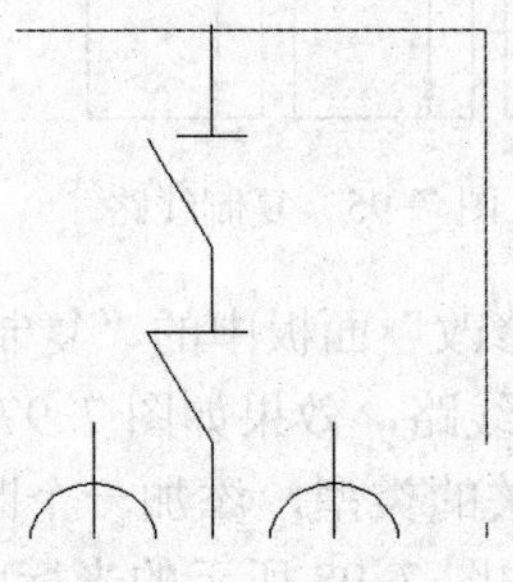

图 7-104　连接线头

13）单击“绘图”面板中的“圆”命令按钮，绘制切点在如图 7-105、图 7-106 所示的位置的圆$\phi 2$，效果如图 7-107 所示。

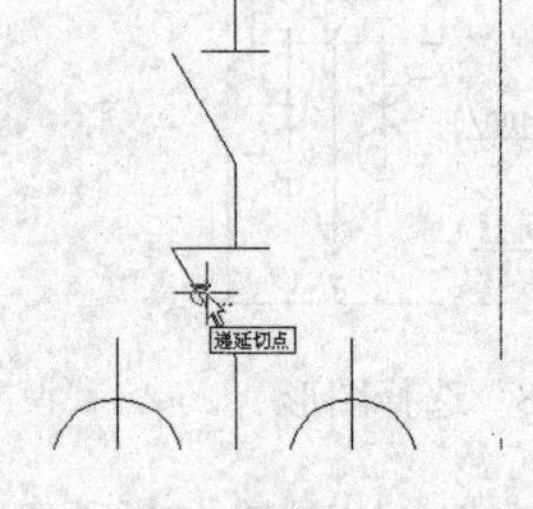


图 7-105　捕捉一个切点

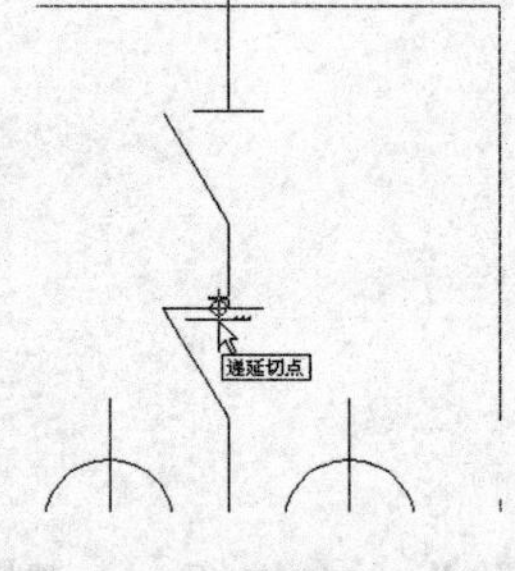


图 7-106　捕捉另一个切点

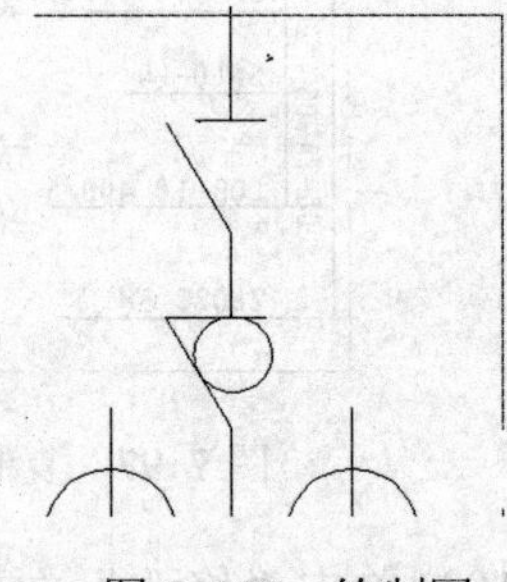

图 7-107　绘制圆

14）单击“实用程序”面板中的“上一个”命令按钮，恢复视图，效果如图 7-108 所示。

15）单击“修改”面板中的“复制”命令按钮，从左边复制一个作为熔断器的矩形到线路上，效果如图 7-109 所示。

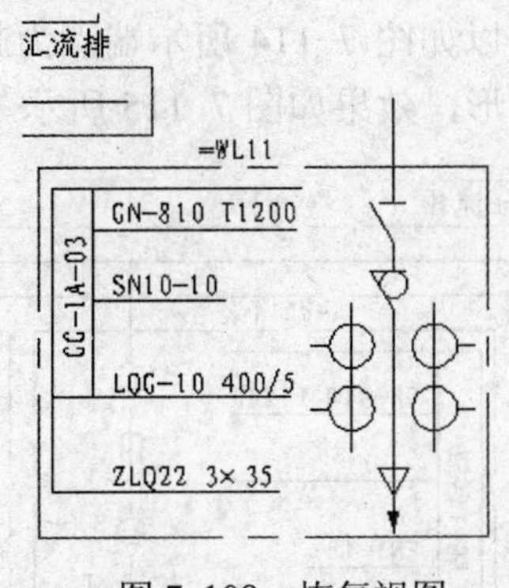


图 7-108　恢复视图

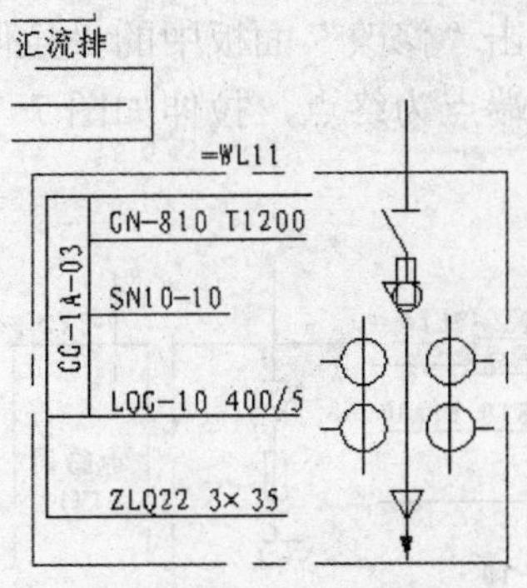


图 7-109　复制矩形

16）综合使用“拉伸”命令按钮、“移动”命令按钮和“复制”命令按钮，适当调整图形，使其整齐紧凑，效果如图 7-110 所示。

17）单击“注释”选项卡，单击“文字”面板中的“编辑”命令按钮，然后单击文字，在屏幕出现的“多行文字编辑器”中按如图 7-111 所示修改文字。

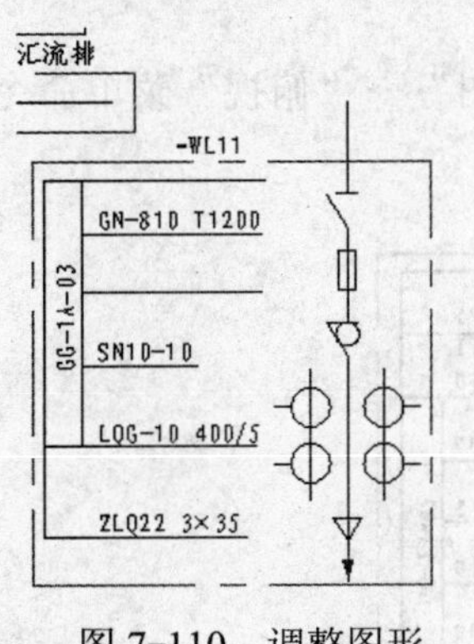


图 7-110　调整图形

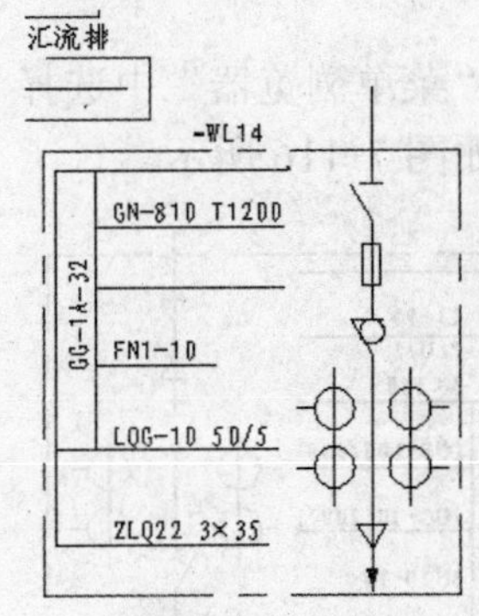


图 7-111　修改文字

18）单击“修改”面板中的“复制”命令按钮，从左边复制一组简化线路到右边，效果如图 7-112 所示。

19）单击“注释”选项卡，单击“文字”面板中的“编辑”命令按钮，然后单击文字，在屏幕出现的“多行文字编辑器”中修改新线路的文字代号，效果如图 7-113 所示。

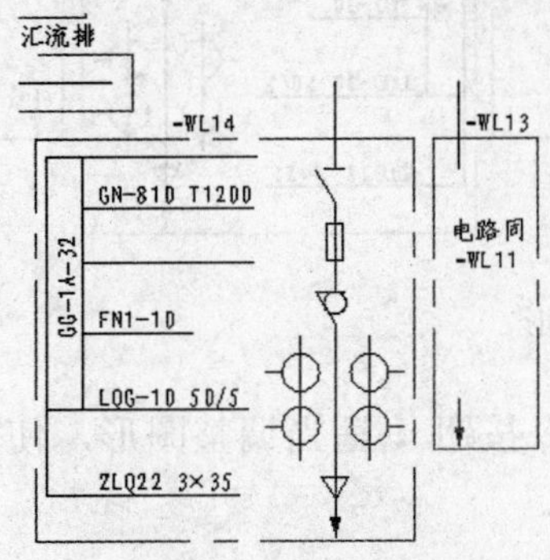


图 7-112　复制简化线路

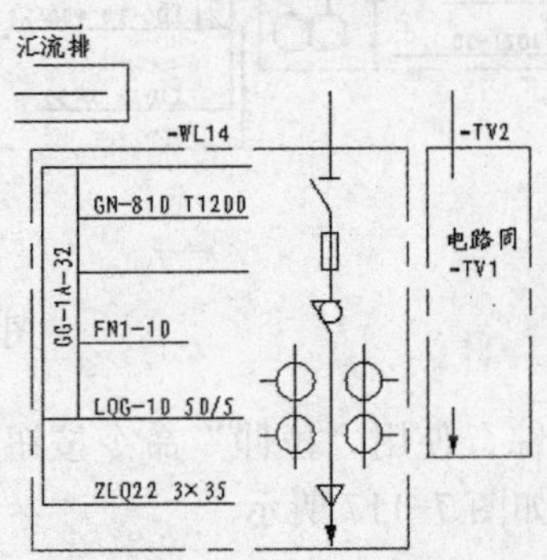


图 7-113　修改线路代号

20）单击“修改”面板中的“拉伸”命令按钮，以如图 7-114 所示端点为起点，以简化线路的上端点为终点，拉伸如图 7-114 所示的虚线图形，效果如图 7-115 所示。

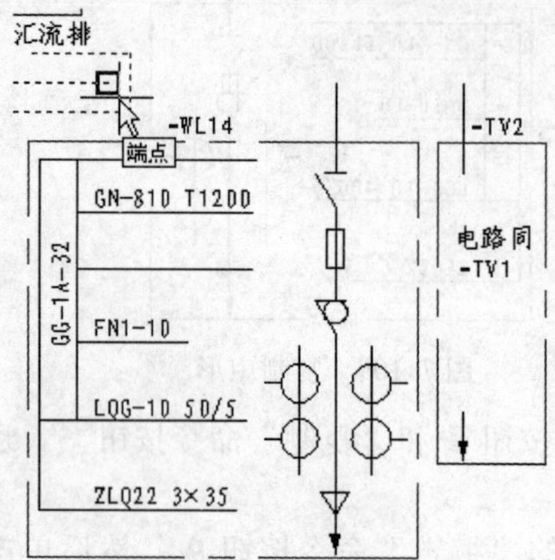


图 7-114　捕捉端点

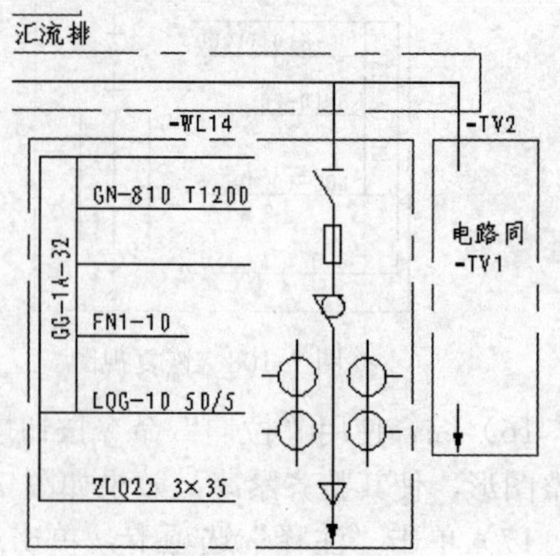


图 7-115　拉伸图形

21）在“菜单浏览器”中选择“视图”→“三维视图”→“俯视”菜单命令，显示全部图形，效果如图 7-116 所示。

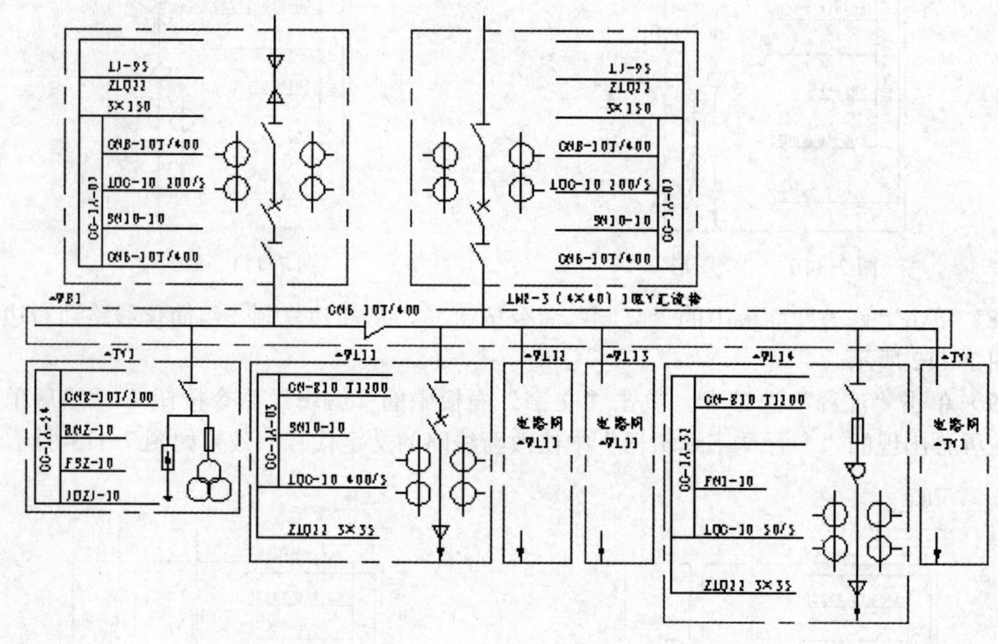

图 7-116　显示全部图形

22）综合使用“拉伸”命令按钮和“移动”命令按钮适当调整图形，使其整齐紧凑，效果如图 7-117 所示。

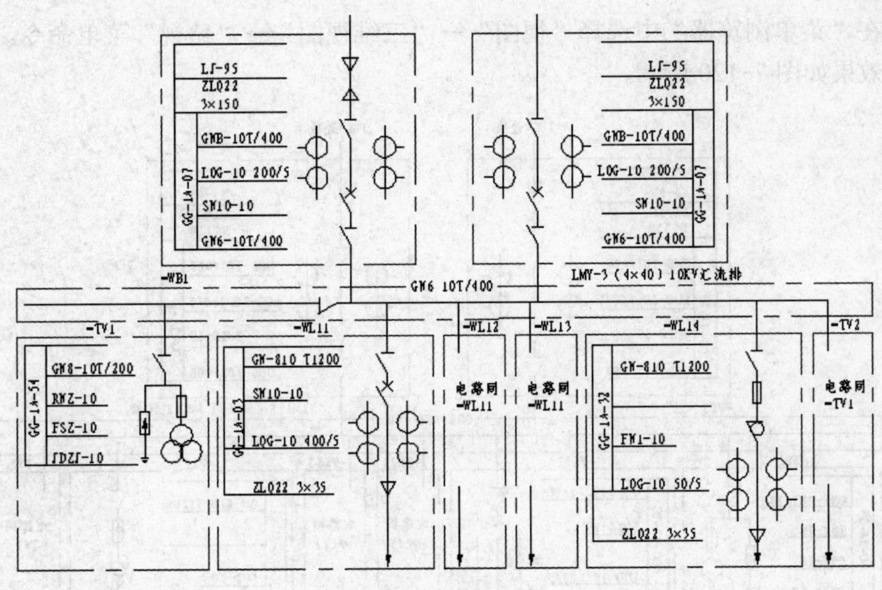


图 7-117 调整图形

23）单击“注释”面板中的“多行文字”命令按钮**A**，在两条高压进线上书写参数和线路代号，效果如图 7-118 所示。

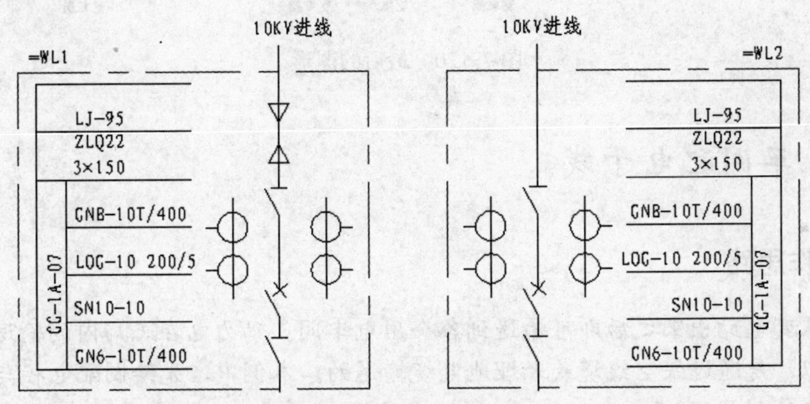


图 7-118 书写进线文字

24）单击“注释”面板中的“多行文字”命令按钮**A**，书写各条出线的目的地，效果如图 7-119 所示。

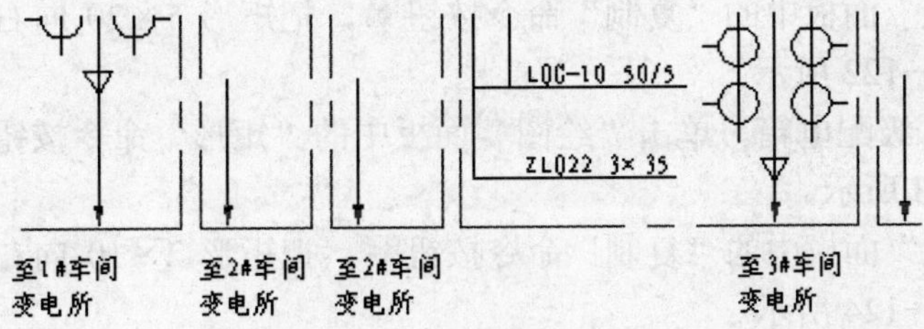


图 7-119 书写出线目的地

25）在“菜单浏览器”中选择“视图”→“三维视图”→“俯视”菜单命令，显示最后的图形，效果如图 7-120 所示。

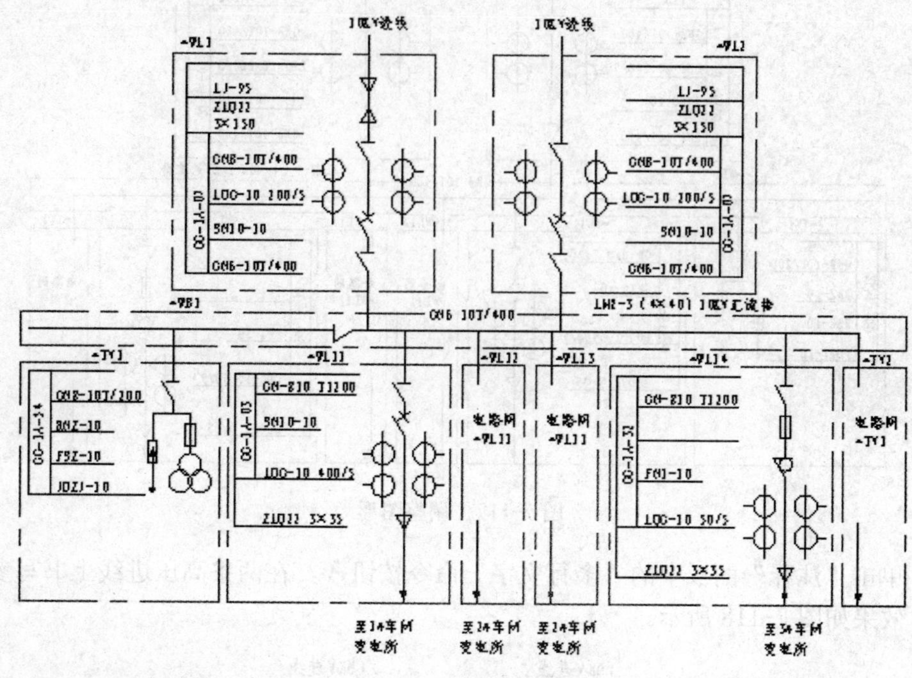


图 7-120 最后的图形

## ▷▷ 7.2 车间配电干线

### 制作思路

动力电从变电站出来之后即可输送到各个用电车间。动力电在工厂内的输送与大区域输送高压电类似，是通过架空线缆或者埋地电缆输送的。本例中，先绘制配电柜与接线，然后标注各条线路的型号。

绘制步骤如下。

1）首先绘制主配电箱。单击“绘图”面板中的“矩形”命令按钮，绘制矩形 5×20，效果如图 7-121 所示。

2）单击“修改”面板中的“复制”命令按钮，把矩形 5×20 向右复制 1 份，复制距离为 5，效果如图 7-122 所示。

3）然后绘制二级配电箱。单击“绘图”面板中的“矩形”命令按钮，绘制矩形 2×10，效果如图 7-123 所示。

4）单击“修改”面板中的“复制”命令按钮，把矩形 2×10 向右复制 1 份，复制距离为 2，效果如图 7-124 所示。

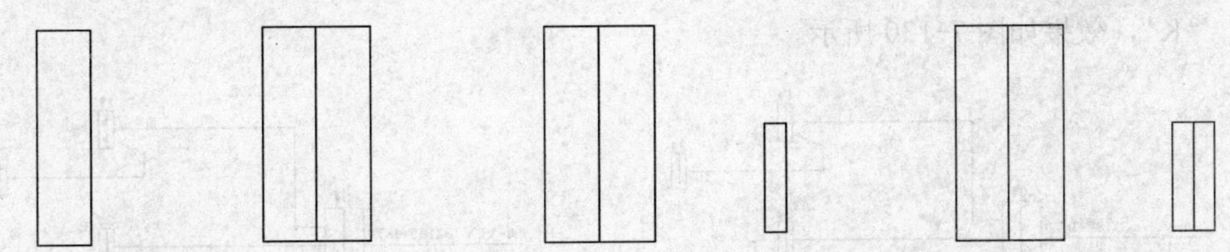

图 7-121 绘制矩形　图 7-122 复制矩形　图 7-123 绘制矩形　图 7-124 复制矩形

5）单击“修改”面板中的“复制”命令按钮，把两个矩形 2×10 复制 4 份，位置适当即可，效果如图 7-125 所示。

6）单击“绘图”面板中的“直线”命令按钮，按如图 7-126 所示绘制配电箱和配电柜之间的连线。

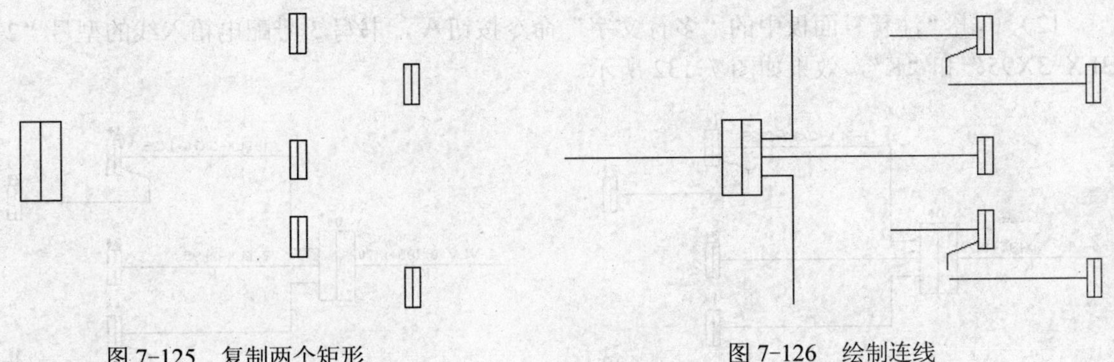

图 7-125 复制两个矩形　图 7-126 绘制连线

7）单击“修改”面板中的“圆角”命令按钮，以倒圆角 R0 的方式修整连线，效果如图 7-127 所示。

8）单击“注释”面板中的“多行文字”命令按钮 A，书写配电箱和配电柜的编号，效果如图 7-128 所示。

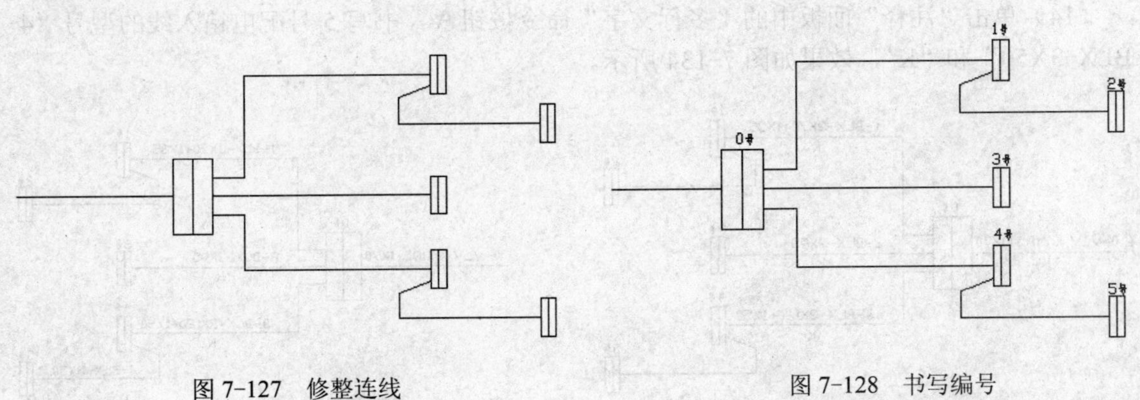


图 7-127 修整连线　图 7-128 书写编号

9）单击“注释”面板中的“多行文字”命令按钮 A，书写配电柜入线的型号“0-VLV 3X185+1X70”，效果如图 7-129 所示。

10）单击“注释”面板中的“多行文字”命令按钮 A，在导线下方书写配电柜入线的型号“K”，效果如图 7-130 所示。

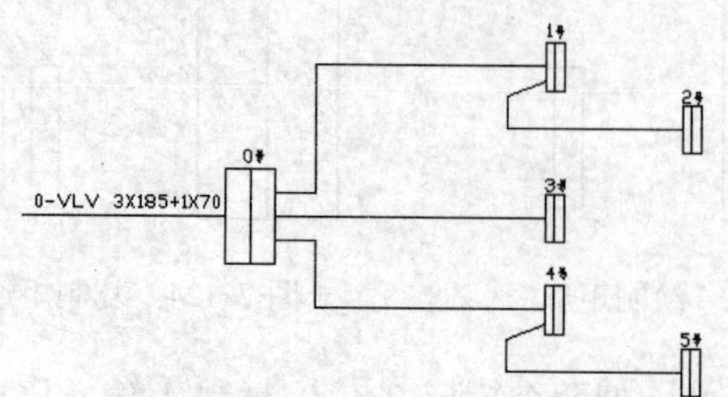


图 7-129 书写配电柜入线型号

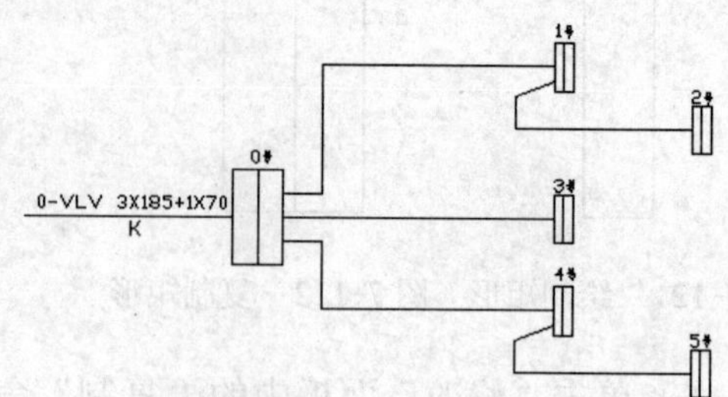


图 7-130 补写“K”

11）单击“注释”面板中的“多行文字”命令按钮 A，书写配电柜和 1 号配电箱之间连线的型号“1-BLX-3X70+1X35”和“K”，效果如图 7-131 所示。

12）单击“注释”面板中的“多行文字”命令按钮 A，书写 3 号配电箱入线的型号“2-BLX-3X95”和“K”，效果如图 7-132 所示。

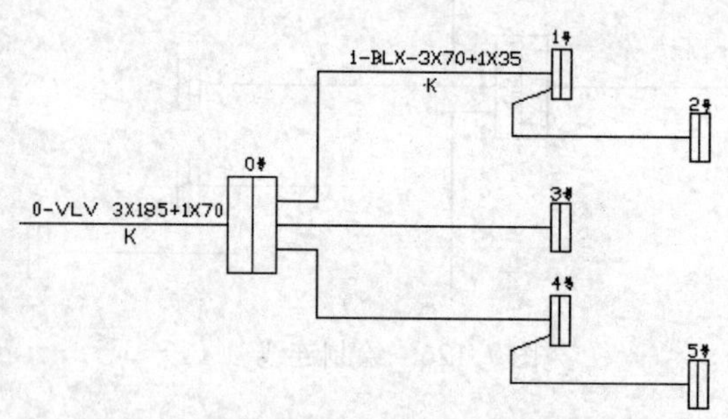


图 7-131 书写 1 号配电箱入线的型号

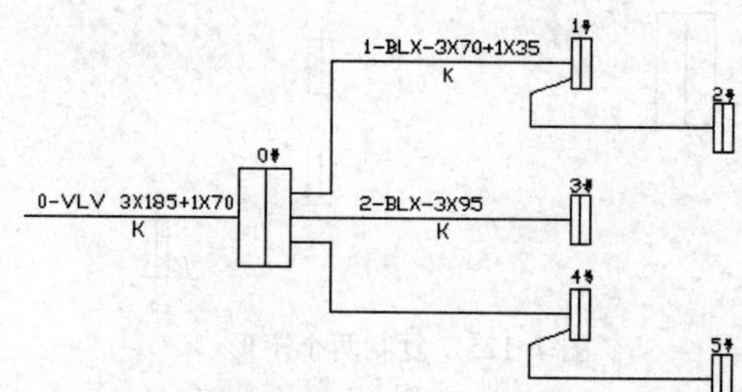


图 7-132 书写 3 号配电箱入线的型号

13）单击“注释”面板中的“多行文字”命令按钮 A，书写 4 号配电箱入线的型号“3-BLX-3X120+1X50”和“K”，效果如图 7-133 所示。

14）单击“注释”面板中的“多行文字”命令按钮 A，书写 5 号配电箱入线的型号“4-BLX-3X50”和“K”，效果如图 7-134 所示。

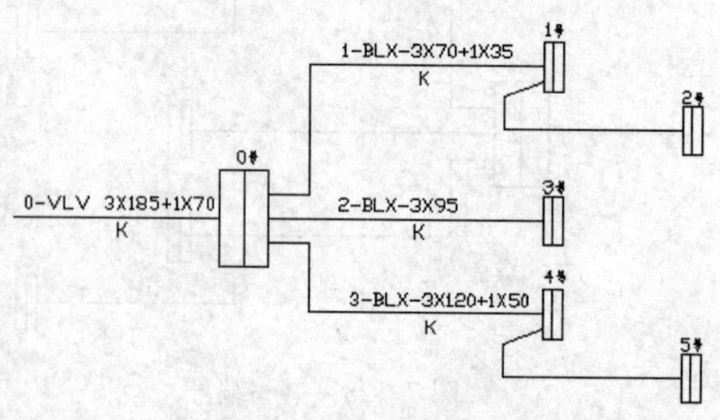


图 7-133 书写 4 号配电箱入线的型号

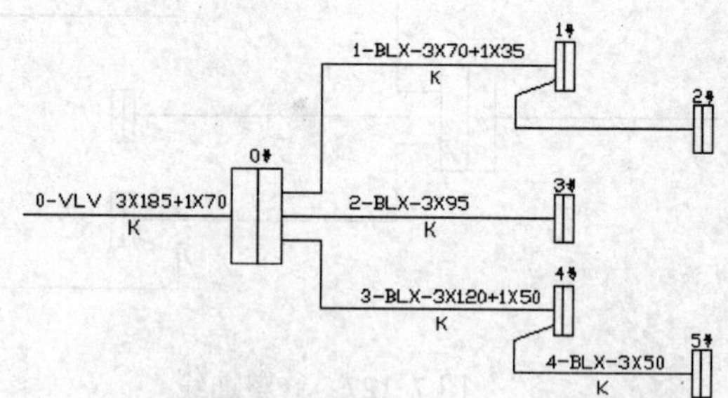


图 7-134 书写 5 号配电箱入线的型号

15）单击“注释”面板中的“多行文字”命令按钮 A，书写配电柜输入电源的参数“3N”和“380/220V”，效果如图 7-135 所示。

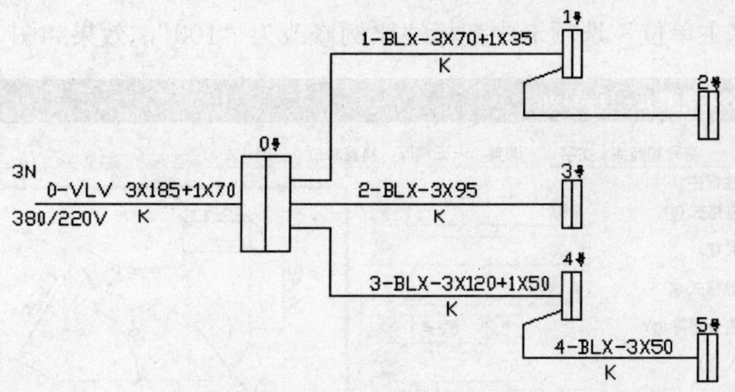


图 7-135　书写配电柜输入电源的参数

## 7.3　车间动力平面布置图

### 制作思路

动力线进入车间后，一般是沿墙壁布置线路，输送给各台机床使用。因此应该在车间建筑平面图中绘制车间动力平面布置图。本例先简单绘制建筑平面图，然后绘制电气图，最后标注电气图。

### 7.3.1　轴线与墙线

绘制步骤如下。

1）首先绘制轴线。单击“绘图”面板中的“直线”命令按钮，绘制长度为 60 的水平直线，然后单击“修改”面板中的“偏移”命令按钮，把该直线向上边偏移复制两份，复制距离为 90 和 190，效果如图 7-136 所示。

2）单击“绘图”面板中的“直线”命令按钮，绘制长度为 40 的垂直直线，效果如图 7-137 所示。

3）单击“修改”面板中的“偏移”命令按钮，把垂直直线向左边偏移复制 3 份，复制距离为 80、400 和 480，效果如图 7-138 所示。

图 7-136　绘制并偏移水平直线　　图 7-137　绘制垂直直线　　图 7-138　偏移垂直直线

4）单击“注释”选项卡，单击“标注”面板中的“标注样式”命令按钮，打开“标注样式管理器”对话框，单击“修改”按钮，打开“修改标注样式”对话框，单击“主单位”选项卡，在“主单位”选项卡中把标注比例修改为“100”，效果如图 7-139 所示。

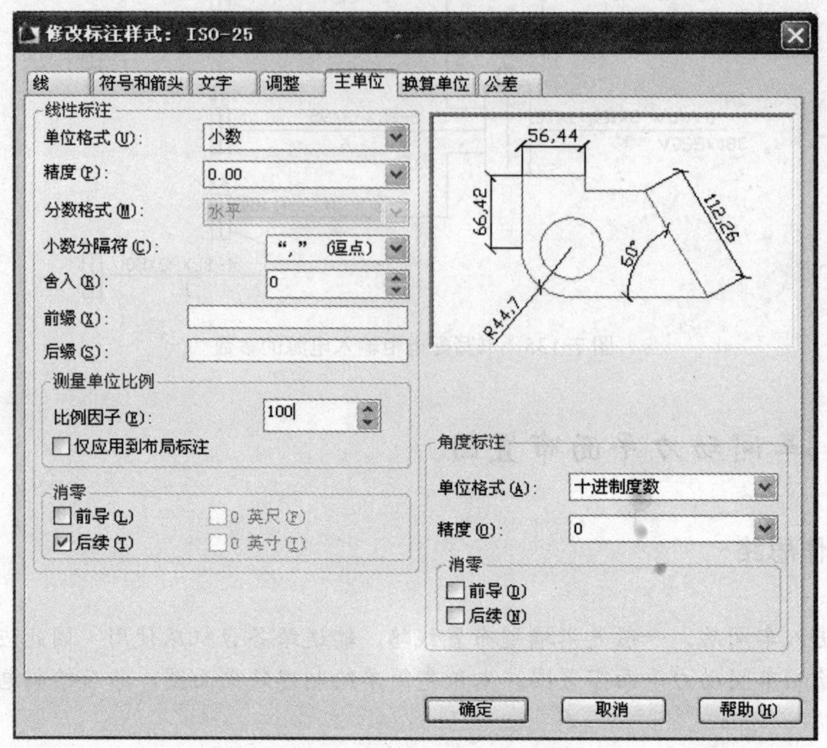


图 7-139　修改标注比例

5）单击“注释”面板中的“线性”标注命令按钮，标注轴线之间的距离，效果如图 7-140 所示。

6）然后绘制外墙线。单击“绘图”面板中的“矩形”命令按钮，绘制起点在最左边垂直轴线和最上边水平轴线之间交点，终点在右边第 2 条垂直轴线和最下边水平轴线之间交点的矩形，效果如图 7-141 所示。

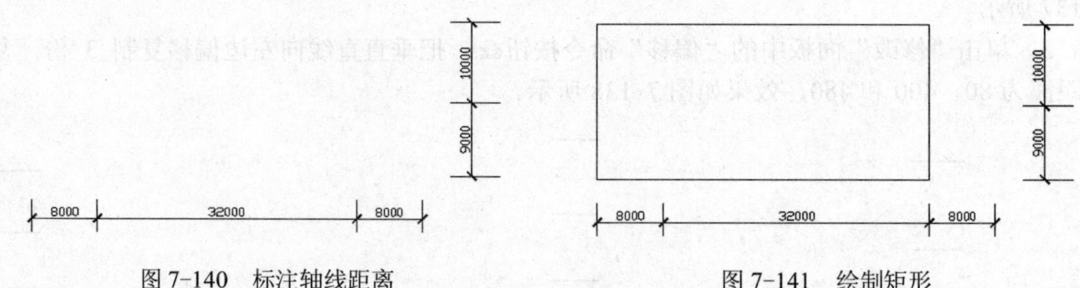


图 7-140　标注轴线距离　　图 7-141　绘制矩形

7）单击“修改”面板中的“偏移”命令按钮，把矩形向里边偏移复制 1 份，复制距离为 5，效果如图 7-142 所示。

8）单击“绘图”面板中的“矩形”命令按钮，绘制起点在如图 7-143 所示的交点，终点在最右边垂直轴线和中间水平轴线之间交点的矩形，效果如图 7-144 所示。

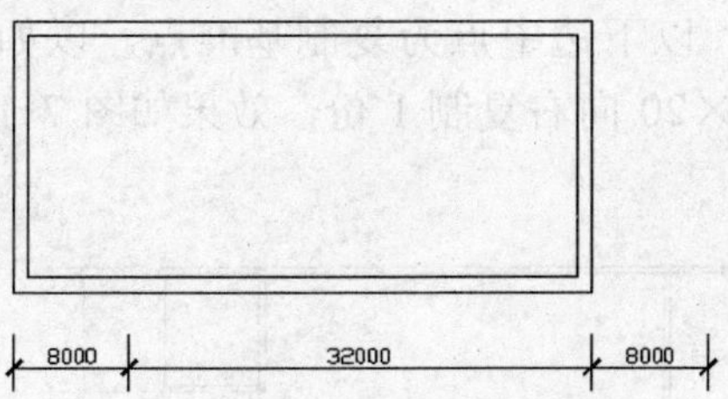

图 7-142 偏移复制矩形 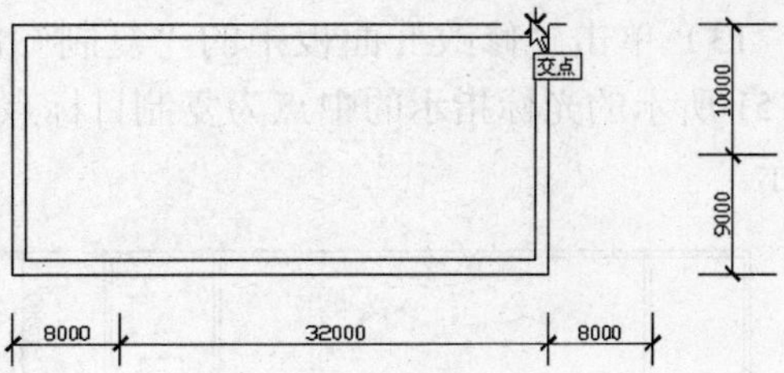　　　图 7-143 捕捉交点

9）单击“修改”面板中的“偏移”命令按钮，把矩形向里边偏移复制 1 份，复制距离为 5，效果如图 7-145 所示。

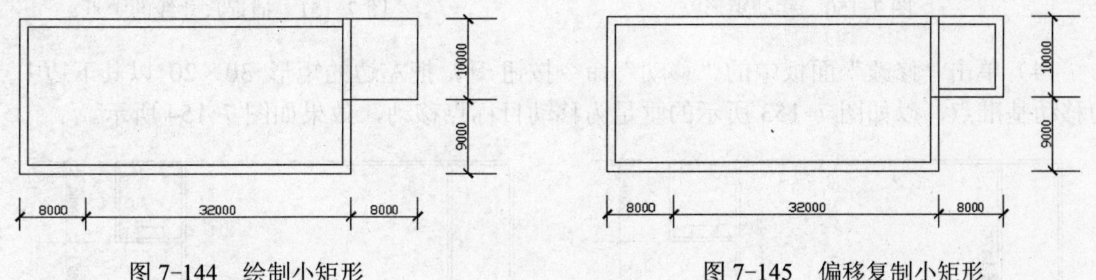


图 7-144 绘制小矩形　　　图 7-145 偏移复制小矩形

10）单击“绘图”面板中的“矩形”命令按钮，绘制起点在如图 7-146 所示的左边第 2 根垂直轴线与矩形交点的矩形-5×190，效果如图 7-147 所示。

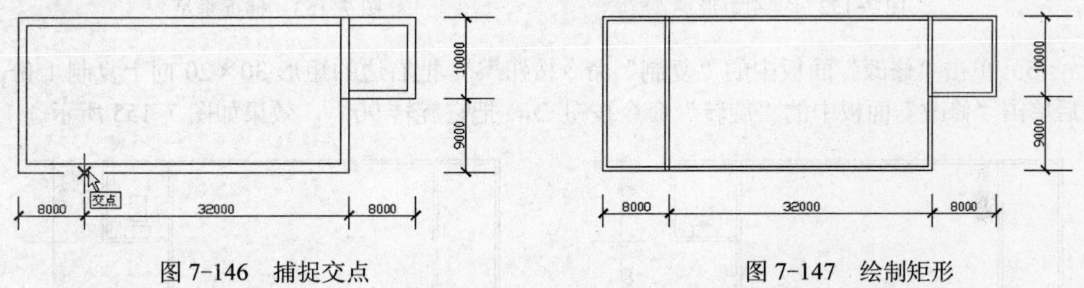


图 7-146 捕捉交点　　　图 7-147 绘制矩形

11）开始绘制门洞。单击“绘图”面板中的“矩形”命令按钮，绘制矩形 30×20，效果如图 7-148 所示。

12）单击“修改”面板中的“移动”命令按钮，把矩形 30×20 以其下边中点为移动基准点，以如图 7-149 所示的中点为移动目标点移动，效果如图 7-150 所示。

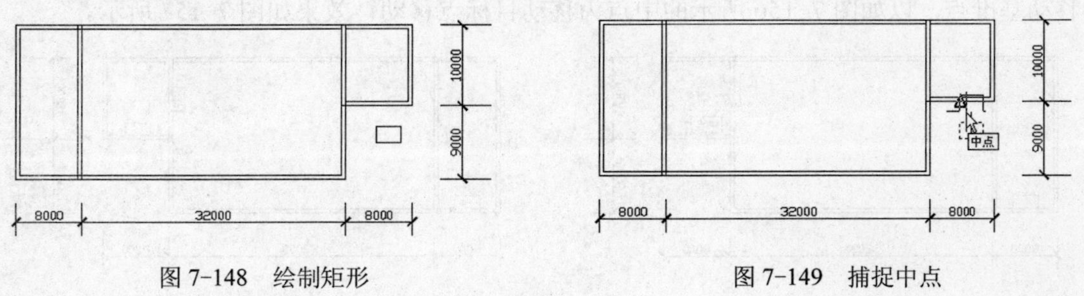


图 7-148 绘制矩形　　　图 7-149 捕捉中点

13）单击“修改”面板中的“复制”命令按钮，以下边中点为复制基准点，以如图 7-151 所示的光标指示的中点为复制目标点，把矩形 30×20 向右复制 1 份，效果如图 7-152 所示。

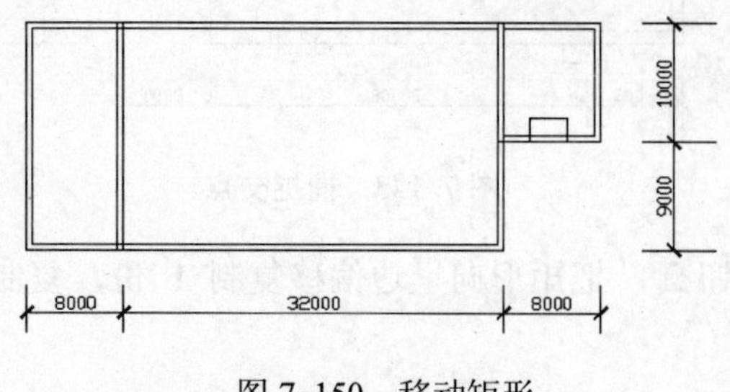


图 7-150　移动矩形

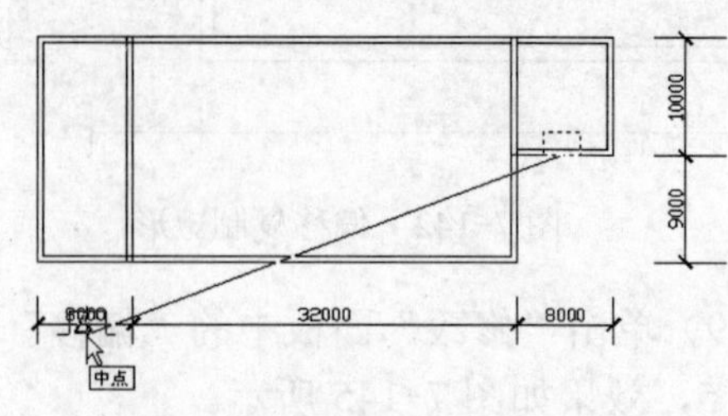


图 7-151　捕捉尺寸线的中点

14）单击“修改”面板中的“移动”命令按钮，把左边的矩形 30×20 以其下边中点为移动基准点，以如图 7-153 所示的垂足为移动目标点移动，效果如图 7-154 所示。

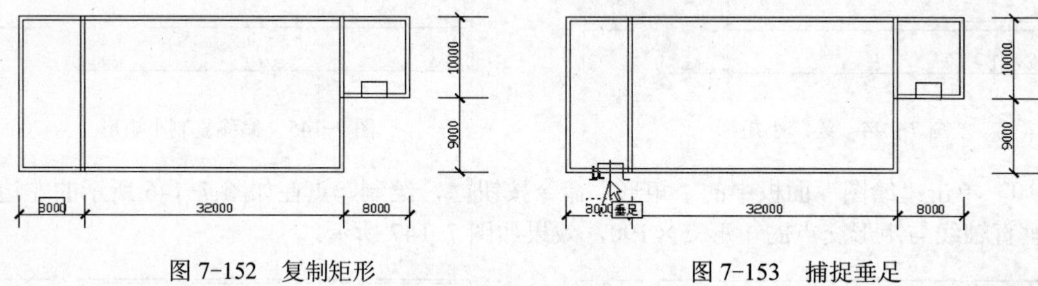


图 7-152　复制矩形　　图 7-153　捕捉垂足

15）单击“修改”面板中的“复制”命令按钮，把右边的矩形 30×20 向上复制 1 份，然后单击“修改”面板中的“旋转”命令按钮，把它旋转 90°，效果如图 7-155 所示。

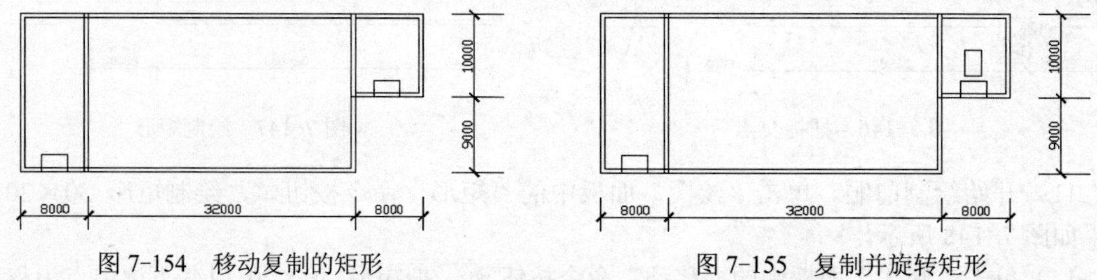


图 7-154　移动复制的矩形　　图 7-155　复制并旋转矩形

16）单击“修改”面板中的“移动”命令按钮，把旋转的矩形 30×20 以其右边中点为移动基准点，以如图 7-156 所示的中点为移动目标点移动，效果如图 7-157 所示。

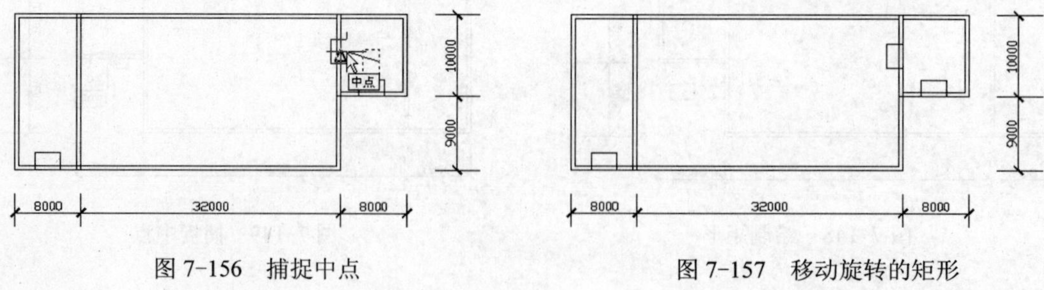


图 7-156　捕捉中点　　图 7-157　移动旋转的矩形

17）单击“修改”面板中的“修剪”命令按钮，以墙线为被修剪边，以 3 个矩形 30×20 为修剪边，修剪出门洞，结果如图 7-158 所示。

18）单击“修改”面板中的“修剪”命令按钮，以墙线本身为被修剪边，修剪掉墙线内的线头，结果如图 7-159 所示。

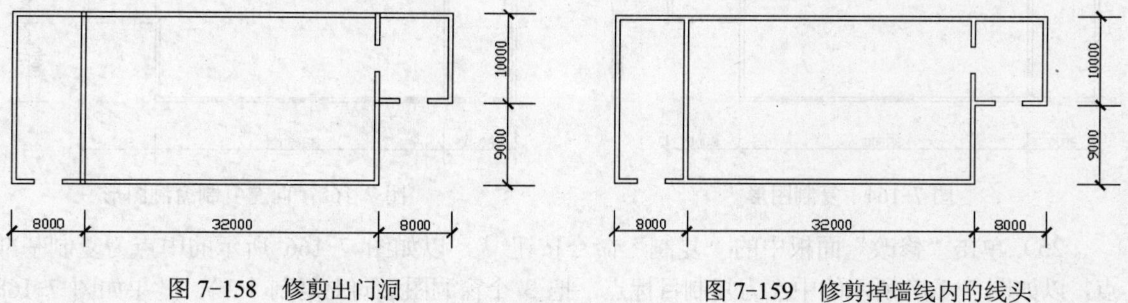


图 7-158　修剪出门洞　　　　图 7-159　修剪掉墙线内的线头

19）现在绘制窗线。单击“修改”面板中的“分解”命令按钮，把墙线分解成直线。

20）单击“绘图”面板中的“矩形”命令按钮，绘制矩形 60×5，效果如图 7-160 所示。

21）单击“绘图”面板中的“直线”命令按钮，绘制矩形 60×5 的左右两边中点的连线，效果如图 7-161 所示。

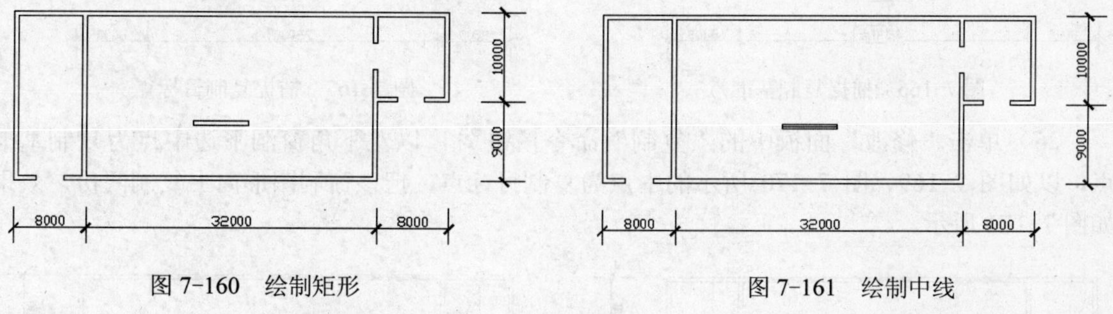


图 7-160　绘制矩形　　　　图 7-161　绘制中线

22）单击“修改”面板中的“移动”命令按钮，把矩形 60×5 和刚才绘制的中线以矩形 60×5 下底中点为移动基准点，以如图 7-162 所示的中点为移动目标点移动，效果如图 7-163 所示。

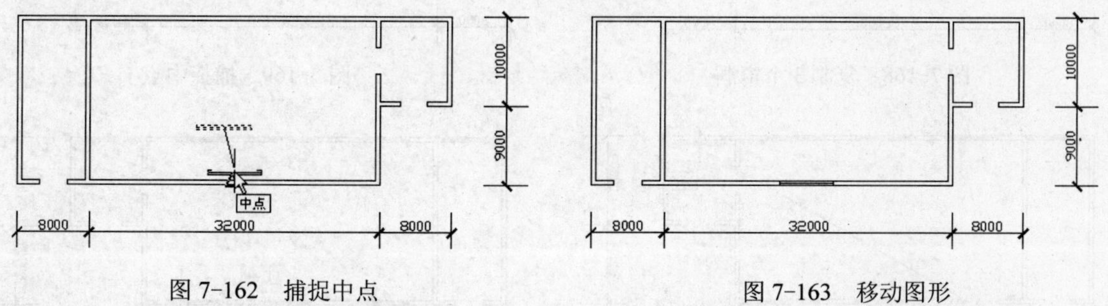


图 7-162　捕捉中点　　　　图 7-163　移动图形

23）单击“修改”面板中的“复制”命令按钮，把矩形 60×5 和中线向右复制 1 份，复制距离为 100，效果如图 7-164 所示。

24）单击“修改”面板中的“复制”命令按钮，把中间的窗洞图形向左复制 1 份，复制距离为 100，效果如图 7-165 所示。

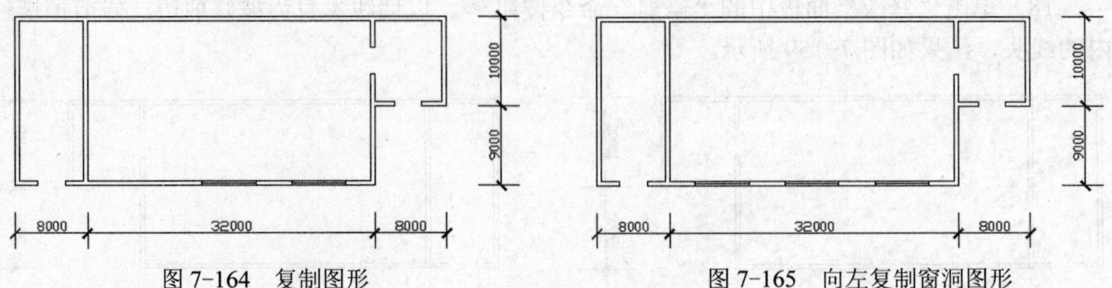


图 7-164　复制图形　　　　图 7-165　向左复制窗洞图形

25）单击“修改”面板中的“复制”命令按钮，以如图 7-166 所示的中点为复制基准点，以如图 7-167 所示的中点为复制目标点，把 3 个窗洞图形向上复制 1 份，效果如图 7-168 所示。

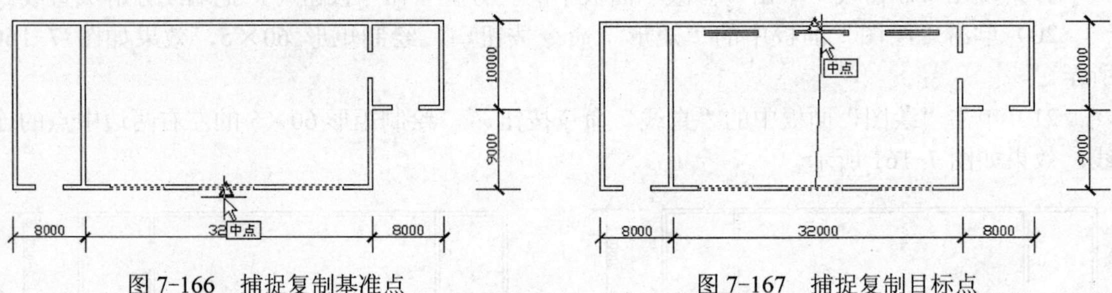


图 7-166　捕捉复制基准点　　　　图 7-167　捕捉复制目标点

26）单击“修改”面板中的“复制”命令按钮，以左下角窗洞下边中点为复制基准点，以如图 7-169、图 7-170 所示的中点为复制目标点，把该窗洞图形向上复制两份，效果如图 7-171 所示。

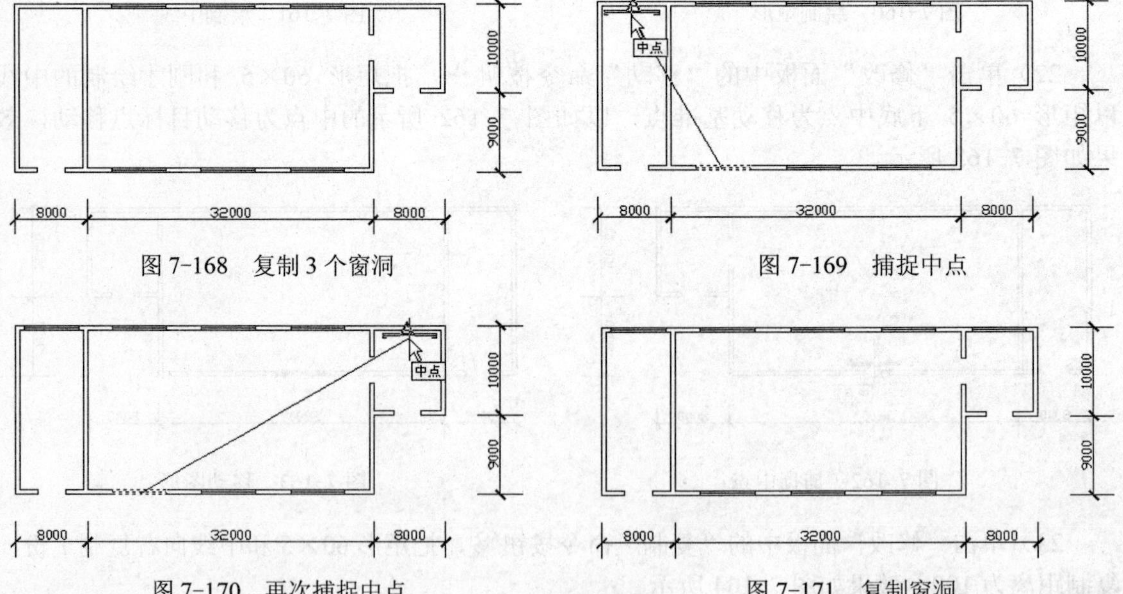


图 7-168　复制 3 个窗洞　　　　图 7-169　捕捉中点

图 7-170　再次捕捉中点　　　　图 7-171　复制窗洞

## ▷▷▷ 7.3.2 配电设计

绘制步骤如下。

1）在“图层”面板中单击“图层特性”命令按钮，设置使用蓝色直线的“电气”图层，并单击“置为当前”按钮，使它转入现役，如图 7-172 所示。

图 7-172 设置“电气”图层

2）使用剪贴板，从以前绘制过的图形中粘贴一个配电箱图形进来，并把它设置在如图 7-173 所示的位置上。

3）单击“修改”面板中的“复制”命令按钮，把配电箱图形向右复制两份，效果如图 7-174 所示。

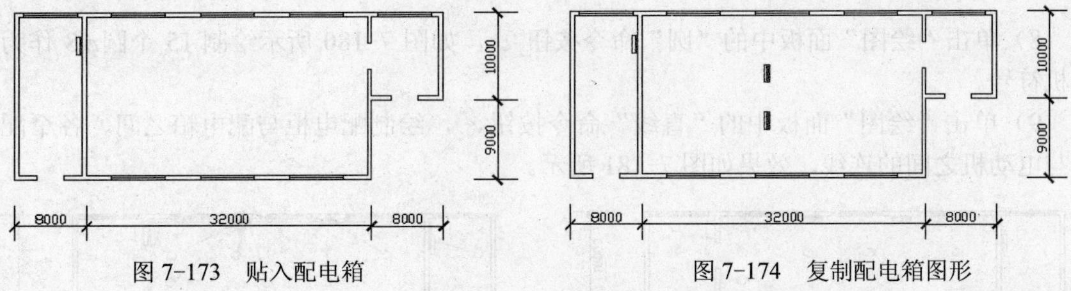


图 7-173 贴入配电箱　　　　图 7-174 复制配电箱图形

4）单击“修改”面板中的“旋转”命令按钮，把复制得到的上边配电箱图形旋转 90°，下边配电箱图形旋转-90°，效果如图 7-175 所示。

5）单击“修改”面板中的“复制”命令按钮，把旋转后的配电箱图形复制 1 份。然后单击“修改”面板中的“移动”命令按钮，把配电箱图形分别移动到上下墙边，效果如图 7-176 所示。

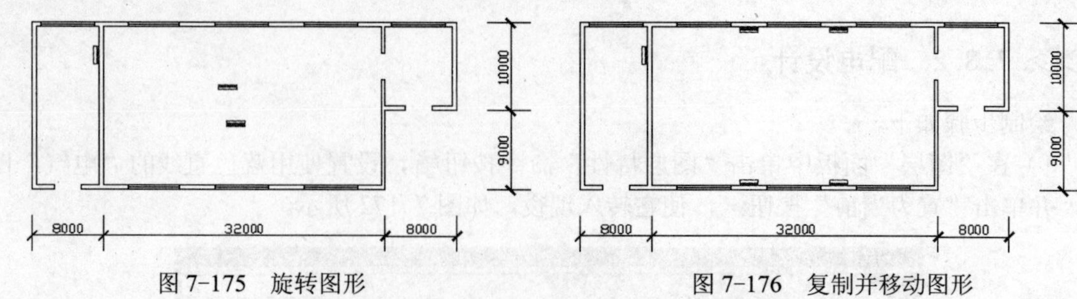


图 7-175　旋转图形　　　　图 7-176　复制并移动图形

6）绘制配电柜。单击“绘图”面板中的“矩形”命令按钮，绘制矩形 10×20，效果如图 7-177 所示。

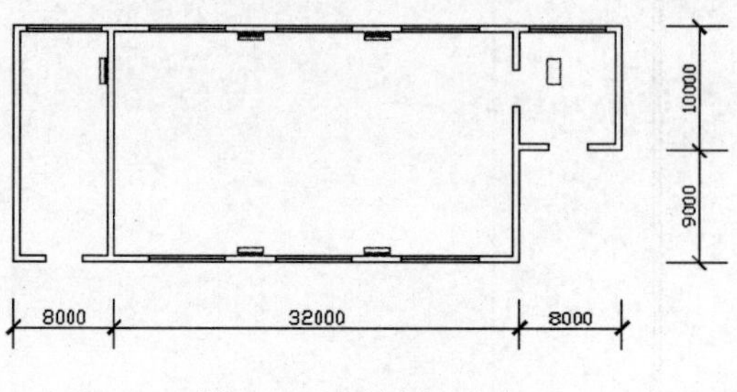


图 7-177　绘制配电柜

7）单击“修改”面板中的“移动”命令按钮，把矩形 10×20 以其左边中点为移动基准点，以如图 7-178 所示的中点为移动目标点移动，效果如图 7-179 所示。

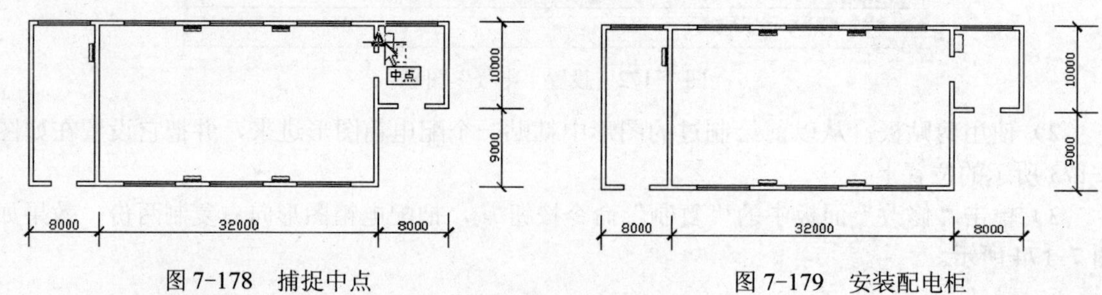


图 7-178　捕捉中点　　　　图 7-179　安装配电柜

8）单击“绘图”面板中的“圆”命令按钮，如图 7-180 所示绘制 15 个圆$\phi 8$ 作为电动机符号。

9）单击“绘图”面板中的“直线”命令按钮，绘制配电柜与配电箱之间、各个配电箱与电动机之间的连线，效果如图 7-181 所示。

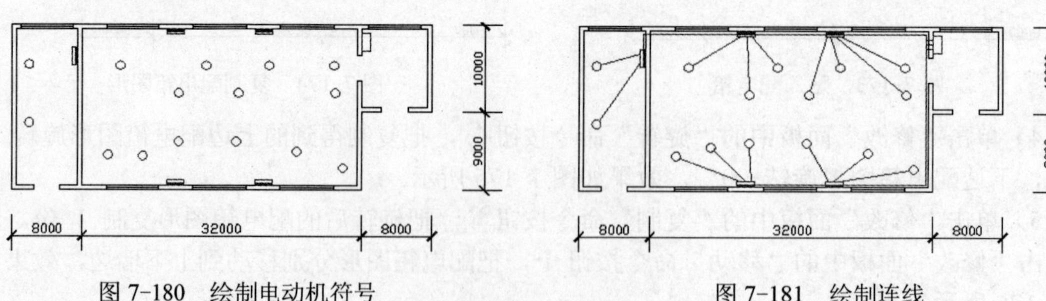


图 7-180　绘制电动机符号　　　　图 7-181　绘制连线

## ▷▷▷ 7.3.3　书写代号与型号

绘制步骤如下。

1）在“图层”面板中单击“图层特性”命令按钮，设置使用暗红色直线的“文字”图层，并单击“置为当前”按钮，使它转入现役，如图 7-182 所示。

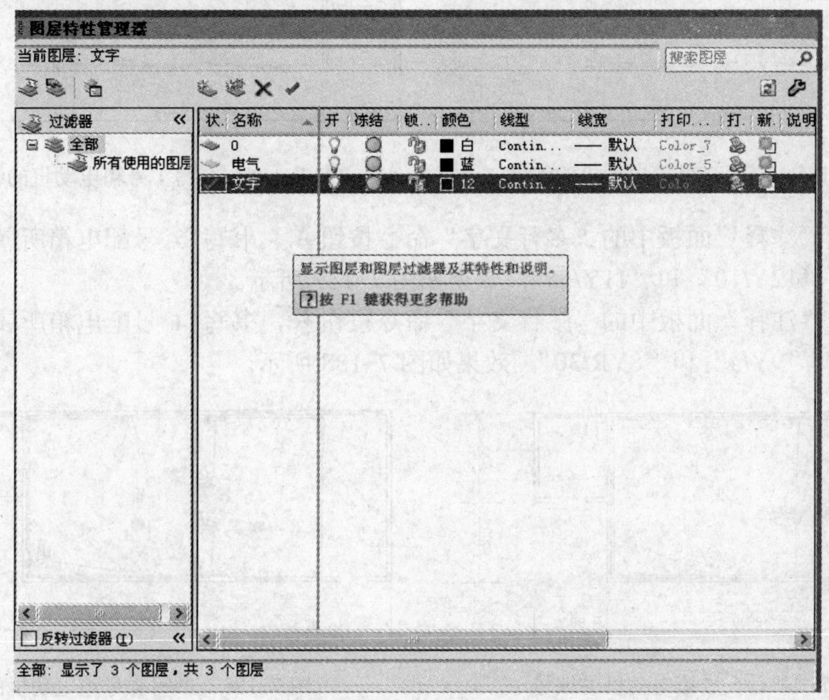


图 7-182　设置“文字”图层

2）单击“注释”面板中的“多行文字”命令按钮，书写配电箱和配电柜的编号，效果如图 7-183 所示。

3）单击“注释”面板中的“多行文字”命令按钮，书写左边工具间内两个电动机的编号“14Y/75”和“15Y/30”，效果如图 7-184 所示。

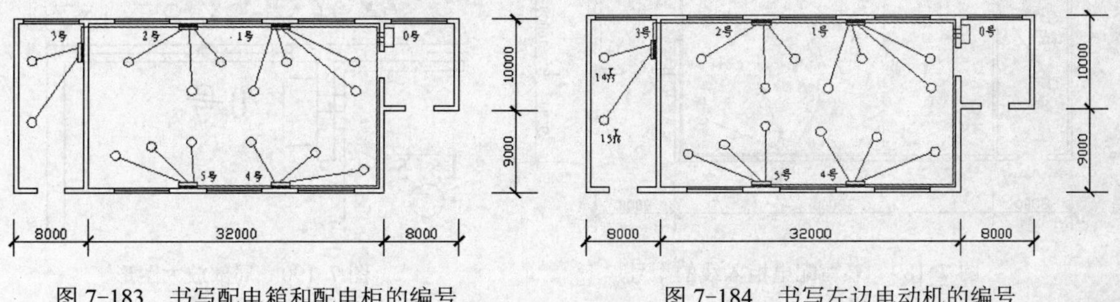


图 7-183　书写配电箱和配电柜的编号　　图 7-184　书写左边电动机的编号

4）单击“注释”面板中的“多行文字”命令按钮，书写 2 号配电箱所属电动机的编号“7Y/5.5”、“6Y/4”和“5Y/4”，效果如图 7-185 所示。

5）单击“注释”面板中的“多行文字”命令按钮A，书写 1 号配电箱所属电动机的编号“4YR/40”、“3Y/4”、“2Y/4”和“1Y/5.5”，效果如图 7-186 所示。

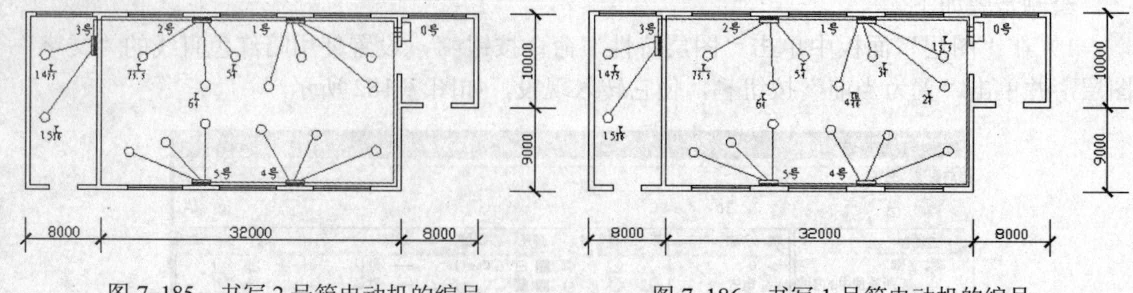

图 7-185　书写 2 号箱电动机的编号　　图 7-186　书写 1 号箱电动机的编号

6）单击“注释”面板中的“多行文字”命令按钮A，书写 5 号配电箱所属电动机的编号“13Y/3”、“12Y/10”和“11Y/55”，效果如图 7-187 所示。

7）单击“注释”面板中的“多行文字”命令按钮A，书写 4 号配电箱所属电动机的编号“10Y/55”、“9Y/4”和“8YR/30”，效果如图 7-188 所示。

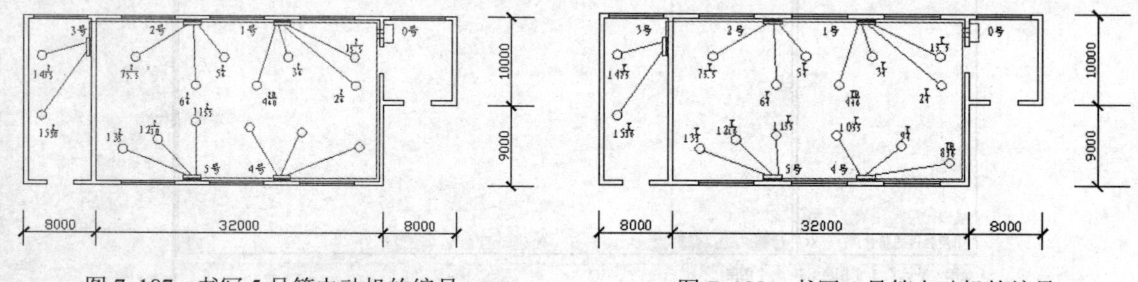

图 7-187　书写 5 号箱电动机的编号　　图 7-188　书写 4 号箱电动机的编号

8）单击“注释”面板中的“多行文字”命令按钮A，书写配电柜入线的型号“0-VLV 3X185+1X70”，效果如图 7-189 所示。

9）单击“实用程序”面板中的“窗口”命令按钮，局部放大图形的右上角，预备下一步操作，效果如图 7-190 所示。

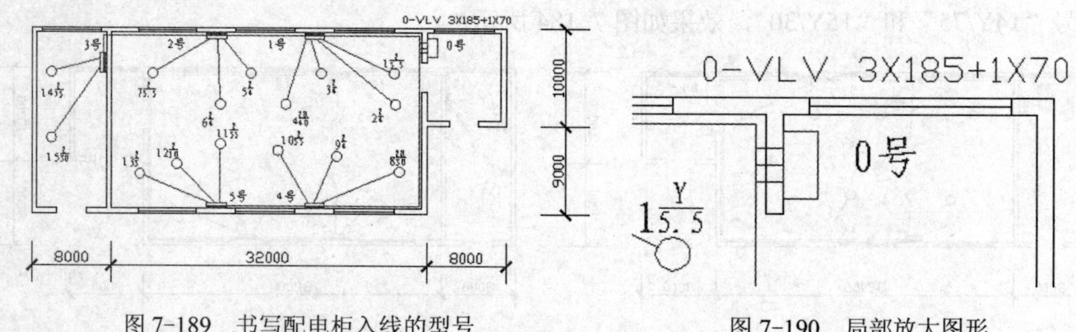


图 7-189　书写配电柜入线的型号　　图 7-190　局部放大图形

10）单击“绘图”面板中的“直线”命令按钮，绘制指向电缆的直线，效果如图 7-191 所示。

11）单击“绘图”面板中的“直线”命令按钮，绘制如图 7-192 所示的短直线。

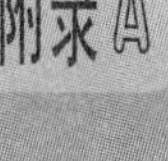

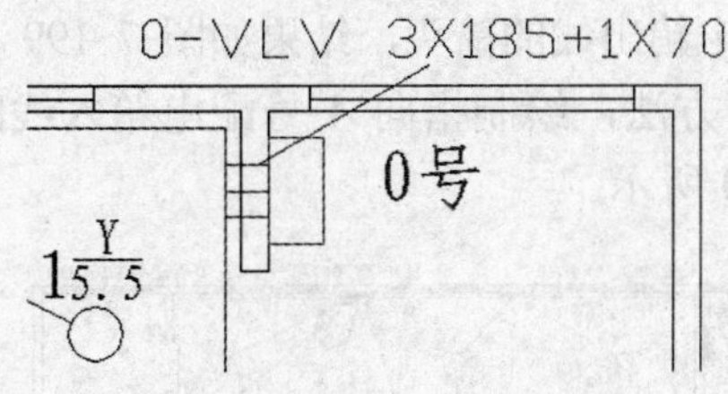


图 7-191　绘制指向电缆的直线

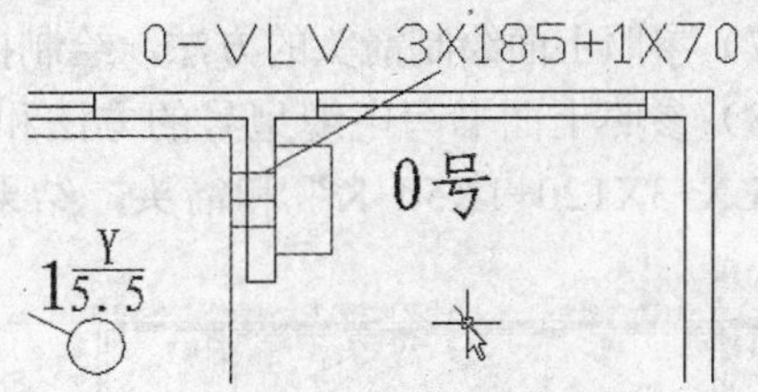


图 7-192　绘制短直线

12）单击“修改”面板中的“移动”命令按钮，把短直线以其中点为移动基准点，以如图 7-193 所示的端点为移动目标点移动，形成箭头，效果如图 7-194 所示。

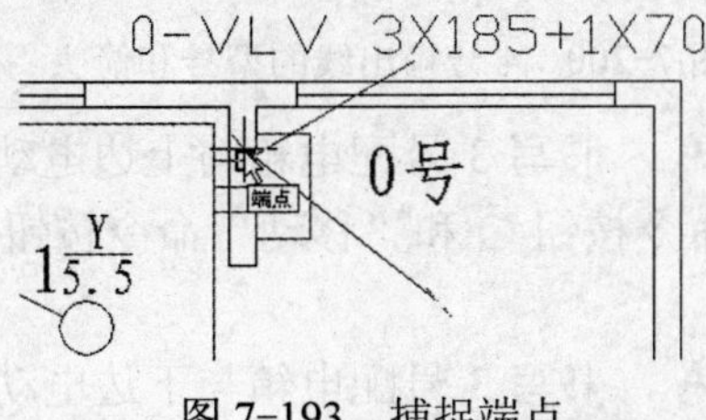


图 7-193　捕捉端点

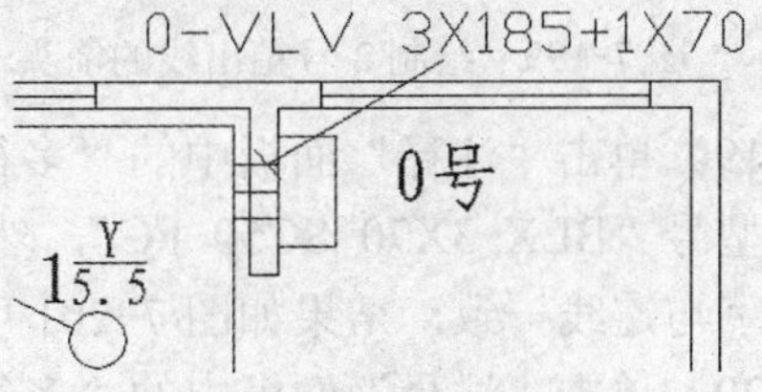


图 7-194　移动短直线

13）单击“平移”命令按钮，把图形向右边移动，预备下一步操作，结果如图 7-195 所示。

14）单击“注释”面板中的“多行文字”命令按钮，书写 1 号配电箱出线的型号“1-BLX-3X70+1X35- K”，结果如图 7-196 所示。

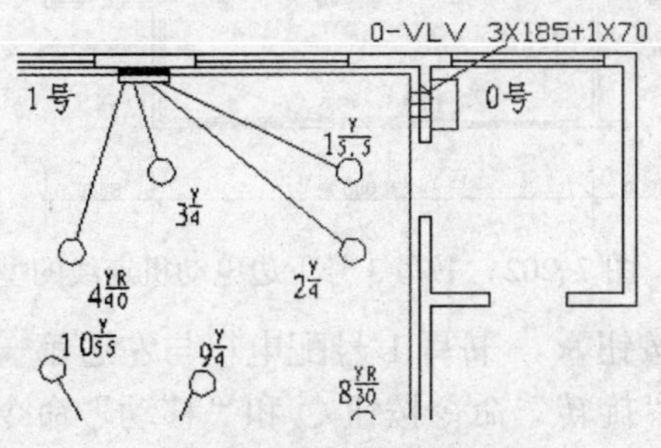


图 7-195　移动图形

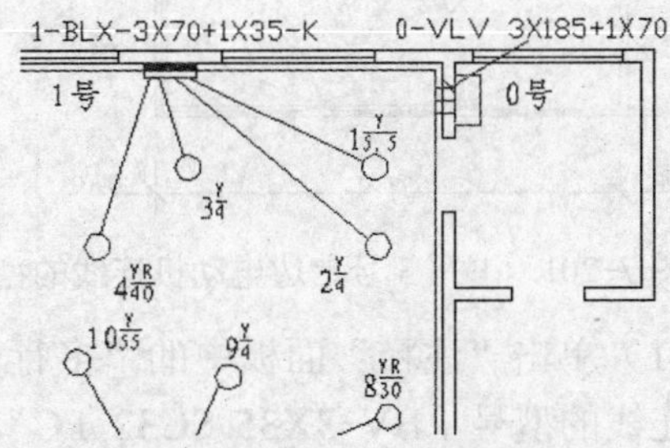


图 7-196　书写 1 号配电箱出线的型号

15）参照上面绘制箭头的方法，绘制指向 1 号配电箱出线的箭头，结果如图 7-197 所示。

16）单击“注释”面板中的“多行文字”命令按钮，书写 2 号配电箱出线的型号，结果如图 7-198 所示。

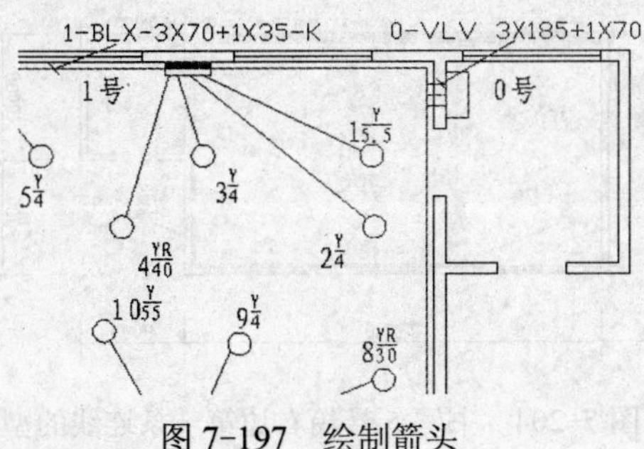


图 7-197　绘制箭头

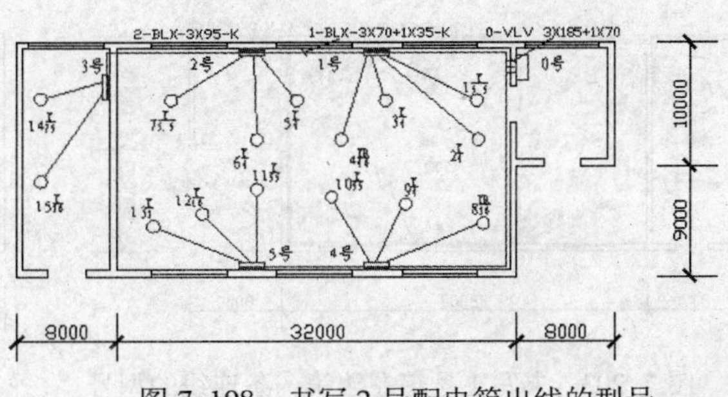


图 7-198　书写 2 号配电箱出线的型号

17）参照上面绘制箭头的方法，绘制指向 2 号配电箱出线的箭头，结果如图 7-199 所示。

18）参照上面书写电缆型号的方法和绘制箭头的方法，绘制指向 4 号配电箱入线的型号“3-BLX-3X120+1X50-K”和箭头，结果如图 7-200 所示。

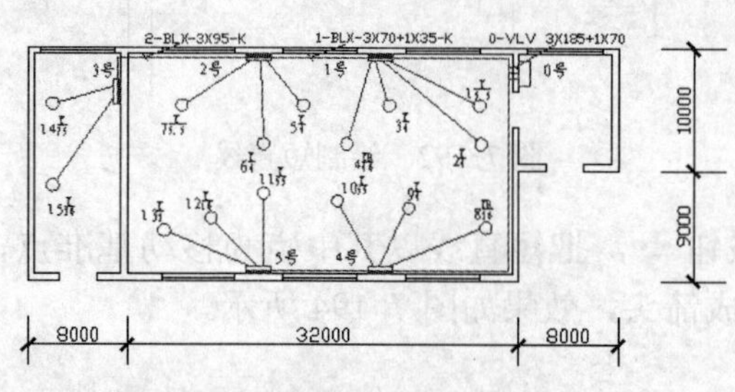


图 7-199　绘制 2 号箱出线的箭头

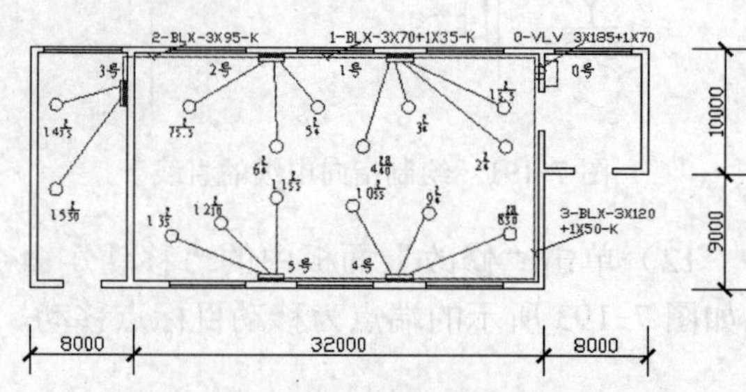


图 7-200　4 号箱出线的型号和箭头

19）单击“注释”面板中的“多行文字”命令按钮A，书写 3 号配电箱与上边电动机连线的型号“BLX-3X70 SC50-FC”，然后使用“旋转”命令按钮和“移动”命令按钮，使文字与连线一致，结果如图 7-201 所示。

20）单击“注释”面板中的“多行文字”命令按钮A，书写 3 号配电箱与下边电动机连线的型号“BLX-3X25SC32-FC”，然后使用“旋转”命令按钮和“移动”命令按钮，使文字与连线一致，结果如图 7-202 所示。

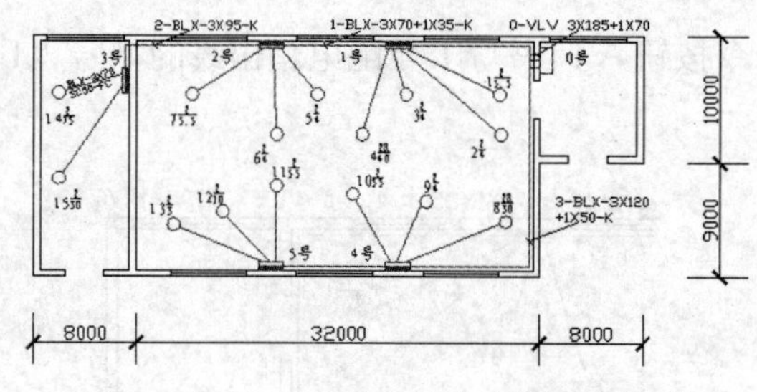


图 7-201　书写 3 号上边电动机连线的型号

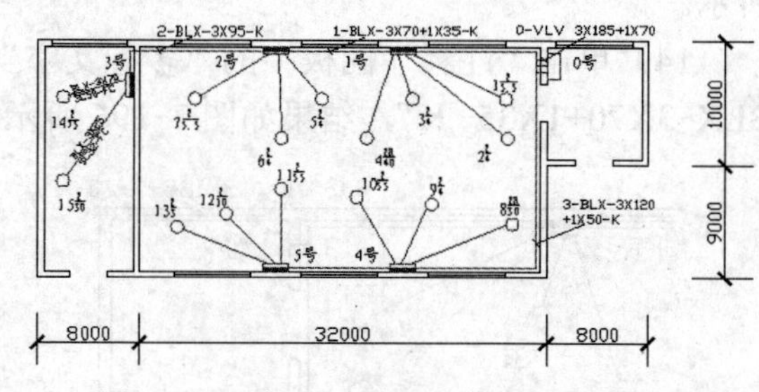


图 7-202　书写 3 号下边电动机连线的型号

21）单击“注释”面板中的“多行文字”命令按钮A，书写 1 号配电箱与左边第一个电动机连线的型号“BV-3X35 SC32-FC”，然后使用“旋转”命令按钮和“移动”命令按钮，使文字与连线一致，结果如图 7-203 所示。

22）单击“注释”面板中的“多行文字”命令按钮A，书写 5 号配电箱与右边第一个电动机连线的型号“BLX-3X50 SC40-FC”，然后使用“旋转”命令按钮和“移动”命令按钮，使文字与连线一致，结果如图 7-204 所示。

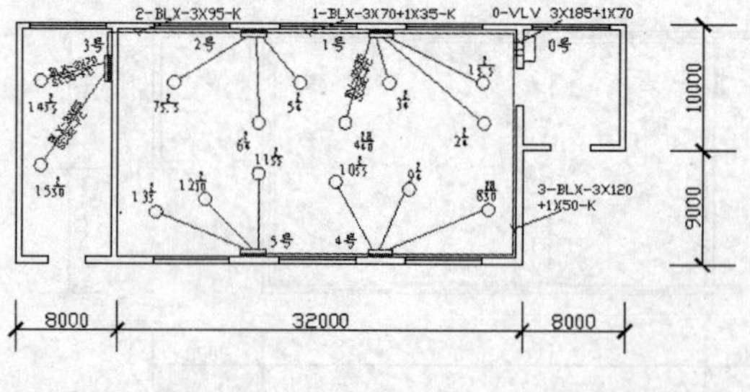


图 7-203　书写 1 号箱左边第一条连线的型号

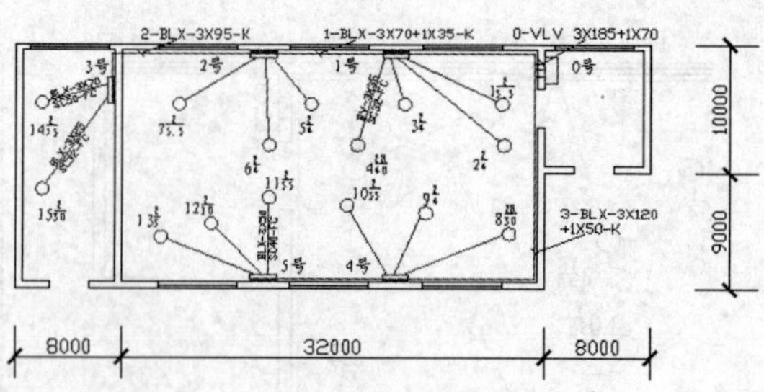


图 7-204　书写 5 号箱右边第一条连线的型号

23）单击“注释”面板中的“多行文字”命令按钮A，书写 4 号配电箱与左边第一个电动机连线的型号“BLX-3X50 SC40-FC”，然后使用“旋转”命令按钮和“移动”命令按钮，使文字与连线一致，结果如图 7-205 所示。

24）单击“注释”面板中的“多行文字”命令按钮A，书写 4 号配电箱与右边第一个电机连线的型号“BLX-3X25 SC32-FC”，然后使用“旋转”命令按钮和“移动”命令按钮，使文字与连线一致，结果如图 7-206 所示。

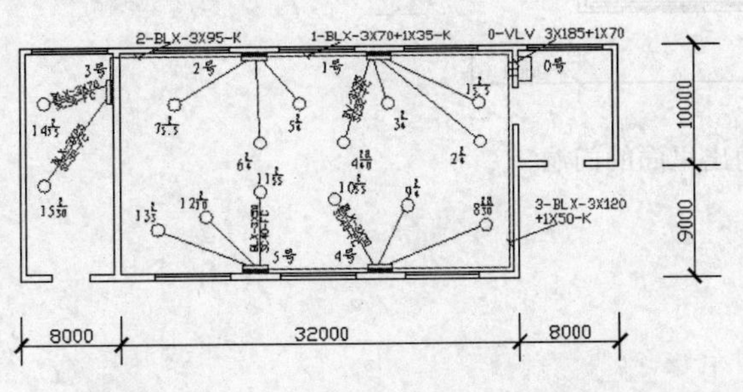


图 7-205 书写 4 号箱左边第一条连线的型号

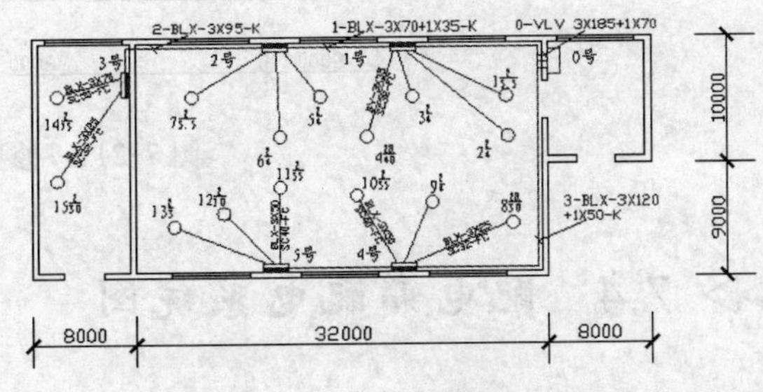


图 7-206 书写 4 号箱右边第一条连线的型号

25）如图 7-207 所示，在“图层”面板中的“图层控制”下拉列表框中选择“0”图层，使其转入现役图层。

26）单击“绘图”面板中的“矩形”命令按钮，绘制矩形 30×30，效果如图 7-208 所示。

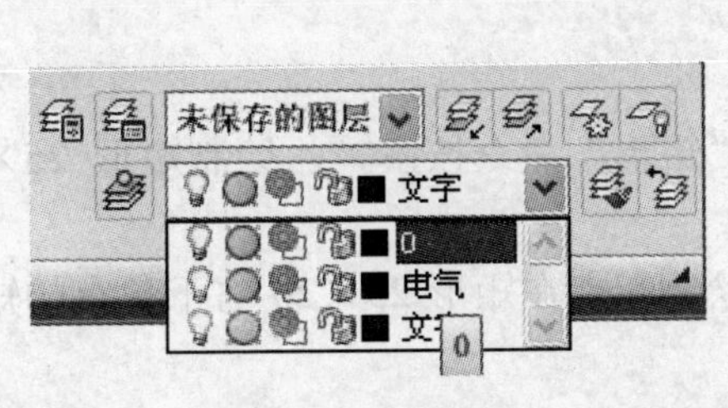


图 7-207 选择图层

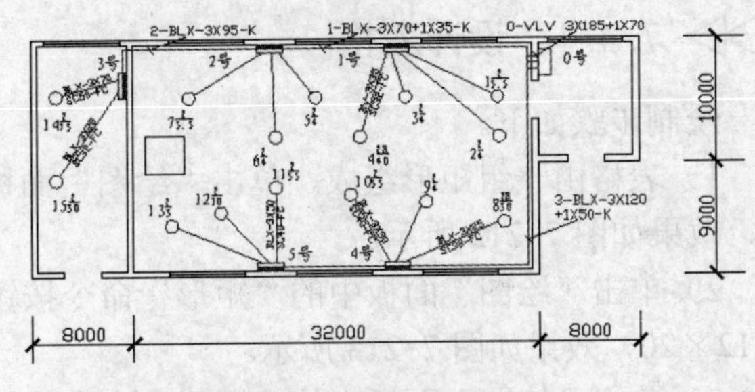


图 7-208 绘制矩形

27）单击“修改”面板中的“移动”命令按钮，把矩形 30×30 以其左边中点为移动基准点，以如图 7-209 所示的中点为移动目标点移动，效果如图 7-210 所示。

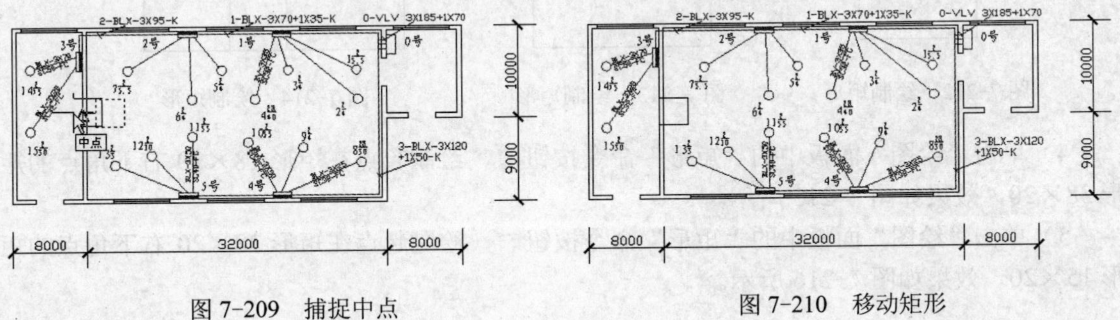


图 7-209 捕捉中点　　　图 7-210 移动矩形

28）单击“修改”面板中的“修剪”命令按钮，使用矩形 30×30 修剪出里面的门洞，结果如图 7-211 所示。

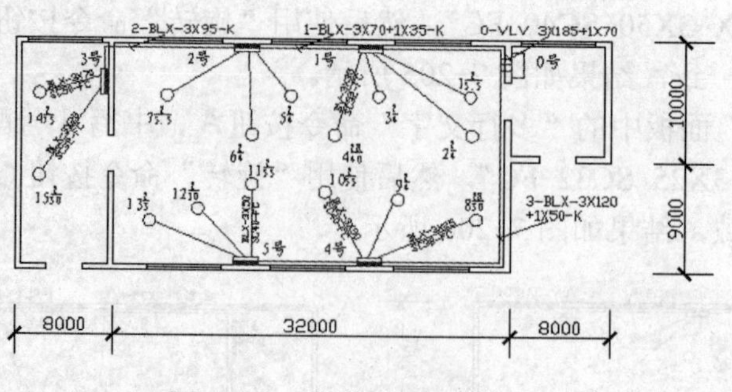

图 7-211　修剪出里面的门洞

## 7.4　配电箱配电系统图

### 制作思路

单个配电箱所服务的用电设备数量少，配电系统图比较简单，甚至可以把它与表格结合在一起绘制，更加清晰地表明设计意图。本例首先绘制表格，然后绘制电气图，最后标注电气图即可。

### 7.4.1　设计表格

绘制步骤如下。

1）表格由一组矩形组成。单击“绘图”面板中的“矩形”命令按钮，绘制矩形 25×20，效果如图 7-212 所示。

2）单击“绘图”面板中的“矩形”命令按钮，绘制起点在矩形 25×20 右下角点的矩形 12×20，效果如图 7-213 所示。

3）单击“绘图”面板中的“矩形”命令按钮，绘制起点在矩形 12×20 右下角点的矩形 18×20，效果如图 7-214 所示。

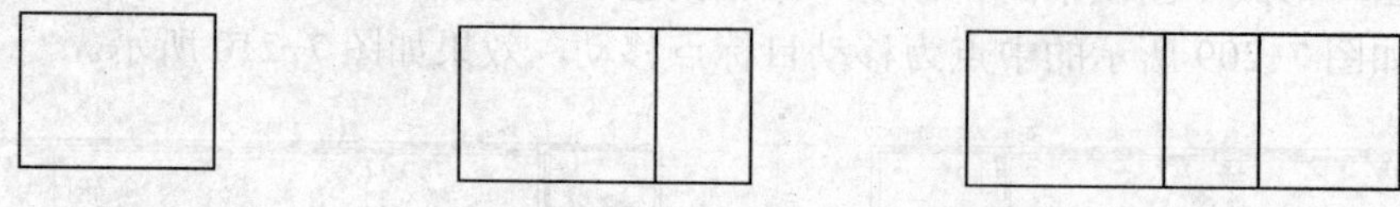

图 7-212　绘制矩形　　图 7-213　绘制矩形　　图 7-214　绘制矩形

4）单击“绘图”面板中的“矩形”命令按钮，绘制起点在矩形 18×20 右下角点的矩形 38×20，效果如图 7-215 所示。

5）单击“绘图”面板中的“矩形”命令按钮，绘制起点在矩形 38×20 右下角点的矩形 15×20，效果如图 7-216 所示。

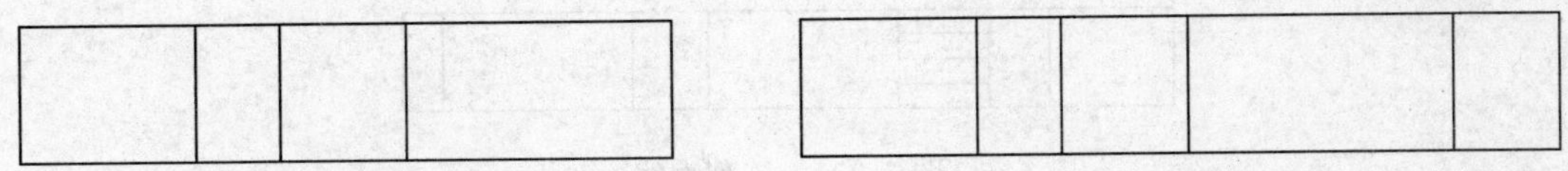

图 7-215　绘制矩形　　　　图 7-216　绘制矩形

6）单击“绘图”面板中的“矩形”命令按钮，绘制起点在矩形 15×20 右下角点的矩形 38×20，效果如图 7-217 所示。

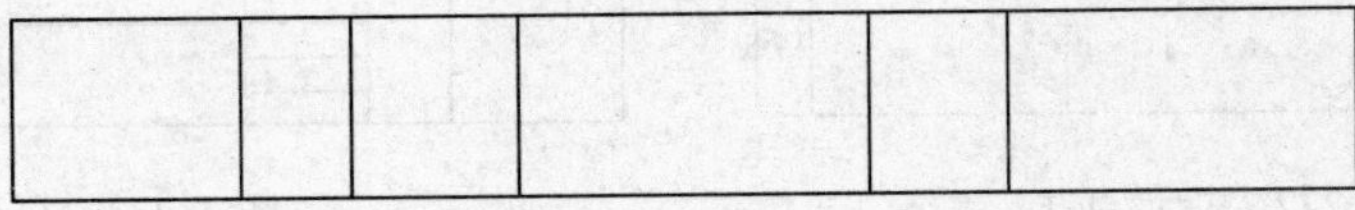

图 7-217　绘制矩形

7）单击“绘图”面板中的“矩形”命令按钮，绘制起点在矩形 38×20 右下角点的矩形 8×20，效果如图 7-218 所示。

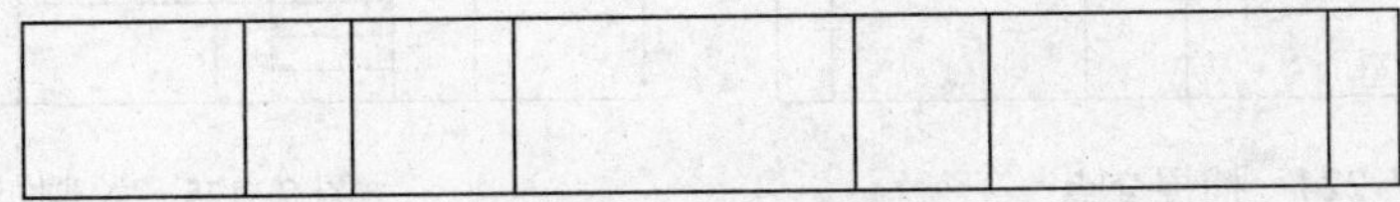

图 7-218　绘制矩形

8）单击“修改”面板中的“分解”命令按钮，把如图 7-219 所示的矩形 18×20 分解成 4 条直线。

图 7-219　指示矩形

9）单击“修改”面板中的“阵列”命令按钮，屏幕出现如图 7-220 所示的“阵列”对话框，填好各项数值。把矩形 18×20 分解后得到的下边向上阵列 4 行，行距为 5，效果如图 7-221 所示。

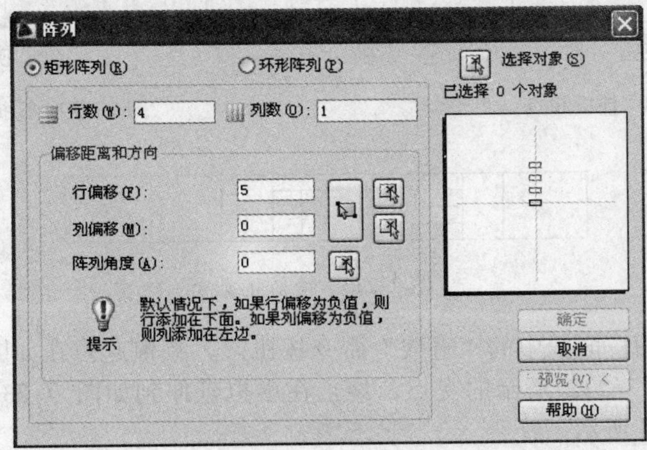


图 7-220　“阵列”对话框

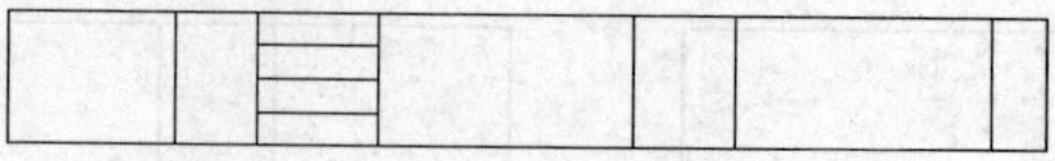

图 7-221　阵列直线

10）单击“修改”面板中的“延伸”命令按钮，以如图 7-222 所示的虚线矩形为延伸边界线，延伸光标捕捉的直线，效果如图 7-223 所示。

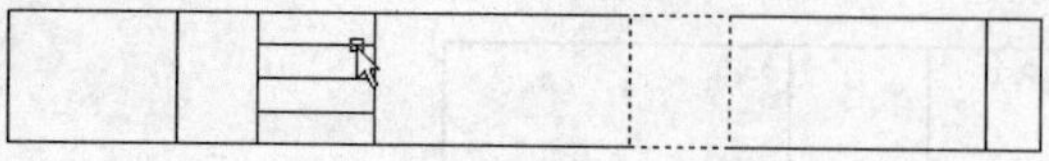

图 7-222　指示直线

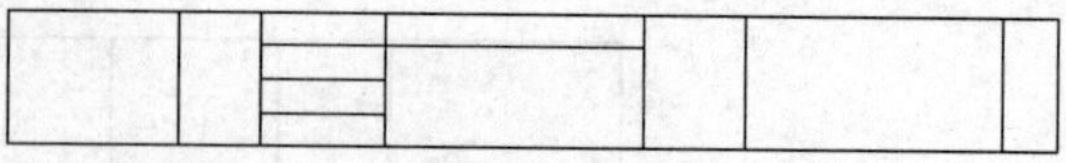

图 7-223　延伸直线

11）单击“绘图”面板中的“矩形”命令按钮，绘制起点在如图 7-224 所示的交点的矩形 8.5×(-15)，效果如图 7-225 所示。

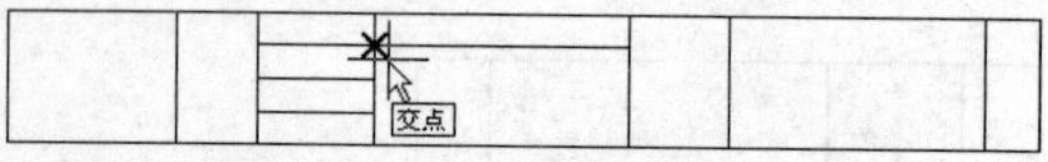

图 7-224　捕捉交点

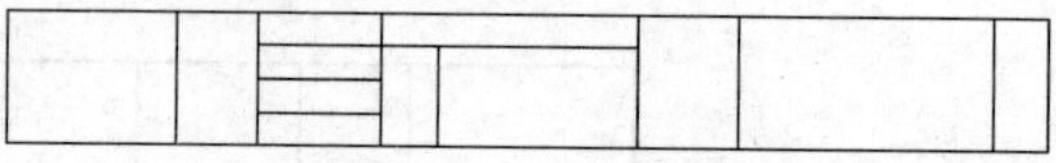

图 7-225　绘制矩形

12）单击“修改”面板中的“复制”命令按钮，以矩形 8.5×(-15)右上角点为复制基准点，以如图 7-226 所示的端点为复制目标点，把矩形 8.5×(-15)向右复制一份，效果如图 7-227 所示。

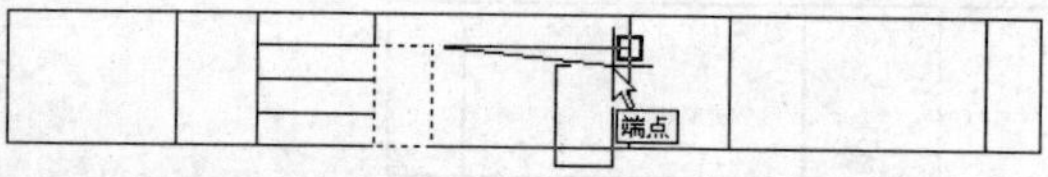

图 7-226　捕捉端点

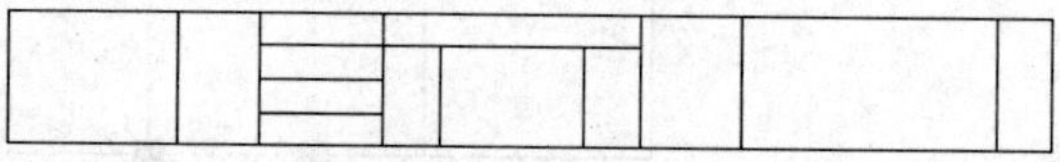

图 7-227　复制矩形

13）单击“绘图”面板中的“直线”命令按钮，绘制起点在如图 7-228 所示的中点，终点在如图 7-229 所示的中点的直线，效果如图 7-230 所示。

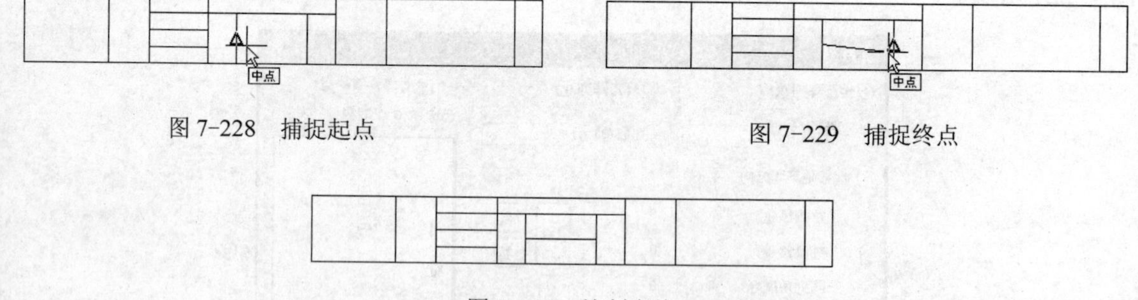


图 7-228　捕捉起点

图 7-229　捕捉终点

图 7-230　绘制直线

14）单击“绘图”面板中的“直线”命令按钮，绘制起点在如图 7-231 所示的直线虚拟延伸到如图 7-232 所示的交点，终点在虚拟延伸到如图 7-233 所示的交点的直线，效果如图 7-234 所示。

图 7-231　指示直线

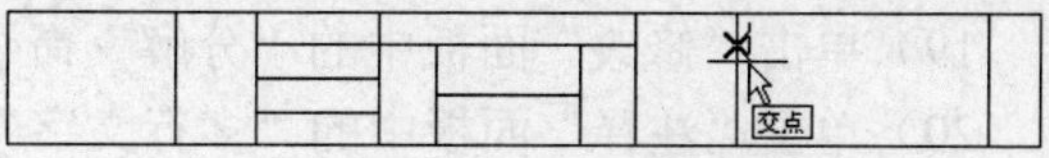

图 7-232　绘制直线的起点

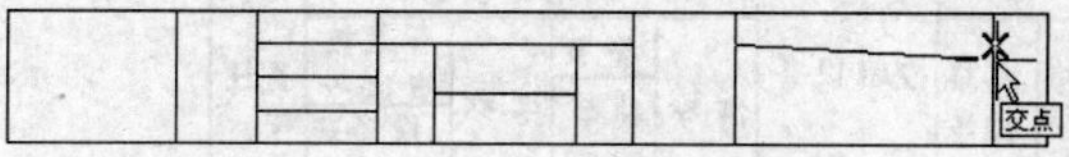

图 7-233　绘制直线的终点

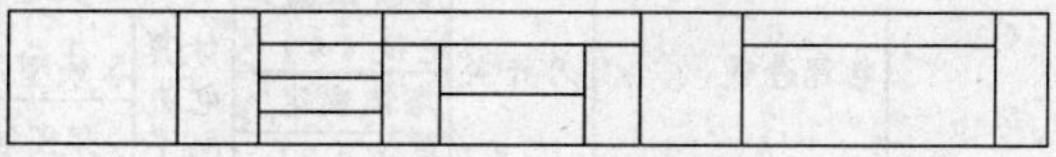

图 7-234　绘制直线

15）单击“修改”面板中的“复制”命令按钮，以如图 7-235 所示的矩形 8.5×(-15)左上端点为复制基准点，刚才绘制的直线左端点为复制目标点，把矩形 8.5×(-15)向右复制 1 份，效果如图 7-236 所示。

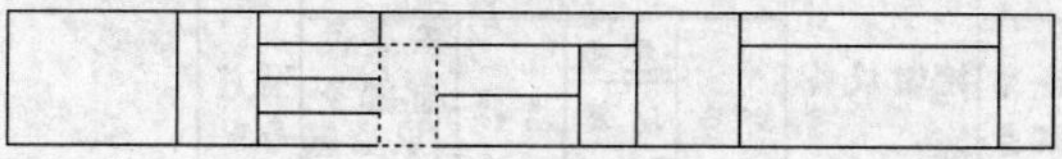

图 7-235　指示矩形

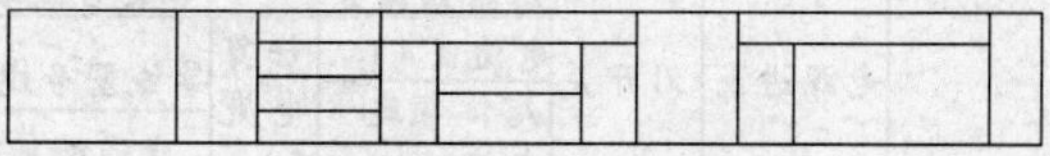

图 7-236　复制矩形

16）单击“修改”面板中的“阵列”命令按钮，把矩形 8.5×(-15)向右阵列 2 个，阵列距离为 8.5，效果如图 7-237 所示。

17）单击“绘图”面板中的“直线”命令按钮，绘制起点在如图 7-238 所示的中点，终点在如图 7-239 所示的垂足的直线，效果如图 7-240 所示。

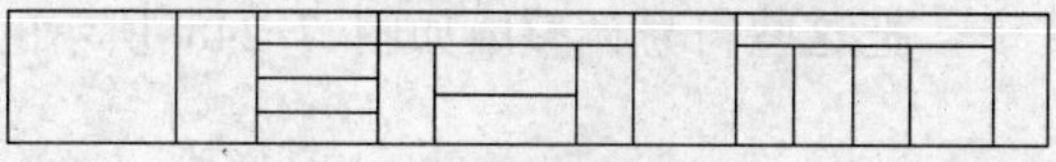

图 7-237　阵列矩形

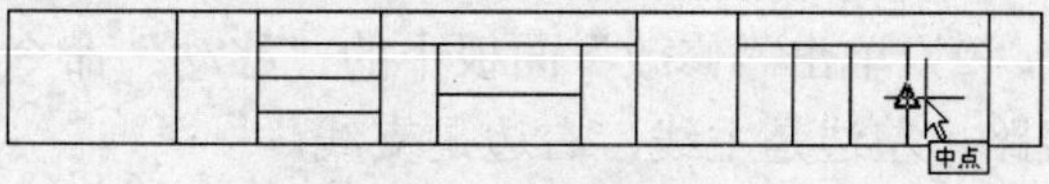

图 7-238　捕捉起点

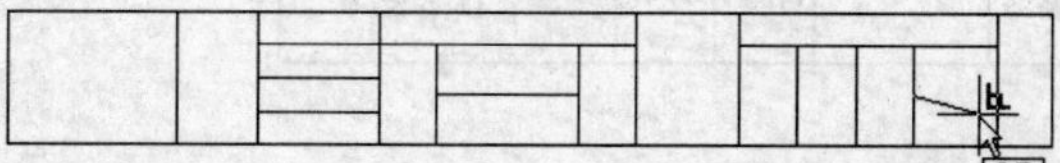

图 7-239　捕捉垂足

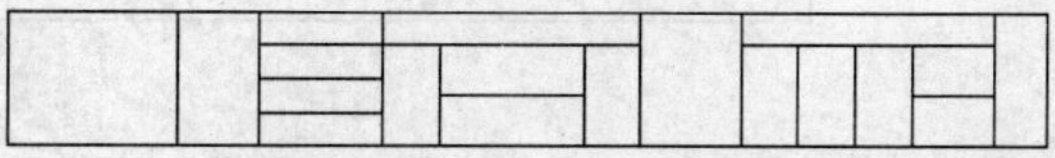

图 7-240　绘制直线

18）单击“绘图”面板中的“直线”命令按钮，绘制起点在如图 7-241 所示的直线虚拟延伸到如图 7-242 所示的交点，终点在如图 7-243 所示的垂足的直线，效果如图 7-244 所示。

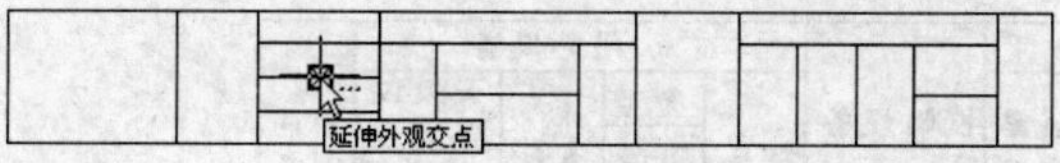

图 7-241　指示直线

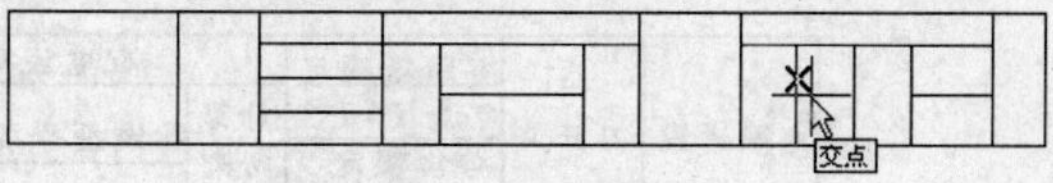

图 7-242　捕捉交点

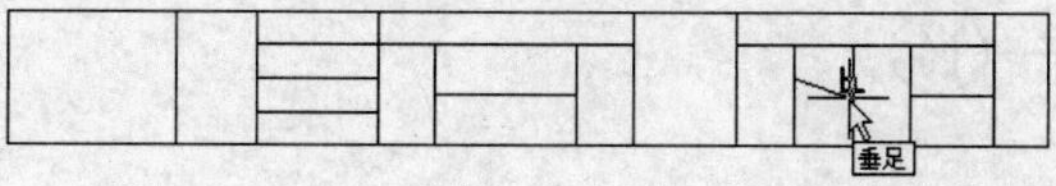

图 7-243　捕捉垂足

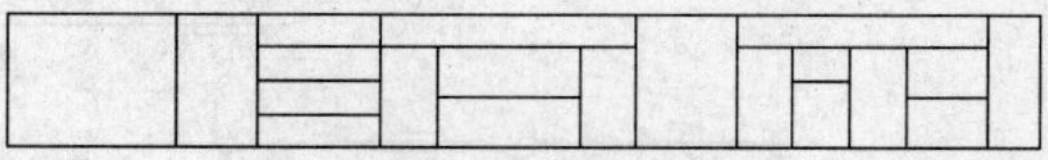

图 7-244　绘制直线

19）单击“修改”面板中的“分解”命令按钮，把所有矩形分解成直线。

20）单击“注释”面板中的“多行文字”命令按钮A，在表格中书写如图 7-245 所示的文字。

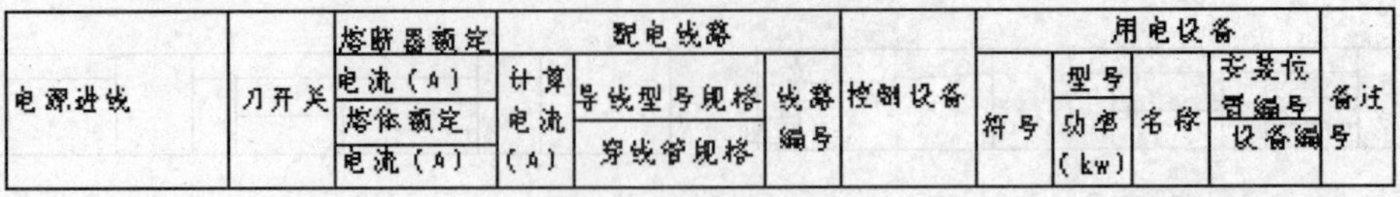

| 电源进线 | 刀开关 | 熔断器额定电流（A） | 配电线路 | | | 控制设备 | 用电设备 | | | | 备注 |
|---|---|---|---|---|---|---|---|---|---|---|---|
| | | 熔体额定电流（A） | 计算电流（A） | 导线型号规格<br>穿线管规格 | 线路编号 | | 符号 | 型号<br>功率（kw） | 名称 | 安装位置编号<br>设备编号 | |

图 7-245　书写文字

21）单击“修改”面板中的“拉伸”命令按钮，调整表格，使之与文字相适应，效果如图 7-246 所示。

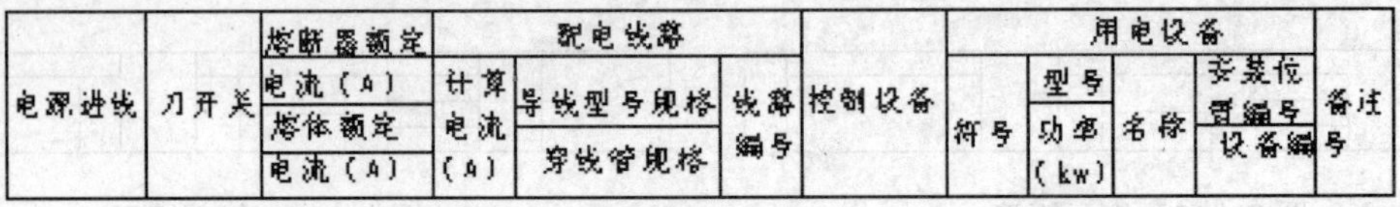

| 电源进线 | 刀开关 | 熔断器额定电流（A） | 配电线路 | | | 控制设备 | 用电设备 | | | | 备注 |
|---|---|---|---|---|---|---|---|---|---|---|---|
| | | 熔体额定电流（A） | 计算电流（A） | 导线型号规格<br>穿线管规格 | 线路编号 | | 符号 | 型号<br>功率（kw） | 名称 | 安装位置编号<br>设备编号 | |

图 7-246　调整图形

## ▷▷▷ 7.4.2　绘制电气图

绘制步骤：

1）使用剪贴板从以前绘制的图形中复制如图 7-247 所示的电气符号。

2）单击“修改”面板中的“移动”命令按钮，把这些符号调整成如图 7-248 所示的线路，左边是主线，右边是支线。

| 电源进线 | 刀开关 | 熔断器额定电流（A） | 配电线路 | | | 控制设备 | 用电设备 | | | | 备注 |
|---|---|---|---|---|---|---|---|---|---|---|---|
| | | 熔体额定电流（A） | 计算电流（A） | 导线型号规格<br>穿线管规格 | 线路编号 | | 符号 | 型号<br>功率（kw） | 名称 | 安装位置编号<br>设备编号 | |

图 7-247　贴入元器件

| 电源进线 | 刀开关 | 熔断器额定电流（A） | 配电线路 | | | 控制设备 | 用电设备 | | | | 备注 |
|---|---|---|---|---|---|---|---|---|---|---|---|
| | | 熔体额定电流（A） | 计算电流（A） | 导线型号规格<br>穿线管规格 | 线路编号 | | 符号 | 型号<br>功率（kw） | 名称 | 安装位置编号<br>设备编号 | |

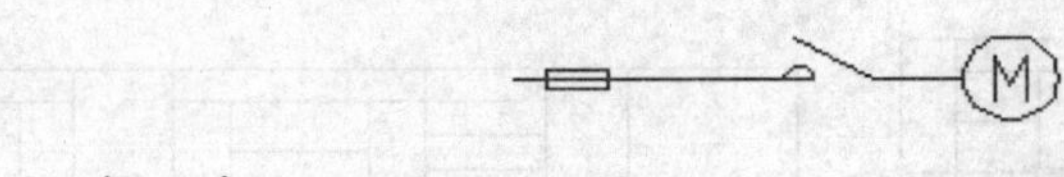


图 7-248　调整图形

3）单击"修改"面板中的"复制"命令按钮，把支路图形向下复制 3 份，效果如图 7-249 所示。

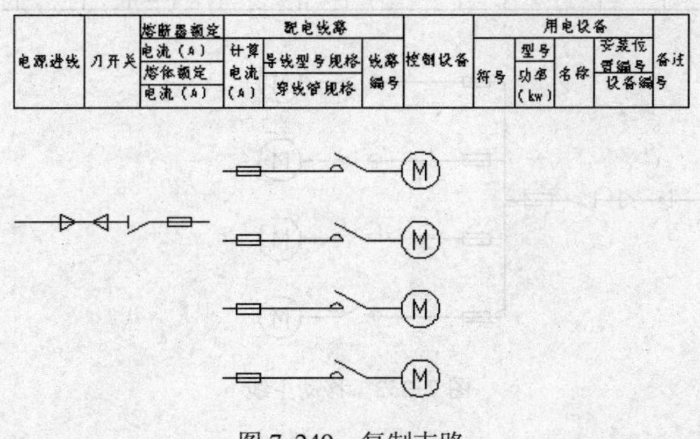


图 7-249　复制支路

4）单击"绘图"面板中的"直线"命令按钮，绘制支路左边的垂直连线，效果如图 7-250 所示。

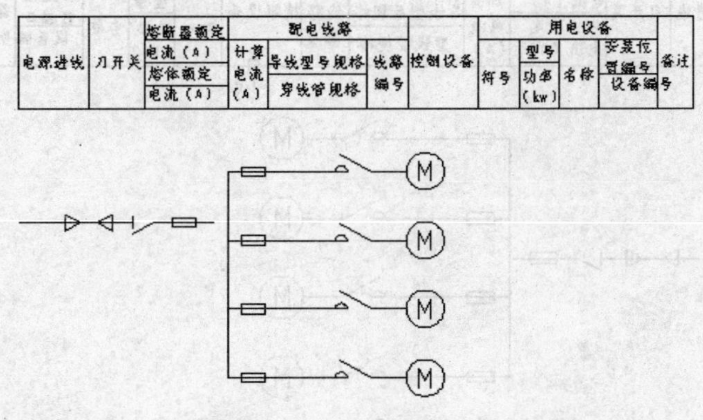


图 7-250　绘制垂直连线

5）单击"修改"面板中的"移动"命令按钮，把主线以其右边端点为移动基准点，以如图 7-251 所示的中点为移动目标点移动，效果如图 7-252 所示。

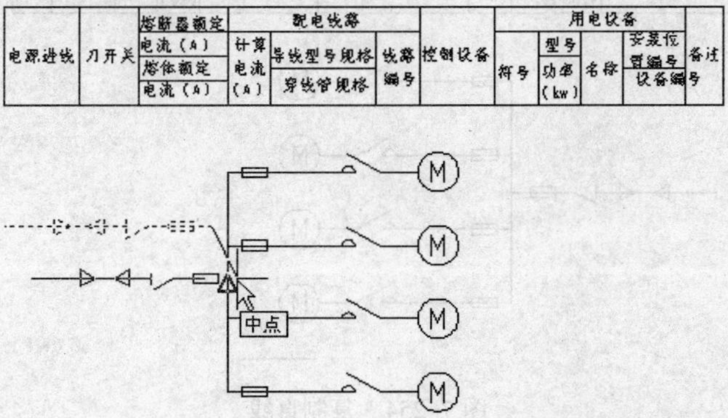

图 7-251　捕捉中点

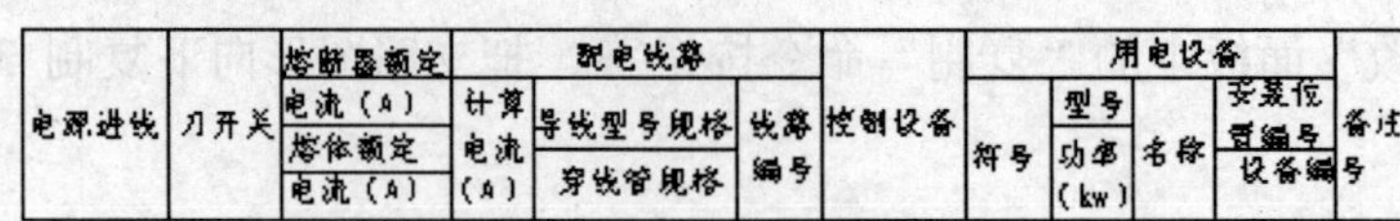


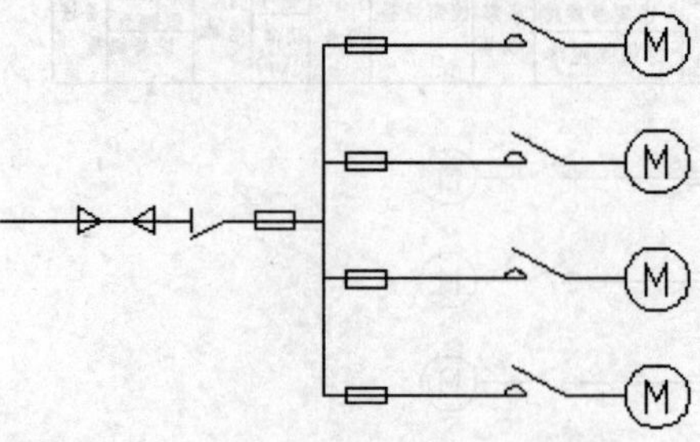

图 7-252　移动主线

6）单击“修改”面板中的“复制”命令按钮，把如图 7-253 所示的光标所指的直线向下复制一份，效果如图 7-254 所示。

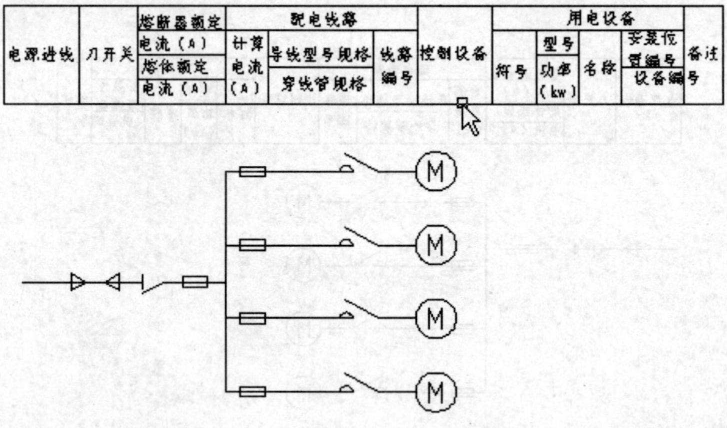

图 7-253　指示直线

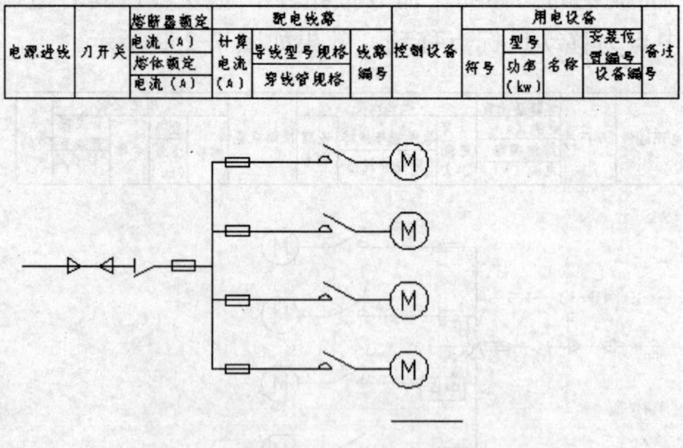

图 7-254　复制直线

7）单击“修改”面板中的“圆角”命令按钮，把如图 7-255 光标所示直线和刚才复制的直线之间相互倒圆角 R0，效果如图 7-256 所示。

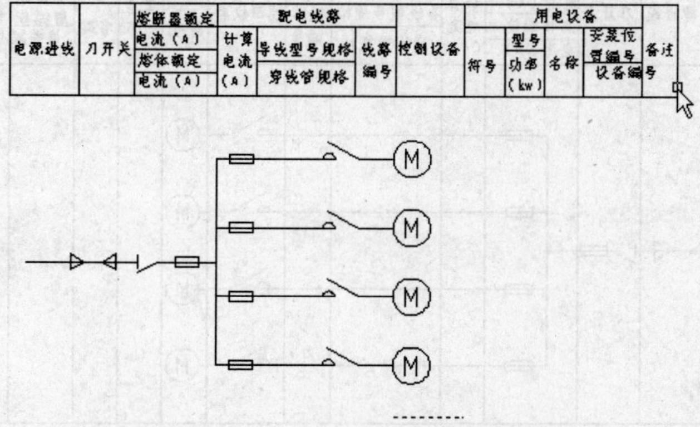


图 7-255　指示垂直直线

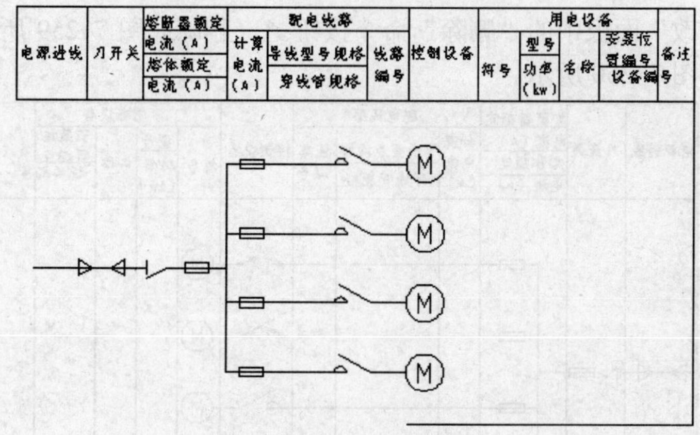


图 7-256　连接直线

8）参照上面连接直线的方法，由右向左顺次连接直线，形成垂直表格，效果如图 7-257 所示。

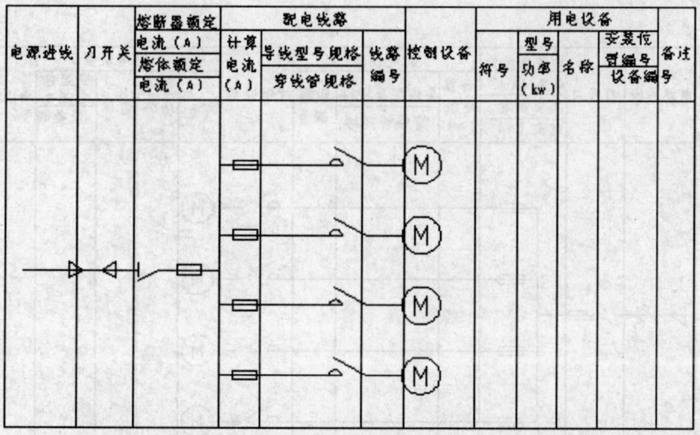

图 7-257　顺次连接直线

9）单击“修改”面板中的“拉伸”命令按钮，调整线路图形，使之与表格相适应，效果如图 7-258 所示。

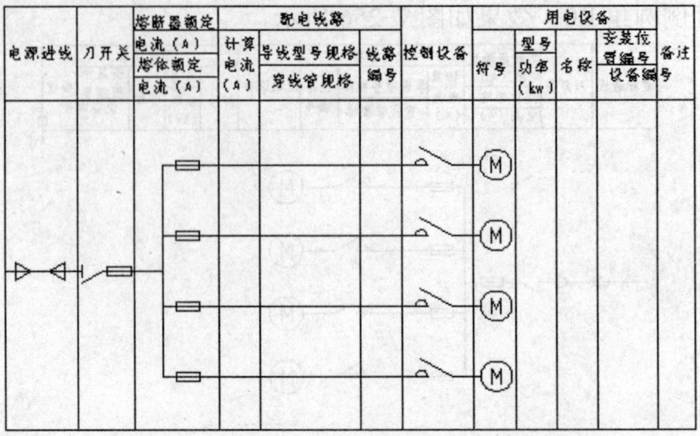

图 7-258　调整图形

10）单击“修改”面板中的“删除”命令按钮，删除如图 7-259 所示的光标所指的短垂直直线，效果如图 7-260 所示。

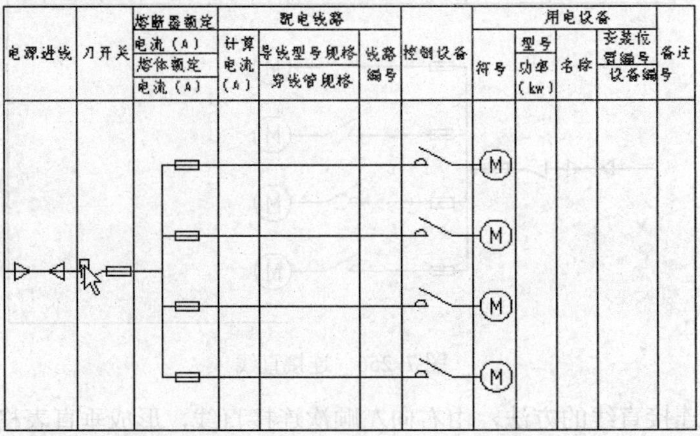

图 7-259　指示直线

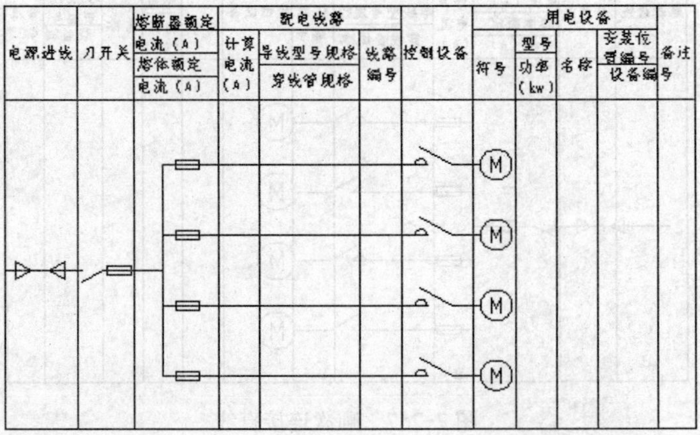

图 7-260　删除直线

11）单击“修改”面板中的“镜像”命令按钮，以主线为对称轴，把如图 7-259 所示的斜线对称复制 1 份，注意删除源对象，效果如图 7-261 所示。

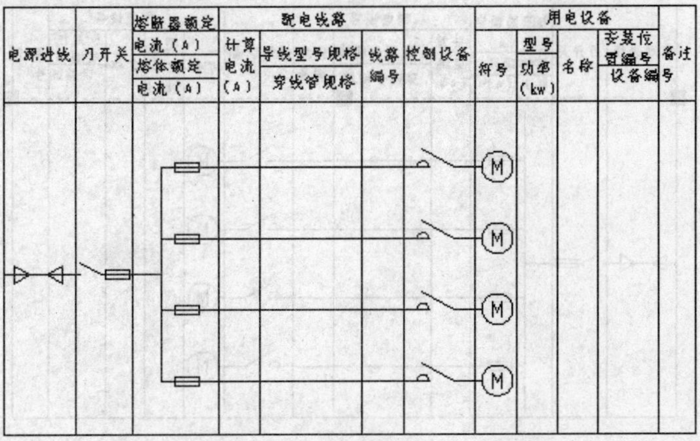

图 7-261　对称复制斜线

12）在命令行窗口输入命令“lengthen”，把如图 7-262 所示的光标所指的线头适当拉长，以示线路可扩展，效果如图 7-263 所示。

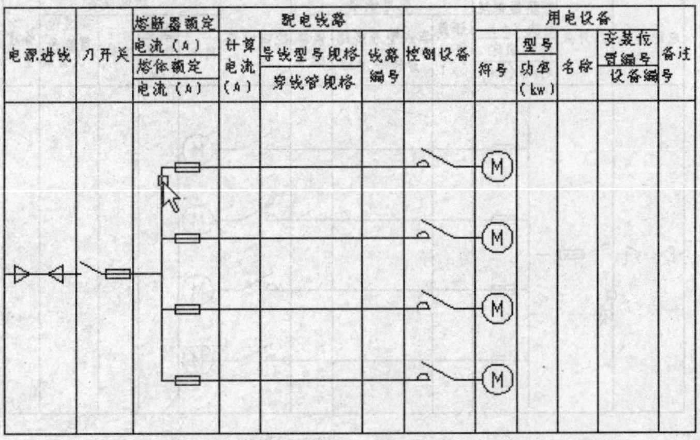

图 7-262　捕捉直线

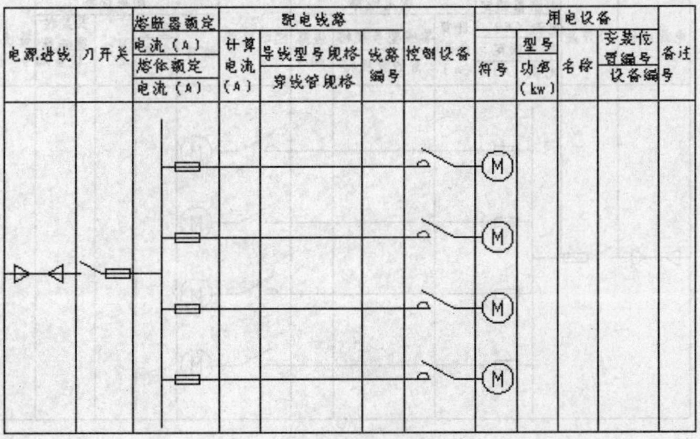

图 7-263　延伸直线

13）单击“修改”面板中的“打断于点”命令按钮▭，在如图 7-264 所示的虚线与垂直直线交点上把垂直直线打断。

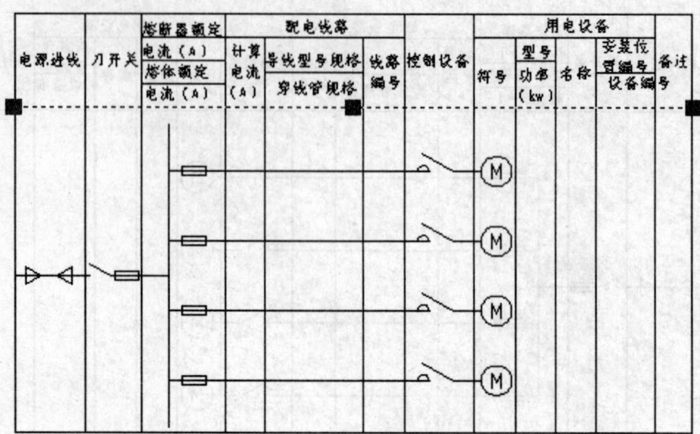


图 7-264　打断直线

14）单击“修改”面板中的“修剪”命令按钮⁄—，以如图 7-265 所示的虚线直线为修剪边，修剪掉光标下边的线头，结果如图 7-266 所示。

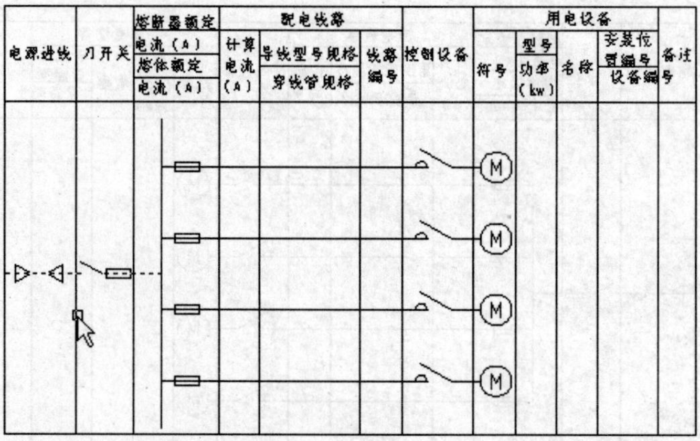

图 7-265　捕捉线头

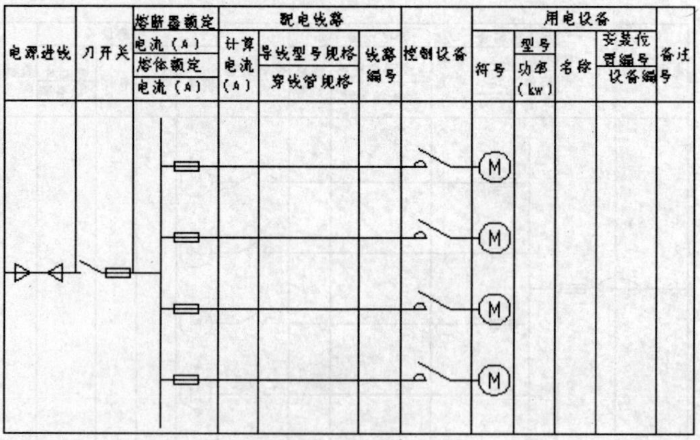

图 7-266　修剪直线

15）在“图层”面板中单击“图层特性”命令按钮，设置使用蓝色直线的“电气”图层和使用黑红颜色短划线的“隔开线”图层，如图 7-267 所示。

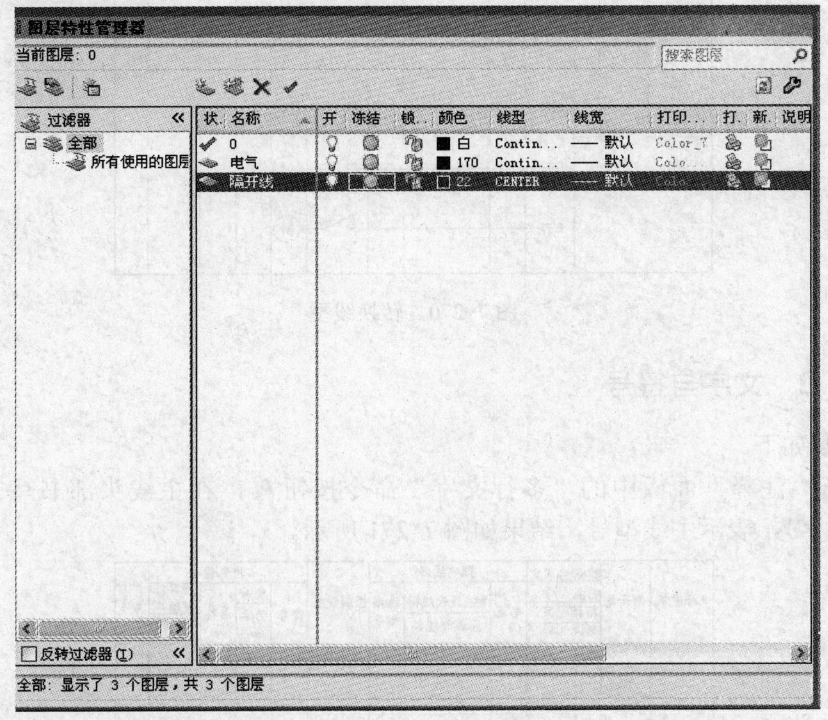

图 7-267　“隔开线”图层

16）选择所有电气线路，然后在“图层”面板中的“图层控制”下拉列表框中选择“电气”图层，如图 7-268 所示，使其转入电气图层，结果如图 7-269 所示。

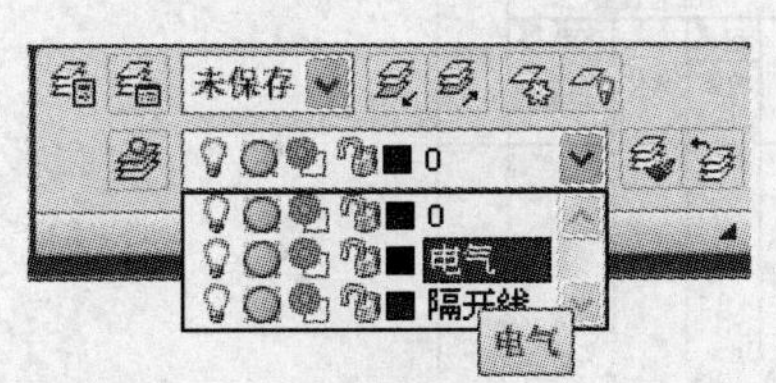

图 7-268　选择“电气”图层

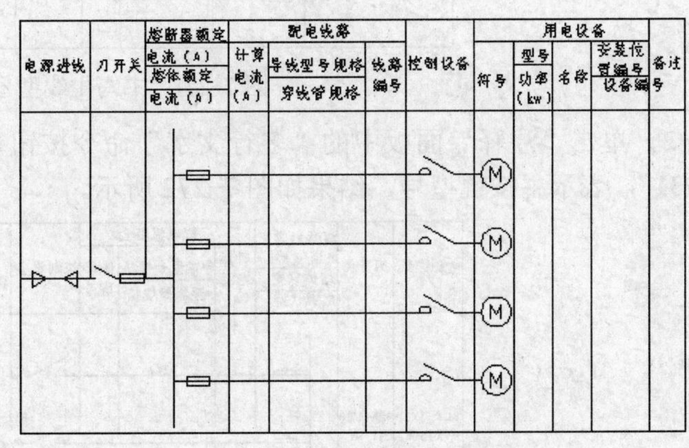

图 7-269　转化电气线路

17）选择所有隔开线，然后在“图层”面板中的“图层控制”下拉列表框中选择“隔开线”图层，使其转入隔开线图层，结果如图 7-270 所示。

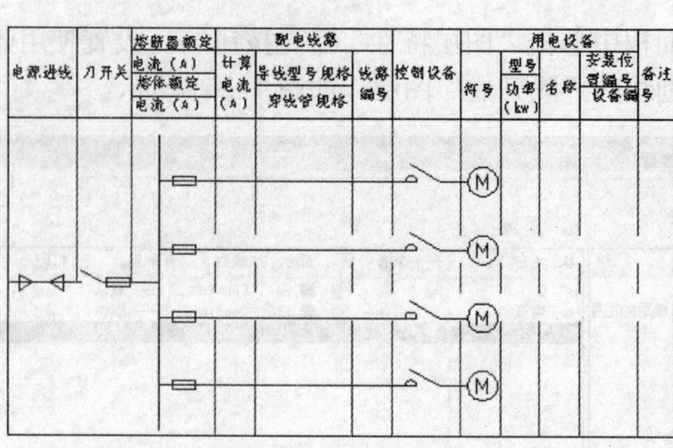


图 7-270　转换线型

## ▷▷▷ 7.4.3　文字与符号

绘制步骤如下。

1）单击“注释”面板中的“多行文字”命令按钮 A，在主线头部书写文字“BLX-3X70 +1X35-K”，表示主线型号，结果如图 7-271 所示。

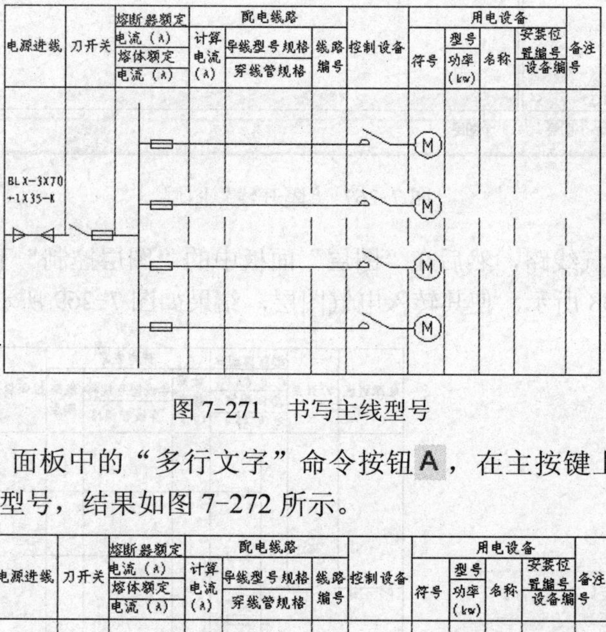

图 7-271　书写主线型号

2）单击“注释”面板中的“多行文字”命令按钮 A，在主按键上部书写文字“HDR-100/31”，表示主按键型号，结果如图 7-272 所示。

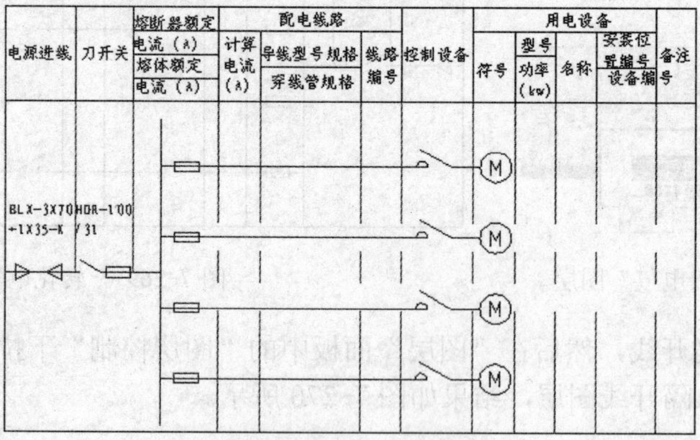

图 7-272　书写主按键型号

3）单击“注释”面板中的“多行文字”命令按钮A，在上边支路熔断器上部书写文字“RL 型 30/25”，表示该熔断器型号，结果如图 7-273 所示。

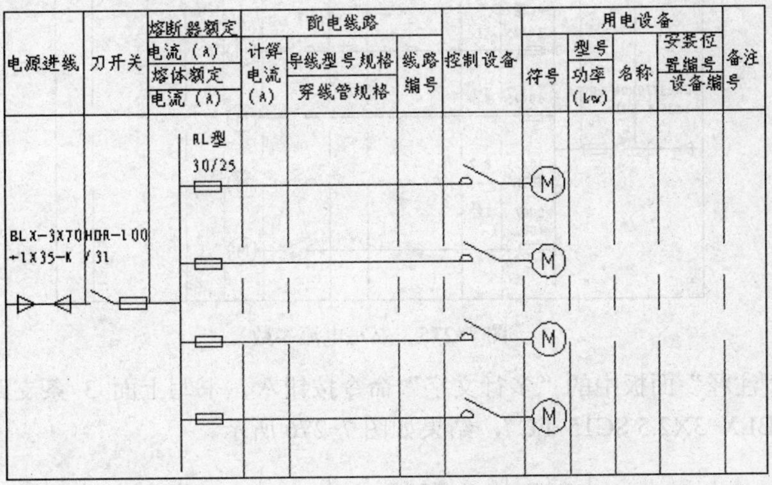

| 电源进线 | 刀开关 | 熔断器额定电流（A）熔体额定电流（A） | 计算电流（A） | 导线型号规格 穿线管规格 | 线路编号 | 控制设备 | 符号 | 型号 功率（kW） | 名称 | 安装位置编号 设备编号 | 备注 |
|---|---|---|---|---|---|---|---|---|---|---|---|
| BLX-3X70+1X35-K | HDR-100/31 | RL型 30/25 | | | | | M | | | | |
| | | | | | | | M | | | | |
| | | | | | | | M | | | | |
| | | | | | | | M | | | | |

图 7-273　书写一个熔断器型号

4）单击“注释”面板中的“多行文字”命令按钮A，在其他熔断器上部书写文字“30/25”，表示该熔断器的参数。

5）单击“注释”面板中的“多行文字”命令按钮A，在其他熔断器上部书写文字“200/100”，表示该熔断器的参数，结果如图 7-274 所示。

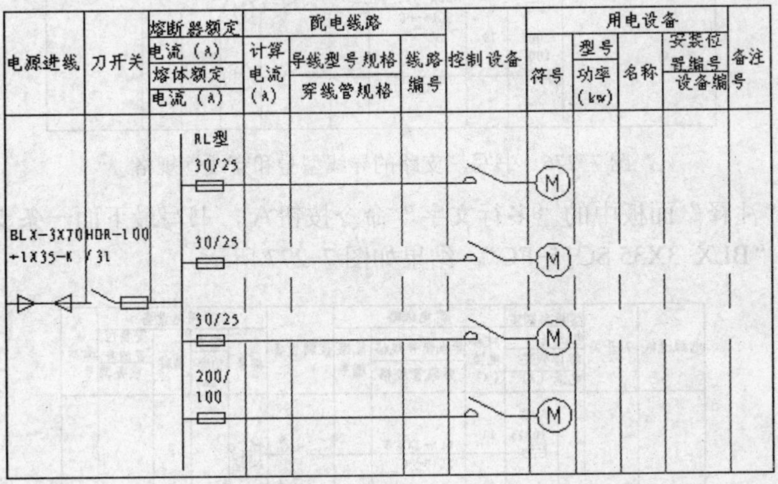

| 电源进线 | 刀开关 | 熔断器额定电流（A）熔体额定电流（A） | 计算电流（A） | 导线型号规格 穿线管规格 | 线路编号 | 控制设备 | 符号 | 型号 功率（kW） | 名称 | 安装位置编号 设备编号 | 备注 |
|---|---|---|---|---|---|---|---|---|---|---|---|
| BLX-3X70+1X35-K | HDR-100/31 | RL型 30/25 | | | | | M | | | | |
| | | 30/25 | | | | | M | | | | |
| | | 30/25 | | | | | M | | | | |
| | | 200/100 | | | | | M | | | | |

图 7-274　书写文字“200/100”

6）单击“注释”面板中的“多行文字”命令按钮A，在计算电流栏目中书写文字“11”、“8.2”、“8.2”、“79”，表示该支路的电流参数，结果如图 7-275 所示。

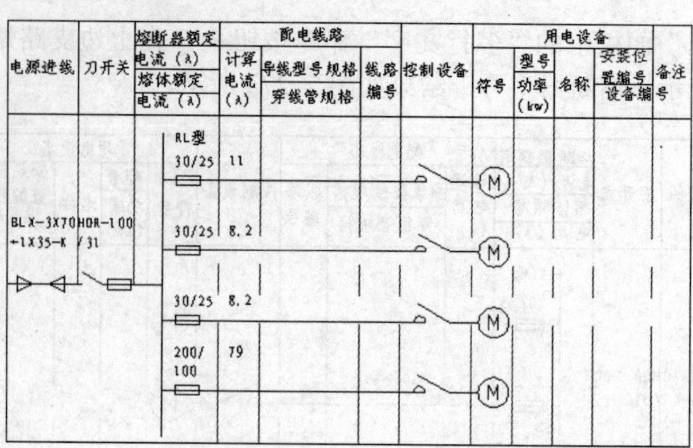


图 7-275　书写电流参数

7）单击“注释”面板中的“多行文字”命令按钮 A，书写上面 3 条支路的导线型号和穿线管规格“BLX-3X2.5 SC15-FC”，结果如图 7-276 所示。

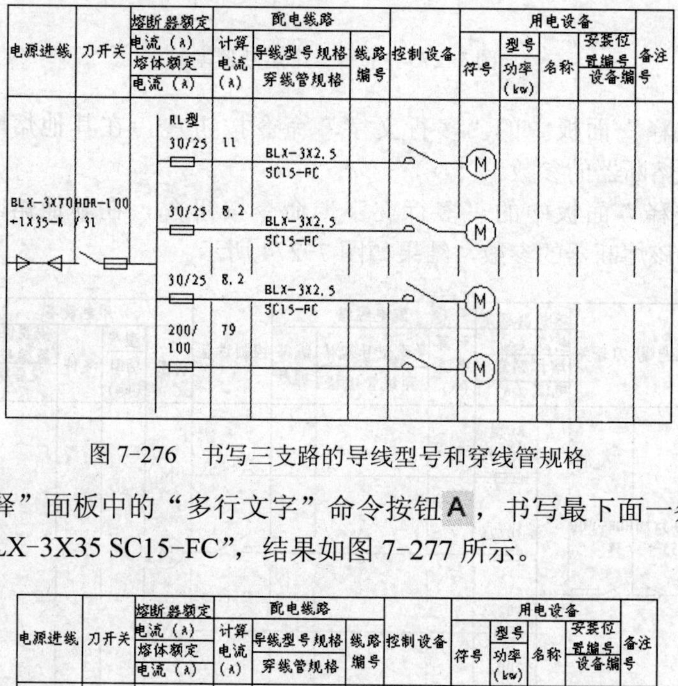

图 7-276　书写三支路的导线型号和穿线管规格

8）单击“注释”面板中的“多行文字”命令按钮 A，书写最下面一条支路的导线型号和穿线管规格“BLX-3X35 SC15-FC”，结果如图 7-277 所示。

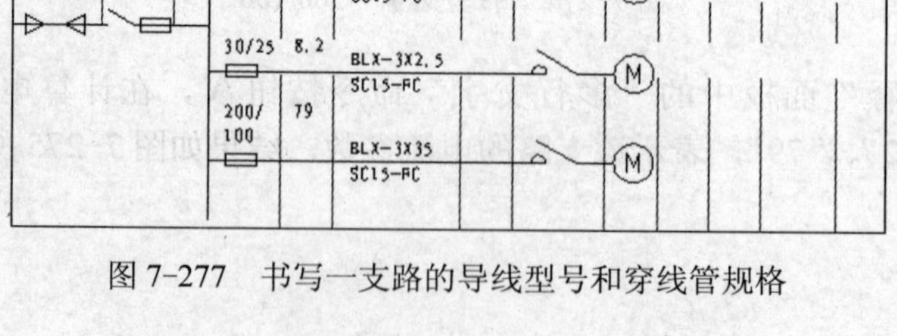

图 7-277　书写一支路的导线型号和穿线管规格

9）单击“注释”面板中的“多行文字”命令按钮A，书写各条支路的编号，结果如图7-278 所示。

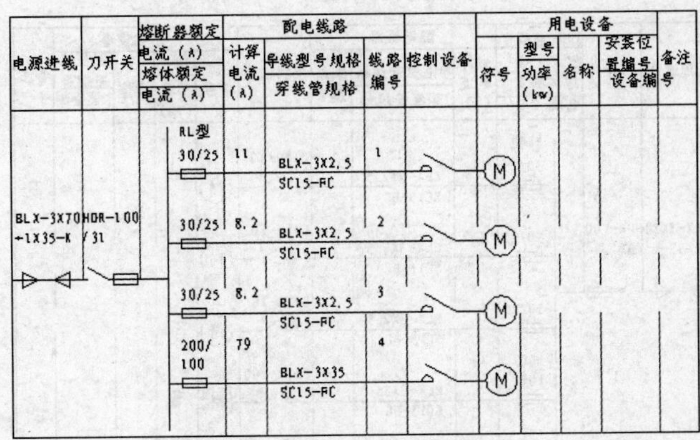


图 7-278　书写各条支路的编号

10）单击“注释”面板中的“多行文字”命令按钮A，书写前 3 条支路的控制设备型号，结果如图 7-279 所示。

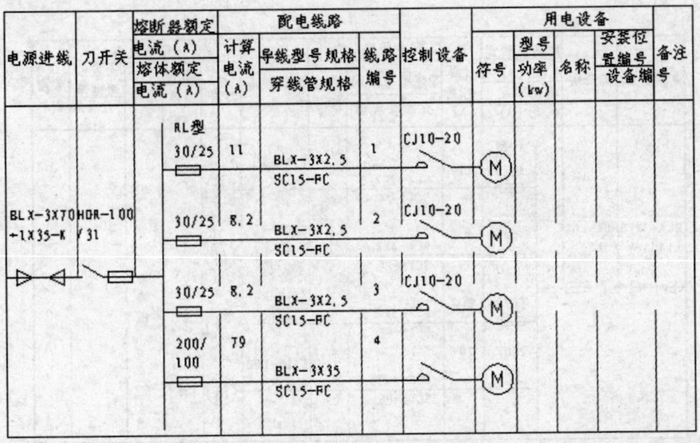

图 7-279　书写前三条支路的控制设备编号

11）单击“注释”面板中的“多行文字”命令按钮A，书写最下边支路的控制设备型号，结果如图 7-280 所示。

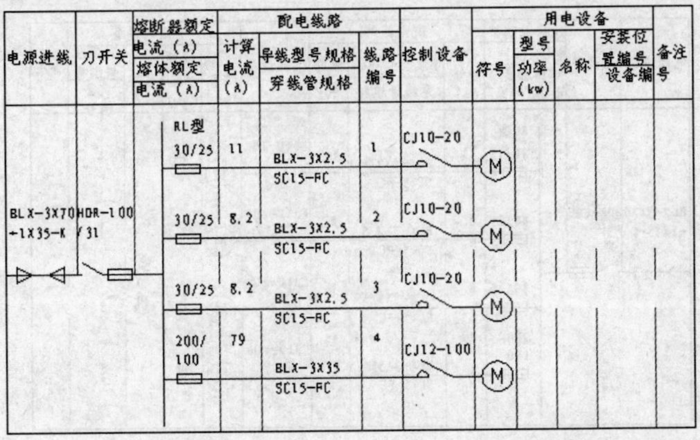

图 7-280　书写最下边支路的控制设备编号

12）单击“注释”面板中的“多行文字”命令按钮A，书写各个用电设备的型号与功率“Y/5.5”、“Y/4”、“Y/4”和“YR/40”，结果如图 7-281 所示。

| 电源进线 | 刀开关 | 熔断器额定电流（A）熔体额定电流（A） | 计算电流（A） | 配电线路 导线型号规格 穿线管规格 | 线路编号 | 控制设备 | 用电设备 符号 | 型号 功率（kW） | 名称 | 安装位置编号 设备编号 | 备注 |
|---|---|---|---|---|---|---|---|---|---|---|---|
| BLX-3X70+1X35-K | HDR-100/31 | RL型 30/25 | 11 | BLX-3X2.5 SC15-FC | 1 | CJ10-20 | M | Y/5.5 | | | |
| | | 30/25 | 8.2 | BLX-3X2.5 SC15-FC | 2 | CJ10-20 | M | Y/4 | | | |
| | | 30/25 | 8.2 | BLX-3X2.5 SC15-FC | 3 | CJ10-20 | M | Y/4 | | | |
| | | 200/100 | 79 | BLX-3X35 SC15-FC | 4 | CJ12-100 | M | YR/40 | | | |

图 7-281　书写各个用电设备的型号与功率

13）单击“注释”面板中的“多行文字”命令按钮A，书写用电设备的名称“电动机”，结果如图 7-282 所示。

| 电源进线 | 刀开关 | 熔断器额定电流（A）熔体额定电流（A） | 计算电流（A） | 配电线路 导线型号规格 穿线管规格 | 线路编号 | 控制设备 | 用电设备 符号 | 型号 功率（kW） | 名称 | 安装位置编号 设备编号 | 备注 |
|---|---|---|---|---|---|---|---|---|---|---|---|
| BLX-3X70+1X35-K | HDR-100/31 | RL型 30/25 | 11 | BLX-3X2.5 SC15-FC | 1 | CJ10-20 | M | Y/5.5 | 电动机 | | |
| | | 30/25 | 8.2 | BLX-3X2.5 SC15-FC | 2 | CJ10-20 | M | Y/4 | | | |
| | | 30/25 | 8.2 | BLX-3X2.5 SC15-FC | 3 | CJ10-20 | M | Y/4 | | | |
| | | 200/100 | 79 | BLX-3X35 SC15-FC | 4 | CJ12-100 | M | YR/40 | | | |

图 7-282　书写用电设备的名称“电动机”

14）单击“注释”面板中的“多行文字”命令按钮A，书写安装位置和设备编号“2/1”、“2/2”、“2/3”和“2/4”，结果如图 7-283 所示。

| 电源进线 | 刀开关 | 熔断器额定电流（A）熔体额定电流（A） | 计算电流（A） | 配电线路 导线型号规格 穿线管规格 | 线路编号 | 控制设备 | 用电设备 符号 | 型号 功率（kW） | 名称 | 安装位置编号 设备编号 | 备注 |
|---|---|---|---|---|---|---|---|---|---|---|---|
| BLX-3X70+1X35-K | HDR-100/31 | RL型 30/25 | 11 | BLX-3X2.5 SC15-FC | 1 | CJ10-20 | M | Y/5.5 | 电动机 | 2/1 | |
| | | 30/25 | 8.2 | BLX-3X2.5 SC15-FC | 2 | CJ10-20 | M | Y/4 | | 2/2 | |
| | | 30/25 | 8.2 | BLX-3X2.5 SC15-FC | 3 | CJ10-20 | M | Y/4 | | 2/3 | |
| | | 200/100 | 79 | BLX-3X35 SC15-FC | 4 | CJ12-100 | M | YR/40 | | 2/4 | |

图 7-283　书写安装位置和设备编号

15）单击“修改”面板中的“拉伸”命令按钮和其他方法，调整图中图形、文字的相对位置，使表格整洁紧凑，结果如图 7-284 所示。

| 电源进线 | 刀开关 | 熔断器额定电流（A）<br>熔体额定电流（A） | 计算电流（A） | 配电线路<br>导线型号规格<br>穿线管规格 | 线路编号 | 控制设备 | 用电设备<br>符号 | 型号<br>功率（kw） | 名称 | 安装位置编号<br>设备编号 | 备注 |
|---|---|---|---|---|---|---|---|---|---|---|---|
| BLX-3X70<br>+1X35-K | HDR-100<br>/31 | RL型<br>30/25 | 11 | BLX-3X2.5<br>SC15-FC | 1 | CJ10-20 | M | Y<br>5.5 | 电动机 | 2<br>1 | |
| | | 30/25 | 8.2 | BLX-3X2.5<br>SC15-FC | 2 | CJ10-20 | M | Y<br>4 | | 2<br>2 | |
| | | 30/25 | 8.2 | BLX-3X2.5<br>SC15-FC | 3 | CJ10-20 | M | Y<br>4 | | 2<br>3 | |
| | | 200/<br>100 | 79 | BLX-3X35<br>SC15-FC | 4 | CJ12-100 | M | YR<br>40 | | 2<br>4 | |

图 7-284　整理图形

16）单击“绘图”面板中的“矩形”命令按钮，在表格左下角绘制矩形 30×15，效果如图 7-285 所示。

| 电源进线 | 刀开关 | 熔断器额定电流（A）<br>熔体额定电流（A） | 计算电流（A） | 配电线路<br>导线型号规格<br>穿线管规格 | 线路编号 | 控制设备 | 用电设备<br>符号 | 型号<br>功率（kw） | 名称 | 安装位置编号<br>设备编号 | 备注 |
|---|---|---|---|---|---|---|---|---|---|---|---|
| BLX-3X70<br>+1X35-K | HDR-100<br>/31 | RL型<br>30/25 | 11 | BLX-3X2.5<br>SC15-FC | 1 | CJ10-20 | M | Y<br>5.5 | 电动机 | 2<br>1 | |
| | | 30/25 | 8.2 | BLX-3X2.5<br>SC15-FC | 2 | CJ10-20 | M | Y<br>4 | | 2<br>2 | |
| | | 30/25 | 8.2 | BLX-3X2.5<br>SC15-FC | 3 | CJ10-20 | M | Y<br>4 | | 2<br>3 | |
| | | 200/<br>100 | 79 | BLX-3X35<br>SC15-FC | 4 | CJ12-100 | M | YR<br>40 | | 2<br>4 | |

图 7-285　绘制矩形

17）单击“修改”面板中的“分解”命令按钮，把矩形 30×15 分解成 4 条直线。

18）单击“修改”面板中的“阵列”命令按钮，把矩形 30×15 底边向上阵列 3 行，行距为 5，效果如图 7-286 所示。

| 电源进线 | 刀开关 | 熔断器额定电流（A）<br>熔体额定电流（A） | 计算电流（A） | 配电线路<br>导线型号规格<br>穿线管规格 | 线路编号 | 控制设备 | 用电设备<br>符号 | 型号<br>功率（kw） | 名称 | 安装位置编号<br>设备编号 | 备注 |
|---|---|---|---|---|---|---|---|---|---|---|---|
| BLX-3X70<br>+1X35-K | HDR-100<br>/31 | RL型<br>30/25 | 11 | BLX-3X2.5<br>SC15-FC | 1 | CJ10-20 | M | Y<br>5.5 | 电动机 | 2<br>1 | |
| | | 30/25 | 8.2 | BLX-3X2.5<br>SC15-FC | 2 | CJ10-20 | M | Y<br>4 | | 2<br>2 | |
| | | 30/25 | 8.2 | BLX-3X2.5<br>SC15-FC | 3 | CJ10-20 | M | Y<br>4 | | 2<br>3 | |
| | | 200/<br>100 | 79 | BLX-3X35<br>SC15-FC | 4 | CJ12-100 | M | YR<br>40 | | 2<br>4 | |

图 7-286　阵列直线

19）单击“绘图”面板中的“直线”命令按钮，在矩形 30×15 的适当位置绘制垂直直线，效果如图 7-287 所示。

| 电源进线 | 刀开关 | 熔断器额定电流（A）<br>熔体额定电流（A） | 计算电流（A） | 配电线路<br>导线型号规格<br>穿线管规格 | 线路编号 | 控制设备 | 用电设备<br>符号 | 型号<br>功率（kw） | 名称 | 安装位置编号<br>设备编号 | 备注 |
|---|---|---|---|---|---|---|---|---|---|---|---|
| BLX-3X70<br>+1X35-K | HDR-100<br>/31 | RL型<br>30/25 | 11 | BLX-3X2.5<br>SC15-FC | 1 | CJ10-20 | M | Y<br>5.5 | 电动机 | 2<br>1 | |
| | | 30/25 | 8.2 | BLX-3X2.5<br>SC15-FC | 2 | CJ10-20 | M | Y<br>4 | | 2<br>2 | |
| | | 30/25 | 8.2 | BLX-3X2.5<br>SC15-FC | 3 | CJ10-20 | M | Y<br>4 | | 2<br>3 | |
| | | 200/<br>100 | 79 | BLX-3X35<br>SC15-FC | 4 | CJ12-100 | M | YB<br>40 | | 2<br>4 | |

图 7-287　绘制矩形的垂直直线

20）单击“注释”面板中的“多行文字”命令按钮，在小表格第一行中书写“设备容量 P3 53.5KW”，结果如图 7-288 所示。

| 电源进线 | 刀开关 | 熔断器额定电流（A）<br>熔体额定电流（A） | 计算电流（A） | 配电线路<br>导线型号规格<br>穿线管规格 | 线路编号 | 控制设备 | 用电设备<br>符号 | 型号<br>功率（kw） | 名称 | 安装位置编号<br>设备编号 | 备注 |
|---|---|---|---|---|---|---|---|---|---|---|---|
| BLX-3X70<br>+1X35-K | HDR-100<br>/31 | RL型<br>30/25 | 11 | BLX-3X2.5<br>SC15-FC | 1 | CJ10-20 | M | Y<br>5.5 | 电动机 | 2<br>1 | |
| | | 30/25 | 8.2 | BLX-3X2.5<br>SC15-FC | 2 | CJ10-20 | M | Y<br>4 | | 2<br>2 | |
| | | 30/25 | 8.2 | BLX-3X2.5<br>SC15-FC | 3 | CJ10-20 | M | Y<br>4 | | 2<br>3 | |
| 设备容量P3 53.5KW | | 200/<br>100 | 79 | BLX-3X35<br>SC15-FC | 4 | CJ12-100 | M | YB<br>40 | | 2<br>4 | |

图 7-288　书写“设备容量 P3 53.5KW”

21）单击“注释”面板中的“多行文字”命令按钮，在小表格第二行中书写“计算容量 P30 32.1KW”，结果如图 7-289 所示。

| 电源进线 | 刀开关 | 熔断器额定电流（A）<br>熔体额定电流（A） | 计算电流（A） | 配电线路<br>导线型号规格<br>穿线管规格 | 线路编号 | 控制设备 | 用电设备<br>符号 | 型号<br>功率（kw） | 名称 | 安装位置编号<br>设备编号 | 备注 |
|---|---|---|---|---|---|---|---|---|---|---|---|
| BLX-3X70<br>+1X35-K | HDR-100<br>/31 | RL型<br>30/25 | 11 | BLX-3X2.5<br>SC15-FC | 1 | CJ10-20 | M | Y<br>5.5 | 电动机 | 2<br>1 | |
| | | 30/25 | 8.2 | BLX-3X2.5<br>SC15-FC | 2 | CJ10-20 | M | Y<br>4 | | 2<br>2 | |
| | | 30/25 | 8.2 | BLX-3X2.5<br>SC15-FC | 3 | CJ10-20 | M | Y<br>4 | | 2<br>3 | |
| 设备容量P3 53.5KW<br>计算容量P30 32.1KW | | 200/<br>100 | 79 | BLX-3X35<br>SC15-FC | 4 | CJ12-100 | M | YB<br>40 | | 2<br>4 | |

图 7-289　书写“计算容量 P30 32.1KW”

22）单击“注释”面板中的“多行文字”命令按钮A，在小表格第三行中书写“计算电流 I30 66.3KW”，结果如图 7-290 所示。

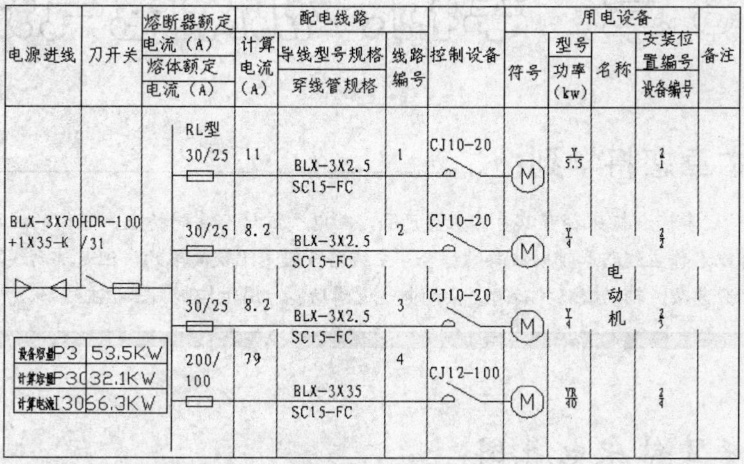

| 电源进线 | 刀开关 | 熔断器额定电流（A）/熔体额定电流（A） | 配电线路：计算电流（A） | 配电线路：导线型号规格/穿线管规格 | 配电线路：线路编号 | 控制设备 | 用电设备：符号 | 用电设备：型号/功率（kw） | 用电设备：名称 | 用电设备：安装位置编号/设备编号 | 备注 |
|---|---|---|---|---|---|---|---|---|---|---|---|
| BLX-3X70 +1X35-K | HDR-100 /31 | RL型 30/25 | 11 | BLX-3X2.5 SC15-FC | 1 | CJ10-20 | M | Y/5.5 | 电动机 | 2/1 | |
| | | 30/25 | 8.2 | BLX-3X2.5 SC15-FC | 2 | CJ10-20 | M | Y/4 | | 2/2 | |
| | | 30/25 | 8.2 | BLX-3X2.5 SC15-FC | 3 | CJ10-20 | M | Y/4 | | 2/3 | |
| | | 200/100 | 79 | BLX-3X35 SC15-FC | 4 | CJ12-100 | M | YR/40 | | 2/4 | |

| | | |
|---|---|---|
| 设备容量 | P3 | 53.5KW |
| 计算容量 | P30 | 32.1KW |
| 计算电流 | I30 | 66.3KW |

图 7-290　书写“计算电流 I30 66.3KW”

# 第 8 章 车辆、机床电气设计

**本章您将学到：**

车辆、机床都可以看作机器产品，其电气设计有共同特点，它们的线路都可以看作主线路和辅助线路的结合。主线路一般是比较简单的，但是辅助线路却十分复杂。辅助线路执行着复杂的电气逻辑功能，用于控制、保护主线路。

## 8.1 摇臂钻床电气图

**制作思路**

摇臂钻床电气图由主线路和控制线路组成。下面先绘制主线路，然后绘制控制线路，最后把两部分结合起来形成完整的摇臂钻床电气图。

### 8.1.1 主线路

摇臂钻床上有 4 台电动机，因此它的主线就是如何给这 4 台电动机供电。首先绘制 1、2 两台电动机的线路，然后绘制 3、4 两台电动机的线路。

**1．第 1、2 个电动机接线设计**

绘制步骤如下。

1）从以前绘制的图形中复制如图 8-1 所示的电气元器件。

2）单击“注释”选项卡，单击“文字”面板中的“编辑”命令按钮，然后单击中间的文字“M”，在屏幕出现的“多行文字编辑器”中把文字“M”改成“M4 3~”，效果如图 8-2 所示。

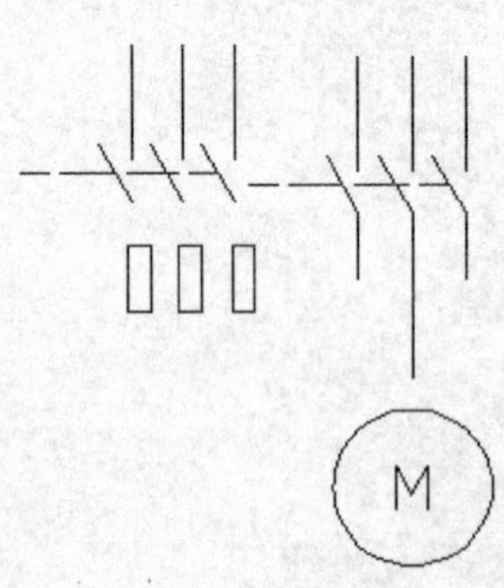


图 8-1　贴入图形

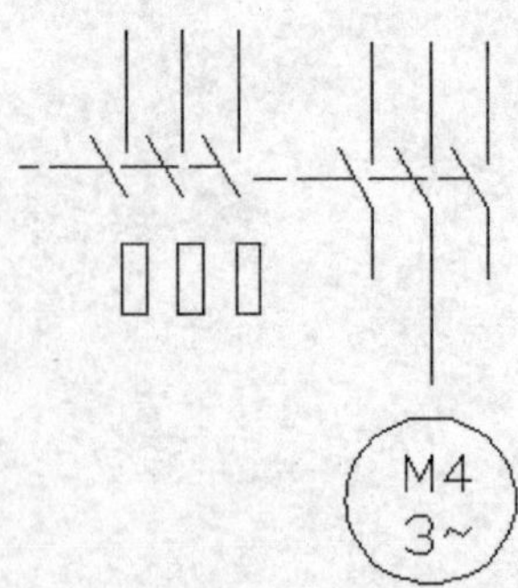


图 8-2　修改文字

3）单击“修改”面板中的“移动”命令按钮，修整图形之间的位置，形成三相线路，效果如图 8-3 所示。

4）单击“修改”面板中的“修剪”命令按钮，以圆为修剪边，修剪掉它里边的线头，效果如图 8-4 所示。

5）单击“修改”面板中的“修剪”命令按钮，以如图 8-5 所示的虚线斜线为修剪边，修剪掉光标所示的线头，效果如图 8-6 所示。

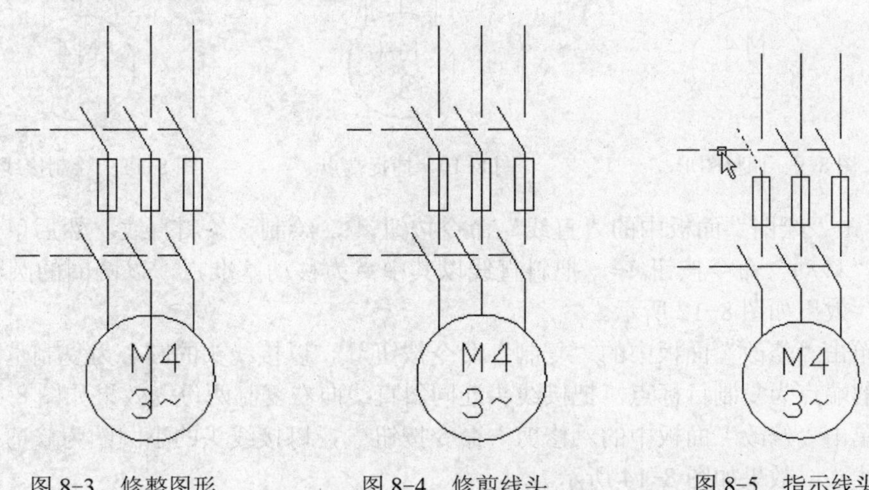


图 8-3　修整图形　　图 8-4　修剪线头　　图 8-5　指示线头

6）单击“绘图”面板中的“直线”命令按钮，绘制一条垂直的短直线。然后单击“修改”面板中的“移动”命令按钮，把短直线以其中点为移动基准点，以如图 8-7 所示的端点为移动目标点移动，效果如图 8-8 所示。

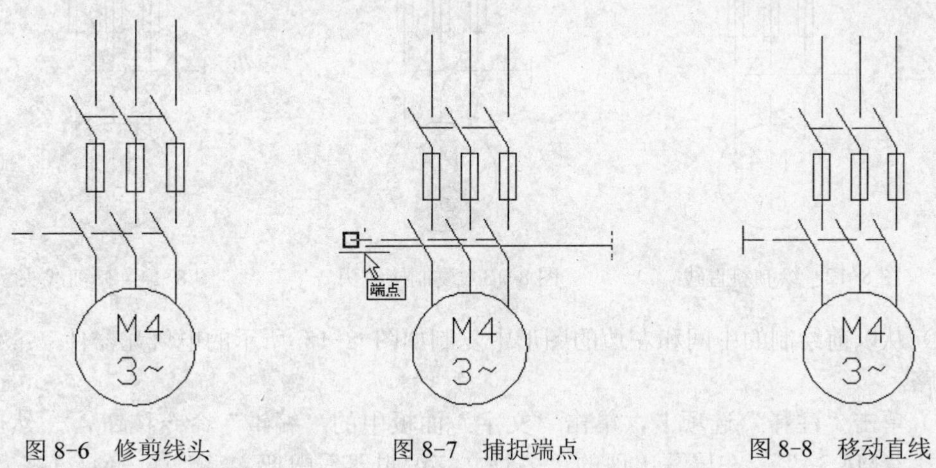


图 8-6　修剪线头　　图 8-7　捕捉端点　　图 8-8　移动直线

7）单击“修改”面板中的“拉伸”命令按钮，适当调整图形之间的位置，效果如图 8-9 所示。

8）单击“绘图”面板中的“圆”命令按钮，绘制圆心在如图 8-10 所示的端点的小圆圈，作为接线头，效果如图 8-11 所示。

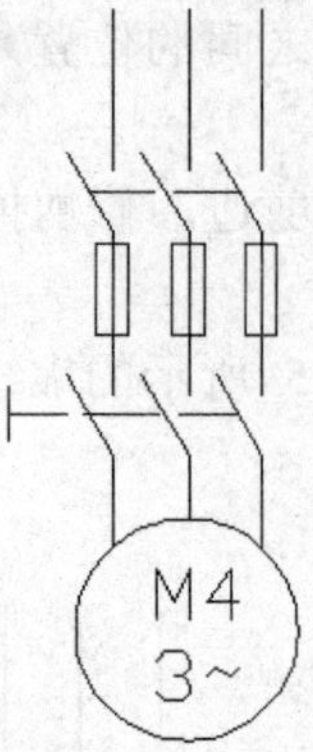

图 8-9　调整图形

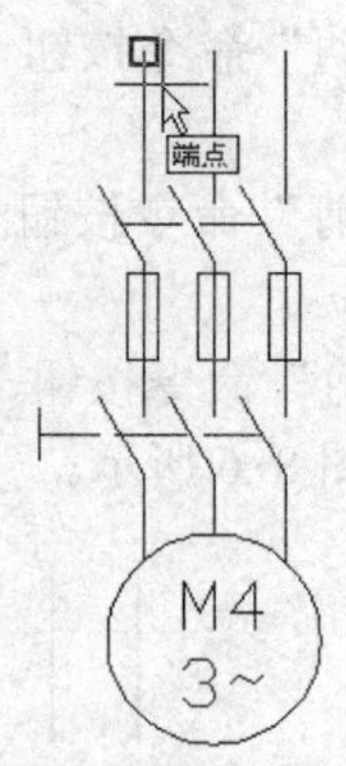


图 8-10　捕捉端点

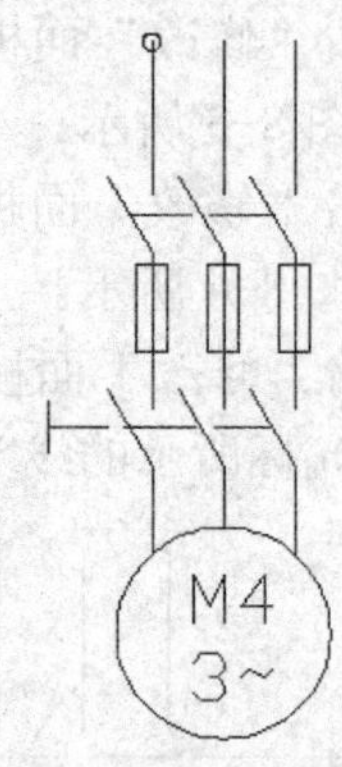


图 8-11　绘制接线头

9）单击“绘图”面板中的“直线”命令按钮，绘制一条斜直线。然后单击“修改”面板中的“移动”命令按钮，把斜直线以其中点为移动基准点，以圆圈的圆心为移动目标点移动，效果如图 8-12 所示。

10）单击“修改”面板中的“复制”命令按钮，以接线头的圆心为复制基准点，以主线上其他的端点为复制目标点，把接线头连同斜直线向右复制两份，效果如图 8-13 所示。

11）单击“修改”面板中的“修剪”命令按钮，以接线头的小圆圈为修剪边，修剪掉它内部的线头，效果如图 8-14 所示。

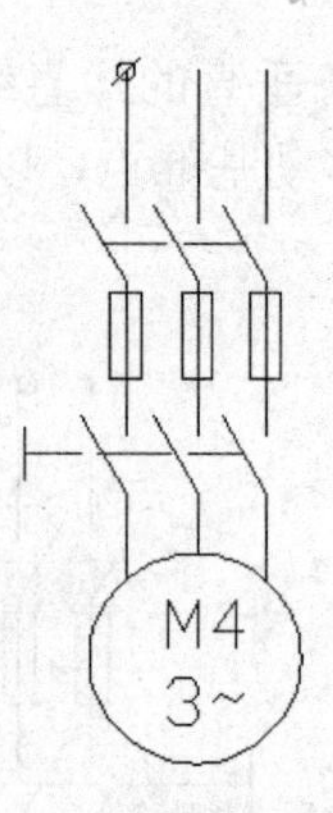


图 8-12　绘制斜直线

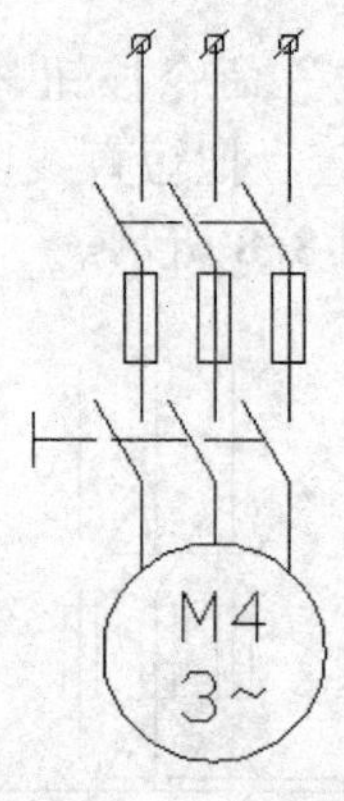


图 8-13　复制接线头

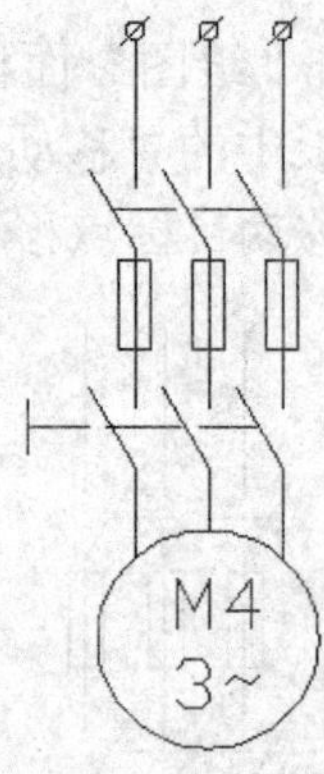


图 8-14　修剪线头

12）从以前绘制的中间和左边的图形中复制如图 8-15 所示的电气元器件，准备绘制另一条线路。

13）单击“注释”选项卡，单击“文字”面板中的“编辑”命令按钮，然后单击中间的文字“M4 3~”，在屏幕出现的“多行文字编辑器”中把文字改成“M1 3~”，效果如图 8-16 所示。

14）单击“修改”面板中的“移动”命令按钮，以右边线路中线在如图 8-17 所示的交点为移动基准点，以电动机上中线的上端点为移动目标点，把虚线所示的图形向左移动，效果如图 8-18 所示。

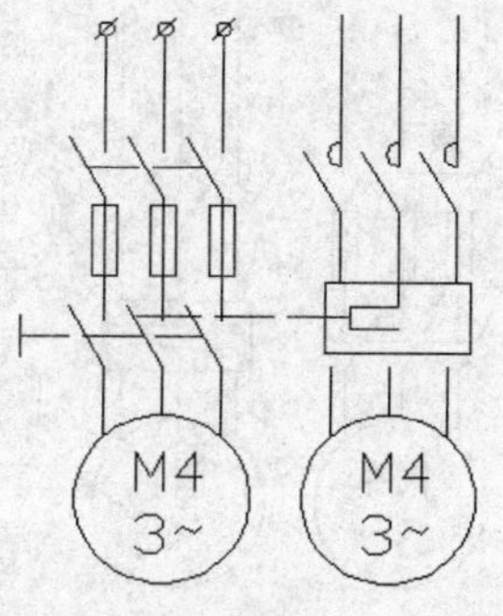


图 8-15　复制电气元件

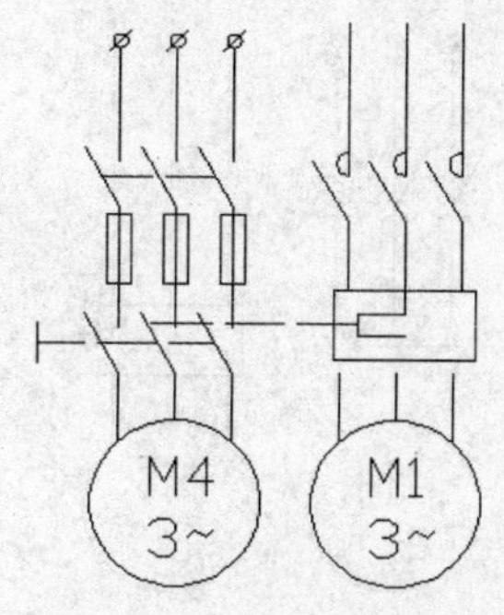


图 8-16　修改文字

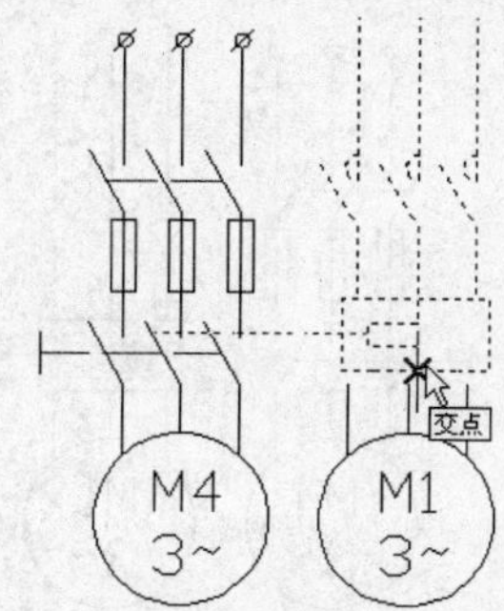


图 8-17　捕捉交点

15）单击“修改”面板中的“镜像”命令按钮，以右边线路的中线为对称轴，把如图 8-19 所示的虚线图形对称复制 1 份，注意删除原图形，效果如图 8-20 所示。

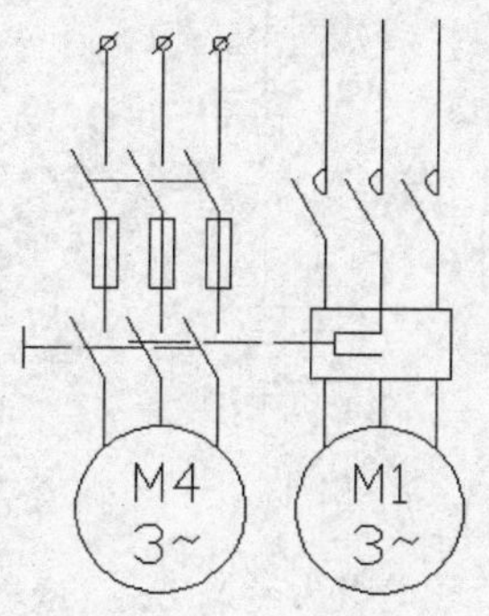


图 8-18　移动图形

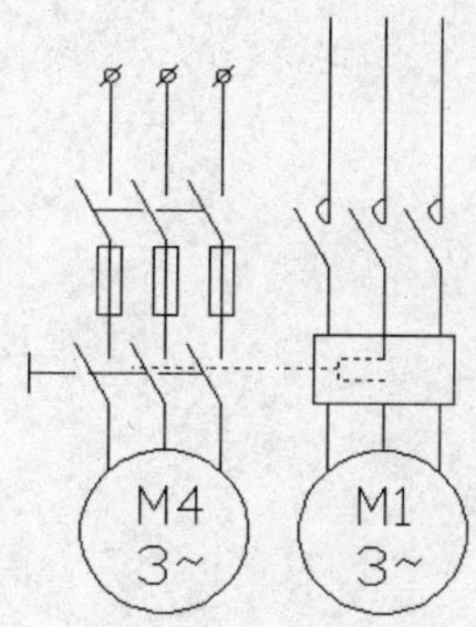


图 8-19　选择图形

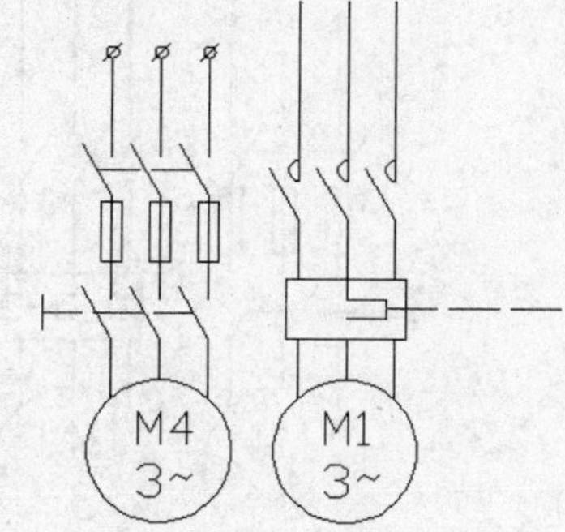


图 8-20　对称复制图形

16）单击“修改”面板中的“拉伸”命令按钮，把如图 8-21 所示的图形向左适当缩短，效果如图 8-22 所示。

17）单击“修改”面板中的“拉伸”命令按钮，把热继电器右边虚线所示的图形向左适当缩短。

18）单击“修改”面板中的“复制”命令按钮，以如图 8-23 所示的端点为复制基准点，以如图 8-24、图 8-25 所示的垂足为复制目标点，把虚线所示的图形复制两份，效果如图 8-26 所示。

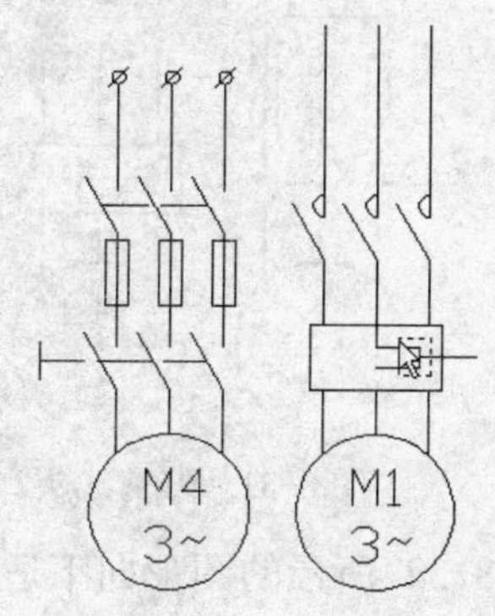


图 8-21　框选图形

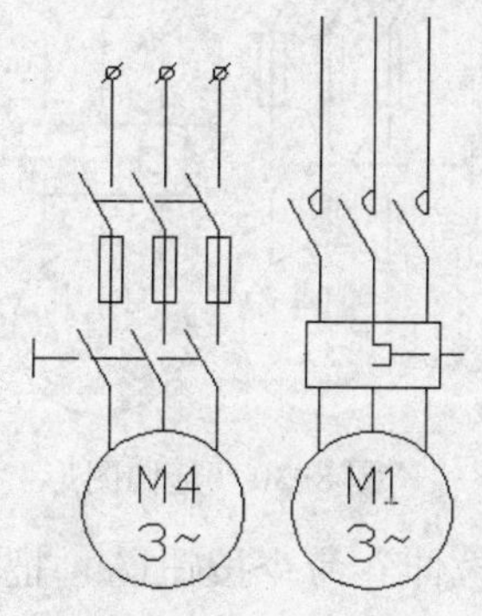


图 8-22　缩短图形

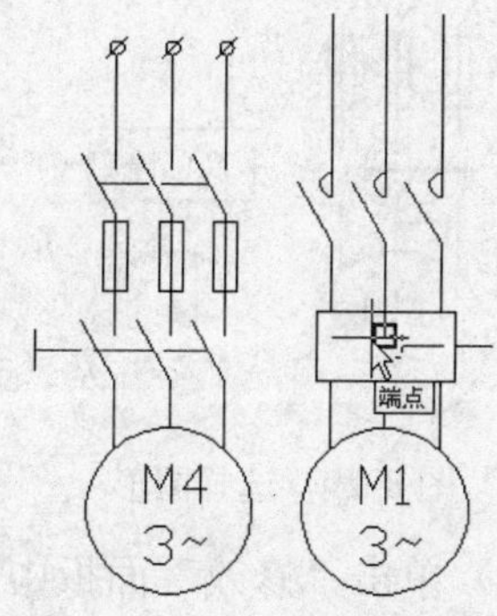


图 8-23　捕捉端点

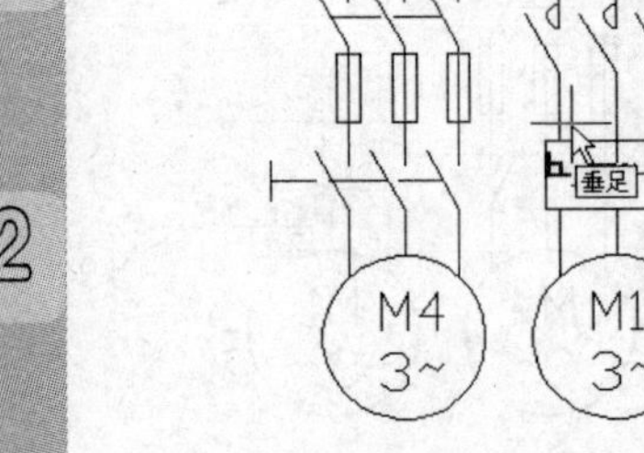


图 8-24　捕捉垂足

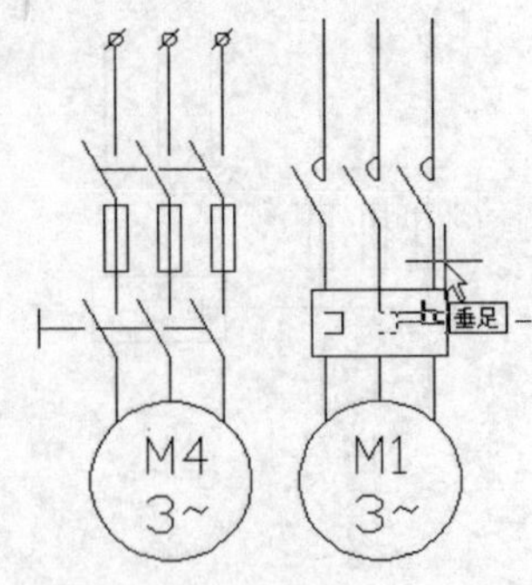


图 8-25　捕捉另一个垂足

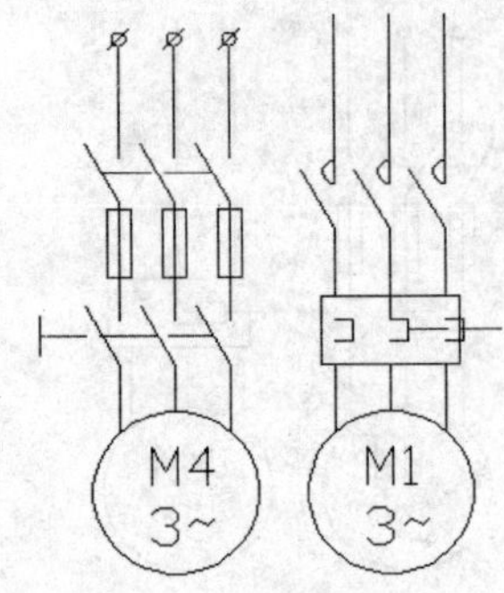


图 8-26　复制图形

19）单击“修改”面板中的“拉伸”命令按钮，把如图 8-27 所示的框选的图形适当拉长，效果如图 8-28 所示。

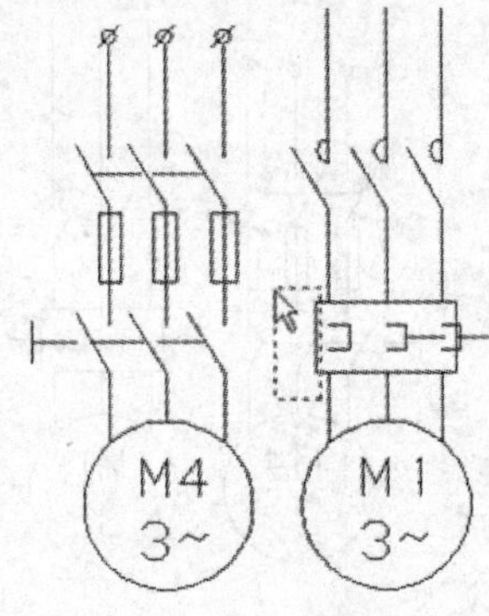


图 8-27　框选图形

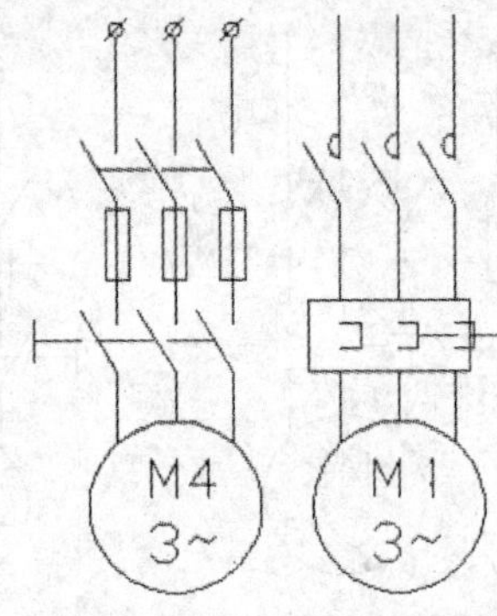


图 8-28　拉长图形

20）单击“修改”面板中的“延伸”命令按钮，以如图 8-29 所示的虚线图形为延伸边界线，延伸光标所示的直线，效果如图 8-30 所示。

21）单击“修改”面板中的“修剪”命令按钮，以热继电器图形的矩形框为修剪边，修剪掉它右面的线头，结果如图 8-31 所示。

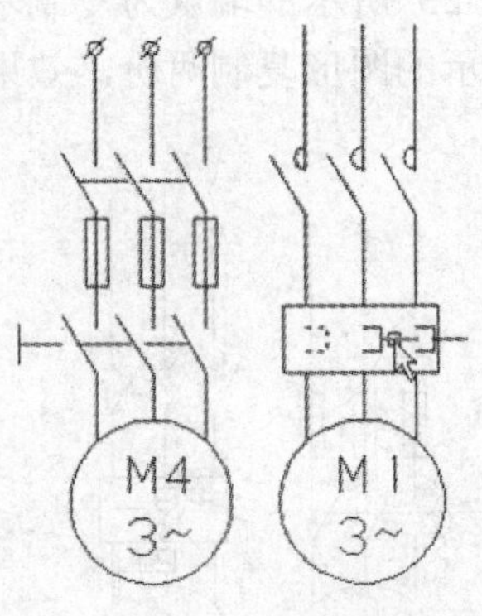


图 8-29　选择图形

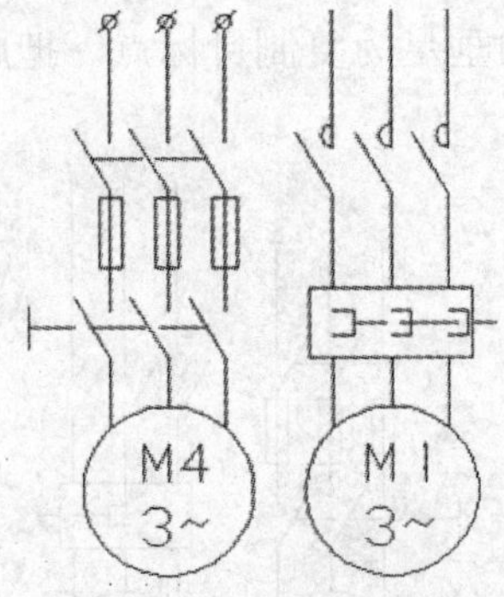


图 8-30　延伸图形

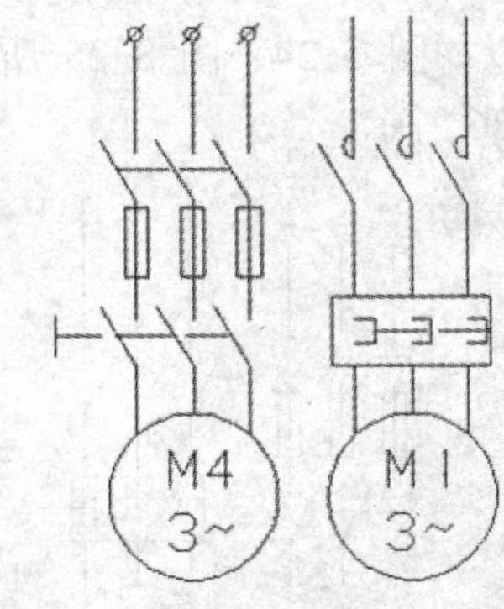


图 8-31　修剪线头

22）单击“修改”面板中的“拉伸”命令按钮，把如图 8-32 所示的图形向下适当拉长，结果如图 8-33 所示。

23）单击“修改”面板中的“拉伸”命令按钮，把如图 8-34 所示的图形向上适当拉长，结果如图 8-35 所示。

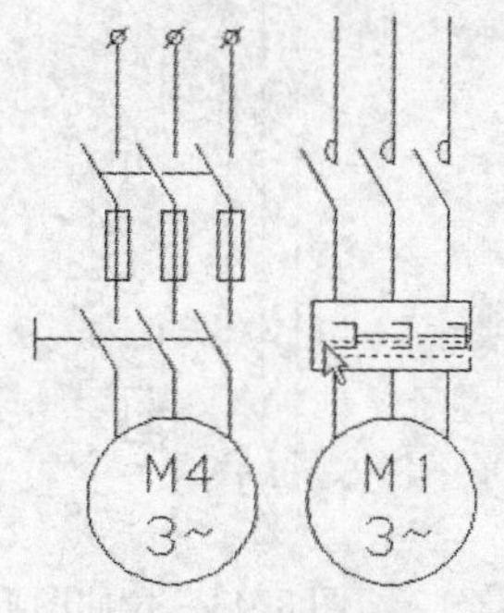

图 8-32　选择图形

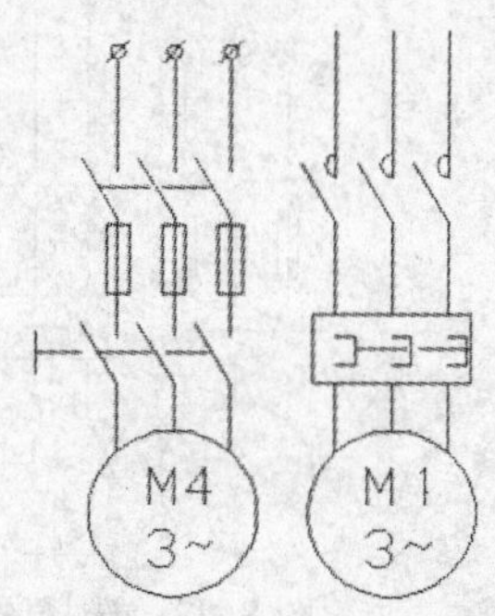

图 8-33　向下拉长图形

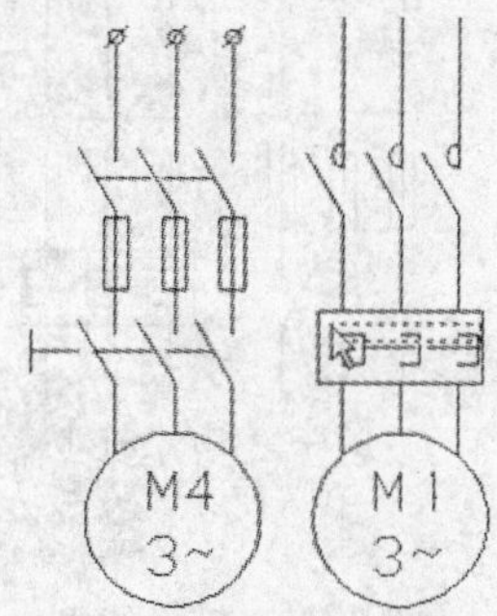

图 8-34　选择图形

24）单击“修改”面板中的“延伸”命令按钮，以如图 8-36 所示的虚线图形为延伸边界线，延伸光标所示的上下边线头，效果如图 8-37 所示。

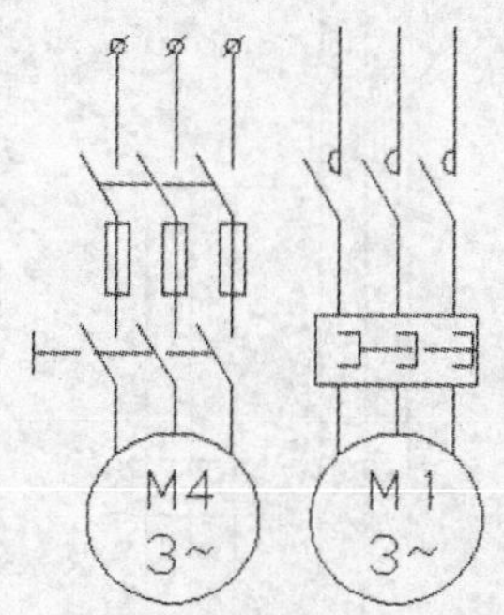

图 8-35　向上拉长图形

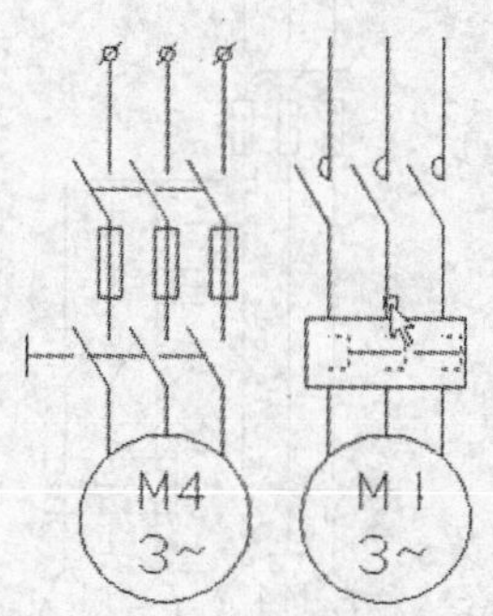

图 8-36　选择图形

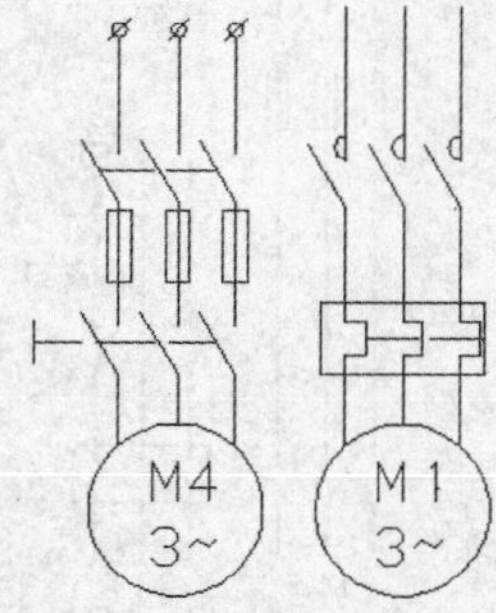

图 8-37　延伸线头

25）单击“绘图”面板中的“直线”命令按钮，绘制如图 8-38、图 8-39 所示的两个中点的连线，说明这是三键联动的开关，效果如图 8-40 所示。

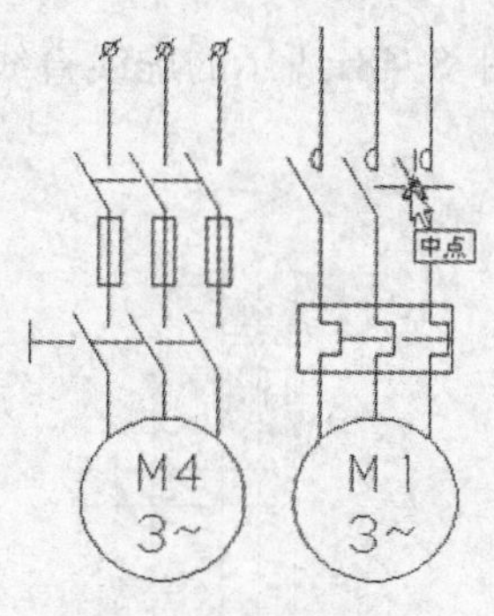

图 8-38　捕捉起点

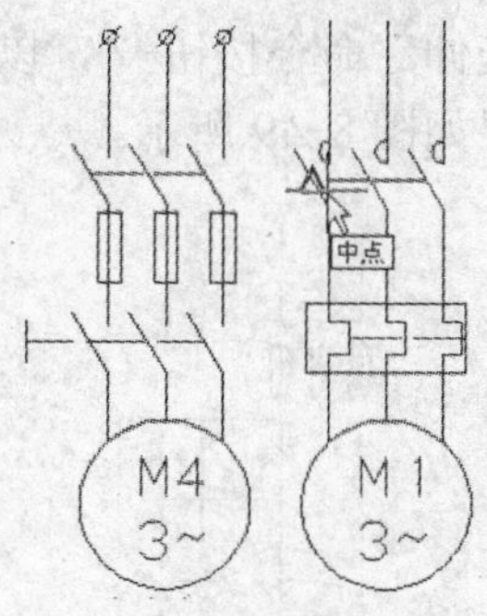

图 8-39　捕捉终点

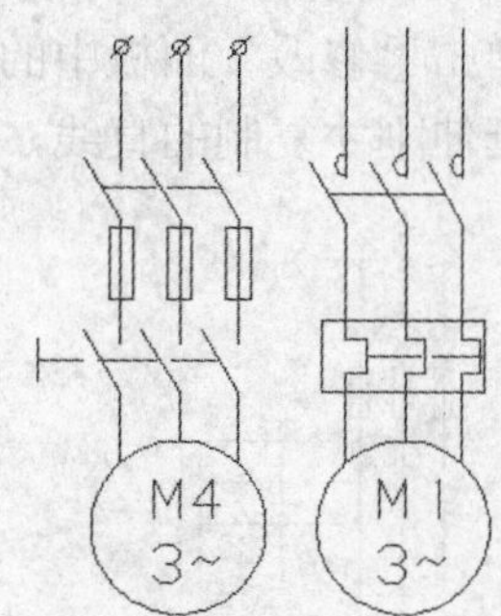

图 8-40　绘制直线

26）单击“特性”面板中的“特性匹配”命令按钮，把刚才绘制的直线转换成蓝色虚线，效果如图 8-41 所示。

27）单击“修改”面板中的“拉伸”命令按钮，把如图 8-42 所示的虚线图形向上适当拉长，效果如图 8-43 所示。

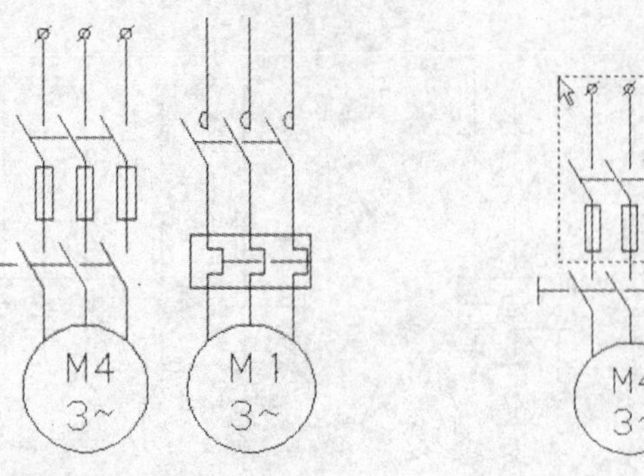


图 8-41　转换线型

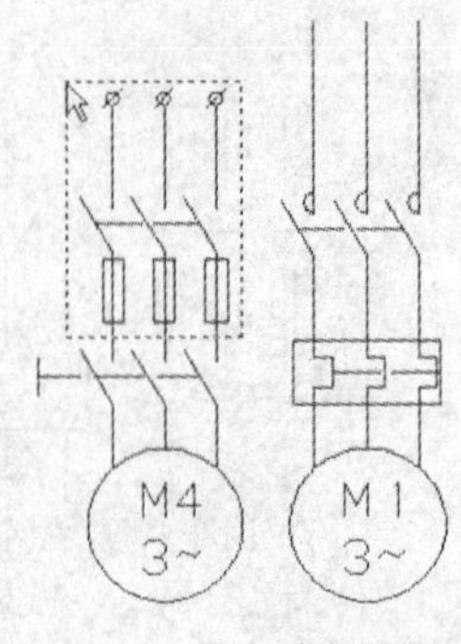


图 8-42　选择图形

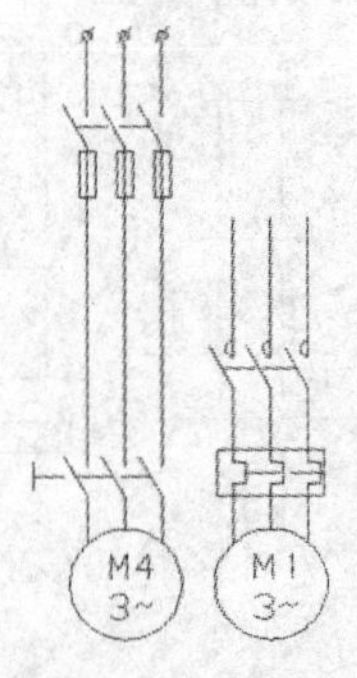


图 8-43　拉伸图形

28）连接主线路。单击“绘图”面板中的“直线”命令按钮，绘制如图 8-44 所示的端点和如图 8-45 所示的垂足的连线，效果如图 8-46 所示。

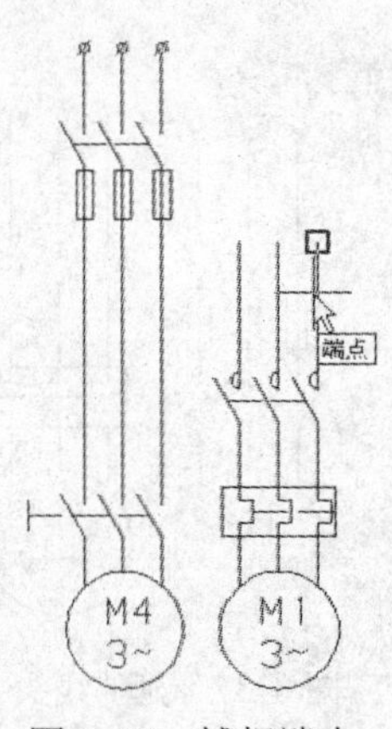


图 8-44　捕捉端点

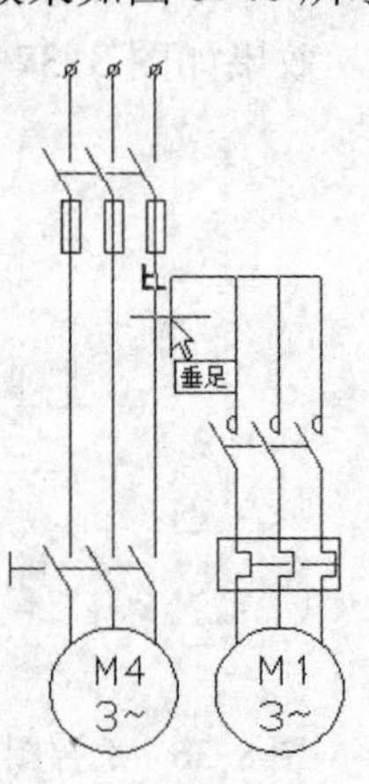


图 8-45　捕捉垂足

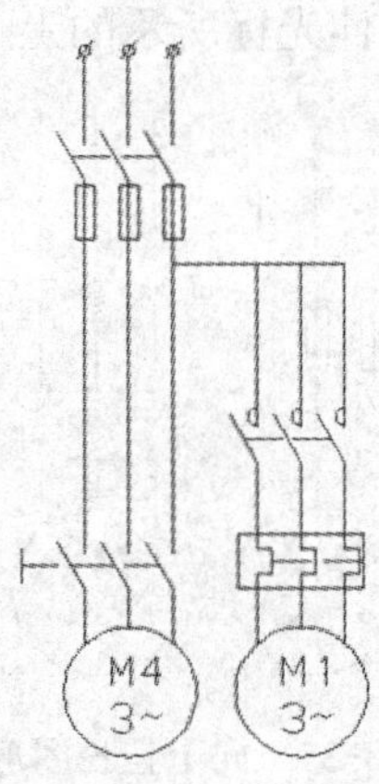


图 8-46　绘制直线

29）单击“修改”面板中的“复制”命令按钮，把刚才绘制的线条向下复制两份，效果如图 8-47 所示。

30）单击“修改”面板中的“延伸”命令按钮，以如图 8-48 所示的虚线直线为延伸边界线，延伸刚才复制的直线，效果如图 8-49 所示。

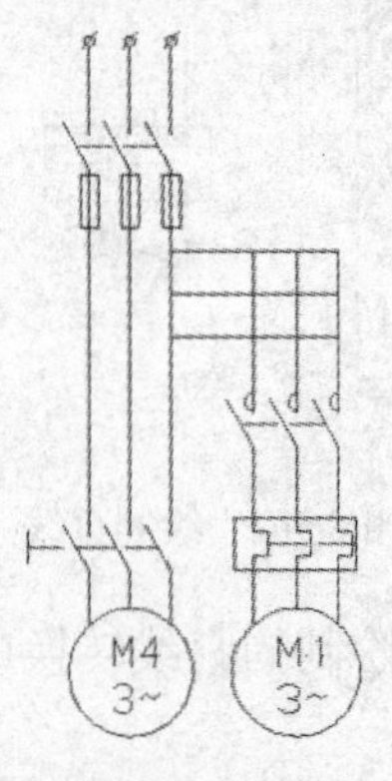


图 8-47　复制直线

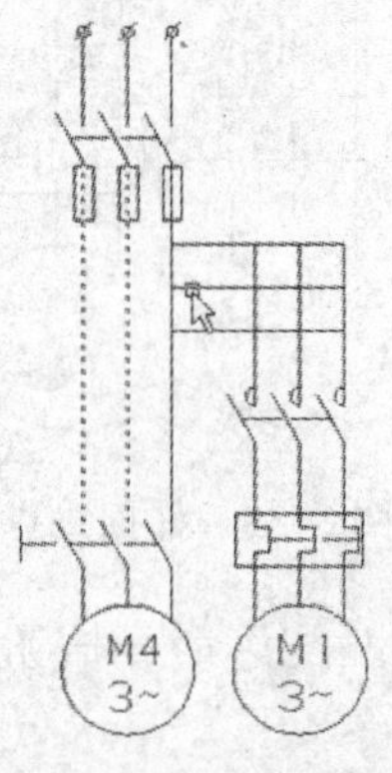


图 8-48　选择直线

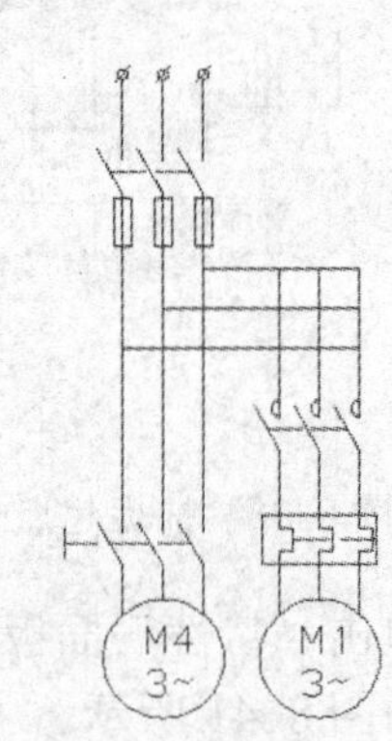


图 8-49　延伸直线

31）单击“修改”面板中的“圆角”命令按钮，把如图 8-50 所示的虚线和光标所指的直线之间相互倒圆角 R0，效果如图 8-51 所示。

32）参照上面的操作，单击“修改”面板中的“圆角”命令按钮，绘制第 2 台电动机上的另外两条接线，效果如图 8-52 所示。

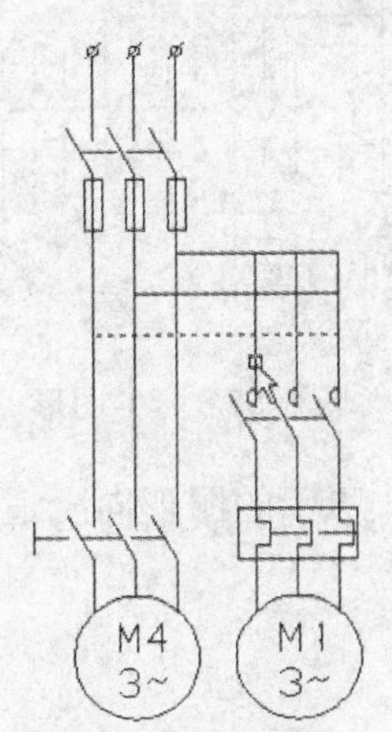

图 8-50　选择直线

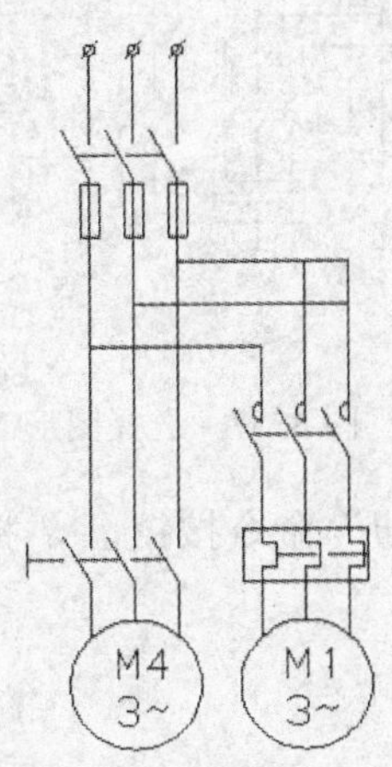

图 8-51　连接一条导线

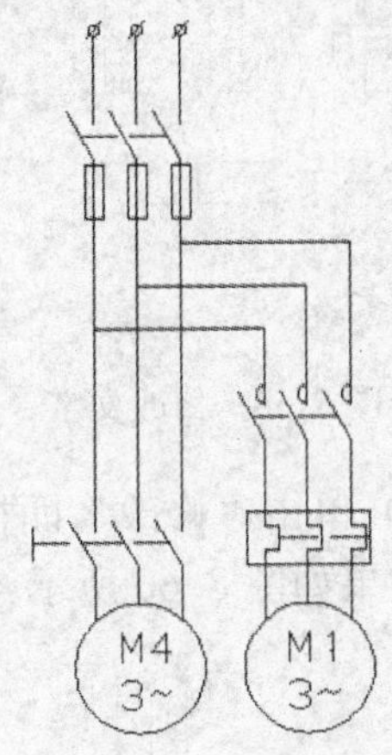

图 8-52　连接其他导线

### 2．第 3、4 台电动机接线设计

绘制步骤如下。

1）单击“修改”面板中的“复制”命令按钮，把如图 8-53 所示的虚线图形向右复制 1 份，准备绘制第 3 台电动机，效果如图 8-54 所示。

2）单击“修改”面板中的“复制”命令按钮，把所复制的上边图形向左复制一份，效果如图 8-55 所示。

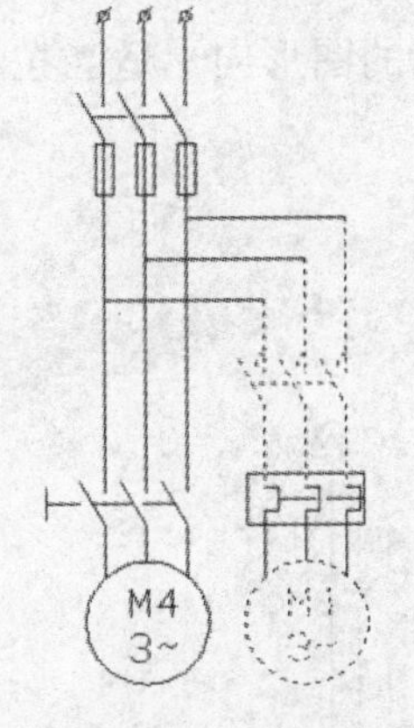

图 8-53　选择图形

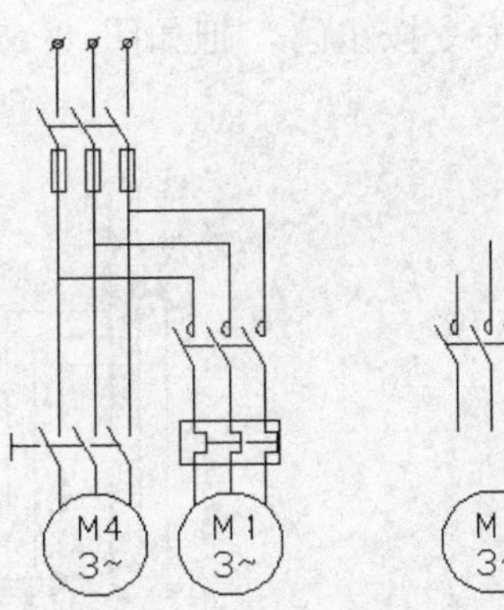

图 8-54　复制图形

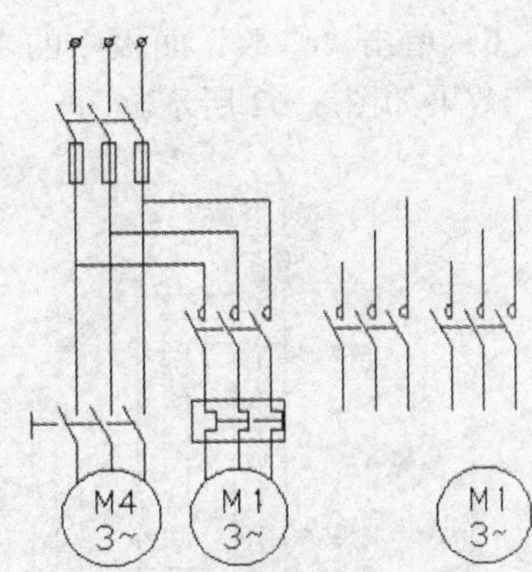

图 8-55　复制接线

3）单击“注释”选项卡，单击“文字”面板中的“编辑”命令按钮，然后单击中间的文字“M1 3~”，在屏幕出现的“多行文字编辑器”中把文字“M1 3~”改成“M2 3~”，效果如图 8-56 所示。

4）单击“修改”面板中的“延伸”命令按钮，以如图 8-57 所示的虚线圆为延伸边界线，延伸光标所示的 3 条垂直直线，效果如图 8-58 所示。

图 8-56　修改文字

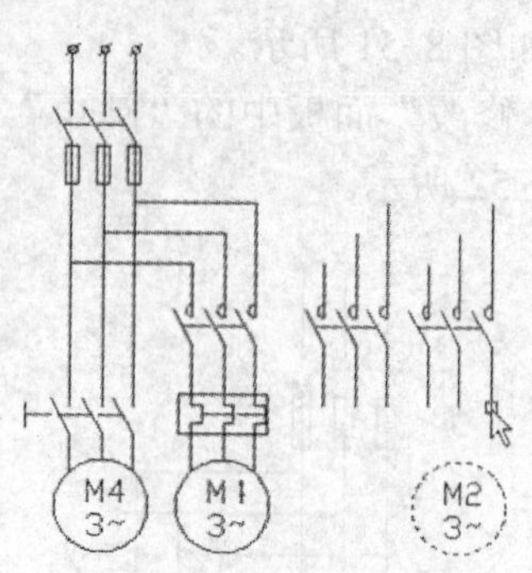


图 8-57　选择图形

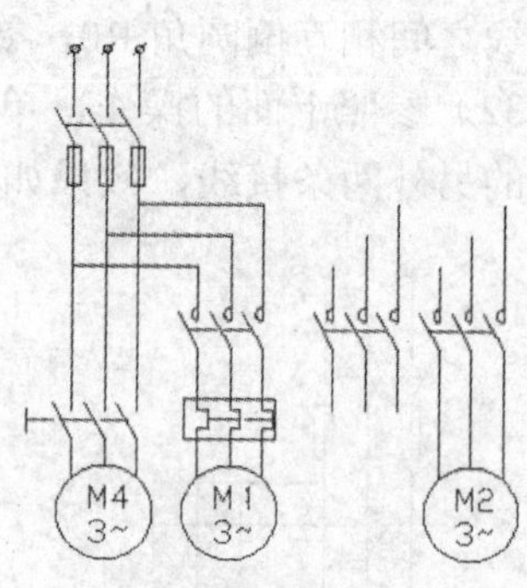


图 8-58　延伸图形

5）单击“修改”面板中的“拉伸”命令按钮，把如图 8-59 所示的图形向上适当拉长，效果如图 8-60 所示。

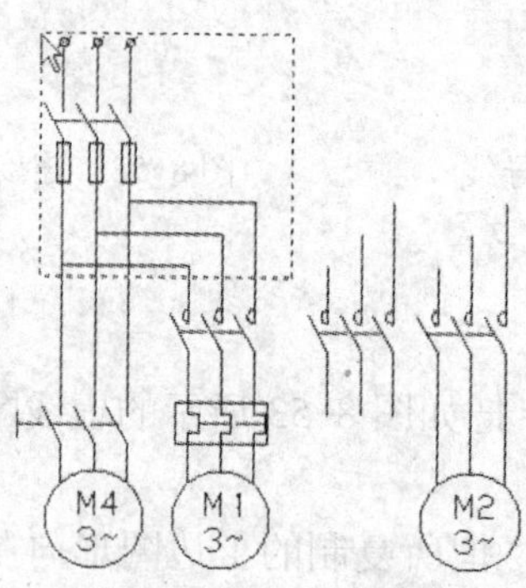


图 8-59　选择图形

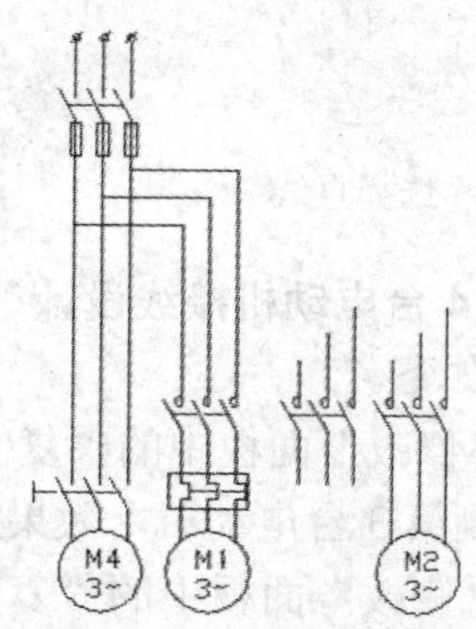


图 8-60　拉伸图形

6）单击“修改”面板中的“拉伸”命令按钮，把如图 8-61 所示的图形向上适当拉动，效果如图 8-62 所示。

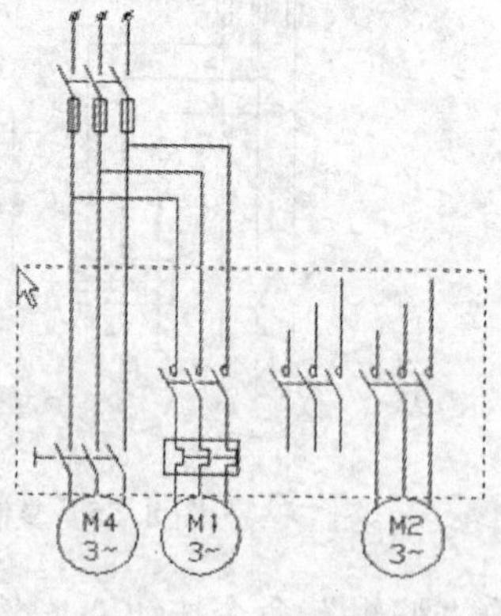


图 8-61　选择图形

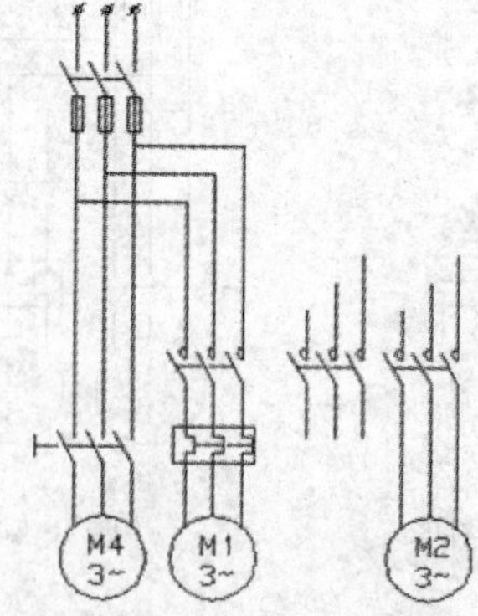


图 8-62　拉动图形

7）单击“修改”面板中的“圆角”命令按钮，把如图 8-63 所示的虚线和光标所指的直线之间相互倒圆角 R0，连接导线，效果如图 8-64 所示。

8）参照上面的操作，单击“修改”面板中的“圆角”命令按钮，绘制第3台电动机上的另外两条接线，效果如图8-65所示。

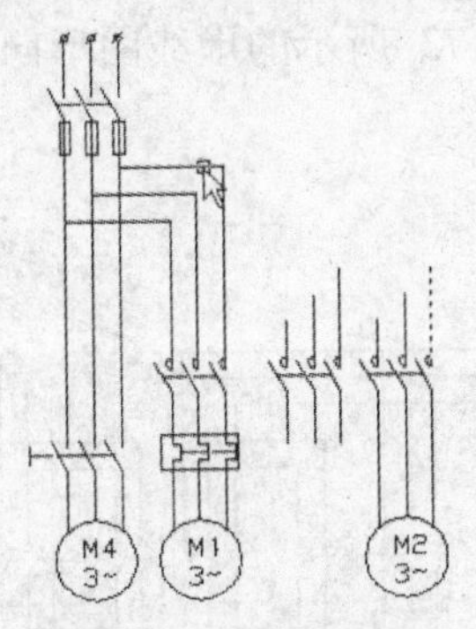


图8-63　选择线头

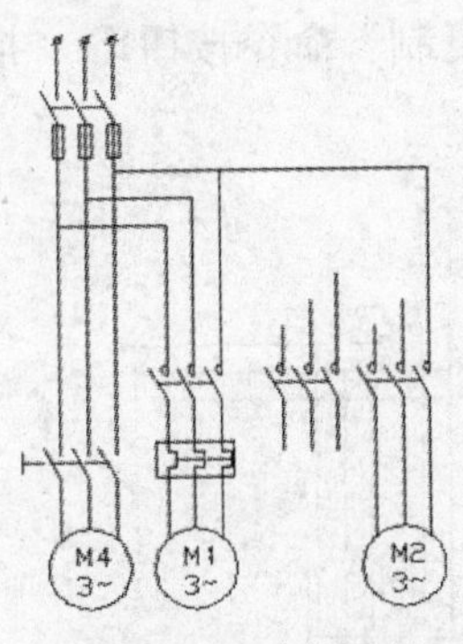


图8-64　连接导线

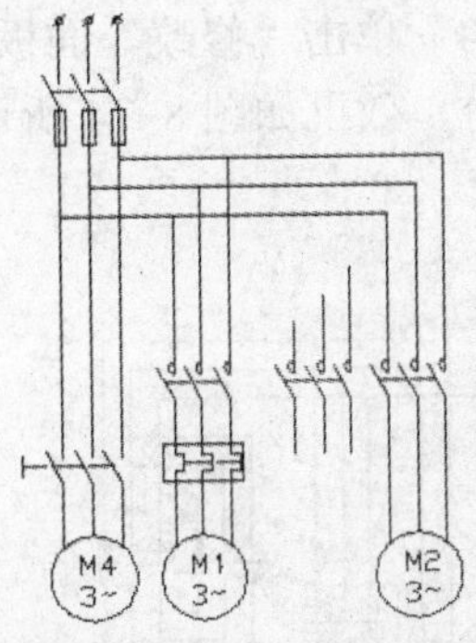


图8-65　连接其他接线

9）单击“修改”面板中的“复制”命令按钮，把横向导线向下复制2份，效果如图8-66所示。

10）单击“修改”面板中的“圆角”命令按钮，把如图8-67所示的虚线和光标所指的直线之间相互倒圆角R0，连接导线，效果如图8-68所示。

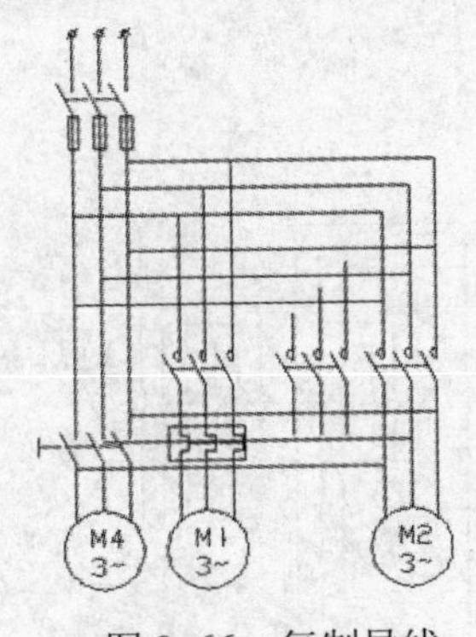


图8-66　复制导线

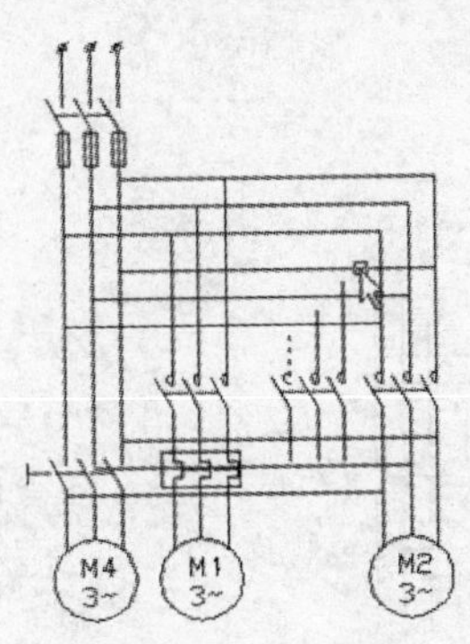


图8-67　选择直线

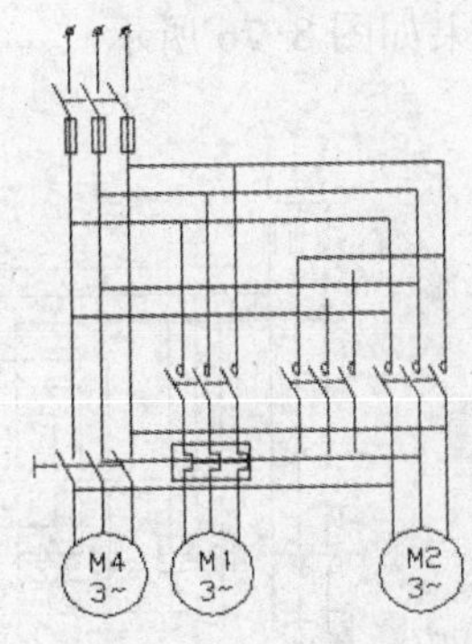


图8-68　连接一条导线

11）参照上面的操作，单击“修改”面板中的“圆角”命令按钮，绘制另外两条接线，效果如图8-69所示。

12）单击“修改”面板中的“圆角”命令按钮，把如图8-70所示的虚线和光标所指的直线之间相互倒圆角R0，连接导线，效果如图8-71所示。

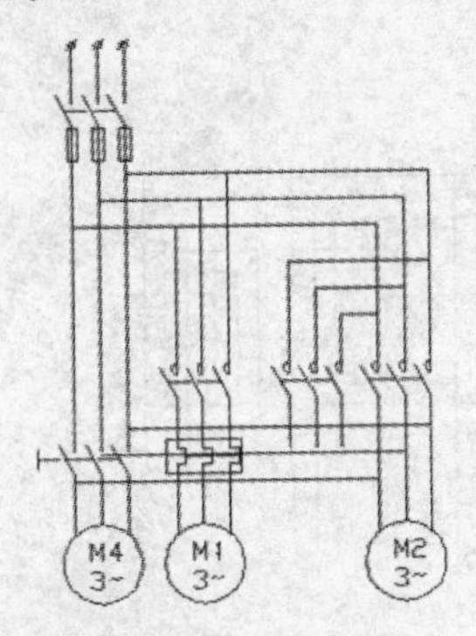


图8-69　连接其他导线

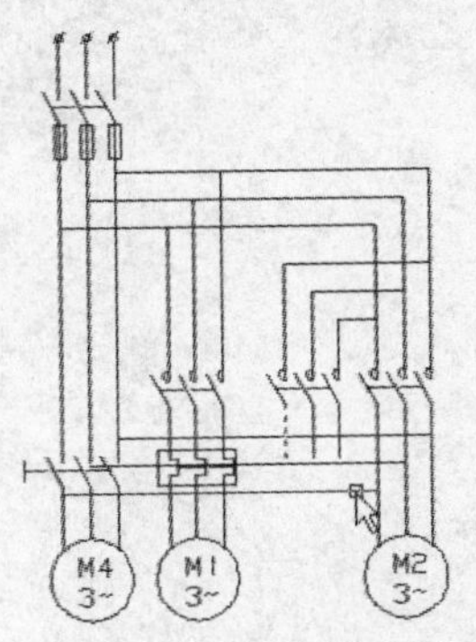


图8-70　选择直线

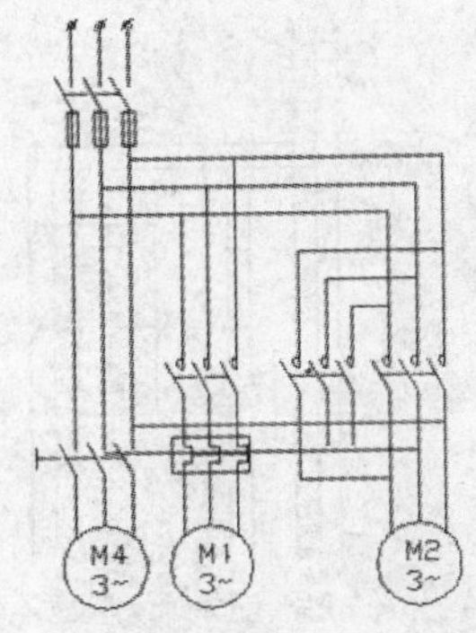


图8-71　连接一条导线

13）参照上面的操作，单击“修改”面板中的“圆角”命令按钮，绘制另外两条接线，效果如图 8-72 所示。

14）单击“修改”面板中的“复制”命令按钮，把如图 8-73 所示的虚线图形向右复制 1 份，效果如图 8-74 所示。

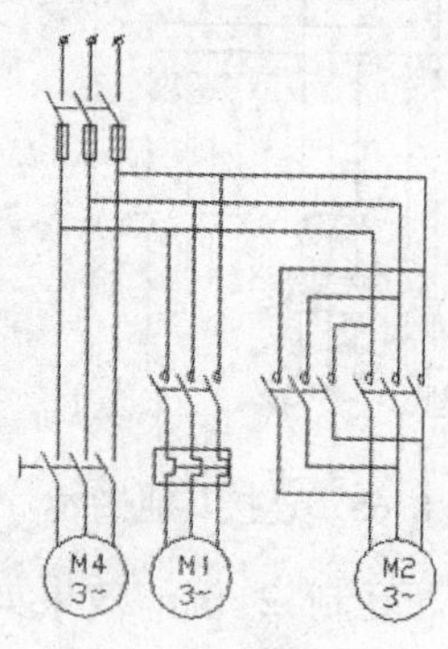

图 8-72　连接其他导线

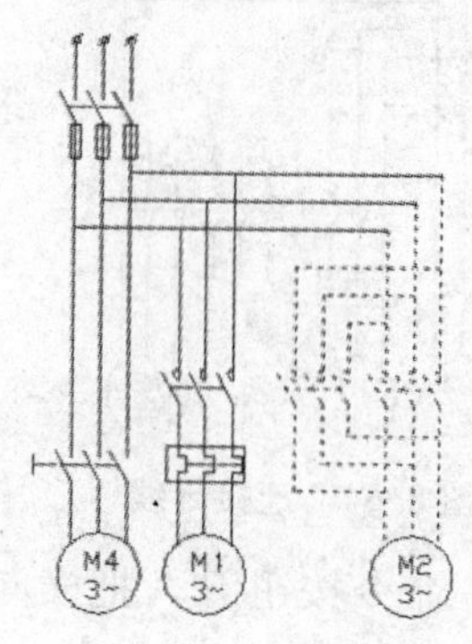

图 8-73　选择图形

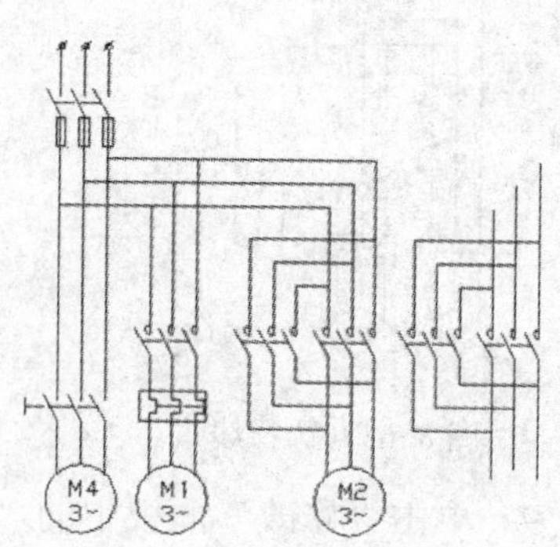

图 8-74　复制图形

15）单击“修改”面板中的“拉伸”命令按钮，把如图 8-75 所示的图形向下适当拉长，效果如图 8-76 所示。

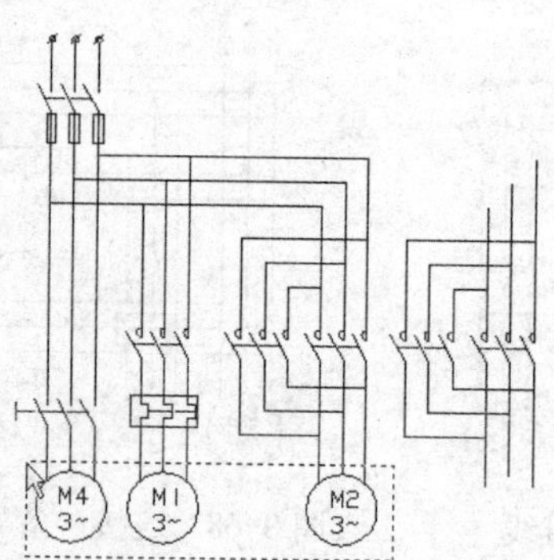

图 8-75　选择图形

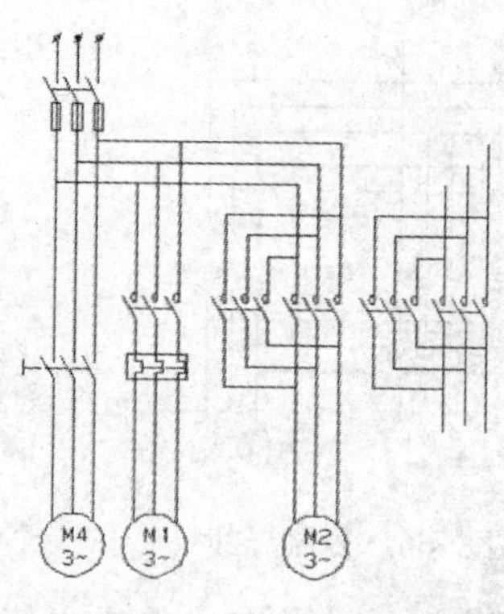

图 8-76　拉伸图形

16）单击“修改”面板中的“拉伸”命令按钮，把如图 8-77 所示的图形适当向下拉动，效果如图 8-78 所示。

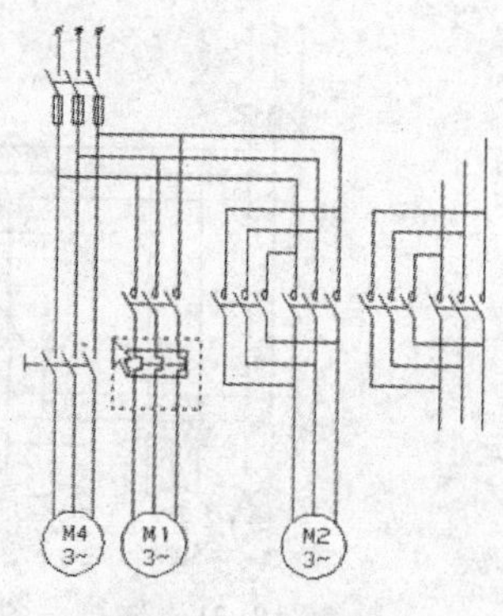

图 8-77　选择图形

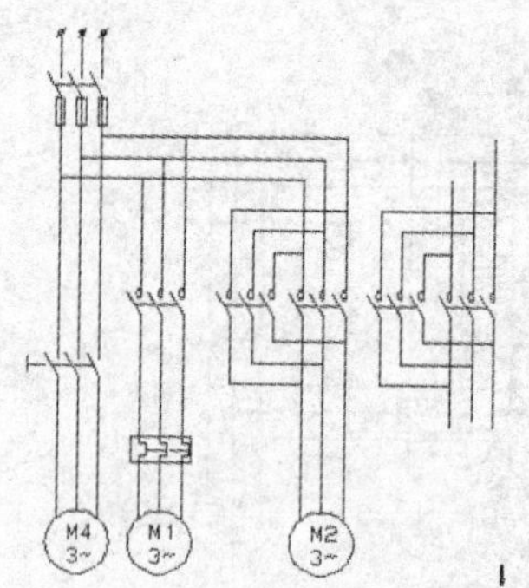

图 8-78　拉动图形

17）单击“修改”面板中的“复制”命令按钮，以如图 8-79 所示的交点为复制基准点，以如图 7-80 所示的垂足为复制目标点，把虚线所示的图形向右复制 1 份，效果如图 8-81 所示。

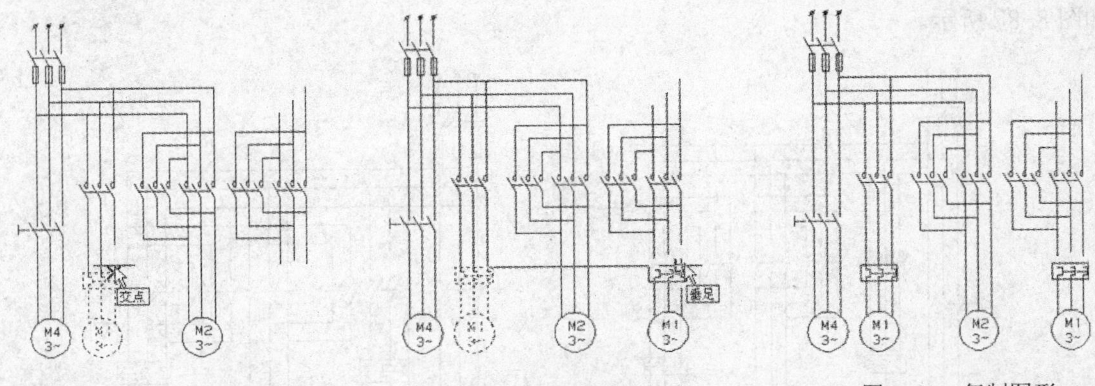


图 8-79　捕捉复制基准点　　图 8-80　捕捉复制目标点　　图 8-81　复制图形

18）单击“修改”面板中的“延伸”命令按钮，以如图 8-82 所示的虚线图形为延伸边界线，延伸光标所示的 3 条垂直直线，效果如图 8-83 所示。

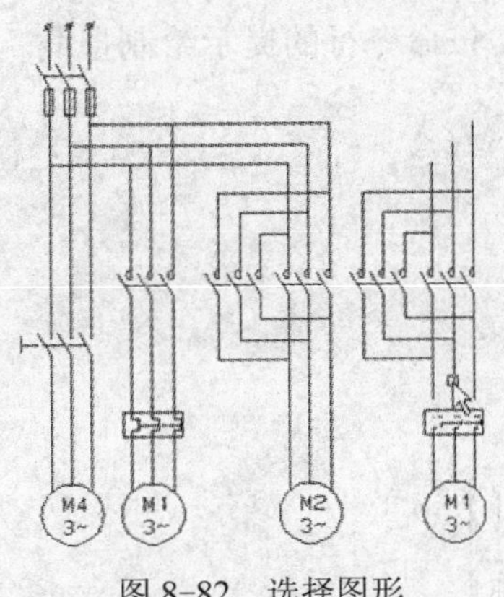


图 8-82　选择图形

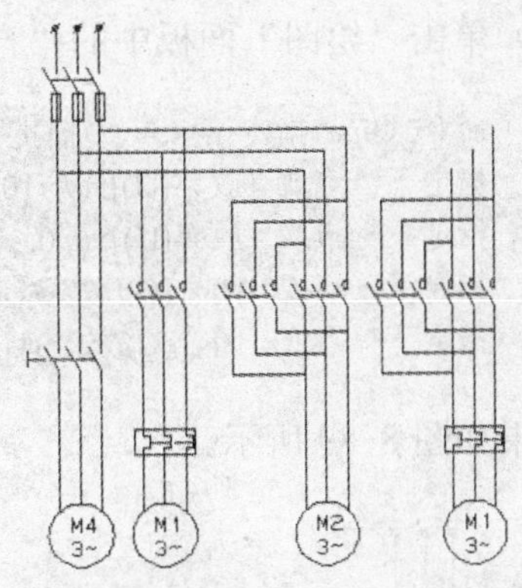


图 8-83　延伸导线

19）单击“修改”面板中的“圆角”命令按钮，把如图 8-84 所示的虚线和光标所指的直线之间相互倒圆角 R0，连接导线，效果如图 8-85 所示。

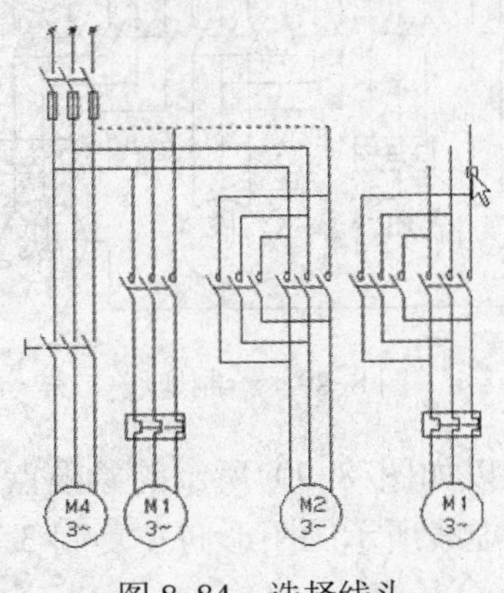


图 8-84　选择线头

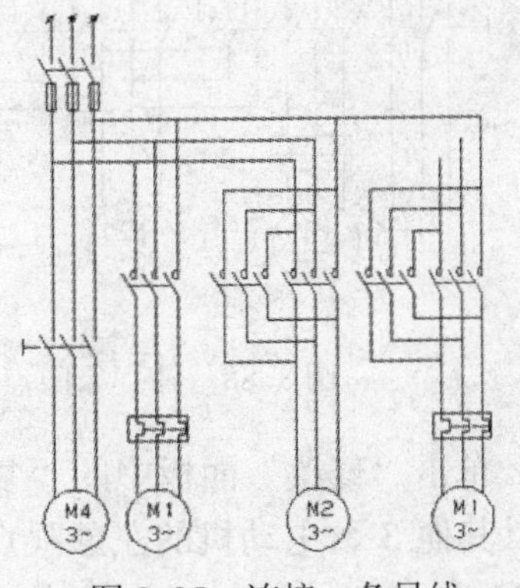


图 8-85　连接一条导线

20）参照上面的操作，单击“修改”面板中的“圆角”命令按钮，绘制另外两条接线，效果如图 8-86 所示。

21）单击“修改”面板中的“拉伸”命令按钮，适当调整图形，使其整齐紧凑，效果如图 8-87 所示。

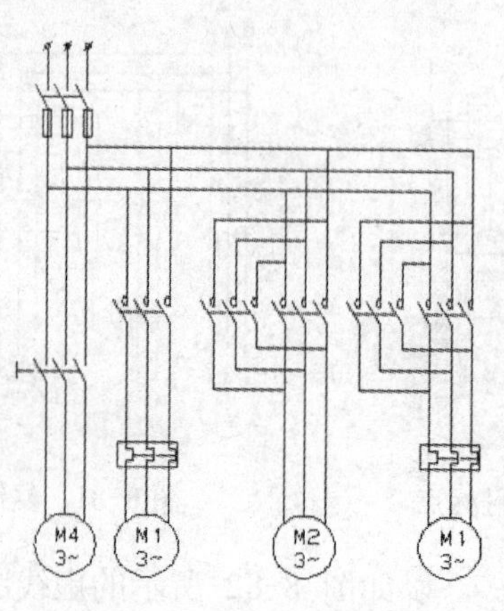


图 8-86　连接其他导线

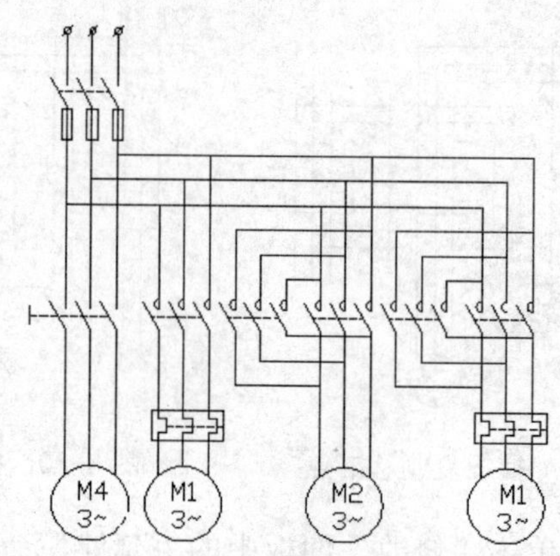


图 8-87　适当调整图形

22）单击“绘图”面板中的“直线”命令按钮，按命令行的提示绘制直线。

```
命令: _line 指定第一点:（捕捉如图 8-88 所示的象限点）
指定下一点或 [放弃(U)]: @-10,0
指定下一点或 [放弃(U)]: @0, -30
指定下一点或 [闭合(C)/放弃(U)]: @-200,0
指定下一点或 [闭合(C)/放弃(U)]:
```

效果如图 8-89 所示。

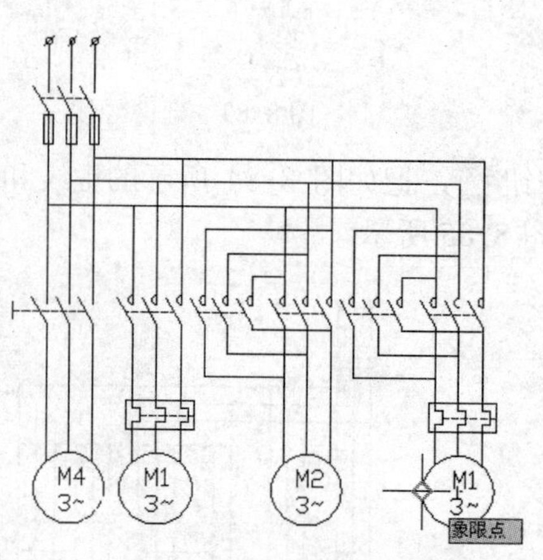


图 8-88　捕捉象限点

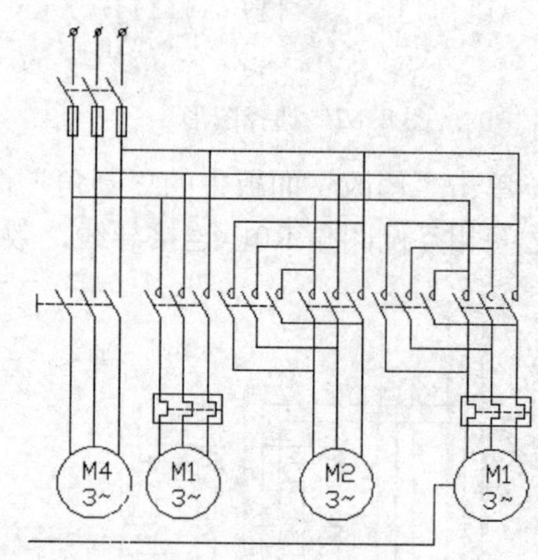


图 8-89　绘制地线

23）单击“修改”面板中的“复制”命令按钮，以如图 8-90 所示的象限点为复制基准点，以其他 3 台电动机的左象限点为复制目标点，把虚线所示的图形向左复制 3 份，效果如图 8-91 所示。

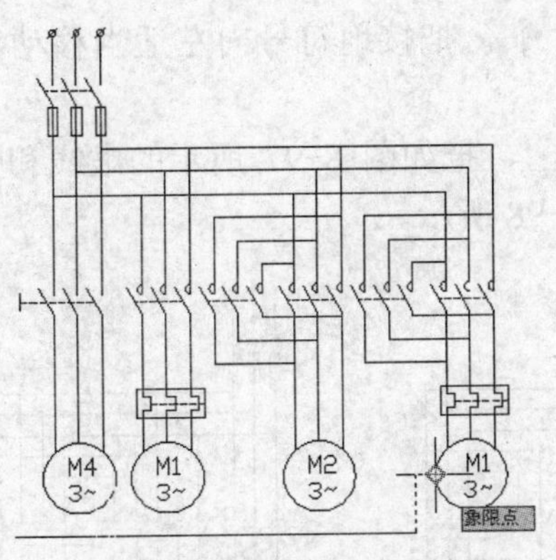


图 8-90　捕捉复制基准点

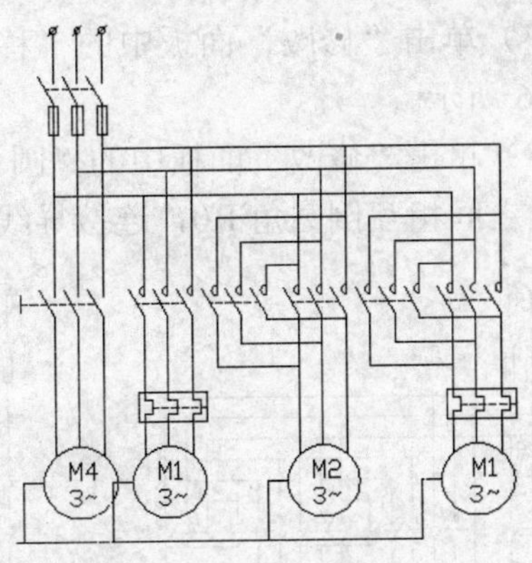


图 8-91　复制地线

24）单击“修改”面板中的“镜像”命令按钮，以第 2 台电动机的导线中线为对称轴，把地线对称复制 1 份，注意删除原对象，效果如图 8-92 所示。

25）从以前绘制的图形中复制如图 8-93 所示的接地元器件，准备绘制接地图形。

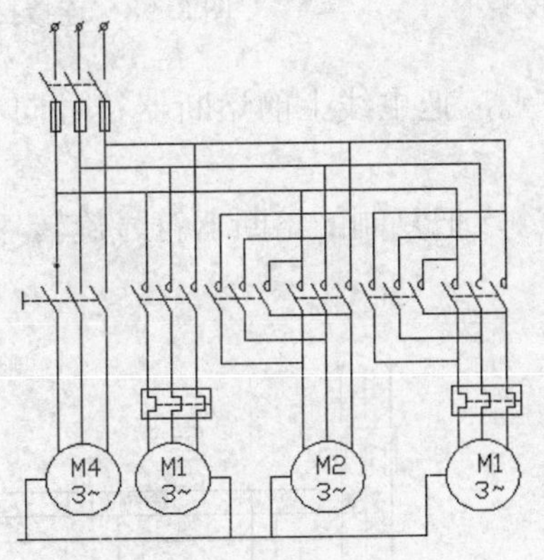


图 8-92　对称复制地线

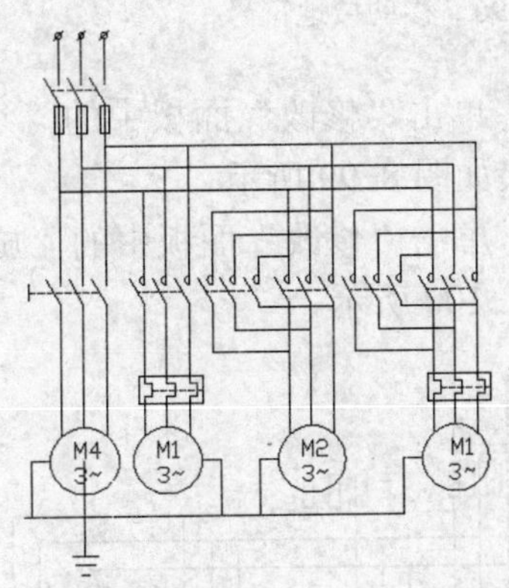


图 8-93　复制接地元器件

26）单击“绘图”面板中的“圆”命令按钮，绘制圆心在如图 8-94 所示的交点的圆，大小适当，效果如图 8-95 所示。

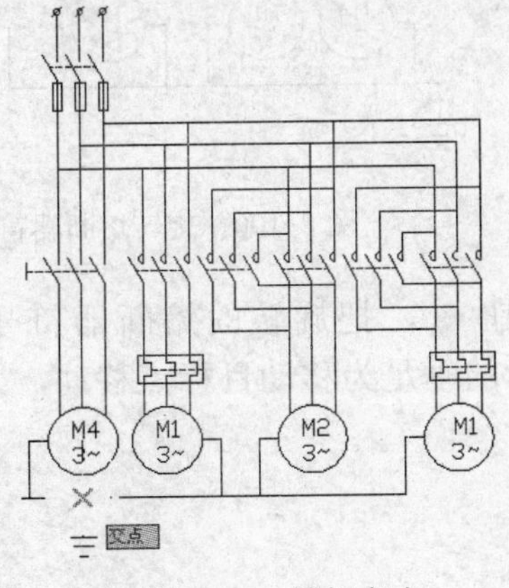


图 8-94　捕捉交点

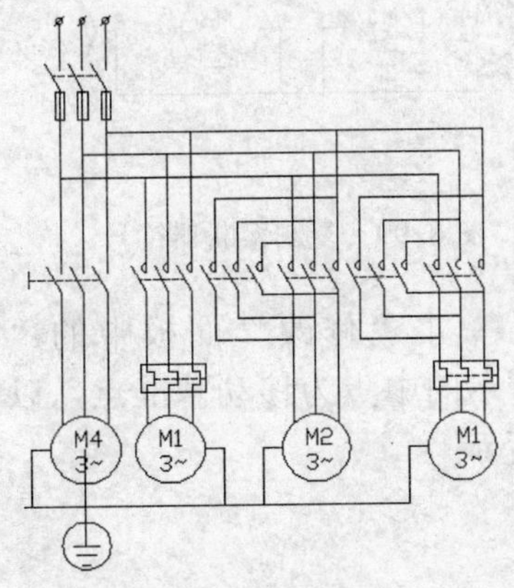


图 8-95　绘制圆

27）单击“修改”面板中的“移动”命令按钮，把接地符号向左适当移动，效果如图 8-96 所示。

28）单击“修改”面板中的“圆角”命令按钮，把如图 8-97 所示的虚线和光标所指的直线之间相互倒圆角 R0，连接导线，效果如图 8-98 所示。

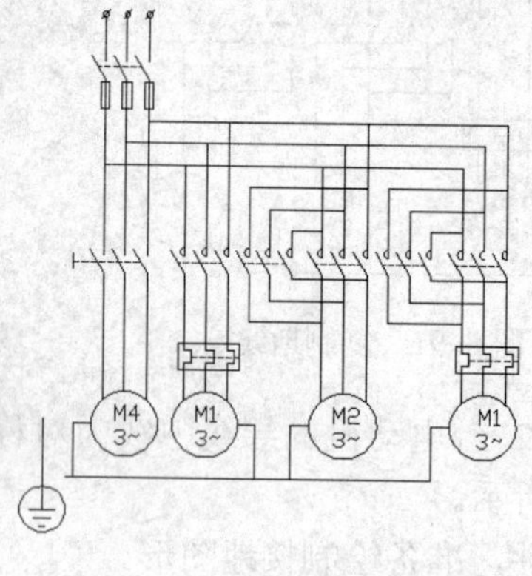

图 8-96　移动接地符号

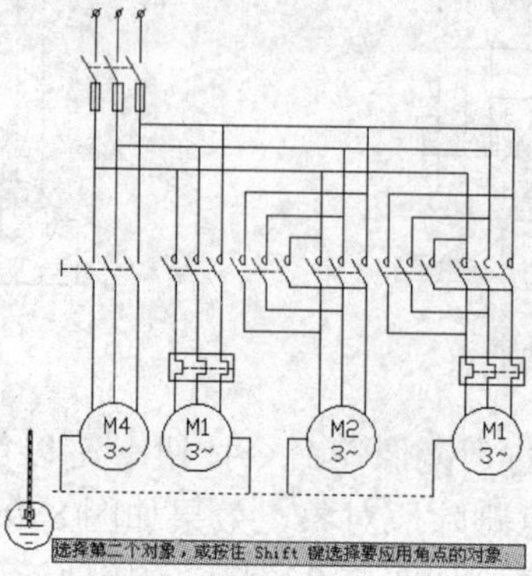

图 8-97　捕捉线头

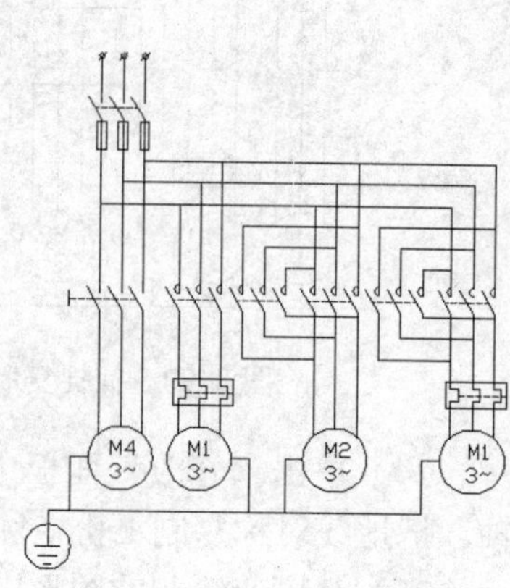

图 8-98　连接接地符号

29）单击“修改”面板中的“复制”命令按钮，把主线上的熔断器符号向右复制 1 份，效果如图 8-99 所示。

30）单击“修改”面板中的“旋转”命令按钮，把复制的熔断器符号旋转 90°，效果如图 8-100 所示。

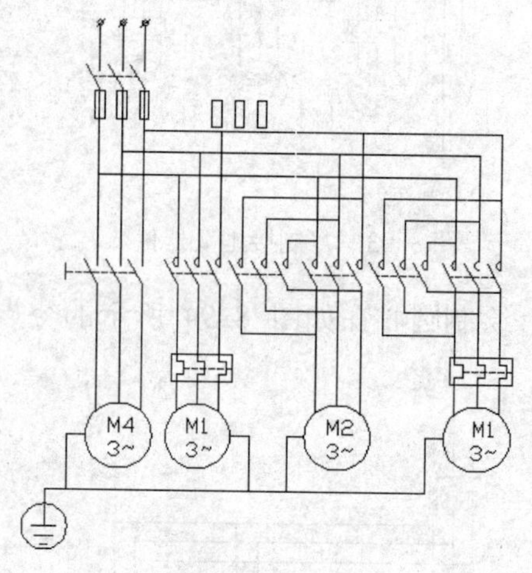
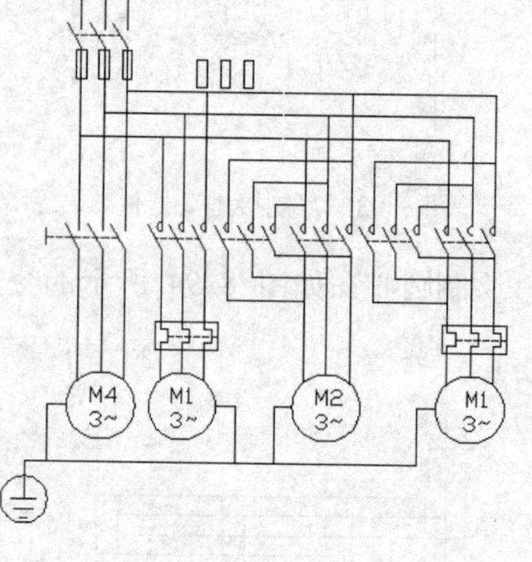

图 8-99　复制熔断器符号

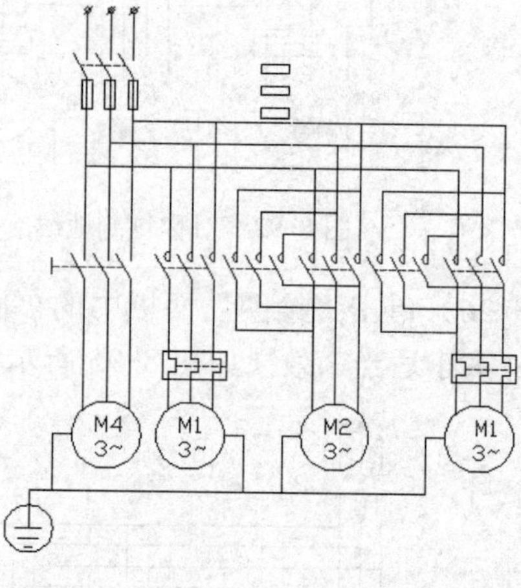

图 8-100　旋转熔断器符号

31）单击“修改”面板中的“移动”命令按钮，把旋转的熔断器符号以如图 8-101 所示的中点为移动基准点，以如图 8-102 所示的垂足为移动目标点移动，效果如图 8-103 所示。

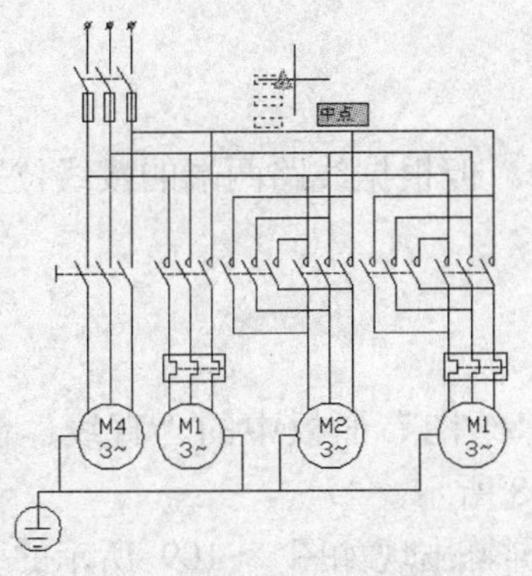


图 8-101 捕捉移动基准点

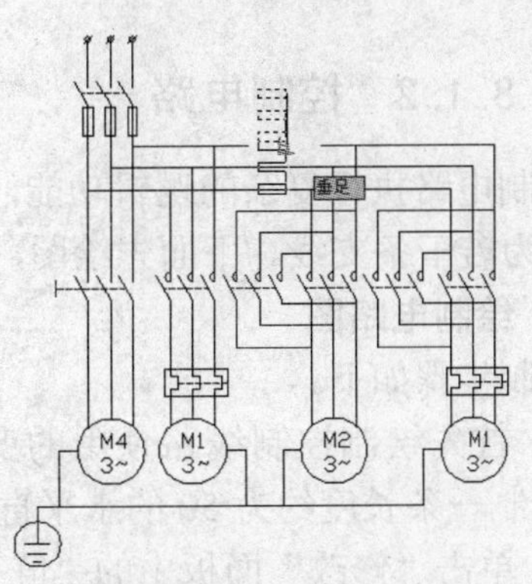


图 8-102 捕捉移动目标点

32）单击“注释”选项卡，单击“文字”面板中的“编辑”命令按钮，然后单击电动机图形中间的文字，在屏幕出现的“多行文字编辑器”中修改电动机代号，效果如图 8-104 所示。

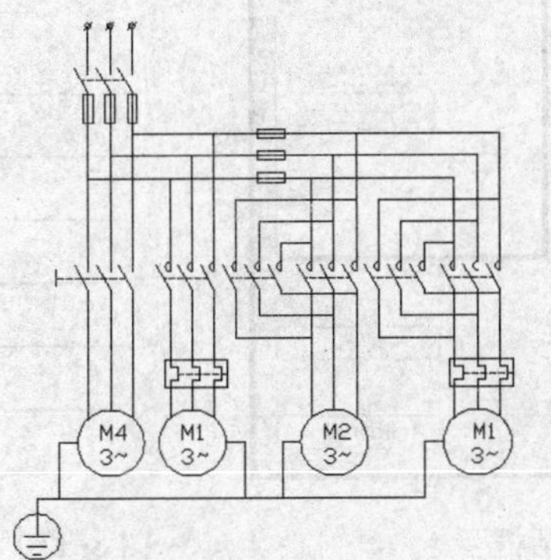


图 8-103 放置熔断器符号

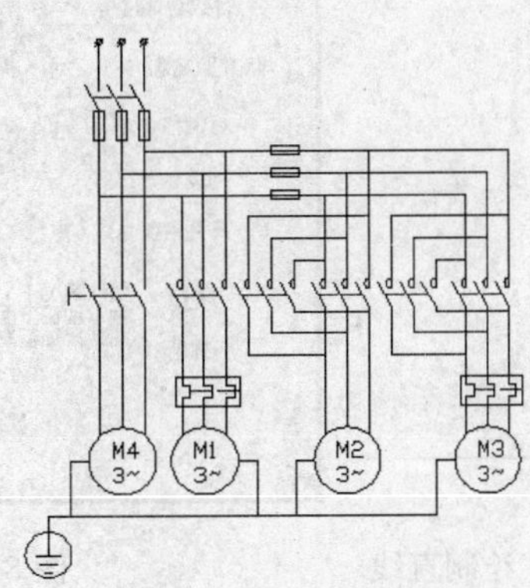


图 8-104 修改电动机代号

33）单击“注释”面板中的“多行文字”命令按钮 A，在两组熔断器符号旁边书写代号，结果如图 8-105 所示。

34）单击“注释”面板中的“多行文字”命令按钮 A，书写第 2 排元器件的代号，效果图 8-106 所示。

35）单击“注释”面板中的“多行文字”命令按钮 A，书写热继电器和接地线的代号，效果图 8-107 所示。

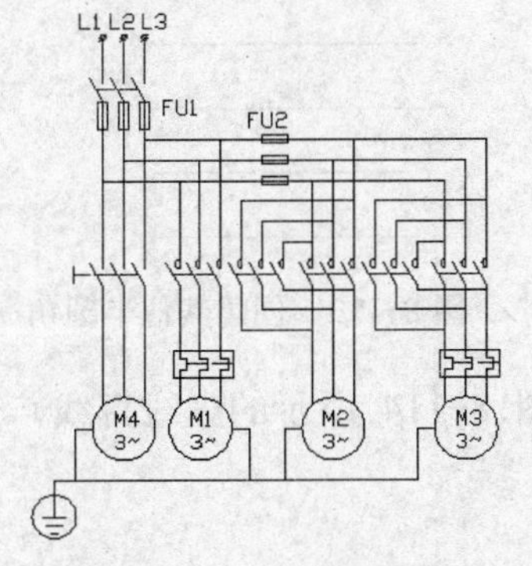


图 8-105 书写熔断器代号

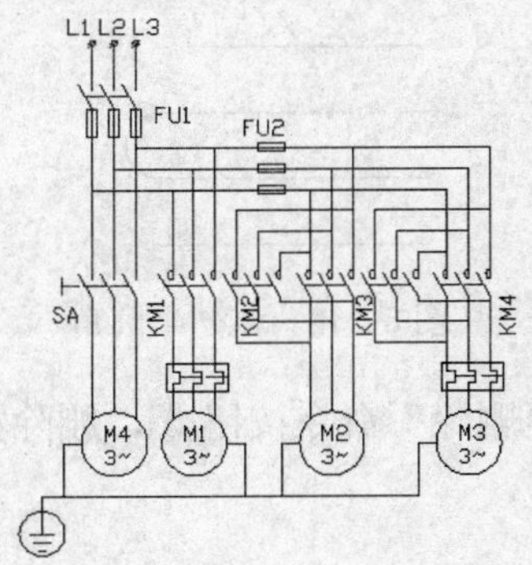


图 8-106 书写开关代号

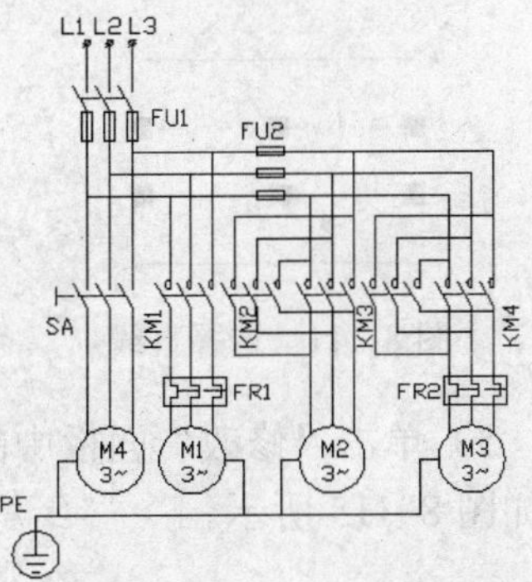


图 8-107 书写接地线代号

## ▷▷▷ 8.1.2 控制电路

控制电路执行复杂的逻辑功能，因此线路比较复杂。但根据线路两端的接线位置，也可以划分为若干条支线。下面先绘图，然后加以标注。

### 1. 绘制电路图

绘制步骤如下。

1）首先绘制控制线路使用的变压器线路。单击“绘图”面板中的“直线”命令按钮，绘制一条长度约为 50 的水平直线，效果如图 8-108 所示。

2）单击“修改”面板中的“阵列”命令按钮，屏幕出现如图 8-109 所示的“阵列”对话框，设置各项数值，把直线阵列 7 行，行距为 12.5，效果如图 8-110 所示。

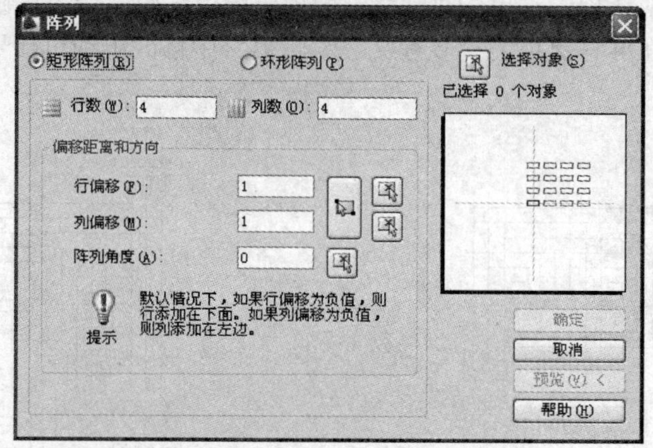


图 8-108 绘制直线　　图 8-109 “阵列”对话框　　图 8-110 阵列直线

3）单击“修改”面板中的“圆角”命令按钮，然后单击如图 8-111 所示的虚线直线右边，创建一个半圆角，阶段效果如图 8-112 所示。

4）参照上面的做法，单击“修改”面板中的“圆角”命令按钮，创建其他半圆角。阶段效果如图 8-113 所示。

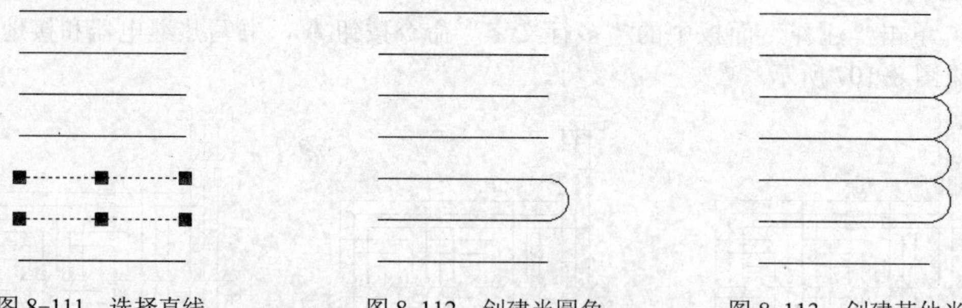

图 8-111 选择直线　　图 8-112 创建半圆角　　图 8-113 创建其他半圆角

5）单击“修改”面板中的“删除”命令按钮，删除如图 8-114 所示的虚线直线，效果如图 8-115 所示。

图 8-114　选择直线　　　　图 8-115　删除直线

6）单击“绘图”面板中的“直线”命令按钮，绘制如图 8-116、图 8-117 所示的两个端点的连线，效果如图 8-118 所示。

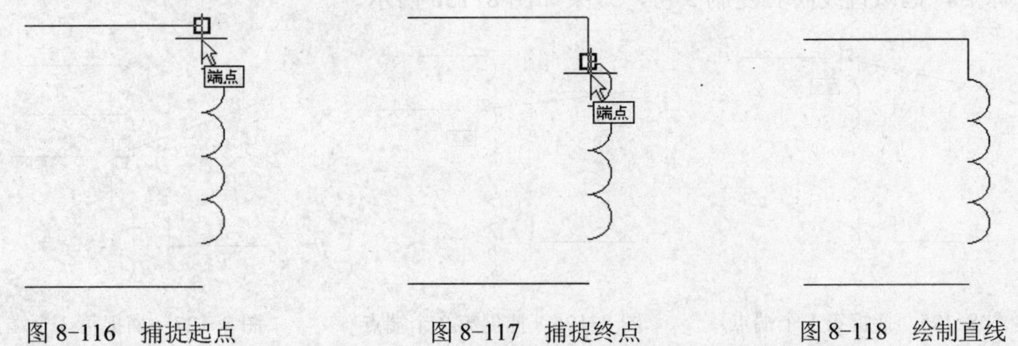


图 8-116　捕捉起点　　　　图 8-117　捕捉终点　　　　图 8-118　绘制直线

7）单击“修改”面板中的“复制”命令按钮，以刚才绘制的直线的上端点为复制基准点，以如图 8-119 所示的端点为复制目标点，把它向下复制 1 份，效果如图 8-120 所示。

8）单击“修改”面板中的“镜像”命令按钮，把圆弧组向右对称复制 1 份，效果如图 8-121 所示。

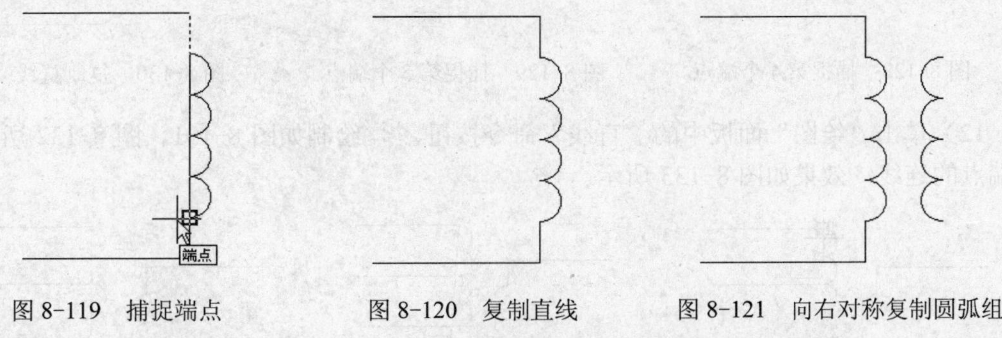


图 8-119　捕捉端点　　　　图 8-120　复制直线　　　　图 8-121　向右对称复制圆弧组

9）单击“修改”面板中的“移动”命令按钮，把复制的圆弧组向下移动，移动距离约 30，效果如图 8-122 所示。

10）单击“修改”面板中的“镜像”命令按钮，以过如图 8-123 所示的端点的水平直线为对称轴，把圆弧组向上对称复制 1 份，效果如图 8-124 所示。

1
2
3
4
5
6
7
第8章
9
附录A

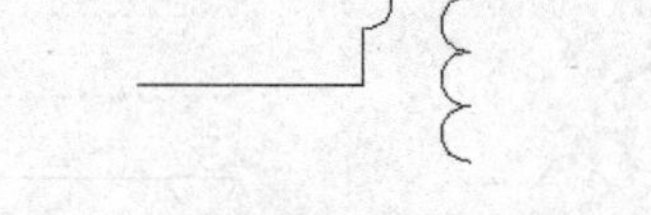

图 8-122　向下移动圆弧组　　图 8-123　捕捉端点　　图 8-124　向上对称复制圆弧组

11）单击“修改”面板中的“复制”命令按钮，以如图 8-125 所示的虚线直线的左端点为复制基准点，以如图 8-125、图 8-126、图 8-127、图 8-128、图 8-129 所示的端点为复制目标点，把该直线向右复制 5 份，效果如图 8-130 所示。

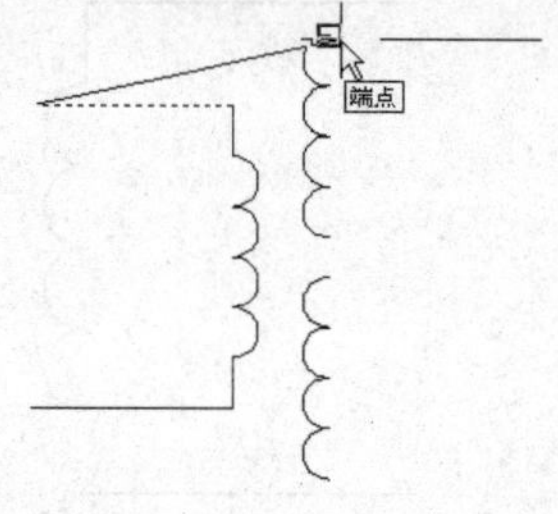


图 8-125　捕捉第 1 个端点

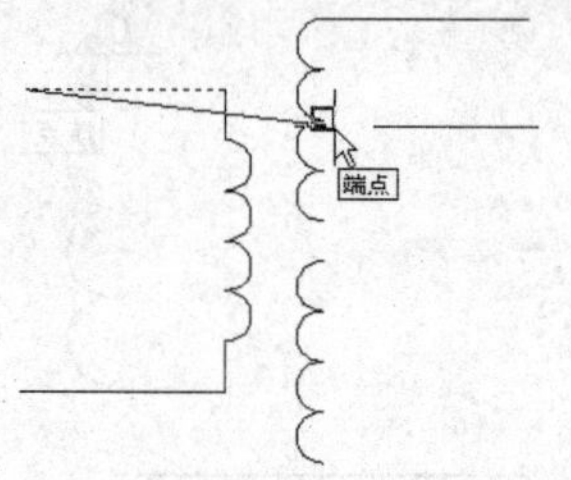


图 8-126　捕捉第 2 个端点

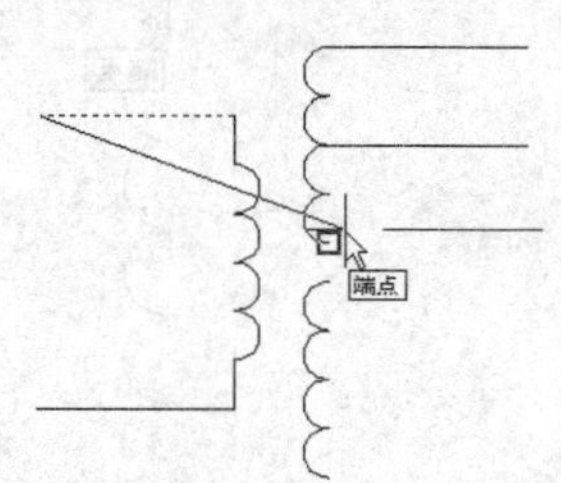


图 8-127　捕捉第 3 个端点

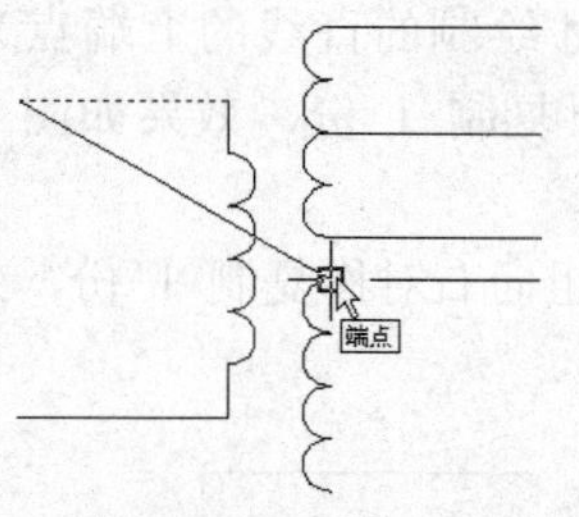


图 8-128　捕捉第 4 个端点

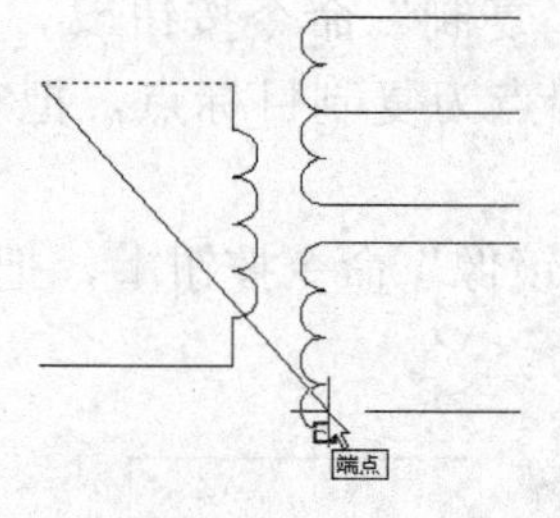


图 8-129　捕捉第 5 个端点

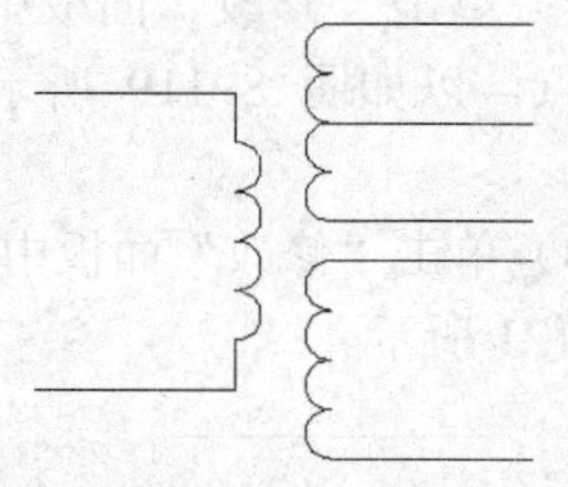

图 8-130　复制直线

12）单击“绘图”面板中的“直线”命令按钮，绘制如图 8-131、图 8-132 所示的两个端点的连线，效果如图 8-133 所示。

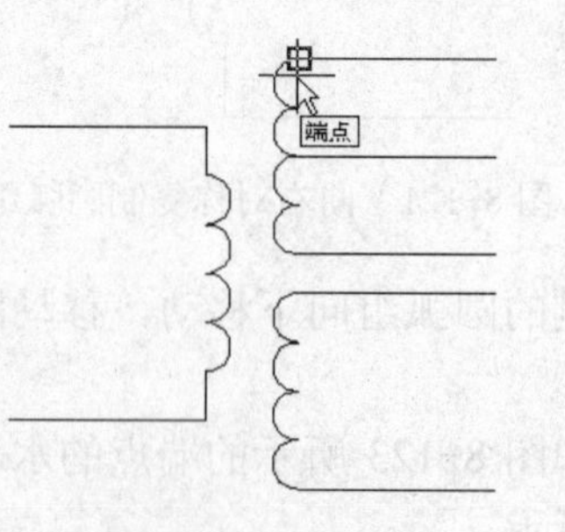


图 8-131　捕捉起点

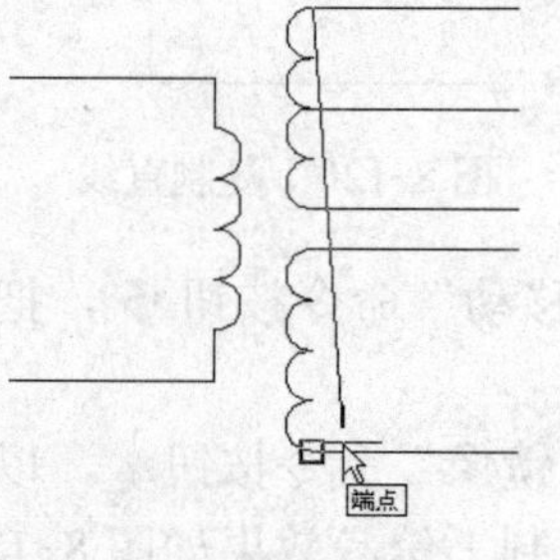


图 8-132　捕捉终点

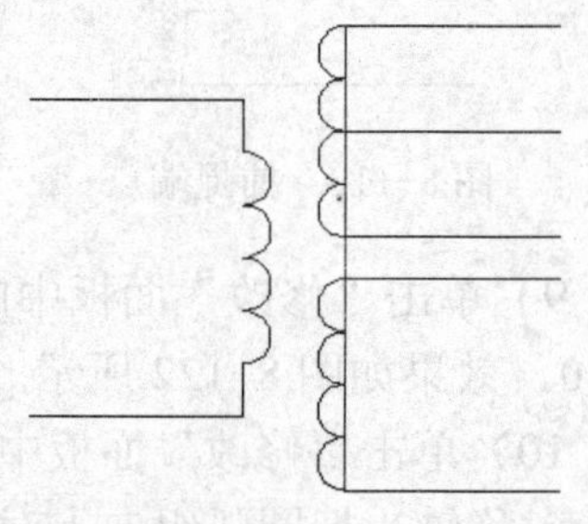

图 8-133　绘制直线

13）单击“修改”面板中的“移动”命令按钮，把刚才绘制的直线向左移动到圆弧组中间，效果如图 8-134 所示。

14）从以前绘制的图形中复制如图 8-135 所示的电气元器件，准备组成第 1 条线路。

15）单击“修改”面板中的“移动”命令按钮，把贴入的元器件符号组合起来，效果如图 8-136 所示。

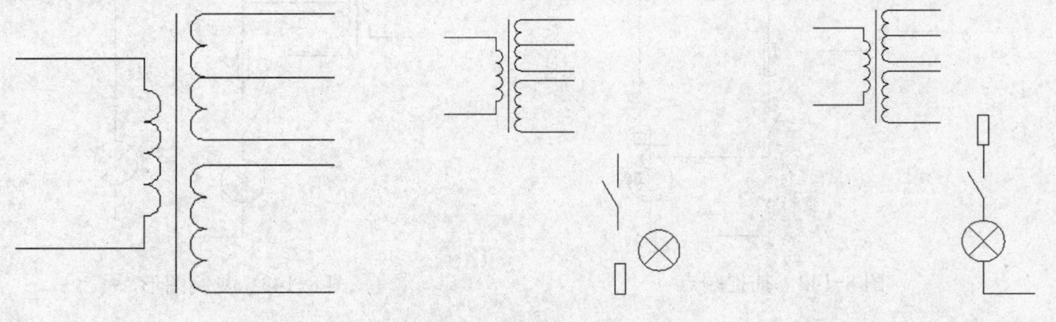

图 8-134　移动直线　　图 8-135　贴入元器件符号　　图 8-136　组合元器件符号

16）单击“修改”面板中的“圆角”命令按钮，把如图 8-137 所示的虚线和光标所指的直线之间相互倒圆角 R0，连接导线，效果如图 8-138 所示。

17）从以前绘制的图形中复制如图 8-139 所示的电气元器件，准备组成第 2 条线路。

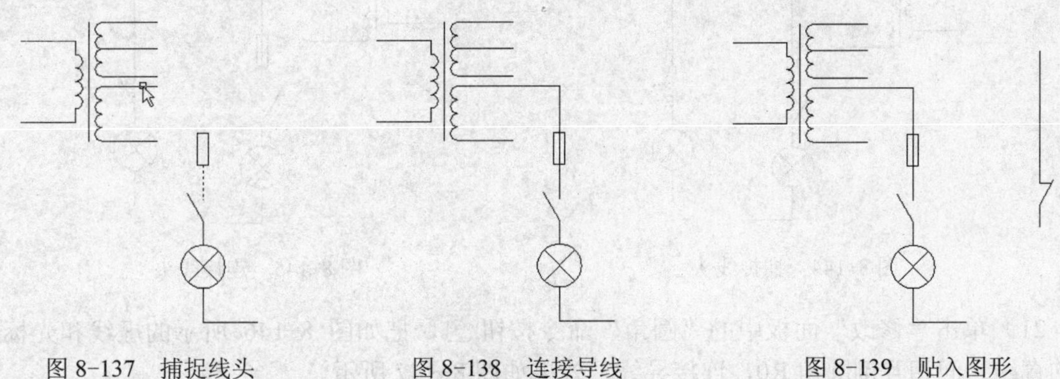

图 8-137　捕捉线头　　图 8-138　连接导线　　图 8-139　贴入图形

18）单击“绘图”面板中的“直线”命令按钮，以如图 8-140 所示的端点为起点，绘制折线行程开关上的小三角形，效果如图 8-141 所示。

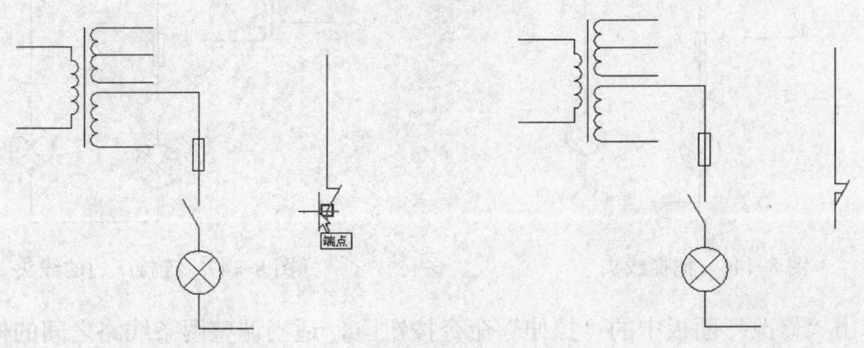


图 8-140　捕捉端点　　图 8-141　绘制折线

19）单击“修改”面板中的“复制”命令按钮，以圆上的象限点为复制基准点，以如图 8-142 所示的端点为复制目标点，把如图 8-142 所示的虚线图形向右复制 1 份，效果如图 8-143 所示。

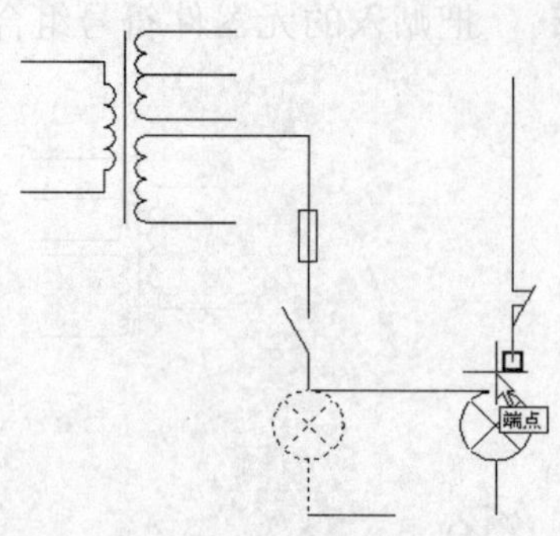


图 8-142　捕捉端点

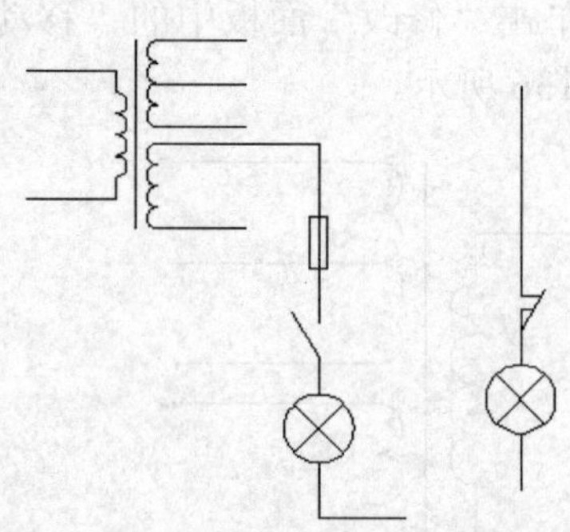

图 8-143　复制图形

20）单击“修改”面板中的“圆角”命令按钮，把如图 8-144 所示的虚线和光标所指的直线之间相互倒圆角 R0，连接导线，效果如图 8-145 所示。

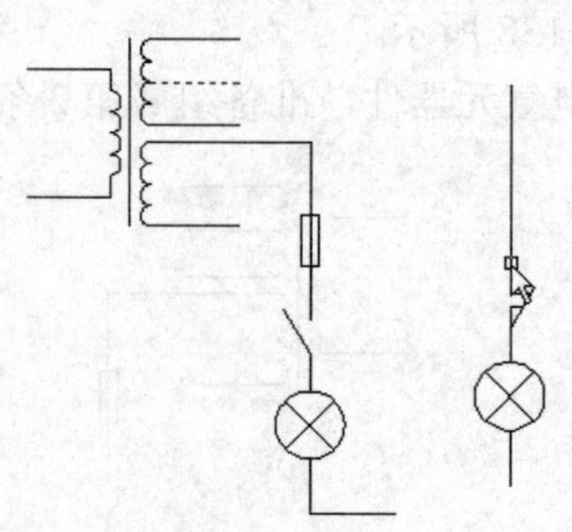

图 8-144　捕捉线头

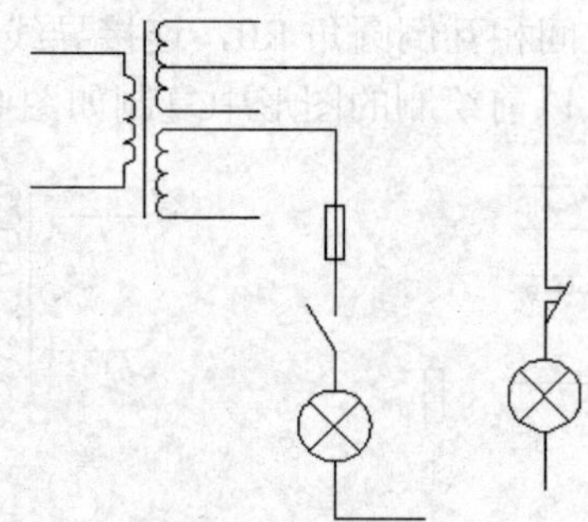

图 8-145　连接线头

21）单击“修改”面板中的“圆角”命令按钮，把如图 8-146 所示的虚线和光标所指的直线之间相互倒圆角 R0，连接导线，效果如图 8-147 所示。

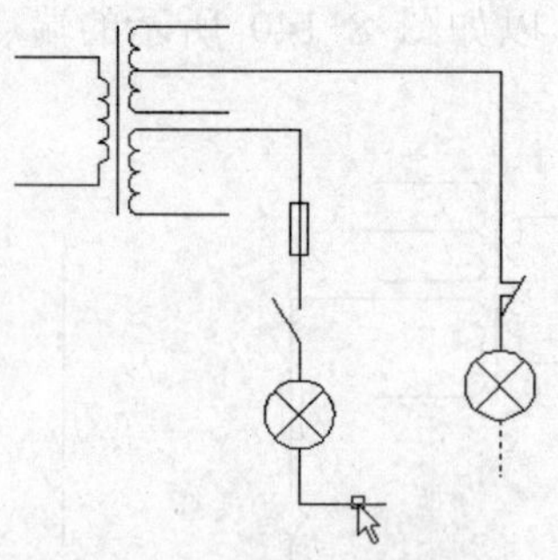

图 8-146　捕捉线头

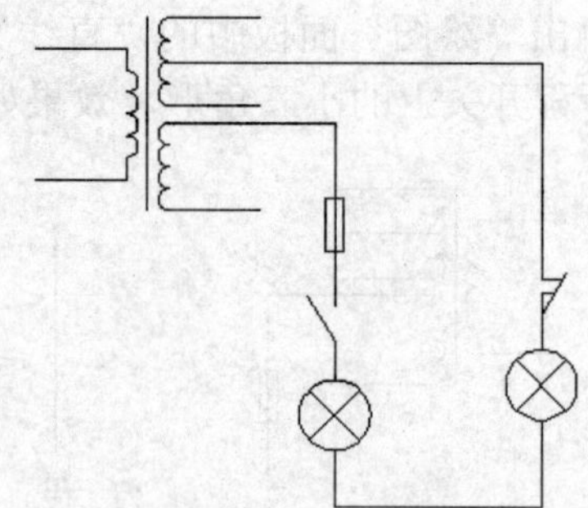

图 8-147　连接下边的线头

22）单击“修改”面板中的“拉伸”命令按钮，适当调整两条线路之间的横向位置，效果如图 8-148 所示。

23）单击“修改”面板中的“拉伸”命令按钮，适当调整两条线路之间的纵向位置，效果如图 8-149 所示。

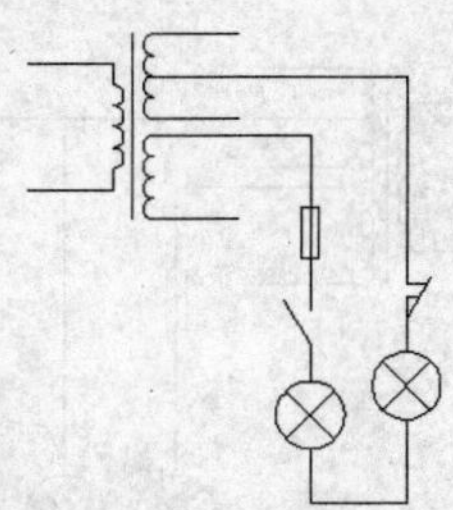
图 8-148　调整横向位置

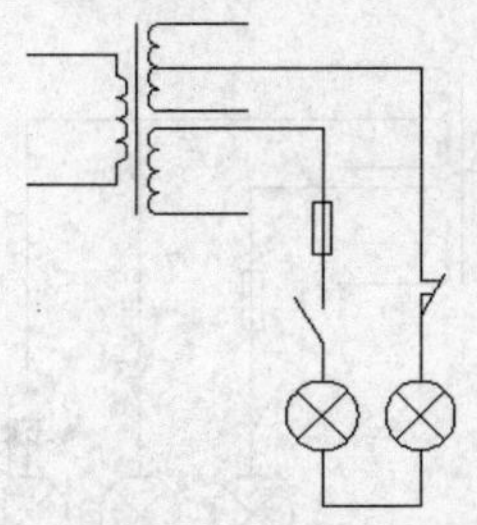
图 8-149　调整纵向位置

24）单击“修改”面板中的“复制”命令按钮，把如图 8-150 所示的虚线图形向右复制一份，效果如图 8-151 所示。

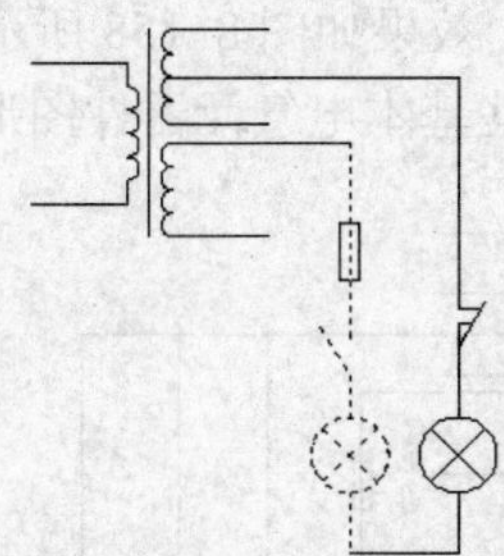
图 8-150　选择图形

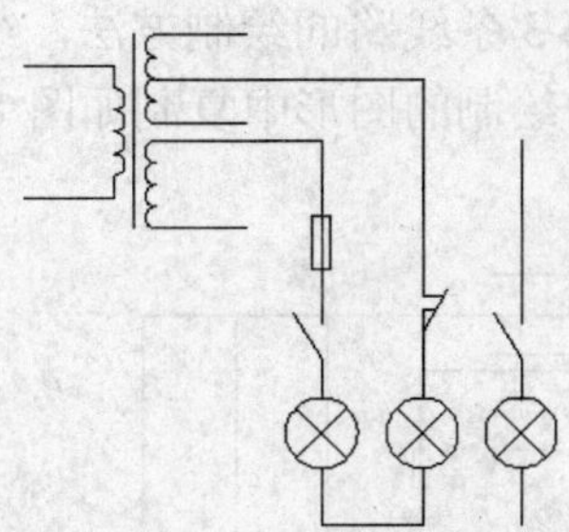
图 8-151　复制图形

25）单击“修改”面板中的“圆角”命令按钮，把如图 8-152 所示的虚线和光标所指的直线之间相互倒圆角 R0，连接导线，效果如图 8-153 所示。

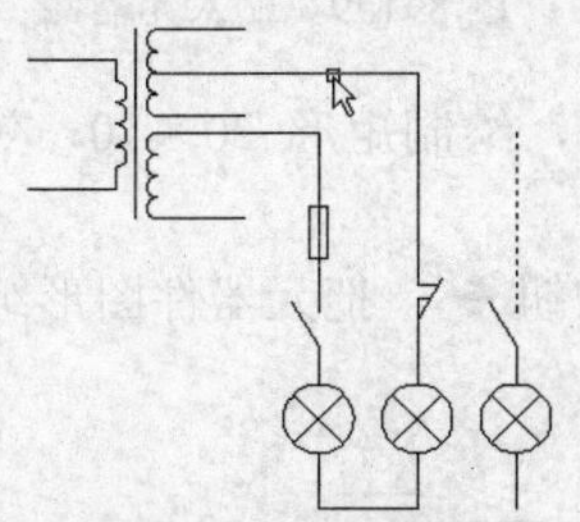
图 8-152　选择图形

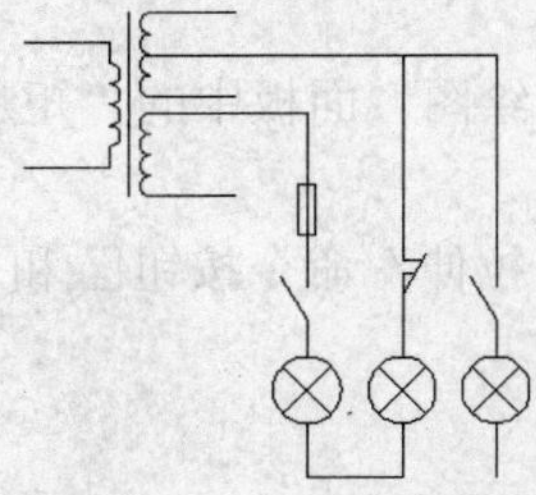
图 8-153　连接上边导线

26）单击“修改”面板中的“圆角”命令按钮，把如图 8-154 所示的虚线和光标所指的直线之间相互倒圆角 R0，连接导线，效果如图 8-155 所示。

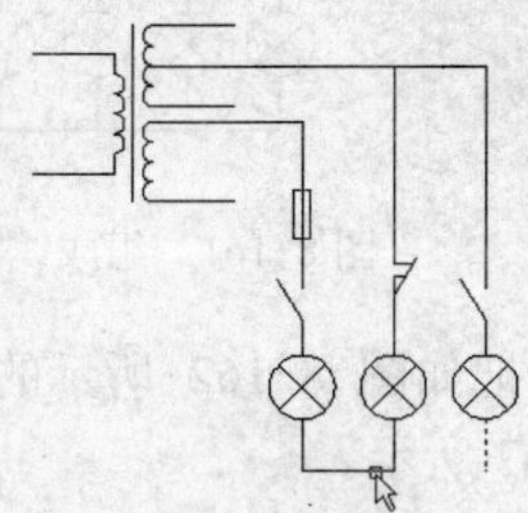
图 8-154　捕捉线头

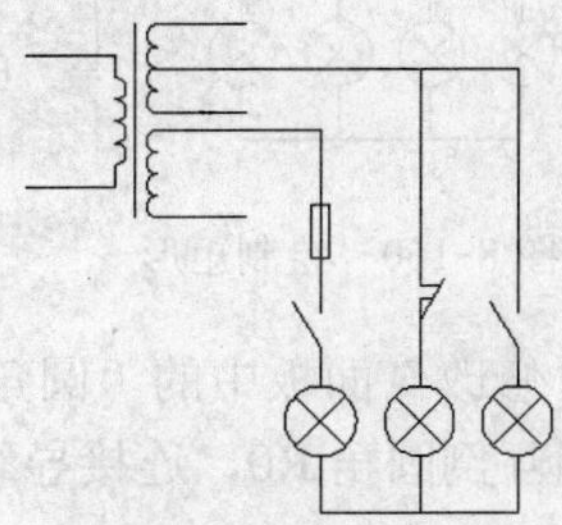
图 8-155　连接下边导线

27）单击“绘图”面板中的“直线”命令按钮，以如图 8-156 所示的端点为起点，绘制折线行程开关上的小三角形，效果如图 8-157 所示。

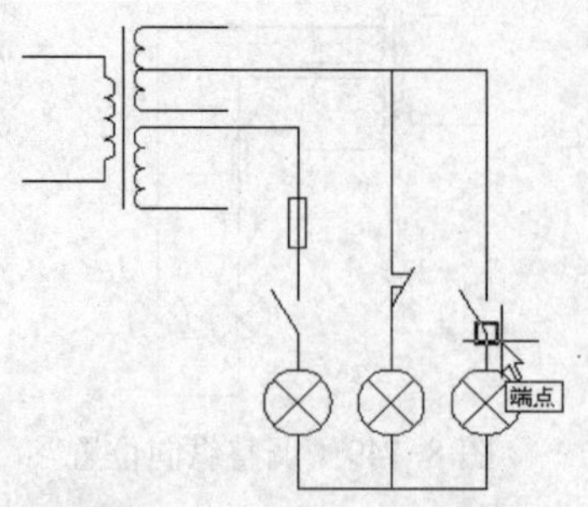


图 8-156　捕捉端点

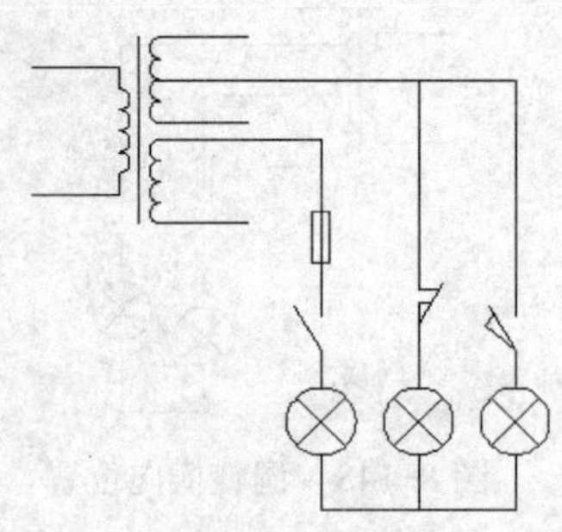

图 8-157　绘制折线

28）参照第 3 条线路的绘制方法，绘制第 4 条线路，效果如图 8-158 所示。

29）从以前绘制的图形中复制如图 8-159 所示的一些基本电气元器件图形，准备组成第 5 条线路。

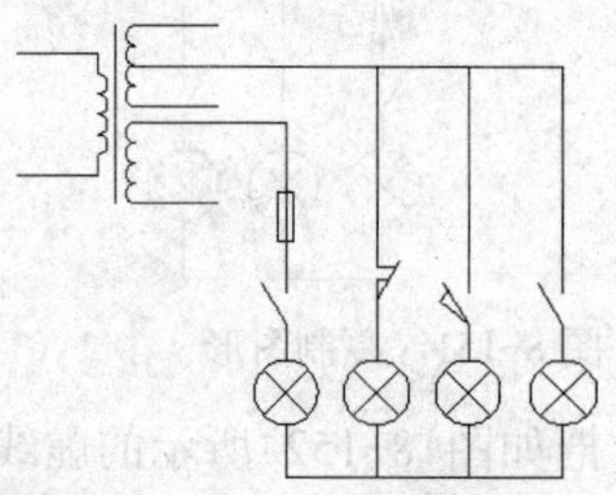

图 8-158　绘制第 4 条线路

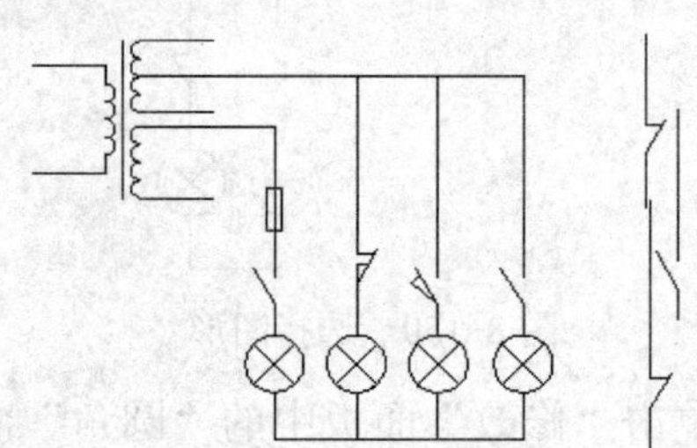

图 8-159　贴入元器件

30）单击“绘图”面板中的“矩形”命令按钮，绘制矩形 20×10，效果如图 8-160 所示。

31）单击“拉伸”命令按钮和“移动”命令按钮，把元器件图形组成线路，效果如图 8-161 所示。

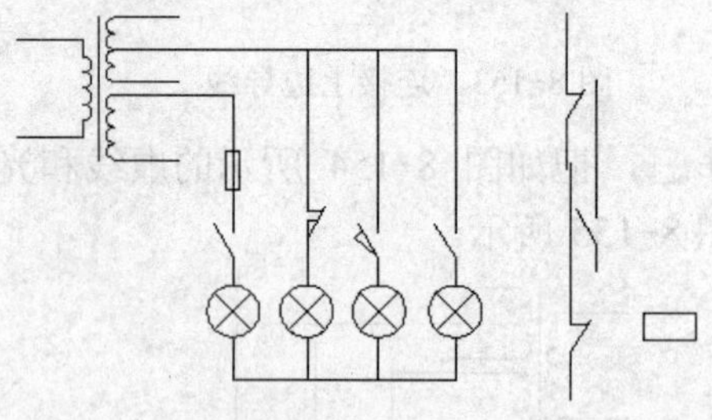

图 8-160　绘制矩形

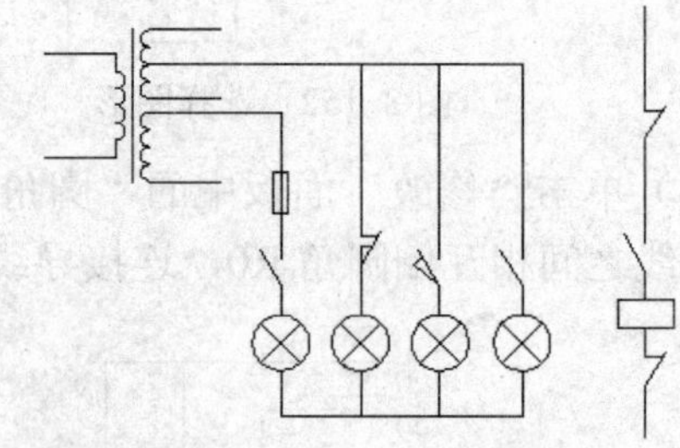

图 8-161　组成线路

32）单击“修改”面板中的“圆角”命令按钮，把如图 8-162 所示的虚线和光标所指的直线之间相互倒圆角 R0，连接导线，效果如图 8-163 所示。

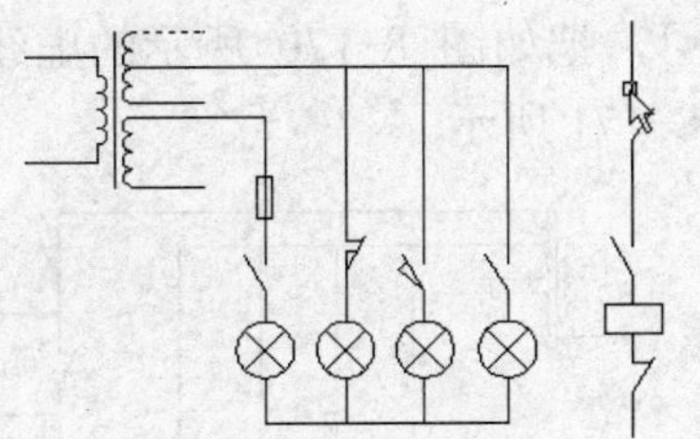

图 8-162 选择上边线头

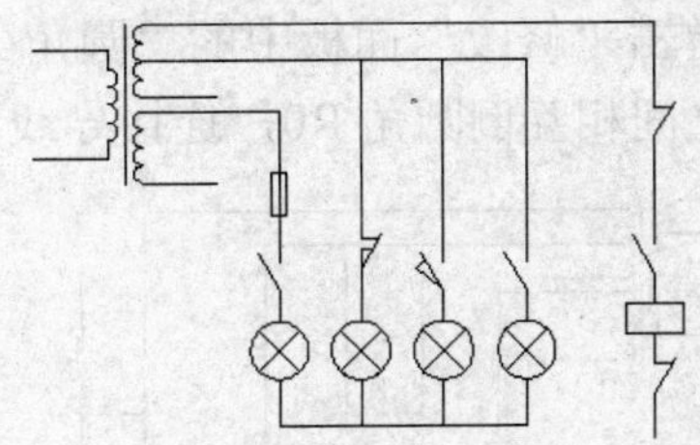

图 8-163 连接上边的导线

33）单击“修改”面板中的“圆角”命令按钮，把如图 8-164 所示的虚线和光标所指的直线之间相互倒圆角 R0，连接下边的导线，效果如图 8-165 所示。

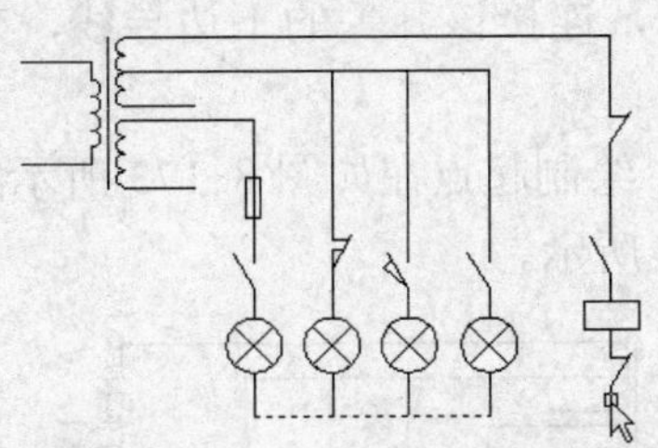

图 8-164 选择下边线头

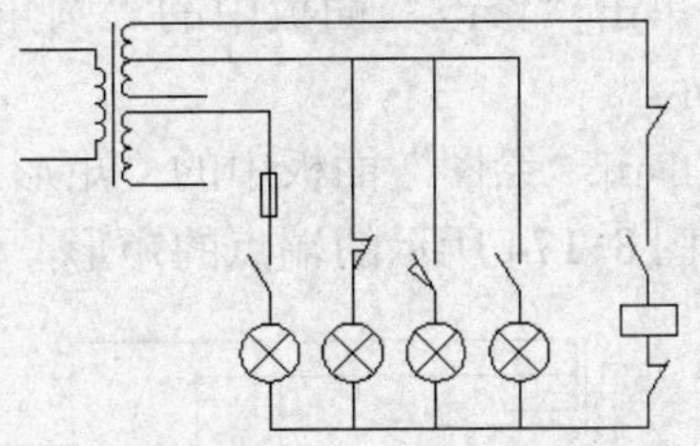

图 8-165 连接下边的导线

34）单击“修改”面板中的“拉伸”命令按钮，适当移动第 5 条线路中的元器件，效果如图 8-166 所示。

35）单击“修改”面板中的“复制”命令按钮，把第 5 条线路中的常开开关元器件触点向右复制 1 份，效果如图 8-167 所示。

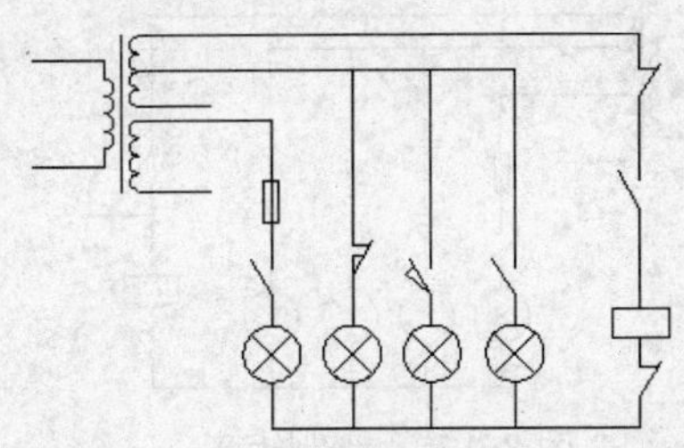

图 8-166 移动元器件

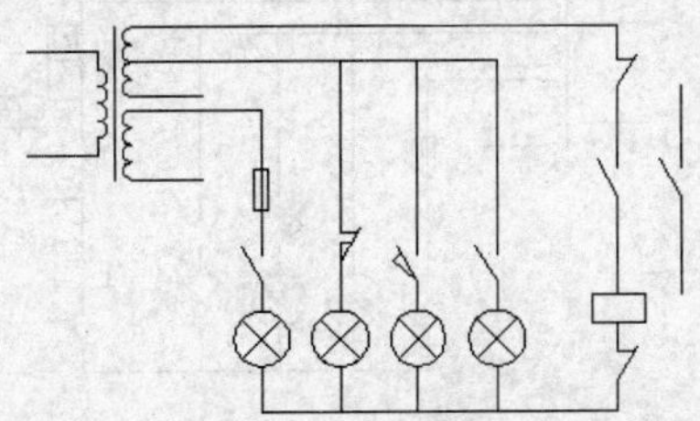

图 8-167 复制图形

36）单击“修改”面板中的“复制”命令按钮，以如图 8-168 虚线所示的上边一条直线左端点为复制基准点，以如图 8-168 所示最近点为复制目标点，把如图 8-168 所示的虚线两条直线向右复制 1 份，效果如图 8-169 所示。

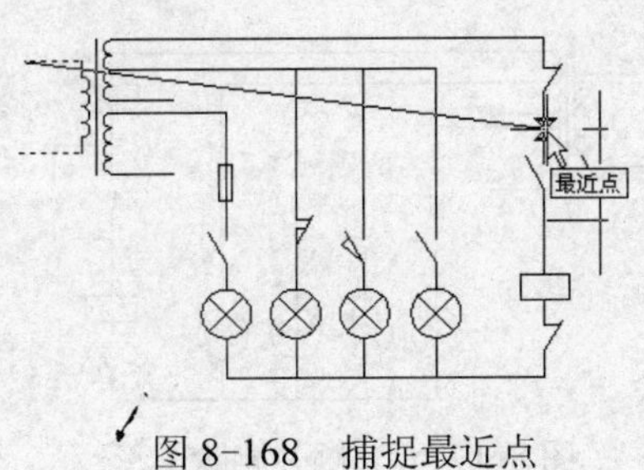


图 8-168 捕捉最近点

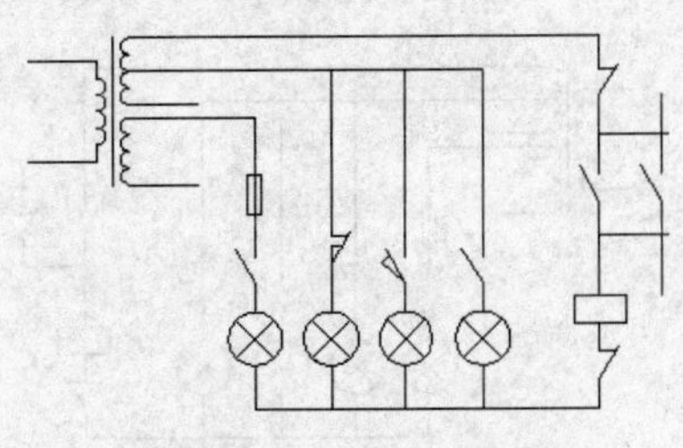

图 8-169 复制直线

37）单击“修改”面板中的“圆角”命令按钮，把如图 8-170 所示的虚线和光标所指的直线之间相互倒圆角 R0，连接导线，效果如图 8-171 所示。

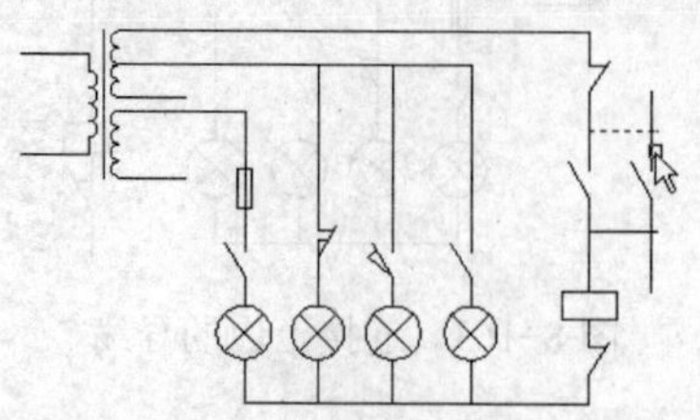

图 8-170　捕捉线头

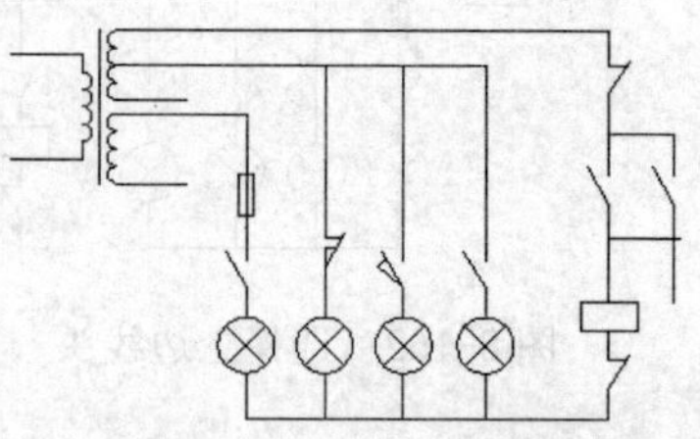

图 8-171　连接上边导线

38）单击“修改”面板中的“圆角”命令按钮，连接该开关的下边导线，效果如图 8-172 所示。

39）单击“绘图”面板中的“矩形”命令按钮，绘制起点在如图 8-173 所示的端点，终点在如图 8-174 所示的端点的矩形，效果如图 8-175 所示。

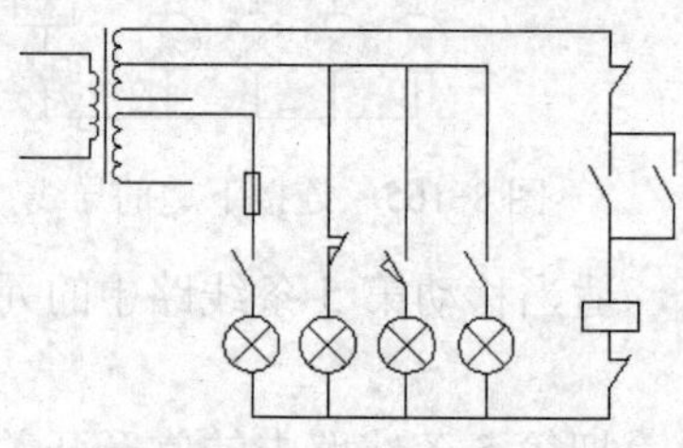

图 8-172　连接下边导线

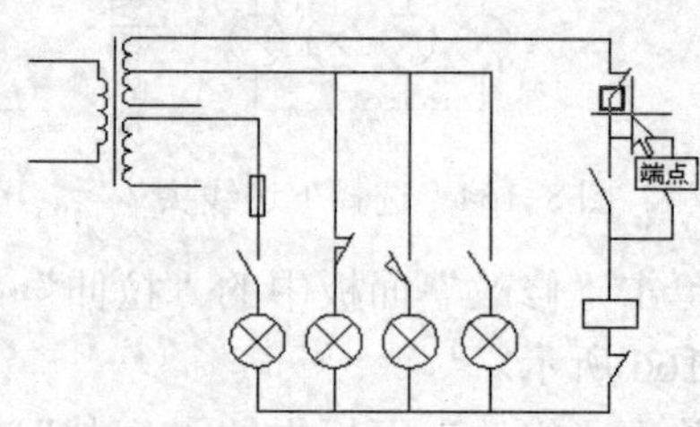


图 8-173　捕捉起点

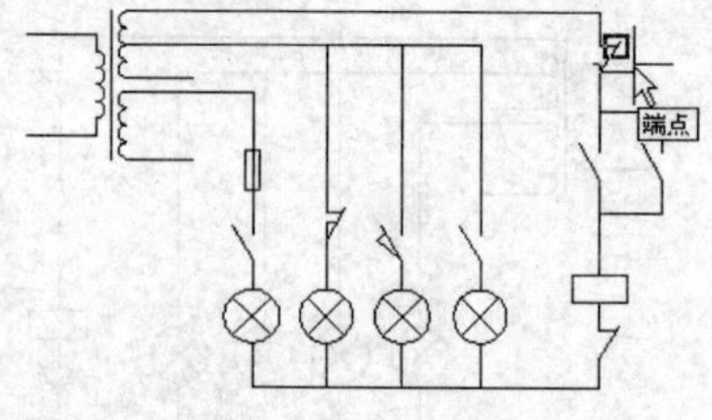


图 8-174　捕捉终点

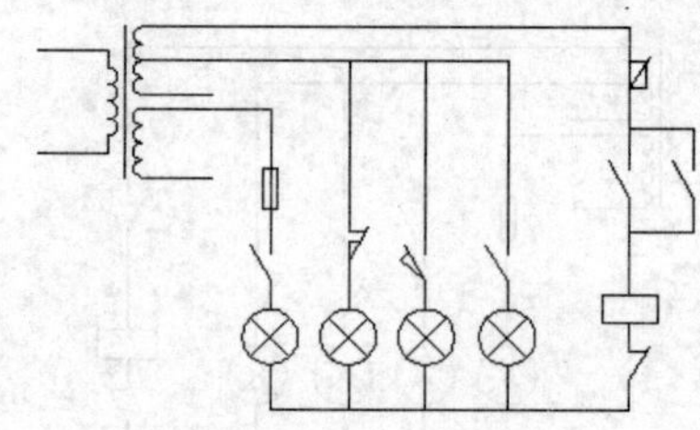

图 8-175　绘制矩形

40）单击“修改”面板中的“移动”命令按钮，把矩形向左适当移动，效果如图 8-176 所示。

41）单击“修改”面板中的“分解”命令按钮，把矩形分解成 4 条直线。

42）单击“修改”面板中的“删除”命令按钮，删除矩形右侧边，效果如图 8-177 所示。

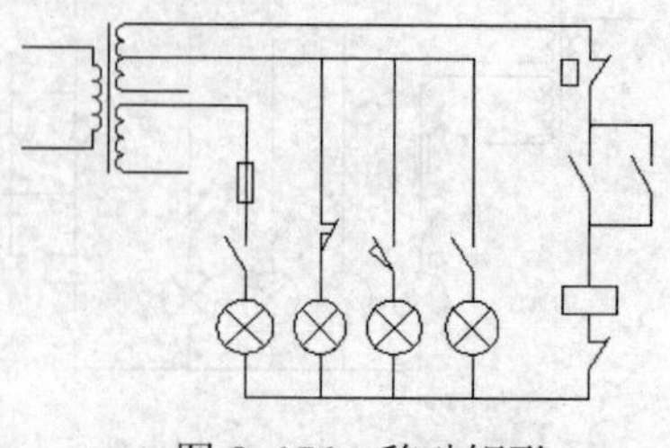

图 8-176　移动矩形

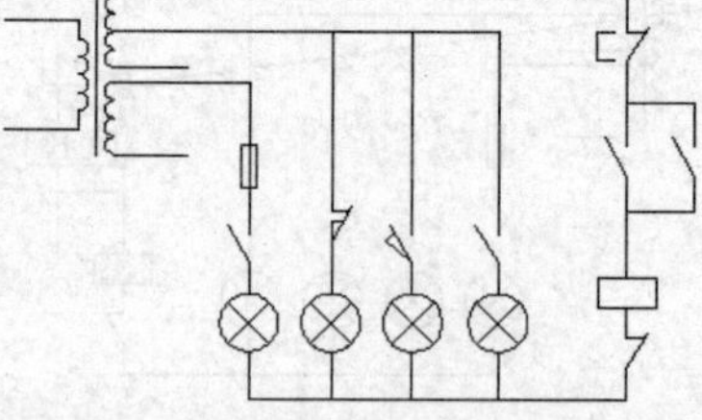

图 8-177　分解并删除图形

43）单击“修改”面板中的“复制”命令按钮，以矩形上边左端点为复制基准点，以矩形左边中点为复制目标点，把矩形上边向下复制 1 份，效果如图 8-178 所示。

44）单击“修改”面板中的“延伸”命令按钮，以如图 8-179 所示的虚线斜直线为延伸边界线，延伸光标指示的直线，效果如图 8-180 所示。

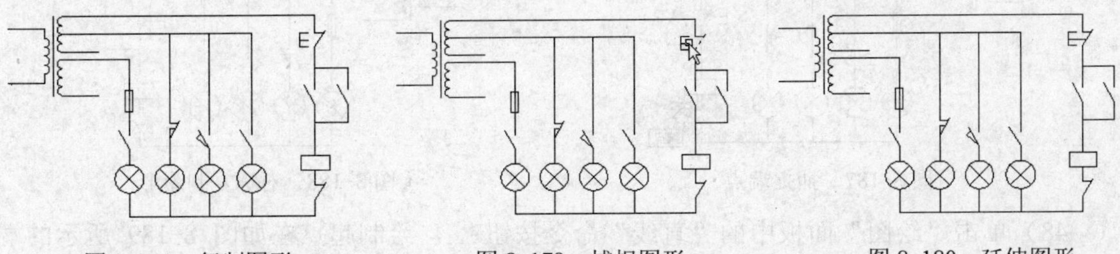

图 8-178　复制图形　　图 8-179　捕捉图形　　图 8-180　延伸图形

45）单击“修改”面板中的“复制”命令按钮，以如图 8-181 所示的端点为复制基准点，以如图 8-182、图 8-183 所示的两个中点为复制目标点，把虚线所示的图形向下复制两份，效果如图 8-184 所示。

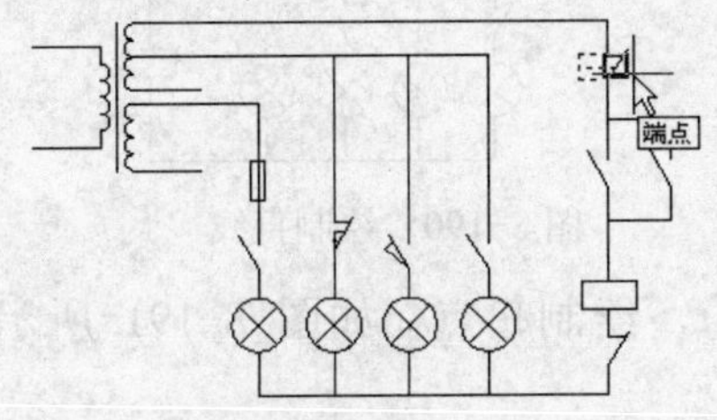


图 8-181　捕捉复制基准点

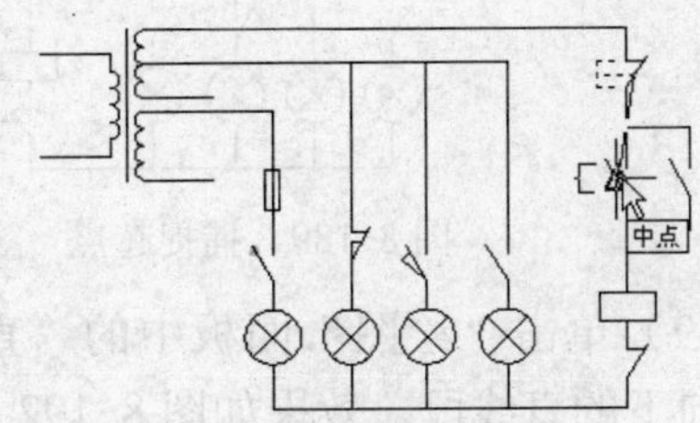


图 8-182　捕捉第 1 个复制目标点

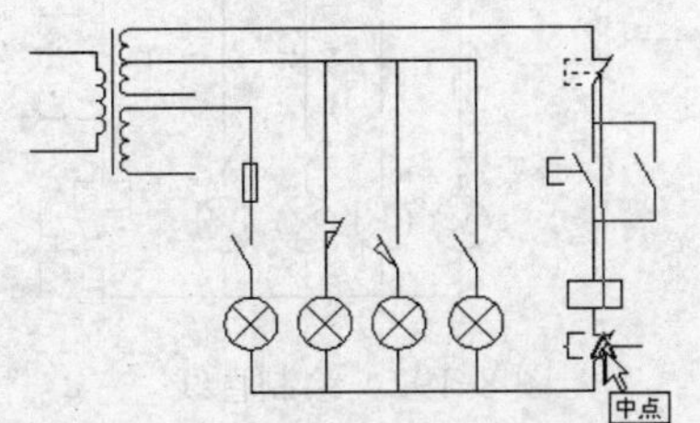


图 8-183　捕捉第 2 个复制目标点

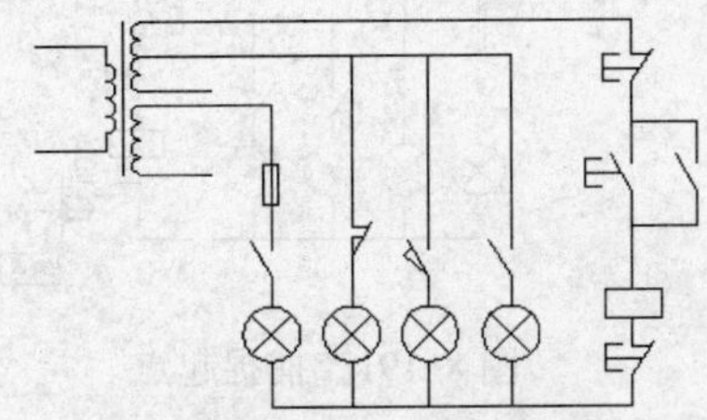

图 8-184　复制图形

46）单击“修改”面板中的“镜像”命令按钮，以过如图 8-185 所示的端点的垂直直线为对称轴，把虚线所示的图形对称复制一份，删除原对象，效果如图 8-186 所示。

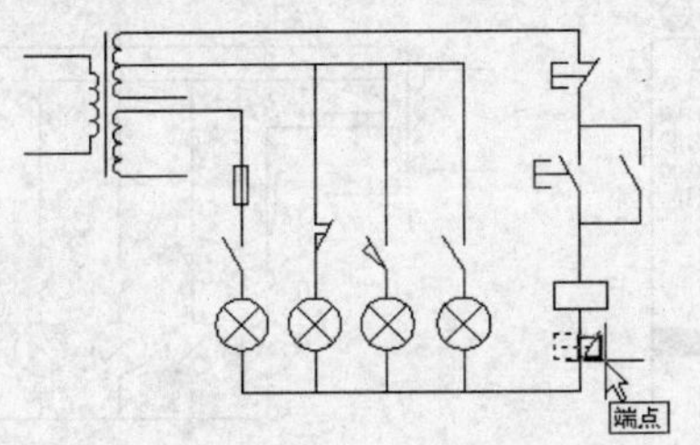


图 8-185　捕捉端点

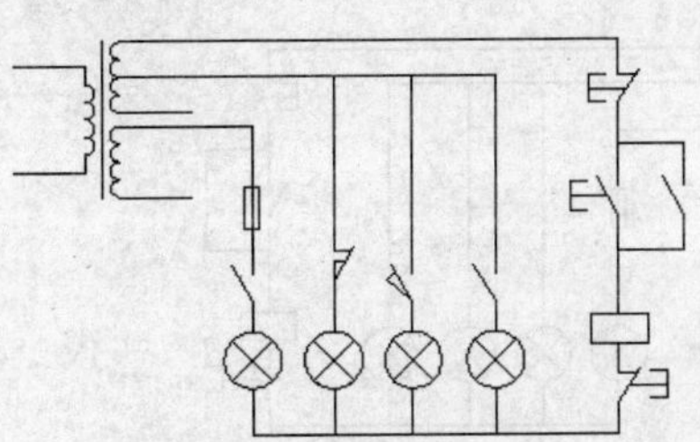

图 8-186　对称复制图形

47）单击“修改”面板中的“镜像”命令按钮，以过如图 8-187 所示的端点的垂直直线为对称轴，把虚线所示的图形对称复制 1 份，删除原对象。效果如图 8-188 所示。

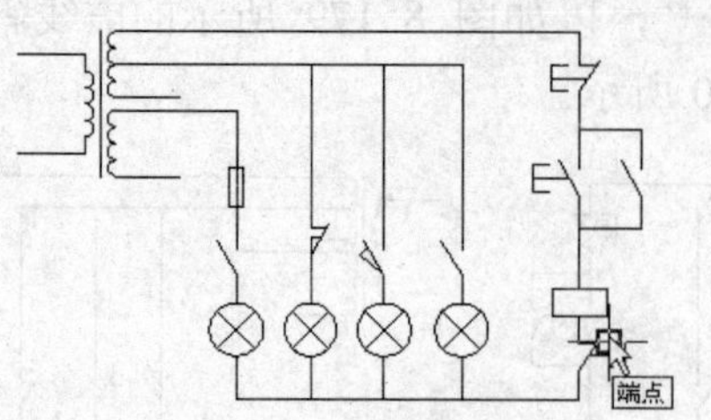


图 8-187　捕捉端点

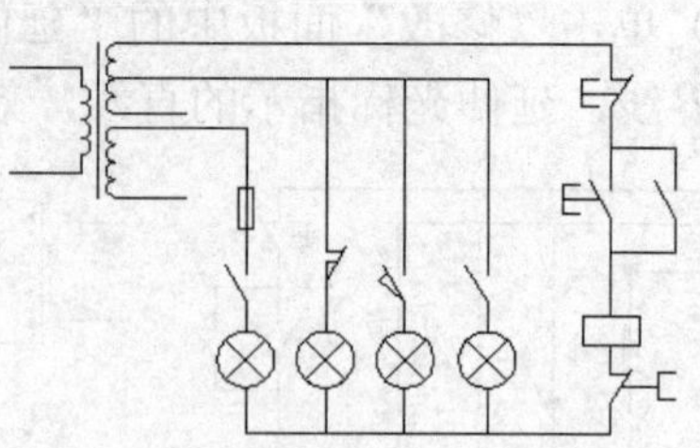

图 8-188　对称复制图形

48）单击“绘图”面板中的“直线”命令按钮，绘制起点在如图 8-189 所示的端点，向上的直线段，效果如图 8-190 所示。

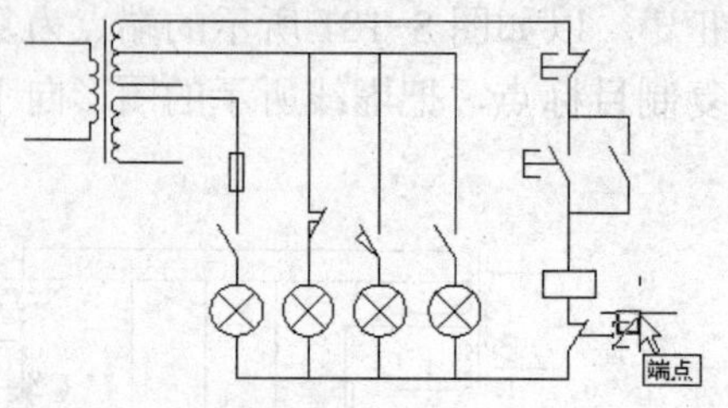


图 8-189　捕捉起点

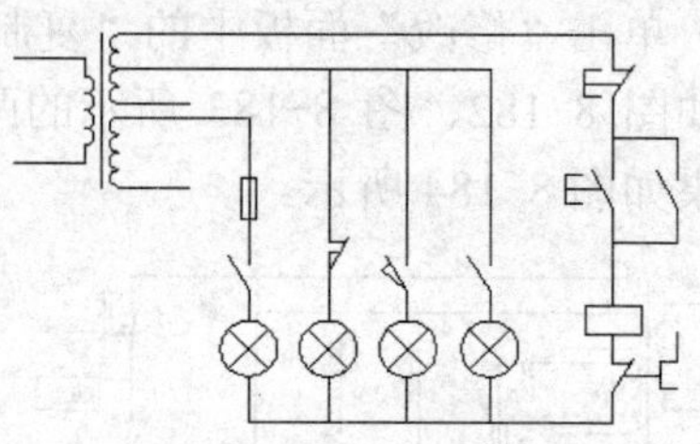

图 8-190　绘制直线

49）单击“绘图”面板中的“直线”命令按钮，绘制起点在如图 8-191 所示的端点，向下的直线段，效果如图 8-192 所示。

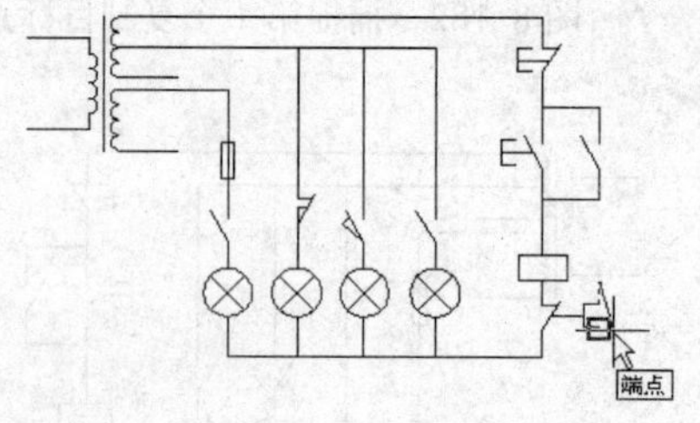


图 8-191　捕捉起点

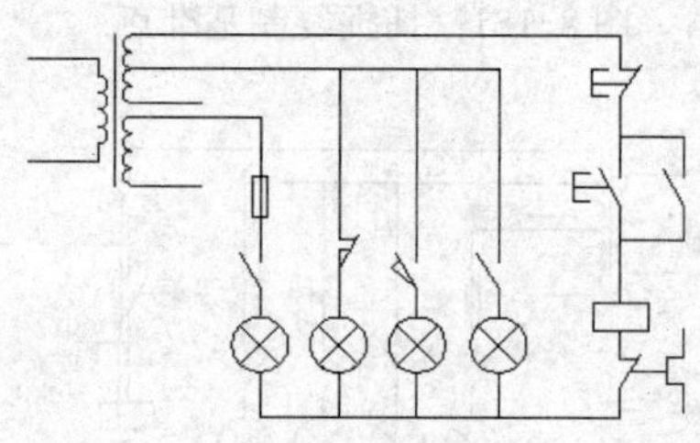

图 8-192　绘制直线

50）选择如图 8-193 所示的图形，然后在“特性”面板中的颜色中选择蓝色，在线型中选择虚线，如图 8-194 所示，使这些图形转入所选特性，效果如图 8-195 所示。

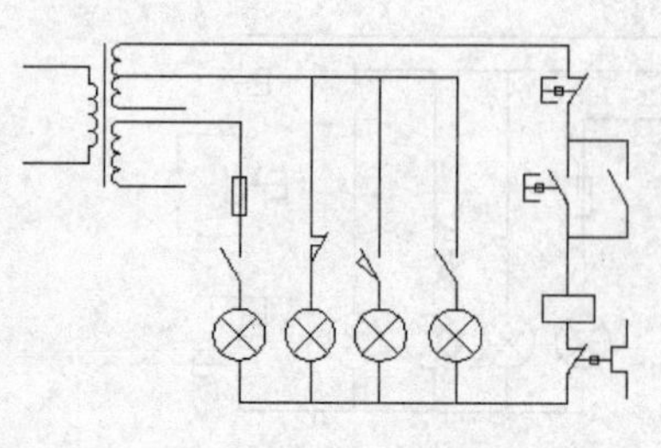

图 8-193　选择图形

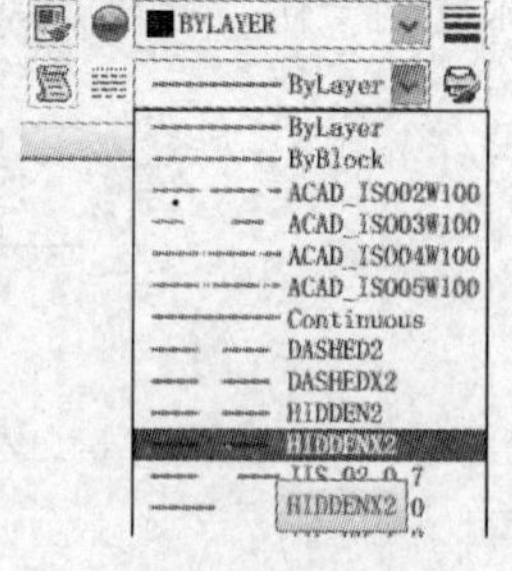


图 8-194　选择图层

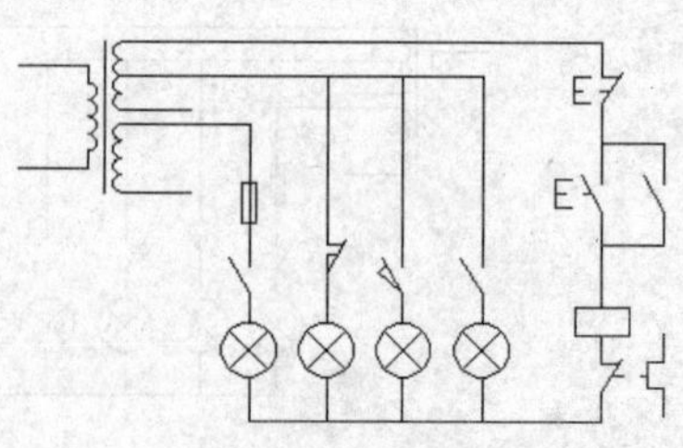

图 8-195　转换图形

51）单击“修改”面板中的“拉伸”命令按钮，把如图 8-196 所示的选择的图形向下适当拉长，效果如图 8-197 所示。

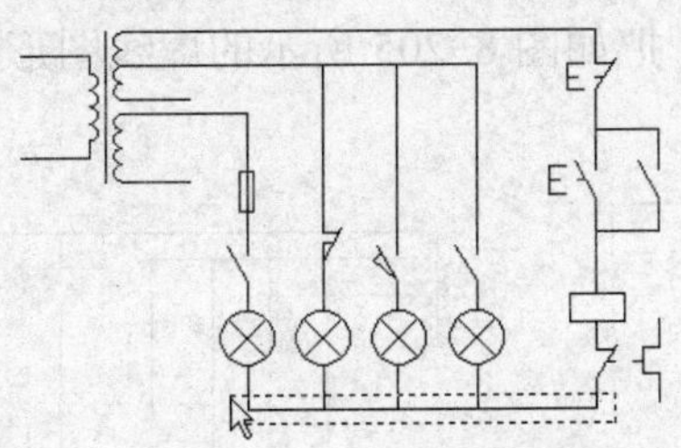

图 8-196　选择图形

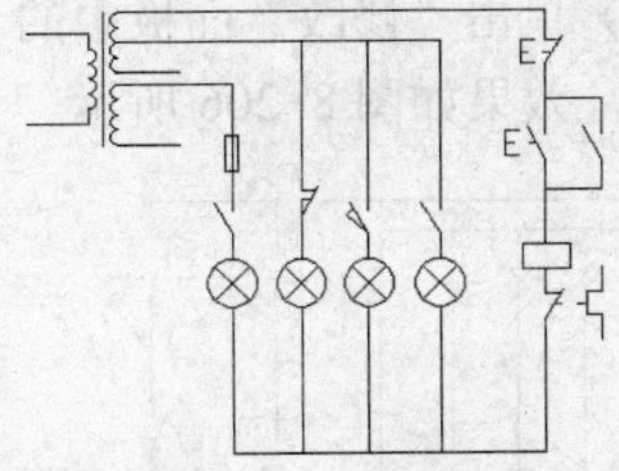

图 8-197　拉长图形

52）单击“修改”面板中的“复制”命令按钮，向右复制如图 8-198 所示的图形，准备绘制新的线路。

53）单击“拉伸”命令按钮和“移动”命令按钮，把元器件图形组成线路，效果如图 8-199 所示。

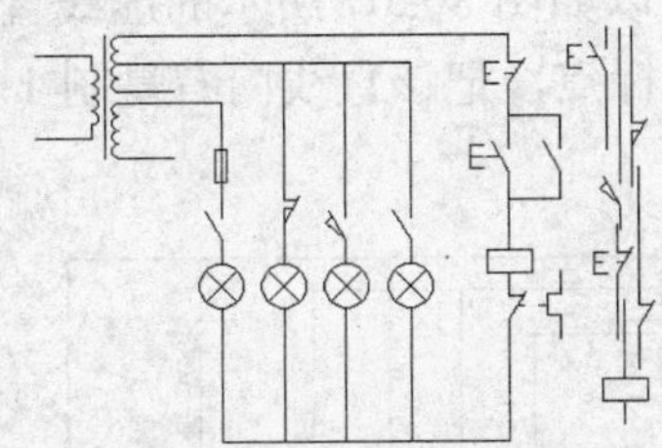

图 8-198　复制图形

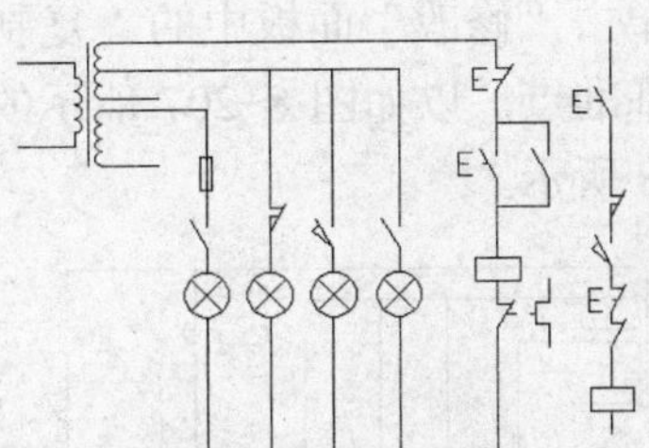

图 8-199　组织线路

54）单击“修改”面板中的“圆角”命令按钮，把如图 8-200 所示的虚线和光标所指的直线之间相互倒圆角 R0，连接下边导线，效果如图 8-201 所示。

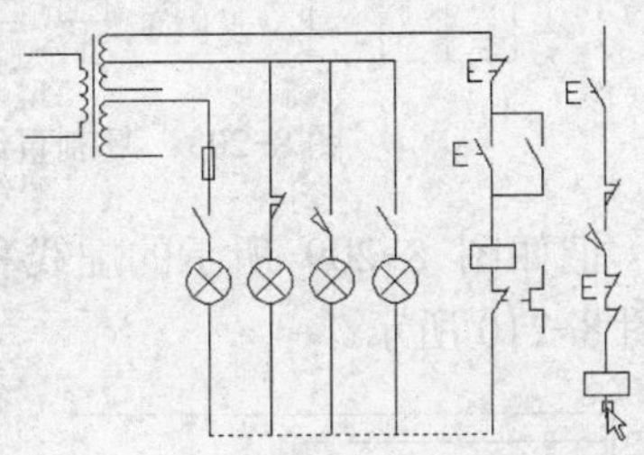

图 8-200　选择线头

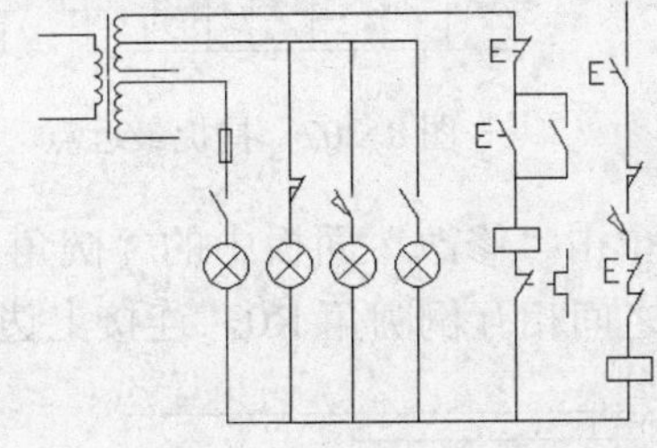

图 8-201　连接下边导线

55）单击“修改”面板中的“圆角”命令按钮，把如图 8-202 所示的虚线和光标所指的直线之间相互倒圆角 R0，连接上边导线，效果如图 8-203 所示。

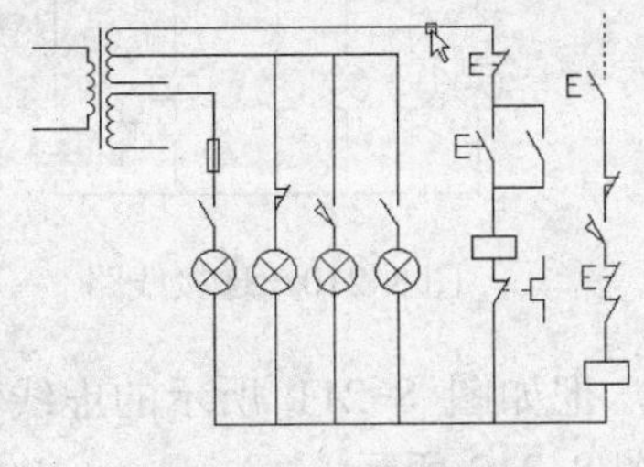

图 8-202　选择图形

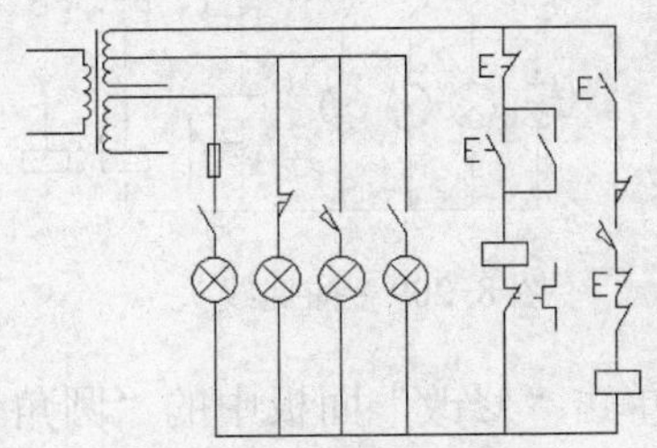

图 8-203　连接上边导线

56）单击“修改”面板中的“拉伸”命令按钮，适当调整图形，效果如图 8-204 所示。

57）单击“修改”面板中的“复制”命令按钮，把如图 8-205 所示的虚线图形向右复制 1 份，效果如图 8-206 所示。

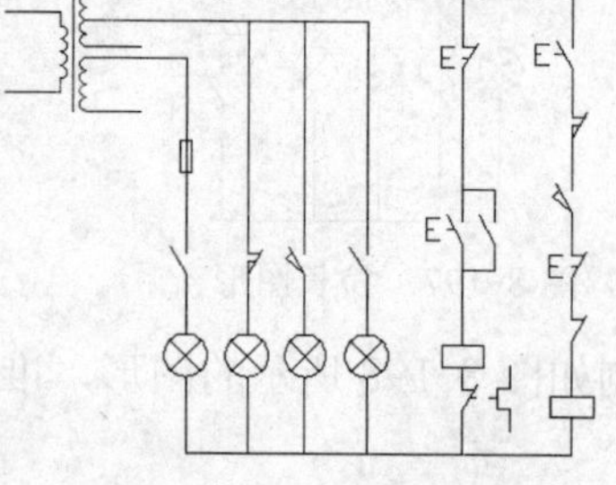

图 8-204　调整图形

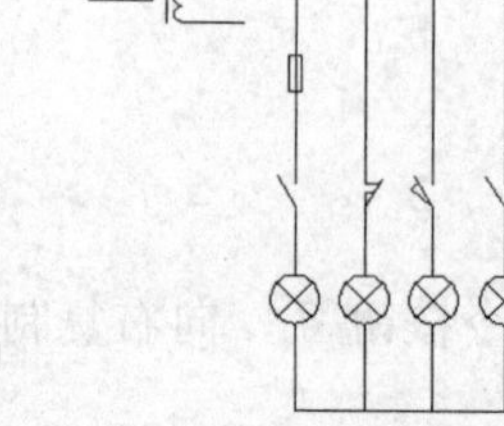

图 8-205　选择图形

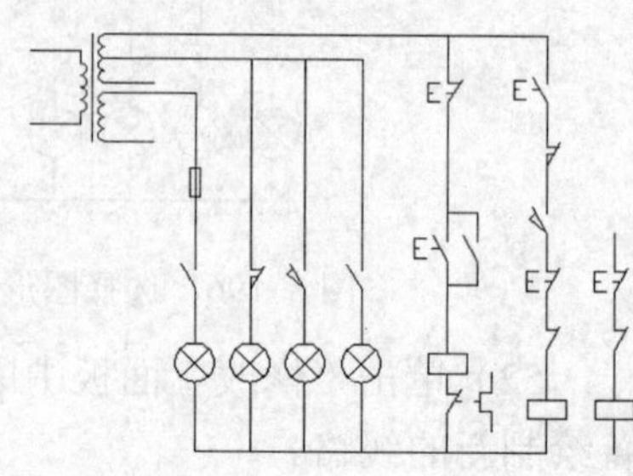

图 8-206　复制图形

58）单击“修改”面板中的“复制”命令按钮，以如图 8-207 所示的虚线直线的左端点为复制基准点，以如图 8-207 所示的最近点为复制目标点，把该直线向右复制 1 份，效果如图 8-208 所示。

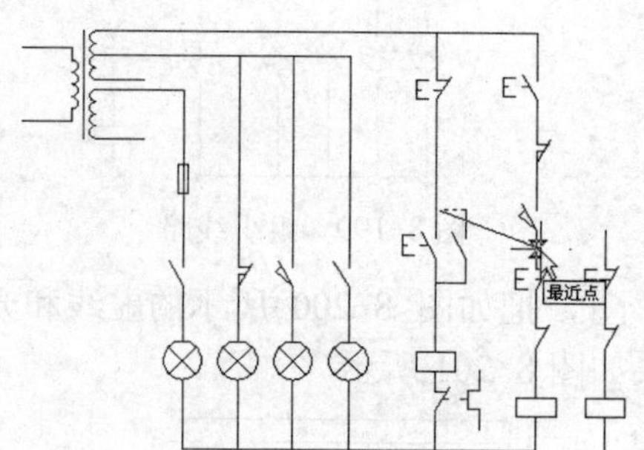


图 8-207　捕捉最近点

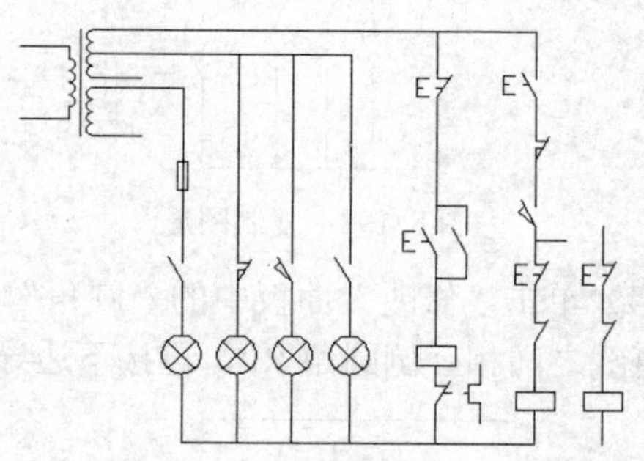

图 8-208　复制直线

59）单击“修改”面板中的“圆角”命令按钮，把如图 8-209 所示的虚线和光标所指的直线之间相互倒圆角 R0，连接上边导线，效果如图 8-210 所示。

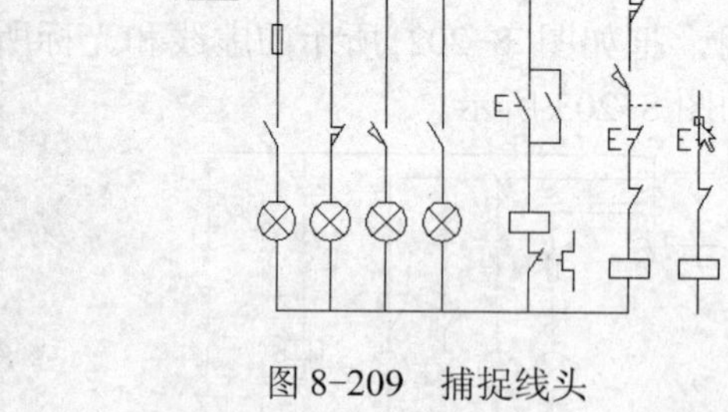

图 8-209　捕捉线头

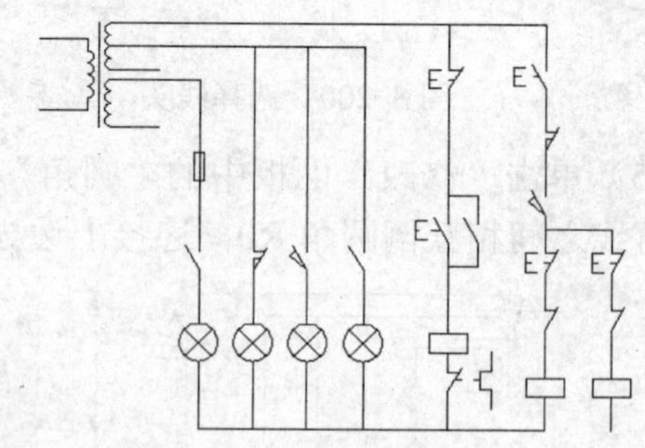

图 8-210　连接线路

60）单击“修改”面板中的“圆角”命令按钮，把如图 8-211 所示的虚线和光标所指的直线之间相互倒圆角 R0，连接上边导线，效果如图 8-212 所示。

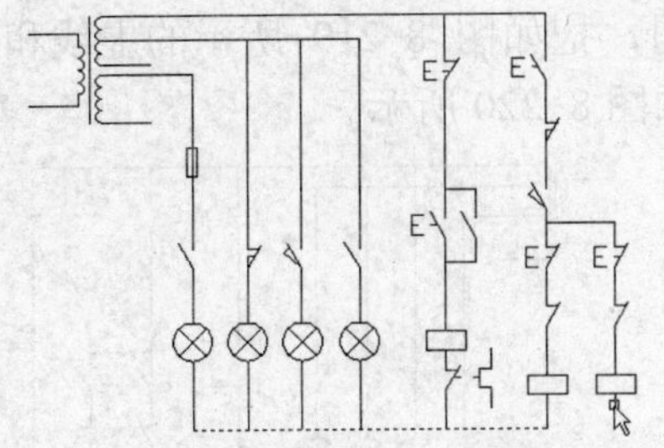

图 8-211　捕捉线头

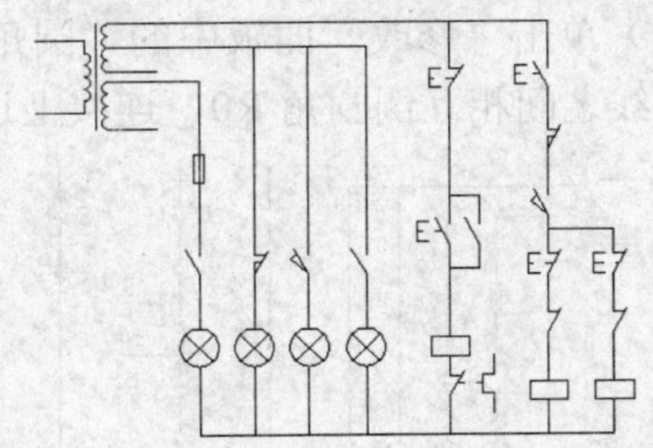

图 8-212　连接线路

61）单击“修改”面板中的“复制”命令按钮，把如图 8-213 所示的虚线图形向右复制 1 份，效果如图 8-214 所示。

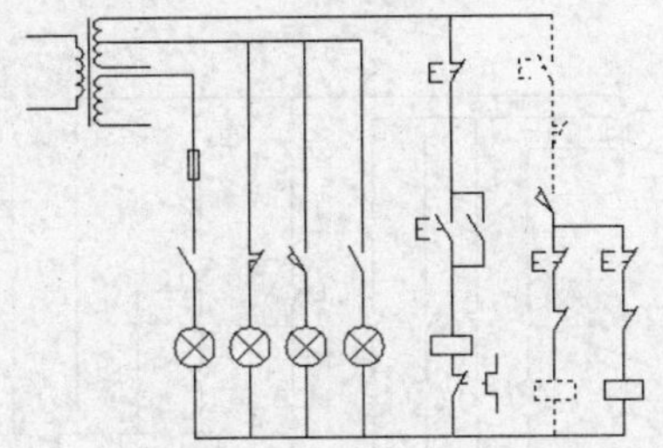

图 8-213　指示图形

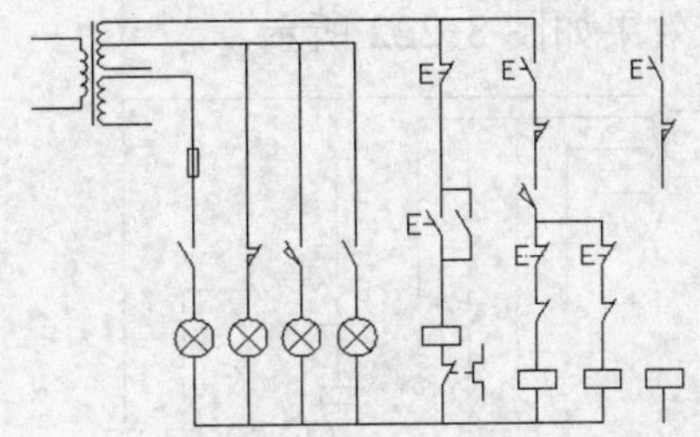

图 8-214　复制图形

62）单击“修改”面板中的“延伸”命令按钮，以如图 8-215 所示的虚线图形为延伸边界线，延伸光标捕捉的线头，效果如图 8-216 所示。

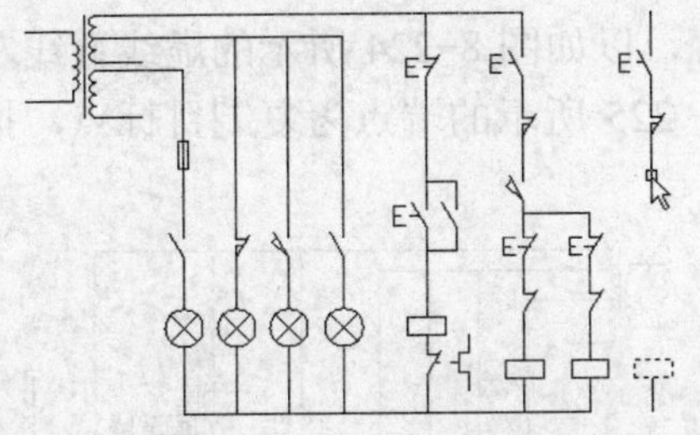

图 8-215　捕捉线头

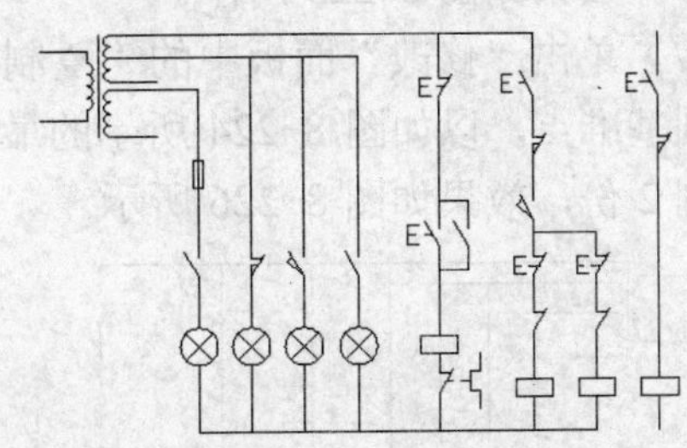

图 8-216　延伸线头

63）单击“修改”面板中的“圆角”命令按钮，把如图 8-217 所示的虚线和光标所指的直线之间相互倒圆角 R0，连接下边导线，效果如图 8-218 所示。

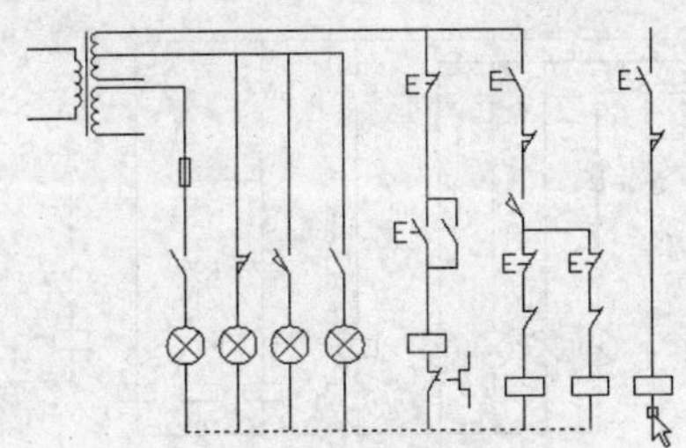

图 8-217　捕捉线头

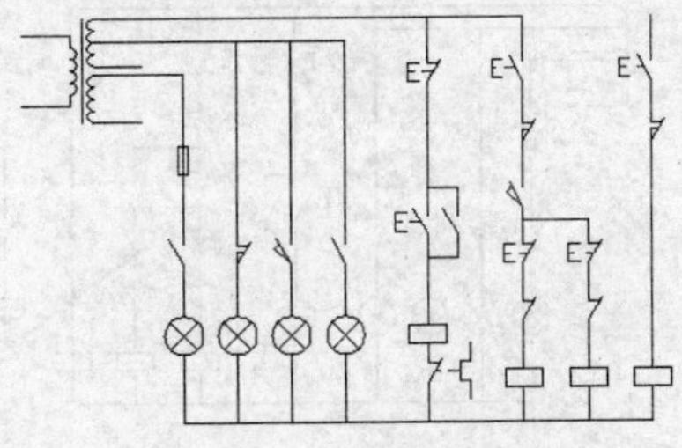

图 8-218　连接下边导线

64）单击“修改”面板中的“圆角”命令按钮，把如图 8-219 所示的虚线和光标所指的直线之间相互倒圆角 R0，连接上边导线，效果如图 8-220 所示。

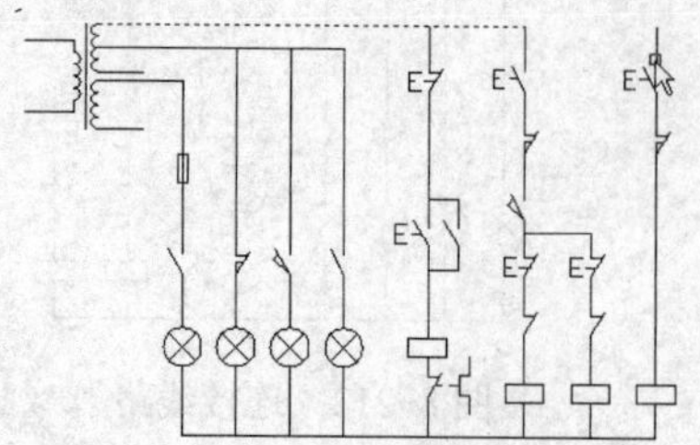

图 8-219 捕捉线头

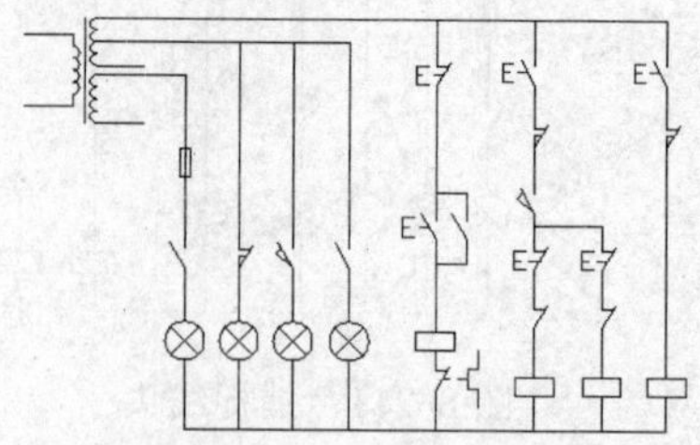

图 8-220 连接上边导线

65）单击“修改”面板中的“复制”命令按钮，把如图 8-221 所示的虚线图形向右复制 1 份，效果如图 8-222 所示。

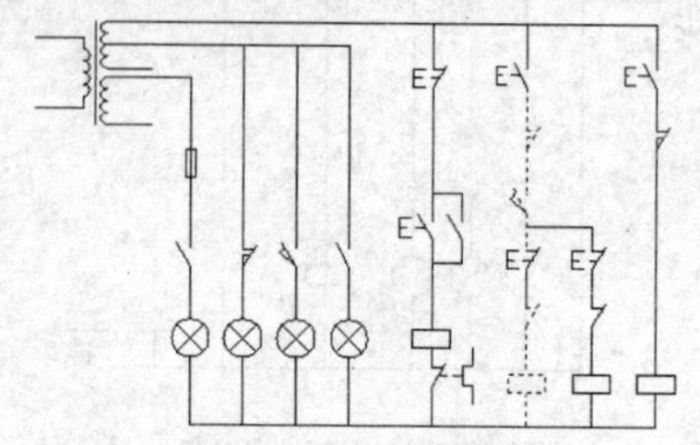

图 8-221 捕捉图形

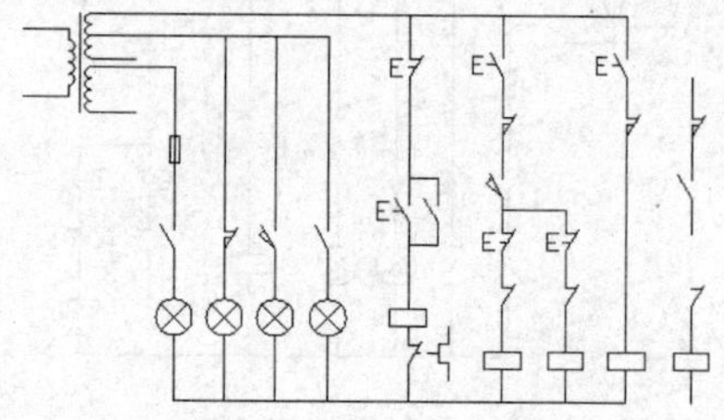

图 8-222 复制图形

66）单击“移动”命令按钮、“拉伸”命令按钮，调整所复制的图形，使其成为一条线路，效果如图 8-223 所示。

67）单击“修改”面板中的“复制”命令按钮，以如图 8-224 所示的虚线直线左端点为复制基准点，以如图 8-224 所示的最近点和如图 8-225 所示的端点为复制目标点，把该直线复制 2 份，效果如图 8-226 所示。

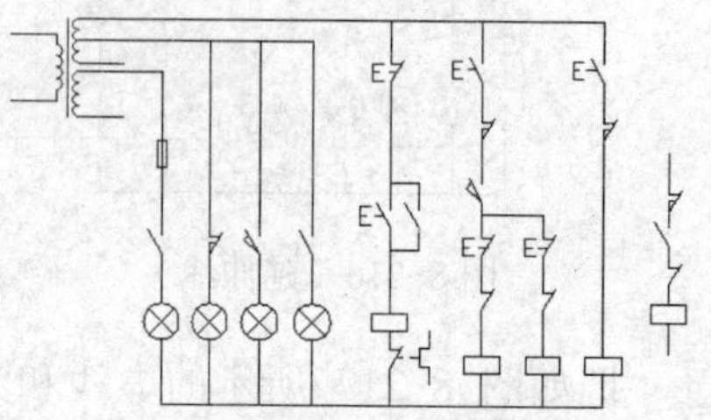

图 8-223 调整图形

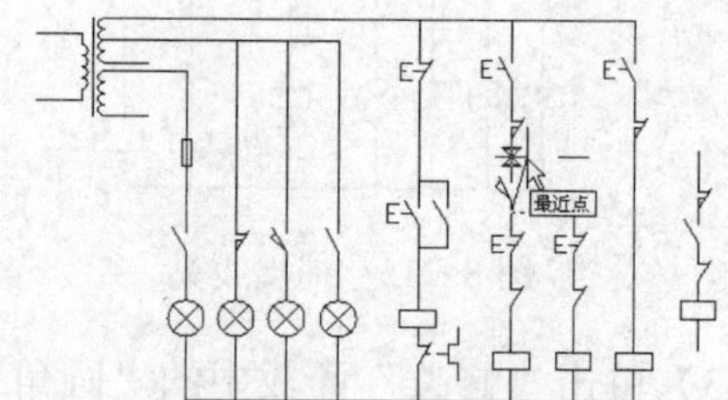


图 8-224 捕捉最近点

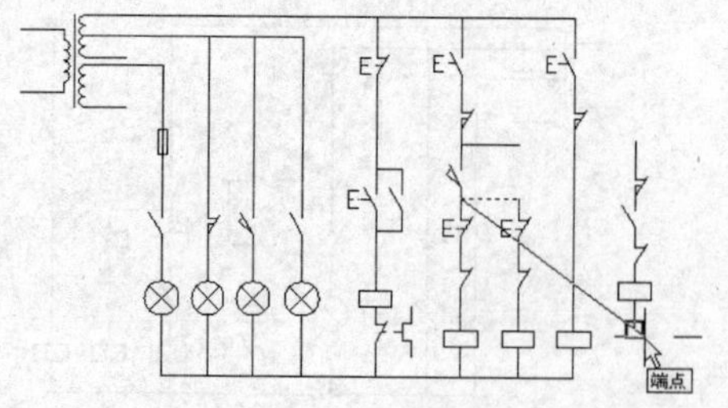


图 8-225 捕捉端点

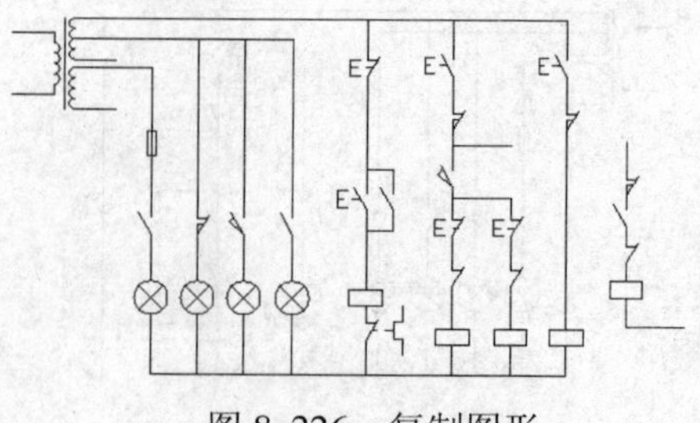

图 8-226 复制图形

68）单击“修改”面板中的“圆角”命令按钮，把如图 8-227 所示的虚线和光标所指的直线之间相互倒圆角 R0，连接上边导线，效果如图 8-228 所示。

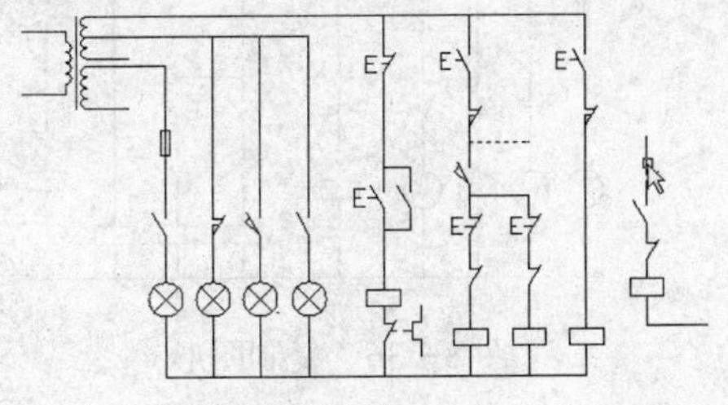

图 8-227　捕捉线头

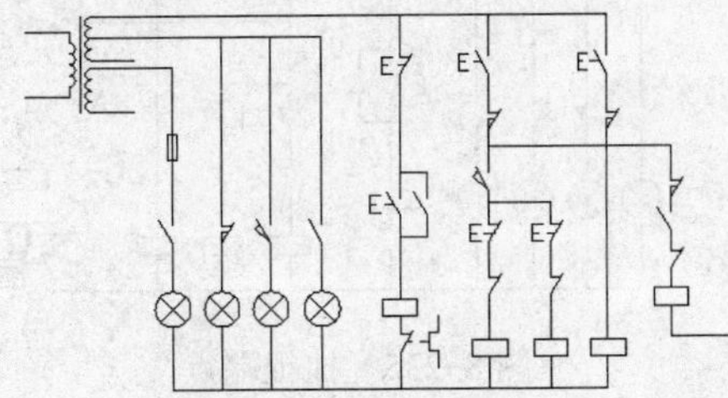

图 8-228　连接线路

69）单击“修改”面板中的“复制”命令按钮，以如图 8-229 所示的端点为复制基准点，以如图 8-230 所示的中点为复制目标点，把虚线所示的图形复制 1 份，效果如图 8-231 所示。

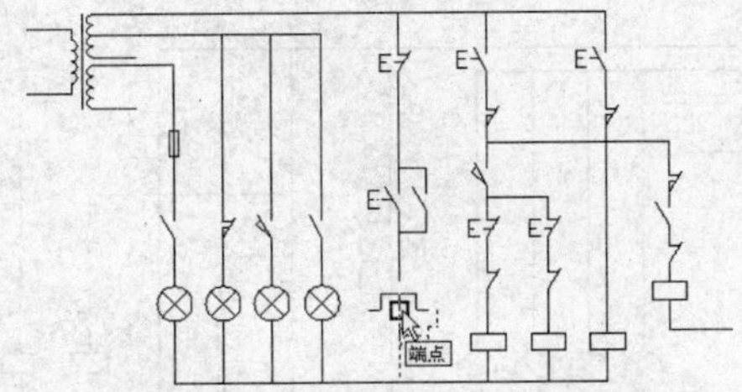


图 8-229　捕捉复制基准点

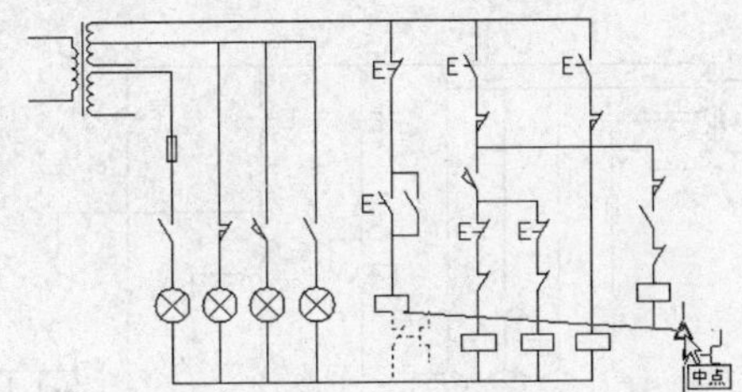


图 8-230　捕捉复制目标点

70）单击“修改”面板中的“圆角”命令按钮，把如图 8-232 所示的虚线和光标所指的直线之间相互倒圆角 R0，连接上边导线，效果如图 8-233 所示。

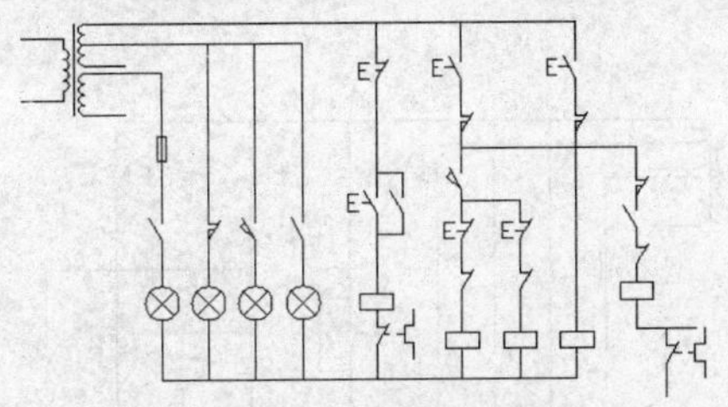

图 8-231　复制图形

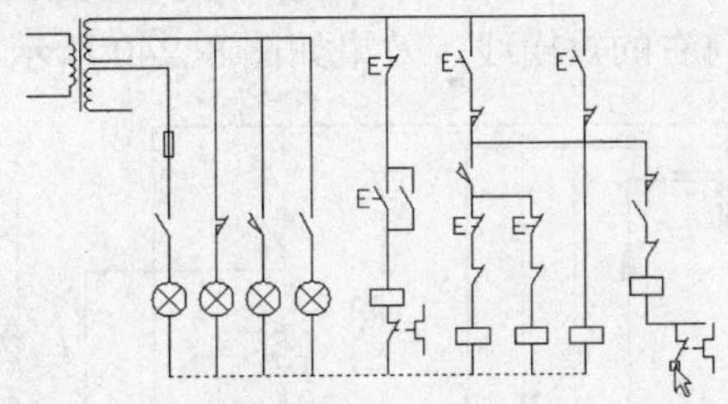

图 8-232　捕捉线头

71）单击“修改”面板中的“复制”命令按钮，以如图 8-234 所示的虚线图形下端点为复制基准点，以如图 8-235 所示的端点为复制目标点，把虚线所示的图形复制 1 份，效果如图 8-236 所示。

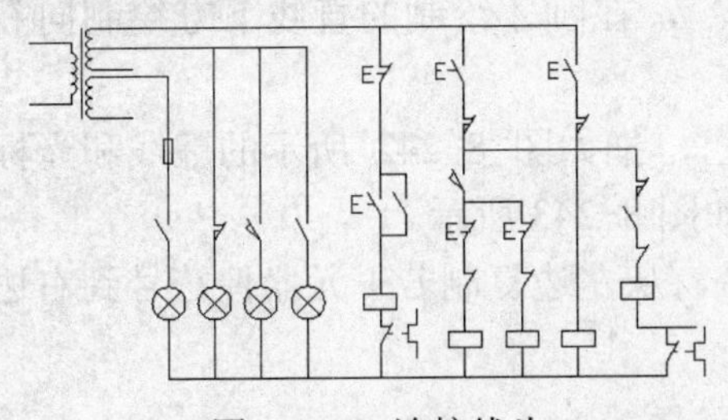

图 8-233　连接线头

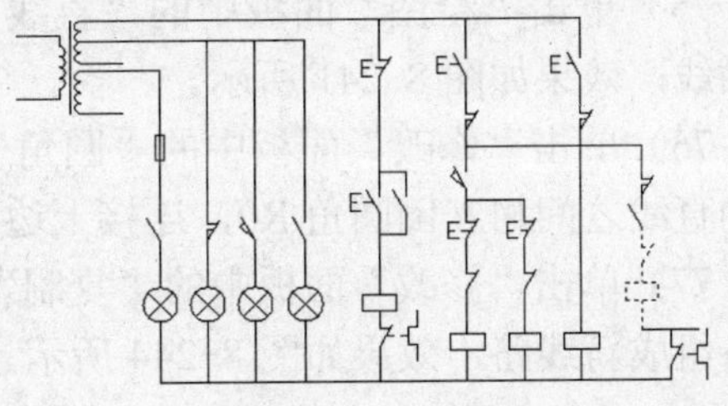

图 8-234　捕捉图形

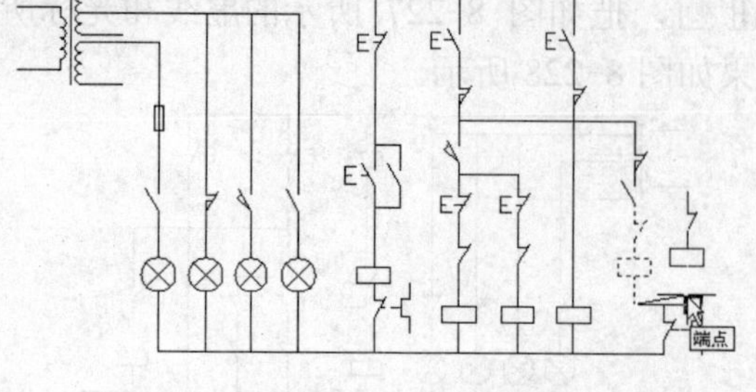


图 8-235　捕捉端点

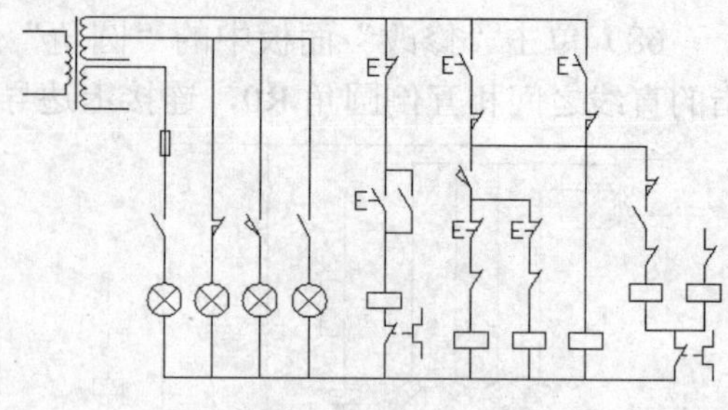

图 8-236　复制图形

72）单击“修改”面板中的“复制”命令按钮，从左边图形中复制如图 8-237 所示的元器件符号到新线路的上方。

73）单击“修改”面板中的“延伸”命令按钮，延伸新线路上的直线，使之成为完整的线路，效果如图 8-238 所示。

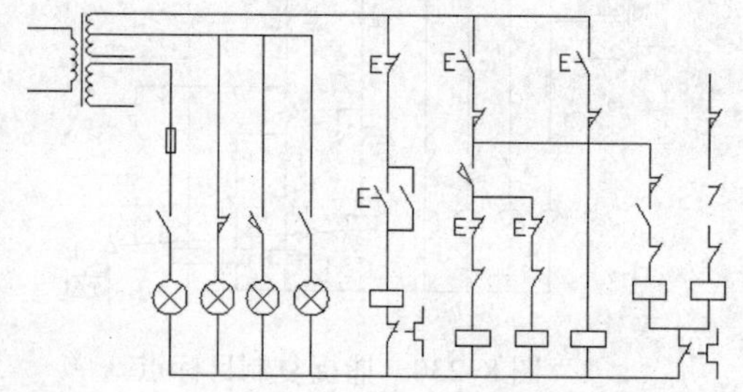

图 8-237　复制元器件符号

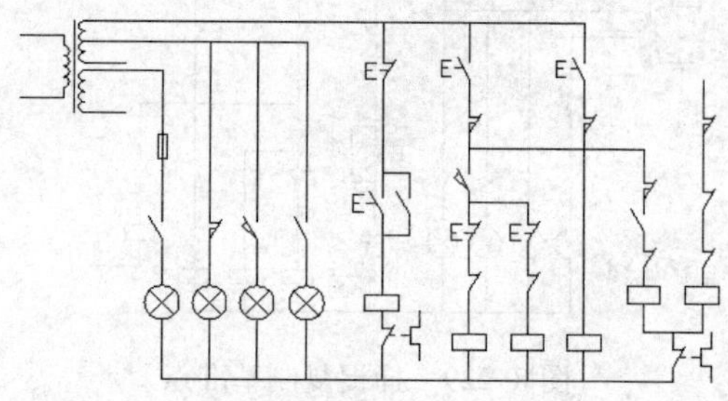

图 8-238　延伸直线

74）单击“绘图”面板中的“直线”命令按钮，绘制起点在如图 8-239 所示的中点，向右的短横线，效果如图 8-240 所示。

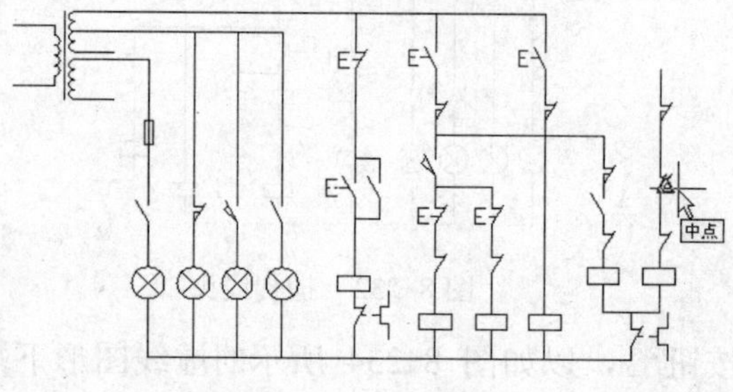


图 8-239　捕捉中点

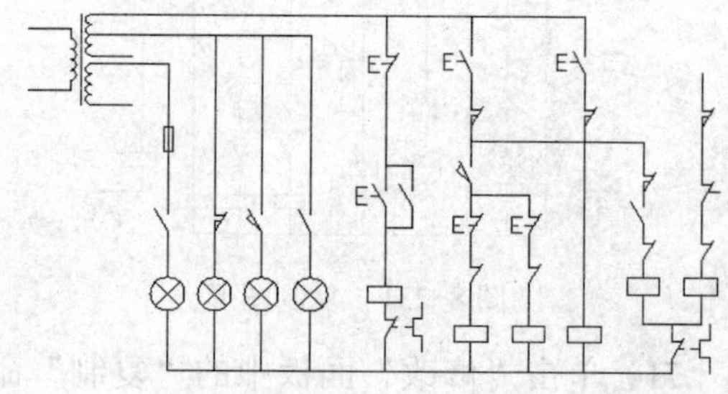

图 8-240　绘制短直线

75）单击“绘图”面板中的“直线”命令按钮，在刚才绘制的直线下方绘制向右的短横线，效果如图 8-241 所示。

76）单击“修改”面板中的“圆角”命令按钮，把如图 8-242 所示的虚线和光标所指的直线之间相互倒圆角 R0，连接上边导线，效果如图 8-243 所示。

77）单击“修改”面板中的“复制”命令按钮，从左边复制若干元器件符号到右边，准备组成新线路，效果如图 8-244 所示。

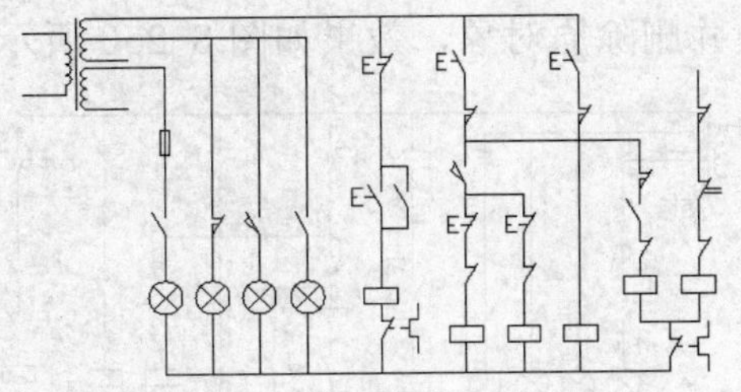

图 8-241　再次绘制短直线

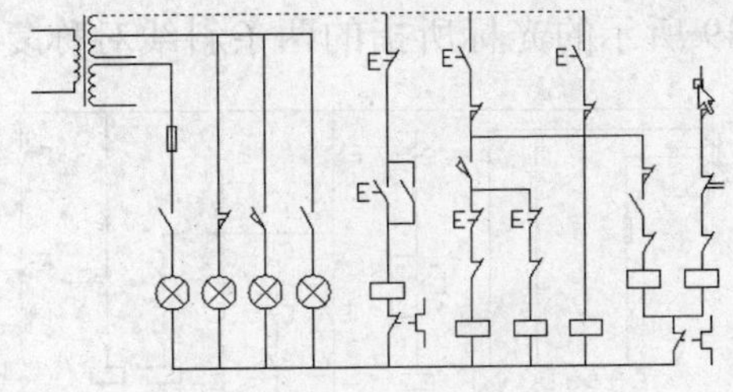

图 8-242　捕捉线头

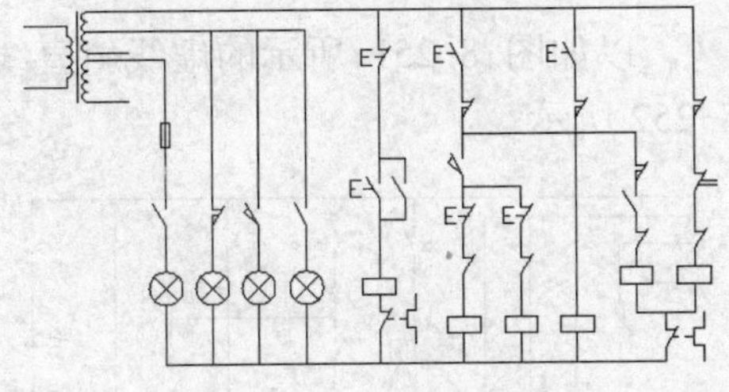

图 8-243　连接线路

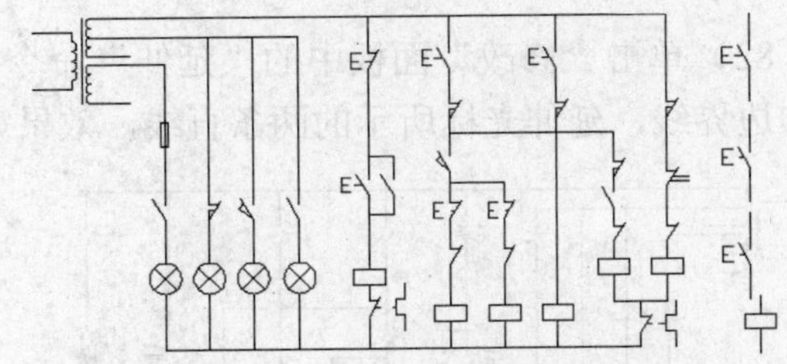

图 8-244　复制元器件符号

78）单击“修改”面板中的“移动”命令按钮，把这些元器件符号组成新线路，效果如图 8-245 所示。

79）单击“修改”面板中的“圆角”命令按钮，把如图 8-246 所示的虚线和光标所指的直线之间相互倒圆角 R0，连接上边导线，效果如图 8-247 所示。

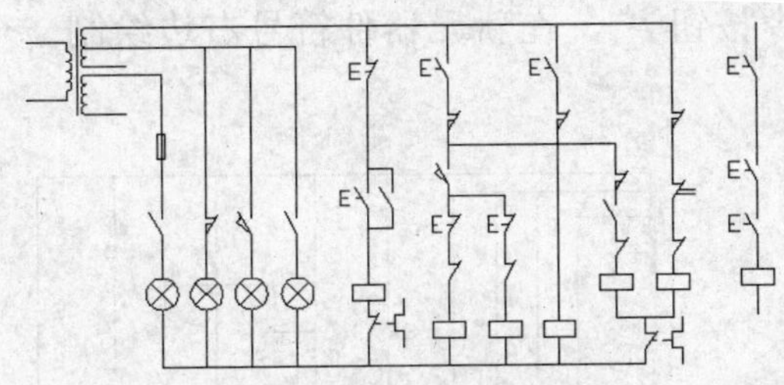

图 8-245　组成新线路

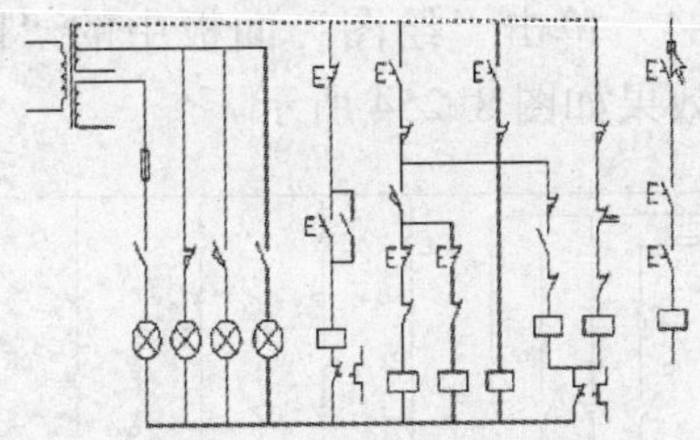

图 8-246　捕捉线头

80）单击“修改”面板中的“圆角”命令按钮，把如图 8-248 所示的虚线和光标所指的直线之间相互倒圆角 R0，连接下边导线，如图 2-249 所示。

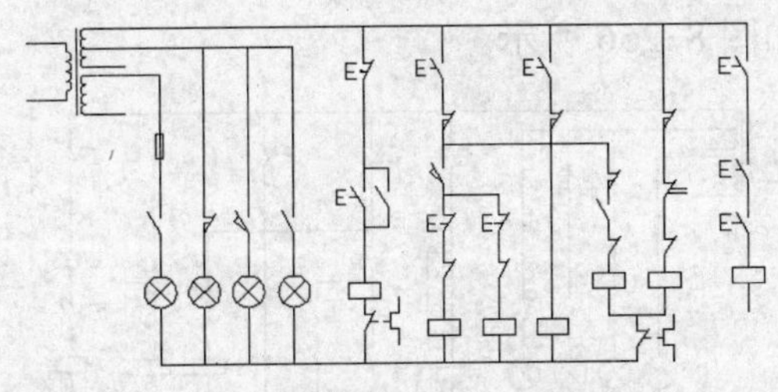

图 8-247　连接上边线路

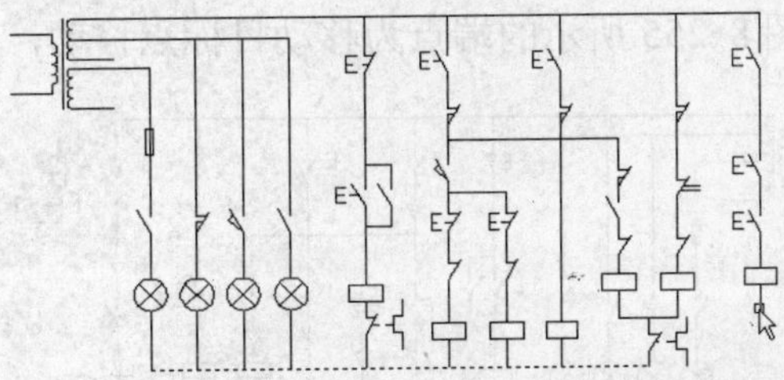

图 8-248　捕捉下边线头

81）单击“修改”面板中的“镜像”命令按钮，以新线路中线为对称轴，把如图

8-249 所示的光标所指的两条斜线对称复制 1 份，并删除原对象，效果如图 8-250 所示。

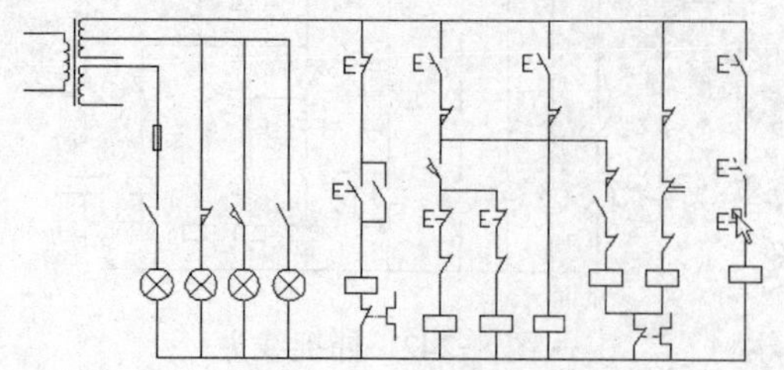

图 8-249　指示图形

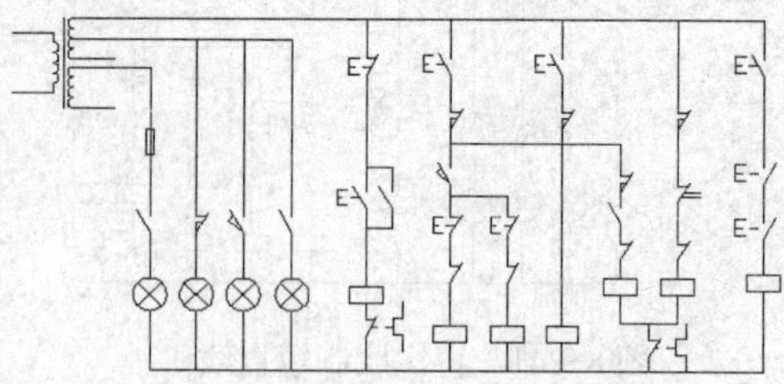

图 8-250　对称复制图形

82）单击“修改”面板中的“延伸”命令按钮，以如图 8-251 所示的虚线斜直线为延伸边界线，延伸光标所示的两条直线，效果如图 8-252 所示。

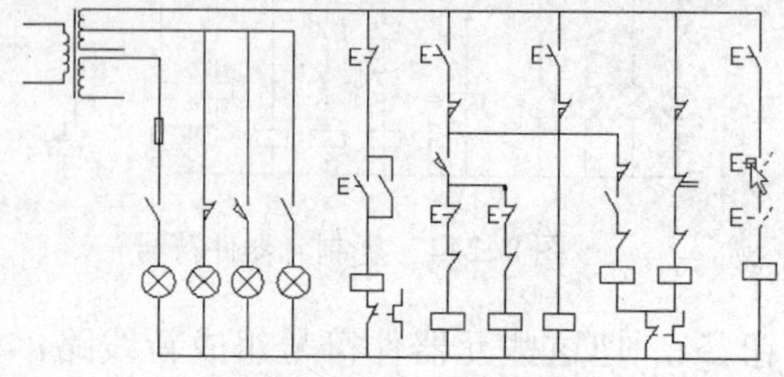

图 8-251　指示图形

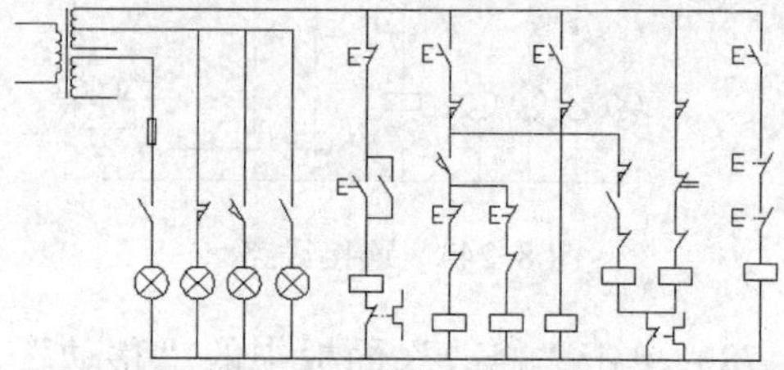

图 8-252　延伸图形

83）单击“修改”面板中的“复制”命令按钮，从左边复制一个元器件符号到右边，效果如图 8-253 所示。

84）单击“绘图”面板中的“圆弧”命令按钮，在新元器件符号右边绘制一个圆弧，效果如图 8-254 所示。

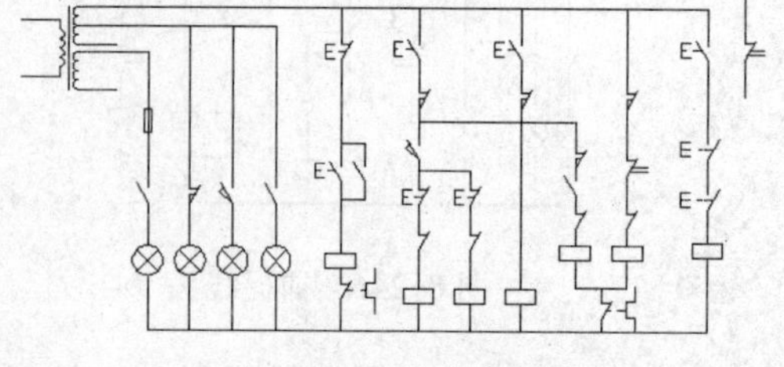

图 8-253　复制图形

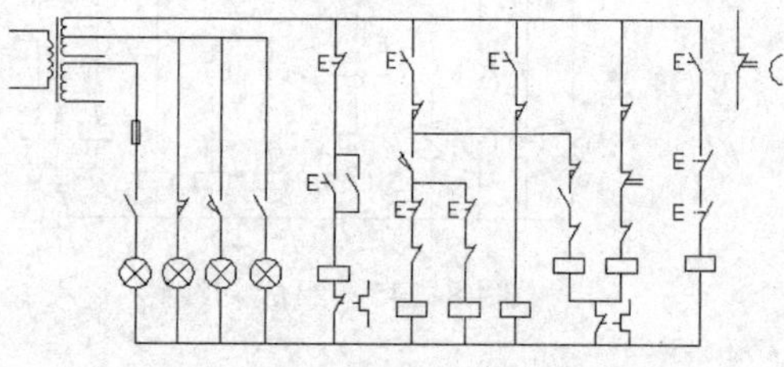

图 8-254　绘制圆弧

85）单击“修改”面板中的“移动”命令按钮，把圆弧以其中点为移动基准点，以如图 8-255 所示的端点为移动目标点移动，效果如图 8-256 所示。

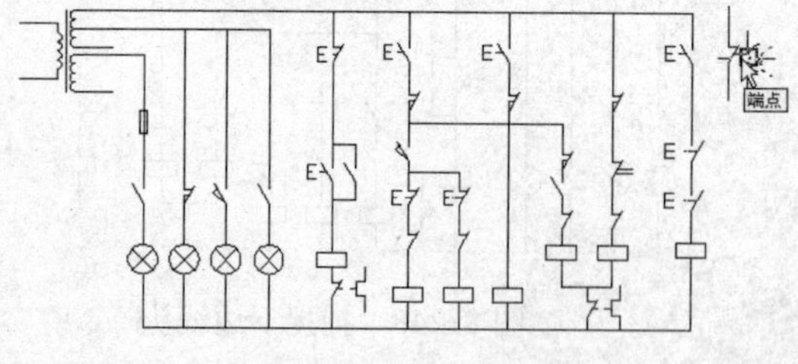


图 8-255　捕捉端点

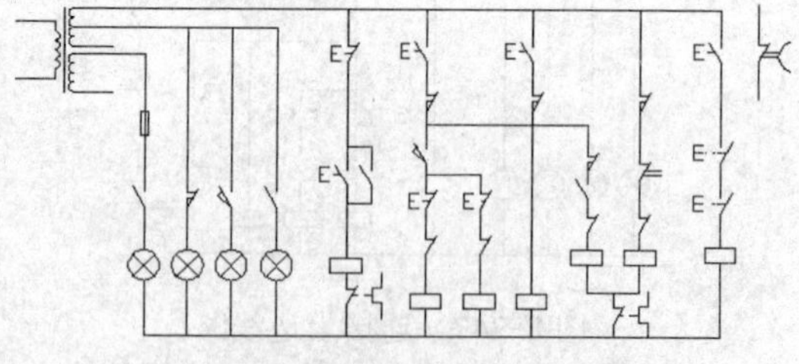

图 8-256　移动圆弧

86）单击“修改”面板中的“镜像”命令按钮，以新元器件图形的中线为对称轴，把其他图形对称复制 1 份，注意删除原对象，效果如图 8-257 所示。

87）单击“修改”面板中的“复制”命令按钮，以如图 8-258 所示的虚线直线的左端点为复制基准点，以如图 8-258 所示的最近点为复制目标点，把该直线向右复制一份，效果如图 8-259 所示。

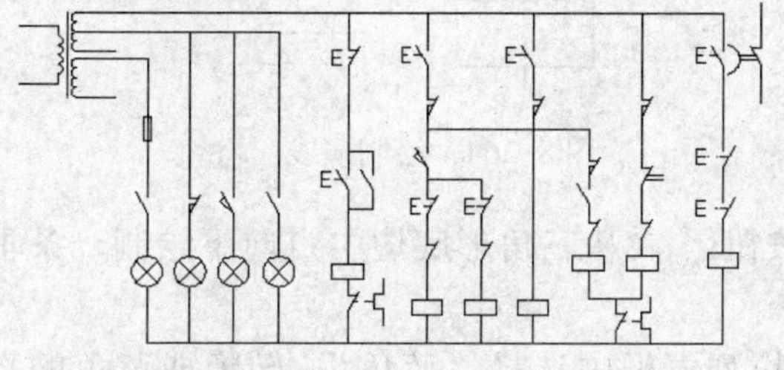

图 8-257　对称复制图形

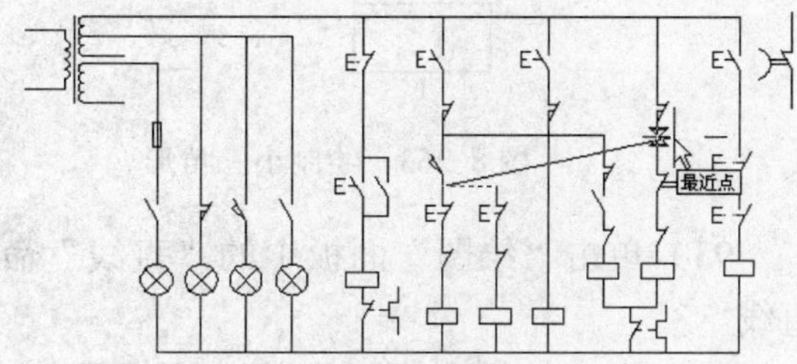


图 8-258　捕捉最近点

88）单击“修改”面板中的“圆角”命令按钮，参照以前连接线路的方法，连接新元器件的上边线路，效果如图 8-260 所示。

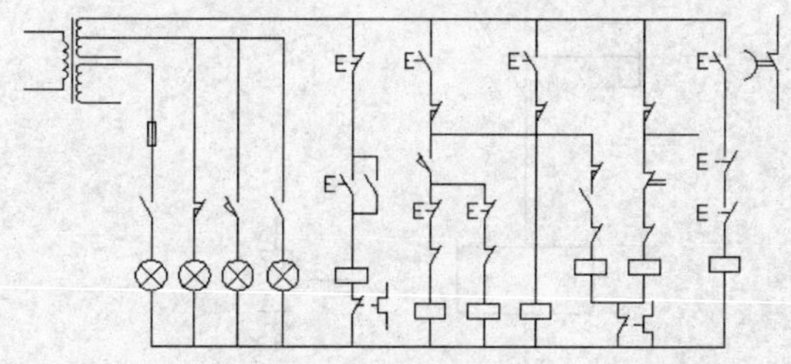

图 8-259　复制图形

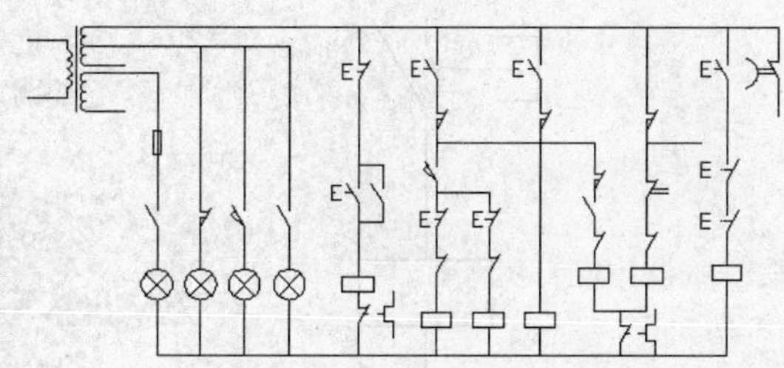

图 8-260　连接上边线路

89）单击“修改”面板中的“圆角”命令按钮，把如图 8-261 所示的虚线和光标所指的直线之间相互倒圆角 R0，连接下边导线，效果如图 8-262 所示。

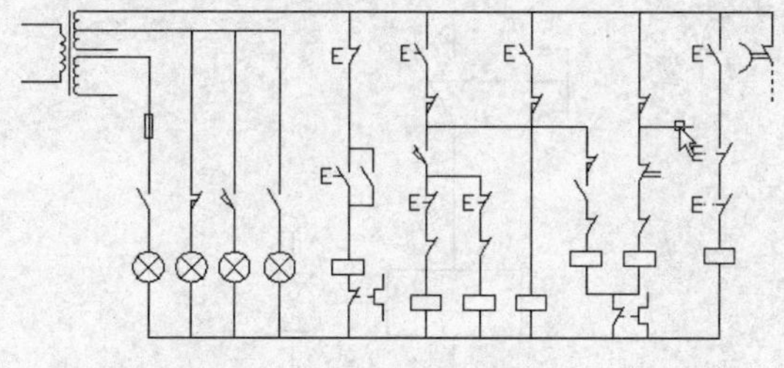

图 8-261　捕捉线头

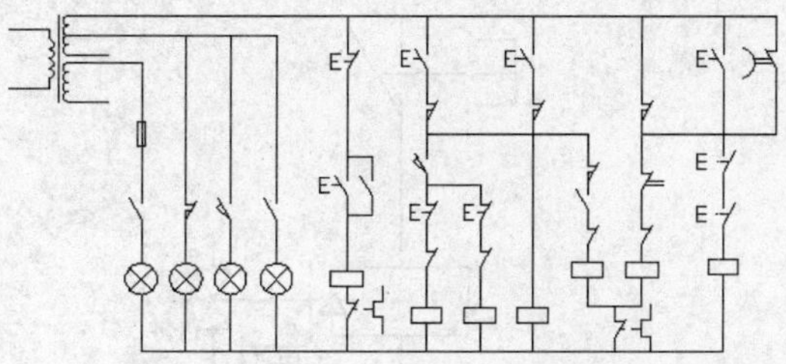

图 8-262　连接下边线路

90）修改这个线圈，使它成为受控的线圈。单击“实用程序”面板中的“窗口”命令按钮，局部放大图形右下角，预备下一步操作。

91）单击“绘图”面板中的“正多边形”命令按钮，绘制一个小等边三角形，效果如图 8-263 所示。

92）单击“绘图”面板中的“直线”命令按钮，从三角形顶点向左绘制一条横线，效果如图 8-264 所示。

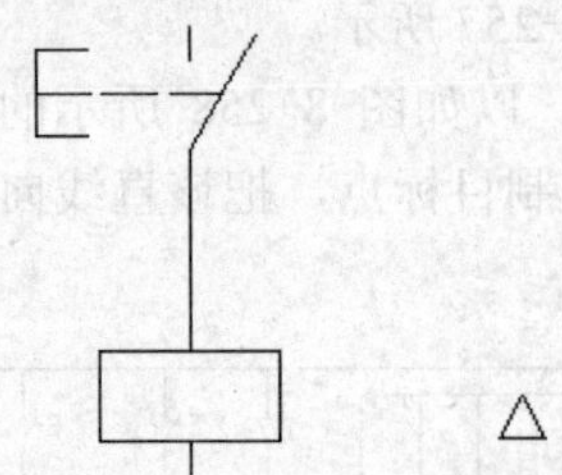
图 8-263　绘制小三角形

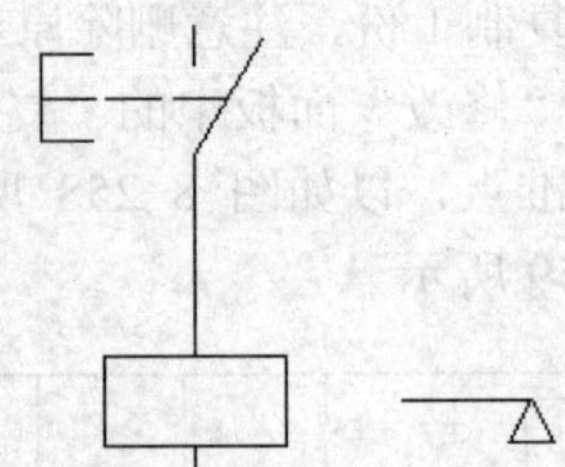
图 8-264　绘制横线

93）单击“绘图”面板中的“直线”命令按钮，从三角形底边中点向下绘制一条垂直线。

94）在“特性”面板中的“选择颜色”下拉列表框中选择“蓝色”，转换成蓝色的直线，效果如图 8-265 所示。

95）单击“修改”面板中的“镜像”命令按钮，以横线为对称轴，把三角形和垂直直线对称复制 1 份，效果如图 8-266 所示。

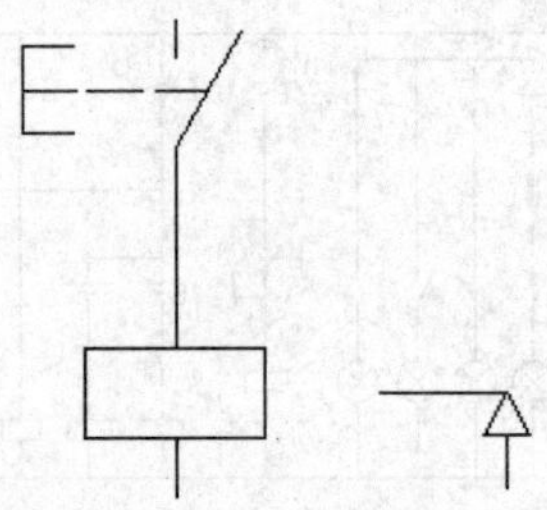
图 8-265　绘制并转换直线

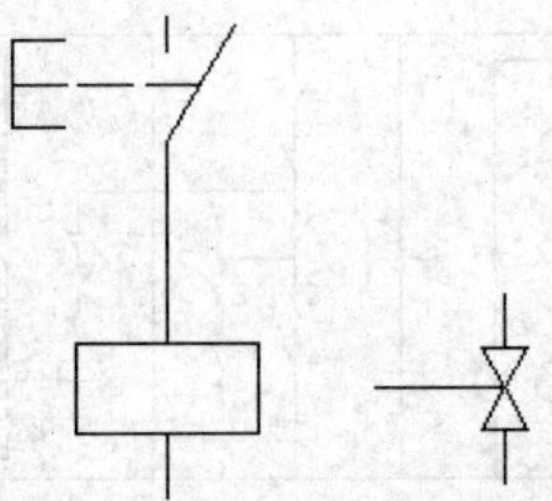
图 8-266　对称复制图形

96）单击“修改”面板中的“移动”命令按钮，把整个对三角图形以横线左端点为移动基准点，以如图 8-267 所示的中点为移动目标点移动，效果如图 8-268 所示。

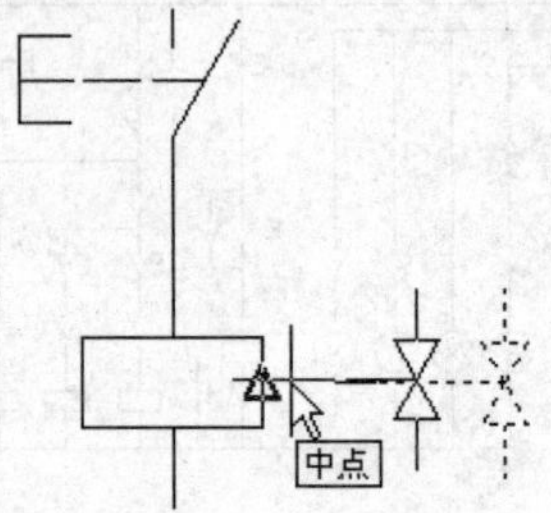

图 8-267　捕捉中点

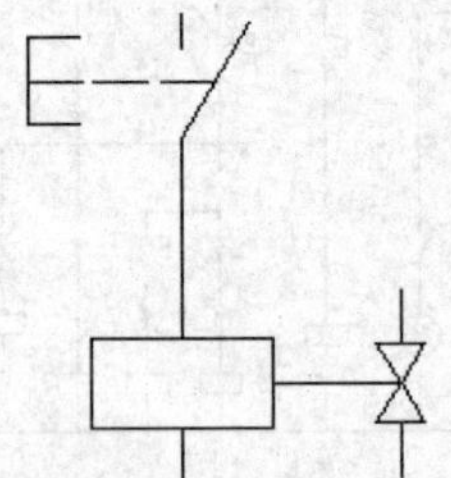
图 8-268　移动图形

97）单击“实用程序”面板中的“上一个”命令按钮，恢复视图，效果如图 8-269 所示。

98）单击“修改”面板中的“复制”命令按钮，把如图 8-270 所示的虚线直线向左复制 1 份，效果如图 8-271 所示。

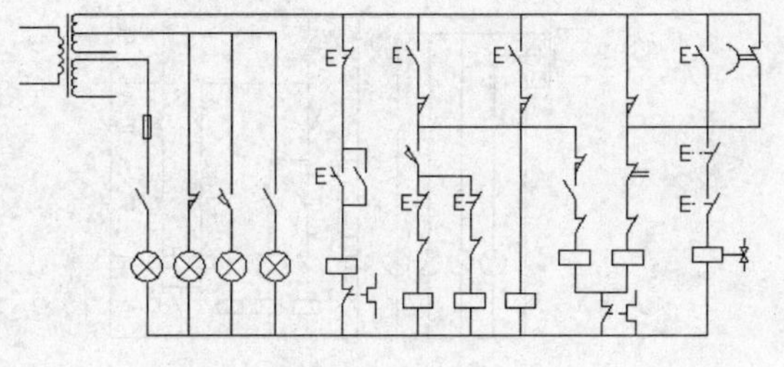

图 8-269　恢复视图

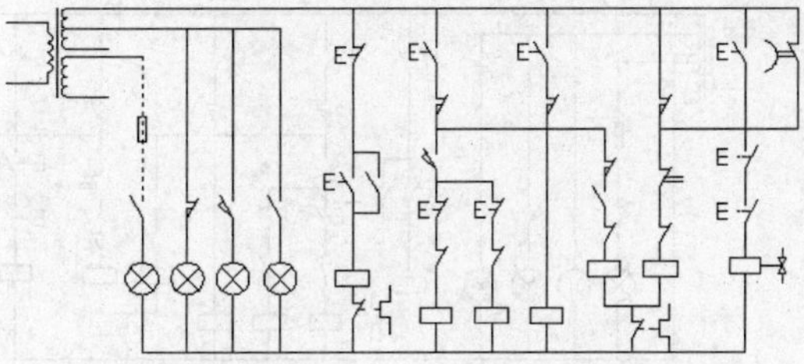

图 8-270　虚线图形

99）单击“修改”面板中的“圆角”命令按钮，把如图 8-272 所示的虚线和光标所指直线之间相互倒圆角 R0，连接导线，效果如图 8-273 所示。

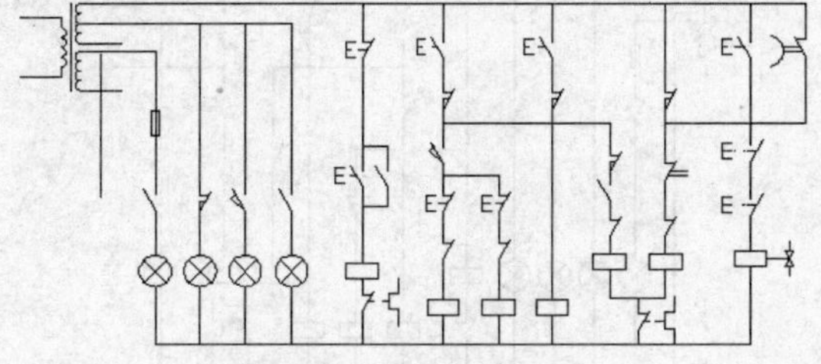

图 8-271　复制图形

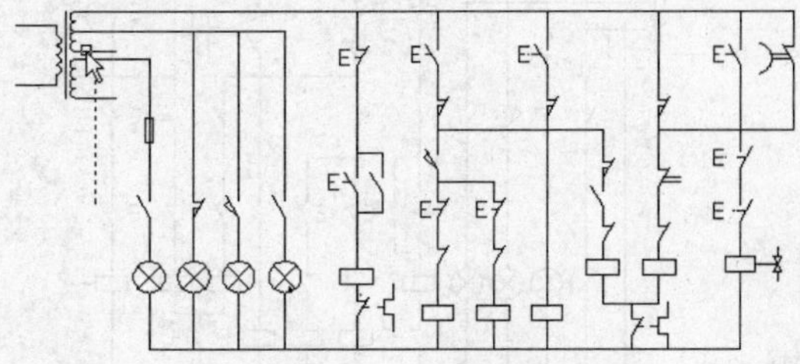

图 8-272　捕捉线头

100）单击“修改”面板中的“圆角”命令按钮，把如图 8-274 所示的虚线和光标所指的直线之间相互倒圆角 R0，连接导线，效果如图 8-275 所示。

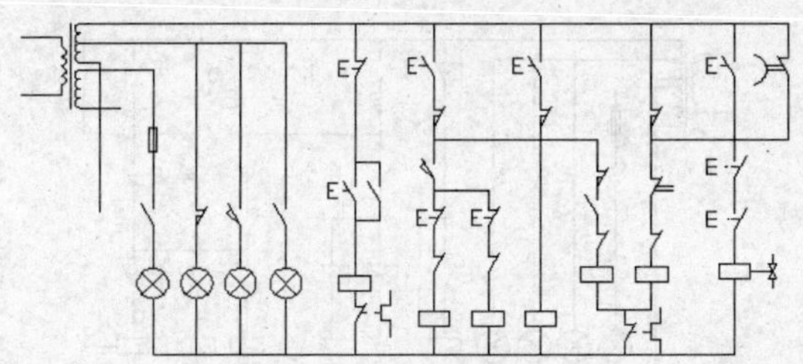

图 8-273　连接导线

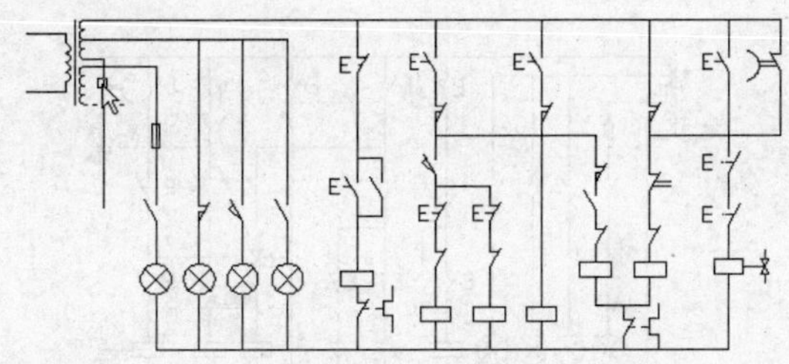

图 8-274　捕捉线头

101）单击“修改”面板中的“圆角”命令按钮，把如图 8-276 所示的虚线和光标所指的直线之间相互倒圆角 R0，连接下边导线，效果如图 8-277 所示。

102）单击“修改”面板中的“拉伸”命令按钮，适当调整图形，使其紧凑整齐，效果如图 8-278 所示。

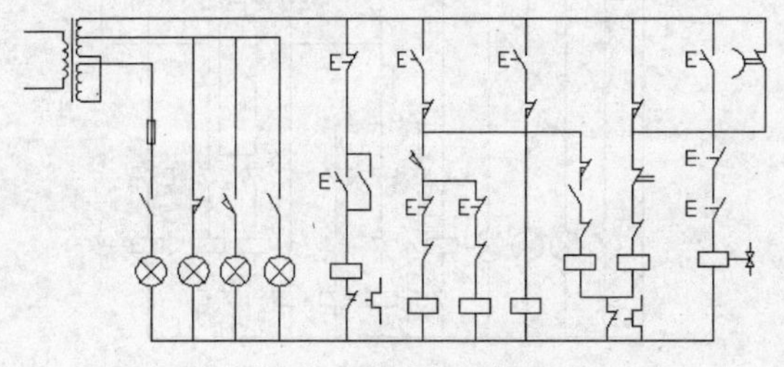

图 8-275　连接导线

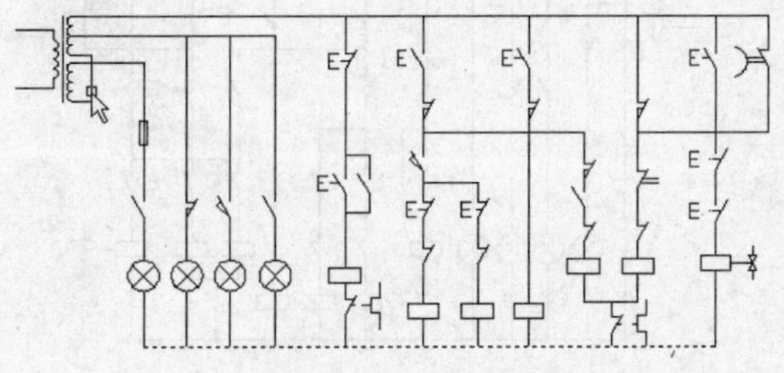

图 8-276　捕捉线头

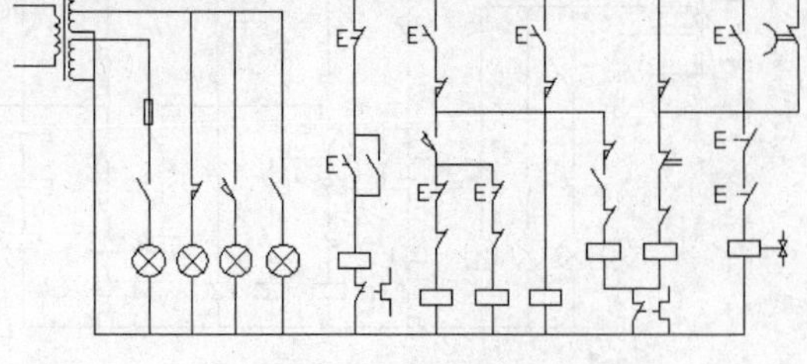
图 8-277　连接下边导线

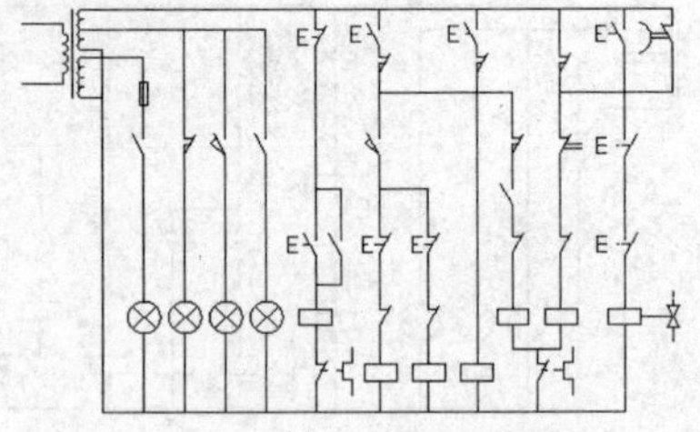
图 8-278　适当调整图形

103）单击“修改”面板中的“复制”命令按钮，把如图 8-279 所示的图形向右复制 1 份，效果如图 8-280 所示。

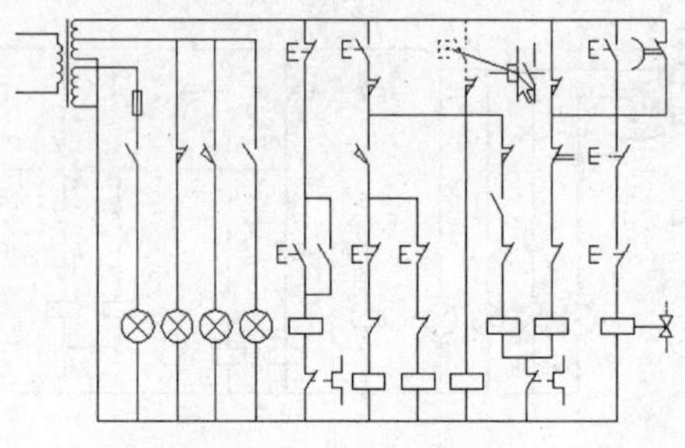
图 8-279　指示图形

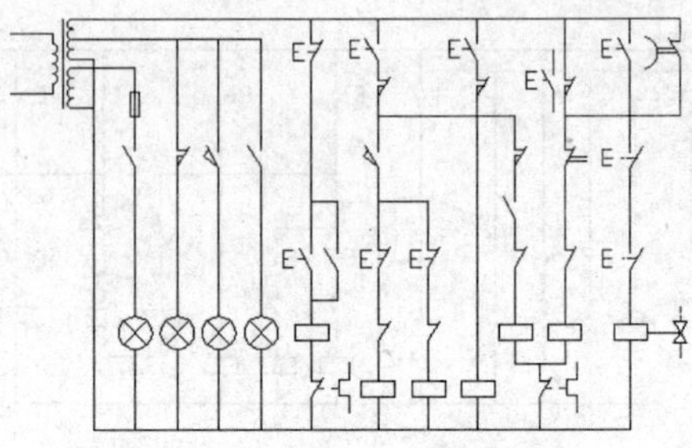
图 8-280　复制图形

104）单击“修改”面板中的“复制”命令按钮，以如图 8-281 所示的虚线直线左端点为复制基准点，以如图 8-281 所示的最近点为复制目标点，效果如图 8-282 所示。

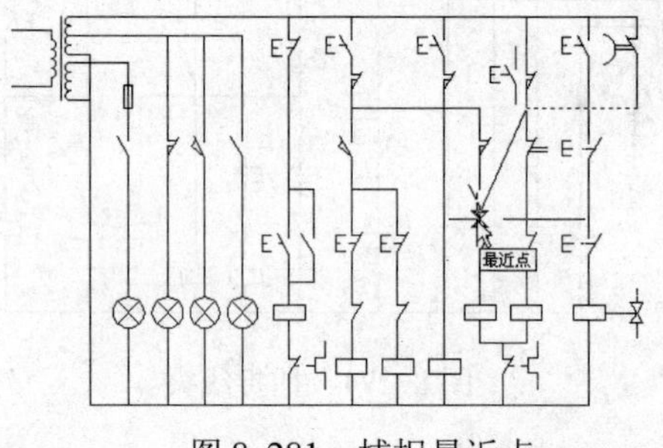

图 8-281　捕捉最近点

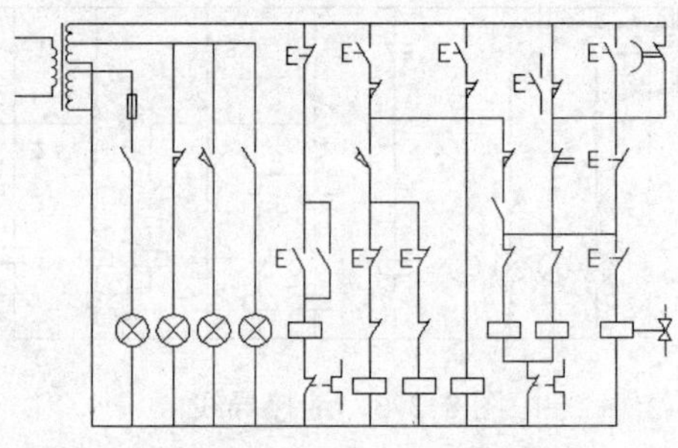
图 8-282　复制直线

105）单击“修改”面板中的“圆角”命令按钮，把如图 8-283 所示的虚线和光标所指的直线之间相互倒圆角 R0，连接下边导线，效果如图 8-284 所示。

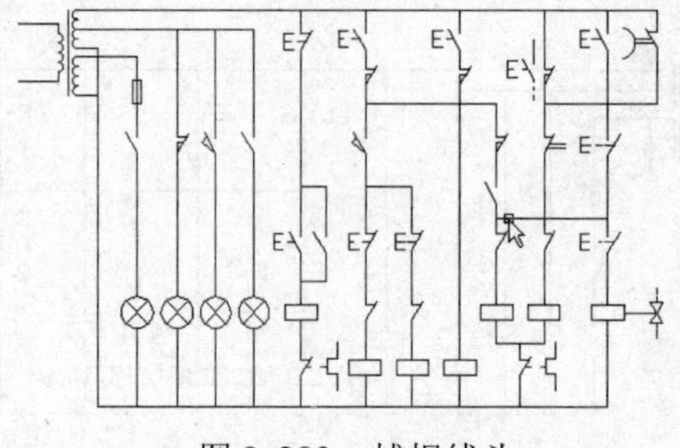
图 8-283　捕捉线头

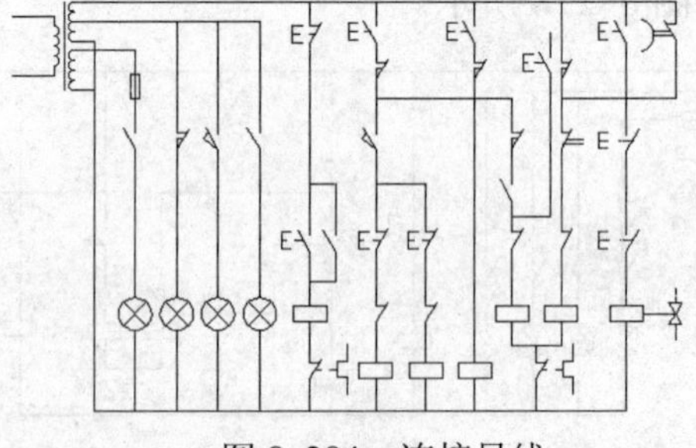
图 8-284　连接导线

106）单击“修改”面板中的“圆角”命令按钮，把如图 8-285 所示的虚线和光标所指的直线之间相互倒圆角 R0，连接上边导线。对右边因此新产生的开路，可以同样处理，效果如图 8-286 所示。

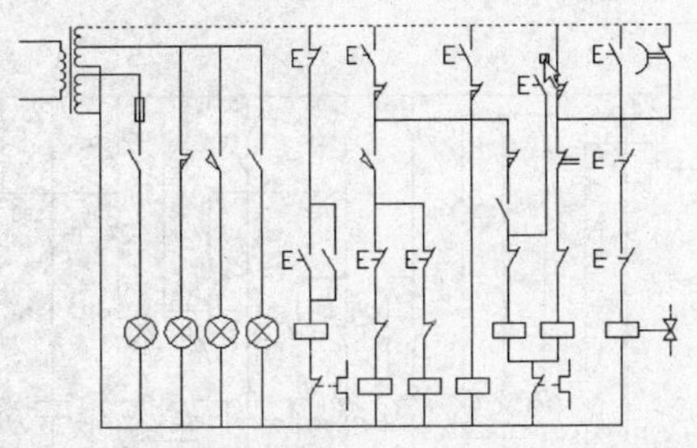
图 8-285　捕捉线头

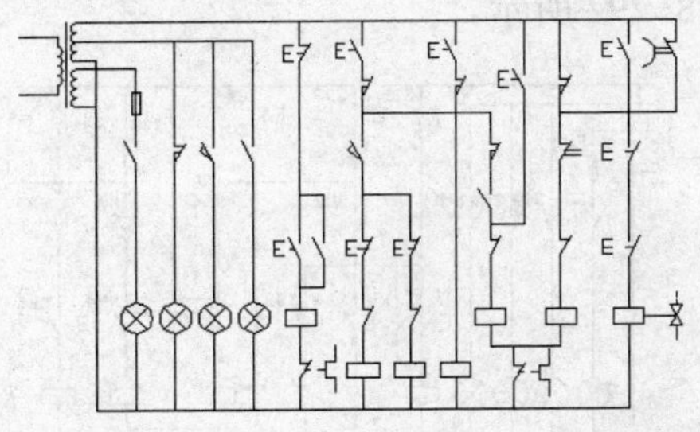
图 8-286　连接导线

## 2. 标注文字与代号

操作步骤如下。

1）单击“注释”面板中的“多行文字”命令按钮 A，书写变压器的输出端代号，结果如图 8-287 所示。

2）单击“注释”面板中的“多行文字”命令按钮 A，书写第 1 排元器件的代号，结果如图 8-288 所示。

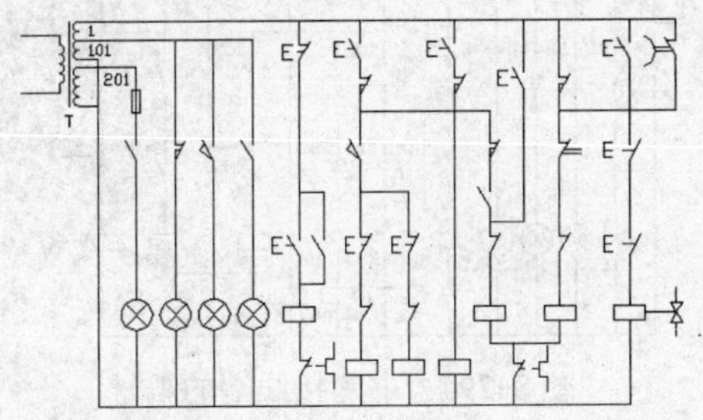

图 8-287　书写输出端代号

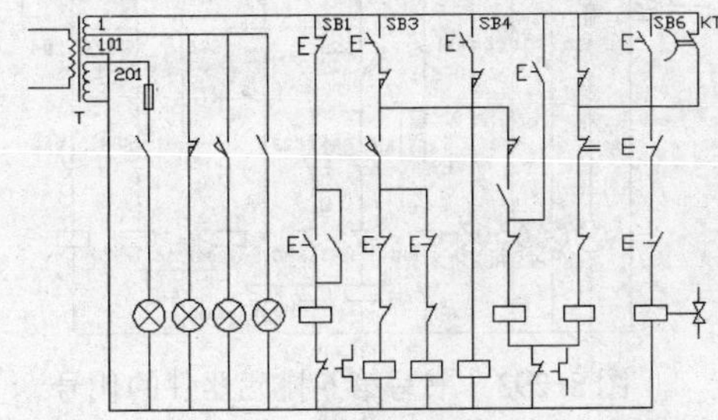

图 8-288　书写第 1 排元器件的代号

3）单击“注释”面板中的“多行文字”命令按钮 A，书写第 2 排元器件的代号，结果如图 8-289 所示。

4）单击“注释”面板中的“多行文字”命令按钮 A，书写第 3 排元器件的代号，结果如图 8-290 所示。

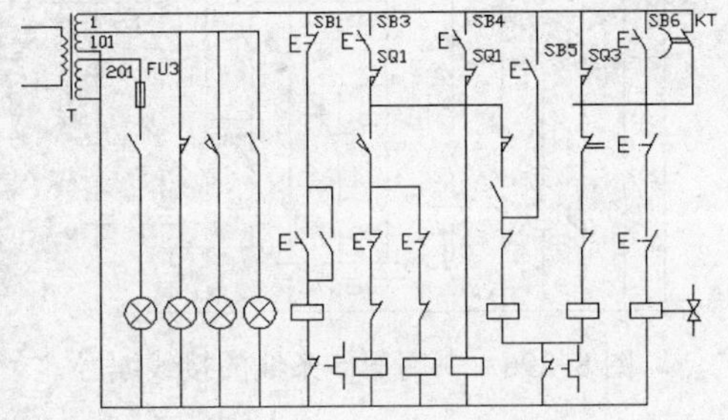

图 8-289　书写第 2 排元器件的代号

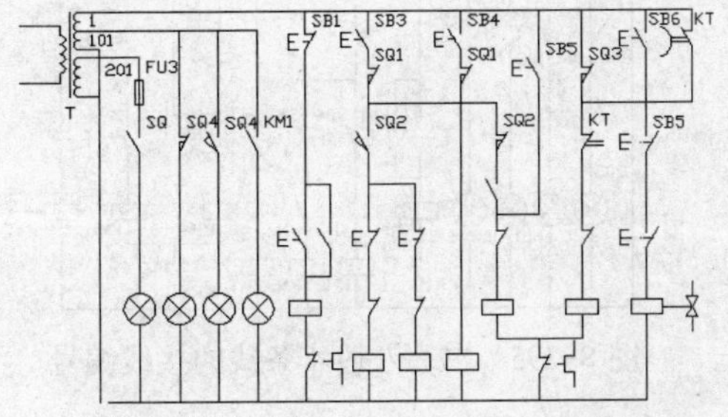

图 8-290　书写第 3 排元器件的代号

5）单击“注释”面板中的“多行文字”命令按钮 A，书写第 4 排元器件的代号，结果如图 8-291 所示。

6）单击“注释”面板中的“多行文字”命令按钮 A，书写第 5 排元器件的代号，结果如图 8-292 所示。

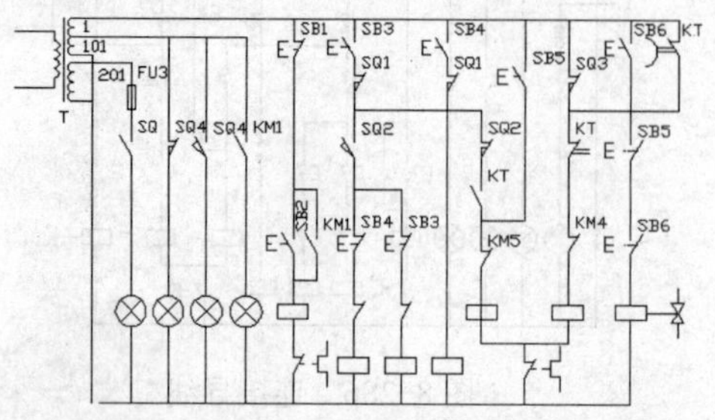


图 8-291　书写第 4 排元器件的代号

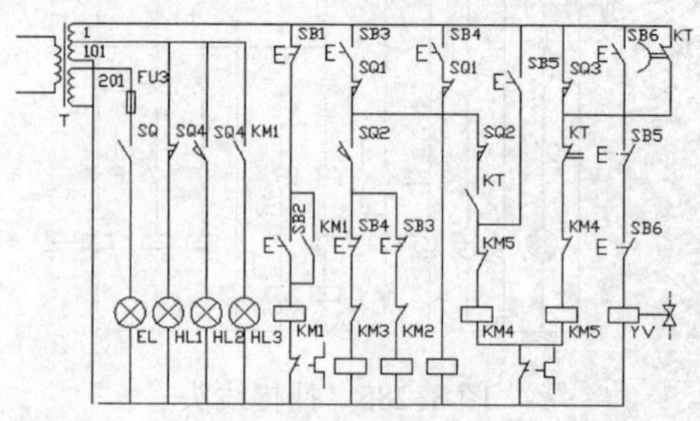


图 8-292　书写第 5 排元器件的代号

7）单击“注释”面板中的“多行文字”命令按钮 A，书写第 6 排元器件的代号，结果如图 8-293 所示。

8）单击“注释”面板中的“多行文字”命令按钮 A，书写若干接线端的编号“5”、“12”，结果如图 8-294 所示。

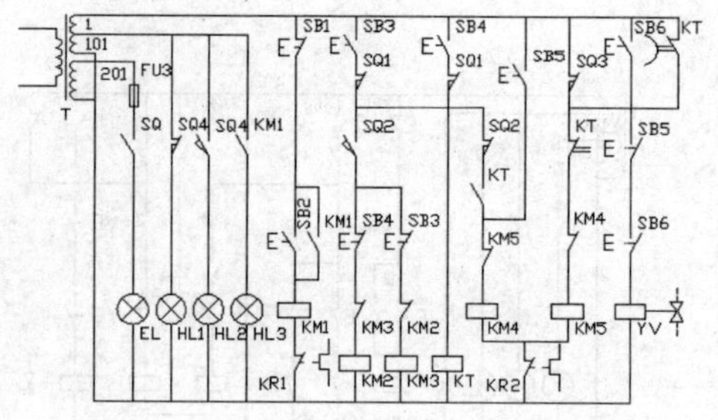


图 8-293　书写第 6 排元器件的代号

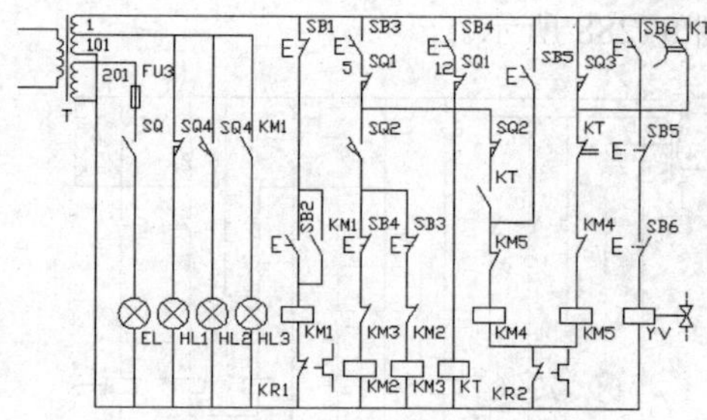


图 8-294　书写接线端的编号

9）单击“注释”面板中的“多行文字”命令按钮 A，书写左边 4 条线的接线编号，结果如图 8-295 所示。

10）单击“注释”面板中的“多行文字”命令按钮 A，书写第 5 条线的接线编号，结果如图 8-296 所示。

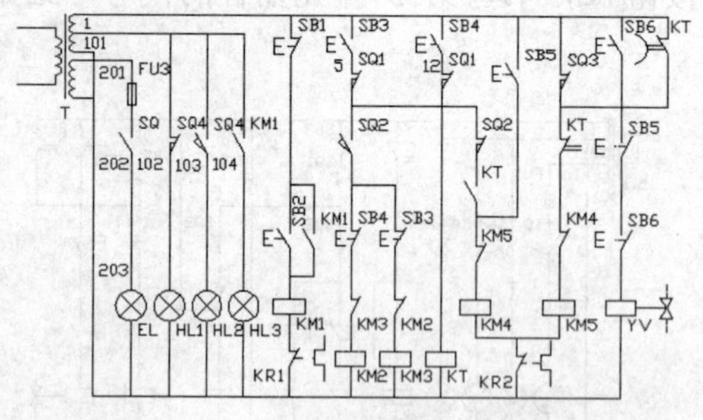


图 8-295　书写左边 4 条线的接线编号

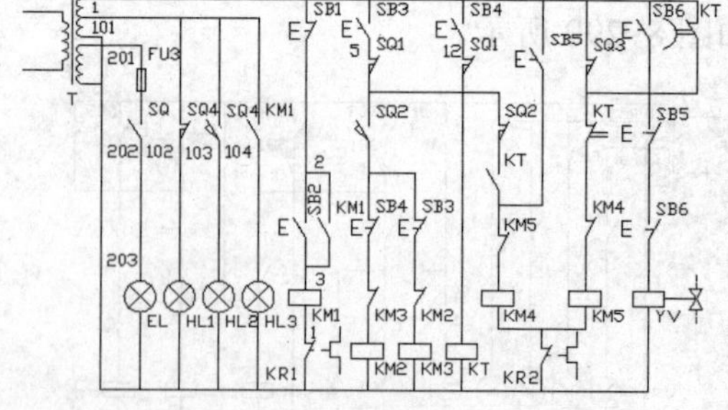


图 8-296　书写第 5 条线的接线编号

11）单击“注释”面板中的“多行文字”命令按钮 A，书写第 6 条线的接线编号，结果

如图 8-297 所示。

12）单击“注释”面板中的“多行文字”命令按钮 A，书写第 7 条线的接线编号，结果如图 8-298 所示。

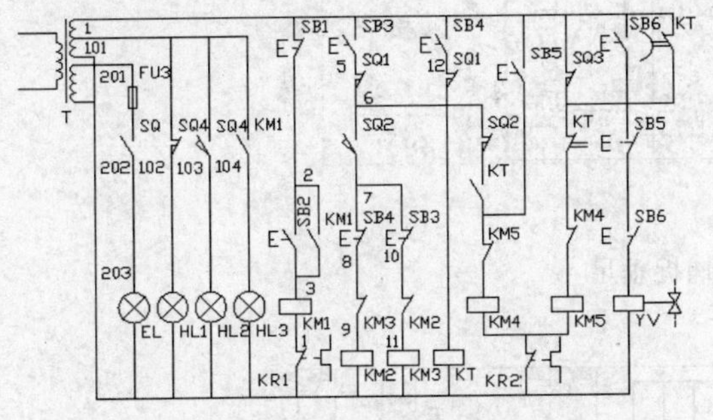


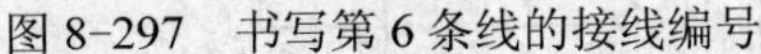
图 8-297　书写第 6 条线的接线编号

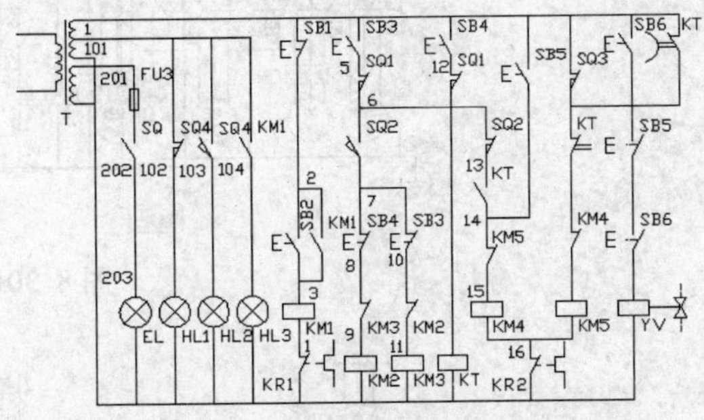


图 8-298　书写第 7 条线的接线编号

13）单击“注释”面板中的“多行文字”命令按钮 A，书写第 8、9 条线的接线编号，结果如图 8-299 所示。

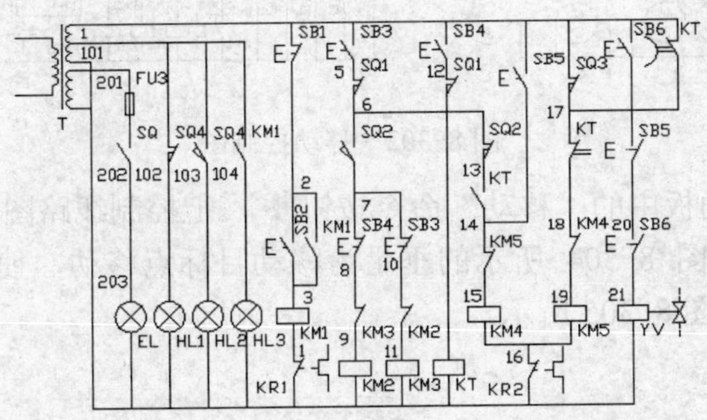


图 8-299　书写第 8、9 条线的接线编号

## ▷▷▷ 8.1.3　整幅线路图

操作步骤如下。

1）单击“修改”面板中的“移动”命令按钮，把控制线路图以如图 8-300 所示的端点为移动基准点，以如图 8-301 所示的垂足为移动目标点移动。经移动的地线处于共线位置，效果如图 8-302 所示。

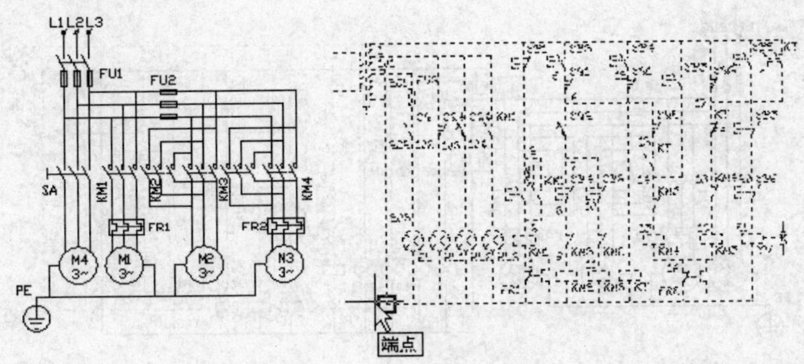


图 8-300　捕捉端点

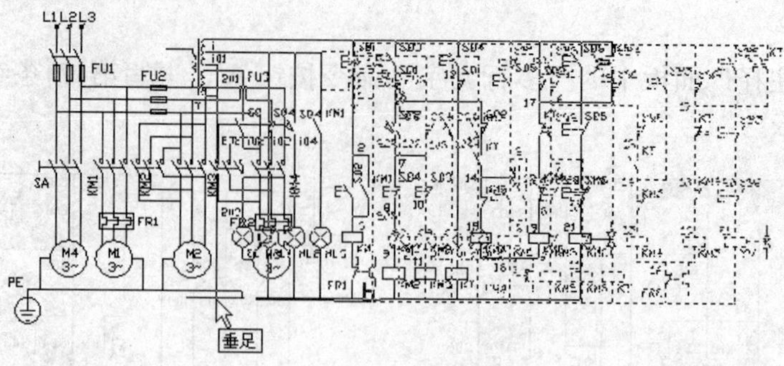


图 8-301　捕捉垂足

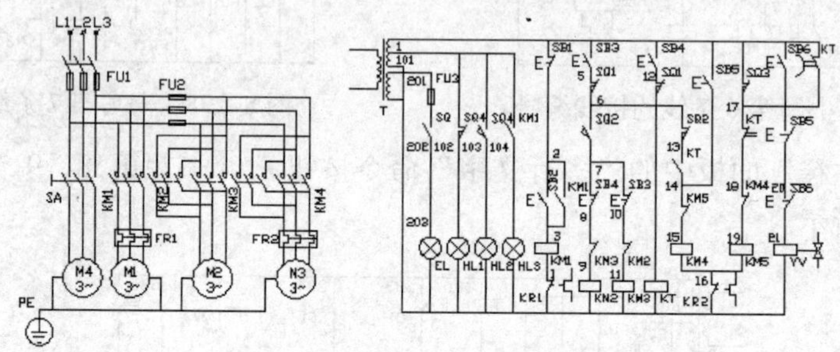


图 8-302　移动控制图

2）单击"修改"面板中的"移动"命令按钮，把控制线路图以如图 8-303 所示的端点为移动基准点，以如图 8-304 所示的垂足为移动目标点移动，使变压器线圈位于主线上面，便于连接，效果如图 8-305 所示。

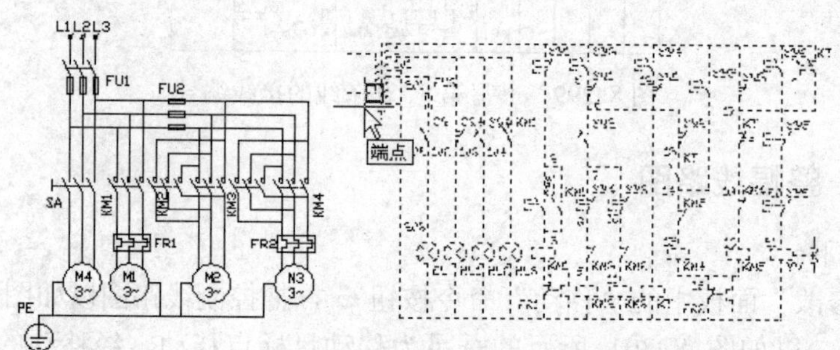


图 8-303　捕捉端点

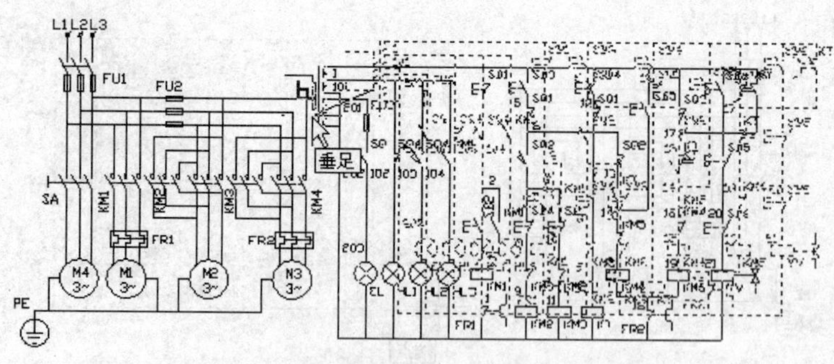


图 8-304　捕捉垂足

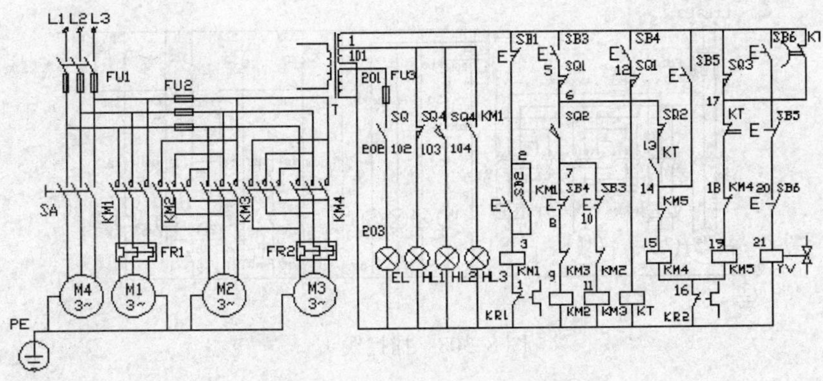


图 8-305　再次移动控制图

3）单击“修改”面板中的“删除”命令按钮，删除如图 8-306 所示的光标所指的直线，效果如图 8-307 所示。

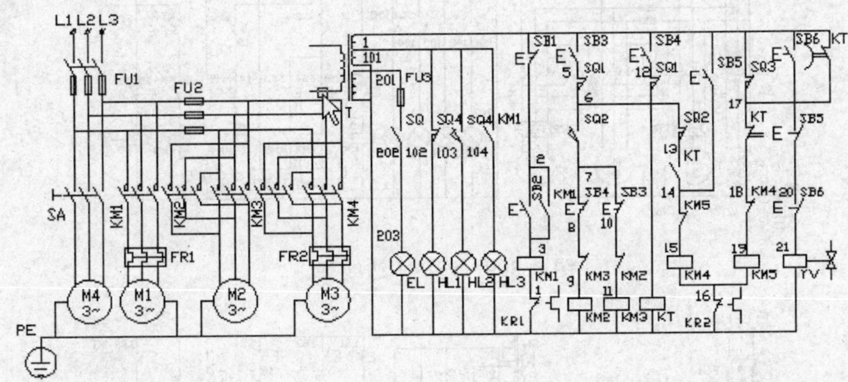


图 8-306　捕捉直线

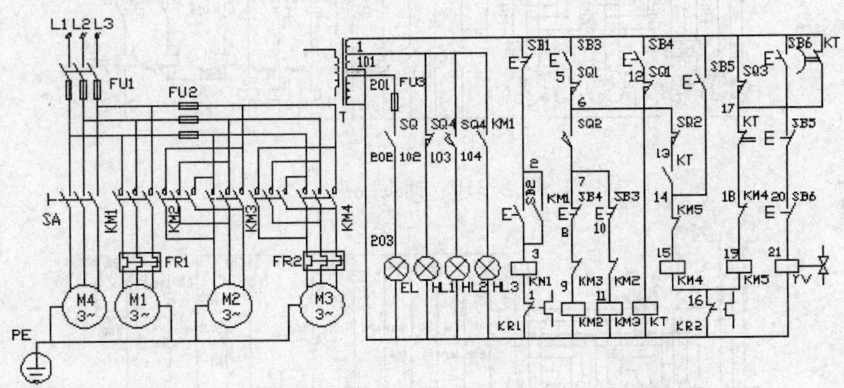


图 8-307　删除直线

4）单击“修改”面板中的“圆角”命令按钮，把如图 8-308 所示的虚线和光标所指的直线之间相互倒圆角 R0，连接下边导线，效果如图 8-309 所示。

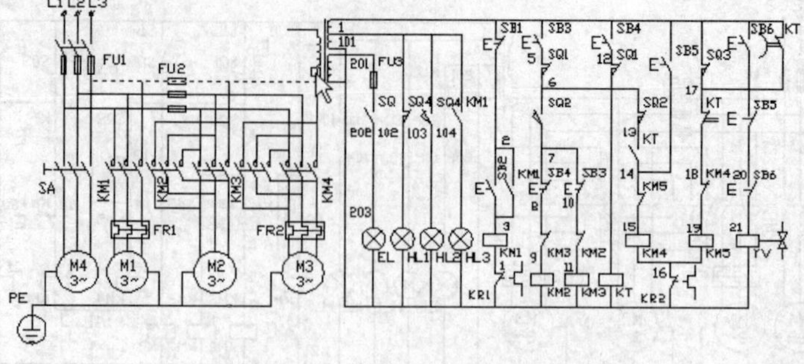


图 8-308　捕捉线头

5）单击“修改”面板中的“圆角”命令按钮，把如图 8-310 所示的虚线和光标所指的直线之间相互倒圆角 R0，连接下边导线，效果如图 8-311 所示。

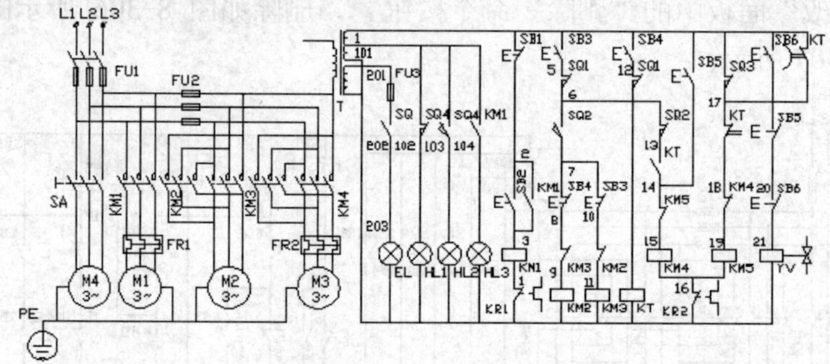


图 8-309　连接下边线头

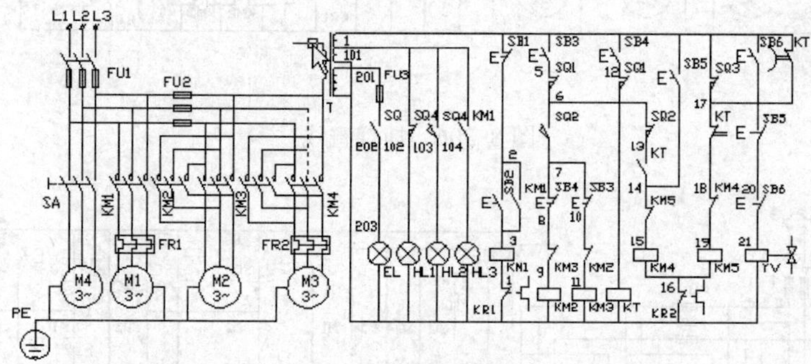


图 8-310　捕捉线头

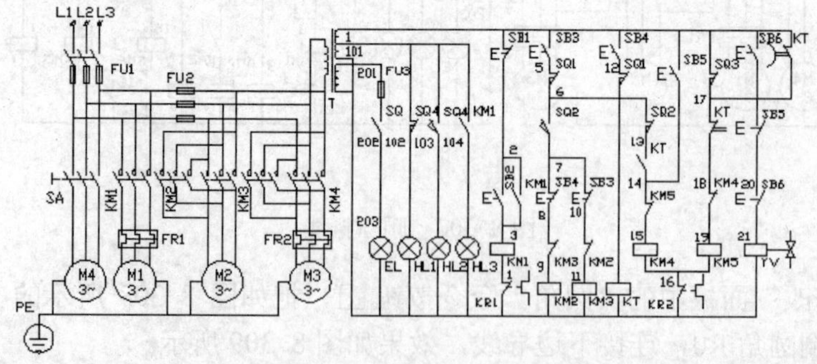


图 8-311　连接上边线头

6）单击“修改”面板中的“圆角”命令按钮，把如图 8-312 所示的虚线和光标所指的直线之间相互倒圆角 R0，连接地线，效果如图 8-313 所示，此图即是成图。

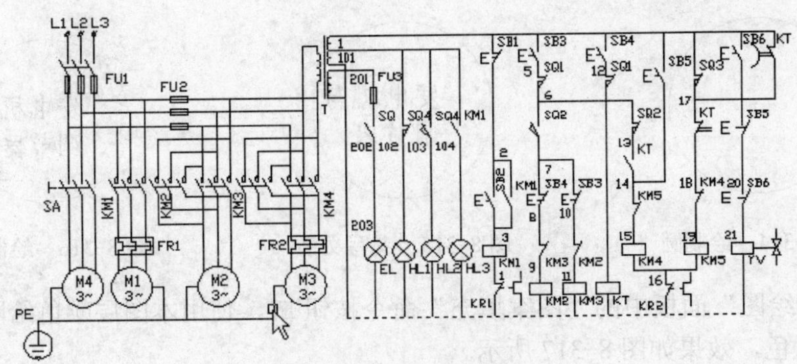


图 8-312　捕捉线头

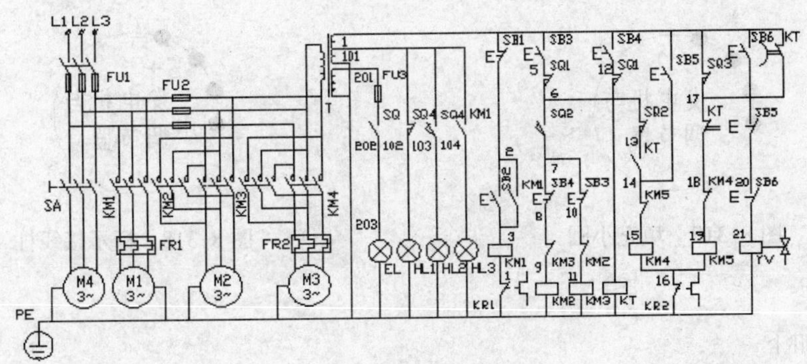


图 8-313　连接地线

# 8.2　轿车电气一次设计图

**制作思路**

轿车电气图的特点是：各个元器件的位置与实际安装位置对应，并且使用专用的、但几乎一样的元器件。本例将绘制若干汽车专用的电气元器件符号，然后适当安置它们的位置，最后连接导线，并用文字注明。

## 8.2.1　主要元器件符号

1. 发电机

绘制步骤如下。

1）单击“绘图”面板中的“圆”命令按钮，绘制圆$\phi$20，效果如图 8-314 所示。

2）单击“注释”面板中的“多行文字”命令按钮 A，在圆$\phi$20 中书写文字“发电机与调节器”，效果如图 8-315 所示。

3）单击“绘图”面板中的“圆”命令按钮，在圆$\phi 20$的左上角绘制 4 个小圆，作接线柱的标示，效果如图 8-316 所示。

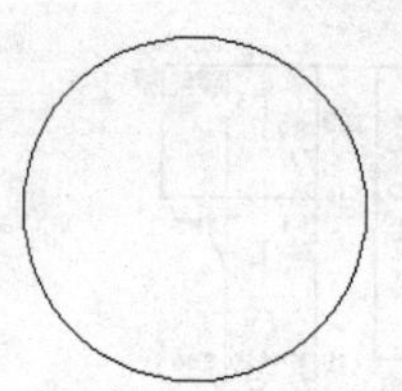

图 8-314 绘制圆

图 8-315 书写文字

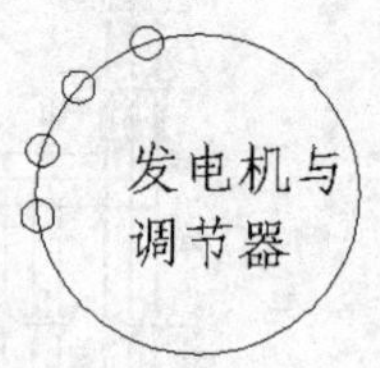


图 8-316 绘制小圆

4）单击“绘图”面板中的“图案填充”命令按钮，使用本图层颜色给刚才所绘制的 4 个小圆填充颜色，效果如图 8-317 所示。

5）单击“注释”面板中的“多行文字”命令按钮 A，在接线柱旁边书写标示文字，效果如图 8-318 所示。

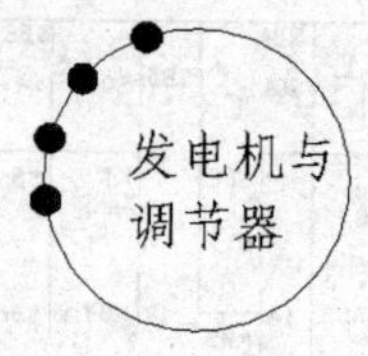


图 8-317 填充小圆

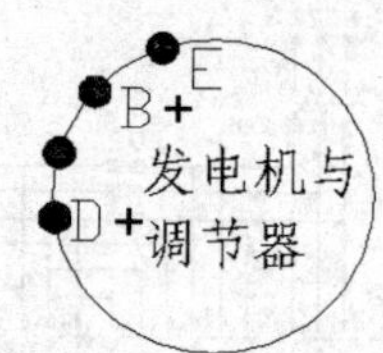


图 8-318 标示接线柱

**2. 蓄电池**

绘制步骤如下。

1）单击“绘图”面板中的“矩形”命令按钮，绘制矩形 20×10，效果如图 8-319 所示。

2）单击“修改”面板中的“偏移”命令按钮，把矩形 20×10 向里边偏移复制 1 份，偏移距离为 1，效果如图 8-320 所示。

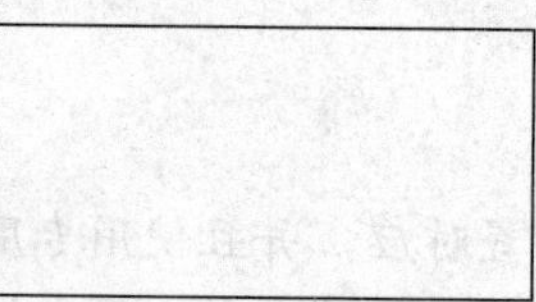

图 8-319 绘制矩形

图 8-320 偏移复制矩形

3）选择里边的矩形，然后在“特性”面板中把线型改成虚线，如图 8-321 所示。如果没有虚线可以单击“其他”项目加载虚线，效果如图 8-322 所示。

图 8-321 选择虚线

图 8-322 改变线型

4）单击“绘图”面板中的“圆”命令按钮，在矩形下边绘制两个小圆。然后单击“注释”面板中的“多行文字”命令按钮，在小圆里边书写标示电源正负极的文字“+”和“-”，效果如图 8-323 所示。

5）单击“绘图”面板中的“矩形”命令按钮，在负电极下方绘制小矩形，作为接线柱，效果如图 8-324 所示。

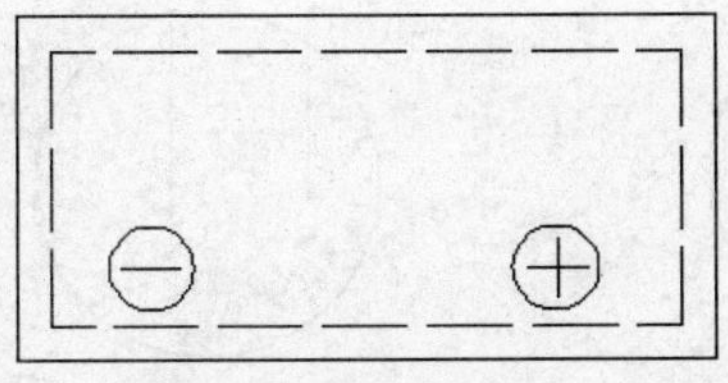
图 8-323　绘制电极图标

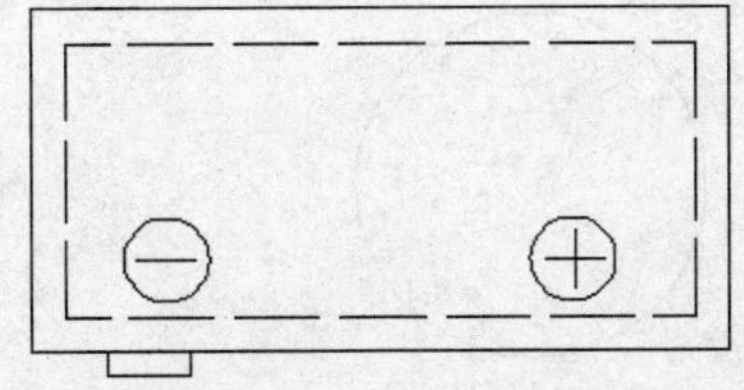
图 8-324　绘制一个接线柱

6）单击“绘图”面板中的“矩形”命令按钮，在正电极下方绘制小矩形，作为接线柱，效果如图 8-325 所示。

7）单击“绘图”面板中的“正多边形”命令按钮，在负电极接线柱下方绘制外接圆半径为 1 的等边三角形，效果如图 8-326 所示。

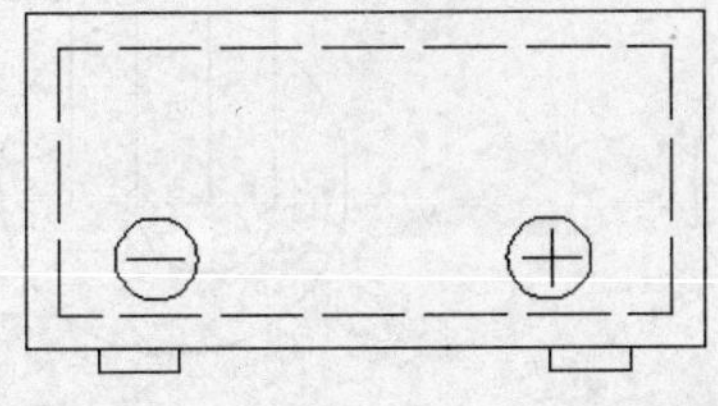
图 8-325　绘制另一个接线柱

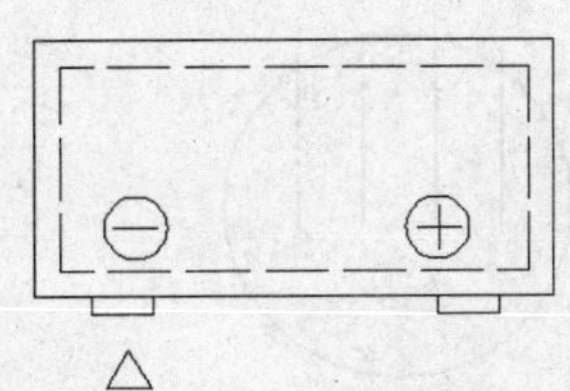
图 8-326　绘制等边三角形

8）单击“绘图”面板中的“直线”命令按钮，绘制三角形顶点和左边接线柱之间的连线，效果如图 8-327 所示。

9）单击“绘图”面板中的“直线”命令按钮，绘制三角形底边上的加长线，作为地线使用，效果如图 8-328 所示。

10）单击“绘图”面板中的“图案填充”命令按钮，使用本图层颜色给接线柱和三角形填充颜色，效果如图 8-329 所示。

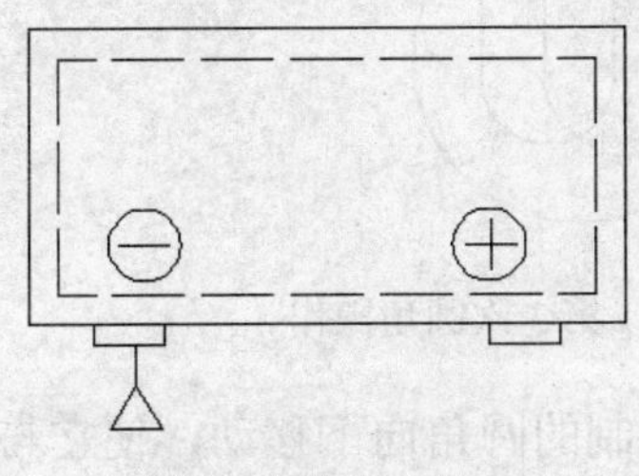
图 8-327　绘制连线

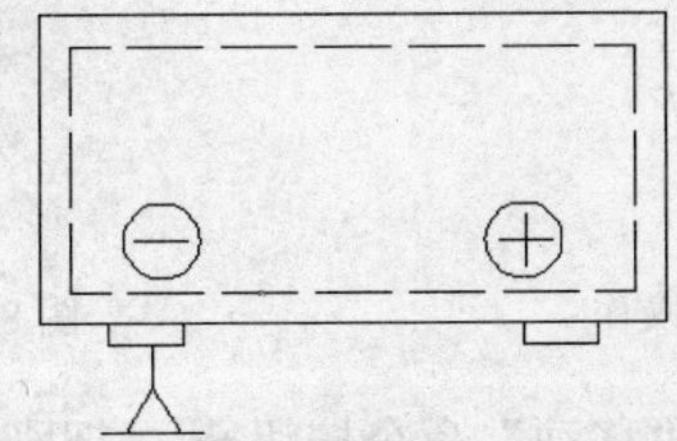
图 8-328　绘制加长线

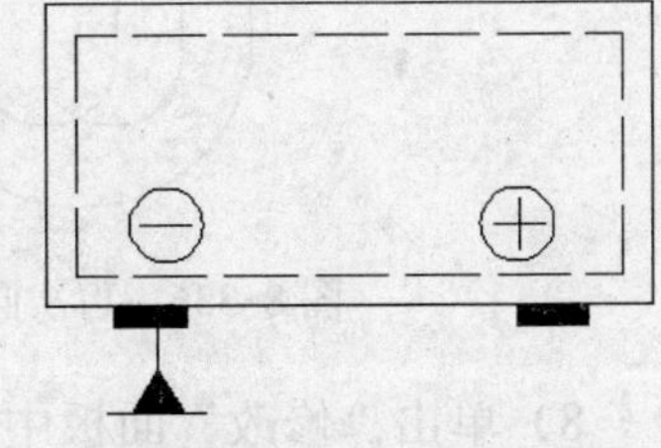
图 8-329　填充颜色

**3．示廓灯**

绘制步骤如下。

1）单击“绘图”面板中的“圆”命令按钮，绘制圆$\phi 10$，效果如图 8-330 所示。

2）单击“绘图”面板中的“直线”命令按钮，在如图 8-331 所示的位置绘制垂直向上的直线。

3）单击“修改”面板中的“偏移”命令按钮，把刚才绘制的垂直直线向右边偏移复制一份，复制距离为 4，效果如图 8-332 所示。

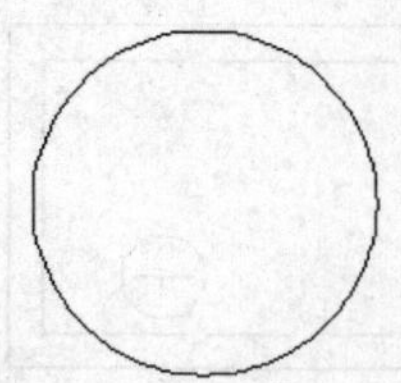

图 8-330　绘制圆

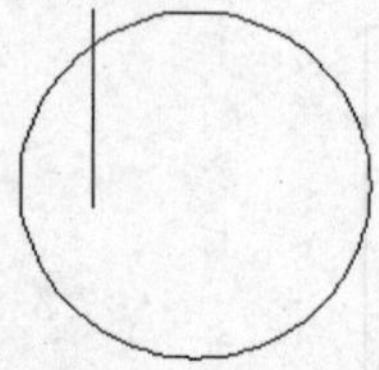

图 8-331　绘制直线

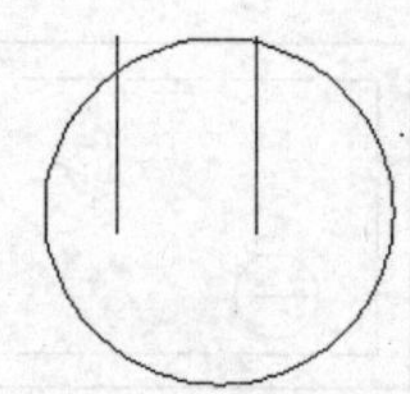

图 8-332　偏移复制垂直直线

4）单击“修改”面板中的“镜像”命令按钮，以圆$\phi 10$ 的垂直直径为对称轴，把两条直线对称复制一份，效果如图 8-333 所示。

5）单击“修改”面板中的“圆角”命令按钮，把如图 8-334 所示的虚线直线和光标所指的线头相互倒圆角，效果如图 8-335 所示。

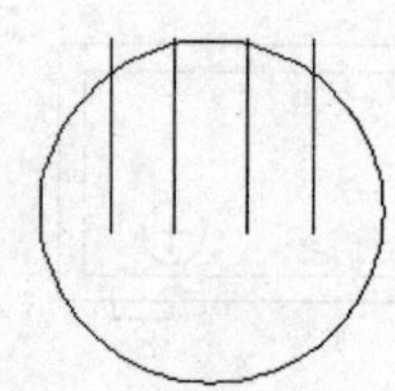

图 8-333　对称复制两条直线

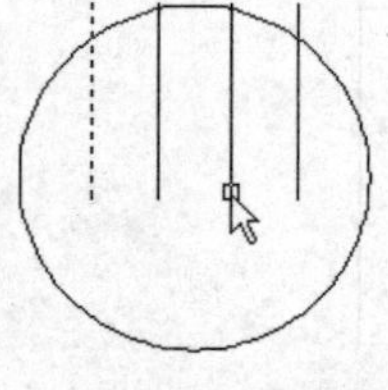

图 8-334　选择直线

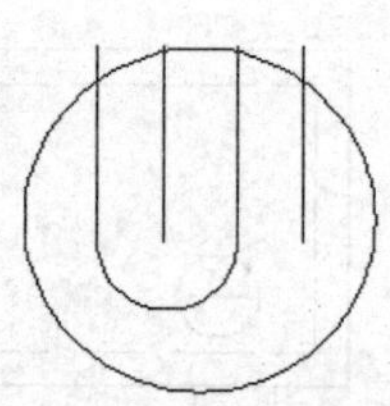

图 8-335　圆角操作

6）单击“修改”面板中的“圆角”命令按钮，把剩下的两条直线下边线头相互倒圆角，效果如图 8-336 所示。

7）单击“修改”面板中的“圆角”命令按钮，把中间的两条直线上边线头相互倒圆角，效果如图 8-337 所示。

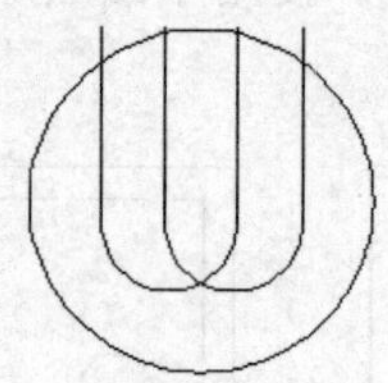

图 8-336　再次圆角操作

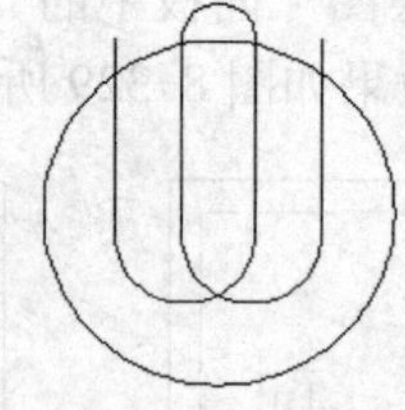

图 8-337　第 3 次圆角操作

8）单击“修改”面板中的“移动”命令按钮，把刚才绘制的圆角向下移动，使它与下边圆弧接触，效果如图 8-338 所示。

9）单击“修改”面板中的“删除”命令按钮，删除中间两条直线，如图 8-339 所示。

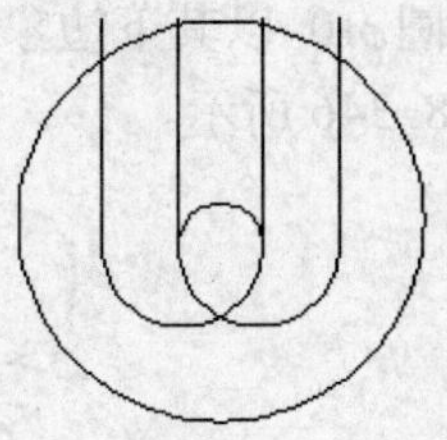

图 8-338　移动圆角

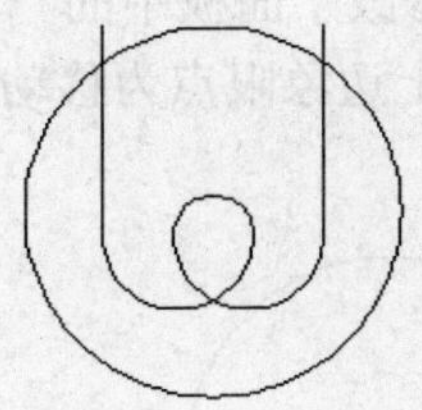

图 8-339　删除直线

4. 停车/转向信号灯

绘制步骤如下。

1）单击“修改”面板中的“复制”命令按钮，把上边绘制的示廓灯圆向右复制 1 份，使灯丝相互接触，效果如图 8-340 所示。

2）单击“修改”面板中的“删除”命令按钮，删除两个圆，效果如图 8-341 所示。

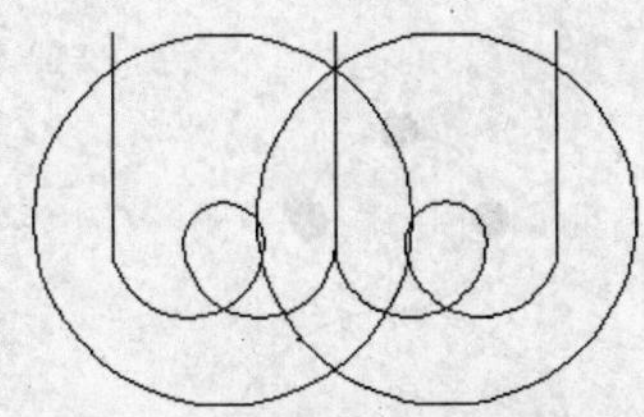

图 8-340　复制灯具

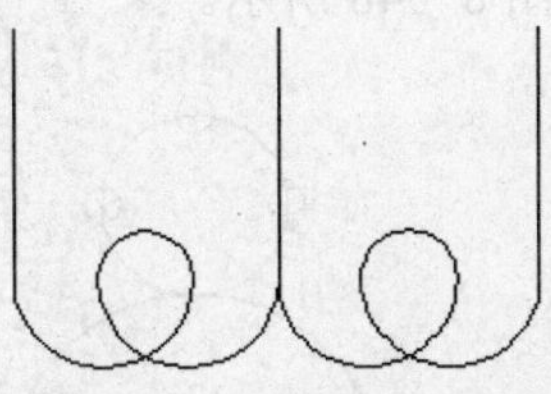

图 8-341　删除两个圆

3）单击“绘图”面板中的“圆”命令按钮，绘制包含新灯丝的圆，效果如图 8-342 所示。

4）单击“修改”面板中的“拉伸”命令按钮，把灯丝上的直线拉长到圆外，效果如图 8-343 所示。

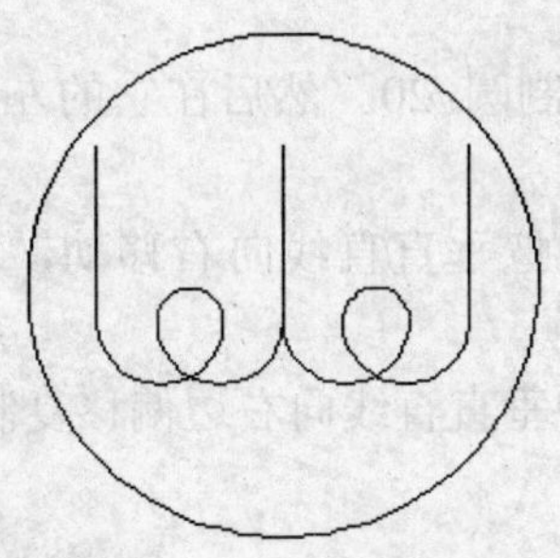

图 8-342　绘制圆

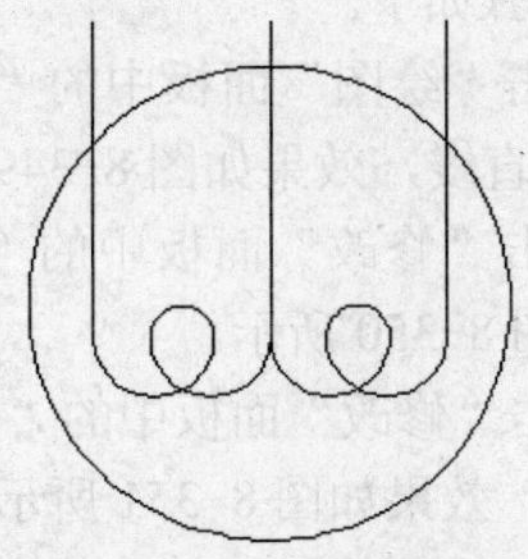

图 8-343　拉长灯丝

5. 起动机

绘制步骤如下。

1）单击“绘图”面板中的“圆”命令按钮，绘制圆$\phi20$，效果如图 8-344 所示。

2）单击“绘图”面板中的“圆”命令按钮，绘制与圆$\phi20$ 同心的圆$\phi10$，效果如图 8-345 所示。

1

2

3

4

5

6

7

第 8 章

9

附录A

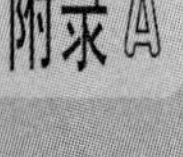

3）单击“修改”面板中的“移动”命令按钮，把圆$\phi10$ 以其下边象限点为移动基准点，以圆$\phi20$ 的上边象限点为移动目标点移动，效果如图 8-346 所示。

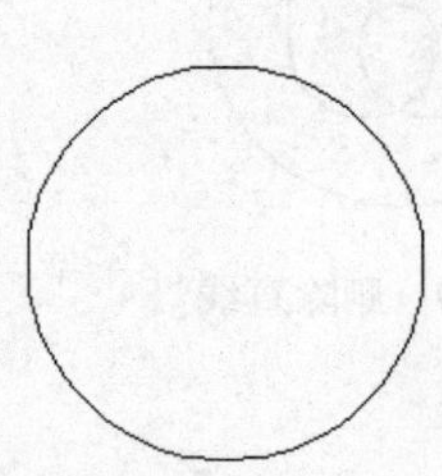

图 8-344　绘制圆

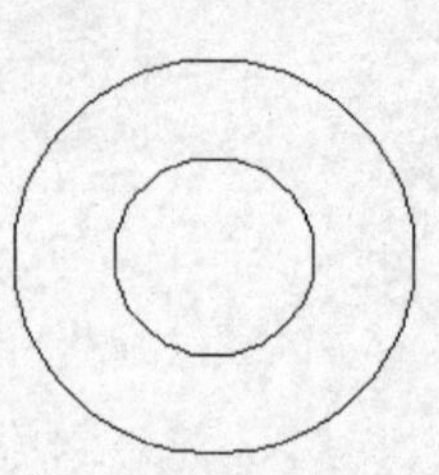

图 8-345　绘制圆

图 8-346　移动圆

4）单击“绘图”面板中的“圆”命令按钮，绘制圆心在圆$\phi10$ 的左、右和上边的圆$\phi2$，效果如图 8-347 所示。

5）单击“绘图”面板中的“图案填充”命令按钮，使用本图层颜色给圆$\phi2$ 填充颜色，效果如图 8-348 所示。

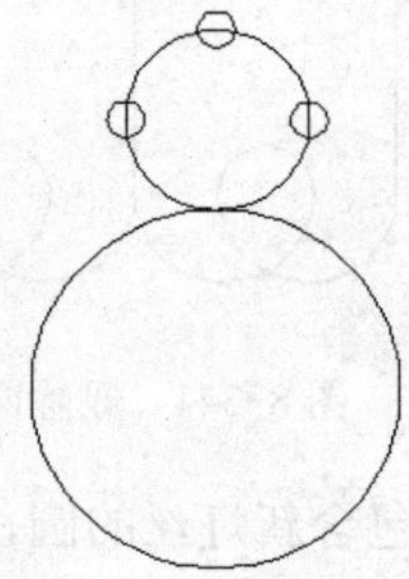

图 8-347　绘制小圆

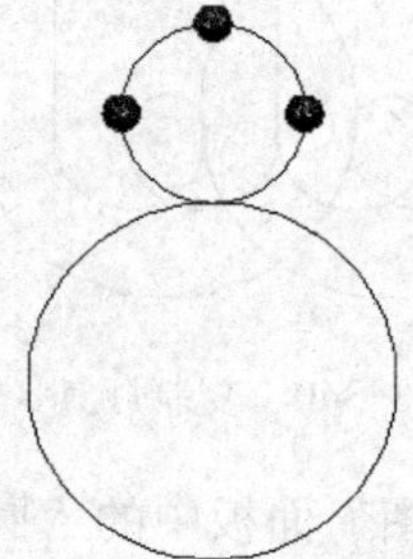

图 8-348　填充小圆

6．前大灯

操作步骤如下。

1）单击“绘图”面板中的“圆”命令按钮，绘制圆$\phi20$。然后在它的左边绘制长度为 5 的垂直直线，效果如图 8-349 所示。

2）单击“修改”面板中的“移动”命令按钮，把垂直直线向右移动，移动距离为 3，效果如图 8-350 所示。

3）单击“修改”面板中的“偏移”命令按钮，把垂直直线向右边偏移复制 1 份，复制距离为 5，效果如图 8-351 所示。

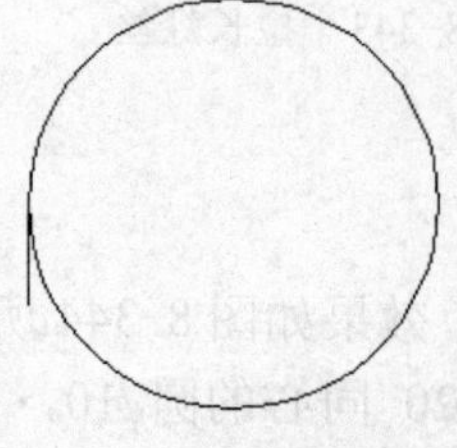

图 8-349　绘制圆和直线

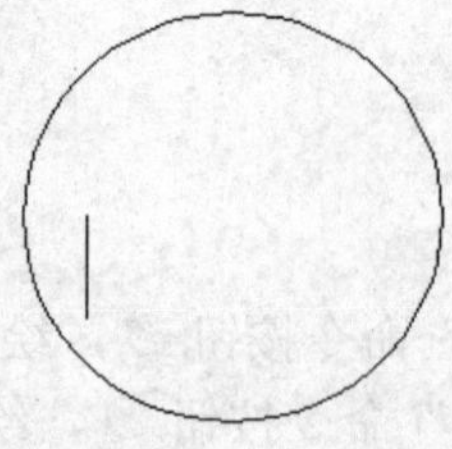

图 8-350　移动直线

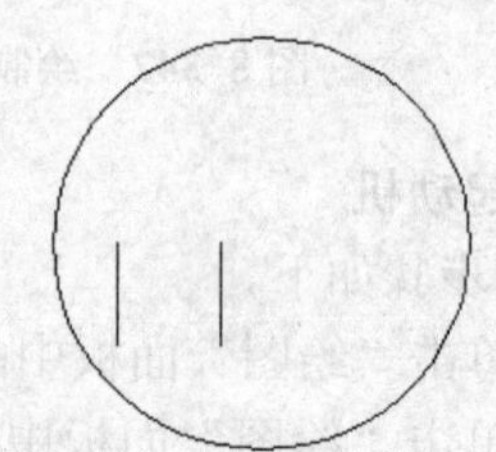

图 8-351　偏移复制直线

4）单击“修改”面板中的“延伸”命令按钮，以圆为延伸边界线，延伸左边的垂直直线，效果如图 8-352 所示。

5）单击“修改”面板中的“偏移”命令按钮，把左边垂直直线向右边偏移复制 1 份，复制距离为 1，效果如图 8-353 所示。

6）单击“修改”面板中的“修剪”命令按钮，以左边垂直直线为修剪边，修剪圆，结果如图 8-354 所示。

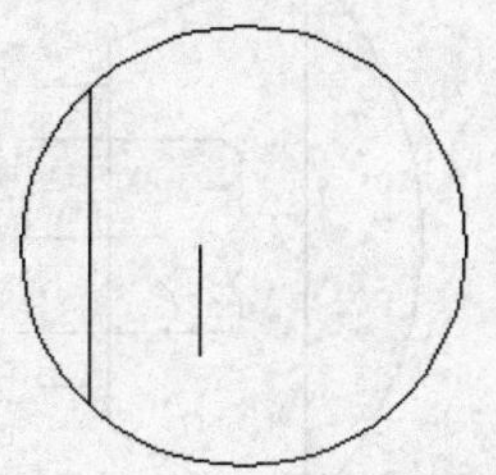
图 8-352　延伸直线

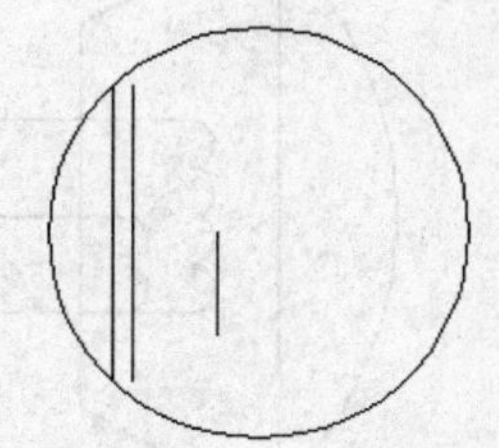
图 8-353　偏移复制直线

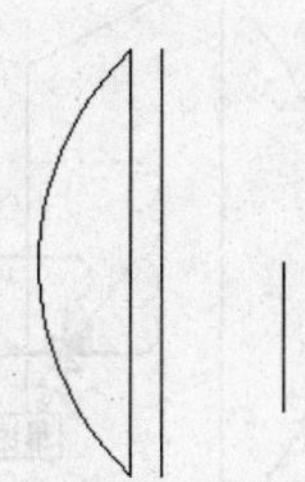
图 8-354　修剪圆

7）单击“绘图”面板中的“直线”命令按钮，绘制右边两条直线的下端点连线，效果如图 8-355 所示。

8）单击“修改”面板中的“圆角”命令按钮，把左边两条直线的下端相互倒圆角，效果如图 8-356 所示。

9）单击“修改”面板中的“删除”命令按钮，删除中间的直线，效果如图 8-357 所示。

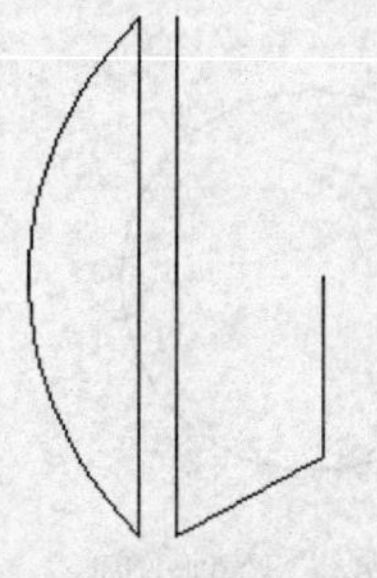
图 8-355　绘制连线

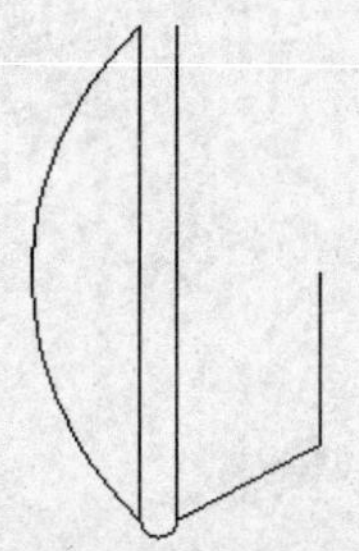
图 8-356　圆角操作

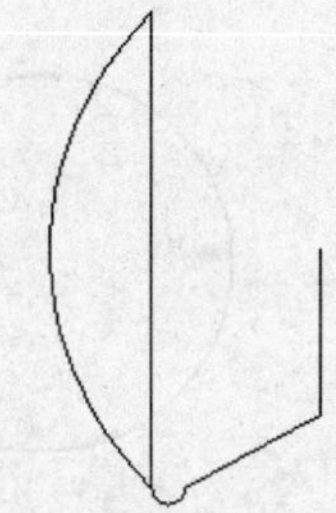
图 8-357　删除直线

10）单击“修改”面板中的“镜像”命令按钮，以圆弧的水平对称轴为对称轴，把下边的图形对称复制 1 份，效果如图 8-358 所示。

11）把以前绘制过的电感器符号复制 1 份，并且按如图 8-359 所示放置，作为灯丝使用。

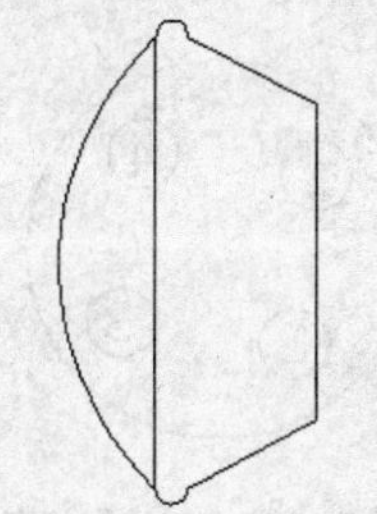
图 8-358　对称复制图形

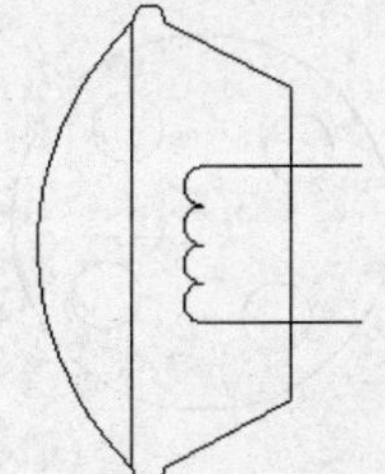
图 8-359　贴入灯丝图形

12）单击“修改”面板中的“复制”命令按钮，以如图 8-360 所示的虚线图形的下端点为复制基准点，以最近点为复制目标点，把虚线所示的图形复制 1 份，效果如图 8-361 所示。

13）单击“绘图”面板中的“直线”命令按钮，在右边灯体轮廓上绘制两条短横线，完成整个前灯符号，效果如图 8-362 所示。

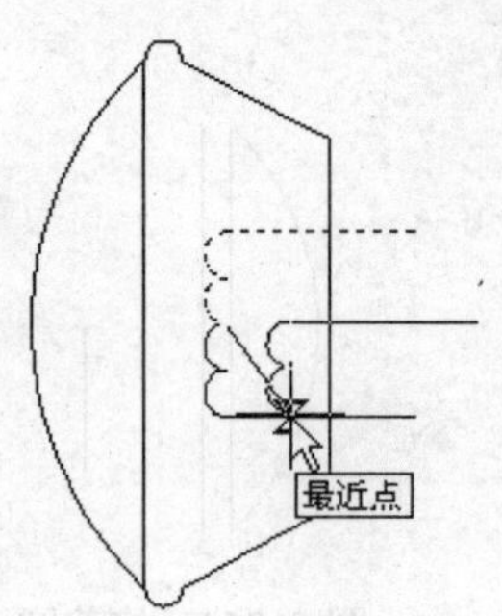

图 8-360　捕捉最近点

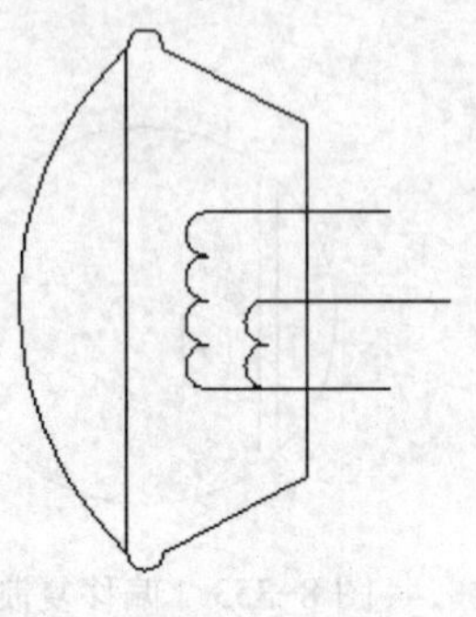
图 8-361　复制图形

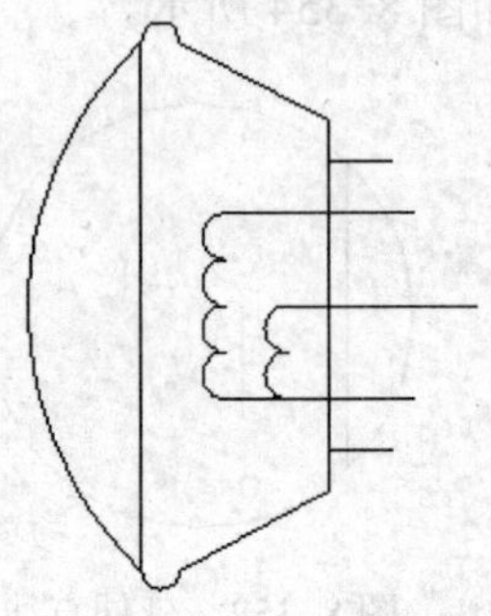
图 8-362　绘制短横线

7. 分电器

绘制步骤如下。

1）单击“绘图”面板中的“圆”命令按钮，绘制圆$\phi 20$，效果如图 8-363 所示。

2）单击“绘图”面板中的“圆”命令按钮，在圆$\phi 20$ 左下角绘制一个小圆，效果如图 8-364 所示。

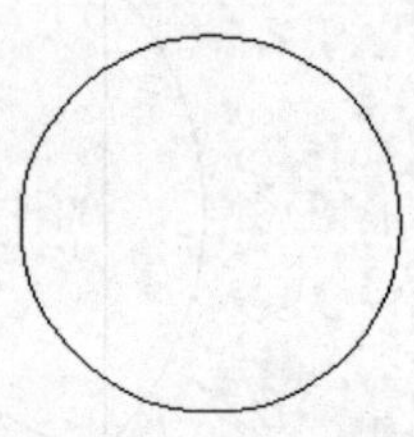
图 8-363　绘制大圆

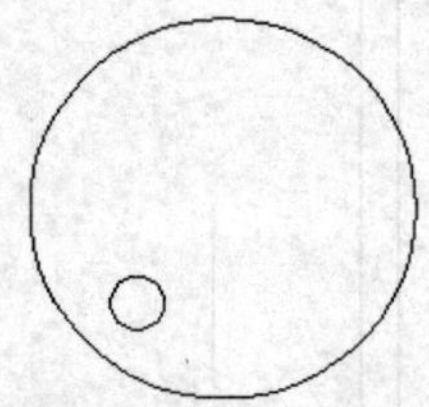
图 8-364　绘制小圆

3）单击“修改”面板中的“阵列”命令按钮，以圆$\phi 20$ 的圆心为阵列中心，把小圆环形阵列 4 个，效果如图 8-365 所示。

4）单击“注释”面板中的“多行文字”命令按钮 A，在小圆中书写文字，表示分电器的端头，效果如图 8-366 所示。

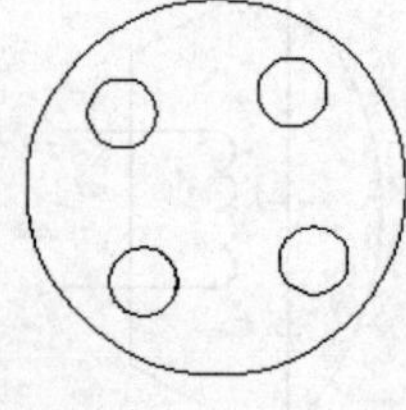
图 8-365　阵列小圆

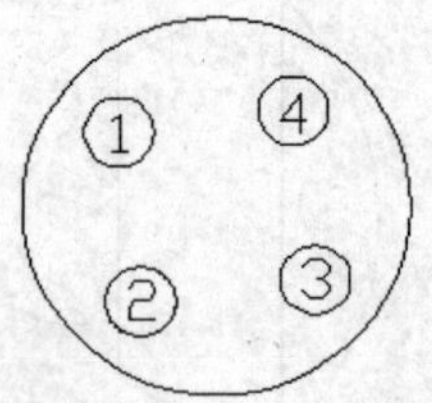

图 8-366　书写文字

5）单击“绘图”面板中的“圆”命令按钮，在圆$\phi$20 中心绘制一个小圆，效果如图8-367 所示。

6）单击“绘图”面板中的“圆弧”命令按钮，在中心小圆外面绘制半个圆弧，效果如图 8-368 所示。

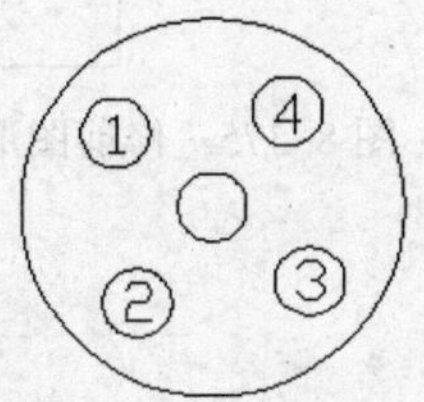

图 8-367 绘制小圆

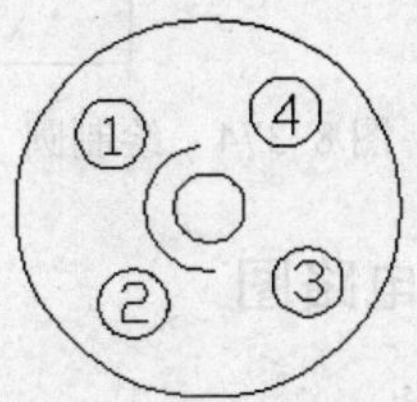

图 8-368 绘制圆弧

7）单击“绘图”面板中的“多段线”命令按钮，通过改变线宽的方法绘制箭头，效果如图 8-369 所示。

8）单击“绘图”面板中的“圆”命令按钮，在大圆外周上绘制 4 个小圆，效果如图8-370 所示。

9）单击“绘图”面板中的“图案填充”命令按钮，使用本图层颜色给大圆外周上绘制的 4 个小圆填充颜色，作为接线柱使用，效果如图 8-371 所示。

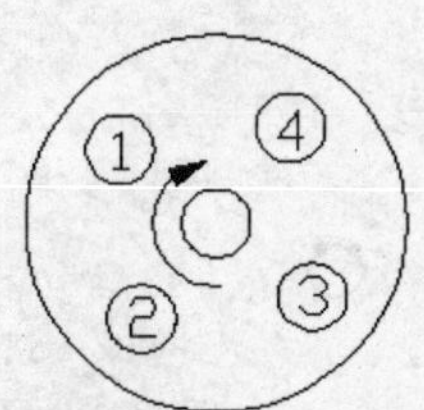

图 8-369 绘制箭头

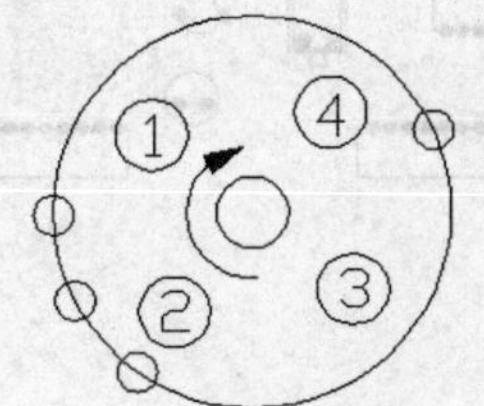

图 8-370 绘制 4 个小圆

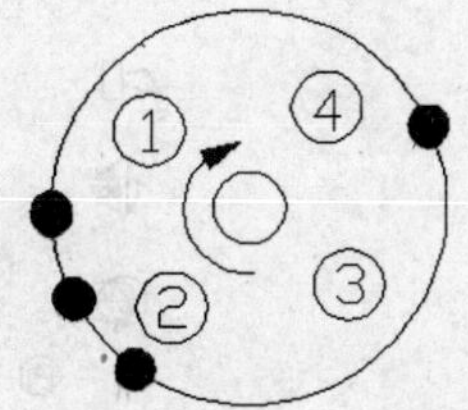

图 8-371 填充 4 个小圆

**8．机油温度传感器**

绘制步骤如下。

1）单击“绘图”面板中的“矩形”命令按钮，绘制如图 8-372 所示的两个矩形。

2）单击“修改”面板中的“移动”命令按钮，移动矩形，使它们接触的边的中点对齐，效果如图 8-373 所示。

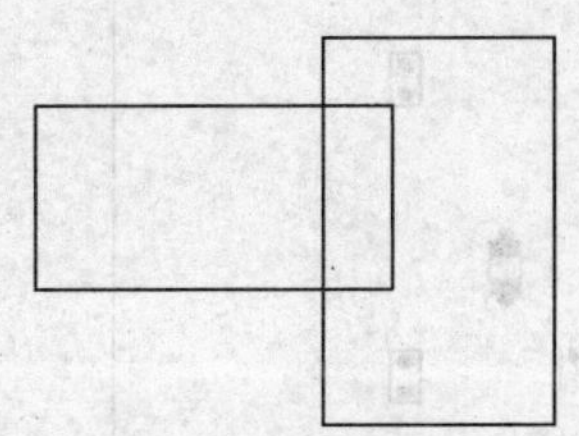
图 8-372 绘制矩形

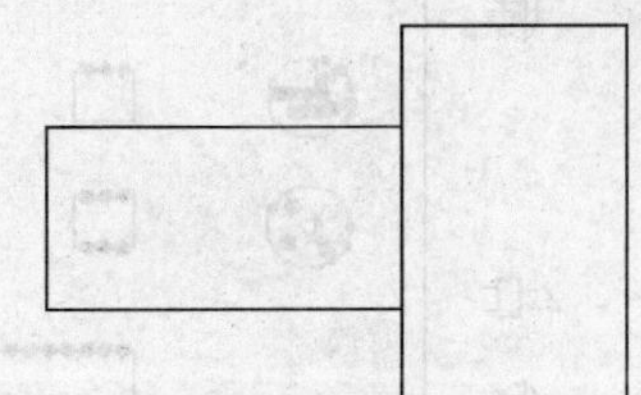
图 8-373 移动矩形

3）单击“绘图”面板中的“圆”命令按钮，以左边矩形的左边为直径绘制圆，效果如图 8-374 所示。

4）单击“修改”面板中的“修剪”命令按钮，把图形修剪成如图 8-375 所示的模样。

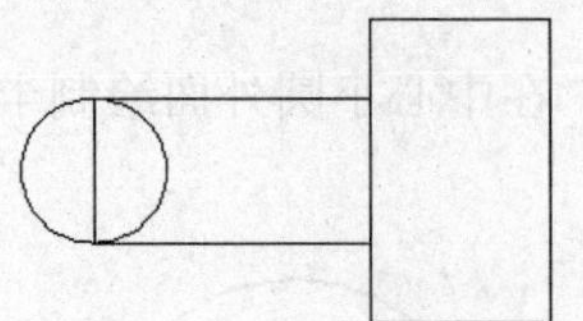
图 8-374　绘制圆

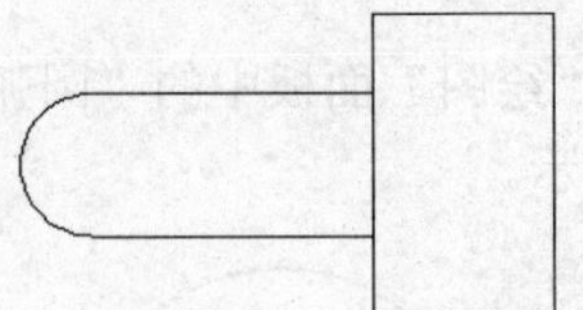
图 8-375　修剪图形

## 8.2.2　电路图

绘制步骤如下。

1）上面绘制的为主要元器件，用户自行绘制其他轿车需要用的元器件，并按如图 8-376 所示布置它们。

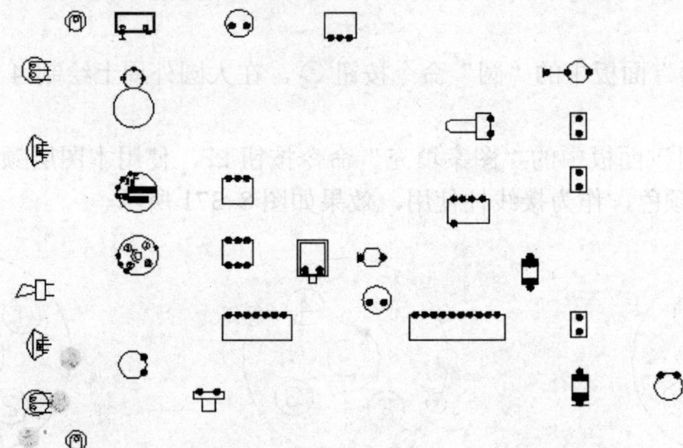
图 8-376　布置元器件

2）单击“绘图”面板中的“直线”命令按钮，绘制灯具的接地线和右边本电路图的界线。注意双灯丝的灯头，接地线应该是公共的线头，效果如图 8-377 所示。

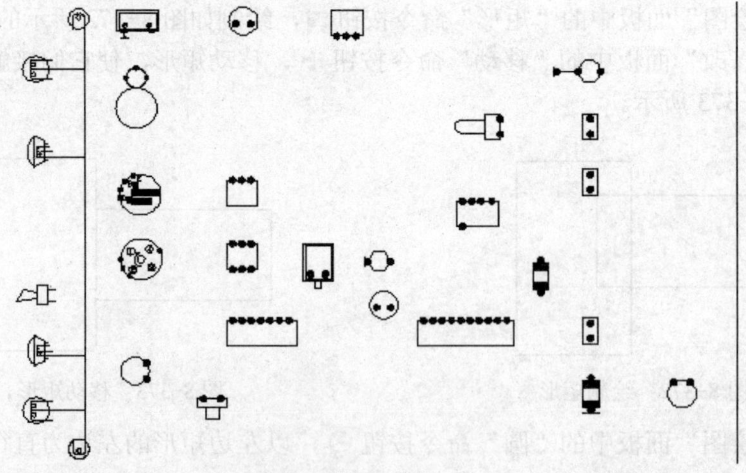
图 8-377　绘制接地线

3）从其他图形中复制一个地线符号，安置在灯具接地线的中部左侧，效果如图 8-378 所示。

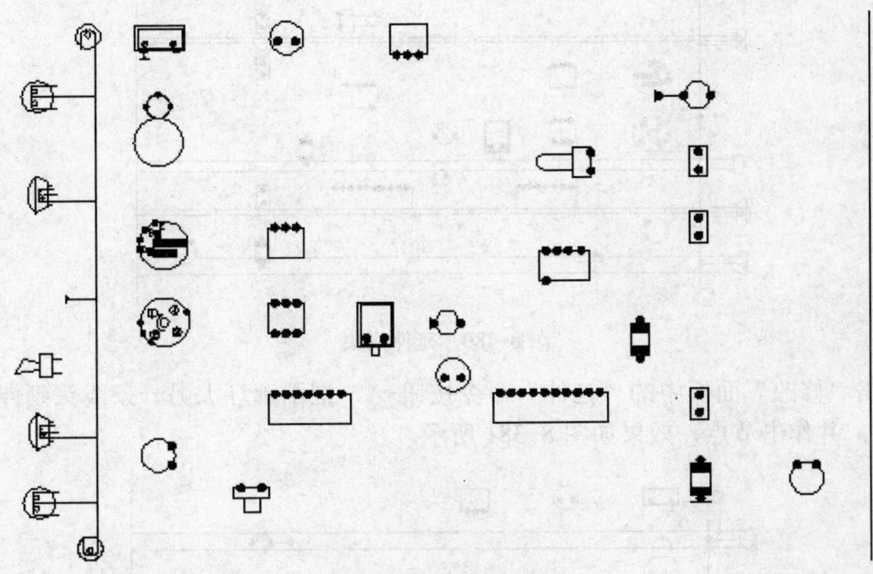

图 8-378　安置地线符号

4）单击“绘图”面板中的“圆”命令按钮，绘制圆心在接地线上交点的小圆，然后单击“绘图”面板中的“图案填充”命令按钮，使用本图层颜色填充这些小圆，作为线之间接触的节点，效果如图 8-379 所示。

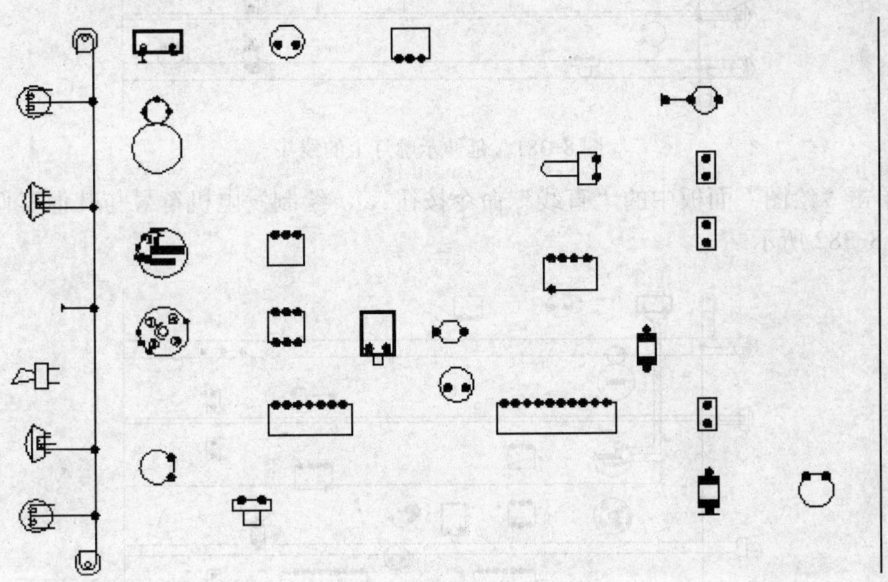

图 8-379　绘制界线

5）单击“修改”面板中的“延伸”命令按钮，延伸灯头上的其他接线到右边直线上，效果如图 8-380 所示。

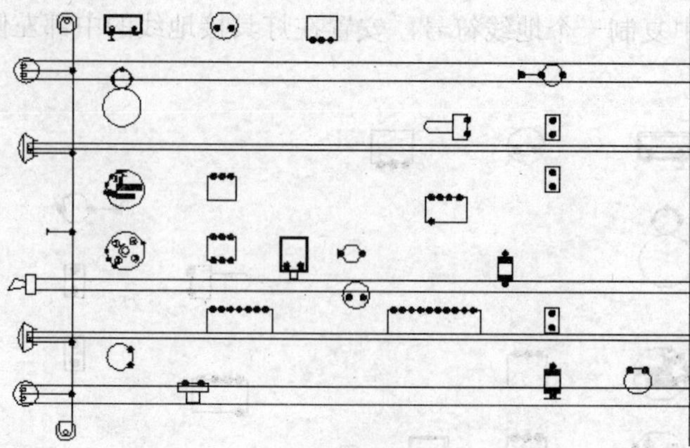

图 8-380　延伸线头

6）单击“修改”面板中的“延伸”命令按钮，把示廓灯上另一条线头延伸到刚才延伸的直线上，并作出节点，效果如图 8-381 所示。

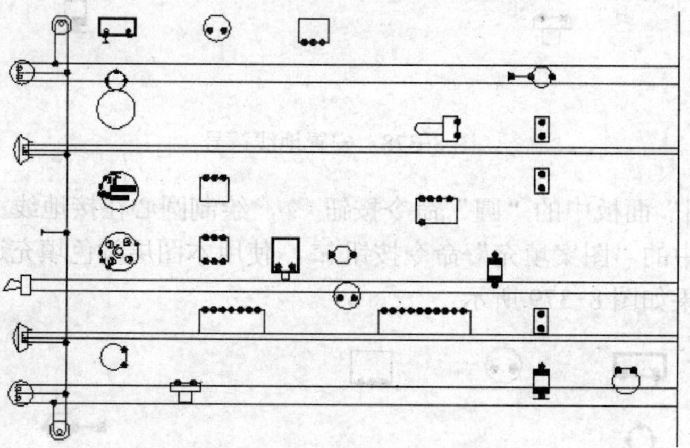

图 8-381　延伸示廓灯上的线头

7）单击“绘图”面板中的“直线”命令按钮，绘制发电机符号与其他器件的连线，效果如图 8-382 所示。

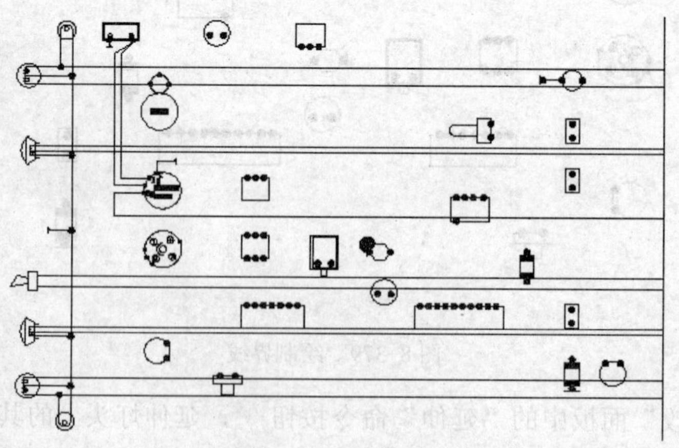

图 8-382　发电机的连线

8）单击“绘图”面板中的“直线”命令按钮，绘制蓄电池符号与其他器件的连线，效果如图 8-383 所示。

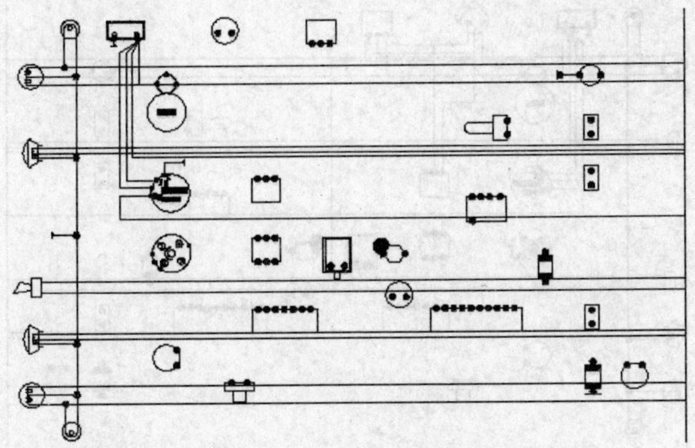

图 8-383　蓄电池的连线

9）单击“绘图”面板中的“直线”命令按钮，绘制起动机符号与其他器件的连线，效果如图 8-384 所示。

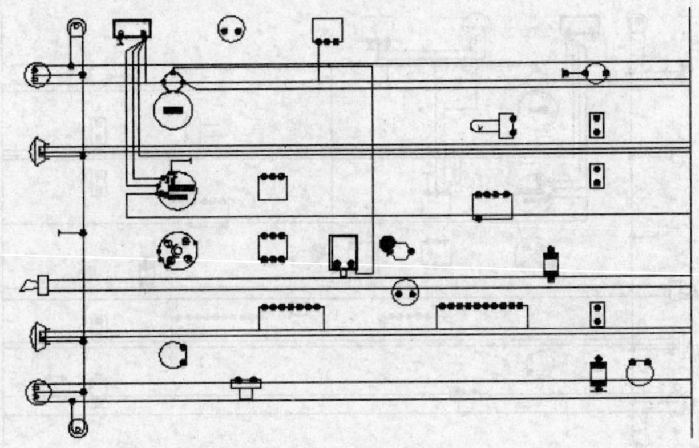

图 8-384　启动机的连线

10）在“特性”面板中的“选择线型”下拉列表框中选择如图 8-385 所示的线型，单击“绘图”面板中的“直线”命令按钮，绘制冷启动开关符号与其他器件的连线，效果如图 8-386 所示。

图 8-385　选择的线型

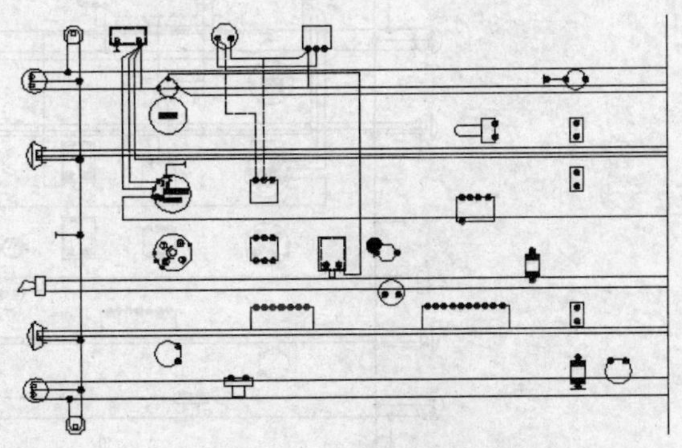

图 8-386　冷启动开关的连线

11）在如图 8-385 所示的“选择线型”下拉列表中选择最初的线型，单击“绘图”面板中的“直线”命令按钮 ，绘制热电定时开关符号上的地线，效果如图 8-387 所示。

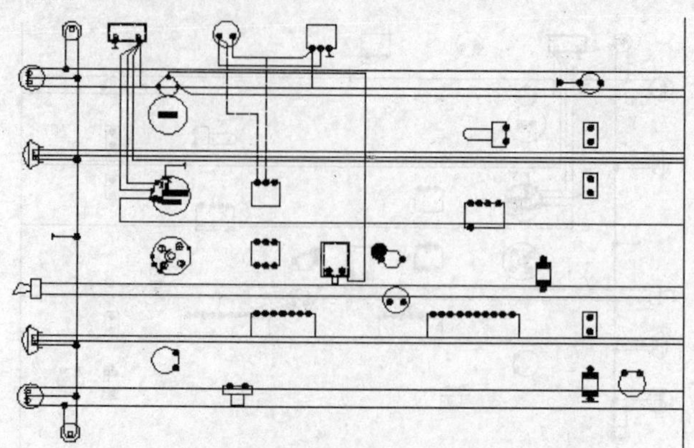

图 8-387　热电定时开关的地线

12）继续选择如图 8-385 所示的线型，单击“绘图”面板中的“直线”命令按钮 ，绘制冷启动继电器符号与其他器件的连线，效果如图 8-388 所示。

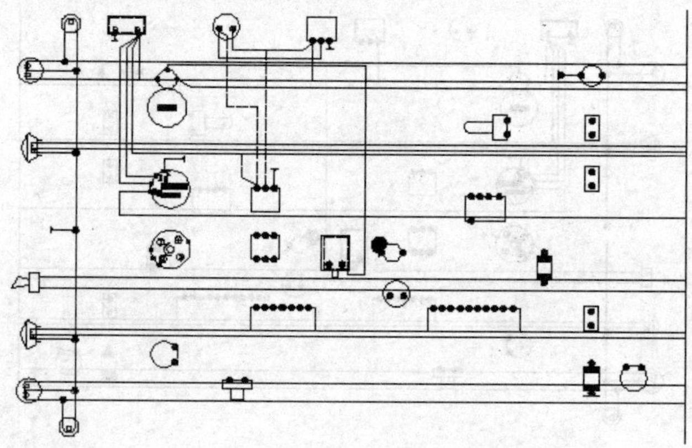

图 8-388　冷启动继电器的连线

13）适当调整图形的位置，单击“修改”面板中的“复制”命令按钮 ，把点火线圈向下复制一份，效果如图 8-389 所示。

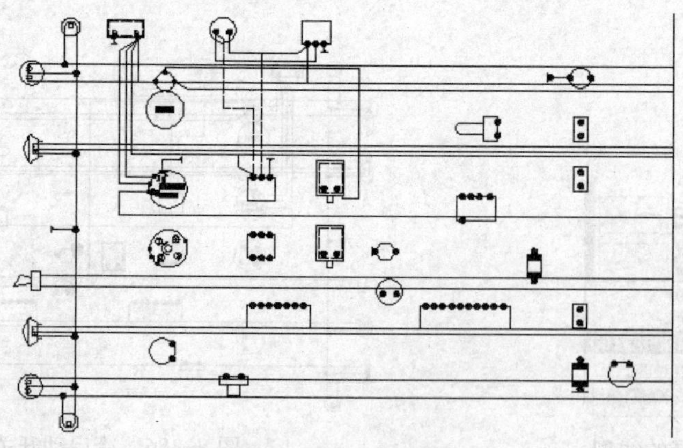

图 8-389　复制点火线圈

14）适当调整图形的位置，并根据要绘制的直线在如图 3-385 中选择合适的线型，单击“绘图”面板中的“直线”命令按钮 ，绘制分电器符号与其他器件的连线，效果如图 8-390 所示。

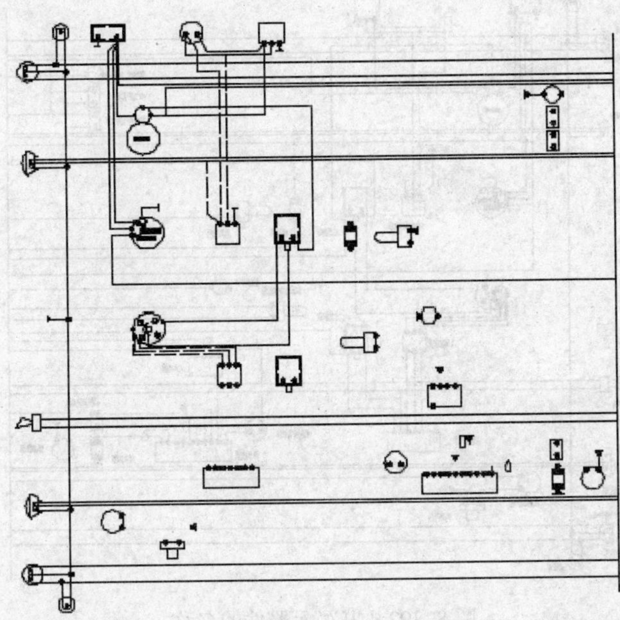

图 8-390　分电器符号的连线

15）单击“绘图”面板中的“直线”命令按钮 ，绘制其他线路，效果如图 8-391 所示。

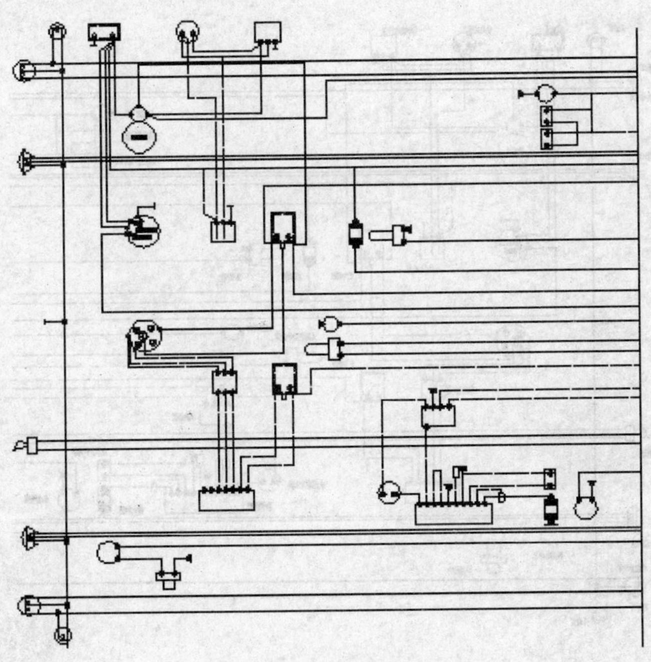

图 8-391　其他线路

16）单击“注释”面板中的“多行文字”命令按钮 A，书写元器件的名称，效果如图 8-392 所示。

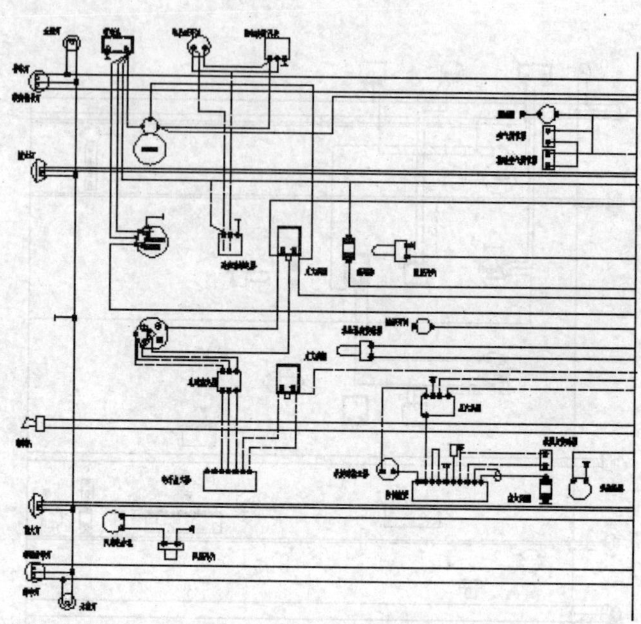

图 8-392　书写元器件的名称

17）先单击“修改”面板中的“删除”命令按钮，删除右边的电路图界线，然后单击“移动”命令按钮和“拉伸”命令按钮，修整图形，完成整幅图形，效果如图 8-393 所示。

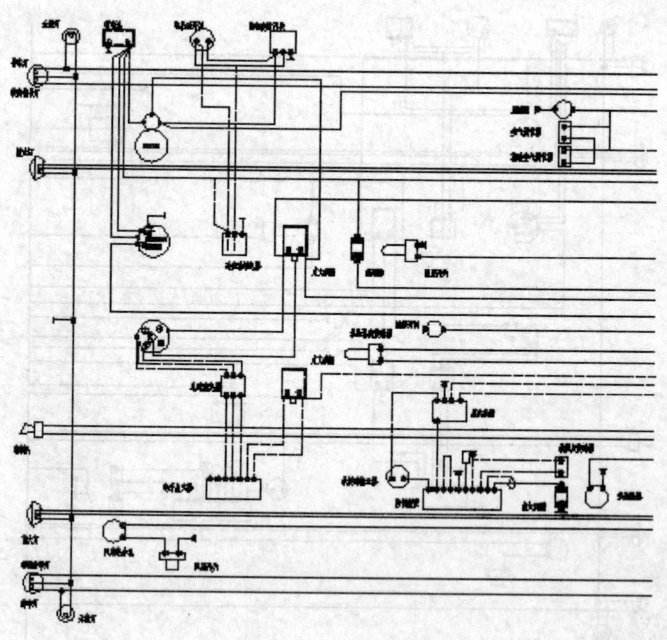

图 8-393　完成整幅图形

# 第9章 通用电动机控制设计

## 本章您将学到：

在日常的生产生活中，绝大部分消耗的电能都是由各种电动机消耗的。不管是直流电动机，还是交流电动机，都是靠把电能转化为机械能进行工作的。如果没有电动机进行这种能量形式的转化，那么将会给生产生活带来极大不便。鉴于电动机的地位如此重要，我们把电动机控制的 CAD 制图单独列为一章，并结合 AutoCAD 2009 的强大绘图功能，使读者可以快速掌握电动机控制 CAD 绘图的一般应用。又因为在电动机的两大类型之中，尤以交流电动机的数量为多，远远超过直流电动机的数量，并且交流电动机是未来电动机控制的发展方向，所以本章所绘图纸皆以交流电动机的控制为主。应用到直流电动机时，控制原理不变，只需把供电方式改变即可。本章将从最基本的电动机控制方式的 AutoCAD 2009 的图纸绘制开始，步步深入，直到当今流行的变频控制原理图的绘制。

## 9.1 单个电动机的起动/停止控制原理图绘制

### 制作思路

本节介绍单个电动机的起动/停止控制原理图，是交流电动机控制图样的基础，同时也是最简单最基本的电动机控制线路，学好本节将为后面的学习打下良好基础。先绘制主供电电路，然后绘制控制电路。

### 9.1.1 主电路绘制

本图的第一个环节是主供电回路，它给电动机提供工作电源。绘制步骤如下。

1）单击“绘图”面板中的“直线”命令按钮，绘制单相断路器符号，效果如图 9-1 所示。

2）单击“修改”面板中的“复制”命令按钮，把单相断路器符号向右复制两份，距离相等，形成三相断路器，效果如图 9-2 所示。

3）单击“绘图”面板中的“直线”命令按钮，并且选取虚线，绘制三相断路器开关连线，以示此断路器为三相断路器，效果如图 9-3 所示。

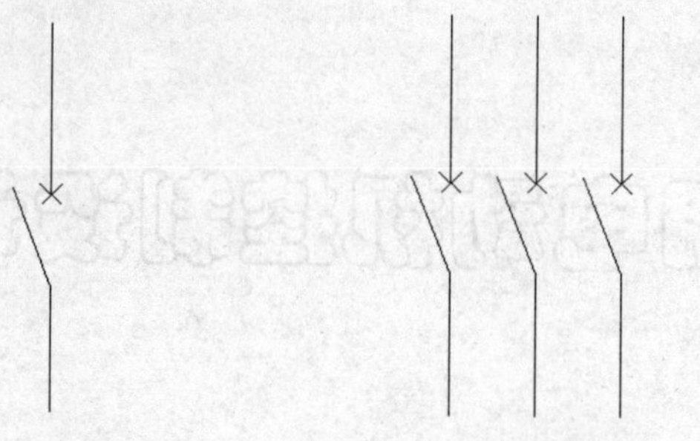

图 9-1　单相断路器　　图 9-2　三相断路器

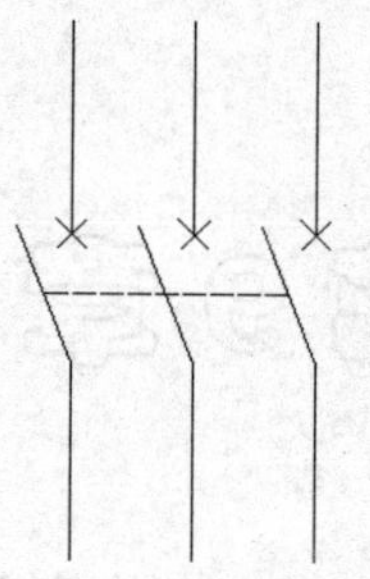

图 9-3　绘制连线

4）单击“修改”面板中的“复制”命令按钮，把如图 9-4 所示的虚线方框中的图形向上复制一份，效果如图 9-5 所示。

5）单击“修改”面板中的“删除”命令按钮，删除复制图形上的交叉，效果如图 9-6 所示。

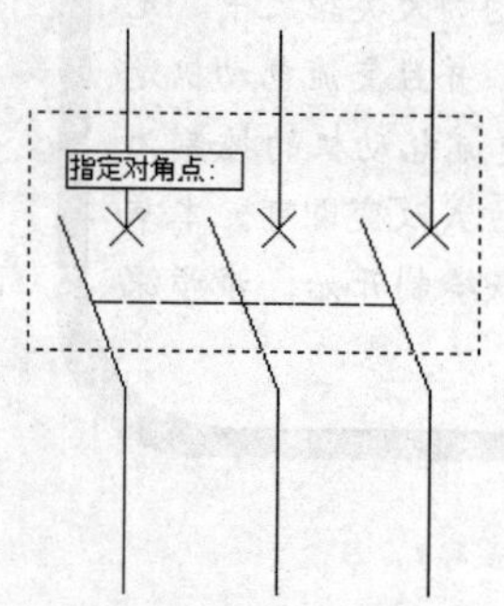


图 9-4　选择复制图形

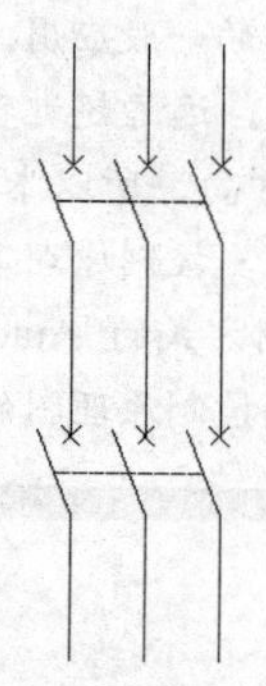

图 9-5　复制图形

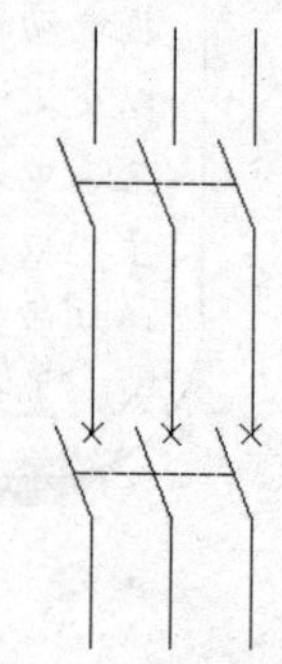

图 9-6　删除交叉

6）单击“绘图”面板中的“直线”命令按钮，绘制隔离开关符号，效果如图 9-7 所示。

7）单击“绘图”面板中的“矩形”命令按钮，绘制熔断器符号，效果如图 9-8 所示。

8）单击“绘图”面板中的“圆”命令按钮，绘制圆，作为进线端子，效果如图 9-9 所示。

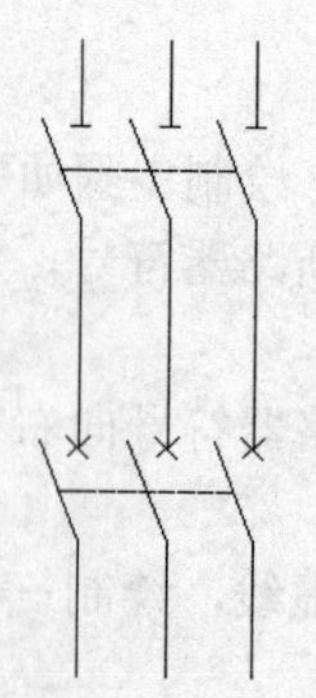

图 9-7　绘制隔离开关

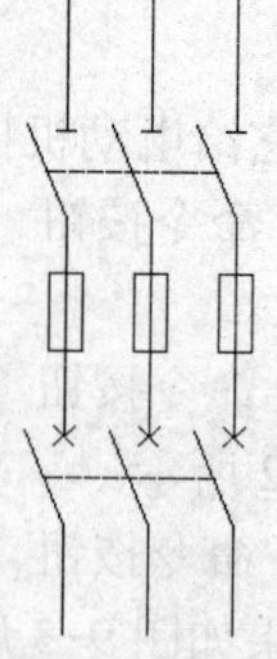

图 9-8　绘制熔断器

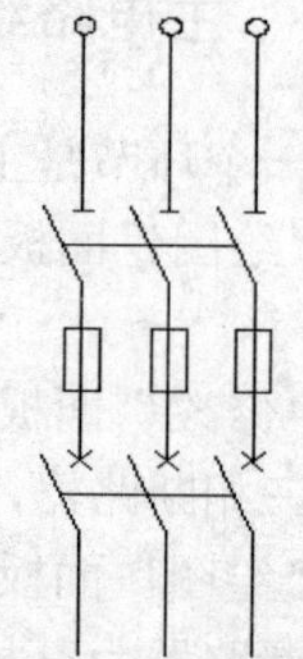

图 9-9　绘制端子

9）单击“修改”面板中的“复制”命令按钮，把如图9-10所示的方框中的图形向下复制1份，效果如图9-11所示。

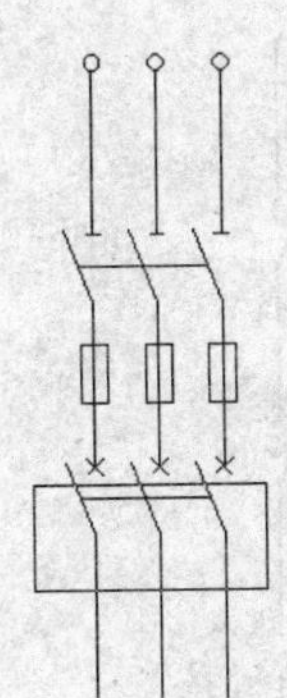
图9-10　选择复制图形

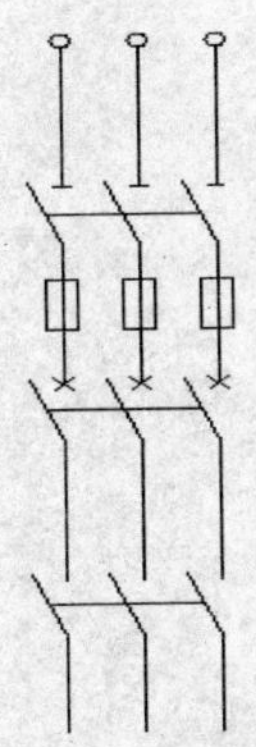
图9-11　复制图形

10）单击“绘图”面板中的“圆”命令按钮，在如图9-12所示的光标点绘制圆，效果如图9-13所示。然后单击“修改”面板中的“修剪”命令按钮，以如图9-14所示的虚线直线为修剪边，修剪掉直线右面的半圆，结果如图9-15所示，即是接触器触点。

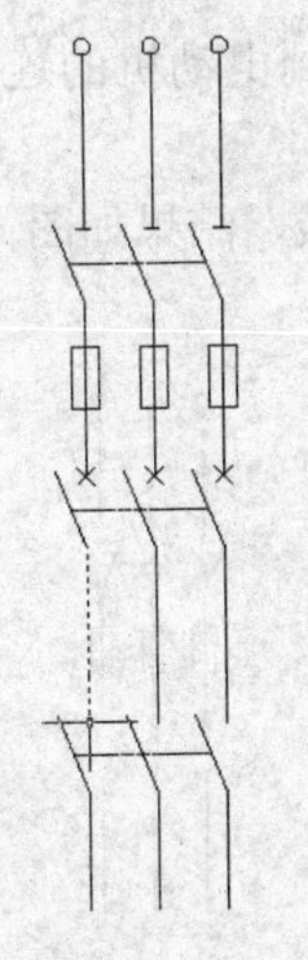
图9-12　取点

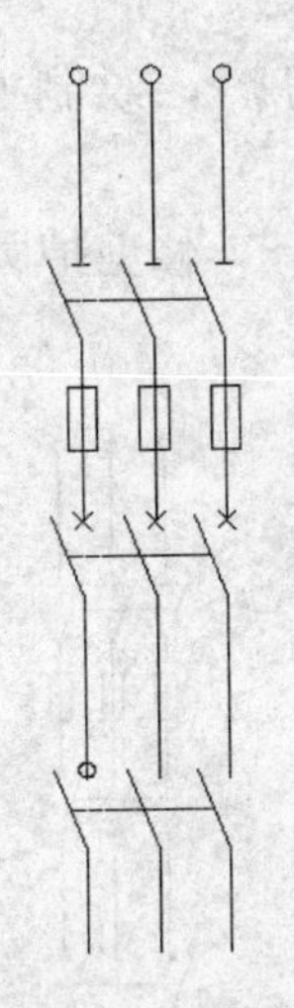
图9-13　绘制圆

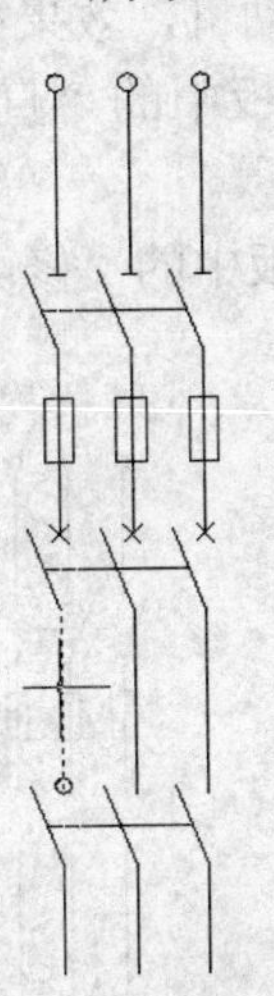
图9-14　选择修剪边

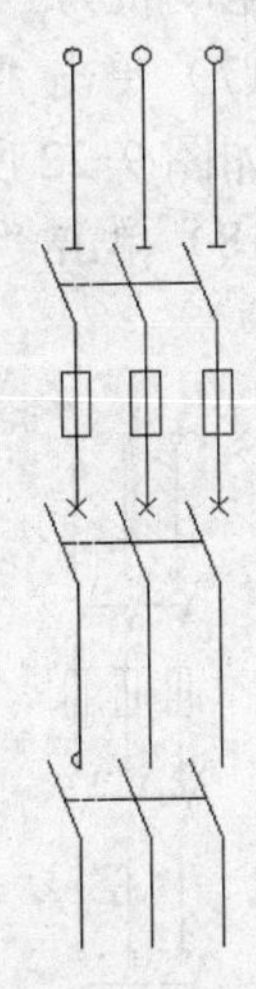
图9-15　接触器触点

11）单击“修改”面板中的“复制”命令按钮，把刚才所绘制的触点向右复制，效果如图9-16所示，此即为三相接触器。

12）单击“修改”面板中的“复制”命令按钮，把如图9-10所示的选择图形向下复制，效果如图9-17所示。

13）单击“修改”面板中的“删除”命令按钮，删除刚才复制图形上的常开符号，效果如图9-18所示。

14）单击“绘图”面板中的“直线”命令按钮，绘制热继电器符号，效果如图9-19所示。

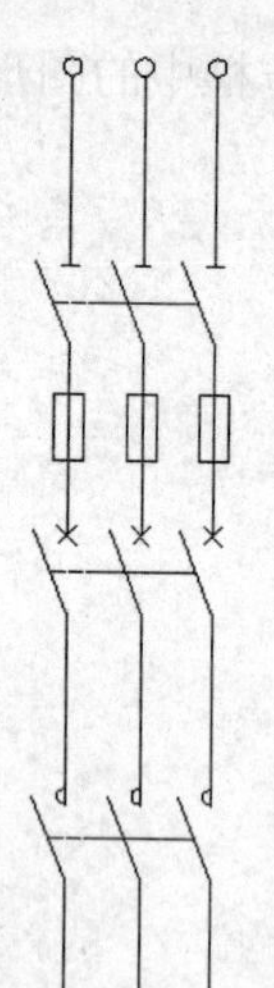
图 9-16　三相接触器

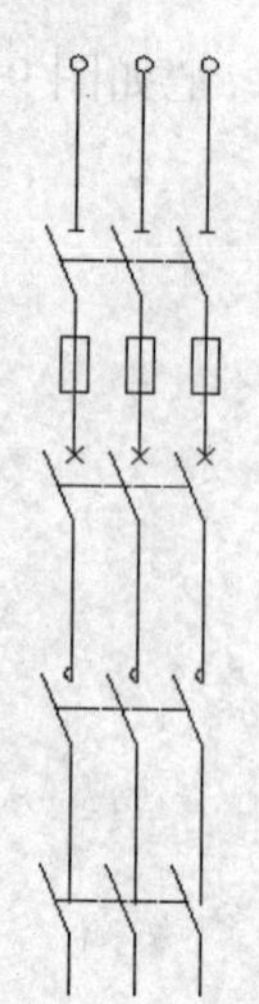
图 9-17　复制图形

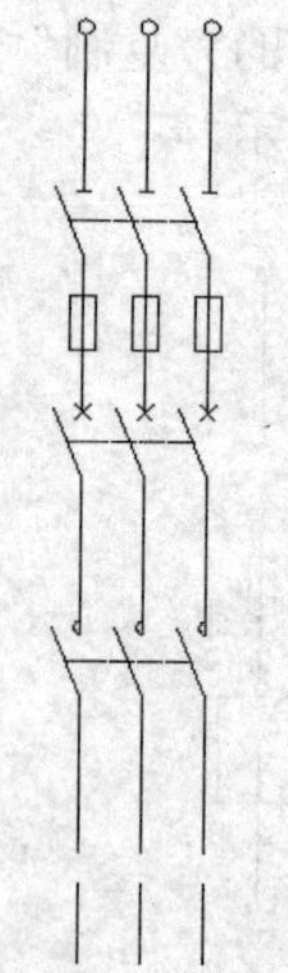
图 9-18　删除图形

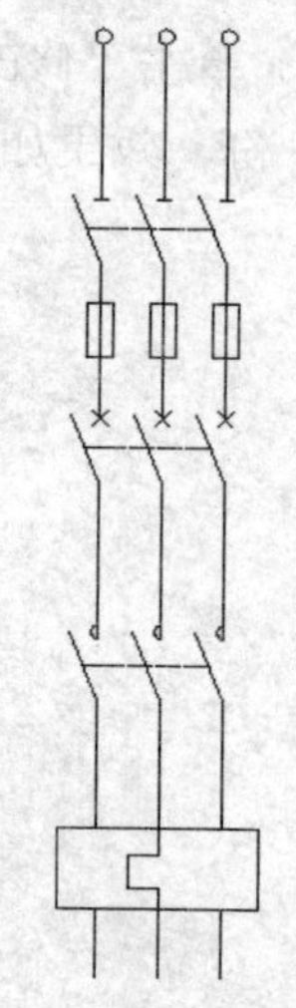
图 9-19　绘制热继电器

15）单击“绘图”面板中的“圆”命令按钮，绘制电动机符号，效果如图 9-20 所示。

16）单击“注释”面板中的“多行文字”命令按钮 A，在电动机符号内书写文字，指示此电动机为三相异步电动机，效果如图 9-21 所示。

17）单击“绘图”面板中的“直线”命令按钮，绘制主供电回路到电动机的连线，效果如图 9-22 所示。

18）单击“修改”面板中的“修剪”命令按钮，修剪掉圆里面的直线，结果如图 9-23 所示。

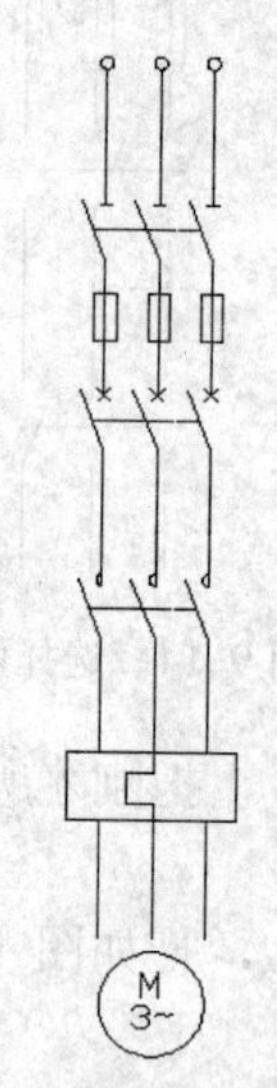
图 9-20　绘制电动机符号

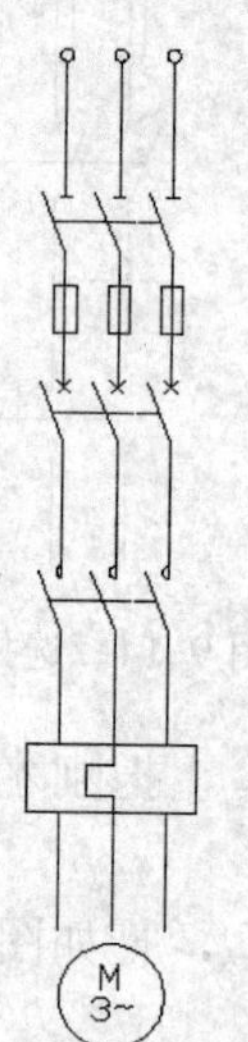

图 9-21　书写电动机文字

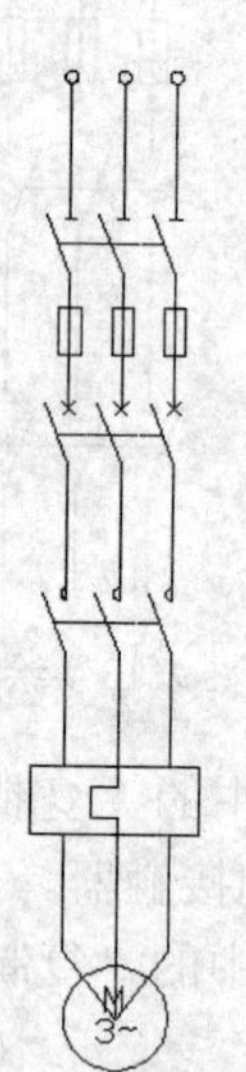
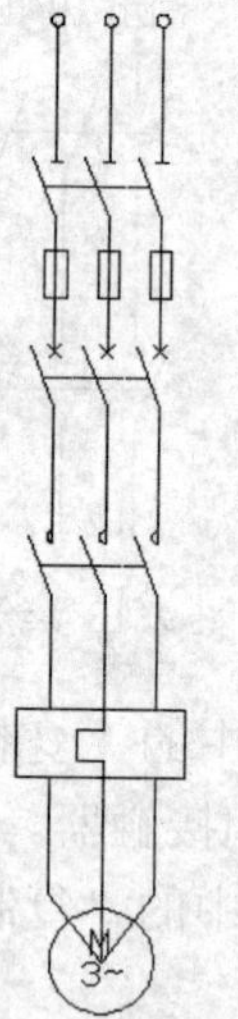

图 9-22　绘制线路

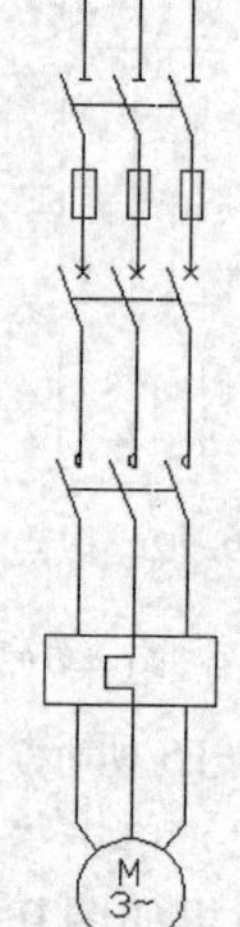

图 9-23　修剪线头

### 9.1.2　控制电路绘制

1）单击“修改”面板中的“复制”命令按钮，向右复制一条线路，效果如图 9-24

所示。

2）单击“修改”面板中的“删除”命令按钮，“绘图”面板中的“直线”命令按钮，修改线路，效果如图 9-25 所示。

3）单击“修改”面板中的“修剪”命令按钮，修剪掉线头，效果如图 9-26 所示。

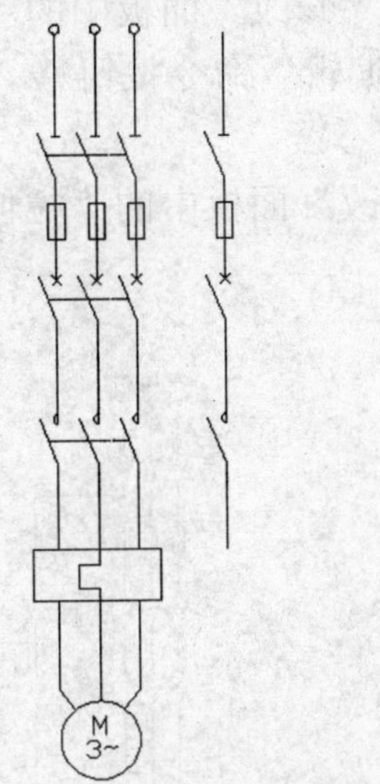

图 9-24　复制线路

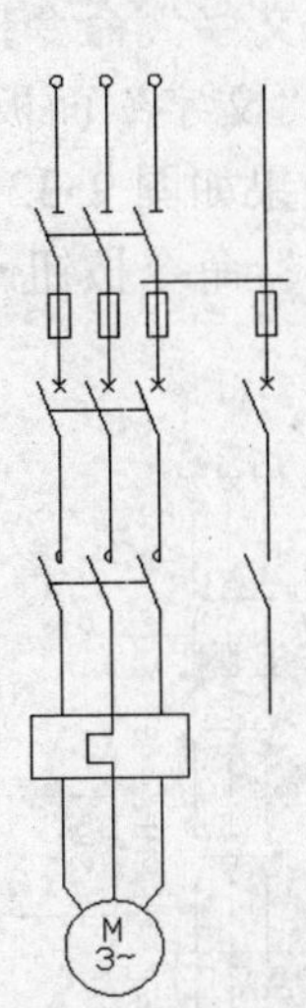


图 9-25　整理线路

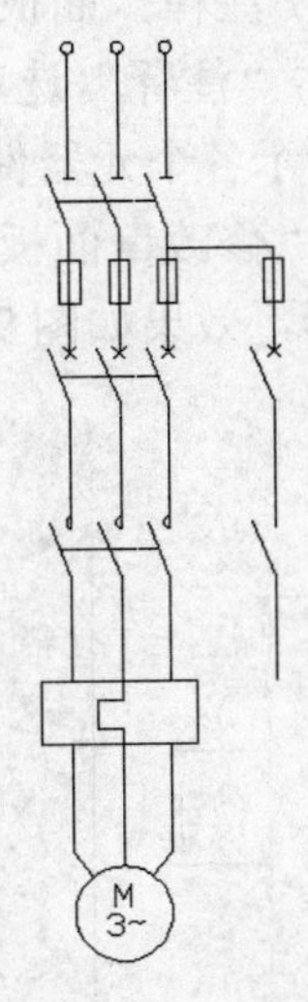


图 9-26　修剪线头

4）单击“绘图”面板中的“直线”命令按钮，“修改”面板中的“镜像”命令按钮，修改线路，绘制按钮控制启动/停止部分，效果如图 9-27 所示。

5）单击“绘图”面板中的“直线”命令按钮，“修改”面板中的“镜像”命令按钮、“删除”命令按钮、“修剪”命令按钮，修改线路，绘制热继电器辅助触点部分，效果如图 9-28 所示。

6）使用上述命令绘制接触器线圈，效果如图 9-29 所示。

7）单击“绘图”面板中的“直线”命令按钮，绘制中性线，单击“修改”面板中的“复制”命令按钮，复制接线端子，效果如图 9-30 所示。

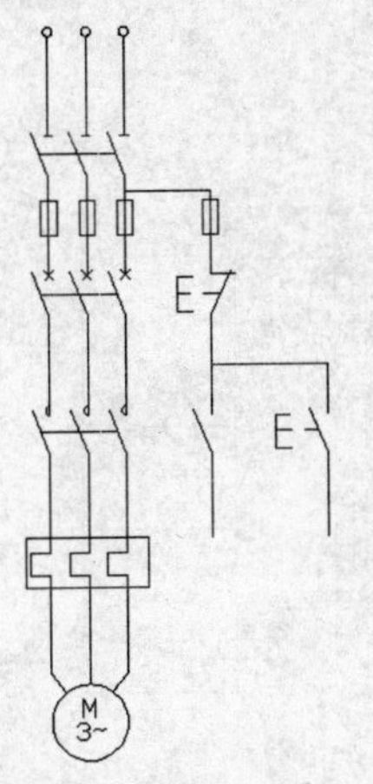


图 9-27　按钮

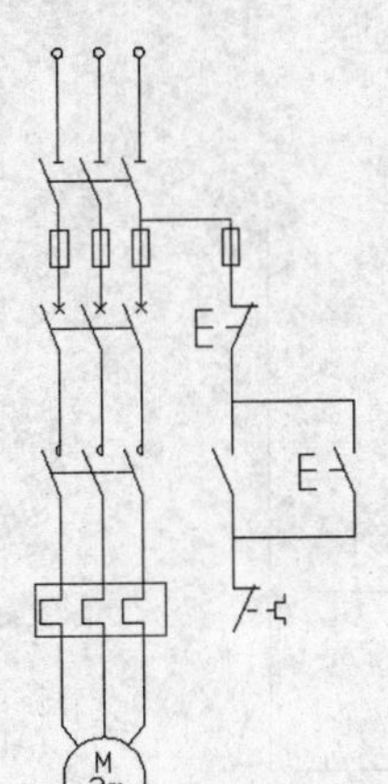


图 9-28　热继触点

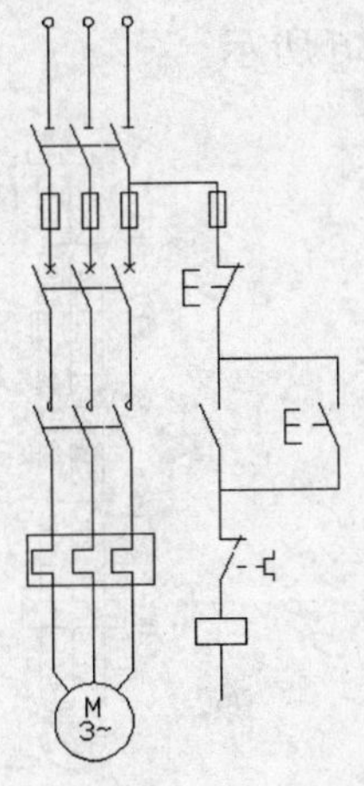


图 9-29　接触器线圈

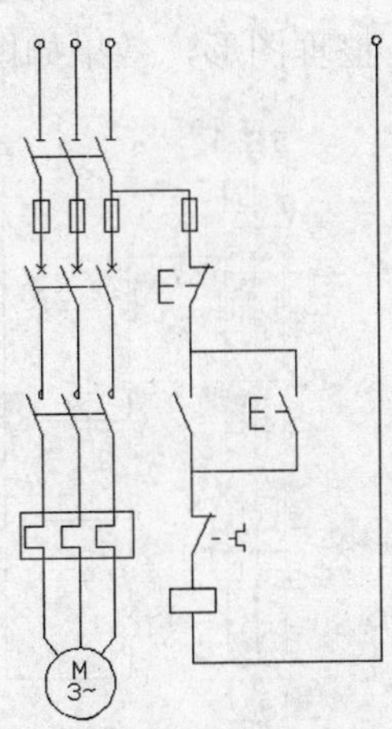


图 9-30　中性线

## ▷▷▷ 9.1.3　书写文字符号

1）单击“注释”面板中的“单行文字”命令按钮AI，在线路顶端书写端子号，指示进线，效果如图 9-31 所示。

2）单击“注释”面板中的“多行文字”命令按钮A，“修改”面板中的“复制”命令按钮，单击“注释”选项卡，单击“文字”面板中的“编辑”命令按钮，在器件旁边书写文字，指示各个元器件的代号，效果如图 9-32 所示。

3）单击“修改”面板中的“移动”命令按钮，“修改”面板中的“拉伸”命令按钮，整理图形，效果如图 9-33 所示。

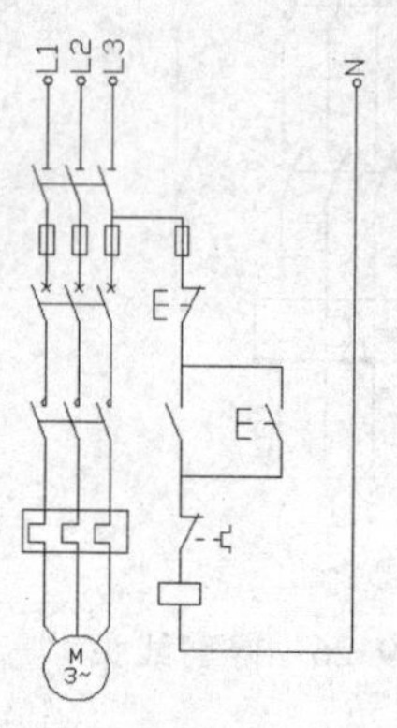


图 9-31　书写端子号

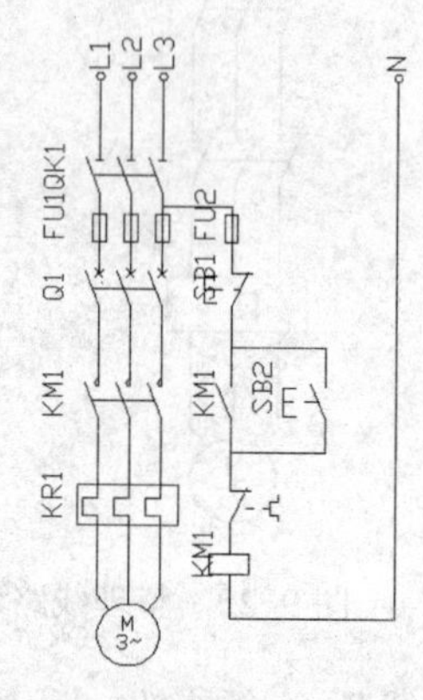


图 9-32　书写元器件号

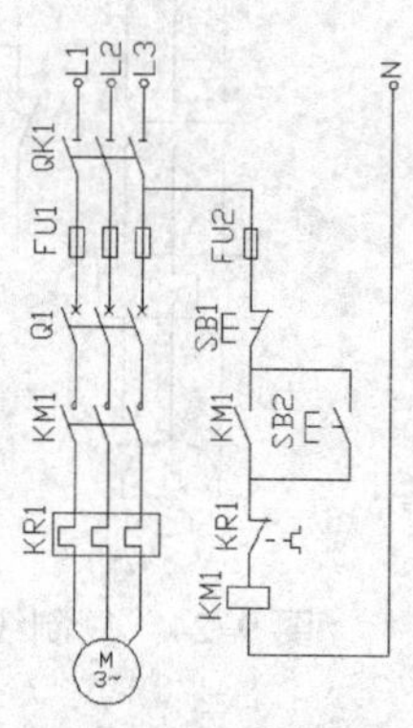


图 9-33　图形整理

4）单击“注释”面板中的“多行文字”命令按钮A，“修改”面板中的“复制”命令按钮，单击“注释”选项卡，单击“文字”面板中的“编辑”命令按钮，在主供电回路线路旁边书写文字，指示各个主线路的线号，效果如图 9-34 所示。

5）单击“注释”面板中的“多行文字”命令按钮A，“修改”面板中的“复制”命令按钮，单击“注释”选项卡，单击“文字”面板中的“编辑”命令按钮，在控制回路线路旁边书写文字，指示控制线路的线号，效果如图 9-35 所示。

6）单击“修改”面板中的“移动”命令按钮，“修改”面板中的“拉伸”命令按钮，整理图形，效果如图 9-36 所示。

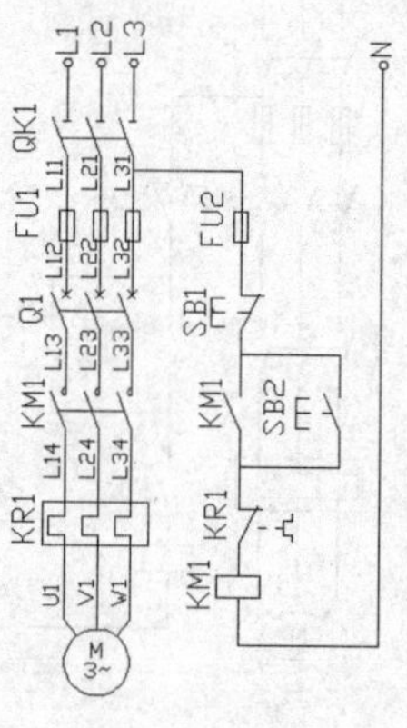


图 9-34　书写主线路

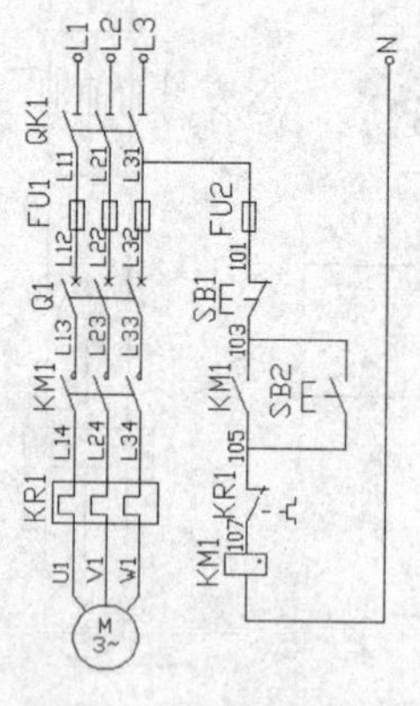


图 9-35　书写控制线路

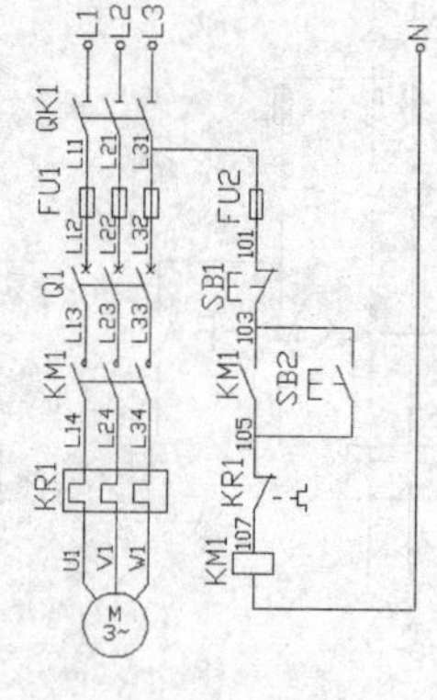


图 9-36　图形整理

7）单击“绘图”面板中的“直线”命令按钮，“修改”面板中的“镜像”命令按钮、“删除”命令按钮、“修剪”命令按钮，绘制表格，效果如图 9-37 所示。

8）单击“注释”面板中的“多行文字”命令按钮，“修改”面板中的“复制”命令按钮，“修改”面板中的“移动”命令按钮，单击“注释”选项卡，单击“文字”面板中的“编辑”命令按钮，在表格中书写文字，指示各个线路功能，效果如图 9-38 所示。

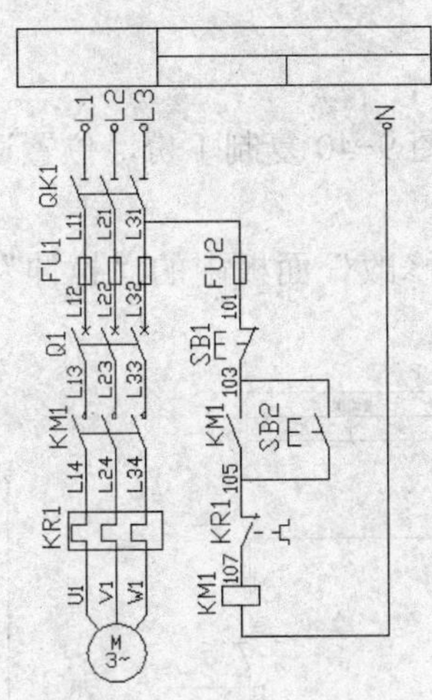

图 9-37　绘制表格

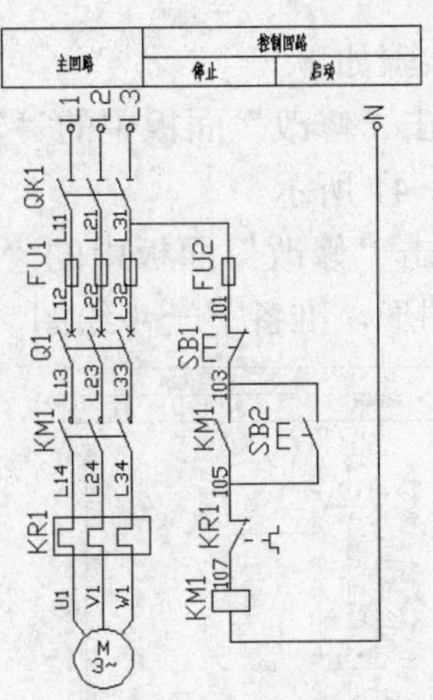

图 9-38　书写功能

9）单击“注释”面板中的“多行文字”命令按钮，“修改”面板中的“复制”命令按钮，“移动”命令按钮，单击“注释”选项卡，单击“文字”面板中的“编辑”命令按钮，在各个元器件中书写文字，指示各个元器件触点号，效果如图 9-39 所示。

10）单击“修改”面板中的“移动”命令按钮，“修改”面板中的“拉伸”命令按钮，整理图形，效果如图 9-40 所示。

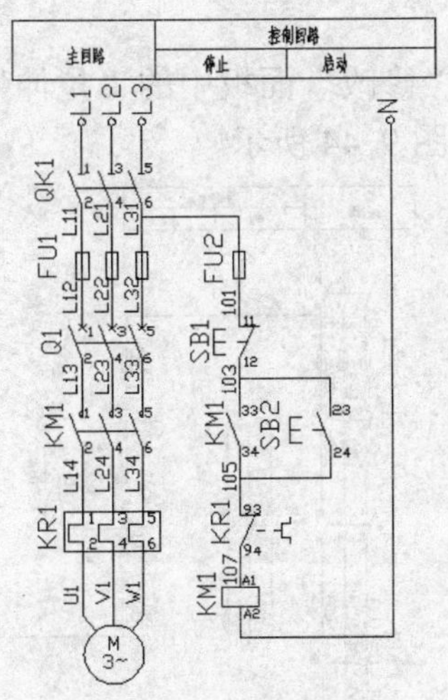

图 9-39　书写元器件触点号

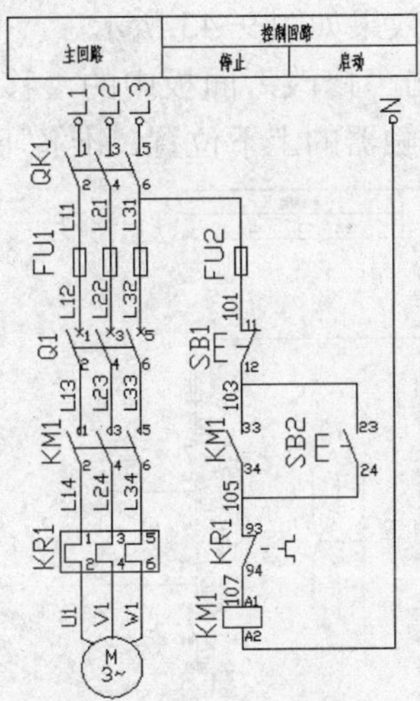

图 9-40　整理图形

1

## ▷▷ 9.2 电动机正反转控制原理图绘制

### 制作思路

2

上一节所绘制的单个电动机启动/停止原理图，是电动机控制方式中最基本的绘图方法。本节将在上一节的基础上绘制单台电动机的正反转控制原理图，使读者进一步掌握电动机控制的绘图方法。

绘制步骤如下。

3

1）单击“修改”面板中的“复制”命令按钮，把图 9-40 复制 1 份，位置适当即可，效果如图 9-41 所示。

2）单击“修改”面板中的“移动”命令按钮，“修改”面板中的“拉伸”命令按钮，调整图形，准备下一步绘图，效果如图 9-42 所示。

4

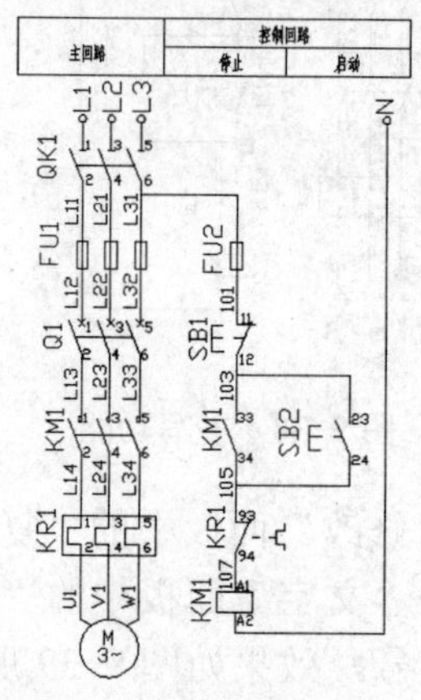

图 9-41　复制图形

5

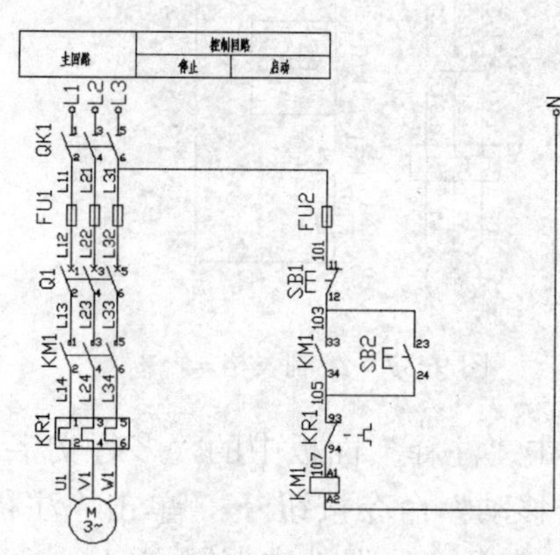

图 9-42　调整图形

6

3）单击“修改”面板中的“复制”命令按钮，把接触器 KM1 向右复制 1 份，复制距离适当，效果如图 9-43 所示。

7

4）单击“修改”面板中的“移动”命令按钮，“修改”面板中的“拉伸”命令按钮，调整接触器的上下位置，准备下一步绘图，效果如图 9-44 所示。

8

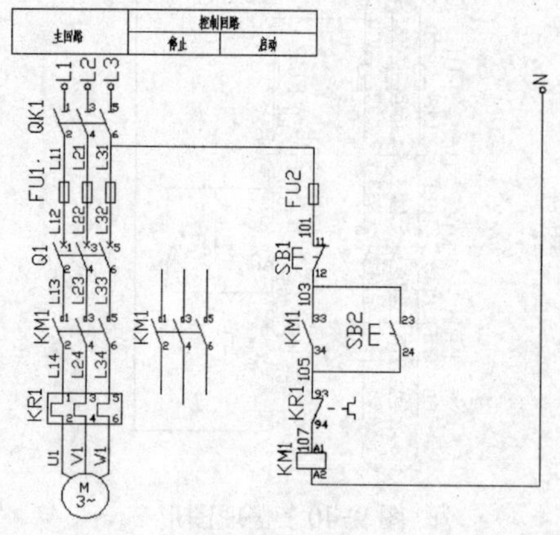

图 9-43　复制接触器

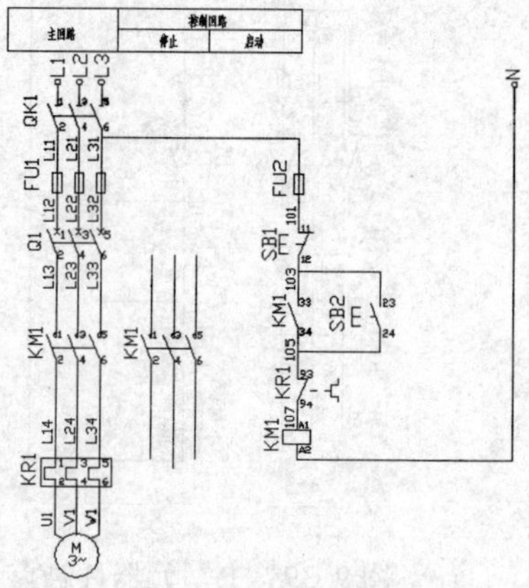

图 9-44　调整图形

5）单击“绘图”面板中的“直线”命令按钮，绘制右边接触器与左边主回路之间的连线，效果如图 9-45 所示。

6）单击“修改”面板中的“圆角”命令按钮，以倒圆角 R0 的方式修整连线，单击“修剪”命令按钮，再进一步修整，效果如图 9-46 所示。

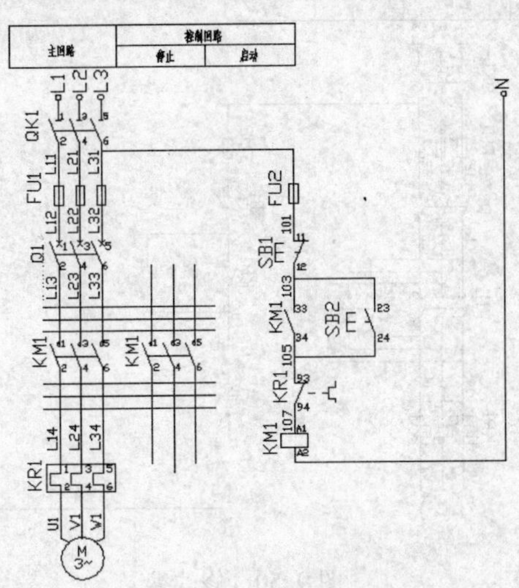


图 9-45　绘制连线

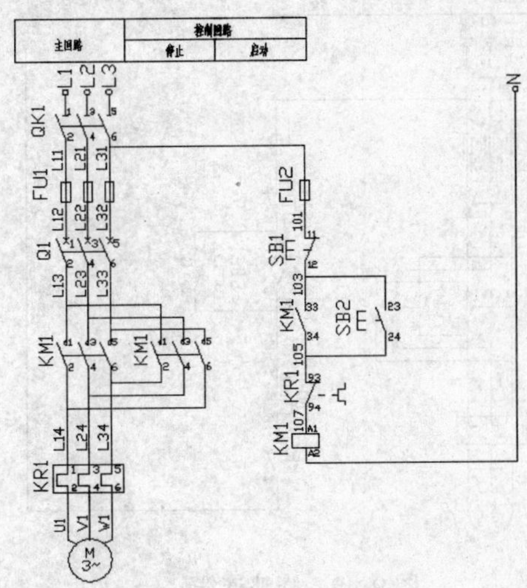


图 9-46　修整线头

7）单击“修改”面板中的“移动”命令按钮、“拉伸”命令按钮，调整控制回路的上下位置，准备下一步绘图，效果如图 9-47 所示。

8）单击“修改”面板中的“复制”命令按钮，把热继电器 KR1 常闭辅助触点复制 1 份，效果如图 9-48 所示。

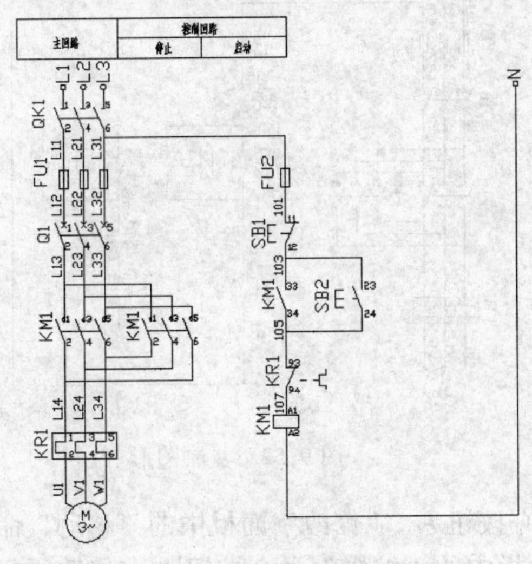


图 9-47　拉伸整理

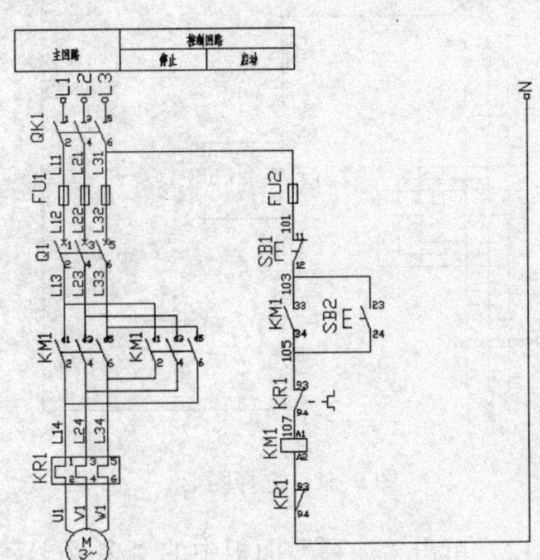


图 9-48　复制常闭辅助触点

9）单击“修改”面板中的“修剪”命令按钮，进一步修整刚才复制的辅助触点，效果如图 9-49 所示。

10）单击“注释”面板中的“多行文字”命令按钮 A，“修改”面板中的“移动”命令按钮 ，单击“注释”选项卡，单击“文字”面板中的“编辑”命令按钮 ，修改所复制的元器件文字符号，指示各个不同的元器件，效果如图 9-50 所示。

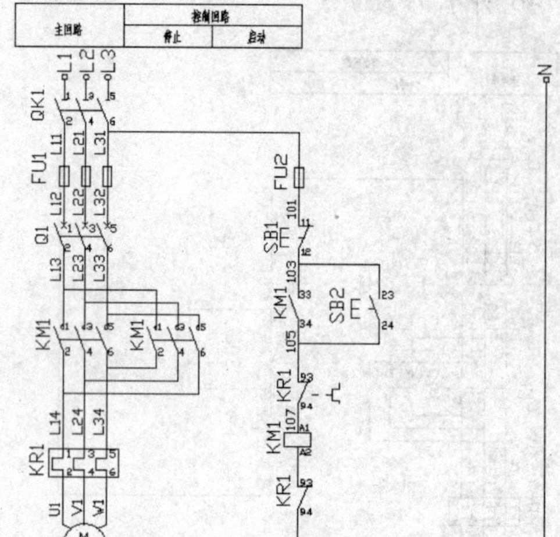


图 9-49　修整连线

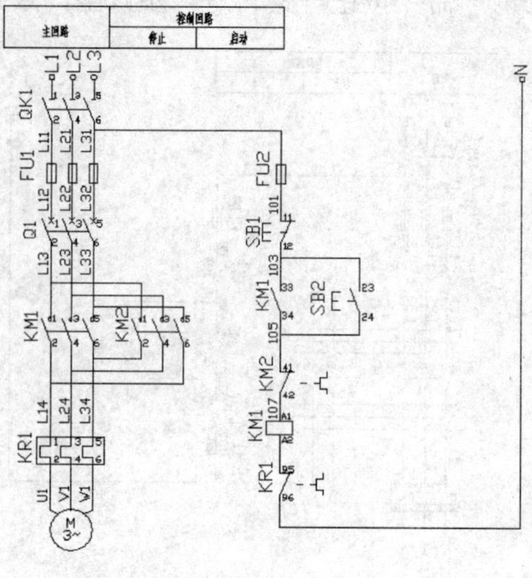

图 9-50　修改编号

11）单击“修改”面板中的“复制”命令按钮 ，把如图 9-51 所示的虚线方框内图形向右复制 1 份，复制距离适当，效果如图 9-52 所示。

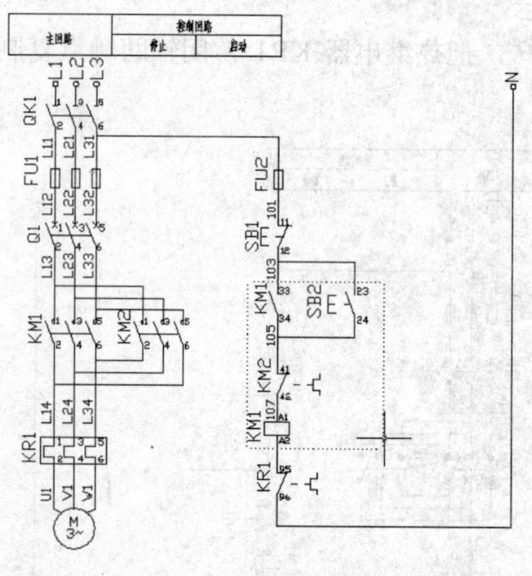


图 9-51　选择图形

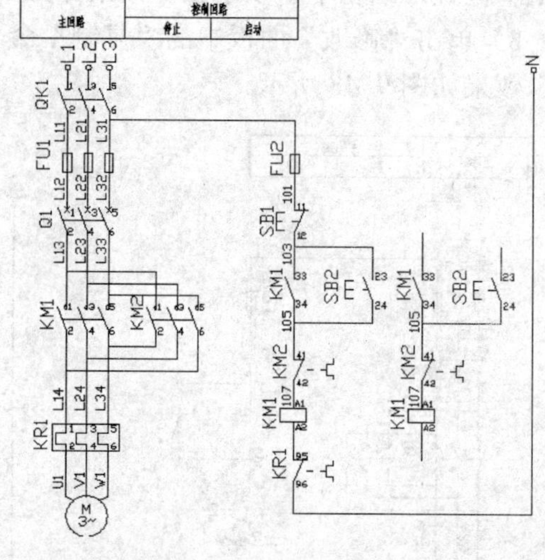


图 9-52　复制图形

12）单击“注释”面板中的“多行文字”命令按钮 A，“修改”面板中的“移动”命令按钮 ，单击“注释”选项卡，单击“文字”面板中的“编辑”命令按钮 ，修改所复制的元器件文字符号，效果如图 9-53 所示。

13）单击“绘图”面板中的“直线”命令按钮 ，绘制控制回路之间的连线，效果如图 9-54 所示。

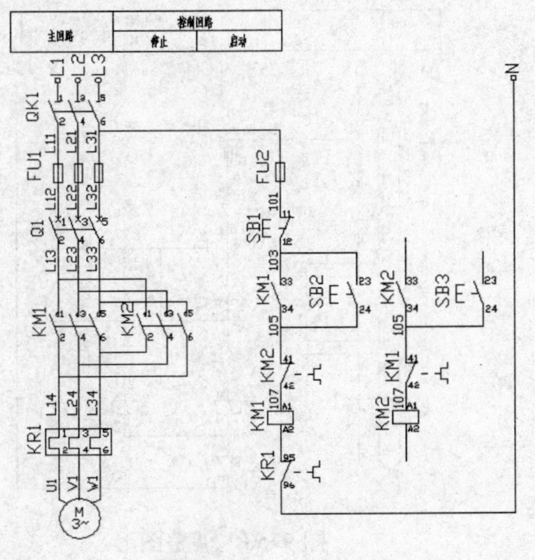


图 9-53　修改文字

图 9-54　绘制连线

14）单击“修改”面板中的“修剪”命令按钮，修整控制回路线头，效果如图 9-55 所示。

15）单击“注释”面板中的“多行文字”命令按钮 A，“修改”面板中的“复制”命令按钮、“移动”命令按钮，单击“注释”选项卡，单击“文字”面板中的“编辑”命令按钮，在控制回路书写并且修改线号，效果如图 9-56 所示。

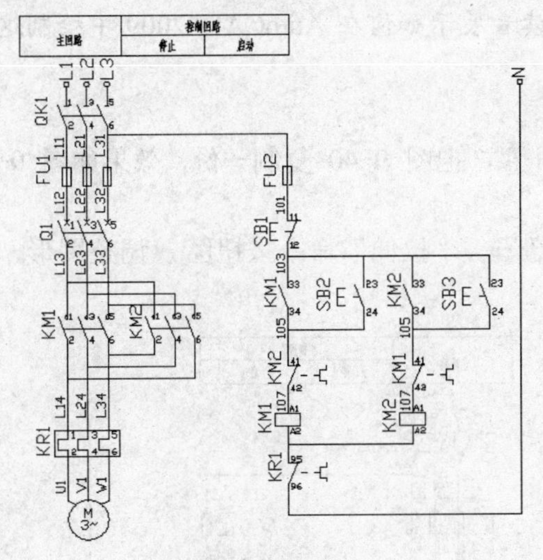


图 9-55　修剪线头

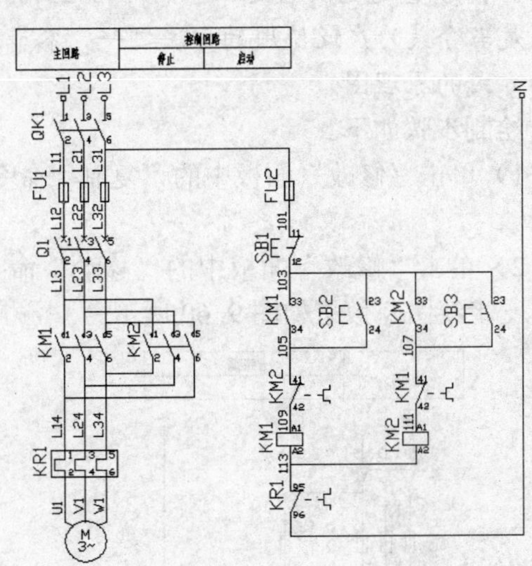


图 9-56　书写线号

16）单击“绘图”面板中的“直线”命令按钮，“注释”面板中的“多行文字”命令按钮 A，“修改”面板中的“复制”命令按钮、“移动”命令按钮，单击“注释”选项卡，单击“文字”面板中的“编辑”命令按钮，修改图形上面的表格，效果如图 9-57 所示。

17）单击“修改”面板中的“移动”命令按钮、“拉伸”命令按钮，调整图形，效果如图 9-58 所示。

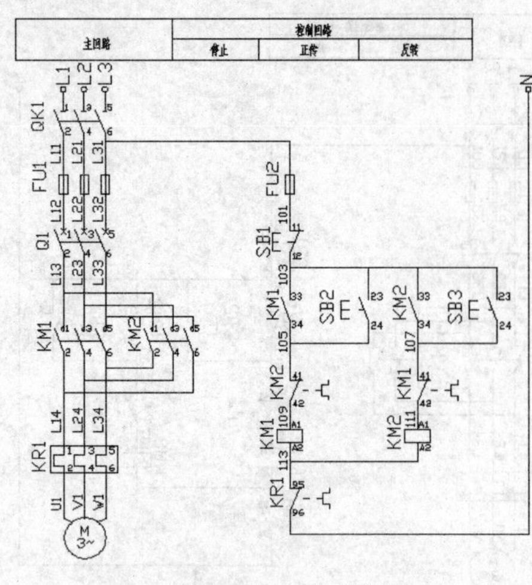


图 9-57　修改表格

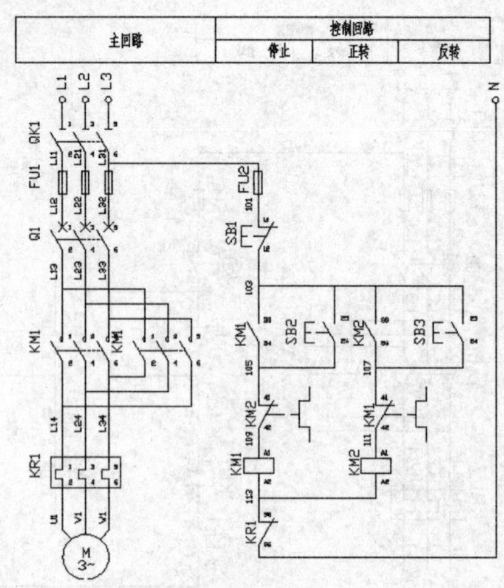


图 9-58　调整图形

## 9.3　星-三角电动机起动原理图绘制

### 制作思路

一般小型电动机常常按照前两节绘制的图纸所示的方式来启动。对于大容量的电动机来说，当其容量超过供电变压器的 5%~25%的时候，要采用降压启动的方式。而星-三角启动方法是当今最为广泛使用的方法之一。本节就向读者展示如何在 AutoCAD 2009 中绘制这一起动方式的原理图。

绘制步骤如下。

1）单击“修改”面板中的“复制”命令按钮，把图 9-40 复制一份，效果如图 9-59 所示。

2）单击“修改”面板中的“移动”命令按钮、“拉伸”命令按钮，调整图形，准备下一步绘图，效果如图 9-60 所示。

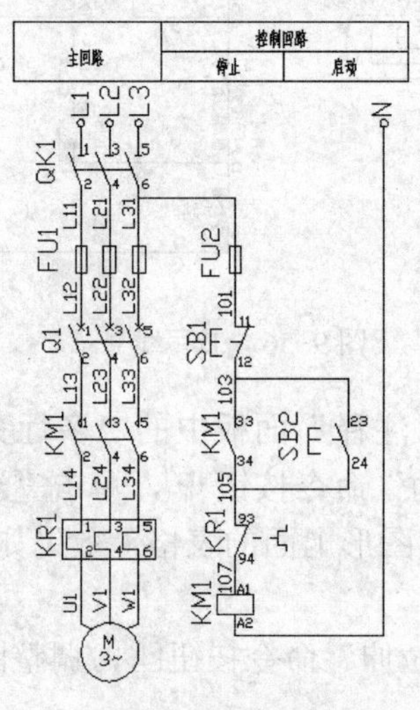


图 9-59　复制图形

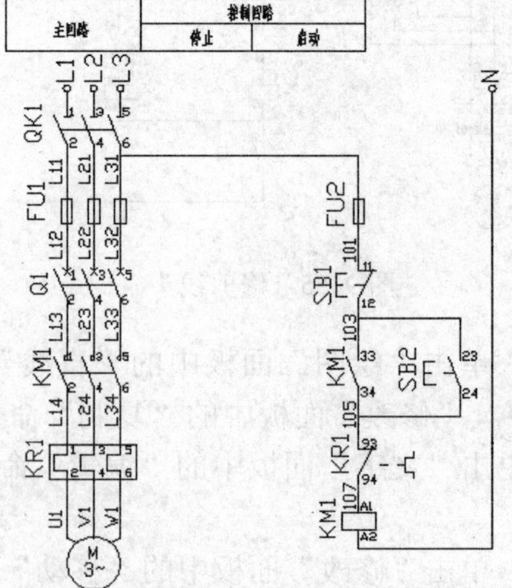


图 9-60　调整图形

3）单击“修改”面板中的“复制”命令按钮，把如图 9-60 所示的接触器主触点向右、向下各自复制一份，效果如图 9-61 所示。

4）单击“修改”面板中的“移动”命令按钮，“修改”面板中的“拉伸”命令按钮，调整图形，准备下一步绘图，效果如图 9-62 所示。

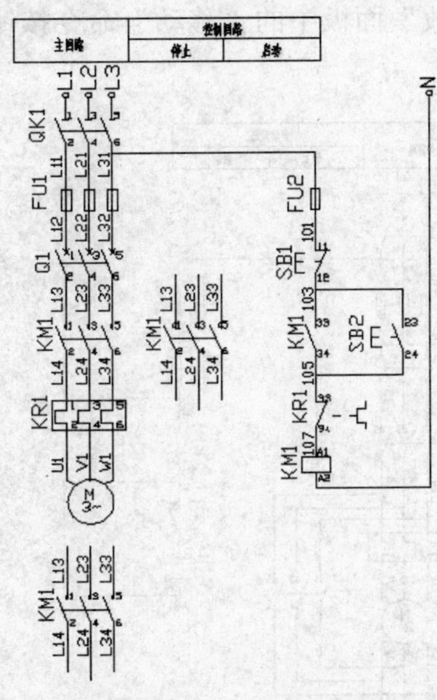

图 9-61 复制接触器

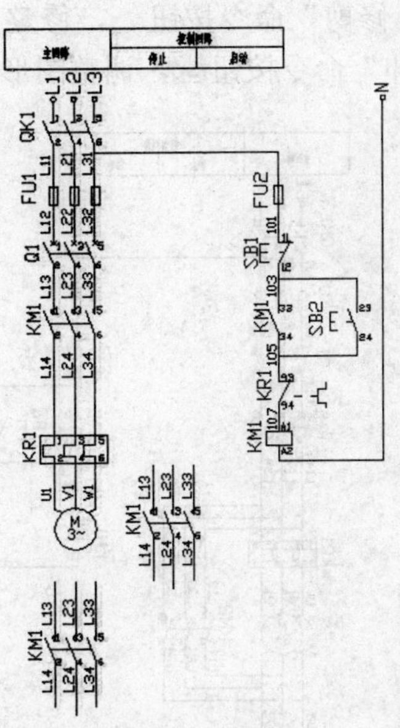

图 9-62 调整图形

5）单击“绘图”面板中的“直线”命令按钮，绘制主回路连线，单击“修改”面板中的“拉伸”命令按钮，调整图形，效果如图 9-63 所示。

6）单击“修改”面板中的“圆角”命令按钮，以倒圆角 R0 的方式修整连线，单击“修剪”命令按钮，再进一步修整，效果如图 9-64 所示。

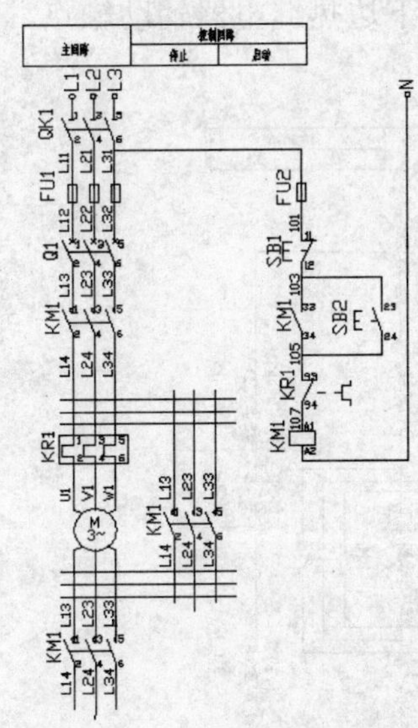

图 9-63 绘制主回路连线

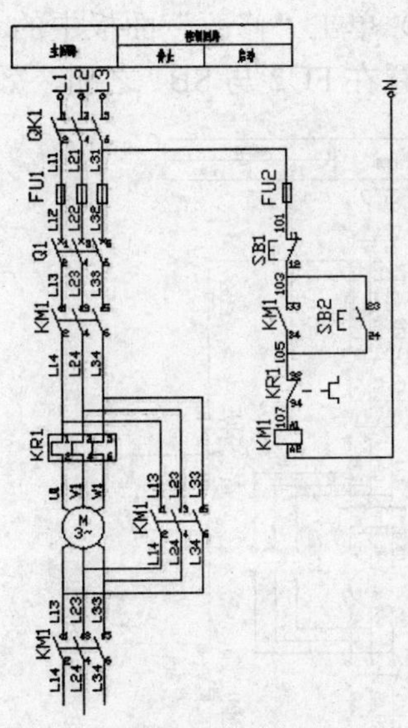

图 9-64 修剪图形

7）单击“注释”面板中的“多行文字”命令按钮，单击“修改”面板中的“移动”命令按钮，单击“注释”选项卡，单击“文字”面板中的“编辑”命令按钮，修改接触器的元器件号、线号，效果如图 9-65 所示。

8）单击“绘图”面板中的“直线”命令按钮，“修改”面板中的“删除”命令按钮、“修剪”命令按钮，修整主回路线路。单击“修改”面板中的“移动”命令按钮、“拉伸”命令按钮，调整图形，效果如图 9-66 所示。

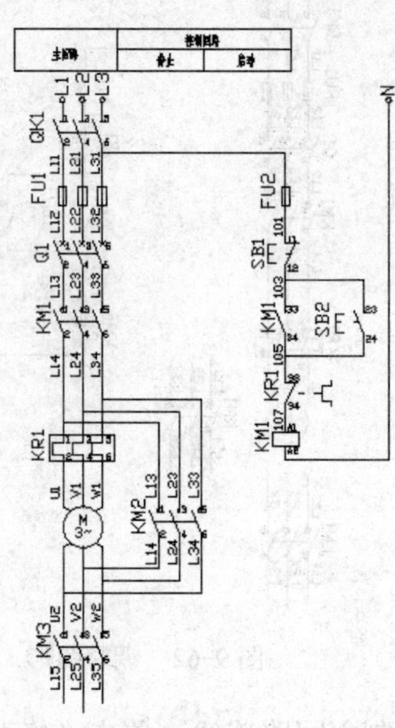


图 9-65　修改文字

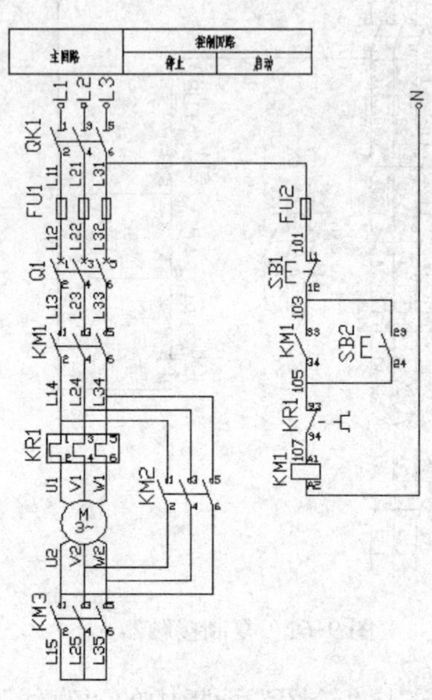


图 9-66　修整图形

9）单击“修改”面板中的“移动”命令按钮、“拉伸”命令按钮，调整控制回路图形，准备下一步绘图，效果如图 9-67 所示。

10）单击“修改”面板中的“复制”命令按钮，把下边热继电器辅助触点，向上复制，位置在 FU2 与 SB1 之间，效果如图 9-68 所示。

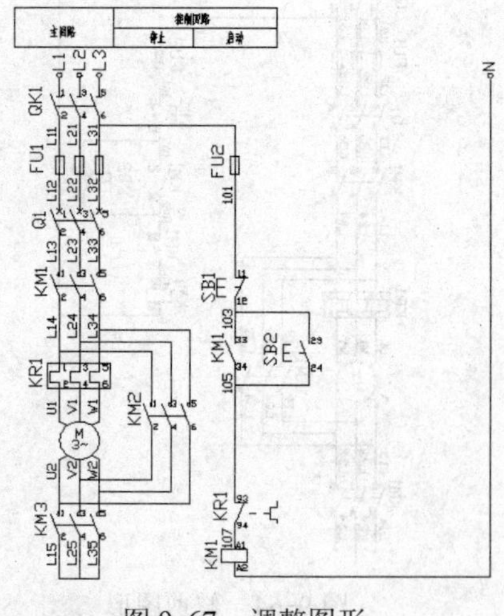


图 9-67　调整图形

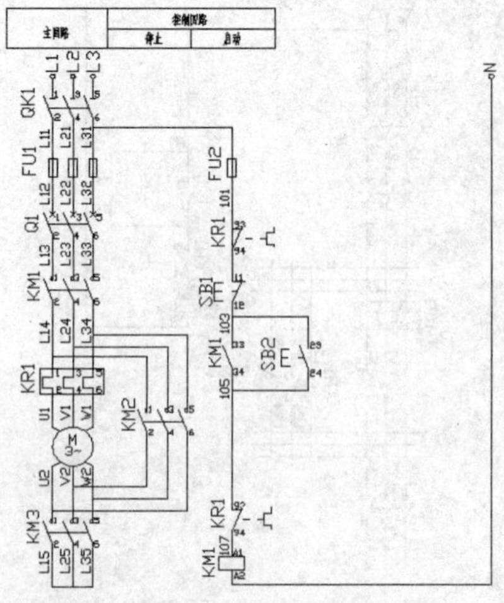


图 9-68　复制热继电器辅助触点

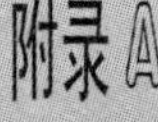

11）单击“修改”面板中的“修剪”命令按钮，修剪掉刚才所复制触点内的线头，效果如图 9-69 所示。

12）单击“修改”面板中的“复制”命令按钮，把如图 9-70 所示的虚线框内的图形向右复制 1 份，复制基点如图 9-71 所示，复制目标点如图 9-72 所示，效果如图 9-73 所示。

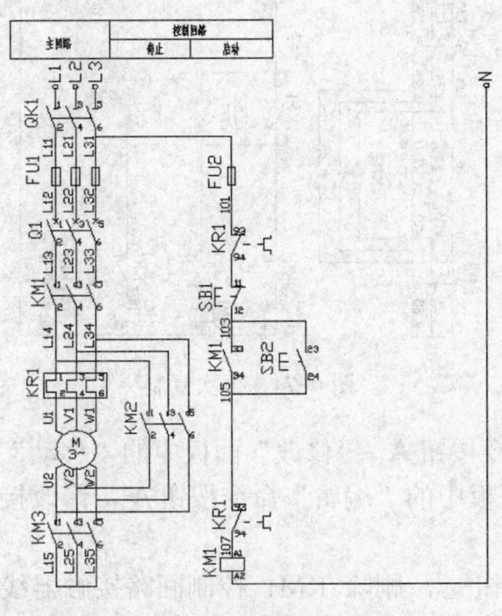


图 9-69 修剪线头

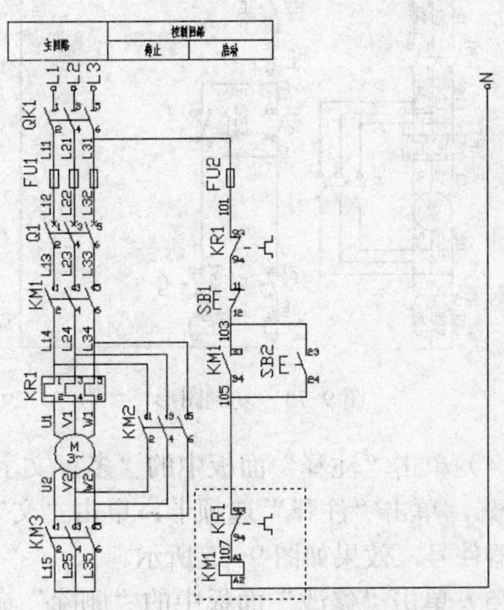


图 9-70 选择图形

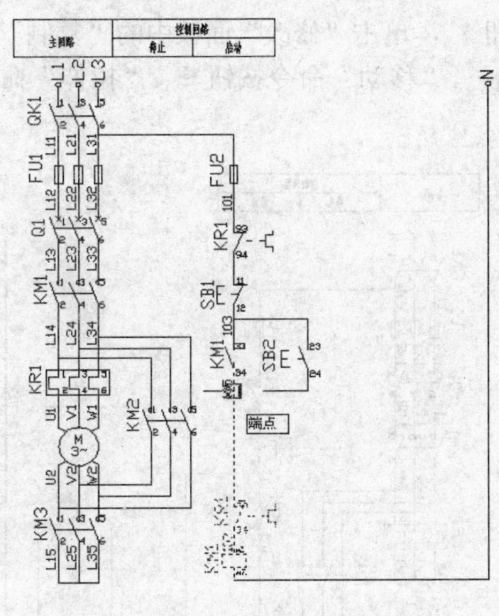


图 9-71 选择基点

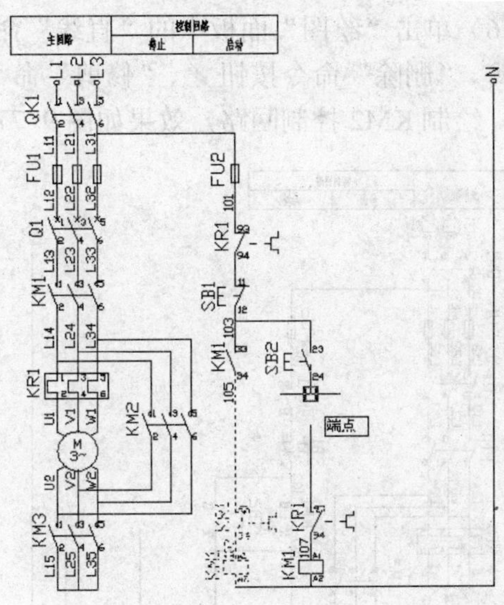


图 9-72 选择目标点

13）单击“修改”面板中的“复制”命令按钮，把如图 9-70 所示的虚线框内的图形再向右复制两份，位置适当，效果如图 9-74 所示。

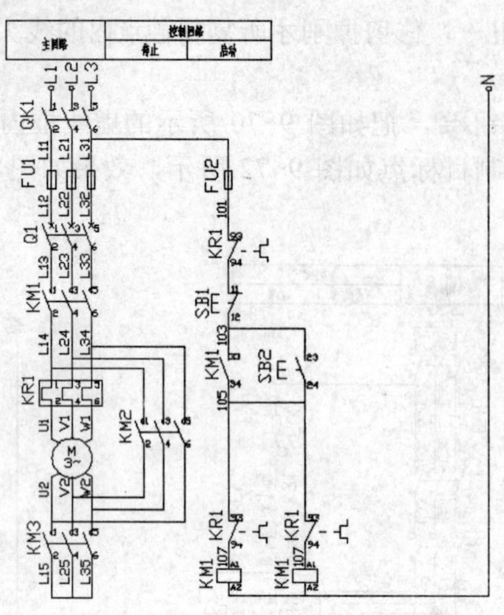


图 9-73　复制图形

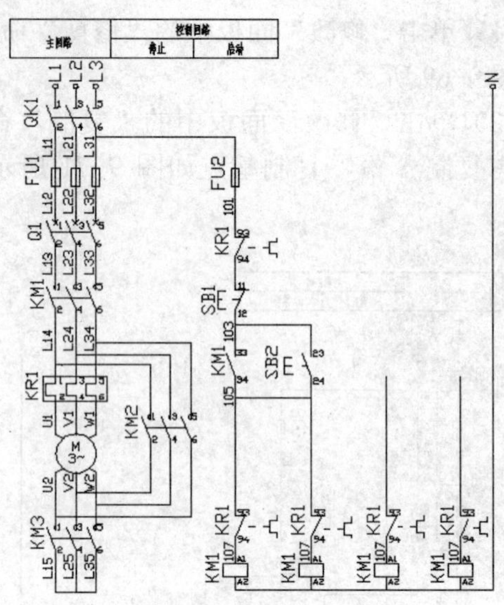


图 9-74　再次复制

14）单击“注释”面板中的“多行文字”命令按钮，“修改”面板中的“移动”命令按钮，单击“注释”选项卡，单击“文字”面板中的“编辑”命令按钮，修改接触器的元器件号，效果如图 9-75 所示。

15）单击“修改”面板中的“删除”命令按钮，删除 KM1 控制回路接触器线圈上面的常闭触点。并单击“修改”面板中的“延伸”命令按钮，整理线路，效果如图 9-76 所示。

16）单击“绘图”面板中的“直线”命令按钮，单击“修改”面板中的“复制”命令按钮、“删除”命令按钮、“修剪”命令按钮、“移动”命令按钮、“拉伸”命令按钮，绘制 KM2 控制回路，效果如图 9-77 所示。

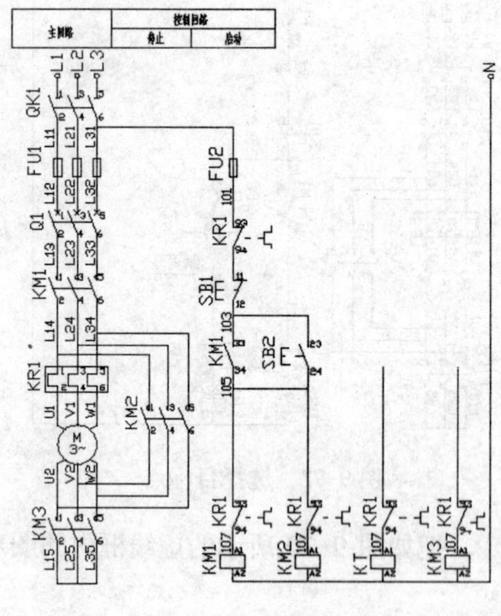


图 9-75　修改文字

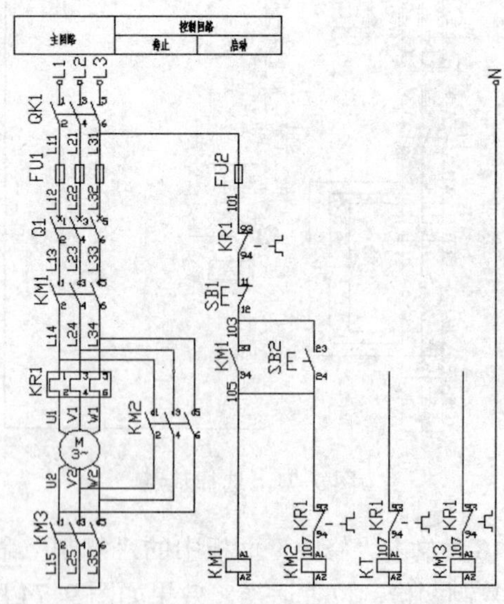


图 9-76　修改 KM1 控制回路

17）单击“注释”面板中的“多行文字”命令按钮，“修改”面板中的“移动”命令按钮，单击“注释”选项卡，单击“文字”面板中的“编辑”命令按钮，修改KM2控制回路的元器件号，效果如图9-78所示。

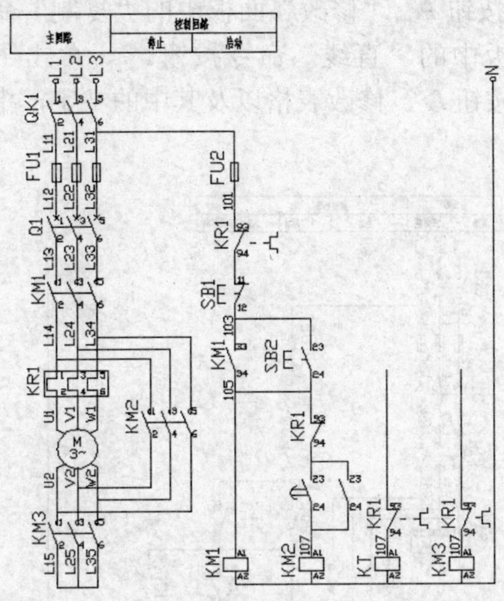


图9-77　绘制KM2控制回路

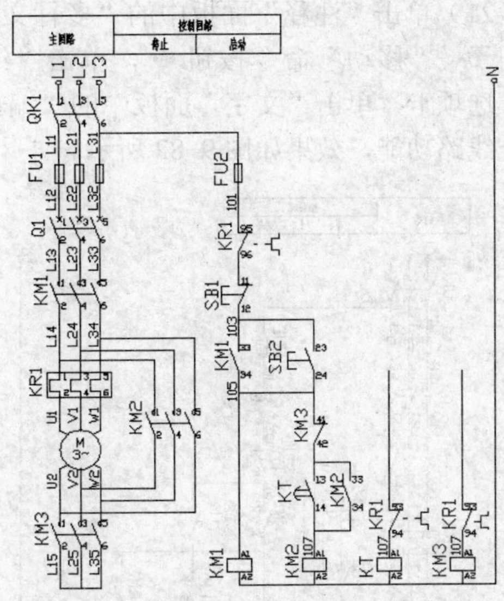


图9-78　书写KM2控制回路的元器件号

18）单击“绘图”面板中的“直线”命令按钮，单击“修改”面板中的“复制”命令按钮、“删除”命令按钮、“修剪”命令按钮、“镜像”命令按钮、“拉伸”命令按钮，绘制KM3控制回路，如图9-79所示。

19）单击“注释”面板中的“多行文字”命令按钮，“修改”面板中的“移动”命令按钮，单击“注释”选项卡，单击“文字”面板中的“编辑”命令按钮，修改KM3控制回路的元器件号，效果如图9-80所示。

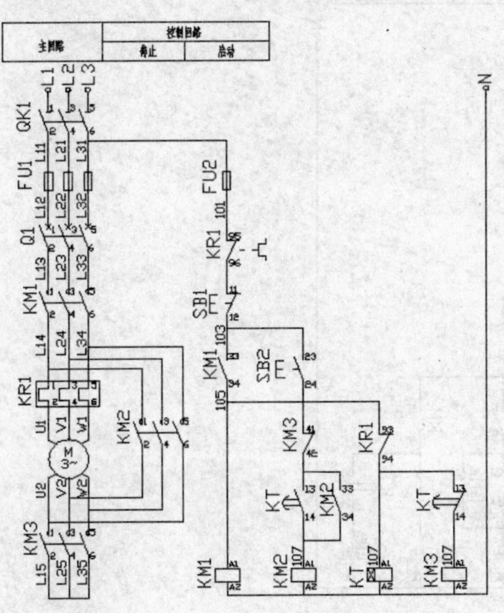


图9-79　绘制KM3控制回路

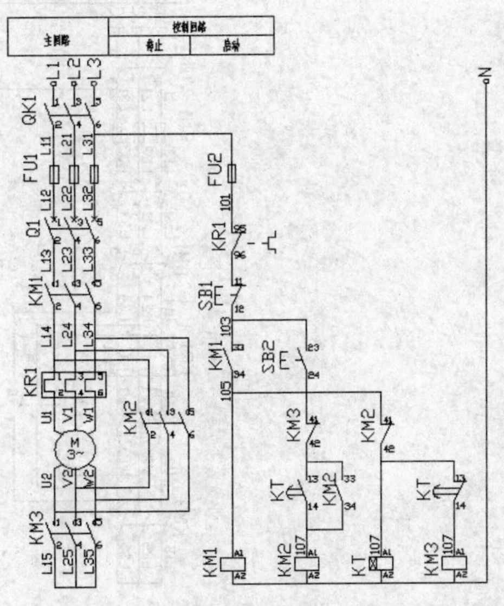


图9-80　修改KM3回路的元器件号

1
2
3
4
5
6
7
8
第 9 章

20）单击“注释”面板中的“多行文字”命令按钮A，“修改”面板中的“复制”命令按钮、“移动”命令按钮，单击“注释”选项卡，单击“文字”面板中的“编辑”命令按钮，修改控制回路的线号，效果如图 9-81 所示。

21）单击“注释”面板中的“多行文字”命令按钮A、“修改”面板中的“复制”命令按钮、“移动”命令按钮，单击“绘图”面板中的“直线”命令按钮，单击“注释”选项卡，单击“文字”面板中的“编辑”命令按钮，修改表格以及其中的文字，指示各个线路功能，效果如图 9-82 所示。

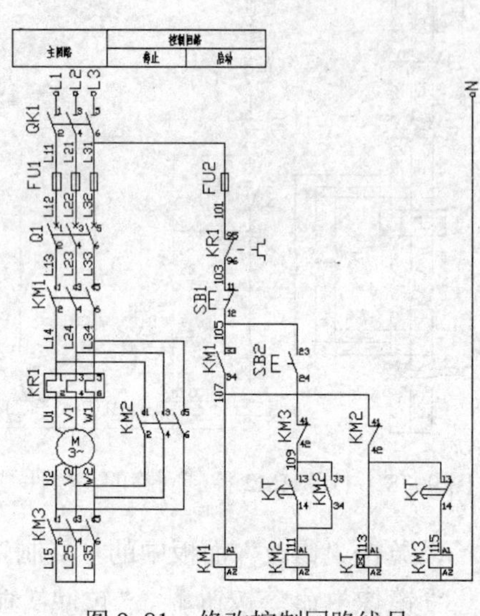


图 9-81　修改控制回路线号

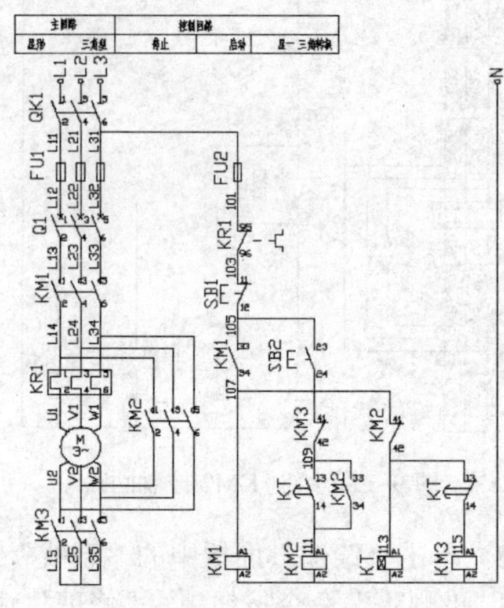


图 9-82　修改表格

22）单击“修改”面板中的“移动”命令按钮，“修改”面板中的“拉伸”命令按钮，调整图形。放大全图，效果如图 9-83 所示。

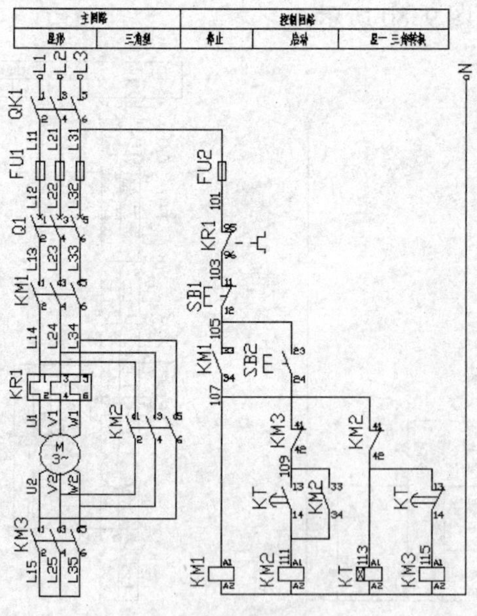


图 9-83　全图显示

附录A

## 9.4　电动机变频控制原理图绘制

### 制作思路

变频调速是利用电动机的同步转速随供电频率变化的特性，通过改变电动机的供电频率进行调速的方法。在交流异步电动机的多种调速方法中，变频调速的性能最好，调速范围最宽，稳定性好，运行效率高。采用变频器对电动机进行调速控制，由于可靠性高、使用方便并且经济效益显著，所以逐步得到推广使用。本节就以通用变频器为例，使用 AutoCAD 2009 绘制通用变频器控制原理图。

### 9.4.1　通用变频器外部接口示意图绘制

绘制步骤如下。

1）单击“绘图”面板中的“矩形”命令按钮，绘制变频器外形符号，效果如图 9-84 所示。

2）单击“绘图”面板中的“圆”命令按钮，在矩形上边和下边绘制同心圆，作为主回路进线、出线端子，效果如图 9-85 所示。然后单击“修改”面板中的“修剪”命令按钮，修剪掉同心圆里面的线头。重复上面步骤或者复制同心圆，再进行修剪，效果如图 9-86 所示。

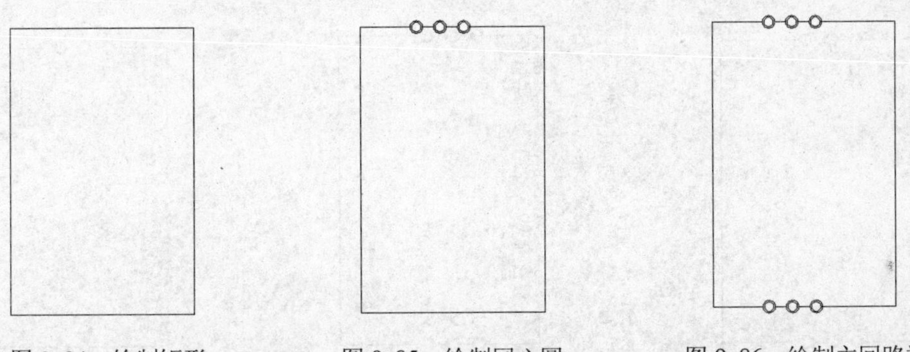

图 9-84　绘制矩形　　图 9-85　绘制同心圆　　图 9-86　绘制主回路端子

3）单击“注释”面板中的“多行文字”命令按钮、“修改”面板中的“复制”命令按钮、“移动”命令按钮，单击“注释”选项卡，单击“文字”面板中的“编辑”命令按钮，书写文字，指示各个进线端、出线端，效果如图 9-87 所示。

4）绘制频率设定电位器接线端子。单击“绘图”面板中的“圆”命令按钮，在矩形左边绘制小圆。单击“修改”面板中的“复制”命令按钮、“移动”命令按钮、“修剪”命令按钮，绘制图形，效果如图 9-88 所示。

5）单击“注释”面板中的“多行文字”命令按钮、“修改”面板中的“复制”命令按钮、“移动”命令按钮，单击“注释”选项卡，单击“文字”面板中的“编辑”命令按钮，书写文字，指示各个端子号，效果如图 9-89 所示。

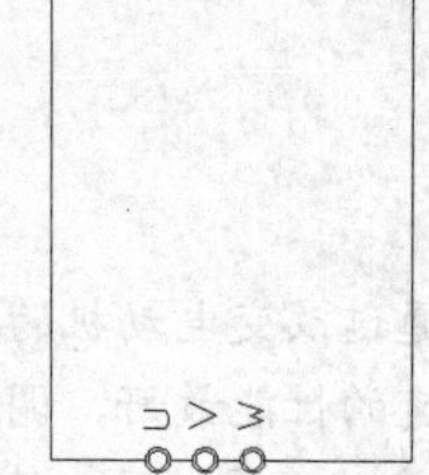


图 9-87　书写主回路文字

图 9-88　绘制电位器端子

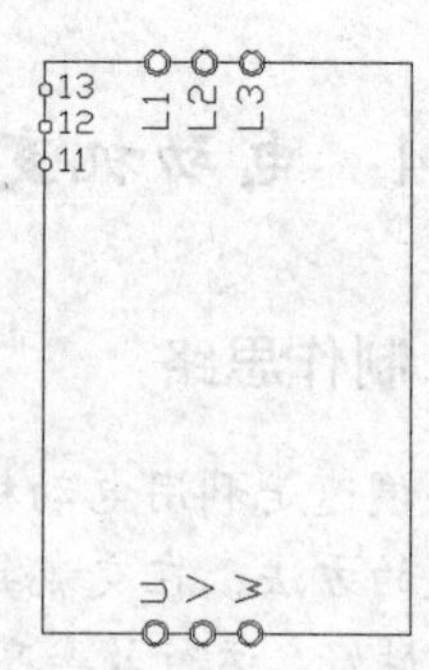


图 9-89　书写电位器端子文字

6）绘制数字输入接口端子。单击“绘图”面板中的“圆”命令按钮，在矩形左边绘制小圆。单击“修改”面板中的“复制”命令按钮、“移动”命令按钮、“修剪”命令按钮，修改图形，效果如图 9-90 所示。

7）单击“注释”面板中的“多行文字”命令按钮、单击“注释”选项卡，单击“文字”面板中的“编辑”命令按钮，“修改”面板中的“复制”命令按钮、“移动”命令按钮，书写文字，指示各个端子号，效果如图 9-91 所示。

8）绘制接地端子。单击“绘图”面板中的“圆”命令按钮，在矩形左下角绘制同心圆。单击“修改”面板中的“复制”命令按钮、“移动”命令按钮，单击“修剪”命令按钮，修改图形。单击“注释”选项卡，单击“文字”面板中的“编辑”命令按钮，书写文字，指示接地端子号，效果如图 9-92 所示。

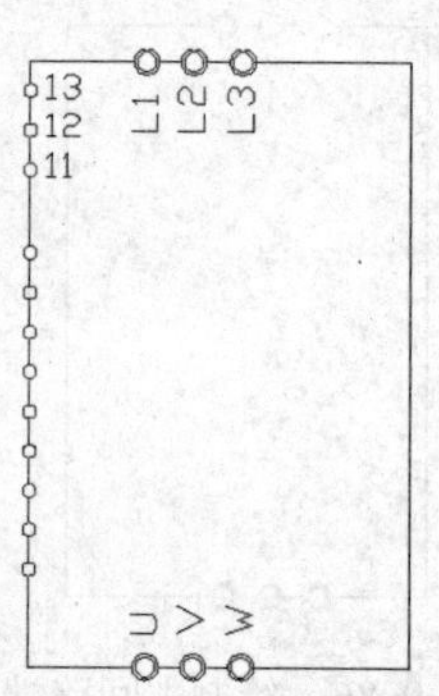


图 9-90　绘制数字输入端子

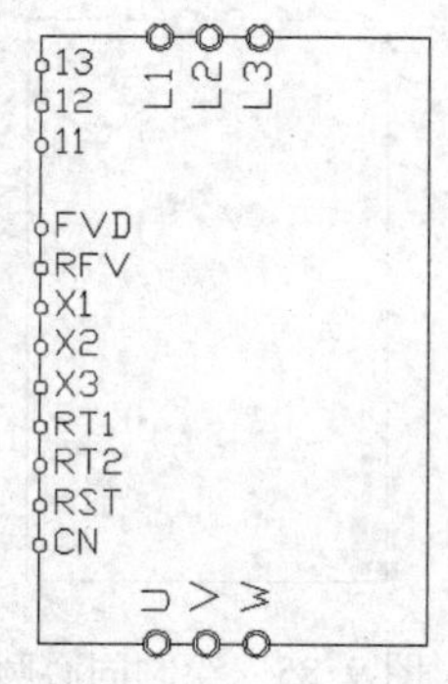


图 9-91　书写数字端子文字

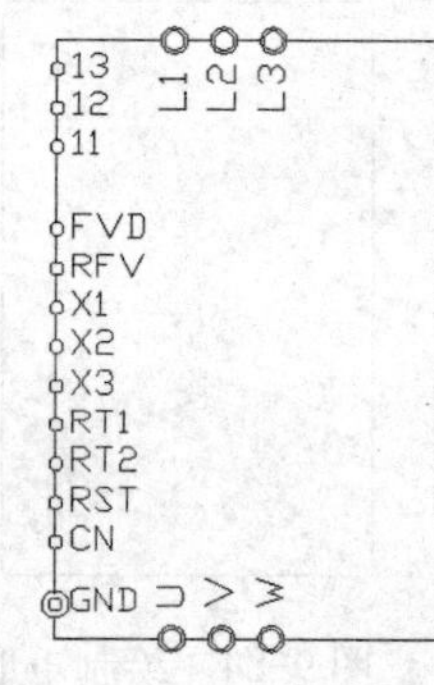


图 9-92　绘制接地端子

9）绘制制动电阻接线端子。单击“绘图”面板中的“圆”命令按钮，在矩形右边上部绘制同心圆。单击“修改”面板中的“复制”命令按钮、“移动”命令按钮，“修剪”命令按钮，修改图形。单击“注释”选项卡，单击“文字”面板中的“编辑”命令按钮，书写文字，指示制动电阻接线端子号，效果如图 9-93 所示。

10）绘制报警接线端子。单击“绘图”面板中的“圆”命令按钮，在矩形右边绘制圆。单击“修改”面板中的“复制”命令按钮、“移动”命令按钮，“修剪”命令按钮，修改图形。单击“注释”选项卡，单击“文字”面板中的“编辑”命令按钮，书写文字，指示报警接线端子号，效果如图 9-94 所示。

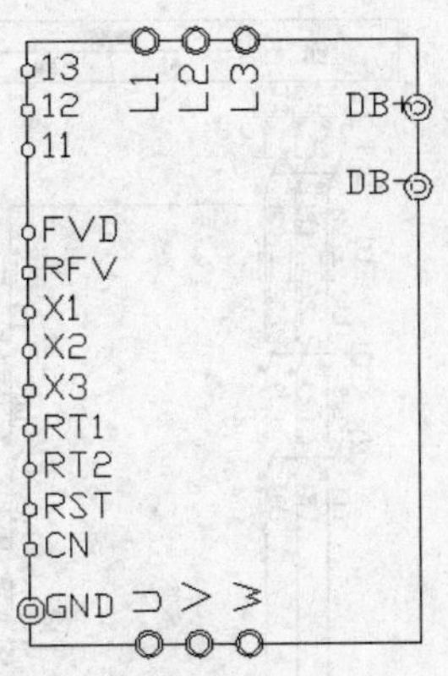

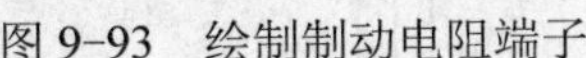

图 9-93　绘制制动电阻端子

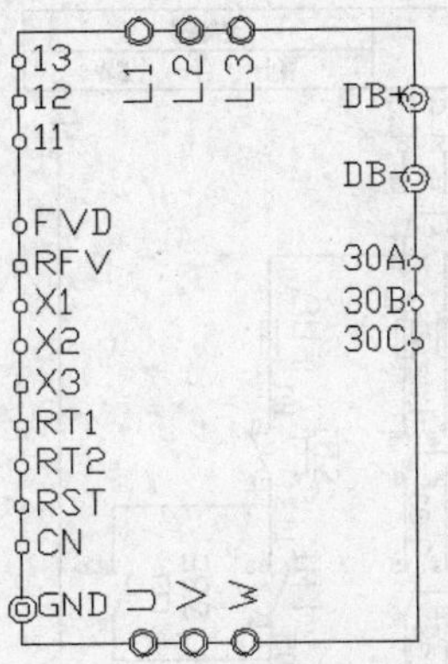


图 9-94　绘制报警接线端子

11）绘制数字输出接线端子。单击“绘图”面板中的“圆”命令按钮，在矩形右边绘制圆。单击“修改”面板中的“复制”命令按钮、“移动”命令按钮、“修剪”命令按钮，修改图形。单击“注释”选项卡，单击“文字”面板中的“编辑”命令按钮，书写文字，指示数字输出接线端子号，效果如图 9-95 所示。

12）单击“修改”面板中的“移动”命令按钮，“修改”面板中的“拉伸”命令按钮，调整图形。效果如图 9-96 所示。

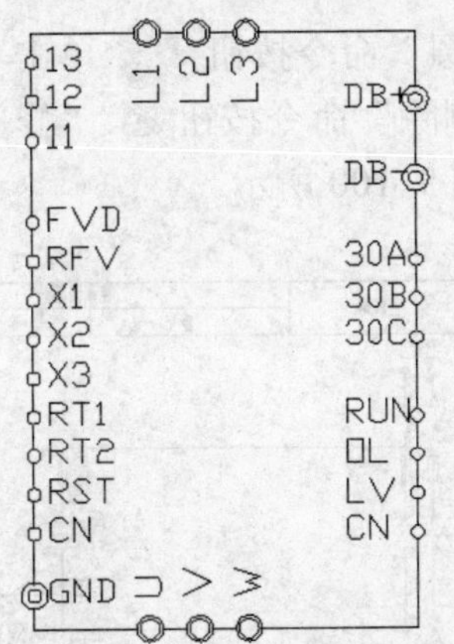


图 9-95　绘制数字输出端子

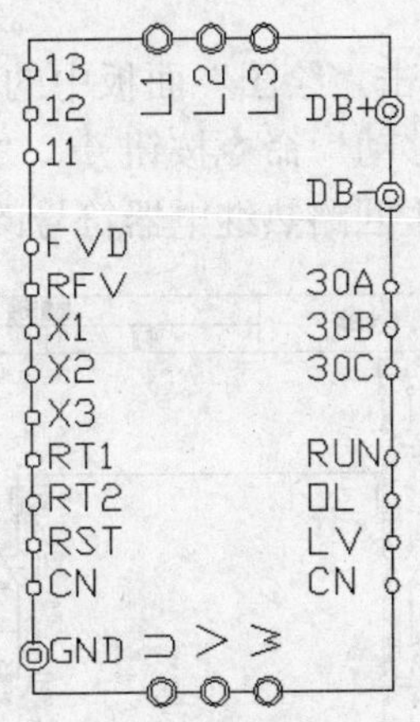


图 9-96　调整图形

## ▷▷▷ 9.4.2　通用变频器控制原理图绘制

绘制步骤如下。

1）单击“修改”面板中的“复制”命令按钮，把图 9-40 复制 1 份，位置适当即可，效果如图 9-97 所示。

2）单击“修改”面板中的“移动”命令按钮，“修改”面板中的“拉伸”命令按钮，调整图形，准备下一步绘图，效果如图 9-98 所示。

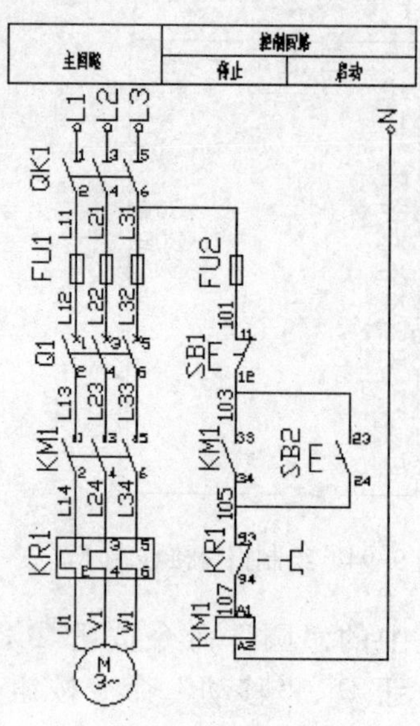

图 9-97　复制图形

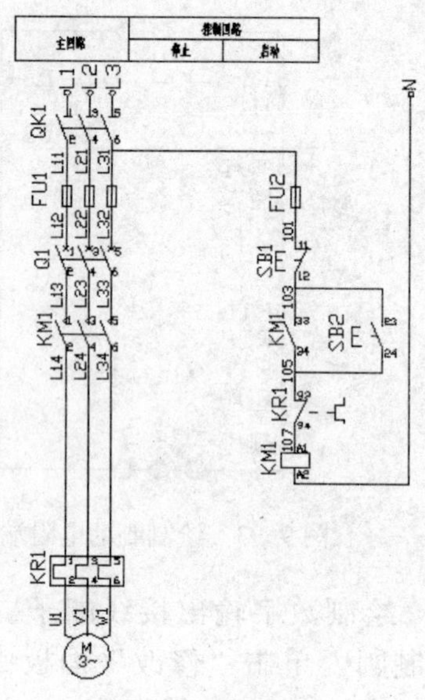

图 9-98　调整图形

3）单击“修改”面板中的“移动”命令按钮、“拉伸”命令按钮、“删除”命令按钮，把变频器符号图放入主回路，位置适当，并适当拉伸调整图形，效果如图 9-99 所示。

4）单击“绘图”面板中的“直线”命令按钮，“圆”命令按钮。单击“修改”面板中的“移动”命令按钮、“拉伸”命令按钮、“删除”命令按钮、“修剪”命令按钮，把主回路热继电器符号改为电抗器符号，效果如图 9-100 所示。

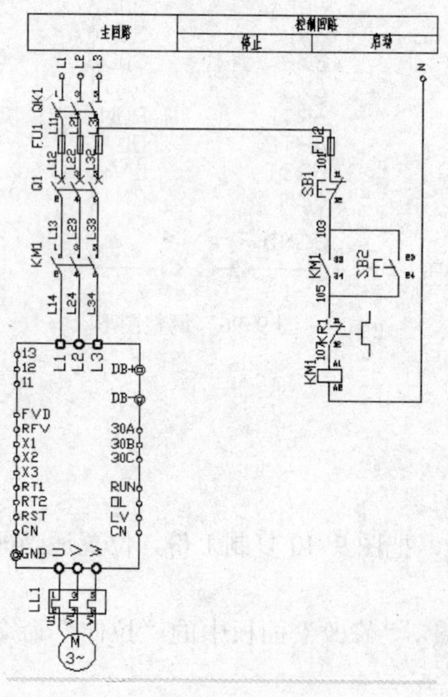

图 9-99　置入变频器

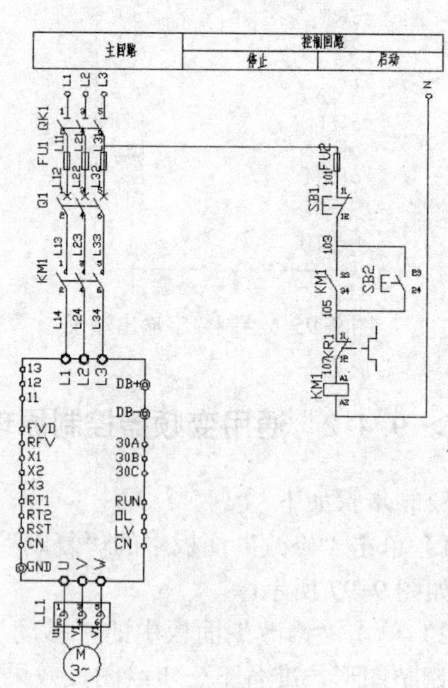

图 9-100　绘制电抗器

5）绘制电位器接线，作为给定。单击“直线”命令按钮、“拉伸”命令按钮、“复制”命令按钮，“编辑”命令按钮，书写电位器元器件号，效果如图 9-101 所示。

6）绘制转换开关和按钮接线。单击“直线”命令按钮、“拉伸”命令按钮、“修剪”命令按钮、“复制”命令按钮，“编辑”命令按钮，书写元器件号，效果如图 9-102 所示。

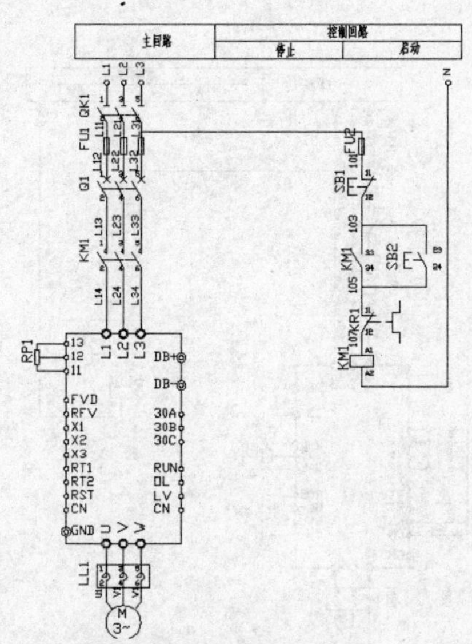


图 9-101　绘制电位器

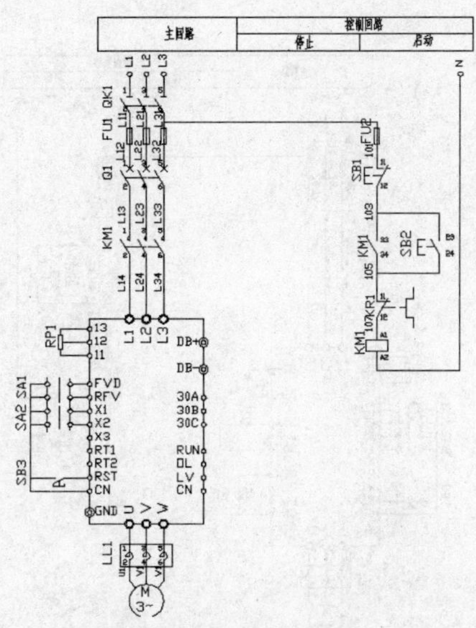


图 9-102　绘制数字输入接线

7）绘制制动电阻。单击“矩形”命令按钮、“直线”命令按钮、“拉伸”命令按钮、“复制”命令按钮，“编辑”命令按钮，书写元器件号，效果如图 9-103 所示。

8）绘制报警指示灯。单击“直线”命令按钮、“拉伸”命令按钮、“复制”命令按钮，“编辑”命令按钮，书写报警指示灯元器件号，效果如图 9-104 所示。

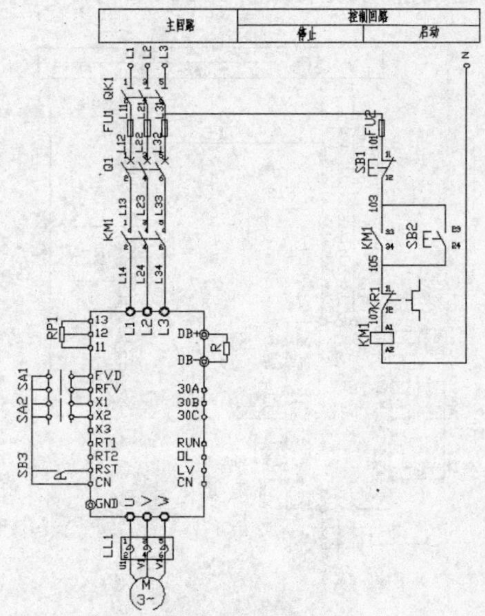


图 9-103　绘制制动电阻

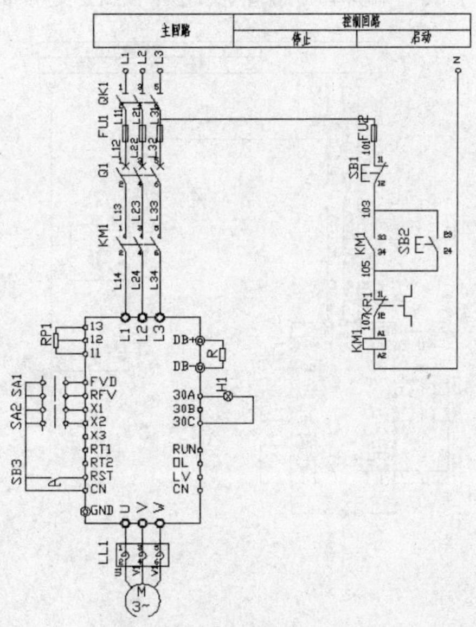


图 9-104　绘制报警指示灯

9）绘制运行指示灯。单击“修改”面板中的“复制”命令按钮，单击“注释”选项卡，单击“文字”面板中的“编辑”命令按钮，书写运行指示灯元器件号，效果如图 9-105 所示。

10）绘制变频器故障输出继电器线圈。单击“矩形”命令按钮、“直线”命令按钮、“拉伸”命令按钮、“编辑”命令按钮，书写中间继电器元器件号，效果如图 9-106 所示。

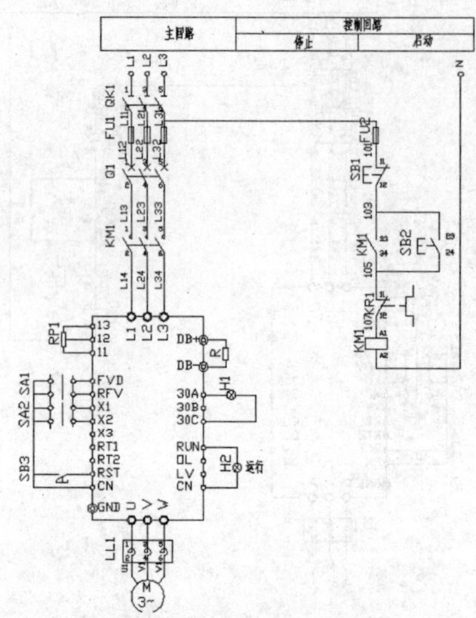


图 9-105　绘制运行指示灯

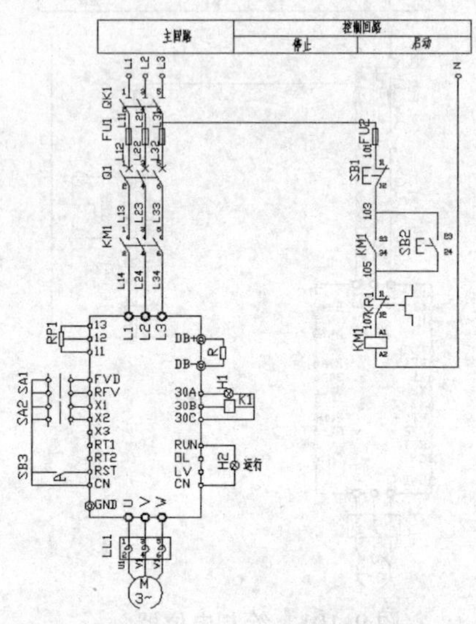


图 9-106　绘制故障继电器线圈

11）单击“注释”选项卡，单击“文字”面板中的“编辑”命令按钮，把控制回路中的热继电器 KR1 改为中间继电器 K1，效果如图 9-107 所示。

12）单击“修改”面板中的“复制”命令按钮，单击“注释”选项卡，单击“文字”面板中的“编辑”命令按钮，在变频器控制周围书写功能，效果如图 9-108 所示。

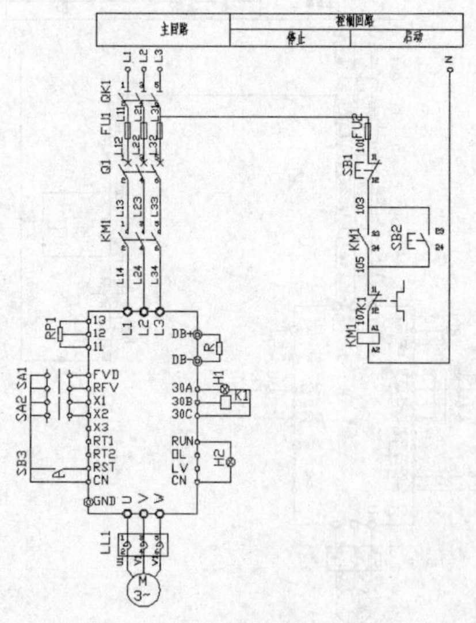


图 9-107　修改控制回路文字

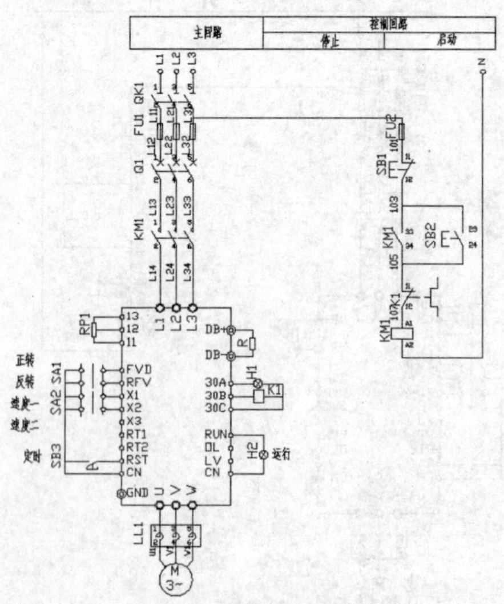


图 9-108　书写功能

13）单击“修改”面板中的“移动”命令按钮，“修改”面板中的“拉伸”命令按钮，调整主回路，效果如图 9-109 所示。

14）单击“修改”面板中的“复制”命令按钮，把三相电抗器符号向上复制 1 份，效果如图 9-110 所示。

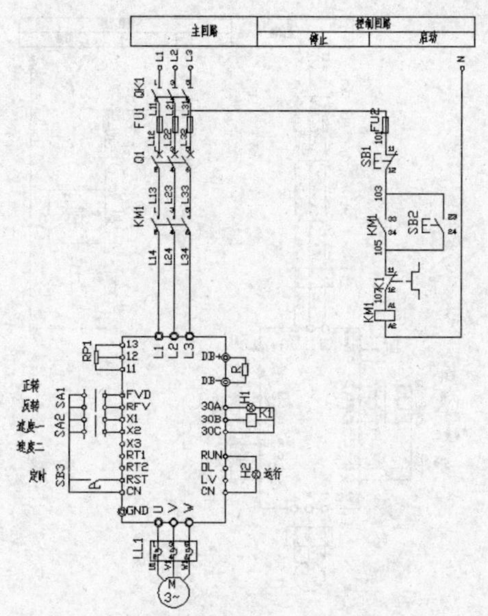


图 9-109　调整主回路

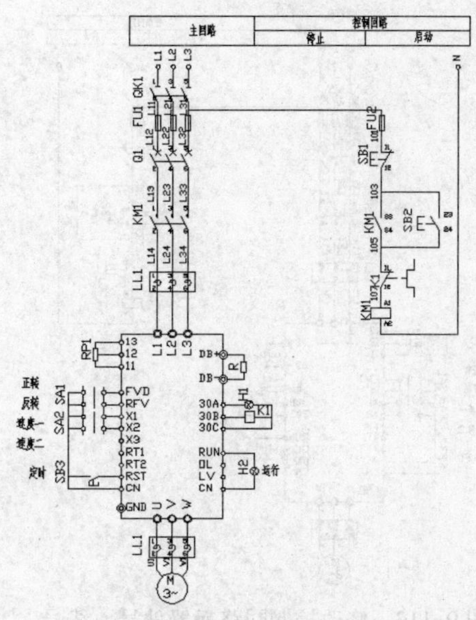


图 9-110　复制电抗器

15）单击“修改”面板中的“修剪”命令按钮，修整主回路，效果如图 9-111 所示。

16）单击“修改”面板中的“复制”命令按钮，单击“注释”选项卡，单击“文字”面板中的“编辑”命令按钮，书写主回路元器件号、线号，效果如图 9-112 所示。

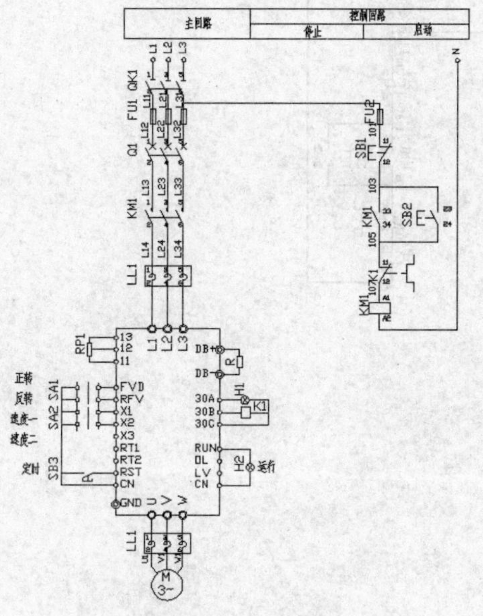


图 9-111　修整主回路

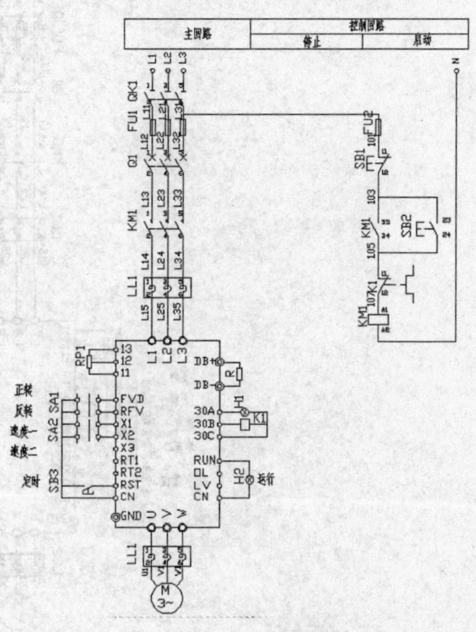


图 9-112　修改主回路元器件号、线号

17）单击“文字”面板中的“编辑”命令按钮，修改控制回路元器件号、线号，效果如图 9-113 所示。

18）单击“文字”面板中的“编辑”命令按钮，修改表格文字，效果如图 9-114 所示。

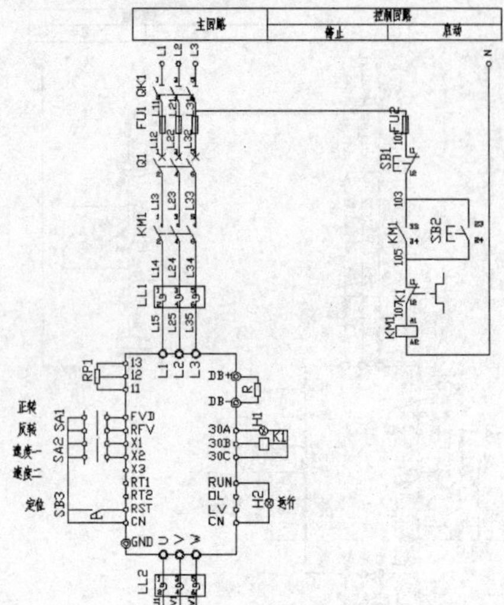


图 9-113 修改控制回路元器件号、线号

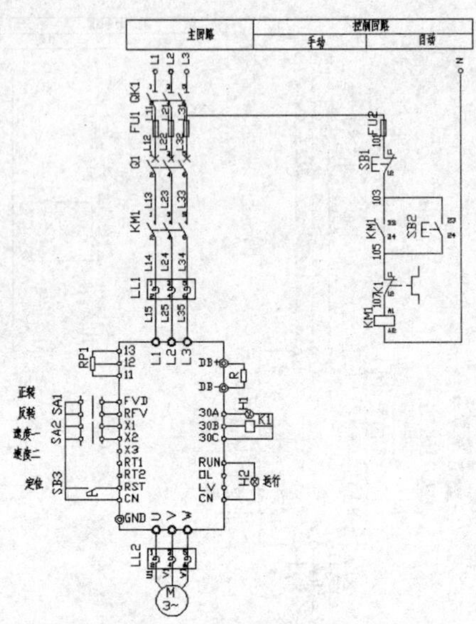


图 9-114 修改表格文字

19）单击“修改”面板中的“移动”命令按钮，“修改”面板中的“拉伸”命令按钮，调整图形，并且放大显示全图，效果如图 9-115 所示。

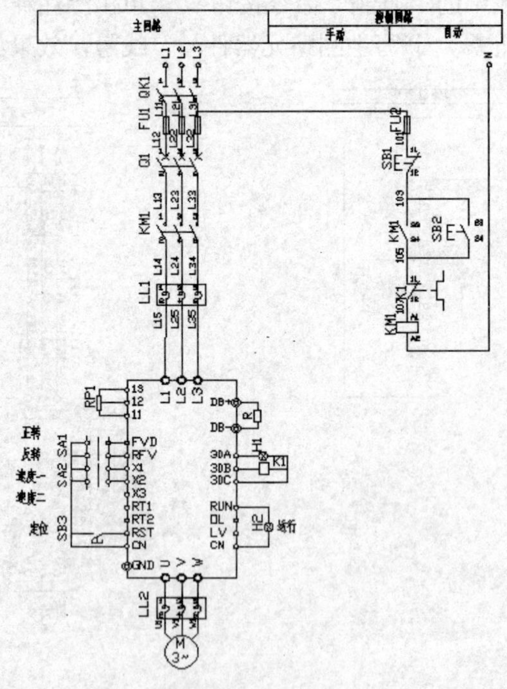


图 9-115 调整放大显示全图

# 附录 A　常用电气工程图文字符号和图形符号

**本附录您将学到：**

本附录主要介绍电气工程文字符号、图形符号的基本知识。电气制图应根据国家标准，用规定的图形符号、文字符号以及规定的画法绘制，本附录采用 GB/T18135-2000 标准。

## A.1　电气工程图的文字符号和图形符号特点

### A.1.1　文字符号

电气工程图中的文字符号有单字母符号和双字母符号，单字母符号表示电气设备、装置、和元器件的大类，例如 K 表示继电器元器件这一个大类。双字母符号的前一个字母和单字母符号的表示意义相同，都是表示一个大类，双字母符号的第二个字母表示具体元器件的某些特性，例如 KM 的前一个字母 K 表示继电器类电器，后面一个字母 M 表示此器件为继电器大类中的接触器小类。

以上说的是电气工程图的基本符号，除此之外还有辅助文字符号。辅助文字符号用来进一步表示电气设备、装置和元器件的功能、状态、特征。

电气图形符号必须符合相应的国家标准。

### A.1.2　图形符号

国家标准中规定的图形符号基本上与国际电工委员会（IEC）发布的相关标准相同。图形符号主要有符号要素、限定符号、一般符号以及常用的非电操作控制符号，根据具体三维实际组合绘制出对应符号。国家标准除给出各类电器元器件的符号要素、限定符号和一般符号以外，也给出了一些常用图形符号和组合图形符号实例。在实际应用中可以根据具体情况组合生成自己所需的图形符号。

## A.2　电气工程制图中的常用文字符号和图形符号示例

图形符号、文字符号和项目代号是电气图的基本要素，一些技术数据也是电气图的主要内容。电气系统、设备或装置通常由许多部件、组件、功能单元等组成。一般是用一种图形符号描述和区分这些项目的名称、功能、状态、特征、相互关系、安装位置、电气连接等，不必画出它们的外形结构。

在一张图上，一类设备只用一种图形符号。比如各种熔断器都用同一个符号表示。为了区别同一类设备中不同元器件的名称、功能、状态、特征以及安装位置，还必须在符号旁边标注文字符号。例如，不同功能、不同规格的熔断器分别标注为 FU1、FU2、FU3、FU4。为了更具体地区分，除了标注文字符号、项目代号外，有时还要标注一些技术数据，如图中熔断器的有关技术数据，如 RL-15 / 15A 等。

以下就是常用电气图形符号的文字和图形说明。

### A.2.1 电气图形中文字符号的字母表示（按字母顺序排列）

| 文字符号 | 名称 | 文字符号 | 名称 |
|---|---|---|---|
| AD | 晶体管放大器 | QS | 隔离开关 |
| AM | 磁放大器 | R | 电阻 |
| B | 扬声器 | RP | 电位器 |
| BP | 压力变换器 | RS | 分流器 |
| C | 电容器 | RT | 热敏电阻 |
| EH | 发热器件 | RV | 压敏电阻 |
| EL | 照明灯 | S | 控制开关 |
| F | 保护器件 | SA | 选择位置开关 |
| FA | 瞬时限流保护 | SB | 按钮 |
| FF | 快速熔断器 | SP | 压力传感器 |
| FR | 延时限流保护 | SQ | 位置传感器 |
| FU | 熔断器 | ST | 温度传感器 |
| G | 旋转发电机 | T | 变压器 |
| GB | 蓄电池 | TA | 电流互感器 |
| GS | 电源装置 | TC | 控制回路变压器 |
| H | 信号器件 | TV | 电压互感器 |
| HL | 指示灯 | U | 变频器、逆变器 |
| K | 继电器 | V | 电子管 |
| KA | 瞬时动作继电器 | KT | 时间继电器 |
| KM | 接触器 | N | 模拟器件 |
| KR | 热继电器 | VC | 整流桥 |
| L | 电感、电抗器 | W | 汇流排 |
| M | 电动机 | X | 端子、插座 |
| N | 模拟器件 | XB | 连接片 |
| P | 测量仪表 | XP | 插头 |
| PA | 安培表 | XS | 插座 |
| PE | 保护接地 | XT | 端子板 |
| PJ | 电能表 | Y | 电动器件 |
| PV | 电压表 | YA | 电磁铁 |
| Q | 断路器 | YB | 电磁制动器 |
| QF | 断路器 | YC | 电磁离合器 |
| QM | 保护开关 | YV | 电磁阀 |

## A.2.2 电气图形符号的表示

（1）“直流”符号、“交流”符号、“正极”符号和“负极”符号

图 A-1 直流 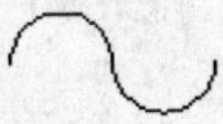　图 A-2 交流 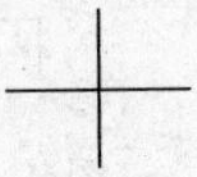　图 A-3 正极 　图 A-4 负极

（2）“正脉冲”符号、“负脉冲”符号、“正阶跃”符号和“负阶跃”符号

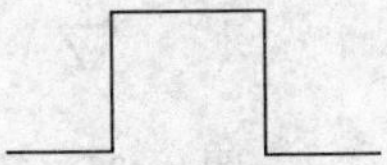

图 A-5 正脉冲 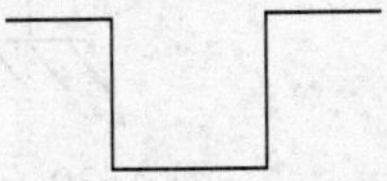　图 A-6 负脉冲 　图 A-7 正阶跃 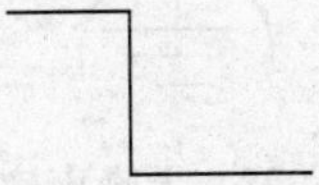　图 A-8 负阶跃

（3）“热效应”符号、“磁效应”符号、“延时”符号和“定位”符号

图 A-9 热效应　图 A-10 磁效应 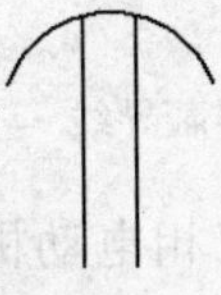　图 A-11 延时 　图 A-12 定位

（4）“光敏二极管”符号、“整流二极管”符号、“连接片”符号

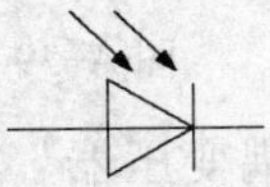

图 A-13 光敏二极管 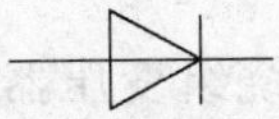　图 A-14 整流二极管 　图 A-15 连接片

（5）“一般手动”符号、“受限手动”符号、“旋转操作”符号和“推动操作”符号

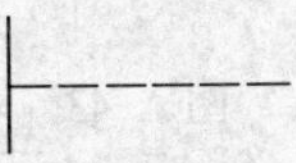

图 A-16 一般手动 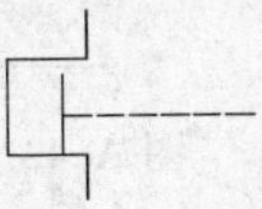　图 A-17 受限手动　图 A-18 旋转操作 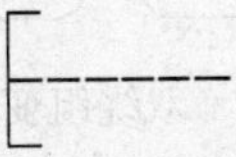　图 A-19 推动操作

（6）“紧急开关”符号、“手轮操作”符号、“脚踏操作”符号和“凸轮操作”符号

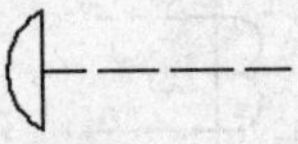

图 A-20 紧急开关 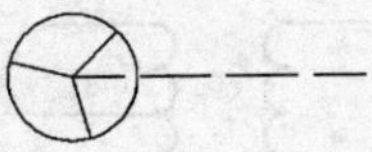　图 A-21 手轮操作 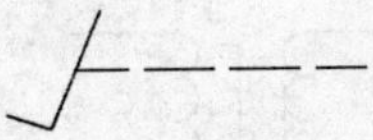　图 A-22 脚踏操作 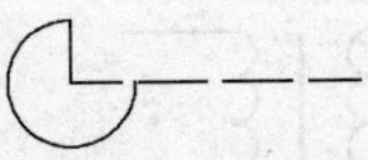　图 A-23 凸轮操作

（7）“电磁线圈”符号、“热脱扣”符号、“电动机”符号和“接地”符号

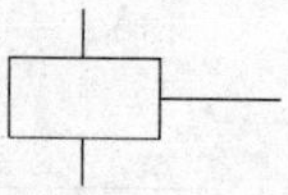

图 A-24　电磁线圈 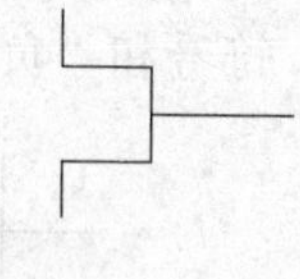　　图 A-25　热脱扣 　　图 A-26　电动机 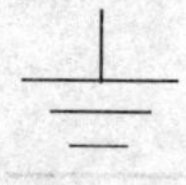　　图 A-27　接地

（8）“无噪声接地”符号、“保护接地”符号、“接机壳”符号和“等电位”符号

图 A-28　无噪声接地 　　图 A-29　保护接地 　　图 A-30　接机壳 　　图 A-31　等电位

（9）“导线束”符号、“屏蔽导线”符号、“屏蔽接地”符号和“导线连接”符号

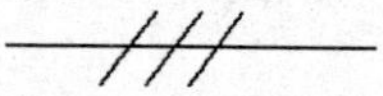

图 A-32　三根导线 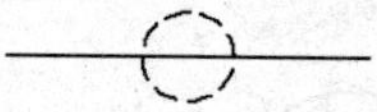　　图 A-33　屏蔽导线 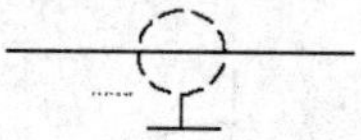　　图 A-34　屏蔽接地 　　图 A-35　导线连接

（10）“单相电动机”符号、“三相电动机”符号、“测速发电机”符号和“步进电动机”符号

图 A-36　单相电机 　　图 A-37　三相电机 　　图 A-38　测速发电机 　　图 A-39　步进电动机

（11）“双绕组变压器”符号、“三绕组变压器”符号、“自耦变压器”符号和“电抗器”符号

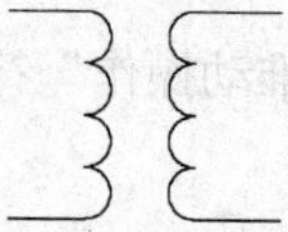

图 A-40　双绕组变压器 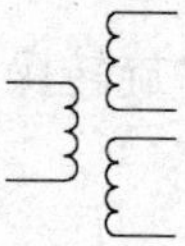　　图 A-41　三绕组变压器 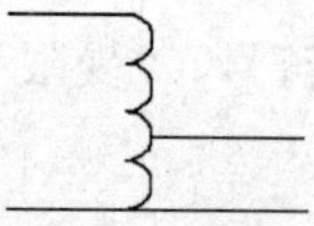　　图 A-42　自耦变压器 　　图 A-43　电抗器

（12）“铁心变压器”符号、“屏蔽变压器”符号、“有抽头变压器”符号和“电流互感器”符号

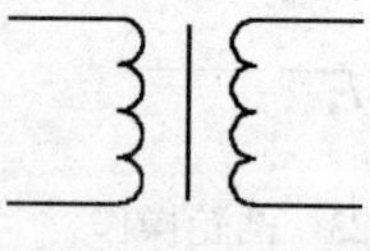

图 A-44　铁心变压器 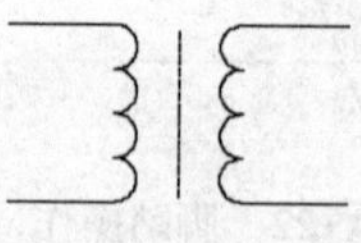　　图 A-45　屏蔽变压器 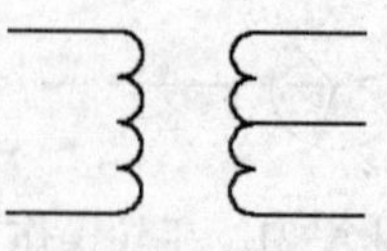　　图 A-46　有抽头变压器 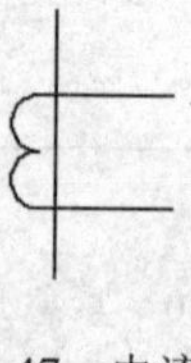　　图 A-47　电流互感器

(13)“固定电阻”符号、“可变电阻”符号、“电位器”符号

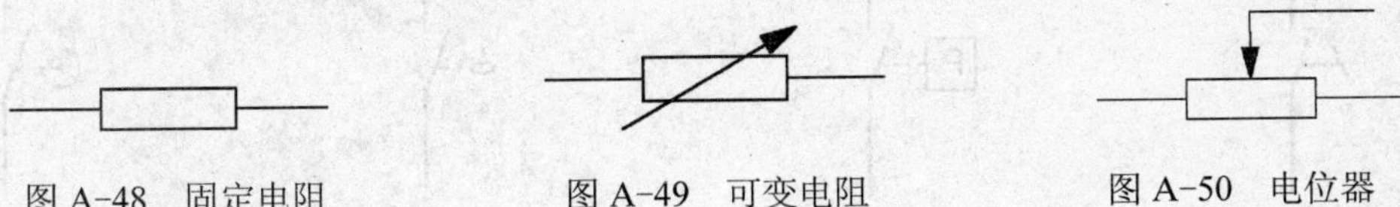

图 A-48 固定电阻　　图 A-49 可变电阻　　图 A-50 电位器

(14)“直流变换器”符号、“整流器”符号、“逆变器”符号和“全桥整流器”符号

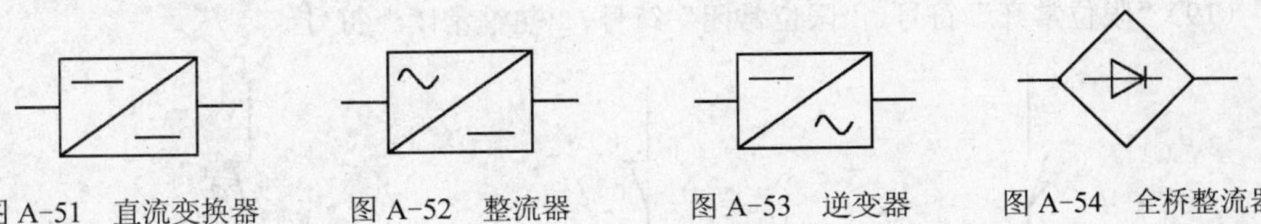

图 A-51 直流变换器　　图 A-52 整流器　　图 A-53 逆变器　　图 A-54 全桥整流器

(15)“常开触点”符号、“常闭触点”符号、“转换触点”符号和“双向触点”符号

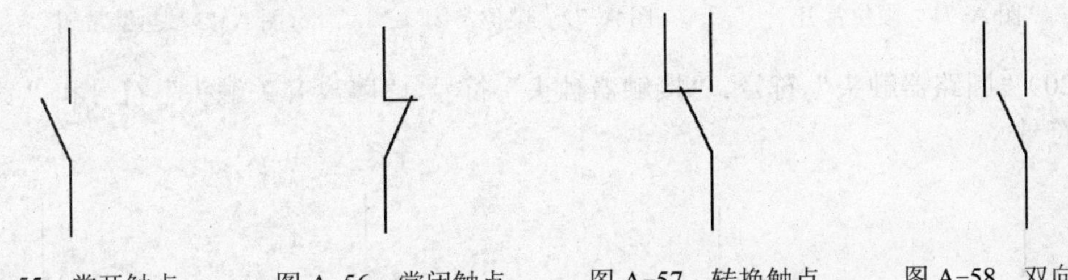

图 A-55 常开触点　　图 A-56 常闭触点　　图 A-57 转换触点　　图 A-58 双向触点

(16)“释放延时闭合”符号、“释放延时断开”符号、“吸合延时断开”符号和“吸合延时闭合”符号

图 A-59 释放延时闭合　图 A-60 释放延时断开　图 A-61 吸合延时断开　图 A-62 吸合延时闭合

(17)“手动开关”符号、“按钮”符号、“拉拔开关”符号和“旋转开关”符号

图 A-63 手动开关　　图 A-64 按钮　　图 A-65 拉拔开关　　图 A-66 旋转开关

(18)“脚踏开关”符号、“压力开关”符号、“液位开关”符号和“凸轮开关”符号

图 A-67　脚踏开关 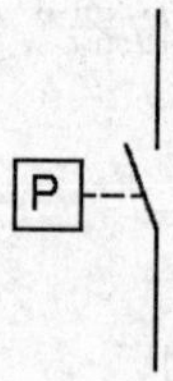　　图 A-68　压力开关 　　图 A-69　液位开关

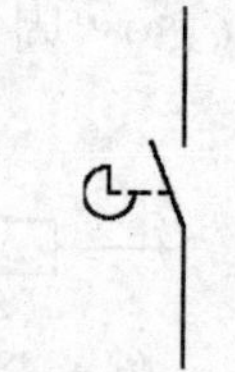

图 A-70　凸轮开关

（19）“限位常开”符号、“限位常闭”符号、“热继常闭”符号

图 A-71　限位常开

图 A-72　限位常闭

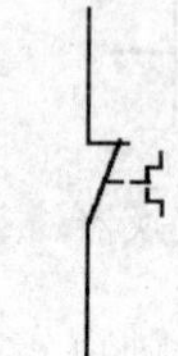

图 A-73　热继常闭

（20）“断路器触头”符号、“接触器触头”符号、“隔离开关触头”符号和“负荷开关触头”符号

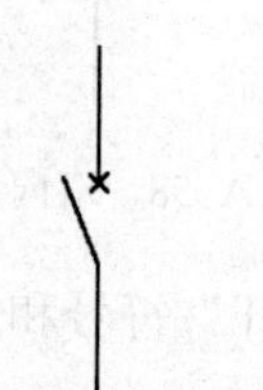

图 A-74　断路器触头

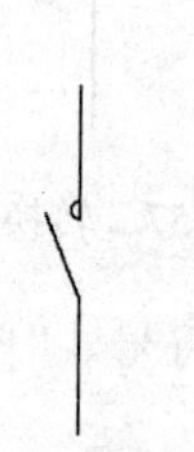

图 A-75　接触器触头

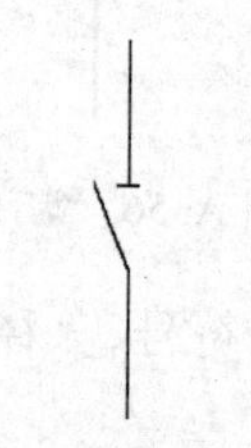

图 A-76　隔离开关触头

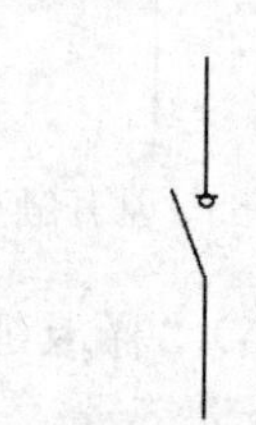

图 A-77　负荷开关触头

（21）“热继电器”符号、“过流继电器”符号、“零压继电器”符号

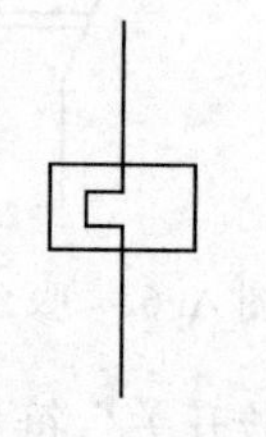

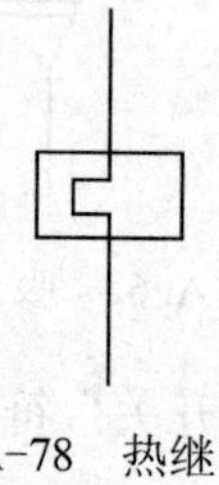

图 A-78　热继电器

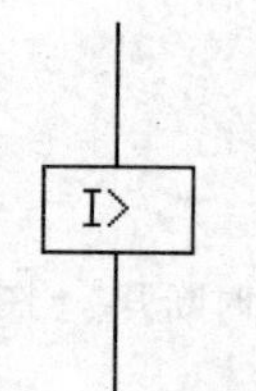


图 A-79　过流继电器

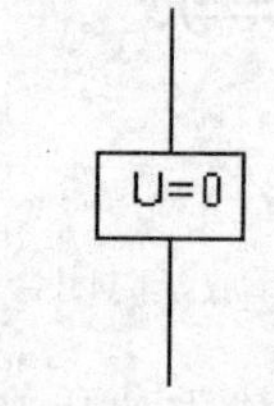


图 A-80　零压继电器

## A.3　电气文字符号、图形符号的组合使用

以上简要介绍了电气工程图样中文字符号、图形符号的基本含义。按简图形式绘制电气工程图，元件、设备、装置、线路及其安装方法等都是借用这些基本图形符号、文字符号来表达的。而基本的图形符号、文字符号只是图样的组成部分，很多复杂的元器件、设备、装置、线路及安装方法要由这些基本的图形符号组合而成。分析电气工程图，也要首先要明了这些符号的形式、内容、含义以及它们之间的相互关系。下面介绍一些基本符号的组合使用。

## ▷▷▷ A.3.1 电气图形符号的组合

复杂电气图形符号由基本电器图形符号组合而成。

（1）由同一类基本符号组合形成的复杂图形符号

【电气示例】 常用小型断路器如 C65N 和 C65H 就有单相、双相、三相以及四相之分。那么每一个都可以用单相断路器符号稍加改变就可以表示。

断路器基本符号如图 81 所示，可以表示单相断路器。把图 81 所示的图形向右复制一次就组合成双相断路器，如图 82 所示。向右复制两次，就组合成三相断路器，如图 83 所示。向右复制三次，就组合成四相断路器，如图 84 所示。双相、三相、四相之间靠点画线连接，表示一个整体的元器件。

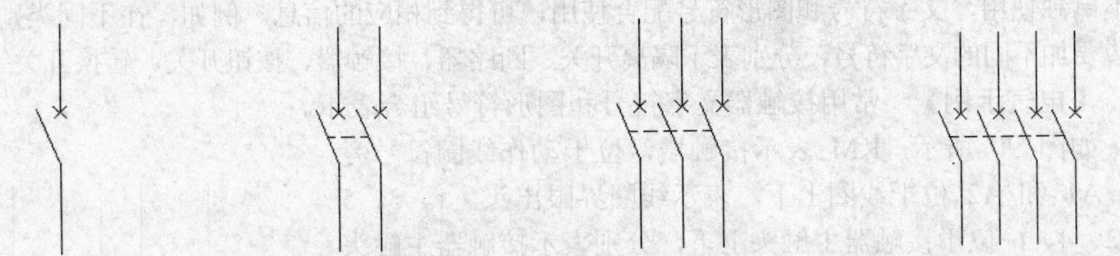

图 A-81 单相断路器 图 A-82 双相断路器 图 A-83 三相断路器 图 A-84 四相断路器

（2）由不同类基本符号组合形成的复杂图形符号

【电气示例】 常用接触器可由其他基本符号组合而成。

接触器动作线圈符号如图 85 所示，接触器主触头如图 86 所示，接触器常开辅助触点如图 87 所示，接触器常闭辅助触点如图 88 所示。由这 4 个基本符号可以组合成常用的一般接触器，如图 89 所示。

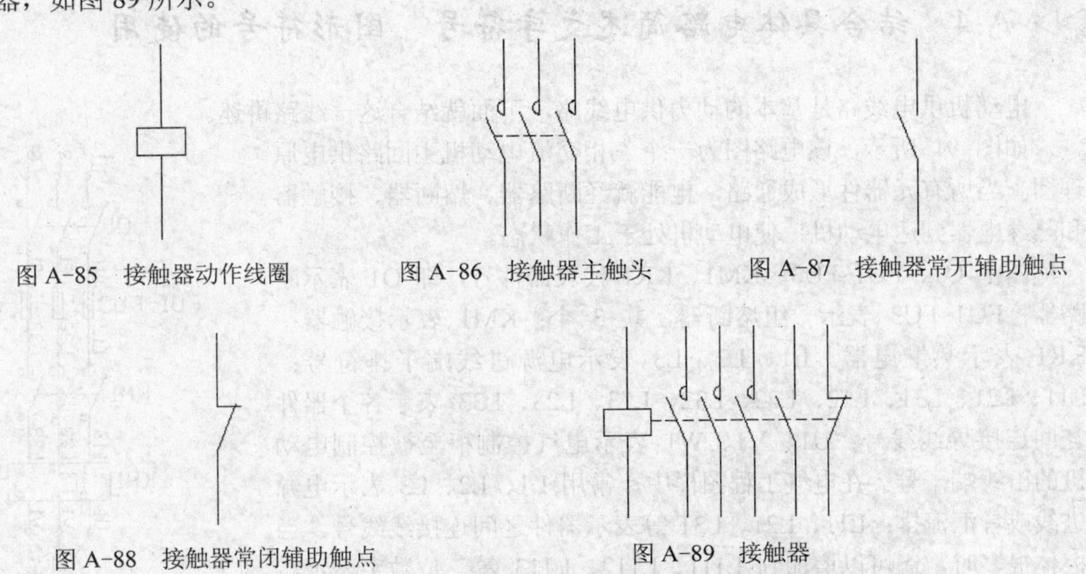

图 A-85 接触器动作线圈 图 A-86 接触器主触头 图 A-87 接触器常开辅助触点

图 A-88 接触器常闭辅助触点 图 A-89 接触器

图 89 所示为一般接触器，实际所用接触器可能会有以下几种情况。

1）只含有动作线圈和主触头。

2）含有动作线圈、主触头和常开辅助触点。

3）含有动作线圈、主触头和常闭辅助触点。

4）含有动作线圈、主触头、常开辅助触点和常闭辅助触点。

可以看出，动作线圈和主触头是必要组合部分，辅助触点为可选部分，一般接触器都会配有几组辅助触点，在数量不够的情况下，可以增加。除了以上的常开、常闭辅助触点之外，还有一些特殊的辅助触点可供选择，如时间延时触点。可以根据实际选用符合要求的辅助触点组合。

### A.3.2 文字符号和图形符号的结合

在电气工程制图中，文字符号是一种用以提供附加信息的加在其他符号上的符号。文字符号一般不代表独立的设备、器件和元件，仅用来说明名称、特征、功能和作用等。文字符号一般不单独使用，文字符号和图形符号配合使用，可得到相应的信息。例如，在不同类别开关的旁边要加不同的文字符号，分别表示隔离开关、断路器、接触器、按钮开关、转换开关等。

**【电气示例】** 常用接触器文字符号和图形符号组合表示。

如图 90 所示，KM 表示接触器，位于动作线圈符号旁边，A1 和 A2 位于线圈上下，表示线圈界限出头。1、3、5 和 2、4、6 位于接触器主触头上下，分别表示接触器主触头进线端和出线端。13、14 表示接触器常开辅助触点，21、22 表示接触器常闭辅助触点。13、14、21、22 都是由两位数组成，其中前一位为 1 表示辅助触点的第一组，前一位为 2 表示第二组辅助触点，后面为 3、4 表示此触点为常开触点，为 1、2 表示为常闭触点。

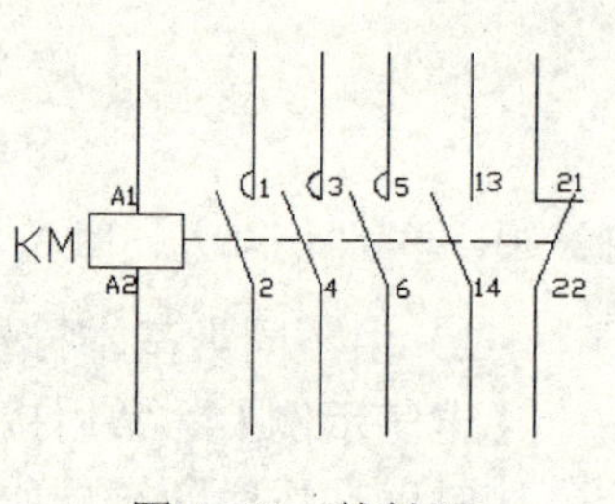

图 A-90 接触器

## A.4 结合具体电路简述文字符号、图形符号的使用

电动机供电线路是基本的动力供电线路，下面就结合这一线路讲述。

如图 91 所示，该电路图为一个三相交流电动机主回路供电原理图。当所有元器件形成通路，电能就经断路器、熔断器、接触器和热继电器到达电动机，使电动机处于工作状态。

图中 Q1、FU1~FU3、KM1、KR1 代表器件号，即 Q1 表示断路器；FU1~FU3 表示一组熔断器，共 3 个；KM1 表示接触器；KR1 表示热继电器。L1、L2、L3 表示电源进线端子排符号；L11、L21、L31、L12、L22、L32、L13、L23、L33 表示各个器件之间连接导线线号；U1、V1、W1 表示电气控制柜至被控制电动机的出线端子号。在电气工程图样中，常用 L1、L2、L3 表示电源进线或者汇流排；L11、L21、L31 等表示器件之间连接线线号，当柜体很多时，还可以增加到 L111、L112、L113 等三位数字表示，这样可以区分不同电动机的回路。图中 1、3、5、2、4、6 表示器件触头的编号，以便接线、检修。

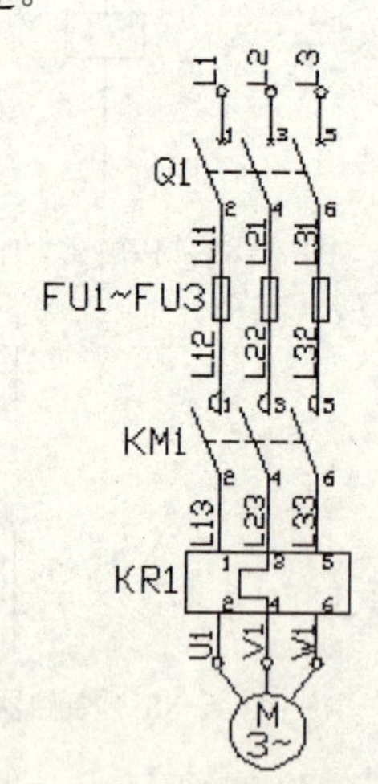

图 A-91 电动机供电线路

通常情况下，器件号的字号最大，连接线线号次之，触头编号字号最小。